U0099048

Windows Server 2022

系統與網站建置實務

序

感謝讀者長久以來的支持與愛護！這兩本 Windows Server 2022 書籍仍然是採用我一貫的編寫風格，也就是完全站在讀者立場來思考，並且以實務的觀點來編寫。我花費相當多時間在不斷的測試與驗證書中所敘述的內容，並融合多年的教學經驗，然後以最容易讓您瞭解的方式來編寫，希望能夠協助您迅速的學會 Windows Server 2022。

本套書的宗旨是希望能夠讓讀者透過書中清楚的實務操作，來充分的瞭解 Windows Server 2022，進而能夠輕鬆的控管 Windows Server 2022 的網路環境，因此書中不但理論解說清楚，而且範例充足。對需要參加微軟認證考試的讀者來說，這套書更是不可或缺的實務參考書籍。

學習網路作業系統，首重實做，唯有實際演練書中所介紹的各項技術，才能夠充分瞭解與掌控它，因此建議您利用 Microsoft Hyper-V、VMware Workstation 或 Oracle VirtualBox 等提供虛擬環境的軟體，來建置書中的網路測試環境。

本套書分為《Windows Server 2022 系統與網站建置實務》與《Windows Server 2022 Active Directory 建置實務》兩本，內容豐富紮實，相信它們仍然不會辜負您的期望，給予您在學習 Windows Server 2022 上的最大幫助。

戴有煒

Chapter 4 本機使用者與群組帳戶

Chapter 8 架設列印伺服器

Chapter 9 群組原則與安全設定

Chapter 10 磁碟系統的管理

Chapter 14　解析 DNS 主機名稱

Chapter 19 透過 NAT 連接網際網路

Chapter 20 Server Core、Nano Server 與 Container

附錄 A IPv6 基本概念（電子書請線上下載）

線上下載

本書附錄電子書請至碁峰資訊網站 http://books.gotop.com.tw/download/ACA027200 下載，其內容僅供合法持有本書的讀者使用，未經授權不得抄襲、轉載或任意散佈。

1

Windows Server 2022 概觀

Windows Server 2022 可以幫助資訊部門的 IT 人員來建置功能強大的網站、應用程式伺服器、高度虛擬化的雲端環境與容器，不論是大、中或小型的企業網路，都可以利用 Windows Server 2022 的強大管理功能與安全措施，來簡化網站與伺服器的管理、改善資源的可用性、減少成本支出、保護企業應用程式與資料，讓 IT 人員更輕鬆有效的控管網站、應用程式伺服器與雲端環境。

1-1 Windows Server 2022 版本

Windows Server 2022 提供高度經濟效益與虛擬化的環境，它分為以下三個版本 ：

- Windows Server Standard Edition

  三個版本之中最基本的版本，可以提供建置 2 台虛擬機器。

- Windows Server Datacenter Edition

  比 Standard 版本更進階的版本，可提供建置無限制數量的虛擬機器。

- Windows Server Datacenter：Azure Edition

  三個版本之中功能最強的版本，適合用來在 Azure 雲端建立虛擬機器。它提供了一些額外的功能，例如**熱修補**（Hotpatching），它讓 Azure 虛擬機器在安裝更新後不需要重新開機；又例如 SMB over QUIC，它可以在不需要建置 VPN(虛擬私人網路)的情況下，就可以從網際網路來安全的存取 Azure 雲端虛擬機器內所分享出來的檔案。

1-2 Windows 網路架構

我們可以利用 Windows 系統來架設網路，以便將資源分享給網路上的使用者。Windows 網路架構大致可分為工作群組架構（workgroup）、網域架構（domain）與包含前兩者的混合架構。我們也可以利用 Azure AD Connect 將網域架構的目錄服務 Active Directory 與雲端的 Azure Active Directory 整合在一起。

工作群組架構為分散式的管理模式，適用於小型網路；網域架構為集中式的管理模式，適用於各種不同大小規模的網路。以下針對工作群組架構與網域架構的差異來加以說明。

工作群組架構的網路

工作群組是由一群透過網路連接在一起的電腦所組成（參見圖 1-2-1），它們可以將電腦內的檔案、印表機等資源分享出來供網路使用者來存取。它也被稱為**對等式**

（peer-to-peer）網路，因為網路上每一台電腦的地位都是平等的，它們的資源與管理是分散在各個電腦上。它的特性為：

- 每一台 Windows 電腦都有一個**本機安全帳戶資料庫**，稱為 Security Accounts Manager（SAM）。使用者若欲存取每一台電腦內的資源的話，系統管理員便需在每一台電腦的 SAM 資料庫內建立使用者帳戶。例如若使用者 Peter 欲存取每一台電腦內的資源，則需在每一台電腦的 SAM 資料庫內建立 Peter 帳戶，並設定這些帳戶的權限。此架構的帳戶與權限管理工作比較麻煩，例如當使用者欲變更其密碼時，就需要將他在每一台電腦內的密碼都變更。

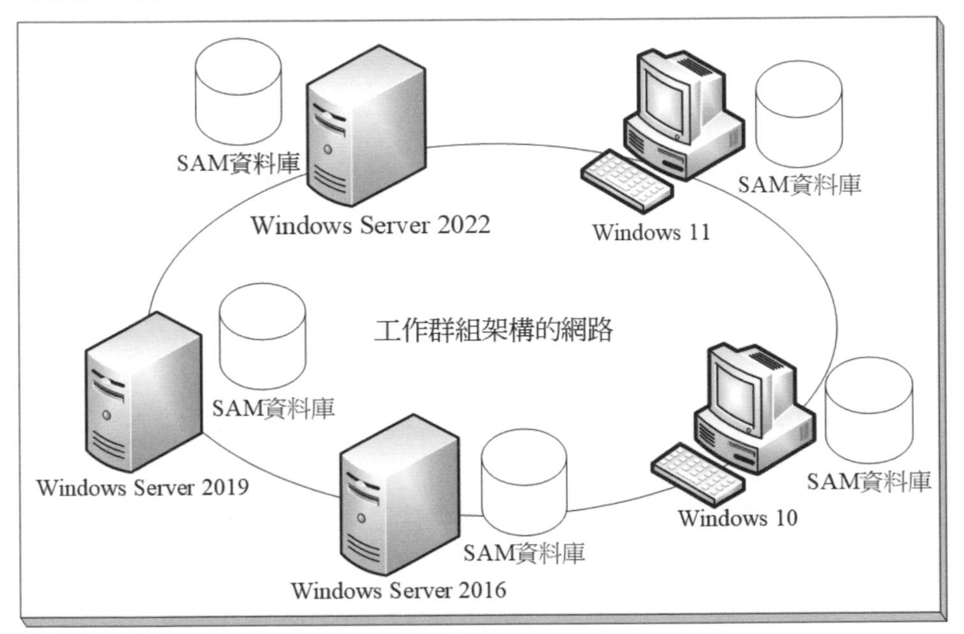

圖 1-2-1

- 工作群組內可以只有 Windows 11、Windows 10 等用戶端等級的電腦，也可以有 Windows Server 2022、Windows Server 2019 等伺服器等級的電腦。
- 若企業內部電腦數量不多的話，例如 10 或 20 台電腦，就可以採用工作群組架構的網路。

網域架構的網路

網域也是由一群透過網路連接在一起的電腦所組成（參見圖 1-2-2），它們可將電腦內的檔案、印表機等資源分享出來供網路使用者來存取。與工作群組架構不同的是：網域內所有電腦共享一個集中式的目錄資料庫（directory database），其內包含整個網域內所有使用者的帳戶等相關資料。負責提供目錄資料庫的新增、刪除、修改與查詢等目錄服務（directory service）的元件為 **Active Directory 網域服務**（Active Directory Domain Services，AD DS）。目錄資料庫是儲存在**網域控制站**（domain controller）內，而只有伺服器等級的電腦才可以扮演網域控制站的角色。

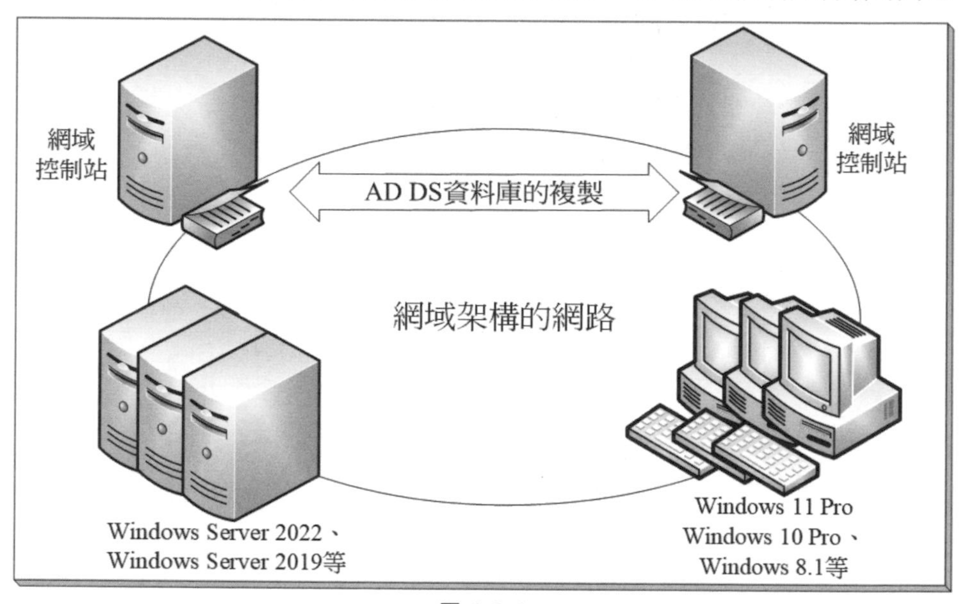

圖 1-2-2

網域中的電腦種類

網域內的電腦成員可以是：

- **網域控制站（domain controller）**：伺服器等級的電腦才可扮演網域控制站，例如 Windows Server 2022 Datacenter、Windows Server 2019 Datacenter 等。

  一個網域內可以有多台網域控制站，而在大部分情況下，每台網域控制站的地位都是平等的，它們各自儲存著一份幾乎完全相同的 AD DS 資料庫（目錄

資料庫）。當您在其中一台網域控制站內新增了一個使用者帳戶後，此帳戶是被儲存在其 AD DS 資料庫，之後會自動被複製到其他網域控制站的 AD DS 資料庫，這樣可以確保所有網域控制站內的 AD DS 資料庫都相同（同步）。

當使用者在網域內某台電腦登入時，會由其中一台網域控制站根據其 AD DS 資料庫內的帳戶資料，來審核使用者所輸入的帳戶與密碼是否正確，若是正確的，使用者就可以登入成功，反之將被拒絕登入。

多台網域控制站可以改善使用者的登入效率，因為多台網域控制站可分擔審核使用者登入身分（帳戶名稱與密碼）的負擔。它還可提供容錯功能，例如若其中一台網域控制站故障了，此時仍可由其他網域控制站來繼續提供服務。

- **成員伺服器（member server）**：當伺服器等級的電腦加入網域後，使用者就可以在這些電腦上利用 AD DS 內的使用者帳戶來登入，否則只能夠利用本機使用者帳戶來登入。這些加入網域的伺服器被稱為**成員伺服器**，其內沒有 AD DS，它們不負責審核"網域"使用者的帳戶名稱與密碼，而是將其轉送給網域控制站來審核。成員伺服器可以是例如：
  - Windows Server 2022 Datacenter/Standard
  - Windows Server 2019 Datacenter/Standard
  - Windows Server 2016 Datacenter/Standard
  - …

  若上述伺服器並沒有被加入網域的話，則它們被稱為**獨立伺服器**（stand-alone server）或**工作群組伺服器**（workgroup server）。但不論是獨立伺服器或成員伺服器，它們都有一個**本機安全帳戶資料庫**（SAM），系統可以利用它來審核本機使用者（非網域使用者）的身分。

- **其他目前較常用的 Windows 用戶端電腦，例如：**
  - Windows 11 Enterprise/Pro/Education
  - Windows 10 Enterprise/Pro/Education
  - Windows 8.1（8）Enterprise/Pro
  - …

當上述用戶端電腦加入網域以後，使用者就可以在這些電腦上利用 AD DS 內的帳戶來登入，否則只能夠利用本機帳戶來登入。

您可以將 Windows Server 2022、Windows Server 2019 等獨立伺服器或成員伺服器升級為網域控制站，也可以將網域控制站降級為獨立伺服器或成員伺服器。

較低階的版本，例如 Windows 11 Home、Windows 10 Home 電腦無法加入網域，因此只能夠利用本機使用者帳戶來登入。

1-3 TCP/IP 通訊協定簡介

網路上電腦之間互相傳遞的訊號只是一連串的"0"與"1"，這一連串的電子訊號到底代表什麼意義，必須彼此之間透過一套同樣的規則來解釋，才能夠互相溝通，就好像人類用"語言"來互相溝通一樣，這個電腦之間的溝通規則被稱為**通訊協定**（protocol），而 Windows 網路依賴最深的通訊協定是 TCP/IP。

TCP/IP 通訊協定是目前最完整、最被廣泛支援的通訊協定，它讓不同網路架構、不同作業系統的電腦之間可以相互溝通，例如 Windows Server 2022、Windows 11、Linux 主機等。它也是網際網路的標準通訊協定，更是 Active Directory Domain Services（AD DS）所必須採用的通訊協定。

每一台連接在網路上的電腦可以被稱為是一台**主機**（host），而主機與主機之間的溝通，會牽涉到三個最基本的要件：**IP 位址** 、**子網路遮罩**與 **IP 路由器**。

IP 位址

每一台主機都有唯一的 IP 位址（就好像是住家的門牌號碼一樣），IP 位址不但可以被用來辨識每一台主機，其內也隱含著如何在網路之間傳送資料的路徑資訊。

IP 位址佔用 32 個位元（bit），一般是以 4 個十進位數字來表示，每一個數字稱為一個 octet。Octet 與 octet 之間以點（dot）隔開，例如 192.168.1.31。

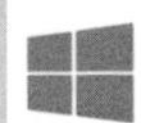

此處所介紹的 IP 位址是目前最被廣泛使用的 IPv4，它共佔用 32 個位元，Windows 系統也支援 IPv6，它共佔用 128 個位元（參見附錄 A）。

這個 32 位元的 IP 位址內包含了**網路識別碼**與**主機識別碼**兩部分：

- **網路識別碼（Network ID）**：每一個網路都有一個唯一的網路識別碼，換句話說，位於相同網路內的每一台主機都擁有相同的網路識別碼。
- **主機識別碼（Host ID）**：相同網路內的每一台主機都有一個唯一的主機識別碼。

若此網路是直接透過路由器來連接網際網路的話，則需替此網路申請網路識別碼，整個網路內所有主機都使用此相同的網路識別碼，然後再賦予此網路內每一台主機一個唯一的主機識別碼，因此網路上每一台主機就都會有一個唯一的 IP 位址（網路識別碼+主機識別碼）。您可以向 ISP（網際網路服務提供商）申請網路識別碼。

若此網路並未連接網際網路的話，則您可以自行選擇任何一個可用的網路識別碼，不用申請，但是網路內各主機的 IP 位址不可相同。

IP 等級

傳統的 IP 位址被分為 Class A、B、C、D、E 五大等級，其中只有 Class A、B、C 三個等級的 IP 位址可供一般主機來使用（參見表 1-3-1），每種等級所支援的 IP 數量都不相同，以便滿足各種不同大小規模的網路需求。IP 位址共佔用 4 個位元組（byte），表中將 IP 位址的各位元組以 W.X.Y.Z 的形式來加以說明。

表 1-3-1

Class	網路識別碼	主機識別碼	W 值可為	可支援的網路數量	每個網路可支援的主機數量
A	W	X.Y.Z	1-126	126	16,777,214
B	W.X	Y.Z	128-191	16,384	65,534
C	W.X.Y	Z	192-223	2,097,152	254

- Class A 的網路，其網路識別碼佔用一個位元組（W），W 的範圍為 1 到 126，共可提供 126 個 Class A 的網路。主機識別碼共佔用 X、Y、Z 三個位元組（24 個位元），此 24 個位元可支援 $2^{24}-2=16{,}777216-2=16{,}777{,}214$ 台主機（減 2 的原因後述）。
- Class B 的網路，其網路識別碼佔用兩個位元組（W、X），W 的範圍為 128 到 191，它可提供 （191 – 128 + 1 ） x 256 = 16,384 個 Class B 的網路。主機識別碼共佔用 Y、Z 兩個位元組，因此每個網路可支援 $2^{16}-2=65{,}536-2=65{,}534$ 台主機。
- Class C 的網路，其網路識別碼佔用三個位元組（W、X、Y），W 的範圍為 192 到 223，它可提供（ 223 – 192 + 1 ）x 256 x 256 = 2,097,152 個 Class C 的網路。主機識別碼佔用一個位元組（Z），每個網路可支援 $2^{8}-2=254$ 台主機。

在設定主機的 IP 位址時請注意以下的事項：

- **網路識別碼不可以是 127**：網路識別碼 127 是供**迴路測試**（loopback test）使用，可用來檢查網路卡與驅動程式是否正常運作。您不可以將它指派給主機使用。一般來說，127.0.0.1 這個 IP 位址用來代表主機本身。
- **每一個網路的第 1 個 IP 位址代表網路本身、最後一個 IP 位址代表廣播位址（broadcast address），因此實際可分配給主機的 IP 位址將少 2 個**：例如若所申請的網路識別碼為 203.3.6，它共有 203.3.6.0 到 203.3.6.255 的 256 個 IP 位址，但 203.3.6.0 是用來代表這個網路（因此一般會說其網路識別碼為 4 個位元組的 203.3.6.0）；而 203.3.6.255 是保留給廣播用途的（255 代表廣播），例如若送訊息到 203.3.6.255 這個位址，表示將訊息廣播給網路識別碼為 203.3.6.0 網路內的所有主機。

圖 1-3-1 為 Class C 的網路範例，其網路識別碼為 192.168.1.0，圖中 5 台主機的主機識別碼分別為 1、2、3、21 與 22。

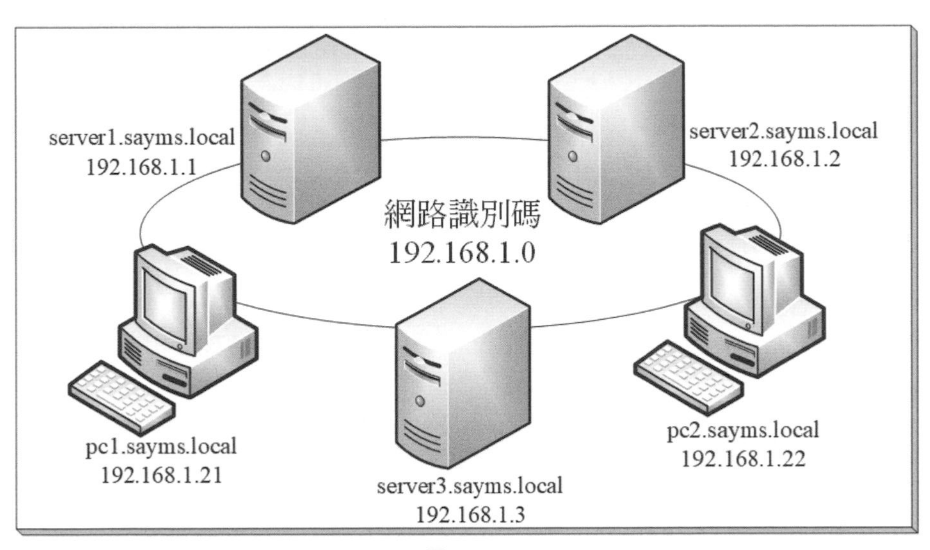

圖 1-3-1

子網路遮罩

子網路遮罩也佔用 32 位元，當 IP 網路上兩台主機在相互溝通時，它們利用子網路遮罩來得知雙方的網路識別碼，進而得知彼此是否在相同的網路內。

表 1-3-2

Class	預設子網路遮罩（2 進位）	預設子網路遮罩（10 進位）
A	11111111 00000000 00000000 00000000	255.0.0.0
B	11111111 11111111 00000000 00000000	255.255.0.0
C	11111111 11111111 11111111 00000000	255.255.255.0

表 1-3-2 中為各 Class 預設的子網路遮罩值，其中為 1 的位元是用來定出網路識別碼，為 0 的位元是用來定出主機識別碼，例如若某台主機的 IP 位址為 192.168.1.3，其二進位值為 11000000.10101000.00000001.00000011，而子網路遮罩為 255.255.255.0，其二進位值為 11111111.11111111.11111111.00000000，則計算其網路識別碼的原則是：將 IP 位址與子網路遮罩兩個值中相對應的位元做 AND 邏輯運算（參見圖 1-3-2），所得出來的結果 192.168.1.0 就是網路識別碼。

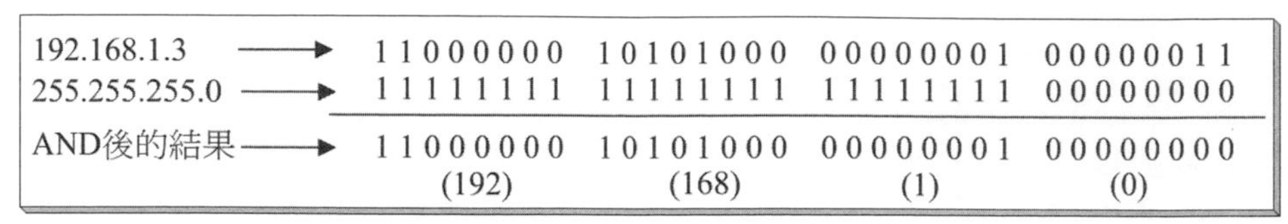

圖 1-3-2

若 A 主機的 IP 位址為 192.168.1.3，子網路遮罩為 255.255.255.0，B 主機的 IP 位址為 192.168.1.5，子網路遮罩為 255.255.255.0，因此 A 主機與 B 主機的網路識別碼都是 192.168.1.0，表示它們是在同一個網路內，因此可以直接相互溝通，不需要借助於路由器。

前面所敘述的 Class A、B、C 是傳統的等級式劃分法，但目前最普遍採用的是無等級的 CIDR（Classless Inter-Domain Routing）劃分法，它在表示 IP 位址與子網路遮罩時有所不同，例如網路識別碼為 192.168.1.0、子網路遮罩為 255.255.255.0，則我們會利用 192.168.1.0/24 來代表此網路，其中 24 代表子網路遮罩中位元值為 1 的數量為 24 個；同理若網路識別碼為 10.120.0.0、子網路遮罩為 255.255.0.0，則我們會利用 10.120.0.0/16 來代表此網路。

預設閘道

某主機若要與同一個 IP 子網路內的主機（網路識別碼相同）溝通時，可以直接將資料傳送給該主機；但若要與不同子網路內的主機（網路識別碼不同）溝通的話，就需要先將資料傳送給路由器，再由路由器負責傳送給該主機。一般主機若要透過路由器來轉送資料的話，只要事先將其**預設閘道**指定到路由器的 IP 位址即可。

以圖 1-3-3 來說，圖中甲、乙兩個網路是透過路由器來串接。當甲網路的主機 A 欲與乙網路的主機 B 溝通時，由於主機 A 的 IP 位址為 192.168.1.1、子網路遮罩為 255.255.255.0、其網路識別碼為 192.168.1.0，而主機 B 的 IP 位址為 192.168.2.10、子網路遮罩為 255.255.255.0、其網路識別碼為 192.168.2.0， 故主機 A 可以判斷出主機 B 是位於不同的子網路內，因此會將資料傳送給其預設閘道，也就是 IP 位址為 192.168.1.254 的路由器，然後再由路由器負責將其傳送到主機 B。

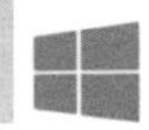

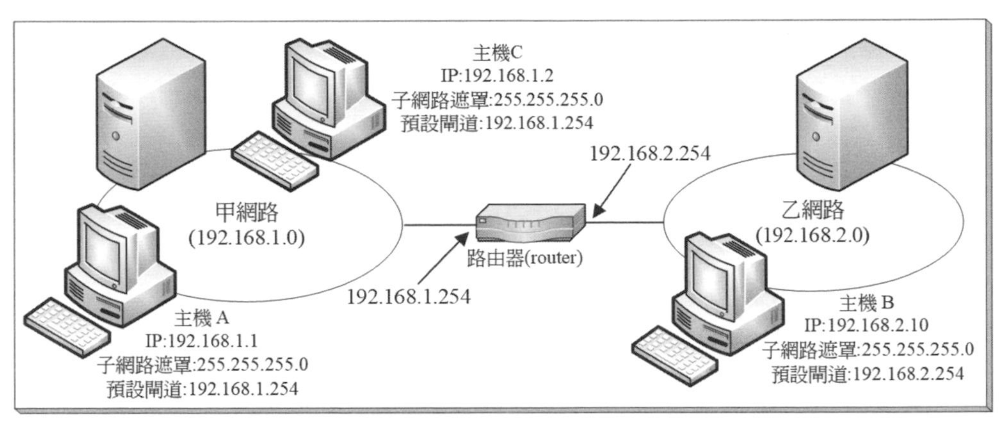

圖 1-3-3

私人 IP 位址的使用

前面提到 IP 等級中的 Class A、B、C 是可供主機使用的 IP 位址。在這些 IP 位址中，有一些是被歸類為**私人 IP**（private IP）**位址**（參見表 1-3-3），各公司可以自行選用適合的私人 IP 位址，而且不需要申請，因此可以節省網路的建置成本。

表 1-3-3

網路識別碼	子網路遮罩	IP 位址範圍
10.0.0.0	255.0.0.0	10.0.0.1 - 10.255.255.254
172.16.0.0	255.240.0.0	172.16.0.1 - 172.31.255.254
192.168.0.0	255.255.0.0	192.168.0.1 - 192.168.255.254

不過私人 IP 位址僅限在公司內部的區域網路使用，雖然它可以讓內部電腦相互溝通，但是無法直接與外界電腦溝通。若要對外上網、收發電子郵件的話，則需要透過具備 Network Address Translation（NAT）功能的裝置，例如 IP 分享器、寬頻路由器。

其他非屬於私人 IP 的位址被稱為**公開 IP**（public IP）位址，例如 220.135.145.145。使用公開 IP 位址的電腦可以透過路由器來直接對外溝通，因此在這些電腦上可以架設商業網站，讓外面使用者直接來連接此商業網站。這些公開 IP 位址必須事先申請。

若 Windows 電腦的 IP 位址設定是採用自動取得的方式，但是卻因故無法取得 IP 位址的話，此時該電腦會透過 Automatic Private IP Addressing （APIPA）的機制來替自己設定一個網路識別碼為 169.254.0.0 的臨時私人 IP 位址，例如 169.254.49.31，不過只能夠利用它來與同一個網路內 IP 位址也是 169.254.x.x 格式的電腦溝通。

2

安裝 Windows Server 2022

本章將介紹安裝 Windows Server 2022 前必備的基本常識、如何安裝 Windows Server 2022，接著說明如何登入、登出、鎖定與關閉 Windows Server 2022。

2-1 安裝前的注意事項

Windows Server 2022 的安裝選擇

Windows Server 2022 提供三種安裝選擇；

- **含桌面體驗的伺服器**：它會安裝標準的圖形化使用者介面，並支援所有的服務與工具。由於內含圖形化使用者介面（GUI），因此使用者可以透過友善的視窗介面與管理工具來管理伺服器。
- **Server Core**：它可以降低管理需求、減少使用硬碟容量、減少被攻擊面。由於沒有視窗管理介面，故只能使用 PowerShell 指令、**命令提示字元**（command prompt）指令或透過遠端電腦來管理此台伺服器。有的服務在 **Server Core** 內並不支援，除非有圖形化介面或特殊服務的需求，否則這是微軟的**建議**選項。

  另外為了提高應用程式的相容性，讓某些有互動性需求的應用程式可以正常在 Server Core 環境下執行，因此微軟提供一個稱為 **Server Core 應用程式相容性 FOD**（Feature-on-Demand，隨選安裝）的功能，它支援一些圖形介面的管理工具。
- **Nano Server**：類似於 Server Core，但明顯較小。Windows Server 2022 僅在容器（container）內支援 Nano Server。

Windows Server 2022 的系統需求

若要在電腦內安裝與使用 Windows Server 2022 的話，此電腦的硬體配備需符合如表 2-1-1 所示的基本主要需求（除非特別指明，否則以下說明同時適用於**含桌面體驗的伺服器**、**Server Core** 與 **Nano Server**）。

表 2-1-1

元件	需求（附註）
處理器（CPU）	最少 1.4GHz、64 位元；支援 NX 與 DEP；支援 CMPXCHG16b、LAHF/SAHF 與 PrefetchW；支援 SLAT（EPT 或 NPT）。
記憶體（RAM）	512MB（「含桌面體驗的伺服器」最少需 2GB）
硬碟	最少 32GB。不支援已經淘汰的 IDE 硬碟（PATA 硬碟）

1. 實際需求要看電腦設定、所安裝的應用程式、所扮演的角色與所安裝的功能等數量的多寡而可能需要增加。
2. 本書中許多範例需要使用多台電腦來演練，此時您可以利用 Windows Server 2022 內建的 Hyper-V 來建置虛擬的測試網路與電腦（見第 5 章）。

您可以到微軟網站下載 coreinfo 程式（假設儲存到 C:\ coreinfo），然後【對著下方**開始**圖示⊞按右鍵➲Windows PowerShell(系統管理員)➲切換到 C:\coreinfo➲輸入**.\coreinfo**】來查看電腦的 CPU 是否支援表中所列功能。例如圖 2-1-1 中可看出支援 64 位元與 NX。從圖 2-1-2 可看出支援 CMPXCHG16b(CX16)與 LAHF/SAHF。

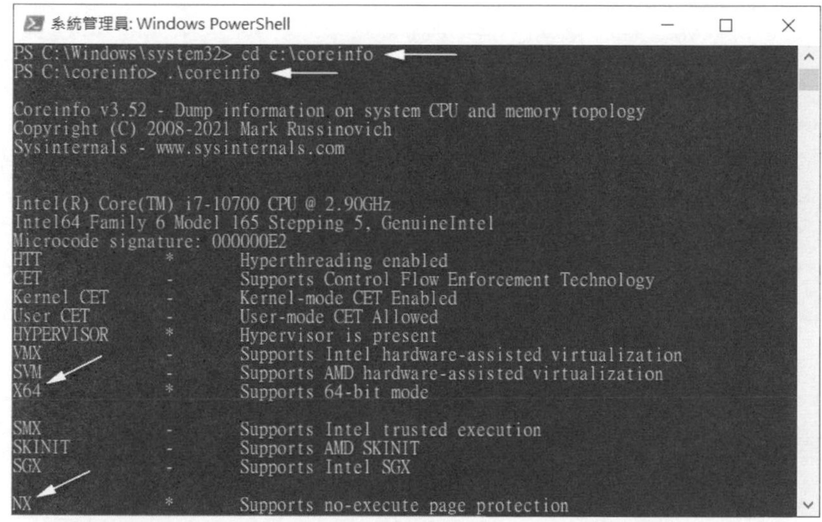

圖 2-1-1

```
系統管理員: Windows PowerShell
CX8          *    Supports compare and exchange 8-byte instructions
CX16         *    Supports CMPXCHG16B instruction
BMI1         *    Supports bit manipulation extensions 1
BMI2         *    Supports bit manipulation extensions 2
ADX          *    Supports ADCX/ADOX instructions
DCA          -    Supports prefetch from memory-mapped device
F16C         *    Supports half-precision instruction
FXSR         *    Supports FXSAVE/FXSTOR instructions
FFXSR        -    Supports optimized FXSAVE/FSRSTOR instruction
MONITOR      -    Supports MONITOR and MWAIT instructions
MOVBE        *    Supports MOVBE instruction
ERMSB        *    Supports Enhanced REP MOVSB/STOSB
PCLMULDQ     *    Supports PCLMULDQ instruction
POPCNT       *    Supports POPCNT instruction
LZCNT        *    Supports LZCNT instruction
SEP          *    Supports fast system call instructions
LAHF-SAHF    *    Supports LAHF/SAHF instructions in 64-bit mode
```

圖 2-1-2

從圖 2-1-3 可看出支援 PrefetchW。另外從圖 2-1-4 中執行 **.\coreinfo /v** 的結果可看出支援 SLAT。

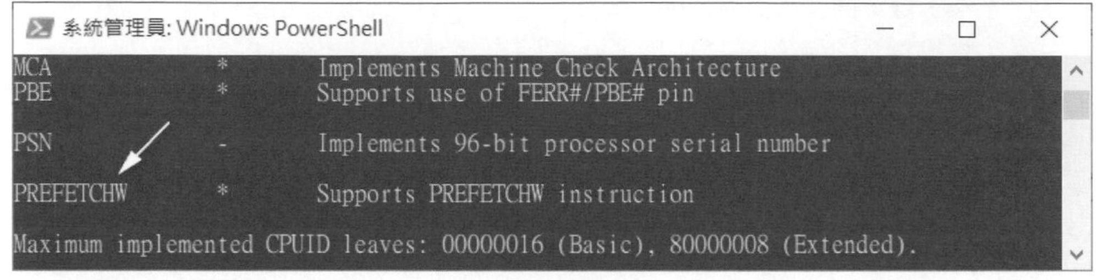

圖 2-1-3

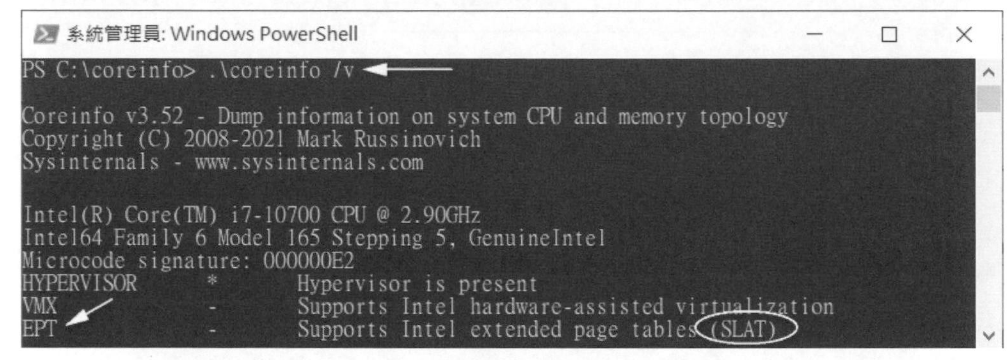

圖 2-1-4

選擇磁碟分割區

在磁碟（硬碟）具備儲存資料的能力之前，它需被分割成一或數個磁碟分割區（partition），每個磁碟分割區都是獨立的儲存單位。您可以在安裝過程中選擇欲安裝 Windows Server 2022 的磁碟分割區：

- 若磁碟完全未經過分割（例如全新磁碟），如圖 2-1-5 左邊所示，則您可以將整個磁碟當作一個磁碟分割區，並選擇將 Windows Server 2022 安裝到此區（會被安裝到名稱為 **Windows** 的資料夾內），不過因為安裝程式會自動另外建立一個系統磁碟區（詳細內容見第 10 章），因此最後的結果將會是如圖 2-1-5 右邊所示的狀況。

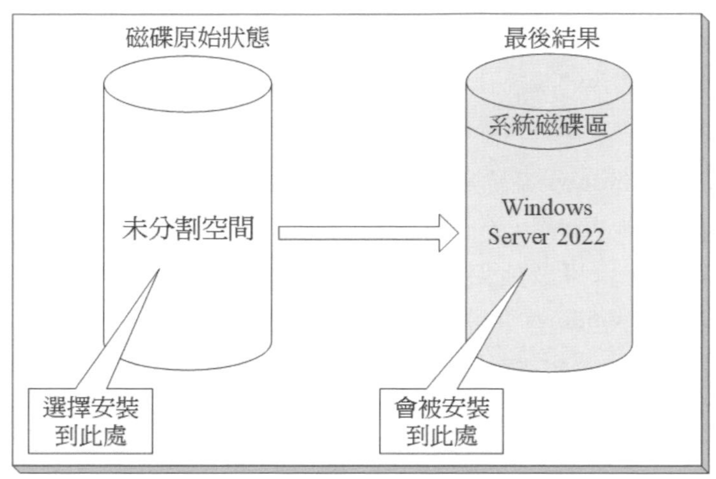

圖 2-1-5

▶ 您可以將一個未分割磁碟的部分空間劃分出一個磁碟分割區，然後將 Windows Server 2022 安裝到此區，不過安裝程式還會自動另外建立一個系統磁碟區，如圖 2-1-6 所示，圖中最後結果中剩餘的未分割空間可以用來當作資料儲存區或安裝另外一套作業系統。

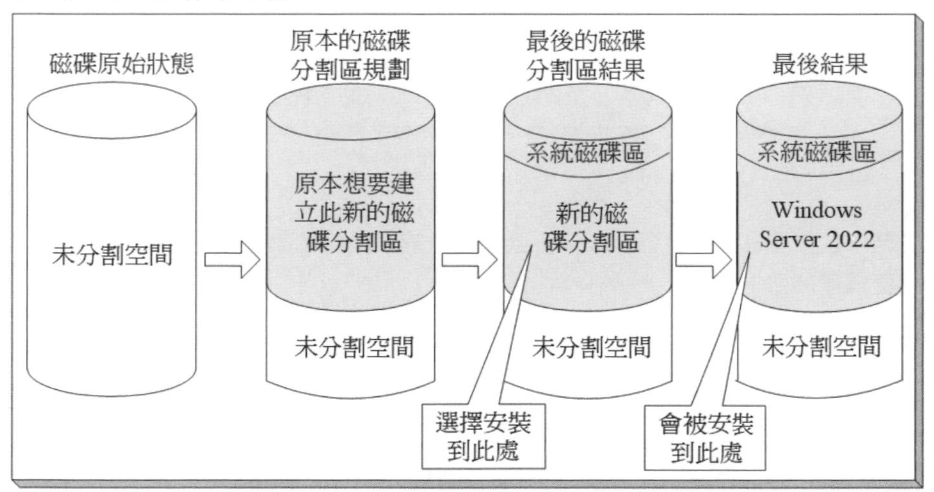

圖 2-1-6

▶ 若磁碟分割區內已經有其他作業系統的話，例如 Windows Server 2019，而您要將 Windows Server 2022 安裝到此分割區的話，則可以（參見圖 2-1-7）：

- **將前版 Windows 系統升級**：此時前版系統會被 Windows Server 2022 取代，同時原來大部分的系統設定會被保留在 Windows Server 2022 系統內，一般的資料檔案（非作業系統檔案）也會被保留。
- **不將前版 Windows 系統升級**：此磁碟分割區內原有檔案會被保留，雖然前版系統已經無法使用，不過此系統所在的資料夾（一般是 Windows）會被搬移到 Windows.old 資料夾內。而新的 Windows Server 2022 會被安裝到此磁碟分割區的 Windows 資料夾內。

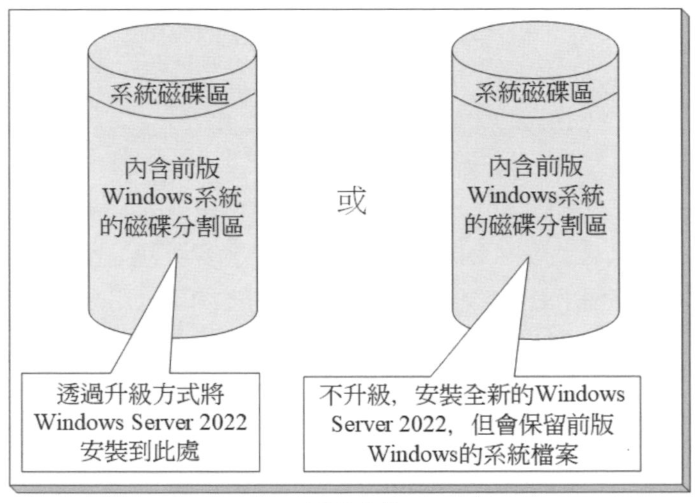

圖 2-1-7

若您在安裝過程中將現有磁碟分割區刪除或格式化的話，則該分割區內的現有資料都將遺失。

- 雖然磁碟內已經有其他 Windows 系統，不過該磁碟內尚有其他未分割空間，而您要將 Windows Server 2022 安裝到此未分割空間的 Windows 資料夾內，如圖 2-1-8，此方式讓您在啟動電腦時，可選擇 Windows Server 2022 或原有的其他 Windows 系統，這就是所謂的**多重開機**設定（multiboot）。

磁碟分割區需被格式化成適當的檔案系統後，才可以在其內安裝作業系統與儲存資料，檔案系統包含 NTFS、ReFS、FAT32、FAT 與 exFAT 等。您只能將 Windows Server 2022 安裝到 NTFS 磁碟分割區內，其他類型的磁碟僅能用來儲存資料。

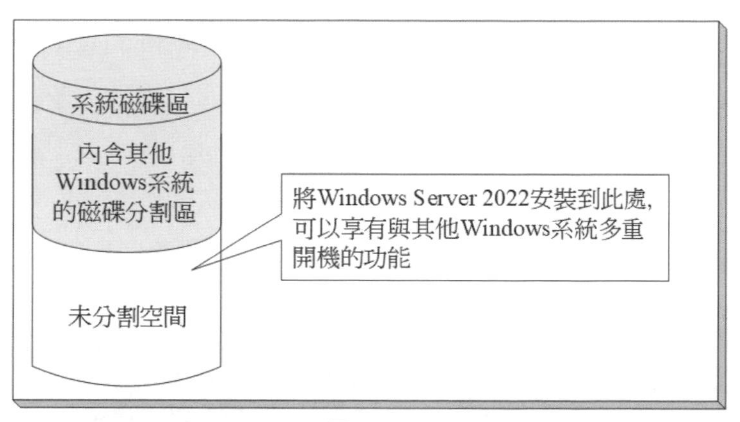

圖 2-1-8

2-2 新安裝或升級

您可以選擇全新安裝 Windows Server 2022 或將現有的前版 Windows 系統升級（以下主要是針對具備圖形化介面的「含桌面體驗的伺服器」來說明）。

- **全新安裝**：請利用內含 Windows Server 2022 安裝檔的 USB 開機隨身碟（或 DVD），來啟動電腦與執行 USB 隨身碟內的安裝程式。若磁碟內已經有前版 Windows 系統的話，則也可以先啟動此系統，然後插入 USB 隨身碟來執行其內的安裝程式；您也可以直接執行 Windows Server 2022 ISO 檔內的安裝程式。
- **將現有的前版 Windows 作業系統升級**：先啟動這個前版 Windows 系統，然後插入內含 Windows Server 2022 安裝檔的 USB 開機隨身碟（或 DVD）來執行其內的安裝程式；也可以直接執行 Windows Server 2022 ISO 檔內的安裝程式。

利用 USB 開機隨身碟來啓動電腦與安裝

這種安裝方式只能夠全新安裝，無法升級安裝。請準備好內含 Windows Server 2022 安裝檔的 USB 開機隨身碟（或 DVD），然後依照以下步驟來安裝 Windows Server 2022。

您可以上網找工具程式來製作內含 Windows Server 2022 安裝檔的 USB 開機隨身碟，例如 Rufus、Windows USB/DVD Download Tool。

STEP 1 將 Windows Server 2022 USB 開機隨身碟插入電腦的 USB 插槽。

STEP 2 將電腦的 BIOS 設定改成從 USB 來啟動電腦，這樣的話，重新啟動電腦後就會執行隨身碟內的安裝程式（開啟電腦的電源後，按 Del 鍵或 F2 鍵可進入 BIOS 設定畫面，然後點選從 USB 隨身碟來啟動電腦）。

STEP 3 在圖 2-2-1 的畫面中直接按下一步鈕後點擊立即安裝。

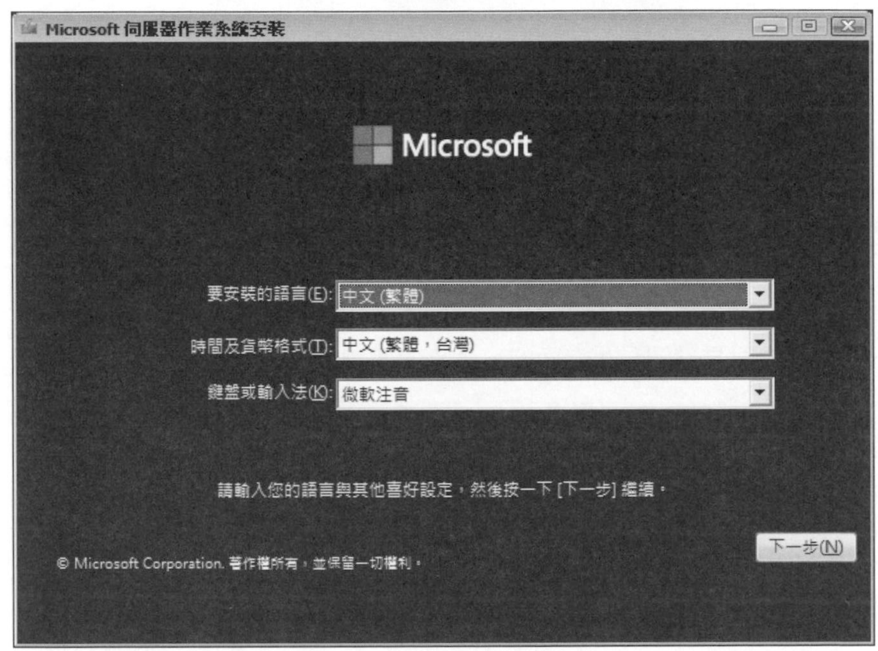

圖 2-2-1

STEP 4 在啟用 **Microsoft 伺服器作業系統安裝**畫面中，輸入產品金鑰後按下一步鈕，或是點擊**我沒有產品金鑰**來試用此產品。

STEP 5 在圖 2-2-2 中點選要安裝的版本後按下一步鈕（此處我們選擇 **Windows Server 2022 Datacenter(桌面體驗)**）。

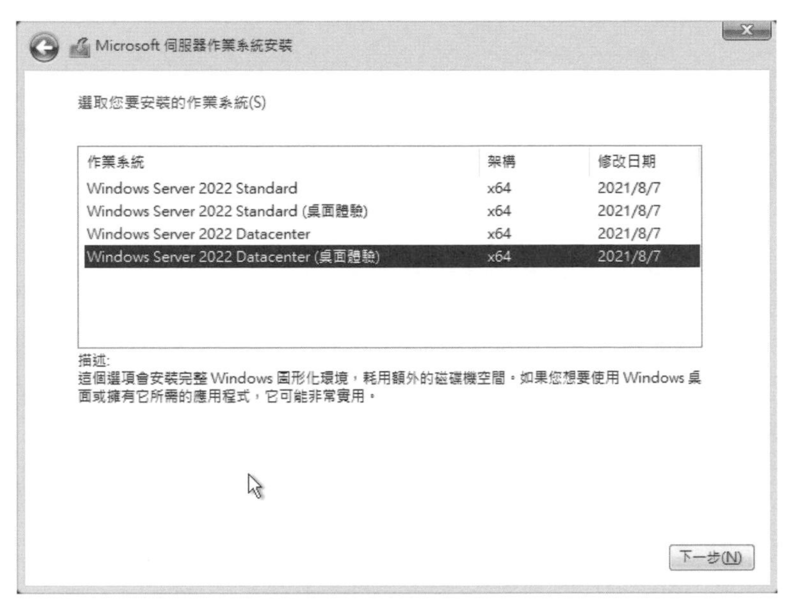

圖 2-2-2

STEP 6 在適用注意事項與授權條款畫面中勾選**我接受(A)Microsoft 軟體授權條款。如果組織正在...**後按下一步鈕。

STEP 7 在圖 2-2-3 中點擊**自訂(C)：僅安裝 Microsoft 伺服器作業系統（進階）**。

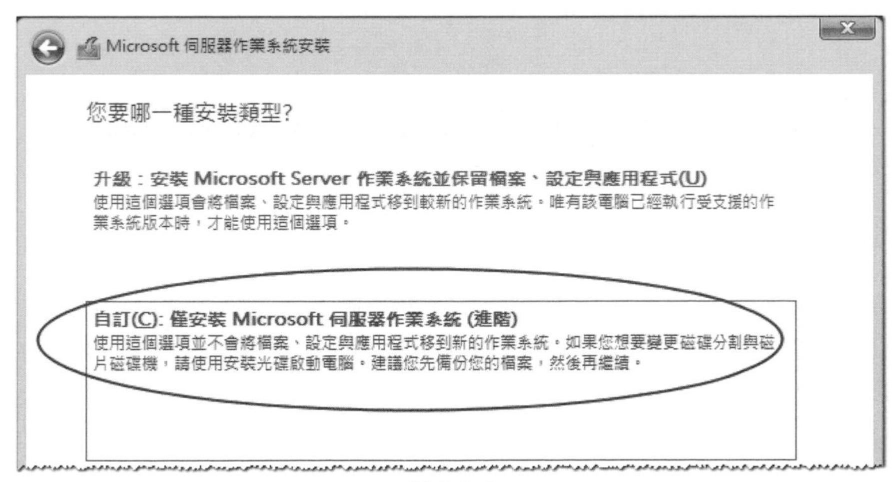

圖 2-2-3

STEP 8 在**您要在何處安裝作業系統?**畫面中直接按下一步鈕以便開始安裝 Windows Server 2022。

若需安裝廠商提供的驅動程式才能存取磁碟的話，請在畫面中點擊**載入驅動程式**；若點擊**新增**，可以建立主要磁碟分割區；點擊**格式化**、**刪除**，會將現有磁碟分割區格式化或刪除。

在現有的 Windows 系統內來安裝

這種安裝方式可以用來升級安裝，也可以用來全新安裝，不過主要是用來升級安裝，因此以下說明以升級安裝為主。請準備好內含 Windows Server 2022 安裝檔案的 ISO 檔或開機 USB 隨身碟（或 DVD），然後依照以下步驟來安裝 Windows Server 2022。

STEP 1 啟動現有的 Windows 系統、登入。

STEP 2 插入內含 Windows Server 2022 安裝檔案的 USB 開機隨身碟（或 DVD），讓系統自動執行 USB 隨身碟內的安裝程式；您也可以手動直接執行 ISO 檔內的安裝程式 **setup.exe**。

STEP 3 接下來的步驟與前面第 2-7 頁 **利用 USB 開機隨身碟來啟動電腦與安裝** 類似，此處不再說明。

2-3 啟動與使用 Windows Server 2022

啓動與登入

安裝完成後會自動重新啟動系統。而在第一次啟動 Windows Server 2022 時，會出現圖 2-3-1 來要求您設定系統管理員 Administrator 的密碼（點擊密碼右方圖示可顯示所輸入的密碼），設定好後按完成鈕。

使用者的密碼預設需至少 6 個字元、不可包含使用者帳戶名稱或全名，還有至少要包含 A - Z、a - z、0 - 9、非字母數字（例如!、$、#、%）等 4 組字元中的 3 組，例如 12abAB 是一個有效的密碼，而 123456 是無效的密碼。

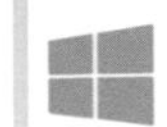

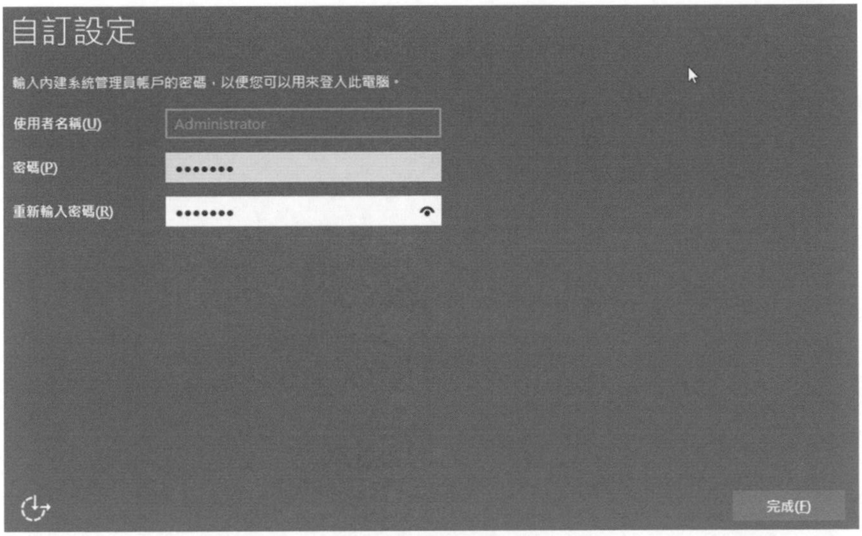

自訂設定
輸入內建系統管理員帳戶的密碼，以便您可以用來登入此電腦。
使用者名稱(U)
Administrator
密碼(P)
重新輸入密碼(R)
完成(F)

圖 2-3-1

接下來請依照圖 2-3-2 的要求按 Ctrl + Alt + Del 鍵（先按 Ctrl + Alt 不放，再按 Del 鍵），然後在圖 2-3-3 的畫面中輸入系統管理員（Administrator）的密碼後按 Enter 鍵來登入（sign in）。登入成功後會出現圖 2-3-4 的**伺服器管理員**畫面。

按下 Ctrl+Alt+Delete 以解除鎖定。
03:40
9月1日星期三

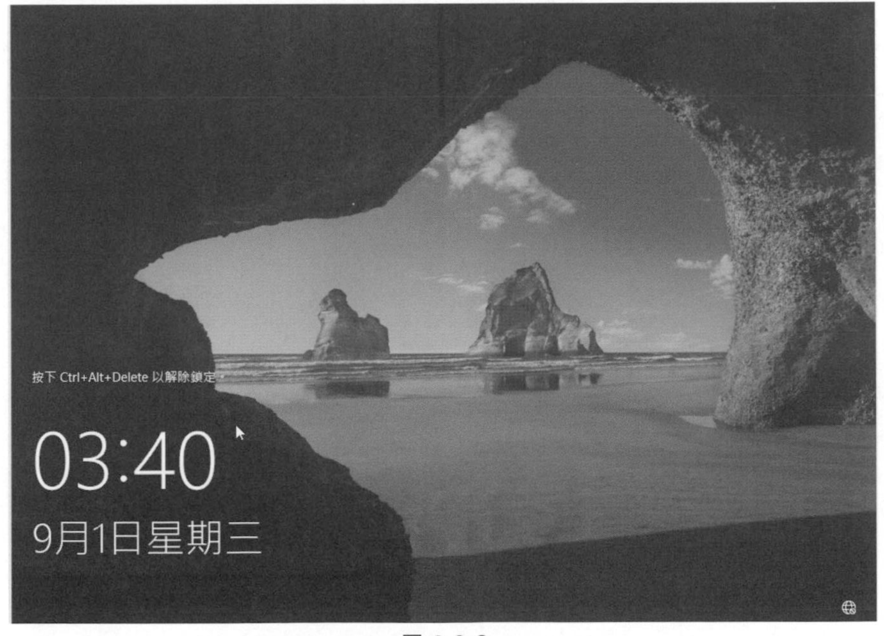

圖 2-3-2

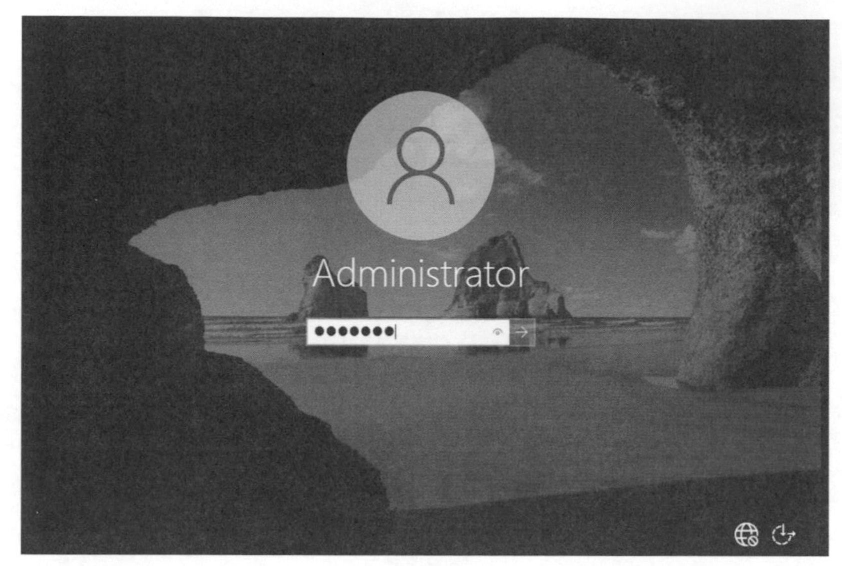

圖 2-3-3

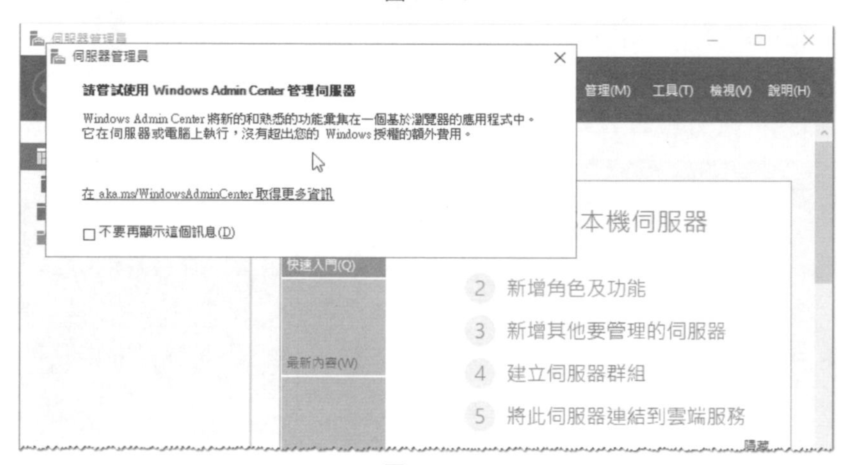

圖 2-3-4

1. 您可以利用**伺服器管理員**來管理系統；上圖畫面中也提醒您可以使用瀏覽器的管理工具 Windows Admin Center。
2. 若已經關閉**伺服器管理員**的話，可以透過以下途徑來重新開啟：【點擊左下角**開始**圖示⊞➲伺服器管理員】。
3. 您也可以透過自訂的**微軟管理主控台**（Microsoft Management Console，MMC）來管理系統：【按 Windows 鍵⊞＋R 鍵➲輸入 MMC➲按確定鈕➲選取**檔案**功能表➲新增/移除嵌入式管理單元➲在清單中選擇所需的工具】。

登出、登入與關機

若暫時不想使用此電腦，但並沒有要將電腦關機的話，可以選擇登出或鎖定電腦。請點擊左下角的**開始**圖示⊞，然後點擊圖 2-3-5 中代表使用者帳戶的人頭圖示：

- **鎖定**：鎖定期間所有的應用程式都仍然會繼續執行。若要解除鎖定，以便繼續使用此電腦的話，需重新輸入密碼。
- **登出**：登出會結束您目前正在執行的應用程式。之後若要繼續使用此電腦的話，必須重新登入。

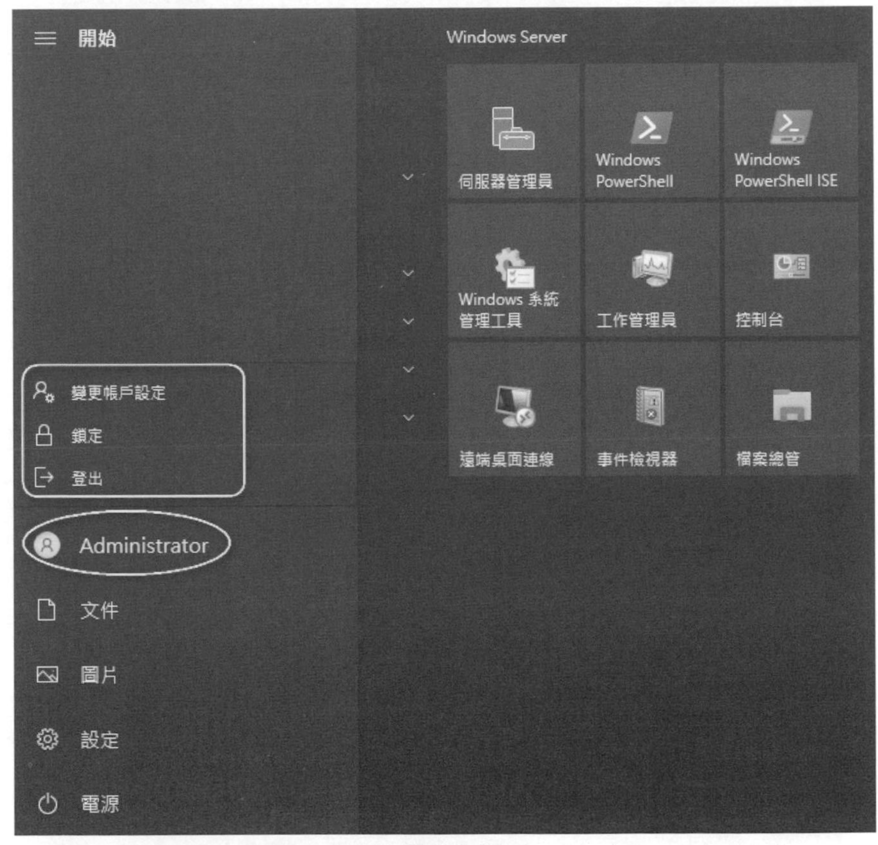

圖 2-3-5

若要將電腦關機或重新啟動的話：【請點擊左下角的**開始**圖示⊞➲如圖 2-3-6 所示點選**關機**或**重新啟動**】。

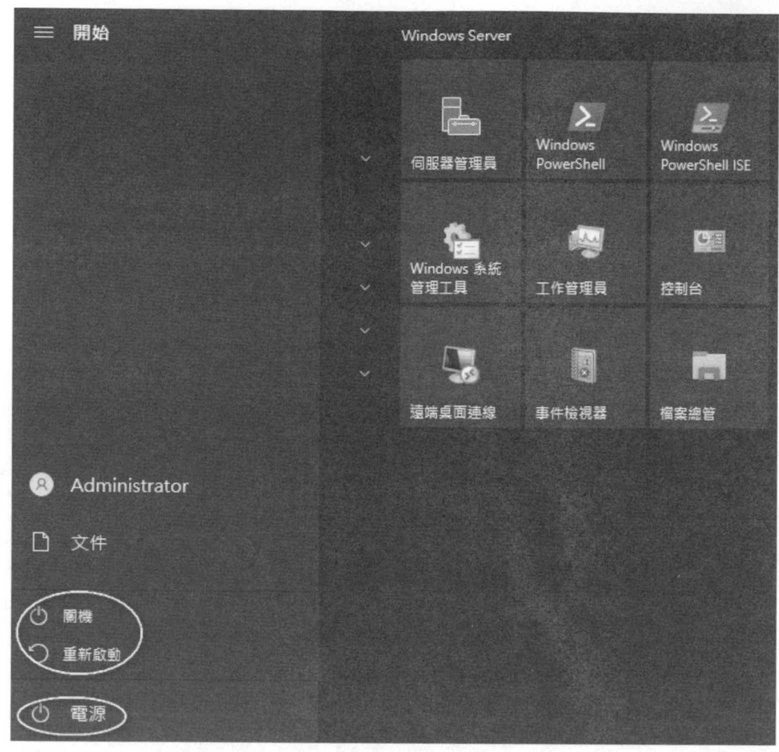

圖 2-3-6

您也可以直接按 Ctrl + Alt + Del 鍵，然後在圖 2-3-7 的畫面點選**鎖定**、**登出**等功能，或點選右下角的**關機**圖示。

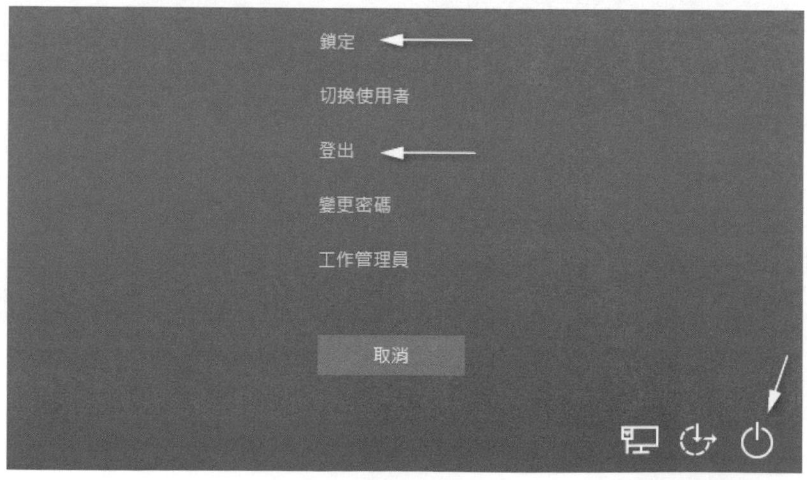

圖 2-3-7

3

Windows Server 2022 基本環境

本章將介紹如何設定 Windows Server 2022 的基本環境，以便讓您能夠熟悉與擁有基本的伺服器管理能力。

3-1 螢幕的顯示設定

透過對顯示設定做適當的調整，可以讓監視器得到最佳的顯示效果，讓您觀看螢幕時更方便、眼睛更舒服。

螢幕上所顯示的字元是由一點一點所組成的，這些點被稱為**像素**或**畫素**（pixel），您可以自行調整水平與垂直的顯示點數，例如水平 1920 點、垂直 1080 點，此時我們將其稱為 "解析度為 1920 x 1080" ，解析度愈高，畫面愈細膩，影像與物件的清晰度越佳。每一個**像素**所能夠顯示的顏色多寡，要看利用多少個位元（bit）來顯示 1 個**像素**，例如若由 16 個位元來顯示 1 個**像素**，則 1 個**像素**可以有 2^{16} =65536 種顏色，同理 32 個位元可以有 2^{32} = 4294967296 種顏色 。

若要調整顯示解析度或文字顯示大小等設定的話：【對著桌面空白處按右鍵➲顯示設定➲然後透過圖 3-1-1 來調整】。若要同時變更螢幕解析度、顯示顏色與螢幕更新頻率的話：【點擊圖下方的**進階顯示設定**➲顯示器 1 的顯示卡內容】。

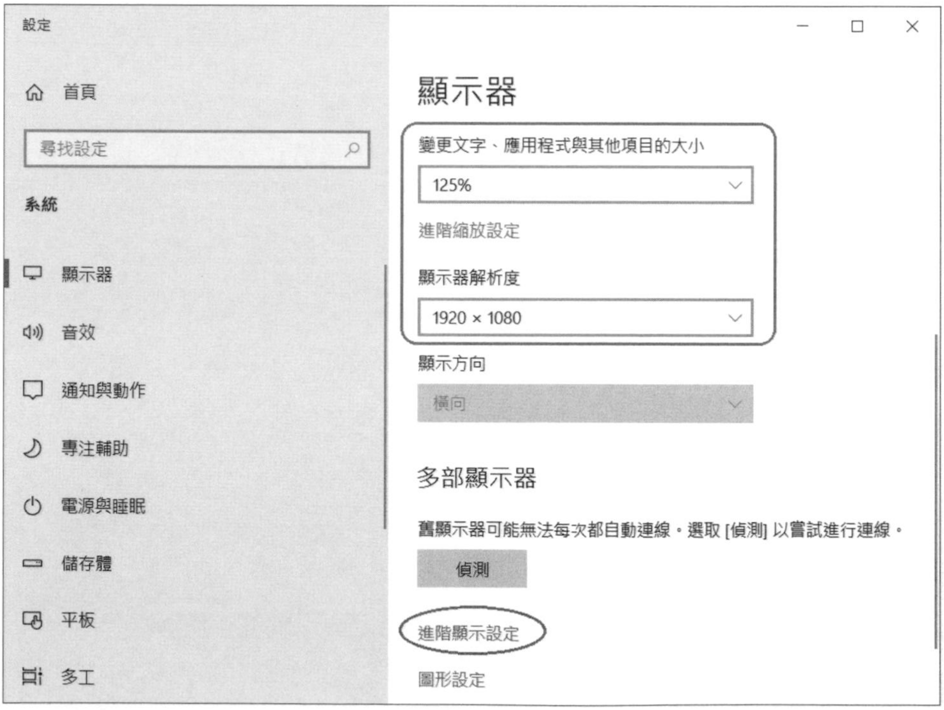

圖 3-1-1

3-2 電腦名稱與 TCP/IP 設定

電腦名稱與 TCP/IP 的 IP 位址都是用來辨識電腦的資訊，它們是電腦之間相互溝通所需的資訊。

變更電腦名稱與工作群組名稱

每一台電腦的電腦名稱必須是唯一的，不應該與網路上其他電腦重複。系統會自動設定電腦名稱，不過建議您將此電腦名稱改為比較易於辨識的名稱。每一台電腦所隸屬的工作群組名稱預設都是 WORKGROUP。變更電腦名稱或工作群組名稱的途徑如下所示。

STEP 1 點擊左下角**開始**圖示⊞➲伺服器管理員（先關閉關於 Windows Admin Center 的說明視窗）➲點擊圖 3-2-1 中**本機伺服器**右方由系統自動設定的電腦名稱➲點擊前景圖的變更鈕。

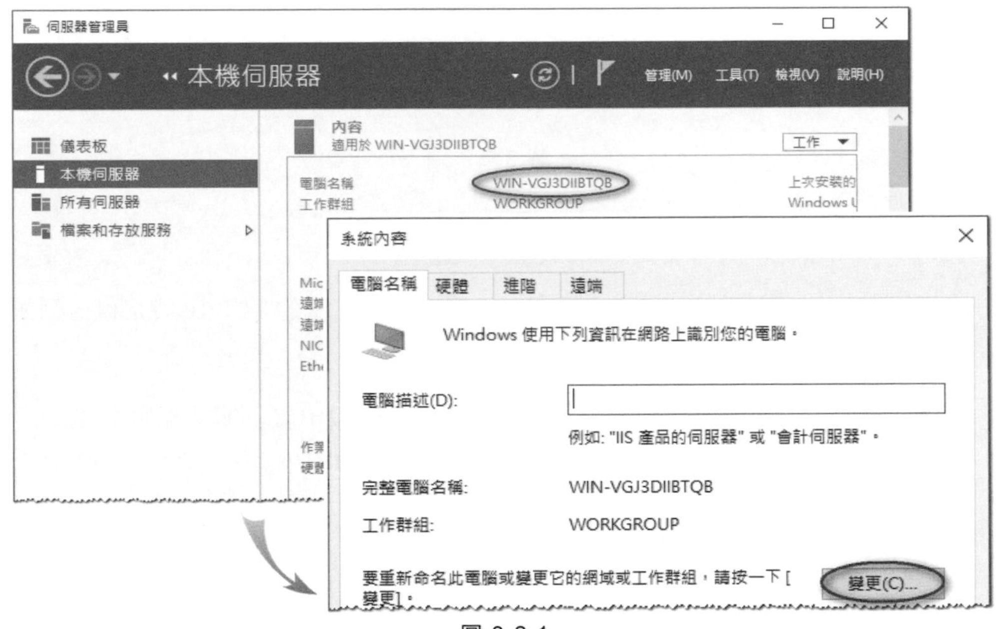

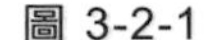

圖 3-2-1

Windows 11、Windows 10 變更電腦名稱的途徑可以是：【對著下方的**開始**圖示■（或⊞）按右鍵➲系統➲重新命名此電腦】。

STEP 2 變更圖 3-2-2 中的**電腦名稱**後按確定鈕（圖中並未變更**工作群組**名稱），依照指示重新啟動電腦後，這些變更才會生效。

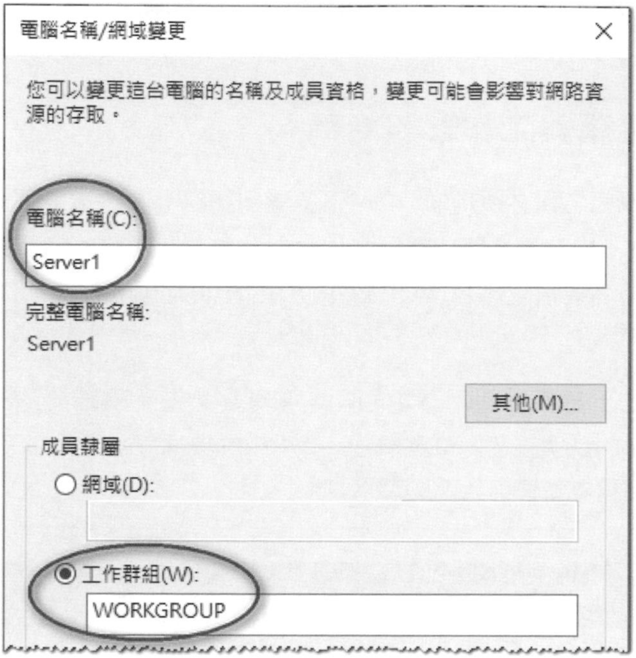

電腦名稱/網域變更

您可以變更這台電腦的名稱及成員資格，變更可能會影響對網路資源的存取。

電腦名稱(C):

Server1

完整電腦名稱:

Server1

其他(M)...

成員隸屬

網域(D):

工作群組(W):

WORKGROUP

圖 3-2-2

TCP/IP 的設定與測試

一台電腦若要與網路上其他電腦溝通的話，還需要有適當的 TCP/IP 設定值，例如正確的 IP 位址。一台電腦取得 IP 位址的方式有兩種：

- **自動取得 IP 位址**：這是預設值，此時電腦會自動向 DHCP 伺服器租用 IP 位址，這台伺服器可能是一台電腦，也可能是一台具備 DHCP 伺服器功能的 IP 分享器（NAT）、寬頻路由器、無線基地台等。

  若找不到 DHCP 伺服器的話，此電腦會利用 Automatic Private IP Addressing（APIPA）機制來自動替自己設定一個符合 169.254.0.0/16 格式的 IP 位址，不過此時僅能夠與同一個網路內 IP 位址也是 169.254.0.0/16 格式的電腦溝通。

- **手動設定 IP 位址**：這種方式會增加系統管理員的負擔，而且手動設定容易出錯，它比較適合於企業內部的伺服器來使用。

設定 IP 位址

STEP 1 開啟**伺服器管理員**➲點擊圖 3-2-3 中**本機伺服器**右方**乙太網路**的設定值➲雙擊圖中的**乙太網路**。

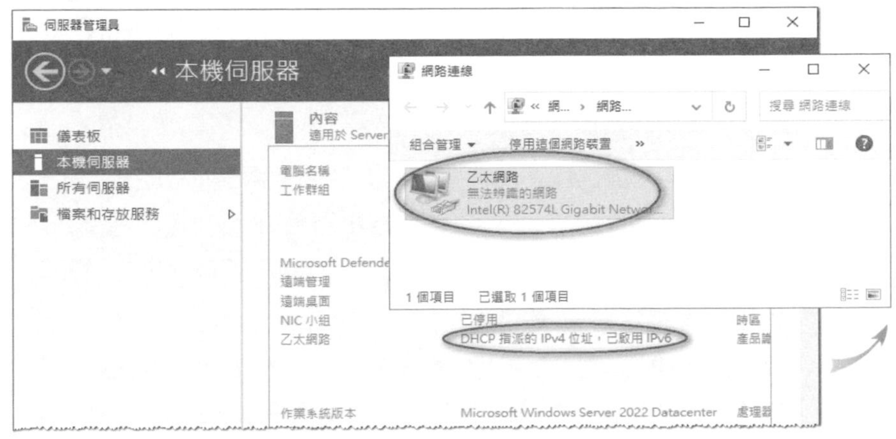

圖 3-2-3

STEP 2 在圖 3-2-4 中點擊**內容**➲**網際網路通訊協定第 4 版（TCP/IPv4）**➲**內容**。

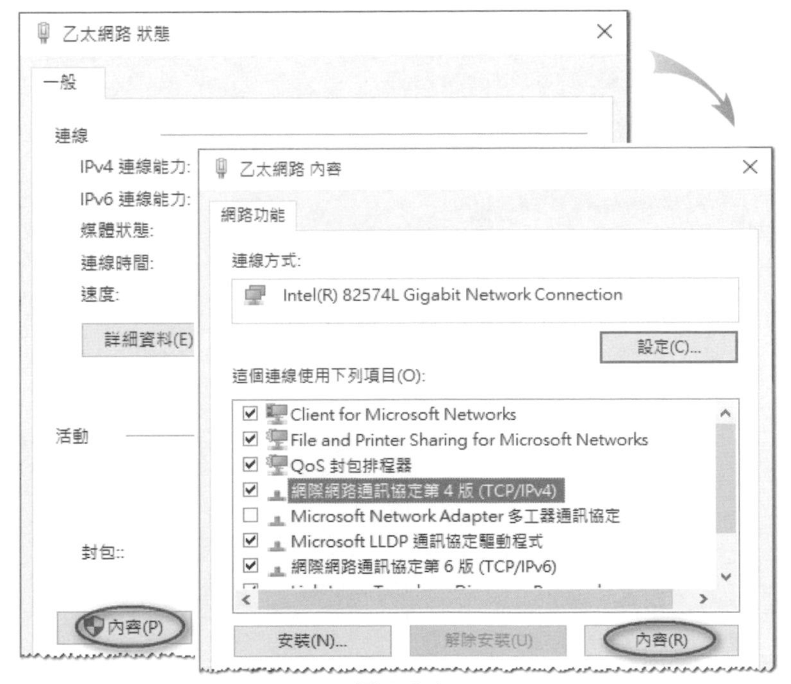

圖 3-2-4

STEP 3 在圖 3-2-5 中設定 IP 位址、子網路遮罩、預設閘道與慣用 DNS 伺服器等。設定完成後請依序按 確定 、 關閉 鈕來結束設定。

- **IP 位址**：請自行依照電腦所在的網路環境來設定，或依照圖來設定。
- **子網路遮罩**：請依照電腦所在的網路環境來設定，若 IP 位址是設定成圖中的 192.168.8.1，則可以輸入 255.255.255.0，或在 IP 位址輸入完成後直接按 Tab 鍵，系統會自動填入子網路遮罩的預設值。
- **預設閘道**：內部區域網路的電腦若要透過路由器或 IP 分享器（NAT）來連接網際網路的話，此處請輸入路由器或 IP 分享器的區域網路 IP 位址（LAN IP 位址），假設是 192.168.8.254，否則保留空白即可。
- **慣用 DNS 伺服器**：內部區域網路的電腦要上網的話，此處請輸入 DNS 伺服器的 IP 位址，它可以是企業自行架設的 DNS 伺服器、網際網路上任一台運作中的 DNS 伺服器（例如圖中是 google 的 DNS 伺服器 IP 位址）、或 IP 分享器的區域網路 IP 位址（LAN IP 位址）等。
- **其他 DNS 伺服器**：若慣用 DNS 伺服器故障、沒有回應的話，會自動改使用此處的 DNS 伺服器。

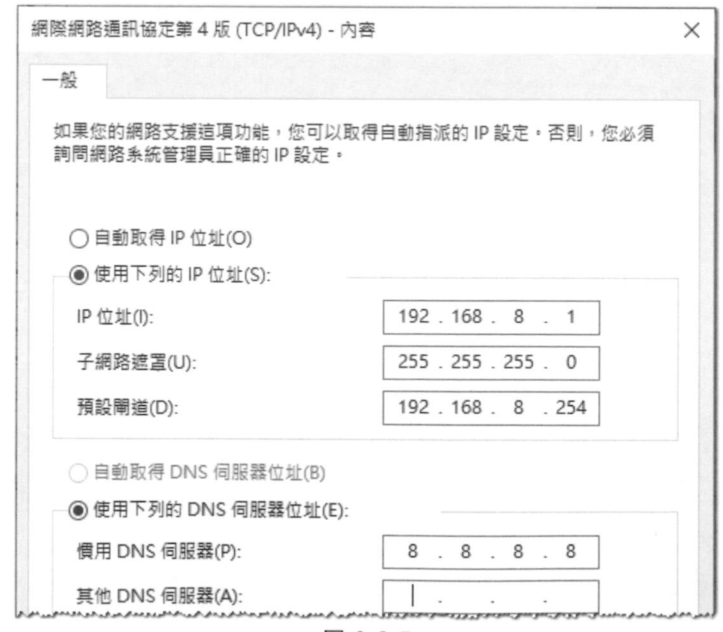

圖 3-2-5

檢視 IP 位址的有效設定值

若 IP 位址是自動取得的，則您可能想要知道所租用到的 IP 設定為何；即使 IP 位址是手動設定的，您所設定的 IP 位址也不一定就是可用的 IP 位址，例如 IP 位址已經被其他電腦先佔用了。你可以透過圖 3-2-6 的**伺服器管理員**來得知 IP 位址的有效設定值為 192.168.8.1。

若要檢視更詳細的內容：【點擊圖 3-2-6 中圈起來的部分➲雙擊**乙太網路**➲點擊**詳細資料**鈕➲如圖 3-2-7 所示可看到 IP 位址的有效設定值】，從圖中還可看到網路卡的實體位址（MAC address）為 00-0C-29-7B-B9-E0。

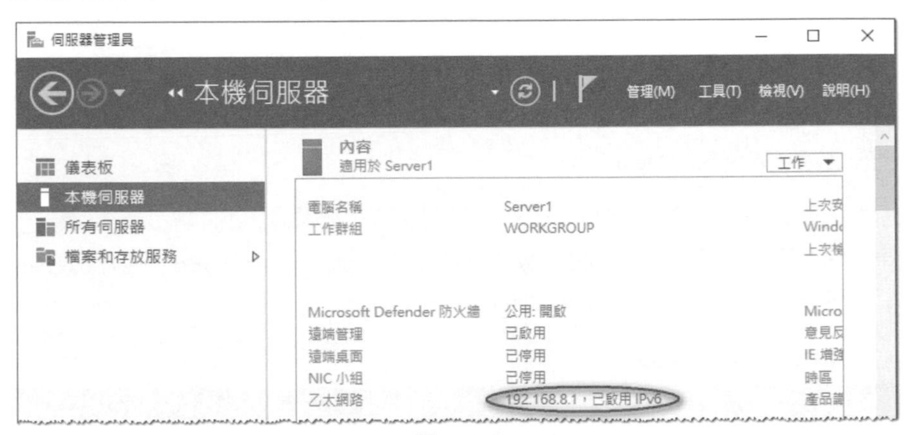

圖 3-2-6

網路連線詳細資料

網路連線詳細資料(D):

內容	值
連線特定 DNS 尾碼	
描述	Intel(R) 82574L Gigabit Network Connect
實體位址	00-0C-29-7B-B9-E0
DHCP 已啟用	否
IPv4 位址	192.168.8.1
IPv4 子網路遮罩	255.255.255.0
IPv4 預設閘道	192.168.8.254
IPv4 DNS 伺服器	8.8.8.8
IPv4 WINS 伺服器	

圖 3-2-7

1. 若 IP 位址與同一網路內另外一台電腦重複的話，且該電腦先啟動，則系統會另外指派 169.254.0.0/16 格式的 IP 位址給您的電腦使用，且在圖 3-2-6 中圈起來處會顯示**多個 IPv4 位址**訊息（點擊該處可檢視更詳細的內容）。
2. 也可【點擊左下方**開始**圖示⊞➲Windows PowerShell】，然後執行 ipconfig 或 ipconfig /all 來查看 IP 位址設定值（若 IP 位址之後有**重複** 2 字，表示另一台電腦已經先使用此 IP 位址，且目前使用的 IP 位址為**自動設定 IPv4 位址**欄位的 IP 位址(後面有標示**偏好選項**的 169.254.0.0/16 格式的 IP 位址)。

善用 Ping 指令來除錯

您可以利用 Ping 指令來檢測網路問題與找出不正確的設定。請【點擊左下方**開始**圖示⊞➲Windows PowerShell】，然後執行：

- 迴路測試（loopback test）：

  也就是執行 **ping 127.0.0.1** 指令，它可以檢測本機電腦的網路卡硬體與 TCP/IP 驅動程式是否可以正常接收、傳送 TCP/IP 封包。若正常的話，會出現類似圖 3-2-8 的回覆畫面（自動測試 4 次）。

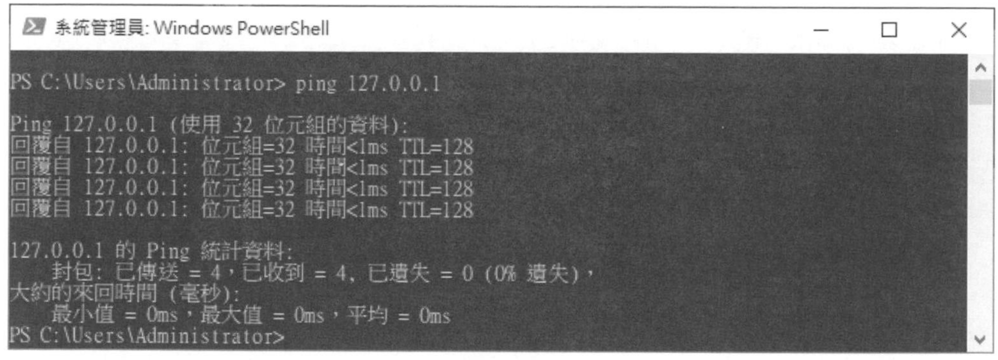

圖 3-2-8

- 測試與同一個網路內其他電腦是否可以正常溝通

  例如另一台電腦的 IP 位址為 192.168.8.2，此時請輸入 **ping 192.168.8.2**，若可以正常溝通的話，則應該會有如圖 3-2-9 所示的回應，不過因為其他電腦的 **Windows Defender 防火牆**預設已經開啟，它會封鎖此封包，因此可能會出現如圖 3-2-10 所示的**要求等候逾時**畫面。

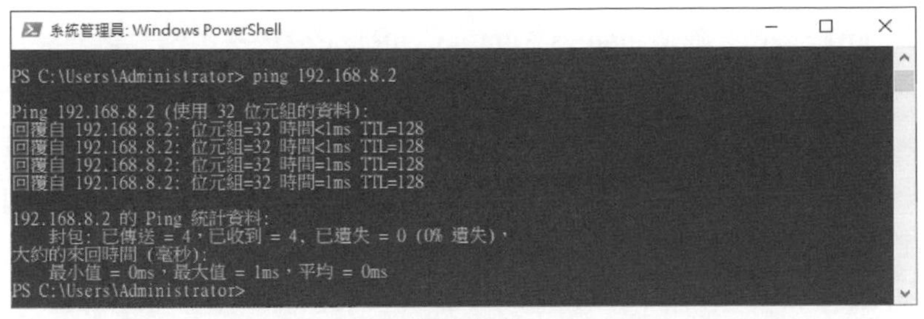

圖 3-2-9

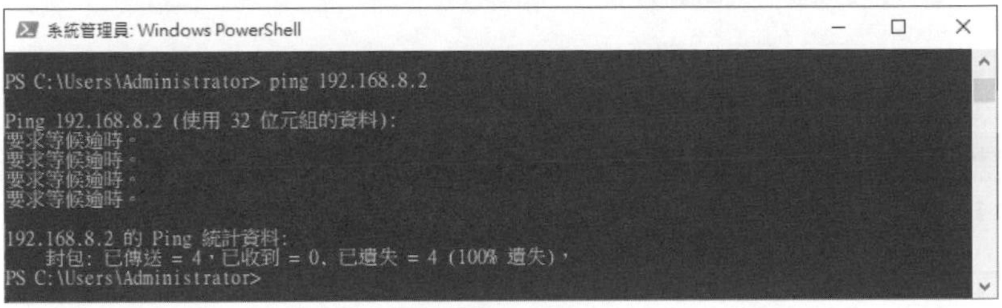

```
系統管理員: Windows PowerShell
PS C:\Users\Administrator> ping 192.168.8.2

Ping 192.168.8.2 (使用 32 位元組的資料):
要求等候逾時。
要求等候逾時。
要求等候逾時。
要求等候逾時。

192.168.8.2 的 Ping 統計資料:
    封包: 已傳送 = 4，已收到 = 0, 已遺失 = 4 (100% 遺失)，
PS C:\Users\Administrator>
```

圖 3-2-10

- Ping 預設閘道的 IP 位址。它可以檢測您的電腦是否能夠與預設閘道正常溝通，若正常的話，之後才可以透過預設閘道來與其他網路的電腦溝通。

3-3 安裝 Windows Admin Center

除了**伺服器管理員**之外，還有一個新的、瀏覽器介面的管理工具 Windows Admin Center。在啟動**伺服器管理員**時，它會提醒您來嘗試使用它（如圖 3-3-1 所示）。您可以透過點擊圖中的連結來下載與安裝它。

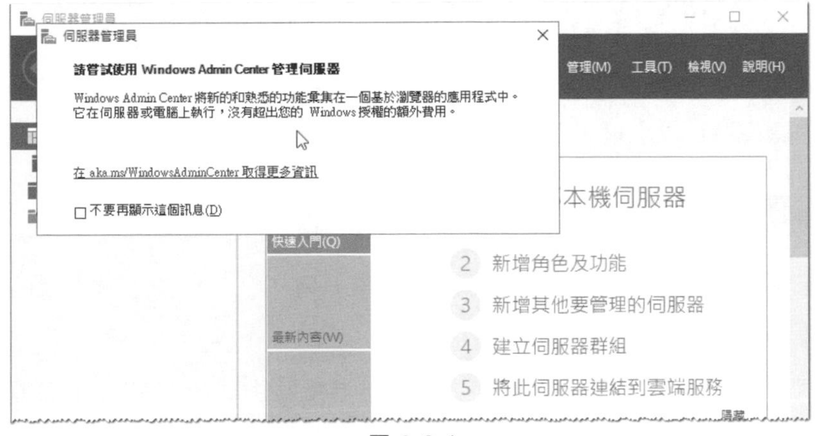

圖 3-3-1

透過 Microsoft Edge 下載 Windows Admin Center 完成後採用預設值安裝即可，然後可以到例如 Windows 11 電腦上開啟瀏覽器（支援 Microsoft Edge 與 Google Chrome）、輸入 **https://伺服器的名稱或 IP 位址/**，例如 **https://192.168.8.1/**（若出現此網站不安全訊息，可不理會，繼續點擊**進階➲繼續前往 192.168.8.1**（不安全））。接著輸入使用者帳號（例如 Administrator）與密碼、點擊欲管理的伺服器（例如 Server1）...，然後便可以如圖 3-3-2 所示來管理伺服器 Server1，例如可以透過畫面右上方的**編輯電腦識別碼**來變更電腦名稱、工作群組名稱等。

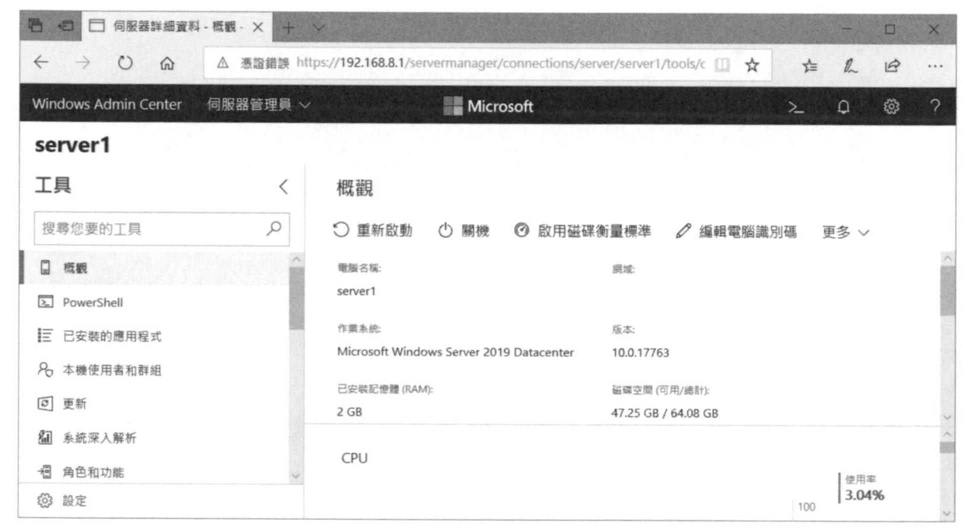

圖 3-3-2

3-4 連接網際網路與啟用 Windows 系統

Windows Server 2022 安裝完成後，需執行啟用程序，以便擁有完整的功能，但可能需要先讓電腦可以上網。

連接網際網路

您的電腦可能是透過以下幾種方式來連接網際網路：

- 透過路由器或 NAT 上網

  若電腦是位於企業內部區域網路，並且是透過路由器或 NAT（IP 分享器）來連接網際網路的話，則需將其**預設閘道**指定到路由器或 NAT 的 IP 位址（參

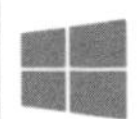

考前面圖 3-2-5）。還有需在**慣用 DNS 伺服器**處，輸入企業內部 DNS 伺服器的 IP 位址或網際網路上任何一台運作中的 DNS 伺服器的 IP 位址。

- 透過代理伺服器上網

需指定代理伺服器：【對著下方的**開始**圖示⊞按右鍵➲執行➲輸入 control 後按 確定 鈕➲網路和網際網路➲網際網路選項➲點擊**連線**標籤下的 LAN 設定 鈕➲輸入企業內部的代理伺服器的主機名稱或 IP 位址、連接埠號碼（圖中僅是範例）】。若代理伺服器支援 Web Proxy Autodiscovery Protocol（WPAD）的話，則您還可以勾選**自動偵測設定**。

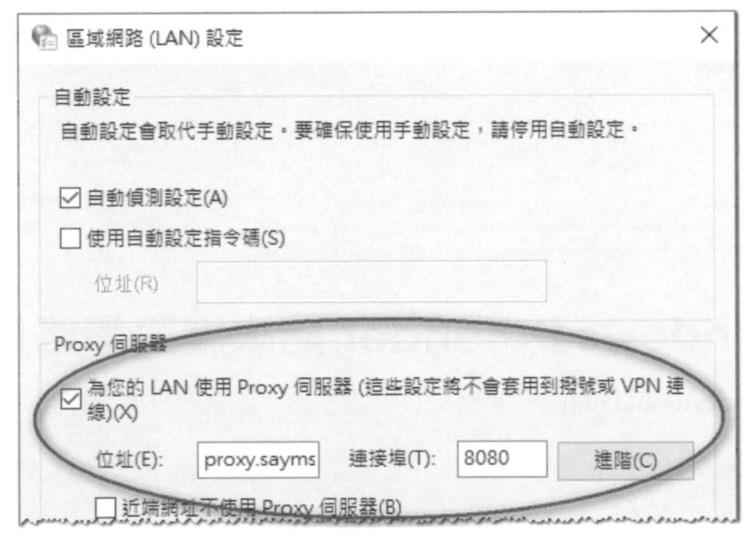

圖 3-4-1

- 透過 ADSL 或 VDSL 上網

若要透過 ADSL 或 VDSL 非固定式上網的話，請建立一個連線來連接 ISP（例如中華電信）與上網：對著右下方工作列的**網路**圖示按右鍵➲開啟網路和網際網路設定➲網路和共用中心➲點擊**設定新的連線或網路**➲點擊**連線到網際網路**後按 下一步 鈕➲點擊**寬頻（PPPoE）**➲輸入用來連接 ISP 的帳戶與密碼，然後按 連線 鈕就可以連接 ISP 與上網。

啟用 Windows Server 2022

Windows Server 2022 安裝完成後需執行啟用程序，否則有些使用者個人化功能無法使用，例如無法變更背景、色彩等。啟用 Windows Server 2022 的途徑：【開啟**伺服器管理員**➲透過點擊圖 3-4-2 中**本機伺服器**右方的**產品識別碼**處的狀態值（目前是**尚未啟用**）來輸入產品金鑰與啟用】。

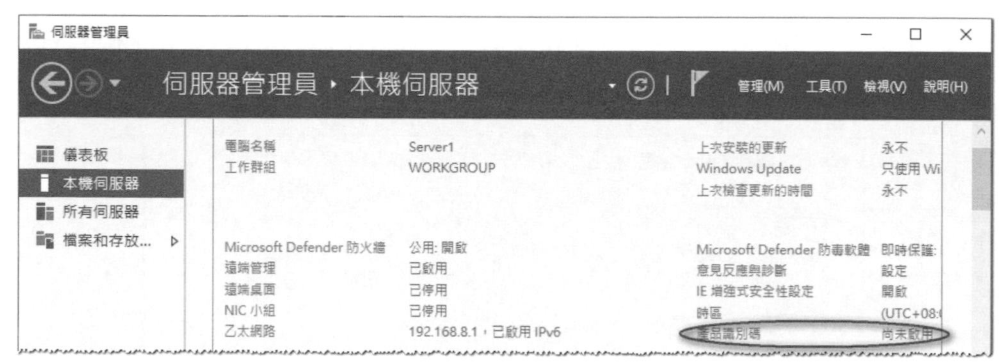

圖 3-4-2

3-5 Windows Defender 防火牆與網路位置

內建的 **Windows Defender 防火牆**可以保護電腦，避免遭受惡意程式的攻擊。

網路位置

系統將網路位置分為**私人網路**、**公用網路**與**網域網路**，而且可以自動判斷電腦所在的網路位置，例如加入網域的電腦的網路位置會自動被設定為**網域網路**。你可以透過【點擊下方的**開始**圖示⊞➲**設定**圖示⚙➲更新與安全性（Windows 11 為**隱私權與安全性**）➲Windows 安全性➲防火牆與網路防護】來查看網路位置，如圖 3-5-1 所示的**使用中**字樣，表示此電腦所在的網路位置為**公用網路**。

為了增加電腦在網路內的安全性，因此位於不同網路位置的電腦預設有著不同的防火牆設定，例如位於公用網路的電腦，其防火牆的設定較為嚴格，而位於私人網路的電腦則較為寬鬆。

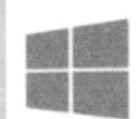

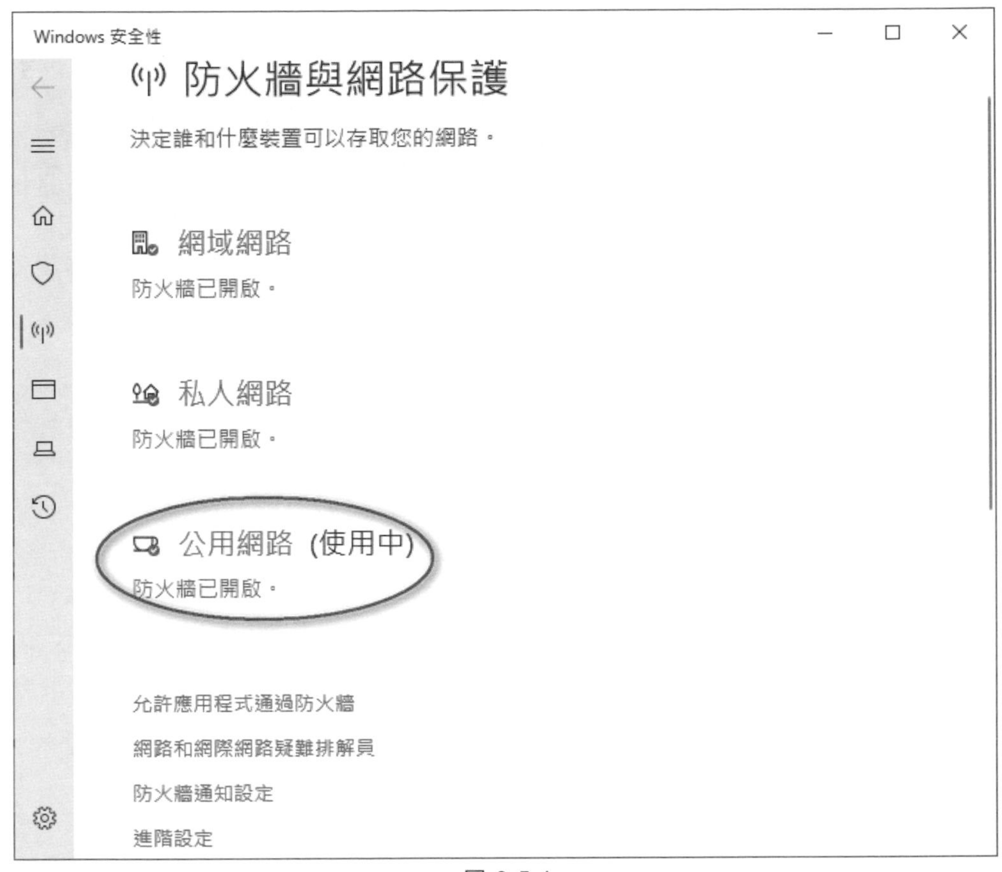

圖 3-5-1

若要自行變更網路位置的話，例如要將網路位置從**公用網路**變更為**私人網路**的話，可以透過【點擊下方的**開始**圖示⊞➲Windows PowerShell (Windows 11 為 **Windows 終端機**)】，然後先執行以下指令來取得網路名稱（參考圖 3-5-2），例如一般是**網路**：

```
Get-NetConnectionProfile
```

接著再執行以下指令來將此網路的網路位置變更為 Private：

```
Set-NetConnectionProfile -Name "網路" -NetworkCategory Private
```

系統預設已經針對每一個網路位置來啟用 **Windows Defender 防火牆**，它會阻擋其他電腦來與此台電腦溝通。若要變更設定的話，可以點擊前面圖 3-5-1 中的**網域網路**、**私人網路**或**公用網路**來設定。

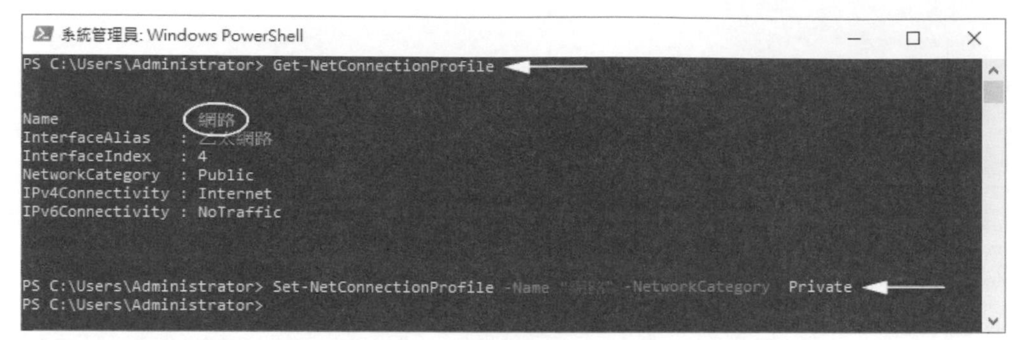

圖 3-5-2

解除對某些程式的封鎖

Windows Defender 防火牆會阻擋絕大部分的連入連線，不過您可以透過點擊前面圖 3-5-1 下方的**允許應用程式通過防火牆**來解除對某些程式的封鎖，例如若要允許網路上其他使用者來存取您的電腦內的共用檔案與印表機的話，請勾選圖 3-5-3 中**檔案及印表機共用**，且可分別針對**私人網路**與**公用網路**來勾選（若此電腦有加入網域的話，則還會有**網域網路**供選擇）。

允許的應用程式
« Windows Defe... › 允許的應用程式
搜尋控制台

名稱	私人	公用
☑ 網頁驗證入口流程	☑	☑
☐ 網路探索	☐	☐
☐ 遠端事件記錄檔管理	☐	☐
☐ 遠端事件監視器	☐	☐
☐ 遠端服務管理	☐	☐
☐ 遠端桌面	☐	☐
☐ 遠端桌面 (WebSocket)	☐	☐
☐ 遠端排程工作管理	☐	☐
☐ 遠端磁碟區管理	☐	☐
☐ 遠端關機	☐	☐
☑ 檔案及印表機共用	☑	☐

圖 3-5-3

Windows Defender 防火牆的進階安全設定

若要進一步設定防火牆規則的話，可以透過**具有進階安全性的 Windows Defender 防火牆**：點擊前面圖 3-5-1 下方的**進階設定**，之後可由圖 3-5-4 左邊看出它可以同時針對連入與連出連線來分別設定存取規則（圖中的**輸入規則**與**輸出規則**）。

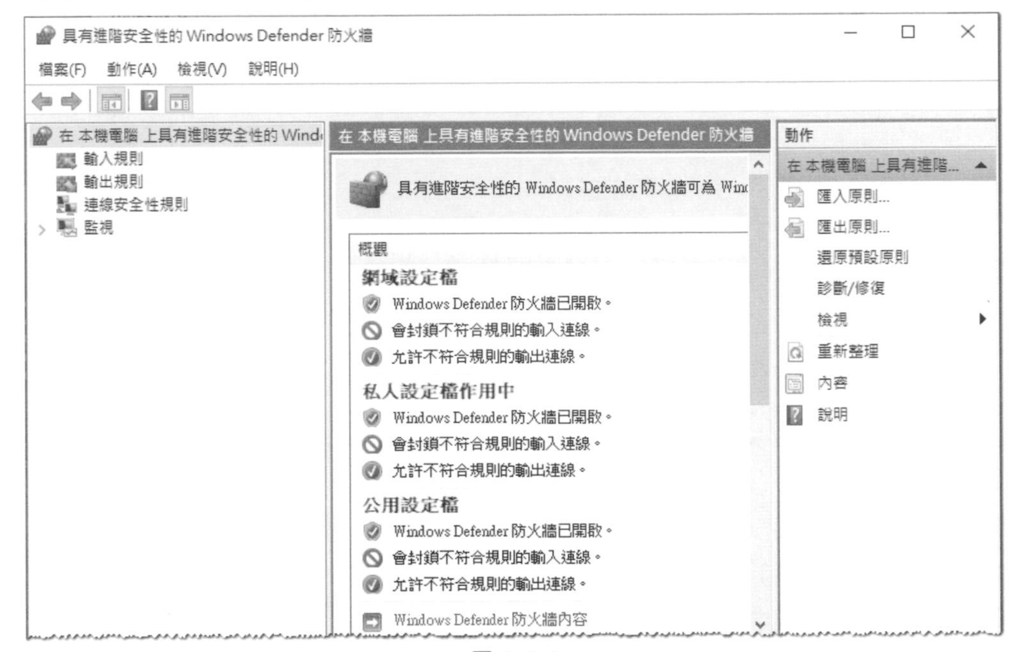

圖 3-5-4

不同的網路位置可有不同的**防火牆**規則設定，同時也有不同的設定檔，而這些設定檔可透過以下的途徑來變更：【對著前面圖 3-5-4 左邊的**在 本機電腦上具有進階安全性的 Windows Defender 防火牆**按右鍵➲內容】，如圖 3-5-5 所示，圖中針對網域、私人與公用網路位置的連入與連出連線分別有不同設定值，這些設定值包含：

- **封鎖（預設）**：封鎖沒有防火牆規則明確允許連線的所有連線。
- **封鎖所有連線**：封鎖全部連線，不論是否有防火牆規則明確允許的連線。
- **允許**：允許連線，但有防火牆規則明確封鎖的連線除外。

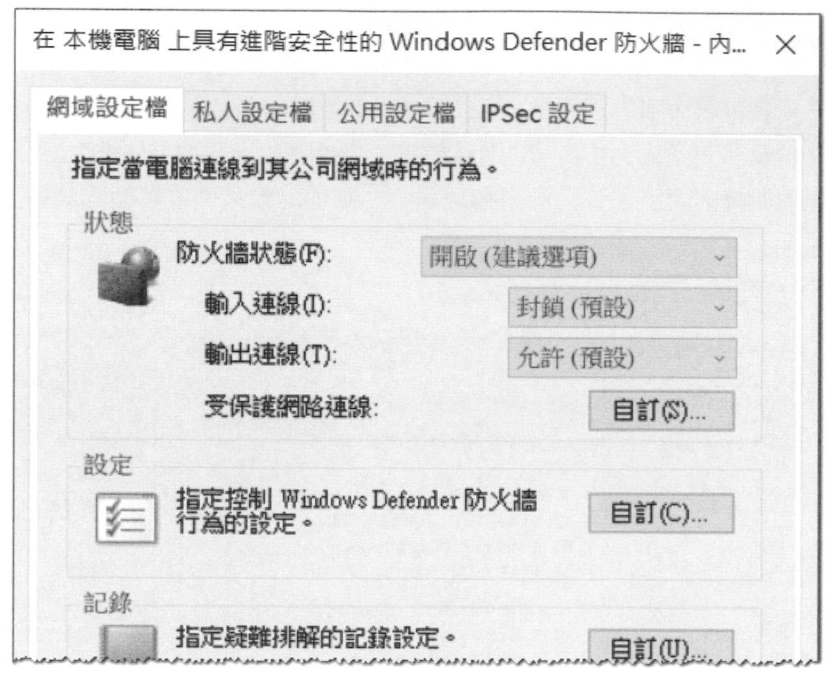

圖 3-5-5

您可以針對特定程式或流量來開放或封鎖，例如防火牆預設是開啟的，因此網路上其他使用者無法利用 Ping 指令來與您的電腦溝通，若要開放的話，可透過**具有進階安全性的 Windows Defender 防火牆**的**輸入規則**來開放 ICMP Echo Request 封包：【點擊前面圖 3-5-4 左方的**輸入規則**➲點擊中間下方的**檔案及印表機共用（回應要求 – ICMPv4-In）**➲如圖 3-5-6 所示勾選**已啟用**】。

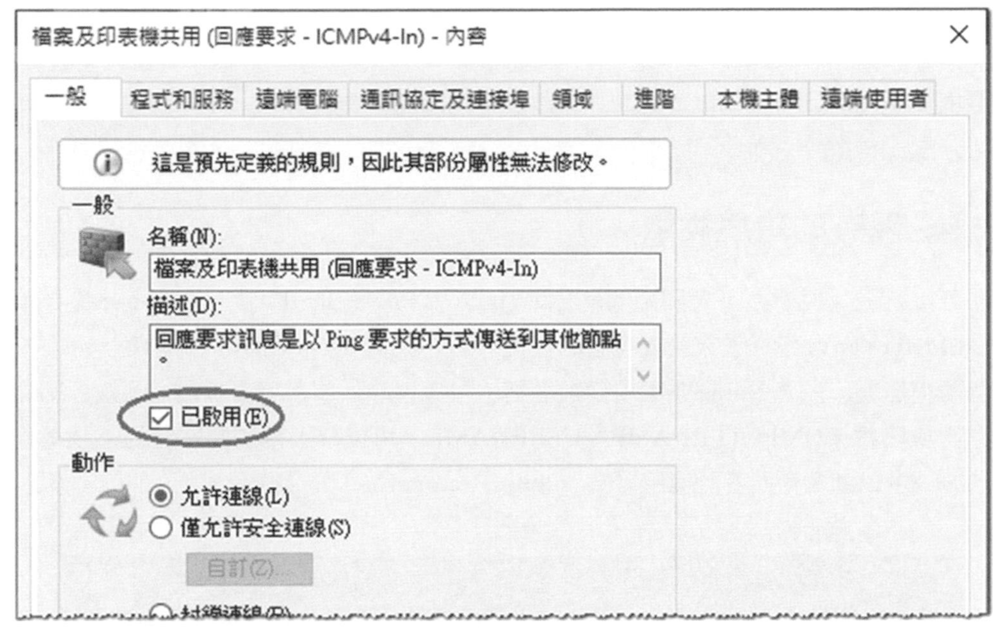

圖 3-5-6

若欲開放的服務或應用程式未列在清單中的話，可在此處透過新增規則來開放，例如若此電腦是網站，而您要開放讓其他使用者來連接此網站的話，可透過點擊圖 3-5-7 中**新增規則**來建立一個開放連接埠號碼為 80 的規則（若是安裝系統內含的「網頁伺服器（IIS）」的話，則系統會自動新增規則來開放連接埠 80）。

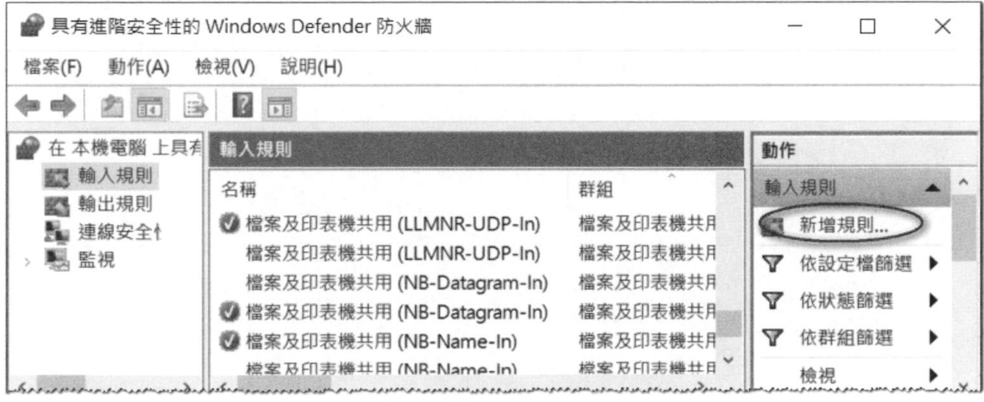

圖 3-5-7

3-6 環境變數的管理

環境變數（environment variable）會影響電腦如何來執行程式、如何找尋檔案、如何分配記憶體空間等運作方式。

檢視現有的環境變數

您可以透過【點擊左下角**開始**圖示⊞➲Windows PowerShell➲執行 **dir env:**或 **Get-Childitem env:** 指令】來檢查現有的環境變數，如圖 3-6-1 所示，圖中每一行有一個環境變數，左邊 Name 為環境變數名稱，右邊 Value 為環境變數值，例如分別透過環境變數 COMPUTERNAME、USERNAME，可以分別得知此電腦的電腦名稱為 SERVER1、登入者的使用者為 Administrator。

圖 3-6-1

您也可以【按 Windows 鍵⊞+ R 鍵➲執行 cmd】來開啟**命令提示字元**視窗，然後透過 **SET** 指令來查看環境變數。

變更環境變數

環境變數分為以下兩類：

- **系統變數**：它會被套用到每一位在此台電腦登入的使用者，也就是所有使用者的工作環境內都會有這些變數。只有具備系統管理員權限的使用者，才有權利變更系統變數。建議不要隨便修改此處的變數，以免系統不正常運作。
- **使用者變數**：每一個使用者可以擁有自己專屬的使用者變數，這些變數只會被套用到該使用者，不會影響到其他使用者。

若要變更環境變數的話：【對著左下角的**開始**圖示⊞按右鍵➲系統➲點擊右半部下方的**進階系統設定**➲點擊下方環境變數鈕】，然後透過圖 3-6-2 來修改，圖中上、下半部分別為使用者變數區（此處是 Administrator）與系統變數區。

圖 3-6-2

電腦在套用環境變數時，會先套用系統變數，再套用使用者變數。若這兩區內都有相同變數的話，則以使用者變數優先。例如若系統變數區內有一個變數 TEST=SYS、使用者變數區內也有一個變數 TEST=USER，則最後的結果是 TEST=USER。

變數 PATH 例外：使用者變數會被附加在系統變數之後。例如若系統變數區內的 PATH= C:\WINDOWS\system32、使用者變數區內的 PATH= C:\Tools，則最後的結果為 PATH=C:\WINDOWS\system32；C:\Tools（系統在尋找執行檔時，是根據 PATH 的資料夾路徑，依路徑的先後順序來找尋檔案）

環境變數的使用

若要在 Windows PowerShell 中使用環境變數的話，可在環境變數前加上**$env:**，例如圖 3-6-3 中的**$env:username** 代表目前登入者的使用者名稱（Administrator）。

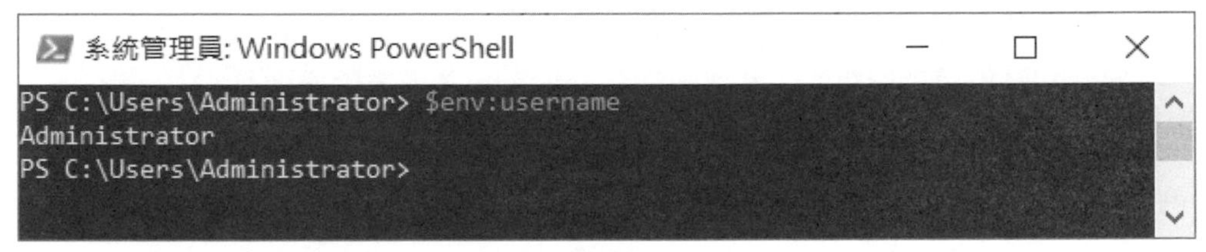

圖 3-6-3

3-7 其他的環境設定

硬體裝置的管理

系統支援 Plug and Play（PnP，隨插即用）功能，它會自動偵測新安裝的裝置（例如網路卡）並安裝其所需的驅動程式。若新硬體裝置無法被自動偵測到的話，可以嘗試【點擊左下角**開始**圖示⊞➲**設定**圖示⚙➲裝置➲藍牙與其他裝置】來新增之。

您也可以利用：【點擊左下角**開始**圖示⊞➲Windows 系統管理工具➲電腦管理➲**裝置管理員**】來管理裝置。

您可以在**裝置管理員**畫面中【對著伺服器名稱按右鍵➲掃描硬體變更】，來掃描是否有新安裝的裝置；也可以對著某裝置按右鍵，來將該裝置停用或解除安裝。

在更新某裝置的驅動程式後，若發現此新驅動程式無法正常運作的話，可以將之前正常的驅動程式再安裝回來，此功能稱為**回復驅動程式**（driver rollback）。其操作步驟為：【在**裝置管理員**畫面中對著該裝置按右鍵➲內容➲點擊圖 3-7-1 中**驅動程式**標籤下的回復驅動程式鈕】。

圖 3-7-1

驅動程式經過簽章後，可以確保欲安裝的驅動程式是安全的。當您在安裝驅動程式時，若該驅動程式未經過簽章、數位簽章無法被驗證是否有效或驅動程式內容被竄改過的話，系統便會顯示警告訊息。建議您不要安裝未經過簽章或數位簽章無法被驗證是否有效的驅動程式，除非您確認該驅動程式確實是從發行廠商處取得的。

虛擬記憶體

當電腦的實體記憶體（RAM）不夠使用時，系統會透過將部份硬碟（磁碟）空間虛擬成記憶體的方式，來提供更多的記憶體給應用程式或服務。系統是透過建立一個名稱為 pagefile.sys 的檔案來當作虛擬記憶體的儲存空間，此檔案又稱為**分頁檔**。

因為虛擬記憶體是透過硬碟來提供的，若硬碟是一般傳統硬碟的話，因其存取速度比記憶體慢很多，因此若經常發生記憶體不夠使用的情況時，建議還是安裝更多的記憶體，以免電腦運作效率被硬碟拖慢。

虛擬記憶體的設定：【對著左下角的**開始**圖示⊞按右鍵➲系統➲進階系統設定➲點擊效能處 設定 鈕➲**進階**標籤➲點擊 變更 鈕】，如圖 3-7-2 所示。

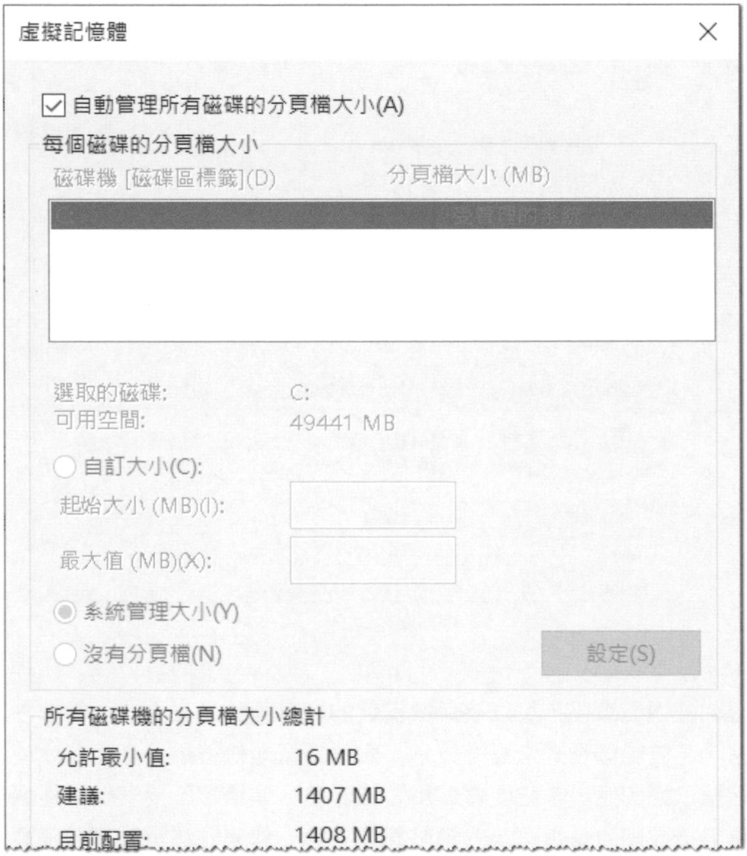

虛擬記憶體
☑ 自動管理所有磁碟的分頁檔大小(A)
每個磁碟的分頁檔大小
磁碟機 [磁碟區標籤](D) 分頁檔大小 (MB)
選取的磁碟: C:
可用空間: 49441 MB
自訂大小(C):
起始大小 (MB)(I):
最大值 (MB)(X):
系統管理大小(Y)
沒有分頁檔(N)
設定(S)
所有磁碟機的分頁檔大小總計
允許最小值: 16 MB
建議: 1407 MB
目前配置: 1408 MB

圖 3-7-2

系統預設會自動管理所有磁碟的分頁檔，並將檔案建立在 Windows 系統的安裝磁碟的根資料夾內，一般是 C:\。分頁檔大小有起始值與最大值，起始值容量用罄後，系統會自動擴大，但不會超過最大值。您也可以自行設定分頁檔大小，或將分頁檔同時建立在多個實體磁碟內，以提高分頁檔的運作效率。

分頁檔 pagefile.sys 是受保護的系統檔案，需先【點擊下方**檔案總管**圖示➲點擊上方**檢視**功能表➲點擊右方**選項**圖示➲**檢視**標籤➲點選**顯示隱藏的檔案、資料夾及磁碟機**、取消勾選**隱藏保護的作業系統檔案**】，在 C:\ 之下才看得到（見圖 3-7-3）。

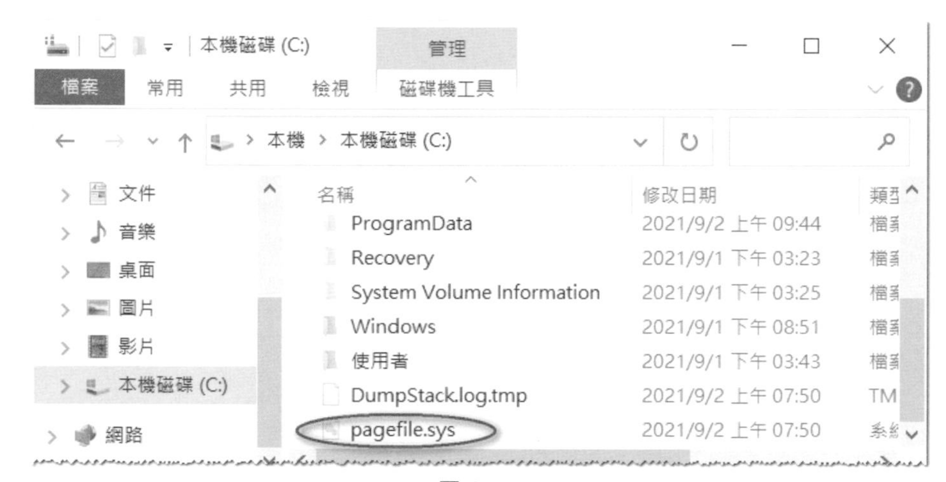

圖 3-7-3

1. 若電腦擁有多個顯示埠的話，則您可連接多個顯示器來擴大工作桌面，讓您工作上更為方便：【對著桌面空白處按右鍵➲顯示設定】。
2. 您可以透過**工作管理員**來查看或管理電腦內的應用程式、效能、使用者與服務等：【按 Ctrl + Alt + Del 鍵➲工作管理員】或【對著下方的工作列按右鍵➲工作管理員】。
3. 為確保電腦的安全性與擁有良好效能，請定期更新系統：【點擊左下角的**開始**圖示➲點擊**設定**圖示➲更新與安全性➲Windows Update】。
4. 傳統硬碟（HDD）使用一段時間後，儲存在磁碟內的檔案可能會零零散散的分佈在磁碟內，因而影響到磁碟的存取效率，因此建議定期重組磁碟：【開啟**檔案總管**➲對著任一磁碟按右鍵➲內容➲點擊**工具**標籤下的 最佳化 鈕➲然後點選欲重組的磁碟➲可先透過 分析 鈕來了解該磁碟分散的程度、若有需要的話再透過 最佳化 鈕來重組磁碟】。固態硬碟（SSD）不需要執行重組動作，但也可以執行最佳化工作，其途徑與上述步驟相同。

4

本機使用者與群組帳戶

每一位使用者在使用電腦前都必須先執行登入動作，而登入時需輸入正確的使用者帳戶與密碼；還有若能夠善用群組來管理使用者權限與權利的話，則必定能夠減輕許多網路管理的負擔。

4-1 內建的本機帳戶

我們在第 1 章內介紹過每一台 Windows 電腦都有一個**本機安全帳戶資料庫**（SAM），使用者在使用電腦前都必須登入，也就是要提供正確的使用者帳戶名稱與密碼，而這個使用者帳戶就是建立在**本機安全帳戶資料庫**內，這個帳戶被稱為**本機使用者帳戶**，而建立在此資料庫內的群組被稱為**本機群組帳戶**。

內建的本機使用者帳戶

以下是系統內建的使用者帳戶之中的兩個：

- **Administrator（系統管理員）**：它擁有最高的管理權限，您可以利用它來執行整台電腦的管理工作，例如建立使用者與群組帳戶等。此帳戶無法被刪除，但為了更安全起見，建議將其改名。
- **Guest（來賓）**：它是供沒有帳戶的使用者來臨時使用的，它只有很少的權限。此帳戶無法被刪除，但可以將其改名。此帳戶預設是被停用的。

內建的本機群組帳戶

系統內建的本機群組本身都已經被賦予一些權利，以便讓它們具備管理本機電腦或存取本機資源的能力。使用者帳戶若被加入到本機群組內，他們就會具備該群組所擁有的權利。以下列出一些較常用的本機群組：

- **Administrators**：此群組內的使用者具備系統管理員的權利，他們擁有對這台電腦最大的控制權，可以執行整台電腦的管理工作。內建的系統管理員 Administrator 就是隸屬於此群組，而且無法將它從此群組內移除。
- **Backup Operators**：此群組內的使用者可以透過 Windows Server Backup 工具來備份與還原電腦內的檔案。
- **Guests**：此群組內的使用者無法永久改變其桌面的工作環境，當他們登入時，系統會為他們建立一個臨時的工作環境（臨時的使用者設定檔），而登出時此臨時的環境就會被刪除。此群組預設成員為使用者帳戶 Guest。

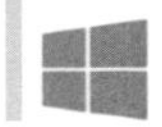

- **Network Configuration Operators**：此群組內的使用者可以執行一般的網路設定工作，例如變更 IP 位址，但是不可安裝、移除驅動程式與服務，也不可執行與網路伺服器（例如 DNS、DHCP 伺服器）設定有關的工作。
- **Remote Desktop Users**：群組內的使用者可以從遠端利用**遠端桌面**來登入。
- **Users**：此群組內的使用者只擁有一些基本權利，例如執行應用程式、使用本機印表機等，但是他們不能將資料夾共用給網路上其他的使用者、不能將電腦關機等。所有新增的本機使用者帳戶都自動會被加入到此群組。

特殊群組帳戶

您無法變更這些群組的成員。以下列出幾個較常見到的特殊群組：

- **Everyone**：所有使用者都屬於這個群組。若 Guest 帳戶被啟用的話，此時若一位在您電腦內沒有帳戶的使用者透過網路來登入您的電腦時，他會被自動允許利用 Guest 帳戶來連接。
- **Authenticated Users**：凡是利用有效使用者帳戶登入此電腦的使用者，都隸屬於此群組。
- **Interactive**：凡是在本機登入（透過按 Ctrl + Alt + Del 方式登入）的使用者，都隸屬於此群組。
- **Network**：凡是透過網路來登入此電腦的使用者，都隸屬於此群組。

4-2 本機使用者帳戶的管理

系統預設只有 Administrators 群組內的使用者才有權利來管理使用者與群組帳戶，故此時請利用隸屬於此群組的 Administrator 來登入與執行以下的工作。

建立本機使用者帳戶

我們可以利用**本機使用者和群組**來建立本機使用者帳戶：【點擊左下角**開始**圖示⊞ ➲Windows 系統管理工具➲電腦管理➲系統工具➲本機使用者和群組➲在圖 4-2-1 背景圖中對著**使用者**按右鍵➲新使用者➲在前景圖中輸入相關資料➲按建立鈕】。

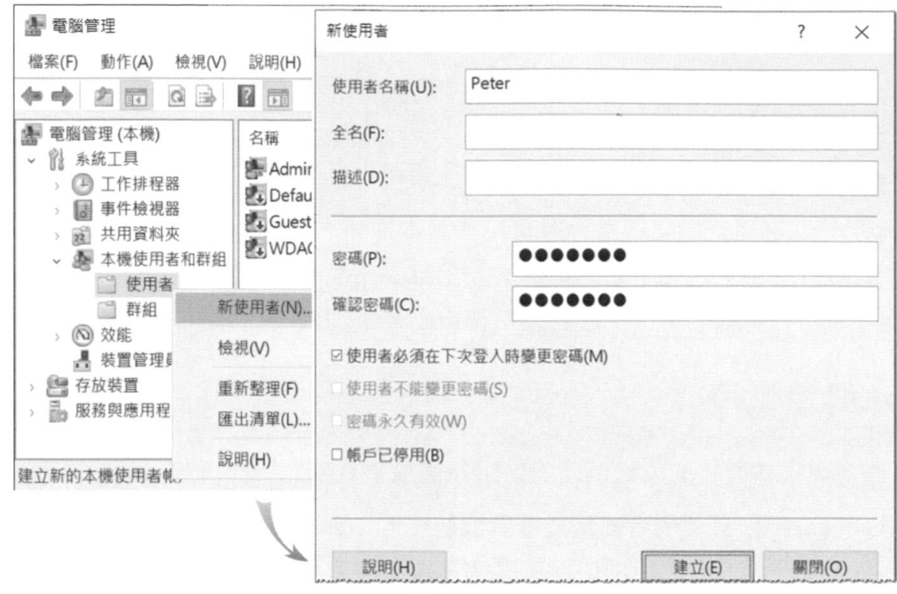

圖 4-2-1

- **使用者名稱**：它是使用者登入時需輸入的帳戶名稱。
- **全名、描述**：使用者的完整名稱、用來描述此使用者的說明文字。
- **密碼、確認密碼**：設定使用者帳戶的密碼。所輸入的密碼會改以黑點來顯示，以避免被旁人看到。您必須再一次輸入密碼來確認所輸入的密碼是正確的。

1. 英文字母大小寫是被視為不同的，例如 abc12#與 ABC12#是不同密碼。還有如果密碼為空白，則系統預設是此使用者帳戶只能夠本機登入，無法網路登入（無法從其他電腦利用此帳戶來連線）。
2. 使用者密碼預設需至少 6 個字元，且不可包含使用者帳戶名稱或全名，還有至少要包含 A - Z、a - z、0 - 9、非字母數字（例如!、$、#、%）等 4 組字元中的 3 組，例如 12abAB 是有效的密碼，而 123456 是無效的密碼。

- **使用者必須在下次登入時變更密碼**：使用者在下次登入時，系統會強迫使用者來變更密碼，這個動作可以確保只有該使用者知道自己變更過的密碼。

若該使用者是要透過網路來登入的話，請勿勾選此選項，否則使用者將無法登入，因為使用者透過網路登入時無法變更密碼。

- **使用者不能變更密碼**：它可防止使用者變更密碼。若未勾選此選項的話，使用者可透過【按 Ctrl + Alt + Del ➲變更密碼】的途徑來變更自己的密碼。
- **密碼永久有效**：除非勾選此選項，否則系統預設 42 天後會強迫要求使用者變更密碼（可透過**帳戶原則**來變更此預設值，見第 9 章）。
- **帳戶已停用**：它可防止使用者利用此帳戶登入，例如您預先為新進員工所建立的帳戶，但該員工尚未報到，或某位請長假之員工的帳戶，都可以利用此處暫時將該帳戶停用。被停用的帳戶圖像上面會有一個向下的箭頭↓符號。

使用者帳戶建立好後，請登出，然後在圖 4-2-2 中點擊此新帳戶，以便練習利用此帳戶來登入。完成練習後，再登出、改用 Administrator 登入。

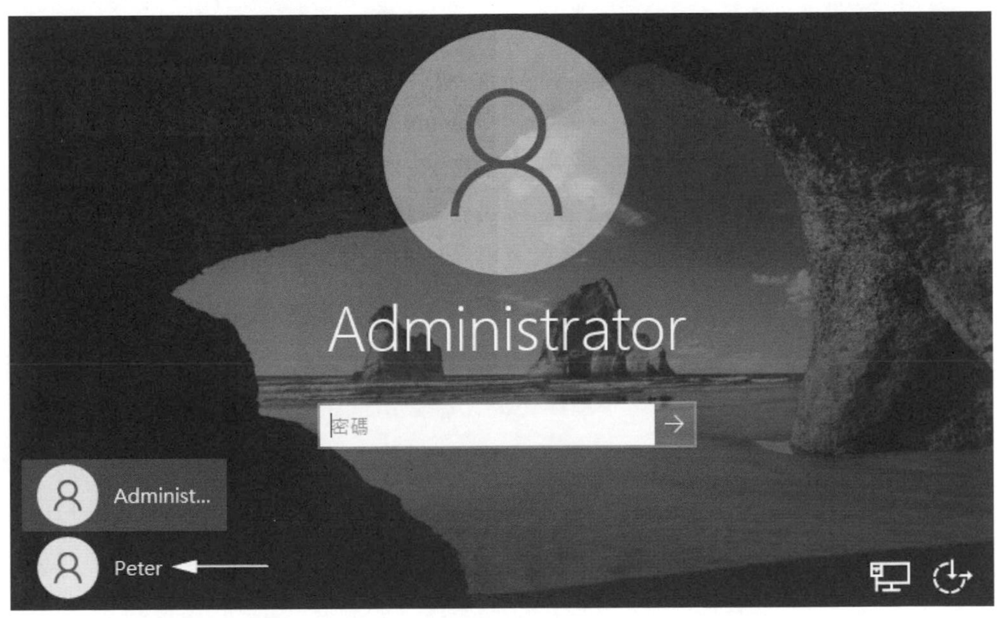

圖 4-2-2

修改本機使用者帳戶

如圖 4-2-3 所示對著使用者帳戶按右鍵，然後透過畫面中的選項來變更使用者帳戶的密碼、刪除使用者帳戶、變更使用者帳戶名稱等。

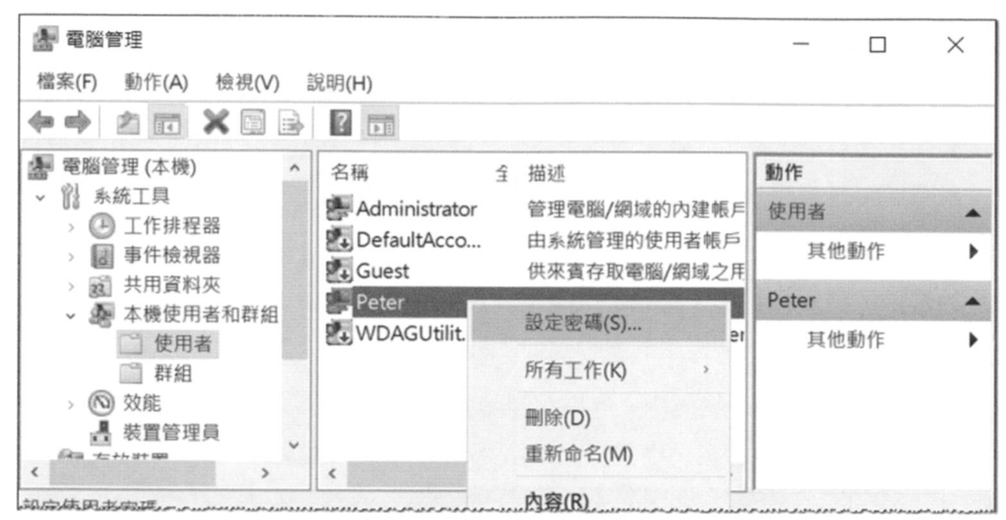

圖 4-2-3

系統會替每一個使用者帳戶建立一個唯一的安全識別碼（security identifier，SID），在系統內部是利用 SID 來代表該使用者，例如檔案權限清單內是透過 SID 來記錄該使用者具備著何種權限，而不是透過使用者帳戶名稱來記錄，不過為了便於我們來檢視這些清單，因此當我們透過**檔案總管**來查看這些清單時，系統顯示給我們看的是使用者帳戶名稱。

當您將帳戶刪除後，即使再新增一個名稱相同的帳戶，此時因為系統會給予這個新帳戶一個新 SID，它與原帳戶的 SID 不同，因此這個新帳戶不會擁有原帳戶的權限與權利。

若是重新命名的話，由於 SID 不會改變，因此使用者原來所擁有的權限與權利都不會受到影響。例如當某員工離職時，您可以暫時先將其使用者帳戶停用，等到新進員工來接替他的工作時，再將此帳戶改為新員工的名稱、重新設定密碼與相關的個人資料後再重新啟用此帳戶即可。

其他的使用者帳戶管理工具

您也可透過【點擊左下角**開始**圖示⊞➲控制台➲使用者帳戶➲使用者帳戶➲管理其他帳戶（如圖 4-2-4 所示）】的途徑管理使用者帳戶，它與前面所使用的**本機使用者和群組**各有特色。

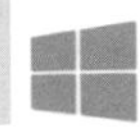

圖 4-2-4

您還可以利用如圖 4-2-5 所示的 Windows Admin Center（參考章節 3-3 的說明）來執行使用者與群組帳戶的管理工作。

圖 4-2-5

4-3 密碼的變更、備份與還原

本機使用者若要變更密碼的話，可以在登入完成後按 Ctrl + Alt + Del 鍵，然後在圖 4-3-1 中點擊**變更密碼**。

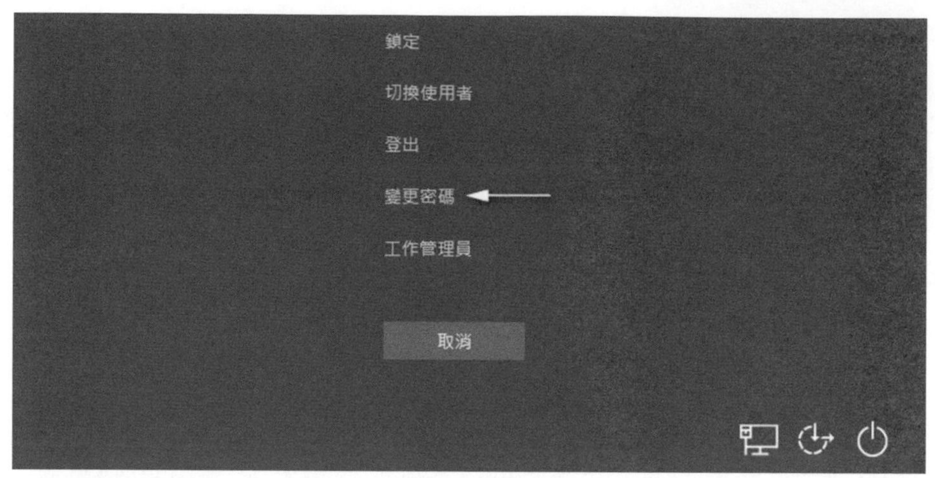

圖 4-3-1

可是若使用者在登入時忘記密碼而無法登入時該怎麼辦呢？他應該事先就製作**密碼重設磁片**，此磁片在密碼忘記時就可以派用上場。

建立密碼重設磁片

您可以使用抽取式磁碟（以下以 USB 隨身碟為例）來製作密碼重設磁片。

STEP 1 請插入已經格式化的 USB 隨身碟到電腦。若尚未格式化的話，請先【開啟**檔案總管**➲對著隨身碟按右鍵➲格式化】。

STEP 2 登入完成後【點擊左下角的**開始**圖示⊞➲控制台➲使用者帳戶➲使用者帳戶➲點擊左方**建立一張密碼重設磁片**】。

圖 4-3-2

STEP 3 出現**歡迎使用密碼遺失精靈**的畫面時，請直接按下一步鈕（無論變更過多少次密碼，都只需製作一次**密碼重設磁片**即可。並保管好**密碼重設磁片**，因為任何人得到它，就可以重設您的密碼、進而存取您的私密資料）。

STEP 4 在圖 4-3-3 選擇抽取式磁碟（USB 隨身碟）。

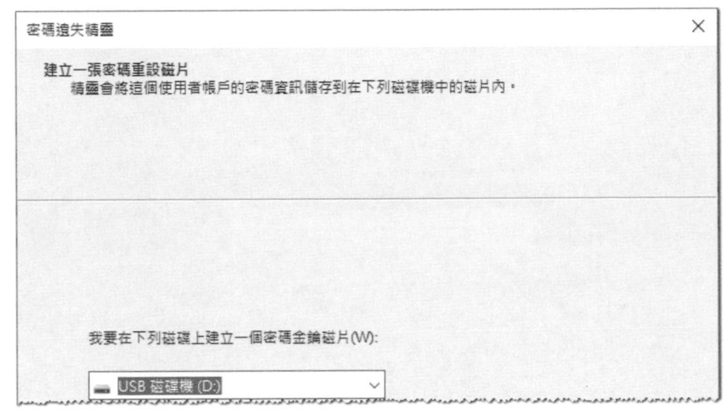

圖 4-3-3

STEP 5 在圖 4-3-4 中輸入目前的密碼、按下一步鈕、完成後續的步驟。

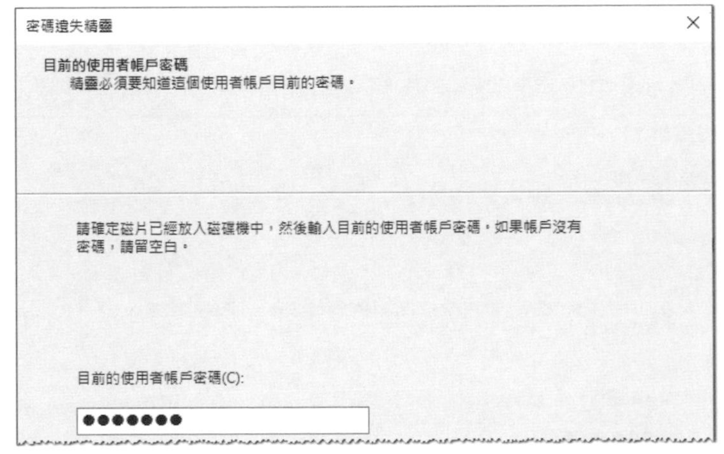

圖 4-3-4

重設密碼

若使用者在登入時忘記密碼的話，此時就可以利用前面所製作的**密碼重設磁片**來重新設定一個新密碼，其步驟如下所示：

STEP 1 在登入、輸入錯誤的密碼後，點擊圖 4-3-5 中的**重設密碼**。

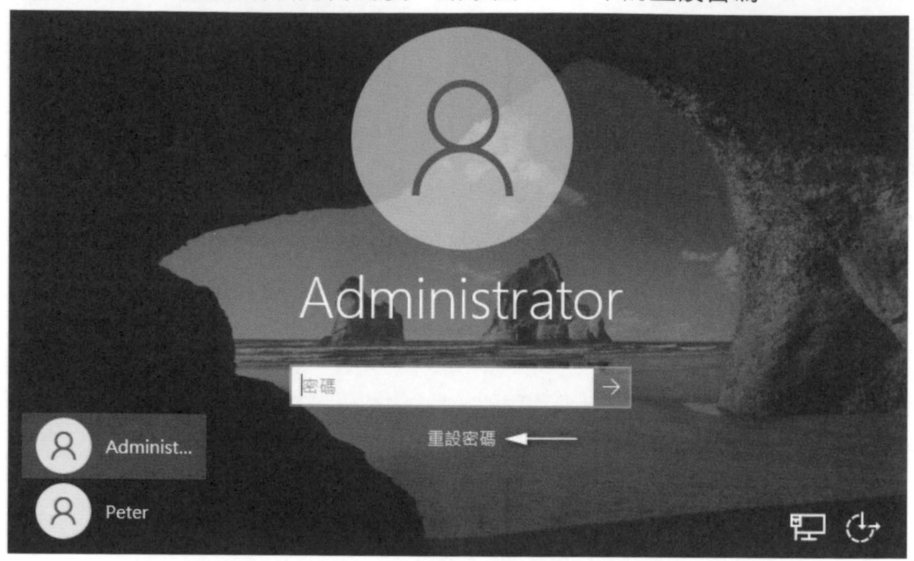

圖 4-3-5

STEP 2 出現**歡迎使用密碼重設精靈**畫面時按 下一步 鈕。

STEP 3 出現**請插入密碼重設磁片**畫面時，選擇所插入的隨身碟後按 下一步 鈕。

STEP 4 在圖 4-3-6 中設定新密碼、確認密碼與密碼提示、按 下一步 鈕。

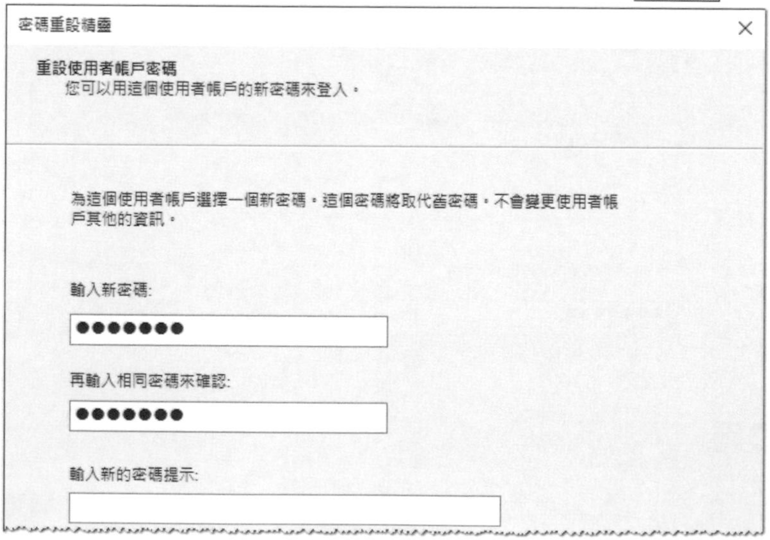

密碼重設精靈

重設使用者帳戶密碼
您可以用這個使用者帳戶的新密碼來登入。

為這個使用者帳戶選擇一個新密碼。這個密碼將取代舊密碼。不會變更使用者帳戶其他的資訊。

輸入新密碼:
●●●●●●●

再輸入相同密碼來確認:
●●●●●●●

輸入新的密碼提示:

圖 4-3-6

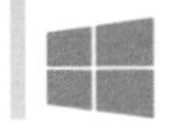

STEP 5 繼續完成之後的步驟並利用新密碼登入。

未製作密碼重設磁片怎麼辦？

若使用者忘記了密碼，也未事先製作**密碼重設磁片**的話，此時需請系統管理員來替使用者設定新密碼（無法查出舊密碼）：【點擊左下角**開始**圖示⊞➲Windows 系統管理工具➲電腦管理➲系統工具➲本機使用者和群組➲使用者➲對著使用者帳戶按右鍵➲設定密碼】，之後會出現如圖 4-3-7 所示的警告訊息，提醒您應該在使用者未製作**密碼重設磁片**的情況下才使用這種方法，因為密碼改變後，該使用者就無法再存取某些受保護的資料，例如被使用者加密的檔案、利用使用者的公開金鑰加密過的電子郵件等。

若系統管理員 Administrator 本身忘記密碼，也未製作**密碼重設磁片**的話，該怎麼辦？此時可利用另外一位具備系統管理員權限的使用者帳戶（隸屬於 Administrators 群組）來登入與變更 Administrator 的密碼，但是請記得事先建立這個具備系統管理員權限的使用者帳戶，以備不時之需。

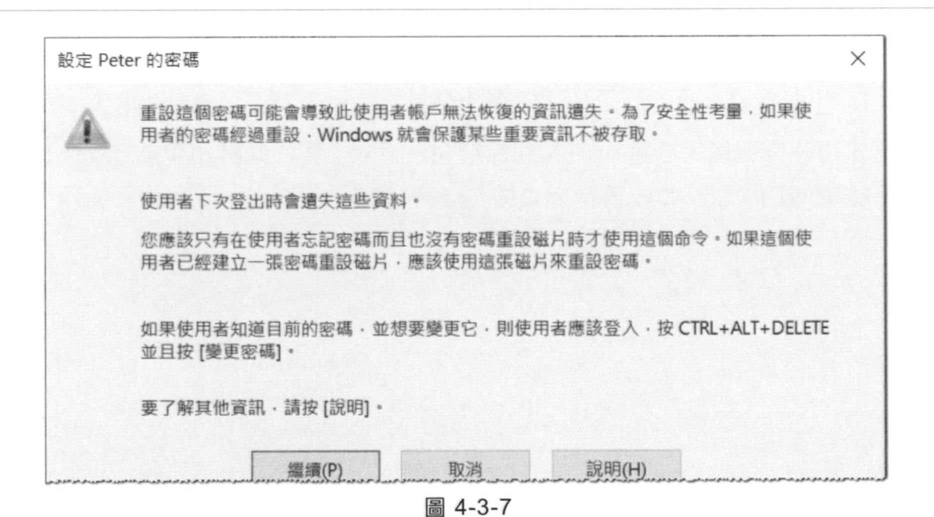

圖 4-3-7

4-4 本機群組帳戶的管理

若能善用群組來管理使用者的權限與權利的話，就能夠減輕許多管理負擔。例如當針對**業務部**設定權限後，**業務部**內的所有使用者都會自動擁有此權限，不需要一個一個使用者來單獨設定。建立本機群組帳戶的途徑：【點擊左下角**開始**圖示⊞➲Windows 系管理工具➲電腦管理➲如圖 4-4-1 所示對著**群組**按右鍵➲新群組➲設定該群組的名稱（例如**業務部**）➲按新增鈕來將使用者加入到此群組➲按建立鈕】。

圖 4-4-1

以後若要再將其他使用者帳戶加入到此群組的話：【雙擊此群組➲按新增鈕】，或是：【雙擊使用者帳戶➲成員隸屬➲按新增鈕】。

5

建置虛擬環境

研讀本書的過程中，最好有一個內含多台電腦的網路環境來練習與驗證書中所介紹的內容，然而一般讀者要同時準備多台電腦可能有困難，還好現在可以使用虛擬化軟體，例如 Windows 11、Windows 10 或 Windows Server 2022 等內建的 Hyper-V，來讓您輕易擁有這樣的測試環境。另外本章也會介紹如何在微軟的雲端 Microsoft Azure 建立虛擬機器。

5-1 Hyper-V 的硬體需求

5-2 啟用 Hyper-V

5-3 建立虛擬交換器與虛擬機器

5-4 建立更多的虛擬機器

5-5 透過 Hyper-V 主機連接網際網路

5-6 在 Microsoft Azure 雲端建立虛擬機器

5-1 Hyper-V 的硬體需求

若要使用 Hyper-V 的虛擬技術來建置測試環境的話，請準備一台 CPU（中央處理器）速度夠快、記憶體夠多、硬碟容量夠大的實體電腦，在此電腦上利用 Hyper-V 來建立多台虛擬機器與虛擬交換器（舊稱「虛擬網路」），然後在虛擬機器裡面安裝所需的作業系統，例如 Windows Server 2022、Windows 11 等。

除了伺服器等級的系統有支援 Hyper-V（例如 Windows Server 2022 等）之外，用戶端的 Windows 11、Windows 10、Windows 8.1 也支援 Hyper-V（但較低階的版本不支援，例如家用版）。這台實體電腦除了 CPU 需 64 位元之外，還需要：

- 支援**第二層位址轉譯**（Second Level Address Translation, SLAT）
- 支援 **VM 監視器模式擴充**（VM Monitor Mode extensions）
- 在 BIOS（Basic Input/Output System）內開啟**硬體協助的虛擬化技術**，也就是 Intel VT（Intel Virtualization Technology）或 AMD-V（AMD Virtualization）。
- 在 BIOS 內需開啟硬體**資料執行防止**（data execution protection，DEP），也就是 Intel XD bit （execute disable bit）或 AMD NX bit （no execute bit）。

您可以在開啟 Windows PowerShell 後，利用 **Systeminfo** 程式來查看電腦是否有符合 Hyper-V 的要求。執行後，捲動畫面到最後即可查知，如圖 5-1-1 所示。

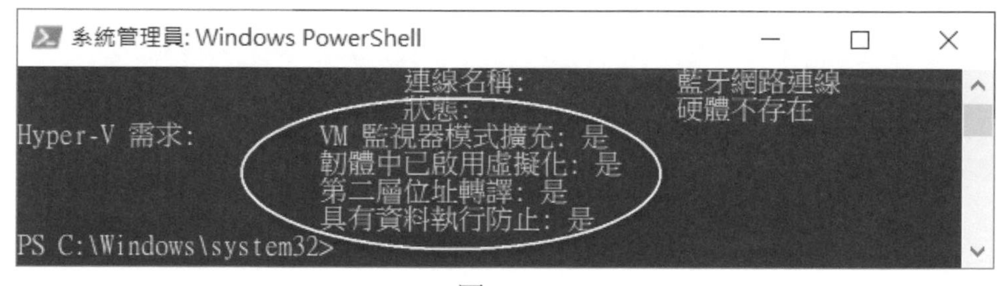

圖 5-1-1

5-2 啟用 Hyper-V

本書以 Windows 10 為例來說明如何啟用 Hyper-V：【對著左下角**開始**圖示⊞按右鍵➲應用程式與功能➲點擊**相關設定**下方的**程式和功能**➲點擊**開啟或關閉 Windows 功能**➲如圖 5-2-1 所示勾選 Hyper-V 後按確定鈕】。

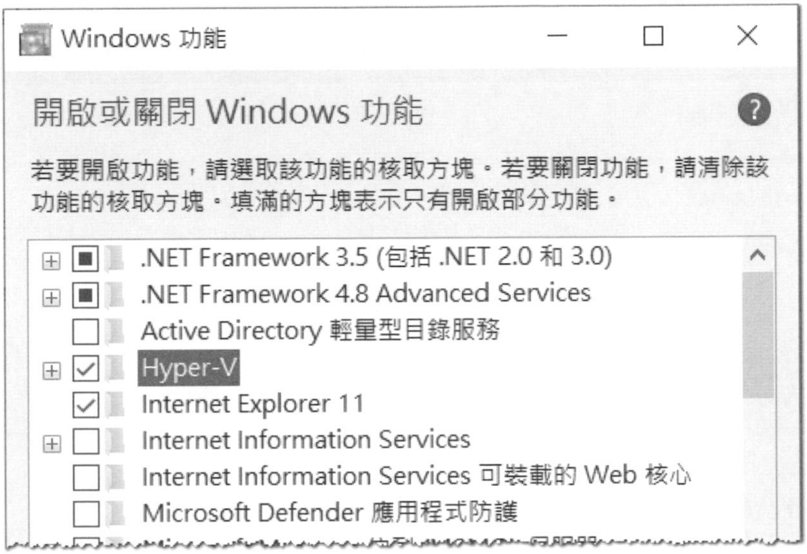

Windows 功能

開啟或關閉 Windows 功能

若要開啟功能，請選取該功能的核取方塊。若要關閉功能，請清除該功能的核取方塊。填滿的方塊表示只有開啟部分功能。

.NET Framework 3.5 (包括 .NET 2.0 和 3.0)
.NET Framework 4.8 Advanced Services
Active Directory 輕量型目錄服務
Hyper-V
Internet Explorer 11
Internet Information Services
Internet Information Services 可裝載的 Web 核心
Microsoft Defender 應用程式防護

圖 5-2-1

這台啟用 Hyper-V 的實體電腦被稱為**主機**（host），其作業系統被稱為**主機作業系統**，而虛擬機器內所安裝的作業系統被稱為**客體（來賓）作業系統**。

若是要在 Windows Server 2022 內啟用 Hyper-V 的話：點擊左下角**開始**圖示⊞➲伺服器管理員➲點擊**儀表板**處的**新增角色及功能**➲持續按下一步鈕到出現圖 5-2-2 **選取伺服器角色**畫面時勾選 **Hyper-V**➲按新增功能鈕➲持續按下一步鈕…。您也可以利用 Windows Admin Center 來安裝 Hyper-V，如圖 5-2-3 所示。

新增角色及功能精靈

選取伺服器角色

目的地伺服器
HOST

在您開始前
安裝類型
伺服器選取項目
伺服器角色
功能
Hyper-V
虛擬交換器
移轉

選取一或多個要安裝在選取之伺服器上的角色。

角色

Active Directory Federation Services
Active Directory Rights Management Services
Active Directory 網域服務
Active Directory 輕量型目錄服務
Active Directory 憑證服務
DHCP 伺服器
DNS 伺服器
Hyper-V

描述

Hyper-V 提供您可用來建立與管理虛擬機器及其資源的服務。每部虛擬機器都是虛擬化電腦系統，而且是在隔離的執行環境中執行。這可以讓您同時執行多個作業系統。

圖 5-2-2

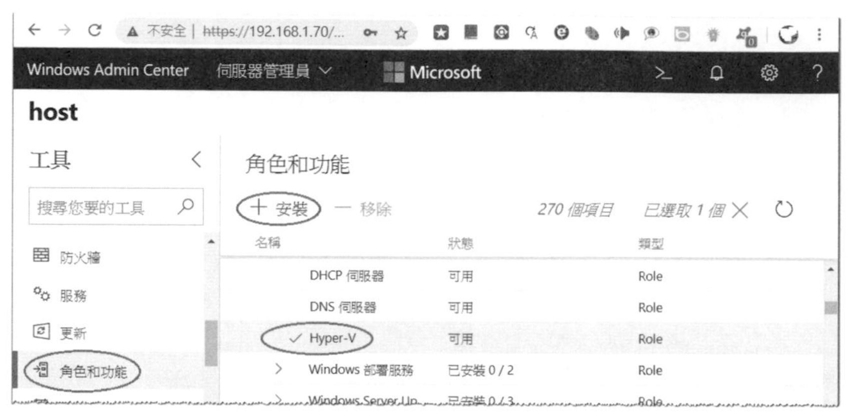

圖 5-2-3

Hyper-V 的虛擬交換器

Hyper-V 提供您建立以下三種類型的虛擬交換器（參見圖 5-2-4 中的範例）：

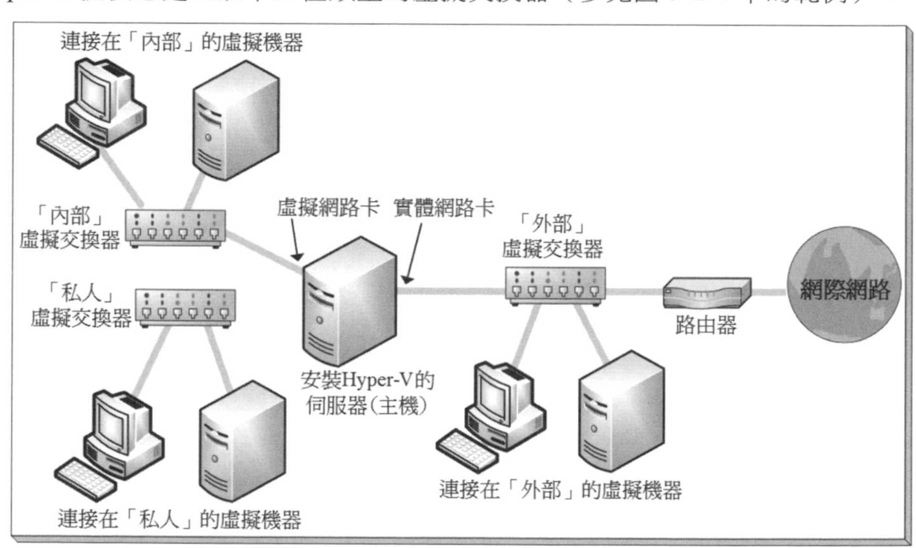

圖 5-2-4

- **「外部」虛擬交換器**：其所連接的網路就是主機實體網路卡所連接的網路，因此若將虛擬機器的虛擬網路卡連接到此虛擬交換器的話，則它們可以與連接在這個交換器上的其他電腦溝通（包含主機），甚至可以連接網際網路。若主機有多片實體網路卡的話，則您可以針對每一片網路卡各建立一個外部虛擬交換器。

- **「內部」虛擬交換器**：連接在這個虛擬交換器上的電腦之間可以相互溝通（包含主機），但是無法與其他網路內的電腦溝通，同時它們也無法連接網際網路，除非在主機啟用 NAT 或路由器功能。您可以建立多個內部虛擬交換器。
- **「私人」虛擬交換器**：連接在這個虛擬交換器上的電腦之間可以相互溝通，但是並不能與主機溝通，也無法與其他網路內的電腦溝通（圖 5-2-4 中的主機並沒有虛擬網路卡連接在此虛擬交換器上）。您可以建立多個私人虛擬交換器。

5-3 建立虛擬交換器與虛擬機器

建立虛擬交換器

以下我們要練習先建立一個隸屬於**外部**類型的虛擬交換器，然後將虛擬機器的虛擬網路卡連接到此虛擬交換器。

STEP 1 點擊左下角**開始**圖示⊞➲Windows 系統管理工具➲Hyper-V 管理員。

STEP 2 如圖 5-3-1 所示點擊左邊的主機名稱、點擊右邊的**虛擬交換器管理員...**。

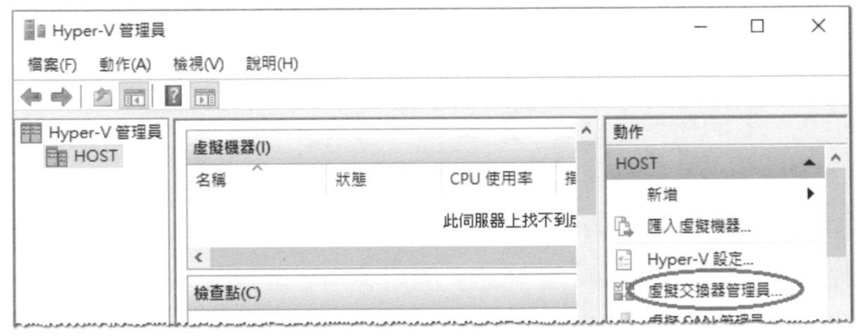

圖 5-3-1

STEP 3 如圖 5-3-2 所示點選**外部**後點擊建立虛擬交換器鈕。

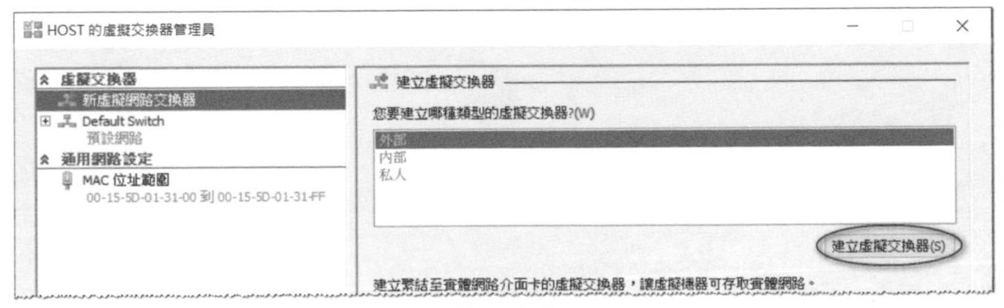

圖 5-3-2

STEP 4 在圖 5-3-3 中為此虛擬交換器命名（例如圖中的**外網**）、在**外部網路**處選擇一片實體網路卡，以便將此虛擬交換器連接到此網路卡所在的網路。完成選擇後按確定鈕、出現畫面提醒您網路會暫時斷線時按是（Y）鈕。

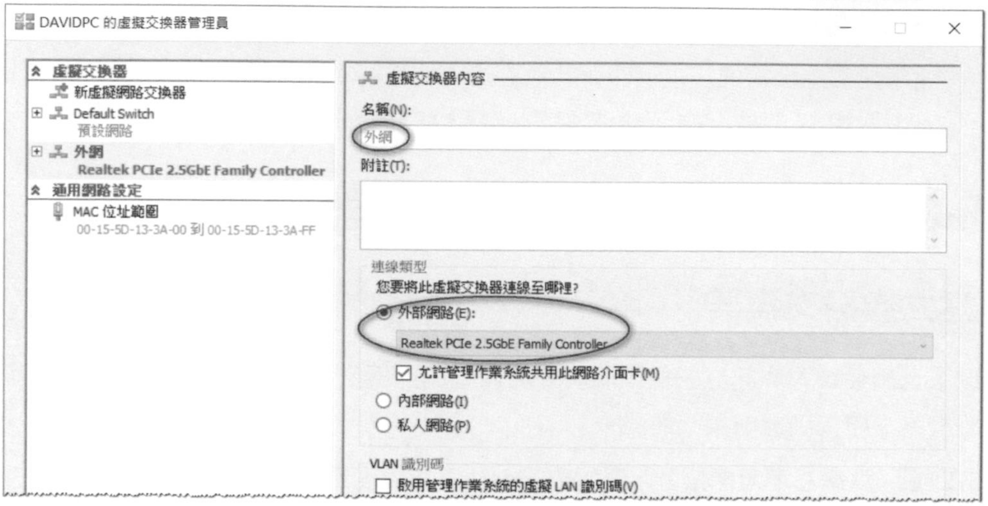

圖 5-3-3

STEP 5 Hyper-V 會在主機建立一個連接到此虛擬交換器的網路連線，而您可以透過【對著下方的**開始**圖示⊞按右鍵➲網路連線➲點擊**乙太網路**➲變更介面卡選項】的途徑來查看，如圖 5-3-4 中的連線「**vEthernet (外網)**」。若要利用這台主機來與其他電腦溝通的話，請設定此連線的 TCP/IP 組態，而不是實體網路卡的連線（圖中**乙太網路**），因為此連線已經被設定為**虛擬交換器**（可以透過【**雙擊乙太網路**➲內容➲如圖 5-3-5 所示來查看】）。

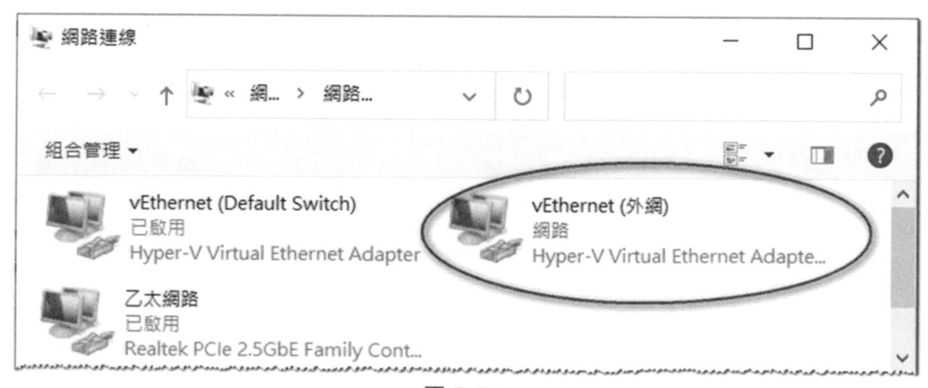

圖 5-3-4

圖 5-3-5

建立 Windows Server 2022 虛擬機器

以下將建立一個內含 Windows Server 2022 Datacenter 的虛擬機器。請先準備好 Windows Server 2022 Datacenter 的 ISO 檔。

STEP 1 如圖 5-3-6 所示【對著主機名稱按右鍵➲新增➲虛擬機器】（也可以【點擊右方**動作**窗格的**新增**➲虛擬機器】）。

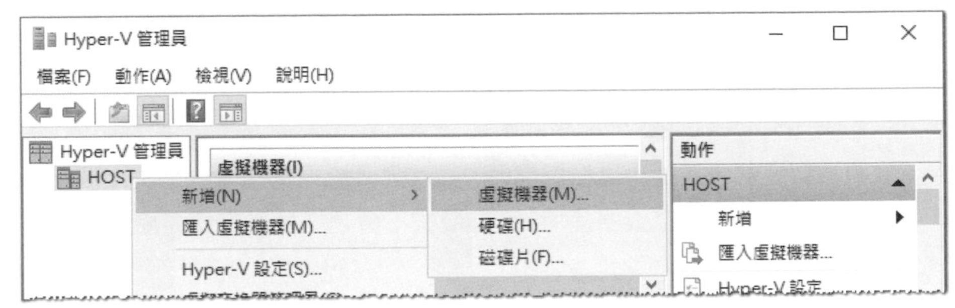

圖 5-3-6

STEP 2 出現**在您開始前**畫面時按 下一步 鈕。

STEP 3 在圖 5-3-7 中為此虛擬機器設定一個好記的名稱（例如 WinS2022Base）後按 下一步 鈕（此虛擬機器的設定檔預設會被儲存到 C:\ProgramData\Microsoft\Windows\Hyper-v 資料夾，可透過下方選項來變更資料夾）。

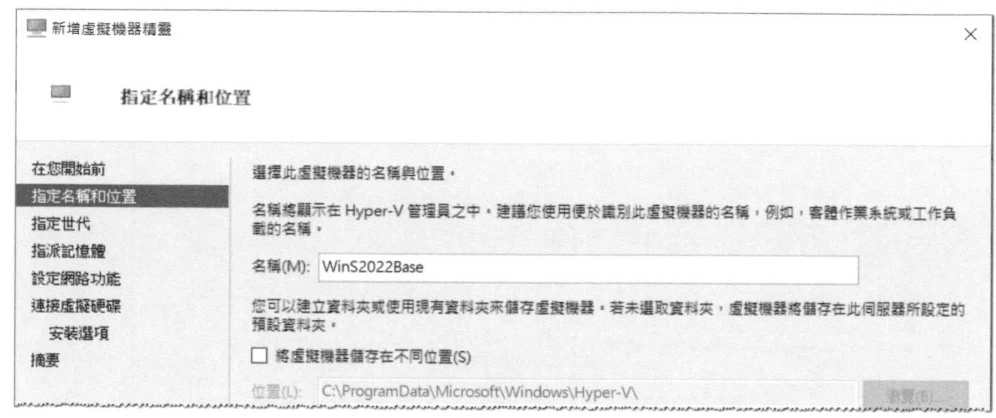

圖 5-3-7

STEP 4 在圖 5-3-8 中可選擇與舊版 Hyper-V 相容的第 1 代，或擁有新功能的第 2 代後按 下一步 鈕（以下選第 2 代）。

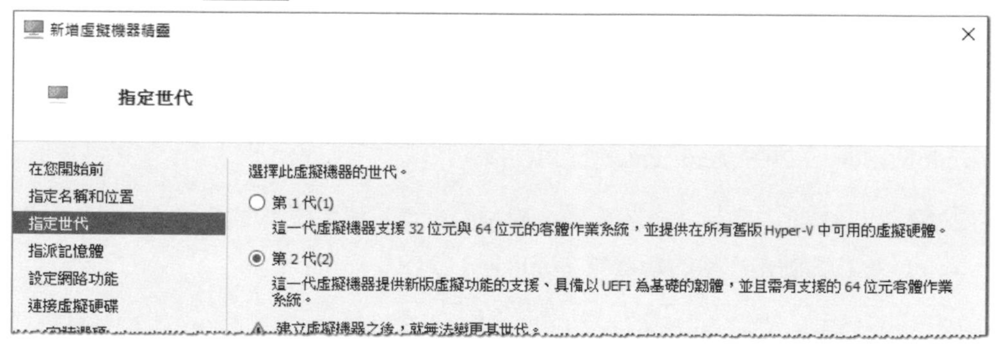

圖 5-3-8

STEP 5 在圖 5-3-9 中指定欲分配給此虛擬機器的記憶體容量後按 下一步 鈕（圖中的**為此虛擬機器使用動態記憶體**，可以讓系統視實際需要來決定要分配多少記憶體給此虛擬機器使用，但是最多不會超過**啟動記憶體處**的設定值）。

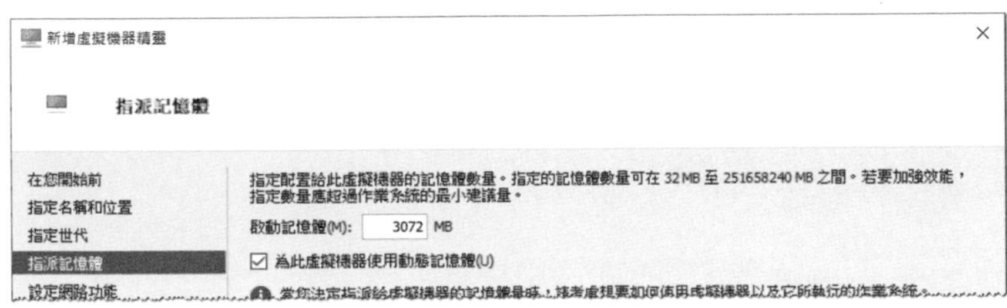

圖 5-3-9

STEP 6 在圖 5-3-10 中將虛擬網路卡連接到適當的虛擬交換器後按下一步鈕。圖中將其連接到之前所建立的第 1 個虛擬交換器**外網**。

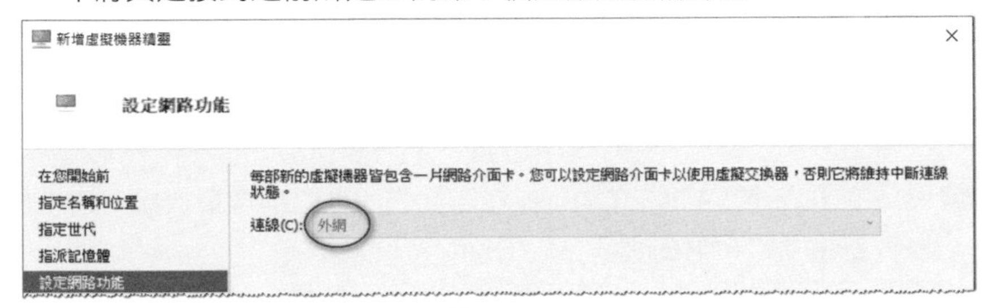

圖 5-3-10

STEP 7 在圖 5-3-11 中按下一步鈕即可。這是用來設定欲分配給虛擬機器的虛擬硬碟，含檔名（附檔名為.vhdx）、儲存位置與容量，圖中為預設值，其容量為不固定大小的動態設定，最大可自動擴充到 127GB。虛擬硬碟檔的預設儲存地點是 C:\Users\Public\Documents\Hyper-V\Virtual Hard Disks。

新增虛擬機器精靈

連接虛擬硬碟

在您開始前
指定名稱和位置
指定世代
指派記憶體
設定網路功能
連接虛擬硬碟
安裝選項
摘要

虛擬機器需要存放裝置，以便安裝作業系統。您可以現在指定存放裝置，或稍後修改虛擬機器的內容以設定存放裝置。

建立虛擬硬碟(C)
使用此選項來建立 VHDX 動態擴充虛擬硬碟。
名稱(M): WinS2022Base.vhdx
位置(L): C:\Users\Public\Documents\Hyper-V\Virtual Hard Disks\ 瀏覽(B)...
大小(S): 127 GB (上限: 64 TB)

使用現有的虛擬硬碟(U)
使用此選項來連結現有的 VHDX 虛擬硬碟。
位置(L): C:\Users\Public\Documents\Hyper-V\Virtual Hard Disks\ 瀏覽(B)...

稍後連結虛擬硬碟(A)
使用此選項來暫時略過此步驟，稍後再連結現有的虛擬硬碟。

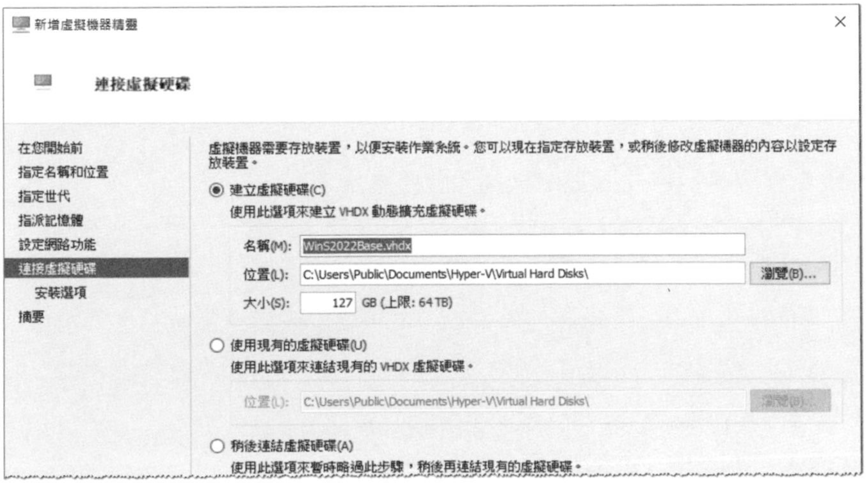

圖 5-3-11

STEP 8 在圖 5-3-12 中選擇 Windows Server 2022 的 ISO 檔來安裝後按下一步鈕。

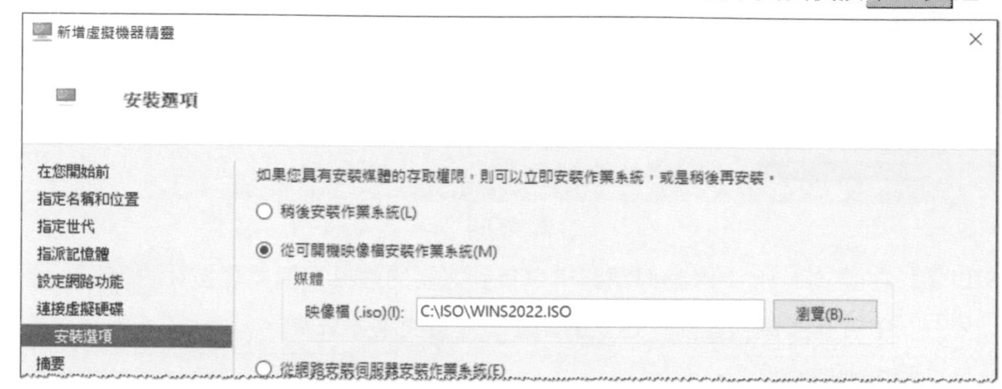

圖 5-3-12

STEP 9 確認**完成新增虛擬機器精靈**畫面中的選擇無誤後按完成鈕。

STEP 10 圖 5-3-13 中的 WinS2022Base 就是我們所建立的虛擬機器，請雙擊此虛擬機器 WinS2022Base。

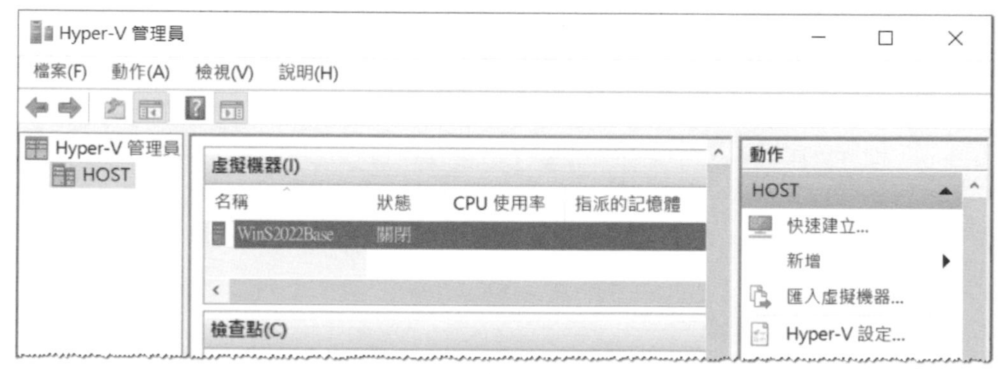

圖 5-3-13

STEP 11 點擊圖 5-3-14 中**啟動**來啟動此虛擬機器。

圖 5-3-14

STEP **12** 如圖 5-3-15 所示開始安裝 Windows Server 2022（以下省略安裝步驟，有需要的話，可參考章節 2-2 的說明）。

圖 5-3-15

安裝的過程中，若發生無法順利將滑鼠指標移動到視窗外的情況的話，可以先按 Ctrl + Alt + ← 3 個鍵（被稱為**滑鼠釋放鍵**）後，再移動滑鼠指標即可。可能有

些顯示卡驅動程式的快速鍵會佔用這 3 個鍵，此時可先按 Ctrl + Alt + Del，然後按**取消**，就可以在主機操作滑鼠，建議將此類顯示卡的快速鍵功能取消。也可以在 **Hyper-V 管理員**視窗下點擊右方 **Hyper-V 設定...**來變更**滑鼠釋放鍵**。另外透過按 Ctrl + Alt + End 鍵可以來模擬虛擬機器內按 Ctrl + Alt + Del 的動作。

以後只要如前面STEP 10與STEP 11就可以來啟動此虛擬機器。若想要讓主機與虛擬機器之間可以透過複製、貼上來相互拷貝檔案、文字的話，則需啟用**加強的工作階段模式**：如圖 5-3-16 所示點擊 Hyper-V 設定，然後如圖 5-3-17 所示來勾選。

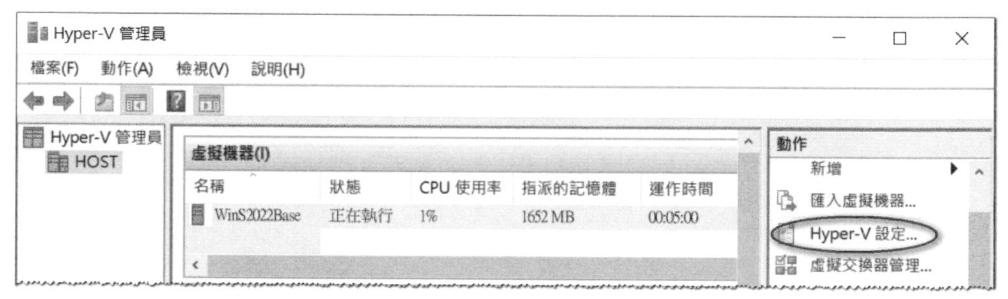

圖 5-3-16

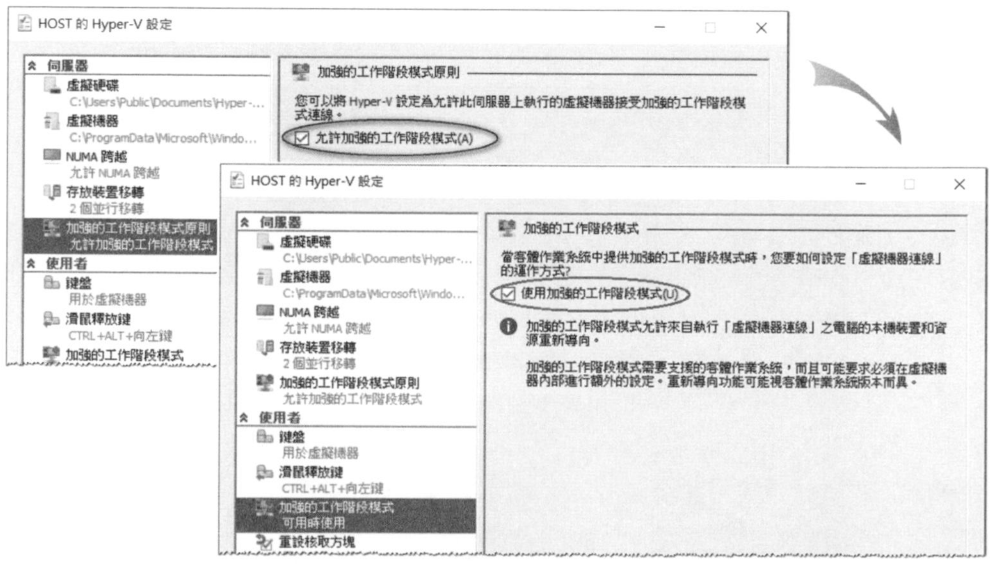

圖 5-3-17

每次啟動虛擬機器時，Hyper-V 都會要求您設定其顯示解析度，如圖 5-3-18 所示。您可以透過圖下方的**顯示選項**來儲存設定，這樣就不會每次都出現此畫面。

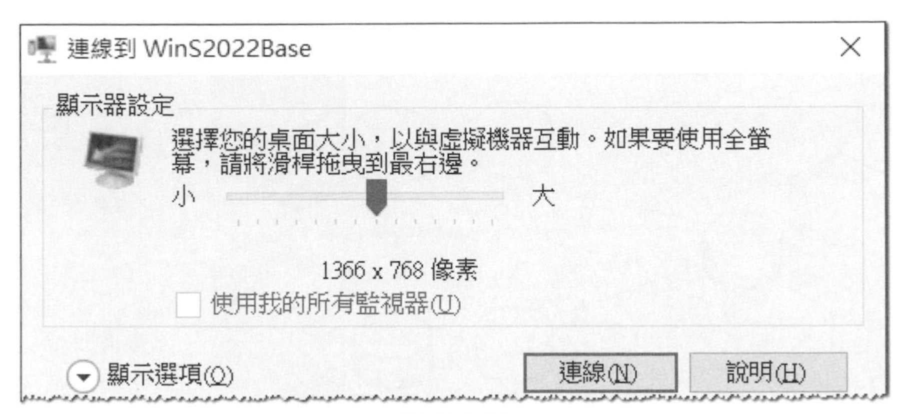

圖 5-3-18

1. 若要在**加強的工作階段模式**與**非加強的工作階段模式**之間切換的話：【點擊虛擬機器視窗上方的**檢視➲加強的工作階段模式**】。
2. 若虛擬機器的視窗大小無法調整的話，請試著切換到**加強的工作階段模式**。
3. 您也可以將虛擬機器的狀態儲存起來後關閉虛擬機器，下一次要使用此虛擬機器時，就可以直接將其恢復成為關閉前的狀態。儲存狀態的方法為：【點選虛擬機器視窗上方的**動作**功能表➲儲存】。

5-4 建立更多的虛擬機器

您可以重複利用前一節所敘述的步驟來建立更多虛擬機器，不過採用這種方法的話，每一個虛擬機器會佔用較多的硬碟空間，而且也比較浪費建置時間。本節將介紹另外一種省時又省硬碟空間的方法。

差異虛擬硬碟

這種方法是將之前所建立虛擬機器 WinS2022Base 的虛擬硬碟當作**母碟**（parent disk），並以此母碟為基準來建立**差異虛擬硬碟**（differencing virtual disk），然後將此差異虛擬硬碟指派給新的虛擬機器來使用，如圖 5-4-1 所示當您啟動右邊的虛擬機器時，它仍然會使用 WinS2022Base 的母碟，但之後在此系統內所進行的任何異動都只會被儲存到差異虛擬硬碟，並不會變動到 WinS2022Base 的母碟內容。

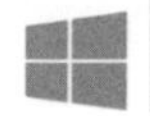

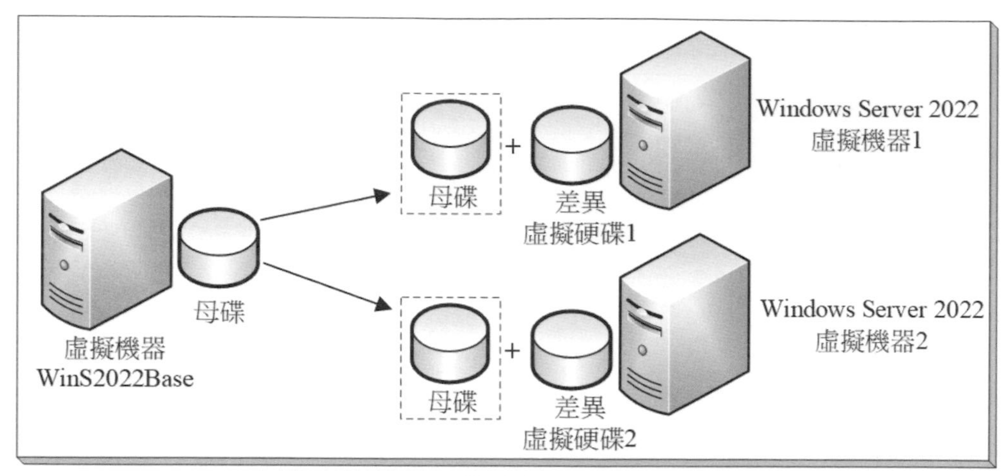

圖 5-4-1

> 之後若使用**母碟**的 WinS2022Base 虛擬機器被啟動過的話，則其他使用**差異虛擬硬碟**的虛擬機器將無法啟動。若**母碟**檔案故障或遺失的話，則其他使用**差異虛擬硬碟**的虛擬機器也無法啟動。

建立使用「差異虛擬硬碟」的虛擬機器

以下將 WinS2022Base 虛擬機器的虛擬硬碟當作母碟來製作差異虛擬硬碟，並建立使用此差異虛擬硬碟的虛擬機器 Server1。請先將 WinS2022Base 虛擬機器關機。

STEP 1 如圖 5-4-2 所示【對著主機名稱按右鍵➲新增➲硬碟】。

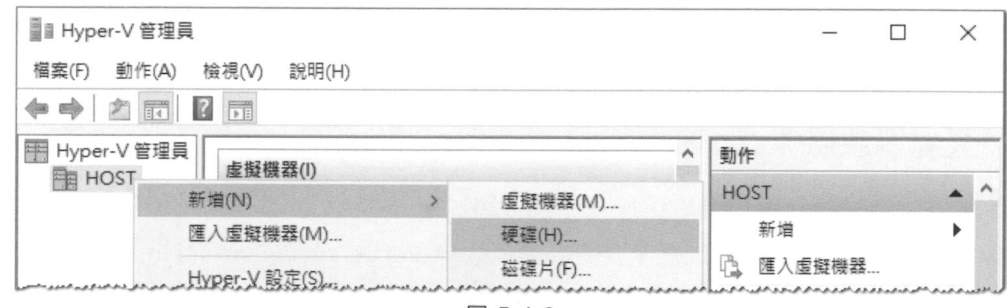

圖 5-4-2

STEP 2 出現**在您開始前**畫面時按 下一步 鈕。

STEP 3 在**選擇磁碟格式**畫面中選擇預設的 VHDX 格式後 下一步 鈕。

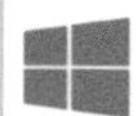

STEP 4 在圖 5-4-3 中選擇**差異**後按 下一步 鈕。

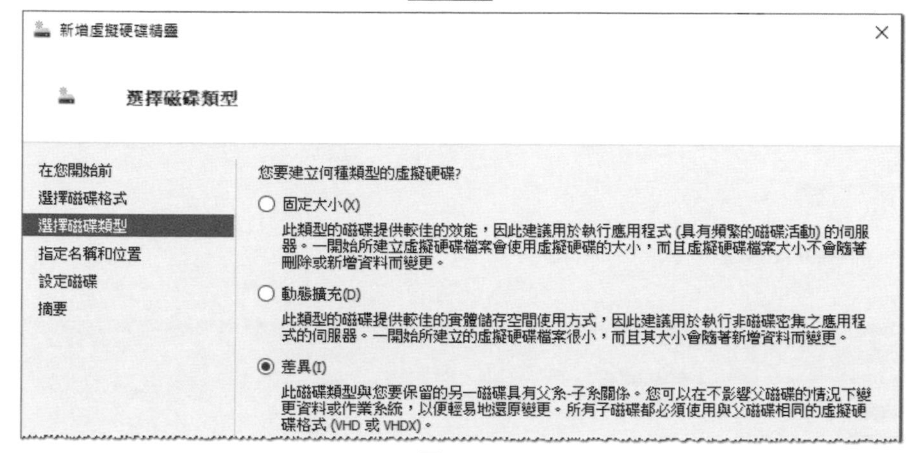

圖 5-4-3

STEP 5 在圖 5-4-4 中為此虛擬硬碟命名（例如 Server1.vhdx）後按 下一步 鈕。虛擬硬碟檔預設的儲存地點為 C:\Users\Public\Documents\Hyper-V\Virtual Hard Disks（C:\使用者\公用\公用文件\Hyper-V\Virtual hard disks）。

新增虛擬硬碟精靈

指定名稱和位置

在您開始前
選擇磁碟格式
選擇磁碟類型
指定名稱和位置

指定虛擬硬碟檔案的名稱與位置。
名稱(M): Server1.vhdx
位置(L): C:\Users\Public\Documents\Hyper-V\Virtual Hard Disks\ 瀏覽(B)...

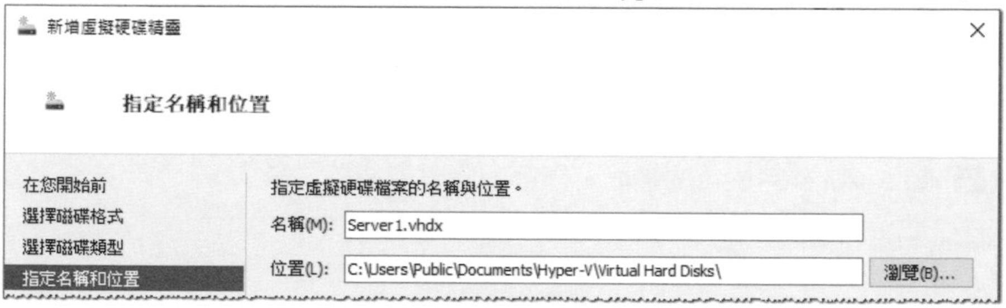

圖 5-4-4

STEP 6 在圖 5-4-5 中選擇要當作**母碟**的虛擬硬碟檔，也就是 WinS2022Base.vhdx。

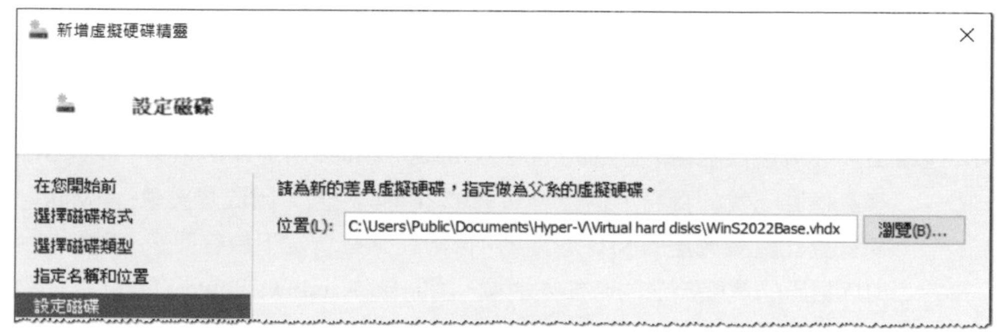

圖 5-4-5

STEP 7 出現**完成新增虛擬硬碟精靈**畫面時按完成鈕。

STEP 8 接下來將建立一個使用差異虛擬硬碟的虛擬機器：【對著主機名稱按右鍵➲新增➲虛擬機器】，接下來的步驟與前面第 5-7 頁**建立 Windows Server 2022 虛擬機器**相同，但是在圖 5-4-6 中需選擇差異虛擬硬碟 Server1.vhdx。

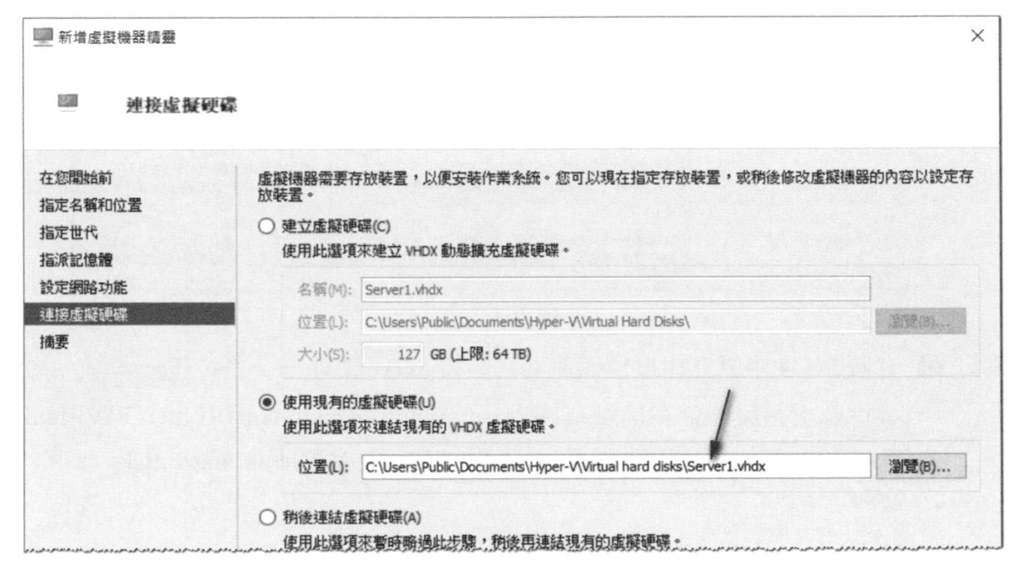

圖 5-4-6

STEP 9 圖 5-4-7 為完成後的畫面，請啟動此虛擬機器、登入。

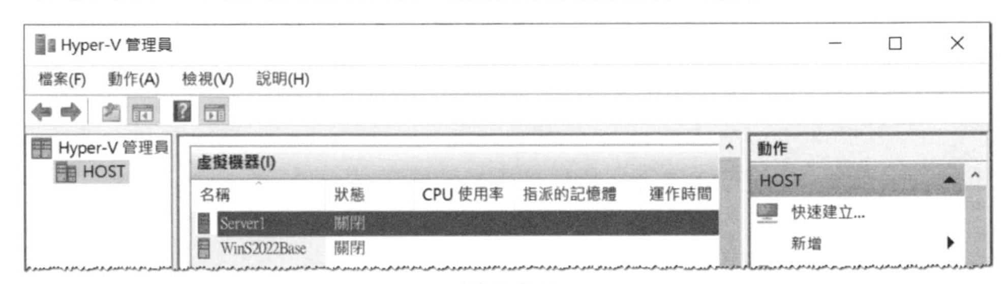

圖 5-4-7

STEP 10 由於此新虛擬機器的硬碟是利用 WinS2022Base 所製作出來的，故其 SID 等具備唯一性的資訊，會與 WinS2022Base 相同，因此建議執行 sysprep 來變更此虛擬機器的 SID 等資訊，否則在某些情況下會有問題，例如 2 台 SID 相同的電腦無法同時加入網域。請開啟 Windows PowerShell，然後執

行 C:\Windows\System32\Sysprep\sysprep ，注意需如圖 5-4-8 所示勾選**一般化**才會變更 SID。

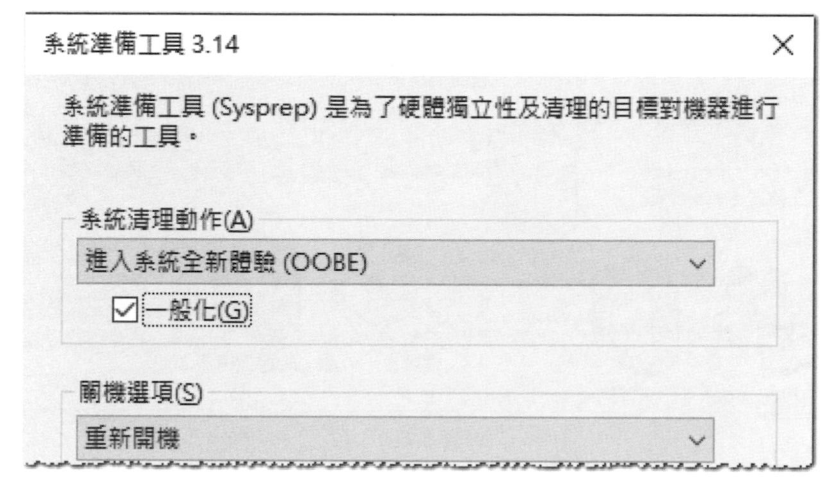

圖 5-4-8

若出現 **Sysprep 無法驗證您的 Windows 安裝...**畫面的話，請上網利用關鍵字 **sysprep 無法驗證**來搜尋解決方法。

5-5 透過 Hyper-V 主機連接網際網路

前面介紹過如何新增一個屬於**外部**類型的虛擬交換器，若虛擬機器的虛擬網路卡是連接到這個虛擬交換器的話，就可以透過外部網路來連接網際網路。

若您新增屬於**內部**類型的虛擬交換器的話，Hyper-V 也會自動替主機建立一個連接到此虛擬交換器的網路連線，若虛擬機器的網路卡也是被連接在此交換器的話，這些虛擬機器就可以與 Hyper-V 主機溝通，但是卻無法透過 Hyper-V 主機來連接網際網路，不過只要將 Hyper-V 主機的 NAT（網路位址轉譯）或 ICS（網際網路連線共用）啟用的話，這些虛擬機器就可以透過 Hyper-V 主機來連接網際網路，參見圖 5-5-1 中有箭頭標示的紅色線條。

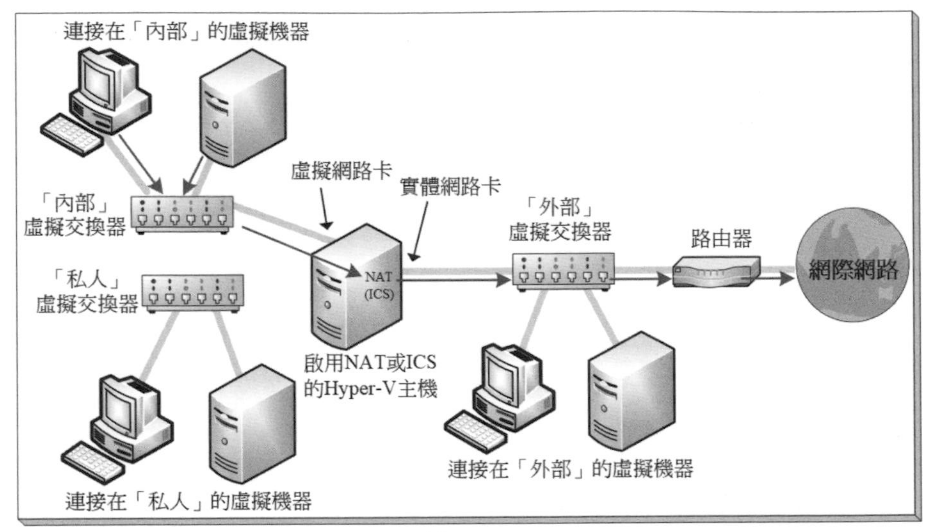

圖 5-5-1

新增**內部**虛擬交換器的途徑為：【開啟 **Hyper-V 管理員**➲點擊主機名稱➲點擊右方**虛擬交換器管理員**➲如圖 5-5-2 背景圖所示點選**內部**➲點擊建立虛擬交換器鈕➲在前景圖中為此虛擬交換器命名（例如圖中的**內網**）後按確定鈕】。

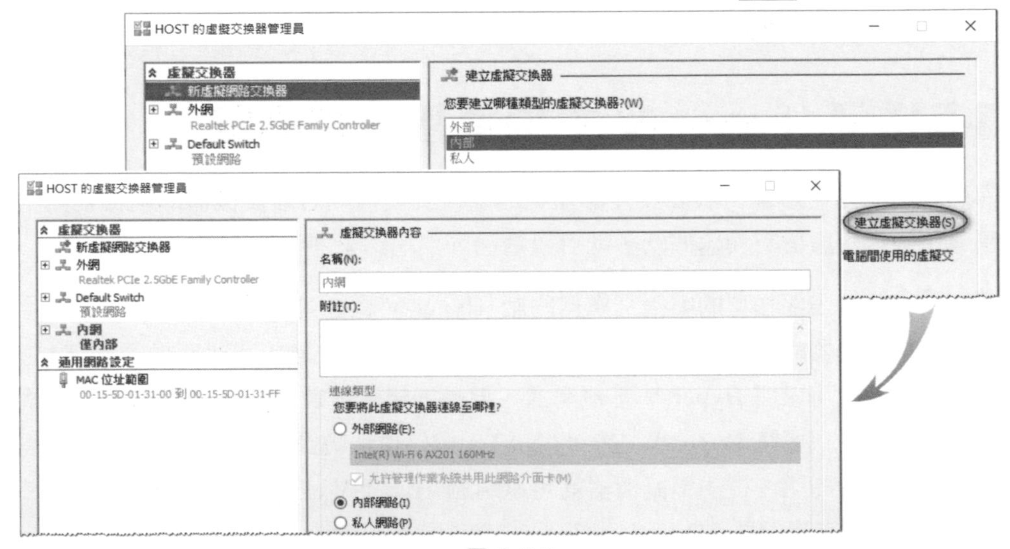

圖 5-5-2

完成後，系統會替 Hyper-V 主機新增一個連接到這個虛擬交換器的網路連線，如圖 5-5-3 所示的 **vEthernet (內網)**。

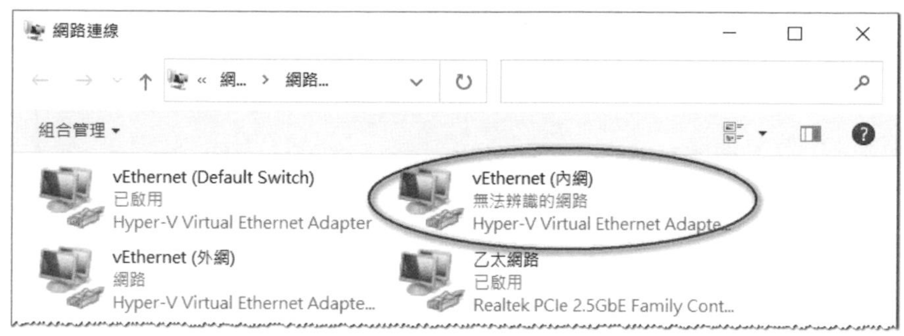

圖 5-5-3

若想要讓連接在此內部虛擬交換器的虛擬機器可以透過 Hyper-V 主機來上網的話，只要將上圖中可以連上網際網路的連線 **vEthernet (外網)**的**網際網路連線共用**（ICS）啟用即可：【對著 **vEthernet (外網)**按右鍵➲內容➲如圖 5-5-4 勾選**共用**標籤下的選項➲選擇您欲開放可以上網的內部網路，例如圖中的 **vEthernet (內網)**】。

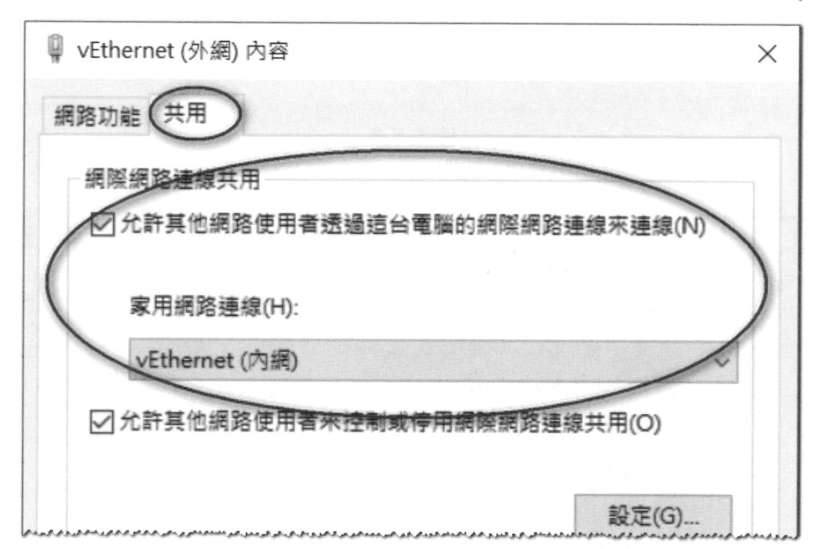

圖 5-5-4

系統會自動將 Hyper-V 主機的 **vEthernet**（**內網**）連線的 IP 位址改為 192.168.137.1（如圖 5-5-5 所示），而連接**內網**的虛擬機器，其 IP 位址也需為 192.168.137.x/24 的格式、同時**預設閘道**需指定到 192.168.137.1 這個 IP 位址。**網際網路連線共用**（ICS）具備 DHCP 的分派 IP 位址功能，所以連接在**內網**的虛擬主機的 IP 位址設定為自動取得即可，不需手動指定。

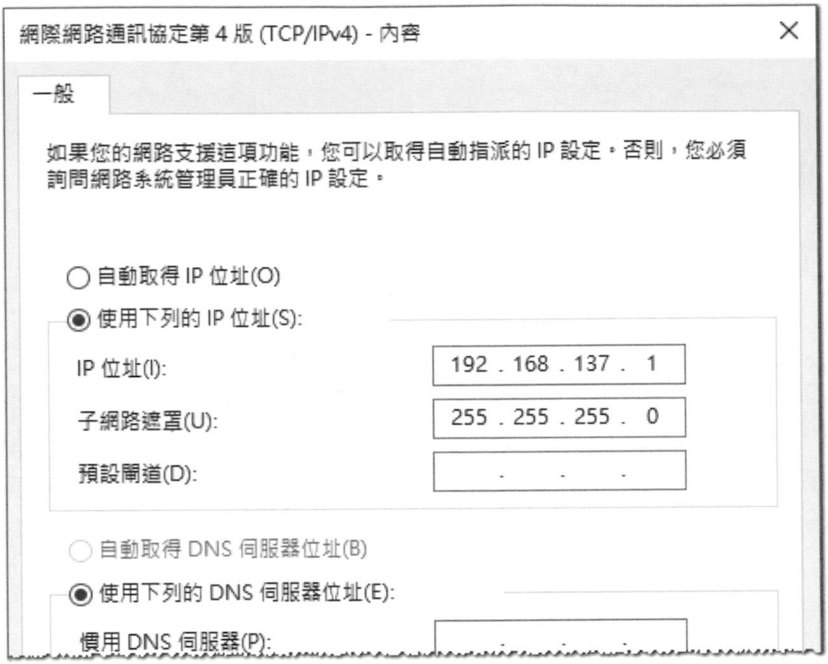

網際網路通訊協定第 4 版 (TCP/IPv4) - 內容

一般

如果您的網路支援這項功能，您可以取得自動指派的 IP 設定。否則，您必須詢問網路系統管理員正確的 IP 設定。

自動取得 IP 位址(O)

使用下列的 IP 位址(S):

IP 位址(I): 192 . 168 . 137 . 1

子網路遮罩(U): 255 . 255 . 255 . 0

預設閘道(D): . . .

自動取得 DNS 伺服器位址(B)

使用下列的 DNS 伺服器位址(E):

慣用 DNS 伺服器(P): . . .

圖 5-5-5

5-6 在 Microsoft Azure 雲端建立虛擬機器

傳統上，企業將各項服務建置在企業內部，例如伺服器、儲存媒體、資料庫、網路、軟體服務等，然而隨著雲端運算的越來越普及化，企業也為了降低硬體成本、減少電費支出、減少機房空間的使用、提高管理效率、降低 IT 人員的管理負擔，因此越來越多的企業逐漸朝雲端走去。

雲端運算最基本的項目之一就是虛擬機器，本節將介紹如何在 Microsoft Azure 雲端上面建立內含 Windows Server 2022 的虛擬機器。

申請免費使用帳號

您需要申請 Microsoft Azure 帳號，目前的免費帳號可使用某些熱門服務 12 個月+美金 USD200 的點數可使用所有服務 30 天 + 25 種以上可永久免費使用的服務。美金 USD200 的點數用完或 30 天使用期限到期時，必須繼續訂閱，才可以繼續使用免費與收費服務。若要查看虛擬機器的詳細收費資料，可以拜訪以下試算網站：

https://azure.microsoft.com/zh-tw/pricing/calculator/

然後【點擊**產品**標籤下的**計算**➲點擊右方**虛擬機器**➲待出現**虛擬機器 已新增**提示時點擊**檢視**或往下捲動視窗➲在**層**處選擇所需價格層次➲在**執行個體**處選擇所需虛擬機器（參考圖 5-6-1，圖中資訊僅供參考，隨時可能異動）】。

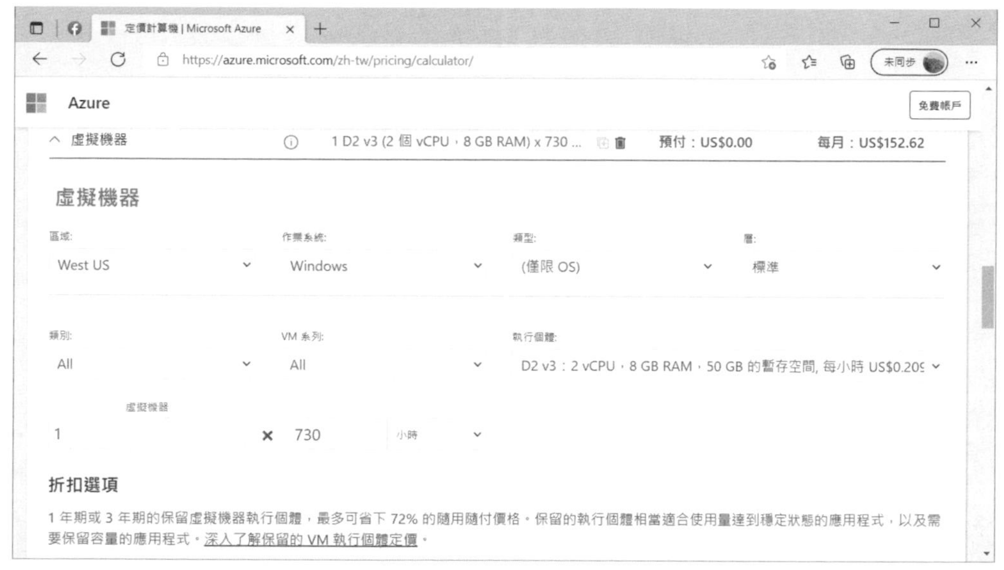

圖 5-6-1

若要申請免費帳戶的話，可以點擊圖 5-6-1 右上角的**免費帳戶**，或是透過網址 https://azure.microsoft.com/zh-tw/free/，然後點擊**開始免費試用**(需準備信用卡)。

建立虛擬機器

完成帳戶申請後，就可以使用 Microsoft Azure 雲端資源，而我們將開始來建立虛擬機器。

STEP **1** 請開啟瀏覽器、利用 http://portal.azure.com/ 登入 Microsoft Azure。

STEP **2** 如圖 5-6-2 所示點擊畫面左下方或畫面中間的**虛擬機器**。

圖 5-6-2

STEP 3 如圖 5-6-3 所示點擊**+建立**➲**+虛擬機器**。

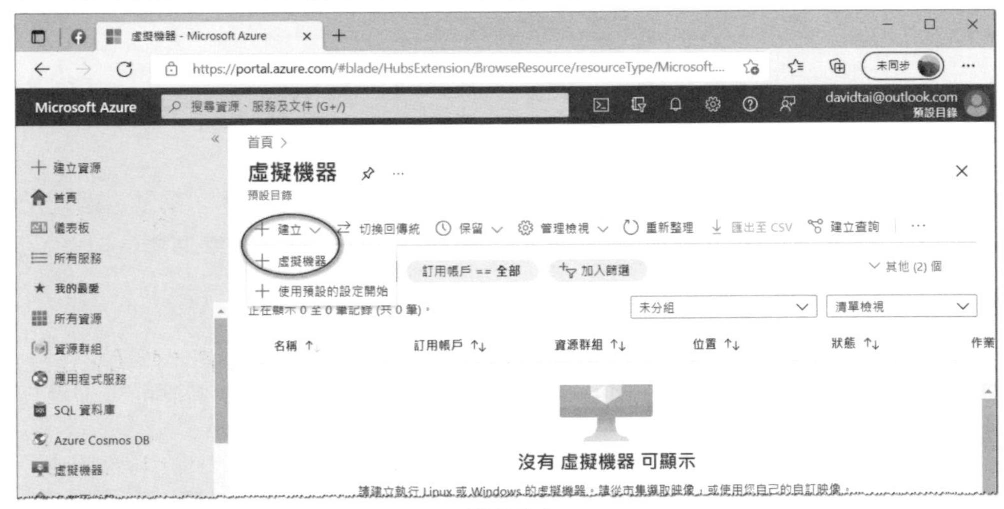

圖 5-6-3

STEP 4 在圖 5-6-4 中輸入、選擇以下相關資料：

- 訂用帳戶：初次使用的話，則此處僅有**免費試用版**可供選擇（訂用帳戶不是登入 Azure 的帳戶）。免費額度用完或 30 天試用期限到期時，此

免費試用版無法再使用，但是可以申請其他類型的收費訂用帳戶，然後在此處選擇來使用它（例如圖中的 Pay-As-You-Go）。

圖 5-6-4

- 資源群組：選擇用來集中管理資源的資源群組，由於您目前還沒有資源群組可供使用，因此請點擊**新建**，然後自行設定群組名稱，例如 MyResource1。
- 虛擬機器名稱：為此虛擬機器命名，例如 MyServer1。
- 區域：選擇虛擬機器放置地點，例如圖中的**(Asia Pacific) 日本東部**。

STEP 5 前面的畫面往下捲動，然後在圖 5-6-5 中輸入、選擇以下相關資料：

- 影像：選擇虛擬機器內的作業系統種類，例如 Windows Server 2022 Datacenter- Gen2。您也可以點擊**查看所有映像**來搜尋所需的映像。
- 大小：選擇虛擬機器的大小。點擊**查看所有大小**可以有更多的選擇。
- 使用者名稱與密碼請自訂。密碼需至少 12 個字，且至少要包含 A - Z、a - z、0 - 9、非字母數字（例如!、$、#、%）等 4 組字元中的 3 組。

圖 5-6-5

STEP 6 由於我們要用**遠端桌面連線**來連接此虛擬機器，因此需開放**遠端桌面連線**所使用的連接埠號碼 3389：前面的圖往下捲動，然後確認在圖 5-6-6 中的**選取輸入連接埠**處是選擇 **RDP (3389)**。其他欄位使用預設值即可。

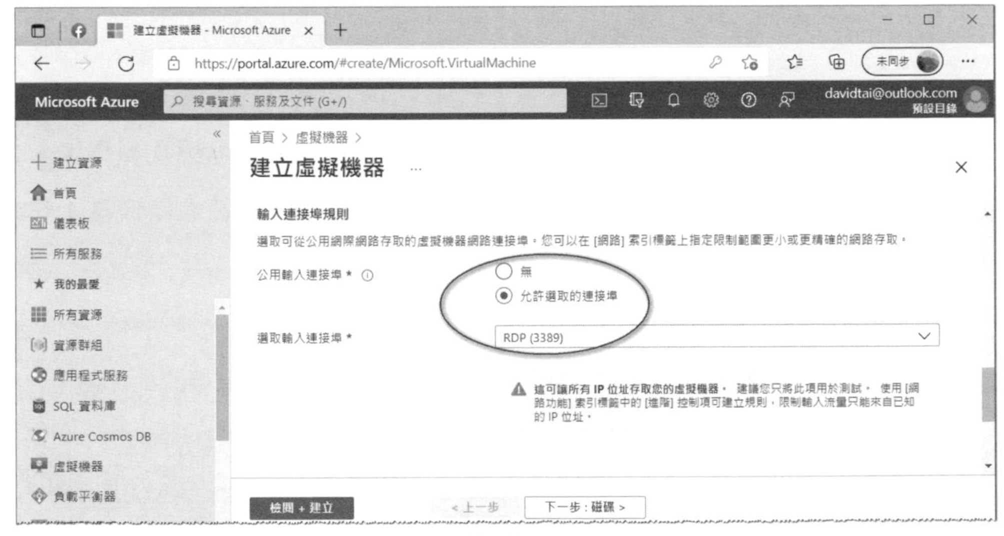

圖 5-6-6

STEP 7 接下來的畫面，都點擊**下一步**即可，或是直接點擊**檢閱+建立**。然後在圖 5-6-7 中確認設定都無誤後點擊**建立**。

圖 5-6-7

STEP 8 等待虛擬機器建立好後，就可以點擊如圖 5-6-8 中左方的**虛擬機器**、點擊所建立虛擬機器 MyServer1。也可以透過左方的**所有資源**來查看您目前在 Azure 使用的所有資源，包含虛擬機器。

圖 5-6-8

STEP 9 從圖 5-6-9 可知此虛擬機器的相關設定值，例如其公用 IP 位址、資源的使用狀況等。還可以將虛擬機器關機（停止）、啟動、重新啟動與刪除等。

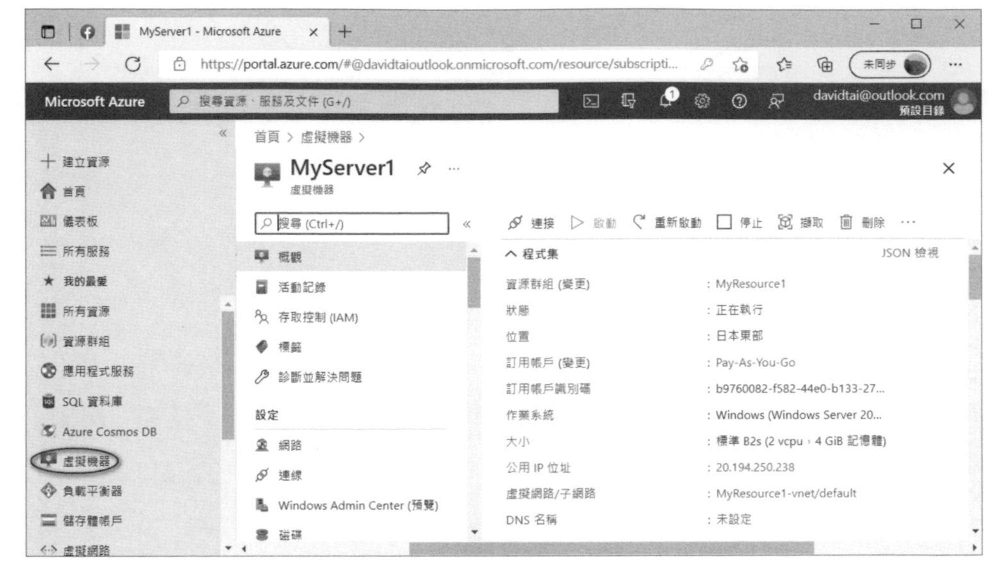

圖 5-6-9

STEP 10 接下來將使用**遠端桌面連線**來連接與管理此虛擬機器：如圖 5-6-10 所示點擊**連線**、點擊**下載 RDP 檔案**、然後點擊**開啟檔案**來連接此位於 Microsoft Azure 雲端的 Windows Server 2022 虛擬機器（若希望變更連線設定的話，例如變更顯示解析度，則請自行執行程式 mstsc.exe 來連接此虛擬機器，其中 IP 位址請使用圖 5-6-9 中的**公用 IP 位址**）。

圖 5-6-10

STEP 11 在圖 5-6-11 中點擊連線鈕。

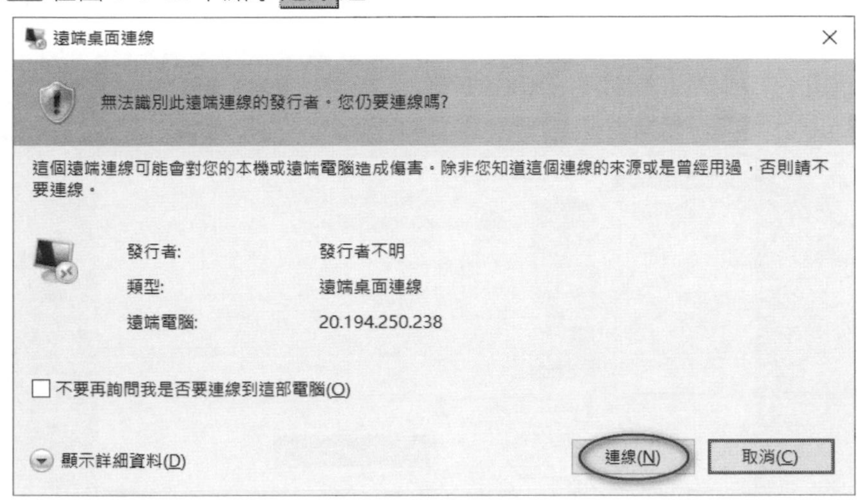

圖 5-6-11

若**遠端桌面連線**的連接埠 3389 未開放的話，將無法連線到此虛擬機器，此時請點擊圖 5-6-10 中**設定**下方的**網路**、點擊右方的**新增輸入連接埠規則**來開放。

STEP 12 在圖 5-6-12 中輸入前面圖 5-6-5 中所設定的使用者名稱與密碼後按確定鈕、按是（Y）鈕。

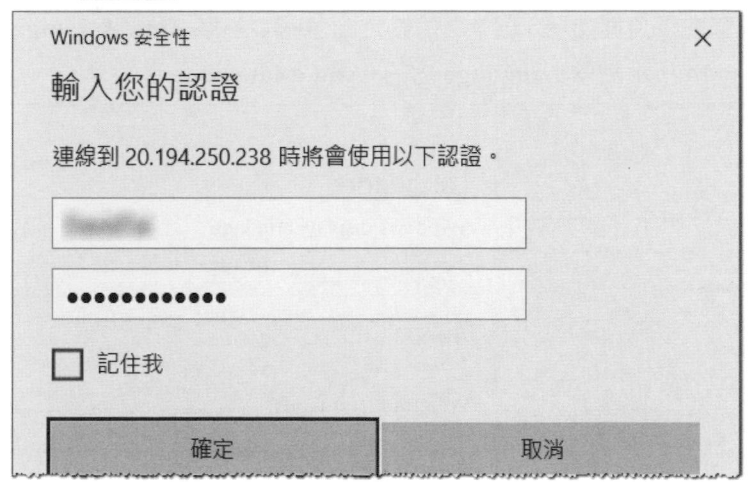

圖 5-6-12

STEP 13 圖 5-6-13 為連接到位於 Azure 的 Windows Server 2022 虛擬機器的畫面。

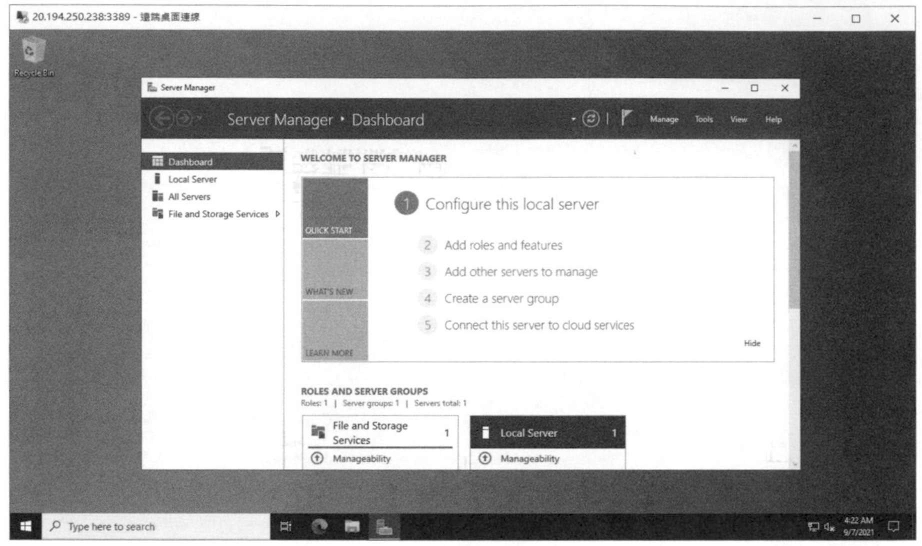

圖 5-6-13

將英文版 Windows Server 2022 中文化

目前在 Microsoft Azure 雲端所建立的 Windows Server 2022 虛擬機器是英文版，我們可以透過安裝中文語言的方式來將它中文化。

STEP 1 點擊左下角**開始**圖示⊞➲點擊**設定**圖示⚙➲點擊 **Time & Language**➲如圖 5-6-14 所示點擊 **Language** 處的**+Add a language**。

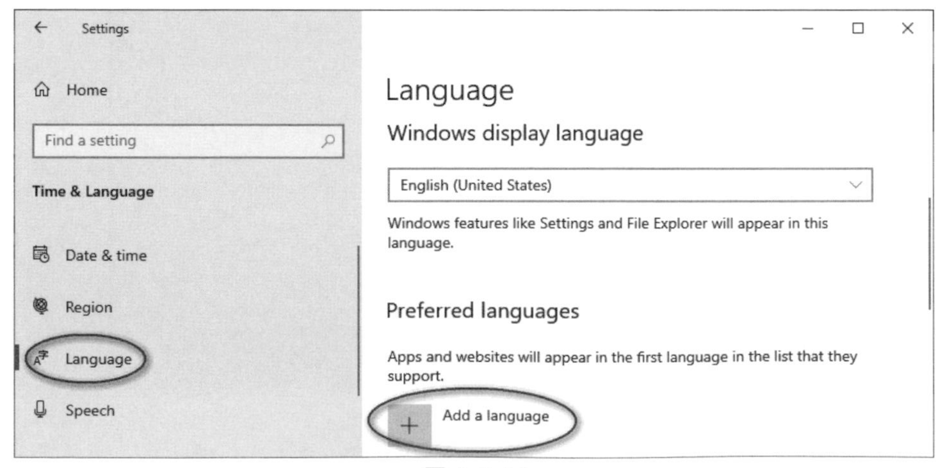

圖 5-6-14

STEP 2 如圖 5-6-15 所示選擇**中文(台灣)**後按 Next 鍵鈕。

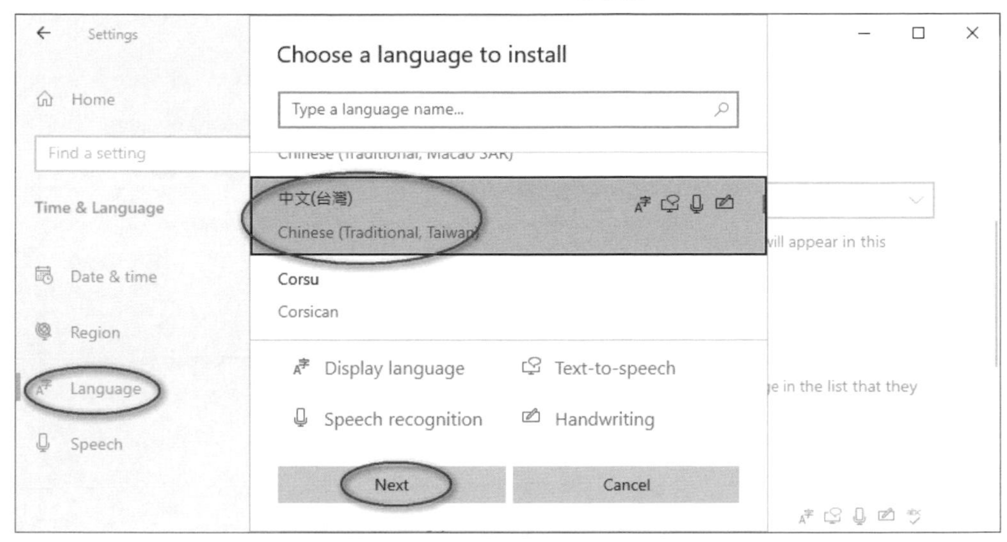

圖 5-6-15

STEP 3 在圖 5-6-16 中直接 Install 鈕。

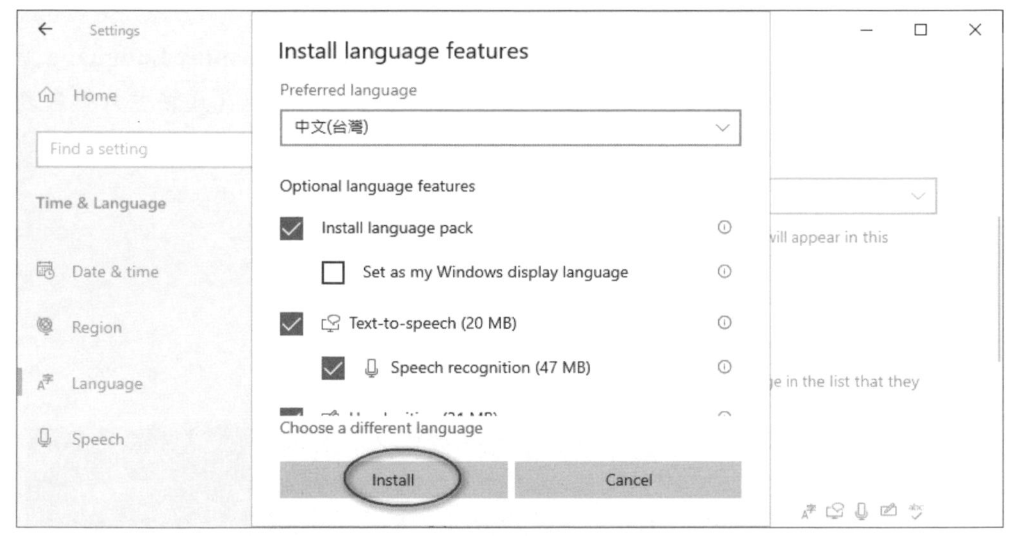

圖 5-6-16

STEP 4 如圖 5-6-17 所示正在安裝繁體中文語言。

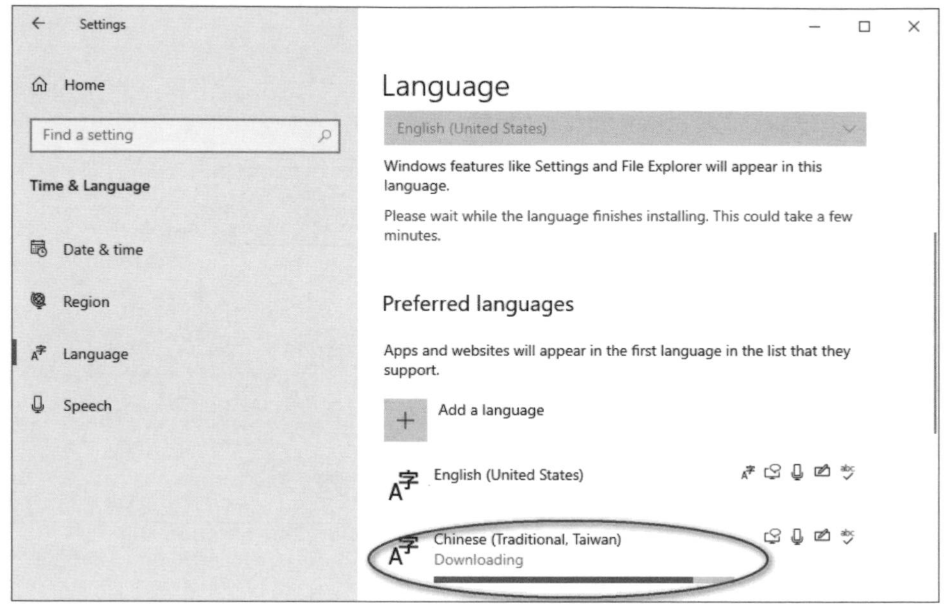

圖 5-6-17

STEP 5 等安裝完成後，在圖 5-6-18 背景圖上方的 **Windows Display Language** 處選擇**中文(台灣)** ➲前景圖點選 **Yes, sign out now**。登出再重新登入就會變成中文介面了。

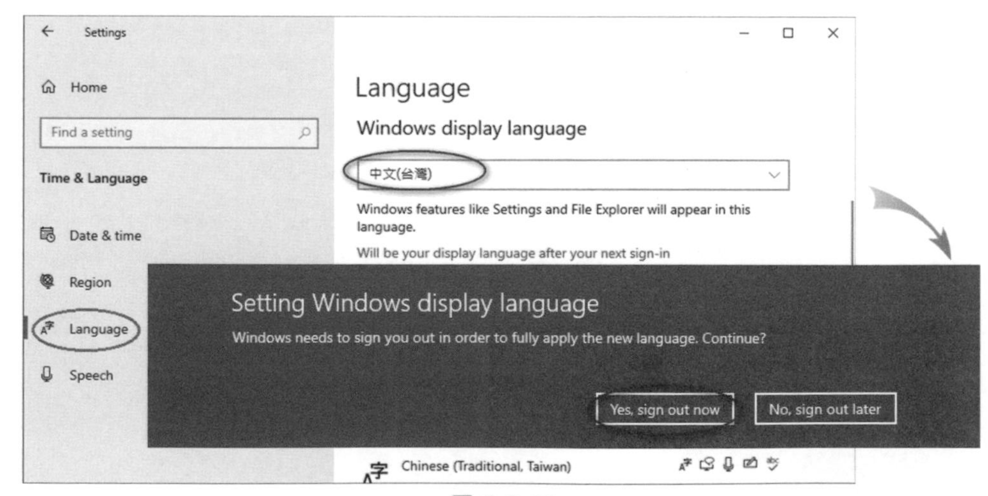

圖 5-6-18

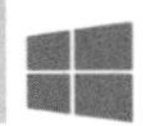

STEP 6 繼續將其他部份變更為適用於台灣的設定。點擊左下角**開始**圖示⊞➲點擊**設定**圖示⚙➲點擊**時間與語言**➲點擊圖 5-6-19 左方的**日期和時間**、透過**時區**處將時區改為**(UTC+08:00)台北**。

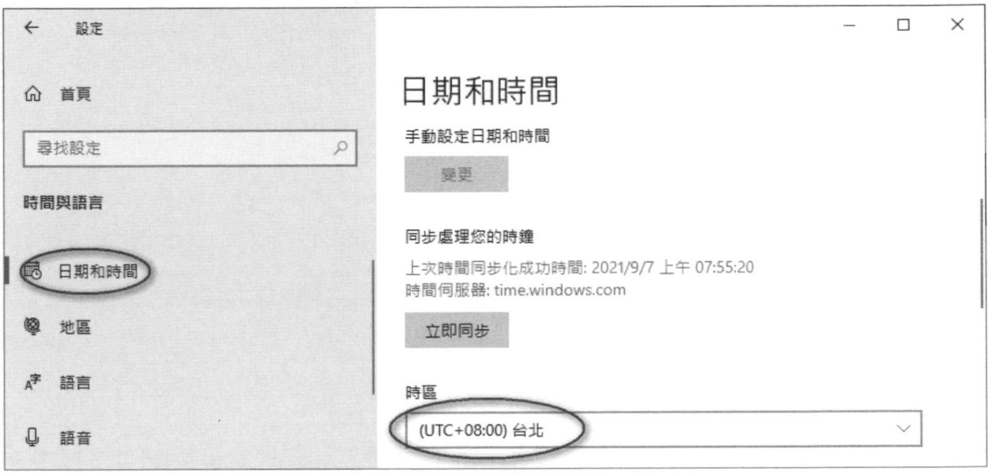

設定
首頁
尋找設定
時間與語言
日期和時間
地區
語言
語音
日期和時間
手動設定日期和時間
變更
同步處理您的時鐘
上次時間同步化成功時間: 2021/9/7 上午 07:55:20
時間伺服器: time.windows.com
立即同步
時區
(UTC+08:00) 台北

圖 5-6-19

STEP 7 如圖 5-6-20 所示點擊**地區**來變更或確認地區與地區格式。

設定
首頁
尋找設定
時間與語言
日期和時間
地區
語言
語音
地區
國家或地區
台灣
Windows 與應用程式可能會根據您所在國家或地區為您提供當地化的內容。
地區格式
目前格式: 中文 (繁體，台灣)
建議 [中文 (繁體，台灣)]
Windows 會根據您的語言和地區喜好設定來決定日期和時間格式。

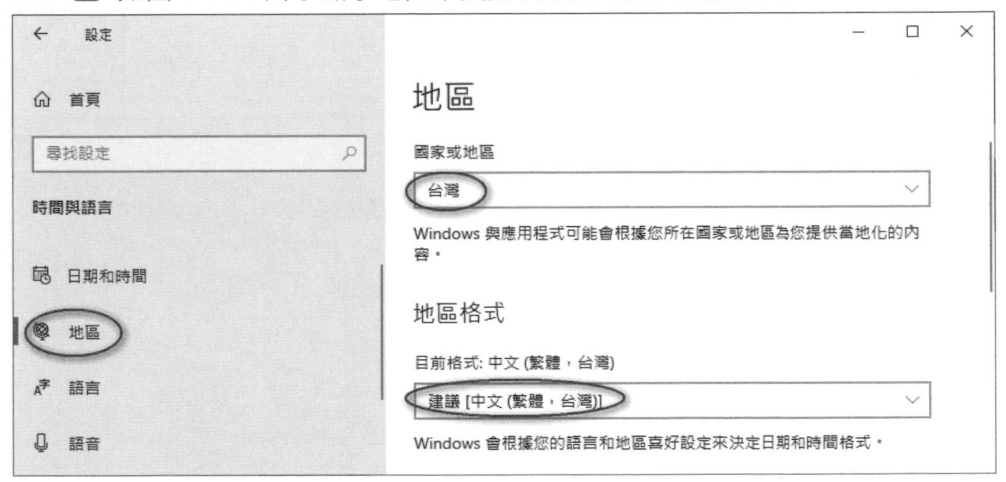

圖 5-6-20

STEP 8 點擊圖 5-6-21 左方的**語言**➲點擊**系統管理語言設定**。

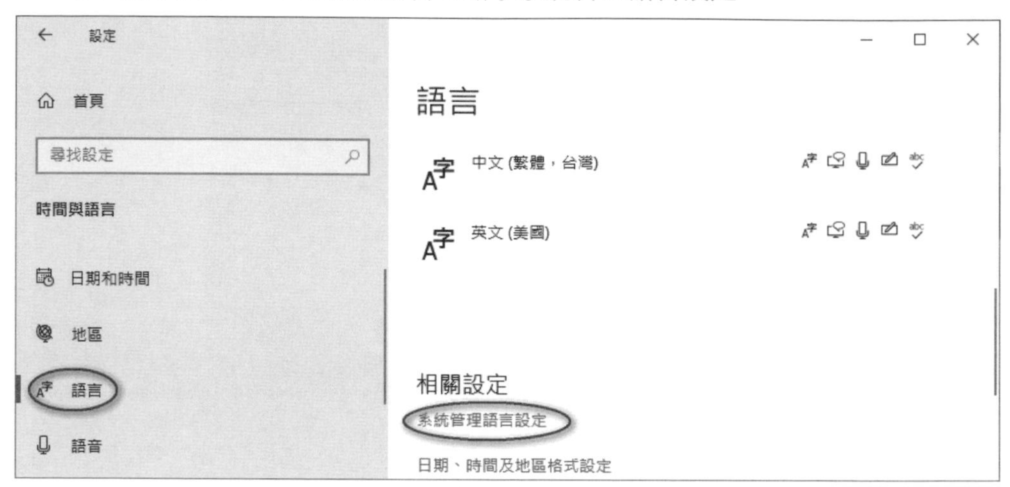

圖 5-6-21

STEP 9 如圖 5-6-22 所示點擊**系統管理**標籤下的變更系統地區設定鈕➲選擇**中文 (繁體，台灣)**➲點擊確定鈕➲點擊立即重新啟動鈕來重新啟動電腦。

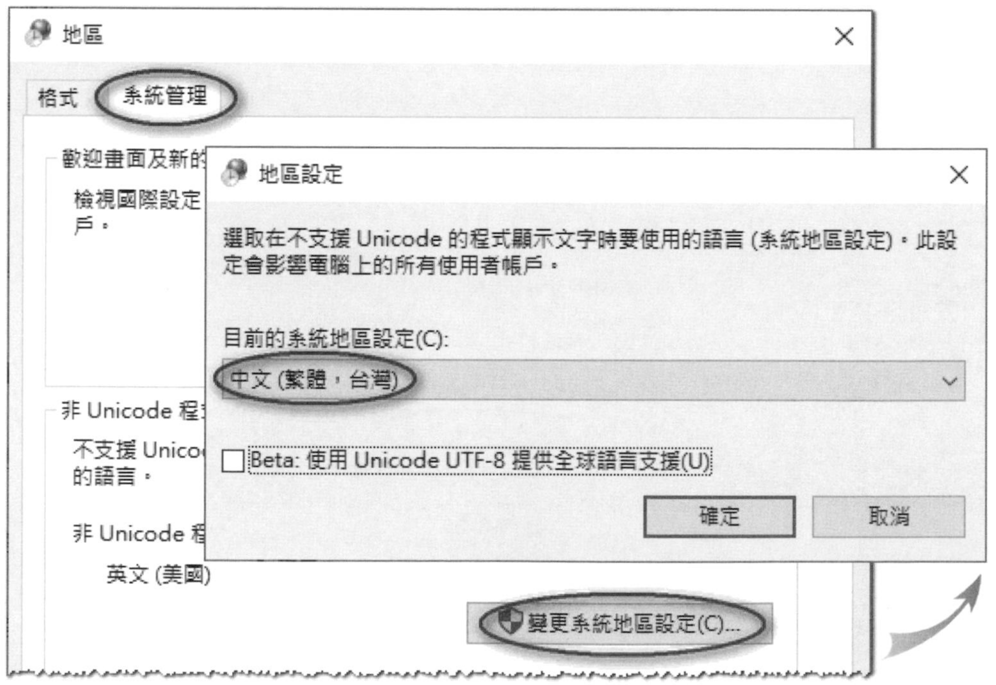

圖 5-6-22

Azure 的基本管理

點擊圖 5-6-23 中左方**虛擬機器**後可看到已建立的虛擬機器，圖中有 1 台虛擬機器。

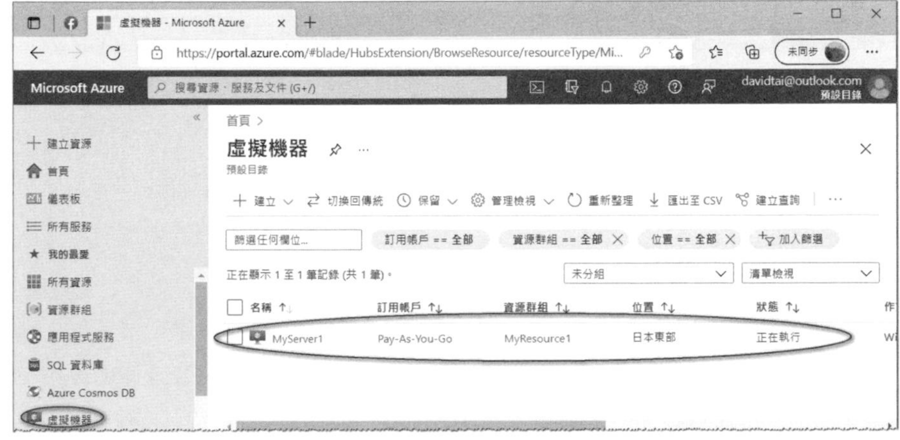

圖 5-6-23

在點擊圖中的虛擬機器後，例如 MyServer1，就可以看到如圖 5-6-24 所示的管理畫面，除了可以將虛擬機器關機（停止）、啟動、重新啟動與刪除外，還可以監控系統 CPU、網路、硬碟等運作情況。

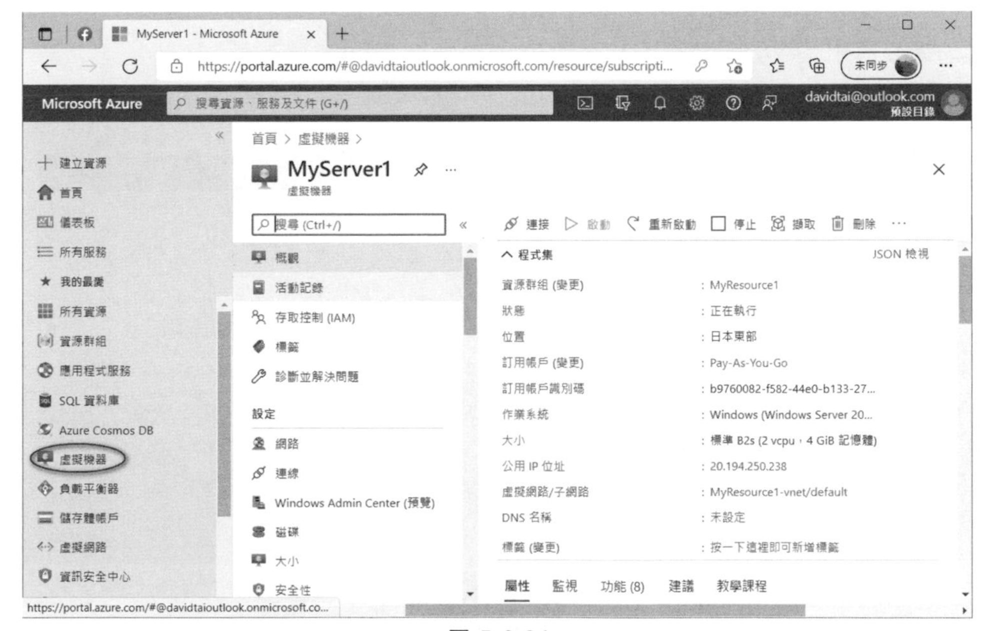

圖 5-6-24

若要查詢帳單的話【點擊左方的**成本管理 + 計費**➲透過圖 5-6-25 所示來查看】。

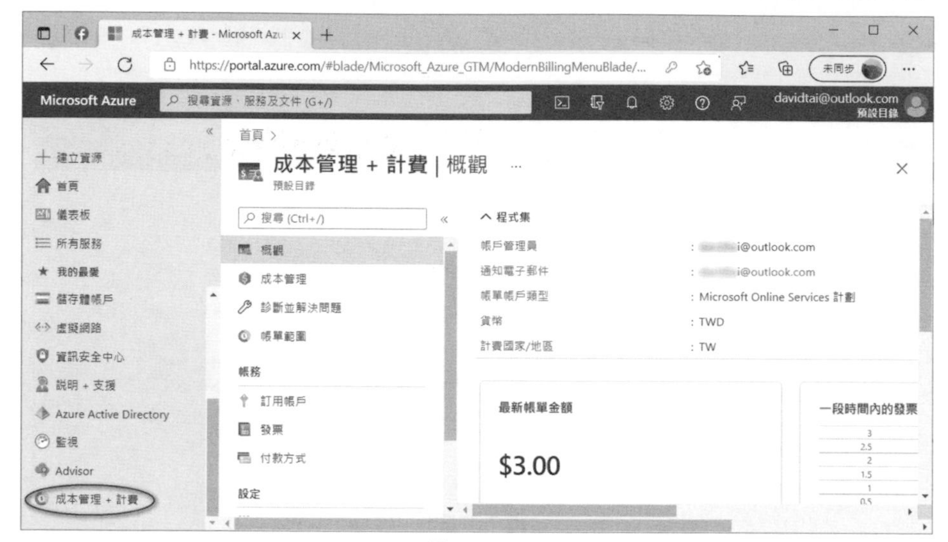

圖 5-6-25

若免費試用的訂用帳戶**免費試用版**使用期限已到或免費額度已經用完的話，可以新增其他的訂用帳戶，以便繼續使用 Azure 的資源。新增訂用帳戶的途徑可透過圖 5-6-26 上方的**+新增訂用帳戶**，也可以透過【點擊畫面左方的**所有服務**➲在類別處選**一般**➲訂用帳戶】的途徑。

圖 5-6-26

然後在圖 5-6-27 中可從**最熱門的供應項目**或**所有其他供應項目**來選擇所需的訂用帳戶，其中的**隨用隨付**（Pay-As-You-Go）就是「用多少資源，付多少錢」。

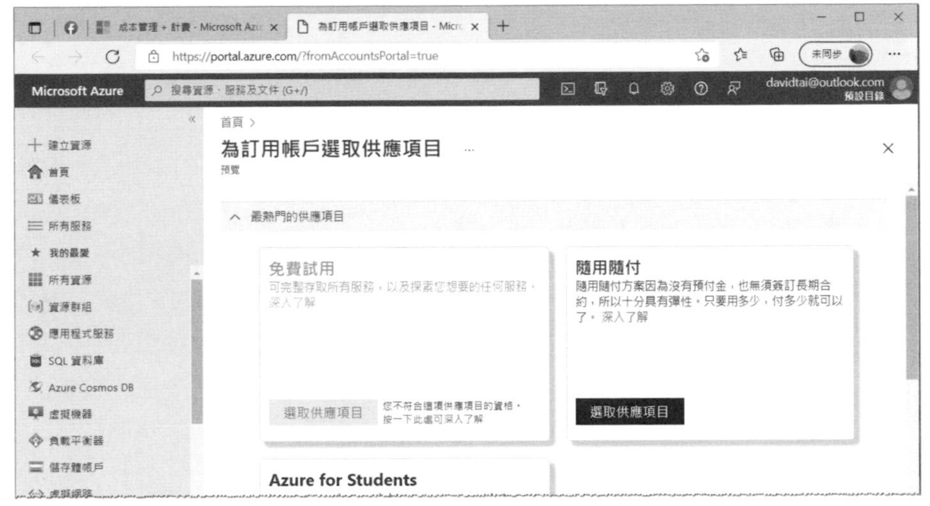

圖 5-6-27

所建立的虛擬機器不需要再使用時，若將其刪除的話，其所使用的虛擬硬碟並不會一併被刪除。若也要將此虛擬硬碟刪除的話：【點擊圖 5-6-28 左方的**所有資源**➲勾選虛擬硬碟➲點擊上方的**刪除**】。畫面中不需要的資源，也可以一併將其刪除。

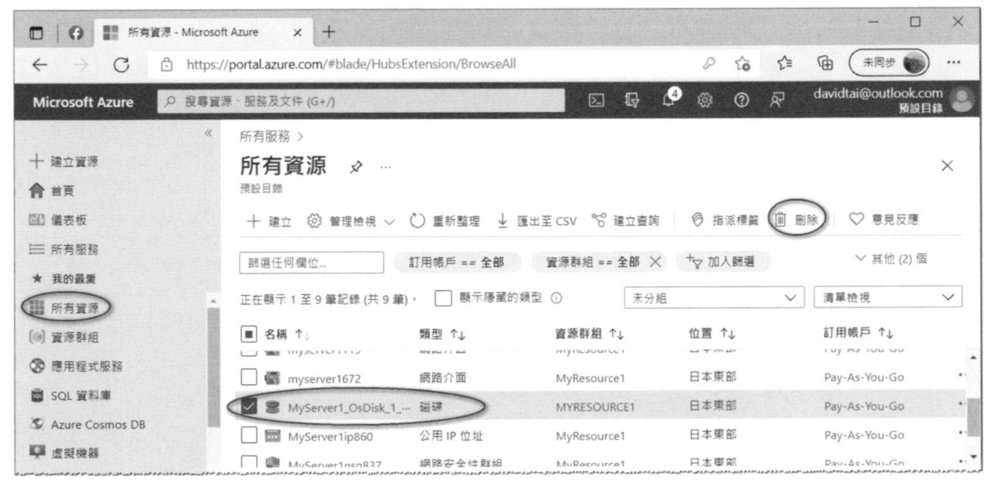

圖 5-6-28

6

建立 Active Directory 網域

本章將介紹 Active Directory 的觀念與 Active Directory 網域的建置方法。

6-1 Active Directory 網域服務

何謂 **directory** 呢？日常生活中的電話簿內記錄著親朋好友的姓名與電話等資料，這是 **telephone directory**（電話目錄）；電腦中的檔案系統（file system）內記錄著檔案的檔名、大小與日期等資料，這是 **file directory**（檔案目錄）。

這些 directory 內的資料若能夠有系統加以整理的話，使用者就能夠很容易與迅速的尋找到所需資料，而 directory service（目錄服務）所提供的服務，就是要讓使用者很容易與迅速的在 directory 內尋找所需資料。

Active Directory 網域內的 directory database（目錄資料庫）被用來儲存使用者帳戶、電腦帳戶、印表機與共用資料夾等物件，而提供目錄服務的元件就是 **Active Directory 網域服務**（Active Directory Domain Services，AD DS），它負責目錄資料庫的儲存、新增、刪除、修改與查詢等工作。

Active Directory 的適用範圍（Scope）

Active Directory 的適用範圍非常廣泛，它可以被應用在一台電腦、一個小型區域網路（LAN）或數個廣域網路（WAN）的結合。它包含此範圍中所有的物件，例如檔案、印表機、應用程式、伺服器、網域控制站與使用者帳戶等。

名稱空間（Namespace）

名稱空間是一塊界定好的區域（bounded area），在此區域內，我們可以利用某個名稱來找到與此名稱有關的資訊。例如一本電話簿就是一個**名稱空間**，在這本電話簿內（界定好的區域內），我們可以利用姓名來找到此人的電話、地址與生日等資料。又例如 Windows 作業系統的 NTFS 檔案系統也是一個**名稱空間**，在此檔案系統內，我們可以利用檔案名稱來找到此檔案的大小、修改日期與檔案內容等資料。

Active Directory 網域服務（AD DS）也是一個**名稱空間**。利用 AD DS，我們可以透過物件名稱來找到與此物件有關的所有資訊。

在 TCP/IP 網路環境內利用 Domain Name System（DNS）來解析主機名稱與 IP 位址的對應關係，例如透過 DNS 來得知主機的 IP 位址。AD DS 也是與 DNS 緊密的

整合在一起，它的網域**名稱空間**也是採用 DNS 架構，因此網域名稱是採用 DNS 格式來命名，例如可以將 AD DS 的網域名稱命名為 sayms.local。

物件（Object）與屬性（Attribute）

AD DS 內的資源是以物件的形式存在，例如使用者、電腦等都是物件，而物件是透過**屬性**來描述其特徵，也就是說物件本身是一些**屬性**的集合。例如若要為使用者**王喬治**建立一個帳戶，則需新增一個物件類型（object class）為**使用者**的物件（也就是使用者帳戶），然後在此物件內輸入**王喬治**的姓、名、登入帳戶與地址等資料，這其中的使用者帳戶就是物件，而姓、名與登入帳戶等就是該物件的屬性（請參見表 6-1-1）。另外圖 6-1-1 中的**王喬治**就是物件類型為**使用者**（user）的物件。

表 6-1-1

物件（object）	屬性（attributes）
使用者（user）	姓 名 登入帳戶 地址 …

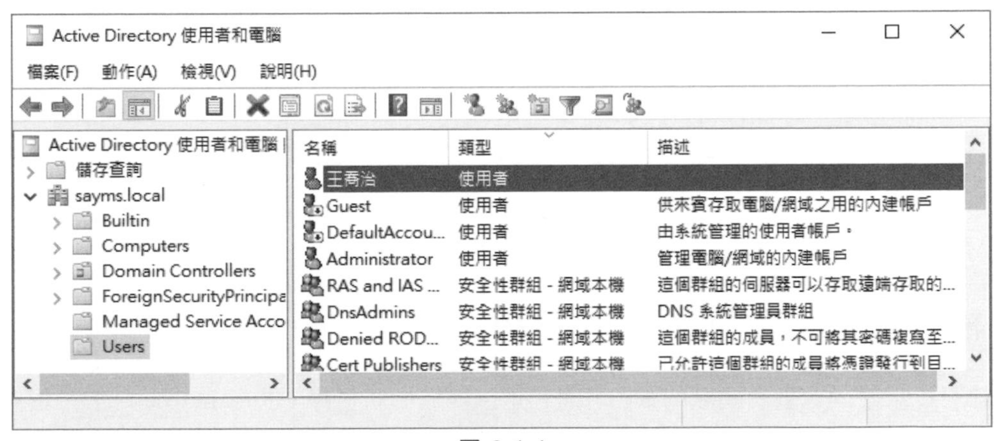

圖 6-1-1

容區（Container）與組織單位（Organization Units，OU）

容區與物件相似，它也有自己的名稱，也是一些屬性的集合，不過容區內可以包含其他物件（例如**使用者**、**電腦**等物件），也可以包含其他容區。而組織單位是一個比較特殊的容區，其內除了可以包含其他物件與組織單位之外，還有**群組原則**（group policy）的功能。

圖 6-1-2 所示就是一個名稱為**業務部**的組織單位，其內包含著數個物件，其中兩個為**電腦**物件、兩個為**使用者**物件與兩個本身也是組織單位的物件。AD DS 是以階層式的架構（hierarchical）將物件、容區與組織單位等組合在一起，並將其儲存到 AD DS 資料庫內。

圖 6-1-2

網域樹狀目錄（Domain Tree）

您可以架設內含數個網域的網路，而且是以網域樹狀目錄（domain tree）的形式存在，例如圖 6-1-3 就是一個網域樹狀目錄，其中最上層的網域名稱為 sayms.local，它是此網域樹狀目錄的根網域（root domain）；根網域之下還有 2 個子網域（sales.sayms.local 與 mkt.sayms.local），之下總共還有 3 個子網域。

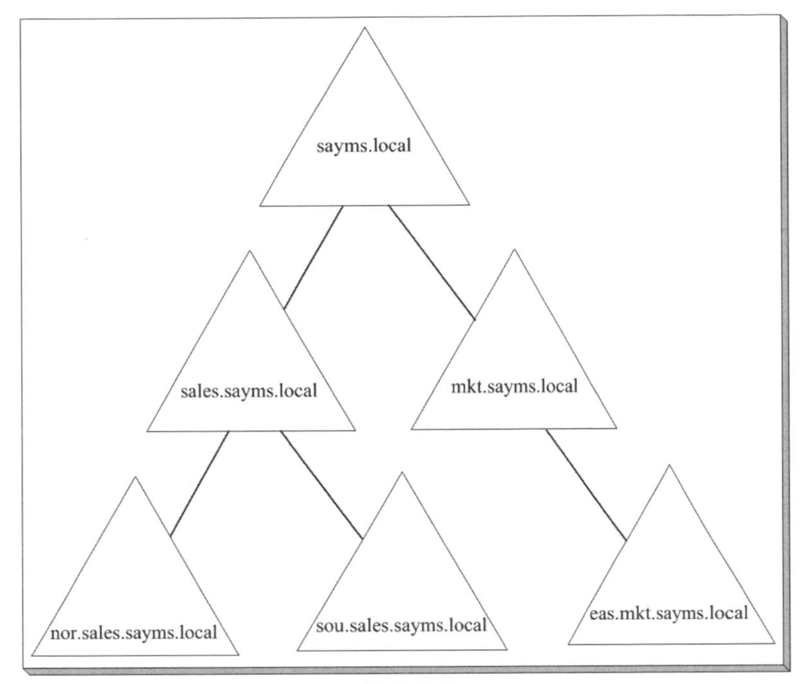

圖 6-1-3

圖中網域樹狀目錄有符合 DNS 網域名稱空間的命名原則，而且是有連續性的，也就是子網域的網域名稱中包含其父網域的網域名稱，例如網域 sales.sayms.local 的尾碼中包含其前一層（父網域）的網域名稱 sayms.local；而 nor.sales.sayms.local 的尾碼中包含其前一層的網域名稱 sales.sayms.local。

在網域樹狀目錄內的所有網域共用一個 AD DS，也就是在此網域樹狀目錄之下只有一個 AD DS，不過其內資料是分散的儲存在各網域內，每一個網域內只儲存隸屬於該網域的資料，例如該網域內的使用者帳戶（儲存在網域控制站內）。

信任（Trust）

兩個網域之間必須有信任關係（trust relationship），才可以存取對方網域內的資源。而任何一個新的 AD DS 網域被加入到網域樹狀目錄後，這個網域會自動信任其前一層的父網域，同時父網域也會自動信任此新的子網域，而且這些信任關係具備雙向轉移性（two-way transitive），此信任關係也被稱為 Kerberos trust。

網域 A 的使用者登入到其所隸屬的網域後，這個使用者可否存取網域 B 內的資源呢？

只要網域 B 有信任網域 A 就沒有問題。

我們以圖 6-1-4 來解釋雙向轉移性，圖中網域 A 信任網域 B（箭頭由 A 指向 B）、網域 B 又信任網域 C，因此網域 A 自動信任網域 C；另外網域 C 信任網域 B（箭頭由 C 指向 B）、網域 B 又信任網域 A，因此網域 C 自動信任網域 A。結果是網域 A 和網域 C 之間自動有著雙向的信任關係。

所以當任何一個新網域加入到網域樹狀目錄後，它會自動雙向信任這個網域樹狀目錄內所有的網域，因此只要擁有適當權限，這個新網域內的使用者便可以存取其他網域內的資源，同理其他網域內的使用者也可以來存取這個新網域內的資源。

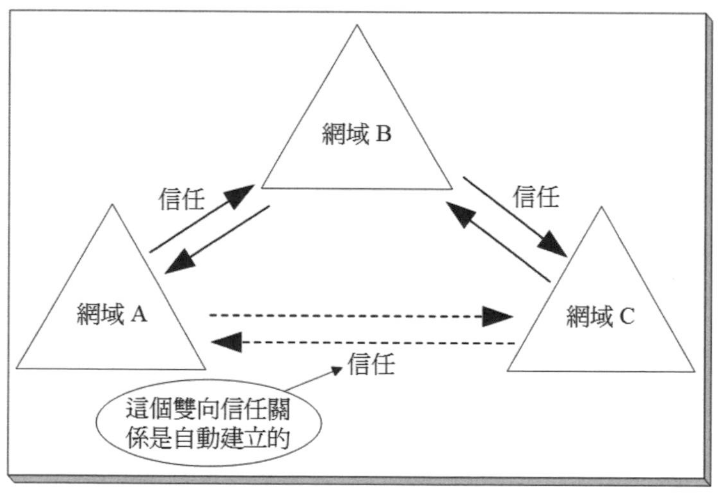

圖 6-1-4

樹系（Forest）

樹系是由一或數個網域樹狀目錄所組成，每一個網域樹狀目錄都有自己唯一的名稱空間，如圖 6-1-5 所示，例如其中一個網域樹狀目錄內的每一個網域名稱都是以 sayms.local 結尾，而另一個則都是以 sayiis.local 結尾。

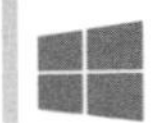

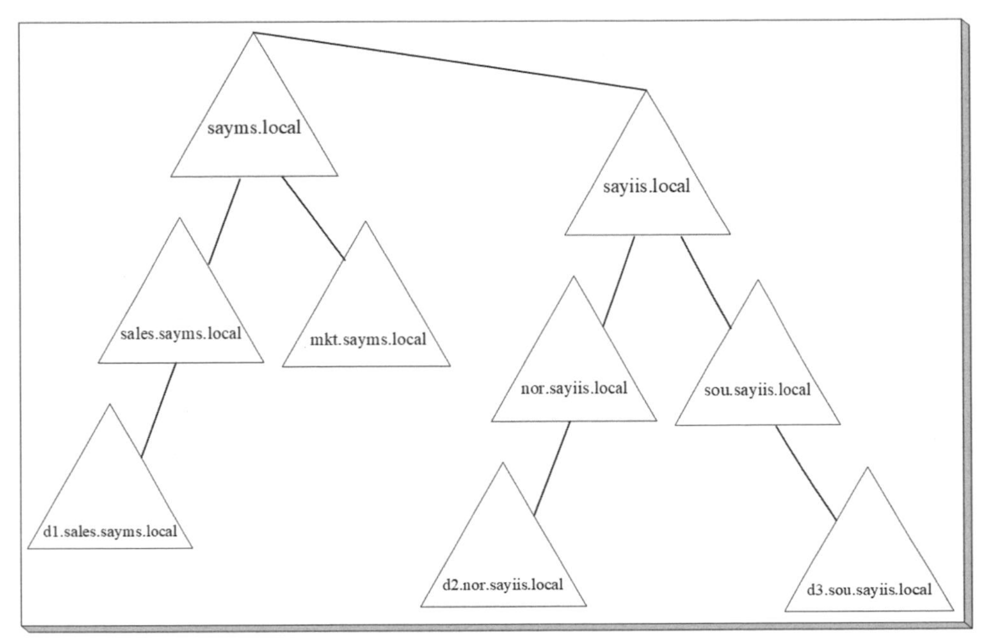

圖 6-1-5

第 1 個網域樹狀目錄的根網域，就是整個樹系的根網域（forest root domain），同時其網域名稱就是樹系的樹系名稱。例如圖 6-1-5 中的 sayms.local 是第 1 個網域樹狀目錄的根網域，它就是整個樹系的根網域，而樹系的名稱就是 sayms.local。

當您在建立樹系時，每一個網域樹狀目錄的根網域（例如圖 6-1-5 中的 sayiis.local）與樹系根網域（例如圖 6-1-5 中的 sayms.local）之間雙向的、轉移性的信任關係都會自動的被建立起來，因此每一個網域樹狀目錄中的每一個網域內的使用者，只要擁有權限，就可以存取其他任何一個網域樹狀目錄內的資源，也可以到其他任何一個網域樹狀目錄內的成員電腦上登入。

架構（Schema）

AD DS 物件類型與屬性資料是定義在**架構**內，例如它定義了**使用者**物件類型內包含哪一些屬性（姓、名、電話等）、每一個屬性的資料類型等資訊。

隸屬於 Schema Admins 群組的使用者可以修改**架構**內的資料，應用程式也可以在**架構**內新增其所需的物件類型或屬性。在一個樹系內的所有網域樹狀目錄共用相同的**架構**。

網域控制站（Domain Controller）

Active Directory 網域服務（AD DS）的目錄資料是儲存在網域控制站內。一個網域內可以有多台網域控制站，每一台網域控制站的地位（幾乎）是平等的，它們各自儲存著一份相同的 AD DS 資料庫。當您在任何一台網域控制站內新增了一個使用者帳戶後，此帳戶預設是被建立在此網域控制站的 AD DS 資料庫，之後會自動被複寫（replicate）到其他網域控制站的 AD DS 資料庫，以便讓所有網域控制站內的 AD DS 資料庫都能夠同步（synchronize）。

當使用者在網域內某台電腦登入時，會由其中一台網域控制站根據其 AD DS 資料庫內的帳戶資料，來審核使用者所輸入的帳戶與密碼是否正確。若是正確的，使用者就可以登入成功；反之，會被拒絕登入。

多台網域控制站還可以改善使用者的登入效率，因為多台網域控制站可以分擔審核使用者登入身分（帳戶名稱與密碼）的負擔。另外它也可以提供容錯功能，例如雖然其中一台網域控制站故障了，但是其他網域控制站仍然能夠繼續提供服務。

網域控制站是由伺服器等級的電腦來扮演的，例如 Windows Server 2022、Windows Server 2019、Windows Server 2016 等。

前述網域控制站的 AD DS 資料庫是可以被讀與寫的，除此之外，還有 AD DS 資料庫是只可以讀取、不可以被修改的**唯讀網域控制站**（Read-Only Domain Controller，RODC）。企業位於遠地的網路，若其安全措施並不像總公司一樣完備的話，很適合於架設**唯讀網域控制站**。

Lightweight Directory Access Protocol （LDAP）

LDAP（Lightweight Directory Access Protocol）是一種用來查詢與更新 AD DS 資料庫的目錄服務通訊協定。AD DS 是利用 **LDAP 名稱路徑**（LDAP naming path）來表示物件在 AD DS 資料庫內的位置，以便用它來存取 AD DS 資料庫內的物件。**LDAP 名稱路徑**包含：

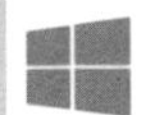

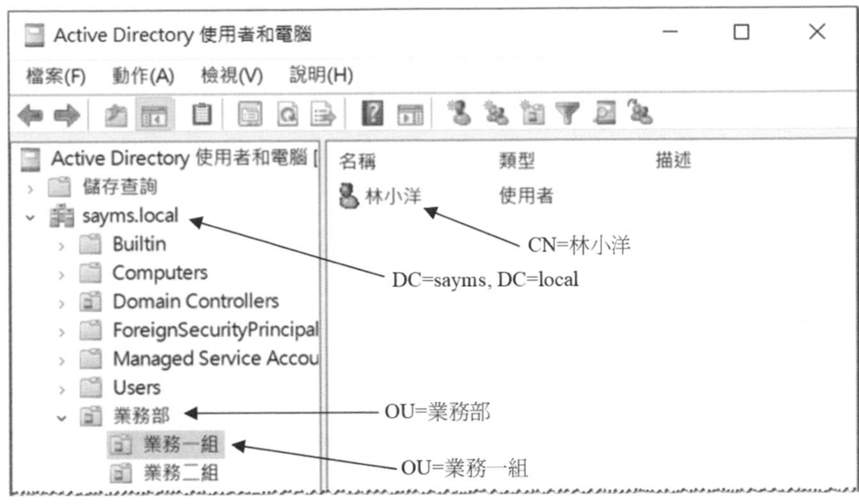

圖 6-1-6

- **Distinguished Name（DN）**：它是物件在 AD DS 資料庫內的完整路徑，例如圖 6-1-6 中的使用者帳戶名稱為**林小洋**，其 DN 為：

  CN=林小洋,OU=業務一組,OU=業務部,DC=sayms,DC=local

  其中 DC（domain component）表示 DNS 網域名稱中的元件，例如 sayms.local 中的 sayms 與 local；OU 為組織單位；CN 為 common name。除了 DC 與 OU 之外，其他都是利用 CN 來表示，例如使用者與電腦物件都是屬於 CN。上述 DN 表示法中的 **sayms** 與 **local** 屬於網域名稱，**業務部**、**業務一組**都是組織單位。此 DN 表示帳戶**林小洋**是儲存在 **sayms.local\業務部\業務一組**的路徑內。

- **Relative Distinguished Name（RDN）**：RDN 是用來代表 DN 完整路徑中的部分路徑，例如前述路徑中，**CN=林小洋**、**OU=業務一組**等都是 RDN。

除了 DN 與 RDN 這兩個物件名稱外，另外還有以下兩個名稱：

- **Global Unique Identifier（GUID）**：GUID 是一個 128-bit 的數值，系統會自動為每一個物件指定一個唯一的 GUID。雖然您可以改變物件的名稱，但是其 GUID 永遠不會改變。

- **User Principal Name（UPN）**：每一個使用者還可以有一個比 DN 更短、更容易記憶的 UPN，例如圖 6-1-6 中的**林小洋**是隸屬網域 sayms.local，則其 UPN 可為 bob@sayms.local。建議使用者最好使用 UPN 來登入，因為無論此使用者的帳戶被搬移到哪一個網域，其 UPN 都不會改變，因此使用者可以使用相同的 UPN 來登入。

通用類別目錄（Global Catalog）

雖然在網域樹狀目錄內的所有網域共用一個 AD DS 資料庫，但其資料是分散在各個網域內，而每一個網域只儲存該網域本身的資料。為了讓使用者、應用程式能夠快速找到位於其他網域內的資源，因此在 AD DS 內便設計了**通用類別目錄**（global catalog）。一個樹系內的所有網域樹狀目錄共用相同的**通用類別目錄**。

通用類別目錄的資料是儲存在網域控制站內，這台網域控制站可被稱為**通用類別目錄伺服器**。雖然它儲存著樹系內所有網域的 AD DS 資料庫內的所有物件，但是只儲存物件的部分屬性，這些屬性都是平常比較會被用來搜尋的屬性，例如使用者的電話號碼、登入帳戶名稱等。**通用類別目錄**讓使用者即使不知道物件是位於哪一個網域內，仍然可以很快速的找到所需物件。

使用者登入時，**通用類別目錄伺服器**還負責提供該使用者所隸屬的**萬用群組**(後述)資訊；使用者利用 UPN 登入時，它也負責提供該使用者所隸屬的網域的資訊。

站台（Site）

站台是由一或數個 IP 子網路所組成，這些子網路之間透過**高速且可靠的連線**串接起來，也就是這些子網路之間的連線速度要夠快且穩定、符合您的需求，否則您就應該將它們分別規劃為不同的站台。

一般來說，一個 LAN（區域網路）之內的各個子網路之間的連線都符合速度快且高可靠度的要求，因此可以將一個 LAN 規劃為一個站台；而 WAN（廣域網路）內的各個 LAN 之間的連線速度一般都不快，因此 WAN 之中的各個 LAN 應分別規劃為不同站台，參見圖 6-1-7。

網域是邏輯的（logical）分組，而站台是實體的（physical）分組。AD DS 內每一個站台可能內含多個網域；而一個網域內的電腦們也可能分別散佈在不同站台內。

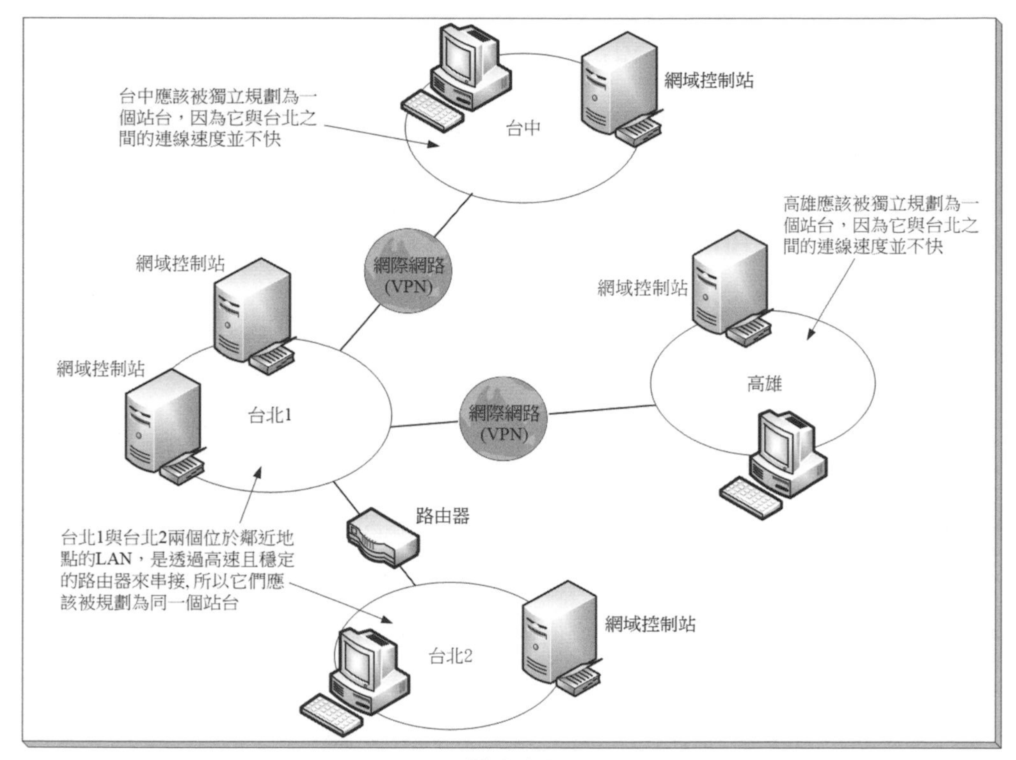

圖 6-1-7

若一個網域的網域控制站分佈在不同站台內，而站台之間是低速連線的話，由於不同站台的網域控制站之間會互相複寫 AD DS 資料庫，為了避免複寫時佔用站台之間連線的頻寬，影響站台之間其他資料的傳輸效率，因此需謹慎規劃執行複寫的時段，也就是盡量在離峰時期才執行複寫工作，同時複寫頻率不要太高。

而同一個站台內的網域控制站之間是透過快速連線來串接，因此在複寫 AD DS 資料時，可以快速複寫。AD DS 會設定讓同一個站台內、隸屬於同一個網域的網域控制站之間自動執行複寫工作，且預設的複寫頻率也比不同站台之間來得高。

不同站台之間在複寫時所傳送的資料會被壓縮，以減少站台之間連線頻寬的負擔；但是同一個站台內的網域控制站之間在複寫時並不會壓縮資料。

網域功能等級與樹系功能等級

隨著新作業系統的誕生，而有新功能的增加，AD DS 將網域與樹系劃分為不同的功能等級，新等級支援著新功能。

網域功能等級（Domain Functionality Level）

Active Directory 網域服務（AD DS）的**網域功能等級**設定只會影響到該網域本身而已，不會影響到其他網域。**網域功能等級**分為以下幾種模式：

- **Windows Server 2008**：網域控制站需 Windows Server 2008 或新版。
- **Windows Server 2008 R2**：網域控制站需 Windows Server 2008 R2 或新版。
- **Windows Server 2012**：網域控制站需 Windows Server 2012 或新版。
- **Windows Server 2012 R2**：網域控制站需 Windows Server 2012 R2 或新版。
- **Windows Server 2016**：網域控制站需 Windows Server 2016 或新版。

其中的 **Windows Server 2016** 等級擁有 AD DS 的所有功能。您可以提升網域功能等級，例如將 **Windows Server 2012 R2** 提升到 **Windows Server 2016**。

Windows Server 2022、Windows Server 2019 並未增加新的增網域功能等級與樹系功能等級，因此目前最高等級還是 Windows Server 2016。

樹系功能等級（Forest Functionality Level）

Active Directory 網域服務（AD DS）的**樹系功能等級**設定，會影響到該樹系內的所有網域。**樹系功能等級**分為以下幾種模式：

- **Windows Server 2008**：網域控制站需 Windows Server 2008 或新版。
- **Windows Server 2008 R2**：網域控制站需 Windows Server 2008 R2 或新版。
- **Windows Server 2012**：網域控制站需 Windows Server 2012 或新版。
- **Windows Server 2012 R2**：網域控制站需 Windows Server 2012 R2 或新版。
- **Windows Server 2016**：網域控制站需 Windows Server 2016 或新版。

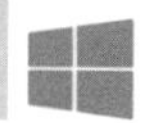

其中的 **Windows Server 2016** 等級擁有 AD DS 的所有功能。您可以提升樹系功能等級，例如將 **Windows Server 2012 R2** 提升到 **Windows Server 2016**。

目錄分割區（Directory Partition）

AD DS 資料庫被邏輯的分為以下數個目錄分割區：

- **架構目錄分割區（Schema Directory Partition）**：它儲存著整個樹系中所有物件與屬性的定義資料，也儲存著如何建立新物件與屬性的規則。整個樹系內所有網域共用一份相同的**架構目錄分割區**，它會被複寫到樹系中所有網域的所有網域控制站。
- **設定目錄分割區（Configuration Directory Partition）**：其內儲存著整個 AD DS 的結構，例如有哪些網域、站台、網域控制站等資料。整個樹系共用一份相同的**設定目錄分割區**，它會被複寫到樹系中所有網域的所有網域控制站。
- **網域目錄分割區（Domain Directory Partition）**：每一個網域各有一個**網域目錄分割區**，其內儲存著與該網域有關的物件，例如使用者、群組與電腦等物件。每一個網域各自擁有一份**網域目錄分割區**，它只會被複寫到該網域內的所有網域控制站，並不會被複寫到其他網域的網域控制站。
- **應用程式目錄分割區（Application Directory Partition）**：一般來說，**應用程式目錄分割區**是由應用程式所建立的，其內儲存著與該應用程式有關的資料。例如由 Windows Server 2022 扮演的 DNS 伺服器，若所建立的 DNS 區域為**整合 Active Directory 區域**的話，則它便會在 AD DS 資料庫內建立**應用程式目錄分割區**，以便儲存該區域的資料。**應用程式目錄分割區**會被複寫到樹系中的特定網域控制站，而不是所有的網域控制站。

6-2 建立 Active Directory 網域

我們利用圖 6-2-1 來介紹如何建立第 1 個樹系中的第 1 個網域（根網域）。建立網域的方式是先安裝一台 Windows 伺服器（此處以 Windows Server 2022 Datacenter 為例），然後將其升級為網域控制站。我們也將架設此網域內的第 2 台網域控制站（Windows Server 2022 Datacenter）、一台成員伺服器（Windows Server 2022 Datacenter）與一台加入網域的 Windows 11 專家版用戶端。建議利用 Windows

Server 2022 Hyper-V 或 VMware Workstation 等所提供的虛擬機器與虛擬網路來建置圖中的網路環境。

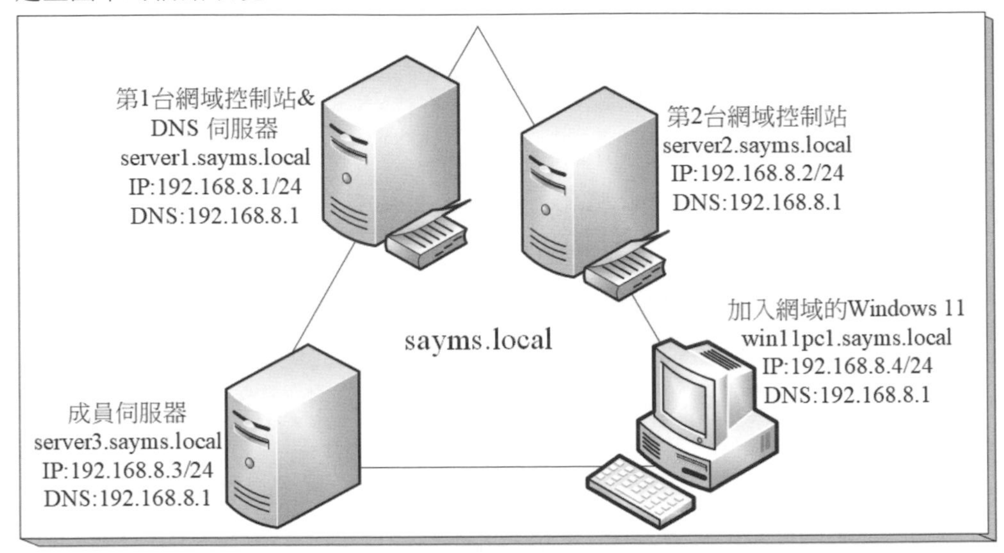

圖 6-2-1

我們要先將圖 6-2-1 左上角的伺服器升級為網域控制站。在建立第一台網域控制站 server1.sayms.local 時，它就會同時建立此網域控制站所隸屬的網域 sayms.local，也會建立網域 sayms.local 所隸屬的網域樹狀目錄，而網域 sayms.local 也是此網域樹狀目錄的根網域。由於是第一個網域樹狀目錄，因此它同時會建立一個新樹系，樹系名稱就是第一個網域樹狀目錄的根網域的網域名稱，也就是 sayms.local。網域 sayms.local 就是整個樹系的**樹系根網域**。

建立網域的必要條件

在將 Windows Server 2022 升級為網域控制站前，請注意以下事項：

- **DNS 網域名稱**：請事先為 AD DS 網域想好一個符合 DNS 格式的網域名稱，例如此處我們將使用 sayms.local。
- **DNS 伺服器**：由於網域控制站需將自己登記到 DNS 伺服器內，以便讓其他電腦透過 DNS 伺服器來找到這台網域控制站，因此需要有一台 DNS 伺服器。若目前沒有 DNS 伺服器的話，則可以在升級過程中，選擇在這台即將升級為網域控制站的伺服器上安裝 DNS 伺服器。

建立網路中的第一台網域控制站

我們將透過新增伺服器角色的方式，來將圖 6-2-1 中左上角的伺服器 server1.sayms.local 升級為網域控制站。

STEP 1 先將該台電腦的電腦名稱設定為 server1、IPv4 位址等設定為如圖 6-2-1 中所示。注意將電腦名稱設定為 server1 即可，等升級為網域控制站後，其電腦名稱會自動被改為 server1.sayms.local。

STEP 2 開啟**伺服器管理員**、如圖 6-2-2 所示點擊**儀表板**處的**新增角色及功能**（也可以如圖 6-2-3 所示使用 Windows Admin Center，參見章節 3-3）。

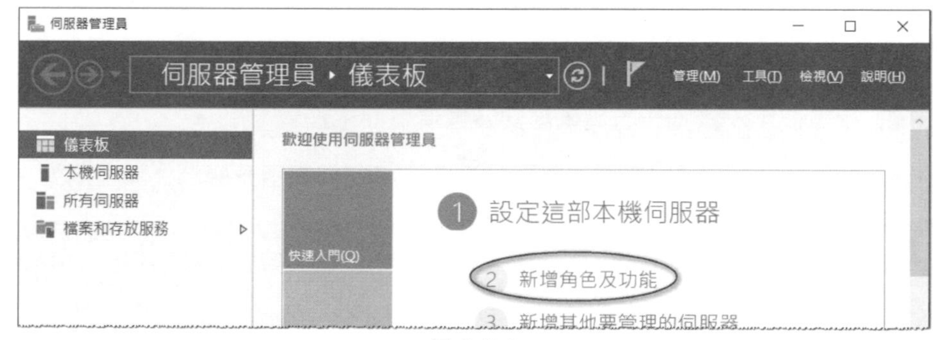

圖 6-2-2

圖 6-2-3

STEP 3 持續按下一步鈕一直到圖 6-2-4 中勾選 **Active Directory 網域服務**、點擊新增功能鈕來安裝所需的功能。

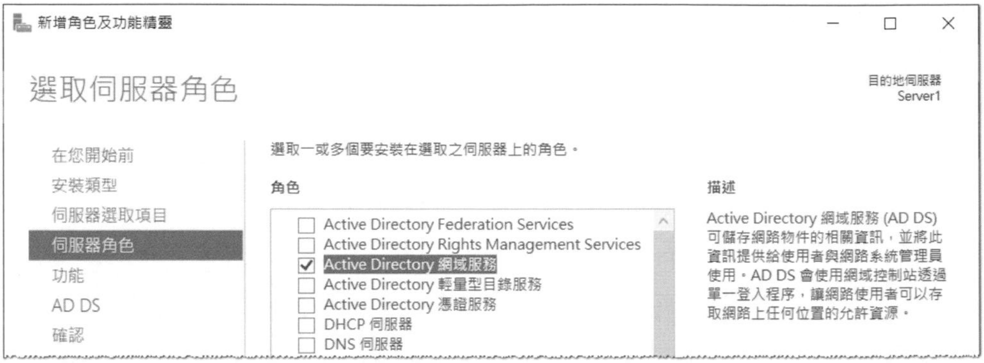

新增角色及功能精靈

選取伺服器角色

目的地伺服器
Server1

在您開始前
安裝類型
伺服器選取項目
伺服器角色
功能
AD DS
確認

選取一或多個要安裝在選取之伺服器上的角色。

角色

- ☐ Active Directory Federation Services
- ☐ Active Directory Rights Management Services
- ☑ Active Directory 網域服務
- ☐ Active Directory 輕量型目錄服務
- ☐ Active Directory 憑證服務
- ☐ DHCP 伺服器
- ☐ DNS 伺服器

描述

Active Directory 網域服務 (AD DS) 可儲存網路物件的相關資訊，並將此資訊提供給使用者與網路系統管理員使用。AD DS 會使用網域控制站透過單一登入程序，讓網路使用者可以存取網路上任何位置的允許資源。

圖 6-2-4

STEP 4 持續按下一步鈕一直到**確認安裝選項**畫面中按安裝鈕。

STEP 5 圖 6-2-5 為完成安裝後的畫面，請點擊**將此伺服器升級為網域控制站**。

> 若已經關閉圖 6-2-5 的話，則請如圖 6-2-6 所示點擊**伺服器管理員**上方的旗幟符號、點擊**將此伺服器升級為網域控制站**。

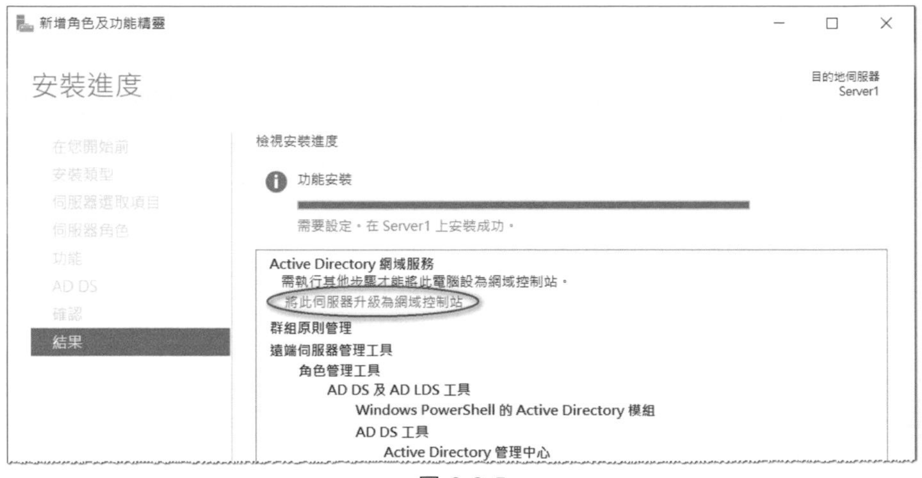

圖 6-2-5

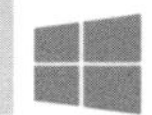

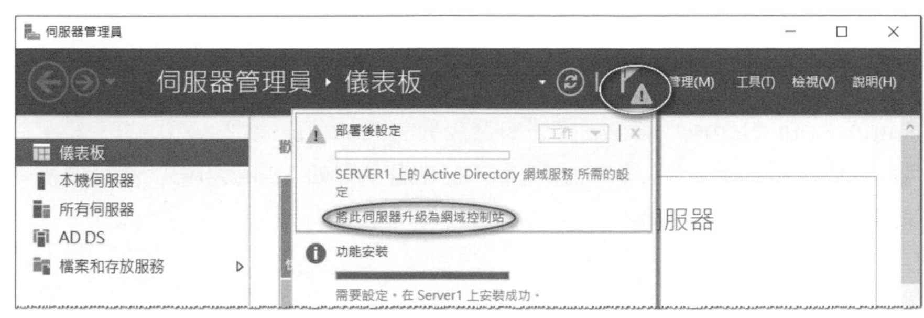

圖 6-2-6

STEP 6 如圖 6-2-7 所示選擇新增樹系、設定樹系根網域名稱（假設是 sayms.local）、按 下一步 鈕。

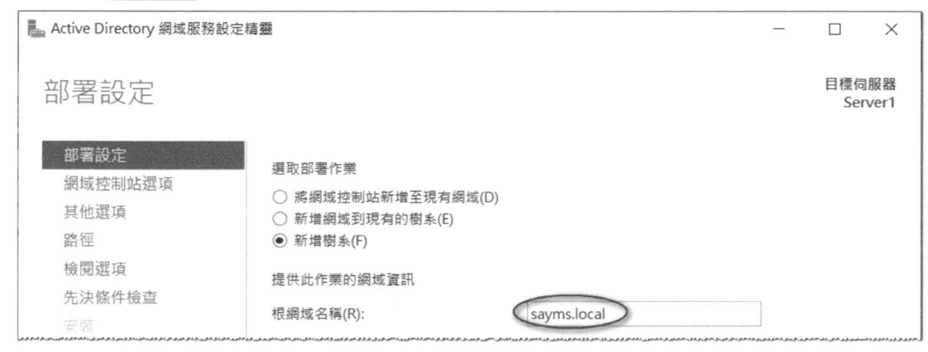

圖 6-2-7

STEP 7 完成圖 6-2-8 中的設定後按 下一步 鈕：

- 選擇樹系功能等級、網域功能等級

  樹系與網域功能等級都選擇預設的 Windows Server 2016。

- 預設會直接在此伺服器上安裝 DNS 伺服器
- 第一台網域控制站必須扮演**通用類別目錄**伺服器的角色
- 第一台網域控制站不可以是**唯讀網域控制站**（RODC）
- 設定**目錄服務還原模式**的系統管理員密碼：

  目錄服務還原模式（目錄服務修復模式）是安全模式，進入此模式可以修復 AD DS 資料庫。您可以在系統啟動時按 F8 鍵來選擇此模式，不過必須輸入此處所設定的密碼。

> 密碼預設需至少 7 個字元，但是不可以內含使用者帳戶名稱（指**使用者 SamAccountName**）或全名，還有至少要包含 A - Z、a - z、0 - 9、非字母數字（例如!、$、#、%）等 4 組字元中的 3 組，例如 123abcABC 為有效密碼，而 1234567 為無效密碼。

圖 6-2-8

STEP 8 出現圖 6-2-9 的警示畫面時，請直接按**下一步**鈕。

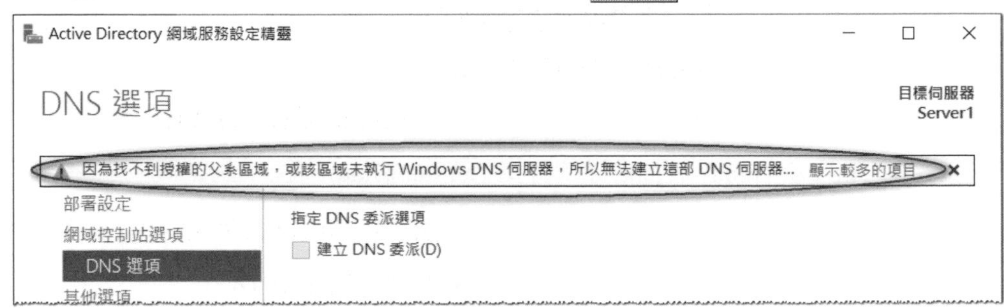

圖 6-2-9

STEP 9 在**其他選項**畫面中，安裝程式會自動為此網域設定一個 NetBIOS 網域名稱。若此名稱已被佔用的話，則會自動指定建議名稱。完成後按**下一步**鈕。（預設為 DNS 網域名稱第 1 個句點左邊的文字，例如 DNS 名稱為

sayms.local，則 NetBIOS 名稱為 SAYMS，它讓不支援 DNS 名稱的舊系統，可透過 NetBIOS 名稱來與此網域溝通。NetBIOS 名稱不分大小寫）。

STEP **10** 在圖 6-2-10 中可直接按 下一步 鈕：

- **資料庫資料夾**：用來儲存 AD DS 資料庫。
- **記錄檔資料夾**：用來儲存 AD DS 資料庫的異動記錄，它可用來修復 AD DS 資料庫。
- **SYSVOL 資料夾**：用來儲存網域共用檔案（例如群組原則相關的檔案）。若要將其改到其他磁碟的話，則其需為 NTFS 磁碟。

若電腦內有多顆硬碟的話，建議將資料庫與記錄檔資料夾，分別設定到不同硬碟內，因為兩顆硬碟分別運作可以提高運作效率，而且分開儲存可以避免兩份資料同時出問題，以提高修復 AD DS 資料庫的能力。

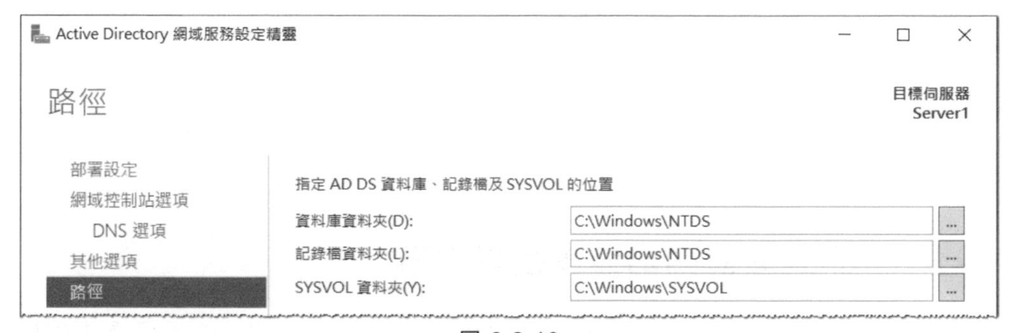

圖 6-2-10

STEP **11** 在**檢閱選項**畫面中按 下一步 鈕。

STEP **12** 在圖 6-2-11 的畫面中，若順利通過檢查的話，就直接按 安裝 鈕，否則請根據畫面提示先排除問題。安裝完成後會自動重新開機。

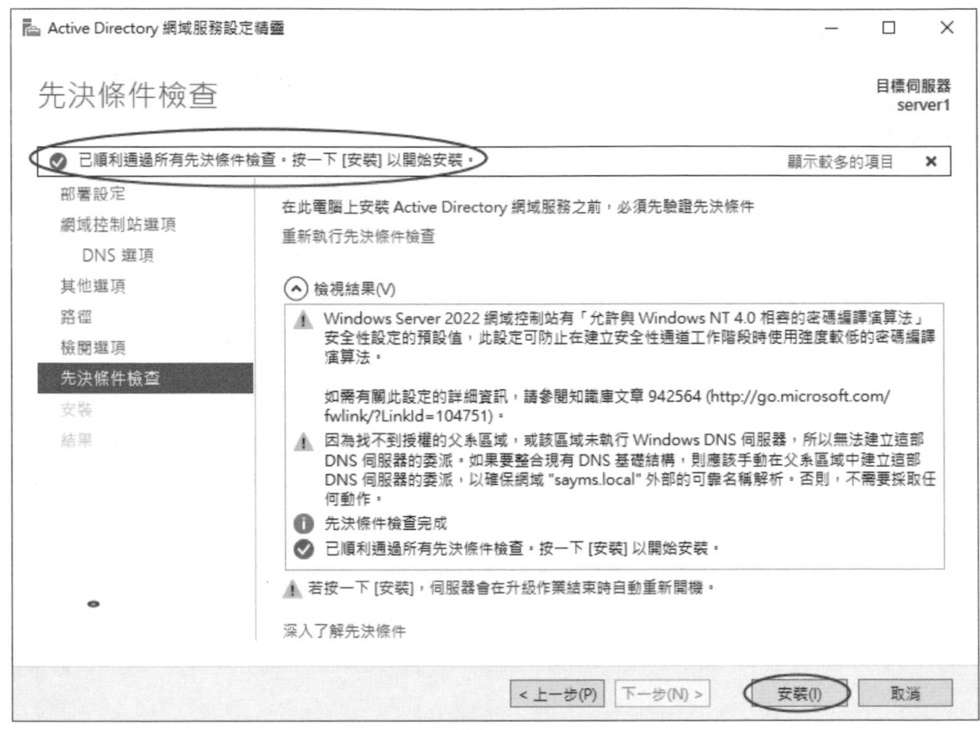

圖 6-2-11

檢查 DNS 伺服器內的記錄是否完備

網域控制站會將自已所扮演的角色登記到 DNS 伺服器，以便讓其他電腦透過 DNS 伺服器來找到這台網域控制站，因此我們先來檢查 DNS 伺服器內是否已經有這些記錄。請利用網域系統管理員（SAYMS\Administrator）登入。

檢查主機記錄

首先檢查網域控制站是否已將其主機名稱與 IP 位址登記到 DNS 伺服器內。請到同時也是 DNS 伺服器的電腦 server1.sayms.local 上：【點擊**伺服器管理員**右上方的**工具** ➲ DNS】或【點擊左下角**開始**圖示⊞➲Windows 系統管理工具➲DNS】，如圖 6-2-12 所示會有名稱為 sayms.local 的區域，圖中**主機**（**A**）記錄表示網域控制站 server1.sayms.local 已正確的將其主機名稱與 IP 位址登記到 DNS 伺服器內。

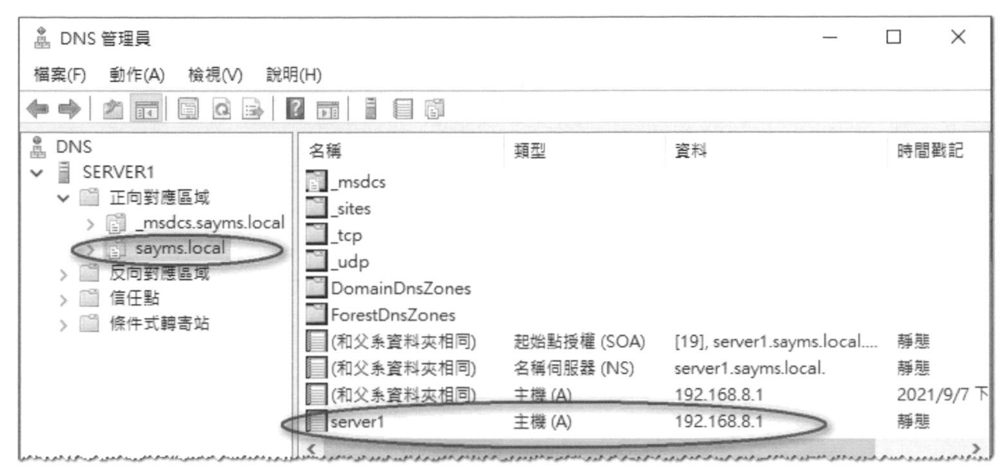

圖 6-2-12

若網域控制站也已經正確將其所扮演的角色登記到 DNS 伺服器的話，則應該還會有如圖所示的 _tcp、_udp 等資料夾。在點取_tcp 資料夾後可以看到圖 6-2-13 的畫面，其中資料型態為**服務位置（SRV）**的_ldap 記錄，表示 server1.sayms.local 已經正確的登記為網域控制站。由圖中的_gc 記錄還可以看出**通用類別目錄**伺服器的角色也是由 server1.sayms.local 所扮演的。

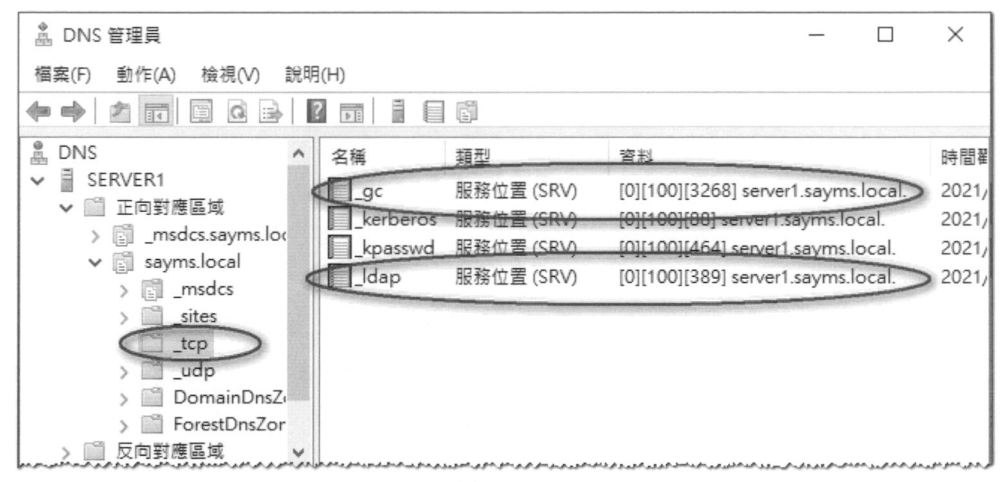

圖 6-2-13

DNS 區域內有這些資料後，其他欲加入網域的電腦，就可以透過此區域來得知網域控制站為 server1.sayms.local。這些加入網域的成員電腦（網域控制站、成員伺服器、Windows 11 等用戶端）也會將其主機與 IP 位址資料登記到此區域內。

排除登記失敗的問題

若因為網域成員本身的設定有誤或網路問題，造成它們無法將資料登記到 DNS 伺服器的話，則可以在問題解決後，重新啟動這些電腦或利用以下方法來手動登記：

- 若是某網域成員電腦的主機名稱與 IP 位址沒有正確登記到 DNS 伺服器的話，請到此電腦上執行 **ipconfig /registerdns** 來手動登記。完成後，到 DNS 伺服器檢查是否有正確記錄，例如網域成員主機名稱為 server1.sayms.local，IP 位址為 192.168.8.1，則請檢查區域 sayms.local 內是否有 server1 的主機（A）記錄、其 IP 位址是否為 192.168.8.1。
- 若發現網域控制站並沒有將其所扮演的角色登記到 DNS 伺服器內的話，也就是並沒有類似前面圖 6-2-13 的_tcp 等資料夾與相關記錄時，請到此台網域控制站上利用【點擊左下角**開始**圖示⊞➲Windows 系統管理工具➲服務➲如圖 6-2-14 所示對著 **Netlogon** 服務按右鍵➲重新啟動】的方式來登記。

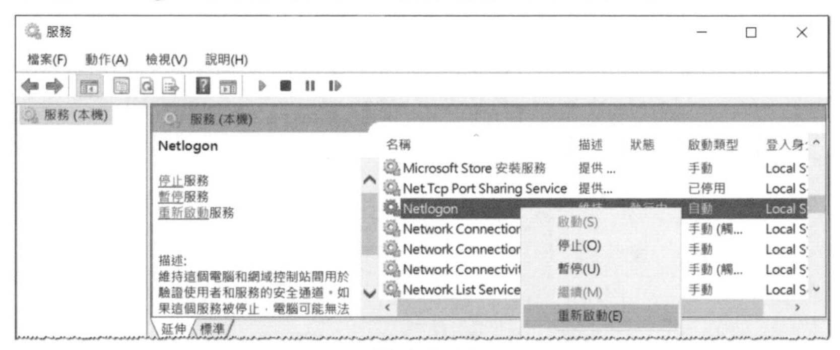

圖 6-2-14

建立更多的網域控制站

一個網域內若有多台網域控制站的話，便可以擁有以下好處：

- **改善使用者登入的效率**：同時有多台網域控制站來對用戶端提供服務的話，可以分擔審核使用者登入身分（帳戶與密碼）的負擔，讓使用者登入的效率更佳。
- **容錯功能**：若有網域控制站故障的話，此時仍然能夠由其他正常的網域控制站來繼續提供服務，因此對用戶端的服務並不會停止。

我們將透過新增伺服器角色的方式，來將圖 6-2-15 中右上角的伺服器 server2.sayms.local 升級為網域控制站。

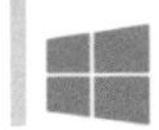

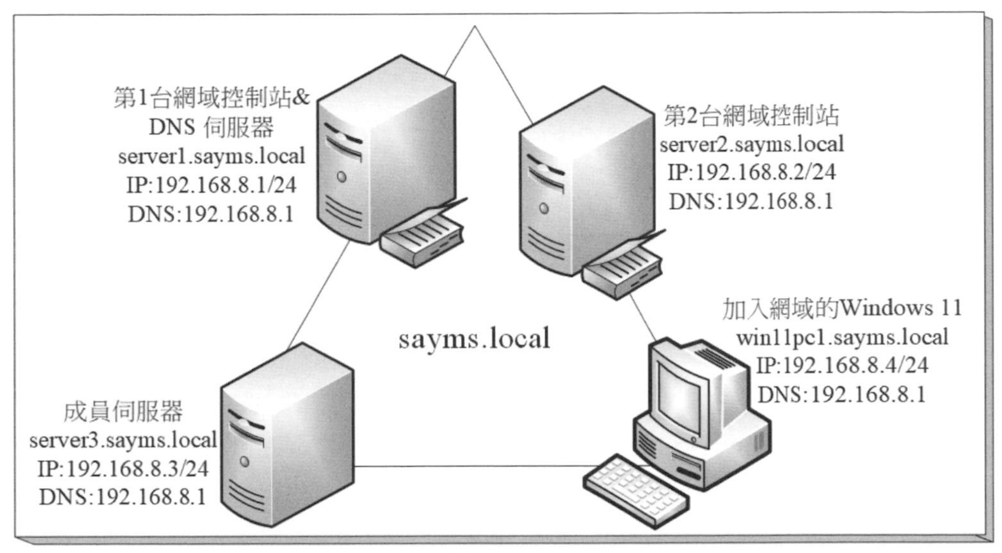

圖 6-2-15

> 若虛擬機器的虛擬硬碟（例如本例的 server2）是從同一個虛擬硬碟複製來的，則建立好此虛擬機器後，需再執行 sysprep.exe（參見章節 5-4 最後STEP **10**的說明），以便擁有唯一的 SID 等設定值。

STEP **1** 先將該台電腦的電腦名稱設定為 server2、IPv4 位址等設定為如圖 6-2-15 所示。注意將電腦名稱設定為 server2 即可，等升級為網域控制站後，其電腦名稱自動會被改為 server2.sayms.local。

STEP **2** 接下來的步驟與前面第 6-15 頁 **建立網路中的第一台網域控制站** 的STEP **2** 起開始的步驟相同，除了：在圖 6-2-16 中需改為選擇**將網域控制站新增至現有網域**、輸入網域名稱 sayms.local、點擊變更鈕後輸入有權限新增網域控制站的帳戶（sayms\Administrator）與密碼；還有在**其他選項**畫面中直接按下一步鈕即可。

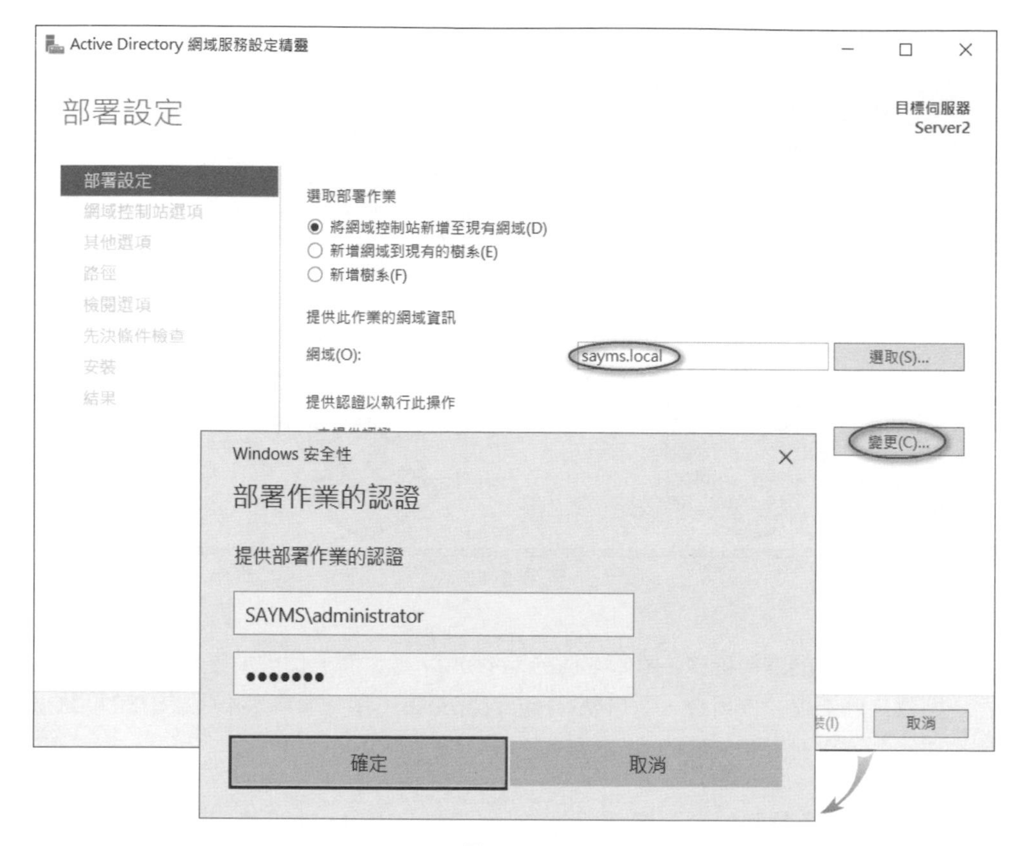

圖 6-2-16

只有 Enterprise Admins 或 Domain Admins 內的使用者有權建立其他網域控制站。若現在所登入的帳戶不是隸屬於這兩個群組的話（例如我們現在所登入的帳戶為本機 Administrator），則需如前景圖所示另外指定有權限的使用者帳戶。

6-3 將 Windows 電腦加入或脫離網域

Windows 電腦加入網域後，便可以存取 AD DS 資料庫與其他網域資源，例如使用者可以在這些電腦上利用網域使用者帳戶來登入網域、存取網域中其他電腦內的資源。以下列出部分可以被加入網域的電腦：

- Windows Server 2022 Datacenter/Standard
- Windows Server 2019 Datacenter/Standard
- Windows Server 2016 Datacenter/Standard
- Windows 11 Enterprise/Pro/Education
- Windows 10 Enterprise/Pro/Education
- Windows 8.1 Enterprise/Pro
- Windows 8 Enterprise/Pro

將 Windows 電腦加入網域

我們要將圖 6-3-1 左下角的伺服器 server3 加入網域，假設它是 Windows Server 2022 Enterprise；同時也要將右下角的 Windows 11 Professional 電腦加入網域。以下步驟利用左下角的伺服器 server3（Windows Server 2022）來說明。

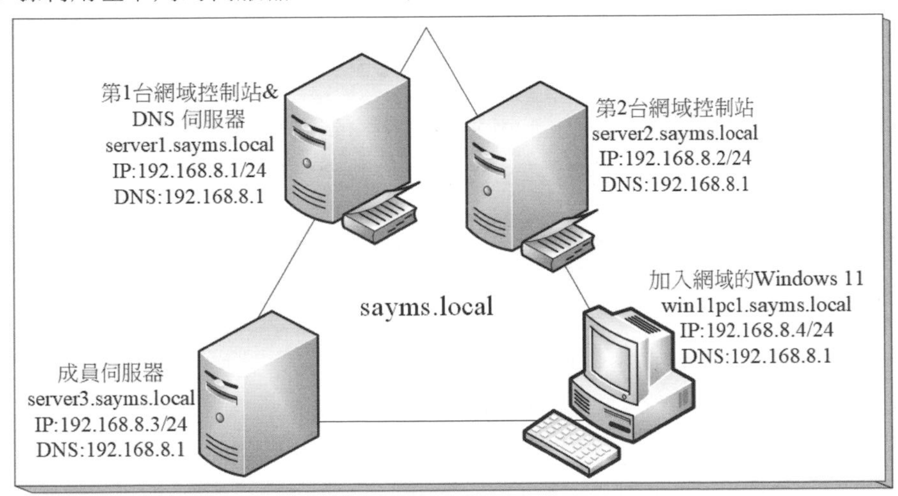

圖 6-3-1

STEP 1 請先將該台電腦的電腦名稱設定為 server3、IPv4 位址等設定為圖 6-3-1 中所示。注意電腦名稱設定為 server3 即可，等加入網域後，其電腦名稱自動會被改為 server3.sayms.local。

STEP 2 開啟**伺服器管理員**➲點擊左方**本機伺服器**➲如圖 6-3-2 所示點擊**工作群組**處的 WORKGROUP。

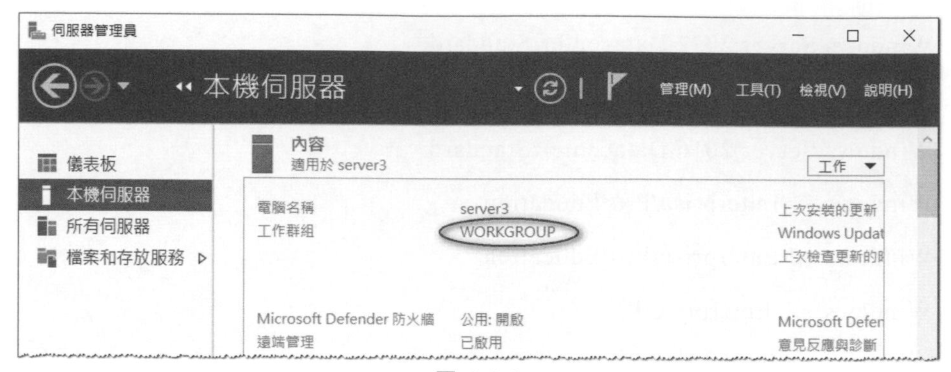

圖 6-3-2

若是 Windows 11 電腦的話：【對著下方的**開始**圖示按右鍵➲系統➲點擊**網域或工作群組**➲點擊變更鈕】。

若是 Windows 10 電腦的話：【對著左下角的**開始**圖示按右鍵➲系統➲點擊**重新命名此電腦（進階）**➲點擊變更鈕】。

若是 Windows 8.1 電腦的話：【按 Windows 鍵切換到**開始**選單➲點擊選單左下方符號➲對著**本機**按右鍵➲點擊**內容**➲點擊右方的**變更設定**】。

若是 Windows 8 電腦的話：【按鍵切換到**開始**選單➲對著空白處按右鍵➲點擊**所有應用程式**➲對著**電腦**按右鍵➲點擊下方**內容**➲...】。

STEP 3 點擊圖 6-3-3 中的變更鈕。

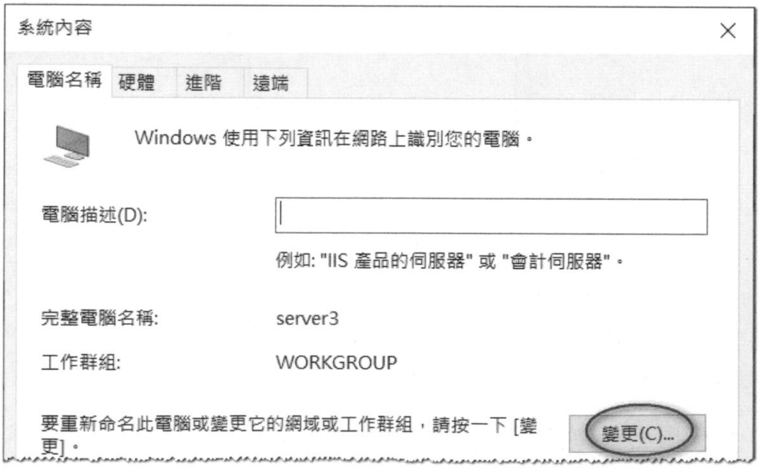

系統內容

電腦名稱 硬體 進階 遠端

Windows 使用下列資訊在網路上識別您的電腦。

電腦描述(D):

例如: "IIS 產品的伺服器" 或 "會計伺服器"。

完整電腦名稱: server3

工作群組: WORKGROUP

要重新命名此電腦或變更它的網域或工作群組，請按一下 [變更]。 變更(C)...

圖 6-3-3

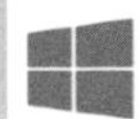

STEP 4 點選圖 6-3-4 中的**網域**➲輸入網域名稱 sayms.local➲按確定鈕➲輸入網域內任何一位使用者帳戶與密碼，圖中利用 Administrator（可輸入 sayms\Administrator 或 sayms.local\Administrator）➲按確定鈕。

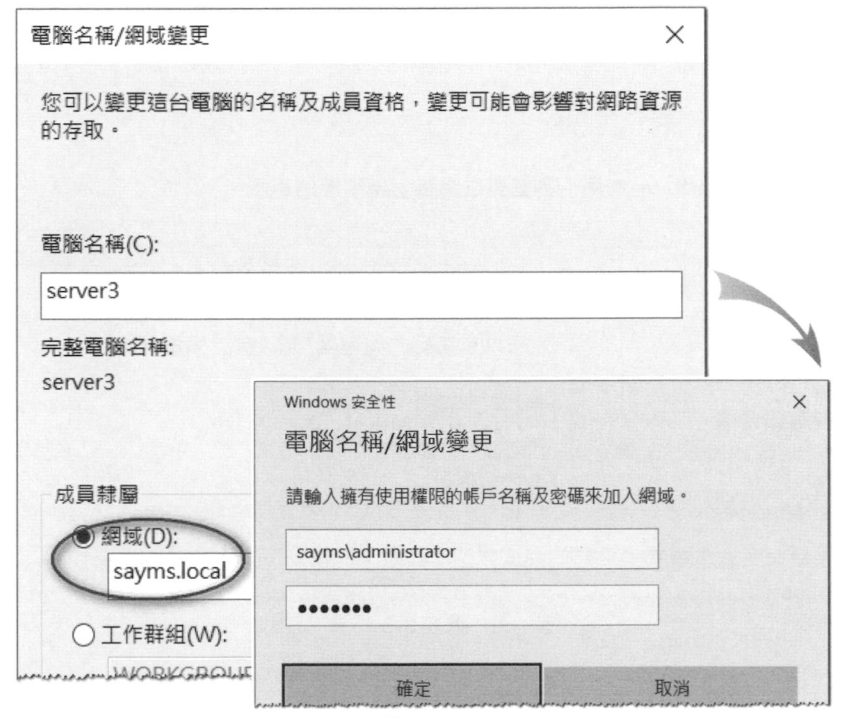

圖 6-3-4

> 若出現錯誤警告的話，請檢查 TCP/IPv4 的設定是否有誤，尤其是**慣用 DNS 伺服器**的 IPv4 位址是否正確，以本範例來說應該是 192.168.8.1。

STEP 5 出現**歡迎加入 sayms.local 網域**畫面表示已經成功的加入網域，請按確定鈕。這台電腦的電腦帳戶會被建立在 AD DS 資料庫內（在 Computers 容區內）。

> 若出現錯誤警告的話，請檢查所輸入的帳戶與密碼是否正確。不一定需網域系統管理員帳戶，可以輸入 AD DS 資料庫內其他任何使用者帳戶與密碼，不過利用這些一般帳戶僅可以在 AD DS 資料庫內最多加入 10 台電腦。

STEP 6 出現提醒您需要重新開啟電腦的畫面時按確定鈕。

STEP 7 回到圖 6-3-5 中可看出，加入網域後，其完整電腦名稱的尾碼就會附上網域名稱，如圖中的 server3.sayms.local。按關閉鈕。

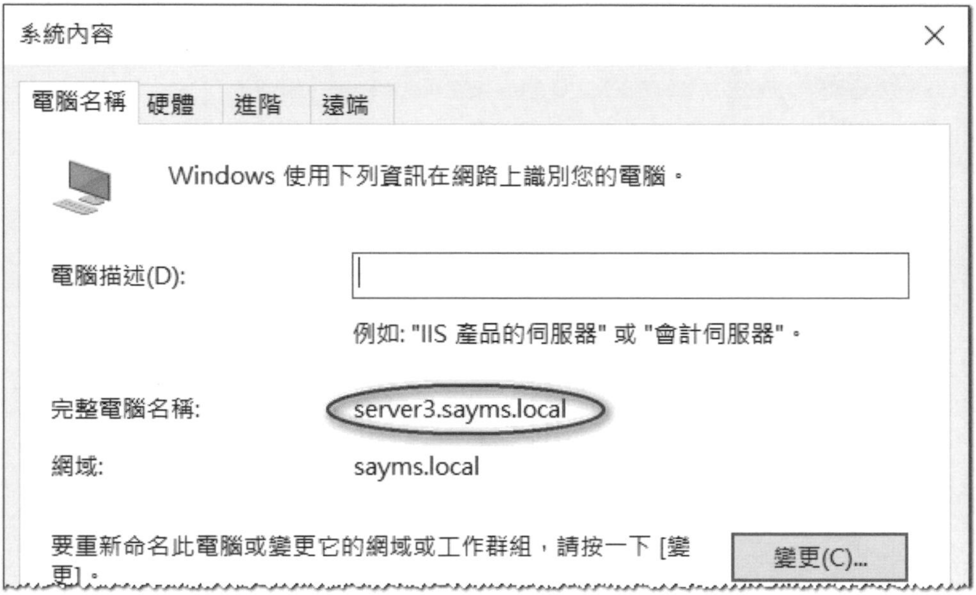

系統內容

電腦名稱 硬體 進階 遠端

Windows 使用下列資訊在網路上識別您的電腦。

電腦描述(D):

例如: "IIS 產品的伺服器" 或 "會計伺服器"。

完整電腦名稱: server3.sayms.local

網域: sayms.local

要重新命名此電腦或變更它的網域或工作群組，請按一下 [變更]。 變更(C)...

圖 6-3-5

STEP 8 依照畫面指示重新啟動電腦。

STEP 9 請利用類似步驟將圖 6-3-1 中的 Windows 11 電腦加入網域。

利用已加入網域的電腦登入

您可以在已經加入網域的電腦上，利用本機或網域使用者帳戶來登入。

利用本機使用者帳戶登入

出現如圖 6-3-6 所示的登入畫面時，預設是讓您利用本機系統管理員 Administrator 的身分登入，因此您只要輸入本機 Administrator 的密碼就可以登入。

此時系統會利用本機安全資料庫來檢查帳戶與密碼是否正確，若正確，您就可以登入成功，也可以存取此電腦內的資源（若有權限的話），不過無法存取網域內其他電腦的資源，除非在連接其他電腦時另外再提供有權限的使用者名稱與密碼。

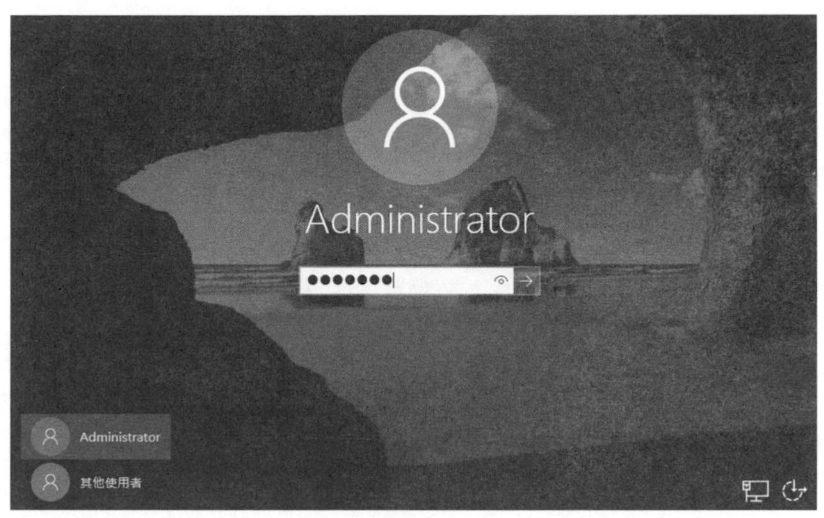

圖 6-3-6

利用網域使用者帳戶登入

若要改用網域系統管理員 Administrator 身份登入的話：【點擊圖 6-3-7 中左下方的**其他使用者**➲輸入網域系統管理員的帳戶（sayms\administrator）與密碼】。

圖 6-3-7

注意帳戶名稱前面需要附加網域名稱，例如 sayms.local\Administrator 或 sayms\Administrator，此時帳戶與密碼會被傳給網域控制站，並利用 AD DS 資料庫來檢查帳戶與密碼是否正確，若正確，就可以登入成功，且可以直接連接網域內任何一台電腦與存取其內的資源（若有被賦予權限的話），不需要再另外手動輸入使用者名稱與密碼。

脫離網域

需網域 Enterprise Admins、Domain Admins 成員或本機 Administrator 才有權限將電腦脫離網域，若您沒有權限的話，系統會先要求您輸入帳戶與密碼。

脫離網域的方法與加入網域的方法大同小異，以 Windows Server 2022 來說，其途徑也是透過【開啟**伺服器管理員**➲點擊左方**本機伺服器**➲點擊右方**網域**處的 sayms.local➲按變更鈕➲點選圖 6-3-8 中的**工作群組**➲輸入適當的工作群組名稱（圖中假設是 SAYMSTEST）後按確定鈕➲出現**歡迎加入工作群組**畫面時按確定鈕➲重新啟動電腦】。之後在這台電腦上就只能夠利用本機使用者帳戶來登入，無法再利用網域使用者帳戶。這些電腦脫離網域後，其原本在 AD DS 的 Computers 容區內的電腦帳戶會被停用（電腦帳戶圖示會多一個向下的箭頭）。

電腦名稱/網域變更

您可以變更這台電腦的名稱及成員資格，變更可能會影響對網路資源的存取。

電腦名稱(C):

server3

完整電腦名稱:

server3.sayms.local

其他(M)...

成員隸屬

網域(D):

sayms.local

工作群組(W):

SAYMSTEST

圖 6-3-8

6-4 管理 Active Directory 網域使用者帳戶

內建的 Active Directory 管理工具

您可以在 Windows Server 2022 電腦上透過以下兩個工具來管理網域帳戶，例如使用者帳戶、群組帳戶與電腦帳戶等：

- **Active Directory 使用者和電腦**：它是舊版本的管理工具。
- **Active Directory 管理中心**：這是從 Windows Server 2008 R2 開始提供的工具。以下盡量透過 **Active Directory 管理中心**來說明。

這兩個工具預設只存在於網域控制站，您可以透過【點擊左下角**開始**圖示⊞➲Windows 系統管理工具】或【點擊**伺服器管理員**右上方的**工具**】，來找到 **Active Directory 管理中心**與 **Active Directory 使用者和電腦**。以我們的實驗環境來說，可到網域控制站 server1 或 server2 電腦上執行它們，如圖 6-4-1 與圖 6-4-2 所示。

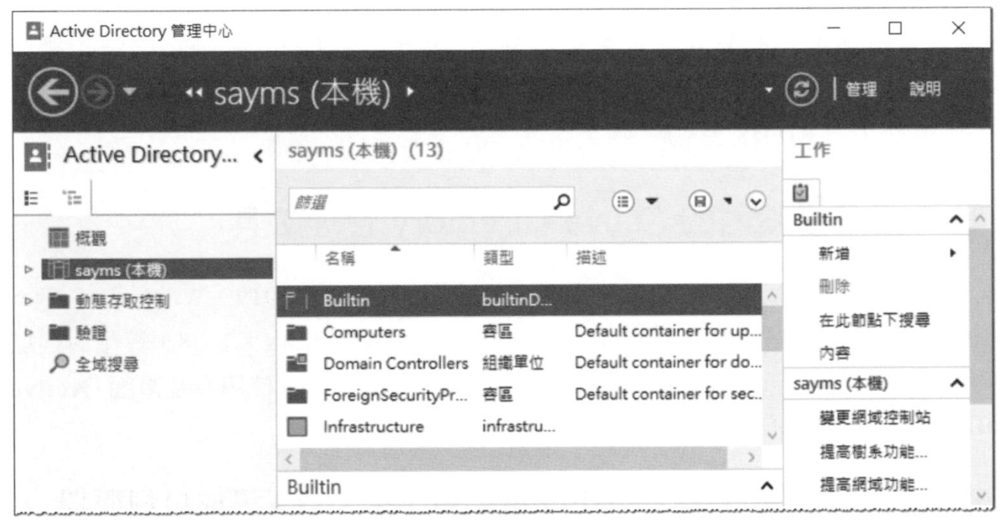

圖 6-4-1

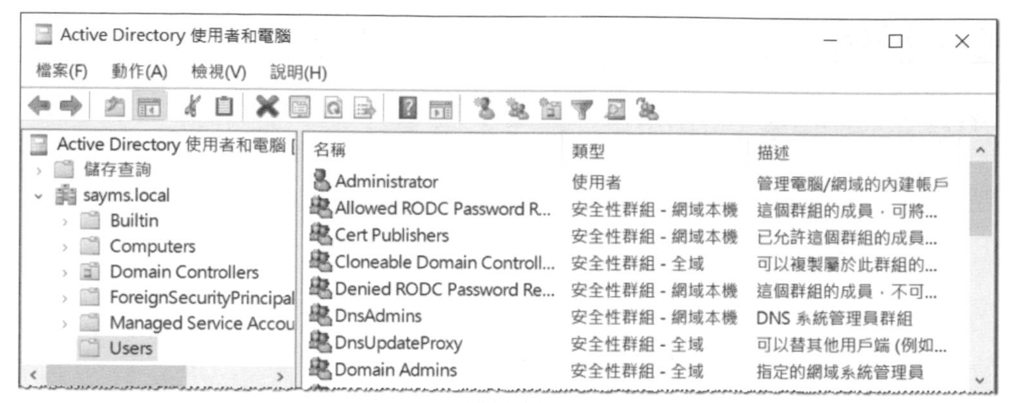

圖 6-4-2

在伺服器還沒有被升級成為網域控制站之前，原本位於本機安全資料庫內的本機帳戶，會在升級後被轉移到 AD DS 資料庫內，而且是被放置到 Users 容區內。而且網域控制站的電腦帳戶會被放置到圖中的 Domain Controllers 組織單位內，其他加入網域的成員電腦的電腦帳戶預設會被放置到圖中的 Computers 容區內。

只有在建立網域內的第 1 台網域控制站時，該伺服器原來的本機帳戶才會被轉移到 AD DS 資料庫，其他網域控制站（例如本範例中的 Server2）原來的本機帳戶並不會被轉移到 AD DS 資料庫。

其他成員電腦內的 Active Directory 管理工具

非網域控制站的 Windows Server 2022、Windows Server 2019、Windows Server 2016 等成員伺服器與 Windows 11、Windows 10、Windows 8.1（8）等用戶端電腦內預設並沒有管理 AD DS 的工具，例如 **Active Directory 使用者及電腦**、**Active Directory 管理中心**等，但可以另外安裝。

Windows Server 2022、Windows Server 2019 等成員伺服器

Windows Server 2022、Windows Server 2019、Windows Server 2016 成員伺服器可以透過**新增角色及功能**的方式來擁有 AD DS 管理工具：【開啟**伺服器管理員**➲點擊**儀錶板**處的**新增角色及功能**➲持續按 下一步 鈕一直到出現圖 6-4-3 的**選取功能**畫面時，勾選**遠端伺服器管理工具**之下的 **AD DS 及 AD LDS 工具**】，安裝完成後可以到**開始**功能表的 **Windows 系統管理工具**來執行這些工具。

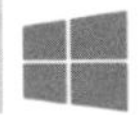

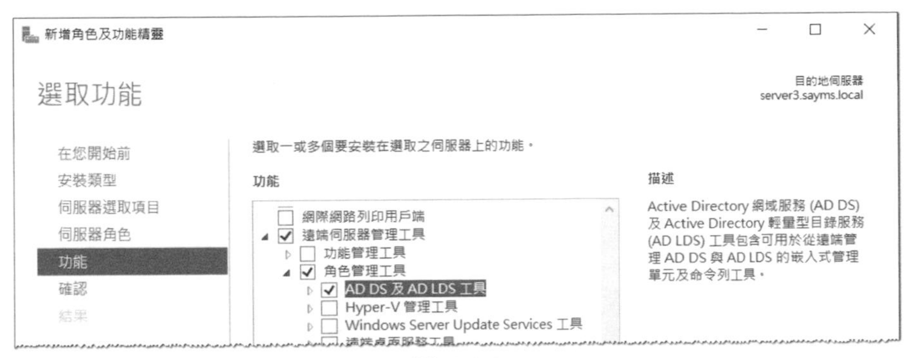

圖 6-4-3

Windows 11

請【點擊下方的**開始**圖示■➲點擊**設定**➲點擊**應用程式**處的**選用功能**➲點擊**新增選用功能**處的**檢視功能**➲如圖 6-4-4 所示來勾選所需的工具】（這台電腦需要連上網際網路），完成安裝後，可以透過【點擊下方的**開始**圖示⊞➲點擊右上方的**所有應用程式**➲Windows 工具】來執行所安裝的 AD DS 管理工具。

圖 6-4-4

Windows 10、Windows 8.1、Windows 8

Windows 10電腦需要到微軟網站下載與安裝**Windows 10的遠端伺服器管理工具**，安裝完成後可透過【點擊左下角**開始**圖示➲Windows 系統管理工具】來選用**Active Directory 管理中心**與**Active Directory 使用者和電腦**等工具。

Windows 8.1（Windows 8）電腦需要到微軟網站下載與安裝**Windows 8.1 的遠端伺服器管理工具**（**Windows 8 的遠端伺服器管理工具**），安裝完成後可透過【按Windows 鍵切換到**開始**選單➲點擊選單左下方圖案➲系統管理工具】來選用**Active Directory 管理中心**與**Active Directory 使用者和電腦**等工具。

建立組織單位（OU）與網域使用者帳戶

您可以在容區或組織單位內建立使用者帳戶。以下我們將先建立一個名稱為**業務部**的組織單位，然後在此組織單位內建立網域使用者帳戶。

STEP 1 點擊左下角**開始**圖示➲Windows 系統管理工具➲Active Directory 管理中心➲對著圖 6-4-5 中網域名稱 **sayms（本機）**按右鍵➲新增➲組織單位。

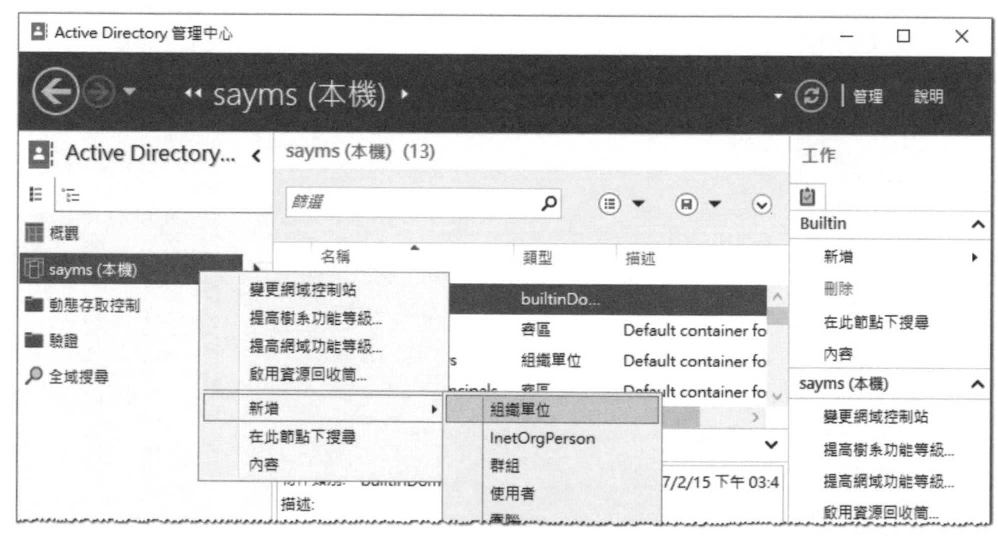

圖 6-4-5

STEP 2 如圖 6-4-6 所示在**名稱**欄位輸入**業務部**後按確定鈕。

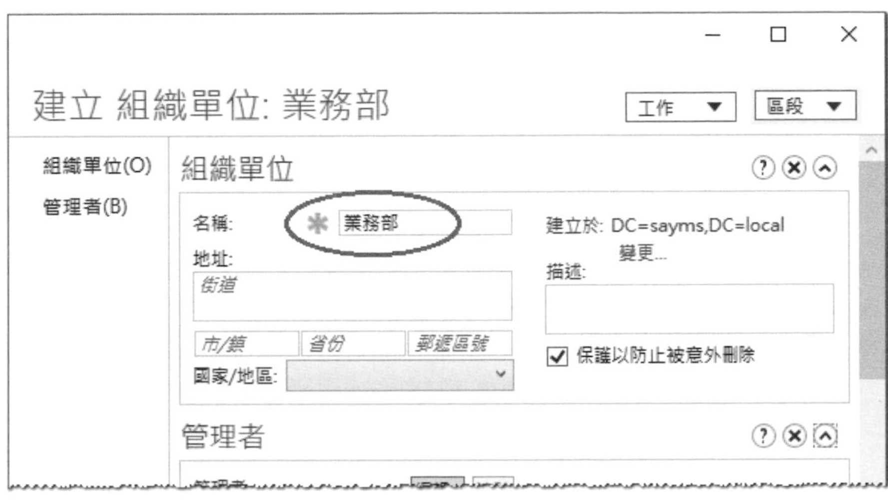

圖 6-4-6

STEP 3 如圖 6-4-7 所示對著**業務部**組織單位按右鍵➲新增➲使用者。

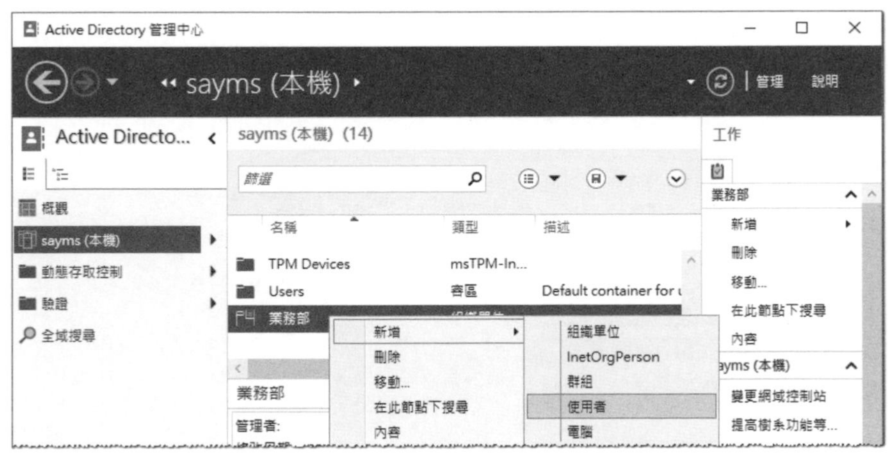

圖 6-4-7

STEP 4 在圖 6-4-8 中輸入以下資料後按確定鈕：

- 名字、姓氏與全名等資料
- **使用者 UPN 登入**：使用者可以利用與信箱格式相同的名稱（george@sayms.local）來登入網域，此名稱被稱為 User Principal Name（UPN）。整個樹系內，此名稱必須是唯一的。

- **使用者 SamAccountName 登入**：使用者也可利用此名稱（sayms\george）來登入網域，其中 sayms 為 NetBIOS 網域名稱。同一個網域內，此登入名稱必須是唯一的。
- **密碼**、**確認密碼與密碼選項**等說明與章節 4-2 相同，請自行前往參考。

> 密碼預設需至少 7 個字元，但是不可以內含使用者帳戶名稱（指**使用者 SamAccountName**）或全名，還有至少要包含 A - Z、a - z、0 - 9、非字母數字（例如!、$、#、%）等 4 組字元中的 3 組，例如 123abcABC 為有效密碼，而 1234567 為無效密碼。若要變更此預設值的話，請參考第 9 章。

- **保護以防止被意外刪除**：若勾選此選項的話，此帳戶將無法被刪除。
- **帳戶到期日**：用來設定帳戶的有效期限，預設為永久有效。

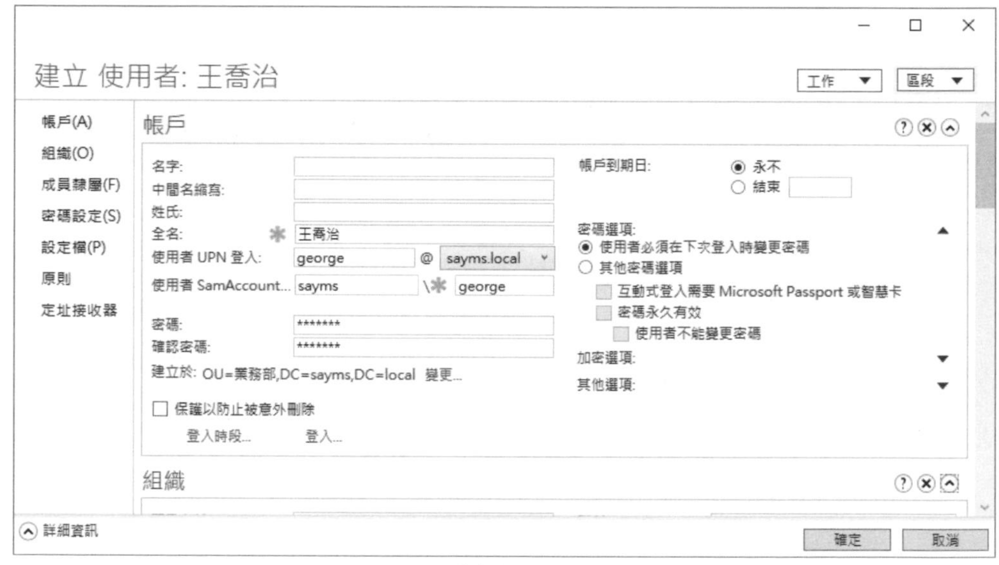

圖 6-4-8

我們將利用剛才建立的網域使用者帳戶（george）來測試登入網域的動作。請直接到網域內任何一台非網域控制站的電腦上來登入網域，例如 Windows Server 2022 成員伺服器或已加入網域的 Windows 11 電腦。

> 一般使用者預設無法在網域控制站上登入，除非另外開放（參考下一小節）。

請在登入畫面中：點擊畫面左下方的**其他使用者**➲如圖 6-4-9 所示輸入網域名稱\使用者帳戶名稱（sayms\george 或 sayms.local\george）與密碼，也可以如圖 6-4-10 所示輸入 UPN 名稱（george@sayms.local）與密碼來登入。

圖 6-4-9

圖 6-4-10

若是利用 Hyper-V 來建置測試環境，且啟用了**加強的工作階段模式**的話（參見第 5 章圖 5-3-17 的相關說明），則網域使用者在網域成員電腦上需被加入到本機 Remote Desktop Users 群組內，否則無法登入，且會有圖 6-4-11 的提示畫面。

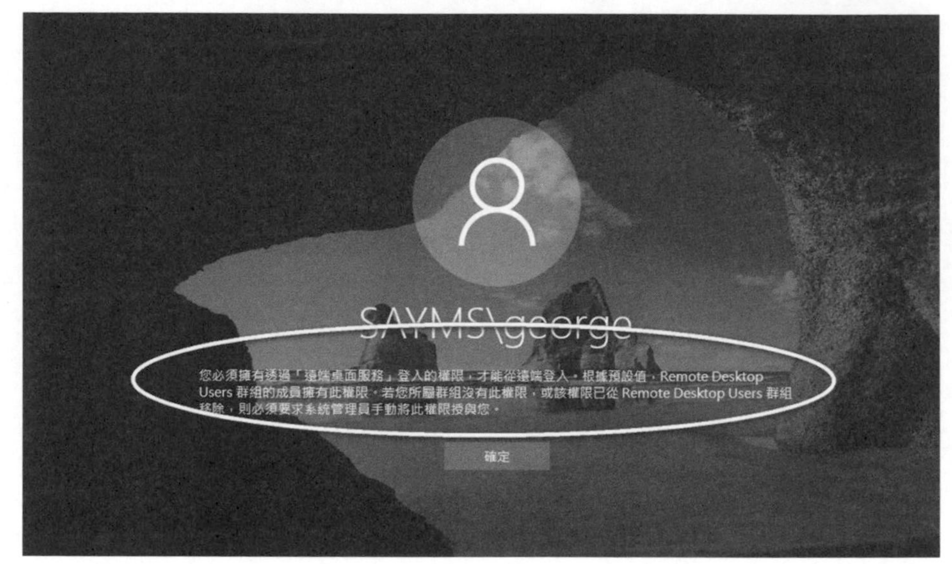

圖 6-4-11

您可以透過以下途徑來將網域使用者加入到本機 Remote Desktop Users 群組內：【在網域成員電腦上利用 sayms\administrator 登入➲點擊左下角**開始**圖示⊞➲Windows 系統管理工具➲電腦管理➲系統工具➲本機使用者和群組➲群組➲…】，如圖 6-4-12 所示，圖中假設是將 Domain Users 加入。

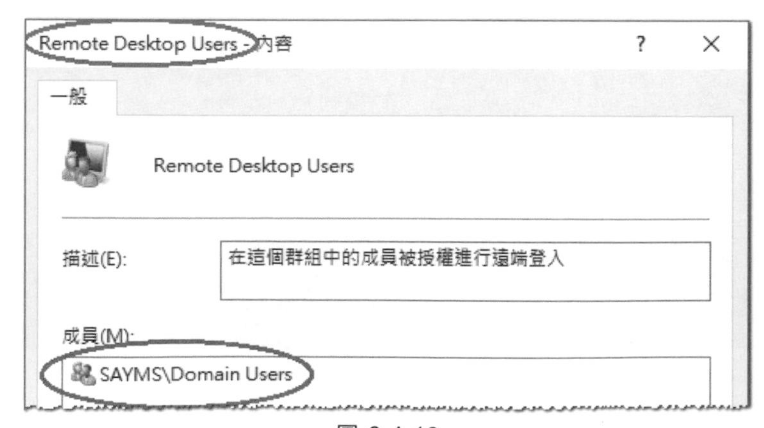

圖 6-4-12

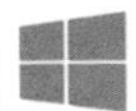

利用新使用者帳戶到網域控制站登入測試

除了網域 Administrators 等少數群組內的成員外，其他一般的網域使用者預設無法在網域控制站上登入，除非另外開放。

賦予使用者在網域控制站登入的權限

一般使用者需在網域控制站上擁有**允許本機登入**的權限，才可以在網域控制站上登入。此權限可以透過群組原則來開放：請到任何一台網域控制站上【點擊左下角**開始**圖示⊞➲Windows 系統管理工具➲群組原則管理➲如圖 6-4-13 所示展開到 Domain Controllers➲對著 Default Domain Controllers Policy 按右鍵➲編輯】。

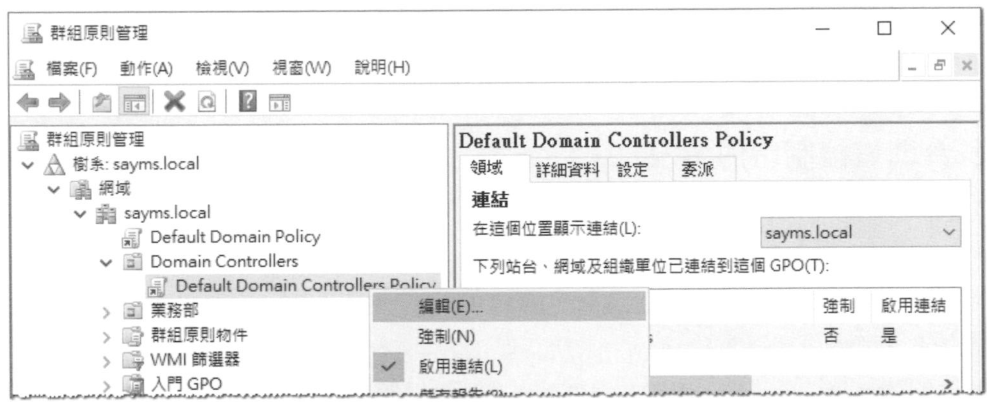

圖 6-4-13

接著在圖 6-4-14 中【雙擊**電腦設定**處的**原則**➲Windows 設定➲安全性設定➲本機原則➲使用者權限指派➲雙擊右方**允許本機登入**➲按新增使用者或群組鈕】，然後將使用者或群組（例如王喬治 george 或群組 Domain Users）加入到清單內。

接著需等設定值被套用到網域控制站後才有效，而套用的方法有以下 3 種方式：

- 將網域控制站重新啟動
- 等網域控制站自動套用此新原則設定，可能需要等 5 分鐘或更久
- 手動套用：到網域控制站上執行 **gpupdate** 或 **gpupdate /force**

您可以到已經完成套用的網域控制站上，利用前面所建立的新使用者帳戶來測試是否可以正常登入（無法登入嗎? 請參考第 6-42 頁**登入疑難排除**）。

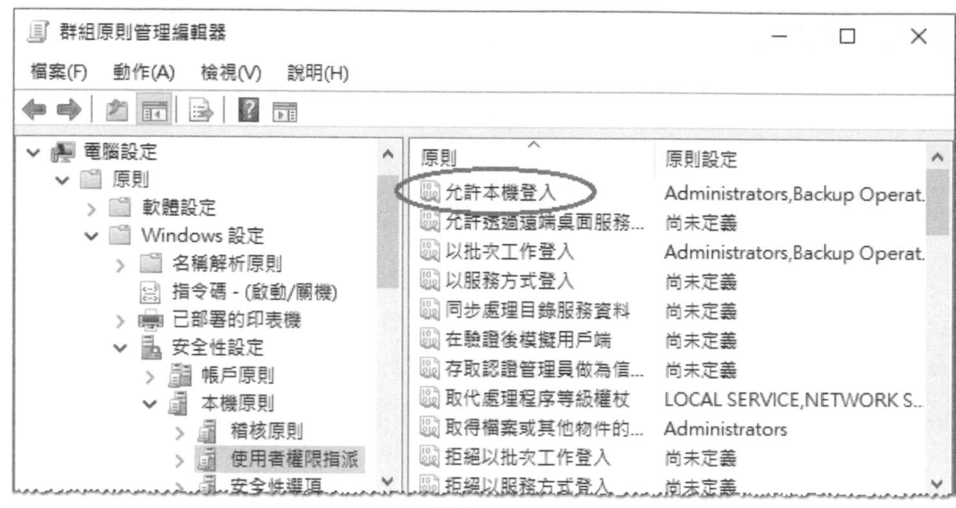

圖 6-4-14

多台網域控制站的情況

若網域內有多台網域控制站的話，則您所設定的安全性設定值，是先被儲存到扮演 **PDC 操作主機**角色的網域控制站內，而此角色預設是由網域內的第 1 台網域控制站所扮演。您可以透過以下途徑來得知 **PDC 操作主機**是哪一台網域控制站：【點擊左下角**開始**圖示⊞➲Windows 系統管理工具➲Active Directory 使用者和電腦➲對著網域名稱 sayms.local 按右鍵➲操作主機➲點擊圖 6-4-15 中的 **PDC** 標籤】，圖中的 **PDC 操作主機**是 server1.sayms.local。

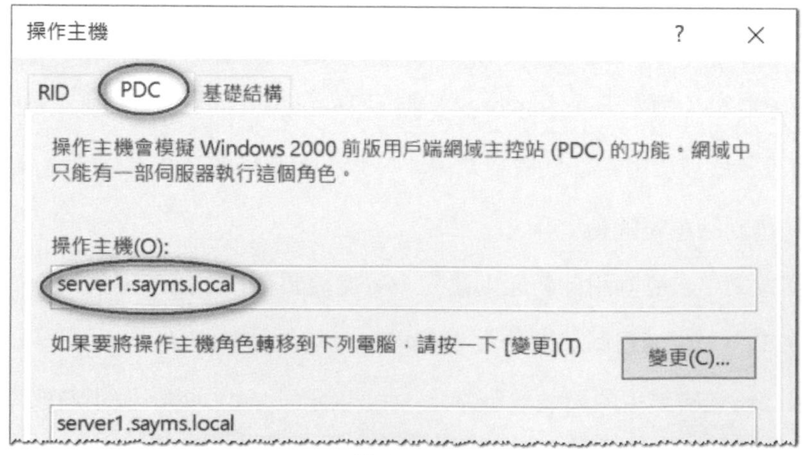

圖 6-4-15

您需要等設定值從 **PDC 操作主機**複寫到其他網域控制站後，它們才會套用到這些設定值。何時這些設定值會被複寫到其他網域控制站呢？它分為以下兩種情況：

- **自動複寫**：**PDC 操作主機**預設是 15 秒後會自動將其複寫出去，因此其他網域控制站需要等 15 秒或可能更久才會接收到此設定值。
- **手動複寫**：到任何一台網域控制站上【點擊左下角**開始**圖示⊞➲Windows 系統管理工具➲Active Directory 站台及服務➲Sites➲Default-First-Site-Name➲Servers➲點取欲接收設定值的網域控制站➲NTDS Settings➲如圖 6-4-16 所示對著扮演 **PDC 操作主機**角色的伺服器按右鍵➲立即複寫】，圖中假設 SERVER1 是 **PDC 操作主機**、SERVER2 是欲接收設定值的網域控制站。

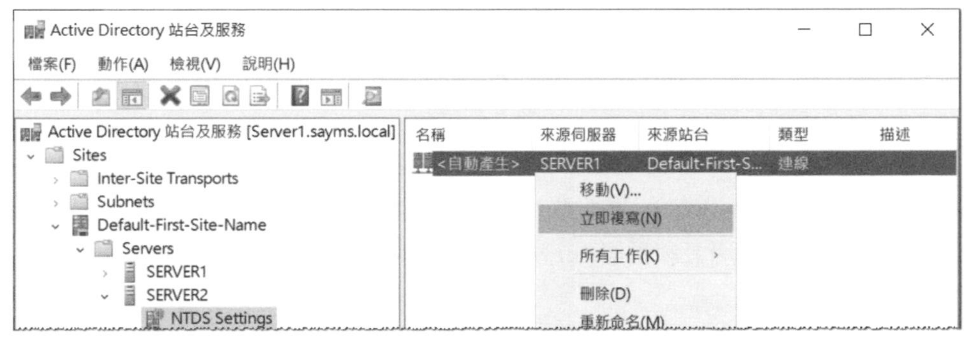

圖 6-4-16

基本上，同一個站台內的網域控制站之間會隔 15 秒自動複寫，不需要手動複寫，除非發生特殊情況，或是您希望不同站台之間的網域控制站能夠立刻複寫的話，才有需要採用手動複寫。

當您利用 **Active Directory 管理中心**或 **Active Directory 使用者和電腦**來新增、刪除、修改使用者帳戶等 AD DS 內的物件時，這些變更資訊會先被儲存在哪一台網域控制站呢？它們會先被儲存在您目前所連接的網域控制站；但若是群組原則設定值的話（例如**允許本機登入**的權限），則是先被儲存在 **PDC 操作主機**內。系統預設會在 15 秒後自動將異動資料複寫到其他網域控制站。

若要查詢目前所連接的網域控制站的話，可如圖 6-4-17 所示在 **Active Directory 管理中心**主控台中將滑鼠指標對著圖中的 **sayms（本機）**，它就會顯示目前所連的網域控制站，例如圖中所連接的網域控制站為 server1.sayms.local。若要改連接其他網域控制站的話，請點擊右方的**變更網域控制站**。

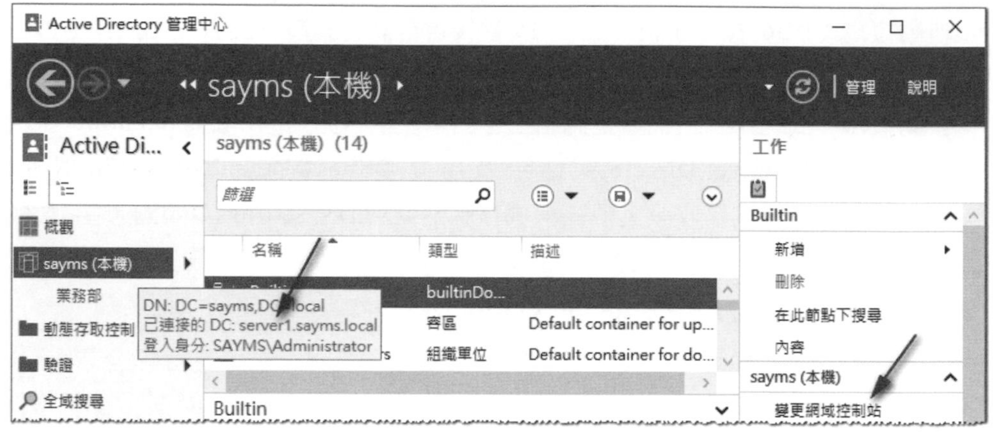

圖 6-4-17

若是 **Active Directory 使用者和電腦**的話：可從圖 6-4-18 來查看所連接的網域控制站為 server1.sayms.local。若要改連接到其他網域控制站：【對著圖 6-4-18 中的 **Active Directory 使用者和電腦(server1.sayms.local)**按右鍵➲變更網域控制站】。

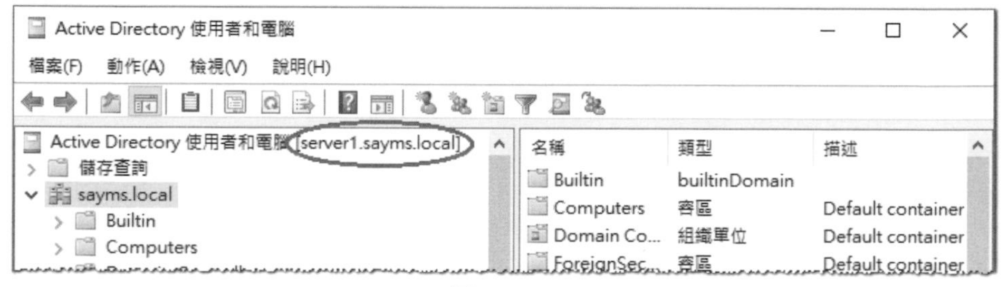

圖 6-4-18

登入疑難排除

當在網域控制站上利用一般使用者帳戶登入時，若出現如圖 6-4-19 所示「不允許您使用的登入方法...」警示畫面的話，表示此使用者帳戶在這台網域控制站上沒有被賦予**允許本機登入**的權限，其可能原因是尚未被賦予此權限、原則設定值尚未被複寫到此網域控制站、尚未套用，此時請參考前面所介紹的方法來解決問題。

其他使用者
不允許您使用的登入方法，請連絡網路系統管理員以取得詳細資訊。
確定

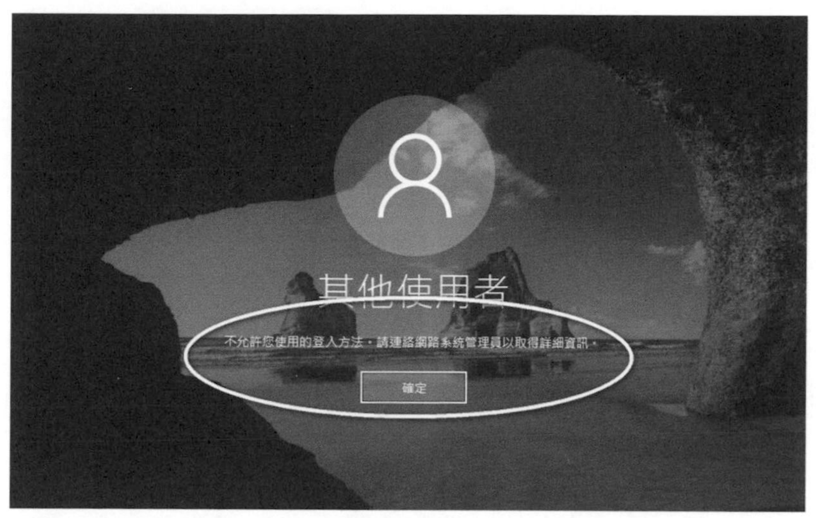

圖 6-4-19

網域使用者個人資料的設定

每一個網域使用者帳戶內都有一些相關的屬性資料，例如地址、電話、電子郵件信箱等，網域使用者可以透過這些屬性來找尋 AD DS 資料庫內的使用者，例如可以透過電話號碼來找尋使用者，因此為了更容易的找到所需的使用者帳戶，這些屬性資料越完整越好。

在 **Active Directory 管理中心**主控台中可透過雙擊使用者帳戶的方式來輸入使用者的相關資料，如圖 6-4-20 所示在**組織**區段處可以輸入使用者的地址、電話等。

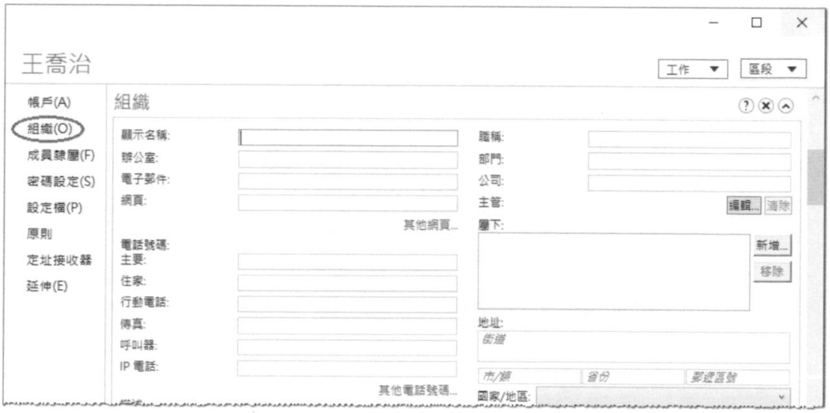

王喬治
工作
區段
帳戶(A)
組織(O)
成員隸屬(F)
密碼設定(S)
設定檔(P)
原則
定址接收器
延伸(E)
組織
顯示名稱:
辦公室:
電子郵件:
網頁:
其他網頁...
電話號碼:
主要:
住家:
行動電話:
傳真:
呼叫器:
IP 電話:
其他電話號碼...
職稱:
部門:
公司:
主管:
編輯...
清除
屬下:
新增...
移除
地址:
街道
市/鎮
省份
郵遞區號
國家/地區:

圖 6-4-20

限制登入時段與登入電腦

我們可以限制使用者的登入時段與只能利用某些特定電腦來登入網域，其設定途徑是透過點擊圖 6-4-21 中的**登入時段…**與**登入…**。

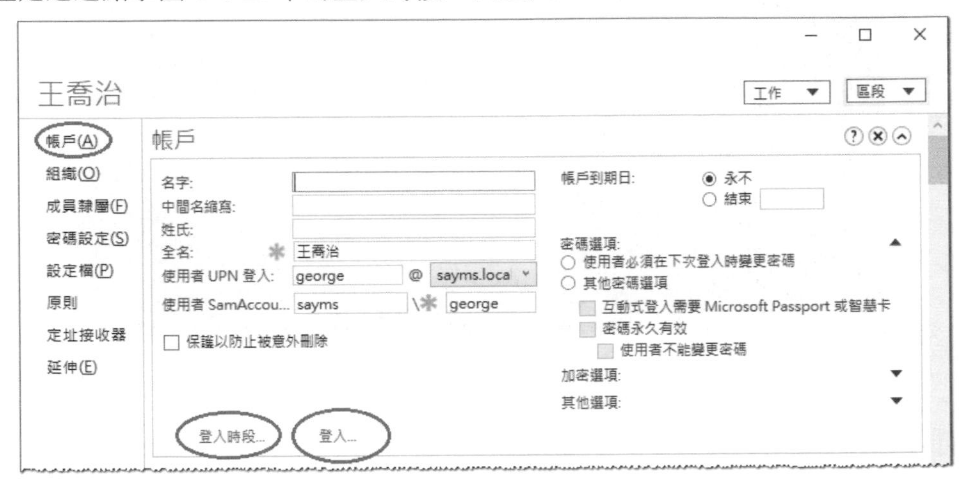

圖 6-4-21

點擊圖 6-4-21 的**登入時段…**後便可以透過圖 6-4-22 來設定，圖中橫軸每一方塊代表一個小時，縱軸每一方塊代表一天，填滿與空白方塊分別表示允許與不允許使用者登入的時段，預設是開放所有時段。選好時段後點選**允許登入**或**拒絕登入**來允許或拒絕使用者在上述時段登入。

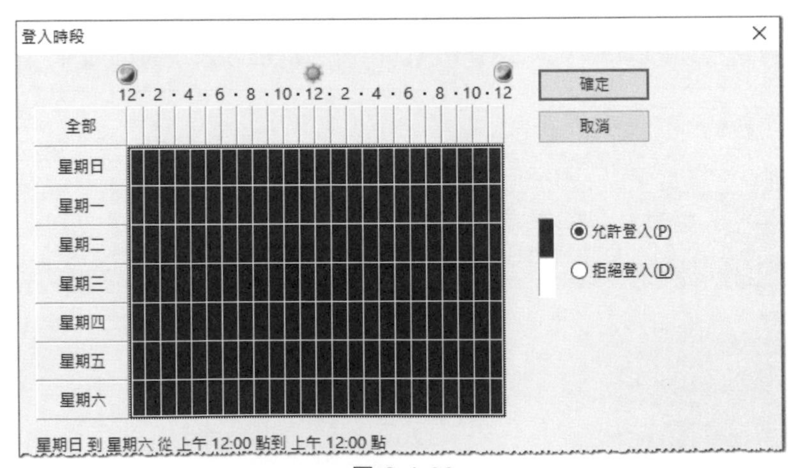

圖 6-4-22

網域使用者預設在所有非網域控制站的成員電腦上都具備**允許本機登入**的權限，因此他們可以利用這些電腦來登入網域，不過也可以限制他們只能利用某些特定電腦來登入網域：【點擊前面圖 6-4-21 中的**登入…**➲在圖 6-4-23 中點選**下列電腦**➲輸入電腦名稱後按**新增**鈕】，電腦名稱可為 NetBIOS 名稱（例如 win11pc1）或 DNS 名稱（例如 win11pc1.sayms.local）。

圖 6-4-23

6-5 管理 Active Directory 網域群組帳戶

我們在第 4 章內已經介紹過本機群組帳戶，此處將介紹網域群組帳戶。

網域內的群組類型

AD DS 的網域群組分為以下兩種類型：

- **安全性群組**：它可以被用來指定權限，例如可以指定它對檔案具備**讀取**的權限。它也可以被用在與安全無關的工作上，例如可以發送電子郵件給安全性群組。
- **發佈群組**：它被用在與安全（權限設定等）無關的工作上，例如您可以發送電子郵件給發佈群組，但是無法指派權限給它。

您可以將現有的安全性群組轉換為發佈群組，反之亦然。

群組的使用領域

以群組的使用領域來看，網域內的群組分為以下三種（見表 6-5-1）：網域本機群組（domain local group）、全域群組（global group）、萬用群組（universal group）。

表 6-5-1

特性＼群組	網域本機群組	全域群組	萬用群組
可包含的成員	所有網域內的使用者、全域群組、萬用群組；相同網域內的網域本機群組	相同網域內的使用者與全域群組	所有網域內的使用者、全域群組、萬用群組
可以在哪一個網域內被設定使用權限	同一個網域	所有網域	所有網域

網域本機群組

它主要是被用來指派其所屬網域內的權限，以便可以存取該網域內的資源。

- 其成員可以包含任何一個網域內的使用者、全域群組、萬用群組；也可以包含相同網域內的網域本機群組；但無法包含其他網域內的網域本機群組。
- 網域本機群組只能夠存取該網域內的資源，無法存取其他不同網域內的資源；換句話說當您在設定權限時，您只可以設定相同網域內的網域本機群組的權限，無法設定其他不同網域內的網域本機群組的權限。

全域群組

它主要是用來組織使用者，也就是您可以將多個即將被賦予相同權限的使用者帳戶，加入到同一個全域群組內。

- 全域群組內的成員，只可以包含相同網域內之使用者與全域群組。
- 全域群組可以存取任何一個網域內的資源，也就是說您可以在任何一個網域內設定全域群組的權限（這個全域群組可以位於任何一個網域內），以便讓此全域群組具備權限來存取該網域內的資源。

萬用群組

它可以在所有網域內被設定權限，以便存取所有網域內的資源。

- 萬用群組具備“萬用領域”特性，其成員可以包含樹系中任何一個網域內的使用者、全域群組、萬用群組。但是它無法包含任何一個網域內的網域本機群組。
- 萬用群組可以存取任何一個網域內的資源，也就是說您可以在任何一個網域內來設定萬用群組的權限（這個萬用群組可以位於任何一個網域內），以便讓此萬用群組具備權限來存取該網域內的資源。

網域群組的建立與管理

新增網域群組的途徑可為：【點擊左下角**開始**圖示⊞➲Windows 系統管理工具➲Active Directory 管理中心➲點擊網域名稱（例如圖 6-5-1 中的 sayms）➲點擊任一容區或組織單位（例如圖中的**業務部**）➲點擊右方的**新增**➲群組】。

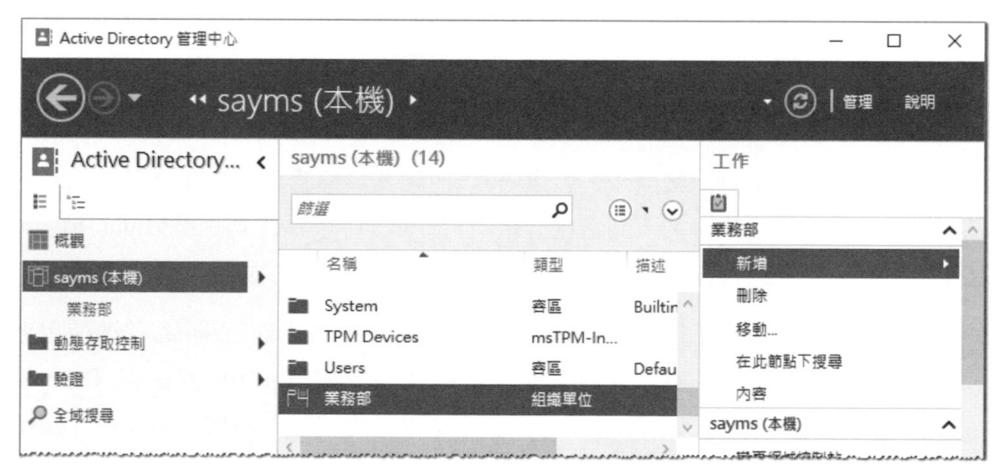

圖 6-5-1

然後在圖 6-5-2 中輸入群組名稱、輸入可供舊版作業系統來存取的群組名稱（SamAccountName）、選擇群組類型與群組使用領域等。若要刪除群組的話：【對著群組帳戶按右鍵➲刪除】。網域使用者帳戶與群組帳戶也都有唯一的安全識別碼（security identifier，SID），SID 的說明請參考章節 4-2。若要將使用者、群組等加入到群組內的話，可透過圖 6-5-2 左方的**成員**區段。

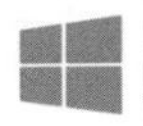

圖 6-5-2

AD DS 內建的網域群組

AD DS 有許多內建群組，它們分別隸屬於網域本機群組、全域群組、萬用群組與特殊群組。

內建的網域本機群組

這些網域本機群組本身已被賦予一些權限，以便讓其具備管理 AD DS 網域的能力。只要將使用者或群組帳戶加入到這些群組內，這些帳戶也會自動具備相同的權限。以下是 Builtin 容區內較常用的網域本機群組。

- **Account Operators**：其成員預設可在容區與組織單位內新增/刪除/修改使用者、群組與電腦帳戶，不過部分內建的容區例外，例如 Builtin 容區與 Domain Controllers 組織單位，同時也不允許在部分內建的容區內新增電腦帳戶，例如 Users。他們也無法變更大部分群組的成員，例如 Administrators 等。
- **Administrators**：其成員具備系統管理員權限，他們對所有網域控制站擁有最大控制權，可以執行 AD DS 管理工作。內建系統管理員 Administrator 就是此群組的成員，而且您無法將其從此群組內移除。

  此群組預設的成員包含了 Administrator、全域群組 Domain Admins、萬用群組 Enterprise Admins 等。

- **Backup Operators**：其成員可以透過 Windows Server Backup 工具來備份與還原網域控制站內的檔案。其成員也可以將網域控制站關機。
- **Guests**：其成員無法永久改變其桌面環境，當他們登入時，系統會為他們建立一個臨時的工作環境（使用者設定檔），而登出時此臨時的環境就會被刪除。此群組預設的成員為使用者帳戶 Guest 與全域群組 Domain Guests。
- **Network Configuration Operators**：其成員可在網域控制站上執行一般網路設定工作，例如變更 IP 位址，但不可以安裝、移除驅動程式與服務，也不可執行與網路伺服器設定有關的工作，例如 DNS 與 DHCP 伺服器的設定。
- **Performance Monitor Users**：其成員可監視網域控制站的運作效能。
- **Print Operators**：其成員可以管理網域控制站上的印表機，也可以將網域控制站關機。
- **Remote Desktop Users**：其成員可從遠端電腦透過**遠端桌面**來登入。
- **Server Operators**：其成員可以備份與還原網域控制站內的檔案；鎖定與解開網域控制站；將網域控制站上的硬碟格式化；更改網域控制站的系統時間；將網域控制站關機等。
- **Users**：其成員僅擁有一些基本權限，例如執行應用程式，但是他們不能修改作業系統的設定、不能變更其他使用者的資料、不能將伺服器關機。此群組預設的成員為全域群組 Domain Users。

內建的全域群組

AD DS 內建的全域群組本身並沒有任何的權限，但是可以將其加入到具備權限的網域本機群組，或另外直接指派權限給此全域群組。這些內建全域群組是位於容區 Users 內。以下列出較常用的全域群組：

- **Domain Admins**：網域成員電腦會自動將此群組加入到其本機群組 Administrators 內，因此 Domain Admins 群組內的每一個成員，在網域內的每一台電腦上都具備系統管理員權限。此群組預設的成員為網域使用者 Administrator。

- **Domain Computers**：所有的網域成員電腦（網域控制站除外）都會被自動加入到此群組內。
- **Domain Controllers**：網域內的所有網域控制站都會被自動加入到此群組內。
- **Domain Users**：網域成員電腦會自動將此群組加入到其本機群組 Users 內，因此 Domain Users 內的使用者將享有本機群組 Users 所擁有的權限，例如擁有**允許本機登入**的權限。此群組預設的成員為網域使用者 Administrator，而以後新增的網域使用者帳戶都自動會隸屬於此群組。
- **Domain Guests**：網域成員電腦會自動將此群組加入到本機群組 Guests 內。此群組預設的成員為網域使用者帳戶 Guest。

內建的萬用群組

- **Enterprise Admins**：此群組只存在於樹系根網域，其成員有權管理樹系內的所有網域。此群組預設的成員為樹系根網域內的使用者 Administrator。
- **Schema Admins**：此群組只存在於樹系根網域，其成員具備管理**架構**（schema）的權限。此群組預設的成員為樹系根網域內的使用者 Administrator。

內建的特殊群組

此部分與章節 4-1 相同，請自行前往參考。

6-6 提高網域與樹系功能等級

我們在章節 6-1 最後已經說明了網域與樹系功能各等級，此處將介紹如何將現有的等級提高：【點擊左下角**開始**圖示⊞➲Windows 系統管理工具➲Active Directory 管理中心➲點擊網域名稱 **sayms（本機）**➲點擊圖 6-6-1 右方的**提高樹系功能等級...**或**提高網域功能等級...**】。Windows Server 2019、Windows Server 2022 並未增加新的網域功能等級與樹系功能等級，最高等級仍然是 Windows Server 2016。

也可以透過【點擊左下角**開始**圖示⊞➲Windows 系統管理工具➲Active Directory 網域及信任➲對著 **Active Directory 網域及信任**按右鍵➲提高樹系功能等級】或

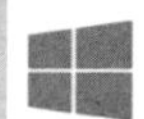

【點擊左下角**開始**圖示⊞➲Windows 系統管理工具➲Active Directory 使用者和電腦➲對著網域名稱 sayms.local 按右鍵➲提高網域功能等級】的途徑。

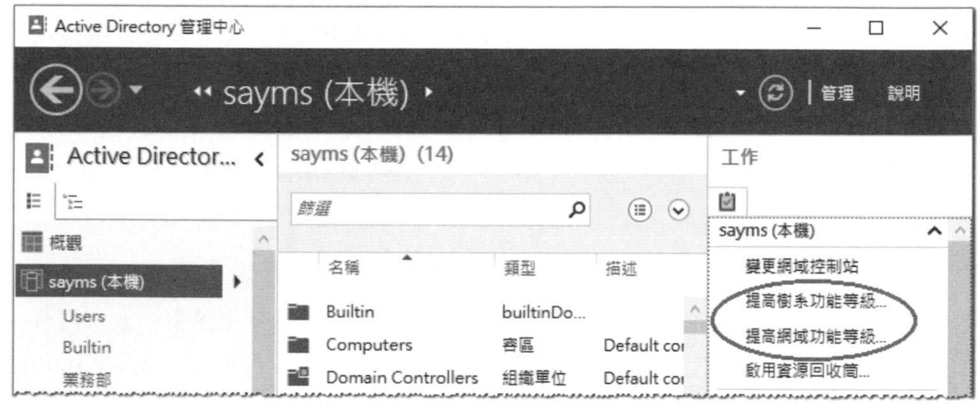

圖 6-6-1

參考表 6-6-1 來提高網域功能等級。參考表 6-6-2 來提高樹系功能等級。

表 6-6-1

目前的網域功能等級	可提升的等級
Windows Server 2008	Windows Server 2008 R2、Windows Server 2012、Windows Server 2012 R2、Windows Server 2016
Windows Server 2008 R2	Windows Server 2012、Windows Server 2012 R2、Windows Server 2016
Windows Server 2012	Windows Server 2012 R2、Windows Server 2016
Windows Server 2012 R2	Windows Server 2016

表 6-6-2

目前的樹系功能等級	可提升的等級
Windows Server 2008	Windows Server 2008 R2、Windows Server 2012、Windows Server 2012 R2、Windows Server 2016
Windows Server 2008 R2	Windows Server 2012、Windows Server 2012 R2、Windows Server 2016
Windows Server 2012	Windows Server 2012 R2、Windows Server 2016
Windows Server 2012 R2	Windows Server 2016

這些升級資訊會自動被複寫到所有的網域控制站，不過可能需要花費 15 秒或更久的時間。

另外為了讓支援目錄存取的應用程式，可以在沒有網域的環境內享有目錄服務與目錄資料庫的好處，因此系統提供了 **Active Directory 輕量型目錄服務**（Active Directory Lightweight Directory Services，AD LDS），它讓您可以在電腦內建立多個目錄服務的環境，每一個環境被稱為一個 **AD LDS 執行個體**（Instance），每一個 **AD LDS 執行個體**擁有獨立的目錄設定、架構、目錄資料庫。

安裝 AD LDS 的途徑為【開啟**伺服器管理員**➲點擊**儀表板**處的**新增角色及功能**➲...➲在**選取伺服器角色**處選擇 **Active Directory 輕量型目錄服務**➲…】，之後就可以透過以下途徑來建立 **AD LDS 執行個體**：【點擊左下角**開始**圖示⊞➲Windows 系統管理工具➲Active Directory 輕量型目錄服務安裝精靈】，也可以透過【點擊左下角**開始**圖示⊞➲Windows 系統管理工具➲ADSI 編輯器】來管理 **AD LDS 執行個體**內的目錄設定、架構、物件等。

6-7 Active Directory 資源回收筒

Active Directory 資源回收筒（Active Directory Recycle Bin）讓您可以快速救回被誤刪的物件。若要啟用 **Active Directory 資源回收筒**的話，樹系與網域功能等級需為 Windows Server 2008 R2（含）以上的等級，因此樹系中的所有網域控制站都必須是 Windows Server 2008 R2（含）以上。若樹系與網域功能等級尚未符合要求的話，請參考前一節的說明來提高功能等級。注意一旦啟用 **Active Directory 資源回收筒**後，就無法再停用，因此網域與樹系功能等級也都無法降級。啟用 **Active Directory 資源回收筒**與救回誤刪物件的演練步驟如下所示。

STEP 1 開啟 **Active Directory 管理中心**➲點擊圖 6-7-1 左方網域名稱 sayms➲點擊右方的**啟用資源回收筒**（請先確認所有網域控制站都在線上）。

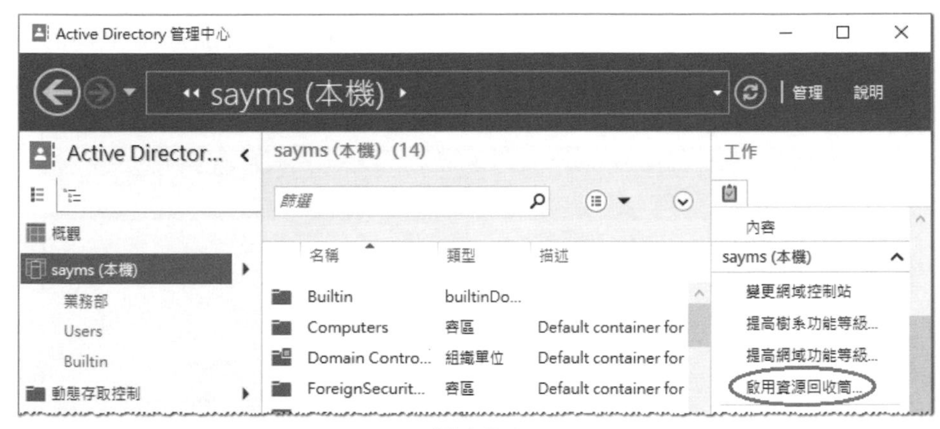

圖 6-7-1

STEP 2 如圖 6-7-2 所示按確定鈕。

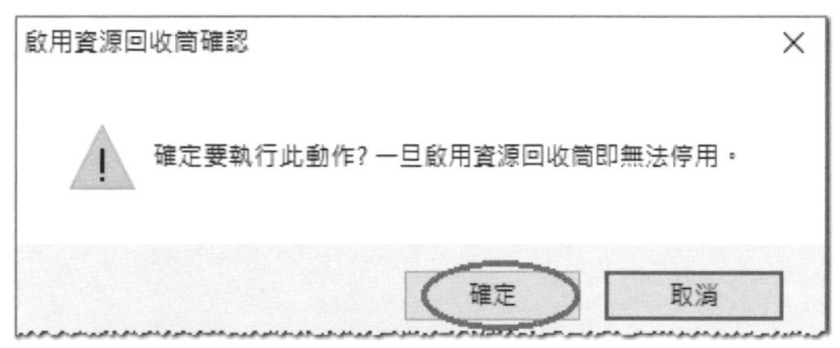

圖 6-7-2

STEP 3 在圖 6-7-3 按確定鈕後按 F5 鍵重新整理畫面。

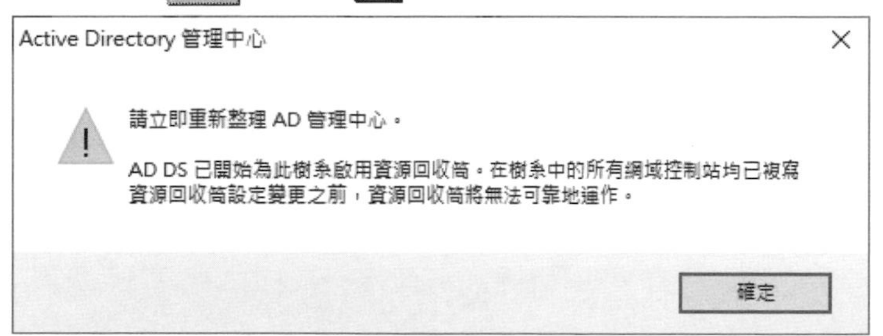

圖 6-7-3

若網域內有多台網域控制站或有多個網域的話，則需等設定值被複寫到所有的網域控制站後，**Active Directory 資源回收筒**的功能才會完全正常。

STEP 4　試著將某個組織單位（假設是**業務部**）刪除，但是要先將防止刪除的選項移除：如圖 6-7-4 所示點選**業務部**、點擊右方的**內容**。

圖 6-7-4

STEP 5　取消勾選圖 6-7-5 中選項後按確定鈕➲對著組織單位**業務部**按右鍵➲刪除➲按 2 次是（Y）鈕。

圖 6-7-5

STEP 6　接下來要透過**資源回收筒**來救回組織單位**業務部**：雙擊圖 6-7-6 中的 **Deleted Objects** 容區。

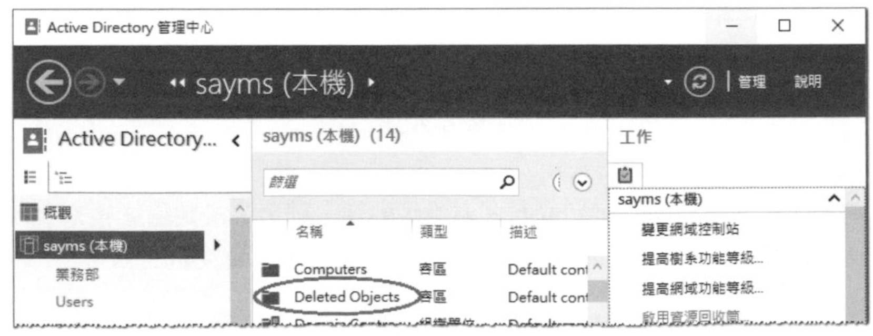

圖 6-7-6

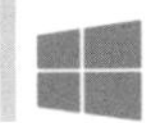

STEP 7 在圖 6-7-7 中選擇欲救回的組織單位**業務部**後，點擊右邊的**還原**來將其還原到原始位置。

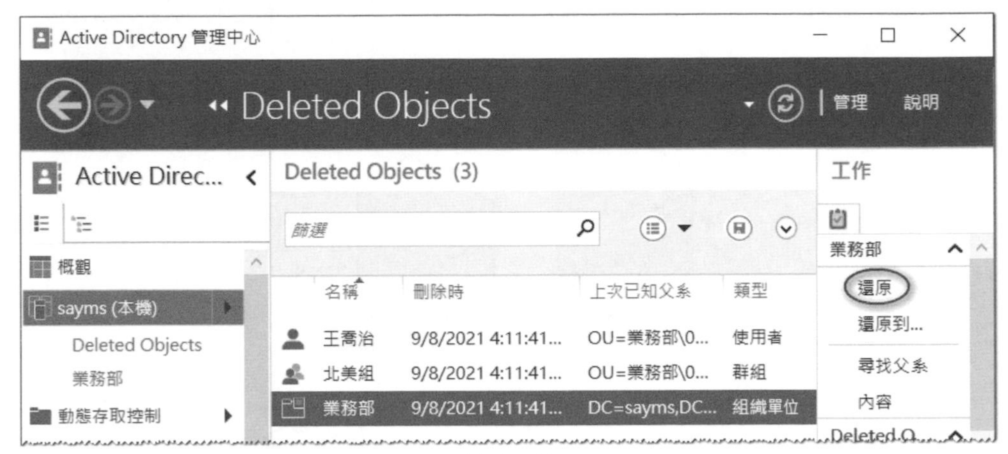

圖 6-7-7

STEP 8 組織單位**業務部**還原完成後，接著繼續在圖 6-7-8 中選擇原本位於組織單位**業務部**內的使用者、群組帳戶後點擊**還原**。

圖 6-7-8

STEP 9 利用 **Active Directory 管理中心**來檢查組織單位**業務部**與使用者**王喬治**、**北美組**是等否已成功的被復原，而且這些被復原的物件也會被複寫到其他的網域控制站。

6-8 移除網域控制站與網域

您可以透過降級的方式來移除網域控制站，也就是將 AD DS 從網域控制站移除。在降級前請先注意以下事項：

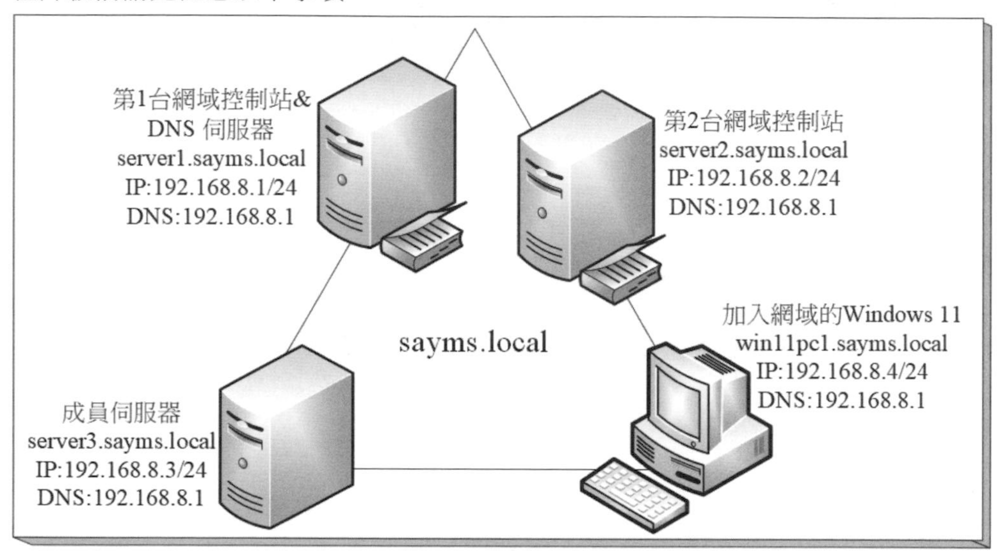

圖 6-8-1

- 若網域內還有其他網域控制站存在的話，則被降級的這台會被降級為該網域的成員伺服器，例如將圖 6-8-1 中的 server2.sayms.local 降級時，由於還有另外一台網域控制站 server1.sayms.local 存在，故 server2.sayms.local 會被降級為網域 sayms.local 的成員伺服器。必須是 Domain Admins 或 Enterprise Admins 群組的成員才有權限移除網域控制站。
- 若這台網域控制站是此網域內的最後一台網域控制站，例如假設圖 6-8-1 中的 server2.sayms.local 已被降級，此時若再將 server1.sayms.local 降級的話，則網域內將不會再有其他網域控制站存在，故網域會被移除，而 server1.sayms.local 也會被降級為獨立伺服器。

> 建議先將此網域的其他成員電腦（例如 win11pc1.sayms.local、server2.sayms.local）脫離網域後，再將網域移除。

需 Enterprise Admins 群組的成員，才有權限移除網域內的最後一台網域控制站（也就是移除網域）。若此網域之下還有子網域的話，請先移除子網域。

- 若此網域控制站是**通用類別目錄**伺服器的話，請檢查其所屬站台（site）內是否還有其他**通用類別目錄**伺服器，若沒有的話，請先指派另外一台網域控制站來扮演**通用類別目錄**伺服器，否則將影響使用者登入，指派的途徑為【點擊左下角**開始**圖示⊞➲Windows 系統管理工具➲Active Directory 站台及服務➲Sites➲Default-First-Site-Name➲Servers➲選擇伺服器➲對著 **NTDS Settings** 按右鍵➲內容➲勾選**通用類別目錄**】。
- 若所移除的網域控制站是樹系內最後一台網域控制站的話，則樹系會一併被移除。Enterprise Admins 群組的成員才有權限移除這台網域控制站與樹系。

移除網域控制站的步驟如下所示：

STEP 1 開啟**伺服器管理員**➲點選圖 6-8-2 中**管理**功能表下的**移除角色及功能**。

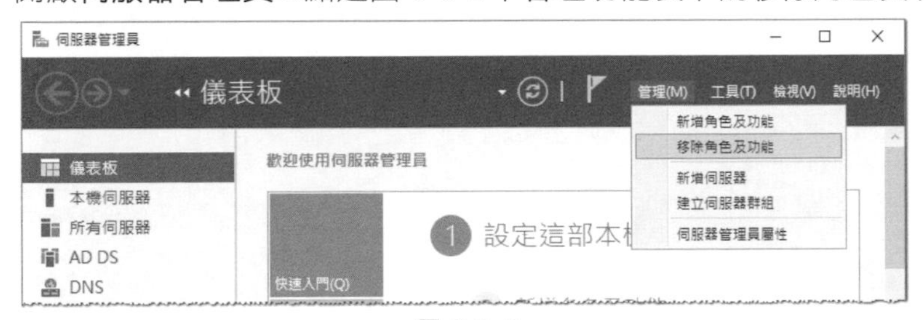

圖 6-8-2

STEP 2 出現**在您開始前**畫面時按 下一步 鈕。

STEP 3 確認在**選取目的地伺服器**畫面中的伺服器無誤後中按 下一步 鈕。

STEP 4 點擊圖 6-8-3 中 **Active Directory 網域服務**前的勾勾、點擊 移除功能 鈕。

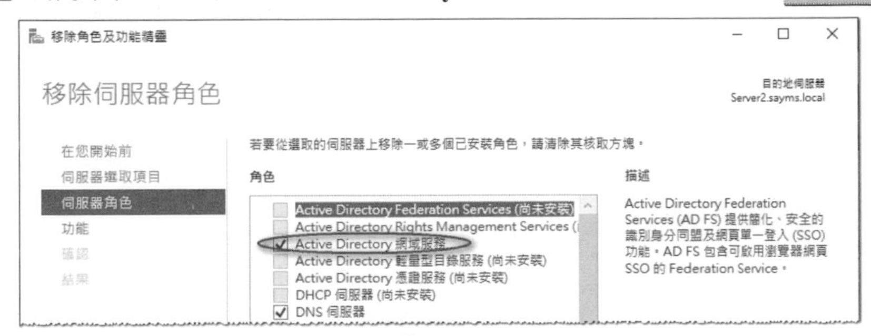

圖 6-8-3

STEP 5 出現圖 6-8-4 的畫面時，點擊**將此網域控制站降級**。

圖 6-8-4

STEP 6 若目前使用者有權移除此網域控制站的話，請在圖 6-8-5 中按下一步鈕，否則點擊變更鈕來輸入有權限的帳戶與密碼。若是最後一台網域控制站的話，請勾選圖 6-8-6 中**網域中的最後一個網域控制站**。

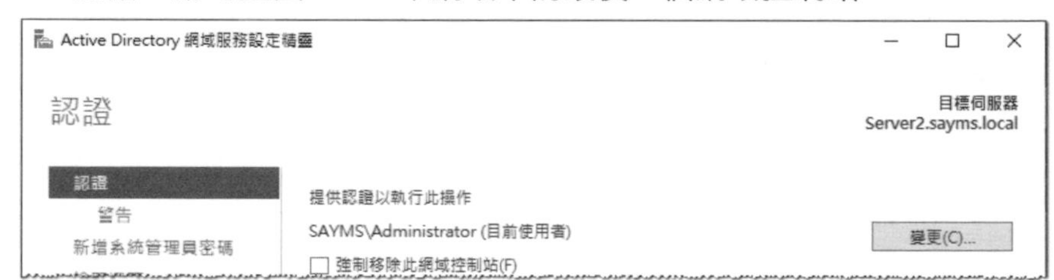

圖 6-8-5

若因故無法移除此網域控制站的話（例如在移除網域控制站時，需能夠連接到其他網域控制站，但卻無法連接到），此時可勾選圖中**強制移除此網域控制站**。

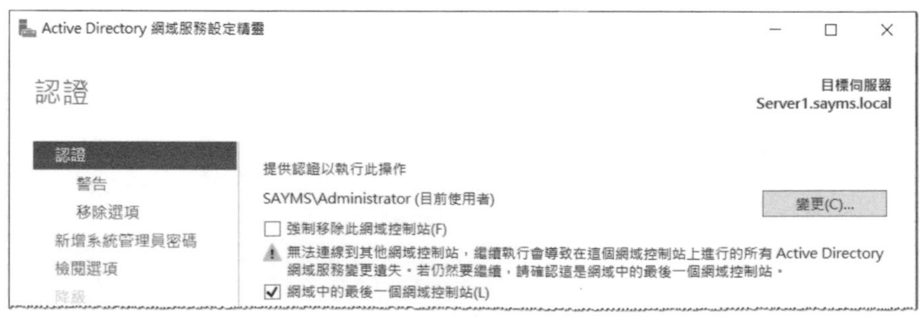

圖 6-8-6

STEP 7 在圖 6-8-7 中勾選**繼續移除**後按下一步鈕。

Active Directory 網域服務設定精靈
警告
目標伺服器
Server2.sayms.local
認證
警告
新增系統管理員密碼
檢閱選項
降級
網域控制站目前主控下列角色:
• 網域名稱系統 (DNS) 伺服器
• 通用類別目錄
網域控制站主控的角色對於 Active Directory 網域服務的功能而言是必要的。若繼續，某些 Active Directory 網域服務作業可能會受影響。
繼續移除

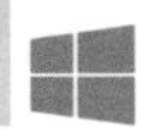

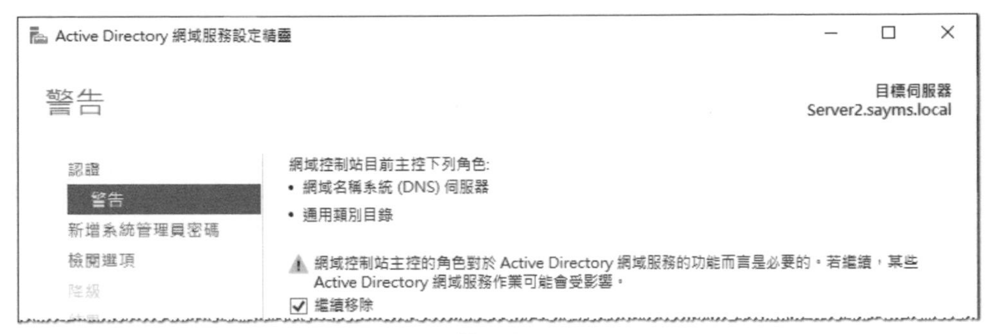

圖 6-8-7

STEP 8 若出現圖 6-8-8 畫面的話，可選擇是否要移除 DNS 區域與應用程式目錄分割區後按**下一步**鈕。

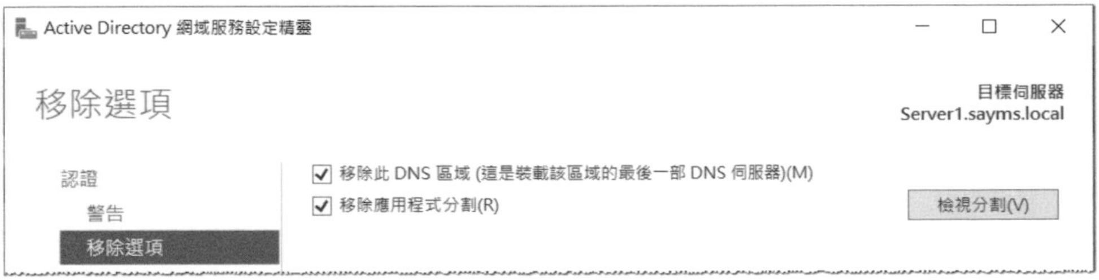

Active Directory 網域服務設定精靈
移除選項
目標伺服器
Server1.sayms.local
認證
警告
移除選項
移除此 DNS 區域 (這是裝載該區域的最後一部 DNS 伺服器)(M)
移除應用程式分割(R)
檢視分割(V)

圖 6-8-8

STEP 9 在圖 6-8-9 中為這台即將被降級為獨立或成員伺服器的電腦，設定其本機 Administrator 的新密碼後按**下一步**鈕。

Active Directory 網域服務設定精靈
新增系統管理員密碼
目標伺服器
Server2.sayms.local
認證
警告
新增系統管理員密碼
密碼(D):
確認密碼(C):

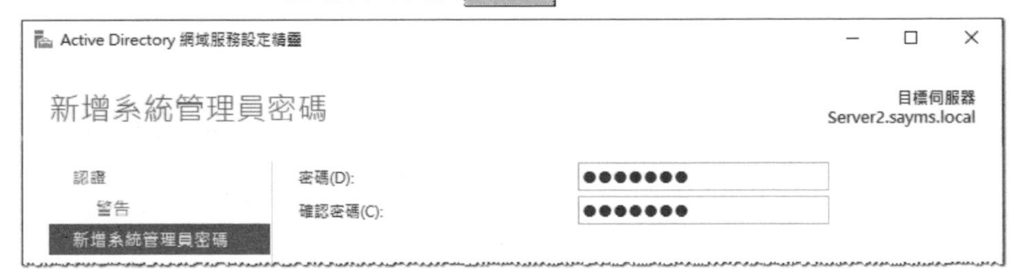

圖 6-8-9

密碼預設需至少 7 個字元，但是不可以內含使用者帳戶名稱（指**使用者 SamAccountName**）或全名，還有至少要包含 A - Z、a - z、0 - 9、非字母數字（例如!、$、#、%）等 4 組字元中的 3 組，例如 123abcABC 為有效密碼，而 1234567 為無效密碼。

STEP **10** 在**檢閱選項**畫面中按降級鈕。

STEP **11** 完成後會自動重新啟動電腦、請重新登入。

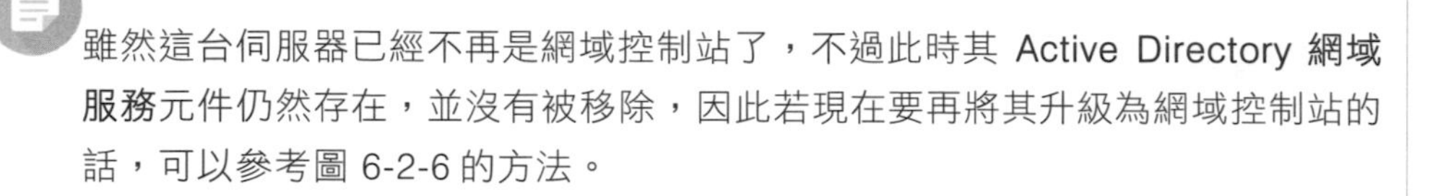

雖然這台伺服器已經不再是網域控制站了，不過此時其 **Active Directory 網域服務**元件仍然存在，並沒有被移除，因此若現在要再將其升級為網域控制站的話，可以參考圖 6-2-6 的方法。

STEP **12** 繼續在**伺服器管理員**中點選**管理**功能表下的**移除角色及功能**。

STEP **13** 出現**在您開始前**畫面時按下一步鈕。

STEP **14** 確認在**選取目的地伺服器**畫面的伺服器無誤後中按下一步鈕。

STEP **15** 在圖 6-8-10 中取消勾選 **Active Directory 網域服務**、點擊移除功能鈕。

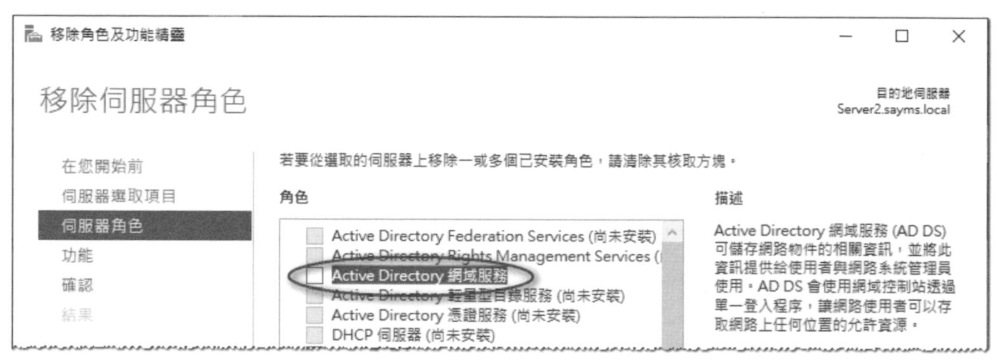

圖 6-8-10

STEP **16** 回到**移除伺服器角色**畫面時，確認 **Active Directory 網域服務**已經被取消勾選（也可以一併取消勾選 DNS 伺服器）後按下一步鈕。

STEP **17** 出現**移除功能**畫面時，按下一步鈕。

STEP **18** 在**確認移除選項**畫面中按移除鈕。

STEP **19** 完成後，重新啟動電腦。

7

檔案權限與共用資料夾

在 Windows Server 的檔案系統中，NTFS 與 ReFS 磁碟提供了相當多的安全功能。我們可以透過**共用資料夾**（shared folder）來將檔案分享給網路上的其他使用者。

7-1 NTFS 與 ReFS 權限的種類

使用者必須對磁碟內的檔案或資料夾擁有適當權限後，才可以存取這些資源。權限可分為基本權限與特殊權限，其中基本權限已經可以滿足一般需求，而透過特殊權限可以更精細的來指派權限。

以下權限僅適用於檔案系統為 NTFS 與 ReFS 的磁碟，其他的 exFAT、FAT32 與 FAT 皆不具備權限功能。

基本檔案權限的種類

- **讀取**：它可以讀取檔案內容、檢視檔案屬性與權限等（可透過【開啟**檔案總管**➲對著檔案按右鍵➲內容】的途徑來查看**唯讀**、**隱藏**等檔案屬性）。
- **寫入**：它可以修改檔案內容、在檔案後面增加資料與改變檔案屬性等（使用者至少還需要具備**讀取**權限才可以變更檔案內容）。
- **讀取和執行**：它除了擁有**讀取**的所有權限外，還具備執行應用程式的權限。
- **修改**：它除了擁有前述的所有權限外，還可以刪除檔案。
- **完全控制**：它擁有前述所有權限，再加上**變更權限**與**取得擁有權**的特殊權限。

基本資料夾權限的種類

- **讀取**:它可以檢視資料夾內的檔案與子資料夾名稱、檢視資料夾屬性與權限等。
- **寫入**：它可以在資料夾內新增檔案與子資料夾、改變資料夾屬性等。
- **列出資料夾內容**：它除了擁有**讀取**的所有權限之外，還具備有**周遊資料夾**的特殊權限，也就是可以進出此資料夾。
- **讀取和執行**：它與**列出資料夾內容**相同，不過**列出資料夾內容**權限只會被資料夾繼承，而**讀取和執行**則會同時被資料夾與檔案來繼承。
- **修改**：它除了擁有前述的所有權限之外，還可以刪除此資料夾。
- **完全控制**：它擁有前述所有權限，再加上**變更權限**與**取得擁有權**的特殊權限。

7-2 使用者的有效權限

權限是可以被繼承的

當您針對資料夾設定權限後，這個權限預設會被此資料夾之下的子資料夾與檔案來繼承，例如您設定讓使用者 A 對甲資料夾擁有**讀取**的權限，則使用者 A 對甲資料夾內的檔案也會擁有**讀取**的權限。

設定資料夾權限時，除了可以讓子資料夾與檔案都來繼承權限之外，也可以只單獨讓子資料夾或檔案來繼承，或都不讓它們繼承。

而設定子資料夾或檔案權限時，您可以讓子資料夾或檔案不要繼承父資料夾的權限，如此該子資料夾或檔案的權限將是以您直接針對它們設定的權限為權限。

權限是有累加性的

若使用者同時隸屬於多個群組，且該使用者與這些群組分別對某個檔案擁有個別的權限設定，則該使用者對此檔案的最後有效權限是這些權限的總合，例如若使用者 A 同時屬於**業務部**與**經理**群組，且其權限分別如下表所示，則使用者 A 最後的有效權限為這 3 個權限的總和，也就是**寫入**+**讀取**+**執行**。

使用者或群組	權限
使用者 A	寫入
群組 **業務部**	讀取
群組 **經理**	讀取和執行
使用者 A 最後的有效權限為 **寫入** + **讀取** + **執行**	

「拒絕」權限的優先權較高

雖然使用者對某個檔案的有效權限是其所有權限來源的總合，但只要其中有一個權限來源被設定為**拒絕**的話，則使用者將不會擁有存取權限。例如若使用者 A 同時屬於**業務部**與**經理**群組，且其權限分別如下表所示，則使用者 A 的**讀取**權限會被**拒絕**，也就是無法讀取此檔案。

使用者或群組	權限
使用者 A	讀取
群組 **業務部**	讀取被拒絕
群組 **經理**	修改
使用者 A 的讀取權限為 **拒絕**	

繼承的權限，其優先權比直接設定的權限低，例如將使用者 A 對甲資料夾的**寫入**權限設定為**拒絕**，且讓甲資料夾內的檔案來繼承此權限的話，則使用者 A 對此檔案的**寫入**權限也會被拒絕，但是若另外直接將使用者 A 對此檔案的**寫入**權限設定為**允許**的話，因其優先權較高，故使用者 A 對此檔案仍擁有**寫入**的權限。

7-3 權限的設定

系統會替新的 NTFS 或 ReFS 磁碟自動設定預設權限值，如圖 7-3-1 所示為 C:磁碟（NTFS）的預設權限，其中有部分的權限會被其下的子資料夾或檔案來繼承。

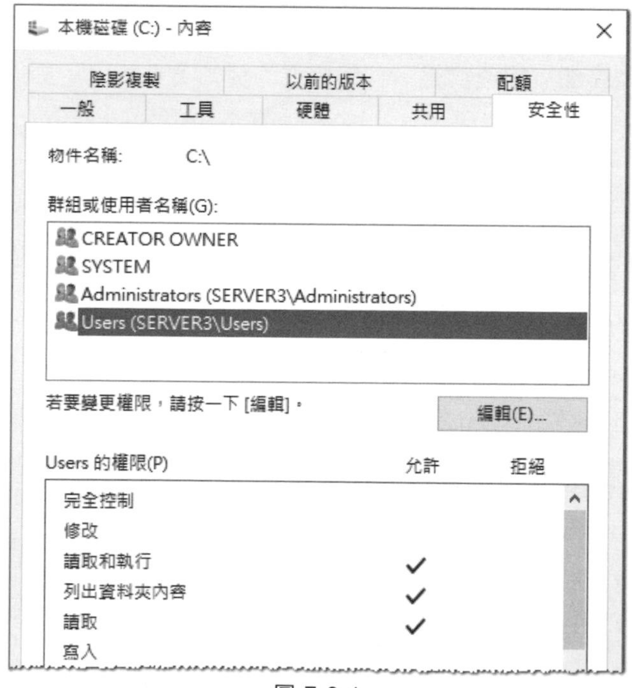

圖 7-3-1

指派檔案與資料夾的權限

若要指派檔案權限給使用者：【點擊下方的**檔案總管**圖示➲點擊**本機**➲展開磁碟機➲對著所選檔案按右鍵➲內容➲**安全性**標籤】，之後將出現圖 7-3-2 的畫面（以自行建立的資料夾 C:\Test 內的檔案 Readme 為例），圖中的檔案已經有一些從父項物件 C：\Test 繼承來的權限，例如 Users 群組（灰色勾表示為繼承來的權限）。

只有 Administrators 群組內的成員、檔案/資料夾的擁有者、具備**完全控制**權限的使用者，才有權限來指派這個檔案/資料夾的權限。以下步驟假設是在成員伺服器 Server3 上操作。

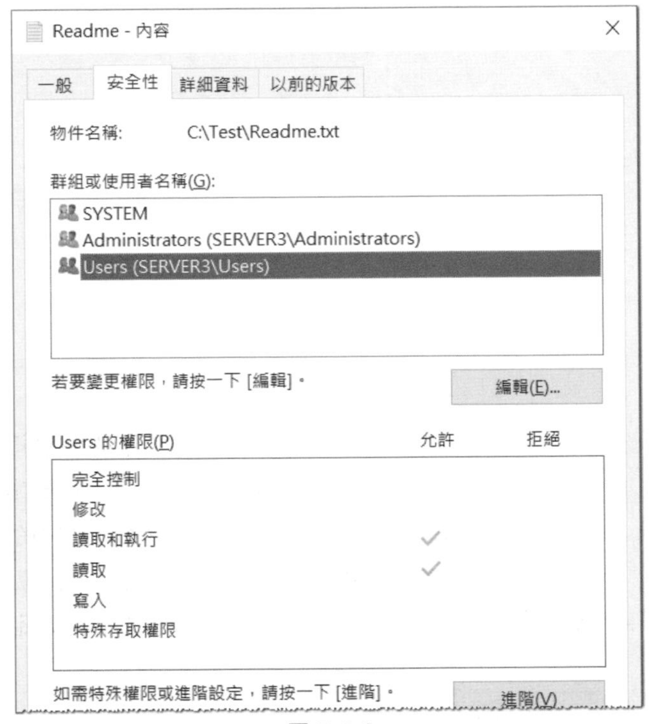

圖 7-3-2

若要將權限賦予其他使用者的話：【點擊前面圖 7-3-2 中的編輯鈕➲在下一個畫面中點擊新增鈕➲先透過位置鈕來選擇網域或本機、再透過進階鈕來選取使用者帳戶➲立即尋找➲從清單中選擇使用者或群組】，我們假設選取了網域 sayms.local 的使用者**王喬治**與本機 Server3 的使用者 **jackie**，圖 7-3-3 為完成設定後的畫面，王喬治與 Jackie 的預設權限都是**讀取和執行**與**讀取**，若要修改此權限的話，請勾選權限右方的**允許**或**拒絕**方框即可。

Readme 的權限

安全性

物件名稱: C:\Test\Readme.txt

群組或使用者名稱(G):

SYSTEM
Administrators (SERVER3\Administrators)
jackie (SERVER3\jackie)
Users (SERVER3\Users)
王喬治 (george@sayms.local)

新增(D)... 移除(R)

jackie 的權限(P)	允許	拒絕
完全控制	☐	☐
修改	☐	☐
讀取和執行	☑	☐
讀取	☑	☐
寫入	☐	☐

圖 7-3-3

不過由父項所繼承來的權限（例如圖中 Users 的權限），不能夠直接將其灰色的勾勾移除，只可以增加勾選，例如可以增加 Users 的**寫入**權限。若要變更繼承來的權限，例如 Users 從父項繼承了**讀取**權限，則您只要勾選該權限右方的**拒絕**，就會拒絕其讀取權限；又例如若 Users 從父項繼承了讀取被拒絕的權限，則您只要勾選該權限右方的**允許**，就可以讓其擁有讀取權限。完成圖 7-3-3 中的設定後按確定鈕。

不繼承父資料夾的權限

若不想要繼承父項權限的話，例如不想讓檔案 Readme 繼承其父項 C:\Test 的權限：【點擊圖 7-3-4 右下方的進階鈕➲點擊停用繼承鈕➲透過下一個畫面可選擇保留或移除之前從父項物件所繼承來的權限】，之後針對資料夾 C:\Test 所設定的新權限，此檔案 Readme 都不會繼承。

圖 7-3-4

欲指派資料夾權限給使用者的話，可透過【對著所選資料夾按右鍵➲內容➲安全性標籤】的途徑，其指派方式與檔案權限類似，請參考前面的說明。

特殊權限的指派

前面所敘述的是基本權限，它是為了簡化權限管理而設計的，但已足夠大部分的需求，除此之外還可以利用特殊權限來更精細的指派權限，以便滿足各種不同的需求。

我們以資料夾的特殊權限設定來說明：【對著資料夾按右鍵➲內容➲安全性➲進階鈕➲在圖 7-3-5 中點選使用者帳戶後按編輯鈕➲點擊右方的**顯示進階權限**】。若在圖 7-3-5 中未出現編輯鈕，而是檢視鈕的話，請先點擊停用繼承鈕(圖中假設已經賦予**林比特**與**陳瑪莉**權限)。

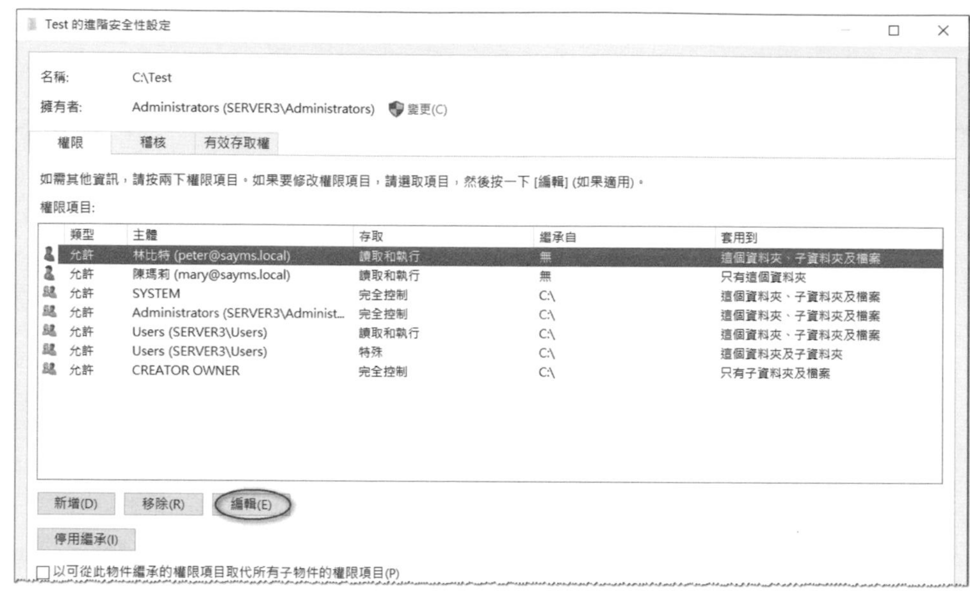

圖 7-3-5

若勾選**以可從此物件繼承的權限項目取代所有子物件的權限項目**，表示強迫將其下子物件的權限改成與此資料夾相同，但僅限那些可以被子物件繼承的權限。例如圖 7-3-5 中 **林比特**的權限會被設定到所有的子物件，包含子資料夾、檔案，因為**林比特**右方**套用到**的設定為**這個資料夾，子資料夾及檔案**；然而**陳瑪莉**的權限設定並不會影響到子物件的權限，因為其**套用到**的設定為**只有這個資料夾**。

接著透過圖 7-3-6 來允許或拒絕將指定權限套用到指定的地點，在章節 7-1 所介紹的基本權限就是這些特殊權限的組合，例如基本權限**讀取**就是其中**列出資料夾/讀取資料**、**讀取屬性**、**讀取擴充使性**、**讀取權限**等 4 個特殊權限的組合。

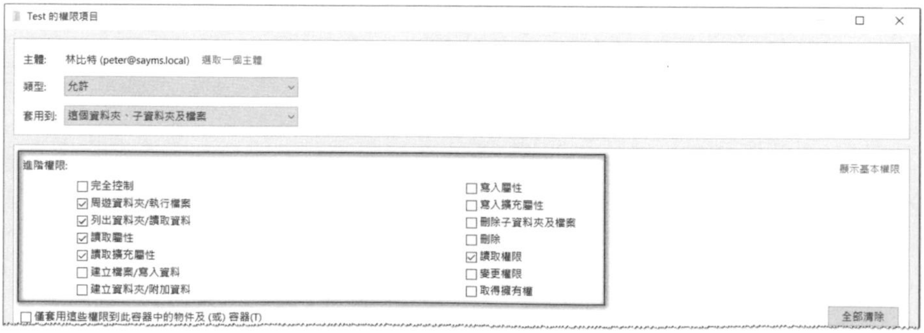

圖 7-3-6

特殊權限的意義

- **周遊資料夾/執行檔案：周遊資料夾**讓使用者即使在沒有權限存取資料夾的情況下，仍然可以切換到該資料夾內。此設定只適用於資料夾，不適用於檔案。另外這個權限只有使用者在群組原則或本機電腦原則（見第 9 章）內未被賦予**略過周遊檢查**權限時才有效。**執行檔案**讓使用者可以執行程式，此權限適用於檔案，不適用於資料夾。
- **列出資料夾/讀取資料：列出資料夾**（適用於資料夾）讓使用者可檢視資料夾內的檔案與子資料夾名稱。**讀取資料**（適用於檔案）讓使用者可檢視檔案內容。
- **讀取屬性**：它讓使用者可以檢視資料夾或檔案的屬性（唯讀、隱藏等屬性）。
- **讀取擴充屬性**：它讓使用者可以檢視資料夾或檔案的擴充屬性。擴充屬性是由應用程式自行訂定的，不同的應用程式可能有不同的擴充屬性。
- **建立檔案/寫入資料：建立檔案**（適用於資料夾）讓使用者可以在資料夾內建立檔案。**寫入資料**（適用於檔案）讓使用者能夠修改檔案內容或覆蓋檔案內容。
- **建立資料夾/附加資料：建立資料夾**（適用於資料夾）讓使用者可以在資料夾內建立子資料夾。**附加資料**（適用於檔案）讓使用者可以在檔案的後面新增資料，但是無法修改、刪除、覆蓋原有內容。
- **寫入屬性**：它讓使用者可以修改資料夾或檔案的屬性（唯讀、隱藏等屬性）。
- **寫入擴充屬性**：它讓使用者可以修改資料夾或檔案的擴充屬性。
- **刪除子資料夾及檔案**：它讓使用者可刪除此資料夾內的子資料夾與檔案，即使使用者對此子資料夾或檔案沒有**刪除**的權限也可以將其刪除（見下一個權限）。
- **刪除**：它讓使用者可以刪除此資料夾或檔案。

使用者對此資料夾或檔案就算是沒有**刪除**的權限，但只要他對父資料夾具備有**刪除子資料夾及檔案**的權限，則他還是可以將此資料夾或檔案刪除。例如使用者對位於 C:\Test 資料夾內的檔案 Readme.txt 並沒有刪除的權限，但是卻對 C:\Test 資料夾擁有**刪除子資料夾及檔案**的權限，則他還是可以將檔案 Readme.txt 刪除。

- **讀取權限**：它讓使用者可以檢視資料夾或檔案的權限設定。
- **變更權限**：它讓使用者可以變更資料夾或檔案的權限設定。

- **取得擁有權**：它讓使用者可以奪取資料夾或檔案的擁有權。資料夾或檔案的擁有者，不論他目前對此資料夾或檔案擁有何種權限，他仍然具備變更此資料夾或檔案權限的能力。

使用者的有效存取權

前面說過若使用者同時隸屬於多個群組，且該使用者與這些群組分別對某個檔案擁有個別的權限設定，則該使用者對此檔案的最後有效權限是這些權限的總合。

若要查看使用者的有效存取權限的話：【對著檔案或資料夾按右鍵➲內容➲安全性標籤➲進階鈕➲點擊圖 7-3-7 中有效存取權標籤➲點擊**選取使用者**來選取使用者後點擊檢視有效存取權鈕】。

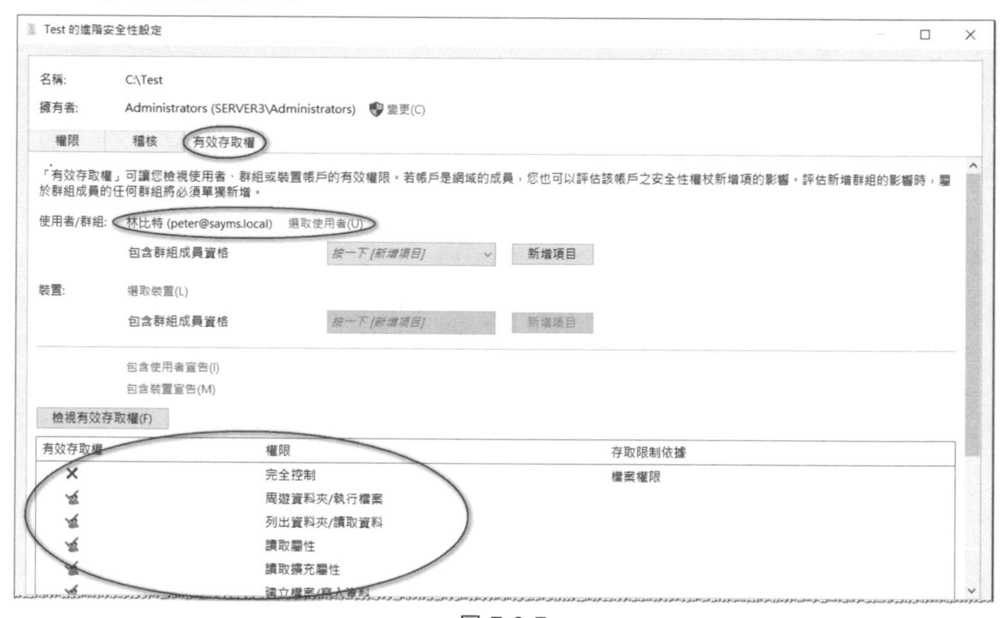

圖 7-3-7

7-4 檔案與資料夾的擁有權

NTFS 與 ReFS 磁碟內的每一個檔案與資料夾都有**擁有者**，而檔案或資料夾的建立者，預設就是該檔案或資料夾的擁有者。擁有者可以變更其所擁有的檔案或資料夾的權限，不論其目前是否有權限存取此檔案或資料夾。

使用者可以奪取檔案或資料夾的擁有權，使其成為新擁有者，然而使用者必須具備以下的條件之一，才可以奪取擁有權：

- 具備**取得檔案或其他物件的擁有權**權限的使用者。預設僅 Administrators 群組擁有此權限
- 對該檔案或資料夾擁有**取得擁有權**的特殊權限
- 具備**還原檔案及目錄**權限的使用者

任何使用者在變成檔案或資料夾的新擁有者後，他便具備變更該檔案或資料夾權限的能力，但是並不會影響此使用者的其他權限，同時資料夾或檔案的擁有權被奪取後，也不會影響原擁有者的其他既有權限。

系統管理員可以直接將擁有權轉移給其他使用者。使用者也可以自己來奪取擁有權，例如假設檔案 Note.txt 是由系統管理員所建立，因此他是該檔案的擁有者，若他將**取得擁有權**的權限賦予使用者**王喬治**（可透過前面的圖 7-3-5 與圖 7-3-6 來設定），則**王喬治**可以在登入後，可以透過以下途徑來檢視或奪取檔案的擁有權：【對著檔案 Note.txt 按右鍵➲內容➲**安全性**標籤➲進階➲點擊**擁有者**右方的**變更**➲透過接下來的畫面來選擇**王喬治**本人➲...】。

需將群組原則中的**使用者帳戶控制: 所有系統管理員均以管理員核准模式執行**原則停用，否則會要求輸入系統管理員的密碼。停用此原則的途徑為（以本機電腦原則為例）：【按 Windows 鍵⊞ + R 鍵➲執行 gpedit.msc➲電腦設定➲Windows 設定➲安全性設定➲本機原則➲安全性選項】，完成後需重新啟動電腦。

7-5 檔案拷貝或搬移後的權限變化

磁碟內的檔案被拷貝或搬移到另一個資料夾後，其權限可能會改變（參考圖 7-5-1）：

- **若檔案被拷貝到另一個資料夾**：無論是被拷貝到同一個磁碟或不同磁碟的另一個資料夾內，它都相當於新增一個檔案，此新檔案的權限是繼承目的地的權限。例如若使用者對位於 C:\Data 內的檔案 File1 具有**讀取**的權限，對資料夾

C:\Tools 具有**完全控制**的權限，當 File1 被拷貝到 C:\Tools 資料夾後，使用者對這個新檔案將具有**完全控制**的權限。

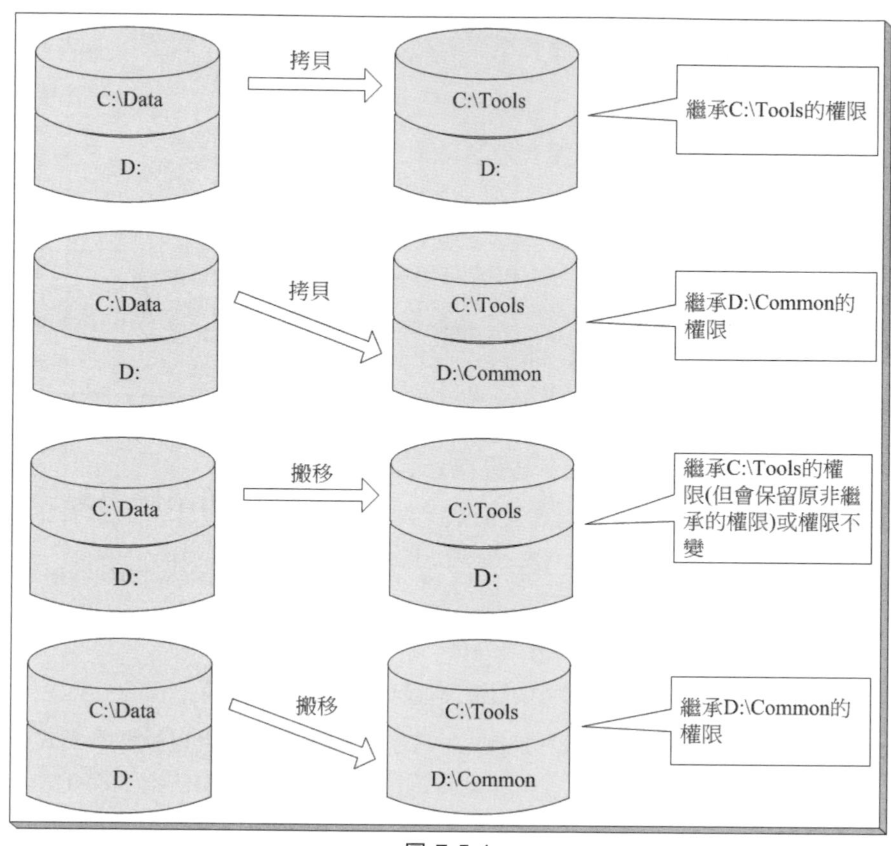

圖 7-5-1

- 若檔案被搬移到同一個磁碟的另一個資料夾
  - **若原檔案是被設定為會繼承父項權限**：則會先移除從來源資料夾所繼承的權限（但會保留非繼承的權限），然後繼承目的地的權限。例如由 C:\Data 資料夾搬移到 C:\Tools 資料夾時，會先移除原權限中從 C:\Data 繼承的權限、保留非繼承的權限、然後再加上繼承自 C:\Tools 的權限。
  - **若原檔案是被設定為不會繼承父項權限**：則仍然保有原權限（權限不變），例如由 C:\Data 資料夾搬移到 C:\Tools 資料夾。

- **若檔案是被搬移到另一個磁碟**：則此檔案將繼承目的地的權限，例如由 C:\Data 資料夾搬移到 D:\Common 資料夾，因為是在 D:\Common 產生一個新檔案（並將原檔案刪除），因此會繼承 D:\Common 的權限。

將檔案搬移或拷貝到目的地的使用者，會成為此檔案的擁有者。資料夾的搬移或拷貝的原理與檔案是相同的。

若將檔案由 NTFS（或 ReFS）磁碟搬移或拷貝到 FAT、FAT32 或 exFAT 磁碟，則新檔案的原權限都將被移除，因為 FAT、FAT32 與 exFAT 都無權限設定功能。

若要將檔案（或資料夾）搬移的話（無論目的地是否在同一個磁碟內），則您必須對來源檔案具備**修改**權限，同時也必須對目的地資料夾具備有**寫入**權限，因為系統在搬移檔案時，會先將檔案拷貝到目的地資料夾（因此對它需具備**寫入**權限），再將來源檔案刪除（因此對它需具備**修改**權限）。

Q 將檔案或資料夾拷貝或搬移到 USB 隨身碟後，其權限變化為何？

A USB 隨身碟可被格式化成 FAT、FAT32、exFAT 或 NTFS 檔案系統（抽取式媒體不支援 ReFS），因此要看它是哪一種檔案系統來決定。

7-6 檔案的壓縮

將檔案壓縮後可以減少它們佔用磁碟的空間。系統支援 **NTFS 壓縮**與**壓縮的（zipped）資料夾**兩種不同的壓縮方法，其中 **NTFS 壓縮**僅 NTFS 磁碟支援。

NTFS 壓縮

想要將 NTFS 磁碟內的檔案壓縮的話，請【對著該檔案按右鍵➲內容➲按 進階 鈕➲如圖 7-6-1 所示勾選**壓縮內容，節省磁碟空間**】。

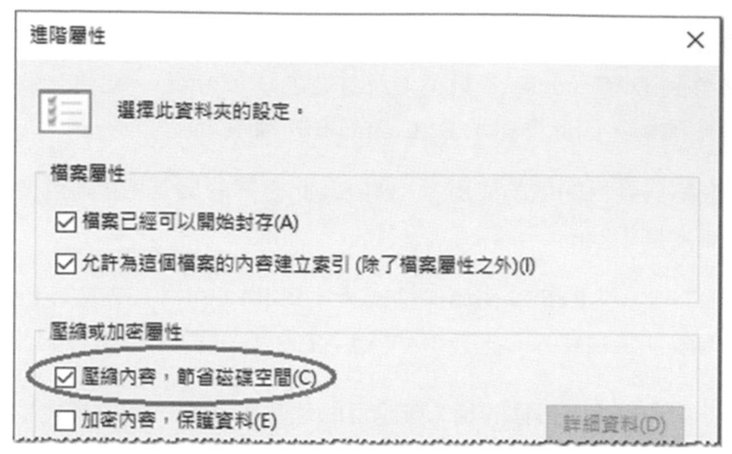

圖 7-6-1

若要壓縮資料夾的話【對著該資料夾按右鍵➲內容➲按進階鈕➲勾選**壓縮內容，節省磁碟空間**➲按確定鈕➲按套用鈕➲接著出現圖 7-6-2】：

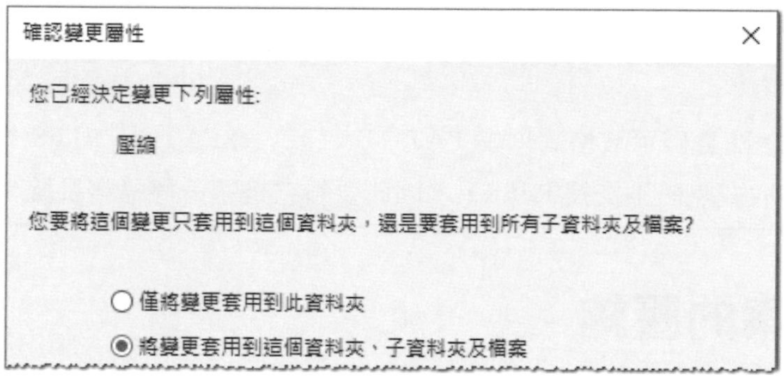

圖 7-6-2

- **僅將變更套用到此資料夾**：以後在此資料夾內新增的檔案、子資料夾與子資料夾內的檔案都會被自動壓縮，但不會影響到此資料夾內現有的檔案與資料夾。
- **將變更套用到這個資料夾、子資料夾及檔案**：不但以後在此資料夾內新增的檔案、子資料夾與子資料夾內的檔案都會被自動壓縮，同時會將已經存在於此資料夾內的現有檔案、子資料夾與子資料夾內的檔案一併壓縮。

您也可以針對整個磁碟來做壓縮設定：【對著磁碟（例如 C:）按右鍵➲內容➲壓縮這個磁碟機來節省磁碟空間】。

當使用者或應用程式要讀取壓縮檔案時，系統會將檔案由磁碟內讀出、自動將解壓縮後的內容提供給使用者或應用程式，然而儲存在磁碟內的檔案仍然是處於壓縮狀態；而要將資料寫入檔案時，它們也會被自動壓縮後再寫入磁碟內的檔案。

1. 也可使用 COMPACT.EXE 來壓縮。已加密的檔案與資料夾無法壓縮。
2. 被壓縮或加密的檔案，其檔名的圖案上會有壓縮或加密的圖示。
3. 若欲將壓縮或加密的檔案以不同的顏色來顯示的話，請【開啟**檔案總管**➲點擊上方**檢視**➲點擊右方**選項**圖示➲勾選**檢視**標籤下的**使用色彩顯示加密或壓縮的 NTFS 檔案**】。

檔案拷貝或搬移時壓縮屬性的變化

當 NTFS 磁碟內的檔案被拷貝或搬移到另一個資料夾後，其壓縮屬性的變化與章節 7-5 **檔案拷貝或搬移後的權限變化**的原理類似，此處僅以圖 7-6-3 來說明。

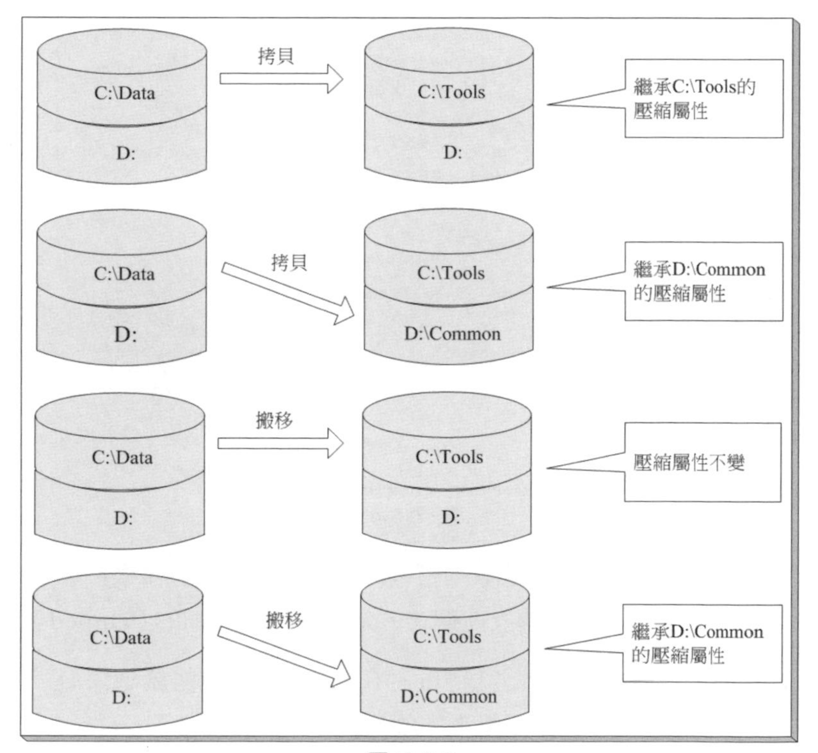

圖 7-6-3

壓縮的（zipped）資料夾

FAT、FAT32、exFAT、NTFS 或 ReFS 磁碟內都可以建立**壓縮的（zipped）資料夾**。在您利用**檔案總管**建立**壓縮的（zipped）資料夾**後，之後被拷貝到此資料夾內的檔案都會被自動壓縮。

您可以在不需要自行解壓縮的情況下，直接來讀取**壓縮的（zipped）資料夾**內的檔案，甚至可以直接執行其內的程式。**壓縮的（zipped）資料夾**的資料夾名稱的副檔名為.zip，它可以被 WinZip、WinRAR 等檔案壓縮工具程式來解壓縮。

您可以如圖 7-6-4 所示透過【對著畫面右方空白處按右鍵➲新增➲壓縮的（zipped）資料夾】的途徑來新增**壓縮的（zipped）資料夾**。

圖 7-6-4

您也可以如圖 7-6-5 所示透過【選取欲壓縮的檔案➲對著這些檔案按右鍵➲傳送到➲壓縮的（zipped）資料夾】來建立一個存放這些檔案的**壓縮的（zipped）資料夾**。

壓縮的（zipped）資料夾的附檔名為.zip，不過系統預設會隱藏副檔名，若要顯示副檔名的話：【開啟**檔案總管**➲點擊上方的**檢視**➲勾選**副檔名**】。若有安裝 WinZip 或 WinRAR 等軟體的話，則預設會透過這些軟體來開啟**壓縮的（zipped）資料夾**。

圖 7-6-5

7-7 加密檔案系統

加密檔案系統（Encrypting File System，EFS）提供檔案加密的功能，檔案經過加密後，只有當初將其加密的使用者或被授權的使用者能夠讀取，因此可以增加檔案的安全性。只有 NTFS 磁碟內的檔案、資料夾才可以被加密，若您將檔案複製或搬移到非 NTFS 磁碟內，則此新檔案會被解密。

檔案壓縮與加密無法並存。若您要加密已壓縮的檔案，則該檔案會自動被解壓縮。若您要壓縮已加密的檔案，則該檔案會自動被解密。

將檔案與資料夾加密

想要將檔案加密的話：【對著檔案按右鍵➲內容➲按進階鈕➲如圖 7-7-1 所示勾選**加密內容，保護資料**➲按 2 次確定鈕➲選擇將該檔案與上層資料夾都加密，或只針對該檔案加密】。若選擇將該檔案與上層資料夾都加密的話，則以後在此資料夾內所新增的檔案都會自動被加密。

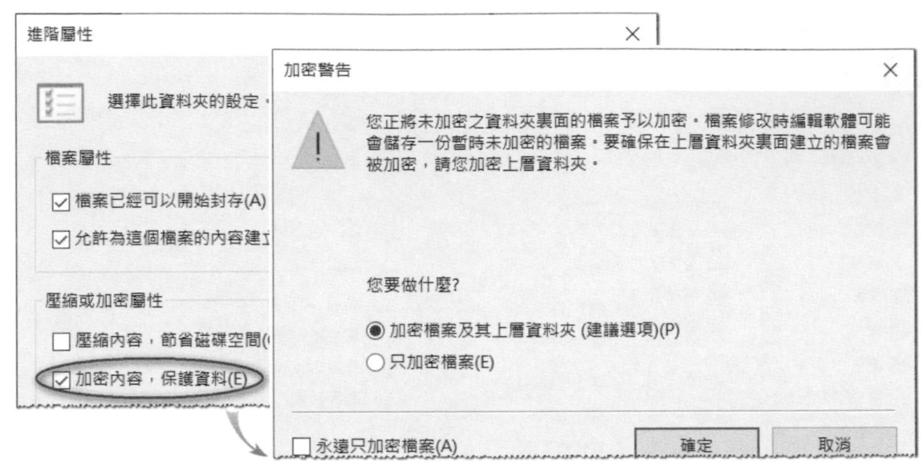

圖 7-7-1

若要將資料夾加密的的話:【對著資料夾按右鍵➲內容➲按 進階 鈕➲勾選**加密內容，保護資料**➲按 2 次 確定 鈕➲在圖 7-7-2 中參考以下說明來選擇】：

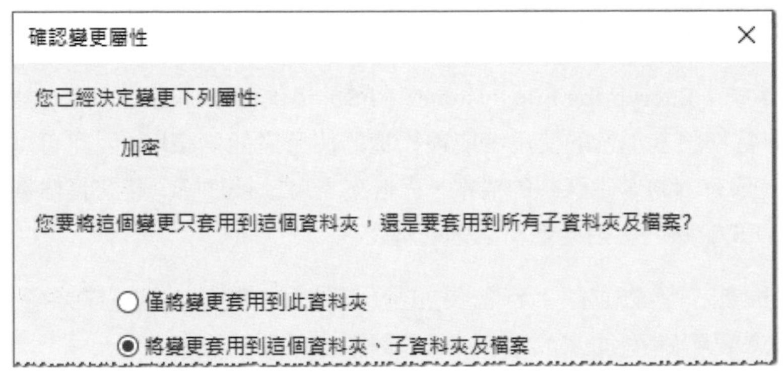

圖 7-7-2

- **僅將變更套用到此資料夾**：以後在此資料夾內新增的檔案、子資料夾與子資料夾內的檔案都會被自動加密，但不會影響到此資料夾內現有的檔案與資料夾。
- **將變更套用到這個資料夾、子資料夾及檔案**：不但以後在此資料夾內所新增的檔案、子資料夾與子資料夾內的檔案都會被自動加密，同時會將已經存在於此資料夾內的現有檔案、子資料夾與子資料夾內的檔案都一併加密。

當使用者或應用程式欲讀取加密檔案時，系統會將檔案由磁碟內讀出、自動將解密後的內容提供給使用者或應用程式，然而儲存在磁碟內的檔案仍然是處於加密狀態；而要將資料寫入檔案時，它們也會被自動加密後再寫入到檔案。

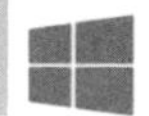

當您將未加密檔案搬移或拷貝到加密資料夾後，該檔案會被自動加密。當您將加密檔案搬移或拷貝到非加密資料夾時，該檔案仍然會保持其加密的狀態。

授權其他使用者可以讀取加密的檔案

您所加密的檔案只有您可以讀取，但是可以授權給其他使用者來讀取。被授權的使用者必須具備 **EFS 憑證**，而一般使用者在第 1 次執行加密動作後，他就會自動被賦予 **EFS 憑證**，也就可以被授權了。

假設要授權給使用者王喬治：請先讓王喬治對任何一個檔案執行加密的動作，以便擁有 **EFS 憑證**，然後您再【對著您所加密的檔案按右鍵➲內容➲按進階鈕➲在圖 7-7-3 中按詳細資料鈕➲新增鈕➲選擇使用者王喬治】。

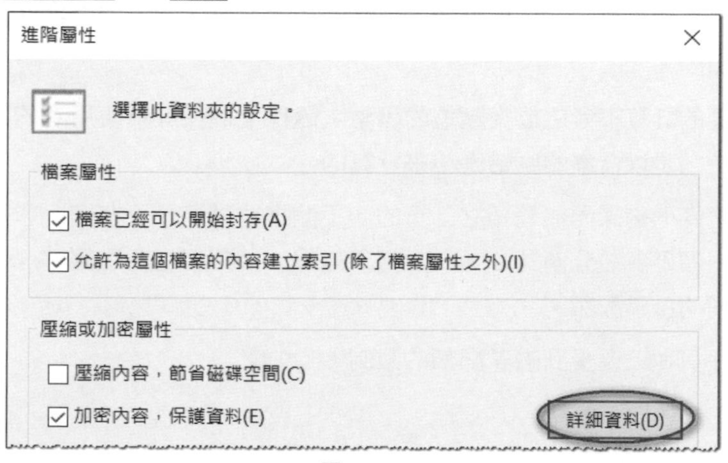

圖 7-7-3

備份 EFS 憑證

為了避免您的 **EFS 憑證**遺失或損毀，造成檔案無法讀取的後果，因此建議利用**憑證管理**主控台來備份您的 **EFS 憑證**：【按 Windows 鍵⊞+R鍵➲執行 **certmgr.msc**➲展開**個人**、**憑證**➲對著右方**使用目的**為**加密檔案系統**的憑證按右鍵➲所有工作➲匯出➲按下一步鈕➲選擇**是，匯出私密金鑰**➲在**匯出檔案格式**畫面中按下一步鈕來選擇預設的.pfx 格式➲在**安全性**畫面中選擇使用者或設定密碼（以後僅該使用者有權匯入或輸入此處的密碼）➲...】，建議您將此憑證檔案備份到另外一個安全的地方。若您有多個 **EFS 憑證**的話，請全部匯出存檔。

7-8 磁碟配額

我們可以透過**磁碟配額**功能來限制使用者在 NTFS 磁碟內的使用容量，也可以追蹤每一個使用者的 NTFS 磁碟空間使用情形。透過磁碟配額的限制，可以避免使用者佔用大量的硬碟空間。

磁碟配額的特性

- 磁碟配額是針對單一使用者來控制與追蹤。
- 僅 NTFS 磁碟支援磁碟配額，ReFS、exFAT、FAT32 與 FAT 磁碟不支援。
- 磁碟配額是以檔案與資料夾的擁有權來計算的：在一個磁碟內，只要檔案或資料夾的擁有權是屬於某使用者的，則其所佔有的磁碟空間都會被計算到該使用者的配額內。
- 磁碟配額的計算不考慮檔案壓縮的因素：磁碟配額在計算使用者的磁碟空間總使用量時，是以檔案的原始大小來計算的。
- 每一個磁碟的磁碟配額是獨立計算的，不論這些磁碟是否在同一顆硬碟內：例如若第一顆硬碟被分割為 C: 與 D: 兩個磁碟，則使用者在磁碟 C: 與 D: 分別可以有不同的磁碟配額。
- 系統管理員並不會受到磁碟配額的限制。

磁碟配額的設定

您需要具備系統管理員權限才可以來設定磁碟配額：【開啟**檔案總管**➲對著磁碟機（例如 C:磁碟）按右鍵➲內容➲如圖 7-8-1 所示勾選**配額**標籤下的**啟用配額管理**➲按套用鈕】。

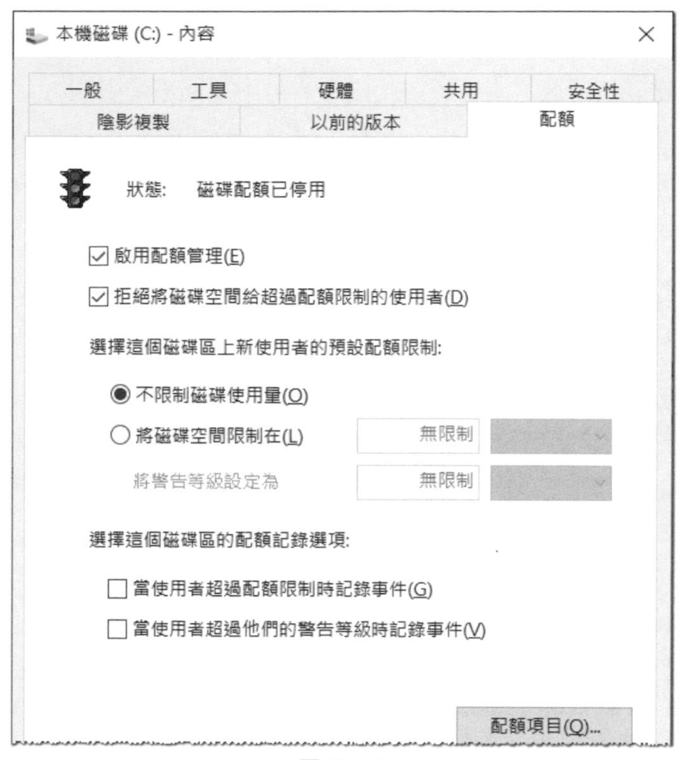

圖 7-8-1

- **拒絕將磁碟空間給超過配額限制的使用者**：若使用者在此磁碟所使用的磁碟空間已超過配額限制時：
  - 若未勾選此選項，則他仍可繼續將新資料儲存到此磁碟內。此功能可用來追蹤、監視使用者的磁碟空間使用情況，但不會限制其磁碟使用空間。
  - 若勾選此選項，則使用者就無法再儲存任何新資料到此磁碟內。若使用者嘗試儲存資料的話，螢幕上就會有類似圖 7-8-2 的被拒畫面。

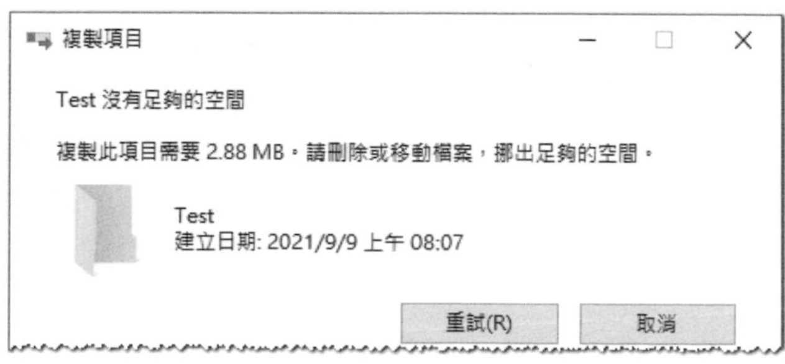

圖 7-8-2

- **選擇這個磁碟區上新使用者的預設配額限制**：用來設定新使用者的磁碟配額。
  - **不限制磁碟使用量**：使用者在此磁碟的可用空間不受限制。
  - **將磁碟空間限制在**：限制使用者在此磁碟的可用空間。磁碟配額未啟用前就已經在此磁碟內有儲存資料的使用者，不會受到此處的限制，但可另外針對這些使用者來設定配額。
  - **將警告等級設定為**：可讓系統管理員來檢視使用者所使用的磁碟空間是否已超過此處的警告值。
- **選擇這個磁碟區的配額記錄選項**：當使用者超過配額限制或警告等級時，是否要將這些事項記錄到系統記錄內。若勾選的話，可以透過【點擊左下角**開始**圖示⊞➲Windows 系統管理工具➲事件檢視器➲Windows 記錄➲系統➲如圖 7-8-3 所示點擊來源為 **Ntfs（Ntfs）** 的事件】來查看其詳細資訊。

圖 7-8-3

監控每一位使用者的磁碟配額使用情況

點選前面圖 7-8-1 右下方配額項目鈕後，就可透過圖 7-8-4 的畫面來監視每一個使用者的磁碟配額使用情況，也可以透過它來個別設定每一個使用者的磁碟配額。

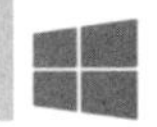

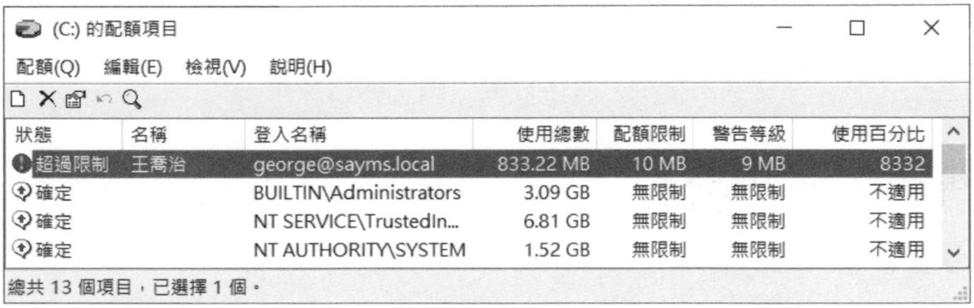

(C:) 的配額項目
配額(Q) 編輯(E) 檢視(V) 說明(H)
狀態 名稱 登入名稱 使用總數 配額限制 警告等級 使用百分比
超過限制 王喬治 george@sayms.local 833.22 MB 10 MB 9 MB 8332
確定 BUILTIN\Administrators 3.09 GB 無限制 無限制 不適用
確定 NT SERVICE\TrustedIn... 6.81 GB 無限制 無限制 不適用
確定 NT AUTHORITY\SYSTEM 1.52 GB 無限制 無限制 不適用
總共 13 個項目，已選擇 1 個。

圖 7-8-4

若要更改其中任何一個使用者的磁碟配額設定的話，只要在圖 7-8-4 中雙擊該使用者，就可以來更改其磁碟配額。

若要針對未出現在圖 7-8-4 清單中的使用者，來事先個別設定其磁碟配額的話，可以透過【點選圖 7-8-4 上方的**配額**功能表➲新增配額項目】的途徑來設定。

7-9 共用資料夾

當您將資料夾（例如圖 7-9-1 中的 Database）設定為共用資料夾後，使用者就可以透過網路來存取此資料夾內的檔案（使用者還需擁有適當的權限）。

C:\
Program Files
Database
Reports
Analysis
Marketing
Windows
Tools
當Database被設為共用資料夾後，網路上具備權限的使用者, 就可以透過網路來存取Database之下所有的資料夾與檔案

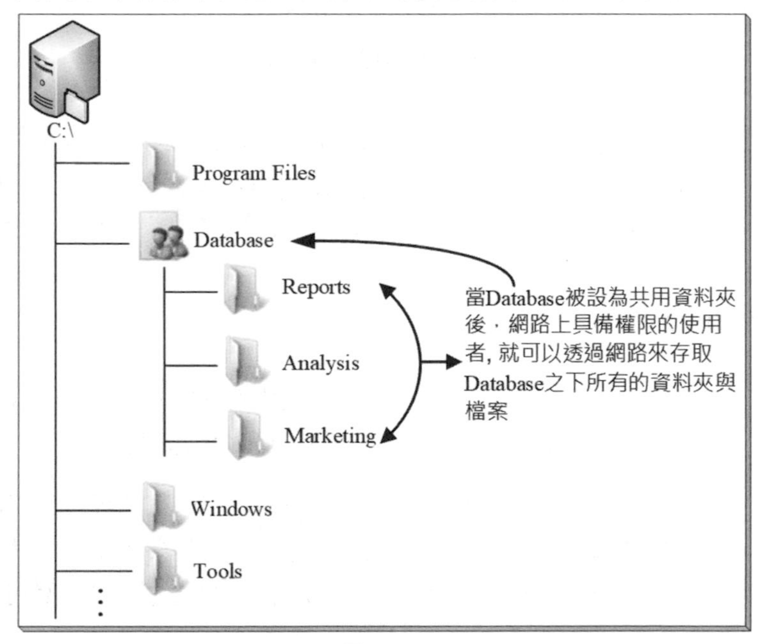

圖 7-9-1

位於 ReFS、NTFS、FAT32、FAT 或 exFAT 磁碟內的資料夾，都可以被設定為共用資料夾，然後透過共用權限來將存取權限賦予網路使用者。

共用資料夾的權限

網路使用者必須擁有適當的共用權限才可以存取共用資料夾。表 7-9-1 列出共用權限的種類與其所具備的存取能力。

共用權限只對透過網路來存取此共用資料夾的使用者有約束力，若是由本機登入（直接在電腦前按 Ctrl + Alt + Del 鍵登入）的話，就不受此權限的約束。

表 7-9-1

權限的種類 / 具備的能力	讀取	變更	完全控制
檢視檔案名稱與子資料夾名稱；檢視檔案內的資料；執行程式	✓	✓	✓
新增與刪除檔案、子資料夾；變更檔案內的資料		✓	✓
變更權限（只適用於 NTFS、ReFS 內的檔案或資料夾）			✓

由於位於 FAT、FAT32 或 exFAT 磁碟內的共用資料夾並沒有類似 ReFS、NTFS 的權限保護，同時共用權限又對本機登入的使用者沒有約束力，此時若使用者直接在本機登入的話，他將可以存取 FAT、FAT32 與 exFAT 磁碟內的所有檔案。

使用者的有效權限

若網路使用者同時隸屬於多個群組，他們分別對某個共用資料夾擁有不同的共用權限的話，則該網路使用者對此共用資料夾的有效共用權限為何？

與 NTFS 權限的原理類似，網路使用者對共用資料夾的有效權限是其所有權限來源的總合，而且「拒絕」權限的優先權較高，也就是說只要其中有一個權限來源被設定為**拒絕**的話，則使用者將不會擁有存取權限。可參考章節 7-2 **使用者的有效權限** 的說明。

共用資料夾的拷貝或搬移

若您將共用資料夾拷貝到其他磁碟分割區內，原始資料夾仍然會保留共用狀態，但是拷貝的那一份新資料夾並不會被設定為共用資料夾。若您將共用資料夾搬移到其他磁碟分割區內，則此資料夾將不再是共用的資料夾。

與 NTFS（或 ReFS）權限搭配使用

當您將資料夾設定為共用資料夾後，網路使用者才看得到此共用資料夾。若資料夾是位於 NTFS（或 ReFS）磁碟內，則使用者到底有沒有權限存取此資料夾，需同時視共用權限與 NTFS 權限兩者的設定為何來決定。

網路使用者最後的有效權限，是共用權限與 NTFS 權限兩者之中取最嚴格（most restrictive）的設定。例如經過累加後，若使用者 A 對共用資料夾 C:\Test 的有效共用權限為**讀取**、同時對此資料夾的有效 NTFS 權限為**完全控制**，則使用者 A 對 C:\Test 的最後有效權限為兩者之中最嚴格的**讀取**。

權限類型	使用者 A 的累加有效權限
C:\Test 的共用權限	讀取
C:\Test 的 NTFS 權限	完全控制
使用者 A 透過網路存取 C:\Test 的最後有效權限為最嚴格的**讀取**	

若使用者是直接由本機登入（非透過網路登入），則其對 C:\Test 的有效權限是由 NTFS 權限來決定，也就是**完全控制**的權限，因為由本機登入並不受共用權限的約束。

將資料夾共用與停止

隸屬 Administrators 群組的使用者，具備將資料夾設定為共用資料夾的權利。

STEP **1** 點擊螢幕下方的**檔案總管**圖示➲點擊**本機**➲點擊磁碟（例如 C:）➲對著圖 7-9-2 中的資料夾（例如 DataBase）按右鍵➲授與存取權給➲特定人員。

圖 7-9-2

STEP 2 在圖 7-9-3 中點擊向下箭頭來選擇您要與之共用的使用者或群組，預設權限為**讀取**，但可透過使用者右邊的向下箭頭來變更。選取完成後按新增鈕、按共用鈕…。

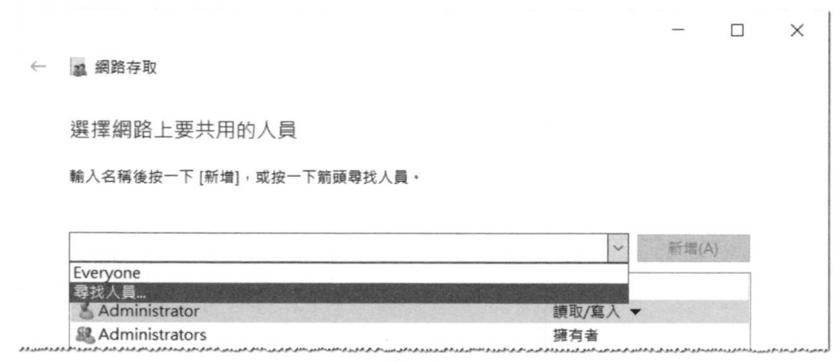

圖 7-9-3

> 系統會將 NTFS 權限設定為此處指定的權限、同時將**共用權限**設定為「Everyone 是**完全控制**」，這兩者之中最嚴格就是 NTFS 權限（**共用權限**為「Everyone 是**完全控制**」，這是最寬鬆的權限），因此最後的有效權限就是此處的權限。

STEP 3 從圖 7-9-4 可看出，網路使用者可以透過\\SERVER3\Database 來存取此資料夾，其中 SERVER3 為電腦名稱、Database 為共用名稱（預設是與資料夾名稱相同）。按完成鈕。

> 若此電腦的網路位置為**公用網路**的話，則會問您是否要啟用網路探索與檔案共用。若選擇否，則此電腦的網路位置會被變更為**私人網路**。

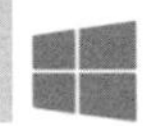

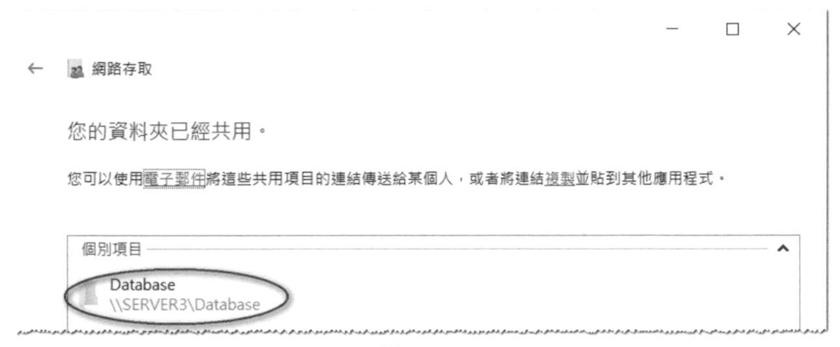

圖 7-9-4

在您第 1 次將資料夾共用後，系統就會啟動**檔案及印表機共用**，而您可以透過【點擊左下角**開始**圖示⊞➲控制台➲網路和網際網路➲網路和共用中心➲變更進階共用設定】來查看此設定，如圖 7-9-5 所示（圖中假設網路位置是**網域**網路）。

圖 7-9-5

若要停止將資料夾共用，或是要變更權限的話，可在前面圖 7-9-2 選擇**移除存取**、然後在圖 7-9-6 中來設定。

也可以透過圖 7-9-2 的**特定人員**來變更權限，或是【對著共用資料夾按右鍵➲內容➲共用標籤➲共用鈕或進階共用鈕】。

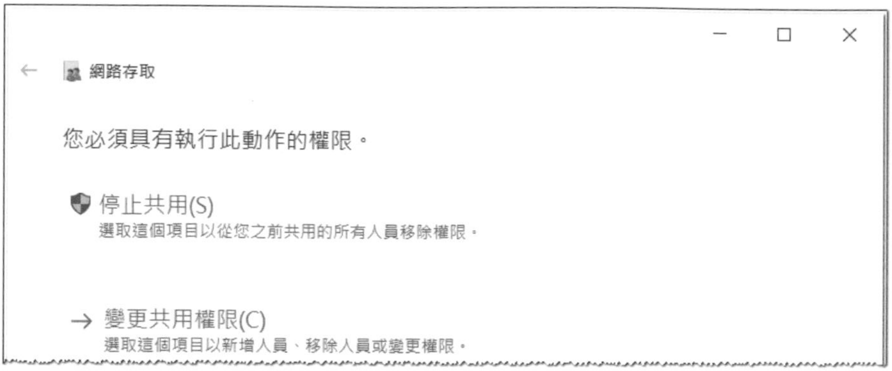

網路存取

您必須具有執行此動作的權限。

停止共用(S)
選取這個項目以從您之前共用的所有人員移除權限。

→ 變更共用權限(C)
選取這個項目以新增人員、移除人員或變更權限。

圖 7-9-6

隱藏式共用資料夾

若共用資料夾有特殊使用目的，不想讓使用者在網路上瀏覽到它的話，此時只要在共用名稱最後加上一個錢符號 **$**，就　可以將其隱藏起來。例如將前面的共用名稱 Database 改為 Database$，其步驟為：【對著共用資料夾按右鍵➲內容➲**共用**標籤➲進階共用鈕➲按新增鈕來新增共用名稱 Database$，然後透過按移除鈕來移除舊的共用名稱 Database】。

系統內建多個供系統內部使用或管理用的隱藏式共用資料夾，例如 C$（代表 C 磁碟）、ADMIN$（代表 Windows 系統的安裝資料夾，例如 C:\Windows）等。

您也可以透過【點擊左下角**開始**圖示⊞➲Windows 系統管理工具➲電腦管理➲點擊**系統工具**之下的**共用資料夾**】，然後利用其中的**共用**來查看與管理共用資料夾、利用其中的**工作階段**來查看與管理連接此資料夾的使用者、利用其中的**開啟檔案**來查看與管理被開啟的檔案。

存取網路共用資料夾

若要連接網路電腦來存取其所分享的共用資料夾的話，最簡單的方式是直接輸入共用資料夾名稱，例如若要連接前面的\\Server3\Database 的話：【按 Windows 鍵⊞+R鍵➲如圖 7-9-7 所示輸入\\Server3\Database 後按 Enter 鍵】，可能需輸入使用者帳戶與密碼後（見後面的說明），就可以存取共用資料夾 Database。

執行
輸入程式、資料夾、文件或網際網路資源的名稱，Windows 會自動開啟。
開啟(O):
\\Server3\Database
確定
取消
瀏覽(B)...

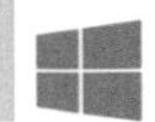

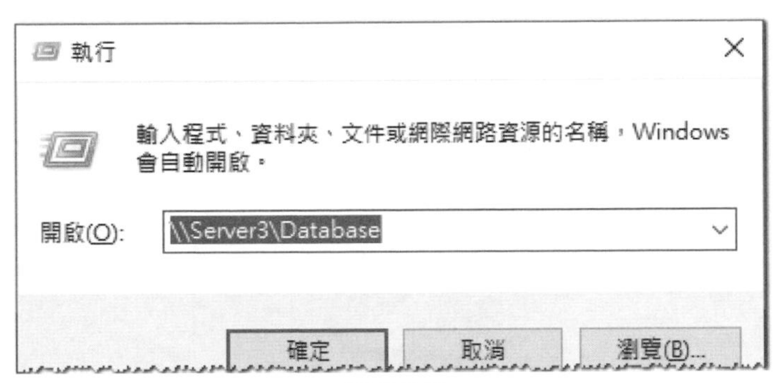

圖 7-9-7

也可以利用網路探索功能來連接網路電腦、存取共用資料夾，但是您的電腦需開啟網路探索功能，以 Windows 11 來說：【開啟**檔案總管**➲對著左下方的**網路**按右鍵➲內容➲變更進階共用設定➲如圖 7-9-8 所示（圖中假設目前的網路位置是**網域**網路）】。接著可以【開啟**檔案總管**➲點擊**網路**➲之後便可看到網路上的電腦(如圖 7-9-9 所示)、點擊電腦後（可能需輸入使用者名稱與密碼），就可以存取此電腦內所分享出來的共用資料夾 Database】。

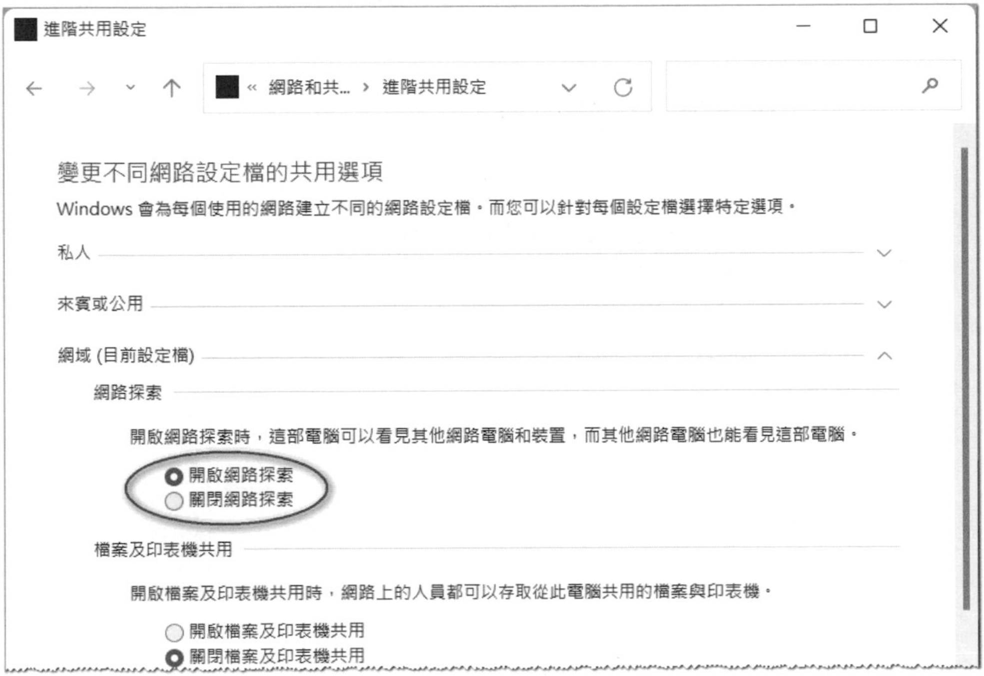

進階共用設定
網路和共... › 進階共用設定
變更不同網路設定檔的共用選項
Windows 會為每個使用的網路建立不同的網路設定檔。而您可以針對每個設定檔選擇特定選項。
私人
來賓或公用
網域 (目前設定檔)
網路探索
開啟網路探索時，這部電腦可以看見其他網路電腦和裝置，而其他網路電腦也能看見這部電腦。
開啟網路探索
關閉網路探索
檔案及印表機共用
開啟檔案及印表機共用時，網路上的人員都可以存取從此電腦共用的檔案與印表機。
開啟檔案及印表機共用
關閉檔案及印表機共用

圖 7-9-8

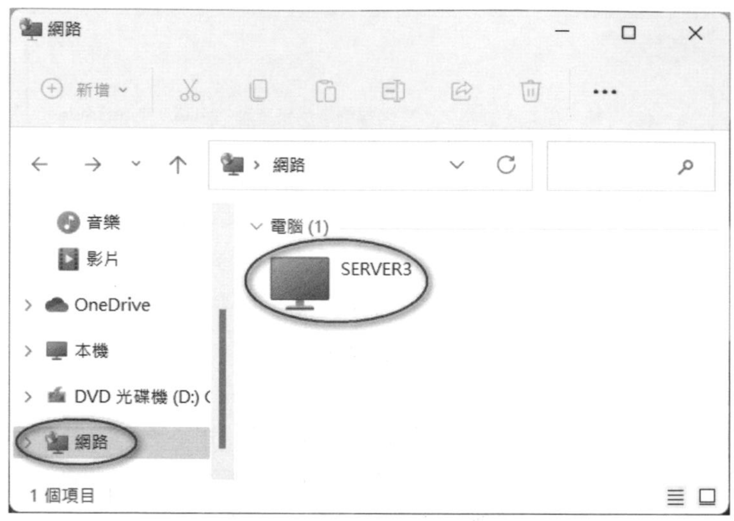

圖 7-9-9

若看不到網路上其他 Windows 電腦的話，請檢查這些電腦是否已啟用**網路探索**，並檢查其 Function Discovery Resource Publication 服務是否已經啟用（可透過【點擊左下角**開始**圖示⊞➲Windows 系統管理工具➲服務】來查看與啟用）。

連接網路電腦的身分驗證機制

當您在連接網路上的其他電腦時，您必須提供有效的使用者帳戶與密碼，然而您的電腦會自動以您目前正在使用的帳戶與密碼來連接該網路電腦，也就是會以您當初登入本機電腦時所輸入的帳戶與密碼來連接網路電腦（如圖 7-9-10 所示），此時是否會連線成功呢？請看以下的分析。

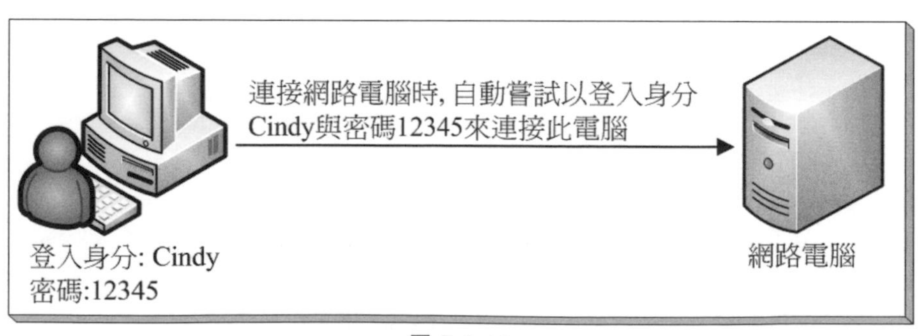

圖 7-9-10

若您的電腦與網路電腦都已加入網域（同一個網域或有信任關係的不同網域），且您當初是利用網域使用者帳戶登入的話，則當您在連接該網路電腦時，系統會自動利用此帳戶來連接網路電腦，此網路電腦再透過網域控制站來確認您的身分後，您就被允許連接該網路電腦，不需要再自行手動輸入帳戶與密碼，如圖 7-9-11 所示（假設兩台電腦隸屬於同一個網域）。

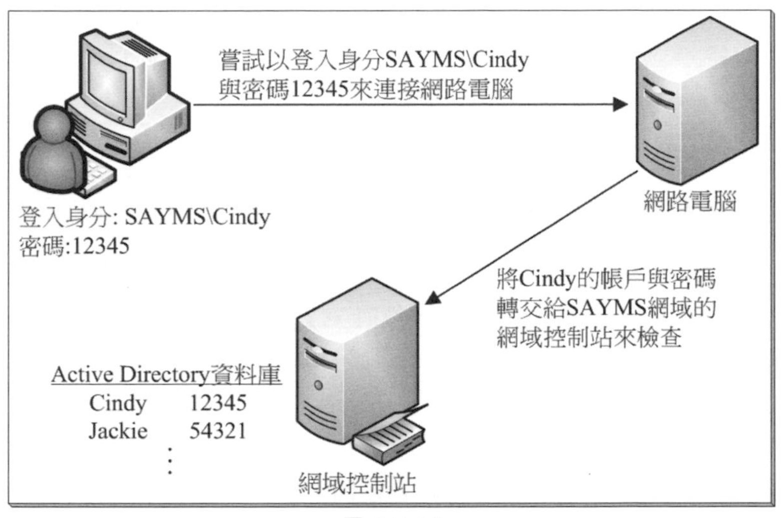

圖 7-9-11

若您的電腦與網路電腦並未加入網域、或一台電腦有加入網域，但另外一台電腦沒有加入網域、或分別隸屬於兩個不具備信任關係的網域，此時不論當初您是利用本機或網域使用者帳戶登入，當您在連接該網路電腦時，系統仍然是會自動利用此帳戶來連接網路電腦：

- 若該網路電腦內已經替您建立了一個名稱相同的使用者帳戶：
  - 若密碼也相同，則您將自動利用此使用者帳戶來成功的連線，如圖 7-9-12 所示（以本機使用者帳戶為例）。
  - 若密碼不相同，則系統會要求您重新輸入使用者名稱與密碼。

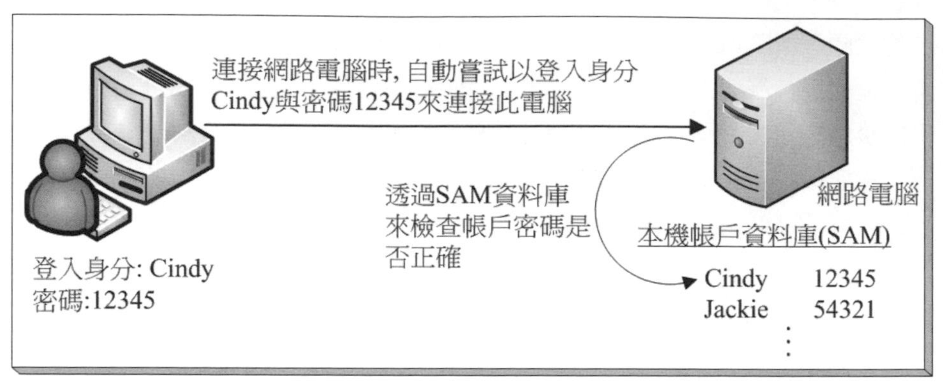

圖 7-9-12

- 若該網路電腦內並未替您建立一個名稱相同的使用者帳戶：
  - 若該網路電腦已啟用 guest 帳戶，則系統會自動讓您利用 guest 身份連線。
  - 若該網路電腦停用 guest 帳戶（預設值），則系統會要求您重新輸入使用者名稱與密碼。

管理網路密碼

若每次連接網路電腦時都必須手動輸入帳戶與密碼，會讓您覺得麻煩的話，此時您可以在連接網路電腦時如圖 7-9-13 所示勾選**記住我的認證**，讓系統以後都透過這個使用者帳戶與密碼來連接該網路電腦。

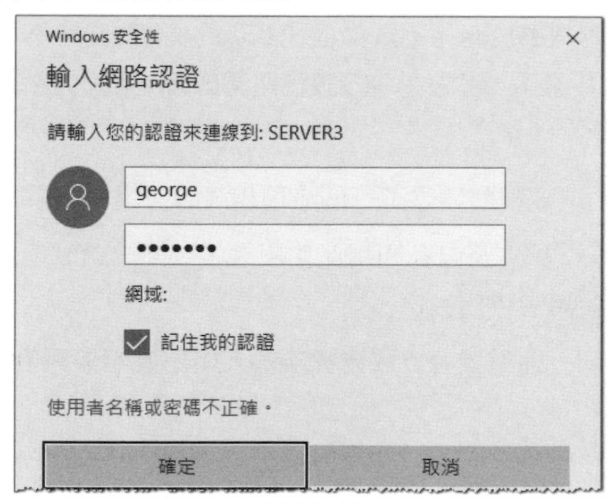

圖 7-9-13

若要更進一步來管理網路密碼的話（例如新增、修改、刪除網路密碼）：【開啟**控制台**(按 Windows 鍵⊞+R鍵➲執行 control)➲**使用者帳戶**➲點擊**認證管理員**之下的**管理 Windows 認證**➲透過 **Windows 認證**處來管理網路密碼】。

用網路磁碟機來連接網路電腦

您可以利用磁碟機代號來固定連接網路電腦的共用資料夾：【如圖 7-9-14 所示對著**網路**（或**本機**）按右鍵➲**連線網路磁碟機**➲如前景圖所示利用 Z:（或其他尚未被使用的代號）來連接\\Server3\Database】，完成連線後，就可以透過該磁碟機代號來存取共用資料夾內的檔案，如圖 7-9-15 所示的 Z: 磁碟機。

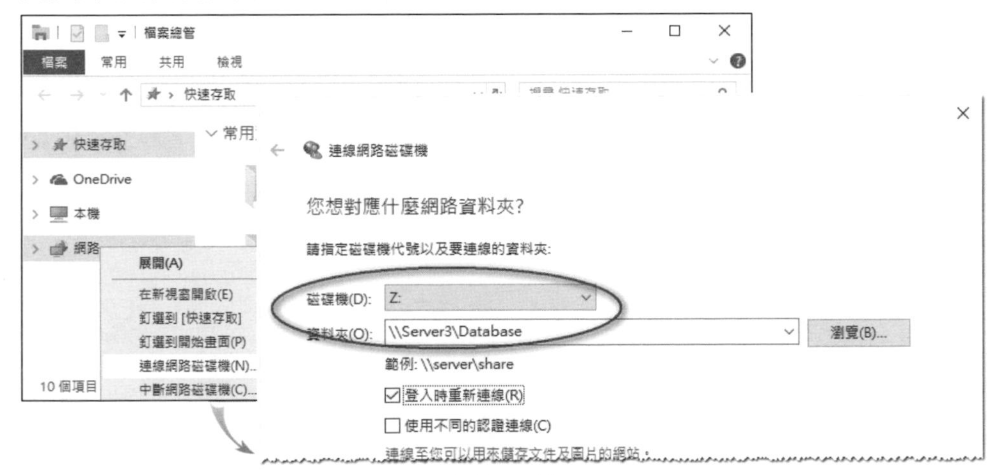

圖 7-9-14

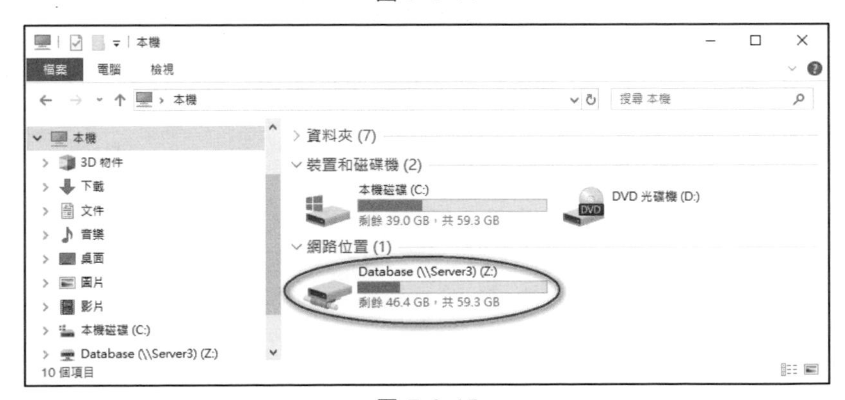

圖 7-9-15

> 您也可以利用執行 NET USE Z: \\Server3\Database 指令來完成上述工作。若要中斷網路磁碟機連線的話，可以對著圖 7-9-15 的網路磁碟機 Z:按右鍵➲中斷，也可以利用 NET USE Z: /Delete 指令。

7-10 陰影複製

共用資料夾的陰影複製（Shadow Copies of Shared Folders）功能，會自動在指定的時間，將所有共用資料夾內的檔案複製到另一儲存區內備用，此儲存區被稱為**陰影複製儲存區**。若使用者將共用資料夾內的檔案誤刪或誤改檔案內容後，他可以透過**陰影複製儲存區**內的備份檔案，來救回檔案或還原檔案內容，如圖 7-10-1 所示。

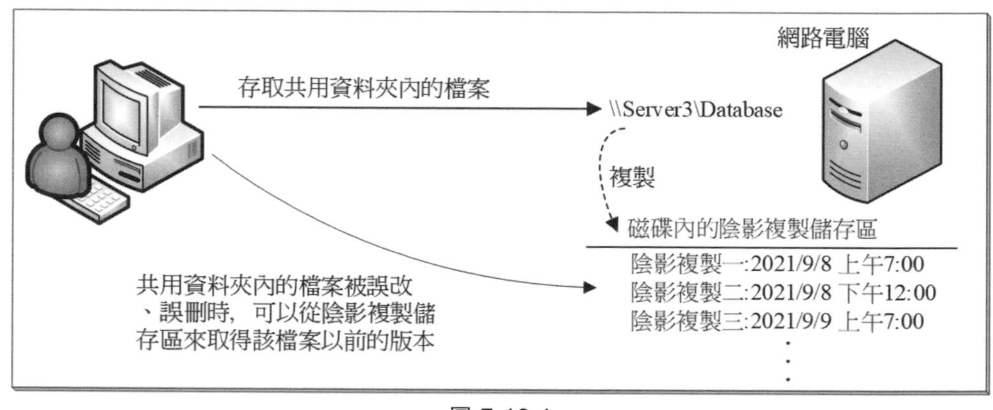

圖 7-10-1

網路電腦如何啟用「共用資料夾的陰影複製」功能？

共用資料夾所在的網路電腦，其啟用**共用資料夾的陰影複製**功能的途徑為：【開啟**檔案總管**➲點擊**本機**➲對著任一磁碟按右鍵➲內容➲如圖 7-10-2 所示點選欲啟用**陰影複製**的磁碟➲點擊啟用鈕➲按是鈕】。

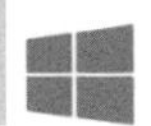

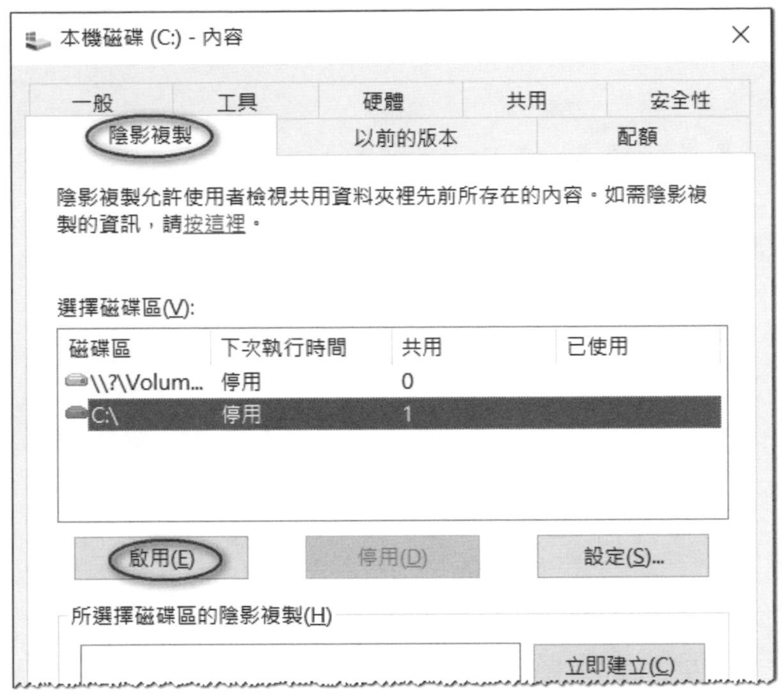

圖 7-10-2

啟用時會自動為該磁碟建立第一個**陰影複製**，也就是將該磁碟內所有共用資料夾內的檔案都複製一份到**陰影複製儲存區**內，而且預設以後會在星期一到星期五的上午 7:00 與下午 12:00 兩個時間點，分別會自動新增一個**陰影複製**。

圖 7-10-3 中的 C:磁碟已經有兩個**陰影複製**，您也可以點擊立即建立鈕來手動建立新的**陰影複製**。使用者在還原檔案時，可以選擇在不同時間點所建立的**陰影複製**內的舊檔案來還原檔案。

1. **陰影複製**內的檔案只可讀取，不可修改，而且每一個磁碟最多只可以有 64 個**陰影複製**，若達到此限制的話，最舊的**陰影複製**會被刪除。
2. 您可以透過圖 7-10-3 中的設定鈕來變更設定（若要變更儲存**陰影複製**的磁碟的話，則需在啟用**陰影複製**前變更）。

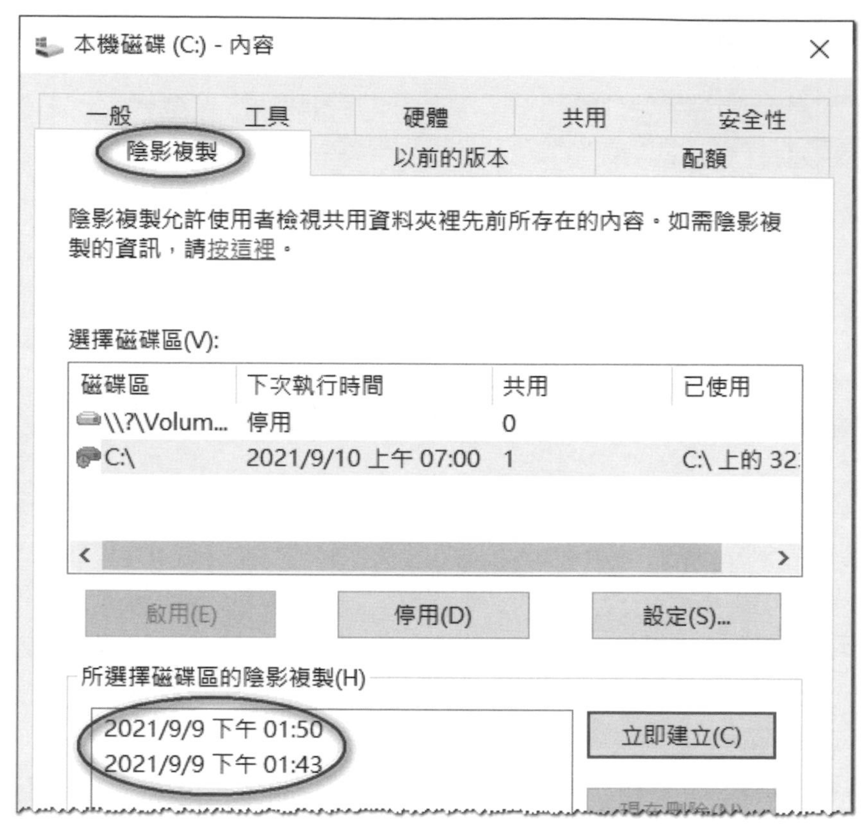

圖 7-10-3

用戶端如何存取「陰影複製」內的檔案？

以下利用 Windows 11 用戶端來說明。用戶端使用者透過網路連接共用資料夾後，若誤改了某網路檔案的內容的話，此時他可以透過以下步驟來恢復原檔案內容：【開啟**檔案總管**➲對著此檔案（以 Confidential 為例）按右鍵➲內容➲如圖 7-10-4 所示點擊**以前的版本**標籤➲從**檔案版本**處選取舊版本的檔案➲按還原鈕】。圖中**檔案版本**處顯示了位於兩個**陰影複製**內的舊檔案，使用者可以自行決定要利用哪一個**陰影複製**內的舊檔案來還原檔案，也可以透過圖中的開啟舊檔鈕來查看舊檔案的內容或【對著檔案按右鍵➲**複製**】來複製檔案。

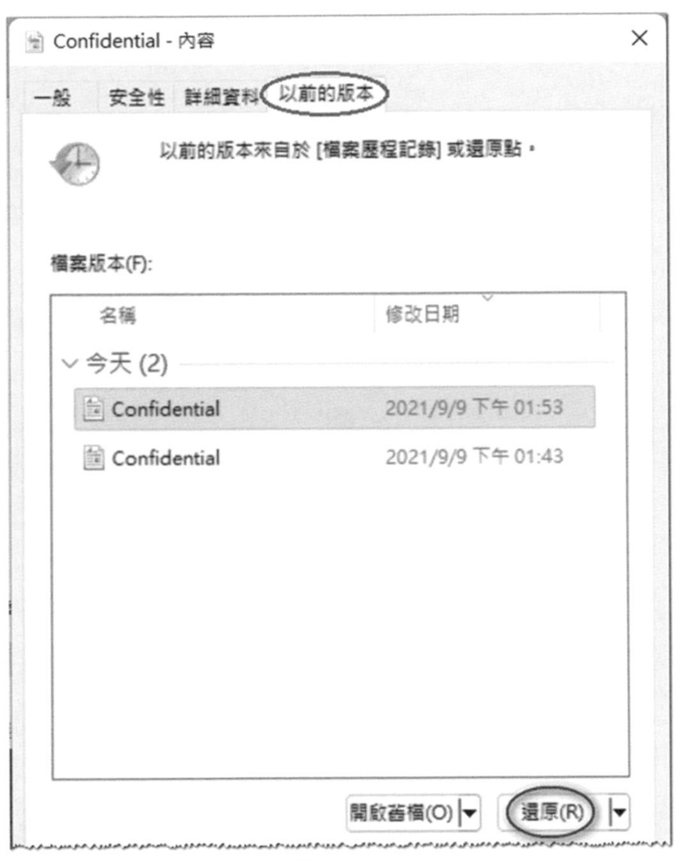

圖 7-10-4

若要還原被刪除的檔案的話，請在連接到共用資料夾後【對著檔案清單畫面中的空白區域按右鍵➲內容➲點擊**以前的版本**標籤➲選擇舊版本所在的資料夾➲按**開啟舊檔**鈕➲複製需要被還原的檔案】。

8

架設列印伺服器

透過列印伺服器的列印管理功能，不但可以讓使用者輕易的列印文件，還可以減輕系統管理員的負擔。

8-1 列印伺服器概觀

當您在電腦內安裝印表機，並將其分享給網路上的其他使用者後，這台電腦便扮演者列印伺服器的角色。Windows Server 列印伺服器具備著以下的功能：

- 支援 USB、IEEE 1394（firewire）、無線、藍牙印表機、內含網路卡的網路印表機與傳統 IEEE 1284 平行埠等印表機。
- 支援利用網頁瀏覽器來連接與管理列印伺服器。
- Windows 用戶端的使用者連接到列印伺服器時，其所需印表機驅動程式會自動從列印伺服器下載並安裝到使用者的電腦。

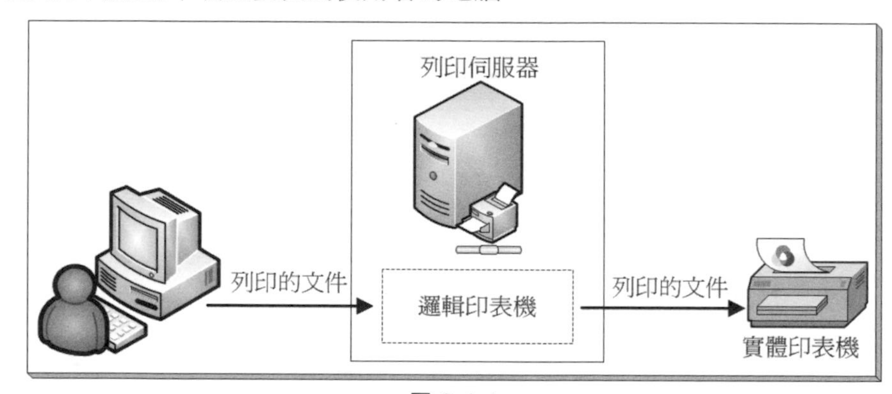

圖 8-1-1

我們先透過圖 8-1-1 來介紹一些在列印上的術語：

- **實體印表機**：它就是可以放置印表紙的實體印表機，也就是列印設備。
- **邏輯印表機**：它是介於使用者端應用程式與實體印表機之間的軟體介面，使用者的列印文件透過它來傳送給實體印表機。

  實體或邏輯印表機都可以被簡稱為**印表機**，但為了避免混淆，在本章內有些地方我們會以**印表機**來代表邏輯印表機、以**列印設備**來代表實體印表機。
- **列印伺服器**：此處代表一台電腦，它連接著實體列印設備，並將此列印設備分享給網路使用者。列印伺服器負責接收使用者所送來的文件，然後將它送往列印設備來列印。

- **印表機驅動程式**：列印伺服器接收到使用者送來的列印文件後，印表機驅動程式接著負責將文件轉換為列印設備能夠辨識的格式，然後送往列印設備來列印。不同型號的列印設備各有其專屬的印表機驅動程式。

8-2 設定列印伺服器

當您在本機電腦上安裝印表機，並將其設定為共用印表機來分享給網路使用者後，它就是一台可以對使用者提供服務的列印伺服器。

若希望透過瀏覽器來連接或管理這台列印伺服器的話，則列印伺服器還需要增加安裝**網際網路列印**角色服務：【開啟**伺服器管理員**➲點擊**儀表板**處的**新增角色及功能**➲持續按 下一步 鈕一直到出現圖 8-2-1 畫面時勾選背景圖中的**列印和文件服務**➲…➲在前景圖勾選**網際網路列印**➲…】，它會順便安裝**網頁伺服器（IIS）**角色。

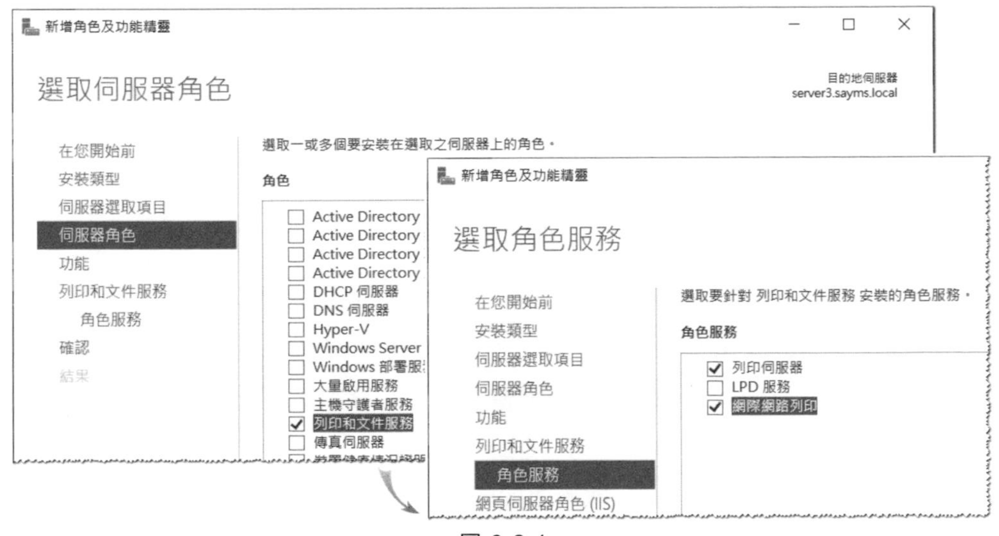

圖 8-2-1

安裝 USB、IEE1394 隨插即用印表機

請將隨插即用（Plug-and-Play）印表機連接到電腦的 USB、IEEE 1394 連接埠，然後開啟印表機電源，系統會自動偵測印表機型號與安裝印表機驅動程式。若系統找不到所需驅動程式的話，請自行準備好驅動程式（一般是在印表機廠商所提供的光

碟片內或上網下載），然後依照畫面指示來安裝。您也可以透過執行廠商官方的安裝程式來安裝，此程式通常會提供比較多的功能。

安裝完成後可透過【點擊左下角**開始**圖示⊞➲點擊**設定**圖示⚙➲裝置➲印表機與掃描器】來查看此印表機，如圖 8-2-2 所示（圖中假設印表機是 EPSON AL-M1400）。

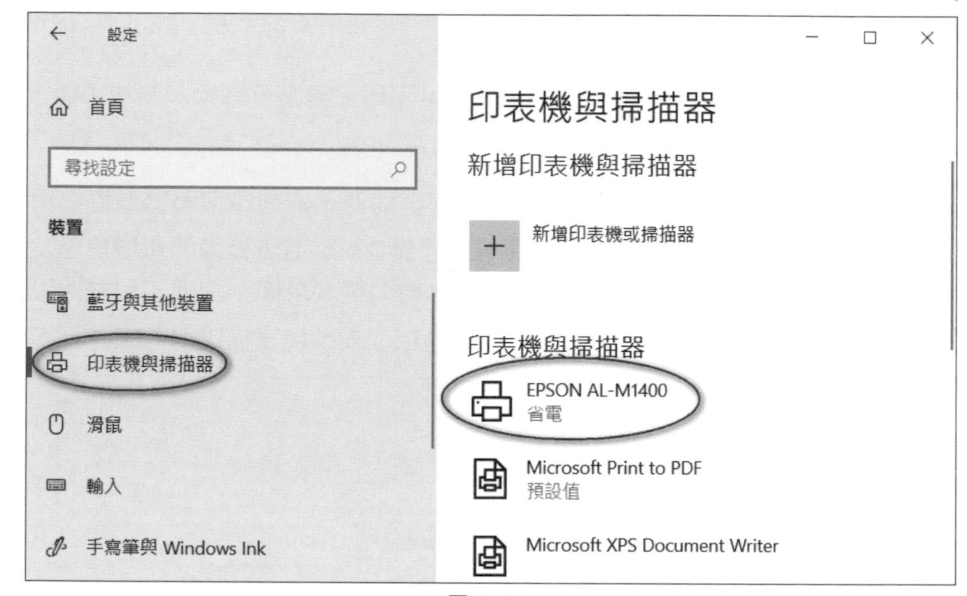

圖 8-2-2

在圖 8-2-2 中執行管理工作時（例如點擊上方**新增印表機或掃描器**），或要管理印表機（例如圖中的 EPSON 印表機）時，若出現以下的錯誤訊息：

Windows 無法存取指定的裝置、路徑或檔案。 您可能沒有適當的權限，所以無法存取項目

此時可以透過以下兩種途徑之一來解決問題：

- 執行 gpedit.msc，然後瀏覽到以下路徑：

  電腦設定➲Windows 設定➲安全性設定➲本機原則➲安全性選項

  接著將 **使用者帳戶控制: 內建的 Administrator 帳戶的管理員核准模式**原則啟用後重新啟動電腦。

- 改透過【點擊左下角**開始**圖示⊞➲控制台➲點擊**硬體**下的**檢視裝置和印表機**】途徑來管理印表機。

安裝網路印表機

內含網路卡的**網路印表機**可以透過網路線直接連接到網路。您可以利用廠商所附程式或透過以下步驟來安裝：【點擊左下角**開始**圖示⊞➲點擊**設定**圖示⚙➲**裝置**➲**印表機與掃描器**➲點擊上方**新增印表機或掃描器**➲點擊**我想要的印表機未列出**➲點選**以手動設定新增本機印表機或網路印表機**➲在圖 8-2-3 中點選**建立新的連接埠**與選擇 **Standard TCP/IP Port** 後按下一步鈕➲如前景圖所示輸入印表的 IP 位址➲…】，預設會自動被設定為共用印表機。

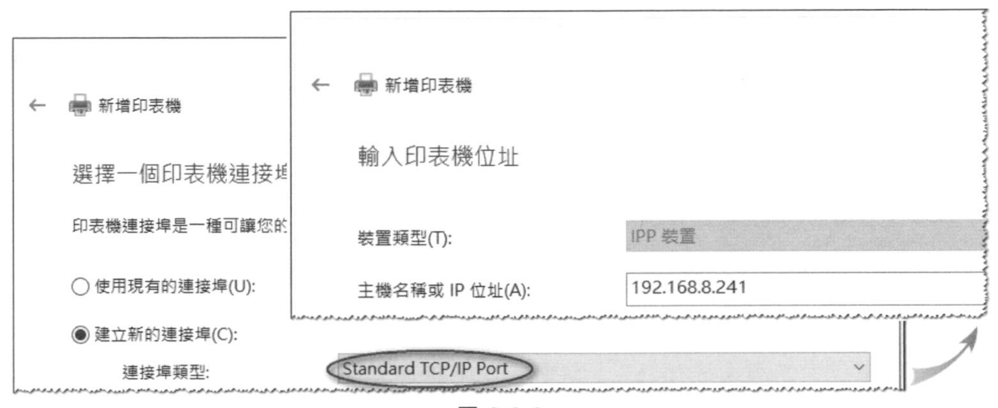

圖 8-2-3

若要安裝傳統 IEEE 1284 平行埠(LPT)印表機的話，請在前面圖 8-2-3 中背景圖中選擇**使用現有的連接埠**。

將現有的印表機設定爲共用印表機

您可以將尚未被共用的印表機設定為共用印表機：【點擊左下角**開始**圖示⊞➲點擊**設定**圖示⚙➲**裝置**➲**印表機與掃描器**➲點擊欲被共用的印表機➲點擊管理鈕➲點擊**印表機內容**➲點擊**共用**標籤➲點擊變更共用選項鈕➲如圖 8-2-4 所示勾選**共用這個印表機**，並設定共用名稱】。

在 AD DS 網域環境之下，建議勾選圖中的**列入目錄**，以便將該印表機公布到 AD DS，讓網域使用者可以透過 AD DS 來找到這台印表機。

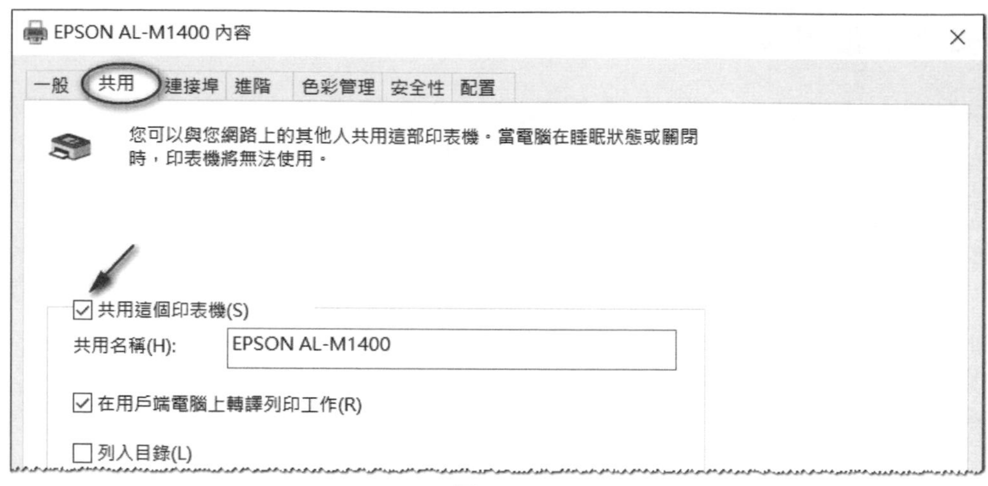

圖 8-2-4

利用「列印管理」來建立印表機伺服器

當你在 Windows Server 2022 電腦上安裝**列印和文件服務**時，它會順便安裝**列印管理**主控台，而我們可以透過它來安裝、管理本機電腦與網路電腦上的共用印表機。**列印管理**主控台的選用途徑為：【點擊左下角**開始**圖示⊞➲Windows 系統管理工具➲列印管理】，如圖 8-2-5 所示，圖中共有 2 台列印伺服器 Server3 與 Server1。

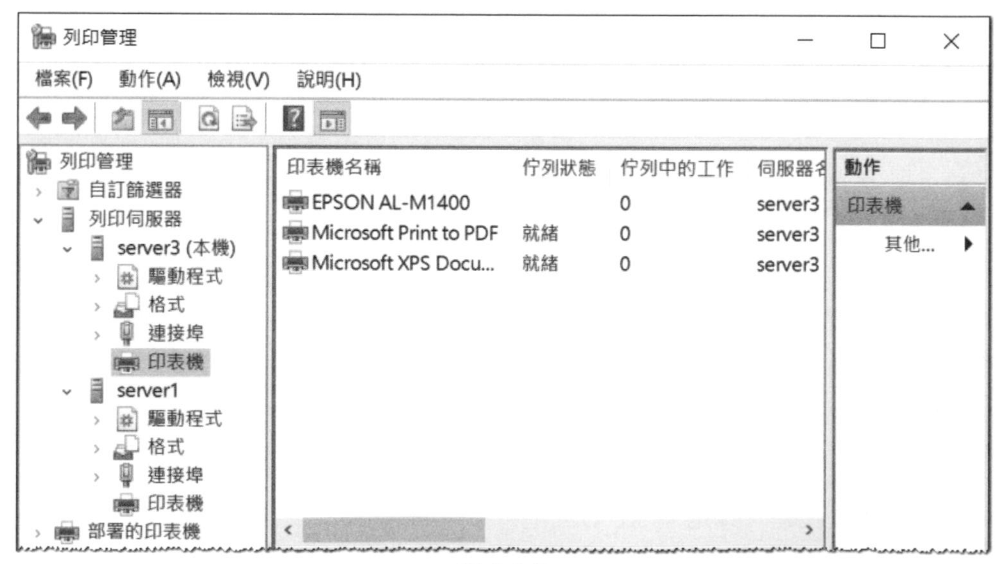

圖 8-2-5

1. 若只要安裝**列印管理**主控台的話：【開啟**伺服器管理員**➲新增角色及功能➲...➲在**功能**畫面下展開**遠端伺服器管理工具**➲展開**角色管理工具**➲勾選**列印和文件服務工具**】。
2. 您必須具備系統管理員權限，才可以管理圖中的列印伺服器，否則伺服器前面圖示會顯示一個向下的紅色箭頭。

8-3 使用者如何連接網路共用印表機

連接與使用共用印表機

用戶端可以透過【按 Windows 鍵⊞+R鍵➲輸入\\server3\EPSON AL-M4100】的方式來連接網路共用印表機，其中 server3 是伺服器名稱、EPSON AL-M1400 是印表機共用名稱。以 Windows 11 的用戶端來說，完成後上述步驟後，可以透過【點擊下方的**開始**圖示➲點擊**設定**圖示➲藍牙與裝置➲印表機與掃描器】來查看此印表機，如圖 8-3-1 所示。若要移除此印表機的話：點擊此印表機後➲點擊移除鈕。

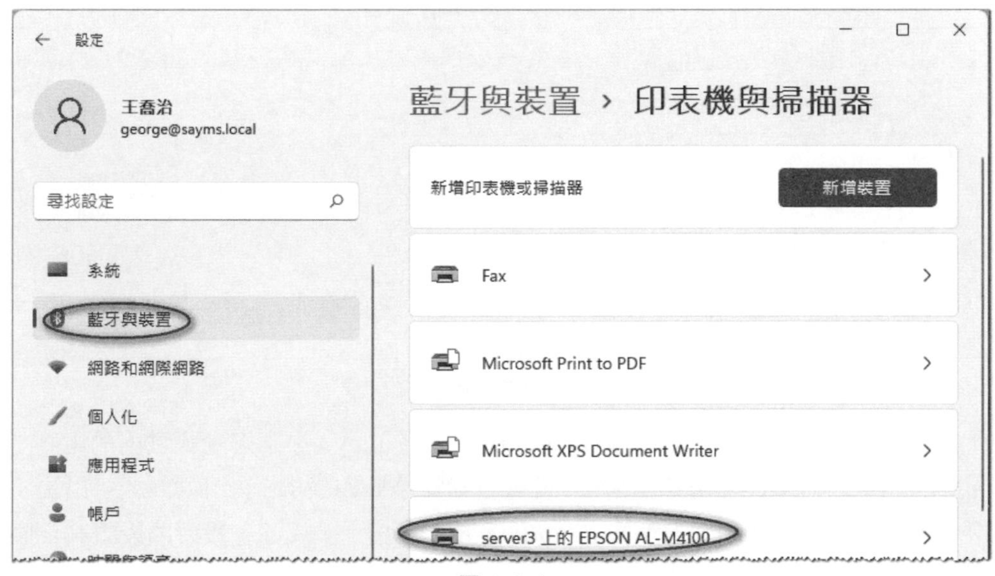

圖 8-3-1

我們也可以利用 AD DS 網域的群組原則，將共用印表機部署給電腦或使用者，當電腦或使用者套用此原則後，就會自動安裝此印表機。部署方法：【**開啟列印管理主控台➲如圖 8-3-2 所示對著印表機按右鍵➲使用群組原則進行部署**】，然後如圖 8-3-3 所示【按瀏覽鈕來選擇要透過哪一個 GPO（假設是 Default Domain Policy）來部署此印表機➲勾選要部署給使用者或電腦後按新增鈕、按確定鈕】。

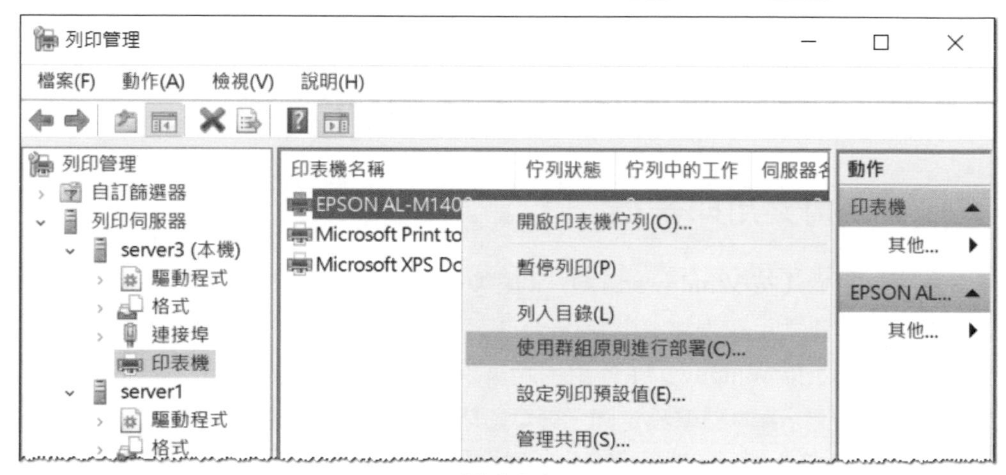

圖 8-3-2

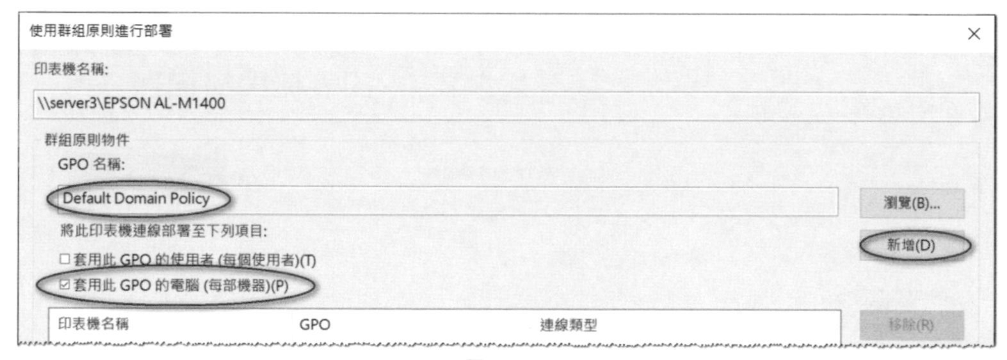

圖 8-3-3

此範例是透過網域等級的 GPO（Default Domain Policy）來部署給網域內的電腦，因此網域內所有電腦套用此原則後，就會自動安裝此印表機。套用的方式可以是將電腦重新啟動、或在電腦上執行 **gpupdate /force** 指令、或等一段時間後讓其自動套用（一般用戶端電腦約需等 90 到 120 分鐘）。

1. 用戶端也可以利用網路探索來連接共用印表機。網路探索的相關說明、身分驗證機制等都已經在章節 7-9 介紹過了，可自行前往參考。
2. 用戶端還可利用**新增印表機精靈**來連接共用印表機，以 Windows 11 來說：【點擊下方**開始**圖示➲設定➲藍牙與裝置➲印表機與掃描器➲點擊上方**新增印表機或掃描器**旁的**新增裝置**➲點擊**我想要的印表機未列出**旁的**手動新增**➲在**依名稱選取共用印表機**處輸入印表機的網路路徑，例如\\server3\EPSON AL-M1400】。

利用網頁瀏覽器來管理共用印表機

若共用印表機所在的列印伺服器本身也是 IIS 網站的話，則使用者可以透過瀏覽器來連接與管理共用印表機。若列印伺服器尚未安裝 IIS 網站的話，可透過**伺服器管理員**來安裝**網頁伺服器（IIS）**角色。

用戶端若要透過網際網路來連接共用印表機的話，則用戶端需啟用**網際網路列印用戶端**功能。Windows Server 可透過【開啟**伺服器管理員**➲新增角色及功能】來啟用，它是位於**列印和文件服務**之下；Windows 11 可透過【點擊下方**開始**圖示➲設定➲**應用程式**處的**選用功能**➲最下方的**更多 Windows 功能**➲在**列印和文件服務之下**】。若是透過區域網路連接的話，就不需要安裝此功能。

使用者可以在網頁瀏覽器內輸入 URL 網址來連接列印伺服器，例如 **http://server3/printers/**（見圖 8-3-4）或 **http://server3.sayms.local/printers/**，其中的 server3 為列印伺服器的電腦名稱、server3.sayms.local 為其 DNS 主機名稱。若使用者無權利連接列印伺服器的話，則還需先輸入有權利的使用者帳戶與密碼。

圖 8-3-4

它會將列印伺服器內所有的共用印表機顯示在畫面上，例如當使用者點取圖中的 EPSON AL-M1400 後，便可以在圖 8-3-5 來檢視、管理此印表機與待列印的文件。

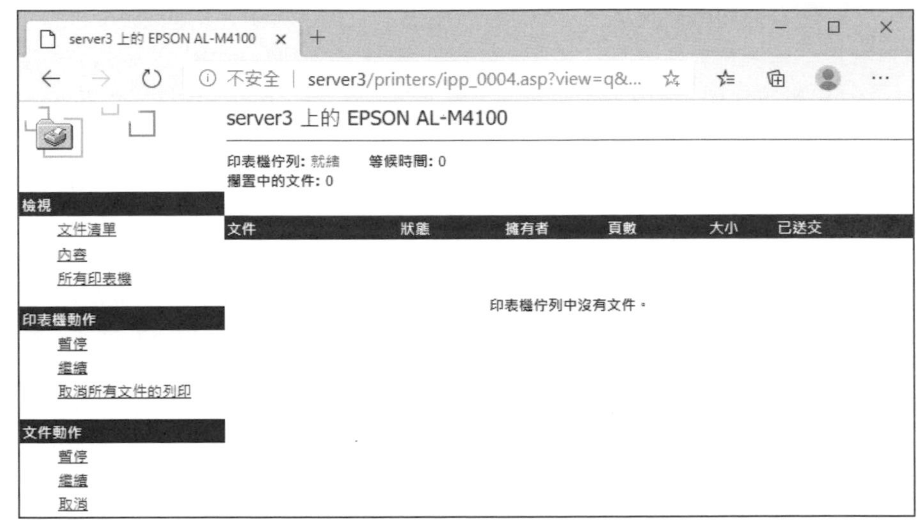

圖 8-3-5

8-4 共用印表機的進階設定

設定列印優先順序

若有一台同時對基層員工與高階主管提供服務的列印設備，而您希望高階主管的文件擁有較高列印優先順序，換句話說，您要如何讓他們的文件可以優先列印呢？利用**列印優先順序**可以達成上述目標。如圖 8-4-1 所示在列印伺服器內建立兩個分別擁有不同列印優先順序的邏輯印表機，而這兩個印表機都是對應到同一台實體列印設備，此方式讓同一台列印設備可以處理由多個邏輯印表機所送來的文件。

圖中安裝在列印伺服器內的印表機 EPSON AL-M1400-A 擁有較低的列印優先順序（1），而印表機 EPSON AL-M1400-B 的列印優先順序較高（99），因此透過 EPSON AL-M1400-B 列印的文件，可以優先列印（若此時列印設備正在列印其他文件的話，則需等此文件列印完成後，才會開始列印這份優先順序較高的文件）。您可以透過權限設定來指定只有高階主管才有權使用 EPSON AL-M1400-B。

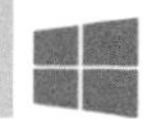

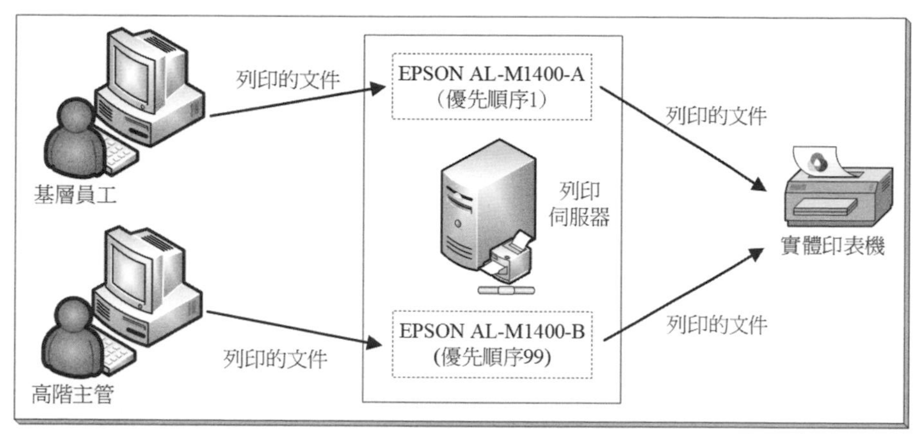

圖 8-4-1

這種架構的設定方式：以圖 8-4-1 為例，請先建立一台印表機（假設為 USB 埠），然後再以手動方式建立第 2 台相同的印表機（【點擊左下角**開始**圖示➲點擊**設定**圖示➲**裝置**➲**印表機與掃描器**➲點擊上方**新增印表機或掃描器**➲點擊**我想要的印表機未列出**➲點選**以手動設定新增本機印表機或網路印表機**➲點選**使用現有的連接埠**】），並選擇相同的列印埠（USB 埠）。

完成印表機建立工作後：【在**印表機與掃描器**畫面下點擊該印表機（兩台印表機會被合併在一個圖示內）➲點擊管理鈕➲在圖 8-4-2 中選擇欲變更優先順序的印表機➲點擊**印表機內容**➲如圖 8-4-3 所示透過**進階**標籤來設定其優先順序】，1 代表最低優先順序，99 代表最高優先順序。

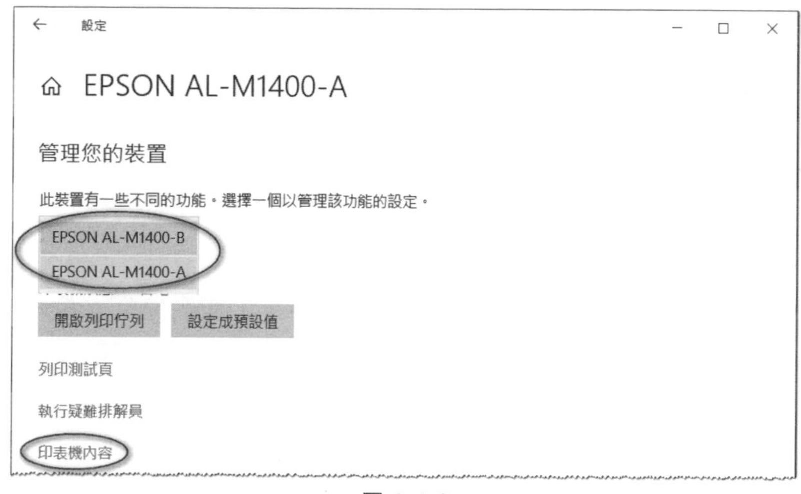

圖 8-4-2

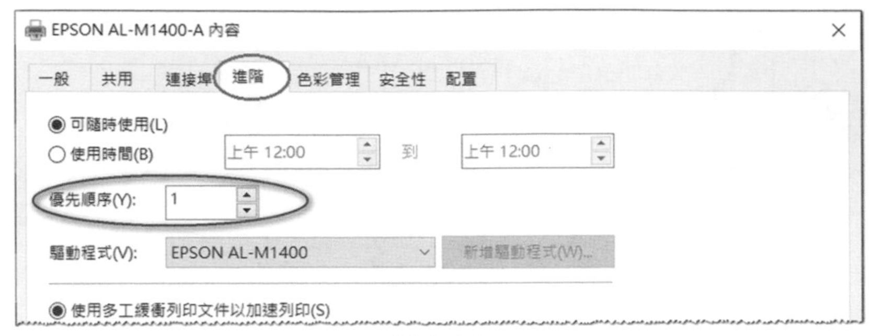

圖 8-4-3

以上工作也可以透過**列印管理**主控台來完成：【點擊左下角**開始**圖示⊞➲Windows 系統管理工具➲列印管理➲對著欲設定的印表機按右鍵➲內容】。

設定印表機的列印時間

若列印設備在白天上班時過於忙碌，因而您希望某些已經送到列印伺服器的非緊急文件不要立刻列印，等到列印設備比較不忙的特定時段再列印；或某份文件過於龐大，會佔用太多列印時間，因而影響到其他文件的列印。此時您也可以讓此份文件等到列印設備比較不忙的特定時段再列印。

若要達到以上目標的話，可以如圖 8-4-4 所示在列印伺服器內建立兩個列印時段不同的邏輯印表機，它們都是使用同一台實體列印設備。圖中安裝在列印伺服器的印表機 EPSON AL-M1400-A 一天 24 小時都提供列印服務，而印表機 EPSON AL-M1400-B 只有在 18:00 到 22:00 才提供列印服務。因此透過 EPSON AL-M1400-A 列印的文件，只要輪到它就會開始列印。而送到 EPSON AL-M1400-B 的文件，會被暫時擱置在列印伺服器，等到 18:00 才會將其送到列印設備去列印。

這種架構的設定方式：以圖 8-4-4 為例，請先建立一台印表機（假設為 USB 埠），然後再以手動方式建立第 2 台相同的印表機（【點擊左下角**開始**圖示⊞➲點擊**設定**圖示⚙➲裝置➲印表機與掃描器➲點擊上方**新增印表機或掃描器**➲點擊**我想要的印表機未列出**➲點選**以手動設定新增本機印表機或網路印表機**➲點選**使用現有的連接埠**】），並選擇相同的列印埠（USB 埠）。

接著【在**印表機與掃描器**畫面下點擊該印表機（兩台印表機會被合併在一個圖示內）➲點擊**管理**鈕➲選擇欲變更服務時段的印表機➲點擊**印表機內容**➲如圖 8-4-5 所示透過**進階**標籤來選擇列印服務的時段】。

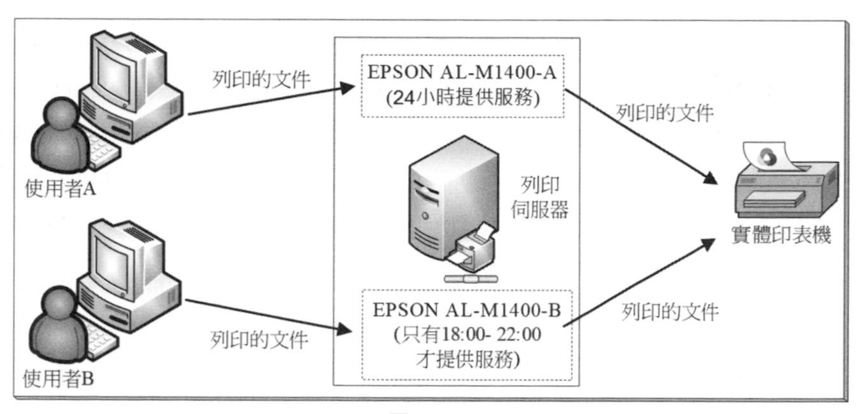

圖 8-4-4

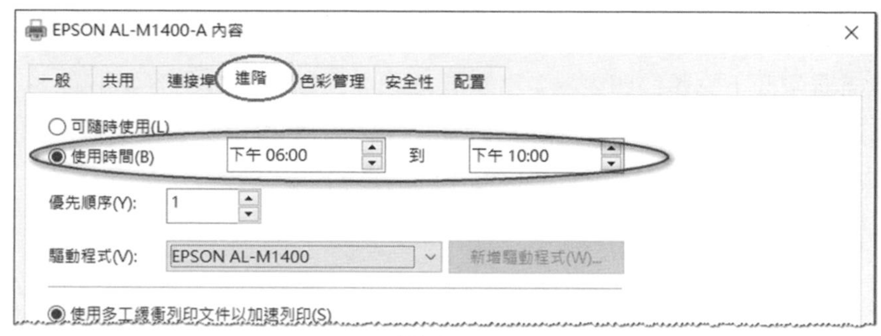

圖 8-4-5

設定印表機集區

所謂**印表機集區**（printer pool）就是將多台相同的列印設備集合起來，然後只建立一個邏輯印表機來對應到這些列印設備，也就是讓一個邏輯印表機可以同時使用多台列印設備來列印文件，如圖 8-4-6 所示。

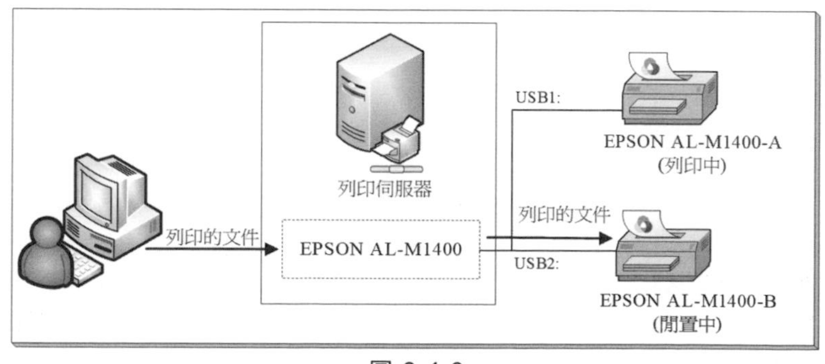

圖 8-4-6

當使用者將文件送到此印表機時，印表機會視列印設備的忙碌狀態來決定要將此文件送到**印表機集區**中的哪一台列印設備來列印。例如圖 8-4-6 中列印伺服器內的 EPSON AL-M1400 為**印表機集區**，當其收到欲列印的文件時，由於列印設備 EPSON AL-M1400-A 正在列印文件中，而列印設備 EPSON AL-M1400-B 閒置中，故印表機 EPSON AL-M1400 會將此文件送往列印設備 EPSON AL-M1400-B 列印。

使用者透過**印表機集區**來列印可以節省自行找尋列印設備的時間。建議列印設備們最好是放置在鄰近的地方，以便讓使用者比較容易找到列印出來的文件。若**印表機集區**中有一台列印設備因故停止列印（例如缺紙），則只有目前正在列印的文件會被擱置在此台列印設備上，其他文件仍然可由其他列印設備繼續正常列印。

印表機集區的建立方法為（以圖 8-4-6 為例）：【先建立一台印表機➲接著在**印表機與掃描器**畫面下點擊該印表機➲點擊管理鈕➲點擊**印表機內容**➲如圖 8-4-7 所示透過**連接埠**標籤來來設定】，圖中需先勾選最下方的**啟用印表機集區**，再增加勾選上方有連接著列印設備的所有連接埠（假設是 USB:埠）

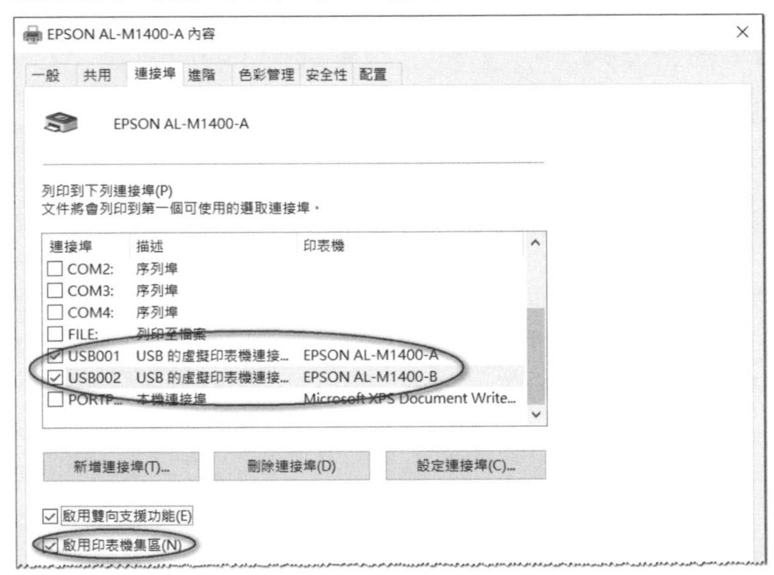

圖 8-4-7

文件被送到列印伺服器後，它是被暫時儲存在%*Systemroot*%\System32\spool\PRINTERS 資料夾內等待列印，您可以在列印伺服器上【在**印表機與掃描器**畫面中點擊**列印伺服器內容**➲**進階**標籤】來查看。

8-5 印表機使用權限與擁有權

您所新增的每一台印表機，預設是所有使用者都有權限將文件送到此印表機來列印，然而在某些情況下，您並不希望所有使用者都可以使用網路共用印表機，例如某台有特殊用途的高價位印表機，其每張的列印成本很高，因此您可能需要透過權限設定，來限制只有某些同仁才可使用此印表機。

您可以透過【在**印表機與掃描器**畫面下點擊該印表機➲點擊管理鈕➲點擊**印表機內容**➲如圖 8-5-1 所示**安全性**標籤】的途徑來檢視與變更使用者的列印權限，由圖中可看出預設是 Everyone 都有**列印**的權限。由於印表機權限的設定方法與檔案權限是相同的，故此處不再重複，請自行參考第 7 章的說明，此處僅將印表機的權限種類與其所具備的能力列於表 8-5-1。

EPSON AL-M1400-A 內容

一般 | 共用 | 連接埠 | 進階 | 色彩管理 | 安全性 | 配置

群組或使用者名稱(G):

Everyone
ALL APPLICATION PACKAGES
S-1-15-3-1024-4044835139-2658482041-3127973164-329287231-3865880861-1938685643-4...
CREATOR OWNER
Administrator
Administrators (SERVER3\Administrators)

新增(D)... 移除(R)

Everyone 的權限(P)	允許	拒絕
列印	☑	☐
管理這部印表機	☐	☐
管理文件	☐	☐
特殊存取權限	☐	☐

圖 8-5-1

使用者被賦予**管理文件**權限後，他並不能夠管理已經在等待列印的文件，只能夠管理在被賦予**管理文件**權限之後才送到印表機的文件。

表 8-5-1

具備的能力 \ 印表機的權限	列印	管理文件	管理此印表機
連接印表機與列印文件	✓		✓
暫停、繼續、重新開始與取消列印使用者自己的文件	✓		✓
暫停、繼續、重新開始與取消列印所有的文件		✓（見附註）	✓
變更所有文件之列印順序、時間等設定		✓（見附註）	✓
將印表機設定為共用印表機			✓
變更印表機內容（properties）			✓
刪除印表機			✓
變更印表機的權限			✓

若您想將**共用印表機**隱藏起來讓使用者無法透過網路來瀏覽到它的話，只要將共用名稱的最後一個字元設定為錢符號$即可。被隱藏起來的印表機，使用者還是可以透過自行輸入 UNC 網路路徑的方式來連線，例如透過【按 Windows 鍵⊞+R鍵➲輸入印表機的 UNC 路徑，例如\\Server3\EPSON AL-M1400$】。

每一台印表機都有**擁有者**，擁有者具備變更此印表機權限的能力。印表機的預設擁有者是 SYSTEM。由於印表機擁有權的相關原理與設定都與檔案相同，故此處不再重複，請自行參考章節 7-4 **檔案與資料夾的擁有權**的說明。

8-6 利用分隔頁來區隔列印文件

由於共用印表機可供多人同時使用，因此在列印設備上可能有多份已經列印完成的文件，但是卻不容易分辨出屬於何人所有，此時可以利用**分隔頁**（separator page）來區隔每一份文件，也就是在列印每一份文件之前，先列印分隔頁，這個分隔頁內可以包含擁有該文件的使用者名稱、列印日期、列印時間等資料。

分隔頁上需要包含哪一些資料是透過**分隔頁檔**來設定的。分隔頁檔除了可供列印分隔頁之外，它還具備控制印表機工作的功能。

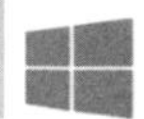

建立分隔頁檔

系統內建了數個標準分隔頁檔，它們是位於 C:\Windows\System32 資料夾內：

- **sysprint.sep**：適用於與 PostScript 相容的列印設備。
- **pcl.sep**：適用於與 PCL 相容的列印設備。它先會將列印設備切換到 PCL 模式（利用 \H 指令，後述），然後再列印分隔頁。
- **pscript.sep**：適用於與 PostScript 相容的列印設備，用來將列印設備切換到 PostScript 模式（利用 \H 指令），但是不會列印分隔頁。
- **sysprtj.sep**：日文版的 sysprint.sep。

若以上標準分隔頁檔並不符合您所需的話，請自行在 C:\Windows\System32 資料夾內，利用**記事本**來設計分隔頁檔。分隔頁檔中的第一行用來代表命令符號（escape character），您可以自行決定此命令符號，例如若您想將\符號當作命令符號的話，則請在第一行輸入\ 後按 Enter 鍵。我們透過上述的 pcl.sep 檔為例來說明，其內容如圖 8-6-1 所示。

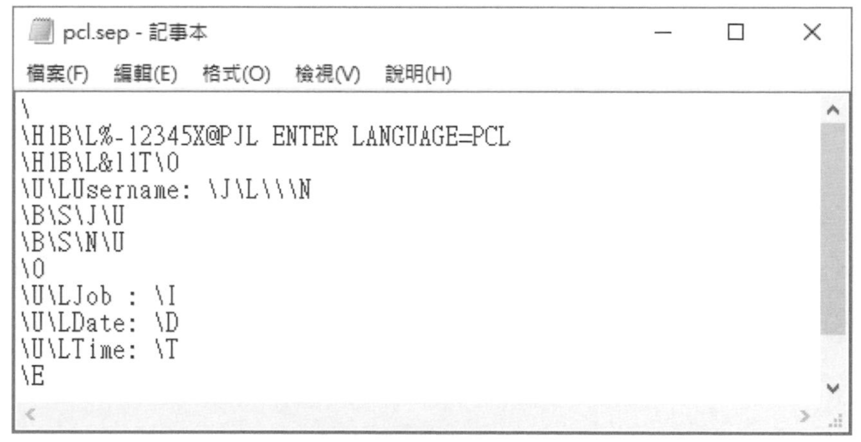

圖 8-6-1

其中第一行為\（其後跟著按 Enter 鍵），表示此檔是以\代表命令符號。表 8-6-1 中列出分頁檔內可使用的命令，此表假設命令符號為\。

表 8-6-1

命令	功能
\J	列印送出此文件的使用者的網域名稱。僅 Windows Server 2012（含）、Windows 8（含）之後的系統支援
\N	列印送出此文件的使用者名稱
\I	列印工作號碼（每一個文件都會被賦予一個工作號碼）
\D	列印文件被列印出來時的日期
\T	列印文件被列印出來時的時間
\L	列印所有跟在\L 後的文字，一直到遇到另一個命令符號為止
\Fpathname	由一個空白行的開頭，將 pathname 所指的檔案內容列印出來，此檔案不會經過任何處理，而是直接列印
\Hnn	送出印表機控制碼 nn，此控制碼隨印表機而有不同的定義與功能，請參閱印表機手冊
\Wnn	設定分隔頁的列印寬度，內定為 80，最大為 256，超過設定值的字元會被截掉
\U	關掉區塊字元（block character）列印，它兼具跳到下一行的功能
\B\S	以單寬度區塊字元列印文字，直到遇到\U 為止（見以下範例）
\B\M	以雙寬度區塊字元列印文字，直到遇到\U 為止
\E	跳頁
\n	跳 n 行（可由 0 到 9），n 為 0 表示跳到下一行

\Fpathname 中所指定的檔案請放置到以下資料夾之一，否則無法列印此檔案：

- C:\Windows\System32。
- C:\Windows\System32\SepFiles，或是此資料夾之下的任何一個子資料夾內。
- 自選資料夾之下的 SepFiles 資料夾內，例如 C:\Test\SepFiles，或是此資料夾之下的任何一個子資料夾內。

假設分隔頁檔的內容如圖 8-6-2 所示，且文件的列印人為 Tom，則列印出來的分隔頁會類似圖 8-6-3，其中 tom 的字樣會被利用#符號拼出來的原因，是因為 \B\S 指令的關係，若是用 \B\M 指令的話，則字會更大（#符號會重複）。

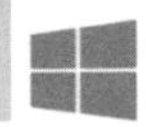

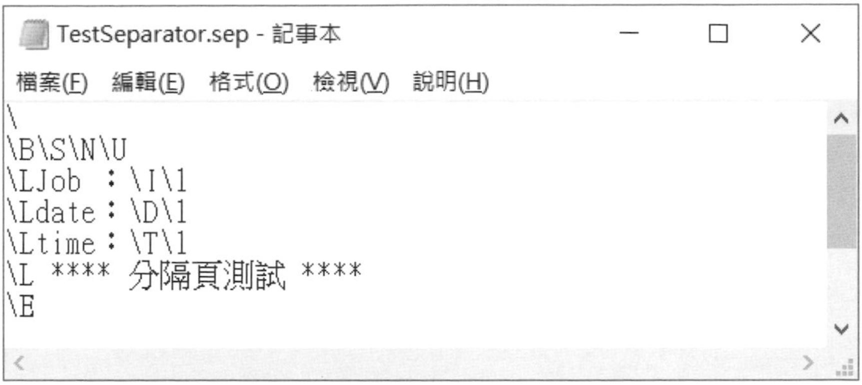

TestSeparator.sep - 記事本
檔案(F) 編輯(E) 格式(O) 檢視(V) 說明(H)
\
\B\S\N\U
\LJob ：\I\1
\Ldate：\D\1
\Ltime：\T\1
\L **** 分隔頁測試 ****
\E

圖 8-6-2

Job ：3
date：2021/9/9
time：下午 07:38:41
**** 分隔頁測試 ****

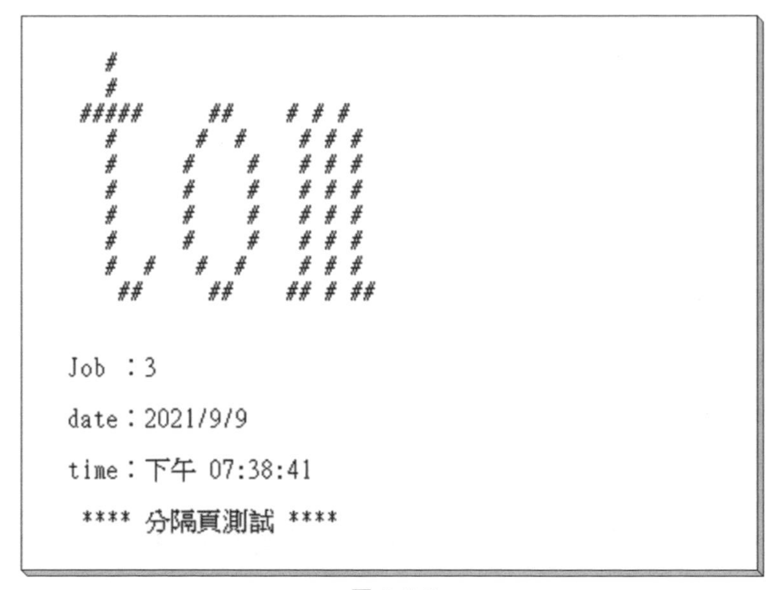

圖 8-6-3

選擇分隔頁檔

選擇分隔頁檔案的途徑為：【在**印表機與掃描器**畫面下點擊該印表機➲點擊管理鈕➲點擊**印表機內容**➲點擊圖 8-6-4 **進階**標籤之下的分隔頁鈕➲輸入或選擇分隔頁檔➲確定鈕】。

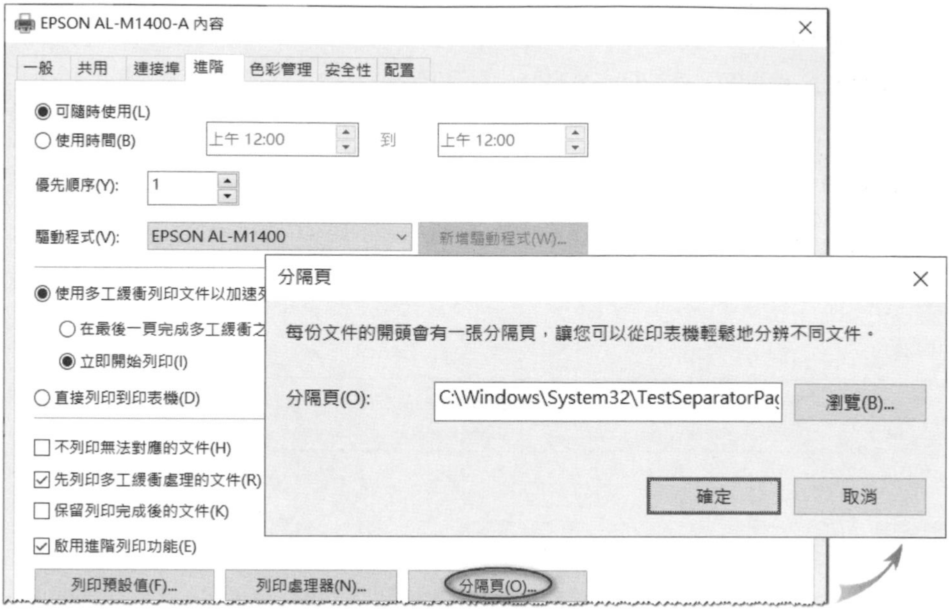

圖 8-6-4

8-7 管理等待列印的文件

當列印伺服器收到列印文件後，這些文件會在印表機內排隊等待列印，如果您具備管理文件的權限，就可以針對這些文件執行管理的工作，例如暫停列印、繼續列印、重新開始列印與取消列印等。

暫停、繼續、重新開始、取消列印某份文件

您可以透過【在**印表機與掃描器**畫面下點擊印表機➲點擊**開啟佇列**鈕➲如圖 8-7-1 所示對著文件按右鍵】的途徑來暫停（或繼續）列印該文件、重新從第 1 頁開始列印（重新啟動）或取消列印該份文件。

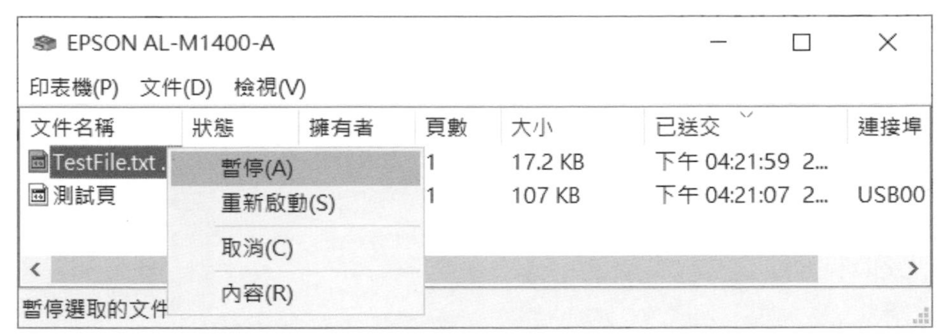

圖 8-7-1

暫停、繼續、取消列印所有的文件

您可以透過如圖 8-7-2 所示在印表機畫面中選用上方**印表機**功能表，然後從出現的選項來暫停（或繼續）、取消列印所有文件。

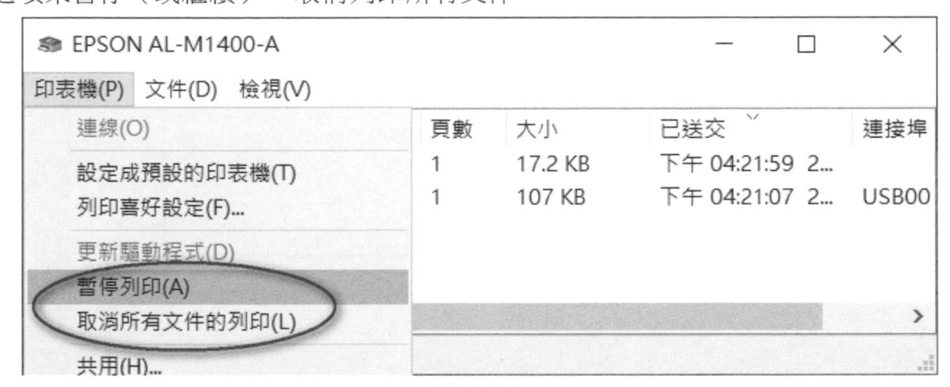

圖 8-7-2

變更文件的列印優先順序與列印時間

一個印表機內所有文件的預設列印優先順序都相同，此時是先送到列印伺服器的文件會先列印，不過您可以變更文件的列印優先順序，以便讓急件可以優先列印：【對著該份文件按右鍵➲內容➲透過圖 8-7-3 的**優先順序**來設定】，圖中文件的優先順序號碼是預設的 1（最低），您只要將優先順序的號碼調整到比 1 大即可。

印表機預設是 24 小時提供服務，因此送到列印伺服器的文件，只要輪到它就會開始列印，不過您也可針對所選文件來變更其列印時間，在時間未到之前，即使輪到該份文件也不會列印它。您可以透過圖 8-7-3 中最下方的**排程**來變更列印時間。

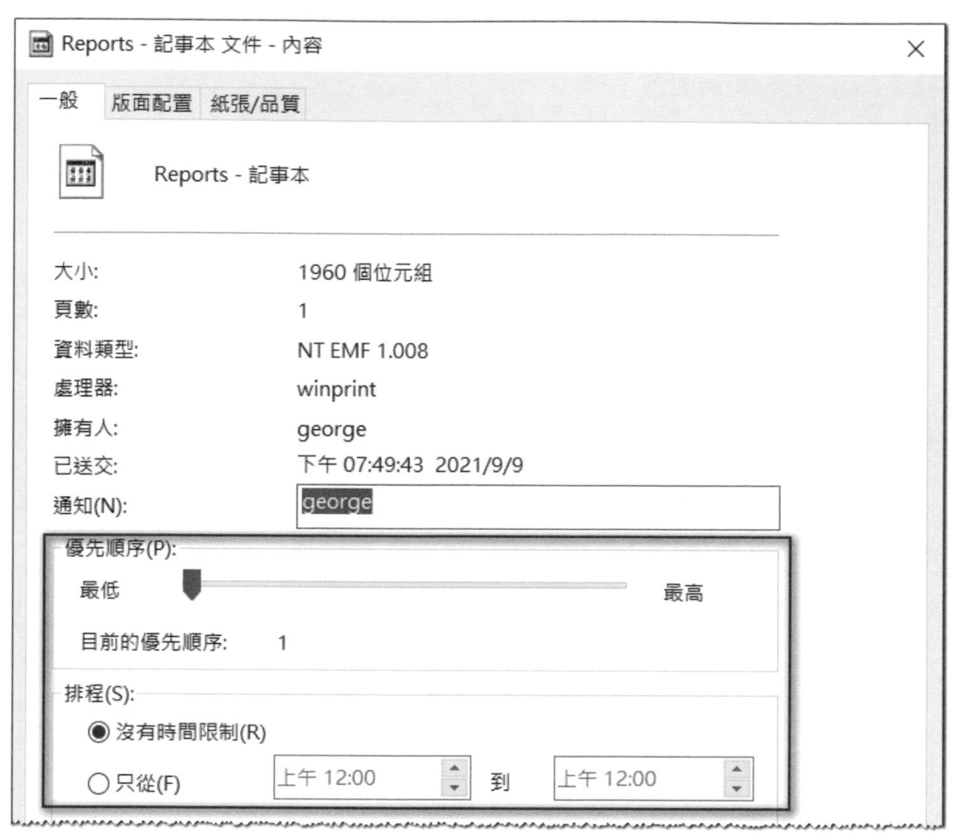
Reports - 記事本 文件 - 內容
一般
版面配置
紙張/品質
Reports - 記事本
大小:
1960 個位元組
頁數:
1
資料類型:
NT EMF 1.008
處理器:
winprint
擁有人:
george
已送交:
下午 07:49:43 2021/9/9
通知(N):
george
優先順序(P):
最低
最高
目前的優先順序:
1
排程(S):
沒有時間限制(R)
只從(F)
上午 12:00
到
上午 12:00

圖 8-7-3

9

群組原則與安全設定

系統管理員可以透過**群組原則**（group policy）的強大功能，來充分控管網路使用者與電腦的工作環境、減輕網路管理的負擔。

9-1 群組原則概觀

9-2 本機電腦原則實例演練

9-3 網域群組原則實例演練

9-4 本機安全性原則

9-5 網域與網域控制站安全性原則

9-6 稽核資源的使用

9-1 群組原則概觀

系統管理員可以利用群組原則來充分控管使用者的工作環，透過它來確保使用者擁有該有的工作環境，也透過它來限制使用者，如此不但可以讓使用者擁有適當的環境，也可以減輕系統管理員的管理負擔。

群組原則包含**電腦設定**與**使用者設定**兩部分。電腦設定只對電腦環境有影響，而使用者設定只對使用者環境有影響。您可以透過以下兩個途徑來設定群組原則：

- **本機電腦原則**：可用來設定單一電腦的原則，這個原則內的電腦設定只會被套用到這台電腦、而使用者設定會被套用到在此台電腦登入的所有使用者。
- **網域的群組原則**：在網域內可以針對站台、網域或組織單位來設定群組原則，其中網域群組原則內的設定會被套用到網域內的所有電腦與使用者、而組織單位的群組原則會被套用到該組織單位內的所有電腦與使用者。

對加入網域的電腦來說，若其本機電腦原則的設定與「網域或組織單位」的群組原則設定有衝突的話，則以「網域或組織單位」群組原則的設定優先。

9-2 本機電腦原則實例演練

以下請利用未加入網域的電腦來練習本機電腦原則，以避免受到網域群組原則的干擾，造成本機電腦原則的設定無效，因而影響到您驗證實驗結果。

電腦設定實例演練

若您將電腦內的資料夾設定為共用資料夾，以便分享給某使用者，讓其可以透過網路登入來存取此資料夾，但是卻不想讓該使用者直接坐在這台電腦前登入（本機登入）的話，則透過以下實例演練後，就可以達到目的了。

請【按 Windows 鍵⊞+R鍵➲輸入 gpedit.msc 後按 Enter 鍵➲展開**電腦設定**➲Windows 設定➲安全性設定➲本機原則➲使用者權限指派➲雙擊右邊的**拒絕本機登入**➲透過點擊新增使用者或群組來選擇使用者➲…】，如圖 9-2-1 所示假設是使用者 john。完成後，在圖 9-2-2 中的登入畫面上，就無法選擇被**拒絕本機登入**的使用者 john。此時使用者 john 只能夠透過網路來連接（登入）。

圖 9-2-1

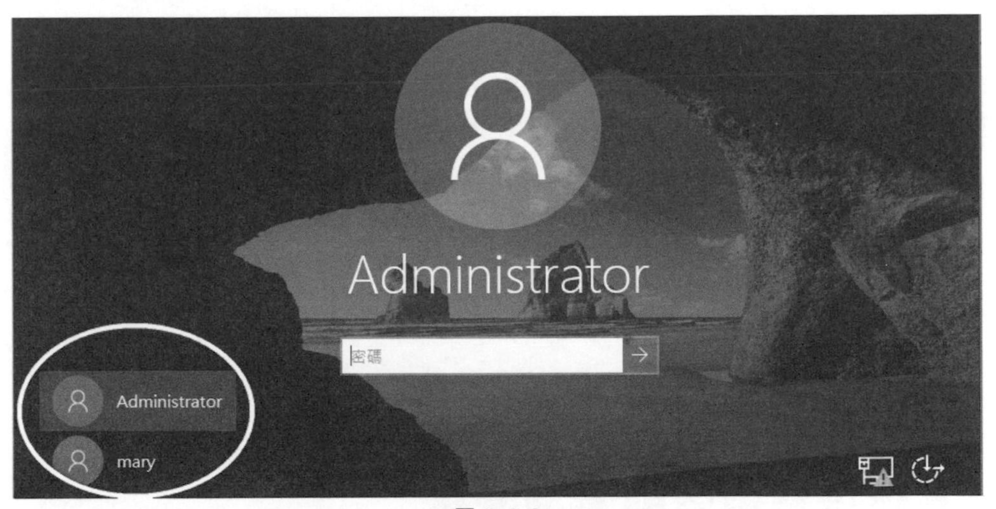

圖 9-2-2

請不要隨意更改電腦設定，以免變更到會影響系統正常運作的設定值。

使用者設定實例演練

例如若要避免使用者透過**控制台**與**電腦設定**來隨意變更設定，因而影響到系統正常運作的話，則透過以下實例演練可以讓使用者無法存取**控制台**與**電腦設定**。

請【按 Windows 鍵⊞+ R 鍵➲輸入 gpedit.msc 後按 Enter 鍵➲展開**使用者設定**➲系統管理範本➲控制台➲雙擊右邊的**禁止存取[控制台]和電腦設定**➲點選**已啟用**…】，如圖 9-2-3 所示為完成後的畫面。

圖 9-2-3

完成後，任何使用者在這台電腦上【點擊左下角**開始**圖示⊞➲點擊**設定**圖示⚙】後無法開啟 **Windows 設定**畫面；或是【點擊左下角**開始**圖示⊞➲控制台】或是【按 Windows 鍵⊞+ R 鍵➲輸入 Control 後按 Enter 鍵】後會出現如圖 9-2-4 的警示。

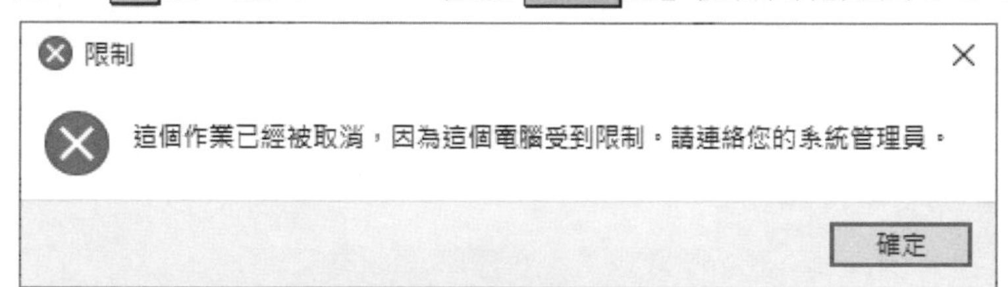

圖 9-2-4

9-3 網域群組原則實例演練

在網域內可以針對站台、網域或組織單位來設定群組原則，但是以下內容我們將透過最常用的網域與組織單位來說明。

群組原則基本觀念

如圖 9-3-1 所示可以針對網域 sayms.local（圖中顯示為 sayms）來設定群組原則，此原則設定會被套用到網域內所有電腦與使用者，包含圖中組織單位**業務部**內的所有電腦與使用者（換句話說，**業務部**會繼承網域 sayms.local 的原則設定）。

您也可以針對組織單位**業務部**來設定群組原則，此原則會套用到該組織單位內所有的電腦與使用者。由於**業務部**會繼承網域 sayms.local 的原則設定，因此**業務部**最後的有效設定是網域 sayms.local 的原則設定加上**業務部**的原則設定。

若**業務部**的原則設定與網域 sayms.local 的原則設定有衝突的話，對**業務部**內的所有電腦與使用者來說，預設是以**業務部**的原則設定優先。

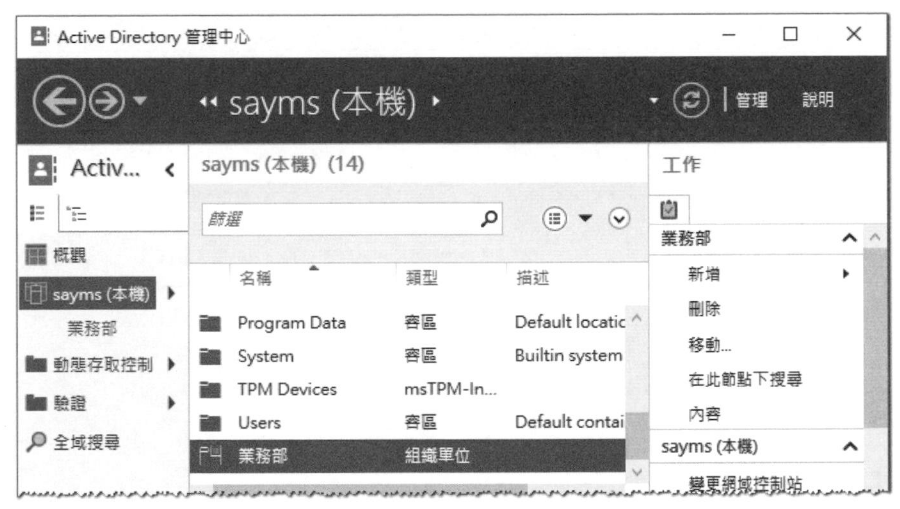

圖 9-3-1

群組原則是透過 GPO（Group Policy Object，群組原則物件）來設定，當您將 GPO 連結（link）到網域 sayms.local 或組織單位**業務部**後，此 GPO 設定就可以被套用到網域 sayms.local 或組織單位**業務部**內所有使用者與電腦。系統已內建兩個 GPO：

- **Default Domain Policy**：此 GPO 已經被連結到網域 sayms.local，因此其設定值會被套用到網域 sayms.local 內的所有使用者與電腦。
- **Default Domain Controllers Policy**：此 GPO 已經被連結到組織單位 Domain Controllers，因此其設定值會被套用到 Domain Controllers 內的所有使用者與電腦。Domain Controllers 內預設只有扮演網域控制站角色的電腦。

你也可以針對**業務部**（或網域 sayms.local）來建立多個 GPO，此時這些 GPO 內的設定會合併起來套用到**業務部**內的所有使用者與電腦，若這些 GPO 內的設定有衝突的話，則以排列在前面的優先。

網域群組原則實例演練

以下假設要針對組織單位**業務部**內的所有電腦來設定，並禁止在這些電腦上執行程式**記事本**(notepad)。等一下我們要利用 Win11PC1 來練習，因此請將 Computers 容區內的電腦 Win11PC1 搬移到組織單位**業務部**：【對著 Win11PC1 按右鍵➲移動➲選取組織單位**業務部**】，圖 9-3-2 中是搬移完成後的畫面

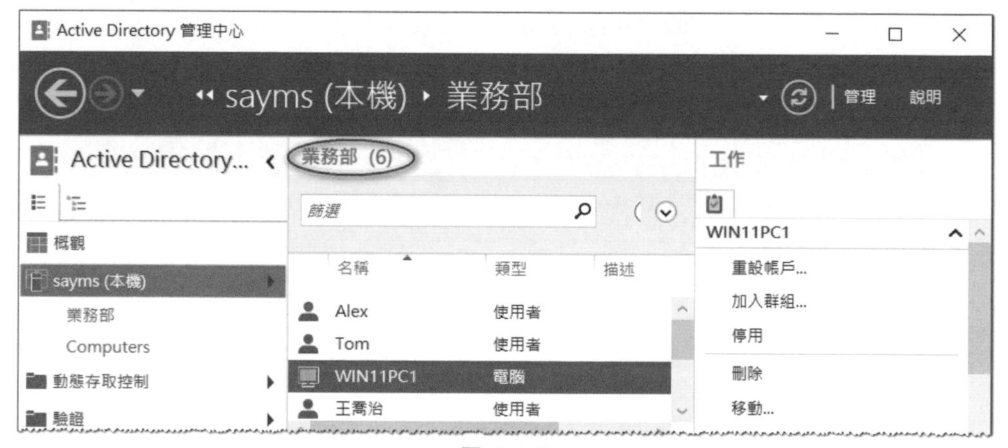

圖 9-3-2

AppLocker 基本觀念

我們將利用 AppLocker 功能來封鎖**記事本**（notepad.exe）。AppLocker 可以讓你針對不同類別的程式來設定不同的規則，它共分為以下 5 大類別：

- **可執行檔規則**：適用於.exe 與 .com 的程式，例如本範例的**記事本**（notepad.exe）。
- **Windows Installer 規則**：適用於.msi、.msp 與 .mst 的程式
- **指令碼規則**：適用於.ps1、.bat、 .cmd、 .vbs 與 .js 的程式
- **已封裝的應用程式規則**：適用於.appx 的程式（例如**天氣**、**市集**等動態磚程式）
- **DLL 規則**：適用於.dll 與 .ocx 的程式

網域群組原則與 AppLocker 實例演練

以下範例是要封鎖**記事本**的執行，因為其檔案名稱為 notepad.exe，故可以透過**可執行檔規則**來封鎖它。此程式位於 C:\Windows\System32 資料夾內。

STEP 1 到網域控制站上利用網域系統管理員帳戶登入。

STEP 2 點擊左下角**開始**圖示⊞➲Windows 系統管理工具➲群組原則管理。

STEP 3 如圖 9-3-3 所示展開到組織單位**業務部**➲對著**業務部**按右鍵➲在這個網域中建立 GPO 並將它連結到這裡。

圖 9-3-3

1. 圖中也可以看到內建的 2 個 GPO：Default Domain Policy 與位於組織單位 Domain Controllers 之下的 Default Domain Controllers Policy。請不要隨意變更這兩個 GPO 的內容，以免影響到系統的正常運作。
2. 您可以對著組織單位按右鍵後選擇**禁止繼承**，表示不要繼承網域 sayms.local 原則設定。也可以對著網域 GPO（例如 Default Domain Policy）按右鍵後選擇**強制**，表示網域 sayms.local 之下的組織單位必須繼承此 GPO 設定，不論組織單位是否選擇**禁止繼承**。

STEP 4 在圖 9-3-4 中替此 GPO 命名（假設是**測試用的 GPO**）後按**確定**鈕。

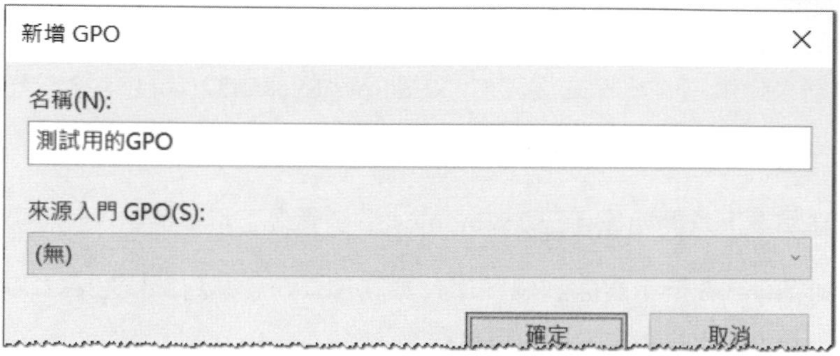

新增 GPO

名稱(N):

測試用的GPO

來源入門 GPO(S):

(無)

確定　取消

圖 9-3-4

STEP 5 如圖 9-3-5 所示【對著新增的 GPO 按右鍵➲編輯】。

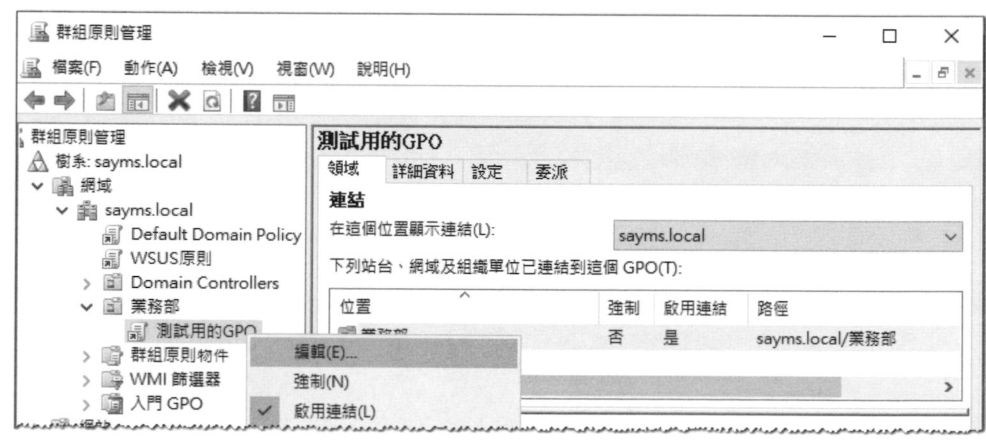

圖 9-3-5

STEP 6 展開**電腦設定**➲原則➲Windows 設定➲安全性設定➲應用程式控制原則➲AppLocker➲在圖 9-3-6 中對著**可執行檔規則**按右鍵➲建立預設規則。

> 因為一旦建立規則後，凡是未表列在規則內的執行檔都會被封鎖，因此需先透過此步驟來建立預設規則，這些預設規則會允許一般使用者執行 ProgramFiles 與 Windows 資料夾內的所有程式、允許系統管理員執行所有程式。

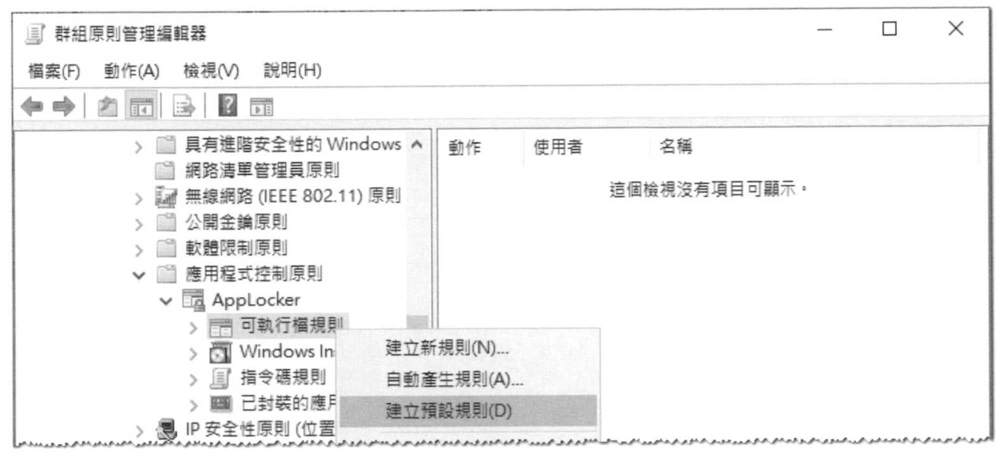

圖 9-3-6

STEP 7 圖 9-3-7 右方 3 個允許規則是前一個步驟所建立的預設規則。接著請如圖 9-3-7 左方所示【對著**可執行檔規則**按右鍵➲建立新規則】。

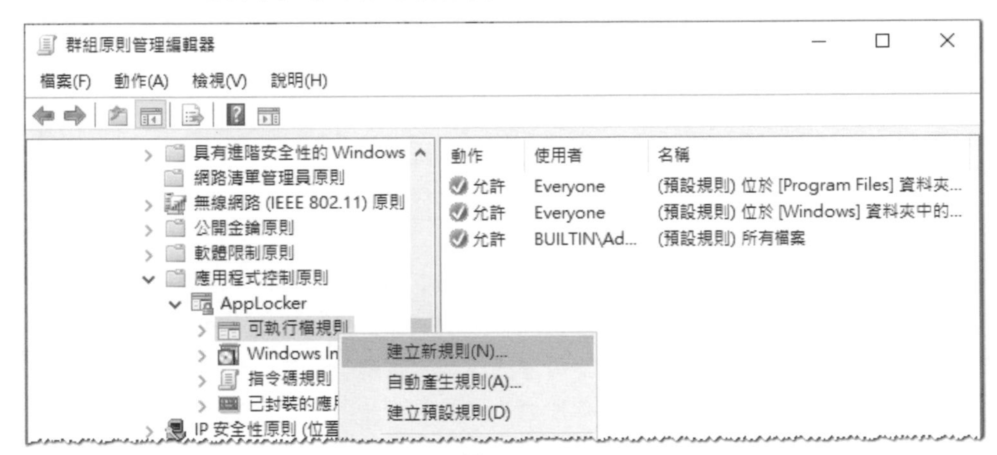

圖 9-3-7

因為 **DLL 規則**會影響到系統效能，且若未設定妥當的話，還可能造成意外事件，故預設並未顯示 **DLL 規則**供您來設定，除非先透過【對著 AppLocker 按右鍵➲內容➲進階】的途徑來選用。

STEP 8 出現**在你開始前**畫面時按 下一步 鈕。

STEP 9 如圖 9-3-8 所示改選**拒絕**後按 下一步 鈕。

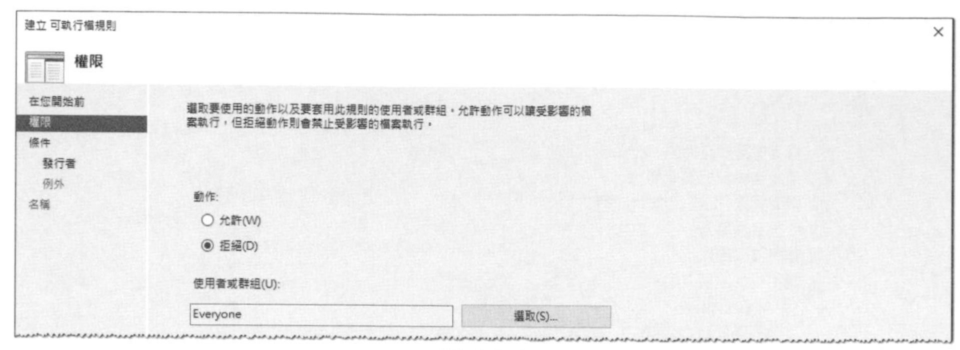

圖 9-3-8

STEP 10 如圖 9-3-9 所示選擇**路徑**後按 下一步 鈕。

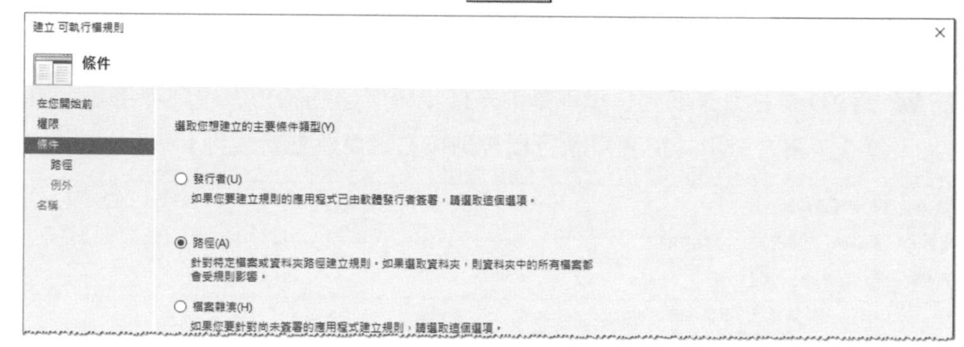

圖 9-3-9

若程式有經過簽署的話，則圖中也可以根據程式**發行者**來設定，也就是拒絕（或允許）指定的**發行者**所簽署、發行的程式；除此之外，還可以透過圖中**檔案雜湊**來設定，此時系統會計算、記錄程式檔案的雜湊值，當用戶端使用者執行程式時，用戶端電腦也會計算其雜湊值，只要雜湊值與規則內的程式相同，表示是同一個程式，因此就會被拒絕執行。

STEP 11 在圖 9-3-10 中透過 瀏覽檔案 鈕來選擇**記事本**的執行檔，它是位於 C:\Windows\System32\notepad.exe，圖中為完成後的畫面。完成後可直接按 建立 鈕或一直按 下一步 鈕，最後再按 建立 鈕。

因不同用戶端電腦的**記事本**的安裝資料夾可能不相同，故系統自動將圖中原本的 C:\Windows\System32 改為變數表示法%SYSTEM32%。

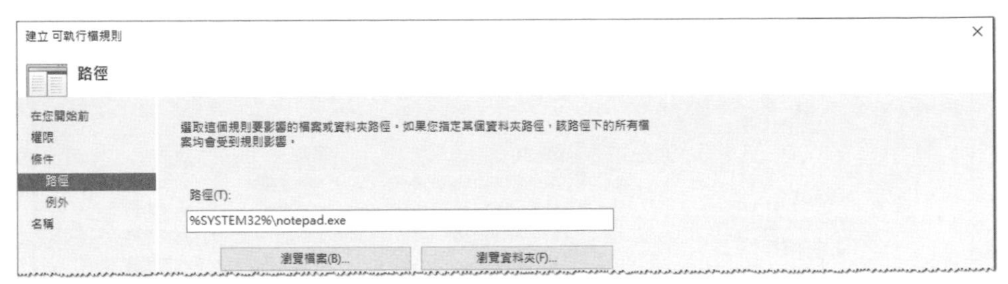

圖 9-3-10

STEP **12** 圖 9-3-11 為完成後的畫面。

圖 9-3-11

STEP **13** 一旦建立規則後，凡是未表列在規則內的執行檔都會被封鎖，雖然我們是在**可執行檔規則**處建立規則，但是**已封裝的應用程式**也會一併被封鎖（例如**天氣**、**市集**等.appx 動態磚程式），若要解除封鎖，則需在**已封裝的應用程式規則**處來開放**已封裝的應用程式**，我們只需要透過建立預設規則來開放即可：【對著前面圖 9-3-11 中**已封裝的應用程式規則**按右鍵➲建立預設規則】，此預設規則會開放所有已簽署的**已封裝的應用程式**。

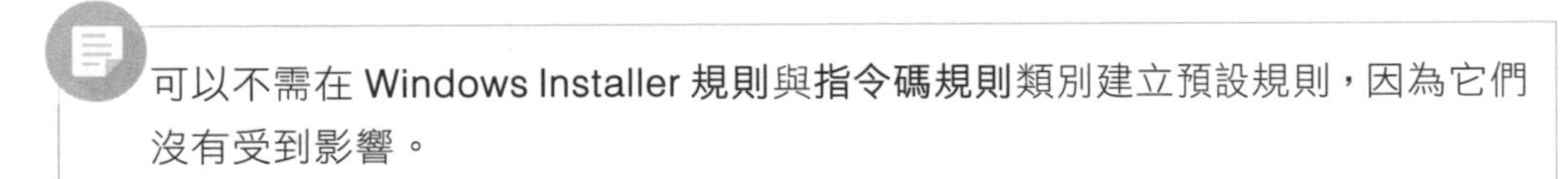

可以不需在 Windows Installer **規則**與**指令碼規則**類別建立預設規則，因為它們沒有受到影響。

STEP **14** 用戶端電腦需啟動 Application Identity 服務才享有 Applocker 功能。您可以到用戶端電腦來啟動此服務，或透過 GPO 來替用戶端設定。本範例透過此處的 GPO 來設定：如圖 9-3-12 所示已將此服務設定為**自動**啟動。

圖 9-3-12

STEP 15 請重新啟動位於組織單位**業務部**內的電腦（WIN11PC1）、在此電腦上利用任一使用者帳戶登入，然後【按 Windows 鍵⊞+R鍵➲輸入 notepad 後按 Enter 鍵】或【點擊下方的**開始**圖示⊞➲點擊右上角的**所有應用程式**➲**記事本**】，就會顯示如圖 9-3-13 所示的被封鎖畫面（雖然我們並沒有封鎖天氣、相片、新聞等動態磚程式，但是 Windows 11 已將動態磚淘汰了）。

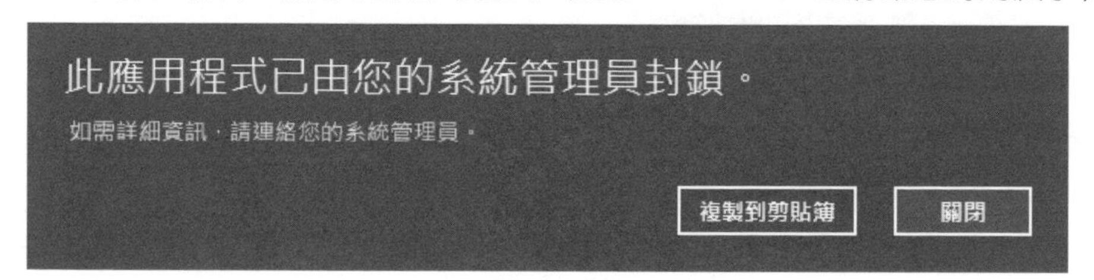

圖 9-3-13

群組原則例外排除

前面透過**測試用的 GPO** 的**電腦設定**來限制組織單位**業務部**內所有電腦都不可以執行**記事本**（notepad），但您也可以讓**業務部**內的特定電腦不要受到此限制，也就是讓此 GPO 不要套用到此電腦。您可以透過**群組原則篩選**來達到目的。

組織單位**業務部**內的所有電腦，預設都會套用該組織單位的所有 GPO 設定，因為它們對這些 GPO 都具備有**讀取**與**套用群組原則**的權限，以**測試用的 GPO** 為例可

以【點擊**測試用的 GPO** 右方**委派**標籤下的進階鈕➲然後從圖 9-3-14 可得知 Authenticated Users（包含網域內的使用者與電腦）具備著這兩個權限】。

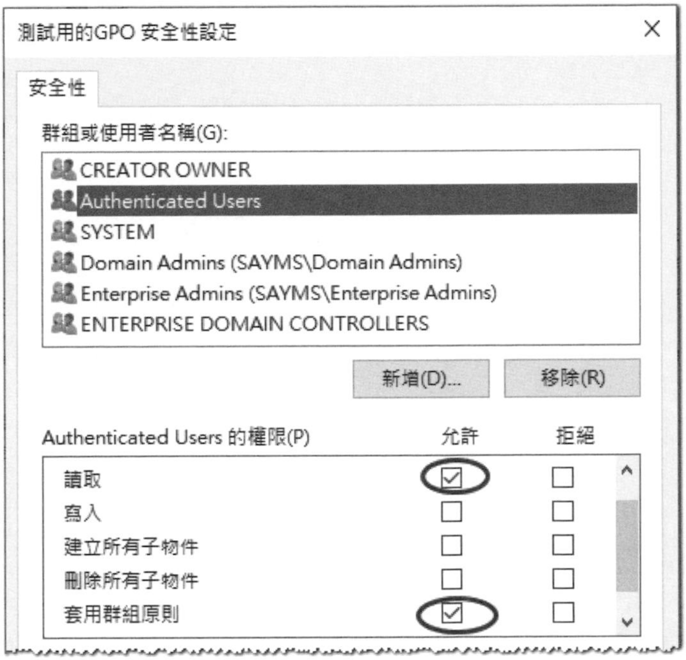

圖 9-3-14

假設**業務部**內有很多電腦，而我們不想要將此 GPO 設定套用到其中的 Win11PC1 的話：【點擊前面圖 9-3-14 中的新增鈕➲點擊物件類型鈕➲勾選**電腦**➲按確定鈕➲點擊進階鈕➲點擊立即尋找鈕➲點選 Win11PC1➲按確定鈕➲按確定鈕】，然後如圖 9-3-15 所示將**讀取**與**套用群組原則**權限都設定為**拒絕**。

圖 9-3-15

9-4 本機安全性原則

我們可以透過【按 Windows 鍵⊞+R鍵➲執行 gpedit.msc➲透過圖 9-4-1 中背景圖**本機電腦 原則**中的**安全性設定**】或【點擊左下角**開始**圖示⊞➲Windows 系統管理工具➲本機安全性原則（圖 9-4-1 中的前景圖）】的途徑來確保電腦的安全性，這些設定包含密碼原則、帳戶鎖定原則與本機原則等。

以下利用**本機安全性原則**來練習，並建議到未加入網域的電腦來練習，以避免受到網域群組原則的干擾，因為網域群組原則的優先權較高，可能會造成**本機安全性原則**的設定無效，因而影響到您驗證實驗結果。

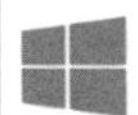

圖 9-4-1

帳戶原則的設定

此處將介紹密碼的使用原則與帳戶鎖定的方式。

密碼原則

請如圖 9-4-2 所示點取左方的**密碼原則**：

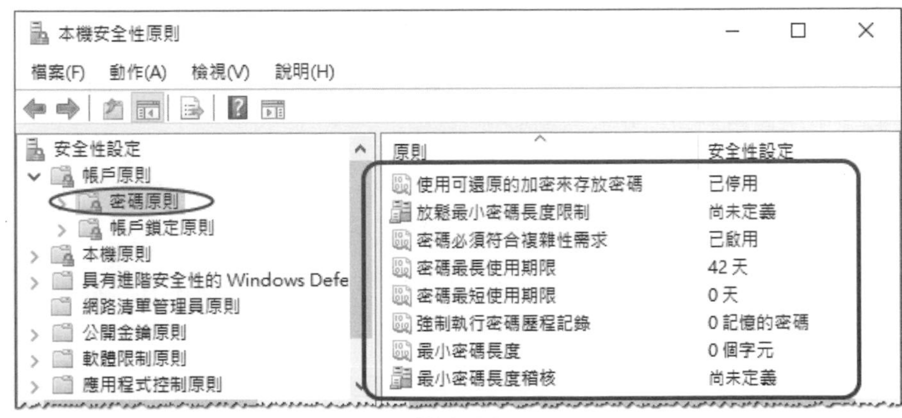

圖 9-4-2

在您點取圖中右方的原則後，若系統不讓您修改設定值的話，應該是因為這台電腦已經加入網域，且該原則在網域內已經設定了，此時會以網域設定為其最後有效設定（未加入網域之前，就已經在本機設定的相對原則也自動無效）。

- **使用可還原的加密來存放密碼**：若應用程式需要讀取使用者的密碼，以便驗證使用者身份的話，您就可以啟用此功能。不過因為它相當於使用者密碼沒有加密，因此不安全，所以建議若非必要，請不要啟用此功能。

- **放鬆最小密碼長度限制**：若未定義或停用此原則，則**最小密碼長度**原則處的設定最大為 14 個字元；若啟用此原則，則**最小密碼長度**原則處的設定可以超過 14 個字元(最多 128 個字元)。

- **密碼必須符合複雜性需求**：表示使用者的密碼需滿足以下要求（這是預設值）：
  - 不可內含使用者帳戶名稱或全名
  - 長度至少要 6 個字元
  - 至少要包含 A - Z、a - z、0 - 9、非字母數字（例如!、$、#、%）等 4 組字元中的 3 組

  因此 123ABCdef 是有效的密碼，然而 87654321 是無效的，因為它只使用數字這一組字元。又例如若使用者帳戶名稱為 mary，則 123ABCmary 是無效密碼，因為內含使用者帳戶名稱。

- **密碼最長使用期限**：預設是 42 天。使用者在登入時，若密碼使用期限已到的話，系統會要求使用者更改密碼。可為 0 – 999 天，0 表示密碼沒有使用期限。

- **密碼最短使用期限**：期限未到前，使用者不得變更密碼。可為 0 – 998 天，預設值為 0 表示使用者可以隨時變更密碼。

- **強制執行密碼歷程記錄**：用來設定是否要保存使用者曾經用過的舊密碼，以便決定使用者在變更其密碼時，是否可以重複使用舊密碼。
  - 1 - 24：表示要保存密碼歷史記錄。例如若設定為 5，則使用者的新密碼不可與前 5 次曾經用過的舊密碼相同。
  - 0（預設值）：表示不保存密碼歷史記錄，因此密碼可以重複使用，也就是使用者更改密碼時，可以將其設定為以前曾經用過的任何一個舊密碼。

- **最小密碼長度**：用來設定使用者的密碼最少需幾個字元。此處可為 0 - 14，0（預設值）表示使用者可以沒有密碼。
- **最小密碼長度稽核**：當使用者變更密碼時，若密碼小於此處設定值的話，系統會記錄此事件，而系統管理員可以透過以下途徑來查看此記錄【點擊左下角**開始**圖示⊞➲Windows 系統管理工具➲事件檢視器➲Windows 記錄➲系統➲找尋**來源**是 Directory-Services-SAM、**事件識別碼**為 16978 的記錄，如圖 9-4-3 所示】。此處的設定值需大於**最小密碼長度**的設定值，系統才會稽核、記錄事件。

圖 9-4-3

帳戶鎖定原則

您可以點選圖 9-4-4 中的**帳戶鎖定原則**來設定帳戶鎖定的方式。

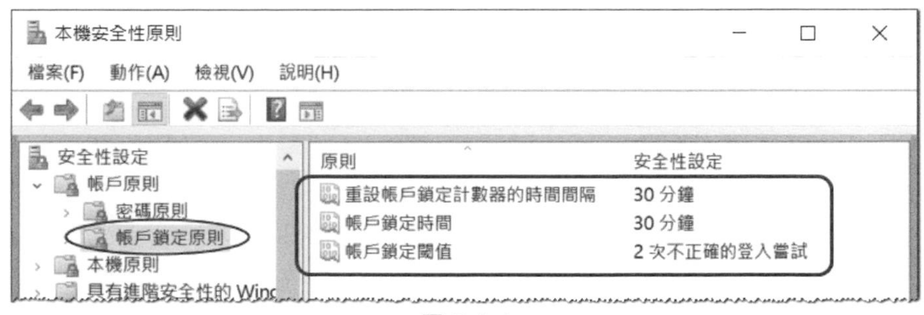

圖 9-4-4

- **帳戶鎖定閾值**：它可以讓使用者登入多次失敗後，就將該使用者帳戶鎖定。在未被解除鎖定之前，無法再利用此帳戶來登入（如圖 9-4-5 所示）。此處用來設定登入失敗次數，其值可為 0－999。預設值為 0，表示帳戶永遠不會被鎖定。

圖 9-4-5

- **帳戶鎖定時間**：用來設定鎖定帳戶的期限，期限過後自動解除鎖定。此處可為 0 – 99999 分鐘，0 分鐘表示永久鎖定，不會自動被解除鎖定，此時需由系統管理員手動來解除鎖定，也就是手動取消勾選圖 9-4-6 中**帳戶已鎖定**。

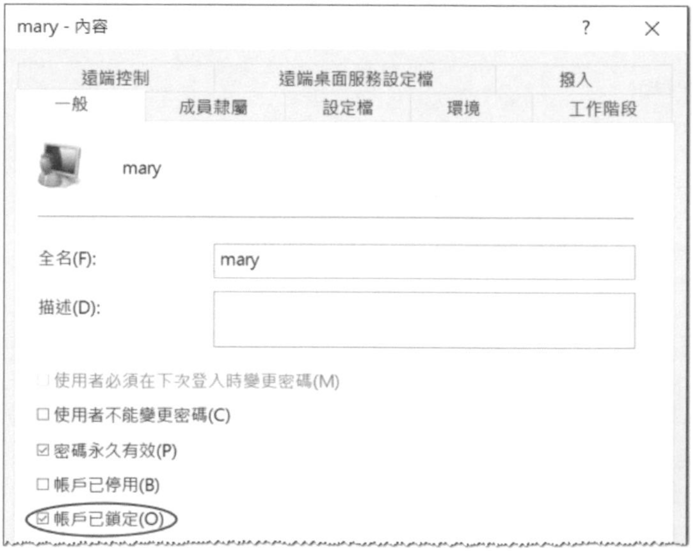

mary - 內容

遠端控制 | 遠端桌面服務設定檔 | 撥入

一般 | 成員隸屬 | 設定檔 | 環境 | 工作階段

mary

全名(F): mary

描述(D):

☐ 使用者必須在下次登入時變更密碼(M)

☐ 使用者不能變更密碼(C)

☑ 密碼永久有效(P)

☐ 帳戶已停用(B)

☑ 帳戶已鎖定(O)

圖 9-4-6

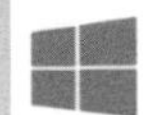

▶ **重設帳戶鎖定計數器的時間間隔**：「鎖定計數器」是用來記錄使用者登入失敗的次數。若使用者前一次登入失敗後，已經經過了此處所設定的時間的話，則「鎖定計數器」值便會自動歸零。

本機原則

此處要介紹的本機原則包含**使用者權限指派**與**安全性選項**原則。

使用者權限指派

您可以透過圖 9-4-7 的**使用者權限指派**來將權限指派給使用者或群組。欲指派圖中右方任何一個權限給使用者時或群組時，只要雙擊該權限，然後將使用者或群組加入即可。以下列舉幾個比較常用的權限來加以說明。

圖 9-4-7

▶ **允許本機登入**：允許使用者在本台電腦前利用按 Ctrl+Alt+Del 鍵的方式登入。

▶ **拒絕本機登入**：與前一個權限剛好相反。此權限優先於前一個權限。

▶ **將工作站新增至網域**：允許使用者將電腦加入到網域。

▶ **關閉系統**：允許使用者將此電腦關機。

▶ **從網路存取這台電腦**：允許使用者透過網路上其他電腦來連接、存取此電腦。

▶ **拒絕從網路存取這台電腦**：與前一個權限相反。此權限優先於前一個權限。

▶ **強制從遠端系統進行關閉**：允許使用者從遠端電腦來將此台電腦關機。

- **備份檔案及目錄**：允許使用者備份硬碟內的檔案與資料夾。
- **還原檔案及目錄**：允許使用者還原已備份的檔案與資料夾。
- **管理稽核及安全性記錄**：允許使用者指定要稽核的事件，也允許使用者查詢與清除安全記錄。
- **變更系統時間**：允許使用者變更電腦的系統日期與時間。
- **載入及解除載入裝置驅動程式**：允許使用者載入與卸載裝置的驅動程式。
- **取得檔案或其他物件的擁有權**：允許奪取其他使用者所擁有的檔案、資料夾或其他物件的擁有權。

安全性選項

您可以利用圖 9-4-8 的**安全性選項**來啟用一些安全設定，以下列舉幾個比較常用到的選項來說明：

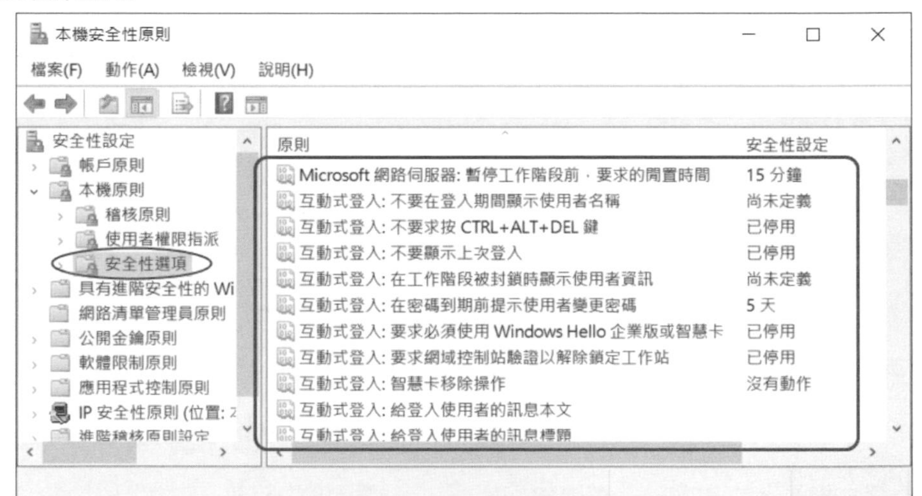

圖 9-4-8

- 互動式登入：不要求按 CTRL+ALT+DEL 鍵

  讓登入畫面上不要顯示類似**按下 Ctrl+Alt+Delete 以登入**的訊息（**互動式登入**就是在電腦前面登入，而不是透過網路登入）。

- 互動式登入：在密碼到期前提示使用者變更密碼

  在使用者的密碼過期的前幾天，提示使用者要變更密碼。

- 互動式登入：網域控制站無法使用時，要快取的先前登入次數

  網域使用者登入成功後，其帳戶資訊會被儲存到使用者電腦的快取區，若之後此電腦因故無法與網域控制站連線的話，該網域使用者登入時還是可以透過快取區內的帳戶資料來驗證身份與登入。您可以透過此原則來設定快取區內帳戶資料的數量，預設為記錄 10 個登入使用者的帳戶資料。

- 關機：允許不登入就將系統關機

  讓登入畫面的右下角能夠顯示關機圖示（如圖 9-4-9 所示），以便在不需要登入的情況下就可直接透過此圖示將電腦關機。伺服器等級的電腦，此處預設是停用，用戶端電腦預設是啟用。

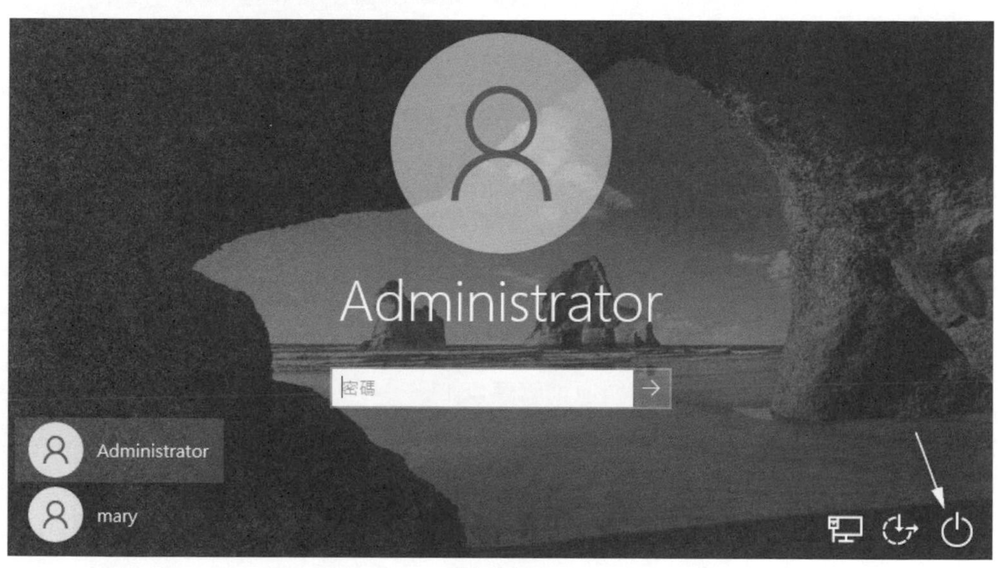

圖 9-4-9

9-5 網域與網域控制站安全性原則

您可以針對圖 9-5-1 中的網域 sayms.local（sayms）來設定安全性原則，此原則設定會被套用到網域內的所有電腦與使用者。您也可以針對網域內的組織單位來設定安全性原則，例如圖中的 Domain Controllers 與**業務部**，此原則會套用到該組織單位內的所有電腦與使用者。以下針對網域 sayms.local 與組織單位 Domain Controllers 來說明安全性原則。

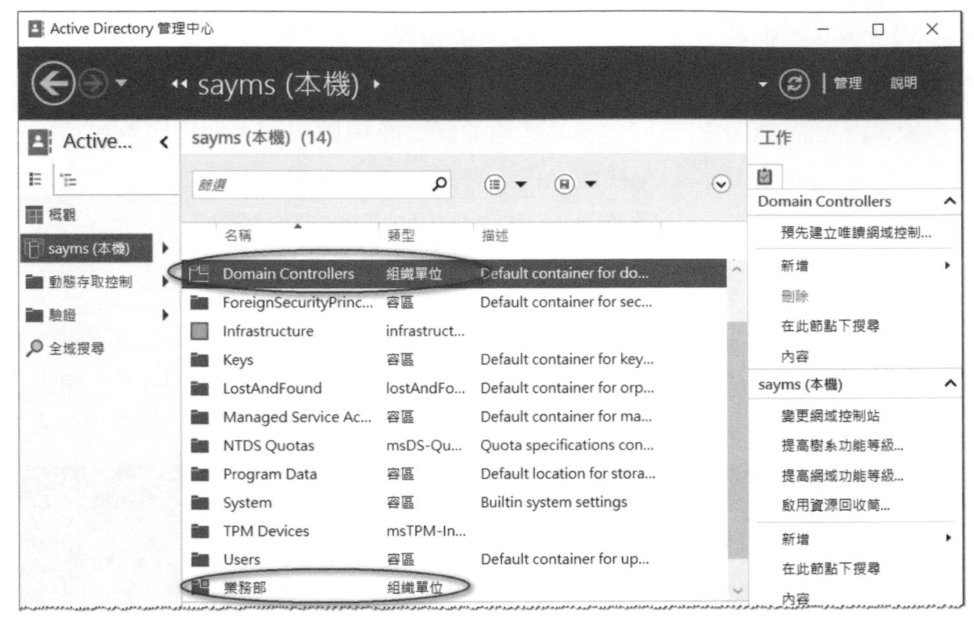

圖 9-5-1

網域安全性原則的設定

您可以到網域控制站上利用系統管理員身分登入，然後【點擊左下角**開始**圖示⊞➲Windows 系統管理工具➲群組原則管理➲如圖 9-5-2 所示對著 Default Domain Policy 這個 GPO（或自建的 GPO）按右鍵➲編輯】來設定網域安全性原則。由於它的設定方式與本機安全性原則相同，故此處不再重複，僅列出注意事項：

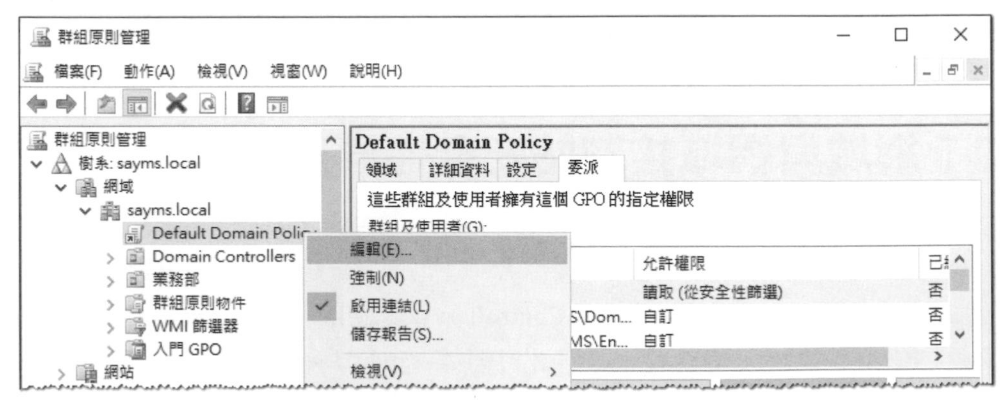

圖 9-5-2

- 隸屬於網域的任何一台電腦，都會受到網域安全性原則的影響。
- 隸屬於網域的電腦，若其**本機安全性原則**設定與**網域安全性原則**設定有衝突時，則以**網域安全性原則**設定優先，也就是本機設定自動無效。

  例如電腦 Server3 隸屬於網域 sayms.local，且 Server3 本機安全性原則內已啟用**關機：允許不登入就將系統關機**，此時若將網域安全性原則內的相同原則停用的話，則使用者在電腦 Server3 的登入畫面上，並不會顯示**關機**圖示，因為**網域安全性原則**優先於**本機安全性原則**。同時本機安全性原則內的相同原則也會自動被改為停用，而且不允許我們變更。

  只有在網域安全性原則內的設定是被設定為**尚未定義**時，本機安全性原則的設定才有效，也就是若網域安全性原則內的設定是被設定成**已啟用**或**已停用**的話，則本機安全性原則的設定無效。

- 網域安全性原則的設定若有異動，這些原則需套用到本機電腦後，對本機電腦才有效。套用時，系統會比較網域安全性原則與本機安全性原則，並以網域安全性原則的設定優先。本機電腦何時才會套用網域原則內有異動的設定呢？
  - 本機原則有異動時
  - 本機電腦重新啟動時
  - 若此電腦是網域控制站，則它預設每隔 5 分鐘會自動套用；若非網域控制站的話，則它預設每隔 90 到 120 分鐘會自動套用。套用時會自動讀取有異動的設定。所有電腦每隔 16 小時也會自動強制套用網域安全性原則內的所有設定，不論這些設定是否有異動。
  - 執行 **gpupdate** 指令來手動套用；若不論原則設定是否有異動，都要套用的話，請執行 **gpupdate /force** 指令。

若網域內有多台網域控制站的話，則網域成員電腦在套用**網域安全性原則**時，是從其所連接的網域控制站來讀取與套用原則。但因這些原則的異動，預設都是固定先儲存在網域內的第一台網域控制站（被稱為 PDC **操作主機**）內，而系統預設是在 15 秒鐘後會將這些原則設定複寫到其他網域控制站（也可以自行手動複寫）。您必須等到這些原則設定被複寫到其他網域控制站後，才能夠確保網域內所有電腦都可以成功的套用這些原則。詳情可參考章節 6-4 內的說明。

網域控制站安全性原則的設定

網域控制站安全性原則設定會影響到組織單位 Domain Controllers 內的網域控制站（見圖 9-5-3），但不會影響到位於其他組織單位或容區內的電腦（與使用者）。

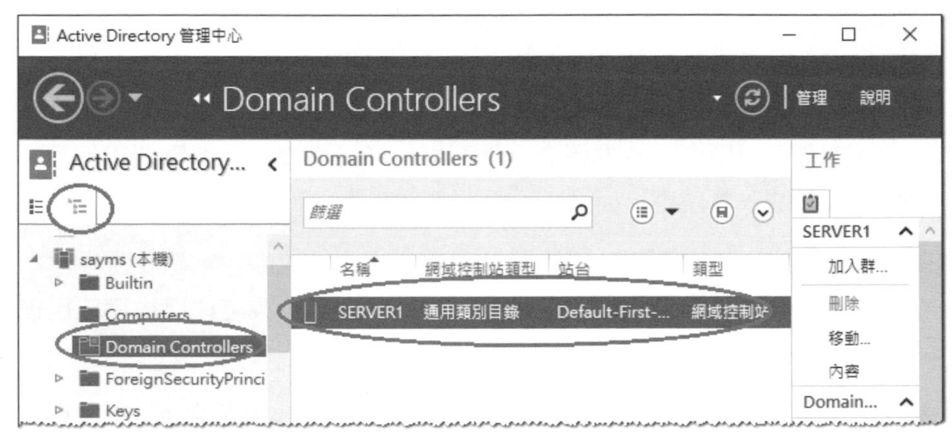

圖 9-5-3

您可以到網域控制站上利用系統管理員身分登入，然後【點擊左下角**開始**圖示⊞➲Windows 系統管理工具➲群組原則管理➲如圖 9-5-4 所示對著 Default Domain Controllers Policy(或自建的 GPO)按右鍵➲編輯】來設定網域控制站安全性原則。它的設定方式與**網域安全性原則**、**本機安全性原則**相同，此處不再重複，僅列出注意事項：

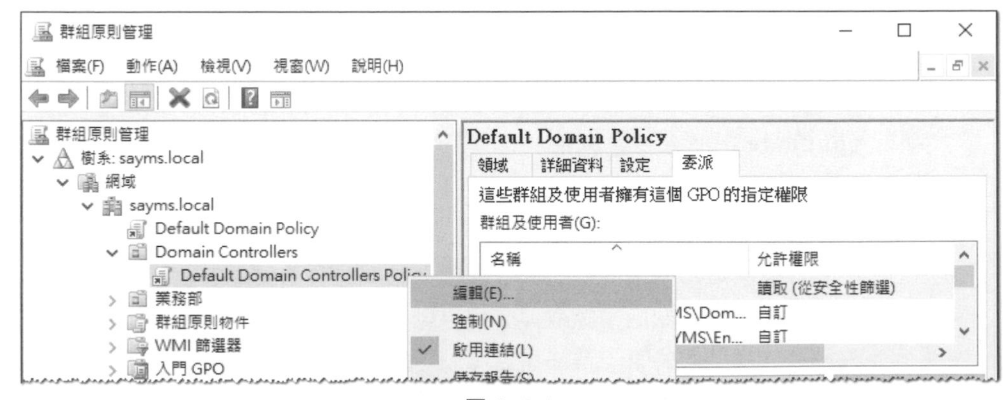

圖 9-5-4

- 位於組織單位 Domain Controllers 內的所有網域控制站，都會受到**網域控制站安全性原則**的影響。

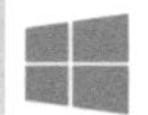

- **網域控制站安全性原則**的設定必須要套用到網域控制站後，這些設定對網域控制站才有作用。套用時機與其他相關說明在前一節內已經介紹過了。
- **網域控制站安全性原則**與**網域安全性原則**的設定有衝突時，對位於 Domain Controllers 內的電腦來說，預設是以**網域控制站安全性原則**的設定優先，也就是**網域安全性原則**自動無效。不過其中的**帳戶原則**例外：網域的帳戶原則只有針對網域來設定才有效，針對組織單位（例如 Domain Controllers）的設定無效，因此**網域安全性原則**內的**帳戶原則**設定對網域內所有的使用者都有效，而**網域控制站安全性原則**的**帳戶原則**對 Domain Controllers 內的使用者並無作用。

除了**原則設定**之外，還有**喜好設定**功能。**喜好設定**非強制性，用戶端可自行變更設定值，故**喜好設定**適合於用來當作預設值；然而**原則設定**是強制性設定，用戶端套用這些設定後，就無法變更。只有網域群組原則才有**喜好設定**功能，本機電腦原則並無此功能。

9-6 稽核資源的使用

透過稽核（auditing）功能可以讓系統管理員來追蹤是否有使用者存取電腦內的資源、追蹤電腦運作情況等。稽核工作通常需要經過以下兩個步驟：

- **啟用稽核原則**：Administrators 群組內的成員才有權利啟用稽核原則。
- **設定欲稽核的資源**：需具備**管理稽核及安全性記錄**權限的使用者才可以稽核資源，預設是 Administrators 群組內的成員才有此權限。您可以利用**使用者權限指派**原則（參見第 9-19 頁 **使用者權限指派**的說明）來將**管理稽核及安全性記錄**權限賦予其他使用者。

稽核記錄是被儲存在**安全性記錄檔**內，而您可以利用【點擊左下角**開始**圖示⊞ ➲Windows 系統管理工具➲事件檢視器➲Windows 記錄➲安全性】來查看（或在**伺服器管理員**畫面中點擊右上方的**工具**功能表➲事件檢視器➲...）。

稽核原則的設定

稽核原則的設定可以透過**本機安全性原則**、**網域安全性原則**、**網域控制站安全性原則**或組織單位的群組原則來設定，其相關套用規則已經解釋過了。此處利用本機安全性原則來舉例說明，因此建議到未加入網域的電腦登入後：【點擊左下角**開始**圖示⊞➲Windows 系統管理工具➲本機安全性原則➲如圖 9-6-1 所示展開**本機原則**➲稽核原則】。

本機安全性原則的設定只對本機電腦有效，若要利用網域控制站或網域成員電腦做實驗，則請透過網域控制站安全性原則、網域安全性原則或組織單位的群組原則。

由圖 9-6-1 中可知稽核原則內提供了以下的稽核事件：

- **稽核目錄服務存取**：稽核是否有使用者存取 AD DS 內的物件。您必須另外再選擇欲稽核的物件與使用者。此設定只對網域控制站有作用。
- **稽核系統事件**：稽核是否有使用者重新開機、關機或系統發生了任何會影響到系統安全或影響安全性記錄檔正常運作的事件。
- **稽核物件存取**：稽核是否有使用者存取檔案、資料夾或印表機等資源。您必須另外再選擇欲稽核的檔案、資料夾或印表機。
- **稽核原則變更**：稽核**使用者權限指派原則**、**稽核原則**或**信任原則**等是否有異動。
- **稽核特殊權限使用**：稽核使用者是否使用了**使用者權限指派**原則內所賦予的權限，例如變更系統時間（系統不會稽核部分會產生大量記錄的事件，因為這會影響到電腦效能，例如**備份檔案及目錄**、**還原檔案及目錄**等事件，若要稽核它們的話，請透過執行 Regedit，然後啟用 fullprivilegeauditing 登錄值，它位於 HKEY_LOCAL_MACHINE\SYSTEM\CurrentControlSet\Control\Lsa）。
- **稽核帳戶登入事件**：稽核是否發生了利用本機使用者帳戶來登入的事件。例如此電腦啟用這個原則後，若在此電腦上利用本機使用者帳戶登入的話，則安全性記錄檔內會有記錄，然而若是利用網域使用者帳戶登入的話，就不會有記錄。

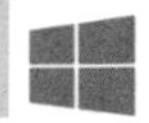

圖 9-6-1

- **稽核帳戶管理**：稽核是否有帳戶新增、修改、刪除、啟用、停用、更改帳戶名稱、變更密碼等與帳戶資料有關的事件發生。
- **稽核登入事件**：稽核是否有發生使用者登入與登出的行為，不論使用者是直接在本機登入或透過網路登入，也不論是利用本機或網域使用者帳戶來登入。
- **稽核程序追蹤**：稽核程式的執行與結束，例如是否有某個程式被啟動或結束。

每一個被稽核事件都可以分為**成功**與**失敗**兩種，也就是可以稽核該事件是否成功的發生，例如您可以稽核使用者登入成功的動作、也可以稽核其登入失敗的動作。

稽核登入事件

我們將練習如何來稽核是否有使用者在本機登入，而且同時要稽核登入成功與失敗的事件。首先請先檢查**稽核登入事件**原則是否如圖 9-6-2 所示的已經被啟用。若尚未被啟用，請雙擊該原則，以便進入該原則啟用之。

圖 9-6-2

請登出，然後改用任一本機使用者帳戶（假設是 mary）登入，但是故意輸入錯誤密碼，然後再改用 administrator 帳戶登入（請輸入正確密碼）。Mary 登入失敗與 administrator 登入成功的動作，都會被記錄到安全性記錄檔內。我們可如圖 9-6-3 所示透過**事件檢視器**來查看 mary 登入失敗的事件，圖中失敗稽核事件（圖形為一把鎖，工作類別為 Logon）為 mary 登入失敗的事件，請雙擊該事件，就可看到包含登入日期/時間、失敗的原因、使用者名稱、電腦名稱等。我們還可看到登入類型為 2，表示為本機登入，若登入類型為 3，則表示為網路登入（透過網路來連線）。

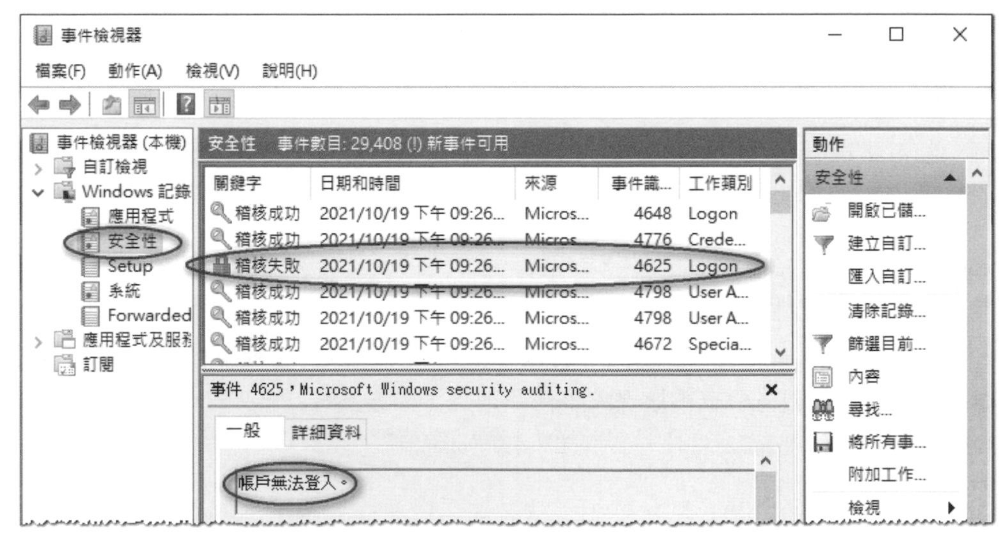

圖 9-6-3

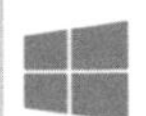

稽核檔案的存取行爲

以下將稽核使用者 Mary 是否開啟我們所指定的檔案（假設是本機電腦內的檔案 report.xls）。首先請如圖 9-6-4 所示啟用**稽核物件存取**原則。接下來需要選擇欲稽核的檔案與使用者，其步驟如下所示。

圖 9-6-4

STEP 1 開啟**檔案總管**➲對著欲稽核的檔案（假設是 reports.xls）按右鍵➲內容➲安全性➲進階➲如圖 9-6-5 所示點擊**稽核**標籤下的新增鈕。

圖 9-6-5

STEP 2　透過點擊圖 9-6-6 中**選取一個主體**來選擇欲稽核的使用者（假設是 mary，此圖為完成後的畫面）、在**類型**處選擇稽核**全部**事件（成功與失敗）、透過圖下方來選擇欲稽核的動作後依序按確定鈕來結束設定。

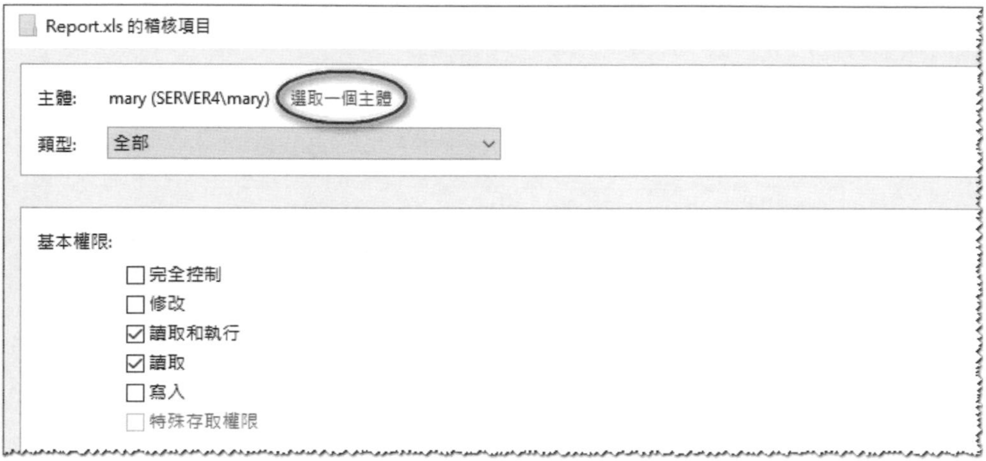

Report.xls 的稽核項目

主體:　mary (SERVER4\mary)　選取一個主體

類型:　全部

基本權限:

- ☐ 完全控制
- ☐ 修改
- ☑ 讀取和執行
- ☑ 讀取
- ☐ 寫入
- ☐ 特殊存取權限

圖 9-6-6

接下來我們透過以下步驟來測試與檢視稽核的結果。

STEP 1　登出 Administrator，改利用上述被稽核的使用者帳戶（mary）登入。

STEP 2　開啟**檔案總管**，然後嘗試開啟上述被稽核的檔案。

STEP 3　登出，重新再利用 administrator 帳戶登入，以便來檢視稽核記錄。

未具備**管理稽核及安全性記錄**權限的使用者，無法檢視**安全性記錄檔** 的內容。

STEP 4　開啟**事件檢視器**，如圖 9-6-7 所示找尋與雙擊稽核到的記錄，之後就可以從圖 9-6-8 看到剛才檔案（report.xls）的開啟動作已被詳細記錄在此。

系統需要執行多個相關步驟來完成使用者開啟檔案的動作，而這些步驟可能都會被記錄在安全性記錄檔，因此會有多筆類似的記錄，請瀏覽這些記錄來找尋所需資料。

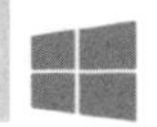

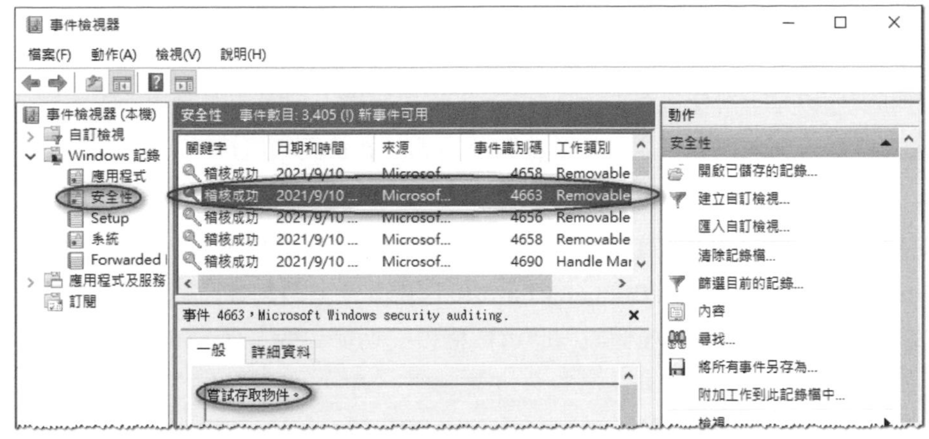

圖 9-6-7

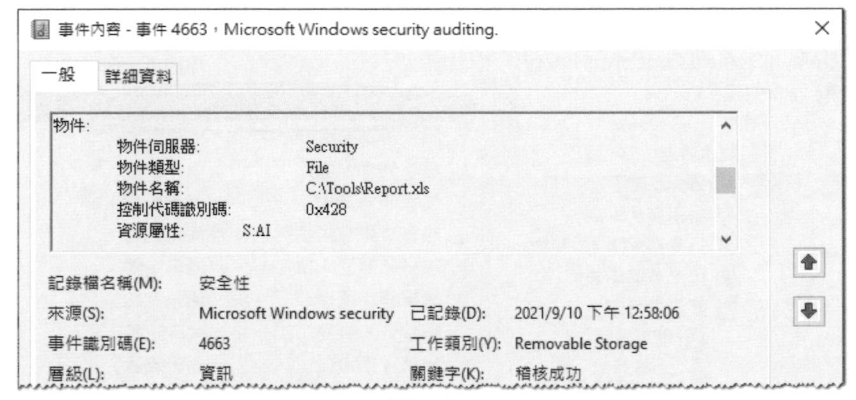

圖 9-6-8

稽核印表機的存取行為

稽核使用者是否存取印表機（例如透過印表機列印文件） 的設定步驟與稽核檔案相同，例如也需要啟用**稽核物件存取**原則，然後透過【點擊左下角**開始**圖示⊞➲點擊**設定**圖示⚙➲裝置➲印表機與掃描器➲點擊欲設定的印表機➲點擊管理鈕➲點擊**印表機內容**➲安全性標籤➲點擊進階鈕➲**稽核**標籤➲點擊新增鈕】的途徑來設定，此處不再重複說明其操作步驟。

稽核 AD DS 物件的存取行為

我們可以稽核是否有使用者在 AD DS 資料庫內新增、刪除或修改物件等。以下練習來稽核是否有使用者在組織單位**業務部**內建立新使用者帳戶。

請先到網域控制站利用 Administrator 帳戶登入，然後透過【點擊左下角**開始**圖示⊞➲Windows 系統管理工具➲群組原則管理➲展開到組織單位 Default Domain Controllers➲對著 Default Domain Controllers Policy 按右鍵➲編輯】的途徑來啟用**稽核目錄服務存取**原則，並假設同時選擇稽核成功與失敗事件，如圖 9-6-9 所示。

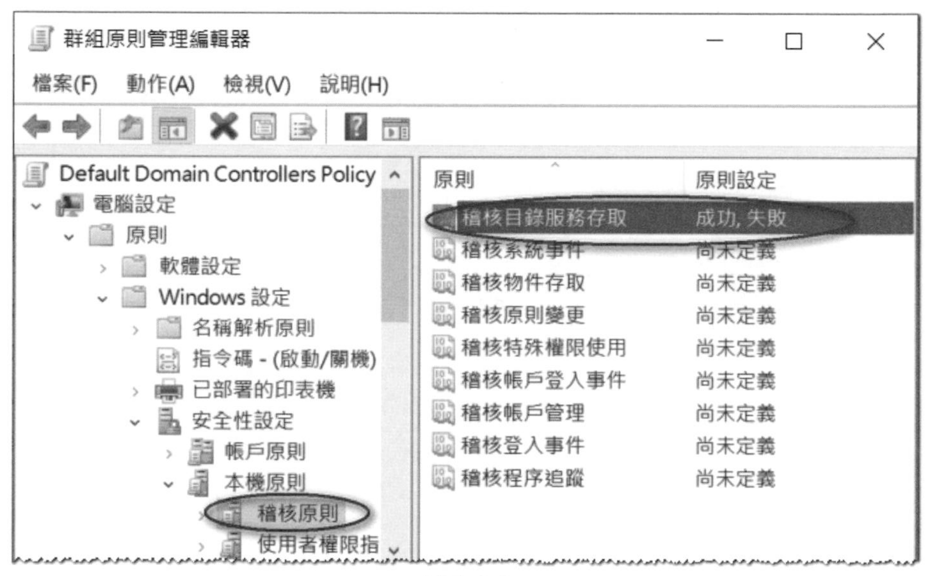

圖 9-6-9

接下來要稽核是否有使用者在組織單位**業務部**內新增使用者帳戶：

STEP 1 點擊左下角**開始**圖示⊞➲Windows 系統管理工具➲Active Directory 管理中心➲如圖 9-6-10 所示點擊組織單位**業務部**➲點擊**內容**。

Active Directory 管理中心
sayms (本機)
管理
說明
Active Directory...
概觀
sayms (本機)
動態存取控制
驗證
全域搜尋
sayms (本機) (14)
篩選
名稱
類型
描述
System
容區
Builtin syste
TPM Devices
msTPM-In...
Users
容區
Default cont
業務部
組織單位
工作
業務部
新增
刪除
移動...
在此節點下搜尋
內容
sayms (本機)

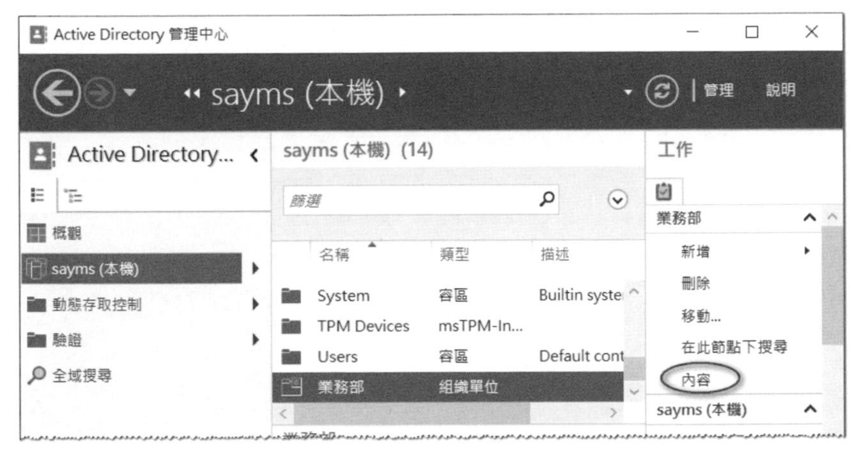

圖 9-6-10

STEP 2 如圖 9-6-11 所示點擊**延伸**區段、點擊**安全性**標籤之下的**進階**鈕。

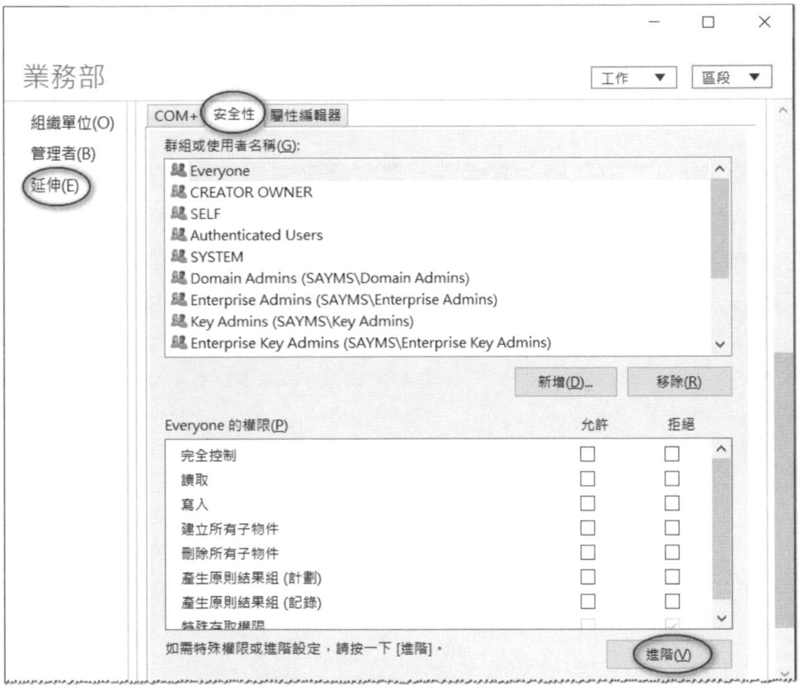

業務部
工作
區段
組織單位(O)
管理者(B)
延伸(E)
COM+
安全性
屬性編輯器
群組或使用者名稱(G):
Everyone
CREATOR OWNER
SELF
Authenticated Users
SYSTEM
Domain Admins (SAYMS\Domain Admins)
Enterprise Admins (SAYMS\Enterprise Admins)
Key Admins (SAYMS\Key Admins)
Enterprise Key Admins (SAYMS\Enterprise Key Admins)
新增(D)...
移除(R)
Everyone 的權限(P)
允許
拒絕
完全控制
讀取
寫入
建立所有子物件
刪除所有子物件
產生原則結果組 (計劃)
產生原則結果組 (記錄)
如需特殊權限或進階設定，請按一下 [進階]。
進階(V)

圖 9-6-11

STEP **3** 如圖 9-6-12 所示點擊**稽核**標籤下的新增鈕。

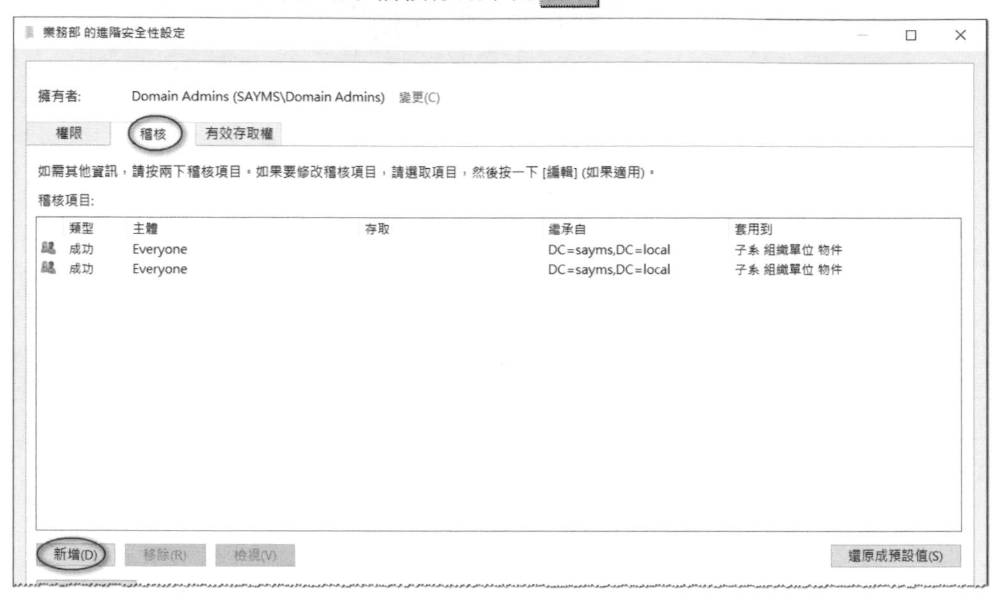

圖 9-6-12

STEP **4** 在圖 9-6-13 中透過上方**選取一個主體**來選擇欲稽核的使用者（圖中已完成選擇 Everyone）、在**類型**處選擇稽核**全部**事件（成功與失敗）、透過下方來選擇稽核**建立所有子物件** (或單獨選擇**建立 使用者 物件**)後按確定鈕來結束設定。

業務部 的稽核項目
主體: Everyone 選取一個主體
類型: 全部
套用到: 此物件及所有子系物件
權限:
☐ 完全控制
☑ 清單內容
☑ 讀取全部內容
☐ 寫入全部內容
☐ 刪除
☐ 刪除樹狀子目錄
☑ 讀取權限
☐ 修改權限
☐ 修改擁有者
☐ 所有已驗證的寫入
☐ 所有延伸的權利
☑ 建立所有子物件
☐ 刪除所有子物件
☐ 刪除 msDS-GroupManagedServiceAccount 物件
☑ 建立 msDS-ManagedServiceAccount 物件
☐ 刪除 msDS-ManagedServiceAccount 物件
☑ 建立 msDS-ShadowPrincipalContainer 物件
☐ 刪除 msDS-ShadowPrincipalContainer 物件
☑ 建立 msieee80211-Policy 物件
☐ 刪除 msieee80211-Policy 物件
☑ 建立 msImaging-PSPs 物件
☐ 刪除 msImaging-PSPs 物件
☑ 建立 MSMQ 佇列別名 物件
☐ 刪除 MSMQ 佇列別名 物件
☑ 建立 MSMQ 群組 物件
☐ 刪除 MSMQ 群組 物件

圖 9-6-13

STEP 5 圖 9-6-14 為完成後的畫面。按確定鈕。

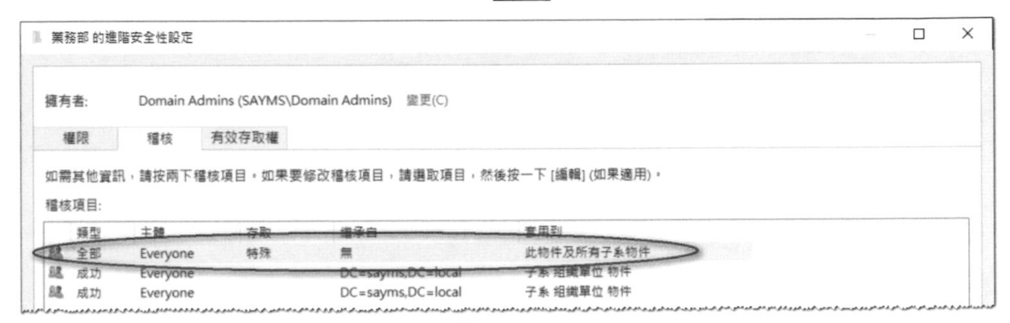

圖 9-6-14

等稽核原則成功套用到網域控制站後（等 5 分鐘、或重新啟動網域控制站、或執行 **gpupdate** 來手動套用，詳情可參考章節 6-4 的說明），再執行以下的步驟。

STEP 1 透過【開啟 **Active Directory 管理中心**➲對著組織單位**業務部**按右鍵➲新增➲使用者】的途徑來建立一個使用者帳戶，例如 jackie。

STEP 2 開啟**事件檢視器**➲雙擊圖 9-6-15 中所稽核到的事件記錄（其事件識別碼為 4720、工作類別為 User Account Management），之後就可以看到剛才新增使用者帳戶（jackie）的動作已被詳細記錄在此（如圖 9-6-16 所示）。

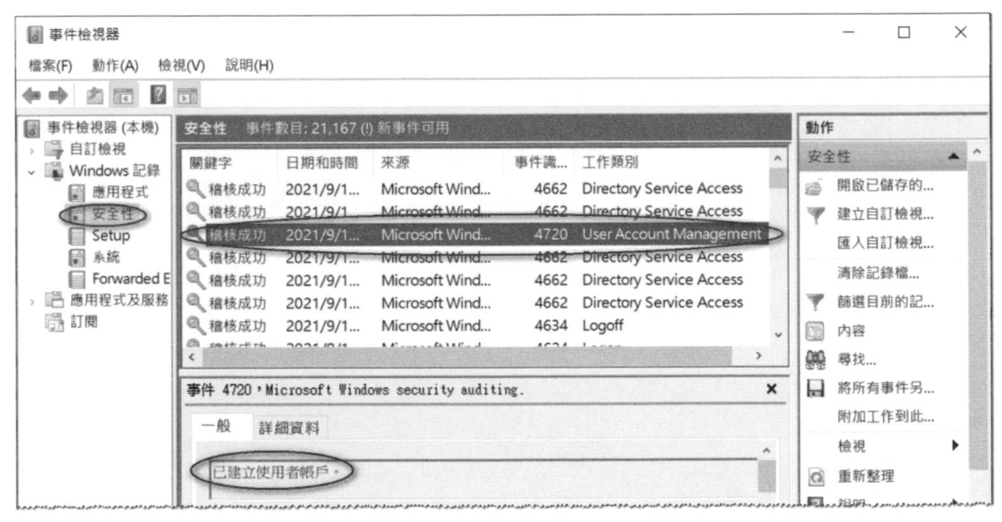

圖 9-6-15

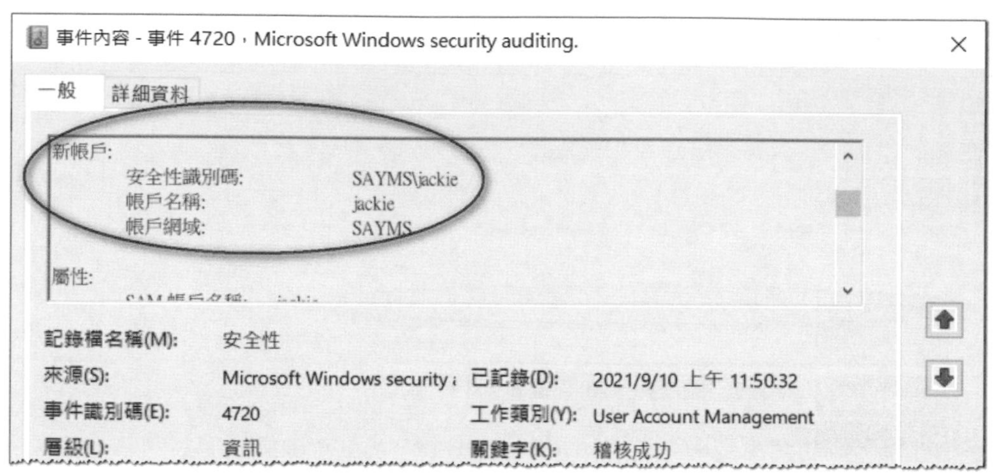
事件內容 - 事件 4720，Microsoft Windows security auditing.
一般
詳細資料
新帳戶:
安全性識別碼: SAYMS\jackie
帳戶名稱: jackie
帳戶網域: SAYMS
屬性:
記錄檔名稱(M): 安全性
來源(S): Microsoft Windows security
已記錄(D): 2021/9/10 上午 11:50:32
事件識別碼(E): 4720
工作類別(Y): User Account Management
層級(L): 資訊
關鍵字(K): 稽核成功

圖 9-6-16

磁碟系統的管理

磁碟內儲存著電腦內的所有資料，因此您必須對磁碟有充分的了解，並妥善的管理磁碟，以便善用磁碟來儲存寶貴的資料、確保資料的完整與安全。

10-1 磁碟概觀

在磁碟可以儲存資料之前，該磁碟必須被分割成一或數個磁碟分割區（partition），如圖 10-1-1 中一個磁碟（一顆硬碟）被分割為 3 個磁碟分割區。

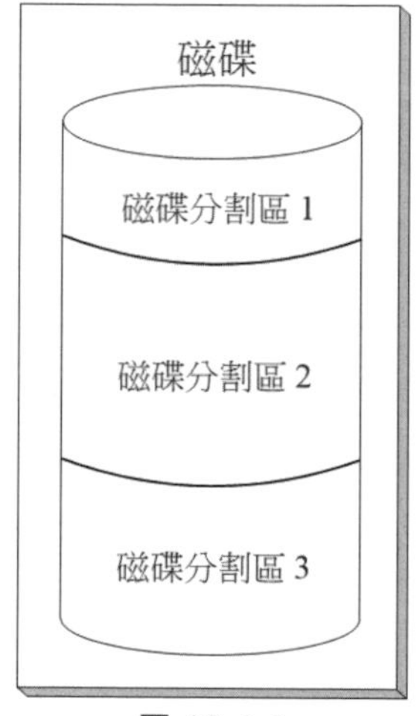

圖 10-1-1

在磁碟內有一個被稱為**磁碟分割區表**（partition table）的區域，它是被用來儲存這些磁碟分割區的相關資料，例如每一個磁碟分割區的起始位址、結束位址、是否為**使用中**（active）的磁碟分割區等資訊。

MBR 磁碟與 GPT 磁碟

磁碟分為 **MBR 磁碟**與 **GPT 磁碟**兩種磁碟分割區樣式（style）：

- **MBR 磁碟**：它是傳統樣式，其**磁碟分割區表**是儲存在 MBR 內（master boot record，見圖 10-1-2 左半部）。MBR 位於磁碟最前端，電腦啟動時，使用傳統 BIOS（基本輸出入系統，它是電腦主機板上的韌體）的電腦，其 BIOS 會先讀取 MBR，並將控制權交給 MBR 內的程式碼，然後由此程式碼來繼續後續的啟動工作。**MBR 磁碟**所支援的硬碟最大只到 2.2TB （1TB=1024GB）。
- **GPT 磁碟**：它是新樣式，其**磁碟分割區表**儲存在 GPT（GUID partition table，見圖 10-1-2 右半部）內，它也是位於磁碟的前端，而且它有**主要磁碟分割區表**與**備份磁碟分割區表**，可提供容錯功能。使用新式 UEFI BIOS 的電腦，其 BIOS

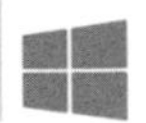

會先讀取 GPT，並將控制權交給 GPT 內的程式碼，然後由此程式碼來繼續後續的啟動工作。GPT 磁碟所支援的硬碟可以超過 2.2TB。

您可以利用圖形介面的**磁碟管理**工具或 **Diskpart** 指令將空的 MBR 磁碟轉換成 GPT 磁碟或將空的 GPT 磁碟轉換成 MBR 磁碟。

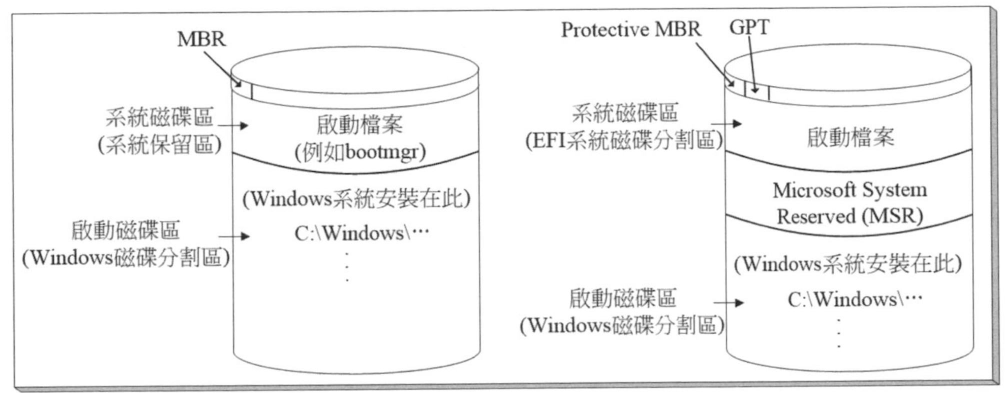

圖 10-1-2

為了相容起見，GPT 磁碟內另外還提供了 Protective MBR，它讓僅支援 MBR 的程式仍然可以正常運作。

基本磁碟與動態磁碟

Windows 系統又將磁碟分為**基本磁碟**與**動態磁碟**兩種類型：

- **基本磁碟**：傳統的磁碟系統，新安裝的硬碟預設是基本磁碟。
- **動態磁碟**：它支援多種特殊的磁碟區，其中有的可以提高系統存取效率、有的可以提供容錯功能、有的可以擴大磁碟的使用空間。

以下先針對基本磁碟來說明，至於動態磁碟則留待後面的章節再介紹。

主要與延伸磁碟分割區

在磁碟可以儲存資料之前，該磁碟必須被分割成一或數個磁碟分割區，而磁碟分割區分為兩種：

- **主要磁碟分割區**：它可以用來啟動作業系統。電腦啟動時，MBR 或 GPT 內的程式會到內含啟動程式碼的主要磁碟分割區內讀取與執行啟動程式碼，然後將控制權交給此啟動程式碼來啟動相關的作業系統。
- **延伸磁碟分割區**：它只可被用來儲存檔案，無法被用來啟動作業系統。

一個 **MBR 磁碟**內最多可建立 4 個主要磁碟分割區或最多 3 個主要磁碟分割區加上 1 個延伸磁碟分割區（圖 10-1-3 左半部）。每一主要磁碟分割區都可被賦予一個磁碟機代號，例如 C:、D:等。延伸磁碟分割區內可建立多個邏輯磁碟機，例如圖中的 F:、G:。基本磁碟內的每一個主要磁碟分割區或邏輯磁碟機又被稱為**基本磁碟區**（basic volume）。

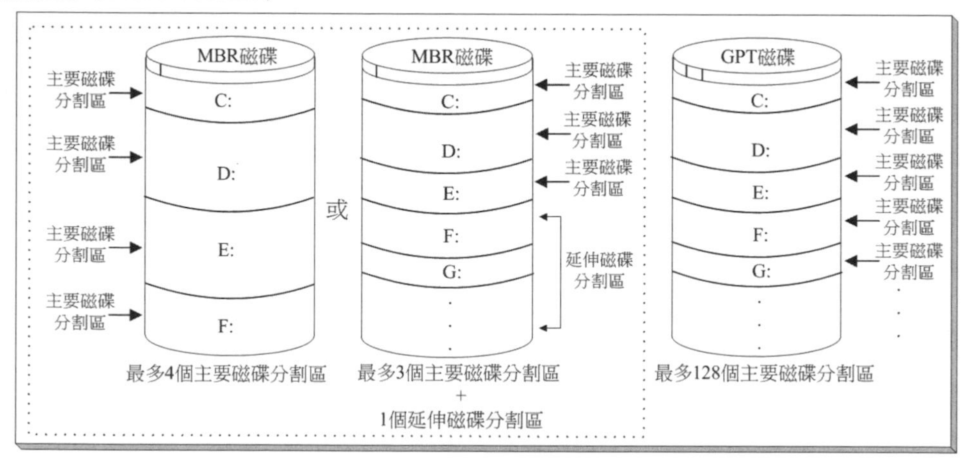

圖 10-1-3

磁碟區（volume）與磁碟分割區（partition）有何不同？

磁碟區是由一或多個磁碟分割區所組成的，我們在後面介紹動態磁碟時會介紹內含多個磁碟分割區的磁碟區。

Windows 系統的一個 GPT 磁碟內最多可以建立 128 個主要磁碟分割區（圖 10-1-3 右半部），而每一個主要磁碟分割區都可以被賦予一個磁碟機代號（但最多只有 A – Z 等 26 個代號可用）。由於可有多達 128 個主要磁碟分割區，因此 GPT 磁碟不需要延伸磁碟分割區。大於 2.2TB 的磁碟分割區需使用 GPT 磁碟。

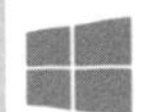

啟動磁碟區與系統磁碟區

Windows 系統又將磁碟區分為**啟動磁碟區**（**boot volume**）與**系統磁碟區**（**system volume**）兩種：

- **啟動磁碟區**：它是用來儲存 Windows 作業系統檔案的磁碟分割區。作業系統檔案一般是放在 Windows 資料夾內，此資料夾所在的磁碟分割區就是**啟動磁碟區**，以圖 10-1-4 的 MBR 磁碟來說，其左半部與右半部的 C:磁碟機都是儲存系統檔案（Windows 資料夾）的磁碟分割區，故它們都是**啟動磁碟區**。**啟動磁碟區**可以是主要磁碟分割區或延伸磁碟分割區內的邏輯磁碟機。

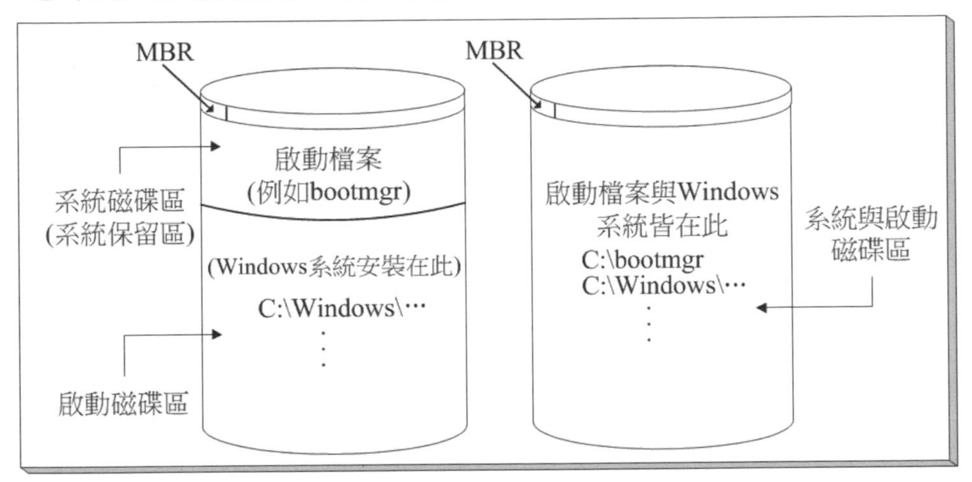

圖 10-1-4

- **系統磁碟區**：若將系統啟動的程序分為 2 階段來看的話，**系統磁碟區**內就是儲存第 1 階段所需要的啟動檔案（例如 **Windows 啟動管理員** bootmgr）。系統利用其內的啟動資訊，就可以到**啟動磁碟區**的 Windows 資料夾內讀取啟動 Windows 系統所需的其他檔案，然後進入第 2 階段的啟動程序。若電腦內安裝了多套 Windows 作業系統的話，**系統磁碟區**內的程式也會負責顯示作業系統清單來供使用者選擇。

  例如圖 10-1-4 左半部的**系統保留區**與右半部的 C:都是**系統磁碟區**，其中右半部因為只有一個磁碟分割區，啟動檔案與 Windows 資料夾都是儲存在此處，故它既是**系統磁碟區**，也是**啟動磁碟區**。

> MBR 磁碟的**系統磁碟區**必須是被設定為**使用中(Active)**，圖 10-1-4 中的**系統磁碟區**預設也是被設定為**使用中(Active)**。若要改將其他磁碟分割區設定為**使用中(Active)**的話，此磁碟分割區必須是主要磁碟分割區，且其內需要有啟動檔案。

使用 UEFI BIOS 的電腦可以選擇 **UEFI 模式**或傳統 **BIOS 模式**來啟動 Windows 系統。若是 **UEFI 模式**的話，則啟動磁碟需為 GPT 磁碟，且此磁碟最少需要 3 個 GPT 磁碟分割區（參見圖 10-1-5）：

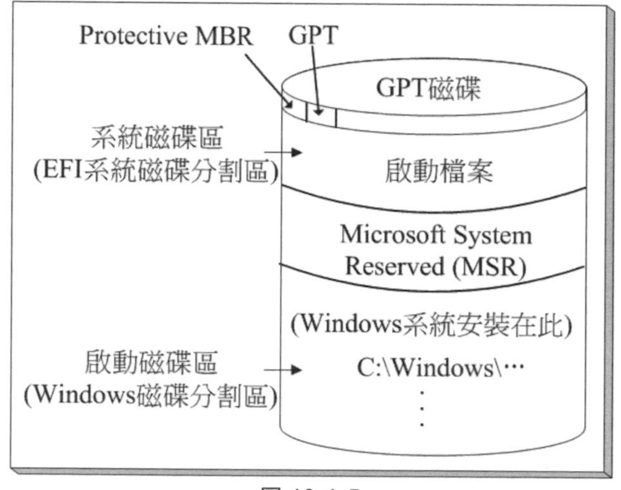

圖 10-1-5

- **EFI 系統磁碟分割區（ESP）**:其檔案系統為 FAT32，可用來儲存 BIOS/OEM 廠商所需檔案、啟動作業系統所需檔案等、**Windows 修復環境**（Windows RE）。
- **Microsoft System Reserved 磁碟分割區（MSR）**:保留供作業系統使用的區域。
- **Windows 磁碟分割區**：其檔案系統為 NTFS，它是用來儲存 Windows 作業系統檔案的磁碟分割區。作業系統檔案一般是放在其 Windows 資料夾內。

在 **UEFI 模式**之下，若是將 Windows Server 2022 安裝到一個空硬碟的話，則除了以上 3 個磁碟分割區之外，安裝程式還會自動多建立一個**修復磁碟分割區**（參見圖 10-1-6），它將 **Windows RE** 與 **EFI 系統磁碟分割區**分成兩個磁碟分割區。

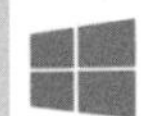

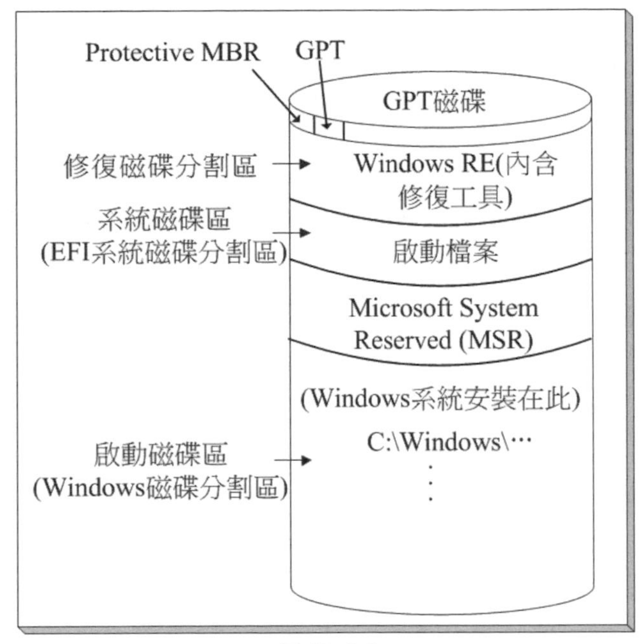

圖 10-1-6

若是資料磁碟的話，則至少需要一個 **MSR** 與一個用來儲存資料的磁碟分割區。**UEFI 模式**的系統雖然也可以有 MBR 磁碟，但 MBR 磁碟只能夠當作資料碟，無法做為啟動磁碟。

若硬碟內已經有作業系統，且此硬碟是 MBR 磁碟的話，則你必須先刪除其內的所有磁碟分割區，才可以將其轉換為 GPT 磁碟，其方法為：在安裝過程中透過點擊**修復您的電腦**來進入**命令提示字元**，然後執行 **diskpart** 程式，接著依序執行 **select disk 0**、**clean**、**convert gpt** 指令。

在**檔案總管**內看不到**系統保留區**（若是 MBR 磁碟）、**修復磁碟分割區**、**EFI 系統磁碟分割區**與 **MSR** 等磁碟分割區。在 Windows 系統內建的磁碟管理工具「**磁碟管理**」內看不到 MBR、GPT、Protective MBR 等特殊資訊，雖然可以看到**系統保留區**（若是 MBR 磁碟）、**修復磁碟分割區**與 **EFI 系統磁碟分割區**等磁碟分割區，但還是看不到 MSR，例如圖 10-1-7 中的磁碟為 GPT 磁碟，圖中可以看到 **EFI 系統磁碟分割區**、**Windows 磁碟分割區**（C:）與**修復磁碟分割區**，但看不到 MSR。**磁碟管理**的開啟途徑：【點擊左下角**開始**圖示⊞➲Windows 系統管理工具➲電腦管理➲…】。

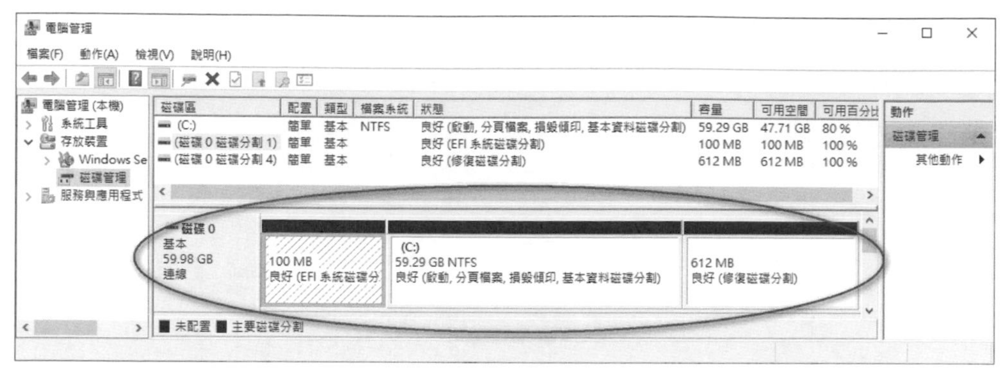

圖 10-1-7

1. 在安裝 Windows 系統前，有的電腦可能需先進入 BIOS 內來修改設定，例如將"**可開機裝置控制**"改為 UEFI，才會有如圖 10-1-7 所示的分割區架構。
2. 在 UEFI 模式下安裝 Windows 完成後，系統會自動修改 BIOS 設定，並將其改為優先透過「Windows Boot Manager」來啟動電腦。

我們可以透過 **diskpart.exe** 程式來查看所有的磁碟分割區（包含 MSR）：先開啟 Windows PowerShell、如圖 10-1-8 所示執行 **diskpart** 程式、依序執行 **select disk 0**、**list partition** 指令，圖中所有 4 個磁碟分割區都看得到。

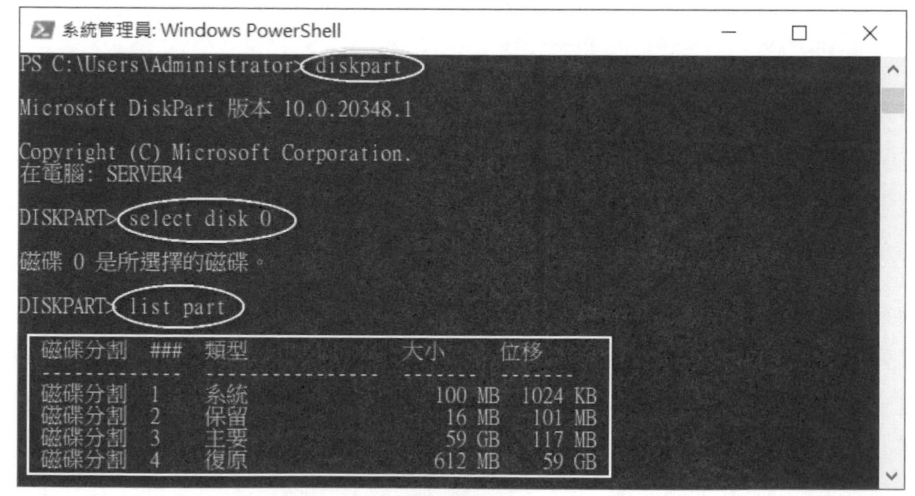

圖 10-1-8

建議您利用微軟 Hyper-V（見第 5 章）、VMware Workstation 或 Oracle VirtualBox 的虛擬機器與虛擬硬碟來演練本章的內容。

10-2 基本磁碟區的管理

您可以透過【點擊左下角**開始**圖示⊞➲Windows 系統管理工具➲電腦管理➲存放裝置➲磁碟管理】的途徑來管理基本磁碟區，如圖 10-2-1 所示，圖中假設是以 **UEFI 模式**啟動的 Windows 系統。圖中的磁碟 0 為基本磁碟、GPT 磁碟，裡面包含 **EFI 系統磁碟分割區**、**Windows 磁碟分割區**（C:，安裝 Windows Server 2022 的**啟動磁碟區**）與**修復磁碟分割區**。還有一個在此圖中看不到的 **Microsoft System Reserved** 磁碟分割區（**MSR**）。

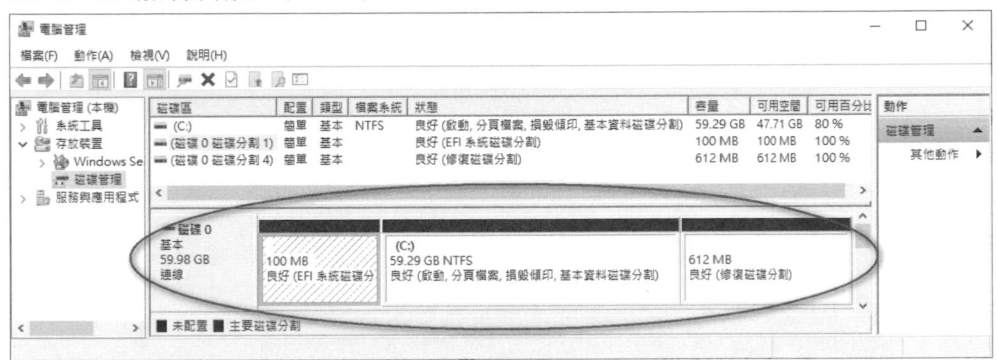

圖 10-2-1

壓縮磁碟區

您可以將 NTFS 磁碟區壓縮（shrink），以前面的圖 10-2-1 中磁碟 0 來說，其中第 2 個磁碟分割區的磁碟機代號為 C:，它的容量約為 59.29GB，可是實際已經使用量僅約 12GB，若想從尚未使用的剩餘空間中騰出約 20GB，並將其變成另外一個未分割的可用空間的話，此時可以利用**壓縮**功能來縮小原磁碟分割區的容量，以便將騰出的空間劃分為另外一個磁碟分割區：【如圖 10-2-2 所示對著 C: 磁碟按右鍵➲壓縮磁碟區➲輸入欲騰出空間的大小（20480MB，也就是 20GB）➲按 壓縮 鈕】。圖 10-2-3 為完成後的畫面，圖中右邊多出一個約 20GB 的可用空間，而原來擁有 59.29 容量的 C: 磁碟只剩下 39.29GB。若要將 C: 的 39.29GB 與未配置的 20GB 再合併回來的話：【對著 C: 按右鍵➲延伸磁碟區】。

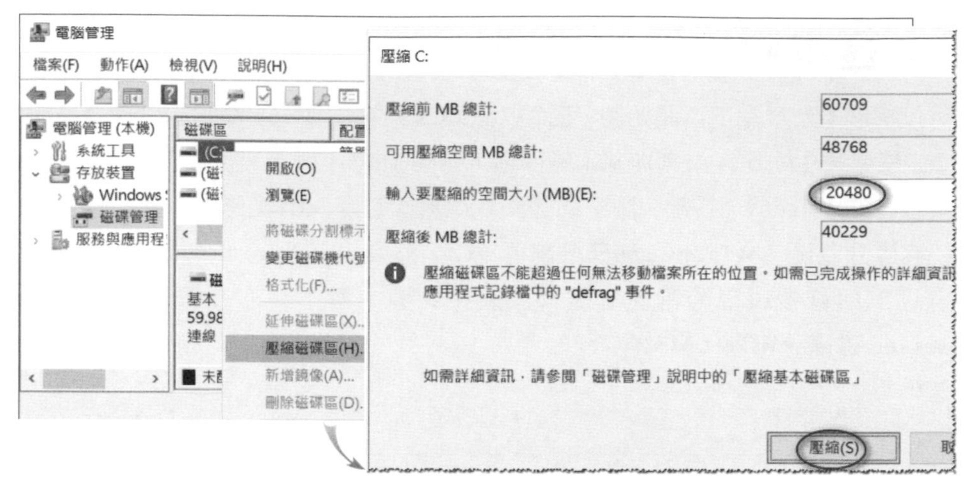

圖 10-2-2

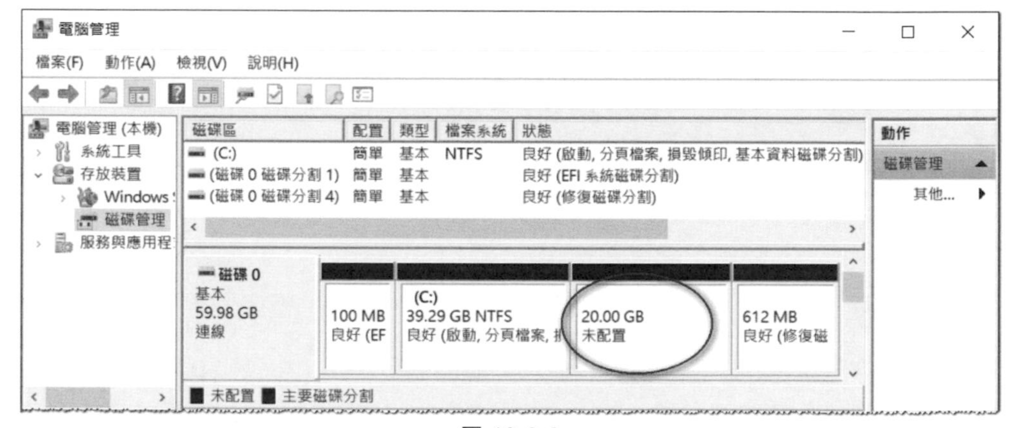

圖 10-2-3

安裝新磁碟

在電腦內安裝了新磁碟（硬碟）後，需經過初始化才可以使用：【開啟**磁碟管理**➲跳出圖 10-2-4 的畫面時選擇 **MBR** 或 **GPT** 樣式(圖中選擇預設的 GPT)➲按確定鈕】，接著就可以在新磁碟內來建立磁碟分割區。

1. 若畫面中看不到新磁碟的話，請先【選取**動作**功能表➲重新掃描磁碟】。
2. 若未自動跳出圖 10-2-4 的畫面，同時在新磁碟上是顯示**離線**的話：【請先對著新磁碟按右鍵➲連線➲再對著此新磁碟按右鍵➲初始化磁碟】。

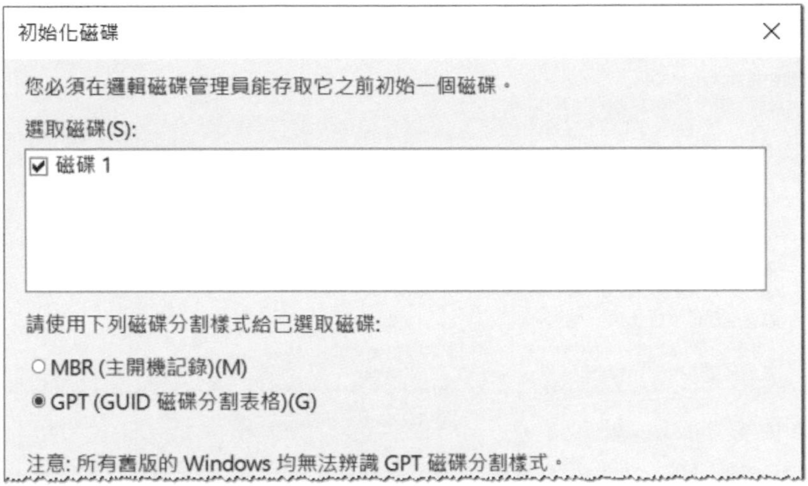

初始化磁碟

您必須在邏輯磁碟管理員能存取它之前初始一個磁碟。

選取磁碟(S):

☑ 磁碟 1

請使用下列磁碟分割樣式給已選取磁碟:

○ MBR (主開機記錄)(M)

◉ GPT (GUID 磁碟分割表格)(G)

注意: 所有舊版的 Windows 均無法辨識 GPT 磁碟分割樣式。

圖 10-2-4

建立主要磁碟分割區

對 GTP 磁碟來說，一個基本磁碟內最多可有 128 個主要磁碟分割區。

STEP 1 如圖 10-2-5 所示【對著未配置空間按右鍵➲新增簡單磁碟區】（此磁碟區會被設定為主要磁碟分割區）。

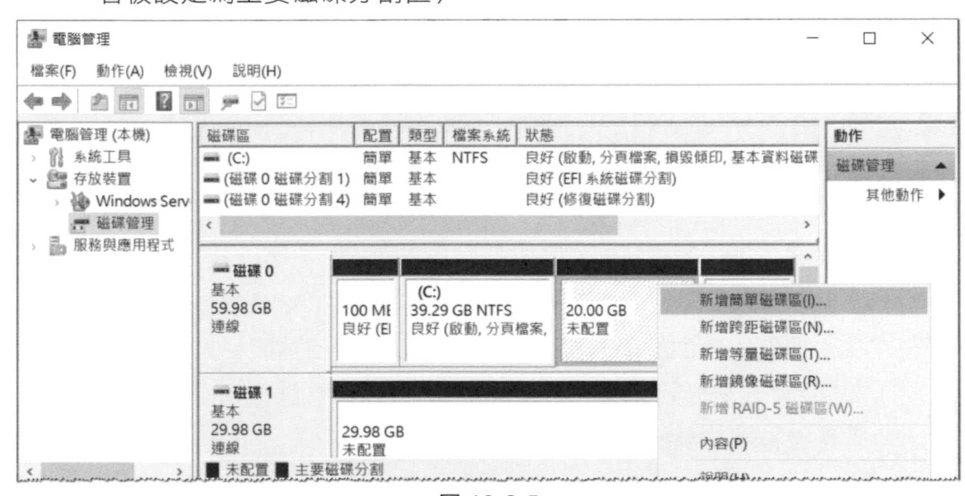

圖 10-2-5

STEP 2 出現**歡迎使用新增簡單磁碟區精靈**畫面時按 下一步 鈕。

STEP 3 在圖 10-2-6 中設定此主要磁碟分割區大小（假設是 6GB）後按 下一步 鈕。

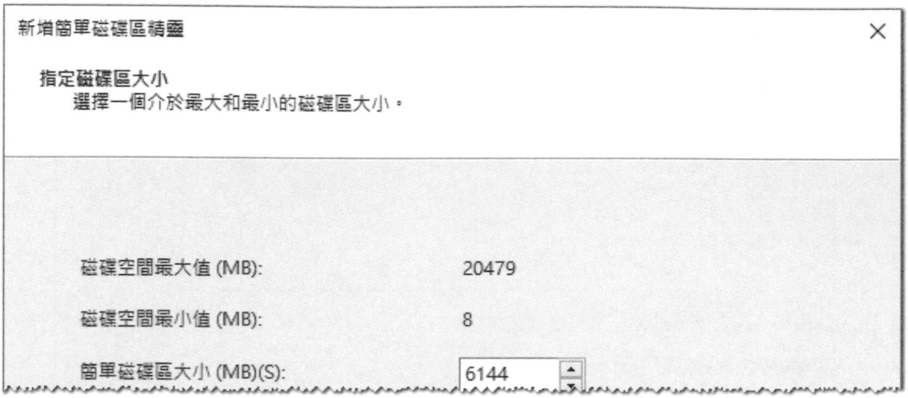

新增簡單磁碟區精靈

指定磁碟區大小
選擇一個介於最大和最小的磁碟區大小。

磁碟空間最大值 (MB): 20479

磁碟空間最小值 (MB): 8

簡單磁碟區大小 (MB)(S): 6144

圖 10-2-6

STEP 4 完成圖 10-2-7 中的選擇後按**下一步**鈕（圖中選擇第 1 個選項）：

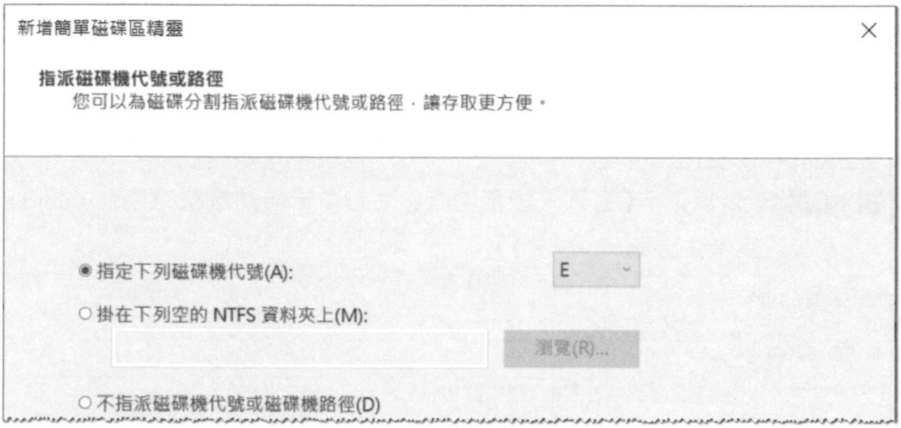

新增簡單磁碟區精靈

指派磁碟機代號或路徑
您可以為磁碟分割指派磁碟機代號或路徑，讓存取更方便。

◉ 指定下列磁碟機代號(A): E

○ 掛在下列空的 NTFS 資料夾上(M):

瀏覽(R)...

○ 不指派磁碟機代號或磁碟機路徑(D)

圖 10-2-7

- 指定一個磁碟機代號來代表此磁碟分割區，例如 E:。
- 將此磁碟分割區掛在（mount）一個空的 NTFS 資料夾上，也就是指定一個空的 NTFS 資料夾（其內不可以有任何檔案）來代表此磁碟分割區，例如若此資料夾為 C:\Tools，則以後所有儲存到 C:\Tools 的檔案，都會被儲存到此磁碟分割區內。
- 不指定任何的磁碟機代號或磁碟路徑（可事後透過【對著該磁碟分割區按右鍵➲變更磁碟機代號及路徑】的途徑來指定）。

STEP 5 在圖 10-2-8 中預設會將此磁碟分割區格式化：

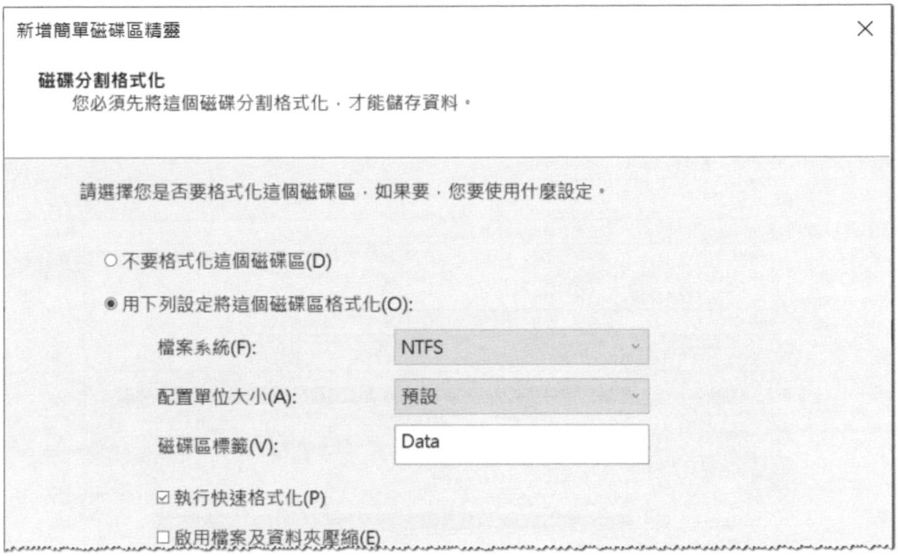

新增簡單磁碟區精靈

磁碟分割格式化

您必須先將這個磁碟分割格式化，才能儲存資料。

請選擇您是否要格式化這個磁碟區，如果要，您要使用什麼設定。

○不要格式化這個磁碟區(D)

◉用下列設定將這個磁碟區格式化(O):

檔案系統(F): NTFS

配置單位大小(A): 預設

磁碟區標籤(V): Data

☑執行快速格式化(P)

☐啟用檔案及資料夾壓縮(E)

圖 10-2-8

- **檔案系統**：可選擇將其格式化為 NTFS、ReFS、exFAT、FAT32 或 FAT 的檔案系統（分割區需等於或小於 4GB 以下，才可以選擇 FAT）。
- **配置單位大小**：配置單位（allocation unit）是磁碟的最小存取單位，其大小必須適當，例如若設定為 8KB，則當您要儲存一個 5KB 的檔案時，系統會一次就配置 8KB 的磁碟空間，然而此檔案只會用到 5KB，多餘的 3KB 將被閒置不用，因此會浪費磁碟空間。若將配置單位縮小到 1KB，則因為系統一次只配置 1KB，因此必須連續配置 5 次才夠用，這將影響到系統效率。除非有特殊需求，否則建議用預設值，讓系統根據分割區大小來自動選擇最適當的配置單位大小。
- **磁碟區標籤**：為此磁碟分割區設定一個易於辨識的名稱。
- **執行快速格式化**：它只會重新建立 NTFS、Refs、exFAT、FAT32 或 FAT 表格，但不會花費時間去檢查是否有壞磁區（bad sector），也不會將磁區內的資料刪除。
- **啟用檔案及資料夾壓縮**：它會將此分割區設為**壓縮式磁碟**，以後新增到此分割區的檔案及資料夾都會自動壓縮。

STEP 6 出現**完成新增簡單磁碟區精靈**畫面時按**完成**鈕。

STEP 7 之後系統會開始將此磁碟分割區格式化，圖 10-2-9 為完成後的畫面，其容量大小為 6GB。

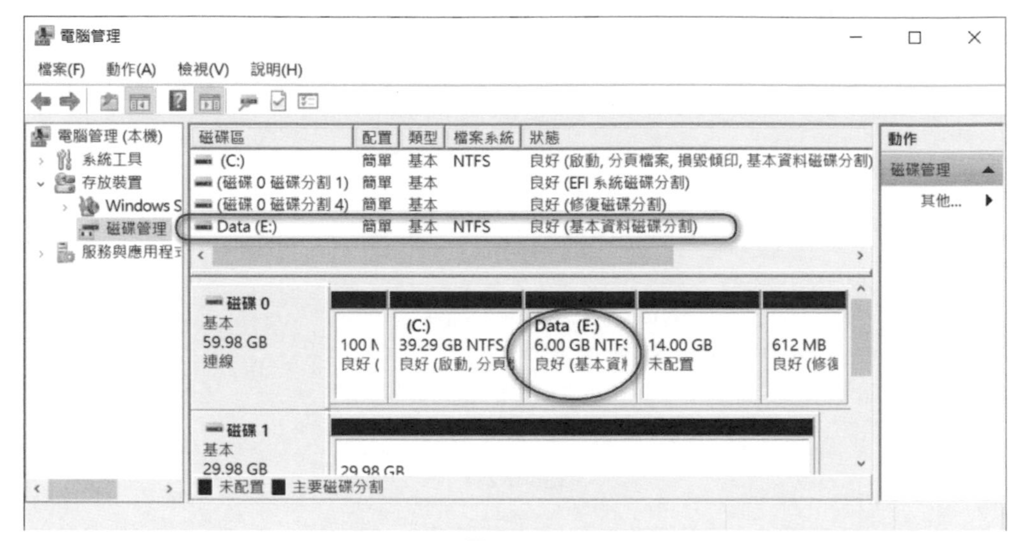

圖 10-2-9

磁碟分割區的格式化、加標籤、轉換檔案系統與刪除

- **格式化**：若在建立磁碟分割區時，並未順便將其格式化的話，此時可以利用【對著磁碟分割區按右鍵➲格式化】的途徑將其格式化。注意若磁碟分割區內已經有資料存在的話，則格式化後這些資料都將遺失。

  您不可以在系統已啟動的情況下將**系統磁碟區**或**啟動磁碟區**格式化，但是可以在安裝作業系統過程中，透過安裝程式來將它們刪除或格式化。

- **加上磁碟標籤**：透過【對著磁碟分割區按右鍵➲內容】的途徑來設定一個易於辨識的標籤。

- **將 FAT/FAT32 轉換為 NTFS 檔案系統**：可以利用 CONVERT.EXE 程式將檔案系統為 FAT/FAT32 的磁碟區轉換為 NTFS（無法轉換為 ReFS）：【點擊左下角**開始**圖示⊞➲Windows PowerShell】，然後執行指令（假設要將磁碟 H：轉換為 NTFS） **CONVERT H: /FS:NTFS**。

- **刪除磁碟分割區**：對著該磁碟分割區按右鍵➲刪除磁碟區。

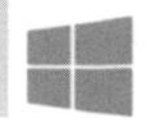

變更磁碟機代號及路徑

若欲變更磁碟機代號或磁碟路徑：【對著磁碟區按右鍵➲變更磁碟機代號及路徑➲按變更鈕➲如圖 10-2-10 所示來操作】。

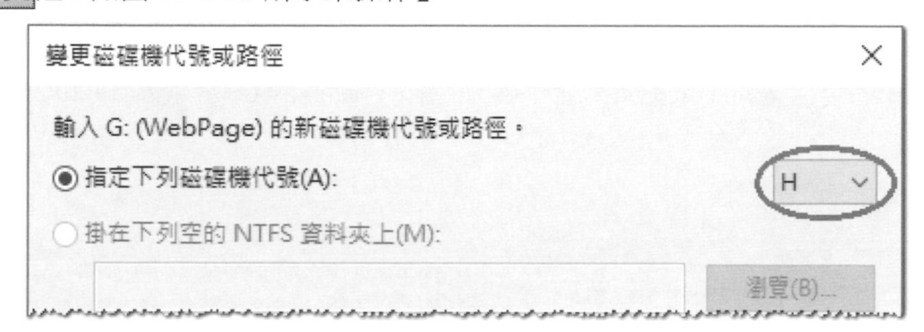

圖 10-2-10

1. 請勿任意變更磁碟機代號，因為可能有應用程式會直接參照磁碟代號來存取資料，若變更了磁碟機代號，這些應用程式可能會讀不到所需要的資料。
2. **啟動磁碟區**的磁碟機代號無法變更。

您也可以【對著磁碟區按右鍵➲變更磁碟機代號及路徑➲按新增鈕➲如圖 10-2-11 所示來將一個空資料夾（例如 C:\WebPage）對應到此磁碟分割區】，則以後所有要儲存到 C:\WebPage 的檔案，都會被儲存到此磁碟分割區內。

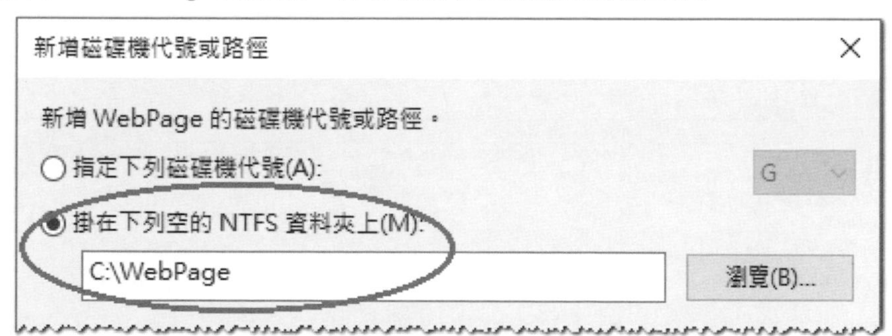

圖 10-2-11

延伸基本磁碟區

基本磁碟區可以被延伸，也就是可以將未配置的空間合併到基本磁碟區內，以便擴大其容量，不過需注意以下事項：

- 只有尚未格式化或已被格式化為 NTFS、ReFS 磁碟區才可以被延伸。exFAT、FAT32 與 FAT 的磁碟區無法被延伸。
- 新增加的空間，必須是緊跟著此基本磁碟區之後的未配置空間。

假設要延伸圖 10-2-12 中磁碟 C:的容量（目前容量約為 39.29GB），也就是要將後面 20GB 的可用空間（未配置）合併到 C: 內，合併後的 C: 容量為 59.29GB。

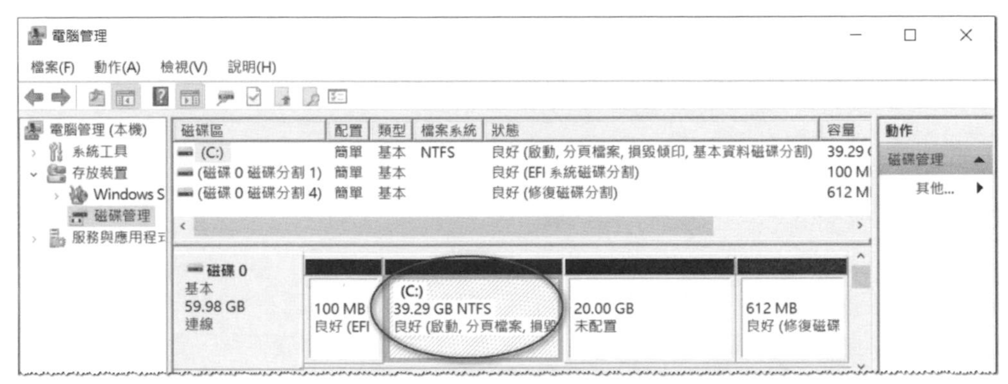

圖 10-2-12

請如圖 10-2-13 所示 【對著磁碟 C:按右鍵➲延伸磁碟區➲設定欲延伸的容量與此容量的來源磁碟（磁碟 0）】，圖 10-2-14 為完成後的畫面，由圖中可看出 C: 磁碟的容量已被擴大為 59.29GB。

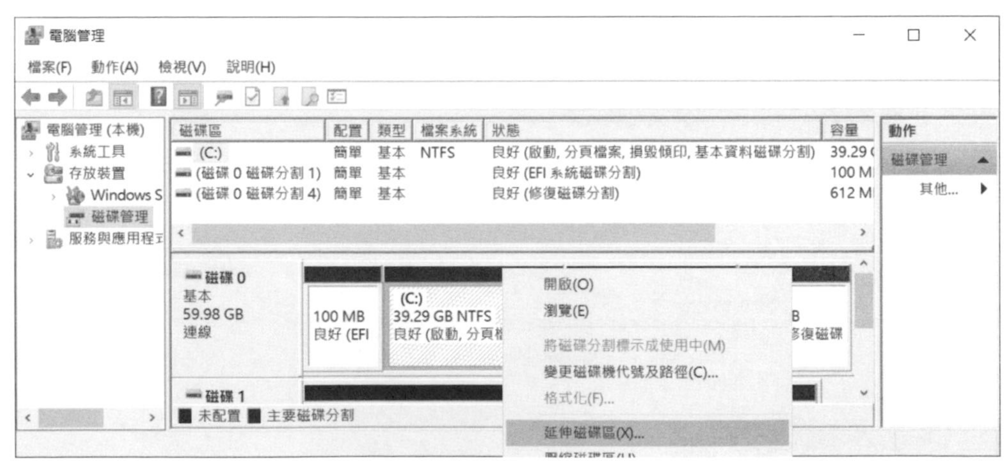

圖 10-2-13

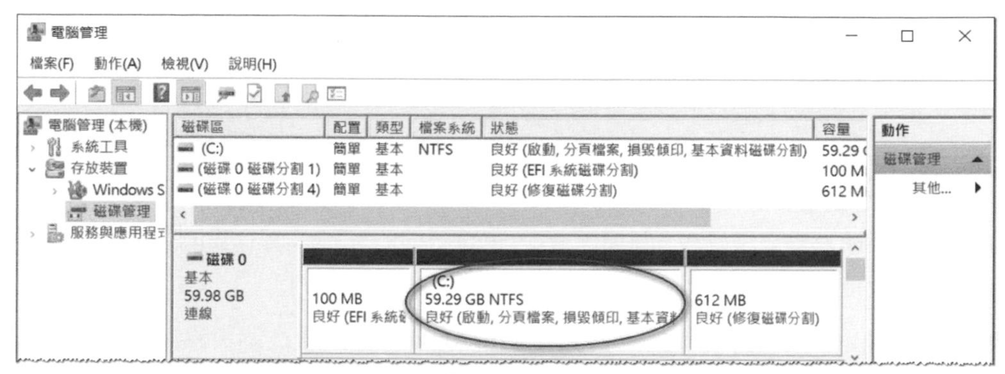

圖 10-2-14

10-3 動態磁碟的管理

動態磁碟支援多種類型的動態磁碟區，它們之中有的可以提高存取效率、有的可以提供容錯功能、有的可以擴大磁碟的使用空間，這些磁碟區包含：**簡單磁碟區**（simple volume）、**跨距磁碟區**（spanned volume）、**等量磁碟區**（striped volume）、**鏡像磁碟區**（mirrored volume）、**RAID-5 磁碟區**（RAID-5 volume）。其中簡單磁碟區為動態磁碟的基本單位，而其他 4 種則分別具備著不同特色（見表 10-3-1）。

表 10-3-1

磁碟區種類	磁碟數	可用來儲存資料的容量	效能（與單一磁碟比較）	容錯
跨距	2 - 32 個	全部	不變	無
等量（RAID-0）	2 - 32 個	全部	讀、寫都提升許多	無
鏡像（RAID-1）	2 個	一半	讀提升、寫稍微下降	有
RAID-5	3- 32 個	磁碟數 - 1	讀提升多、寫下降稍多	有

將基本磁碟轉換為動態磁碟

需先將基本磁碟轉換成動態磁碟後，才可以在磁碟內建立上述特殊的磁碟區：

- Administrators 或 Backup Operators 群組的成員才有權執行轉換工作。
- 在轉換之前，請先關閉所有正在執行的程式。

- 一旦轉換為動態磁碟後，原有的主要磁碟分割區與邏輯磁碟機都會自動被轉換成**簡單磁碟區**。
- 一旦轉換為動態磁碟後，整個磁碟內就不會再有任何的基本磁碟區（主要磁碟分割區或邏輯磁碟機）。
- 一旦轉換為動態磁碟後，除非先刪除磁碟內的所有磁碟區（變成空磁碟），否則無法將它轉換回基本磁碟。
- 若一個基本磁碟內同時安裝了多套 Windows 作業系統的話，也請不要將此基本磁碟轉成動態磁碟，因為一旦轉換後，則除了目前的作業系統外，可能無法再啟動其他作業系統。

將基本磁碟轉換為動態磁碟的步驟為：【如圖 10-3-1 所示對著任一個基本磁碟按右鍵➲轉換到動態磁碟➲勾選所有欲轉換的基本磁碟➲按確定鈕➲按轉換鈕】。

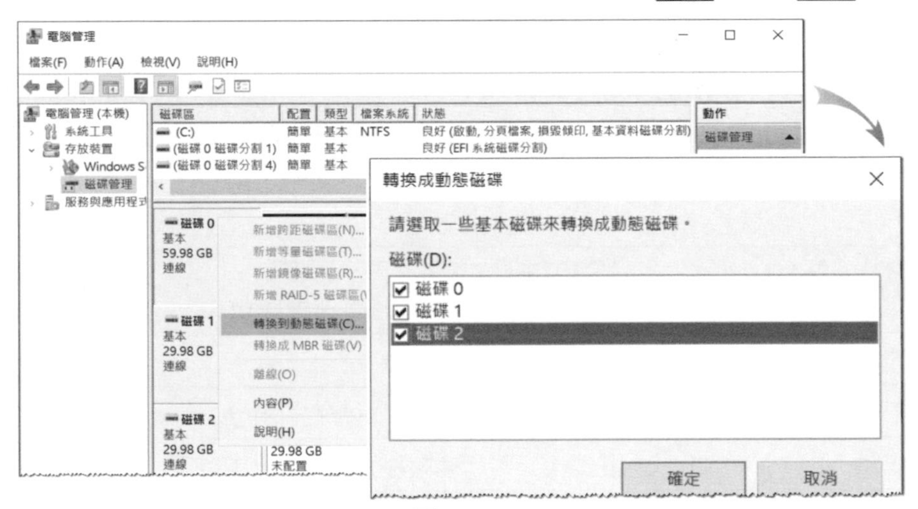

圖 10-3-1

簡單磁碟區

簡單磁碟區是動態磁碟區的基本單位，您可以選取未配置空間來建立簡單磁碟區，必要時可將此簡單磁碟區擴大。

簡單磁碟區可以被格式化為 NTFS、ReFS、exFAT、FAT32 或 FAT 檔案系統，但若要延伸簡單磁碟區的話（擴大簡單磁碟區的容量），則需為 NTFS 或 ReFS。建立簡單磁碟區的步驟如下所示：

STEP 1 如圖 10-3-2 所示【對著一塊未配置的空間（假設是磁碟 1）按右鍵➲新增簡單磁碟區】。

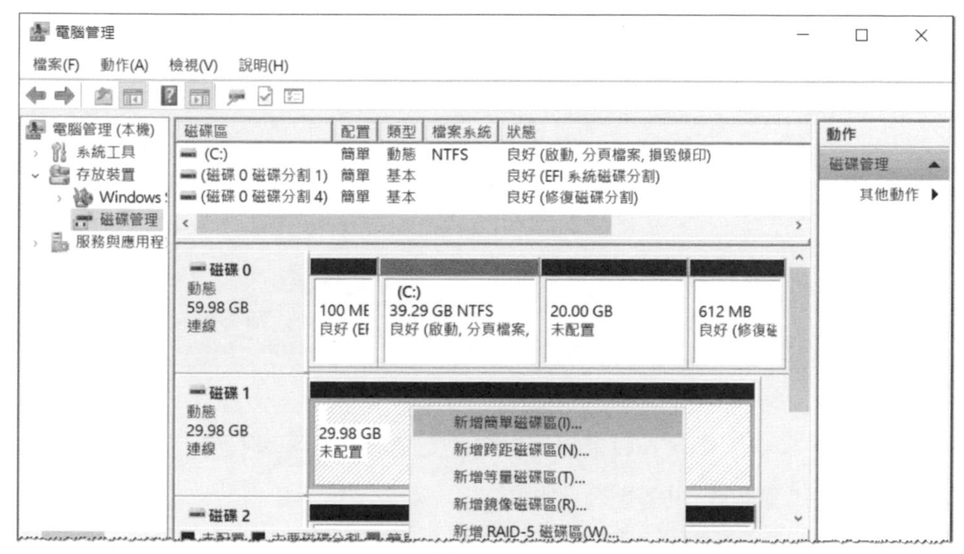

圖 10-3-2

STEP 2 出現**歡迎使用新增簡單磁碟區精靈**畫面時按 下一步 鈕。

STEP 3 在圖 10-3-3 中設定此簡單磁碟區的大小後按 下一步 鈕。

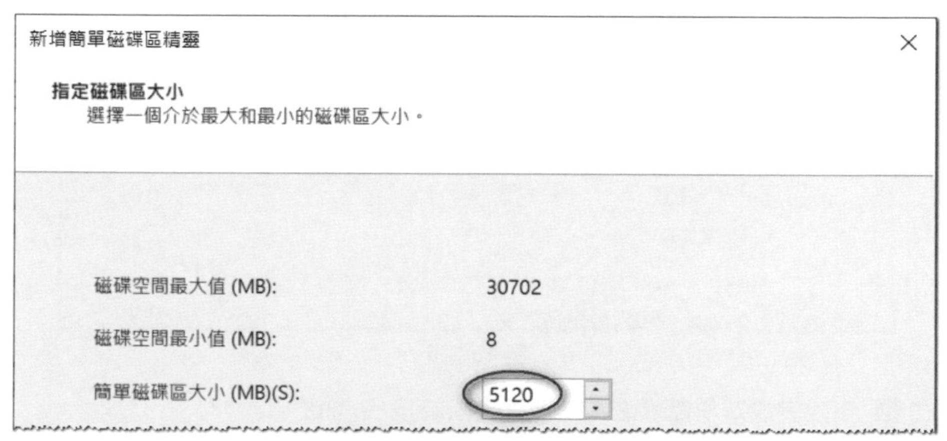

圖 10-3-3

STEP 4 在圖 10-3-4 中指定一個磁碟機代號來代表此簡單磁碟區後按 下一步 鈕（此畫面的詳細說明，可參閱圖 10-2-7 的說明）。

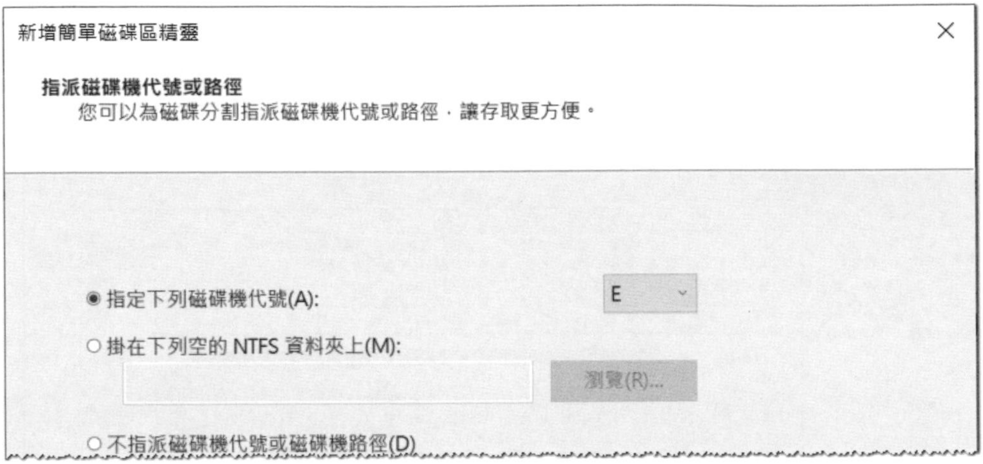

新增簡單磁碟區精靈
指派磁碟機代號或路徑
您可以為磁碟分割指派磁碟機代號或路徑，讓存取更方便。
指定下列磁碟機代號(A):
E
掛在下列空的 NTFS 資料夾上(M):
瀏覽(R)...
不指派磁碟機代號或磁碟機路徑(D)

圖 10-3-4

STEP 5 在圖 10-3-5 中輸入與選擇適當的設定值後按下一步鈕（此畫面的詳細說明，請參閱圖 10-2-8 的說明）。

新增簡單磁碟區精靈
磁碟分割格式化
您必須先將這個磁碟分割格式化，才能儲存資料。
請選擇您是否要格式化這個磁碟區，如果要，您要使用什麼設定。
不要格式化這個磁碟區(D)
用下列設定將這個磁碟區格式化(O):
檔案系統(F):
NTFS
配置單位大小(A):
預設
磁碟區標籤(V):
Drawings
執行快速格式化(P)
啟用檔案及資料夾壓縮(E)

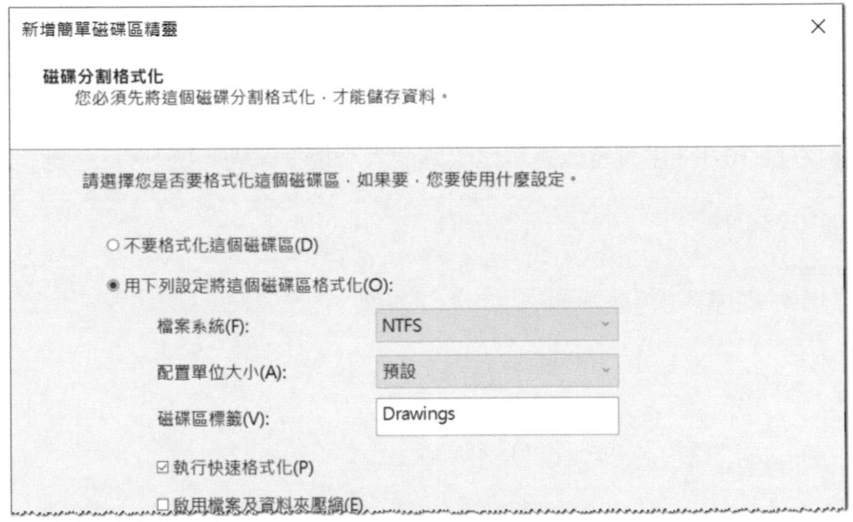

圖 10-3-5

STEP 6 出現**完成新增簡單磁碟區精靈**畫面時按完成鈕。

STEP 7 系統開始格式化此磁碟區，圖 10-3-6 為完成後的畫面，圖中的 E: 就是我們所建立的簡單磁碟區，其右邊為剩餘的未配置空間。

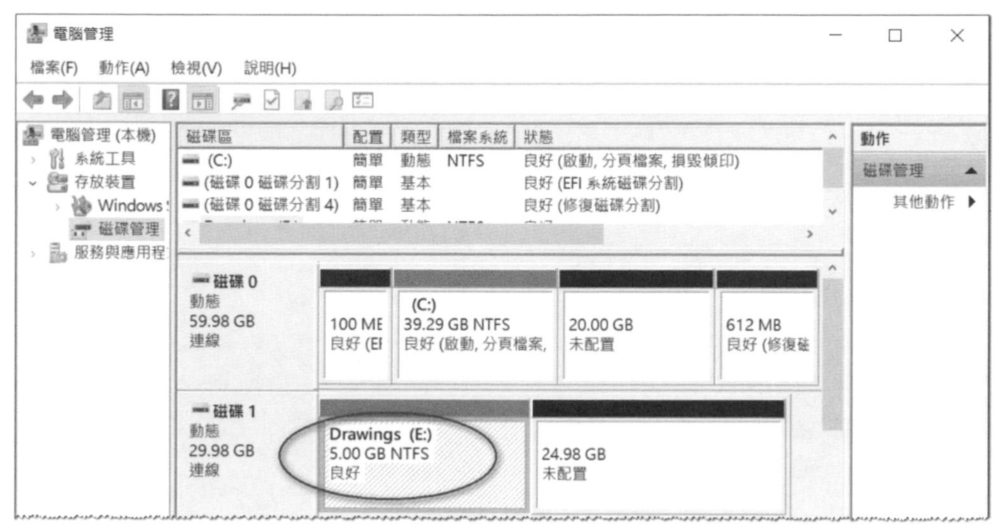

圖 10-3-6

延伸簡單磁碟區

簡單磁碟區可以被延伸，也就是可以將未配置的空間合併到簡單磁碟區內，以便擴大其容量，不過請注意以下事項：

- 只有尚未格式化或已被格式化為 NTFS、ReFS 的磁碟區才可以被延伸，其他的 exFAT、FAT32 與 FAT 磁碟區無法被延伸。
- 新增加的空間，可以是同一個磁碟內的未配置空間、也可以是另外一個磁碟內的未配置空間，若是後者的話，它就變成了**跨距磁碟區**（spanned volume）。簡單磁碟區可以被用來組成**鏡像磁碟區**、**等量磁碟區**或 **RAID-5 磁碟區**，但在它變成**跨距磁碟區**後，就不具備此功能了。

假設我們要從圖 10-3-7 的磁碟 1 中未配置的 24.98GB 取用 3GB，並將其加入簡單磁碟區 E:，也就是將容量為 5GB 的簡單磁碟區 E:擴大到 8GB：請如圖 10-3-7 所示對著簡單磁碟區 E:按右鍵➲延伸磁碟區。

電腦管理
檔案(F) 動作(A) 檢視(V) 說明(H)
電腦管理 (本機)
系統工具
存放裝置
磁碟管理
服務與應用程
磁碟區
配置
類型
(C:)
簡單
動態
(磁碟 0 磁碟分割 1)
基本
(磁碟 0 磁碟分割 4)
開啟(O)
瀏覽(E)
延伸磁碟區(X)...
壓縮磁碟區(H)...
新增鏡像(A)...
變更磁碟機代號及路徑(C)...
格式化(F)...
重新啟動磁碟區(R)
刪除磁碟區(D)...
內容(P)
說明(H)
動作
磁碟管理
其他動作
磁碟 0
動態
59.98 GB
連線
100 MB
39.29 G
磁碟 1
29.98 GB
Drawings (E:)
5.00 GB NTFS
良好
24.98 GB
未配置

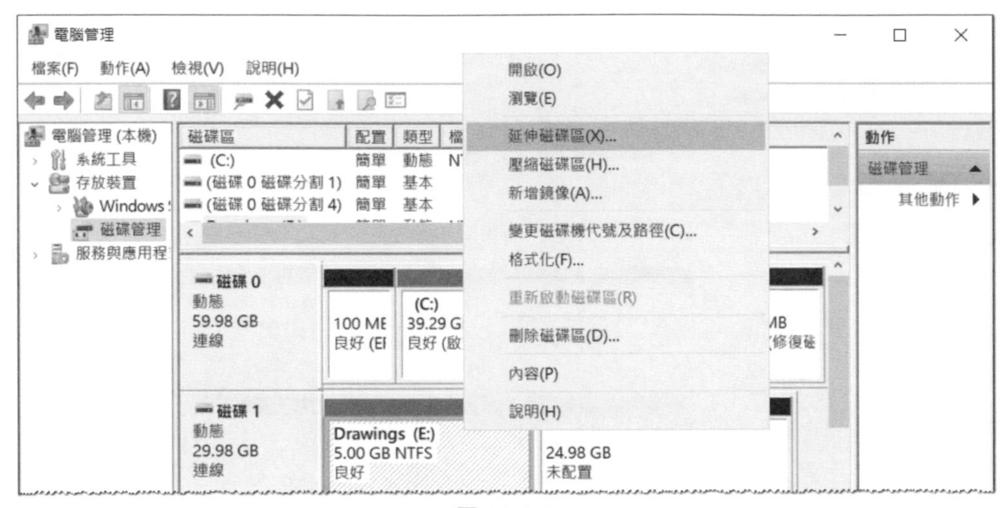

圖 10-3-7

然後在圖 10-3-8 中輸入欲延伸的容量（3072MB）與此容量的來源磁碟（磁碟 1）。圖 10-3-9 為完成後的畫面，其中 E: 磁碟的容量已被擴大。

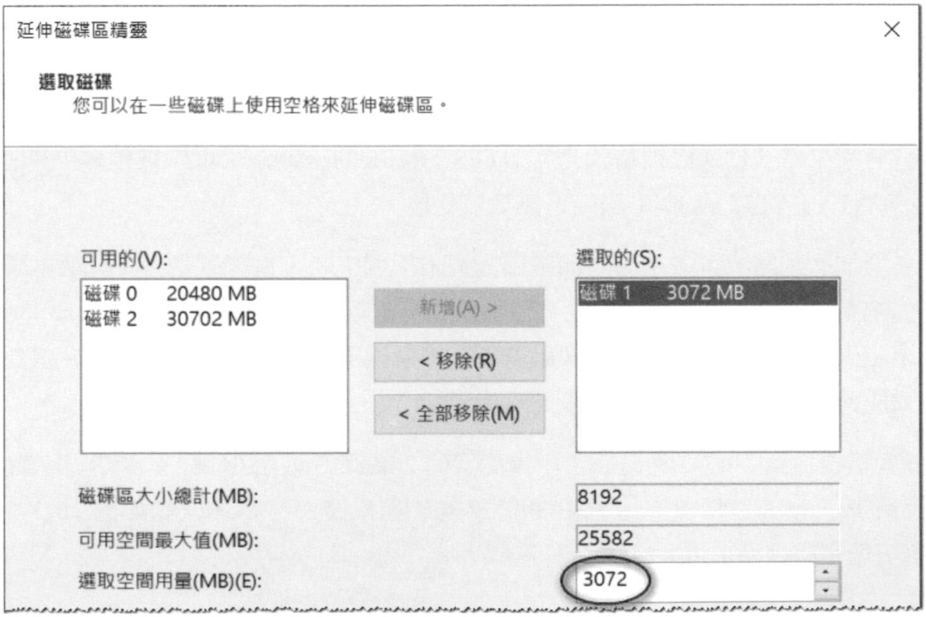

延伸磁碟區精靈
選取磁碟
您可以在一些磁碟上使用空格來延伸磁碟區。
可用的(V):
磁碟 0 20480 MB
磁碟 2 30702 MB
新增(A) >
< 移除(R)
< 全部移除(M)
選取的(S):
磁碟 1 3072 MB
磁碟區大小總計(MB):
8192
可用空間最大值(MB):
25582
選取空間用量(MB)(E):
3072

圖 10-3-8

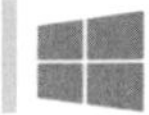

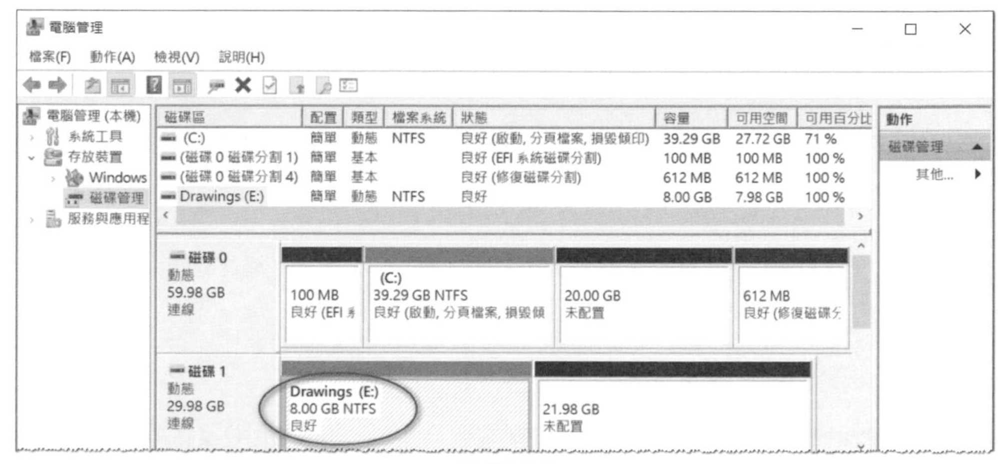

圖 10-3-9

跨距磁碟區

跨距磁碟區（spanned volume）是由數個位於不同磁碟的未配置空間所組成的一個邏輯磁碟區，也就是說您可以將數個磁碟內的未配置空間，合併成為一個跨距磁碟區，並賦予一個共同的磁碟機代號。跨距磁碟區具備以下特性；

- 您可以將動態磁碟內多個剩餘的、容量較小的未配置空間，合併為一個容量較大的跨距磁碟區，以便更有效率的利用磁碟空間。

> 跨距磁碟區與某些電腦主機板所提供的 JBOD（Just a Bunch of Disks）功能類似，透過 JBOD 可以將多個磁碟組成一個磁碟來使用。

- 您可以選用從 2 到 32 磁碟內的未配置空間來組成跨距磁碟區。
- 組成跨距磁碟區的每一個成員，其容量大小可以不相同。
- 組成跨距磁碟區的成員中，不可以包含**系統磁碟區**與**啟動磁碟區**。
- 系統在將資料儲存到跨距磁碟區時，是先儲存到其成員中的第 1 個磁碟內，待其空間用罄時，才會將資料儲存到第 2 個磁碟，依此類推。
- 跨距磁碟區不具備提高磁碟存取效率的功能。

- 跨距磁碟區不具備容錯的功能，換句話說，成員當中任何一個磁碟故障時，整個跨距磁碟區內的資料將跟著遺失。
- 跨距磁碟區無法成為鏡像磁碟區、等量磁碟區或 RAID-5 磁碟區的成員。
- 跨距磁碟區可以被格式化成 NTFS 或 ReFS 格式。
- 可以將其他未配置空間加入到現有的跨距磁碟區內，以便延伸（擴大）其容量。
- 整個跨距磁碟區是被視為一體的，您無法將其中任何一個成員獨立出來使用，除非先將整個跨距磁碟區刪除。

以下我們利用將圖 10-3-10 中 3 個未配置空間合併為一個跨距磁碟區的方式，來說明如何建立跨距磁碟區。

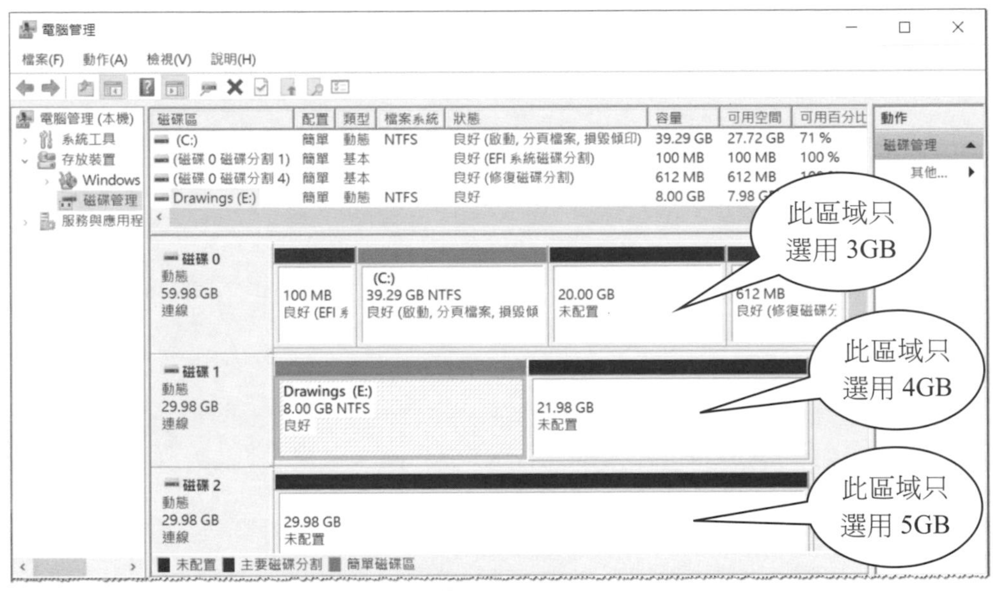

圖 10-3-10

STEP 1 對著圖 10-3-10 中 3 個未配置空間中的任何一個（例如磁碟 1）按右鍵➲新增跨距磁碟區。

STEP 2 出現**歡迎使用新增跨距磁碟區精靈**畫面時按下一步鈕。

STEP 3 如圖 10-3-11 所示分別從磁碟 0、1、2 中選用 3GB、4GB、5GB 的容量（根據圖 10-3-10 的要求）後按下一步鈕。

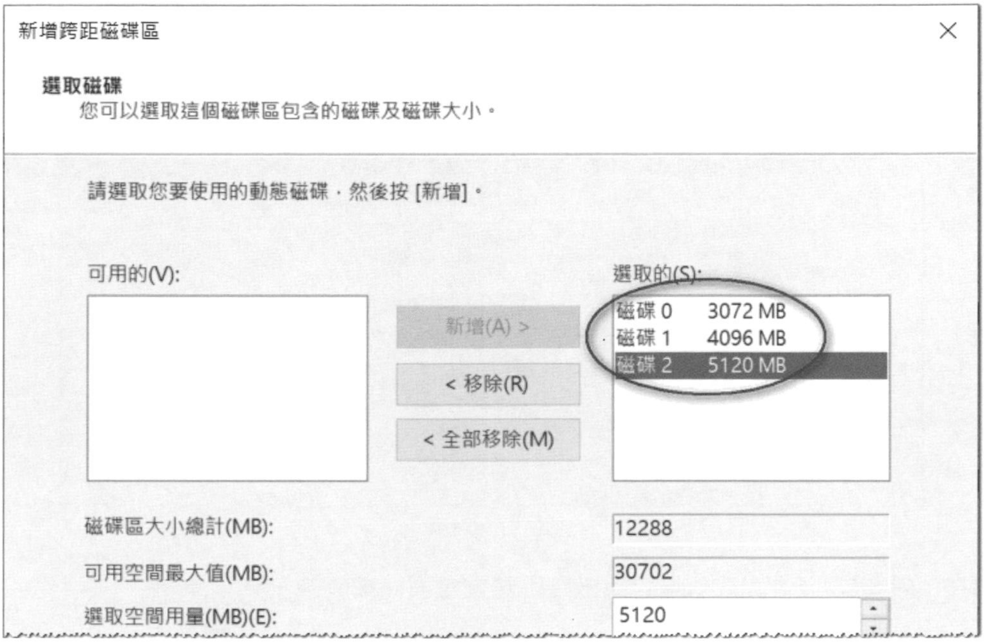

圖 10-3-11

STEP 4 在圖 10-3-12 中指定一個磁碟機代號來代表此跨距磁碟區後按 下一步 鈕（此畫面的詳細說明，請參閱圖 10-2-7 的說明）。

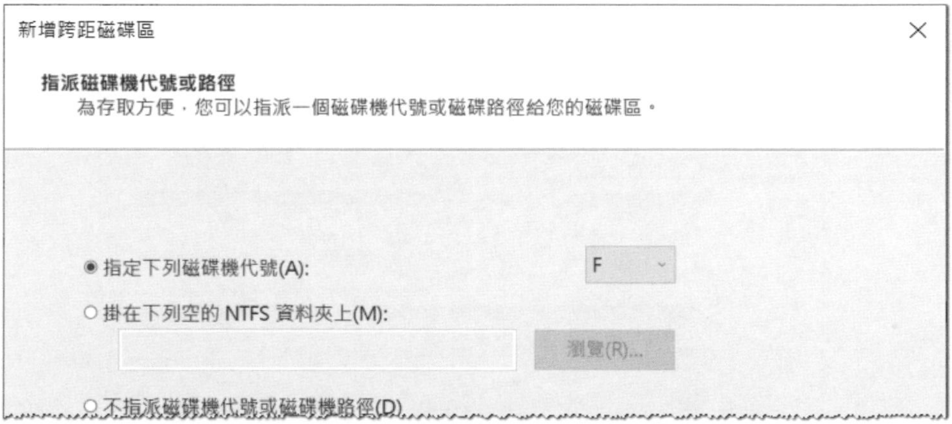

圖 10-3-12

STEP 5 在圖 10-3-13 中輸入與選擇適當的設定值後按 下一步 鈕（此畫面的詳細說明，可參閱圖 10-2-8 的說明）。

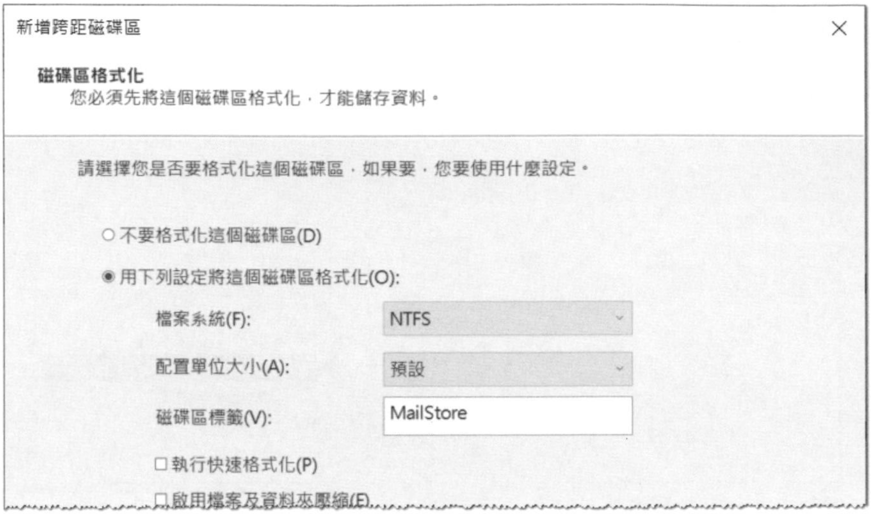

新增跨距磁碟區

磁碟區格式化

您必須先將這個磁碟區格式化，才能儲存資料。

請選擇您是否要格式化這個磁碟區，如果要，您要使用什麼設定。

○ 不要格式化這個磁碟區(D)

◉ 用下列設定將這個磁碟區格式化(O):

檔案系統(F): NTFS

配置單位大小(A): 預設

磁碟區標籤(V): MailStore

☐ 執行快速格式化(P)

☐ 啟用檔案及資料夾壓縮(E)

圖 10-3-13

STEP 6　出現**正在完成新增跨距磁碟區精靈**畫面時按完成鈕。

STEP 7　系統開始建立與格式化此跨距磁碟區，圖 10-3-14 為完成後的畫面，圖中的 F: 磁碟就是跨距磁碟區，它分佈在 3 個磁碟內，總容量為 12GB。

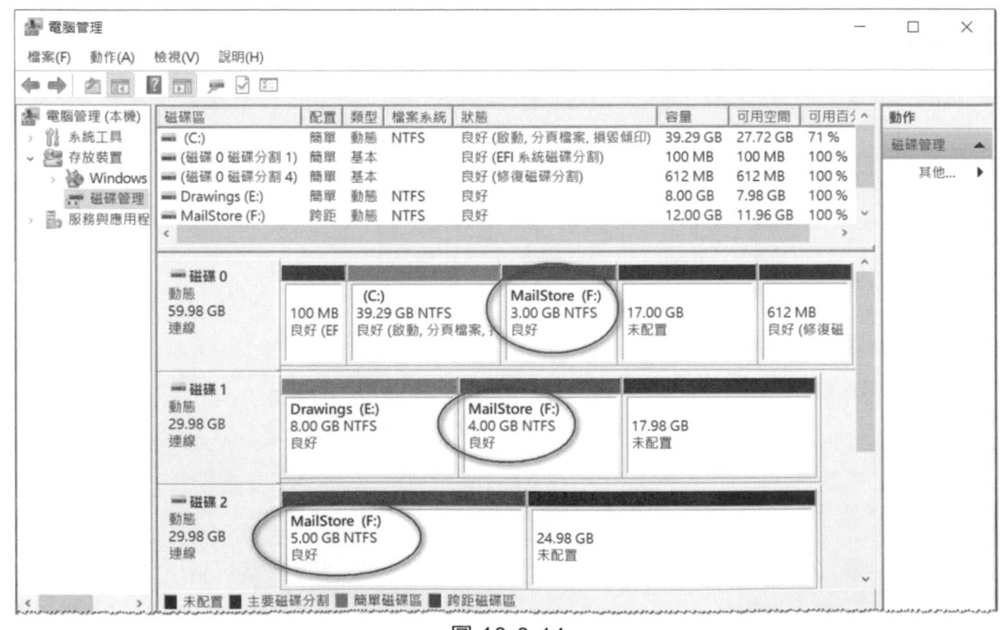

圖 10-3-14

等量磁碟區

等量磁碟區（striped volume）也是由數個分別位於不同磁碟的未配置空間所組成的一個邏輯磁碟區，也就是說您可以從數個磁碟內分別選取未配置的空間，然後將它們合併成為一個等量磁碟區，最後再賦予一個共同的磁碟機代號。

與跨距磁碟區不同的是：等量磁碟區的每一個成員，其容量大小是相同的，且資料寫入時是平均的寫到每一個磁碟內。等量磁碟區是所有磁碟區中運作效率最好的磁碟區。等量磁碟區具備以下的特性：

- 您可以從 2 到 32 磁碟內分別選用未配置空間來組成等量磁碟區，這些磁碟最好都是相同的製造商、相同的型號。
- 它是使用 RAID-0（Redundant Array of Independent Disks-0）的技術。
- 組成等量磁碟區的每一個成員，其容量大小是相同的。
- 組成等量磁碟區的成員中不可以包含**系統磁碟區**與**啟動磁碟區**。
- 系統在將資料儲存到等量磁碟區時，會先將資料拆成等量的 64KB，例如若是由 4 個磁碟組成的等量磁碟區，則系統會將資料拆成每 4 個 64KB 為一組，每一次將一組 4 個 64KB 的資料分別寫入 4 個磁碟內，一直到所有資料都寫入到磁碟為止。這種方式是所有磁碟同時在工作，因此可以提高磁碟的存取效率。
- 等量磁碟區不具備容錯功能，換句話說，成員當中任何一個磁碟故障時，整個等量磁碟區內的資料都將會遺失。
- 等量磁碟區一旦被建立好後，就無法再被擴大（延伸，extend），除非您將其刪除後再重建。
- 等量磁碟區可以被格式化成 NTFS 或 ReFS 格式。
- 整個等量磁碟區是被視為一體的，您無法將其中任何一個成員獨立出來使用，除非先將整個等量磁碟區刪除。

以下利用將圖 10-3-15 中 3 個磁碟內的 3 個未配置空間合併為一個等量磁碟區的方式，來說明如何建立等量磁碟區。雖然 3 個磁碟目前的未配置空間容量不同，不過我們會在建立等量磁碟區過程中，從各磁碟內選用相同容量（以 7GB 為例）。

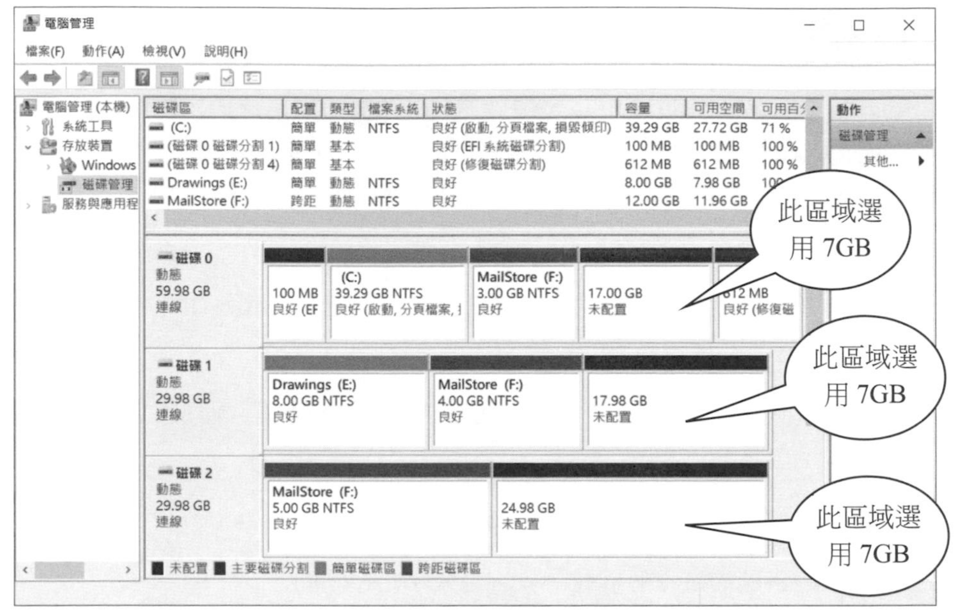

圖 10-3-15

STEP 1 對著圖 10-3-15 中 3 個未配置空間中的任何一個（例如磁碟 1）按右鍵➲新增等量磁碟區。

STEP 2 出現**歡迎使用新增等量磁碟區精靈**畫面時按 下一步 鈕。

STEP 3 分別從圖 10-3-16 的各磁碟中選取 7168MB（7GB），因此這個等量磁碟區的總容量為 21504MB（21GB）。完成後按 下一步 鈕。

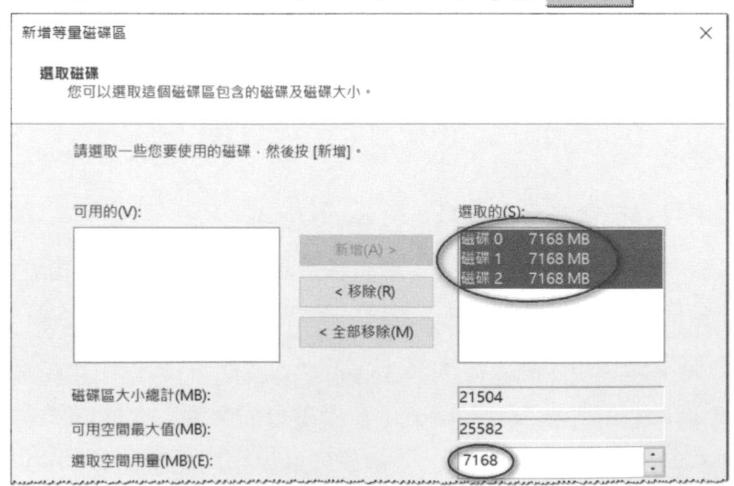

圖 10-3-16

> 若某個磁碟內沒有一個超過 7GB 的連續可用空間，但是卻有多個不連續的未配置空間，其總容量足夠 7GB 的話，則此磁碟也可以成為等量磁碟區的成員。

STEP 4 在圖 10-3-17 中指定一個磁碟機代號來代表此等量磁碟區後按下一步鈕（此畫面的詳細說明，可參閱圖 10-2-7 的說明）。

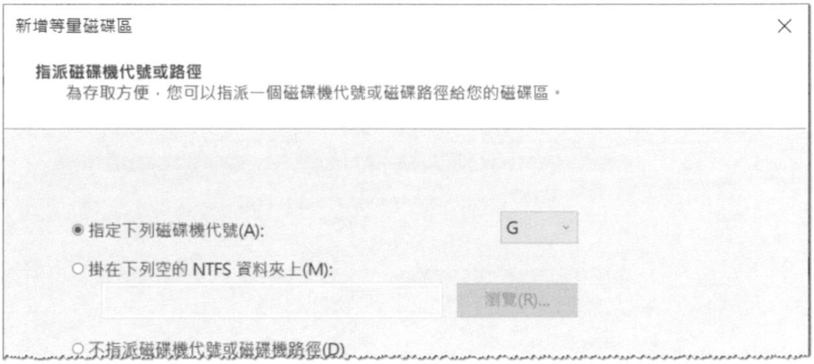

新增等量磁碟區

指派磁碟機代號或路徑

為存取方便，您可以指派一個磁碟機代號或磁碟路徑給您的磁碟區。

◉ 指定下列磁碟機代號(A): G

○ 掛在下列空的 NTFS 資料夾上(M): 瀏覽(R)...

○ 不指派磁碟機代號或磁碟機路徑(D)

圖 10-3-17

STEP 5 在圖 10-3-18 中輸入與選擇適當設定值後按下一步鈕（此畫面的詳細說明，可參閱圖 10-2-8 的說明）。

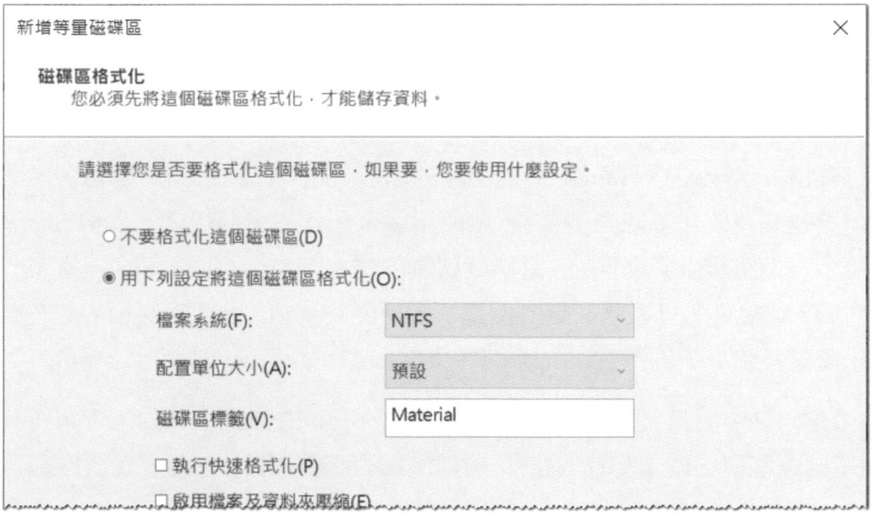

新增等量磁碟區

磁碟區格式化

您必須先將這個磁碟區格式化，才能儲存資料。

請選擇您是否要格式化這個磁碟區，如果要，您要使用什麼設定。

○ 不要格式化這個磁碟區(D)

◉ 用下列設定將這個磁碟區格式化(O):

檔案系統(F): NTFS

配置單位大小(A): 預設

磁碟區標籤(V): Material

☐ 執行快速格式化(P)

☐ 啟用檔案及資料夾壓縮(E)

圖 10-3-18

STEP 6 出現正在完成新增等量磁碟區精靈畫面時按完成鈕。

STEP 7 之後系統會開始建立與格式化此等量磁碟區，圖 10-3-19 為完成後的畫面，圖中 G: 磁碟就是等量磁碟區，它分佈在 3 個磁碟內，且在每一個磁碟內所佔用的容量都相同（7GB）。

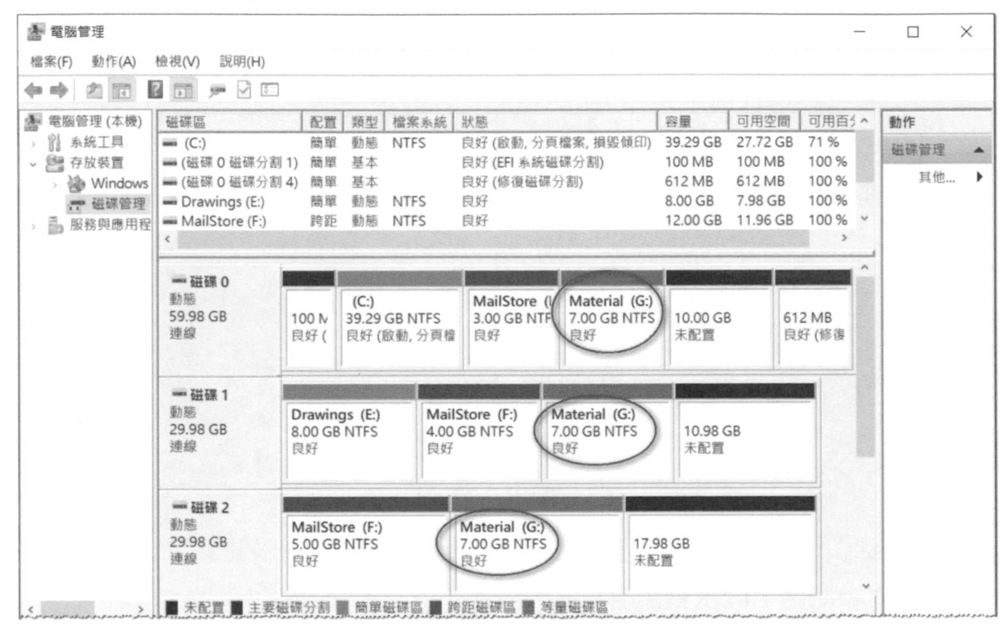

圖 10-3-19

鏡像磁碟區

鏡像磁碟區（mirrored volume）具備容錯的功能。您可以將一個簡單磁碟區與另一個未配置空間組成一個鏡像磁碟區，或將兩個未配置的空間組成一個鏡像磁碟區，然後給予一個邏輯磁碟機代號。這兩個區域內將儲存完全相同的資料，當有一個磁碟故障時，系統仍然可以讀取另一個正常磁碟內的資料，因此它具備容錯的能力。鏡像磁碟區具備以下的特性；

- 鏡像磁碟區的成員只有 2 個，且它們需位於不同的動態磁碟內。您可選擇一個簡單磁碟區與一個未配置的空間，或兩個未配置的空間來組成鏡像磁碟區。
- 若是選擇將一個簡單磁碟區與一個未配置空間來組成鏡像磁碟區，則系統在建立鏡像磁碟區的過程中，會將簡單磁碟區內的現有資料複製到另一個成員中。

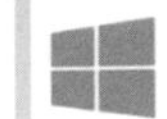

- 鏡像磁碟區是使用 RAID-1 的技術。
- 組成鏡像磁碟區的 2 個磁碟區的容量大小是相同的。
- 組成鏡像磁碟區的成員中可以包含**系統磁碟區**與**啟動磁碟區**。
- 系統將資料儲存到鏡像磁碟區時，會將一份相同的資料同時儲存到兩個成員中。當有一個磁碟故障時，系統仍然可以讀取另一個磁碟內的資料。
- 系統在將資料寫入鏡像磁碟區時，會稍微多花費一點點時間將一份資料同時寫到 2 個磁碟內，故鏡像磁碟區的寫入效率稍微差一點，因此為了提高鏡像磁碟區的寫入效率，建議將兩個磁碟分別連接到不同的磁碟控制器（controller），也就是採用 **Disk Duplexing** 架構，此架構也可增加容錯功能，因為即使一個控制器故障，系統仍然可利用另外一個控制器來讀取另外一台磁碟內的資料。

  在讀取鏡像磁碟區的資料時，系統可以同時從 2 個磁碟來讀取不同部分的資料，因此可減少讀取的時間，提高讀取的效率。若其中一個成員故障的話，鏡像磁碟區的效率將恢復為平常只有一個磁碟時的狀態。
- 由於鏡像磁碟區的磁碟空間的有效使用率只有 50%（因為兩個磁碟內儲存重複的資料），因此每一個 MB 的單位儲存成本較高。
- 鏡像磁碟區一旦被建立好後，就無法再被擴大（延伸，extend）。
- Windows Server 2022 等伺服器等級的系統支援鏡像磁碟區。
- 鏡像磁碟區可被格式化成 NTFS 或 ReFS 格式。不過也可選擇將一個現有的 FAT32 簡單磁碟區與一個未配置空間來組成鏡像磁碟區。
- 整個鏡像磁碟區是被視為一體的，若想將其中任何一個成員獨立出來使用的話，請先中斷鏡像關係、或移除鏡像、或刪除此鏡像磁碟區。

建立鏡像磁碟區

以下利用將圖 10-3-20 中磁碟 1 的簡單磁碟區 F: 與磁碟 2 的未配置空間組成一個鏡像磁碟區的方式，來說明如何建立鏡像磁碟區（您也可以利用兩個未配置的空間來建立鏡像磁碟區）。

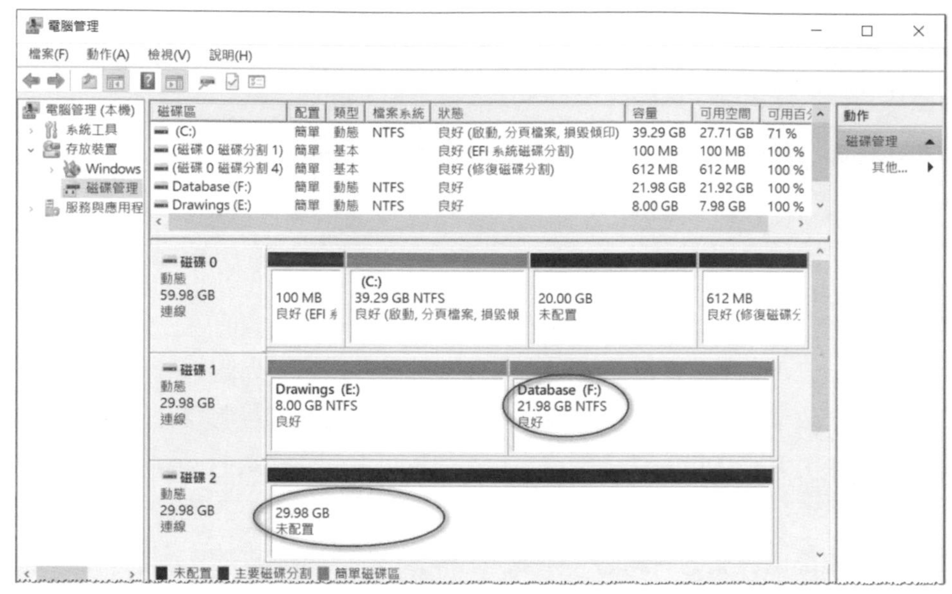

圖 10-3-20

STEP 1　對著圖 10-3-20 中的簡單磁碟區 F: 按右鍵➲新增鏡像（若是對著未配置的空間按右鍵的話，則請選擇**新增鏡像磁碟區**）。

STEP 2　在圖 10-3-21 中選擇**磁碟 2** 後按 新增鏡像 鈕。

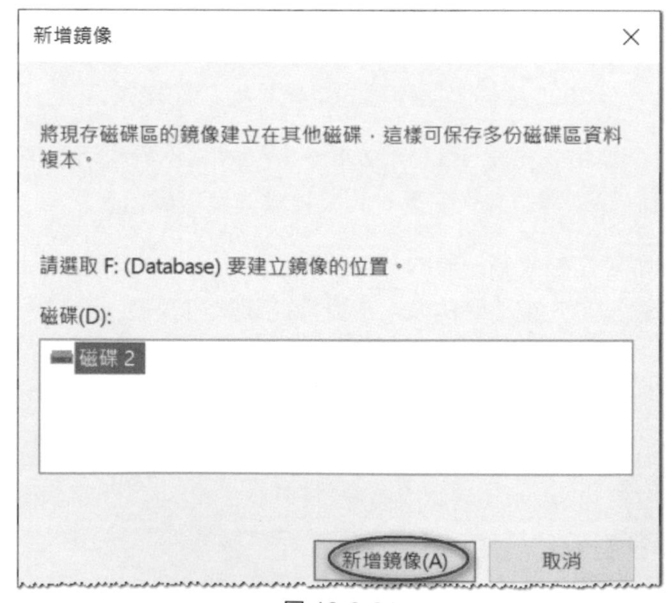

圖 10-3-21

Q 為何在圖 10-3-21 中無法選擇磁碟 0 呢？

A 因為在圖 10-3-20 中是針對簡單磁碟區 F: 來建立鏡像磁碟區，其容量為 21.98GB，且已內含資料，而建立鏡像磁碟區時需將 F: 的資料複製到另一個未配置空間，然而磁碟 0 的未配置空間的容量不足(僅 20GB)，故無法選擇磁碟 0 （若系統找不到容量足夠的未配置空間的話，則對著簡單磁碟區按右鍵後無法選用**新增鏡像**）。

STEP 3 之後系統會如圖 10-3-22 所示在磁碟 2 的未配置空間內建立一個與磁碟 1 的 F: 磁碟相同容量的簡單磁碟區，且開始將磁碟 1 的 F: 磁碟內的資料複製到磁碟 2 內的 F: 內（同步化），完成後的鏡像磁碟區 F: 是分佈在 2 個磁碟內，且 2 個磁碟內的資料是相同的。

若磁碟 2 為基本磁碟的話，則在建立**鏡像磁碟區**時，系統會要求將其轉換為動態磁碟。

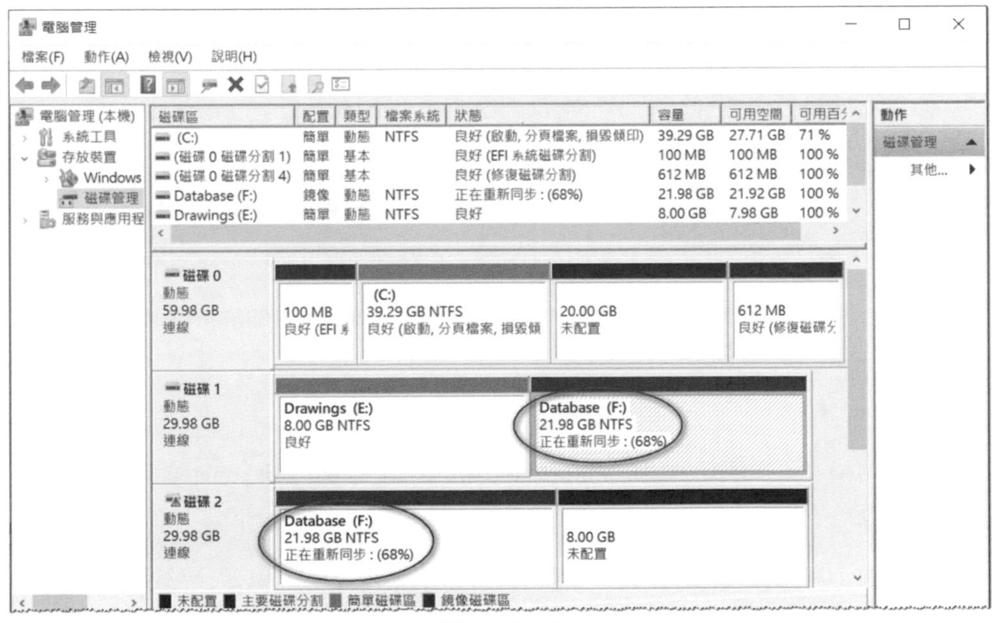

圖 10-3-22

建立 UEFI 模式的鏡像磁碟

以 **UEFI 模式**運作的電腦，其啟動磁碟區（參考圖 10-3-23 中磁碟 0 的 C: 磁碟）的鏡像磁碟區的建立方式也可以利用前面的方法，然而圖中的 **EFI 系統磁碟分割區**與**修復磁碟分割區**需要使用 diskpart 程式。

1. 以傳統 BIOS **模式**運作的電腦，其系統磁碟區與啟動磁碟區的鏡像磁碟區的建立方式都可以利用前面所介紹的方法。
2. 系統會自動建立 MSR **保留區**，若是動態磁碟的話，系統也會自動建立一個**動態保留區**。**保留區**與**動態保留區**在圖 10-3-23 中都看不到，需利用 diskpart.exe 程式來查看。

我們將利用圖 10-3-23 來說明如何將圖中磁碟 0 的 3 個磁碟分割區都鏡像到磁碟 1（至於圖中看不到的**保留區**與**動態保留區**，系統會自動建立）。圖中 2 個磁碟的容量相同，且假設都是基本磁碟、GPT 磁碟。

我們利用 diskpart 指令來將圖中 **EFI 系統磁碟分割區**（100MB）與**修復磁碟分割區**（612MB）鏡像到磁碟 1、利用**磁碟管理**將**啟動磁碟區**（C:磁碟）鏡像到磁碟 1。

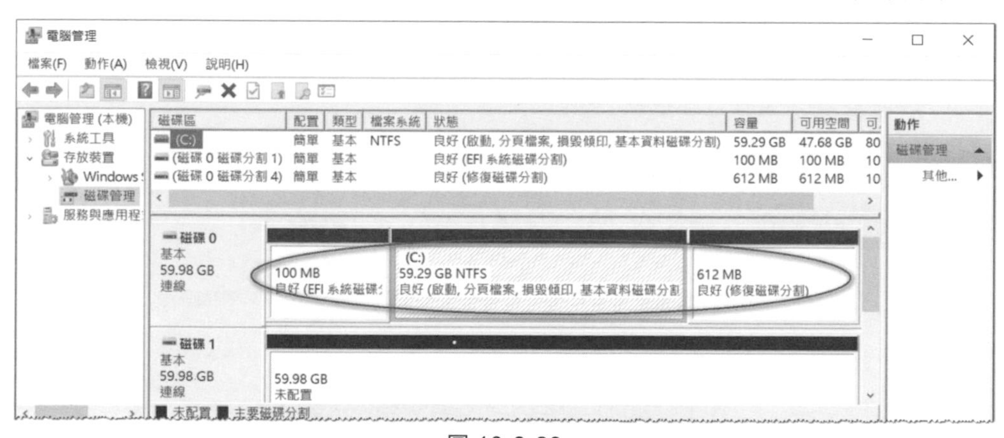

圖 10-3-23

STEP 1 點擊左下角**開始**圖⊞➲Windows PowerShell➲輸入 diskpart 後按 Enter 鍵。

STEP 2 透過 select disk 0、list partition 指令來查看磁碟 0 的磁碟分割區資訊（如圖 10-3-24 所示）：圖中磁碟分割區 1 為 **EFI 系統磁碟分割區**(100MB)、

磁碟分割區 3 為啟動磁碟區（C: 磁碟，59GB）、磁碟分割區 4 為**修復磁碟分割區**（612MB）。

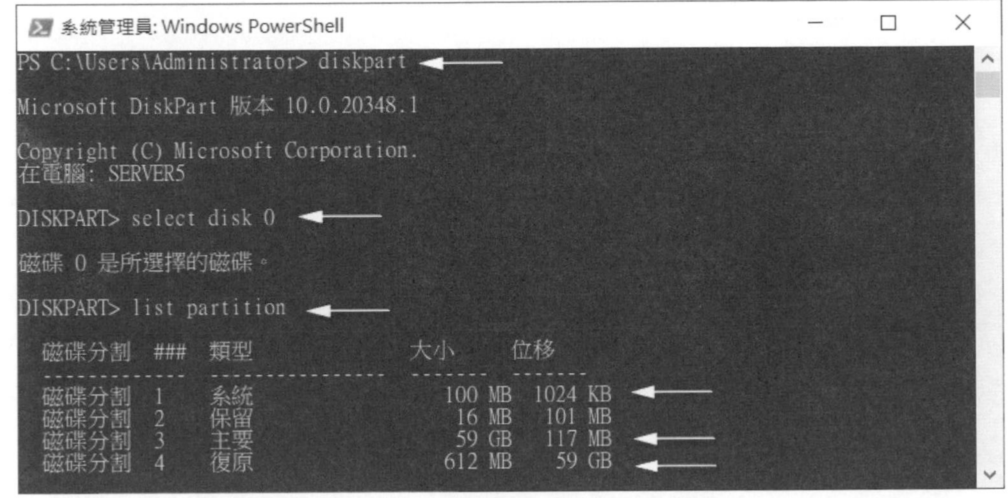

圖 10-3-24

STEP 3 我們先將前面圖 10-3-24 中磁碟 0 的磁碟分割區 1 的 **EFI 系統磁碟分割區**鏡像到磁碟 1。由圖中可知其容量為 100MB。

請利用以下指令在 disk 1 建立容量也是 100MB 的 **EFI 系統磁碟分割區**，並指定磁碟機代號（如圖 10-3-25 所示）：select disk 1、create partition efi size=100、format fs=fat32 quick、assign letter=r。

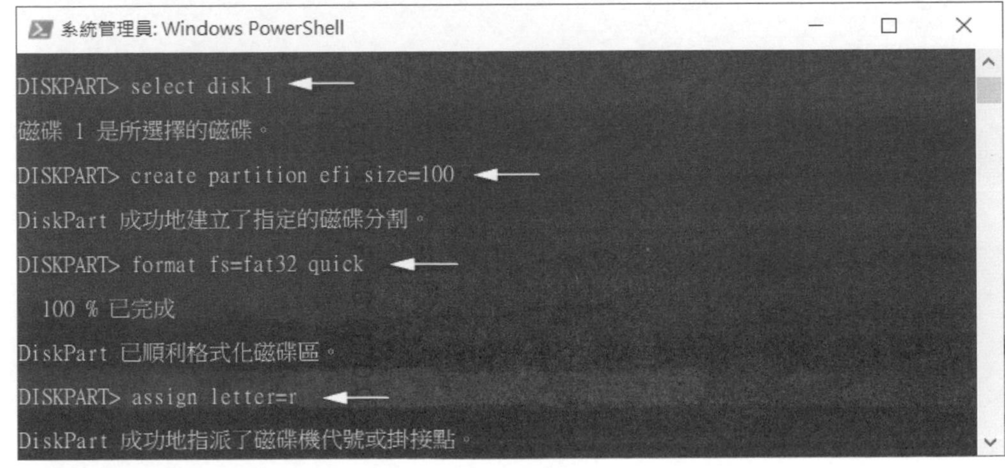

圖 10-3-25

STEP 4 利用以下指令來指定磁碟機代號 q 給磁碟 0 的 **EFI 系統磁碟分割區**（如圖 10-3-26 所示），然後離開 diskpart：select disk 0、select partition 1、assign letter=q、exit。

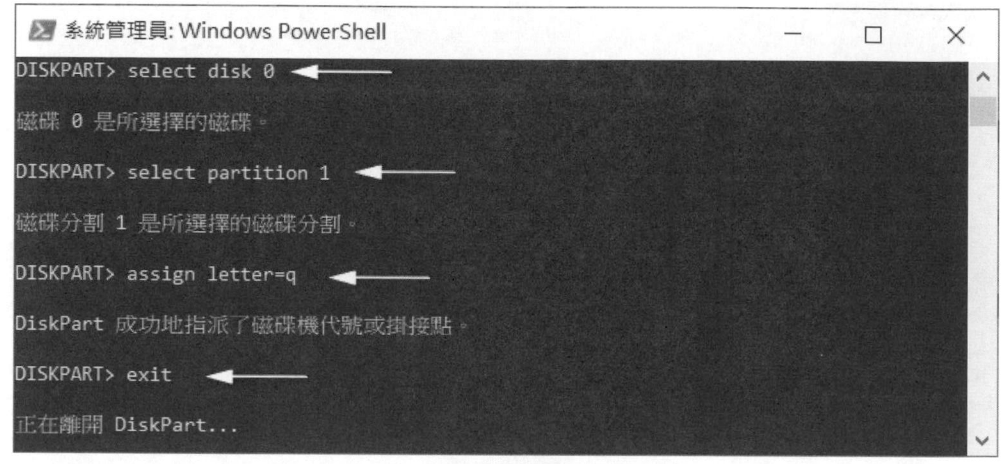

圖 10-3-26

STEP 5 接下來利用以下指令來將磁碟 0 的 **EFI 系統磁碟分割區**的內容，複製到磁碟 1 的 **EFI 系統磁碟分割區**（如圖 10-3-27 所示）：

robocopy.exe q:\ r:\ * /e /copyall /dcopy:t /xf BCD.* /xd "System Volume Information"

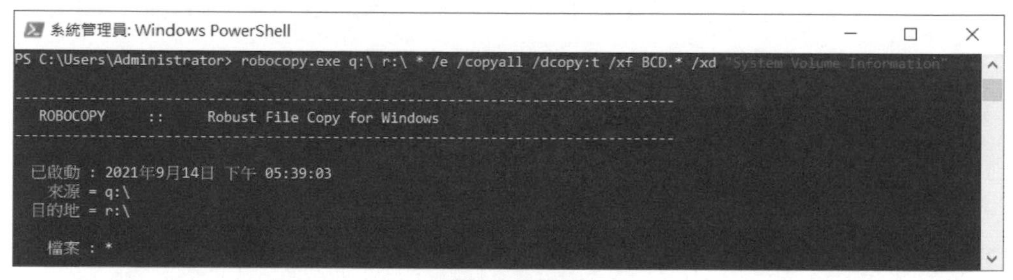

圖 10-3-27

STEP 6 接下來要將磁碟 0 的**修復磁碟分割區**鏡像到磁碟 1：請重新再執行 diskpart.exe 程式，然後如圖 10-3-28 所示可利用 select disk 0、list partition 來得知**修復磁碟分割區**的容量大小為 612MB（位於磁碟分割區 4）。

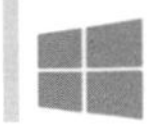

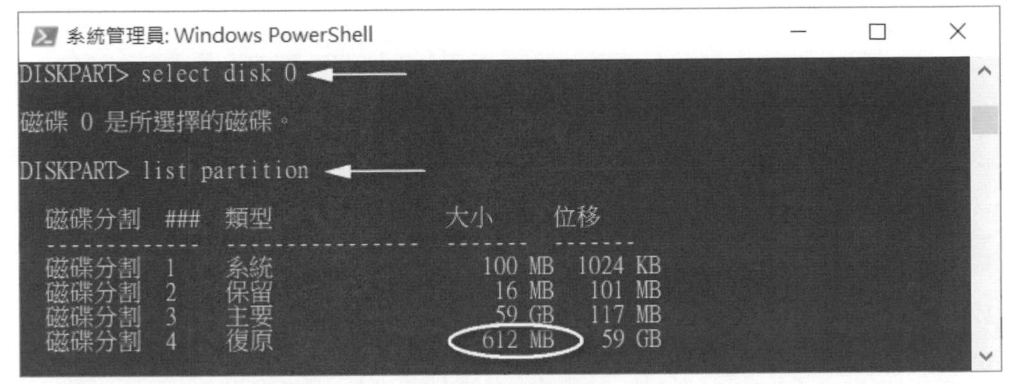

圖 10-3-28

STEP 7 透過以下 2 個指令來查看**修復磁碟分割區**的資訊（如圖 10-3-29 所示）：select partition 4、detail partition，然後複製**類型**處的代碼與記下此分割區的大小（612MB）。

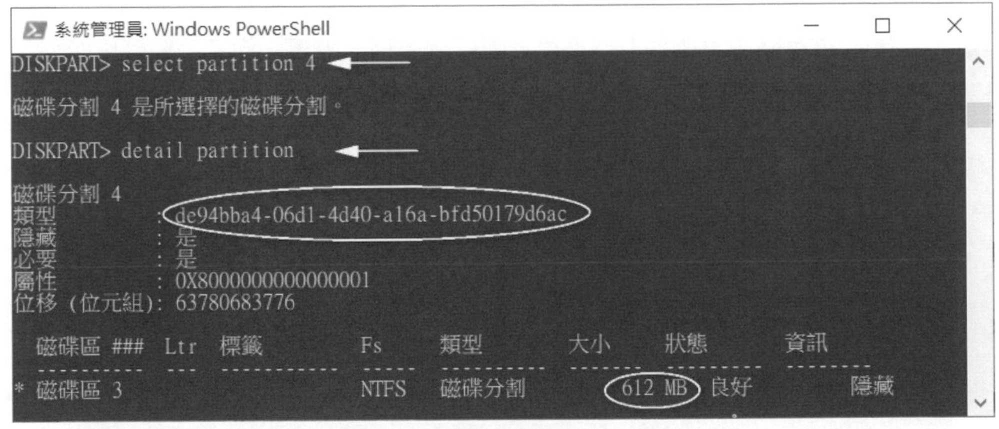

圖 10-3-29

STEP 8 如圖 10-3-30 所示透過以下指令在磁碟 1 建立修復磁碟分割區：select disk 1、create partition primary size=612、format fs=ntfs quick label=Recovery、set id=<*貼上與磁碟 0 相同的類型代碼*>。其中磁碟分割區大小 612MB 與磁碟 0 相同。

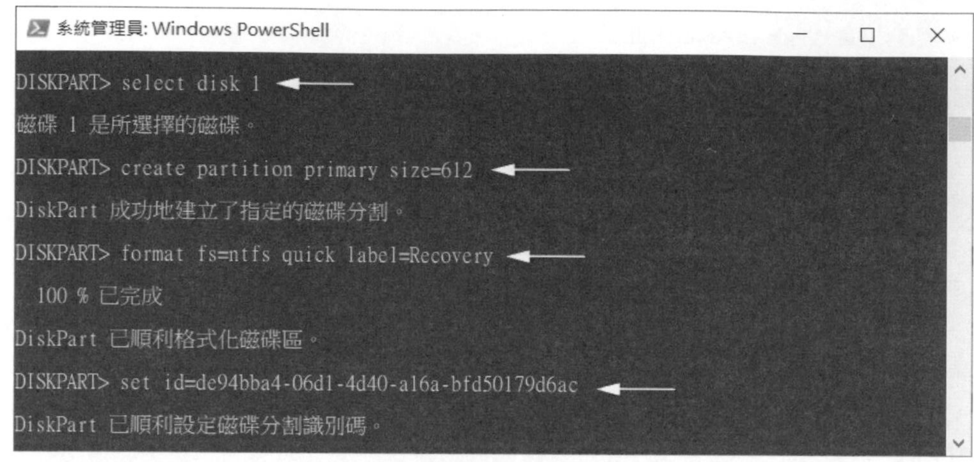

圖 10-3-30

STEP 9 接下來利用以下指令，來將磁碟機代號分別賦予這 2 個磁碟分割區後離開 diskpart，假設分別是 s 與 t（請先利用 list partition 來確認 disk 0 與 disk 1 的**修復磁碟分割區**分別是位於哪一個磁碟分割區，此處的範例它們分別是磁碟分割區 4 與 3）：select disk 0、select partition 4、assign letter=s、select disk 1、select partition 3、assign letter=t、exit。

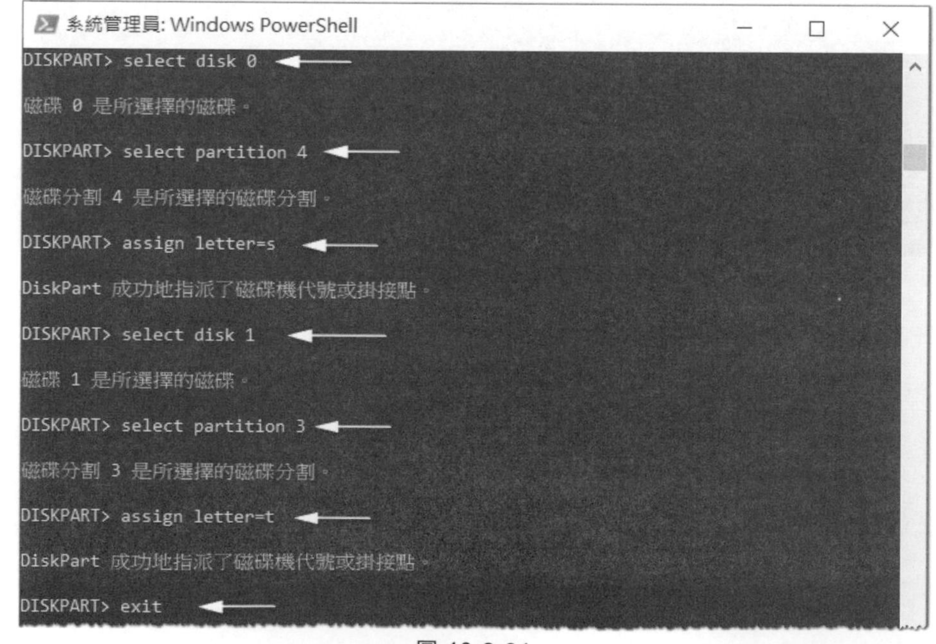

圖 10-3-31

STEP **10** 接著利用以下指令來將磁碟 0 的**修復磁碟分割區**內容，複製到磁碟 1 的**修復磁碟分割區**：

robocopy s:\ t:\ * /e /copyall /dcopy:t /xd "System Volume Information"

```
系統管理員: Windows PowerShell
PS C:\Users\Administrator> robocopy  s:\  t:\ *  /e  /copyall  /dcopy:t  /xd  "System Volume Information"
-------------------------------------------------------------------------------
   ROBOCOPY     ::     Robust File Copy for Windows
-------------------------------------------------------------------------------

  已啟動 : 2021年9月14日 下午 06:13:49
    來源 : s:\
  目的地 : t:\

    檔案 : *
```

圖 10-3-32

STEP **11** 接下來將磁碟 0 的**啟動磁碟區**（C: 磁碟）鏡像到磁碟 1：請【點擊左下角**開始**圖示⊞➲Windows 系統管理工具➲電腦管理➲存放裝置➲磁碟管理】。

本範例的磁碟目前是基本磁碟，請先透過以下步驟將其轉換成動態磁碟：【對著任一個基本磁碟按右鍵➲轉換到動態磁碟➲勾選基本磁碟 0 與 1➲按確定鈕➲按轉換鈕】，然後再參考前面第 10-31 頁 **建立鏡像磁碟區** 來將磁碟 0 的啟動磁碟區（C: 磁碟）鏡像到磁碟 1。如圖 10-3-33 所示為完成後的畫面

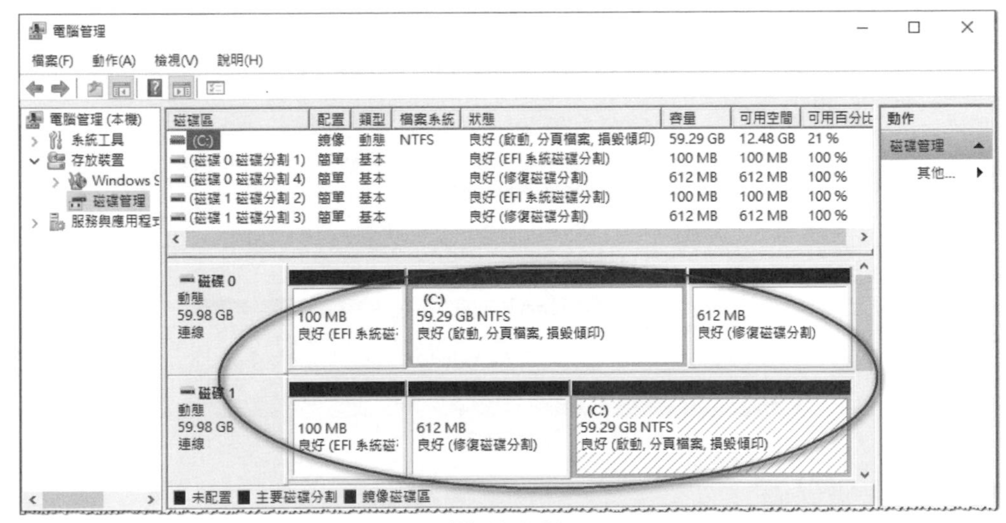

圖 10-3-33

分割、移除與刪除鏡像磁碟區

整個鏡像磁碟區是被視為一體的，如果要將其中任何一個成員獨立出來使用的話，可以透過以下方法之一來完成：

- **分割鏡像磁碟區**：請【對著鏡像磁碟區按右鍵➲如圖 10-3-34 所示選擇**分割鏡像磁碟區**】，分割後，原來的兩個成員都會被獨立成簡單磁碟區，且其內資料都會保留。其中一個磁碟區會繼續沿用原來的磁碟機代號，另一個磁碟區無磁碟機代號。
- **移除鏡像**：請【對著鏡像磁碟區按右鍵➲移除鏡像（見圖 10-3-34 中的選項）】來選擇將鏡像磁碟區中的一個成員移除，被移除的成員，其內的資料將被刪除，且其所佔用的空間會被改為未配置空間。另一個成員內的資料會被保留。
- **刪除鏡像磁碟區**：請利用【對著鏡像磁碟區按右鍵➲刪除磁碟區】來將鏡像磁碟區刪除，它會將兩個成員內的資料都刪除，且兩個成員都會變成未配置空間。

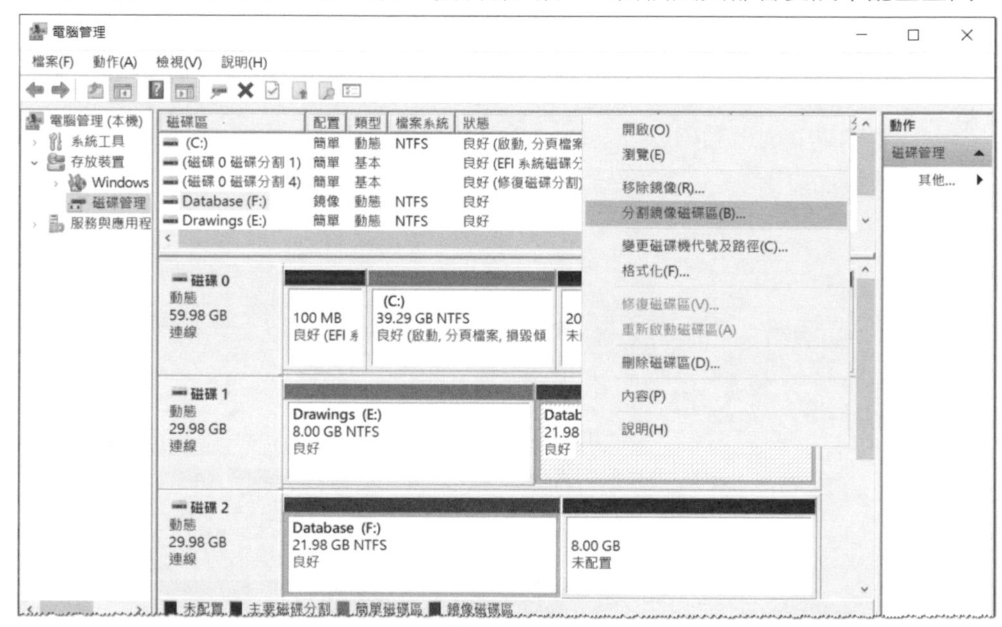

圖 10-3-34

修復鏡像磁碟區

鏡像磁碟區的成員之中若有一個磁碟故障的話，系統還是能夠從另一個正常的磁碟來讀取資料，但卻喪失容錯功能，此時我們應該儘快修復故障的鏡像磁碟區，以

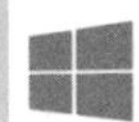

便繼續提供容錯功能。圖 10-3-35 的 F: 磁碟為鏡像磁碟區，我們假設其成員中的磁碟 2 故障了，然後利用此範例來說明如何修復鏡像磁碟區。

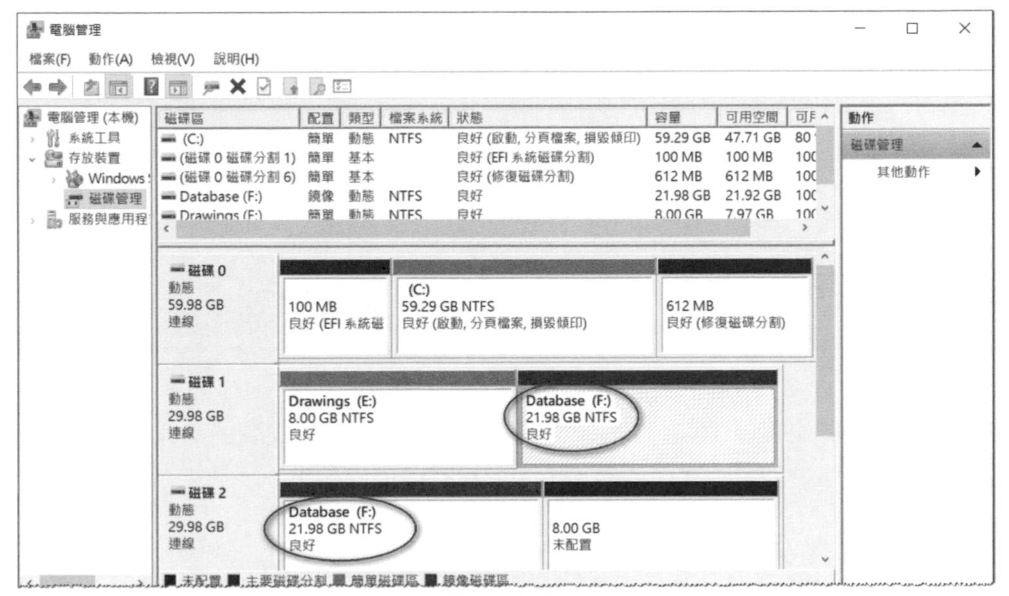

圖 10-3-35

STEP 1 關機後從電腦內取出故障的磁碟 2。

STEP 2 將新的磁碟（假設容量與故障的磁碟相同）安裝到電腦內、重新啟動電腦。

STEP 3 點擊左下角**開始**圖示⊞➲Windows 系統管理工具➲電腦管理➲存放裝置➲磁碟管理。

STEP 4 在自動跳出的圖 10-3-36 中選擇將新安裝的磁碟 2 初始化、選擇磁碟分割區樣式後按確定鈕（若未自動跳出此畫面的話：【對著新磁碟按右鍵➲連線➲對著新磁碟按右鍵➲初始化磁碟】）。

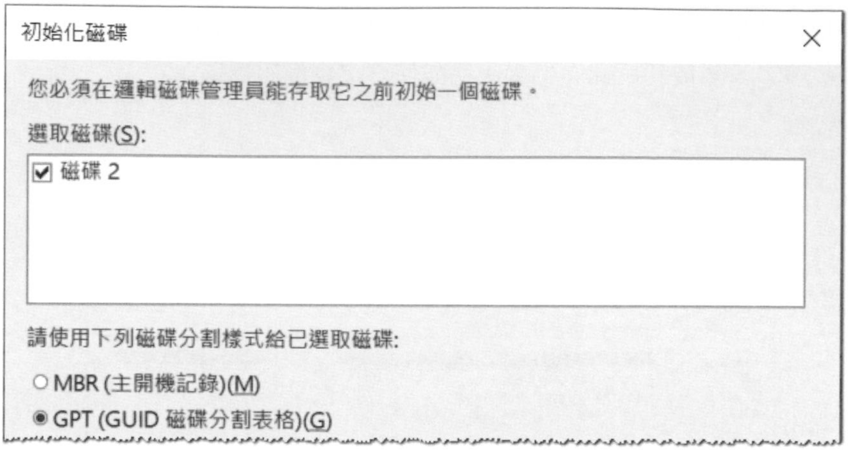

初始化磁碟

您必須在邏輯磁碟管理員能存取它之前初始一個磁碟。

選取磁碟(S):

☑ 磁碟 2

請使用下列磁碟分割樣式給已選取磁碟:

○ MBR (主開機記錄)(M)

◉ GPT (GUID 磁碟分割表格)(G)

圖 10-3-36

STEP 5 之後將出現圖 10-3-37 的畫面，其中的磁碟 2 為新安裝的磁碟，而原故障磁碟 2 被顯示在畫面的最下方（上面有**遺失**兩個字）。

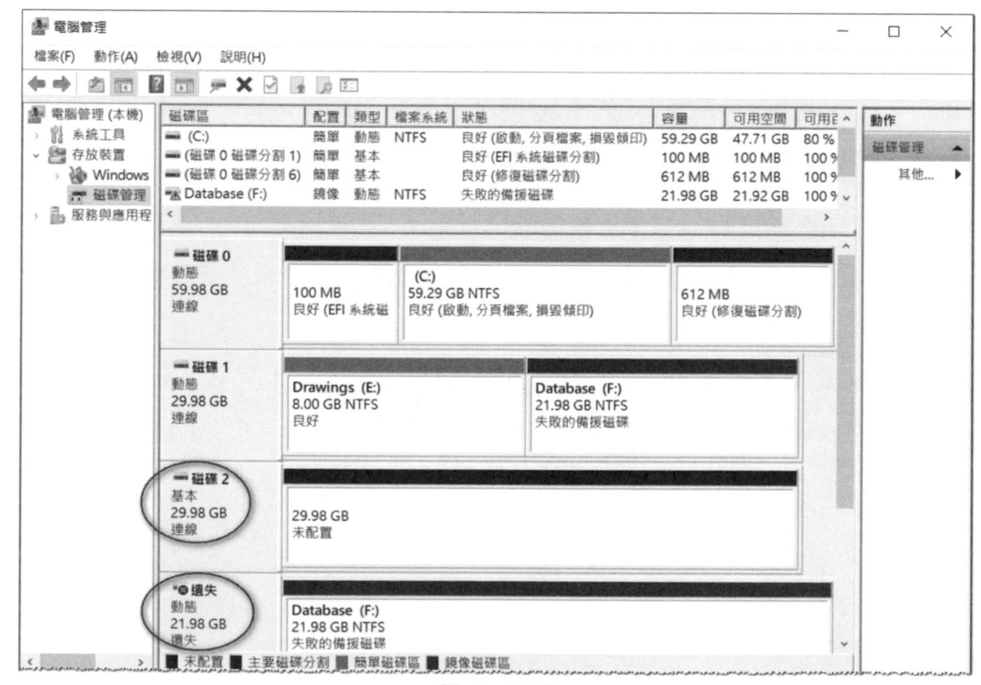

圖 10-3-37

STEP 6 如圖 10-3-38 所示【對著有**失敗的備援磁碟**字樣的任何一個 F: 磁碟按右鍵➲移除鏡像】。

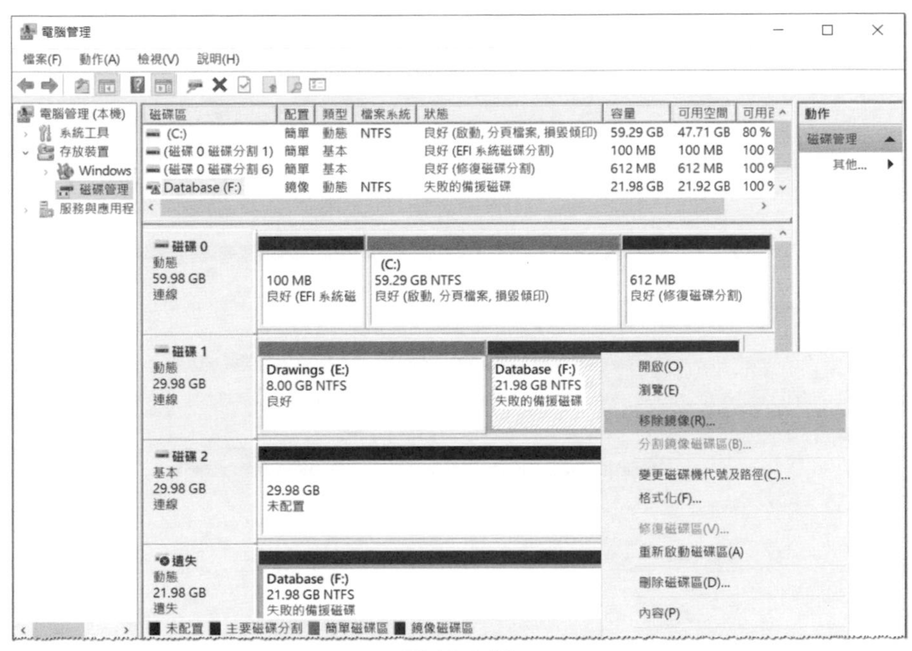

圖 10-3-38

STEP 7 在圖 10-3-39 中選擇**遺失**磁碟後按 移除鏡像 、 是（Y） 鈕。

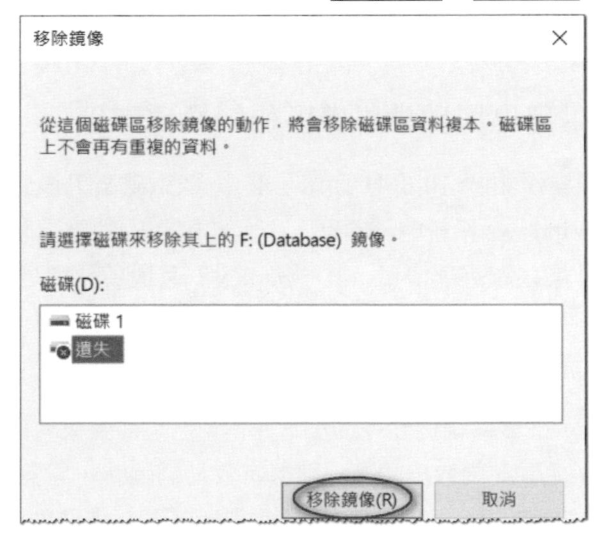

圖 10-3-39

STEP 8 圖 10-3-40 為完成移除後的畫面，請重新將 F: 與新的磁碟 2 的未配置空間組成鏡像磁碟區（參考前面所介紹的步驟）。

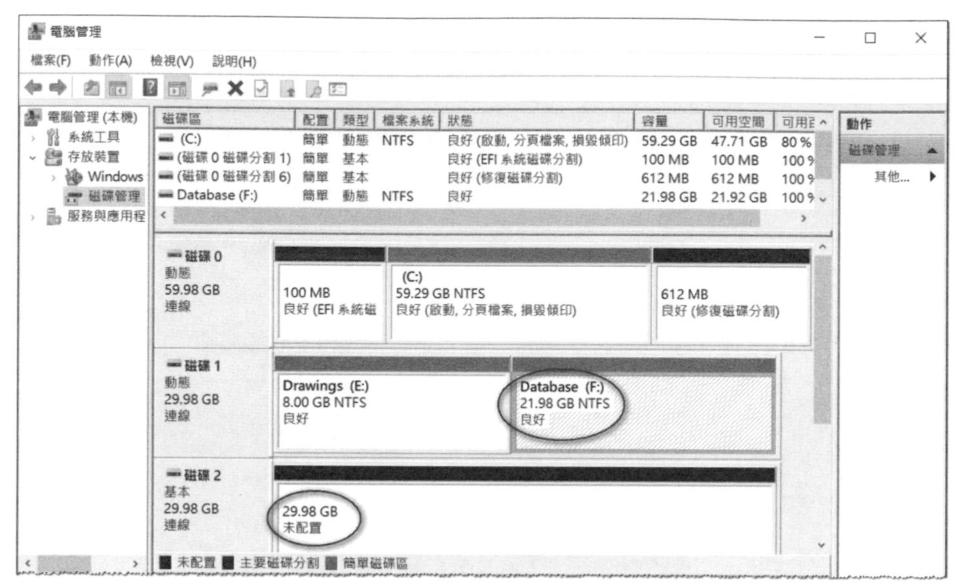

圖 10-3-40

若磁碟並未故障，卻出現**離線**、**遺失**或**連線（錯誤）**字樣時，可嘗試【對著該磁碟按右鍵➲重新啟動磁碟】來將其恢復正常。但若該磁碟常出現**連線（錯誤）**字樣的話，可能此磁碟快要壞了，請儘快備份磁碟內資料，然後換一顆新磁碟。

修復內含系統磁碟區與啟動磁碟區的鏡像磁碟區

假設電腦內的磁碟結構如圖 10-3-41 所示，其中 C:磁碟為鏡像磁碟區，它也是**啟動磁碟區**（儲存 Windows 系統的分割區），因此每次啟動電腦時，系統都會顯示如圖 10-3-42 的作業系統選項清單，其中第 1、2 個選項分別是磁碟 0 、1 內的 Windows Server，系統預設會透過第 1 選項（磁碟 0）來啟動 Windows Server，並由它來啟動鏡像功能。

若圖中磁碟 0 故障，雖然系統仍然可以正常運作，但是卻喪失容錯功能。而且若您未將故障的磁碟 0 從電腦內取出的話，則重新啟動電腦時，將無法啟動 Windows Server ，因為一般電腦在啟動時，其 BIOS 會透過磁碟 0 來啟動系統，然而磁碟 0 已經故障了。即使您更換一顆新磁碟，可是若 BIOS 仍然嘗試從新磁碟 0 來啟動系統的話，則必然啟動失敗，因為新磁碟 0 內沒有任何資料。此時您可以採用以下方法之一來解決問題並重新建立鏡像磁碟區，以便繼續提供容錯功能：

- 更改 BIOS 設定讓電腦從磁碟 1 來啟動，當出現圖 10-3-42 畫面時，選擇清單中的第 2 個選項（次要網狀磁碟區）來啟動 Windows Server，啟動完成後再重新建立鏡像磁碟區。完成後，可自行決定是否要將 BIOS 改回從磁碟 0 來啟動。
- 將兩顆磁碟對調，也就是將原來的磁碟 1 安裝到原磁碟 0 的位置、將新磁碟安裝到原磁碟 1 的位置，然後重新啟動電腦，當出現圖 10-3-42 的畫面時，請選擇清單中的第 2 個選項（次要網狀磁碟區）來啟動 Windows Server，啟動完成後再重新建立鏡像磁碟區。

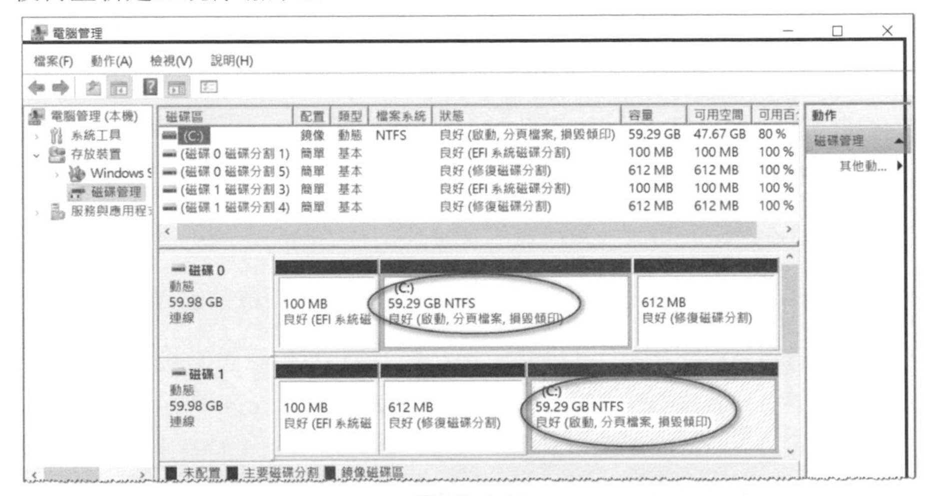

圖 10-3-41

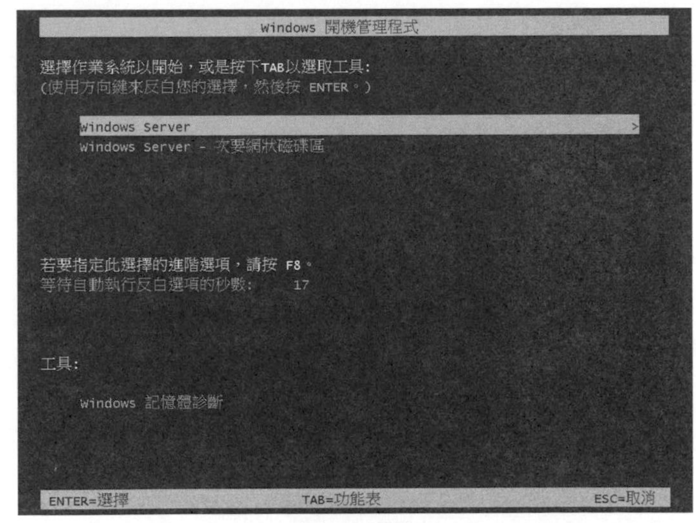

圖 10-3-42

RAID-5 磁碟區

RAID-5 磁碟區與等量磁碟區有一點類似，它也是將數個分別位於不同磁碟的未配置空間組成的一個邏輯磁碟區。也就是說您可以從數台磁碟內分別選取未配置的空間，並將其合併成為一個 RAID-5 磁碟區，然後賦予一個共同的磁碟機代號。

與等量磁碟區不同的是：RAID-5 在儲存資料時，會另外根據資料內容計算出其**同位資料**（parity），並將同位資料一併寫入到 RAID-5 磁碟區內。當某個磁碟故障時，系統可以利用同位資料，計算出該故障磁碟內的資料，讓系統能夠繼續運作。也就是說 RAID-5 磁碟區具備容錯能力。RAID-5 磁碟區具備以下特性；

- 您可以從 3 到 32 磁碟內分別選用未配置空間來組成 RAID-5 磁碟區，這些磁碟最好都是相同的製造商、相同的型號。
- 組成 RAID-5 磁碟區的每一個成員的容量大小是相同的。
- 組成 RAID-5 磁碟區的成員中不可以包含**系統磁碟區**與**啟動磁碟區**。
- 系統在將資料儲存到 RAID-5 磁碟區時，會將資料拆成等量的 64KB，例如若是由 5 個磁碟組成的 RAID-5 磁碟區，則系統會將資料拆成每 4 個 64KB 為一組，每一次將一組 4 個 64KB 的資料與其同位資料分別寫入 5 個磁碟內，一直到所有的資料都寫入到磁碟為止。

  同位資料並不是儲存在固定磁碟內，而是依序分佈在每台磁碟內，例如第一次寫入時是儲存在磁碟 0、第二次是儲存在磁碟 1、...、依序類推，儲存到最後一個磁碟後，再從磁碟 0 開始儲存。
- 當某個磁碟故障時，系統可以利用同位資料，推算出故障磁碟內的資料，讓系統能夠繼續讀取 RAID-5 磁碟區內的資料，不過僅限一個磁碟故障的情況，若同時有多個磁碟故障的話，系統將無法讀取 RAID-5 磁碟區內的資料。

RAID-6 則具備在 2 個磁碟故障的情況下仍然可以正常讀取資料的能力。

- 在寫入資料時必須多花費時間計算同位資料，因此其寫入效率一般來說會比鏡像磁碟區來得差（視 RAID-5 磁碟成員的數量多寡而異）。不過讀取效率比鏡像磁碟區好，因為它會同時從多個磁碟來讀取資料（讀取時不需要計算同位資

料）。但若其中一個磁碟故障的話，此時雖然系統仍然可以繼續讀取 RAID-5 磁碟區內的資料，不過因為必須耗用不少系統資源（CPU 時間與記憶體）來算出故障磁碟的內容，故效率會降低。

- RAID-5 磁碟區的磁碟空間有效使用率為（n-1）/n，n 為磁碟的數目。例如若您利用 5 個磁碟來建立 RAID-5 磁碟區，則因為必須利用 1/5 的磁碟空間來儲存同位資料，故磁碟空間有效使用率為 4/5，因此每一個 MB 的單位儲存成本比鏡像磁碟區低（其磁碟空間有效使用率為 1/2）。
- RAID-5 磁碟區一旦被建立好後，就無法再被擴大（延伸，extend）。
- Windows Server 2022 等伺服器等級的系統支援 RAID-5 磁碟區。
- RAID-5 磁碟區可被格式化成 NTFS 或 ReFS 格式。
- 整個 RAID-5 磁碟區是被視為一體的，您無法將其中任何一個成員獨立出來使用，除非先將整個 RAID-5 磁碟區刪除。

建立 RAID-5 磁碟區

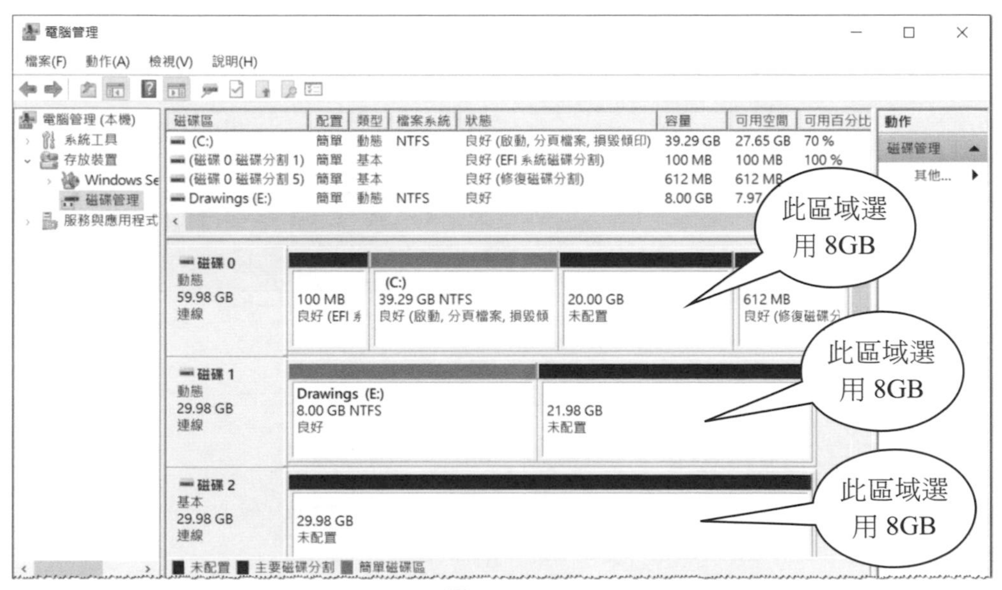

圖 10-3-43

以下利用將圖 10-3-43 中 3 個未配置空間組成一個 RAID-5 磁碟區的方式，來說明如何建立 RAID-5 磁碟區。雖然目前這 3 個空間的大小不同，不過我們會在建立磁碟區的過程中，從各磁碟內選用相同的容量（以 8GB 為例）。

STEP 1 對著圖 10-3-43 中的任一未配置空間按右鍵➲新增 RAID-5 磁碟區。

STEP 2 出現**歡迎使用新增 RAID-5 磁碟區**精靈畫面時按 下一步 鈕。

STEP 3 在圖 10-3-44 中分別從磁碟 0、1、2 選取 8192MB（8GB）的空間，也就是這個 RAID-5 磁碟區的總容量應該是 24576MB（24GB），不過因為需要 1/3 的容量（8GB）來儲存同位資料，因此實際可儲存資料的有效容量為 16384MB（16GB）。完成後按 下一步 鈕。

> 若某個磁碟內沒有一個超過 8GB 的連續可用空間，但有多個不連續的未配置空間，其總容量足夠 8GB 的話，則此磁碟也可以成為 RAID-5 磁碟區的成員。

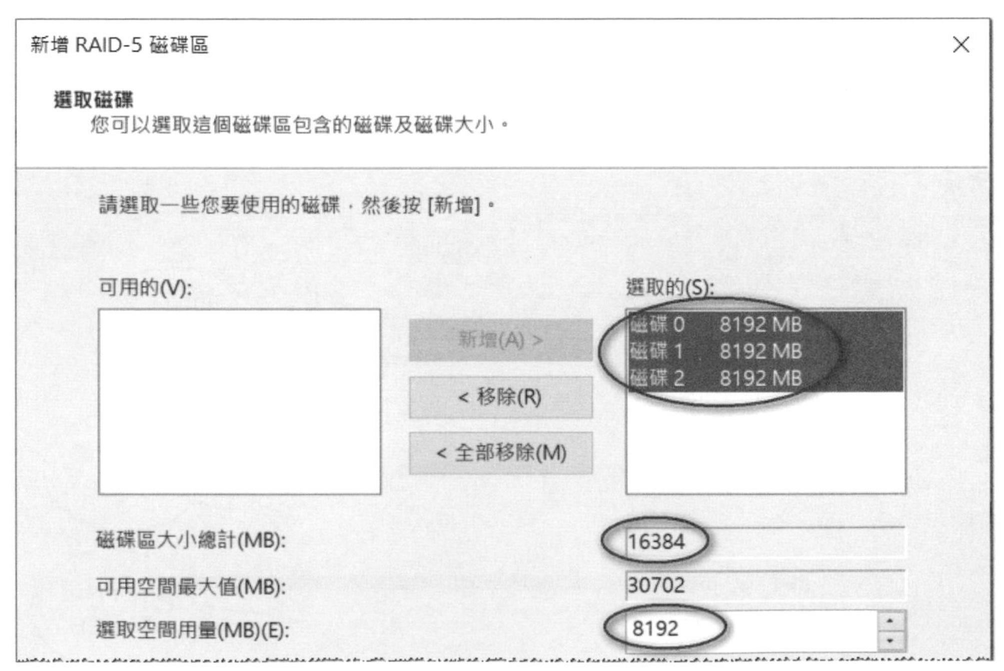

圖 10-3-44

STEP 4 在圖 10-3-45 中指定一個磁碟機代號來代表此 RAID-5 磁碟區後按下一步鈕（此畫面的詳細說明，可參閱圖 10-2-7 的說明）。

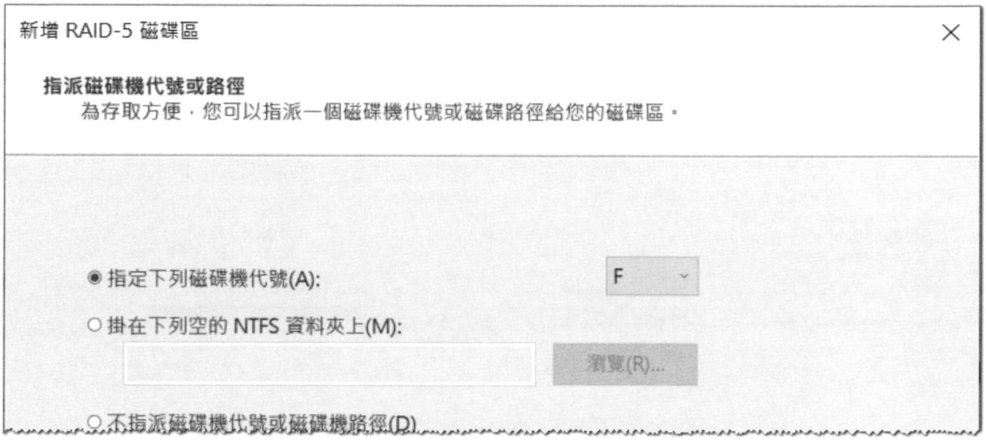

新增 RAID-5 磁碟區

指派磁碟機代號或路徑
為存取方便，您可以指派一個磁碟機代號或磁碟路徑給您的磁碟區。

◉ 指定下列磁碟機代號(A): F

○ 掛在下列空的 NTFS 資料夾上(M):

瀏覽(R)...

○ 不指派磁碟機代號或磁碟機路徑(D)

圖 10-3-45

STEP 5 在圖 10-3-46 中輸入與選擇適當的設定值後按下一步鈕（此畫面的詳細說明，可參閱圖 10-2-8 的說明）。

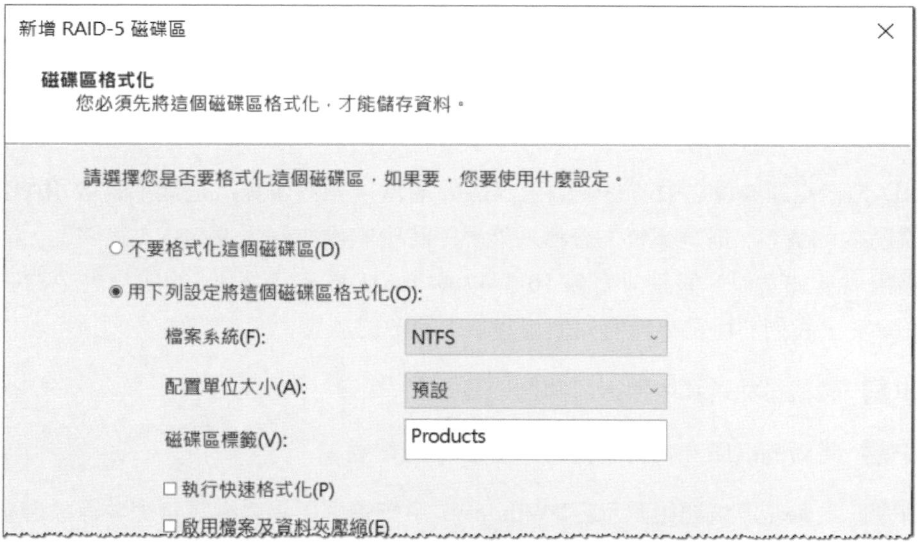

新增 RAID-5 磁碟區

磁碟區格式化
您必須先將這個磁碟區格式化，才能儲存資料。

請選擇您是否要格式化這個磁碟區，如果要，您要使用什麼設定。

○ 不要格式化這個磁碟區(D)

◉ 用下列設定將這個磁碟區格式化(O):

檔案系統(F): NTFS

配置單位大小(A): 預設

磁碟區標籤(V): Products

☐ 執行快速格式化(P)

☐ 啟用檔案及資料夾壓縮(E)

圖 10-3-46

STEP 6 出現**正在完成新增 RAID-5 磁碟區精靈**畫面時按完成鈕。

STEP 7 之後系統會開始建立此 RAID-5 磁碟區，圖 10-3-47 為完成後的畫面，圖中的 F: 磁碟就是 RAID-5 磁碟區，它分佈在 3 個磁碟內、每一個磁碟的容量都相同（8GB）。

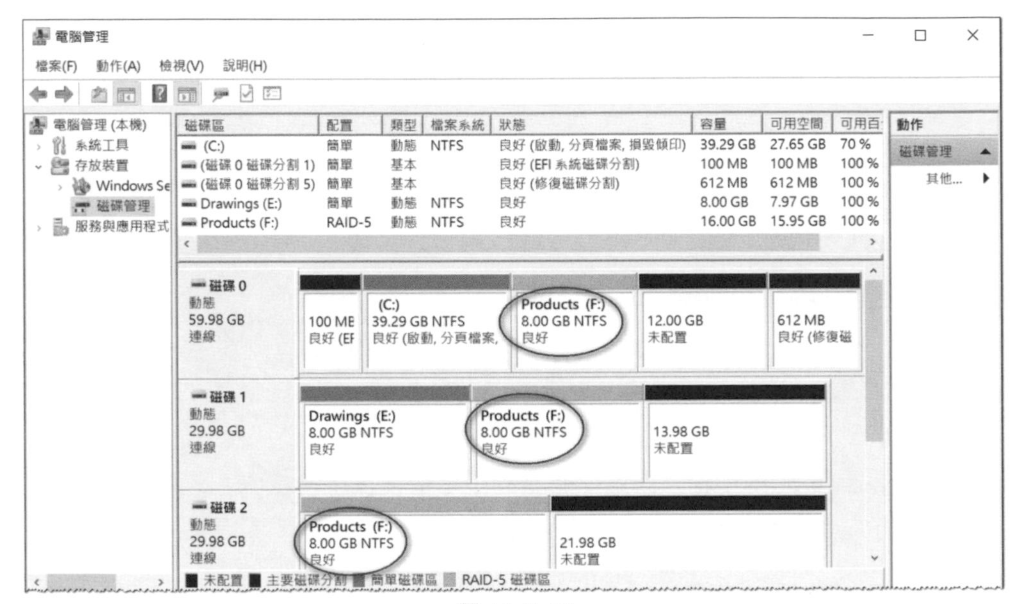

圖 10-3-47

修復 RAID-5 磁碟區

RAID-5 磁碟區成員之中若有一個磁碟故障的話，雖然系統還是能夠讀取 RAID-5 磁碟區內的資料，但是卻喪失容錯功能，此時應該儘快修復 RAID-5 磁碟區，以便繼續提供容錯功能。假設前面圖 10-3-47 中 RAID-5 磁碟區 F: 的成員之中的磁碟 2 故障了，我們利用它來說明如何修復 RAID-5 磁碟區。

STEP 1 關機後從電腦內取出故障的磁碟 2。

STEP 2 將新的磁碟安裝到電腦內、重新啟動電腦。

STEP 3 點擊左下角**開始**圖示⊞➲Windows 系統管理工具➲電腦管理➲存放裝置➲磁碟管理。

STEP 4 在自動跳出的圖 10-3-48 中選擇磁碟分割區樣式後按確定鈕來初始化新安裝的磁碟 2（若未自動跳出此畫面的話：【對著新磁碟按右鍵➲連線➲對著新磁碟按右鍵➲初始化磁碟】）。

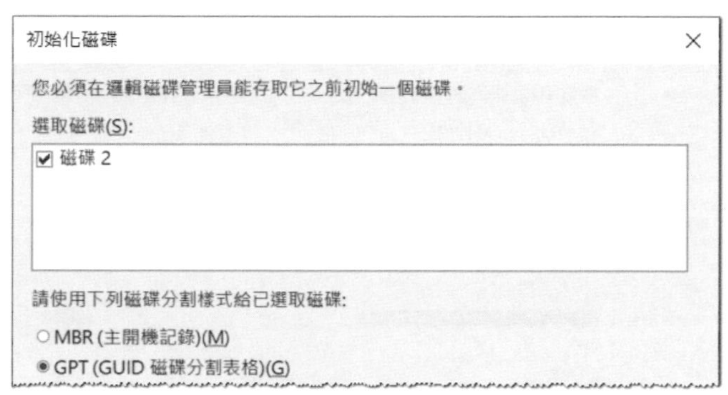

圖 10-3-48

STEP 5 之後將出現圖 10-3-49，其中的磁碟 2 為新安裝的磁碟，而原先故障的磁碟 2 被顯示在畫面的最下方（上面有**遺失**兩個字）。

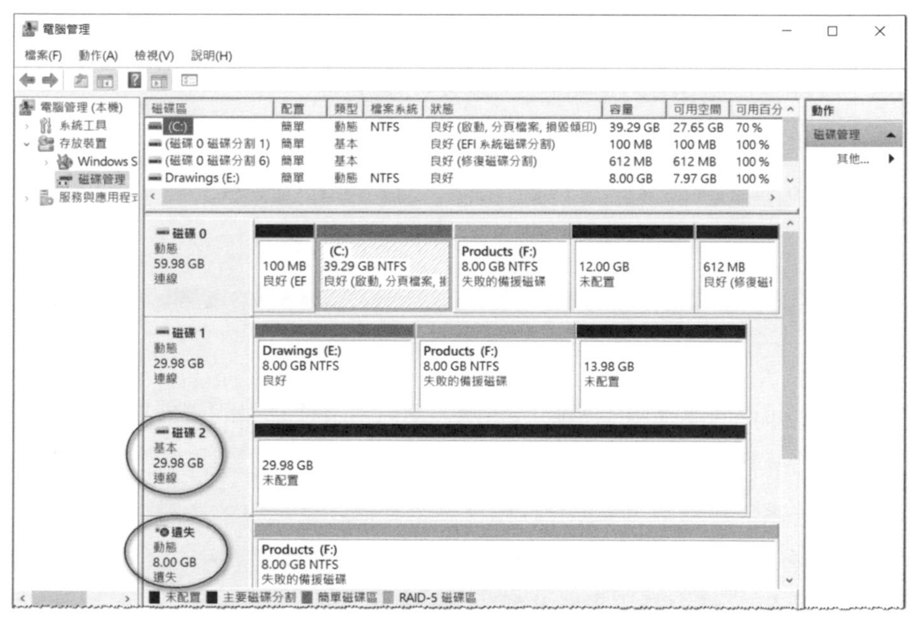

圖 10-3-49

STEP 6 如圖 10-3-50 所示【對著有**失敗的備援磁碟**字樣的任何一個 F: 磁碟按右鍵➲修復磁碟區】。

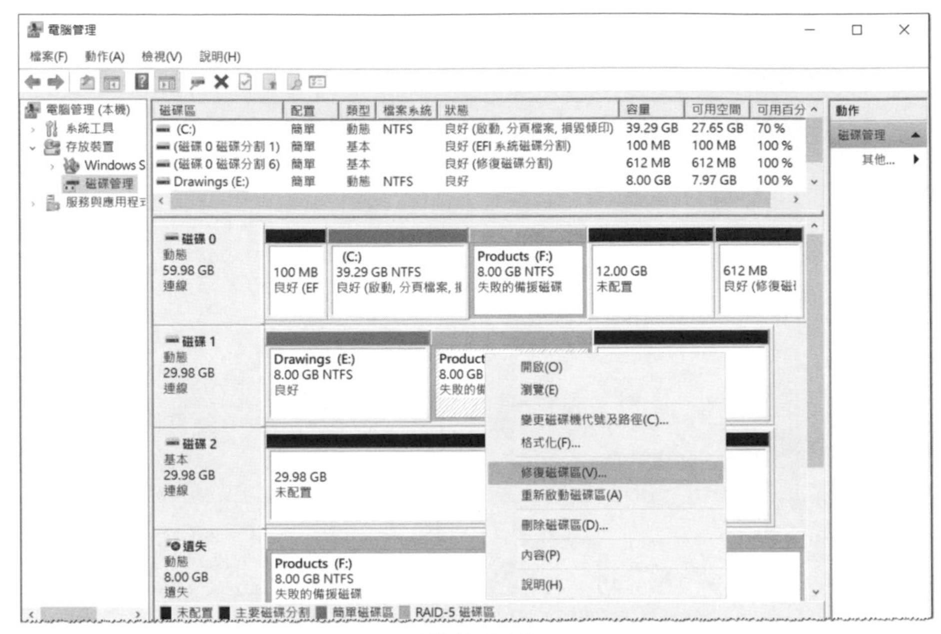

圖 10-3-50

STEP 7　在圖 10-3-51 中選擇新安裝的磁碟 2，它會取代原先已損毀的磁碟，以便重新建立 RAID-5 磁碟區。完成後按確定鈕。

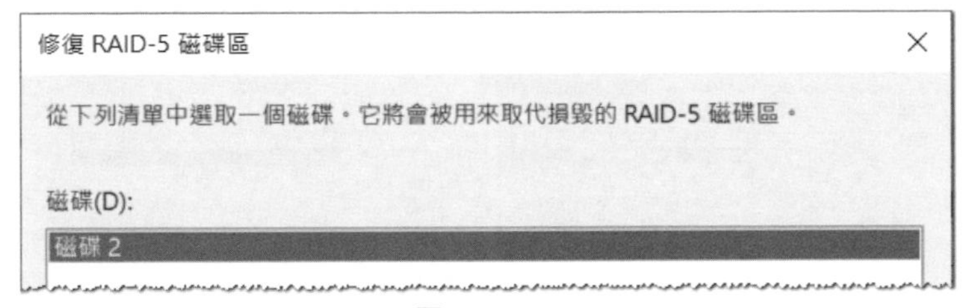

圖 10-3-51

STEP 8　若該磁碟尚未被轉換為動態磁碟的話，則請在跳出的畫面中按是（Y）鍵來將其轉換為動態磁碟。

STEP 9　之後系統會利用原 RAID-5 磁碟區中其他正常磁碟的內容，來將資料重建到新磁碟內（同步化），此動作需要花費不少時間，完成後，如圖 10-3-52 所示 F: 又恢復為正常的 RAID-5 磁碟區。

若重建時出問題的話，可嘗試利用【重新開機➲對著該磁碟按右鍵➲重新啟動磁碟】的方式來解決。

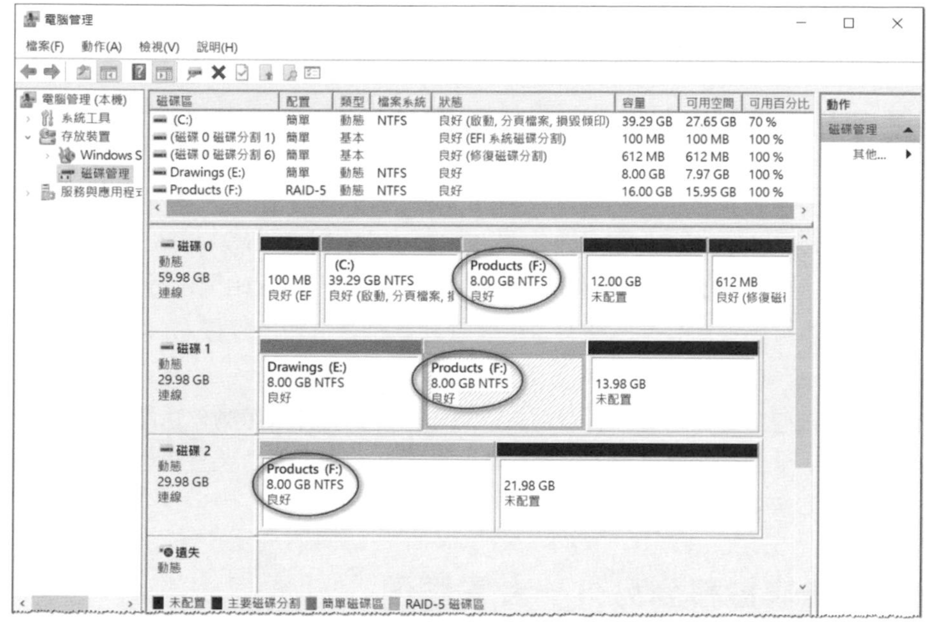

圖 10-3-52

STEP 10 如圖 10-3-53 所示【對著標記為**遺失**的磁碟按右鍵➲移除磁碟】來將故障磁碟移除。

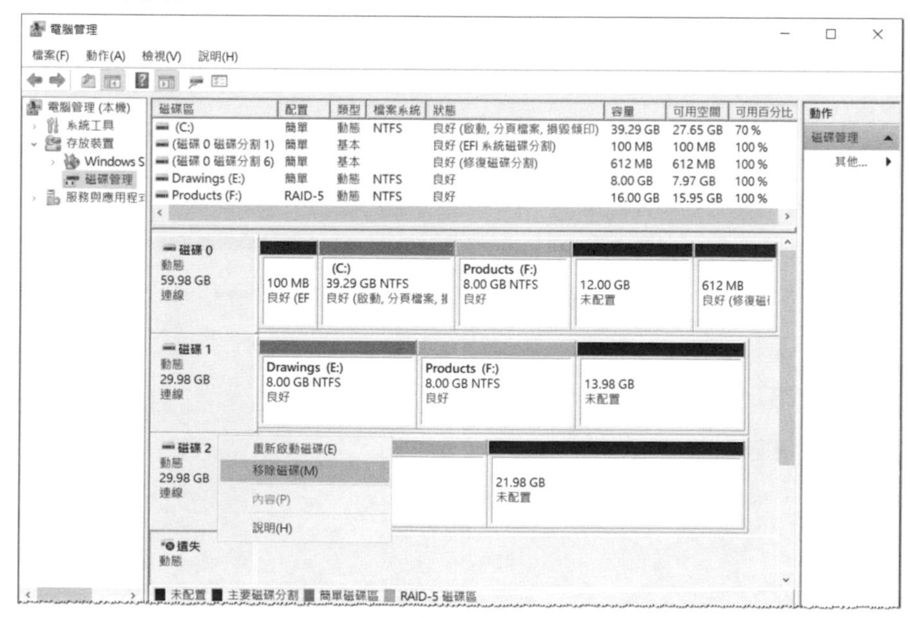

圖 10-3-53

10-4 搬移磁碟

將基本磁碟搬移到另外一台電腦內

當您將基本磁碟搬移到另外一台 Windows Server 電腦後，正常情況下系統會自動偵測到這個磁碟、自動賦予磁碟機代號，您就可以使用這磁碟。若因故還無法使用此磁碟的話，則可能還需要執行**連線**動作：【點擊左下角**開始**圖示⊞➲Windows 系統管理工具➲電腦管理➲存放裝置➲磁碟管理➲對著這顆磁碟按右鍵➲連線】。

若在**磁碟管理**畫面中看不到這台磁碟的話，請試著【選擇**動作**功能表➲重新掃描磁碟】。若還是沒有出現這個磁碟的話，請試著【開啟**裝置管理員**➲對著**磁碟機**按右鍵➲掃瞄硬體變更】。

將動態磁碟搬移到另外一台電腦內

當您將電腦內的動態磁碟搬移到另外一台 Windows Server 電腦後，這台動態磁碟會被視為**外部磁碟**（foreign disk），如圖 10-4-1 所示共有 3 個外部磁碟（若磁碟被顯示為**離線**的話，請先【對著它按右鍵➲連線】）。

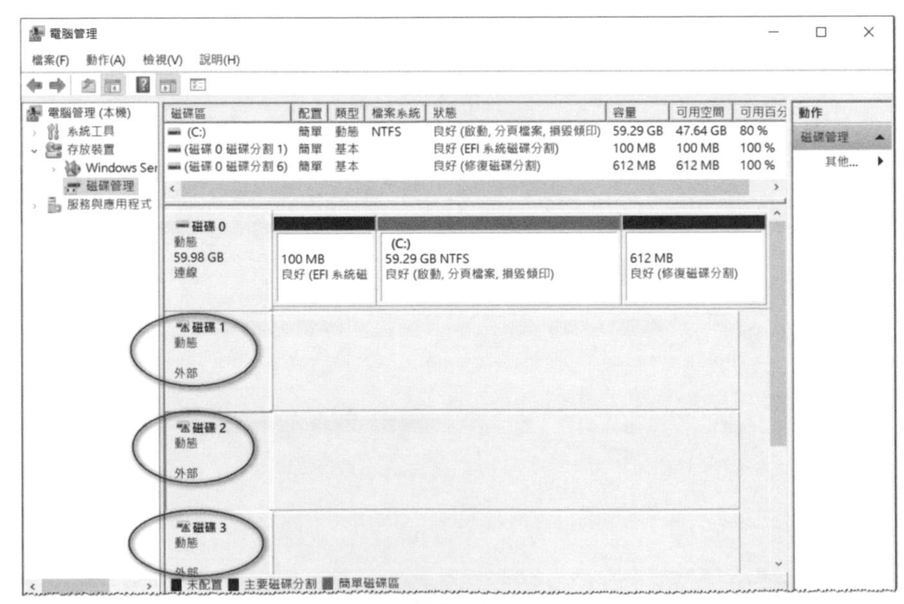

圖 10-4-1

然後【如圖 10-4-2 所示對著任一外部磁碟按右鍵➲匯入外部磁碟➲選擇欲匯入的外部磁碟群組後按**確定**鈕】。圖中第一個**外部磁碟群組**裡面共有二個磁碟，它們是同時從另外一台電腦搬移過來的二個動態磁碟（可以透過點擊圖中**磁碟**鈕來查看是哪兩個磁碟）。第二個**外部磁碟群組**裡面只有一個磁碟，它是從第三台電腦搬移過來的動態磁碟。

若要搬移跨距磁碟區、等量磁碟區、鏡像磁碟區、RAID-5 磁碟區的話，請將其所有成員都一起搬移，否則搬移後，在另外一台內並無法存取這些磁碟區內的資料。

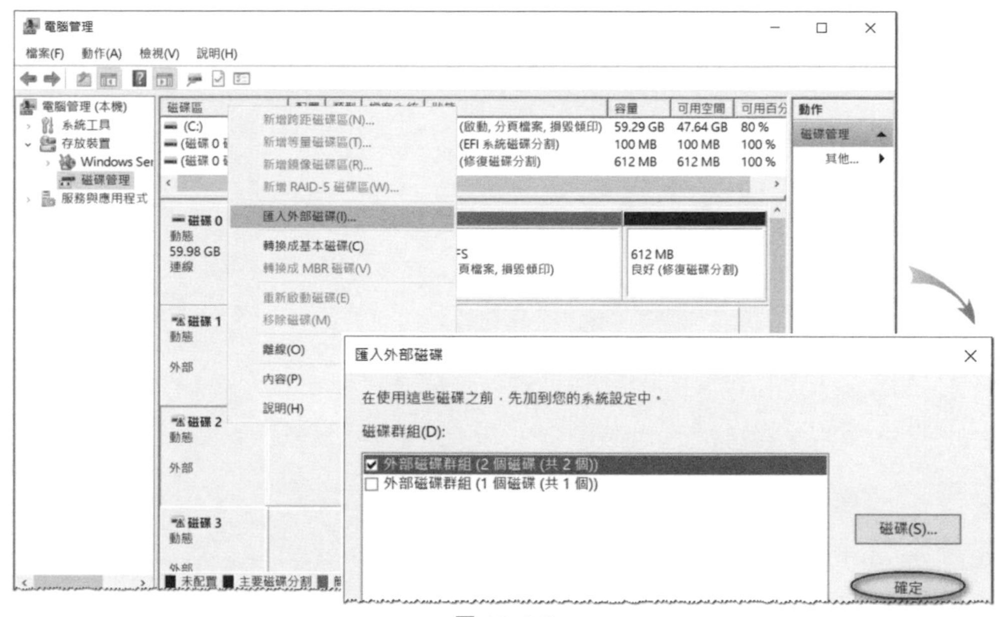

圖 10-4-2

11 分散式檔案系統

分散式檔案系統（Distributed File System，DFS）可以提高檔案的存取效率、提高檔案的可用性與分散伺服器的負擔。

11-1 分散式檔案系統概觀

透過**分散式檔案系統**（DFS）將相同的檔案同時儲存到網路上多台伺服器後：

- **可提高檔案的存取效率**：當用戶端透過 DFS 來存取檔案時，DFS 會引導用戶端從最接近用戶端的伺服器來存取檔案，讓用戶端快速存取到所需的檔案。

  DFS 會提供用戶端一份伺服器清單，這些伺服器內都有用戶端所需要的檔案，但是 DFS 會將最接近用戶端的伺服器，例如跟用戶端同一個 AD DS 站台（Active Directory Domain Services site）的伺服器，放在清單最前面，以便讓用戶端優先從這台伺服器來存取檔案。

- **可提高檔案的可用性**：若位於伺服器清單最前面的伺服器意外故障，用戶端仍然可從清單中的下一台伺服器來取得所需檔案，也就是說 DFS 提供容錯功能。

- **提供伺服器負載平衡功能**：每一個用戶端所獲得清單中的伺服器排列順序可能都不相同，因此它們所存取的伺服器也可能不相同，也就是說不同用戶端可能會從不同伺服器來存取所需檔案，因此可分散伺服器的負擔。

DFS 的架構

Windows Server 是透過**檔案和存取服務**角色內的 **DFS 命名空間**與 **DFS 複寫**這兩個服務來建置 DFS。以下根據圖 11-1-1 來說明 DFS 中的各個元件：

- **DFS 命名空間**：您可透過 **DFS 命名空間**來將位於不同伺服器內的共用資料夾集合在一起，並以一個虛擬資料夾的樹狀結構呈現給用戶端。它分為以下兩種：

  - **網域型命名空間**：它將命名空間的設定資料儲存到 AD DS 資料庫與命名空間伺服器。若建立多台命名空間伺服器的話，則具備命名空間的容錯功能。

    從 Windows Server 2008 開始增加一種稱為 **Windows Server 2008 模式**的網域型命名空間，並將以前舊版的網域型命名空間稱為 **Windows 2000 Server 模式**。**Windows Server 2008 模式**網域型命名空間支援**以存取為基礎的列舉**（access-based enumeration，ABE），此模式之下，使用者只看得到有權存取的檔案與資料夾。

- **獨立命名空間**：它將命名空間的設定資料儲存到命名空間伺服器的登錄資料庫（registry）。獨立命名空間僅支援一台命名空間伺服器，故不具備命名空間的容錯功能。

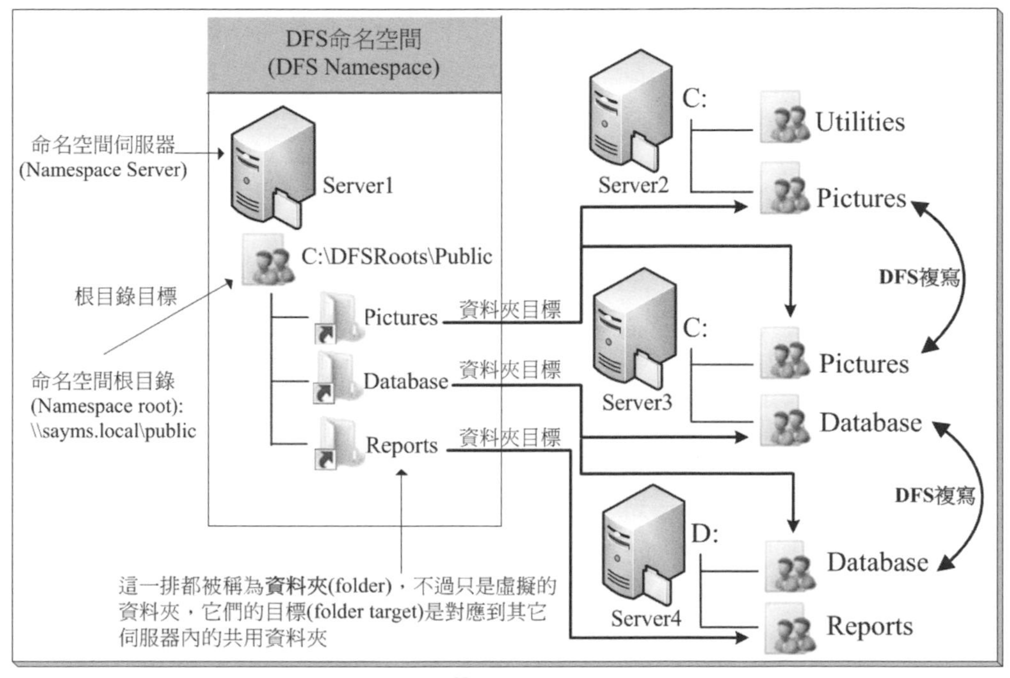

圖 11-1-1

- **命名空間伺服器**：用來主控命名空間（host namespace）的伺服器。若是網域型命名空間的話，則這台伺服器可以是成員伺服器或網域控制站，而且您可以設定多台命名空間伺服器；若是獨立命名空間的話，則這台伺服器可以是成員伺服器、網域控制站或獨立伺服器，不過僅支援一台命名空間伺服器。

- **命名空間根目錄**：它是命名空間的起始點。以前面的圖 11-1-1 來說，此根目錄的名稱為 public、命名空間的名稱為\\sayms.local\public，而且它是網域型命名空間，其名稱是以網域名稱開頭（sayms.local）。若它是獨立命名空間的話，則命名空間的名稱會以電腦名稱開頭，例如\\Server1\public。

  由圖可知此命名空間根目錄是被對應到命名空間伺服器內的一個共用資料夾（需位於 NTFS 磁碟分割區），預設是%*SystemDrive*%\DFSRoots\Public。

- **資料夾與資料夾目標**：這些虛擬資料夾的目標分別對應到其他伺服器內的共用資料夾，當用戶端來瀏覽資料夾時，DFS 會將用戶端導向到資料夾目標所對應到的共用資料夾。前面圖 11-1-1 中共有 3 個資料夾，分別是：
    - **Pictures**：此資料夾有 2 個目標，分別對應到伺服器 Server2 的 C:\Pictures 與 Server3 的 C:\Pictures 共用資料夾，它具備資料夾的容錯功能，例如用戶端在讀取資料夾 Pictures 內的檔案時，即使 Server2 故障，他仍然可以從 Server3 的 C:\Pictures 讀到檔案。當然 Server2 的 C:\Pictures 與 Server3 的 C:\Pictures 內所儲存的檔案需相同（同步）。
    - **Database**：此資料夾有 2 個目標，分別對應到伺服器 Server3 的 C:\Database 與 Server4 的 D:\Database 共用資料夾，它也具備資料夾的容錯功能。
    - **Reports**：此資料夾只有 1 個目標，對應到伺服器 Server4 的 D:\Reports 共用資料夾，由於目標只有 1 個，故不具備容錯功能。
- **DFS 複寫**：圖 11-1-1 中資料夾 Pictures 的兩個目標所對應到的共用資料夾，其內提供給用戶端的檔案需同步（相同），此同步動作可由 **DFS 複寫服務**來自動執行。**DFS 複寫服務**使用一個稱為**遠端差異壓縮**（Remote Differential Compression，RDC）的壓縮演算技術，它能夠偵測檔案異動處，因此複寫檔案時僅會複寫有異動的區塊，而不是整個檔案，這可降低網路的負擔。

  獨立命名空間的目標伺服器若未加入網域的話，則其目標所對應到的共用資料夾內的檔案需手動同步。

複寫拓撲

拓撲（topology）一般是用來描述網路上多個元件之間的關係，而此處的**複寫拓撲**是用來描述 DFS 內各伺服器之間的邏輯連線關係，**DFS 複寫服務**利用這些關係在伺服器之間來複寫檔案。針對每一個資料夾，您可以選擇以下拓撲之一來複寫檔案（參見圖 11-1-2）：

- **中樞和支點（hub and spoke）**：它將一台伺服器當作是中樞，並建立與其他所有伺服器（支點）之間的連線。檔案是從中樞複寫到所有的支點，並且也會從支點複寫到中樞。支點之間並不會直接相互複寫檔案。

- **完整網狀（full mesh）**：它會建立所有伺服器之間的相互連線，檔案會從每一台伺服器直接複寫到其他所有的伺服器。
- **自訂拓撲**：您可以自行建立各伺服器之間的邏輯連線關係，也就是自行指定伺服器，只有被指定的伺服器之間才會複寫檔案。

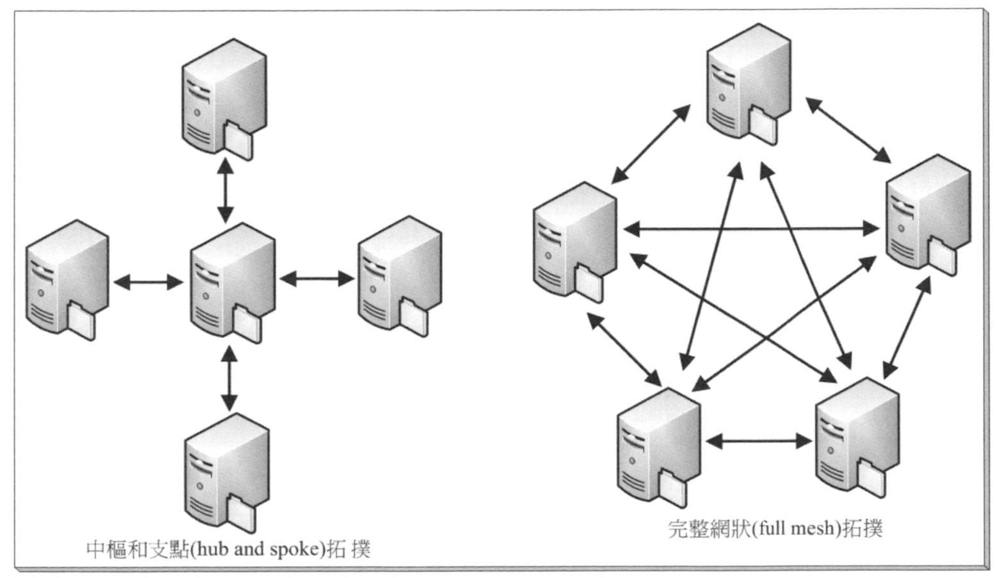

圖 11-1-2

您可以視公司網路的頻寬、網路的地理位置與公司的組織結構等，來決定採用哪一種拓撲。但是不論您選擇了哪一種拓撲，您都可以自行啟用或停用兩台伺服器之間的連接關係，例如您不想讓 Server2 將檔案複寫到 Server3 的話，則您可以將 Server2 到 Server3 的單向連線關係停用。

DFS 的系統需求

獨立命名空間伺服器可以由網域控制站、成員伺服器或獨立伺服器來扮演，而網域型命名空間伺服器可以由網域控制站或成員伺服器來扮演。

參與 DFS 複寫的伺服器必須位於同一個 AD DS 樹系，被複寫的資料夾必須位於 NTFS 磁碟分割區內（ReFS、FAT32 與 FAT 皆不支援）。

11-2 分散式檔案系統實例演練

我們將練習如何來建立一個如圖 11-2-1 所示的網域型命名空間，圖中假設 3 台伺服器都是 Windows Server 2022 Datacenter，而且 Server1 為網域控制站兼 DNS 伺服器、Server2 與 Server3 都是成員伺服器，請先自行將此網域環境建立好。

圖中命名空間的名稱（命名空間根目錄的名稱）為 public，由於它是網域型命名空間，因此完整的名稱將是\\sayms.local\public（sayms.local 為網域名稱），它被對應到命名空間伺服器 Server1 的 C:\DFSRoots\Public 資料夾。命名空間的設定資料會被儲存到 AD DS 與命名空間伺服器 Server1。另外圖中還建立了資料夾 Pictures，它有兩個目標，分別指向 Server2 與 Server3 的共用資料夾。

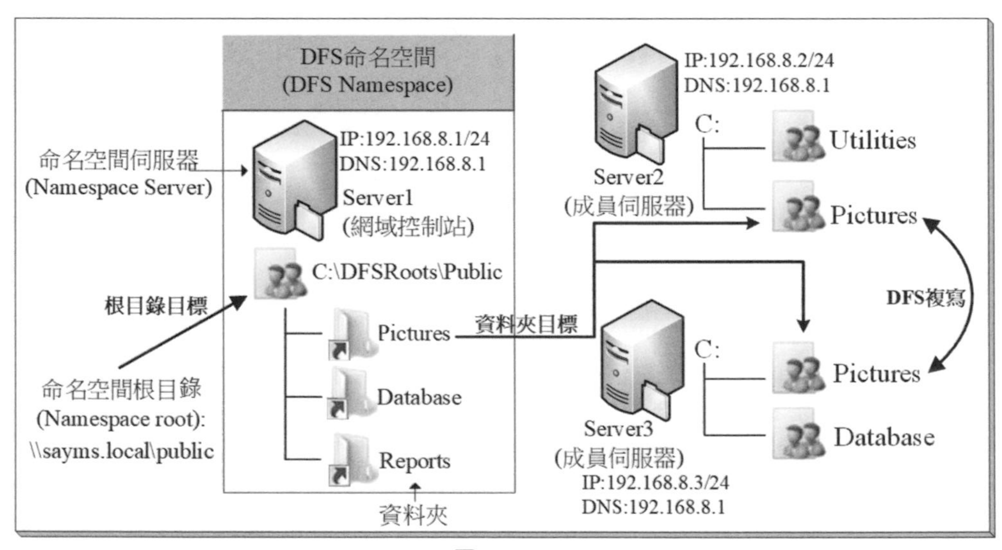

圖 11-2-1

安裝 DFS 的相關元件

由於圖 11-2-1 中各伺服器所扮演的角色並不完全相同，因此所需要安裝的服務與功能也有所不同：

- **Server1**：圖中 Server1 是網域控制站（&DNS 伺服器）兼命名空間伺服器，它需要安裝 **DFS 命名空間服務**（DFS Namespace service）。安裝 **DFS 命名空間服務**時，會順便自動安裝 DFS 管理工具，讓您可以在 Server1 上來管理 DFS。
- **Server2 與 Server3**：這兩台目標伺服器需要相互複寫 Pictures 共用資料夾內的檔案，因此它們都需要安裝 **DFS 複寫服務**。安裝 **DFS 複寫服務**時，系統會順便自動安裝 DFS 管理工具，讓您也可以在 Server2 與 Server3 上來管理 DFS。

在 Server1 上安裝 DFS 命名空間服務

安裝 **DFS 命名空間**服務的途徑為：【開啟**伺服器管理員**➲點擊**儀表板**處的**新增角色及功能**➲持續按下一步鈕，一直到圖 11-2-2 的**選取伺服器角色**畫面時展開**檔案和存放服務**➲展開**檔案和 iSCSI 服務**➲勾選 **DFS 命名空間**➲按新增功能鈕➲…】。

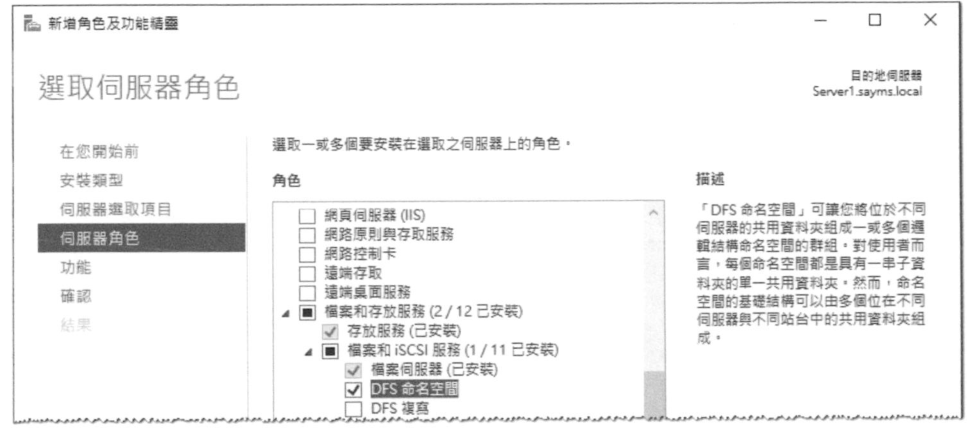

圖 11-2-2

在 Server2 與 Server3 上安裝所需的 DFS 元件

分別到 Server2 與 Server3 安裝 **DFS 複寫**服務：【開啟**伺服器管理員**➲點擊**儀表板**處的**新增角色及功能**➲持續按下一步鈕，一直到圖 11-2-3 的**選取伺服器角色**畫面時展開**檔案和存放服務**➲展開**檔案和 iSCSI 服務**➲勾選 **DFS 複寫**➲按新增功能鈕➲…】。

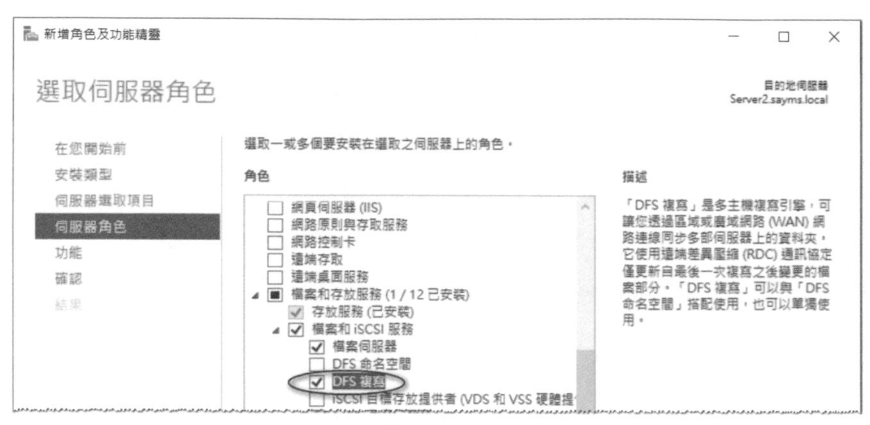

圖 11-2-3

在 Server2 與 Server3 上建立共用資料夾

請建立前面圖 11-2-1 中資料夾 Pictures 所對應到的兩個目標資料夾，也就是 Server2 與 Server3 中的資料夾 C:\Pictures，並將其設定為共用資料夾（對著 Pictures 按右鍵➲授予存取權給），將**讀取/寫入**的權限賦予 Everyone，假設共用名稱都是預設的 Pictures。同時拷貝一些檔案到 Server2 的 C:\Pictures 內（如圖 11-2-4），等一下要來驗證這些檔案是否確實可以透過 DFS 機制被自動複製到 Server3。

圖 11-2-4

各目標所對應到的共用資料夾，應透過適當的權限設定來確保其內檔案的安全性，此處假設是將**讀取/寫入**的權限賦予 Everyone。

建立新的命名空間

STEP 1 到 Server1 上點擊左下方的**開始**圖示 ➲Windows 系統管理工具➲DFS 管理➲如圖 11-2-5 所示點擊**命名空間**右方的**新增命名空間…**。

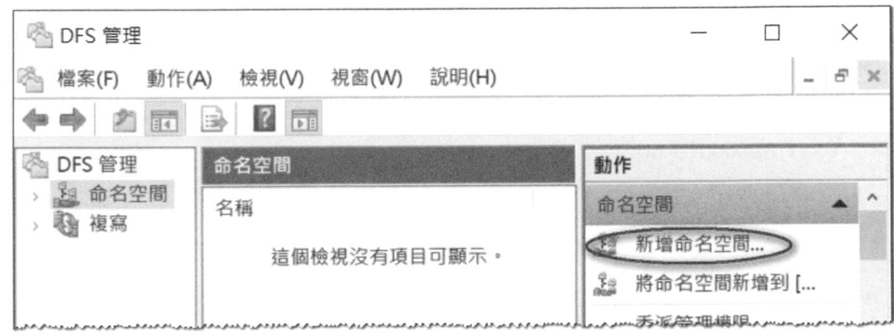

圖 11-2-5

STEP 2 在圖 11-2-6 中選 Server1 當做命名空間伺服器後按 下一步 鈕。

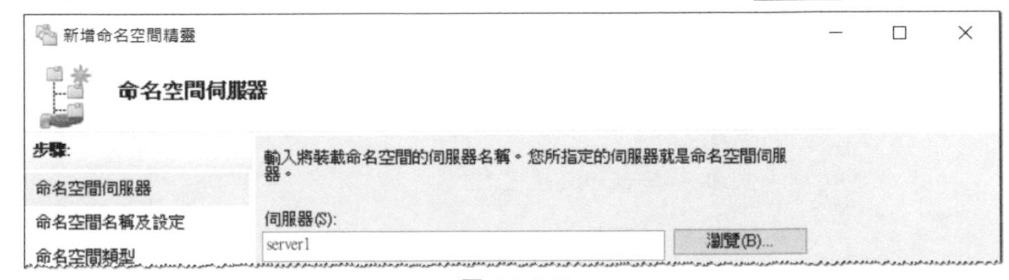

圖 11-2-6

STEP 3 在圖 11-2-7 中設定命名空間名稱（例如 Public）後按 下一步 鈕。

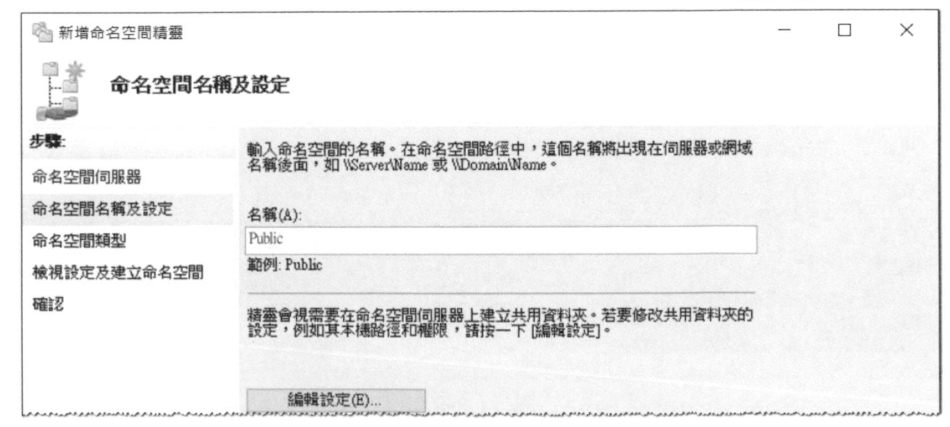

圖 11-2-7

系統預設會在命名空間伺服器的%*SystemDrive*%磁碟內建立 DFSRoots\Public 共用資料夾、共用名稱為 Public、所有使用者都有唯讀權限，若要變更設定的話，可點擊圖中的編輯設定鈕。%*SystemDrive*%通常是指 C:。

STEP 4 在圖 11-2-8 中請選擇**網域型命名空間**（預設是 **Windows Server 2008** 模式）。由於網域名稱為 sayms.local，因此完整的命名空間名稱將會是 \\sayms.local\Public。

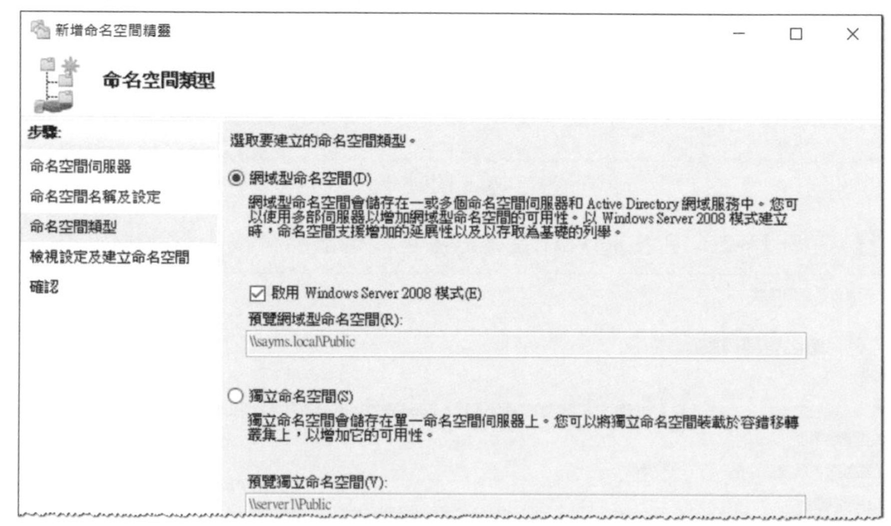

圖 11-2-8

STEP 5 在**檢視設定及建立命名空間**畫面中，確認設定無誤後按建立鈕、關閉鈕。

STEP 6 圖 11-2-9 為完成後的畫面。

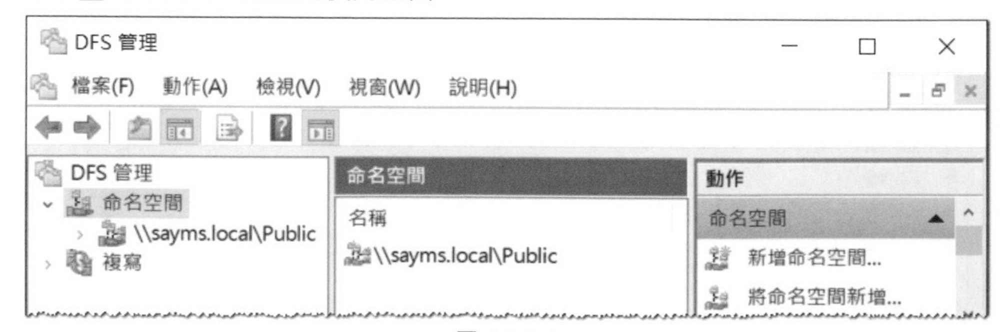

圖 11-2-9

建立資料夾

以下將建立前面圖 11-2-1 中的 DFS 資料夾 Pictures，其兩個目標分別對應到\\Server2\Pictures 與\\Server3\Pictures。

建立資料夾 Pictures，並將目標對應到\\Server2\Pictures

STEP 1 點擊圖 11-2-10 中\\sayms.local\Public 右方的**新增資料夾...**。

圖 11-2-10

STEP 2 在圖 11-2-11 中【設定資料夾名稱（Pictures）➲按 新增 鈕➲輸入或瀏覽資料夾的目標路徑，例如\\Server2\Pictures➲按 確定 鈕】。用戶端可以透過背景圖中**命名空間預覽**的路徑來存取所對應的共用資料夾內的檔案，例如\\sayms.local\Public\Pictures。

圖 11-2-11

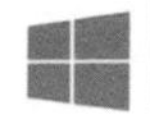

新增另一個目標，並將其對應到\\Server3\Pictures

STEP 1 繼續點擊圖 11-2-12 中新增鈕來設定資料夾的新目標路徑，例如圖中的\\Server3\Pictures。完成後連續按兩次確定鈕。

圖 11-2-12

STEP 2 可在圖 11-2-13 中按否鈕，等到下一節**複寫群組與複寫設定**再來說明兩個目標之間的複寫設定。

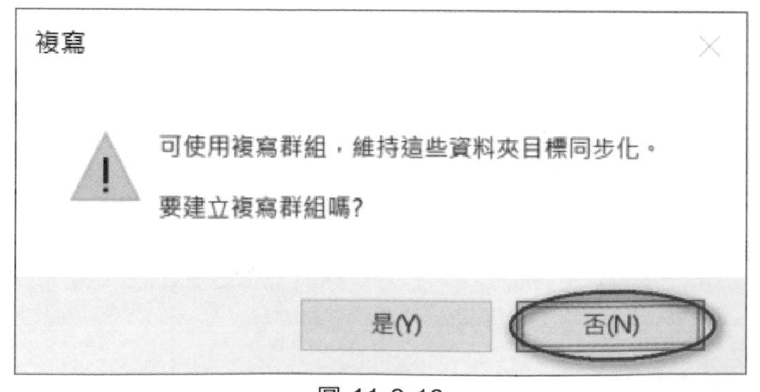

圖 11-2-13

STEP 3 圖 11-2-14 為完成後的畫面，資料夾 Pictures 的目標同時對應到 \\Server2\Pictures 與\\Server3\Pictures 共用資料夾。之後若要增加新目標的話，可點擊右邊的**新增資料夾目標...**。

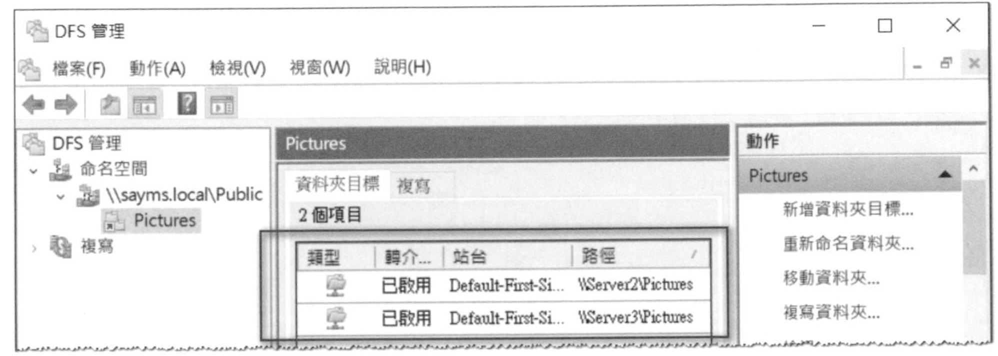

圖 11-2-14

複寫群組與複寫設定

若一個 DFS 資料夾有多個目標的話，這些目標所對應的共用資料夾內的檔案必須同步（相同）。我們可以讓這些目標之間自動複寫檔案來同步，不過您需要將這些目標伺服器設定為同一個複寫群組，並做適當的設定。

STEP 1 如圖 11-2-15 所示點擊資料夾 Pictures 右方的**複寫資料夾...**。

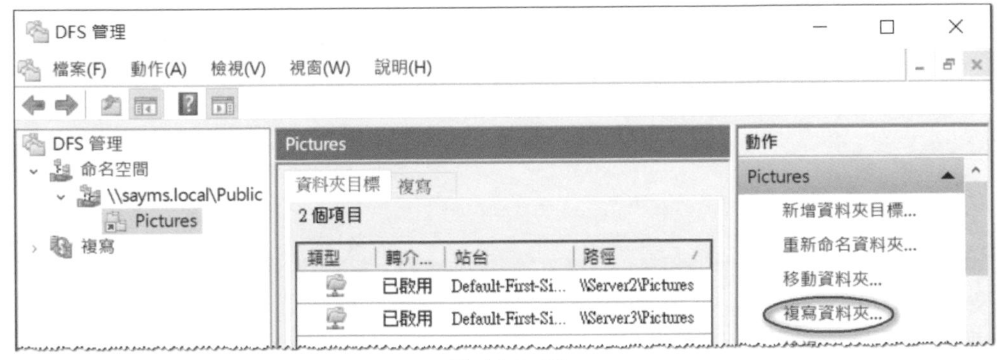

圖 11-2-15

STEP 2 在圖 11-2-16 中可直接按 下一步 鈕來採用預設的複寫群組名稱與資料夾名稱。

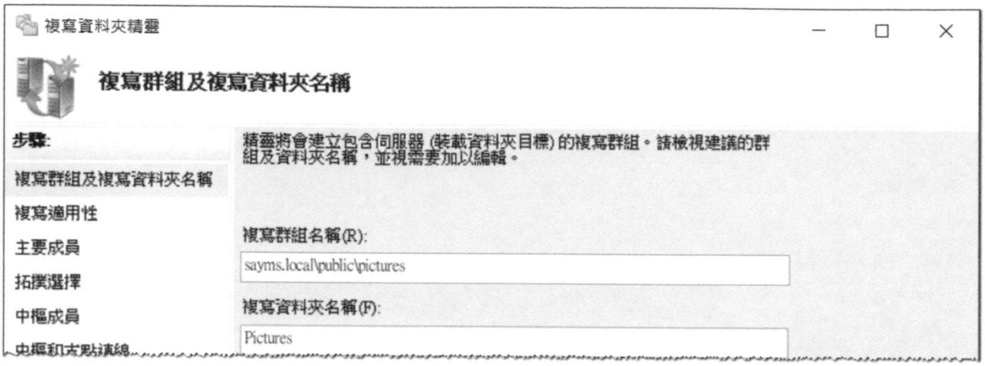

複寫資料夾精靈

複寫群組及複寫資料夾名稱

步驟:
複寫群組及複寫資料夾名稱
複寫適用性
主要成員
拓撲選擇
中樞成員

精靈將會建立包含伺服器 (裝載資料夾目標) 的複寫群組。請檢視建議的群組及資料夾名稱，並視需要加以編輯。

複寫群組名稱(R):
sayms.local\public\pictures
複寫資料夾名稱(F):
Pictures

圖 11-2-16

STEP 3 圖 11-2-17 中會列出有資格參與複寫的伺服器，請按下一步鈕。

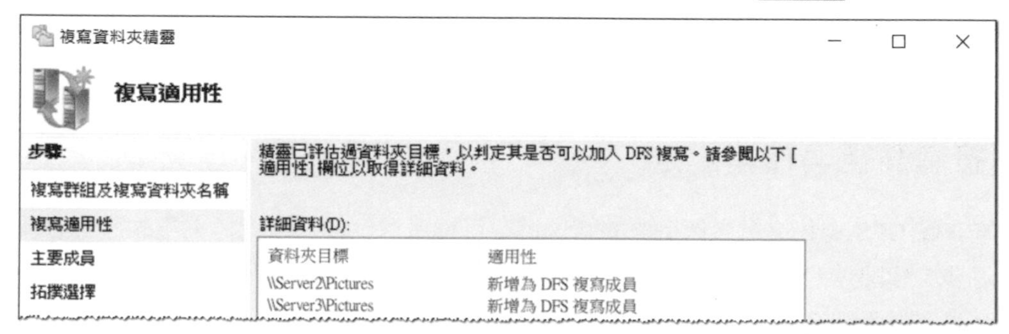

圖 11-2-17

STEP 4 請從圖 11-2-18 選擇**主要成員**（例如 Server2），當 DFS 第 1 次開始執行複寫檔案的動作時，會將這台主要成員內的檔案複寫到其他的所有目標。完成後按下一步鈕。

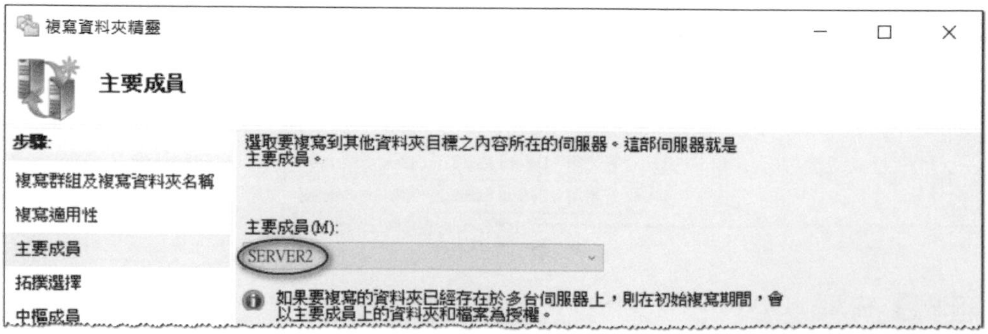

複寫資料夾精靈

主要成員

步驟:
複寫群組及複寫資料夾名稱
複寫適用性
主要成員
拓撲選擇
中樞成員

選取要複寫到其他資料夾目標之內容所在的伺服器。這部伺服器就是主要成員。

主要成員(M):
SERVER2

如果要複寫的資料夾已經存在於多台伺服器上，則在初始複寫期間，會以主要成員上的資料夾和檔案為授權。

圖 11-2-18

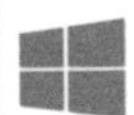

只有在第 1 次執行複寫檔案工作時，DFS 才會將主要成員的檔案複寫到其他的目標，之後的複寫工作是依照所選的複寫拓撲來複寫。

STEP 5 在圖 11-2-19 中選擇複寫拓撲後按完成鈕（必須有 3（含）台以上的伺服器參與複寫，才可以選擇**中樞和支點**拓撲）。

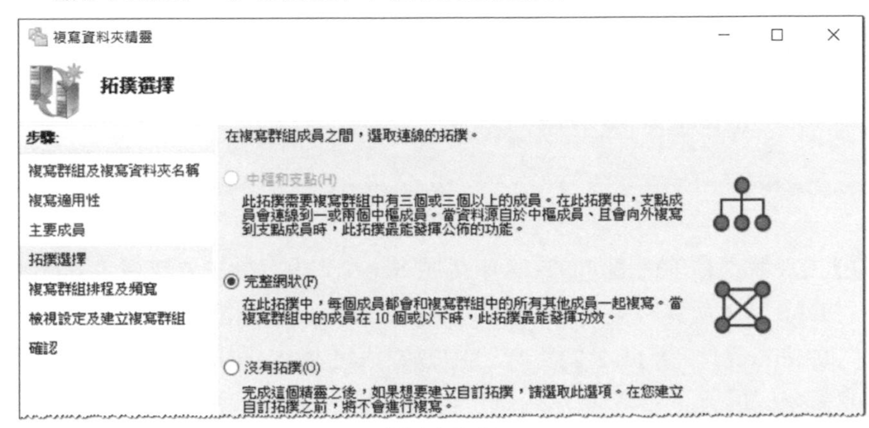

圖 11-2-19

STEP 6 您可以如圖 11-2-20 所示選擇全天候、使用完整的頻寬來複寫。也可以點選**在指定的日期及時間進行複寫**來進一步設定。完成後按下一步鈕。

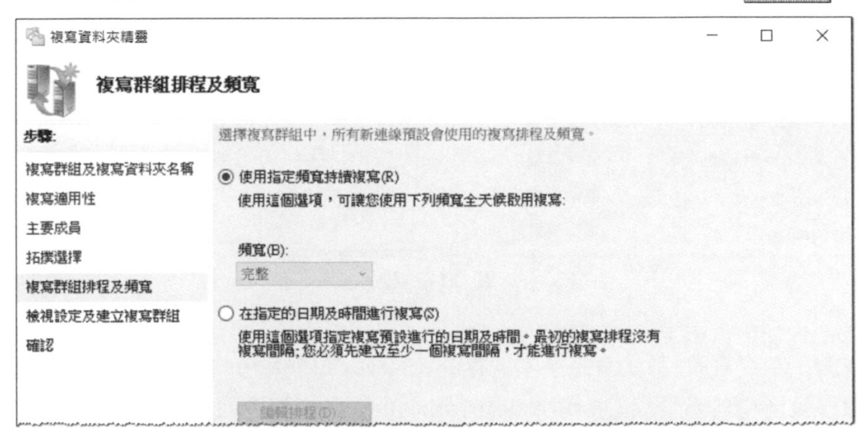

圖 11-2-20

STEP 7 在**檢視設定及建立複寫群組**畫面中，檢視設定無誤後按建立鈕。

STEP 8 在**確認**畫面中確認所有的設定都無誤後按關閉鈕。

STEP 9 在圖 11-2-21 中直接按確定鈕。它是在說：若網域內有多台網域控制站的話，則以上設定需要等一段時間才會被複寫到其他網域控制站，而其他參與複寫的伺服器，也需要一段時間才會向網域控制站索取這些設定值。總而言之，參與複寫的伺服器，可能需一段時間後才會開始複寫的工作。

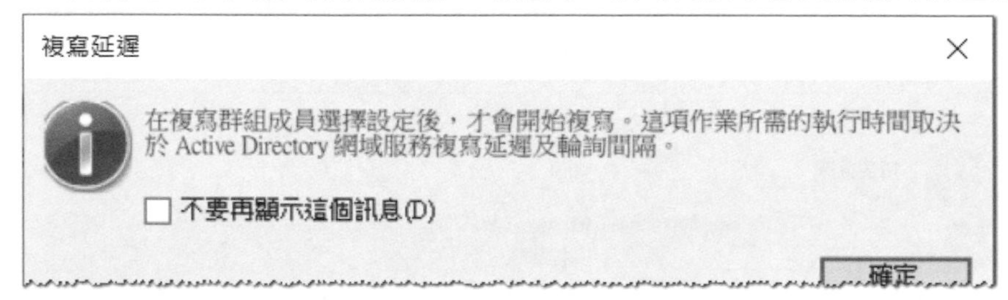

圖 11-2-21

STEP 10 由於我們在前面圖 11-2-18 中是將 Server2 設定為主要成員，因此稍後當 DFS 第 1 次執行複寫時，會將\\Server2\Pictures 內的檔案複寫到\\Server3\Pictures。如圖 11-2-22 所示為複寫完成後在\\Server3\Pictures 內的檔案。

圖 11-2-22

在第 1 次複寫時，系統會將原本就存在\\Server3\Pictures 內的檔案(若有的話)，搬移到圖中的資料夾 DfsrPrivate\PreExisting 內，不過因為 DfsrPrivate 是隱藏資料夾，因此若要看到此資料夾的話：【開啟**檔案總管**➲點擊**檢視**➲點擊右方**選項**圖示➲檢視➲取消勾選**隱藏保護的作業系統檔案（建議使用）**與點選**顯示隱藏的檔案、資料夾及磁碟機**】。

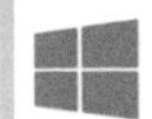

從第 2 次開始的複寫動作，將依照複寫拓撲來決定複寫的方式，例如若複寫拓撲被設定為**完整網狀**的話，則當您將一個檔案拷貝到任何一台伺服器的共用資料夾後，**DFS 複寫服務**會將這個檔案複寫到其他所有的伺服器。

複寫拓撲與排程設定

若要修改複寫設定的話，請點擊圖 11-2-23 左方的複寫群組 sayms.local\public\pictures，然後透過右方**動作**窗格來變更複寫設定，例如增加參與複寫的伺服器（新成員）、新增複寫資料夾（新複寫資料夾）、建立伺服器之間的複寫連線（新連線）、變更複寫拓撲（新拓撲）、建立診斷報告、將複寫的管理工作委派給其他使用者（委派管理權限）、排定複寫時程（編輯複寫群組排程）等。

圖 11-2-23

不論複寫拓撲為何，您都可以自行啟用或停用兩台伺服器之間的連接關係，例如若不想讓 Server3 將檔案複寫到 Server2 的話，請將 Server3 到 Server2 的單向連線關係停用：【如圖 11-2-24 所示點擊背景圖中的**連線**標籤➲雙擊傳送成員 Server3➲取消勾選**啟用這個連線上的複寫**】。

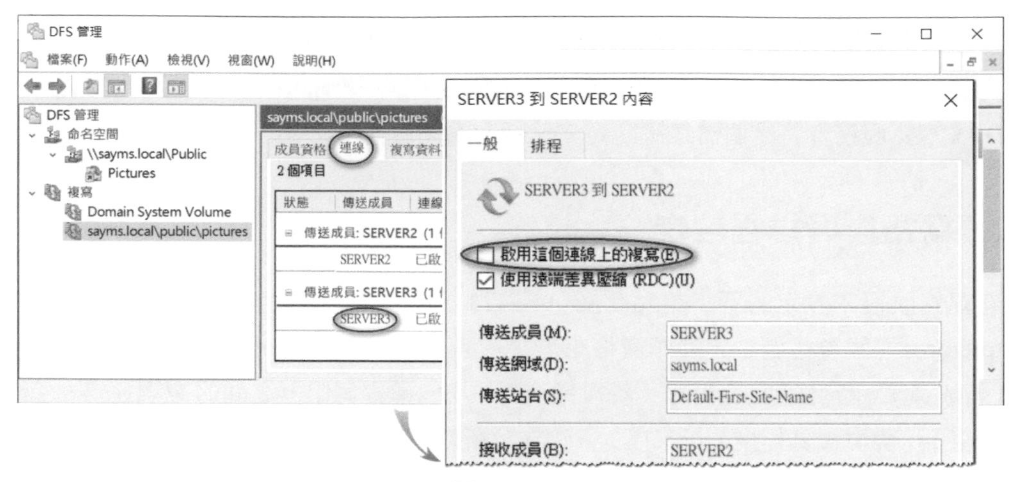

圖 11-2-24

您也可以雙擊圖 11-2-25 中**複寫資料夾**標籤下的資料夾 Pictures，來篩選檔案或子資料夾，被篩選的檔案或子資料夾將不會被複寫。篩選時可使用?或萬用字元*，例如*.tmp 表示排除所有副檔名為.tmp 的檔案。

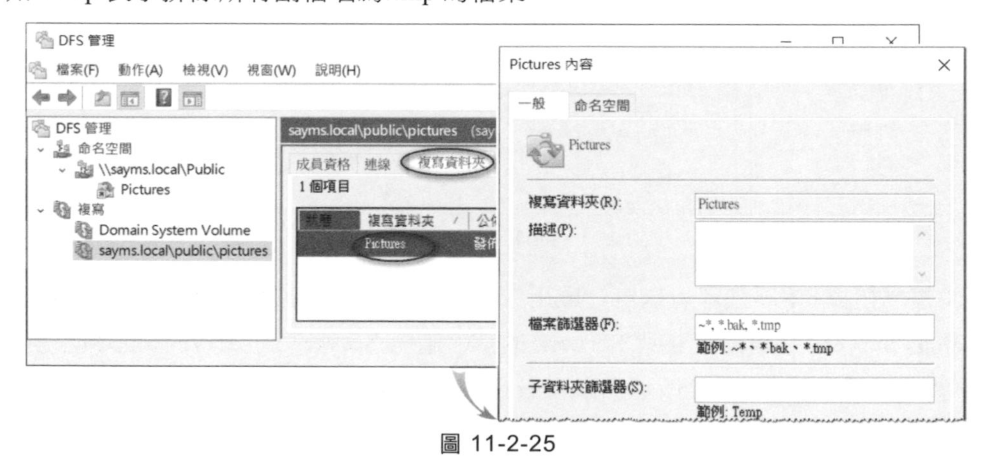

圖 11-2-25

從用戶端來測試 DFS 功能是否正常

我們利用 Windows 11 用戶端來說明如何存取 DFS 檔案：【按 Windows 鍵⊞+R 鍵➲輸入\\sayms.local\public\pictures （或\\sayms.local\public）】來存取 pictures 資料夾內的檔案，如圖 11-2-26 所示（可能還需輸入使用者名稱與密碼）。

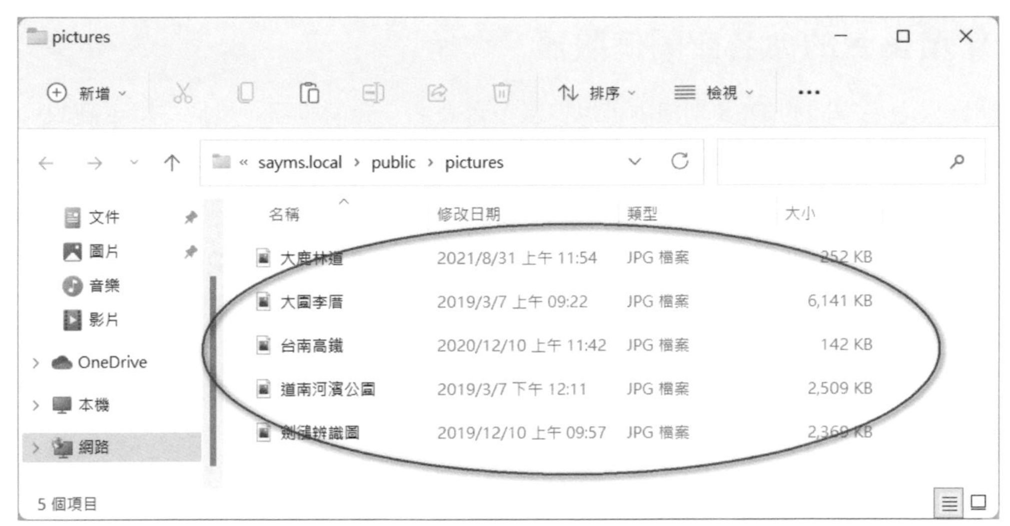

圖 11-2-26

> 若要存取獨立 DFS 的話，請將網域名稱改為電腦名稱，例如\\Server5\public\pictures，其中 Server5 為命名空間伺服器的電腦名稱、public 為命名空間根目錄名稱、pictures 為 DFS 資料夾名稱。

請嘗試輪流將 Server2 與 Server3 其中一台關機、另一台保持開機的情況下，再到 Windows 11 電腦來存取 Pictures 內的檔案，您會發現都可以正常存取到 Pictures 內的檔案：當您原本存取的伺服器關機時，DFS 會將您導向到另外一台伺服器（會稍有延遲），因此仍然可以正常存取到 Pictures 內的檔案。

> 如何查看您（用戶端）目前存取的是 Server2 或 Server3 內的檔案呢？您可以分別到這兩台伺服器上【點擊左下角**開始**圖示⊞➲系統管理工具➲電腦管理➲系統工具➲共用資料夾➲共用➲查看 Server2 或 Server3 的資料夾 Pictures 的**用戶端連線**處的連線數量】來得知，例如若 Server2 的資料夾 Pictures 的**用戶端連線**處連線數量為 1，但是 Server3 的連線數量為 0，則表示您目前存取的是 Server2 內的檔案。

新增多台的命名空間伺服器

網域型命名空間的 DFS 架構內可以安裝多台命名空間伺服器，以便提供更高的可用性。所有的命名空間伺服器都必須是隸屬於相同的網域。

首先這台新的命名空間伺服器必須安裝 **DFS 命名空間**服務，接下來可到 Server1 上【點擊左下角**開始**圖示⊞➲Windows 系統管理工具➲DFS 管理➲如圖 11-2-27 所示展開到命名空間\\sayms.local\public➲點擊右方**新增命名空間伺服器**➲輸入或瀏覽伺服器名稱（例如 Server4）➲按**確定**鈕】。

圖 11-2-27

11-3 用戶端的轉介設定

當 DFS 用戶端要存取命名空間內的資源（資料夾或檔案等）時，網域控制站或命名空間伺服器會提供用戶端一個**轉介清單**（referrals），此清單內包含著擁有此資源的目標伺服器，用戶端會嘗試從列於清單中最前面的伺服器來存取所需的資源，若這台伺服器因故無法提供服務時，用戶端會轉向清單中的下一台目標伺服器。

若某台目標伺服器因故必須暫停服務，例如要關機維護，此時您應該避免用戶端被導向到這台伺服器，也就是不要讓這台伺服器出現在**轉介清單**中，其設定方法為【如圖 11-3-1 所示點擊命名空間\\sayms.local\pubic 之下的資料夾 Pictures➲對著該伺服器按右鍵➲停用資料夾目標】。

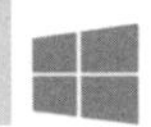

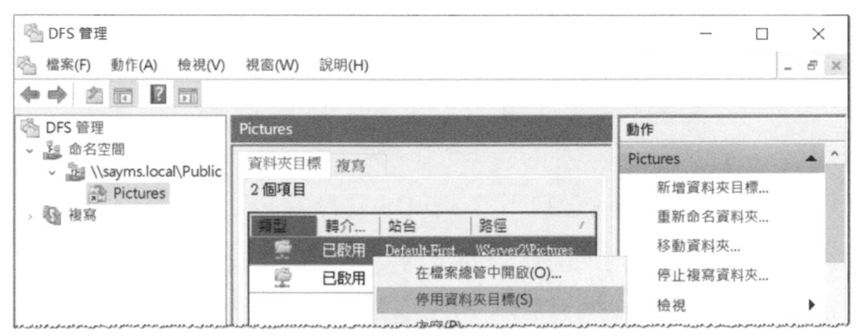

圖 11-3-1

還有您要如何來決定**轉介清單**中目標伺服器的先後順序呢? 這可透過【如圖 11-3-2 所示對著命名空間\\sayms.local\pubic 按右鍵➲內容➲**轉介**標籤】，圖中共提供了快取期間、（先後順序的）排列方法與用戶端容錯回復設定。

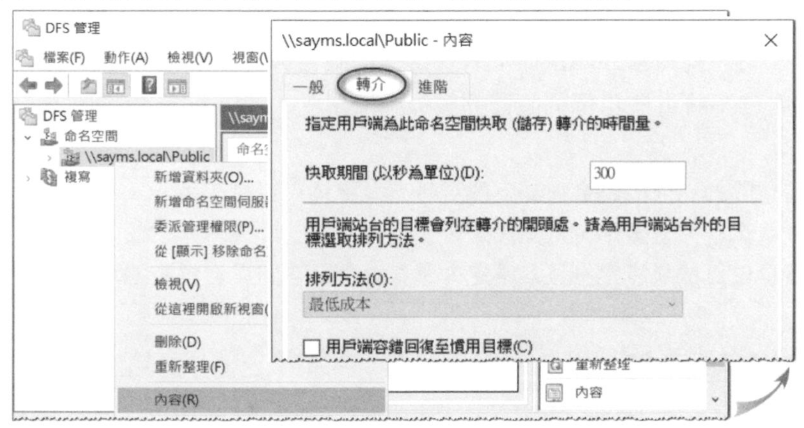

圖 11-3-2

快取期間

當用戶端電腦取得轉介清單後，會將這份清單快取到用戶端電腦內，以後用戶端需要此份清單時，可以直接從快取區來取得，不需要再向命名空間伺服器或網域控制站來索取，如此便可以提高運作效率，但是這份位於快取區的清單有一定的有效期限，這個期限就是透過圖 11-3-2 中**快取期間**來設定的，圖中預設值為 300 秒。

設定轉介清單中目標伺服器的先後順序

用戶端所取得的轉介清單中，目標伺服器被排列在清單中的先後順序如下：

- 若目標伺服器與用戶端是位於同一個 AD DS 站台

  則此伺服器會被列在清單中的最前面，若有多台伺服器的話，這些伺服器會被隨機排列在最前面。

- 若目標伺服器與用戶端是位於不同 AD DS 站台

  則這些伺服器會被排列在前述的伺服器（與用戶端同一個站台的伺服器）之後，而且這些伺服器之間有著以下的排列方法：

  - 最低成本：若這些伺服器分別位於不同的 AD DS 站台的話，則以站台連接成本（花費）最低的優先。若成本相同的話，則隨機排列。
  - 隨機順序：不論目標伺服器位於哪一個 AD DS 站台內，都以隨機順序來排列這些伺服器。
  - 排除用戶端站台外的目標：只要目標伺服器與用戶端是在不同的 AD DS 站台，就不將這些目標伺服器列於轉介清單內。

> 命名空間的轉介設定會被其下的資料夾與資料夾目標來繼承，不過您也可以直接針對資料夾來設定，且其設定會覆蓋由命名空間繼承來的設定。您還可以針對資料夾目標來設定，且其設定會覆蓋由命名空間與資料夾繼承來的設定。

用戶端容錯回復

當 DFS 用戶端所存取的慣用目標伺服器因故無法提供服務時（例如故障），用戶端會轉向清單中的下一台目標伺服器，即使之後原先故障的慣用伺服器恢復正常，用戶端仍然是繼續存取這一台並非最佳的伺服器（例如它是位於連接成本比較高的另外一個站台）。若希望原來那一台慣用伺服器恢復正常後，用戶端能夠自動轉回到此伺服器的話，請勾選前面圖 11-3-2 中的**用戶端容錯回復至慣用目標**。

> 一旦轉回原來的慣用伺服器後，所有新存取的檔案都會從這一台慣用伺服器來讀取，不過之前已經從非慣用伺服器開啟的檔案，仍然會繼續從那一台伺服器來讀取。

12

系統啟動的疑難排除

若 Windows Server 系統因故無法正常啟動的話，可以嘗試利用本章所介紹的方法來解決問題。

12-1 選擇「上次的正確設定」來啟動系統

12-2 安全模式與其他進階啟動選項

12-3 備份與復原系統

12-1 選擇「上次的正確設定」來啟動系統

只要 Windows 系統正常啟動，使用者也登入成功的話，系統就會將目前的**系統設定**儲存到**上次的正確設定**（Last Known Good Configuration）內。**上次的正確設定**有何用處呢？若使用者因為變更系統設定，造成下一次無法正常啟動 Windows 系統時，他就可以選用**上次的正確設定**來正常啟動 Windows 系統。

系統設定內儲存著裝置驅動程式與服務等相關設定，例如哪一些裝置驅動程式（服務）需要啟動、何時啟動、這些裝置驅動程式（服務）之間的相互依賴關係等。系統在啟動時會根據**系統設定**的設定值來啟動相關的裝置驅動程式與服務。

系統設定可分為**目前的系統設定**、**預設系統設定**與**上次的正確設定**等 3 種，而這些系統設定之間有何關連呢？

- 電腦啟動時：
  - 若使用者並未選擇**上次的正確設定**來啟動 Windows 系統

    則系統會利用**預設系統設定**來啟動 Windows 系統，然後將**預設系統設定**拷貝到**目前的系統設定**。

  - 若使用者選擇**上次的正確設定**來啟動 Windows 系統

    若使用者前一次使用電腦時變更了系統設定，使得 Windows 系統無法正常啟動的話，他可以選用**上次的正確設定**來啟動 Windows 系統。啟動成功後，系統會將**上次的正確設定**拷貝到**目前的系統設定**。

- 使用者登入成功後，**目前的系統設定**會被拷貝到**上次的正確設定**。
- 使用者登入成功後，其對系統設定的變更，都會被儲存到**目前的系統設定**內，之後將電腦關機或重新啟動時，**目前的系統設定**內的設定值，都會被拷貝到**預設系統設定**，以供下一次啟動 Windows 系統時來使用。

> 選用**上次的正確設定**來啟動系統，並不會影響到使用者個人的檔案，例如電子郵件、相片檔等，它只會影響到系統設定而已。

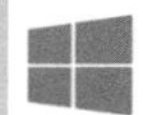

適合選用「上次的正確設定」的場合

您可以在發生下列情況時，選用**上次的正確設定**來啟動 Windows 系統：

- 在您安裝了新的裝置驅動程式後，因而 Windows 系統停止回應或無法啟動。此時您可選用**上次的正確設定**來啟動 Windows 系統，因為在**上次的正確設定**內並沒有包含此裝置驅動程式，也因此不會發生此裝置驅動程式所造成的問題。
- 有些關鍵性的裝置驅動程式是不應該被停用的，否則系統將無法正常啟動。若您不小心將這類驅動程式停用的話，此時可以選用**上次的正確設定**來啟動 Windows 系統，因為在**上次的正確設定**內並沒有將這個驅動程式停用。

有些關鍵性的裝置驅動程式或服務若無法被啟動的話，系統會自動以**上次的正確設定**來重新啟動 Windows 系統。

不適合選用「上次的正確設定」的場合

以下情況並不適合利用**上次的正確設定**來解決：

- 所發生的問題並不是與系統設定有關：**上次的正確設定**只可以用來解決裝置驅動程式與服務等系統設定有關的問題。
- 雖然系統啟動時有問題，但是仍然可以啟動，而且使用者也登入成功：則**上次的正確設定**會被**目前的系統設定**（此時它是有問題的設定）所覆蓋，因此前一個**上次的正確設定**也就遺失了。
- 無法啟動的原因是因為硬體故障或系統檔案損毀、遺失：因為**上次的正確設定**內只是儲存系統設定，它無法解決硬體故障或系統檔案損毀、遺失的問題。

如何選用「上次的正確設定」？

注意若非透過以下步驟來啟動電腦，而是以正常模式來啟動電腦的話，則即使正常出現要求登入的畫面，也不要登入，否則您想要選用的**上次的正確設定**會被覆蓋。

STEP 1 點擊左下角**開始**圖示⊞➲Windows PowerShell，然後執行以下指令，如圖 12-1-1 所示：

bcdedit --% /set {globalsettings} advancedoptions true

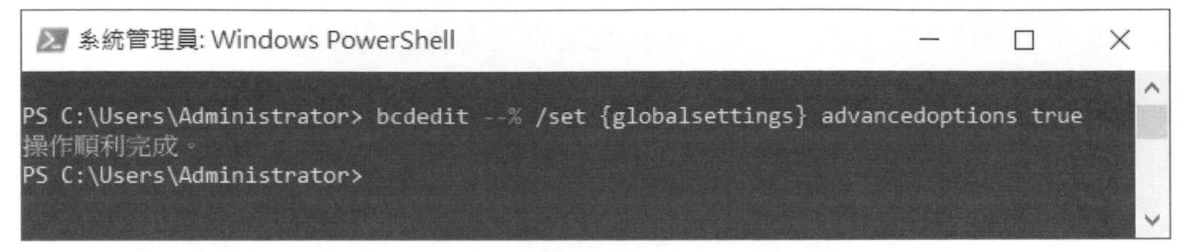

圖 12-1-1

STEP 2 重新開機後將出現如圖 12-1-2 所示的**進階開機選項**畫面，請選擇**上次的正確設定（進階）**後按 Enter 鍵。

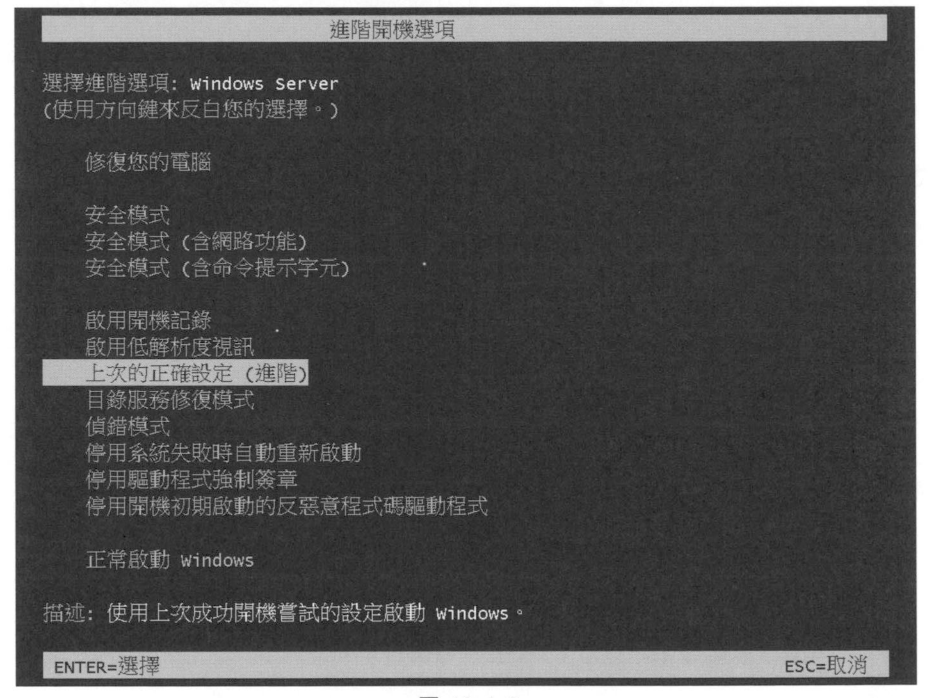

圖 12-1-2

1. 若希望改回以後啟動時不要再顯示此畫面的話，請執行上述 bcdedit 程式，但是將最後的 true 改為 false。
2. 也可先執行 bcdedit --% /set {bootmgr} displaybootmenu yes 指令，然後在出現 Windows **開機管理程式**畫面時按 F8 鍵來進入圖 12-1-2 的畫面。

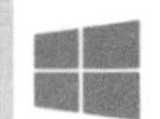

12-2 安全模式與其他進階啟動選項

除了**上次的正確設定**外，您還可以透過前面圖 12-1-2 中多個進階啟動選項，來協助您找尋與修復系統啟動時所碰到的問題：

- **修復您的電腦**：可用來修復、還原系統。
- **安全模式**：若是因為不適當的裝置驅動程式或服務而影響到 Windows 系統正常啟動的話，此時也可以嘗試選用安全模式來啟動系統，因為它只會啟動一些基本服務與裝置驅動程式（而且會選用標準低解析度顯示模式），例如滑鼠、鍵盤、大容量儲存裝置與一些標準的系統服務，其他非必要的服務與裝置驅動程式並不會被啟動。進入安全模式後，您就可以來修正有問題的設定值，然後重新以一般模式來啟動系統。

  例如在安裝了高階音效卡驅動程式後，Windows 系統因而無法正常啟動的話，此時可選用安全模式來啟動 Windows 系統，因為它並不會啟動此高階音效卡驅動程式，就不會因而無法啟動 Windows 系統。利用安全模式啟動後，再將高階音效卡驅動程式移除、停用或重新安裝正確的驅動程式，然後就可以利用正常模式來啟動 Windows 系統。
- **安全模式（含網路功能）**：它與安全模式類似，不過它還會啟動網路驅動程式與服務，因此可以連接網際網路或網路上其他電腦。若所發生的問題是因為網路功能所造成的話，請不要選擇此選項。
- **安全模式（含命令提示字元）**：它類似於安全模式，但是沒有網路功能，啟動後也沒有**開始**功能表，而且是直接進入**命令提示字元**環境，此時您需要透過指令來解決問題，例如將有問題的驅動程式或服務停用。

> 您也可輸入 MMC 後按 Enter 鍵，然後新增內含**裝置管理員**嵌入式管理單元的主控台，就可以利用滑鼠與**裝置管理員**來將有問題的裝置驅動程式停用或移除。

- **啟用開機記錄**：它會以一般模式來啟動 Windows 系統，不過會將啟動時所載入的裝置驅動程式與服務等資訊，記錄到%*Systemroot*%\Ntbtlog.txt 檔案內。

- **啟用低解析度視訊**：它會以低解析度（例如 800 x 600）與低更新頻率來啟動 Windows 系統。在您安裝了有問題的顯示卡驅動程式或顯示設定錯誤，因而無法正常顯示或運作時，就可以透過此選項來啟動系統。
- **上一次的正確設定（進階）**：我們在前一節內已經詳細介紹過了。
- **目錄服務修復模式**：此選項僅顯示在網域控制站的電腦畫面上，可利用它來還原 Active Directory 資料庫。
- **偵錯模式**：適用於 IT 專業人員，它會以進階的除錯模式來啟動系統。
- **停用系統失敗時自動重新啟動**：它可以讓 Windows 系統失敗時不要自動重新啟動。若 Windows 系統失敗時自動重新啟動，但是重新啟動時又失敗、又重新啟動，如此將循環不停，此時請選擇此選項。
- **停用驅動程式強制簽章**：它允許系統啟動時載入未經過數位簽章的驅動程式。
- **停用開機初期啟動的反惡意程式碼驅動程式**

  系統在開機初期會視驅動程式是否為惡意程式，來決定是否要初始化該驅動程式。系統將驅動程式分類為以下幾種：

  - **良好**：驅動程式已經過簽署，且未遭竄改。
  - **不良**：驅動程式已被識別為惡意程式碼。
  - **不良，但為開機所需**：驅動程式已被識別為惡意程式碼，但電腦必須載入此驅動程式才能成功開機。
  - **不明**：此驅動程式未經過您的「惡意程式碼偵測應用程式」的保證，也未經「開機初期啟動的反惡意程式碼驅動程式」來分類。

  系統啟動時，預設會初始化被判斷為**良好**、「**不良，但為開機所需**」或**不明**的驅動程式，但不會初始化被判斷為**不良**的驅動程式。你可以在開機時來選用此選項，以便停用此分類功能。

若要變更相關設定的話：【按 Windows 鍵⊞+ R 鍵➲執行 gpedit.msc➲電腦設定➲系統管理範本➲系統➲開機初期啟動的反惡意程式碼】。

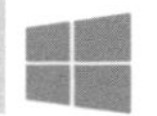

12-3 備份與復原系統

儲存在磁碟內的資料可能會因為天災、人禍、裝置故障等因素而遺失，因而造成公司或個人的嚴重損失，但是只要您平常定期備份（backup）磁碟，並將其存放在安全的地方，則之後即使發生上述意外事故，您仍然可以利用這些備份來迅速復原資料與讓系統正常運作。

備份與復原概觀

您可以透過 Windows Server Backup 來備份磁碟，而它支援以下兩種備份方式：

- **完整伺服器備份**：它會備份這台伺服器內所有磁碟區（volume）內的資料，也就是會備份所有磁碟（C:、D:、...）內的所有檔案，包含應用程式與系統狀態。您可利用此備份來將整台電腦復原，包含 Windows 作業系統與所有其他檔案。
- **自訂備份**：您可以選擇備份**系統保留**磁碟區、一般磁碟區（例如 C:、D:），也可以選擇備份這些磁碟區內指定的檔案；您還可以選擇備份**系統狀態**；甚至可以選擇**裸機還原**（bare metal recovery）備份，也就是它會備份整個作業系統，包含**系統狀態**、**系統保留**磁碟區與安裝作業系統的磁碟區，日後可以利用此**裸機還原**備份來還原整個 Windows Server 2022 作業系統。

Windows Server Backup 提供您以下兩種選擇來執行備份工作：

- **備份排程**：利用它來排定時程，以便在每天指定的日期與時間到達時自動執行備份工作。備份之目的地（儲存備份資料的地點）可以選擇本機磁碟、USB 或 IEEE 1394 外接式磁碟、網路共用資料夾等。
- **一次性備份**：也就是手動立即執行單次備份工作，備份目的地可以選擇本機磁碟、USB 或 IEEE 1394 外接式磁碟、網路共用資料夾，如果電腦內有安裝 DVD 燒錄機的話，還可以備份到 DVD 內。

如何備份磁碟？

請先新增 Windows Server Backup 功能：【開啟**伺服器管理員**➲點擊**儀表板**處的**新增角色及功能**➲持續按 下一步 鈕一直到出現圖 12-3-1 的**選取功能**畫面時勾選 Windows Server Backup➲…】。

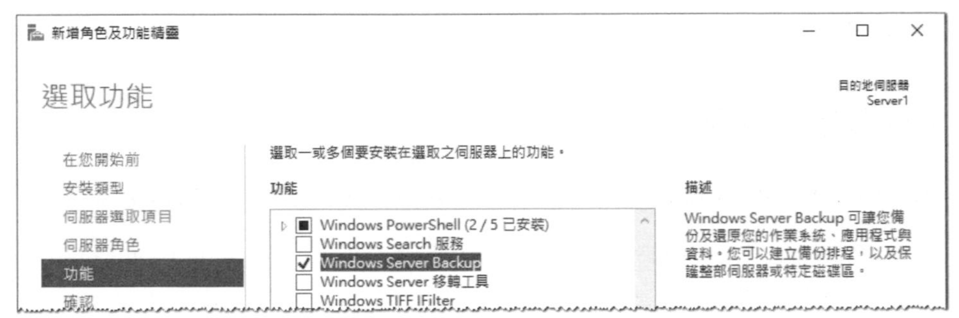

圖 12-3-1

排程完整伺服器備份

以下說明如何排定時程來執行完整伺服器備份，當所排定的日期與時間到達時，系統就會開始執行備份工作。

STEP 1　點擊左下角**開始**圖示⊞➲Windows 系統管理工具➲Windows Server Backup➲如圖 12-3-2 所示點擊**本機備份**右方的**備份排程**。

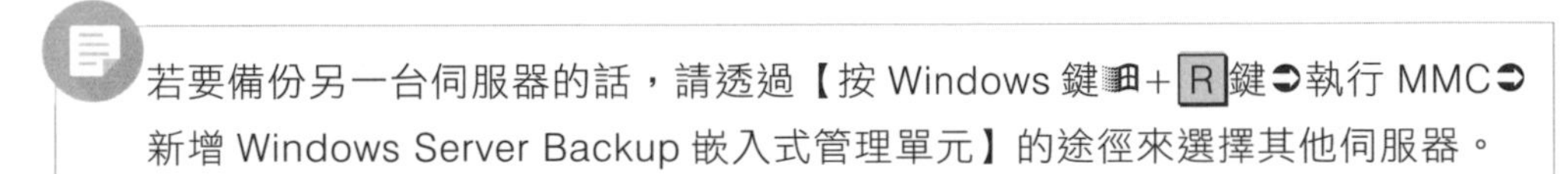

若要備份另一台伺服器的話，請透過【按 Windows 鍵⊞+ R 鍵➲執行 MMC➲新增 Windows Server Backup 嵌入式管理單元】的途徑來選擇其他伺服器。

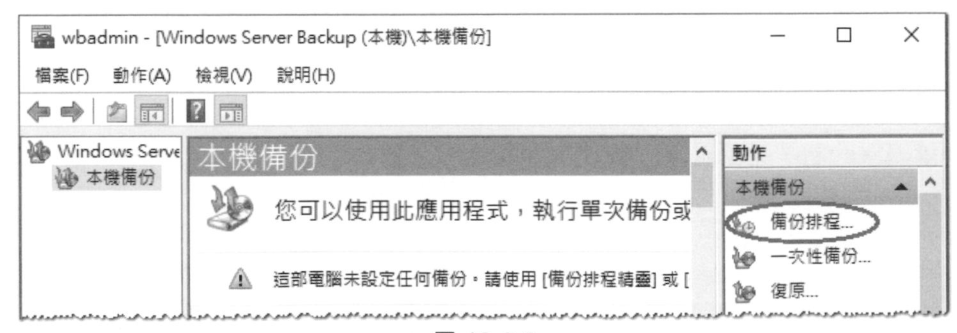

圖 12-3-2

STEP 2 出現**開始使用**畫面時按 下一步 鈕。

STEP 3 假設在圖 12-3-3 中選擇**完整伺服器（建議選項）**備份。

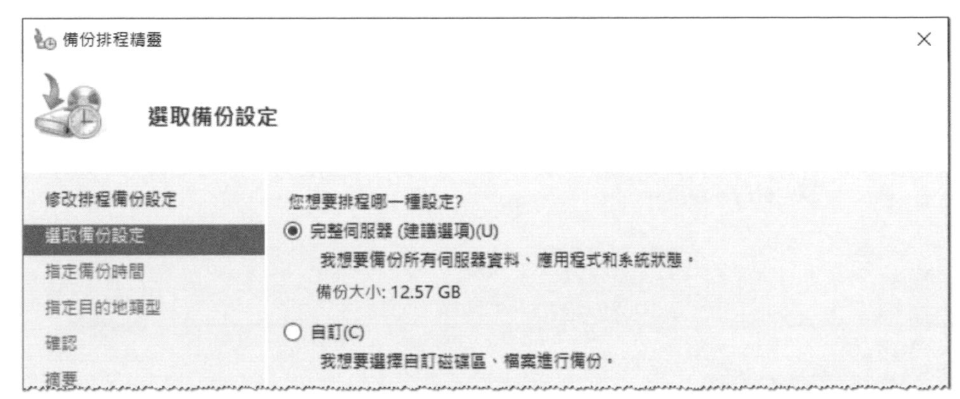

圖 12-3-3

STEP 4 在圖 12-3-4 中選擇一天備份一次或多次，並選擇備份時間（圖中的時間是以半小時為單位，若要改用其他時間單位的話，例如要選擇下午 12:15 備份，可以使用 **wbadmin** 指令來備份）。

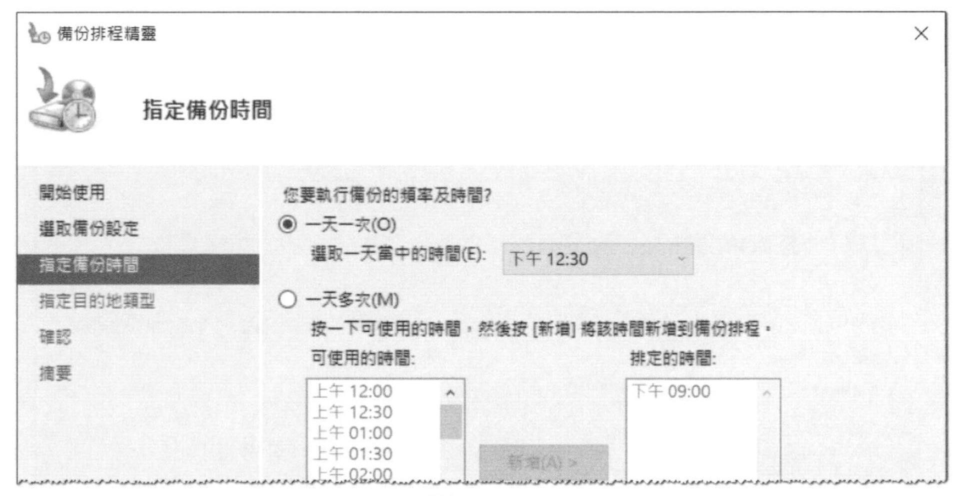

圖 12-3-4

STEP 5 在圖 12-3-5 中選擇儲存備份的地點：

- **備份至備份專用的硬碟（建議選項）**：這是最安全的備份方式，但是注意這種方式會將此專用硬碟格式化，因此其內現有資料都將遺失。

- **備份到磁碟區**：此磁碟區內的現有資料仍然會被保留，不過該磁碟區的運作效率會降低（最多會降低 200%）。建議不要將其他伺服器的資料也備份到此磁碟區。
- **備份到共用網路資料夾**：可以備份到網路上其他電腦的共用資料夾內。

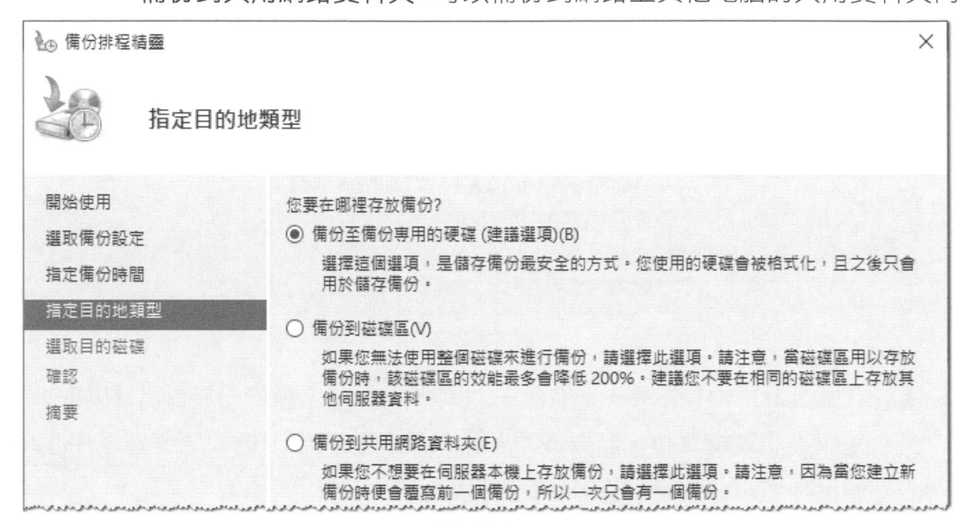

圖 12-3-5

STEP 6 在圖 12-3-6 中先點擊右下方的**顯示所有可用磁碟**鈕來顯示磁碟、再勾選要存放備份的磁碟後按**下一步**鈕（假設此電腦內還有另一個磁碟 E:）。

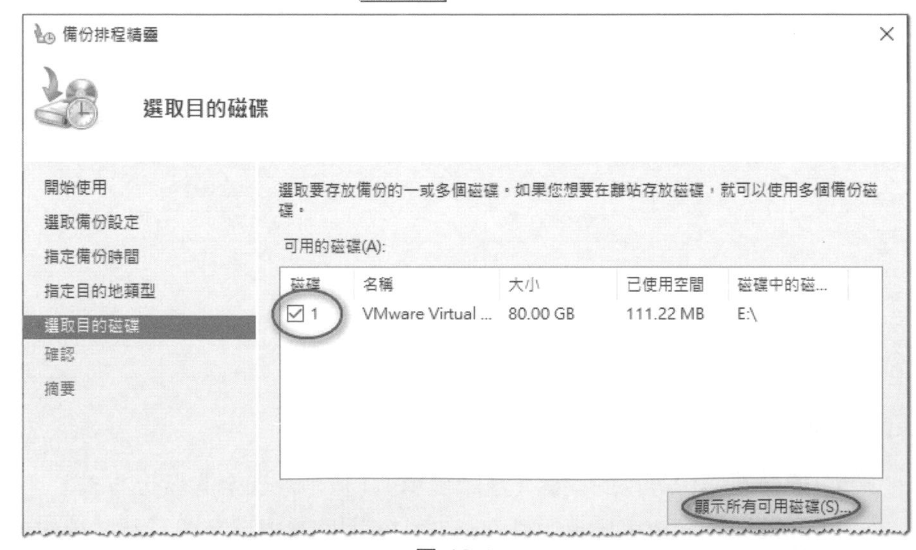

圖 12-3-6

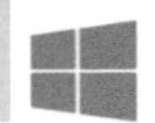

若您選擇多個磁碟（例如 USB 外接式磁碟）來儲存備份的話，則它具備**離站存放**（store disk offsite）的功能，也就是說系統將其備份到第 1 個磁碟內後，您就可以將此磁碟拿到其他地點存放，下一次備份時，系統會自動備份到第 2 個磁碟內，您再將第 2 個磁碟拿到其他地點存放，並將之前的備份磁碟（第 1 個磁碟）帶回來裝好，以便讓下一次備份時可以備份到這個磁碟內。這種輪流離站存放的方式，可以讓資料多一份保障。

STEP 7 注意要存放備份的磁碟（此範例為 E:）會被格式化，因此其內現有資料都將被刪除，故此磁碟不可被包含在要被備份的磁碟內，然而因為我們選擇的是**完整伺服器**備份，它會備份所有磁碟，包含了要存放備份的磁碟（E:），故會出現圖 12-3-7 的警告畫面，您必須按確定鈕來將此磁碟排除。

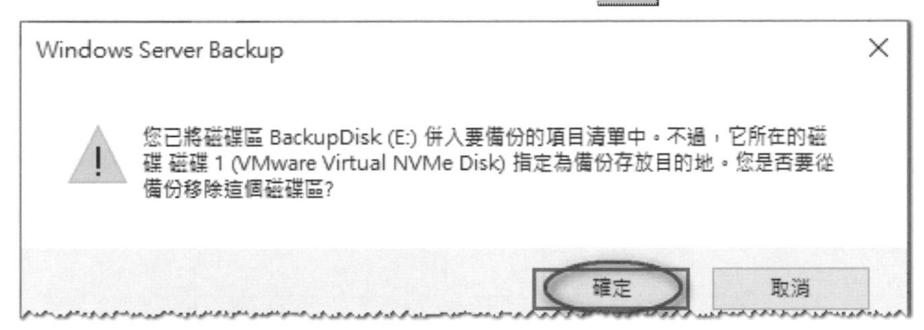

圖 12-3-7

STEP 8 圖 12-3-8 中提醒您要存放備份的磁碟會被格式化，因此其內所有資料都將被刪除，而且為了便於**離站存放**（offsite storage）與確保備份的完整性，此磁碟將專用於儲存備份，因此格式化後，不會被賦予磁碟機代號，也就是在**檔案總管**內看不到此磁碟。確認後按是（Y）鈕。

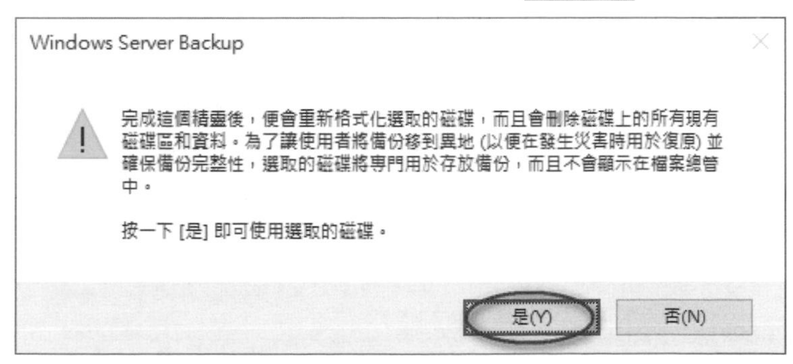

圖 12-3-8

STEP 9 由圖 12-3-9 中的**標籤**欄位可看出系統會為此備份設定一個辨識標籤，請記錄此標籤，日後進行還原工作時便可以很容易的透過這個標籤來辨識此備份。按完成鈕。

圖 12-3-9

STEP 10 出現**摘要**畫面時按關閉鈕。

STEP 11 當排定的時間到達時，系統便會開始備份，而您可以透過圖 12-3-10 來查看目前的備份進度(畫面往下捲動可看到已經排程的備份資訊)。

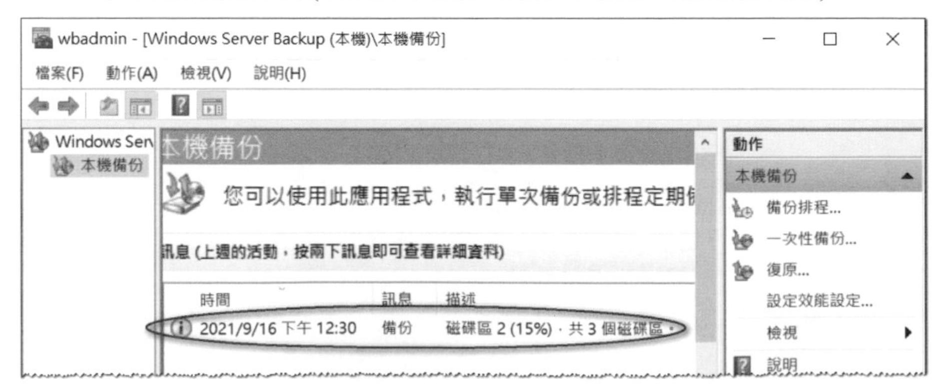

圖 12-3-10

排程自訂備份

您可以自行選擇要備份的項目，然後排定時程來執行備份這些項目，其設定方式與排程完整備份類似，不過在圖 12-3-11 中需選擇**自訂**。

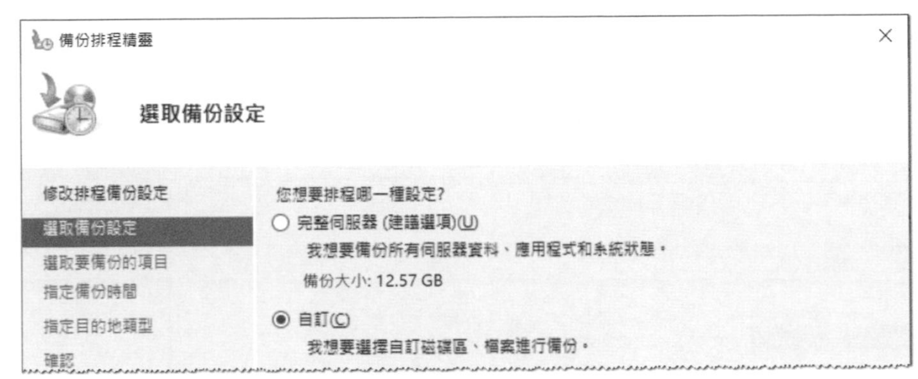

圖 12-3-11

然後在圖 12-3-12 背景圖中點擊**新增項目**鈕、在前景圖中選擇欲備份的項目，例如裸機復原、系統狀態、系統保留區、一般磁碟區或磁碟區內的檔案。如果您是在圖 12-3-12 的背景圖中點擊右下角**進階設定**鈕的話，還可以選擇將某些資料夾或檔案排除。

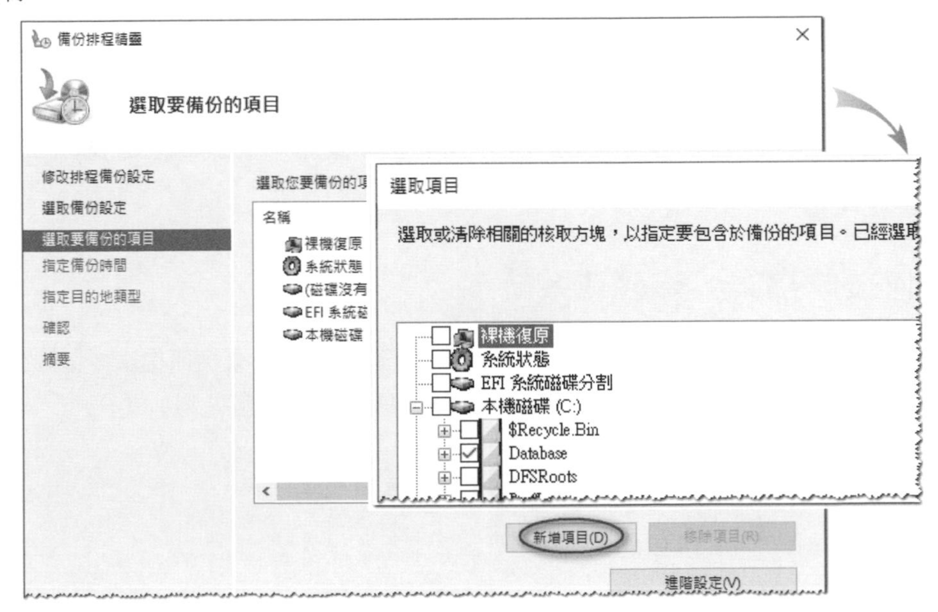

圖 12-3-12

一次性備份

您可以如圖 12-3-13 背景圖所示點擊**一次性備份**來手動立即執行一次備份工作，然後在前景圖選擇備份方式：

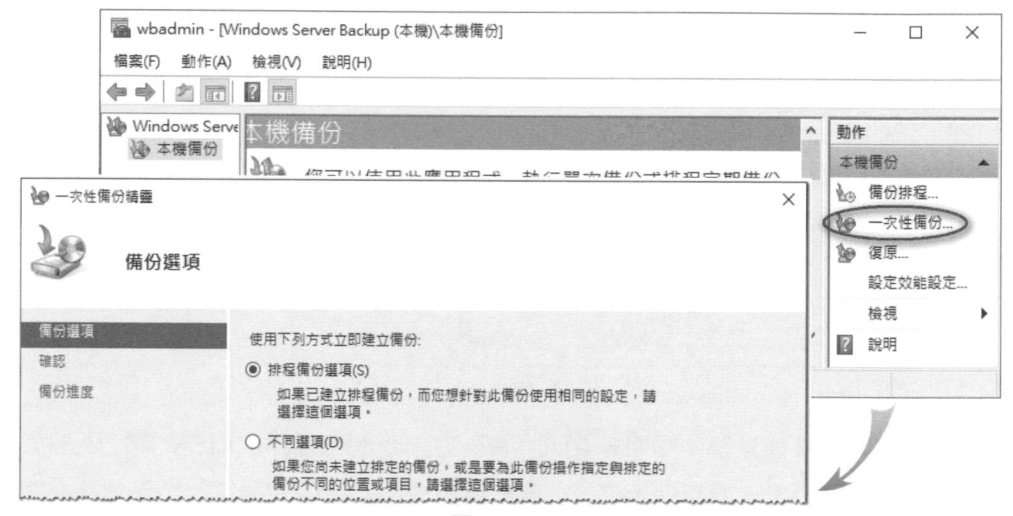

圖 12-3-13

- **排程備份選項**：若還有排程備份在的話，此時可以選擇與該排程備份相同的設定來備份，例如完整伺服器備份或自訂備份、備份時間、備份目的磁碟等設定。
- **不同選項**：重新選擇備份設定。

一次性備份的步驟與排程備份類似，不過如果在圖 12-3-13 選擇**不同選項**的話，則您還可以選擇備份到 DVD 或遠端共用資料夾。

如何復原檔案、磁碟或系統？

您可以利用之前透過 Windows Server Backup 所建立的備份來復原檔案、資料夾、應用程式、磁碟區（例如 D:、E: 等）、作業系統或整台電腦。

復原檔案、資料夾、應用程式或磁碟區

STEP 1 點擊圖 12-3-14 中的復原⋯。

圖 12-3-14

STEP 2 在圖 12-3-15 中選擇備份檔的來源（儲存地點）後按 下一步 鈕。

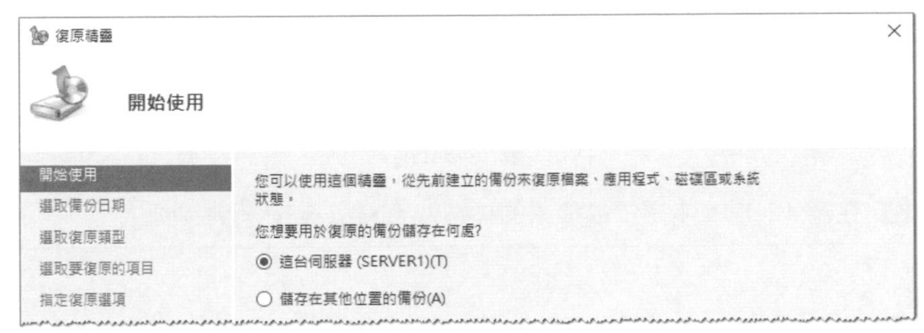

圖 12-3-15

STEP 3 在圖 12-3-16 透過日期與時間來選擇之前的備份後按 下一步 鈕。

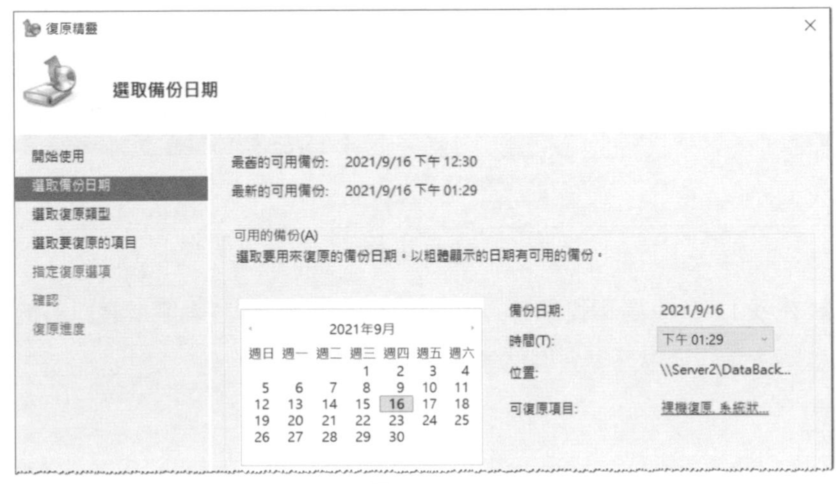

圖 12-3-16

STEP 4 在圖 12-3-17 假設選擇復原**檔案和資料夾**後按下一步鈕。

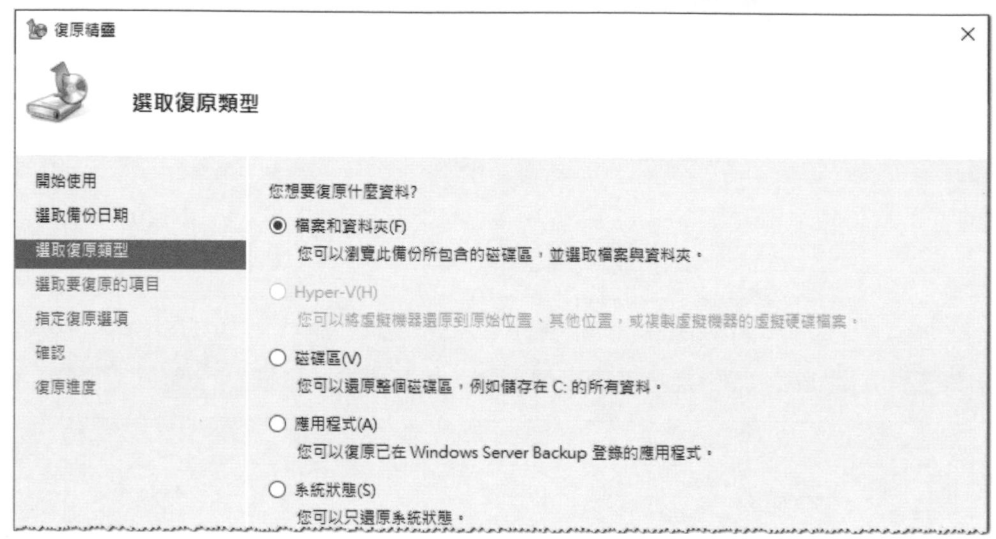

圖 12-3-17

STEP 5 在圖 12-3-18 中選擇欲復原的檔案或資料夾後按下一步鈕。

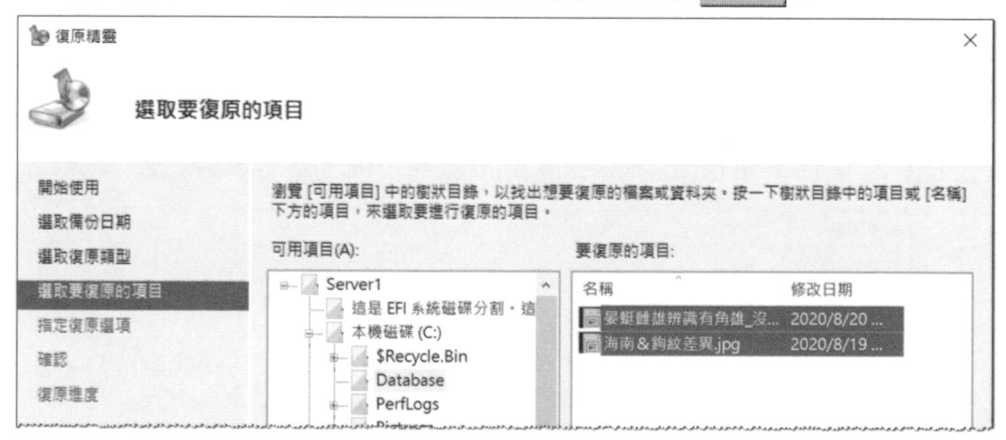

圖 12-3-18

STEP 6 在圖 12-3-19 選擇復原目的地、若目的地已存在該檔案或資料夾的處理方式、是否還原其原有的安全性設定（權限）。

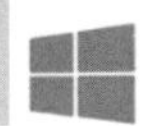

圖 12-3-19

STEP 7 出現**確認**畫面時按 復原 鈕。

STEP 8 檢視**復原進度**畫面，完成復原後按 關閉 鈕。

還原作業系統或整台電腦

您可以選擇以下兩種方式之一來還原作業系統或整台電腦：

- 執行以下 bcdedit 指令、重新開機，然後選用**進階開機選項**中的**修復您的電腦**

  bcdedit --% /set {globalsettings} advancedoptions true

- 利用 Windows Server 2022 USB 隨身碟或 DVD 啟動電腦、選擇**修復您的電腦**

利用「進階開機選項」

請準備好內含作業系統（裸機還原）或完整伺服器的備份，然後依照以下的步驟來還原（假設是使用**裸機還原**備份）。

STEP 1 點擊左下角**開始**圖示⊞➲Windows PowerShell，然後執行以下指令：

bcdedit --% /set {globalsettings} advancedoptions true

STEP 2 重新開機，接著將出現如圖 12-3-20 所示的**進階開機選項**畫面，請選擇**修復您的電腦**後按 Enter 鍵來啟動修復環境。

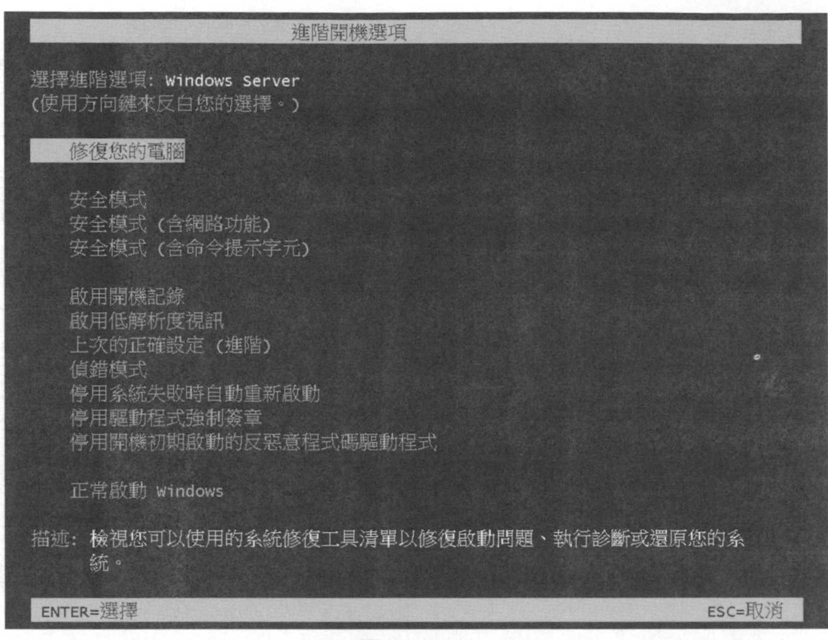

圖 12-3-20

STEP 3 接著在如圖 12-3-21 選擇**正常啟動 Windows** 後按 Enter 鍵。

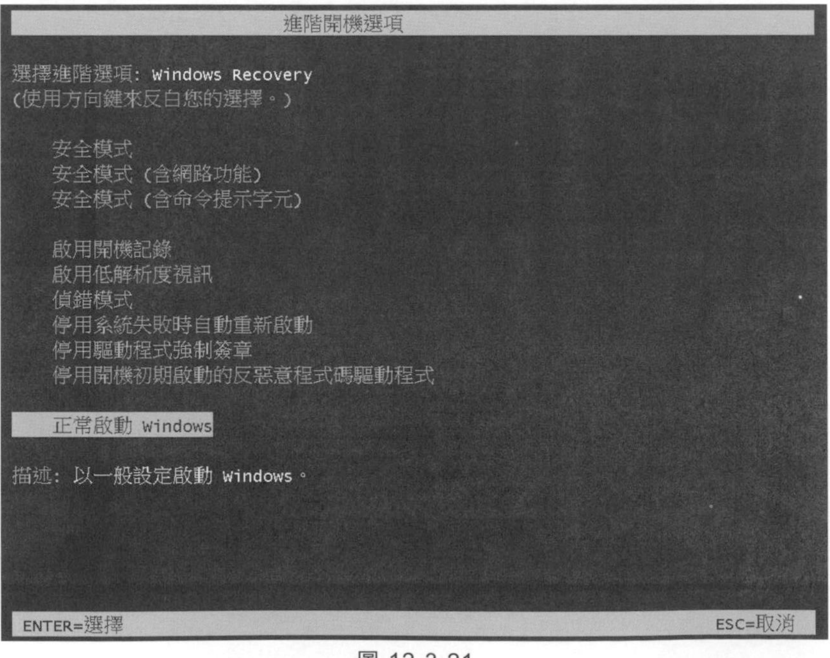

圖 12-3-21

STEP 4 在圖 12-3-22 中點擊**移難排解**。

圖 12-3-22

STEP 5 在圖 12-3-23 中點擊**系統映像修復**。

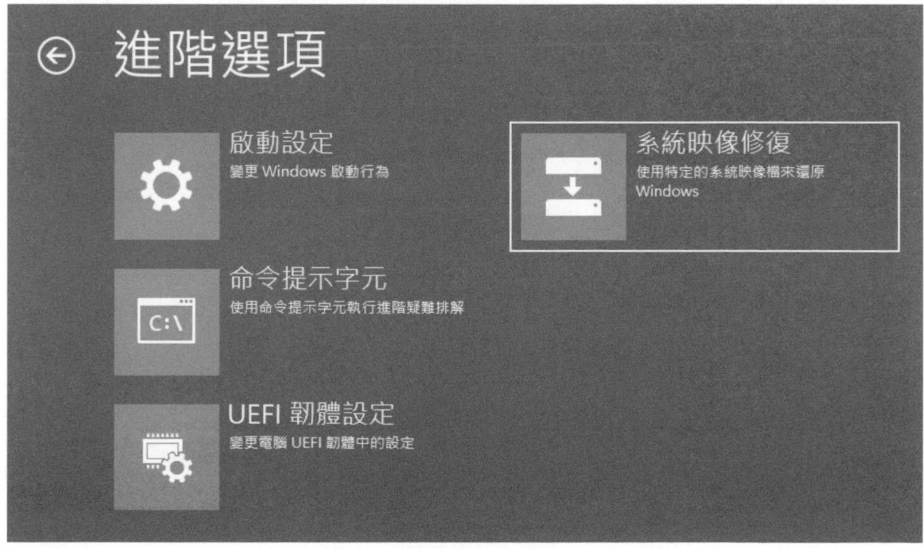

圖 12-3-23

STEP 6　在圖 12-3-24 中可以選擇系統自行找到的最新可用備份來還原，也可透過**選取系統映像**來選擇其他備份，例如位於網路共用資料夾、USB 外接式磁碟（可能需安裝驅動程式）內的備份。完成後按下一步鈕。

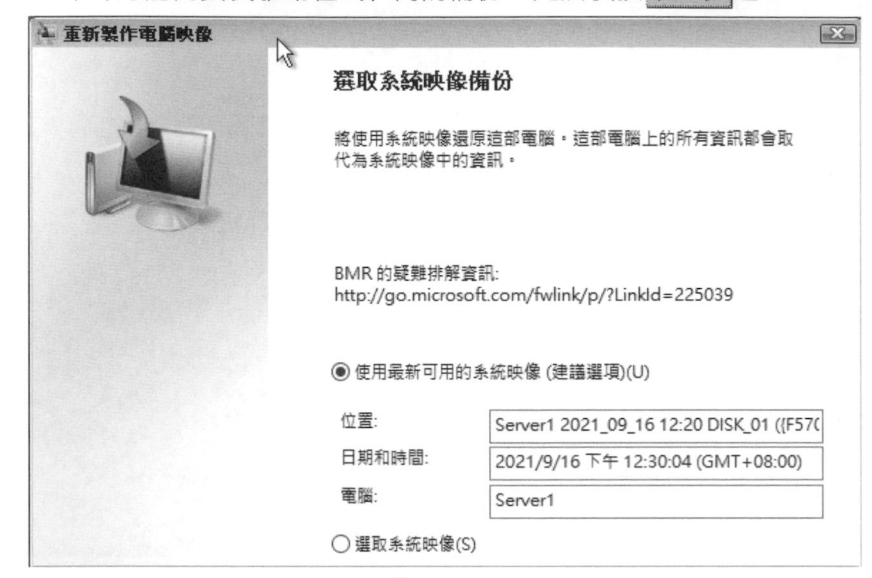

圖 12-3-24

STEP 7　在圖 12-3-25 中按下一步鈕。

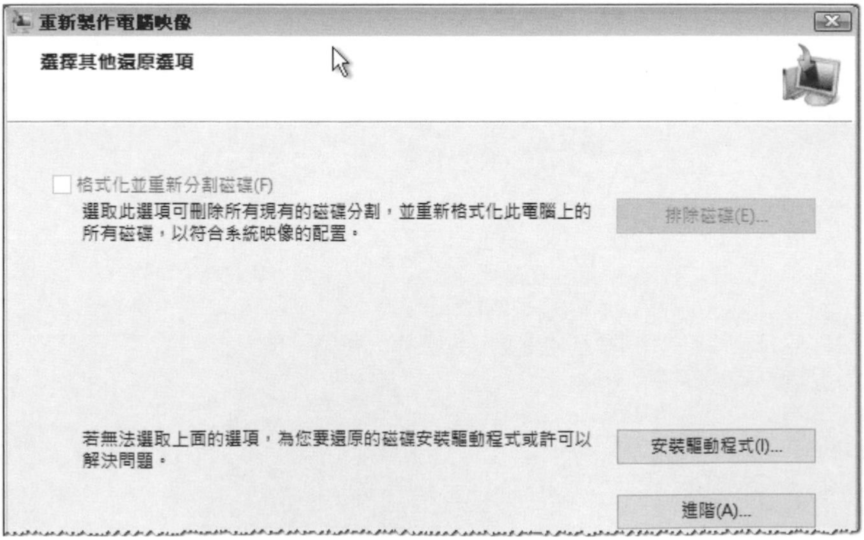

重新製作電腦映像

選擇其他還原選項

格式化並重新分割磁碟(F)

選取此選項可刪除所有現有的磁碟分割，並重新格式化此電腦上的所有磁碟，以符合系統映像的配置。

排除磁碟(E)...

若無法選取上面的選項，為您要還原的磁碟安裝驅動程式或許可以解決問題。

安裝驅動程式(I)...

進階(A)...

圖 12-3-25

STEP 8 最後在圖 12-3-26 中按完成鈕、按是(Y)鈕。完成後，預設會重新啟動，若不想重新啟動的話，請先透過前面圖 12-3-25 中的進階鈕來設定。

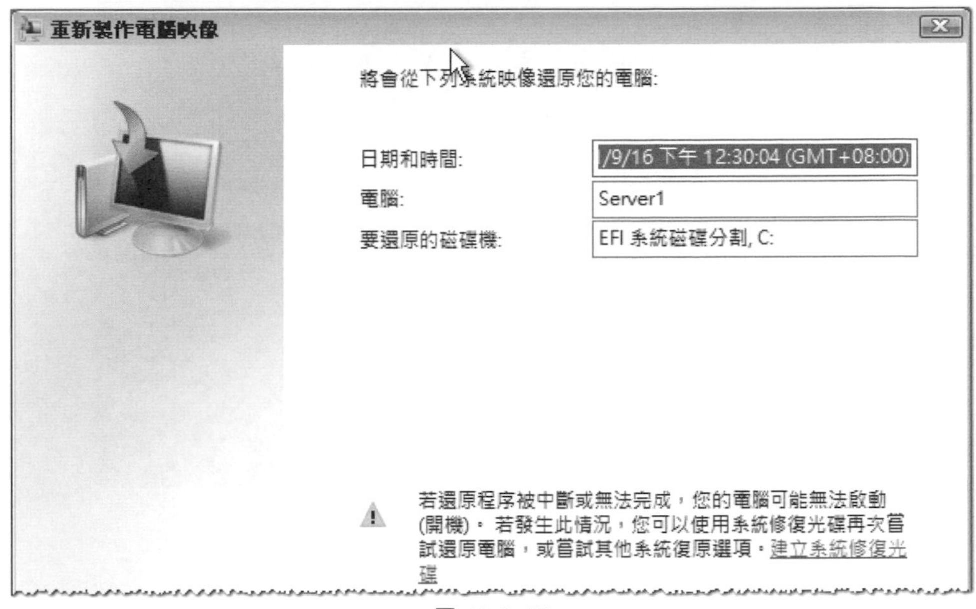

圖 12-3-26

利用「Windows Server 2022 USB 隨身碟或 DVD 啟動電腦」

請準備好 Windows Server 2022 USB 隨身碟（或 DVD）、內含作業系統（裸機還原）或完整伺服器的備份，然後依照以下步驟來還原（假設使用**裸機還原**備份）：

STEP 1 將 Windows Server 2022 USB 隨身碟插入電腦的 USB 插槽，然後從 USB 隨身碟啟動電腦（可能需到 BIOS 內修改為從 USB 隨身碟來啟動）。

STEP 2 在圖 12-3-27 中按下一步鈕。

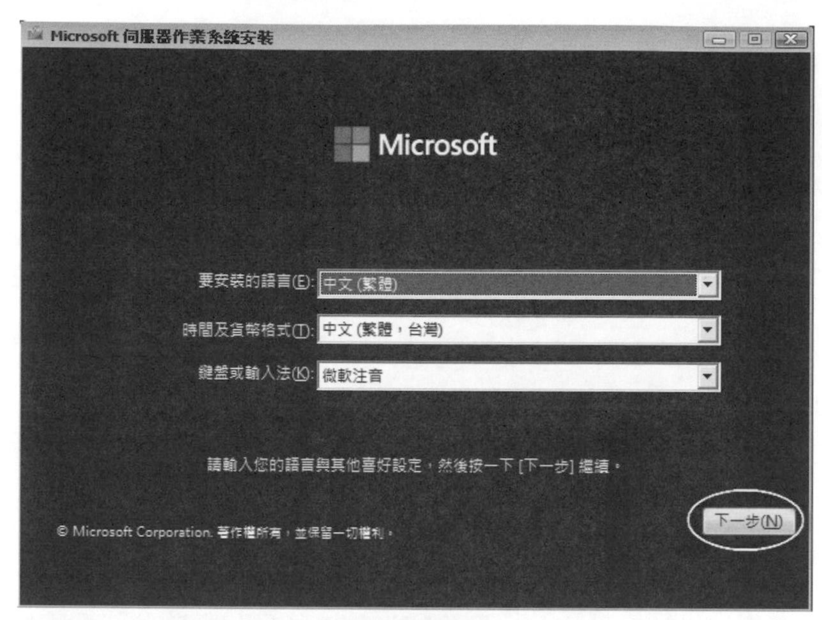

圖 12-3-27

STEP 3 在圖 12-3-28 中點擊左下角的**修復您的電腦**。

圖 12-3-28

STEP 4 接下來的步驟與第 12-19 頁 STEP 4 開始類似，請自行前往參考。

13

利用 DHCP 自動指派 IP 位址

TCP/IP 網路內的每一台電腦都需要 IP 位址，並透過此 IP 位址來與網路上其他電腦溝通。這些電腦可以透過 DHCP 伺服器來自動取得 IP 位址與相關選項設定值。

13-1 電腦 IP 位址的設定

每一台電腦的 IP 位址可以透過以下兩種途徑之一來設定：

- **手動輸入**：它比較容易因為輸入錯誤而影響到電腦的網路溝通能力，且可能會因為佔用其他電腦的 IP 位址而干擾到該電腦運作、增加系統管理員的負擔。
- **自動向 DHCP 伺服器索取**：使用者的電腦會自動向 DHCP 伺服器索取 IP 位址，接收到此索取要求的 DHCP 伺服器便會指派 IP 位址給使用者的電腦。它可以減輕管理負擔、減少手動輸入錯誤所造成的困擾。

想要使用 DHCP 方式來指派 IP 位址的話，整個網路內必須至少有一台啟動 DHCP 服務的伺服器，也就是需要有一台 **DHCP 伺服器**，而用戶端需採用自動索取 IP 位址的方式，這些用戶端被稱為 **DHCP 用戶端**。圖 13-1-1 為一個支援 DHCP 的網路範例，圖中甲、乙網路內各有一台 DHCP 伺服器，同時在乙網路內分別有 DHCP 用戶端與**非 DHCP 用戶端**（手動輸入 IP 位址的用戶端電腦）。

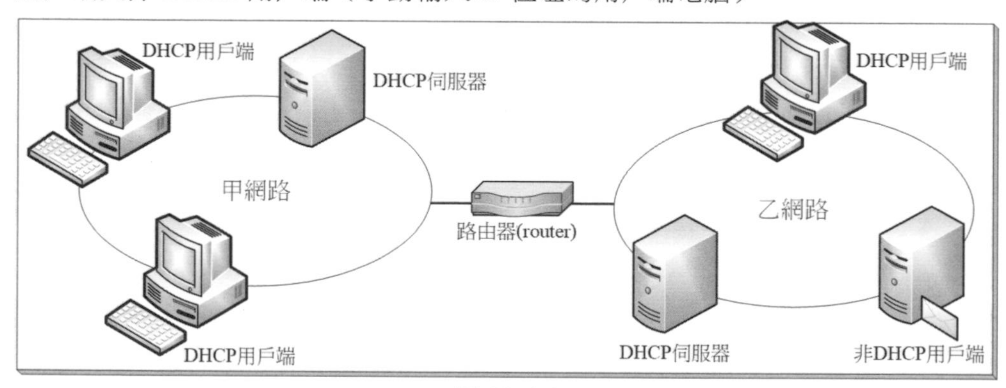

圖 13-1-1

DHCP 伺服器只是將 IP 位址出租給 DHCP 用戶端一段期間，若用戶端未適時更新租約的話，則租約到期時，DHCP 伺服器會收回該 IP 位址的使用權。

我們將手動輸入的 IP 位址稱為**靜態 IP 位址**（static IP address），而向 DHCP 伺服器租用的 IP 位址稱為**動態 IP 位址**（dynamic IP address）。

除了 IP 位址之外，DHCP 伺服器還可提供其他相關選項設定（options）給 DHCP 用戶端，例如預設閘道(路由器)的 IP 位址、DNS 伺服器的 IP 位址等。

13-2 DHCP 的運作原理

DHCP 用戶端電腦啟動時會找尋 DHCP 伺服器，以便向它索取 IP 位址等設定。然而它們之間的溝通方式，要看 DHCP 用戶端是向 DHCP 伺服器索取（租用）一個新的 IP 位址、還是在更新租約（要求繼續使用原來的 IP 位址）而有所不同。

向 DHCP 伺服器索取 IP 位址

DHCP 用戶端在以下幾種情況之下，會向 DHCP 伺服器索取一個新的 IP 位址：

- 用戶端電腦是第一次向 DHCP 伺服器索取 IP 位址。
- 該用戶端原先所租用的 IP 位址已被 DHCP 伺服器收回且已租給別台電腦了。
- 該用戶端自己釋放原先所租用的 IP 位址（且之後此 IP 位址又已經被伺服器出租給其他用戶端），並要求重新租用 IP 位址。
- 用戶端電腦更換了網路卡。
- 用戶端電腦被搬移到另外一個網路區段。

更新 IP 位址的租約

若 DHCP 用戶端想要延長其 IP 位址的使用期限，則它必須更新（renew）其 IP 位址租約。

自動更新租約

DHCP 用戶端在下列的情況下，會自動向 DHCP 伺服器提出更新租約要求：

- **DHCP 用戶端電腦重新啟動時**：每一次用戶端電腦重新啟動時，都會自動送廣播訊息給 DHCP 伺服器，來要求繼續使用原來所使用的 IP 位址。若租約無法更新成功的話，用戶端會嘗試與預設閘道溝通：
  - 若溝通成功且租約並未到期，則用戶端仍然會繼續使用原來的 IP 位址，然後等待下一次更新時間到達的時候再更新。
  - 若無法與預設閘道溝通成功，則用戶端會放棄目前的 IP 位址，改使用 169.254.0.0/16 格式的 IP 位址，然後每隔 5 分鐘再嘗試更新租約。

- **IP 位址租約期過一半時**：DHCP 用戶端也會在租約過一半時，自動送訊息給出租此 IP 位址的 DHCP 伺服器。
- **IP 位址租約期過 7/8 時**：若租約過一半時無法成功更新租約的話，用戶端仍然會繼續使用原 IP 位址，不過用戶端會在租約期過 7/8（87.5%）時，再利用廣播訊息來向 DHCP 伺服器更新租約。若仍無法更新成功，則此用戶端會放棄正在使用的 IP 位址，然後重新向 DHCP 伺服器索取一個新的 IP 位址。

只要用戶端成功更新租約，用戶端就可以繼續使用原來的 IP 位址，且會重新取得一個新租約，這個新租約的期限視當時 DHCP 伺服器的設定而定。在更新租約時，若此 IP 位址已無法再給用戶端使用的話，例如此位址已無效或已被其他電腦佔用，則 DHCP 伺服器也會回應訊息給用戶端，以便用戶端重新索取新的 IP 位址。

手動更新租約與釋放 IP 位址

用戶端使用者也可以利用 **ipconfig /renew** 指令來更新 IP 租約。也可以利用 **ipconfig /release** 指令自行將目前正在使用的 IP 位址釋放，之後用戶端會每隔 5 分鐘再去找 DHCP 伺服器租用 IP 位址，或由用戶端使用者手動利用 **ipconfig /renew** 指令來租用 IP 位址。

Automatic Private IP Addressing（APIPA）

當 Windows 用戶端無法從 DHCP 伺服器租到 IP 位址時，它們會自動使用網路識別碼為 169.254.0.0/16 的私人 **IP** 位址（參考圖 13-2-1），並使用這個 IP 位址來與其他電腦溝通。

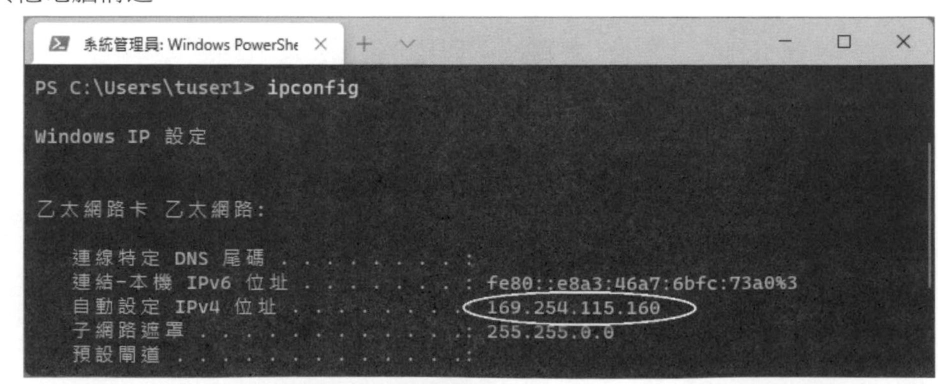

圖 13-2-1

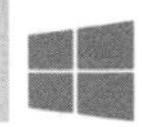

在用戶端開始使用這個 IP 位址之前，它會先送廣播訊息給網路上其他電腦，以便檢查是否有其他電腦已經使用了這個 IP 位址。若沒有其他電腦回應此訊息的話，用戶端電腦就會將此 IP 位址指派給自己來使用，否則就繼續嘗試其他 IP 位址。使用 169.254.0.0/16 位址的電腦仍然會每隔 5 分鐘一次來尋找 DHCP 伺服器，以便向其租用 IP 位址，在還沒有租到 IP 位址之前，用戶端會繼續使用此**私人 IP** 位址。

以上動作被稱為 **Automatic Private IP Addressing（APIPA）**，它讓用戶端電腦在尚未向 DHCP 伺服器租到 IP 位址之前，仍然能夠有一個臨時的 IP 位址可用，以便與同一個網路內也是使用 169.254.0.0/16 位址的電腦溝通。

手動設定 IP 位址的用戶端，若其 IP 位址已被其他電腦佔用的話，則該用戶端也會使用 169.254.0.0/16 的 IP 位址，讓它可以與同樣是使用 169.254.0.0/16 的電腦溝通。

13-3 DHCP 伺服器的授權

DHCP 伺服器安裝好以後，並不是立刻就可以對 DHCP 用戶端提供服務，它還必須經過一個**授權**（authorized）的程序，未經過授權的 DHCP 伺服器無法將 IP 位址出租給 DHCP 用戶端。

DHCP 伺服器授權的原理與注意事項

- 需在 AD DS 網域（Active Directory Domain Services）的環境中，DHCP 伺服器才可以被授權。
- 在 AD DS 網域中的 DHCP 伺服器都必須被授權。
- 只有 Enterprise Admins 群組的成員才有權利執行授權動作。
- DHCP 伺服器啟動時，若透過 AD DS 資料庫查詢到其 IP 位址已經在授權清單內的話，其 DHCP 服務就可以正常啟動來出租 IP 位址給用戶端。
- 不是網域成員的 DHCP 獨立伺服器無法被授權。此獨立伺服器的 DHCP 服務是否可以正常啟動並對用戶端提供出租 IP 位址的服務呢？此獨立伺服器在啟動 DHCP 服務時，若檢查到在同一個網路內，已經有被授權的 DHCP 伺服器的話，它就不會啟動 DHCP 服務，否則就可以正常啟動 DHCP 服務。

在 AD DS 網域環境下，建議第 1 台 DHCP 伺服器最好是成員伺服器或網域控制站，因為若第 1 台是獨立伺服器的話，則一旦之後您在網域成員電腦上安裝 DHCP 伺服器、將其授權、且這台伺服器是在同一個網路內，則原獨立伺服器的 DHCP 服務將無法再啟動。

13-4 DHCP 伺服器的安裝與測試

我們將利用圖 13-4-1 的環境來練習，其中 DC1 為 Windows Server 2022 網域控制站兼 DNS 伺服器、DHCP1 為已加入網域的 Windows Server 2022 DHCP 伺服器、Win11PC1 為 Windows 11（不需要加入網域）。請先將圖中各電腦的作業系統安裝好、設定 TCP/IP 的組態（圖中採用 IPv4）、建立網域（假設網域名稱為 sayms.local）、將 DHCP1 電腦加入網域。

若利用虛擬環境來練習：

1. 請將這些電腦所連接的虛擬網路的DHCP服務停用;若利用實體電腦練習，請將網路中其他 DHCP 伺服器關閉或停用，例如停用 IP 分享器或寬頻路由器內的 DHCP 伺服器功能。這些 DHCP 服務或伺服器都會干擾您的實驗。
2. 若 DC1 與 DHCP1 的硬碟是從同一個虛擬硬碟複製來的，請執行 C:\Windows\System32\Sysprep 內的 sysprep.exe、勾選**一般化**，以便重新設定需具備唯一性的資料，例如 SID（security identifier，安全識別碼）。

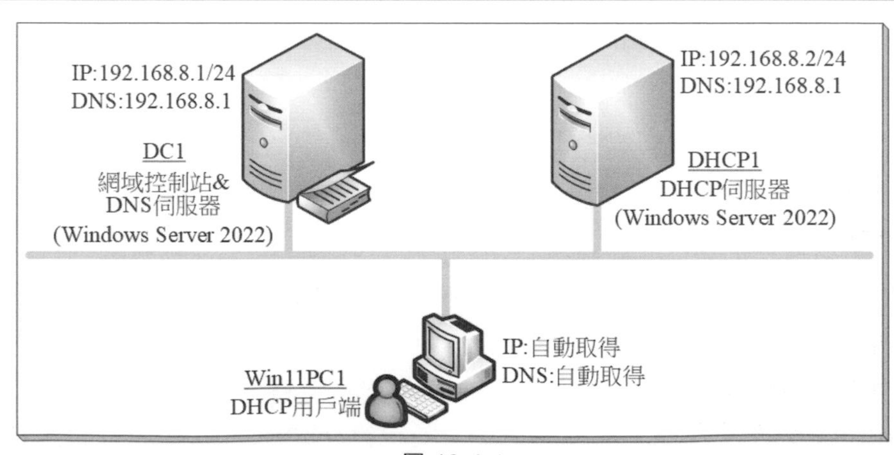

圖 13-4-1

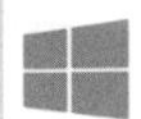

安裝 DHCP 伺服器角色

在安裝 DHCP 伺服器角色之前，請先完成以下的工作：

- **使用靜態 IP 位址**：也就是手動輸入 IP 位址、子網路遮罩、慣用 DNS 伺服器等，請參考圖 13-4-1 來設定 DHCP 伺服器的這些設定值。
- **事先規劃好要出租給用戶端電腦的 IP 位址範圍（IP 領域）**：假設 IP 位址範圍是從 192.168.8.10 到 192.168.8.200。

我們需要透過新增 **DHCP 伺服器**角色的方式來安裝 DHCP 伺服器：

STEP 1 請到圖 13-4-1 中的電腦 DHCP1 上利用網域 sayms\Administrator 登入。

STEP 2 開啟**伺服器管理員**➲點擊**儀表板**處的**新增角色及功能**➲持續按下一步鈕一直到出現圖 13-4-2 的**選取伺服器角色**畫面時勾選 **DHCP 伺服器**、點擊新增功能鈕。

圖 13-4-2

STEP 3 持續按下一步鈕一直到**確認安裝選項**畫面時按安裝鈕。

STEP 4 完成安裝後，點擊圖 13-4-3 中的**完成 DHCP 設定**➲按下一步鈕（或透過**伺服器管理員**畫面右上方的驚嘆號圖示）。

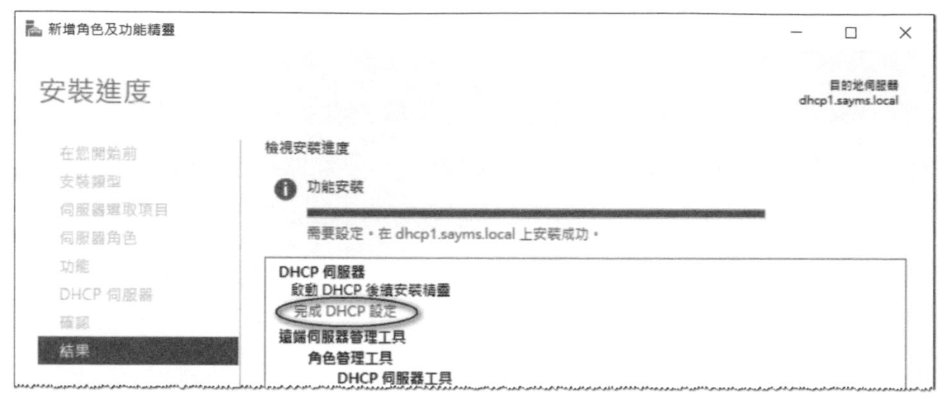

圖 13-4-3

STEP 5 在圖 13-4-4 中選擇用來將這台伺服器授權的使用者帳戶，需隸屬於網域 Enterprise Admins 群組的成員才有權利執行授權的工作，例如我們登入時所使用的 sayms\Administrator。請如圖所示來選擇後按認可鈕。

圖 13-4-4

也可以事後在 DHCP 管理主控台內，透過【對著伺服器按右鍵➲授權】的途徑來完成授權或解除授權的程序。

STEP 6 出現**摘要**畫面時按關閉鈕。

安裝完成後，就可以在**伺服器管理員**中透過如圖 13-4-5 所示**工具**功能表中的 DHCP 管理主控台來管理 DHCP 伺服器、或點擊左下角**開始**圖示⊞➲Windows 系統管理工具➲DHCP。

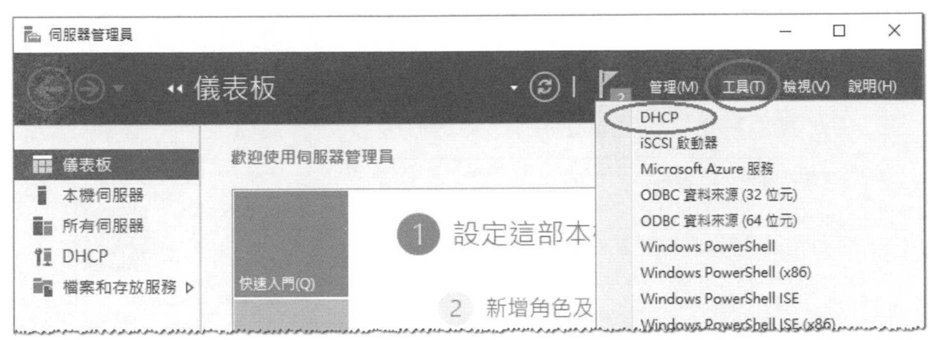

圖 13-4-5

透過**伺服器管理員**來安裝角色服務時，內建的 Windows Defender **防火牆**會自動開放與該服務有關的流量，例如此處會自動開放與 DHCP 有關的流量。

建立 IP 領域

您必須在 DHCP 伺服器內，至少建立一 IP 領域（IP scope），當 DHCP 用戶端向 DHCP 伺服器租用 IP 位址時，DHCP 伺服器就可以從這些領域內，選取一個尚未出租的適當 IP 位址，然後將其出租給用戶端。

STEP 1 如圖 13-4-6 所示，在 DHCP 主控台中，對著 **IPv4** 按右鍵➲新增領域。

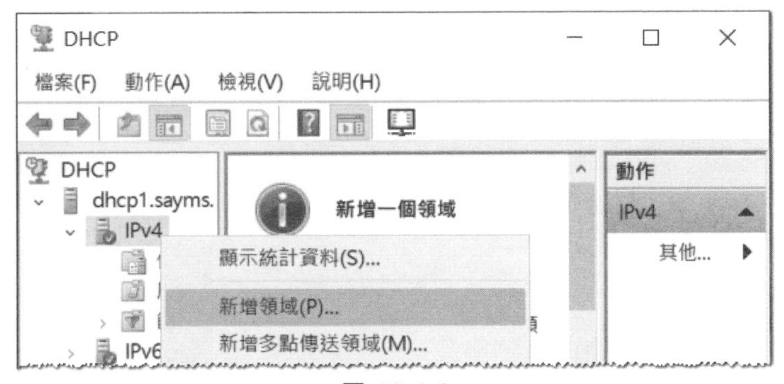

圖 13-4-6

STEP 2 出現**歡迎使用新增領域精靈**畫面時按 下一步 鈕。

STEP 3 出現**領域名稱**畫面時，請為此領域命名（例如 TestScope）後按 下一步 鈕。

STEP 4 在圖 13-4-7 中設定此領域中欲出租給用戶端的起始/結束 IP 位址、子網路遮罩（子網路遮罩為 255.255.255.0，也就是轉為 2 進位的話，32 個位元中，其值為 1 的位元數量共有 24 個）後按下一步鈕。

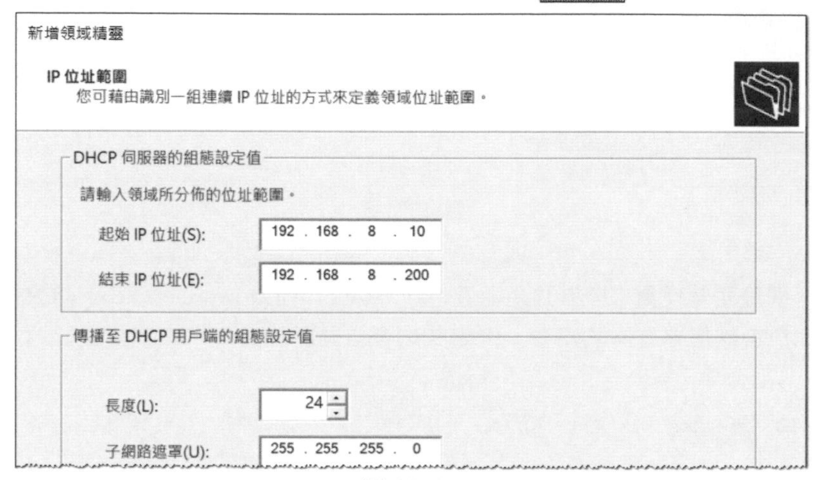

圖 13-4-7

STEP 5 出現**新增排除範圍和延遲**畫面時，直接按下一步鈕。若上述 IP 領域中有些 IP 位址已經透過靜態方式指派給非 DHCP 用戶端的話，則可以在此處將這些 IP 位址排除。

STEP 6 在圖 13-4-8 中設定 IP 位址的租用期限，預設為 8 天。按下一步鈕。

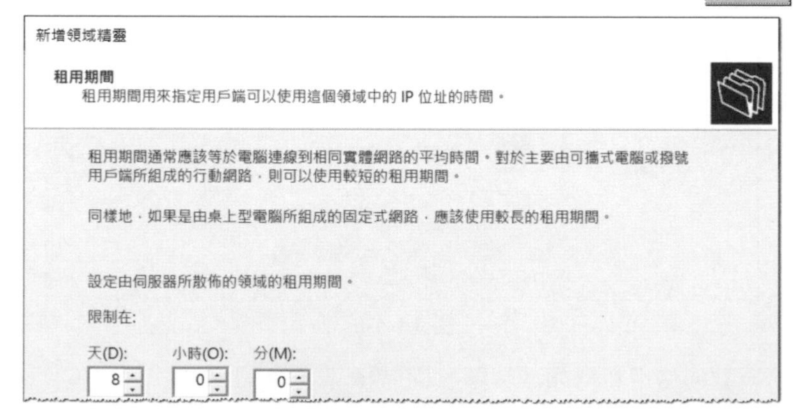

圖 13-4-8

STEP 7 接下來的步驟都直接按下一步鈕，一直到出現**完成新增領域精靈**畫面時，按完成鈕。

STEP 8 如圖 13-4-9 所示為完成後的畫面。

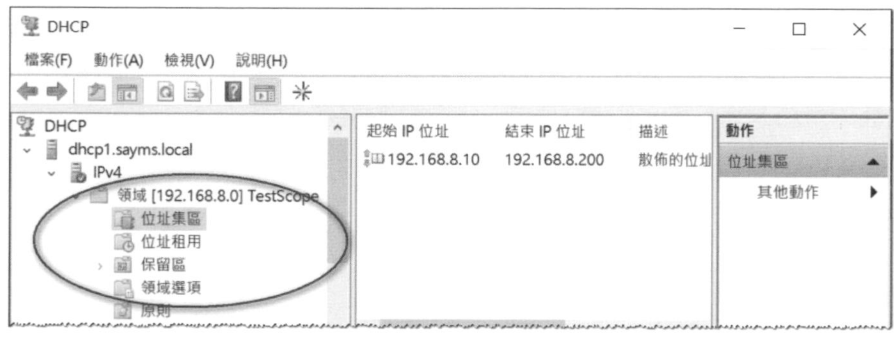

圖 13-4-9

測試用戶端是否可租到 IP 位址

請到前面圖 13-4-1 測試環境中的 DHCP 用戶端 Win11PC1 電腦上來測試：首先確認此 Windows 11 的 IP 位址取得方式為自動取得：【開啟**檔案總管**➲對著左下方的**網路**按右鍵➲內容➲點擊**乙太網路**➲點擊 內容 鈕➲點擊**網際網路通訊協定第 4 版（TCP/IPv4）**➲點擊 內容 鈕➲如圖 13-4-10 所示】。

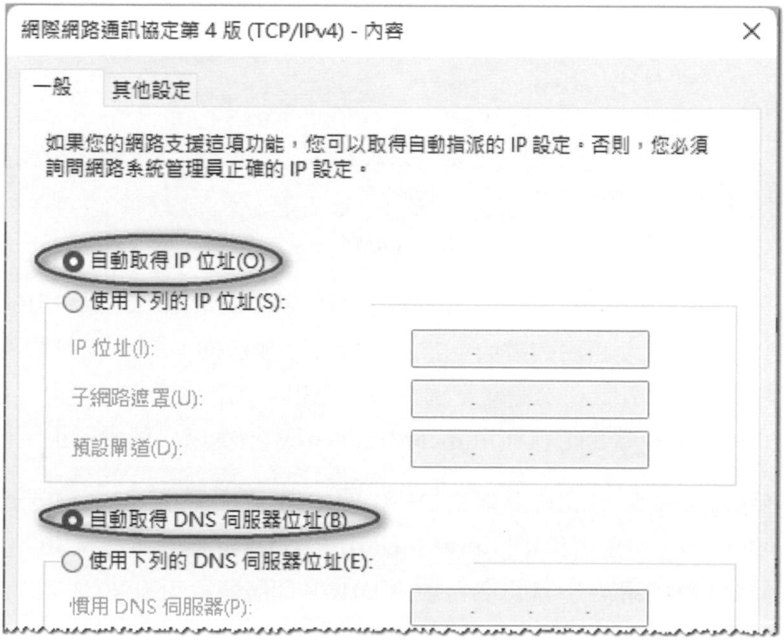

網際網路通訊協定第 4 版 (TCP/IPv4) - 內容

一般 其他設定

如果您的網路支援這項功能，您可以取得自動指派的 IP 設定。否則，您必須詢問網路系統管理員正確的 IP 設定。

自動取得 IP 位址(O)
使用下列的 IP 位址(S):
IP 位址(I):
子網路遮罩(U):
預設閘道(D):

自動取得 DNS 伺服器位址(B)
使用下列的 DNS 伺服器位址(E):
慣用 DNS 伺服器(P):

圖 13-4-10

確認無誤後，接著來測試此用戶端電腦是否可以正常從 DHCP 伺服器租用到 IP 位址（與選項設定值）：請回到圖 13-4-11 的**乙太網路 狀態**畫面、點擊詳細資料鈕，由前景圖可看出此用戶端電腦已經取得 192.168.8.10 的 IP 位址、子網路遮罩、此 IP 位址的租約到期日等。

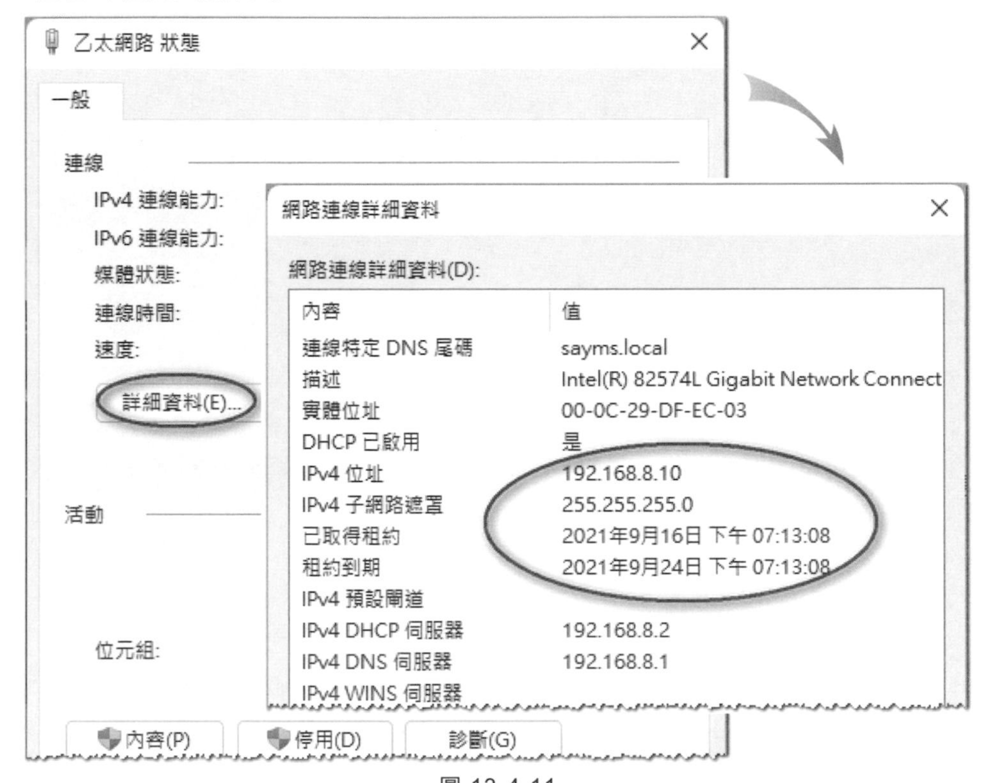

圖 13-4-11

用戶端也可以執行 **ipconfig** 指令或 **ipconfig /all** 來檢查是否已經租到 IP 位址，如圖 13-4-12 所示為成功租用的畫面。若用戶端因故無法向 DHCP 伺服器租到 IP 位址的話，它會每隔 5 分鐘一次繼續嘗試向伺服器租用。用戶端使用者也可以透過點擊前面圖 13-4-11 中診斷鈕或利用 **ipconfig /renew** 指令來向伺服器租用。

DHCP 用戶端電腦除了會自動更新租約外，使用者也可以利用 **ipconfig /renew** 指令來更新 IP 租約。使用者還可以利用 **ipconfig /release** 指令自行將 IP 位址釋放，之後用戶端電腦會每隔 5 分鐘自動再去找 DHCP 伺服器租用 IP 位址，或由使用者利用 **ipconfig /renew** 指令來向伺服器租用 IP 位址。

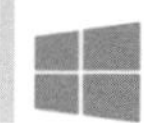

```
系統管理員: Windows PowerShell

PS C:\Users\tuser1> ipconfig /all

Windows IP 設定

   主機名稱 . . . . . . . . . . . . . .: Win11PC1
   主要 DNS 尾碼  . . . . . . . . . . .:
   節點類型 . . . . . . . . . . . . . .: 混合式
   IP 路由啟用 . . . . . . . . . . . . : 否
   WINS Proxy 啟用 . . . . . . . . . . : 否
   DNS 尾碼搜尋清單 . . . . . . . . . .: sayms.local

乙太網路卡 乙太網路:

   連線特定 DNS 尾碼 . . . . . . . . . : sayms.local
   描述 . . . . . . . . . . . . . . . .: Intel(R) 82574L Gigabit Network Connection
   實體位址 . . . . . . . . . . . . . .: 00-0C-29-DF-EC-03
   DHCP 已啟用 . . . . . . . . . . . . : 是
   自動設定啟用 . . . . . . . . . . . .: 是
   連結-本機 IPv6 位址 . . . . . . . . : fe80::e8a3:46a7:6bfc:73a0%3(偏好選項)
   IPv4 位址 . . . . . . . . . . . . . : 192.168.8.10(偏好選項)
   子網路遮罩 . . . . . . . . . . . . .: 255.255.255.0
   租用取得 . . . . . . . . . . . . . .: 2021年9月16日 下午 07:13:08
   租用到期 . . . . . . . . . . . . . .: 2021年9月24日 下午 07:13:08
   預設閘道 . . . . . . . . . . . . . .:
   DHCP 伺服器 . . . . . . . . . . . . : 192.168.8.2
   DHCPv6 IAID . . . . . . . . . . . . : 117443625
```

圖 13-4-12

用戶端的其他設定

用戶端若因故無法向 DHCP 伺服器租到 IP 位址的話，用戶端會每隔 5 分鐘自動再去找 DHCP 伺服器來租用 IP 位址，在未租到 IP 位址之前，用戶端可以暫時使用其他 IP 位址，此 IP 位址可以透過圖 13-4-13 的**其他設定**標籤來設定：

- **自動私人 IP 定址**：這是預設值，它就是 Automatic Private IP Addressing（APIPA），當用戶端無法從 DHCP 伺服器租用到 IP 位址時，它們預設會自動使用 169.254.0.0/16 格式的私人 IP 位址。
- **使用者設定**：用戶端會自動使用此處的 IP 位址與設定值。它特別適合於用戶端電腦需要在不同網路中使用的場合，例如用戶端為筆記型電腦，這台電腦在公司是向 DHCP 伺服器租用 IP 位址，但當此電腦拿回家使用時，若家裡沒有 DHCP 伺服器，無法租用到 IP 位址的話，就自動會改用此處所設定的 IP 位址。

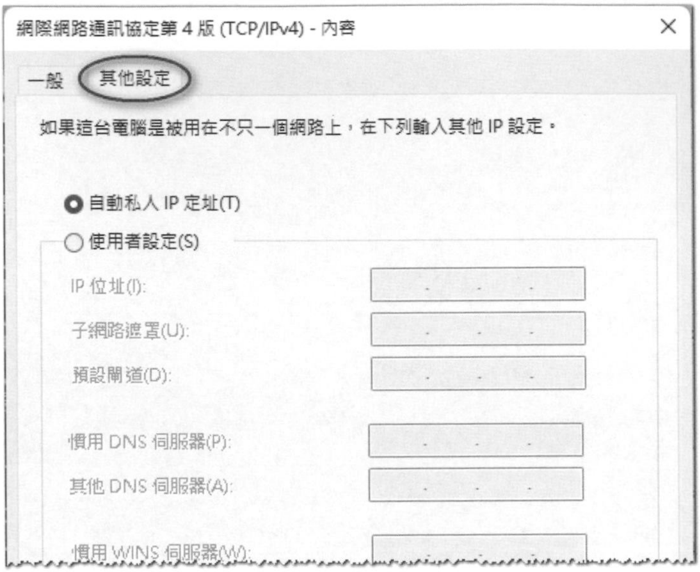

網際網路通訊協定第 4 版 (TCP/IPv4) - 內容
一般
其他設定
如果這台電腦是被用在不只一個網路上，在下列輸入其他 IP 設定。
自動私人 IP 定址(T)
使用者設定(S)
IP 位址(I):
子網路遮罩(U):
預設閘道(D):
慣用 DNS 伺服器(P):
其他 DNS 伺服器(A):
慣用 WINS 伺服器(W):

圖 13-4-13

13-5 IP 領域的管理

在 DHCP 伺服器內必須至少有一個 IP 領域，以便可以從這個領域內，選取適當的、尚未出租的 IP 位址，然後將其出租給用戶端。

一個子網路只可以建立一個 IP 領域

在一台 DHCP 伺服器內，一個子網路只能夠有一個領域，例如已經有一個範圍為 192.168.8.10 – 192.168.8.200 的領域後（子網路遮罩為 255.255.255.0），就不可以再建立相同網路識別碼的領域，例如範圍為 192.168.8.210 – 192.168.8.240 的領域（子網路遮罩為 255.255.255.0），否則會出現圖 13-5-1 的警告畫面。

DHCP
位址範圍及遮罩和現存的領域衝突。

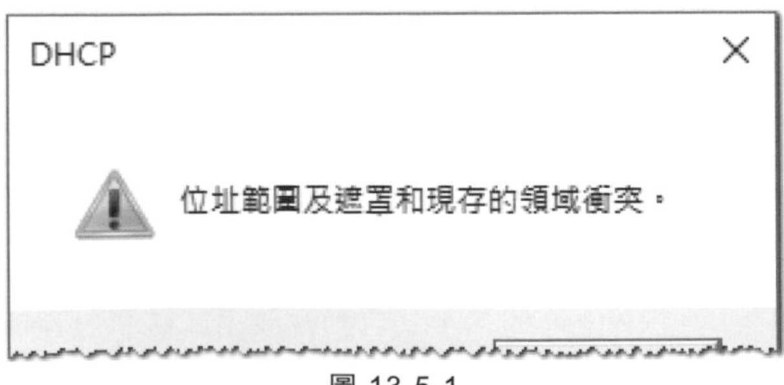

圖 13-5-1

若需要建立 IP 位址範圍包含 192.168.8.10－192.168.8.200 與 192.168.8.210－192.168.8.240 的 IP 領域的話（子網路遮罩為 255.255.255.0），請先建立一個包含 192.168.8.10 － 192.168.8.240 的領域，然後將其中的 192.168.8.201 － 192.168.8.209 這一段範圍排除即可：【如圖 13-5-2 所示對著該領域的**位址集區**按右鍵➲**新增排除範圍**➲輸入要排除的 IP 位址範圍】。

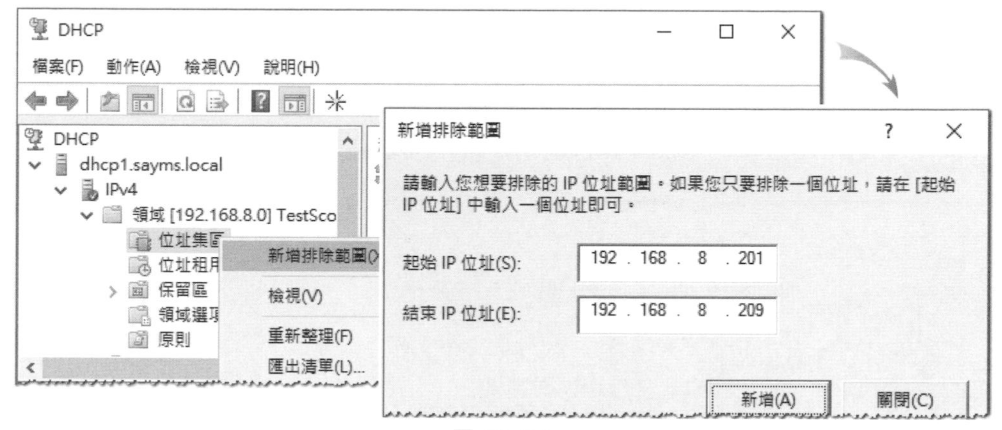

圖 13-5-2

DHCP 伺服器可偵測要出租的位址是否已被其他電腦佔用，而您可以透過：【點選 IPv4 文字➲點擊上方**內容**圖示➲**進階**標籤➲從**衝突偵測嘗試次數**來設定欲偵測的次數】來設定。

租期該設定為多久?

DHCP 用戶端租到 IP 位址後，需在租約到期之前更新租約，以便繼續使用此 IP 位址，否則租約到期時，DHCP 伺服器可能會將 IP 收回。可是租用期限該設定為多久才適當呢? 以下說明可供參考：

- 若租期較短，則用戶端會在短時間內就向伺服器更新租約，如此將增加網路負擔。不過因為在更新租約時，用戶端會從伺服器取得最新設定值，因此若租期短，用戶端就可以較快取得這些新設定值。若 IP 位址不夠用的話，則應該將租期設得短一點，因為可以讓用戶端已經沒有使用的 IP 位址早一點到期，以便讓伺服器將這些 IP 位址收回，再出租給其他用戶端。

- 若租期較長，雖然可以減少更新租約的頻率，降低網路負擔，但相對的用戶端需等較久才會更新租約，也因此會等較久才會取得伺服器的最新設定值。

建立多個 IP 領域

您可以在一台 DHCP 伺服器內建立多個 IP 領域，以便對多個子網路內的 DHCP 用戶端來提供服務，如圖 13-5-3 所示的 DHCP 伺服器內有兩個 IP 領域，一個用來提供 IP 位址給左邊網路內的用戶端，此網路的網路識別碼為 192.168.8.0；另一個 IP 領域用來提供 IP 位址給右邊網路內的用戶端，其網路識別碼為 192.168.9.0。

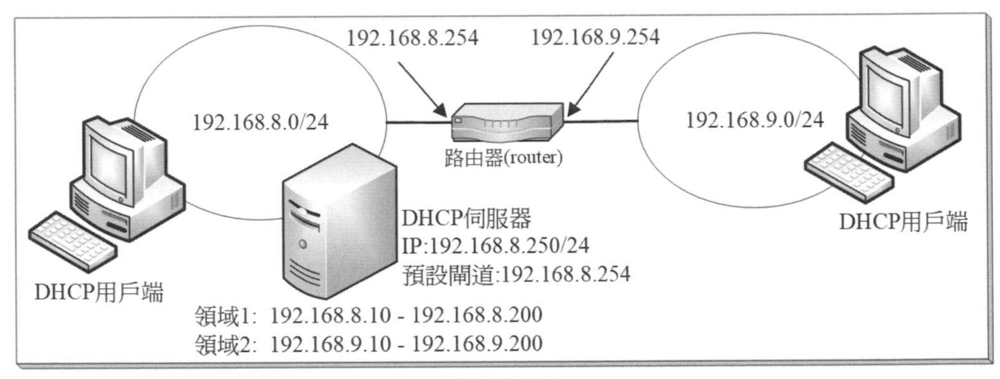

圖 13-5-3

圖中右邊網路的用戶端在向 DHCP 伺服器租用 IP 位址時，DHCP 伺服器會選擇 192.168.9.0 領域的 IP 位址，而不是 192.168.8.0 領域：右邊用戶端所送出的租用 IP 封包，是透過路由器來轉送的，路由器會在這個封包內的 GIADDR（gateway IP address）欄位中，填入路由器的 IP 位址（192.168.9.254），因此 DHCP 伺服器便可以透過此 IP 位址得知 DHCP 用戶端是位於右邊的 192.168.9.0 的網路區段，所以它會選擇 192.168.9.0 領域的 IP 位址給用戶端。

圖中左邊網路的用戶端向 DHCP 伺服器租用 IP 位址時，DHCP 伺服器會選擇 192.168.8.0 領域的 IP 位址，而不是 192.168.9.0 領域：左邊用戶端所送出的租用 IP 封包，是直接由 DHCP 伺服器來接收，因此封包內的 GIADDR 欄位中的路由器 IP 位址為 0.0.0.0，當 DHCP 伺服器發現此 IP 位址為 0.0.0.0 時，就知道是同一個網路區段（192.168.8.0）內的用戶端要租用 IP 位址，因此它會選擇 192.168.8.0 領域的 IP 位址給用戶端。

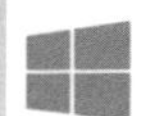

保留特定 IP 位址給用戶端

您可以保留特定 IP 位址給特定用戶端來使用，當此用戶端向 DHCP 伺服器租用 IP 位址或更新租約時，伺服器會將此特定 IP 位址出租給該用戶端。保留特定 IP 位址的方法為【如圖 13-5-4 所示對著**保留區**按右鍵➲**新增保留區**➲...】：

圖 13-5-4

- **保留區名稱**：輸入任何可用來辨識 DHCP 用戶端的名稱（例如電腦名稱）。
- **IP 位址**：輸入欲保留給用戶端的 IP 位址。
- **MAC 位址**：輸入用戶端網路卡的實體位址（Media Access Control），是 12 碼的數字與英文字母（A-F）的組合，例如圖中的 00-0C-29-79-2E-19。可以到用戶端上透過【開啟**檔案總管**➲對著左下方的**網路**按右鍵➲內容➲點擊**乙太網路**➲點擊**詳細資料**鈕】來查看（可參考前面圖 13-4-11 中**實體位址**欄位），或利用 **ipconfig /all** 指令來查看（可參考前面圖 13-4-12 中**實體位址**）。
- **支援類型**：用戶端是否需為 DHCP 用戶端，或早期那些沒有磁碟的 BOOTP 用戶端，或者兩者皆支援。

您可以利用圖 13-5-5 中的**位址租用**畫面來查看 IP 位址的租用狀況，包含已出租的 IP 位址與保留位址。圖中 192.168.8.10 是由 DHCP 伺服器出租給用戶端 Win11PC1 的 IP 位址，而 192.168.8.150 是保留給 Win11PC2 位址。

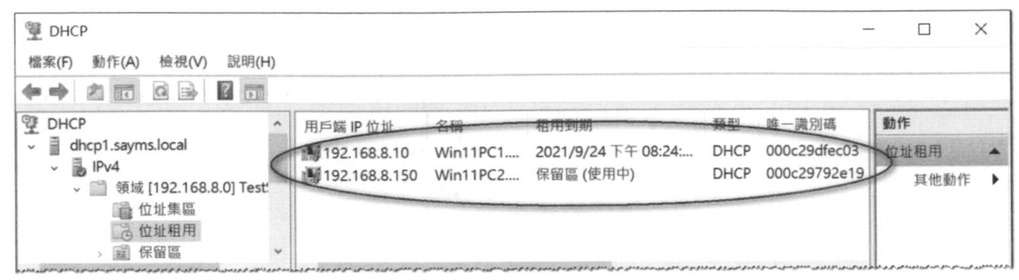

圖 13-5-5

您可以透過領域的**篩選器**來允許或拒絕將 IP 位址出租給指定的用戶端電腦，不過預設的**允許**與**拒絕**篩選器都是被停用的，若要啟用**允許**或**拒絕**篩選器的話：【對著**允許**或**拒絕**篩選器按右鍵➲啟用】。

多台 DHCP 伺服器的 split scope 高可用性

您可以同時安裝多台 DHCP 伺服器來提供高可用性功能，也就是若有 DHCP 伺服器故障的話，還可以由其他正常的 DHCP 伺服器來繼續提供服務。您可以將相同的 IP 領域建立在這些伺服器內，各伺服器的領域內包含了適當比率 IP 位址範圍，但是不可以有重複的 IP 位址，否則可能會發生不同用戶端分別向不同伺服器租用 IP 位址，卻租用到相同 IP 位址的情況。這種在每一台伺服器內都建立相同領域的高可用性作法被稱為 split scope（拆分領域）。

例如圖 13-5-6 中在 DHCP 伺服器 1 內建立了一個網路識別碼為 10.120.0.0/16 的領域，其 IP 位址範圍為 10.120.1.1 - 10.120.4.255；而在 DHCP 伺服器 2 內也建立了相同網路識別碼(10.120.0.0/16)的領域，其 IP 位址範圍為 10.120.5.1 - 10.120.8.255。

您可以將兩台伺服器都放在用戶端所在的網路，讓兩台伺服器都對用戶端提供服務；也可以將其中一台放到另一個網路，以便做為備援伺服器，如圖 13-5-6 所示，圖中 DHCP 伺服器 1 一般來說會優先對左邊網路的用戶端提供服務，而在它因故無法提供服務時，就會改由 DHCP 伺服器 2 來接手繼續提供服務。

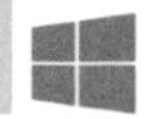

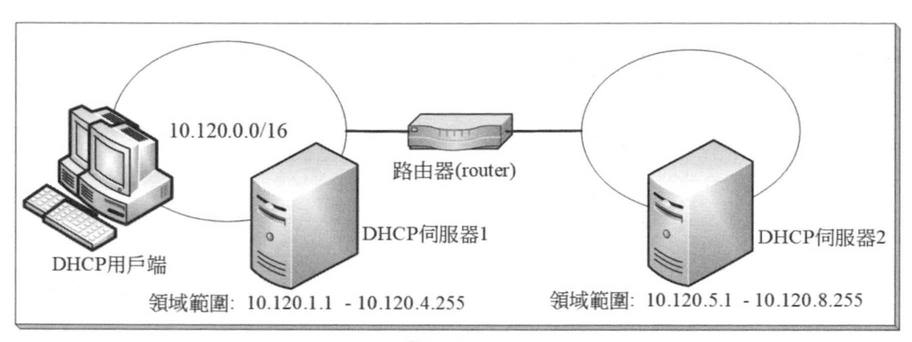

圖 13-5-6

互相備援的 DHCP 伺服器

如圖 13-5-7 中左右兩個網路各有一台 DHCP 伺服器，左邊 DHCP 伺服器 1 有一個 192.168.8.0 的領域 1 用來對左邊用戶端提供服務、右邊 DHCP 伺服器 2 有一個 192.168.9.0 的領域 1 用來對右邊用戶端提供服務。同時左邊 DHCP 伺服器 1 還有一個 192.168.9.0 的領域 2，此伺服器做為右邊網路的備援伺服器，右邊 DHCP 伺服器 2 也還有一個 192.168.8.0 的領域 2，此伺服器做為左邊網路的備援伺服器。

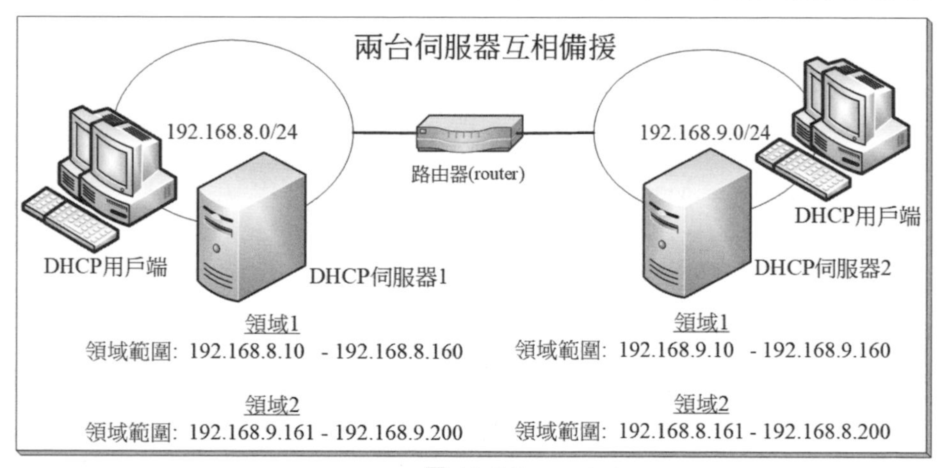

圖 13-5-7

13-6 DHCP 的選項設定

除了指派 IP 位址、子網路遮罩給 DHCP 用戶端外，DHCP 伺服器還可指派其他選項給用戶端，例如預設閘道（路由器）、DNS 伺服器等。當用戶端向 DHCP 伺服器租用 IP 位址或更新 IP 租約時，便可以從伺服器取得這些選項設定。

DHCP 伺服器提供很多選項設定，其中比較常用的有**路由器**、**DNS 伺服器**、**DNS 網域名稱**等。

您可以透過圖 13-6-1 中 4 個箭頭所指處來設定不同等級的 DHCP 選項：

- **伺服器選項**（1 號箭頭）：它會自動被所有領域來繼承，換句話說，它會被套用到此伺服器內的所有領域，因此用戶端無論是從哪一個領域租用到 IP 位址，都可以得到這些選項的設定。

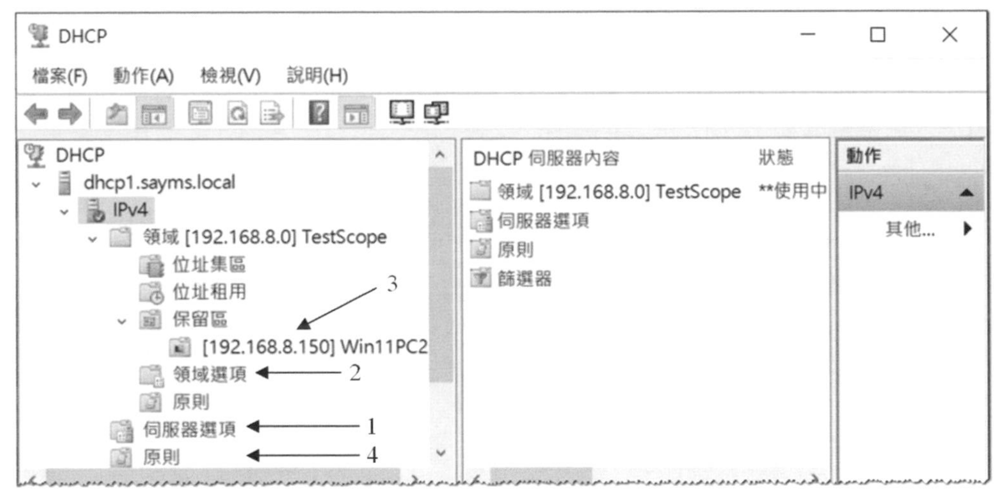

圖 13-6-1

- **領域選項**（2 號箭頭）：它只適用於該領域，只有當用戶端從這個領域租到 IP 位址時，才會得到這些選項。領域選項會自動被該領域內的所有保留區來繼承。
- **保留區選項**（3 號箭頭）：針對某個保留 IP 位址所設定的選項，只有當用戶端租用到這個保留的 IP 位址時，才會得到這些選項。
- **原則**（4 號箭頭）：也可以透過原則來針對特定電腦設定其選項。

當伺服器選項、領域選項、保留區選項與原則內的設定有衝突時，其優先順序為【伺服器選項（最低）➲領域選項➲保留區選項➲原則（最高）】，例如若伺服器選項將 DNS 伺服器的 IP 位址設定為 168.95.1.1，而在某領域的領域選項將 DNS 伺服器的 IP 位址設定為 192.168.8.1，此時若用戶端是租到該領域 IP 位址的話，則其 DNS 伺服器的 IP 位址是領域選項的 192.168.8.1。

若用戶端的使用者自行在其電腦上做了不同的設定（例如圖 13-6-2 中的**慣用 DNS 伺服器**），則使用者端的設定比 DHCP 伺服器內的設定優先。

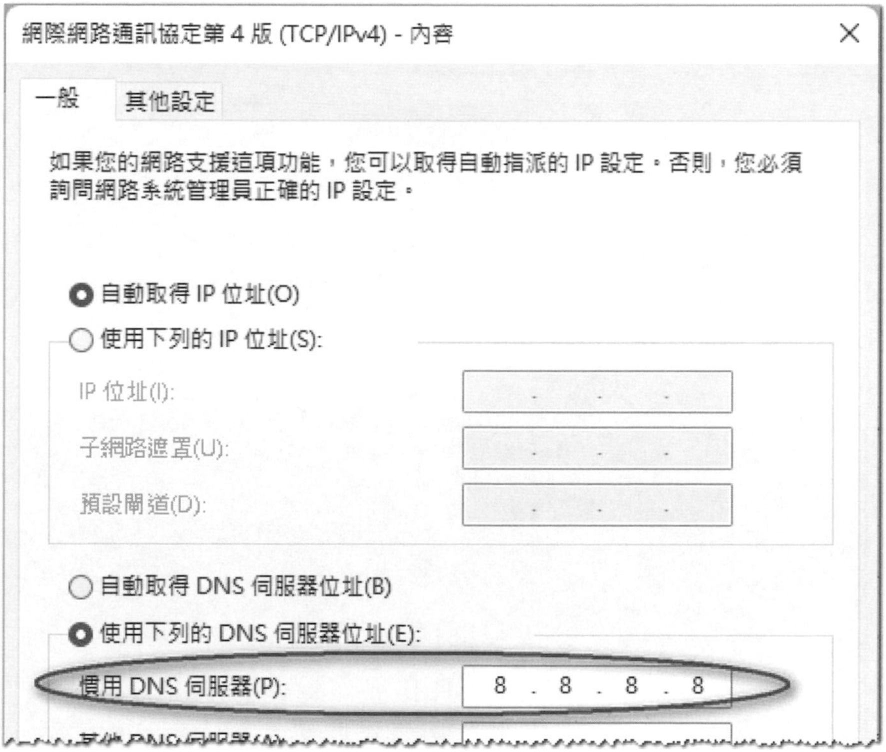

網際網路通訊協定第 4 版 (TCP/IPv4) - 內容

一般　其他設定

如果您的網路支援這項功能，您可以取得自動指派的 IP 設定。否則，您必須詢問網路系統管理員正確的 IP 設定。

自動取得 IP 位址(O)

使用下列的 IP 位址(S):

IP 位址(I):

子網路遮罩(U):

預設閘道(D):

自動取得 DNS 伺服器位址(B)

使用下列的 DNS 伺服器位址(E):

慣用 DNS 伺服器(P): 8 . 8 . 8 . 8

圖 13-6-2

設定選項時，舉例來說，若要針對我們所建立的領域 **TestScope** 來設定**路由器**選項的話：【如圖 13-6-3 所示對著此領域的**領域選項**按右鍵➲設定選項➲在前景圖中勾選 **003 路由器**➲輸入路由器的 IP 位址(假設是 192.168.8.254)後按新增鈕➲繼續勾選 **006DNS 伺服器**➲輸入 DNS 伺服器的 IP 位址(假設是 8.8.8.8)後按新增鈕➲…】。

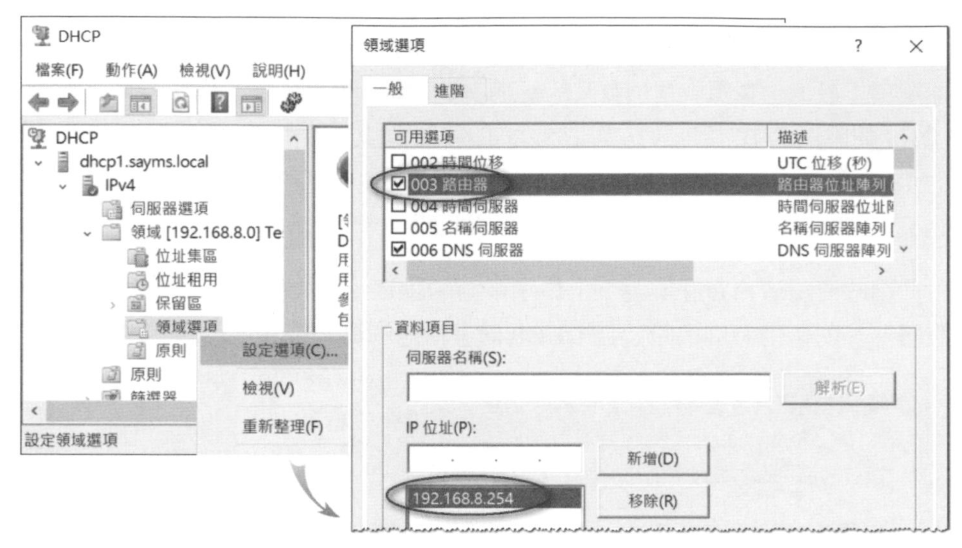

圖 13-6-3

完成設定後，請到用戶端利用 **ipconfig /renew** 指令來更新 IP 租約與取得最新的選項設定，此時應該會發現用戶端的預設閘道與 DNS 伺服器都已經被指定到我們所設定的 IP 位址，也可以透過 **ipconfig /all** 指令來查看（如圖 13-6-4 所示）。

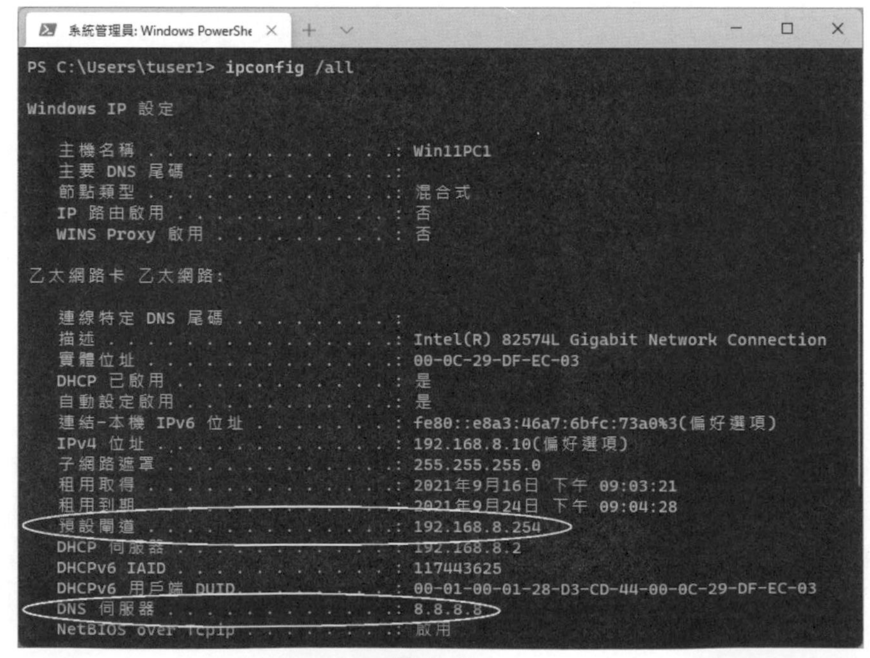

圖 13-6-4

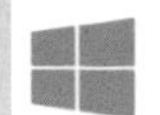

13-7 DHCP 轉送代理

DHCP 訊息以廣播方式來傳送為主，若 DHCP 伺服器與用戶端是分別位於不同網路的話，由於串接這兩個網路的路由器並不會將此廣播訊息傳送到其他網路，因此會限制 DHCP 的有效使用範圍。

若路由器支援 RFC 1542 規範的話，則可以設定讓它將 DHCP 廣播訊息傳送到其他網路來解決這個問題。

您也可以在沒有 DHCP 伺服器的網路內，將一台 Windows Server 電腦設定成 **DHCP 轉送代理**（DHCP Relay Agent）來解決問題，因為它具備將 DHCP 訊息直接轉送給 DHCP 伺服器的功能。

以下說明圖 13-7-1 上方的 DHCP 用戶端 A 透過 **DHCP 轉送代理**運作的步驟：

1. DHCP 用戶端 A 利用廣播訊息找尋 DHCP 伺服器。
2. DHCP 轉送代理收到此訊息後，透過路由器將其直接傳送給另一個網路內的 DHCP 伺服器。
3. DHCP 伺服器透過路由器直接回應訊息給 DHCP 轉送代理。
4. DHCP 轉送代理將此訊息廣播給 DHCP 用戶端 A。

之後由用戶端所送出的訊息，還有由伺服器送出的訊息，也都是透過 **DHCP 轉送代理**來轉送。

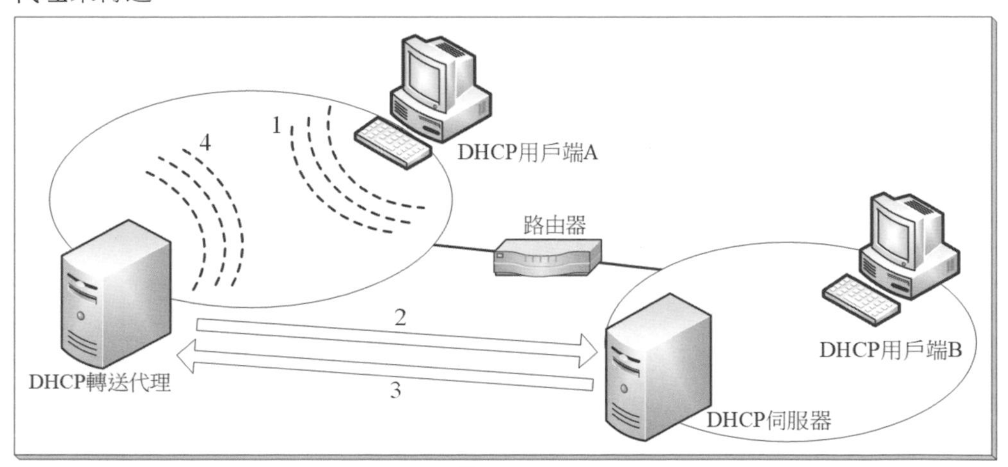

圖 13-7-1

設定 DHCP 轉送代理

我們以圖 13-7-2 為例來說明如何設定圖左上方的 **DHCP 轉送代理**，當它收到 DHCP 用戶端的 DHCP 訊息時，會將其轉送到乙網路的 DHCP 伺服器。

我們需在此台 Windows Server 2022 電腦上安裝**遠端存取**角色，然後透過其所提供的**路由及遠端存取**服務來設定 **DHCP 轉送代理**。

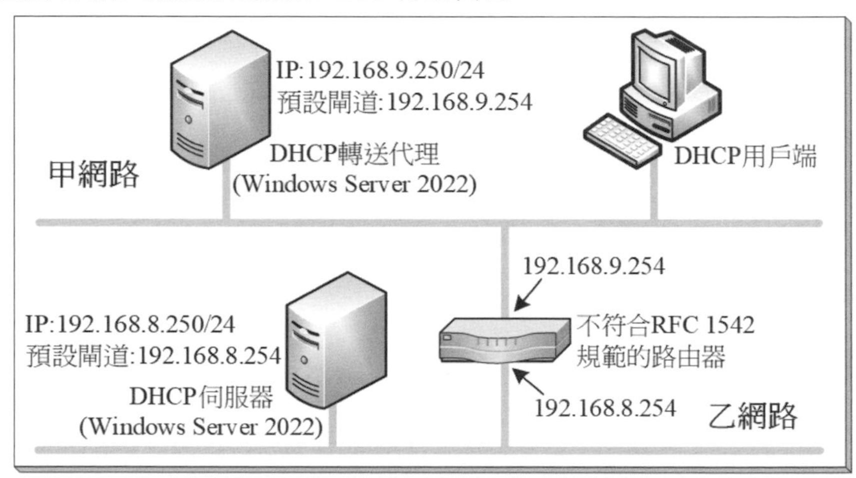

圖 13-7-2

STEP 1 開啟**伺服器管理員**➲點擊**儀表板**處的**新增角色及功能**➲持續按 下一步 鈕一直到出現如圖 13-7-3 所示的**選取伺服器角色**畫面時勾選**遠端存取**。

新增角色及功能精靈

選取伺服器角色

目的地伺服器
RelayAgent

在您開始前
安裝類型
伺服器選取項目
伺服器角色
功能
遠端存取
角色服務
確認
結果

選取一或多個要安裝在選取之伺服器上的角色。

角色

- [ ] Active Directory Rights Management Services
- [ ] Active Directory 網域服務
- [ ] Active Directory 輕量型目錄服務
- [ ] Active Directory 憑證服務
- [ ] DHCP 伺服器
- [ ] DNS 伺服器
- [ ] Hyper-V
- [ ] Windows Server Update Services
- [ ] Windows 部署服務
- [ ] 大量啟用服務
- [ ] 主機守護者服務
- [ ] 列印和文件服務
- [ ] 傳真伺服器
- [ ] 裝置健康情況證明
- [ ] 網頁伺服器 (IIS)
- [ ] 網路原則與存取服務
- [ ] 網路控制卡
- [x] 遠端存取
- [ ] 遠端桌面服務

描述

遠端存取透過 DirectAccess、VPN 和 Web 應用程式 Proxy 提供順暢的連線。DirectAccess 提供永遠開啟和永遠受管理的體驗。RAS 提供傳統 VPN 服務，包括站台對站台 (分公司或雲端) 連線。Web 應用程式 Proxy 可啟用從公司網路發佈所選 HTTP 和 HTTPS 型應用程式至公司網路外部用戶端裝置的功能。路由提供傳統的路由功能，包括 NAT 和其他連線選項。RAS 和路由可部署為單一用戶或多用戶模式。

圖 13-7-3

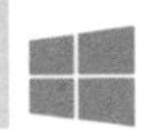

STEP 2 持續按下一步鈕一直到出現如圖 13-7-4 所示的**選取角色服務**畫面時勾選 **DirectAccess 與 VPN（RAS）**➲按新增功能鈕➲按下一步鈕。

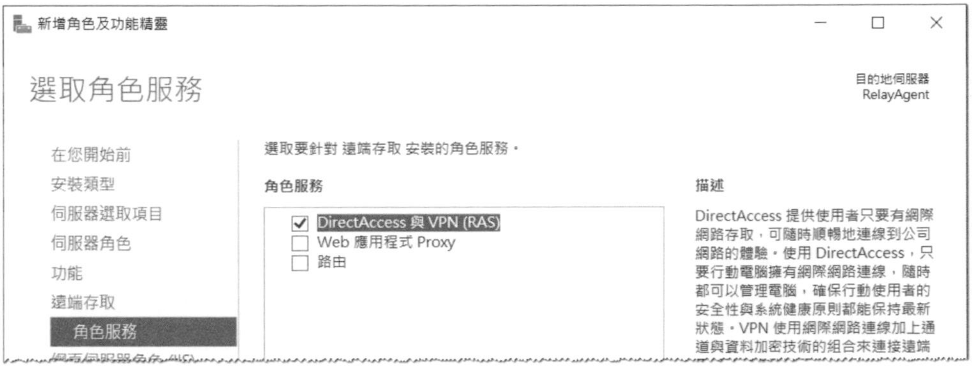

新增角色及功能精靈

選取角色服務

目的地伺服器
RelayAgent

在您開始前
安裝類型
伺服器選取項目
伺服器角色
功能
遠端存取
角色服務

選取要針對 遠端存取 安裝的角色服務。

角色服務

☑ DirectAccess 與 VPN (RAS)
☐ Web 應用程式 Proxy
☐ 路由

描述

DirectAccess 提供使用者只要有網際網路存取，可隨時順暢地連線到公司網路的體驗。使用 DirectAccess，只要行動電腦擁有網際網路連線，隨時都可以管理電腦，確保行動使用者的安全性與系統健康原則都能保持最新狀態。VPN 使用網際網路連線加上通道與資料加密技術的組合來連接遠端

圖 13-7-4

STEP 3 持續按下一步鈕一直到出現**確認安裝選項**畫面時按安裝鈕。

STEP 4 完成安裝後點選**伺服器管理員**畫面右上方**工具**➲路由及遠端存取➲如圖 13-7-5 所示對著本機按右鍵➲設定和啟用路由及遠端存取➲按下一步鈕】。

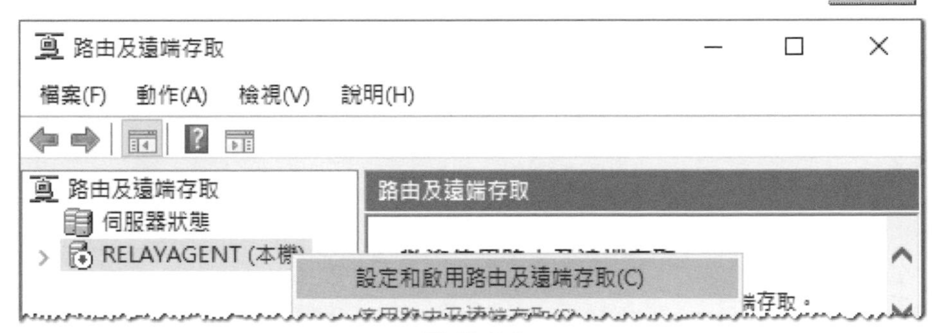

圖 13-7-5

STEP 5 在圖 13-7-6 中選擇**自訂設定**後按下一步鈕。

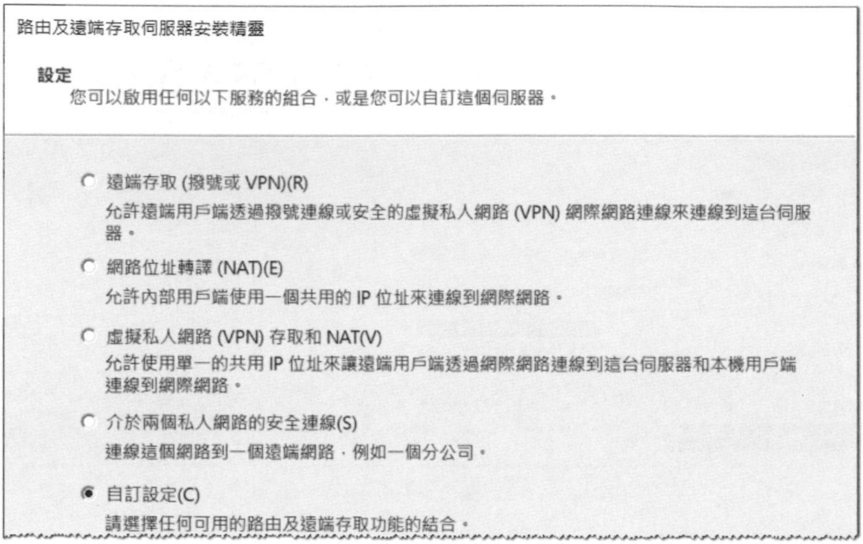

路由及遠端存取伺服器安裝精靈

設定
您可以啟用任何以下服務的組合，或是您可以自訂這個伺服器。

○ 遠端存取 (撥號或 VPN)(R)
允許遠端用戶端透過撥號連線或安全的虛擬私人網路 (VPN) 網際網路連線來連線到這台伺服器。

○ 網路位址轉譯 (NAT)(E)
允許內部用戶端使用一個共用的 IP 位址來連線到網際網路。

○ 虛擬私人網路 (VPN) 存取和 NAT(V)
允許使用單一的共用 IP 位址來讓遠端用戶端透過網際網路連線到這台伺服器和本機用戶端連線到網際網路。

○ 介於兩個私人網路的安全連線(S)
連線這個網路到一個遠端網路，例如一個分公司。

◉ 自訂設定(C)
請選擇任何可用的路由及遠端存取功能的結合。

圖 13-7-6

STEP 6 在圖 13-7-7 中勾選 **LAN 路由**後按下一步鈕➲按完成鈕➲按確定鈕。

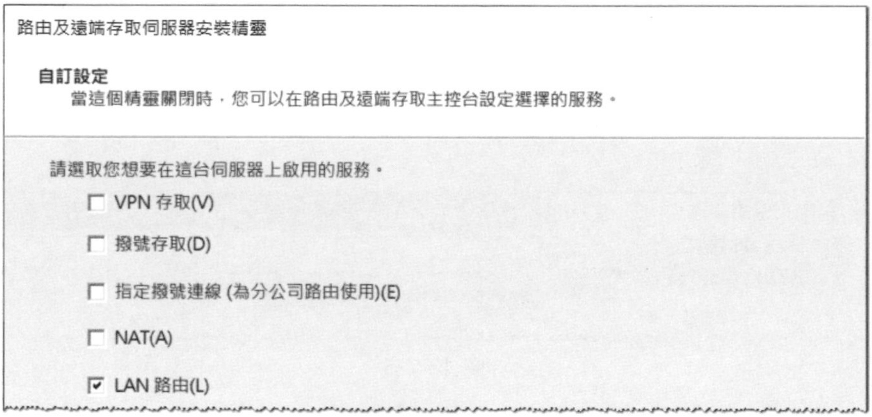

路由及遠端存取伺服器安裝精靈

自訂設定
當這個精靈關閉時，您可以在路由及遠端存取主控台設定選擇的服務。

請選取您想要在這台伺服器上啟用的服務。

☐ VPN 存取(V)

☐ 撥號存取(D)

☐ 指定撥號連線 (為分公司路由使用)(E)

☐ NAT(A)

☑ LAN 路由(L)

圖 13-7-7

STEP 7 在接下來的畫面中按啟動服務鈕。

STEP 8 如圖 13-7-8 所示【對著 **IPv4** 之下的一般按右鍵➲新增路由通訊協定➲點選 **DHCP Relay Agent** 後按確定鈕】。

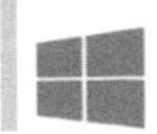

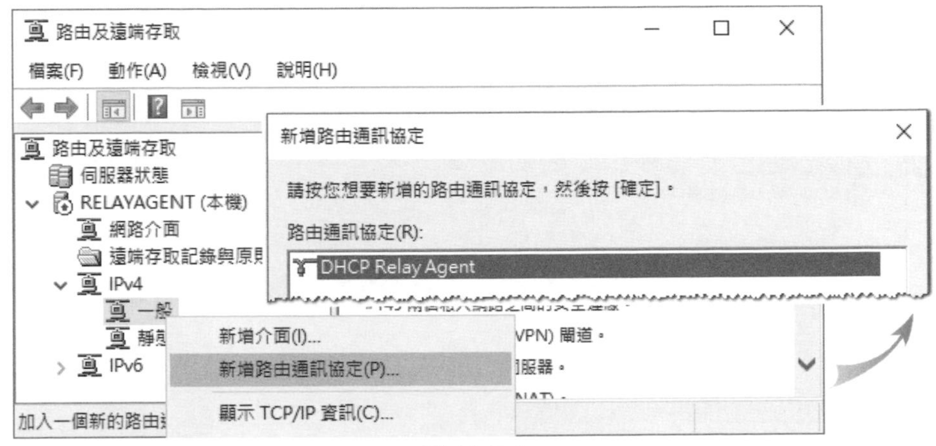

圖 13-7-8

STEP 9 如圖 13-7-9 所示【點擊 **DHCP 轉送代理**➲點擊上方內容➲在前景圖新增 DHCP 伺服器的 IP 位址（假設是 192.168.8.250）後按確定鈕】。

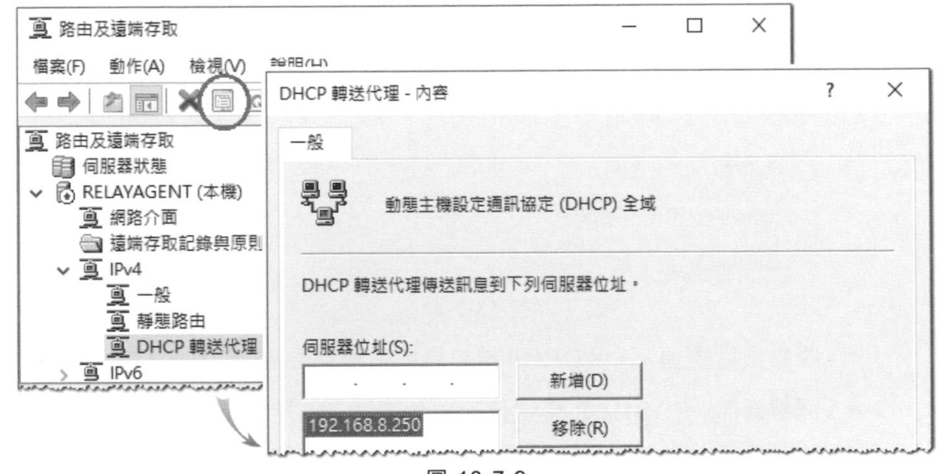

圖 13-7-9

STEP 10 如圖 13-7-10 所示【對著 **DHCP 轉送代理**按右鍵➲新增介面➲點選乙太網路➲按確定鈕】：當 **DHCP 轉送代理**收到透過乙太網路傳送來的 DHCP 封包，就會將它轉送給 DHCP 伺服器。圖中所選擇**乙太網路**就是圖 13-7-2 中 IP 位址為 192.168.9.250 的網路介面。

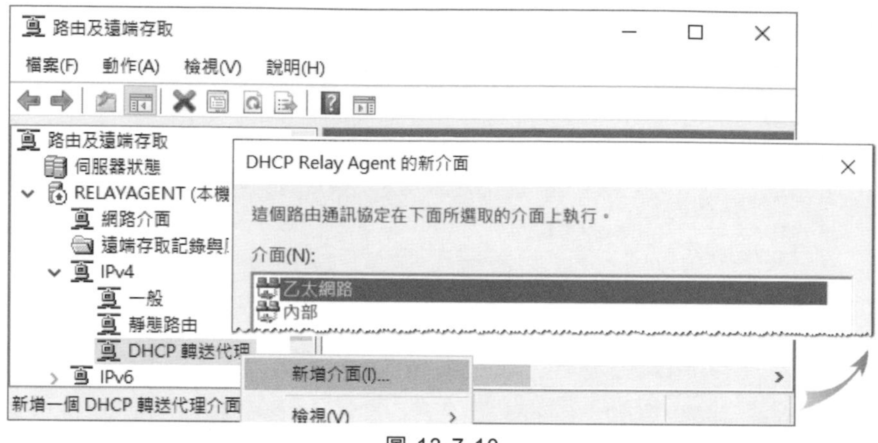

圖 13-7-10

STEP **11** 在圖 13-7-11 中直接按確定鈕即可：

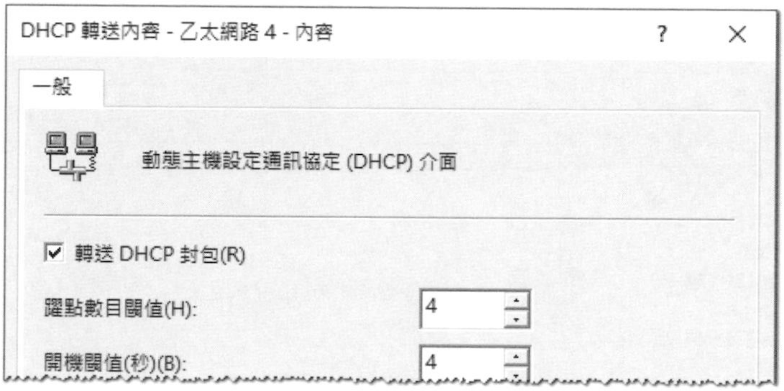

DHCP 轉送內容 - 乙太網路 4 - 內容

一般

動態主機設定通訊協定 (DHCP) 介面

☑ 轉送 DHCP 封包(R)

躍點數目閾值(H): 4

開機閾值(秒)(B): 4

圖 13-7-11

- **躍點數目閾值**：表示 DHCP 封包最多只能夠經過多少個路由器來轉送。
- **開機閾值**：在 **DHCP 轉送代理**收到 DHCP 封包後，會等此處的時間過後，再將封包轉送給遠端 DHCP 伺服器：若本地與遠端網路內都有 DHCP 伺服器，而您希望由本地網路的 DHCP 伺服器優先提供服務的話，此時可以透過此處的設定來延遲將訊息送到遠端 DHCP 伺服器，因為在這段時間內，可以讓同一網路內的 DHCP 伺服器有機會先回應與服務用戶端的要求。

STEP **12** 完成設定後，只要路由器功能正常、DHCP 伺服器有建立用戶端所需的 IP 領域，用戶端就可以正常的租用到 IP 位址。

14 解析 DNS 主機名稱

本章將介紹如何利用**網域名稱系統**（Domain Name System，DNS）來解析 DNS 主機名稱（例如 server1.abc.com）的 IP 位址。Active Directory 網域也與 DNS 緊密整合在一起，例如網域成員電腦依賴 DNS 伺服器來找尋網域控制站。

14-1 DNS 概觀

當 DNS 用戶端要與某台主機（電腦）溝通時，例如要連接網站 www.sayms.com，該用戶端會向 DNS 伺服器提出查詢 www.sayms.com 的 IP 位址的要求，伺服器收到此要求後，會幫用戶端來找尋 www.sayms.com 的 IP 位址。這台 DNS 伺服器也被稱為**名稱伺服器**（name server）。

當用戶端向 DNS 伺服器提出查詢 IP 位址的要求後，伺服器會先從自己的 DNS 資料庫內來尋找，若資料庫內沒有所需資料，此 DNS 伺服器會轉向其他 DNS 伺服器來詢問。

DNS 網域名稱空間

整個 DNS 架構是一個類似圖 14-1-1 所示的階層式樹狀結構，這個樹狀結構被稱為 **DNS 網域名稱空間**（DNS domain namespace）。

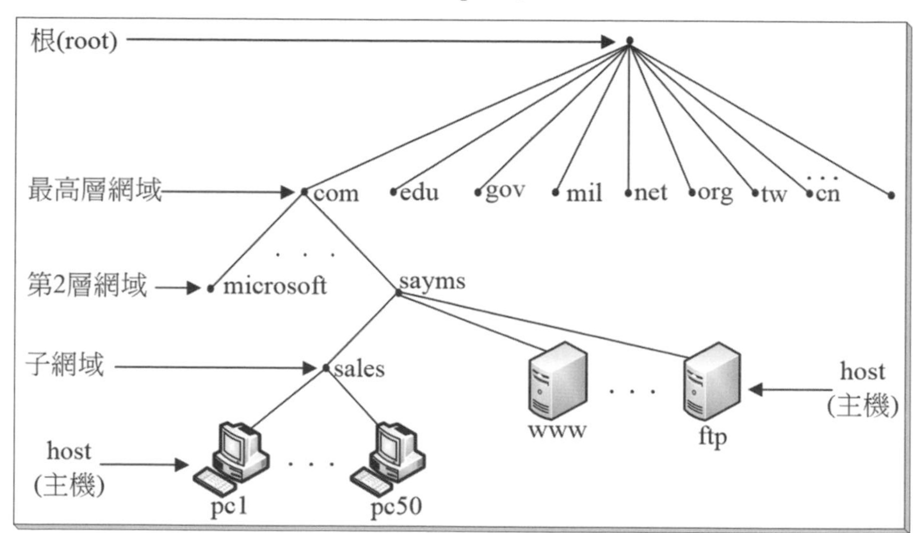

圖 14-1-1

圖中位於樹狀結構最上層的是 DNS 網域名稱空間的**根**（root），一般是用句點（**.**）來代表**根**，**根**內有多台 DNS 伺服器，分別由不同機構來負責管理。**根**之下為**最高層網域**（top-level domain），每一個最高層網域內都有數台的 DNS 伺服器。最高層網域用來將組織分類。表 14-1-1 為部分的最高層網域名稱。

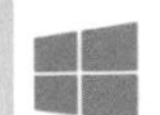

表 14-1-1

網域名稱	說明
biz	適用於商業機構
com	適用於商業機構
edu	適用於教育、學術研究單位
gov	適用於官方政府單位
info	適用於所有的用途
mil	適用於國防軍事單位
net	適用於網路服務機構
org	適用於財團法人等非營利機構
國碼或區碼	例如 tw（台灣）、cn（中國）、hk（香港）、us（美國）

最高層網域之下為**第 2 層網域**（second-level domain），它是供公司行號或組織來申請與使用，例如 **microsoft.com** 是由 Microsoft 公司所申請的網域名稱。網域名稱若要在網際網路上使用，該網域名稱必須事先申請。

公司行號可以在其所申請的第 2 層網域之下，再細分多層的子網域（subdomain），例如 sayms.com 之下替業務部 sales 建立一個子網域，其網域名稱為 sales.sayms.com，此子網域的網域名稱最後需附加其父網域的網域名稱（sayms.com），也就是說網域的名稱空間是有連續性的。

圖 14-1-1 右下方的主機 www 與 ftp 是 sayms 這家公司內的主機，它們的完整名稱分別是 www.sayms.com 與 ftp.sayms.com，此完整名稱被稱為 Fully Qualified Domain Name（FQDN），其中 www.sayms.com 字串前面的 www，以及 ftp.sayms.com 字串前面的 ftp 就是這些主機的**主機名稱**（host name）。而 pc1 - pc50 等主機是位於子網域 sales.sayms.com 內，其 FQDN 分別是 pc1.sales.sayms.com - pc50.sales.sayms.com。

以 Windows 電腦為例來說，您可以在 Windows PowerShell 視窗內利用 **hostname** 指令來查看電腦的主機名稱，也可以利用【對著下方的**開始**圖示⊞按右鍵➲系統➲點擊**網域或工作群組**(若是 Windows 11 的話)或**重新命名此電腦（進階）**（若是 Windows 10、Windows Server 2022 等的話）➲如圖 14-1-2 所示來查看】，圖中**完整電腦名稱** Server1.sayms.com 中最前面的 Server1 就是主機名稱。

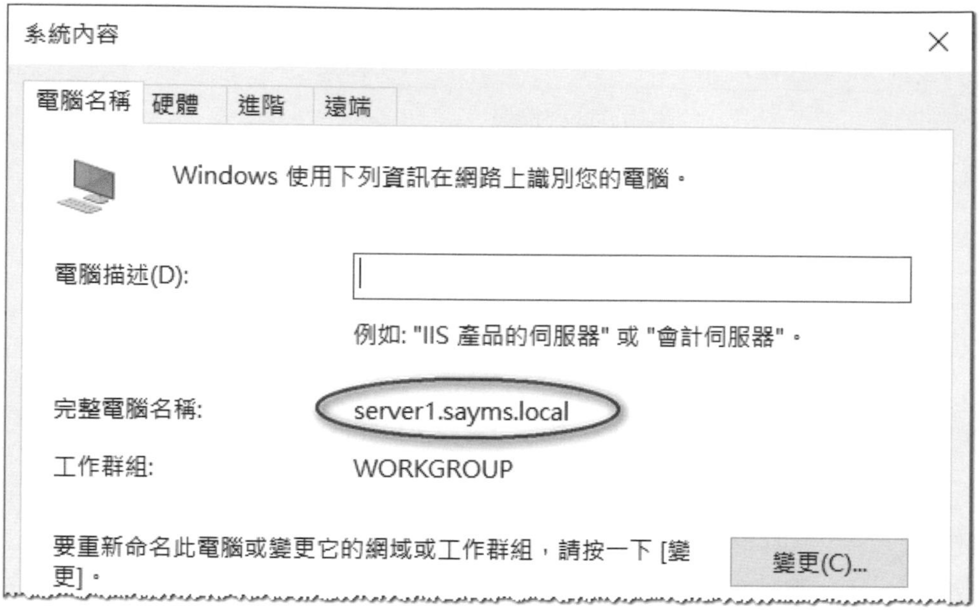

系統內容

電腦名稱 | 硬體 | 進階 | 遠端

Windows 使用下列資訊在網路上識別您的電腦。

電腦描述(D):

例如: "IIS 產品的伺服器" 或 "會計伺服器"。

完整電腦名稱: server1.sayms.local

工作群組: WORKGROUP

要重新命名此電腦或變更它的網域或工作群組，請按一下 [變更]。 變更(C)...

圖 14-1-2

DNS 區域

DNS **區域**（zone）是網域名稱空間樹狀結構的一部分，透過它來將網域名稱空間分割為比較容易管理的小區域。在這個 DNS 區域內的主機資料，是被儲存在 DNS 伺服器內的**區域檔案**（zone file）或 Active Directory 資料庫內。一台 DNS 伺服器內可以儲存一個或多個區域的資料，同時一個區域的資料也可以被儲存到多台 DNS 伺服器內。在區域檔案內的資料被稱為**資源記錄**（resource record，RR）。

將一個 DNS 網域劃分為數個區域，可分散網路管理的工作負荷，例如圖 14-1-3 中將網域 sayms.com 分為**區域 1**（涵蓋子網域 sales.sayms.com）與**區域 2**（涵蓋網域 sayms.com 與子網域 mkt.sayms.com），每一個區域各有一個區域檔案。區域 1 的區域檔案（或 Active Directory 資料庫）內儲存著所涵蓋網域內所有主機（pc1 - pc50）的記錄，區域 2 的區域檔案（或 Active Directory 資料庫）內儲存著所涵蓋網域內所有主機（pc51 - pc100、www 與 ftp）的記錄。這兩個區域檔案可以存放在同一台 DNS 伺服器內，也可以分別存放在不同 DNS 伺服器內。

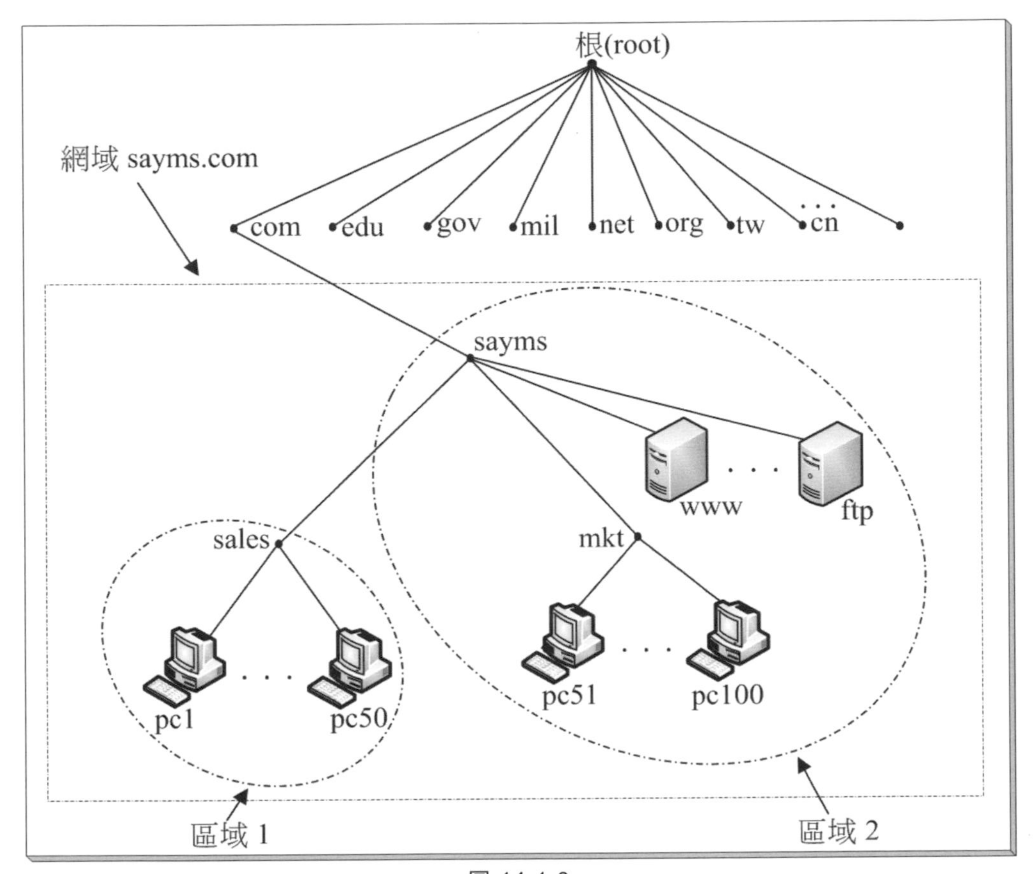

圖 14-1-3

> 一個區域所涵蓋的範圍必須是網域名稱空間中連續的區域，例如您不可以建立一個包含 sales.sayms.com 與 mkt.sayms.com 兩個子網域的區域，因為它們是位於不連續的名稱空間內。但是您可以建立一個包含 sayms.com 與 mkt.sayms.com 的區域，因為它們是位於連續的名稱空間內（sayms.com）。

每一個區域都是針對一個特定網域來設定的，例如區域 1 是針對 sales.sayms.com，而區域 2 是針對 sayms.com（包含網域 sayms.com 與子網域 mkt.sayms.com），我們將此網域稱為是該區域的**根網域**（root domain），也就是說區域 1 的根網域是 sales.sayms.com，而區域 2 的根網域為 sayms.com。

DNS 伺服器

DNS 伺服器內儲存著網域名稱空間的部分區域的記錄。一台 DNS 伺服器可以儲存一或多個區域內的記錄，也就是說此伺服器所負責管轄的範圍可以涵蓋網域名稱空間內一個或多個區域，此時這台伺服器被稱為是這些區域的**授權伺服器**（authoritative server），例如圖 14-1-3 中負責管轄區域 2 的 DNS 伺服器，就是此區域的授權伺服器，它負責將 DNS 用戶端所欲查詢的記錄，提供給此用戶端。

- 主要伺服器（**primary server**）：當您在一台 DNS 伺服器上建立一個區域後，若您可以直接在此區域內新增、刪除與修改記錄的話，這台伺服器就被稱為是此區域的**主要伺服器**。這台伺服器內儲存著此區域的正本資料（master copy）。
- 次要伺服器（**secondary server**）：當您在一台 DNS 伺服器內建立一個區域後，若這個區域內的所有記錄都是從另外一台 DNS 伺服器複寫過來的，也就是說它儲存的是複本記錄（副本記錄，replica），這些記錄是無法修改的，此時這台伺服器被稱為該區域的**次要伺服器**。
- 主機伺服器（**master server**）：**次要伺服器**的區域記錄是從另外一台 DNS 伺服器複寫過來的，此伺服器就被稱為是這台次要伺服器的**主機伺服器**。這台**主機伺服器**可能是儲存該區域正本資料的**主要伺服器**，也可能是儲存複本資料的**次要伺服器**。將區域內的資源記錄從**主機伺服器**複寫到**次要伺服器**的動作被稱為**區域轉送**（zone transfer）。

您可以為一個區域來設定多台次要伺服器，以便提供以下好處：

- **分擔主要伺服器的負擔**：多台 DNS 伺服器共同來對用戶端提供服務，可以分散伺服器的負擔。
- **提供容錯能力**：若其中有 DNS 伺服器故障的話，此時仍然可以由其他正常的 DNS 伺服器來繼續提供服務。
- **加快查詢的速度**：例如可以在遠地分公司安裝次要伺服器，讓分公司的 DNS 用戶端直接向此伺服器查詢即可，不需向總公司的主要伺服器來查詢，以加快查詢速度。

「僅快取」伺服器

僅快取伺服器（caching-only server）是一台不負責管轄任何區域的 DNS 伺服器，也就是說在這台 DNS 伺服器內並沒有建立任何區域，當它接收到 DNS 用戶端的查詢要求時，它會幫用戶端來向其他 DNS 伺服器查詢，然後將查詢到的記錄儲存到快取區，並將此記錄提供給用戶端。

僅快取伺服器內只有快取記錄，這些記錄是它向其他 DNS 伺服器詢問來的。當用戶端來查詢記錄時，若快取區內有所需記錄的話，便可快速將記錄提供給用戶端。

您可以在遠地分公司安裝一台**僅快取伺服器**，以避免執行**區域轉送**所造成的網路負擔，又可以讓該地區的 DNS 用戶端直接快速向此伺服器來查詢。

DNS 的查詢模式

當用戶端向 DNS 伺服器查詢 IP 位址時，或 DNS 伺服器 1（此時它是扮演著 DNS 用戶端的角色）向 DNS 伺服器 2 查詢 IP 位址時，它有以下 2 種查詢模式：

- **遞迴查詢（recursive query）**：DNS 用戶端送出查詢要求後，若 DNS 伺服器內沒有所需記錄的話，則此伺服器會代替用戶端向其他 DNS 伺服器查詢。由 DNS 用戶端所提出的查詢要求一般是屬於遞迴查詢。
- **反覆查詢（iterative query）**：DNS 伺服器與 DNS 伺服器之間的查詢大部分是屬於反覆查詢。當 DNS 伺服器 1 向 DNS 伺服器 2 提出查詢要求後，若伺服器 2 內沒有所需記錄的話，它會提供 DNS 伺服器 3 的 IP 位址給 DNS 伺服器 1，讓 DNS 伺服器 1 自行向 DNS 伺服器 3 查詢。我們以圖 14-1-4 的 DNS 用戶端向 DNS 伺服器 Server1 查詢 www.sayms.com 的 IP 位址為例來說明其流程（參考圖中的數字）：

1. DNS 用戶端向伺服器 Server1 查詢 www.sayms.com 的 IP 位址（遞迴查詢）。
2. 若 Server1 內沒有此主機記錄的話，Server1 會將此查詢要求轉送到根（root）內的 DNS 伺服器 Server2（反覆查詢）。
3. Server2 根據主機名稱 www.sayms.com 得知此主機是位於最高層網域.com 之下，故會將負責管轄.com 的 DNS 伺服器 Server3 的 IP 位址傳送給 Server1。

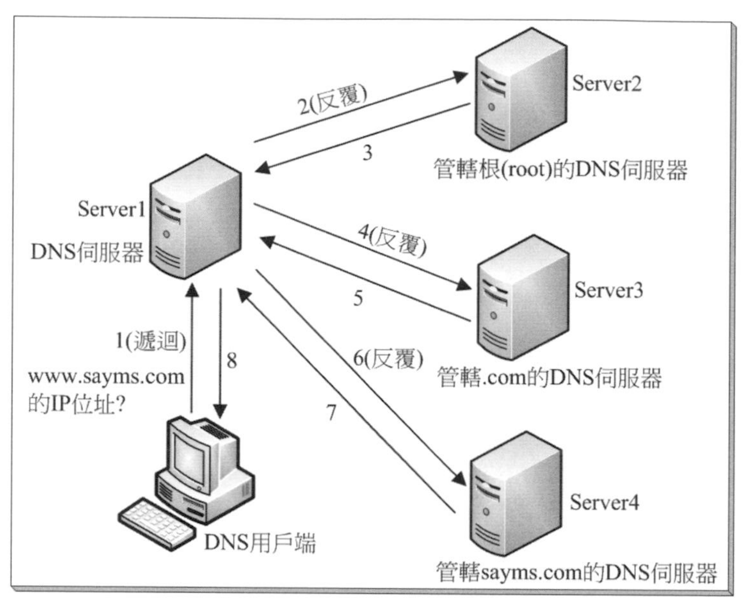

圖 14-1-4

4. Server1 得到 Server3 的 IP 位址後，它會向 Server3 查詢 www. sayms.com 的 IP 位址（反覆查詢）。
5. Server3 根據主機名稱 www.sayms.com 得知它是位於 sayms.com 網域之內，故會將負責管轄 sayms.com 的 DNS 伺服器 Server4 的 IP 位址傳送給 Server1。
6. Server1 得到 Server4 的 IP 位址後，它會向 Server4 查詢 www. sayms.com 的 IP 位址（反覆查詢）。
7. 管轄 sayms.com 的 DNS 伺服器 Server4 將 www.sayms.com 的 IP 位址傳送給 Server1。
8. Server1 再將此 IP 位址傳送給 DNS 用戶端。

反向查詢

反向查詢（reverse lookup）是利用 IP 位址來查詢主機名稱，例如 DNS 用戶端可以查詢擁有 IP 位址 192.168.8.1 之主機的主機名稱。您必須在 DNS 伺服器內建立反向對應區域，其區域名稱以 in-addr.arpa 結尾。例如若要針對網路識別碼為 192.168.8 的網路來提供反向查詢服務的話，則這個反向對應區域的區域名稱必須是 8.168.192.in-addr.arpa（網路識別碼需反向書寫）。在您建立反向對應區域時，

系統就會自動建立一個反向對應區域檔案，其預設檔名是***區域名稱*.dns**，例如 8.168.192.in-addr.arpa.dns。

動態更新

Windows 的 DNS 伺服器與用戶端都具備動態更新記錄的功能，也就是說，若 DNS 用戶端的主機名稱、IP 位址有異動的話，它們會將這些異動資料傳送到 DNS 伺服器，DNS 伺服器便會自動更新 DNS 區域內的相關記錄。

快取檔案

快取檔案（cache file）內儲存著**根**（root，參見圖 14-1-1）內 DNS 伺服器的主機名稱與 IP 位址對照資料。公司內的 DNS 伺服器要向外界 DNS 伺服器查詢時，需要用到這些資料，除非公司內部的 DNS 伺服器指定了**轉寄站**（forwarder，後述）。

在圖 14-1-4 的第 2 個步驟中的 Server1 之所以知道**根**（root）內 DNS 伺服器的主機名稱與 IP 位址，就是從快取檔案得知的。DNS 伺服器的快取檔案位於 %*Systemroot*%\System32\DNS 資料夾內（變數%*Systemroot*%一般是指 C:），其檔名為 cache.dns。

14-2 DNS 伺服器的安裝與用戶端的設定

扮演 DNS 伺服器角色的電腦需使用靜態 IP 位址。我們將透過圖 14-2-1 來說明如何設定 DNS 伺服器與用戶端，請先安裝好這幾台電腦的作業系統、設定電腦名稱、IP 位址與慣用 DNS 伺服器等（圖中採用 IPv4）。請將這幾台電腦的網路卡連接到同一個網路上，並建議可以連接網際網路。

由於 Active Directory 網域需要用到 DNS 伺服器，因此當您將 Windows Server 電腦升級為網域控制站時，若升級精靈找不到 DNS 伺服器的話，它預設會在此台網域控制站上安裝 DNS 伺服器。

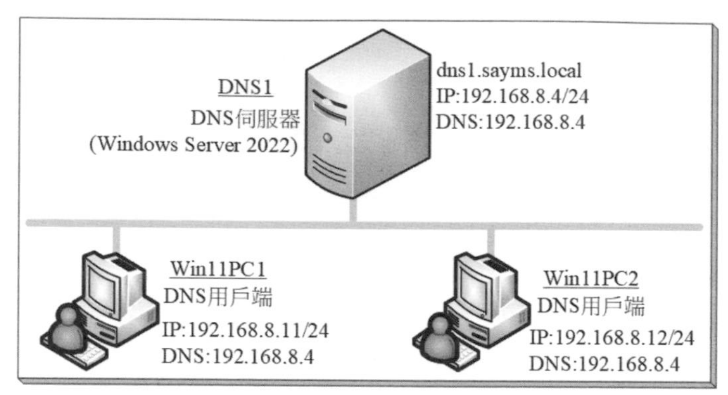

圖 14-2-1

DNS 伺服器的安裝

建議先設定 DNS 伺服器 DNS1 的 FQDN（完整電腦名稱），假設其尾碼為 sayms.local（以下採用虛擬的**最高層網域**名稱.local），其 FQDN 為 dns1.sayms.local：【開啟**伺服器管理員**➲點擊左方**本機伺服器**➲點擊**電腦名稱**右方的電腦名稱➲點擊**變更**鈕➲點擊**其他**鈕➲在**這部電腦的主要 DNS 尾碼**處輸入尾碼 sayms.local➲…➲依指示重新啟動電腦】。

請確認此伺服器的**慣用 DNS 伺服器**的 IP 位址是指到自己，以便讓這台電腦內其他應用程式可以透過這台 DNS 伺服器來查詢 IP 位址：【開啟**檔案總管**➲對著**網路**按右鍵➲內容➲點擊**乙太網路**➲點擊**內容**鈕➲點擊**網際網路通訊協定第 4 版（TCP/IPv4）**➲點擊**內容**鈕➲確認**慣用 DNS 伺服器**處的 IP 位址為 192.168.8.4】。

我們要透過新增 **DNS 伺服器**角色的方式來安裝 DNS 伺服器：【開啟**伺服器管理員**➲點擊**儀表板**處的**新增角色及功能**➲持續按**下一步**鈕一直到出現如圖 14-2-2 所示的**選取伺服器角色**畫面時勾選 **DNS 伺服器**➲…】。

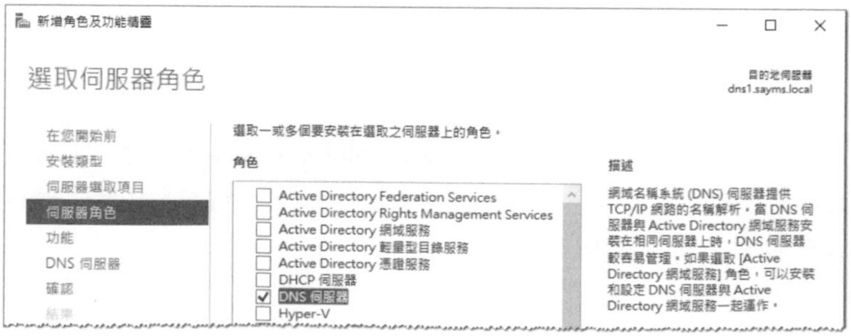

圖 14-2-2

完成安裝後可以透過【點擊**伺服器管理員**右上方的**工具**➲**DNS**】或【點擊左下角**開始**圖示⊞➲**Windows 系統管理工具**➲**DNS**】的途徑來開啟 DNS 主控台與管理 DNS 伺服器、透過【在 DNS 主控台中對著 DNS 伺服器按右鍵➲**所有工作**】的途徑來執行啟動/停止/暫停/繼續 DNS 伺服器等工作、利用【在 DNS 主控台中對著 **DNS** 按右鍵➲**連線到 DNS 伺服器**】的途徑來連接與管理其他 DNS 伺服器。您也可以利用 **dnscmd.exe** 程式來管理 DNS 伺服器。

DNS 用戶端的設定

以 Windows 11/10 電腦來說：【點擊下方**檔案總管**圖示⊞➲對著**網路**按右鍵➲**內容**➲點擊**乙太網路**➲點擊**內容**鈕➲點擊**網際網路通訊協定第 4 版（TCP/IPv4）**➲點擊**內容**鈕➲在圖 14-2-3 中的**慣用 DNS 伺服器**處輸入 DNS 伺服器的 IP 位址】。

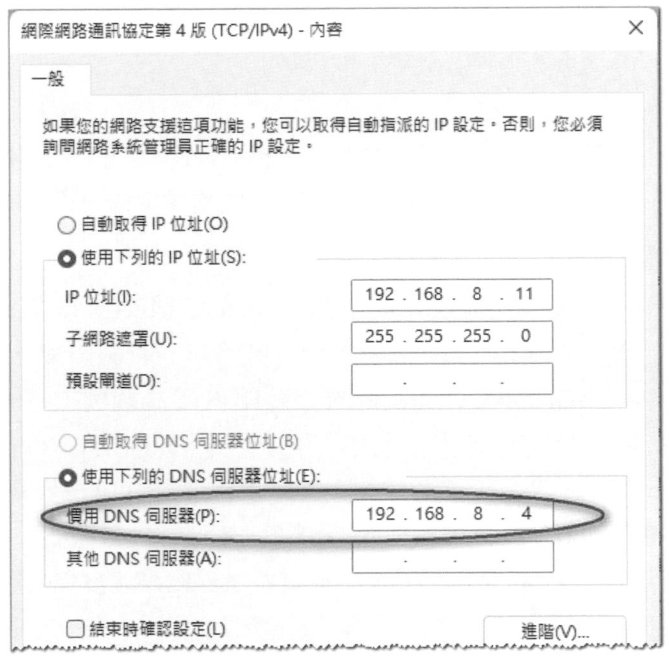

圖 14-2-3

若還有其他 DNS 伺服器可提供服務的話，則可以在**其他 DNS 伺服器**輸入該 DNS 伺服器的 IP 位址。當 DNS 用戶端在與**慣用 DNS 伺服器**溝通時，若沒有收到回應的話，就會改與**其他 DNS 伺服器**溝通（若要指定 2 台以上 DNS 伺服器的話，可以透過點擊圖 14-2-3 右下方的**進階**鈕來設定）。

DNS 伺服器本身也應該採用相同步驟來指定**慣用 DNS 伺服器**（與**其他 DNS 伺服器**）的 IP 位址，由於本身就是 DNS 伺服器，因此一般會直接指到自己的 IP 位址。

Q **DNS 伺服器會對用戶端所提出的查詢要求來提供服務，請問如果 DNS 伺服器本身這台電腦內的程式（例如瀏覽器）提出查詢要求時，會由 DNS 伺服器這台電腦自己來提供服務嗎？**

A 不一定！要看 DNS 伺服器這台電腦的**慣用 DNS 伺服器**的 IP 位址設定為何，若 IP 位址是指到自己，就會由這台 DNS 伺服器自己來提供服務，若 IP 位址是指到其他 DNS 伺服器的話，則會由該台 DNS 伺服器來提供服務。

使用 HOSTS 檔

HOSTS 檔案被用來儲存主機名稱與 IP 的對照資料。DNS 用戶端在找尋主機的 IP 位址時，它會先檢查自己電腦內的 HOSTS 檔案，看看檔案內是否有該主機的 IP 位址，若找不到資料，才會向 DNS 伺服器查詢。

此檔案存放在每一台電腦的%*Systemroot*%\system32\drivers\etc 資料夾內（變數%*Systemroot*%一般是指 C:），請手動將主機名稱與 IP 位址對照資料輸入到此檔案內，圖 14-2-4 為在 Windows 11 電腦內的一個 HOSTS 檔範例（#符號代表其右邊為註解文字），圖中我們自行在最後新增了兩筆記錄，分別是 jackiepc.sayms.local 與 marypc.sayms.local，此用戶端以後要查詢這兩台主機的 IP 位址時，可以直接透過此檔案得到它們的 IP 位址，不需要向 DNS 伺服器查詢。但若要查詢其他主機的 IP 位址的話，例如 www.microsoft.com，由於這些主機記錄並沒有被建立在 HOSTS 檔內，因此需向 DNS 伺服器查詢。

Windows 11/10 電腦需以系統管理員身分來執行**記事本**與開啟 Hosts 檔，才可以變更 Hosts 檔案內容：點擊下方**開始**圖示⊞➲（Windows 10 還需先點選**附屬應用程式**）對著**記事本**按右鍵➲以系統管理員身分執行➲按**是(Y)**鈕➲**檔案**功能表➲開啟➲將右下角**文字文件**改為**所有檔案**➲開啟 Hosts 檔。

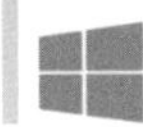

```
*hosts - 記事本
檔案(F)  編輯(E)  格式(O)  檢視(V)  說明(H)
#
# For example:
#
#      102.54.94.97     rhino.acme.com          # source server
#       38.25.63.10     x.acme.com              # x client host

# localhost name resolution is handled within DNS itself.
#       127.0.0.1       localhost
#       ::1             localhost
192.168.8.30            jackiepc.sayms.local
192.168.8.31            marypc.sayms.local
```

圖 14-2-4

當您在這台用戶端電腦上練習利用 ping 指令來查詢 jackiepc.sayms.local 的 IP 位址時，就可以透過 Hosts 檔案來得到其 IP 位址 192.168.8.30，如圖 14-2-5 所示。

開啟 Windows PowerShell 視窗的途徑：Windows 11 用戶端可以對著下方**開始**圖示按右鍵➲Windows 終端機；Windows 10 用戶端可以對著左下方**開始**圖示按右鍵➲Windows PowerShell。

```
系統管理員: Windows PowerShe
PS C:\Users\tuser1> ping jackiepc.sayms.local

Ping jackiepc.sayms.local [192.168.8.30] (使用 32 位元組的資料):
回覆自 192.168.8.11: 目的地主機無法連線。
回覆自 192.168.8.11: 目的地主機無法連線。
回覆自 192.168.8.11: 目的地主機無法連線。
回覆自 192.168.8.11: 目的地主機無法連線。

192.168.8.30 的 Ping 統計資料:
    封包: 已傳送 = 4，已收到 = 4, 已遺失 = 0 (0% 遺失)，
PS C:\Users\tuser1>
```

圖 14-2-5

14-3 DNS 區域的建立

Windows Server 的 DNS 伺服器支援各種不同類型的區域，而本節將介紹以下與區域有關的主題：DNS 區域的類型、建立主要區域、在主要區域內新增資源記錄、建立次要區域、建立反向對應區域與反向記錄、子網域與委派網域。

DNS 區域的類型

一般來說，比較常用的 DNS 區域類型是：

- **主要區域（primary zone）**：它是用來儲存此區域內的正本記錄，當您在 DNS 伺服器內建立主要區域後，便可以直接在此區域內新增、修改或刪除記錄：
  - 若 DNS 伺服器是獨立或成員伺服器的話，則區域內的記錄是儲存在區域檔案內，檔名預設是***區域名稱*.dns**，例如區域名稱為 sayms.local，則檔名預設是 sayms.local.dns。區域檔案是被建立在%*Systemroot*%\System32\dns 資料夾內，它是標準 DNS 格式的文字檔（text file）。
  - 若DNS伺服器是網域控制站的話，則您可以將記錄儲存在區域檔案或Active Directory 資料庫。若將其儲存到 Active Directory 資料庫，則此區域被稱為**整合 Active Directory 區域**，此區域內的記錄會透過 Active Directory 複寫機制，自動被複寫到其他也是 DNS 伺服器的網域控制站。**整合 Active Directory 區域**是主要區域，也就是說您可以新增、刪除與修改每一台網域控制站的**整合 Active Directory 區域**內的記錄。
- **次要區域（secondary zone）**：此區域內的記錄是儲存在**區域檔案**內，不過它是儲存此區域的複本記錄，此複本是利用**區域轉送**方式從其**主機伺服器**複寫過來。次要區域內的記錄是唯讀的、不可以修改。如圖 14-3-1 中 DNS 伺服器 B 與 DNS 伺服器 C 內都各有一個次要區域，其內的記錄是從 DNS 伺服器 A 複寫過來的，換句話說，DNS 伺服器 A 是它們的**主機伺服器**。

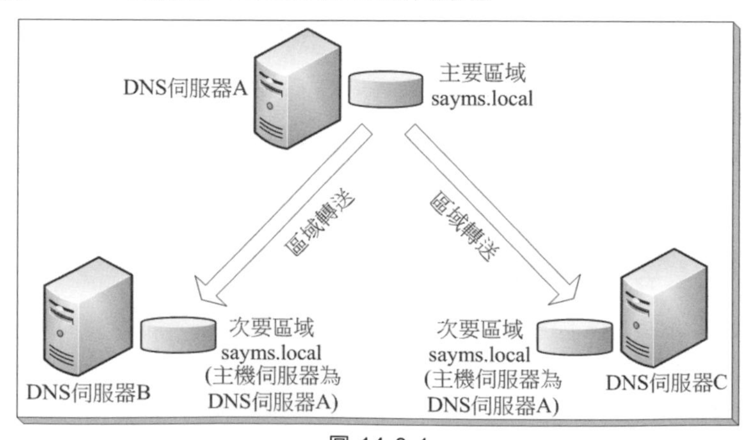

圖 14-3-1

Windows Server 也支援**虛設常式區域**（stub zone），它也是儲存區域的複本記錄，不過僅包含少數記錄（例如 SOA、NS 與 A 記錄），利用這些記錄可以找到此區域的授權伺服器。

建立主要區域

DNS 用戶端所提出的查詢要求，絕大部分是屬於正向對應查詢，也就是從主機名稱來查詢 IP 位址。以下說明如何新增一個提供正向查詢服務的主要區域。

STEP 1 點擊左下角開始圖示⊞➲Windows 系統管理工具➲DNS。

STEP 2 如圖 14-3-2 所示對著**正向對應區域**按右鍵➲新增區域➲按下一步鈕。

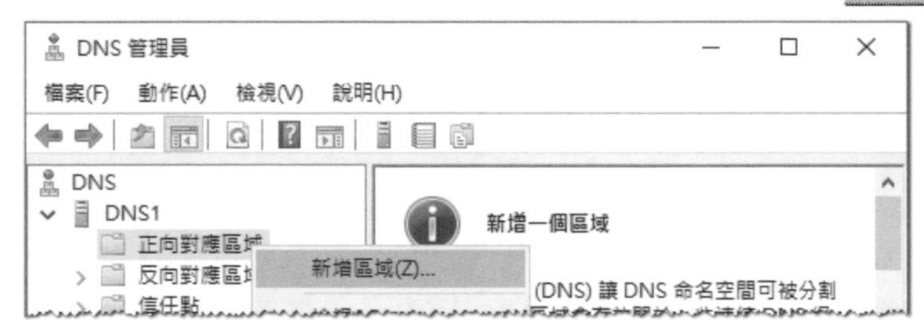

圖 14-3-2

STEP 3 在圖 14-3-3 中選擇**主要區域**後按下一步鈕。

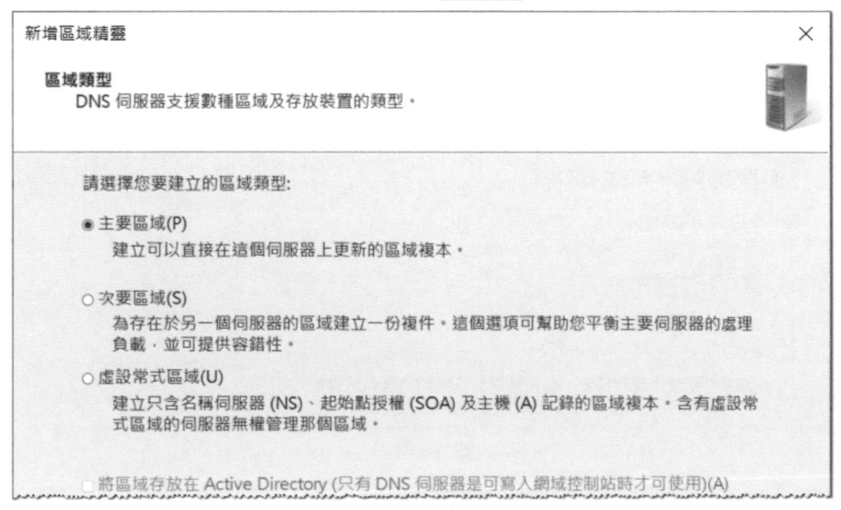

圖 14-3-3

> 區域記錄會被儲存到區域檔案內，但若 DNS 伺服器本身是網域控制站的話，則預設會自動勾選最下方的**將區域存放在 Active Directory**，此時區域記錄會被儲存到 Active Directory 資料庫（也就是**整合 Active Directory 區域**），同時可透過另外出現的畫面來選擇將其複寫到其他也是 DNS 伺服器的網域控制站。

STEP 4 在圖 14-3-4 中輸入區域名稱後（例如 sayms.local）按下一步鈕。

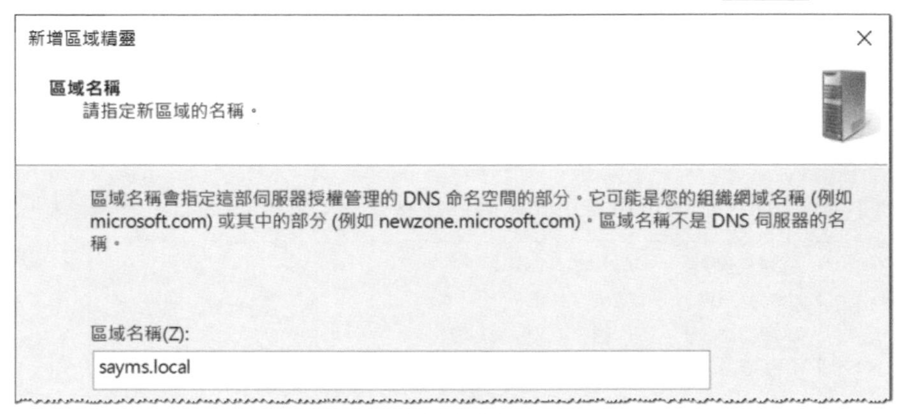

圖 14-3-4

STEP 5 在圖 14-3-5 中按下一步鈕來採用預設的區域檔案名稱。

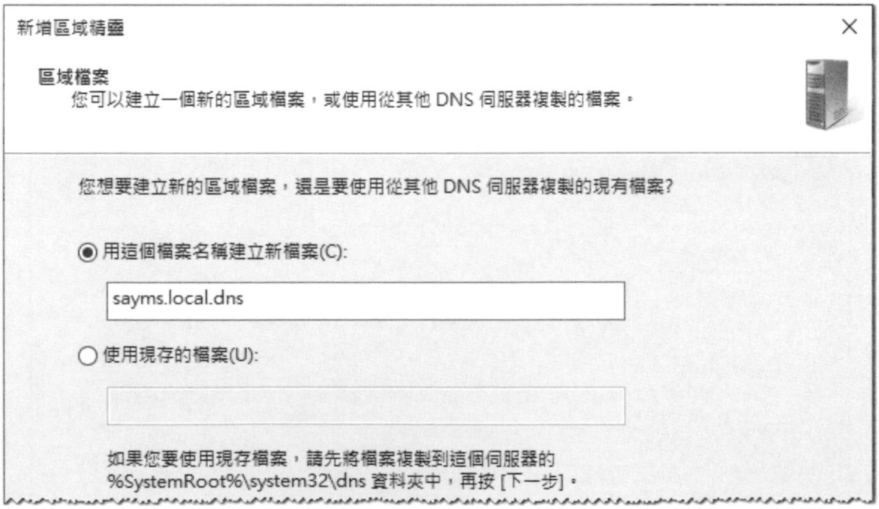

新增區域精靈

區域檔案
您可以建立一個新的區域檔案，或使用從其他 DNS 伺服器複製的檔案。

您想要建立新的區域檔案，還是要使用從其他 DNS 伺服器複製的現有檔案?

◉ 用這個檔案名稱建立新檔案(C):

sayms.local.dns

○ 使用現存的檔案(U):

如果您要使用現存檔案，請先將檔案複製到這個伺服器的 %SystemRoot%\system32\dns 資料夾中，再按 [下一步]。

圖 14-3-5

STEP 6 在動態更新畫面中直接按下一步鈕。

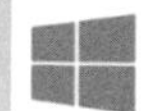

STEP 7 出現**完成新增區域精靈**畫面時按完成鈕。

STEP 8 圖 14-3-6 中的 sayms.local 就是我們所建立的區域。

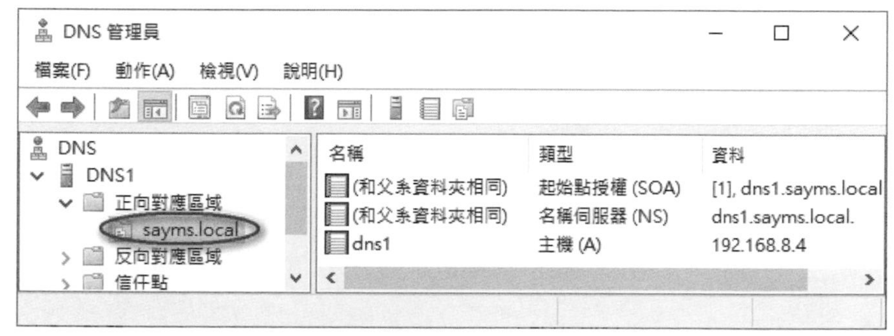

圖 14-3-6

在主要區域內新增資源記錄

DNS 伺服器支援各種不同類型的資源記錄（resource record，RR），在此我們將練習如何將其中幾種比較常用的資源記錄新增到 DNS 區域內。

新增主機資源記錄（A 記錄）

將主機名稱與 IP 位址（也就是資源記錄類型為 A 的記錄）新增到 DNS 區域後，DNS 伺服器就可以提供這台主機的 IP 位址給用戶端。我們以圖 14-3-7 為例來說明如何將主機資源記錄新增到 DNS 區域內。

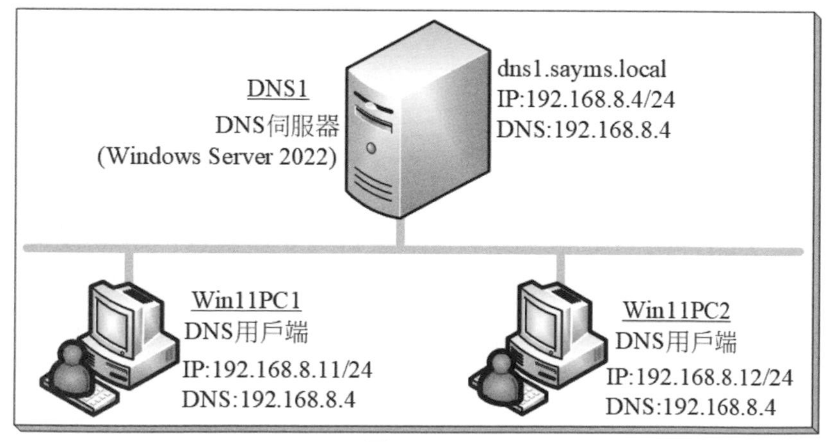

圖 14-3-7

請如圖 14-3-8 所示【對著區域 sayms.local 按右鍵➲新增主機（A 或 AAAA）➲輸入主機名稱 Win11PC1 與 IP 位址➲按新增主機鈕】(IPv4 為 A、IPv6 為 AAAA)。

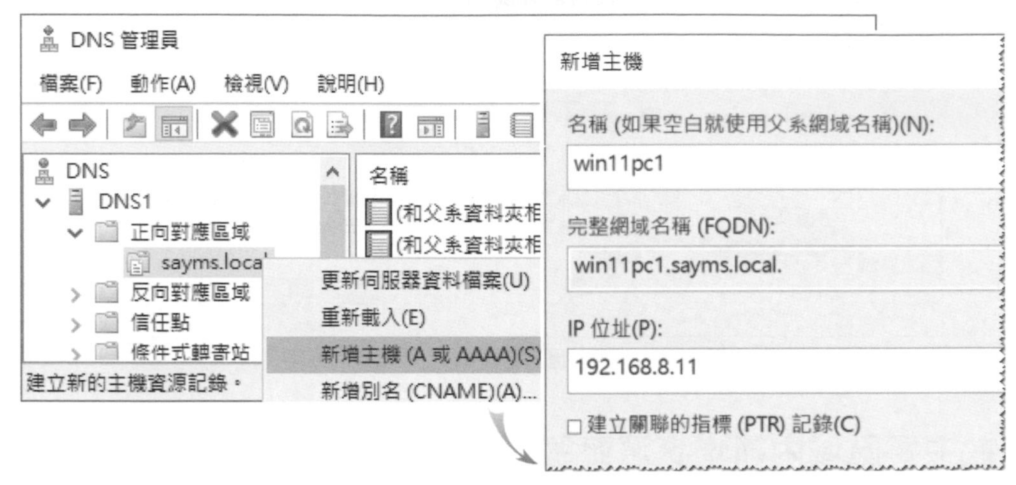

圖 14-3-8

重複以上步驟將圖 14-3-7 中 Win11PC2 的 IP 位址也輸入到此區域內，圖 14-3-9 為完成後的畫面（圖中主機 dns1 記錄是在建立此區域時，由系統自動新增的）。

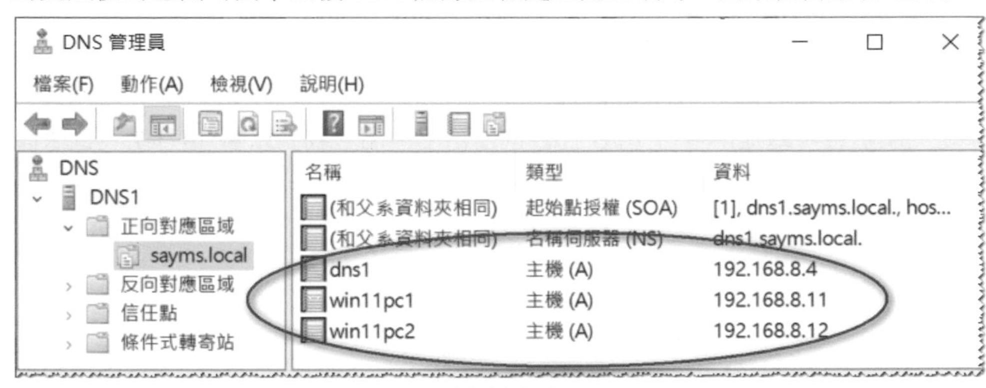

圖 14-3-9

接下來可到 Win11PC1 利用 ping 指令來測試，例如圖 14-3-10 中成功的透過 DNS 伺服器得知另外一台主機 Win11PC2 的 IP 位址為 192.168.8.12。

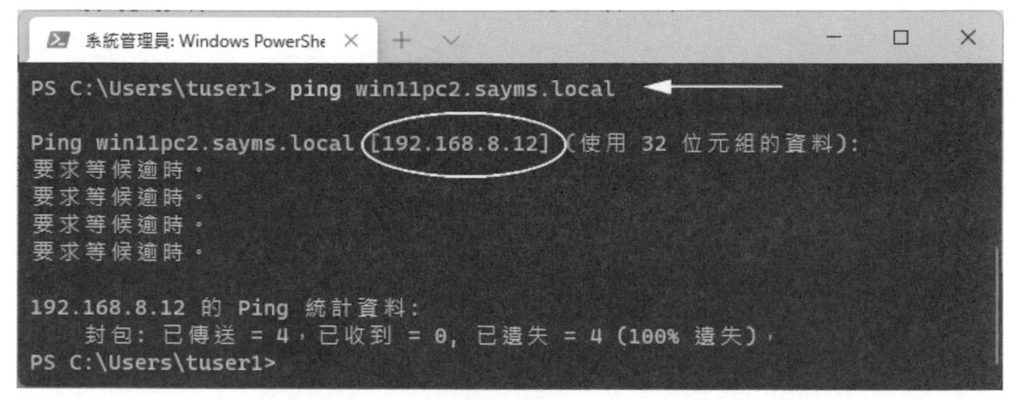

圖 14-3-10

由於對方的 Windows Defender **防火牆**預設會封鎖，故此 ping 指令的結果畫面會出現類似圖中**要求等候逾時**的訊息。

若 DNS 區域內有多筆記錄，其主機名稱相同、但 IP 位址不同的話，則 DNS 伺服器可提供 round-robin（輪替）功能：例如有兩筆名稱都是 www.sayms.local、但 IP 位址分別是 192.168.8.1 與 192.168.8.2 的記錄，則當 DNS 伺服器接收到查詢 www.sayms.local 的 IP 位址的要求時，雖然它會將這兩個 IP 位址都告訴查詢者，不過它提供給查詢者的 IP 位址的排列順序有所不同，例如若提供給第 1 個查詢者的 IP 位址順序是 192.168.8.1、192.168.8.2 的話，則提供給第 2 個查詢者的順序會是 192.168.8.2、192.168.8.1，提供給第 3 個查詢者的順序會是 192.168.8.1、192.168.8.2⋯依此類推。一般來說，查詢者會先使用排列在清單中的第 1 個 IP 位址，因此不同的查詢者可能會分別與不同的 IP 位址來溝通。

Q **我的網站的網址為 www.sayms.local，其 IP 位址為 192.168.8.99，用戶端可以利用 http://www.sayms.local/來連接我的網站，可是我也希望用戶端可以利用 http://sayms.local/來連接網站，請問如何讓網域名稱 sayms.local 直接對應到網站的 IP 位址 192.168.8.99？**

A 您可以在區域 sayms.local 內建立一筆對應到此 IP 位址的主機（A）記錄，但請如圖 14-3-11 所示在**名稱**處保留空白即可。

新增主機

名稱 (如果空白就使用父系網域名稱)(N):

完整網域名稱 (FQDN):

sayms.local.

IP 位址(P):

192.168.8.99

□ 建立關聯的指標 (PTR) 記錄(C)

圖 14-3-11

新增主機的別名資源記錄（CNAME 記錄）

若您需要為一台主機設定多個主機名稱，例如某台主機是 DNS 伺服器，其主機名稱為 dns1.sayms.local，如果它同時也是網站，而您希望另外給它一個較適宜的主機名稱，例如 www.sayms.local，此時可以利用新增別名（CNAME）資源記錄的方式來達到此目的：【如圖 14-3-12 所示對著區域 sayms.local 按右鍵➲新增別名（CNAME）➲輸入別名 www➲在**目標主機完整網域名稱**處將此別名指派給 dns1.sayms.local（請輸入 FQDN，或利用瀏覽鈕來選擇 dns1.sayms.local）】。

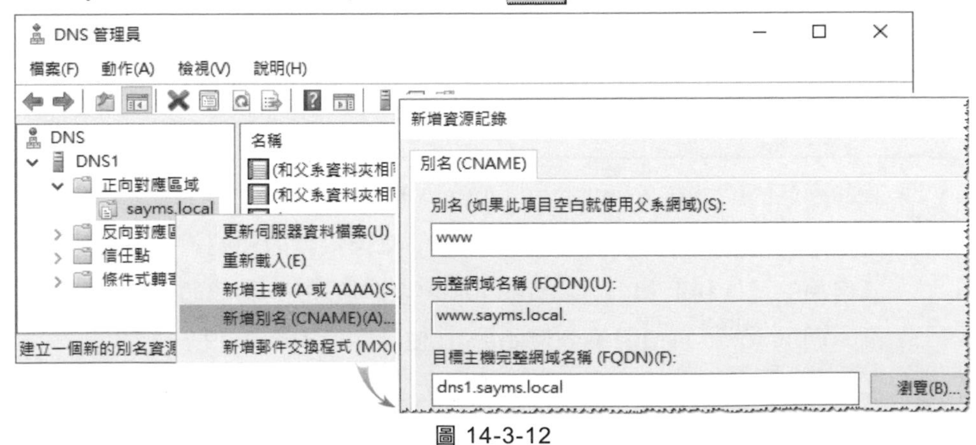

圖 14-3-12

圖 14-3-13 為完成後的畫面，它表示 www.sayms.local 是 dns1.sayms.local 的別名。

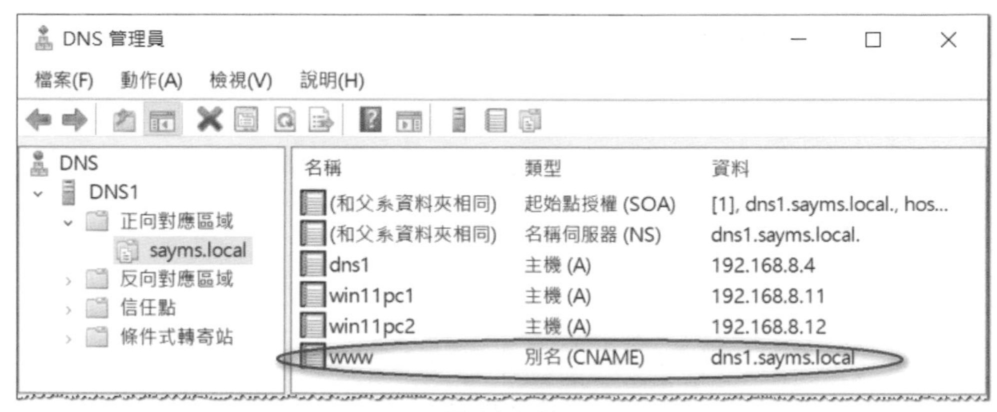

圖 14-3-13

您可以到 DNS 用戶端 Win11PC1 利用 ping www.sayms.local 指令，來查看是否可以正常透過 DNS 伺服器解析到 www.sayms.local 的 IP 位址，例如圖 14-3-14 為成功得知 IP 位址的畫面，圖中還可得知其原來的主機名稱 dns1.sayms.local。

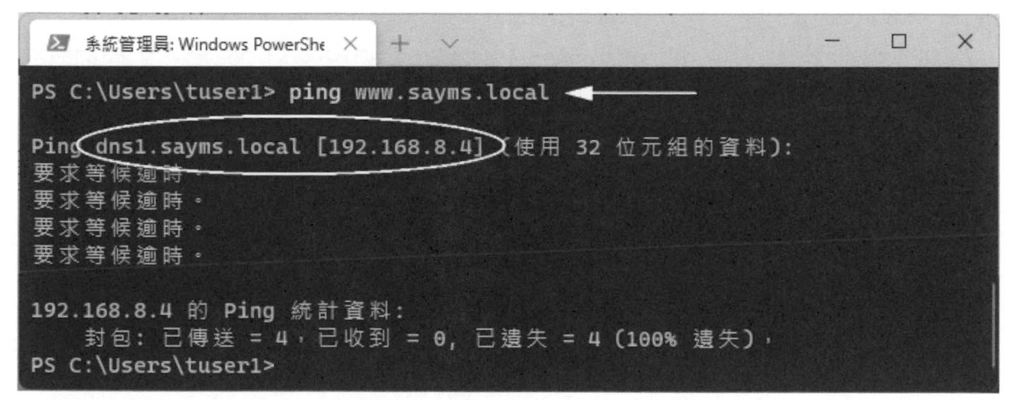

圖 14-3-14

新增郵件交換伺服器資源記錄（MX 記錄）

當您將郵件傳送到您的**郵件交換伺服器**（SMTP 伺服器）後，此郵件交換伺服器會將郵件轉送給目的地的郵件交換伺服器，但是您的郵件交換伺服器如何得知目的地的郵件交換伺服器是哪一台呢？

答案是向 DNS 伺服器查詢 MX 這筆資源記錄，因為 MX 記錄著負責某個網域郵件接收的郵件交換伺服器（參見圖 14-3-15 的流程）。

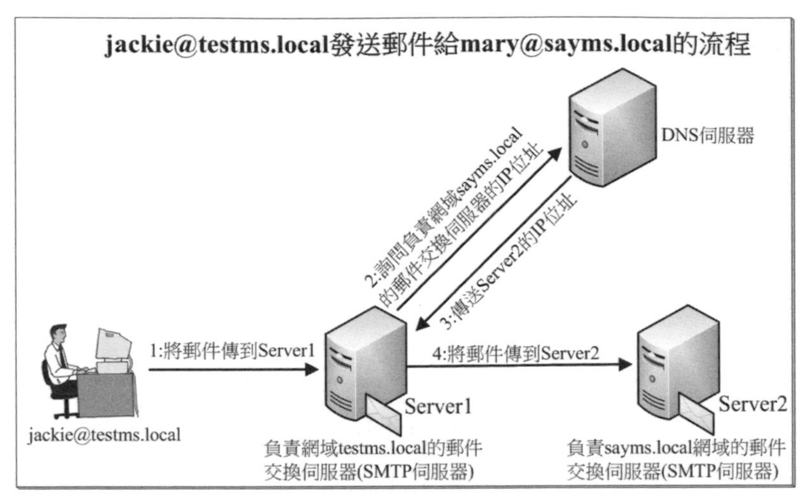

圖 14-3-15

以下假設負責 sayms.local 的郵件交換伺服器為 smtp.sayms.local，其 IP 位址為 192.168.8.30（請先建立此筆 A 資源記錄）。新增 MX 記錄的途徑為：【如圖 14-3-16 所示對著區域 sayms.local 按右鍵➲新增郵件交換程式（MX）➲在**郵件伺服器完整網域名稱（FQDN）**處輸入或瀏覽到主機 smtp.sayms.local➲按確定鈕】。

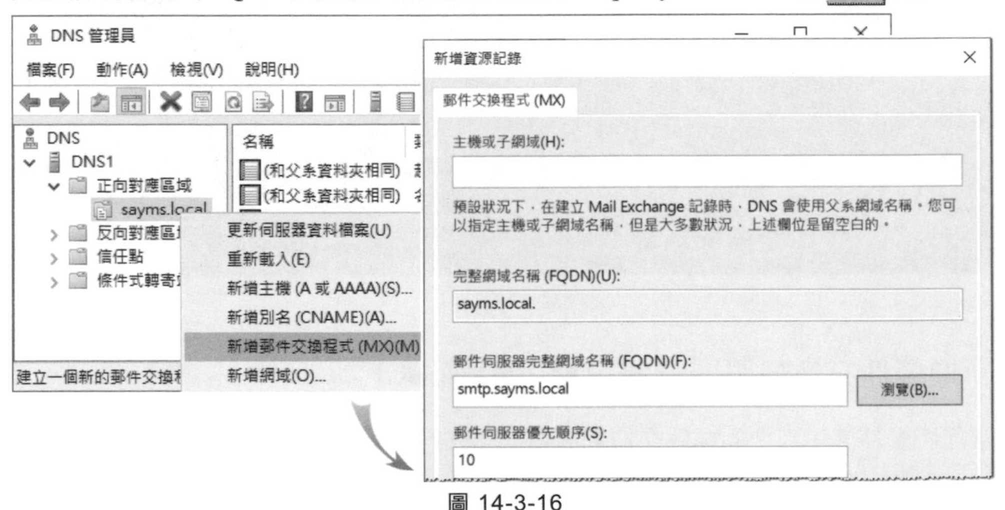

圖 14-3-16

圖 14-3-17 為完成後的畫面，圖中的「**（和父系資料夾相同）**」表示與父系網域名稱相同，也就是 sayms.local。此筆記錄的意思是：負責網域 sayms.local 郵件接收的郵件伺服器是主機 smtp.sayms.local。

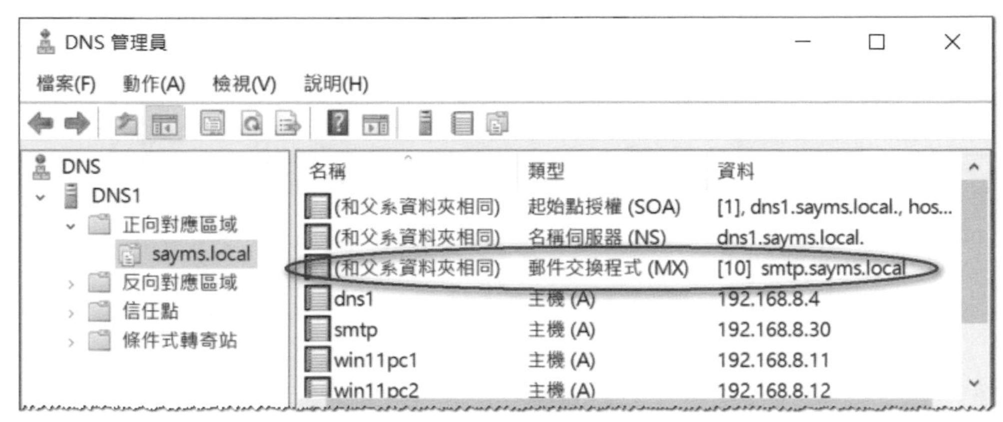

圖 14-3-17

在前面圖 14-3-16 中還有以下兩個尚未解釋的欄位：

- **主機或子網域**：此處不需要輸入任何文字，除非要設定子網域的郵件交換伺服器，例如若此處輸入 sales，則表示是在指定子網域 sales.sayms.local 的郵件交換伺服器。此子網域可以事先或事後建立。您也可以直接到該子網域建立此筆 MX 記錄。
- **郵件伺服器優先順序**：若此網域內有多台郵件交換伺服器的話，則您可以建立多個 MX 資源記錄，並透過此處來設定其優先順序，數字較低的優先順序較高（0 最高）。也就是說，當其他郵件交換伺服器欲傳送郵件到此網域時，它會先傳送給優先順序較高的郵件交換伺服器，若傳送失敗，再改傳送給優先順序較低的郵件交換伺服器。若有兩台或多台郵件伺服器的優先順序數字相同的話，則它會從其中隨機選擇一台。

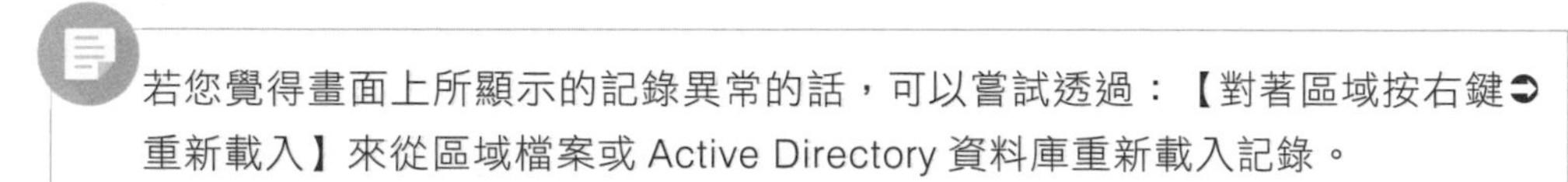

若您覺得畫面上所顯示的記錄異常的話，可以嘗試透過：【對著區域按右鍵➲重新載入】來從區域檔案或 Active Directory 資料庫重新載入記錄。

建立次要區域

次要區域用來儲存此區域內的複本記錄，這些記錄是唯讀的，不可修改。以下利用圖 14-3-18 來練習建立次要區域。

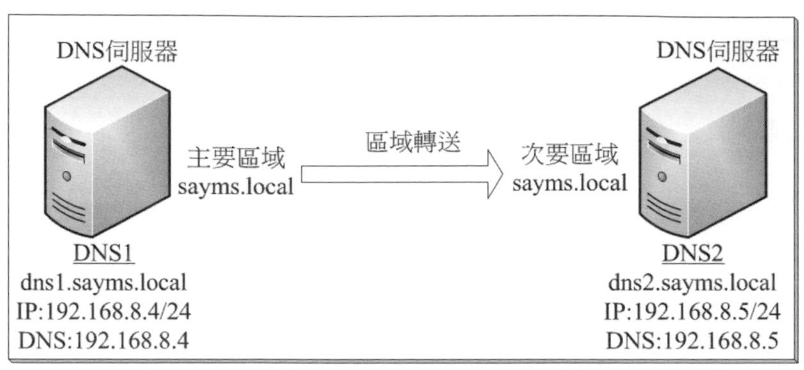

圖 14-3-18

我們將在圖中 DNS2 建立一個次要區域 sayms.local，此區域內的記錄是從其**主機伺服器** DNS1 透過**區域轉送**複寫過來。圖中 DNS1 仍沿用前一節的 DNS 伺服器，不過請先在其 sayms.local 區域內替 DNS2 建立一筆 A 資源記錄（FQDN 為 dns2.sayms.local、IP 位址為 192.68.8.5），然後另外架設第 2 台 DNS 伺服器、將電腦名稱設定為 DNS2、IP 位址設定為 192.168.8.5、完整電腦名稱（FQDN）設定為 dns2.sayms.local，然後重新啟動電腦、新增 DNS 伺服器角色。

確認是否允許區域轉送

若 DNS1 不允許將區域記錄轉送給 DNS2 的話，則 DNS2 向 DNS1 提出**區域轉送**要求時會被拒絕。以下我們先設定讓 DNS1 可以區域轉送給 DSN2。

STEP 1 到 DNS1 伺服器上點擊左下角開始圖示⊞➲Windows 系統管理工具➲DNS➲如圖 14-3-19 所示點擊區域 sayms.local➲點擊上方的**內容**圖示。

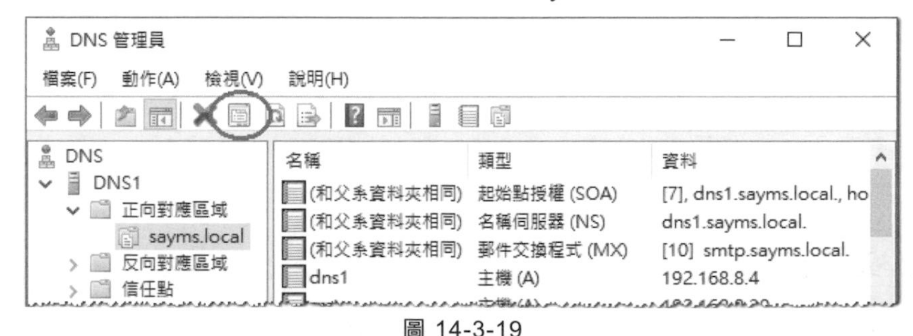

圖 14-3-19

STEP 2 如圖 14-3-20 所示勾選**區域轉送**標籤下的**允許區域轉送**➲點選**只到下列伺服器**➲按 編輯 鈕以便來選擇 DNS2 的 IP 位址。

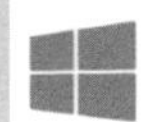

圖 14-3-20

STEP 3 在圖 14-3-21 中輸入 DNS2 的 IP 位址後按 Enter 鍵➲按確定鈕。注意它會透過反向查詢來嘗試解析擁有此 IP 位址的 DNS 主機名稱（FQDN），然而我們目前並沒有反向對應區域可供查詢，故會顯示無法解析的警示訊息，此時可以不必理會此訊息，它並不會影響到區域轉送。

圖 14-3-21

STEP 4 圖 14-3-22 為完成後的畫面。按確定鈕。

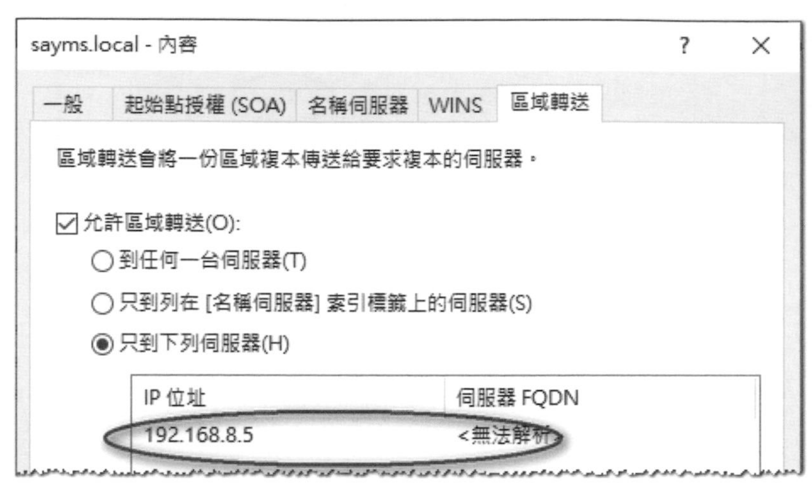

圖 14-3-22

建立次要區域

我們將到 DNS2 上建立次要區域，並設定讓此區域從 DNS1 來複寫區域記錄。

STEP 1　到 DNS2 伺服器上點擊左下角開始圖示⊞➲Windows 系統管理工具➲DNS➲對著**正向對應區域**按右鍵➲新增區域➲按下一步鈕。

STEP 2　在圖 14-3-23 中選擇**次要區域**後按下一步鈕。

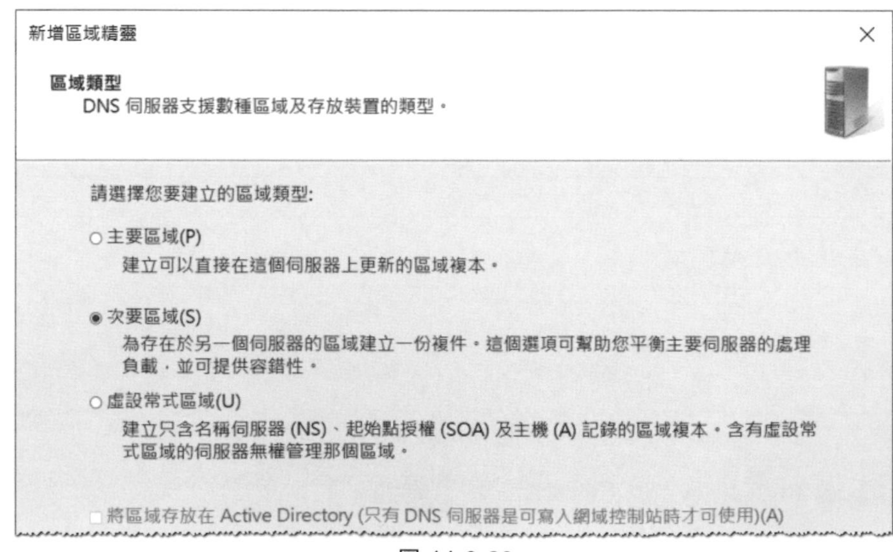

圖 14-3-23

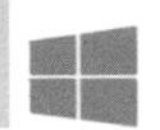

STEP 3 在圖 14-3-24 中輸入區域名稱 sayms.local 後按下一步鈕。

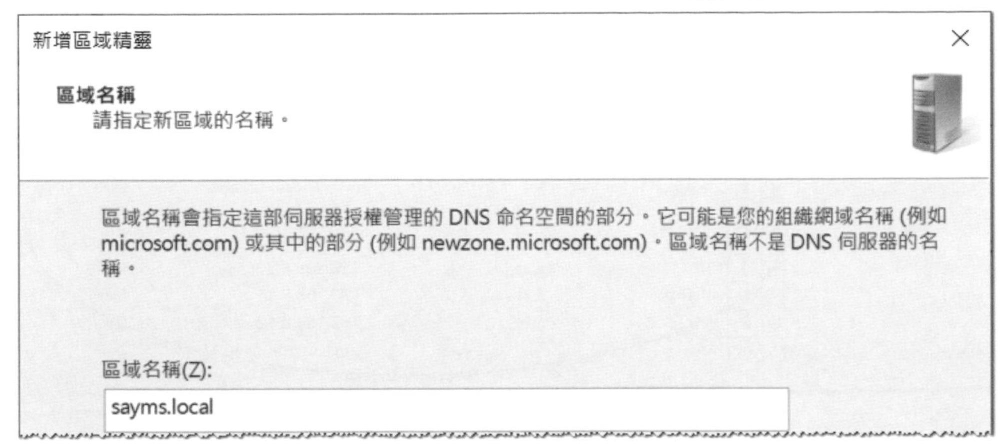

圖 14-3-24

STEP 4 在圖 14-3-25 中輸入**主機伺服器**（DNS1）的 IP 位址後按 Enter 鍵、按下一步鈕、按完成鈕。

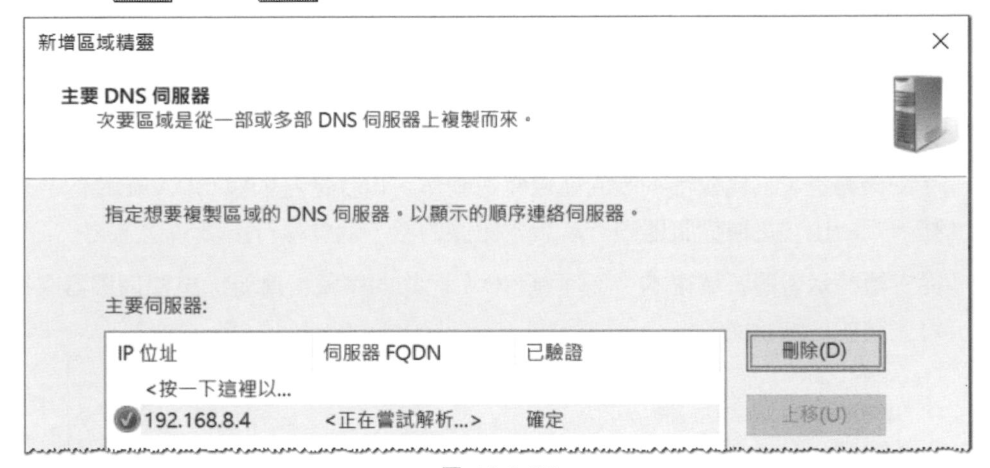

圖 14-3-25

STEP 5 圖 14-3-26 為完成後的畫面，畫面中 sayms.local 內的記錄是自動由其**主機伺服器** DNS1 複寫過來的。

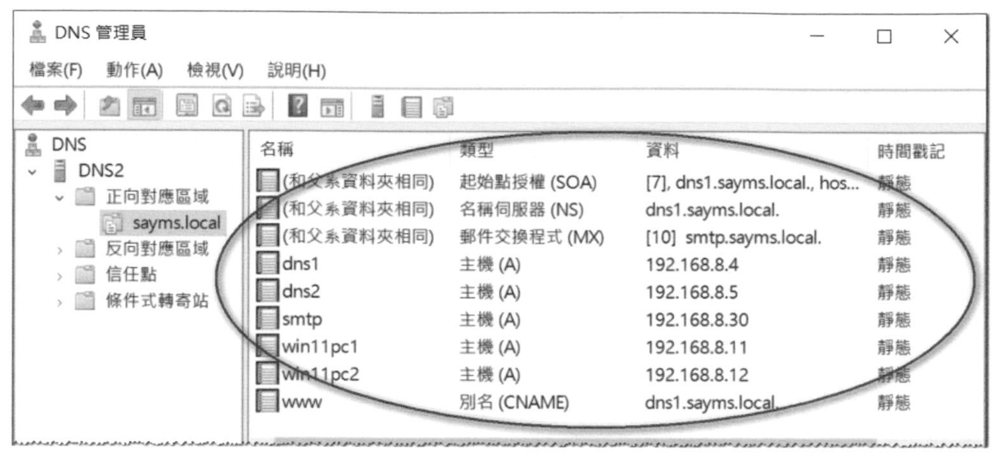

圖 14-3-26

> 若設定都正確，但卻一直都看不到這些記錄，請點擊區域 sayms.local 後按 F5 鍵來重新整理，若仍看不到的話，請將 DNS 管理主控台關閉再重新開啟。

儲存次要區域的 DNS 伺服器預設會每隔 15 分鐘自動要求其**主機伺服器**來執行**區域轉送**的動作。您也可以如圖 14-3-27 所示【對著次要區域按右鍵➲選擇**從主機轉送**或**從主機轉送新的區域複本**】的方式來手動要求執行**區域轉送**：

- **從主機轉送**：它會執行一般的**區域轉送**動作，也就是若依據 SOA 記錄內的序號，判斷出在**主機伺服器**內有新版本記錄的話，就會執行**區域轉送**。
- **從主機轉送新的區域複本**：不理會 SOA 記錄的序號，重新從**主機伺服器**來複寫完整的區域記錄。

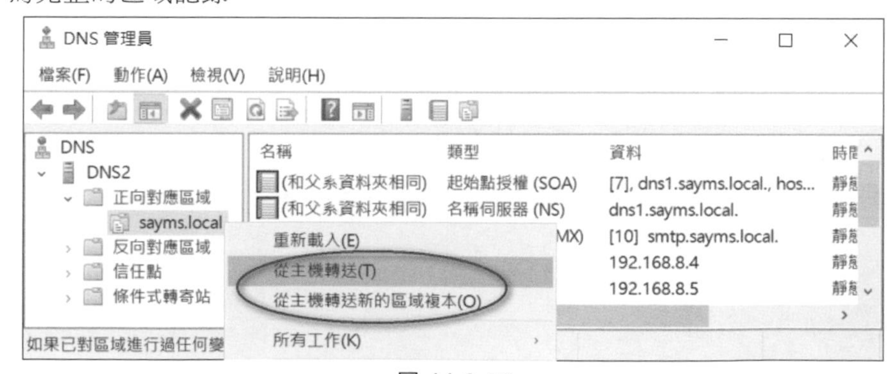

圖 14-3-27

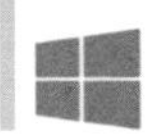

若您覺得畫面上所顯示的記錄異常的話，可以嘗試透過：【對著區域按右鍵➲重新載入】來從區域檔案重新載入記錄。

建立反向對應區域與反向記錄

反向對應區域可以讓 DNS 用戶端利用 IP 位址來查詢主機名稱，例如可以查詢擁有 192.168.8.11 這個 IP 位址的主機的主機名稱。

反向對應區域的區域名稱前半段是其網路識別碼的反向書寫，而後半段是 **in-addr.arpa**，例如若要針對網路識別碼為 192.168.8 的 IP 位址來提供反向查詢功能的話，則此反向對應區域的區域名稱是 8.168.192.in-addr.arpa，區域檔案名稱預設是 8.168.192.in-addr.arpa.dns。

建立反向對應區域

以下步驟將說明如何新增一個提供反向查詢服務的**主要區域**，假設此區域所支援的網路識別碼為 192.168.8。

STEP 1 到 DNS 伺服器 DNS1 上【如圖 14-3-28 所示對著**反向對應區域**按右鍵➲新增區域➲按下一步鈕】。

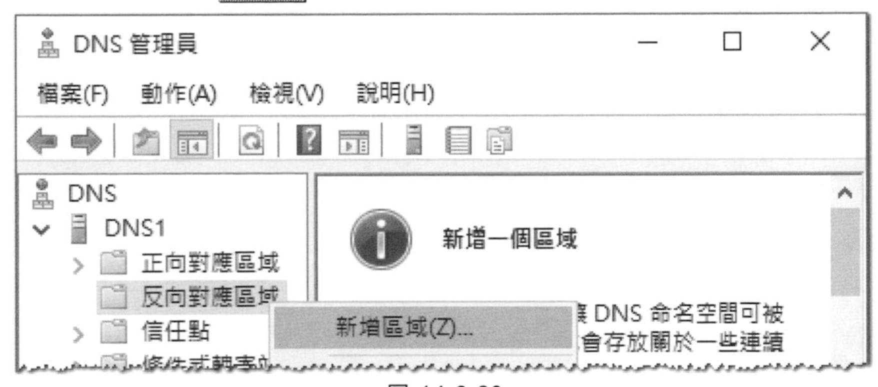

圖 14-3-28

STEP 2 在圖 14-3-29 中選擇**主要區域**後按下一步鈕。

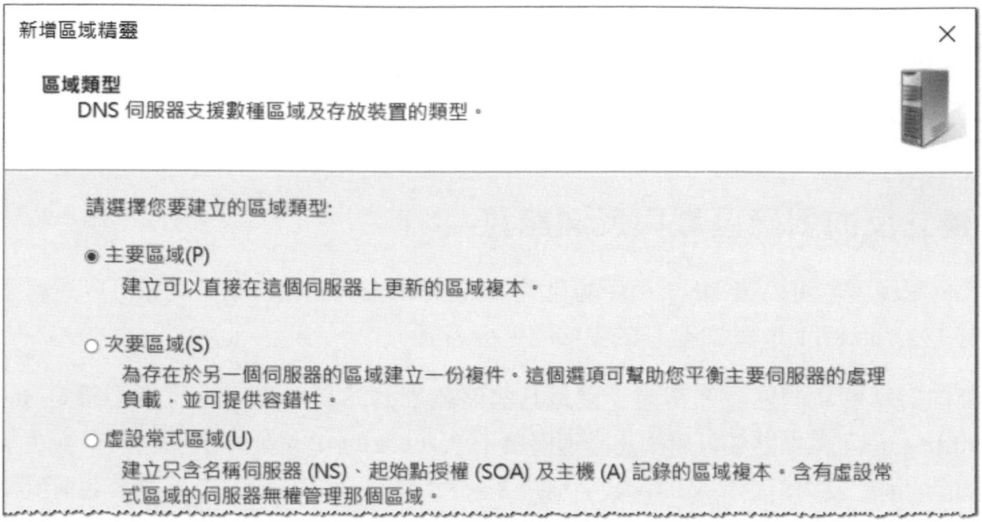

新增區域精靈

區域類型

DNS 伺服器支援數種區域及存放裝置的類型。

請選擇您要建立的區域類型:

◉ 主要區域(P)

建立可以直接在這個伺服器上更新的區域複本。

○ 次要區域(S)

為存在於另一個伺服器的區域建立一份複件。這個選項可幫助您平衡主要伺服器的處理負載，並可提供容錯性。

○ 虛設常式區域(U)

建立只含名稱伺服器 (NS)、起始點授權 (SOA) 及主機 (A) 記錄的區域複本。含有虛設常式區域的伺服器無權管理那個區域。

圖 14-3-29

STEP 3 在圖 14-3-30 點選 **IPv4 反向對應區域**後按下一步鈕。

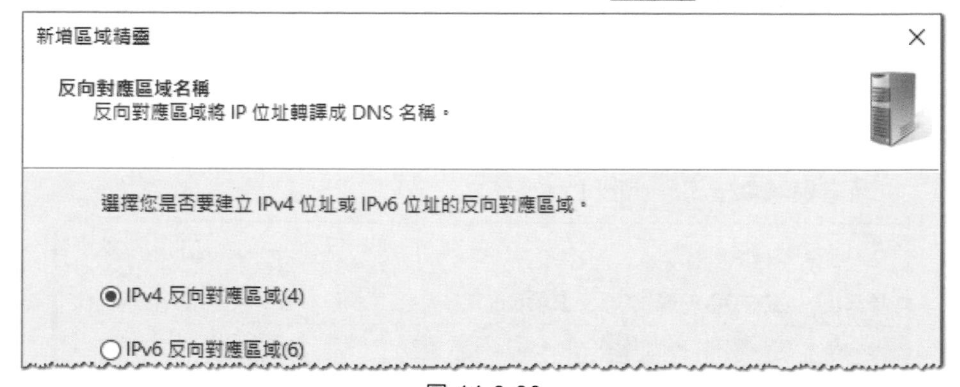

圖 14-3-30

STEP 4 在圖 14-3-31 中的**網路識別碼**處輸入 192.168.8（或在**反向對應區域的名稱**處輸入 8.168.192.in-addr.arpa），完成後按下一步鈕。

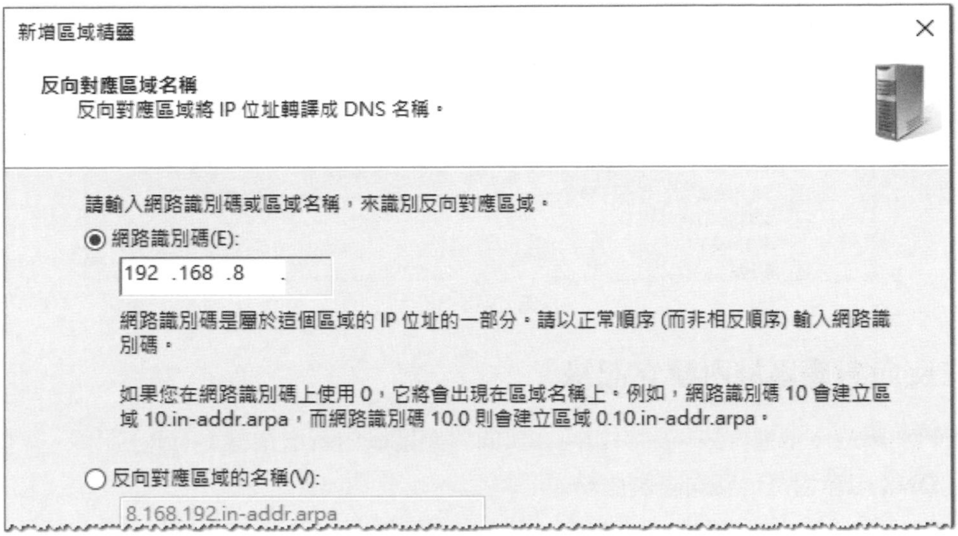

新增區域精靈

反向對應區域名稱
反向對應區域將 IP 位址轉譯成 DNS 名稱。

請輸入網路識別碼或區域名稱，來識別反向對應區域。

◉ 網路識別碼(E):

192 .168 .8 .

網路識別碼是屬於這個區域的 IP 位址的一部分。請以正常順序 (而非相反順序) 輸入網路識別碼。

如果您在網路識別碼上使用 0，它將會出現在區域名稱上。例如，網路識別碼 10 會建立區域 10.in-addr.arpa，而網路識別碼 10.0 則會建立區域 0.10.in-addr.arpa。

○ 反向對應區域的名稱(V):

8.168.192.in-addr.arpa

圖 14-3-31

STEP 5 在圖 14-3-32 中採用預設的區域檔案名稱後按下一步鈕。

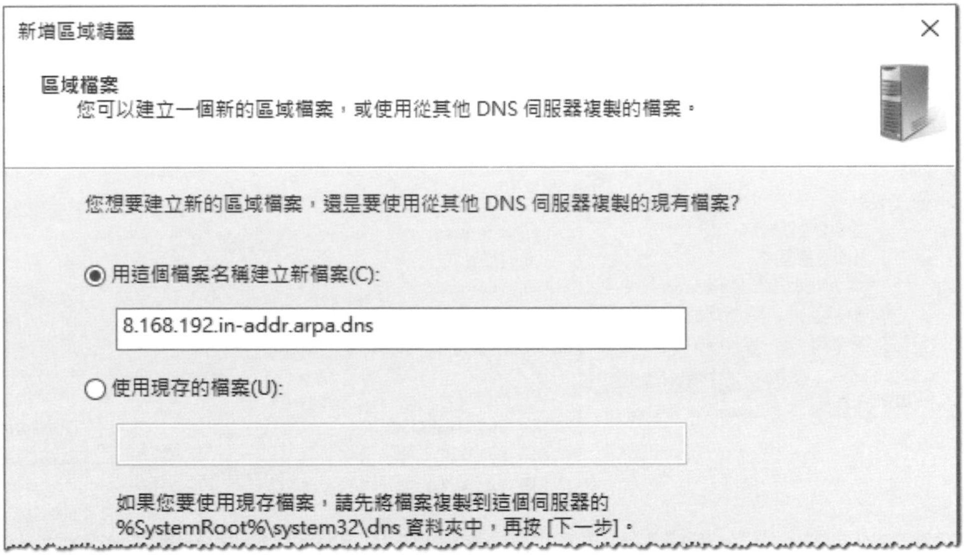

新增區域精靈

區域檔案
您可以建立一個新的區域檔案，或使用從其他 DNS 伺服器複製的檔案。

您想要建立新的區域檔案，還是要使用從其他 DNS 伺服器複製的現有檔案?

◉ 用這個檔案名稱建立新檔案(C):

8.168.192.in-addr.arpa.dns

○ 使用現存的檔案(U):

如果您要使用現存檔案，請先將檔案複製到這個伺服器的 %SystemRoot%\system32\dns 資料夾中，再按 [下一步]。

圖 14-3-32

STEP 6 在**動態更新**畫面中直接按下一步鈕。接著按完成鈕。

STEP 7 圖 14-3-33 為完成後的畫面，圖中的 8.168.192.in-addr.arpa 就是我們所建立的反向對應區域。

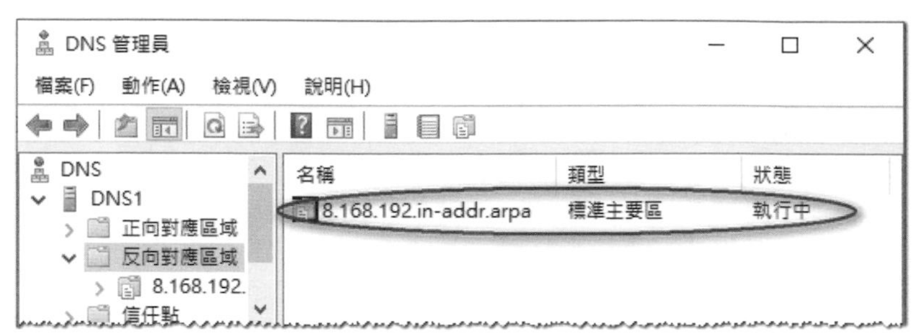

圖 14-3-33

在反向對應區域內建立記錄

我們利用以下兩種方法來說明如何在反向對應區域內新增**指標**（PTR）記錄，以便為 DNS 用戶端提供反向查詢服務：

- 如圖 14-3-34 所示【對著反向對應區域 **8.168.192.in-addr.arpa** 按右鍵➲新增指標（PTR）➲輸入主機的 IP 位址與其完整的主機名稱（FQDN）】，您也可以利用瀏覽鈕到正向對應區域內選擇主機。

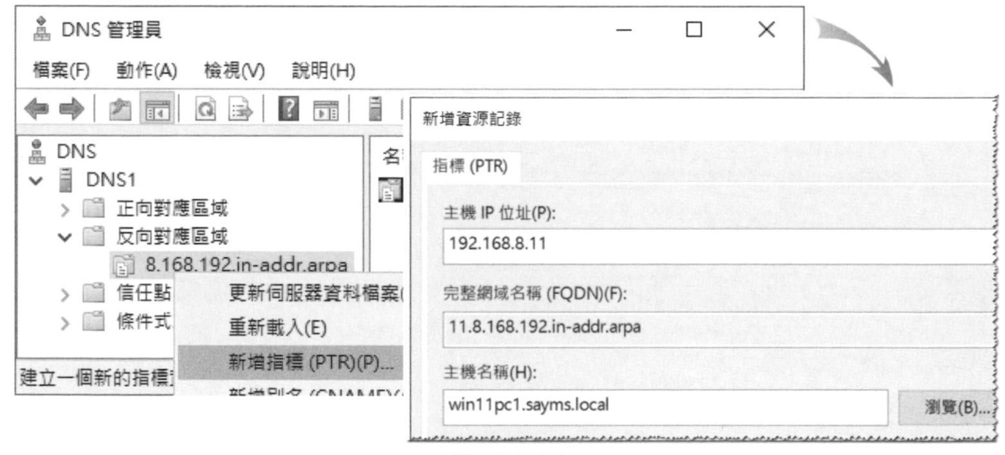

圖 14-3-34

- 您可以利用在正向對應區域內建立主機記錄時，順便在反向對應區域建立指標記錄，也就是如圖 14-3-35 所示勾選**建立關聯的指標（PTR）記錄**，注意相對應的反向對應區域（8.168.192.in-addr.arpa）需已經存在。圖 14-3-36 為在反向對應區域內的指標記錄。

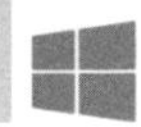

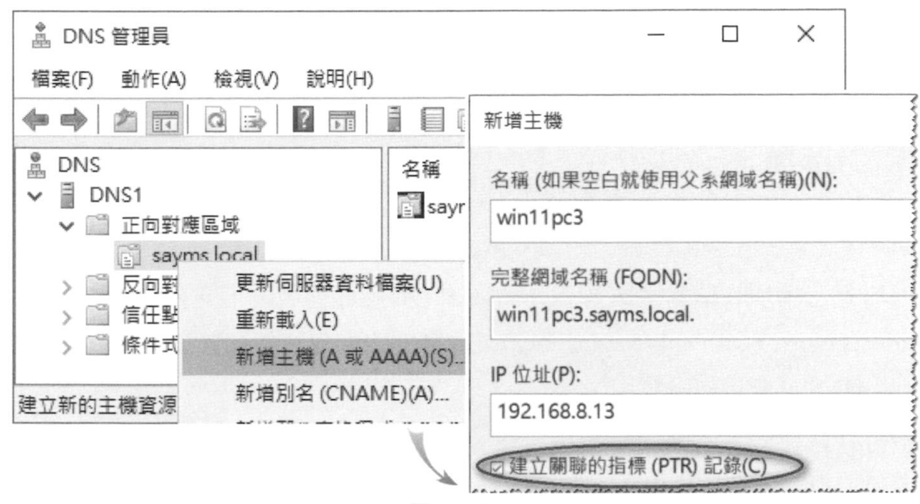

圖 14-3-35

圖 14-3-36

請到其中一台主機上（例如 Win11PC1）利用 **ping -a** 指令來測試，例如在圖 14-3-37 中成功的透過 DNS 伺服器的反向對應區域，得知擁有 IP 位址 192.168.8.13 的主機為 win11pc3.sayms.local。

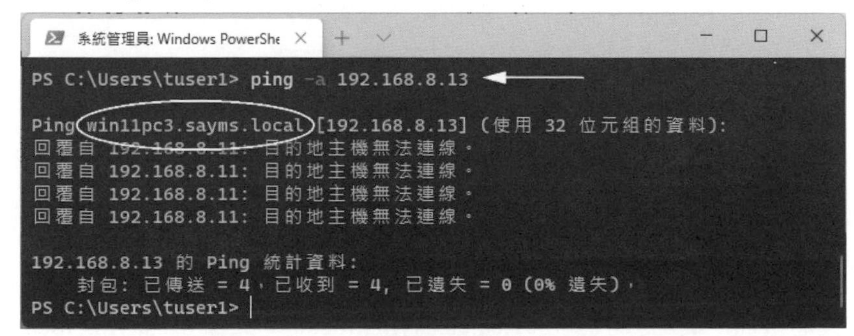

圖 14-3-37

由於對方的 Windows Defender 防火牆預設會封鎖，故此 ping 指令的結果畫面，會出現類似**要求等候逾時**或**目的地主機無法連線**的訊息。

子網域與委派網域

若 DNS 伺服器所管轄的區域為 sayms.local，而且此區域之下還有數個子網域，例如 sales.sayms.local、mkt.sayms.local，那麼您要如何將隸屬於這些子網域的記錄建立到 DNS 伺服器內呢？

- 可以直接在 sayms.local 區域之下建立子網域，然後將記錄輸入到此子網域內，這些記錄還是儲存在這台 DNS 伺服器內。
- 也可以將子網域內的記錄委派給其他 DNS 伺服器來管理，也就是此子網域內的記錄是儲存在被委派的 DNS 伺服器內。

建立子網域

以下說明如何在 sayms.local 區域之下建立子網域 sales：如圖 14-3-38 所示對著正向對應區域 sayms.local 按右鍵➲新增網域➲輸入子網域名稱 sales➲按確定鈕。

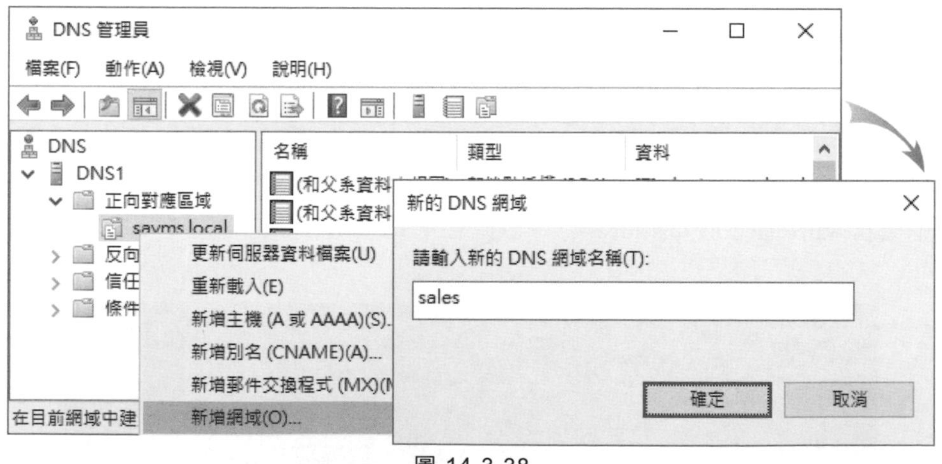

圖 14-3-38

接下來就可以在此子網域內輸入資源記錄，例如 pc1、pc2 等主機資料。圖 14-3-39 為完成後的畫面，其 FQDN 為 pc1.sales.sayms.local、pc2.sales.sayms.local 等。

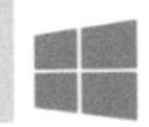

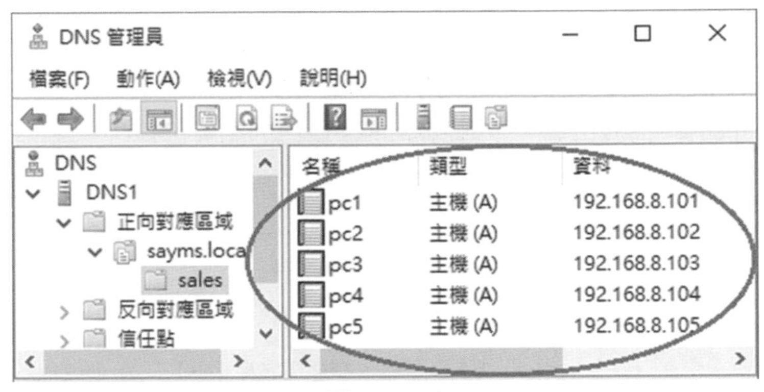

圖 14-3-39

建立委派網域

以下假設在伺服器 DNS1 內有一個受管轄的區域 sayms.local，而我們要在此區域之下新增一個子網域 mkt，並且要將此子網域委派給另外一台伺服器 DNS3 來管理，也就是此子網域 mkt.sayms.local 內的記錄是儲存在被委派的伺服器 DNS3 內。當 DNS1 收到查詢 mkt.sayms.local 的要求時，DNS1 會轉向 DNS3 來查詢（查詢模式為**反覆查詢**，iterative query）。

我們利用圖 14-3-40 來練習委派網域。我們會在圖中的 DNS1 建立一個委派子網域 mkt.sayms.local，並將此子網域的查詢要求轉給其授權伺服器 DNS3 來負責處理。圖中 DNS1 仍沿用前一節的 DNS 伺服器，然後請另外建立一台 DNS 伺服器、設定 IP 位址等、將電腦名稱設定為 DNS3、將完整電腦名稱（FQDN）設定為 dns3.mkt.sayms.local 後重新啟動電腦、新增 DNS 伺服器角色。

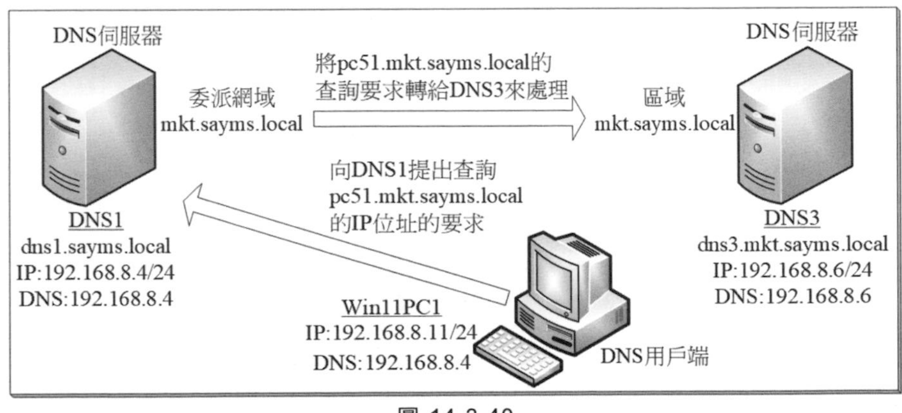

圖 14-3-40

STEP 1 請先確定受委派的伺服器 DNS3 內已經建立了正向的主要對應區域 mkt.sayms.local，同時在其內建立數筆用來測試的記錄，如圖 14-3-41 中的 pc51、pc52...等，並應包含 dns3 自己的主機記錄。

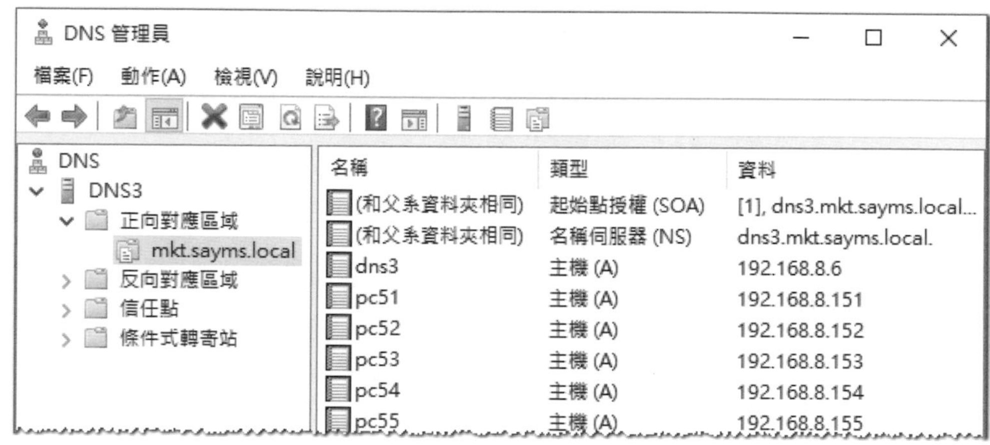

圖 14-3-41

STEP 2 到 DNS1 上【如圖 14-3-42 所示對著區域 sayms.local 按右鍵➲新增委派】。

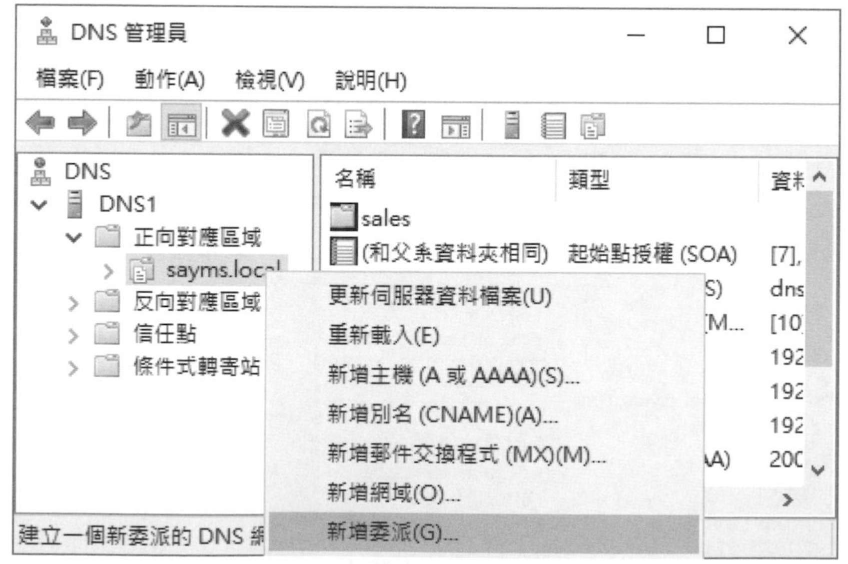

圖 14-3-42

STEP 3 出現**歡迎使用新增委派精靈**畫面時按 下一步 鈕。

STEP 4 在圖 14-3-43 中輸入欲委派的子網域名稱 mkt 後按 下一步 鈕。

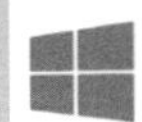

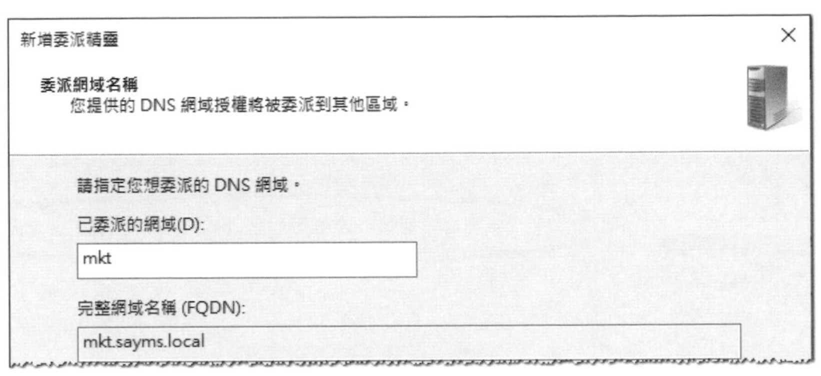

圖 14-3-43

STEP 5 在圖 14-3-44 中按新增鈕➲輸入 DNS3 的主機名稱 dns3.mkt.sayms.local➲輸入其 IP 位址 192.168.8.6 後按 Enter 鍵以便驗證擁有此 IP 位址的伺服器是否為此區域的授權伺服器➲按確定鈕。注意由於目前並無法解析到 dns3.mkt.sayms.local 的 IP 位址，故輸入主機名稱後不要按解析鈕。

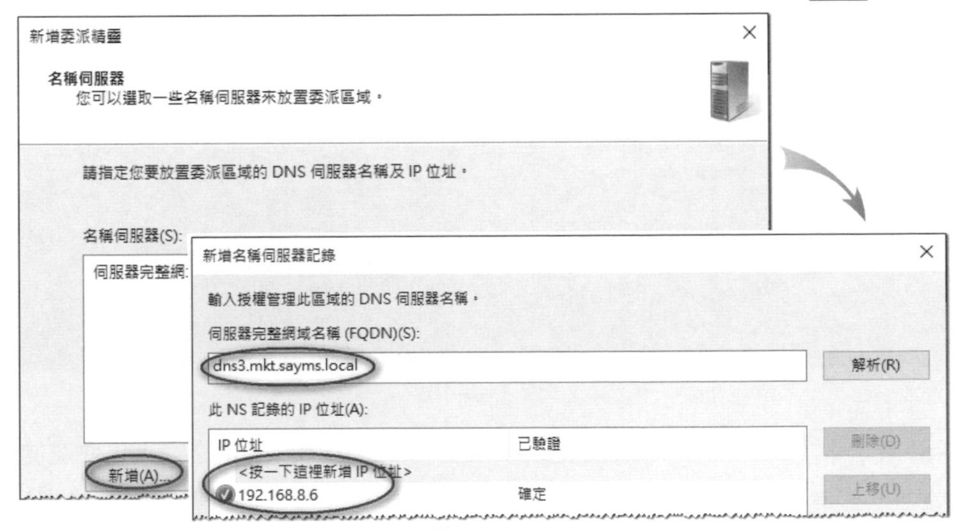

圖 14-3-44

STEP 6 接下來繼續按下一步鈕、完成鈕。

STEP 7 圖 14-3-45 為完成後的畫面，圖中的 mkt 就是剛才委派的子網域，其內只有一筆**名稱伺服器（NS）**的記錄，它記載著 mkt.sayms.local 的授權伺服器是 dns3.mkt.sayms.local，當 DNS1 收到查詢 mkt.sayms.local 內的記錄的要求時，它會轉向 dns3.mkt.sayms.local 來查詢（**反覆查詢**）。

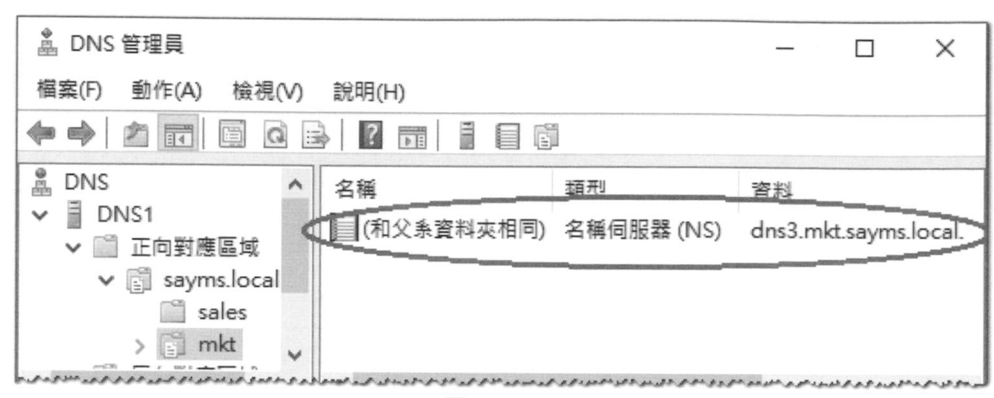

圖 14-3-45

STEP 8 請到前面圖 14-3-40 中的 DNS 用戶端 Win11PC1 利用 ping pc51.mkt.sayms.local 來測試，它會向 DNS1 查詢，然後 DNS1 會轉向 DNS3 查詢，圖 14-3-46 為成功得到 IP 位址的畫面。

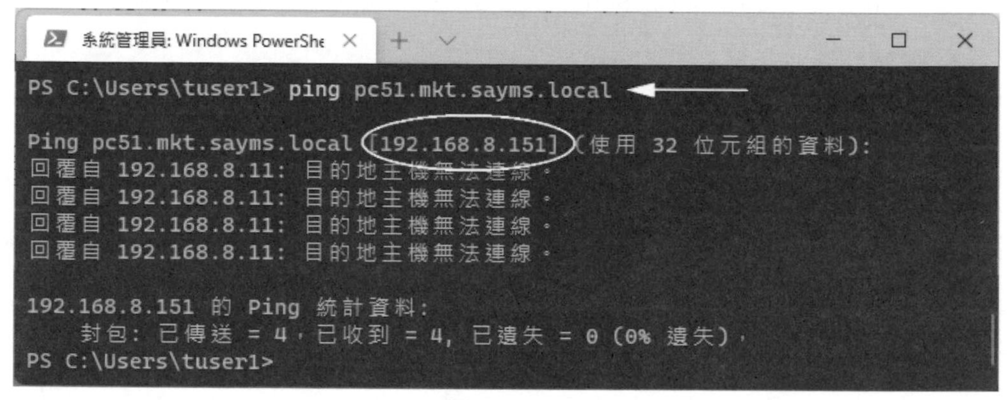

圖 14-3-46

DNS1 會將此筆記錄儲存到其快取區，如圖 14-3-47 所示，以便之後可以快速從快取區讀取此筆記錄給用戶端。若要看到圖中**快取位址對應**內的快取記錄的話，請先【點選圖上方的**檢視**功能表➲進階】，在此畫面中還可以找到**根**（root）內的 DNS 伺服器。

圖 14-3-47

14-4 DNS 的區域設定

您可以透過【對著 DNS 區域按右鍵➲內容】的途徑來變更該區域的設定。

變更區域類型與區域檔案名稱

您可以透過圖 14-4-1 來變更區域的類型與區域檔案名稱。區域類型可選擇**主要區域**、**次要區域**或**虛設常式區域**。若是網域控制站的話，還可以選擇**整合 Active Directory 區域**，且可以透過圖中**複寫**欄位右方的變更鈕來將區域內的記錄複寫到其他扮演網域控制站角色的 DNS 伺服器。

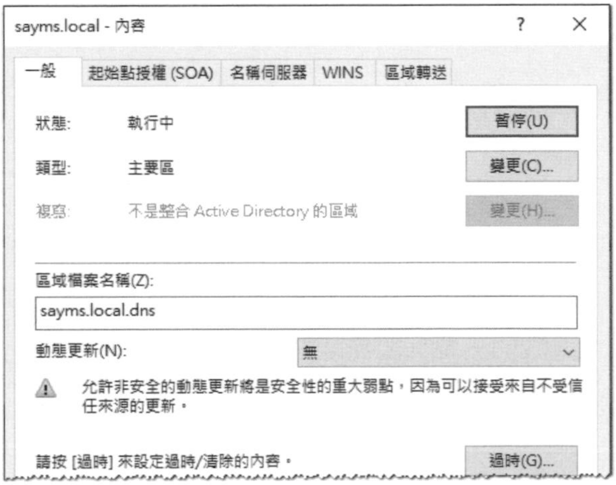

圖 14-4-1

SOA 與區域轉送

次要區域內的記錄是利用區域轉送的方式從**主機伺服器**複寫過來，可是多久執行一次區域轉送呢？這些相關的設定值是儲存在 SOA（start of authority）資源記錄內。您可以到儲存主要區域的 DNS 伺服器上【對著區域按右鍵➲內容➲然後透過圖 14-4-2 中的**起始點授權（SOA）**標籤來修改這些設定值】。

sayms.local - 內容

一般 | 起始點授權 (SOA) | 名稱伺服器 | WINS | 區域轉送

序號(S): 10 增加(N)

主要伺服器(P): dns1.sayms.local. 瀏覽(B)...

負責人(R): hostmaster.sayms.local. 瀏覽(O)...

重新整理的間隔(E): 15 分鐘

重試間隔(V): 10 分鐘

到期時間(X): 1 天

最小存留時間(預設)(M): 1 小時

這個記錄的存留時間(T): 0 :1 :0 :0 (DDDDD:HH.MM.SS)

圖 14-4-2

- **序號**：主要區域內的記錄有異動時，序號就會增加，次要伺服器與主機伺服器可以根據雙方的序號來判斷主機伺服器內是否有新記錄，以便透過區域轉送將新記錄複寫到次要伺服器。
- **主要伺服器**：此區域的主要伺服器的 FQDN。
- **負責人**：此區域負責人的電子郵件信箱，請自行設定此信箱。由於@符號在區域檔案內已有其他用途，故此處利用句點來取代 hostmaster 後原本應有的@符號，也就是利用 hostmster.sayms.local 來代表 hostmster@sayms.local。

- **重新整理的間隔**：次要伺服器每隔此段間隔時間後，就會向主機伺服器詢問是否有新記錄，若有的話，就會要求區域轉送。
- **重試間隔**：若區域轉送失敗的話，則在此間隔時間後再重試。
- **到期時間**：若次要伺服器在這段時間到達時，仍然無法透過區域轉送來更新次要區域記錄的話，就不再對 DNS 用戶端提供此區域的查詢服務。
- **最小存留時間（預設）**：此 DNS 伺服器將記錄提供給查詢者後，查詢者可以將此記錄儲存到其快取區（cache），以便下次能夠快速的從快取區來取得這個記錄，不需要再向外查詢。但是這份記錄只會在快取區保留一段時間，這段時間稱為 TTL（Time to Live），時間過後，查詢者就會將它從快取區內清除。

  TTL 時間的長短是透過 DNS 伺服器的主要區域來設定，也就是透過此處的**最小存留時間**來設定區域內所有記錄預設的 TTL 時間。若要單獨設定某筆記錄的 TTL 值的話：【在 DNS 主控台中點選上方的**檢視**功能表➲進階➲接著雙擊該筆主機記錄➲透過圖 14-4-3 來設定】。

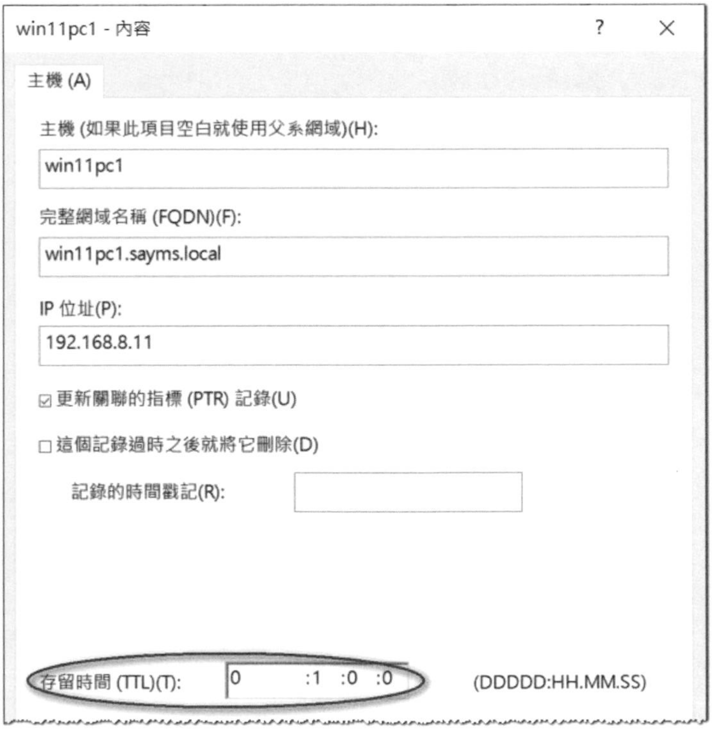

win11pc1 - 內容 ? ×

主機 (A)

主機 (如果此項目空白就使用父系網域)(H):

win11pc1

完整網域名稱 (FQDN)(F):

win11pc1.sayms.local

IP 位址(P):

192.168.8.11

☑ 更新關聯的指標 (PTR) 記錄(U)

☐ 這個記錄過時之後就將它刪除(D)

記錄的時間戳記(R):

存留時間 (TTL)(T): 0 :1 :0 :0 (DDDDD:HH.MM.SS)

圖 14-4-3

若要查看快取區資料：【在 DNS 主控台中點選上方的**檢視**功能表➲進階➲透過**快取位址對應**來查看】。若要手動清除這些快取記錄：【對著**快取位址對應**按右鍵➲清除快取】的途徑或參考章節 14-7 最後的說明。

- **這個記錄的存留時間**：用來設定這筆 SOA 記錄的存留時間（TTL）。

名稱伺服器的設定

您可以透過圖 14-4-4 來新增、編輯或移除此區域的 DNS 名稱伺服器，圖中已經有一台名稱伺服器。

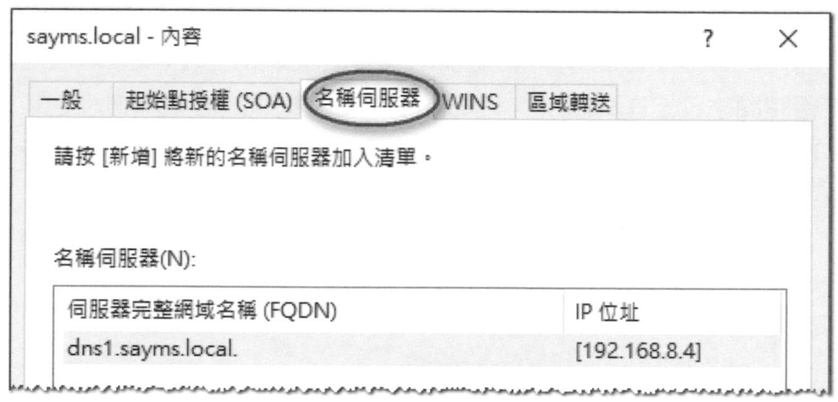

圖 14-4-4

而您也可以透過圖 14-4-5 來看到這台名稱伺服器的 NS 資源記錄，圖中「**（和父系資料夾相同）**」表示與父系網域名稱相同，也就是 sayms.local，因此這筆 NS 記錄的意思是：sayms.local 的名稱伺服器是 dns1.sayms.local。

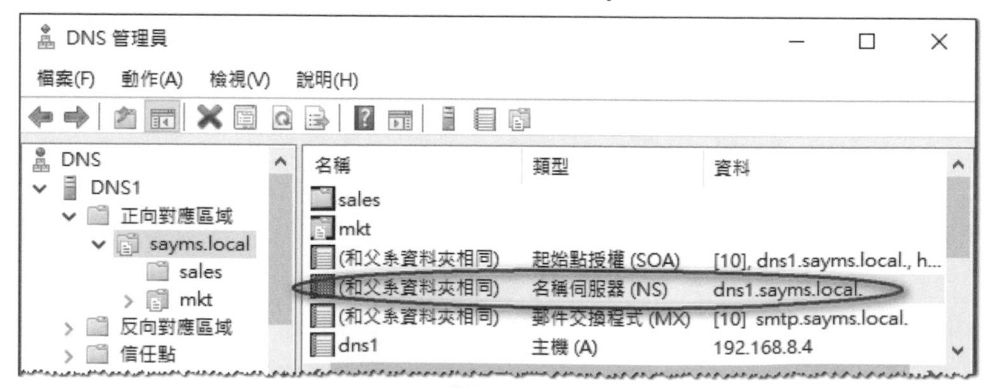

圖 14-4-5

區域轉送的相關設定

主機伺服器只會將區域內的記錄轉送到指定的次要伺服器，其他未被指定的次要伺服器所提出的區域轉送要求會被拒絕，而您可以透過圖 14-4-6 的畫面來指定次要伺服器。圖中的**只到列在[名稱伺服器]索引標籤上的伺服器**，表示只接受**名稱伺服器**標籤內的次要伺服器所提出的區域轉送要求。

主機伺服器的區域內記錄有異動時，也可以自動通知次要伺服器，而次要伺服器在收到通知後，就可以提出區域轉送要求。您可以透過點擊圖 14-4-6 下方的通知鈕後，來指定要被通知的次要伺服器。

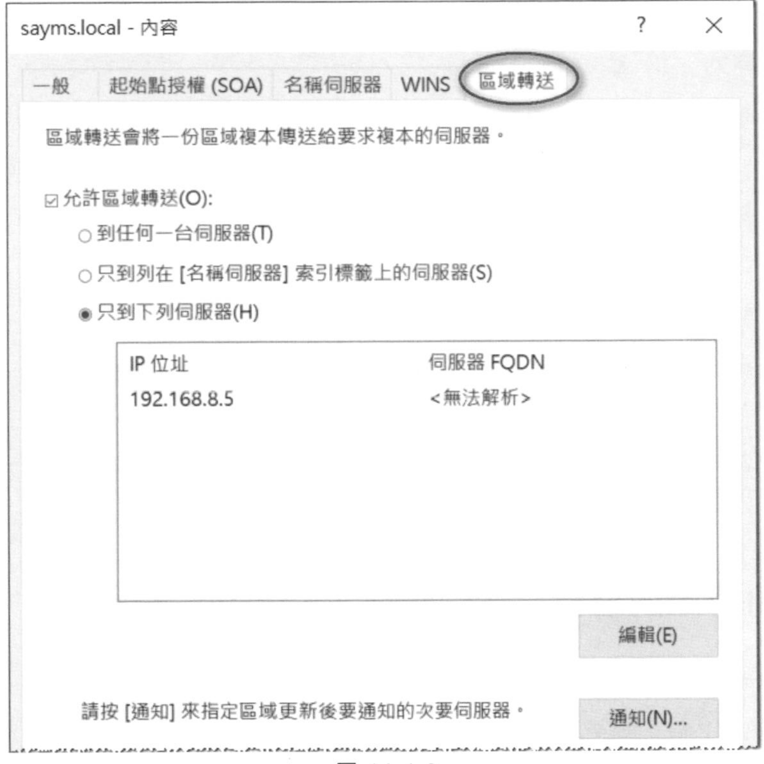

圖 14-4-6

14-5 動態更新

DNS 伺服器具備動態更新功能。若 DNS 用戶端的主機名稱、IP 位址有異動的話，當這些異動資料傳送到 DNS 伺服器後，伺服器便會自動更新區域內的相關記錄。

啓用 DNS 伺服器的動態更新功能

請針對 DNS 區域來啟用動態更新功能：【對著區域按右鍵➲內容➲在圖 14-5-1 中選擇**非安全的及安全的**或**只有安全的**】，其中**只有安全的**（secure only）僅網域控制站的**整合 Active Directory 區域**支援，此時只有網域成員電腦有權來動態更新，也只有被授權的使用者可以變更區域記錄。

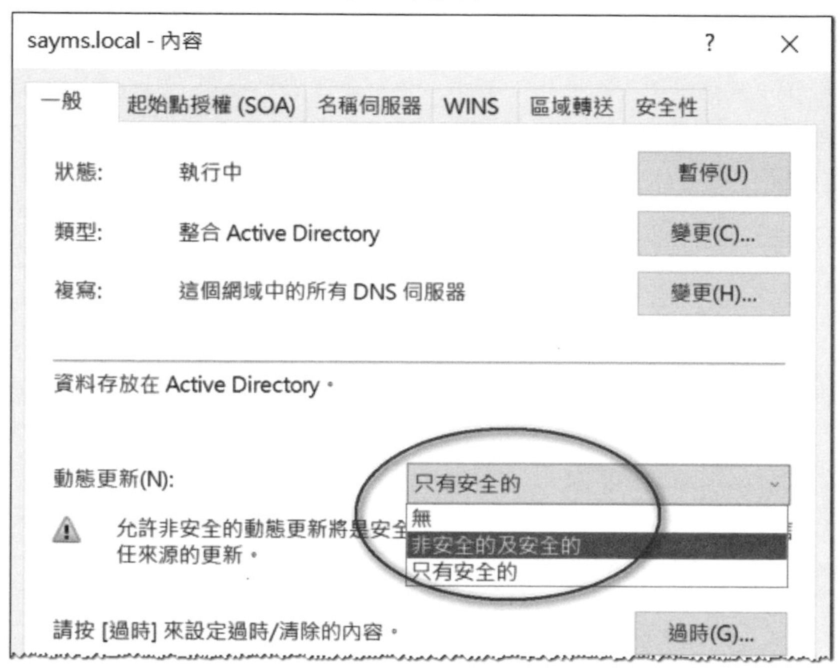

圖 14-5-1

DNS 用戶端的動態更新設定

DNS 用戶端會在以下幾種情況下向 DNS 伺服器提出動態更新要求：

- 用戶端的 IP 位址變更、新增或刪除時。
- DHCP 用戶端在更新租約時，例如重新開機、執行 **ipconfig /renew**。
- 在用戶端執行 **ipconfig /registerdns** 指令。
- 成員伺服器升級為網域控制站時（需更新與網域控制站有關的記錄）。

以 Windows 11/10 用戶端來說，其動態更新的設定途徑可為：【點擊下方**檔案總管**圖示➲對著**網路**按右鍵➲內容➲點擊**乙太網路**➲點擊內容鈕➲點擊**網際網路通訊協定第 4 版（TCP/IPv4）**➲點擊內容鈕➲點擊進階鈕➲如圖 14-5-2 所示透過 **DNS** 標籤來設定】。

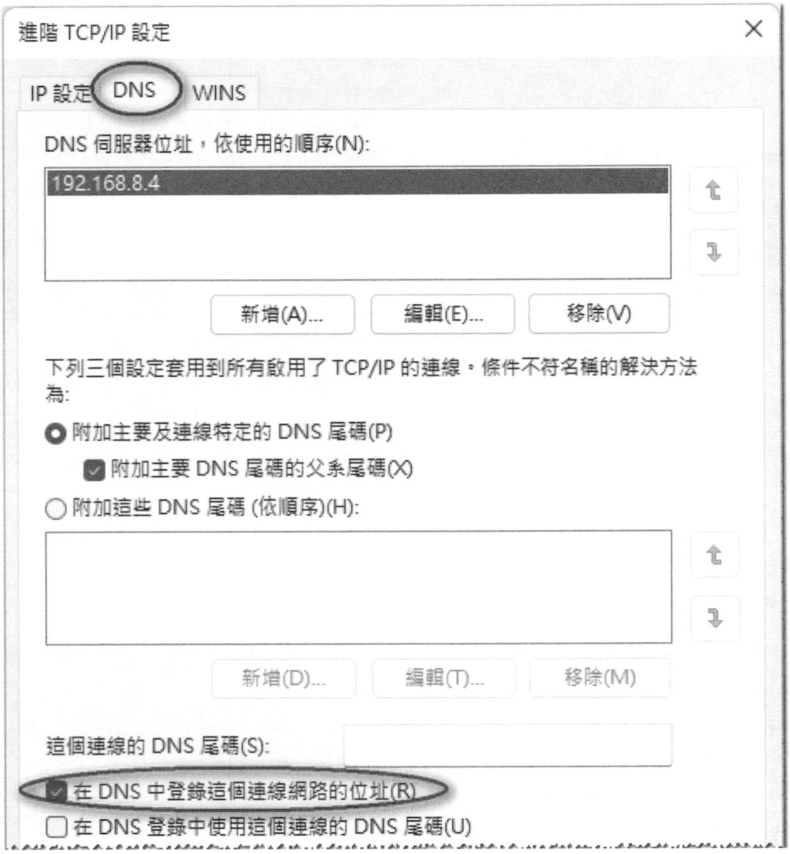

圖 14-5-2

在 DNS 中登錄這個連線網路的位址：DNS 用戶端預設會將其完整電腦名稱與 IP 位址登記到 DNS 伺服器內，也就是圖 14-5-3 中 1 號箭頭的名稱，此名稱是由 2 號箭頭的電腦名稱與 3 號箭頭的尾碼所組成。

Windows 11 用戶端可以利用【對著下方的**開始**圖示按右鍵➲系統➲點擊右方的**網域或工作群組**➲點擊變更鈕】的途徑來進入圖 14-5-3 的畫面。圖中的**當網域成**

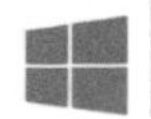

員資格變更時，也變更主要 DNS 尾碼選項表示若這台用戶端加入網域的話，則系統會自動將網域名稱當作尾碼。

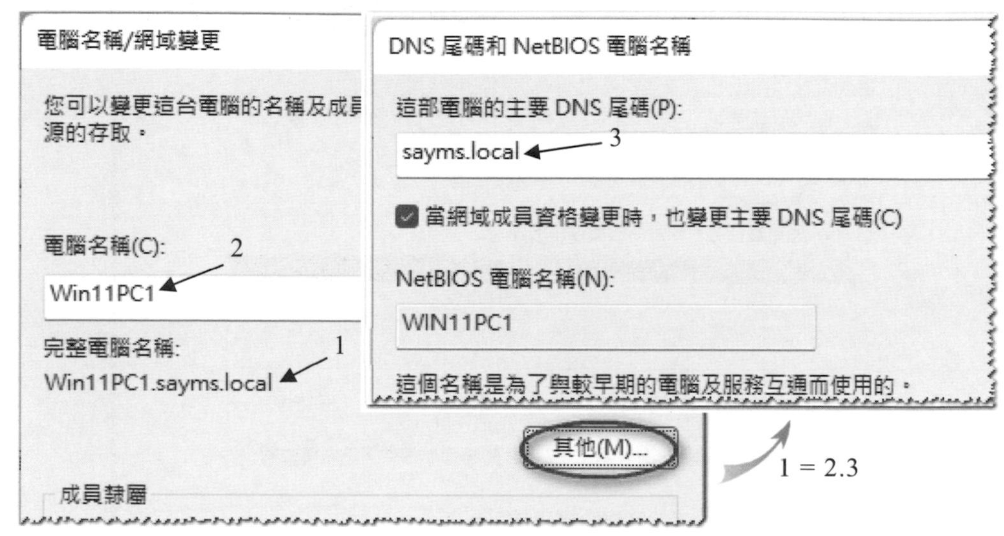

圖 14-5-3

您可以到 DNS 區域內來查看用戶端是否已經自動將其主機名稱與 IP 位址登記到此區域內（先確認 DNS 伺服器的區域已啟用動態更新）。請試著先變更該用戶端的 IP 位址，然後再檢視區域內的 IP 位址是否也會跟著變更，圖 14-5-4 為將用戶端 Win11PC1 的 IP 位址變更為 192.168.8.14 後，透過動態更新功能來更新 DNS 區域的結果畫面。

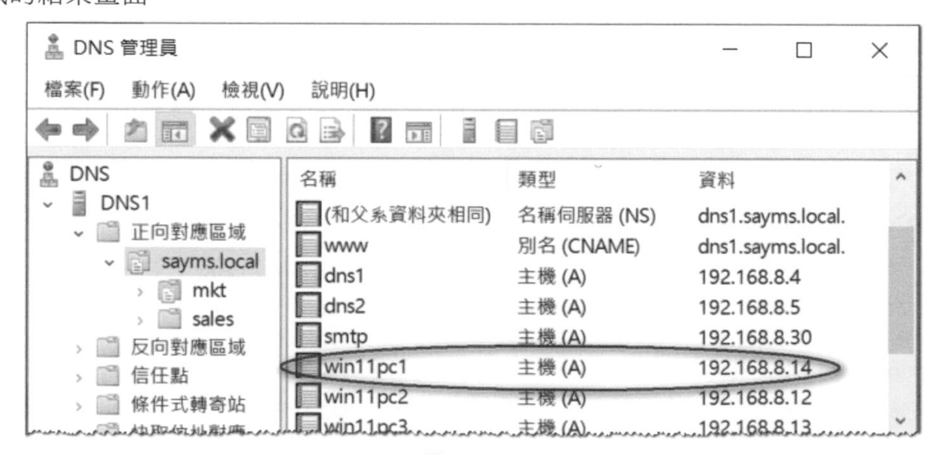

圖 14-5-4

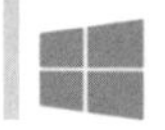

若 DNS 用戶端本身也是 DHCP 用戶端的話，則可以透過 DHCP 伺服器來替用戶端向 DNS 伺服器登記。DHCP 伺服器在收到 Windows 11/10/8.1/8/7 等 DHCP 用戶端的要求後，預設就會替用戶端向 DNS 伺服器動態更新 A 與 PTR 記錄。

若 DNS1 的 sayms.local 為啟用動態更新的主要區域、DNS2 的 sayms.local 為次要區域、用戶端的慣用 DNS 伺服器為 DNS2，我們知道次要區域是唯讀的、不可以直接變更其內的記錄，請問用戶端可以向 DNS2 要求動態更新嗎？

可以的，當 DNS2 接收到用戶端動態更新要求時，會轉給管轄主要區域的 DNS1 來動態更新，完成後再區域轉送給 DNS2。

14-6 求助於其他 DNS 伺服器

DNS 用戶端對 DNS 伺服器提出查詢要求後，若伺服器內沒有所需記錄的話，則伺服器會代替用戶端向位於**根目錄提示**內的 DNS 伺服器查詢或向**轉寄站**來查詢。

「根目錄提示」伺服器

根目錄提示內的 DNS 伺服器就是前面圖 14-1-1 根（root）內的 DNS 伺服器，這些伺服器的名稱與 IP 位址等資料是儲存在%*Systemroot*%\System32\DNS\ cache.dns 檔案內，而您也可以透過【在 DNS 主控台中對著伺服器按右鍵➲內容➲如圖 14-6-1 所示的**根目錄提示**（root hints）標籤】來查看這些資料。

您可以在**根目錄提示**標籤下新增、修改與刪除 DNS 伺服器，這些異動資料會被儲存到 cache.dns 檔內；您也可以透過圖中複寫來源伺服器鈕來從其他 DNS 伺服器複寫**根目錄提示**。

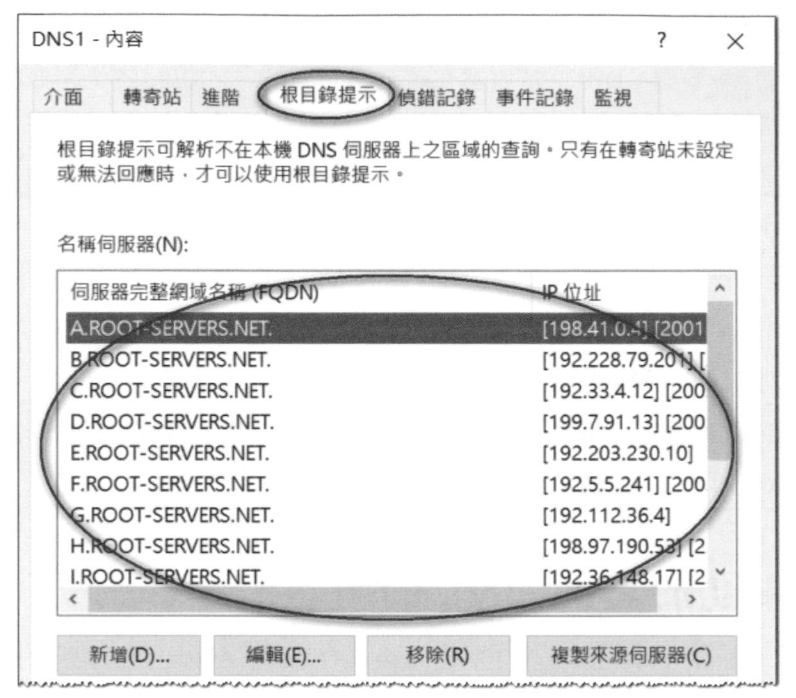

圖 14-6-1

轉寄站的設定

當 DNS 伺服器收到用戶端的查詢要求後，若欲查詢的記錄不在其所管轄區域內（或不在快取區內），則此 DNS 伺服器預設會轉向**根目錄提示**內的 DNS 伺服器查詢。然而若企業內部擁有多台 DNS 伺服器的話，可能會為了安全顧慮而只允許其中一台 DNS 伺服器可以直接與外界 DNS 伺服器溝通，並讓其他內部 DNS 伺服器將查詢要求委託給這一台 DNS 伺服器來負責，也就是說這一台 DNS 伺服器是其他內部 DNS 伺服器的**轉寄站**（forwarder）。

當 DNS 伺服器將用戶端的查詢要求，轉給扮演轉寄站角色的另外一台 DNS 伺服器後（屬於遞迴查詢），就等待查詢的結果，並將得到的結果回應給 DNS 用戶端。

指定轉寄站的途徑：請在 DNS 主控台中【對著 DNS 伺服器按右鍵➲內容➲點擊圖 14-6-2 中**轉寄站**標籤➲透過**編輯**鈕來設定】。圖中所有欲查詢的記錄，若不在此台 DNS 伺服器所管轄區域內的話，都會被轉送到 IP 位址為 192.168.8.5 的轉寄站。

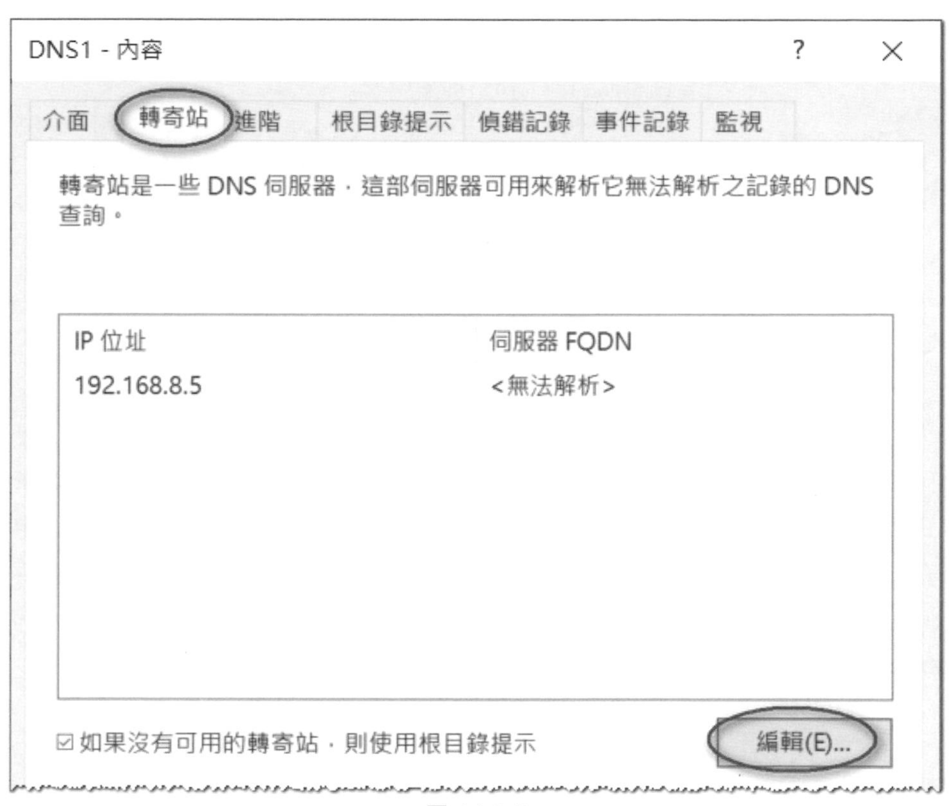

圖 14-6-2

圖中最下面還勾選了**如果沒有可用的轉寄站，則使用根目錄提示**，表示若無轉寄站可供使用的話，則此 DNS 伺服器會自行向**根目錄提示**內的伺服器查詢。若為了安全考量，不想要讓此伺服器直接到外界查詢的話，可取消勾選此選項，此時這台 DNS 伺服器被稱為**僅轉寄伺服器**（forward-only server）。**僅轉寄伺服器**若無法透過**轉寄站**查到所需記錄的話，會直接告訴 DNS 用戶端找不到其所需的記錄。

您也可以設定**條件式轉寄站**，也就是不同的網域轉寄給不同的轉寄站，如圖 14-6-3 中查詢網域 sayabc.local 的要求會被轉送到轉寄站 192.168.8.5，而查詢網域 sayxyz.local 的要求會被轉送到轉寄站 192.168.8.6。

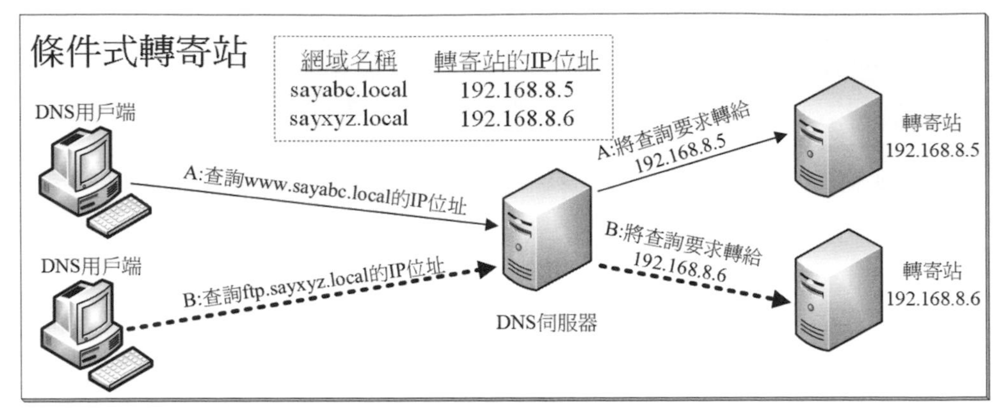

圖 14-6-3

條件式轉寄站的設定途徑為：【如圖 14-6-4 所示對著**條件式轉寄站**按右鍵➲新條件式轉寄站➲在前景圖中輸入網域名稱與轉寄站的 IP 位址➲…】，圖中的設定會將查詢網域 sayabc.local 的要求轉寄到 IP 位址為 192.168.8.5 的 DNS 伺服器。

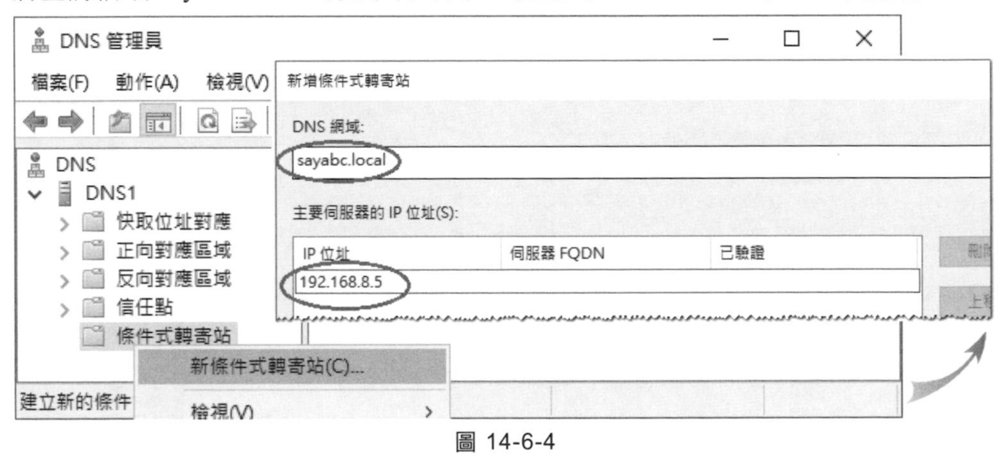

圖 14-6-4

14-7 檢測 DNS 伺服器

您可以利用本節所介紹的方法來檢查 DNS 伺服器是否運作正常。

監視 DNS 設定是否正常

請開啟 DNS 主控台，然後【對著 DNS 伺服器按右鍵➲內容➲如圖 14-7-1 所示點擊**監視標籤**】來自動或手動測試 DNS 伺服器的查詢功能是否正常。

- **對這部 DNS 伺服器進行簡單查詢**：執行 DNS 用戶端對 DNS 伺服器的簡單查詢測試，這是用戶端與伺服器兩個角色都由這一台電腦來扮演的內部測試。
- **對其他 DNS 伺服器進行遞迴查詢**：它會對 DNS 伺服器提出遞迴查詢要求，所查詢的記錄是位於**根**內的一筆 NS 記錄，因此會利用到**根目錄提示**標籤下 DNS 伺服器。請先確認此電腦已經連接到網際網路後再測試。
- **在下列間隔中執行自動測試**：每隔一段時間就自動執行簡單或遞迴查詢測試。

請勾選要測試的項目後按立即測試鈕，測試結果會顯示在最下方。

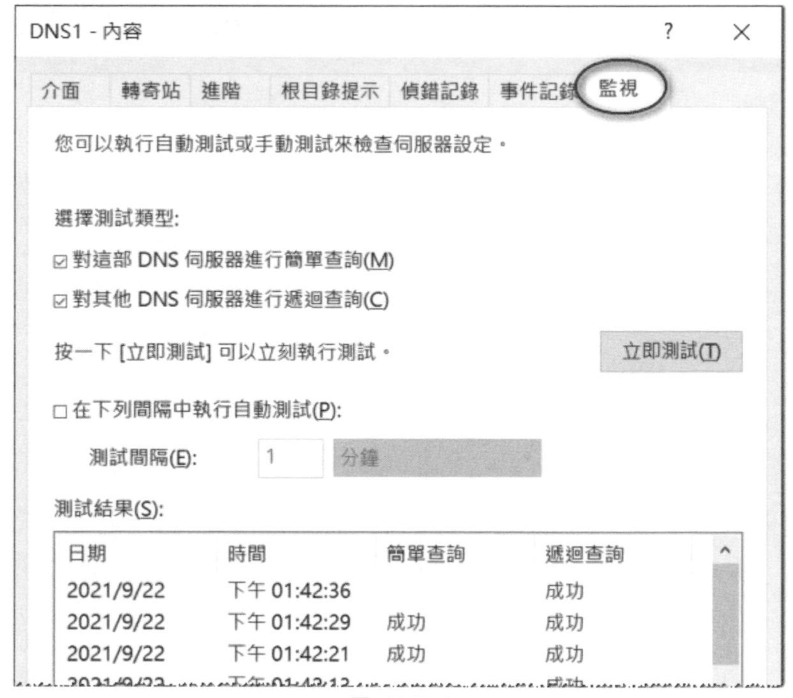

圖 14-7-1

利用 Nslookup 指令來檢視記錄

除了利用 DNS 主控台來檢視 DNS 伺服器內的資源記錄外，也可以使用 **nslookup** 指令。請開啟 Windows PowerShell、然後執行 **nslookup** 指令；或在 DNS 主控台中【對著 DNS 伺服器按右鍵➲啟動 nslookup】。

Nslookup 指令會連接到**慣用 DNS 伺服器**，不過因為它會先利用反向查詢來查詢**慣用 DNS 伺服器**的主機名稱，因此若此 DNS 伺服器的反向對應區域內沒有自己的 PTR 記錄的話，就會顯示如圖 14-7-2 所示找不到主機名稱的 **UnKnown** 訊息（可以不必理會它）。**Nslookup** 的操作範例請參考圖 14-7-3（您可以輸入？來查看 **nslookup** 指令的語法、執行 **exit** 指令來離開 **nslookup**）。

圖 14-7-2

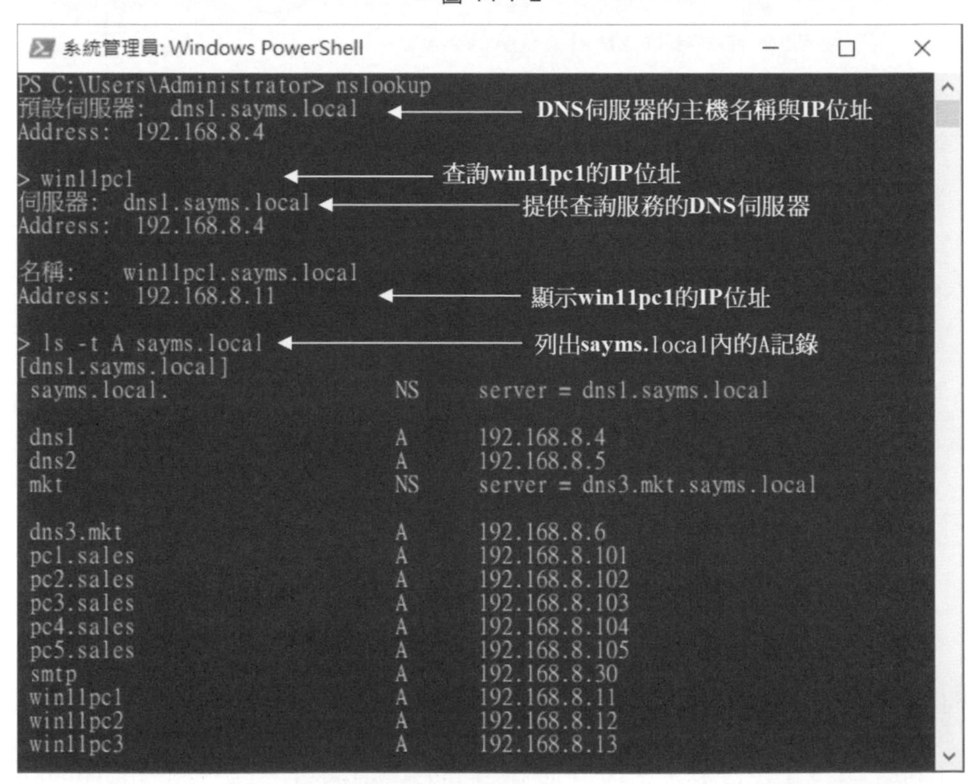

圖 14-7-3

如果在查詢時被拒絕（如圖 14-7-4），表示您的電腦並沒有被賦予區域轉送的權利。若想要開放此權利的話，請到 DNS 伺服器上【對著區域按右鍵➲內容➲透過

圖 14-7-5 中的**區域轉送**標籤來設定】，例如圖中開放 IP 位址為 192.168.8.5 與 192.168.8.11 的主機可以要求區域轉送（同時也可以在這兩台主機上，利用 **nslookup** 來查詢 sayms.local 區域內的記錄）。

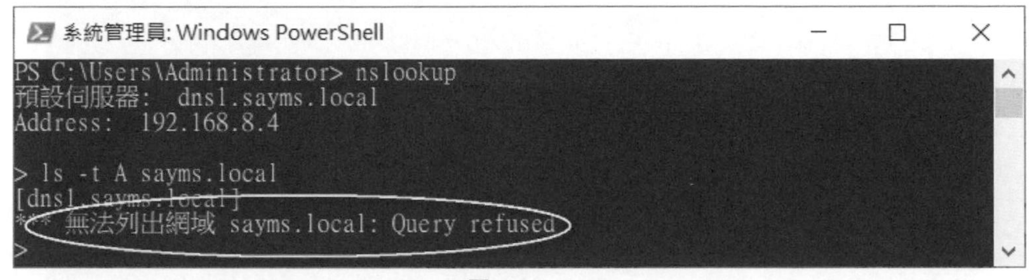

圖 14-7-4

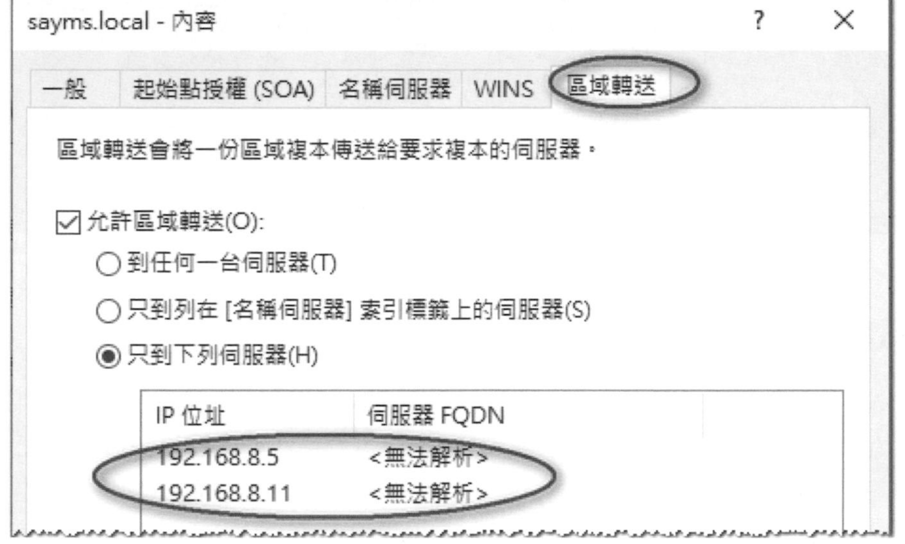

圖 14-7-5

若此台 DNS 伺服器的**慣用 DNS 伺服器**被指定到 127.0.0.1，而您要在這台電腦上來查詢此區域的話，請將其**慣用 DNS 伺服器**改為自己的 IP 位址、然後開放區域轉送到此 IP 位址，或在圖 14-7-5 中選擇**到任何一台伺服器**。

也可以在 **nslookup** 提示字元下，選擇檢視其他 DNS 伺服器，如圖 14-7-6 所示利用 **server** 指令來切換到其他 DNS 伺服器、檢視該伺服器內的記錄（圖中的伺服器 192.168.8.5 需將區域轉送的權利賦予您的電腦，否則無法查詢）。

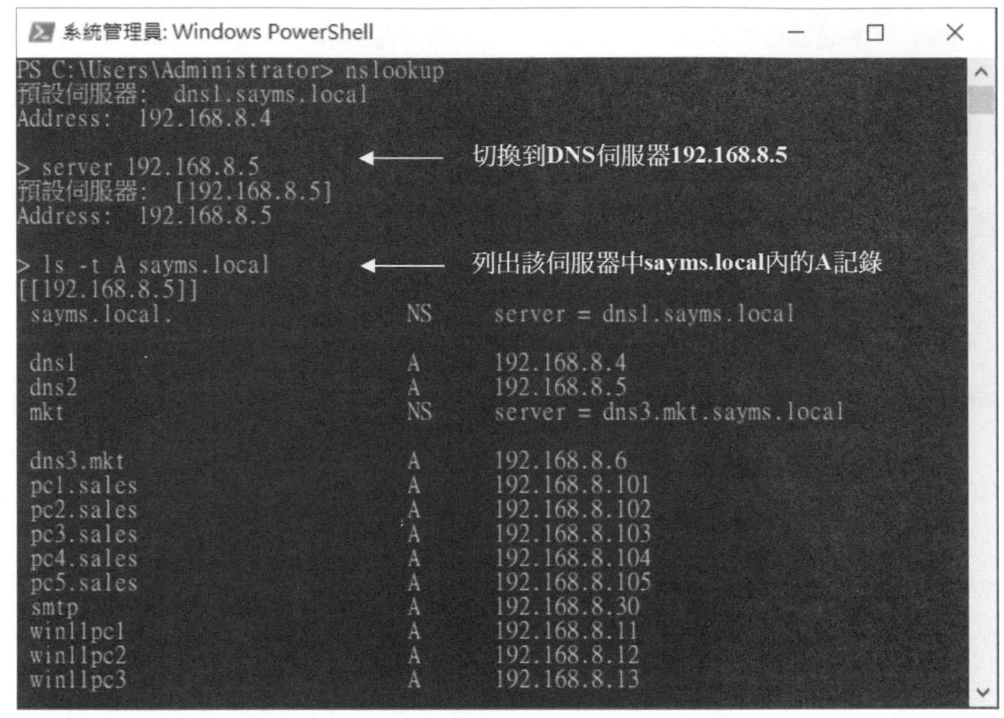

圖 14-7-6

快取區的清除

若 DNS 伺服器的設定與運作一切都正常，但 DNS 用戶端卻還是無法解析到正確 IP 位址的話，可能是 DNS 用戶端或 DNS 伺服器的快取區內有不正確的舊記錄，此時可以利用以下方法來將快取區內的資料清除（或等這些記錄過期後自動清除）：

- **清除 DNS 用戶端的快取區**：到 DNS 用戶端電腦上執行 **ipconfig /flushdns** 指令。您可以利用 **ipconfig /displaydns** 來查看 DNS 快取區內的記錄。
- **清除 DNS 伺服器的快取區**：在 DNS 主控台畫面中【對著 DNS 伺服器按右鍵➲清除快取】。

> DNS 伺服器內的過時記錄會佔用 DNS 資料庫的空間，若要清除這些過時記錄的話，可以透過：【對著區域按右鍵➲內容➲點擊右下方的過時鈕】來設定；若要手動清除的話：【對著 DNS 伺服器按右鍵➲清除過時的資源記錄】。

15

架設 IIS 網站

Internet Information Services（IIS）的模組化設計，可以減少被攻擊面與減輕管理負擔，讓系統管理員更容易架設安全的、高延展性的網站。

15-1 環境設定與安裝 IIS

15-2 網站的基本設定

15-3 實體目錄與虛擬目錄

15-4 網站的繫結設定

15-5 網站的安全性

15-6 遠端管理 IIS 網站與功能委派

15-1 環境設定與安裝 IIS

若 IIS 網站（網頁伺服器）是要對網際網路使用者來提供服務的話，則此網站應該要有一個網址，例如 www.sayms.com，不過您可能需要先完成以下工作：

- **申請 DNS 網域名稱**：可以向網際網路服務提供商（ISP）申請 DNS 網域名稱（例如 sayms.com），或到網際網路上搜尋提供 DNS 網域名稱申請服務的機構。
- **登記管轄此網域的 DNS 伺服器**：需將網站的網址（例如 www.sayms.com）與 IP 位址輸入到管轄此網域（sayms.com）的 DNS 伺服器內，以便讓網際網路上的電腦可透過此 DNS 伺服器來得知網站的 IP 位址。此 DNS 伺服器可以是：
  - 自行架設：不過需讓外界知道此 DNS 伺服器的 IP 位址，也就是需登錄此 DNS 伺服器的 IP 位址，您可以在網域名稱申請服務機構的網站上登錄。
  - 使用網域名稱申請服務機構的 DNS 伺服器（若有提供此服務的話）。
- **在 DNS 伺服器內建立網站的主機記錄**：需在管轄此網域的 DNS 伺服器內建立主機記錄（A），其內記錄著網站的網址（例如 www.sayms.com）與其 IP 位址。

環境設定

我們將透過圖 15-1-1 來解說與練習本章的內容，圖中採用虛擬的最高層網域名稱 **.local**，請先自行架設好圖中的 3 台電腦，然後依照以下說明來設定：

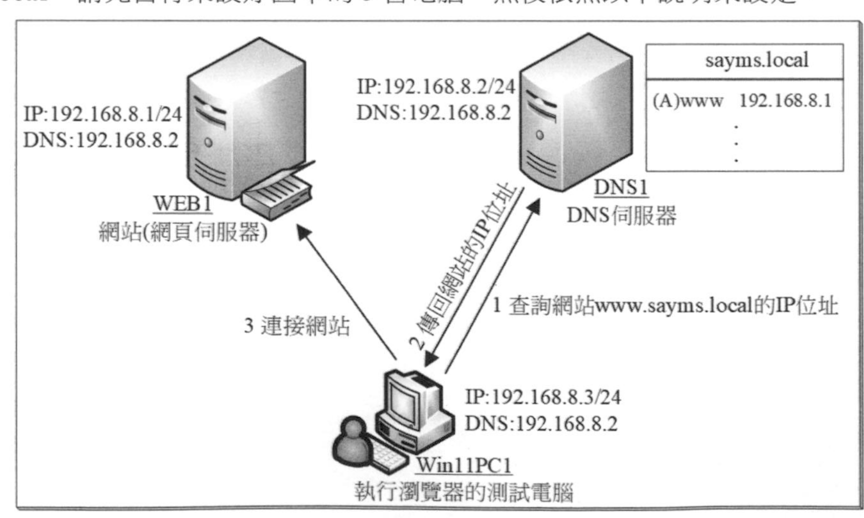

圖 15-1-1

- **網站 WEB1 的設定**：假設它是 Windows Server 2022，請依照圖 15-1-1 來設定其電腦名稱、IP 位址與慣用 DNS 伺服器的 IP 位址（圖中採用 IPv4）。
- **DNS 伺服器 DNS1 的設定**：假設它是 Windows Server 2022，請依照圖 15-1-1 來設定其電腦名稱、IP 位址與慣用 DNS 伺服器的 IP 位址，然後【開啟**伺服器管理員**➲點擊儀表板處的**新增角色及功能**】來安裝 DNS 伺服器、建立正向對應區域 sayms.local、在此區域內建立網站的主機記錄（如圖 15-1-2 所示）。

圖 15-1-2

- **測試電腦 Win11PC1 的設定**：請依照圖 15-1-1 來設定其電腦名稱、IP 位址與慣用 DNS 伺服器，圖中將**慣用 DNS 伺服器**指定到 DNS 伺服器 192.168.8.2（如圖 15-1-3 所示），以便夠解析到網站 www.sayms.local 的 IP 位址。

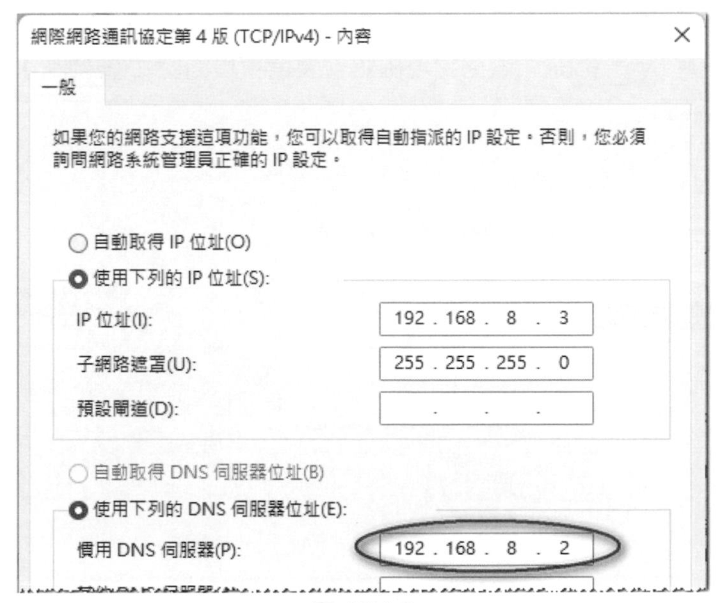

圖 15-1-3

然後【對著下方**開始**圖示按右鍵➲Windows終端機（Window 10是**Windows PowerShell**）】，如圖 15-1-4 所示利用 ping 指令來測試是否可以解析到網站 www.sayms.local 的 IP 位址，圖中為解析成功的畫面。

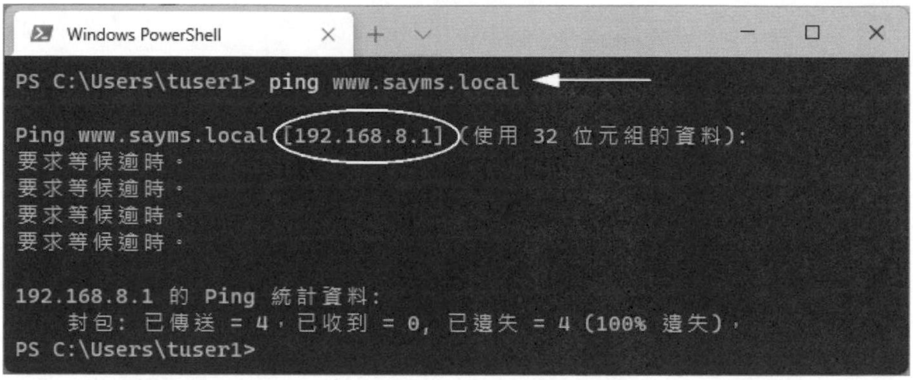

```
PS C:\Users\tuser1> ping www.sayms.local

Ping www.sayms.local [192.168.8.1] (使用 32 位元組的資料):
要求等候逾時。
要求等候逾時。
要求等候逾時。
要求等候逾時。

192.168.8.1 的 Ping 統計資料:
    封包: 已傳送 = 4，已收到 = 0, 已遺失 = 4 (100% 遺失)，
PS C:\Users\tuser1>
```

圖 15-1-4

安裝「網頁伺服器（IIS）」

我們要透過新增**網頁伺服器（IIS）**角色的方式來將網站安裝到圖 15-1-1 中 WEB1 上：【開啟**伺服器管理員**➲點擊**儀表板**處的**新增角色及功能**➲持續按下一步鈕一直到出現如圖 15-1-5 所示的**選取伺服器角色**畫面時勾選**網頁伺服器（IIS）**➲按新增功能鈕➲持續按下一步鈕一直到出現**確認安裝選項**畫面時按安裝鈕】。

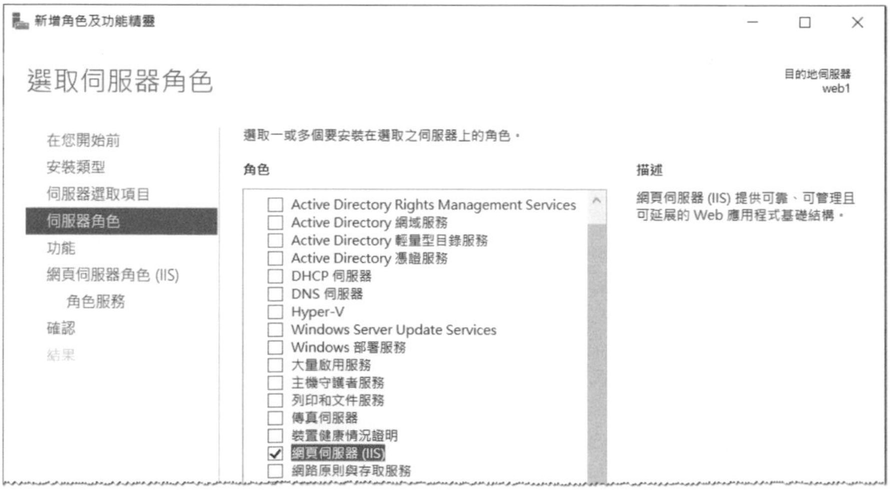

新增角色及功能精靈

選取伺服器角色

目的地伺服器
web1

在您開始前
安裝類型
伺服器選取項目
伺服器角色
功能
網頁伺服器角色 (IIS)
角色服務
確認
結果

選取一或多個要安裝在選取之伺服器上的角色。

角色

- [ ] Active Directory Rights Management Services
- [ ] Active Directory 網域服務
- [ ] Active Directory 輕量型目錄服務
- [ ] Active Directory 憑證服務
- [ ] DHCP 伺服器
- [ ] DNS 伺服器
- [ ] Hyper-V
- [ ] Windows Server Update Services
- [ ] Windows 部署服務
- [ ] 大量啟用服務
- [ ] 主機守護者服務
- [ ] 列印和文件服務
- [ ] 傳真伺服器
- [ ] 裝置健康情況證明
- [x] 網頁伺服器 (IIS)
- [ ] 網路原則與存取服務

描述

網頁伺服器 (IIS) 提供可靠、可管理且可延展的 Web 應用程式基礎結構。

圖 15-1-5

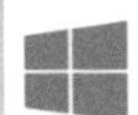

測試 IIS 網站是否安裝成功

安裝完成後，可透過【開啟**伺服器管理員**➲點擊右上方**工具**功能表➲ Internet Information Services（IIS）管理員】或【點擊左下角**開始**圖示⊞➲Windows 系統管理工具➲Information Services（IIS）管理員】的途徑來管理 IIS 網站，在點擊電腦名稱後會出現如圖 15-1-6 所示為 **IIS 管理員**畫面，其內已經有一個名稱為 **Default Web Site** 的內建網站。

圖 15-1-6

接下來測試網站是否運作正常：到圖 15-1-1 中測試電腦 Win11PC1 上開啟瀏覽器 Microsoft Edge，然後透過以下兩種方式之一來連接網站：

- 利用 **DNS 網址 http://www.sayms.local/**：此時它會先透過 DNS 伺服器來查詢網站 www.sayms.local 的 IP 位址後再連接此網站。
- 利用 **IP 位址 http://192.168.8.1/**。

如果一切正常的話，則應該會看到圖 15-1-7 所示的預設網頁。您可以透過前面的圖 15-1-6 右邊的**動作**窗格來停止、啟動或重新啟動此網站。

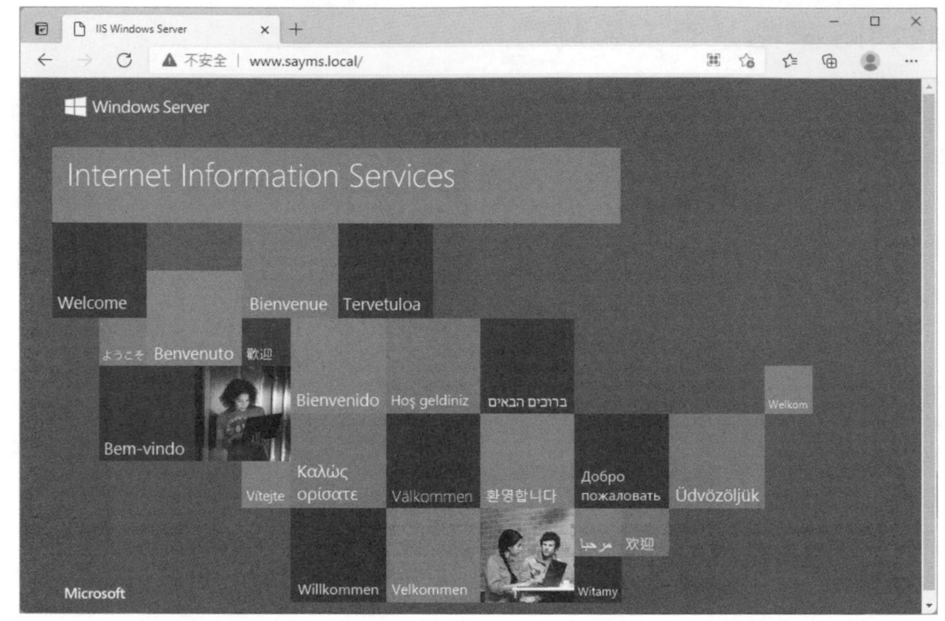

圖 15-1-7

15-2 網站的基本設定

您可以直接利用 Default Web Site 來做為您的網站或另外建立一個新網站。本節將利用 Default Web Site（網址為 www.sayms.local）來說明網站的設定。

網頁儲存地點與預設首頁

當使用者利用 **http://www.sayms.local/**連接 Default Web Site 時，此網站會自動將首頁傳送給使用者的瀏覽器，此首頁是儲存在網站的**主目錄**（home directory）內。

網頁儲存地點的設定

若要查看網站主目錄的話，請如圖 15-2-1 所示點擊網站 Default Web Site 右邊**動作**窗格的**基本設定...**，然後透過前景圖中**實體路徑**來查看，由圖中可知其預設是被設定到資料夾%*SystemDrive*%\inetpub\wwwroot，其中的%*SystemDrive*%就是安裝 Windows Server 2022 的磁碟，一般是 C:。您可以將主目錄的實體路徑變更到本機電腦的其他資料夾。

圖 15-2-1

您也可以將其變更到其他電腦內的共用資料夾，也就是在前面圖 15-2-1 **實體路徑**中輸入此共用資料夾的 UNC 路徑（*電腦名稱**共用資料夾*）。當使用者來連接此網站時，網站會到此共用資料夾讀取網頁給使用者，不過在網站上需提供有權存取此共用資料夾的使用者名稱與密碼：透過點擊前面圖 15-2-1 中的連線身分鈕來指定使用者帳戶名稱與密碼。

預設的首頁檔案

當使用者連接 Default Web Site 時，此網站會自動將位於主目錄內的首頁傳送給使用者的瀏覽器，然而網站所讀取的首頁檔案為何呢？您可以雙擊圖 15-2-2 中的**預設文件**、然後透過前景圖來查看與設定。

圖中清單內共有 5 個檔案，網站會先讀取列於最上面的檔案（Default.htm），若主目錄內沒有此檔案的話，則依序讀取之後的檔案。您可以透過右方**動作**窗格內的**上移**、**下移**來調整讀取這些檔案的順序，也可透過點擊**新增...**來新增預設網頁。

圖中檔案名稱右邊**項目類型**的**已繼承**，表示這些設定是從電腦設定繼承來的，而您可以透過【在 IIS **管理員**中點擊電腦名稱 WEB1➲雙擊**預設文件**】來變更這些預設值，以後新增的網站都會繼承這些預設值。

Default Web Site 的主目錄內（一般是 C:\inetpub\wwwroot）目前只有一個檔案名稱為 **iisstart.htm** 的網頁，網站就是將此網頁傳送給使用者的瀏覽器。

圖 15-2-2

若在主目錄內找不到清單中任一個網頁檔案或使用者沒有權限來讀取網頁檔案的話，則瀏覽器畫面上會出現類似圖 15-2-3 的 403 存取被拒訊息。

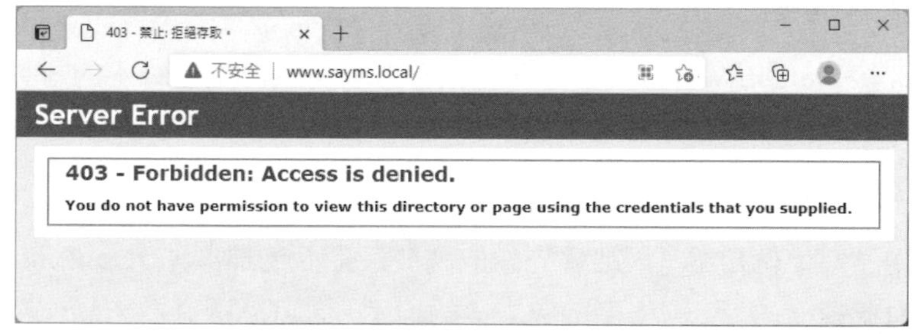

圖 15-2-3

新增 default.htm 檔案

為了便於練習起見，我們將在主目錄內利用**記事本**（notepad）新增一個檔案名稱為 default.htm 的網頁，如圖 15-2-4 所示，此檔案的內容如圖 15-2-5 所示。建議先

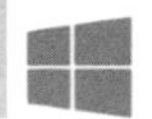

在**檔案總管**內點擊上方的**檢視**、勾選**副檔名**，如此在建立檔案時才不容易弄錯副檔名，同時在圖 15-2-4 才看得到檔案 default.htm 的副檔名.htm。

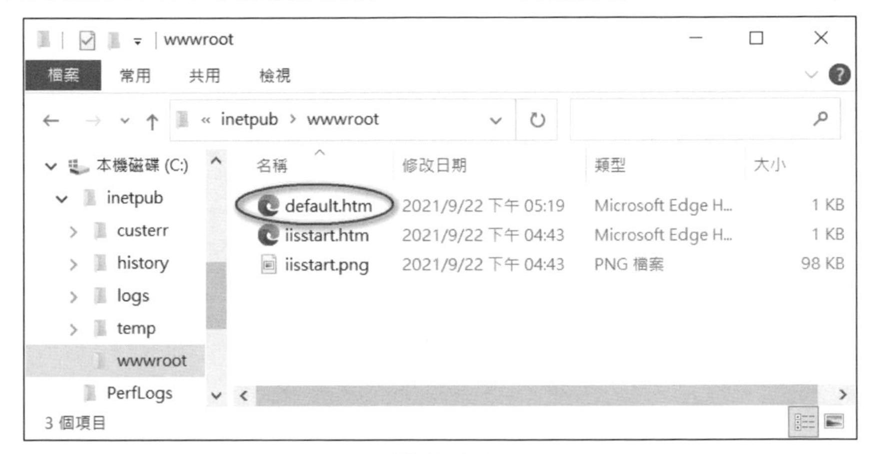

圖 15-2-4

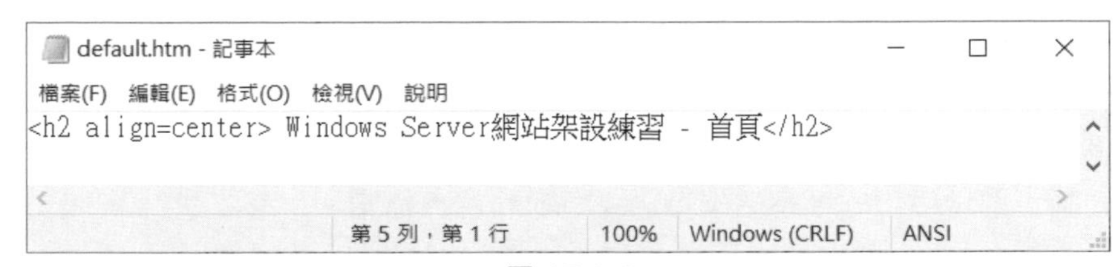

圖 15-2-5

請確認前面圖 15-2-2 清單中的 default.htm 是排列在 iisstart.htm 的前面，完成後到測試電腦 Win11PC1 上連接此網站，此時所看到的內容將會是如圖 15-2-6 所示。

圖 15-2-6

HTTP 重新導向

若網站內容正在建置中或維護中的話，可以暫時將此網站導向到另外一個網站，之後使用者來連接網站時，所看到的是另外一個網站內的網頁。您需要先安裝 **HTTP 重新導向**：【開啟**伺服器管理員**➲點擊**儀表板**處的**新增角色及功能**➲持續按 下一步

鈕一直到**選取伺服器角色畫面**➲如圖 15-2-7 所示展開**網頁伺服器（IIS）**➲勾選 **HTTP 重新導向**➲…】。

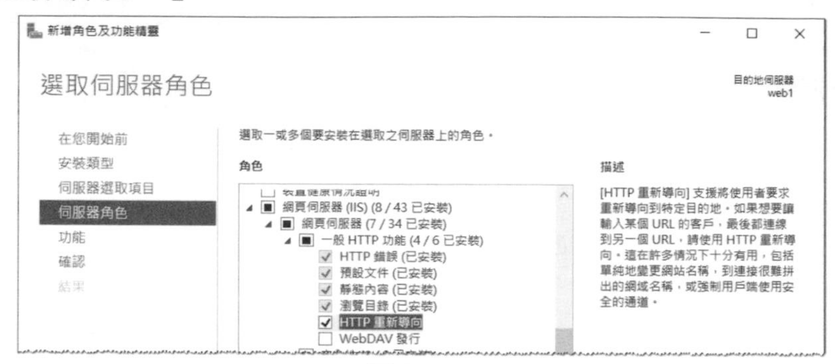

圖 15-2-7

接下來【重新開啟 **IIS 管理員**➲如圖 15-2-8 所示雙擊 Default Web Site 中的 **HTTP 重新導向**➲勾選**將要求重新導向至此目的地**➲輸入目的地網址】，圖中將其導向到 www.sayiis.local。預設是相對導向，也就是若原網站收到 http://www.sayms.local/default.htm 的要求，則它會將其導向到相同的首頁 http://www.sayiis.local/default.htm。若是勾選**將所有要求重新導向至確切的目的地（而非目的地的相對位置）**的話，則會由目的地網站來決定欲顯示的首頁檔案。

圖 15-2-8

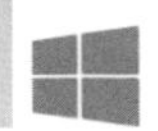

您可以將網站的設定匯出存檔，以供日後有需要時使用：【在 IIS 管理員中點擊電腦名稱 WEB1➲雙擊 Shared Configuration➲…】。

15-3 實體目錄與虛擬目錄

您應該將網頁檔案分門別類後放置到不同的資料夾內，以便於管理。您可以直接在網站主目錄之下建立多個子資料夾，然後將網頁檔案放置到主目錄與這些子資料夾內，這些子資料夾被稱為**實體目錄**（physical directory）。

您也可以將網頁檔案儲存到其他地點，例如本機電腦的其他磁碟機內的資料夾，或其他電腦的共用資料夾，然後透過**虛擬目錄**（virtual directory）來對應到這個資料夾。每一個虛擬目錄都有一個**別名**（alias），使用者透過別名來存取這個資料夾內的網頁。虛擬目錄的好處是：不論您將網頁的實際儲存地點變更到何處，只要別名不變，使用者都仍然可以透過相同的別名來存取到網頁。

實體目錄實例演練

假設要如圖 15-3-1 所示在網站主目錄之下（C:\inetpub\wwwroot）建立一個名稱為 telephone 的資料夾，並在其內建立一個名稱為 default.htm 的首頁檔，此檔案內容如圖 15-3-2 所示。

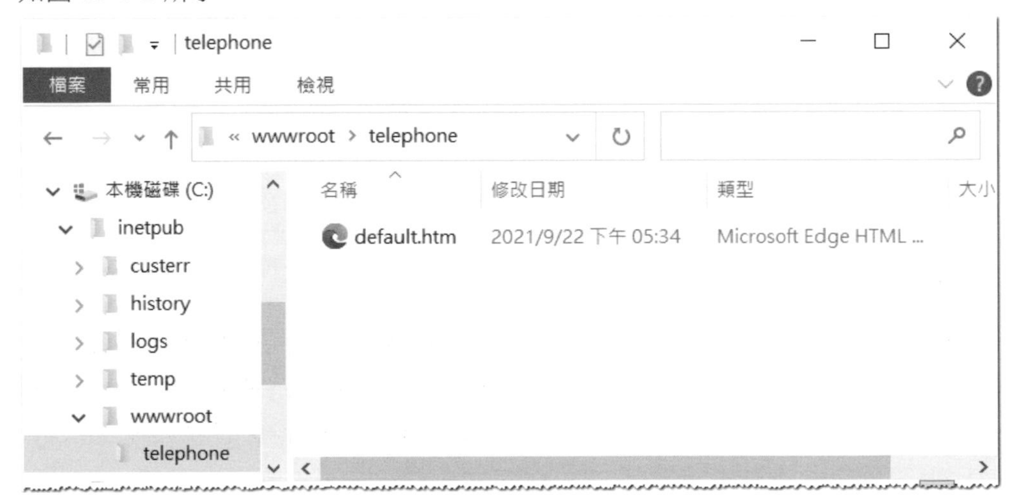

圖 15-3-1

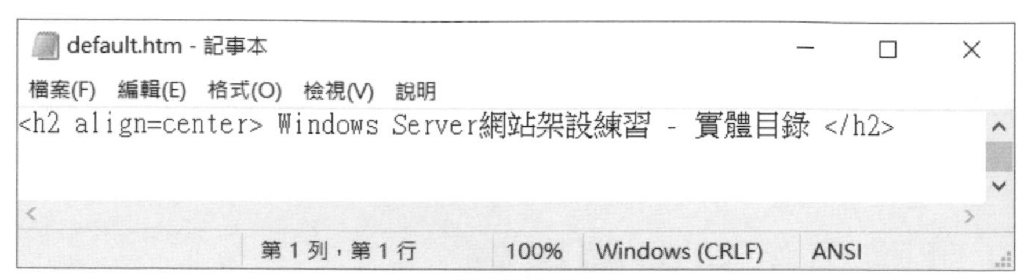

圖 15-3-2

我們可以從圖 15-3-3 的 **IIS 管理員**畫面左邊看到 Default Web Site 網站內多了一個實體目錄 telephone（可能需重新整理畫面），同時在點擊下方的**內容檢視**後，便可以在圖中間看到此目錄內的檔案 default.htm。

圖 15-3-3

接著到測試電腦 Win11PC1 上執行網頁瀏覽器 Microsoft Edge，然後輸入 **http://www.sayms.local/telephone/**，此時應該會看到圖 15-3-4 的畫面，它是從網站主目錄（C:\inetpub\wwwroot）之下的 telephone\default.htm 讀取來的。

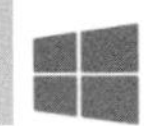

圖 15-3-4

虛擬目錄實例演練

假設我們要在網站的 C:\ 之下，建立一個名稱為 video 的資料夾（如圖 15-3-5 所示），然後在此資料夾內建立一個名稱為 default.htm 的首頁檔案，此檔案內容如圖 15-3-6 所示。我們會將網站的虛擬目錄對應到此資料夾。

圖 15-3-5

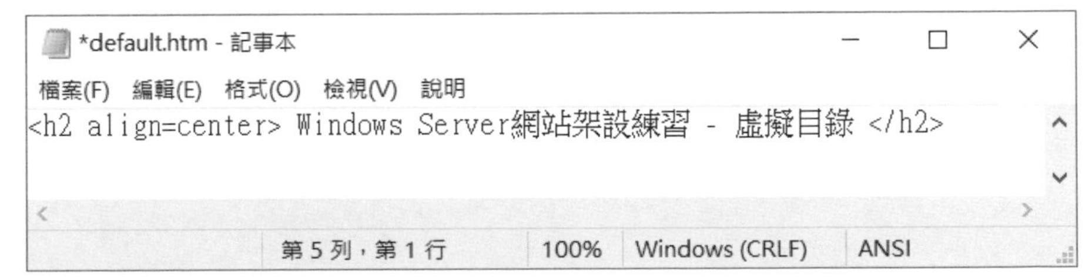

圖 15-3-6

接著透過以下步驟來建立虛擬目錄：【如圖 15-3-7 所示點擊 Default Web Site➲點擊下方**內容檢視**➲點擊右方**新增虛擬目錄...**➲在前景圖中輸入別名（自行命名，例如 video）➲輸入或瀏覽到實體路徑 C:\Video 後按**確定**鈕】。

圖 15-3-7

我們可以從圖 15-3-8 中看到 Default Web Site 網站內多了一個虛擬目錄 video（可能需重新整理畫面），而在點擊下方**內容檢視**後，便可以在圖中間看到此目錄內的檔案 default.htm。

圖 15-3-8

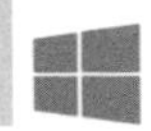

接著到測試電腦 Win11PC1 上執行網頁瀏覽器 Microsoft Edge，然後輸入 **http://www.sayms.local/video/**，此時應該會出現圖 15-3-9 的畫面，此畫面的內容就是從虛擬目錄的實體路徑（C:\video）之下的 default.htm 讀取來的。

圖 15-3-9

您可以將虛擬目錄的實體路徑變更到本機電腦的其他資料夾，或網路上其他電腦的共用資料夾：點擊前面圖 15-3-8 下方**功能檢視**後點擊右邊的**基本設定...**。

15-4 網站的繫結設定

IIS 支援在一台電腦上同時建立多個網站，而為了能夠正確的區分出這些網站，因此必須給予每一個網站唯一的識別資訊，而用來辨識網站的識別資訊有**主機名稱**、**IP 位址**與 **TCP 連接埠號碼**，這台電腦內所有網站的這三個識別資訊不可以完全相同，而這些設定都是在**繫結**設定內。您可以如圖 15-4-1 所示點擊**繫結**後，透過前景圖來查看 Default Web Site 的**繫結**設定：

- **主機名稱**：Default Web Site 並未設定主機名稱，注意一旦設定主機名稱後，就只可以採用此主機名稱來連接 Default Web Site，例如若此處設定為 www.sayms.local 的話，需使用 http://www.sayms.local/來連接 Default Web Site，不可以使用 IP 位址（或其他 DNS 名稱），例如不可以使用 http://192.168.8.1/。
- **IP 位址**：若此電腦擁有多個 IP 位址的話，則可以每一個網站各賦予一個唯一的 IP 位址，例如若此處被設定為 192.168.8.1 的話，則連接到 192.168.8.1 的要求，都會被送到 Default Web Site。
- **TCP 連接埠號碼**：網站預設的 TCP 連接埠號碼（Port number）是 80。您可以變更此連接埠號碼，來讓每一個網站分別擁有不同的連接埠號碼。若網站不是使用預設的 80 的話，則連接此網站時需指定連接埠號碼，例如若網站的連接埠號碼是 8080，則連接此網站時需使用 http://www.sayms.local:8080/來連接。

圖 15-4-1

若要建立多個網站的話，請先建立此網站所需的主目錄（儲存網頁的資料夾），然後透過【如圖 15-4-2 所示對著**站台**按右鍵➲**新增網站**】的途徑，注意其**主機名稱**、**IP 位址**與 **TCP 連接埠號碼**這三個識別資訊不可以完全與 Default Web Site 相同。

圖 15-4-2

15-5 網站的安全性

IIS 採用模組化設計，而且預設只會安裝少數功能與角色服務，其他功能可以由系統管理員另外自行新增或移除，如此便可以減少 IIS 網站的被攻擊面、減少系統管理員去面對不必要的安全挑戰。IIS 也提供了不少安全措施來強化網站的安全性。

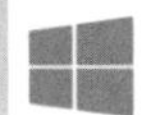

新增或移除 IIS 網站的角色服務

若要替 IIS 網站新增或移除角色服務的話：【開啟**伺服器管理員**➲點擊**儀表板**處的**新增角色及功能**➲持續按 下一步 鈕一直到**選取伺服器角色畫面**➲如圖 15-5-1 所示展開**網頁伺服器（IIS）**➲勾選或取消勾選角色服務】。

圖 15-5-1

驗證使用者的名稱與密碼

IIS 網站預設允許所有使用者來連接，不過也可以要求必須輸入帳號與密碼，而用來驗證帳戶與密碼的方法主要有：匿名驗證、基本驗證、摘要式驗證（Digest Authentication）與 Windows 驗證。

系統預設只啟用匿名驗證，其他的需另外透過**新增角色及服務**的方式來安裝，請自行如圖 15-5-2 所示勾選所需的驗證方法，例如我們同時勾選了基本驗證、Windows 驗證與摘要式驗證（安裝完成後請重新開啟 **IIS 管理員**）。

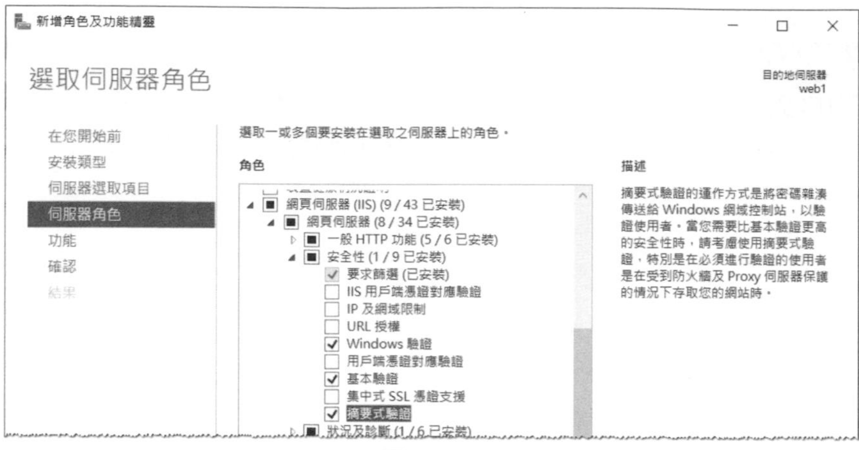

圖 15-5-2

您可以針對檔案、資料夾或整個網站來啟用驗證，而我們以整個網站為例來說明：【如圖 15-5-3 所示雙擊 Default Web Site 視窗中間的**驗證**➲點選欲啟用的驗證方法後點擊右邊的**啟用**或**停用**】，圖中我們暫時採用預設值，也就是只啟用匿名驗證。

圖 15-5-3

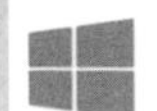

驗證方法的使用順序

用戶端瀏覽器是先利用匿名來連接網站，故此時若網站的匿名驗證啟用的話，瀏覽器將自動連線成功，因此若要練習其他驗證方法的話，請暫時將匿名驗證停用。若網站的這四種驗證方式都啟用的話，則瀏覽器會依照以下順序來選用驗證方法：匿名驗證➲Windows 驗證➲摘要式驗證➲基本驗證。

匿名驗證

若網站啟用匿名驗證方法的話，則任何使用者都可以直接匿名來連接此網站，不需要輸入帳戶與密碼。系統內建一個名稱為 **IUSR** 的特殊群組帳號，當使用者匿名來連接網站時，網站是利用 **IUSR** 來代表這個使用者，因此使用者的權限就是與 **IUSR** 的權限相同。

基本驗證

基本驗證會要求使用者輸入帳戶與密碼，但使用者傳送給網站的帳戶與密碼並沒有被加密，因此容易被居心不良者攔截與得知這些資料，故若要使用基本驗證的話，應該要搭配其他可確保資料傳送安全的措施，例如使用 SSL 連線（Secure Sockets Layer，見第 16 章）。

若要測試基本驗證功能的話，請先將匿名驗證方法停用，因為用戶端瀏覽器是先利用匿名驗證來連接網站，同時也應該將其他兩種驗證方法停用，因為它們的優先順序都比基本驗證高。

摘要式驗證

摘要式驗證也會要求輸入帳戶與密碼，不過它比基本驗證更安全，因為帳戶與密碼會經過 MD5 演算法來處理，然後將處理後所產生的雜湊值（hash）傳送到網站。攔截此雜湊值的人，並無法從雜湊值得知帳戶與密碼。IIS 電腦需為 Active Directory 網域的成員伺服器或網域控制站。

若要使用摘要式驗證的話，需先將匿名驗證方法停用，因為瀏覽器是先利用匿名驗證來連接網站，同時也應該將 Windows 驗證方法停用，因為它的優先順序比摘要式驗證高。必須是網域成員電腦才可以啟用摘要式驗證。

Windows 驗證

Windows 驗證也會要求輸入帳戶與密碼，而且帳戶與密碼在透過網路傳送之前，也會經過雜湊處理（hashed），因此可以確保安全性。**Windows 驗證**適用於內部用戶端來連接內部網路的網站。內部用戶端瀏覽器 （例如 Microsoft Edge）利用 Windows 驗證來連接內部網站時，會自動利用目前的帳戶與密碼（登入 Windows 系統時所輸入的帳戶與密碼）來連接網站，若此使用者沒有權利連接網站的話，就會再要求使用者另外輸入帳戶與密碼。

透過 IP 位址來限制連線

您也可以允許或拒絕某台特定電腦、某一群電腦來連接網站。例如公司內部網站可以被設定成只讓內部電腦來連接、但是拒絕其他外界電腦來連接。您需要先安裝 **IP 及網域限制**角色服務：【開啟**伺服器管理員**➲點擊**儀表板**處的**新增角色及功能**➲持續按 下一步 鈕一直到**選取伺服器角色**畫面➲展開**網頁伺服器（IIS）**➲如圖 15-5-4 所示勾選 **IP 及網域限制**➲…】。

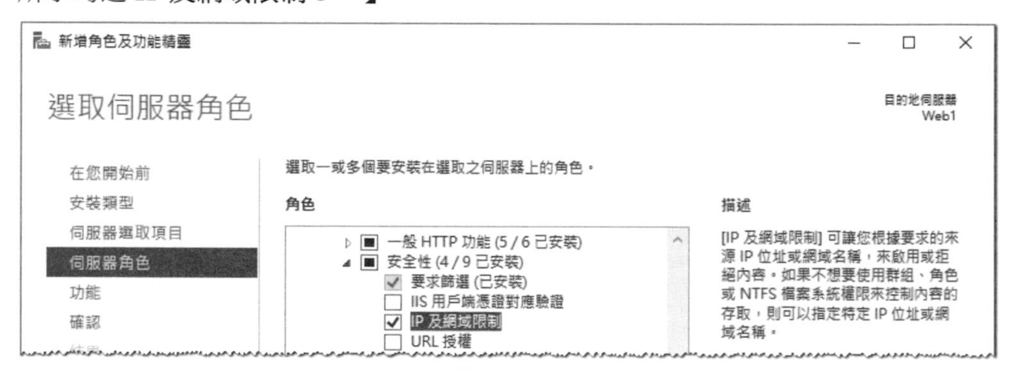

圖 15-5-4

拒絕 IP 位址

在重新啟動 **IIS 管理員**後：【點擊圖 15-5-5 中 Default Web Site 視窗的 **IP 位址及網域限制**➲透過**新增允許項目…**或**新增拒絕項目…**來設定】。

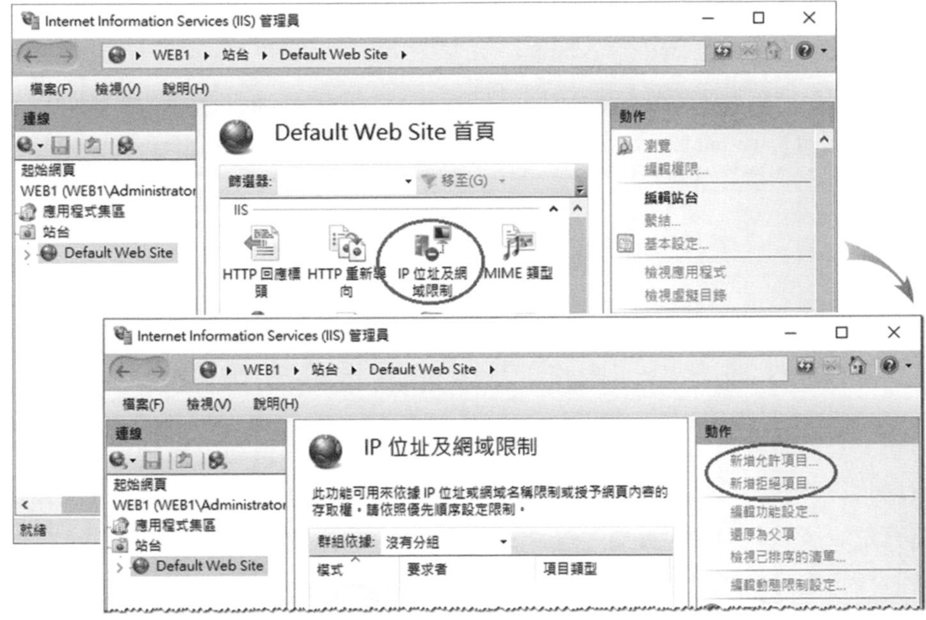

圖 15-5-5

沒有被指定是否可來連線的用戶端，預設是允許可以來連線。若您要拒絕某台用戶端來連線的話，請點擊**新增拒絕項目...**，然後透過圖 15-5-6 的背景或前景圖來設定，圖中背景圖表示拒絕 IP 位址為 192.168.8.3 的電腦來連線，而前景圖表示拒絕網路識別碼為 192.168.8.0 的所有電腦來連線。

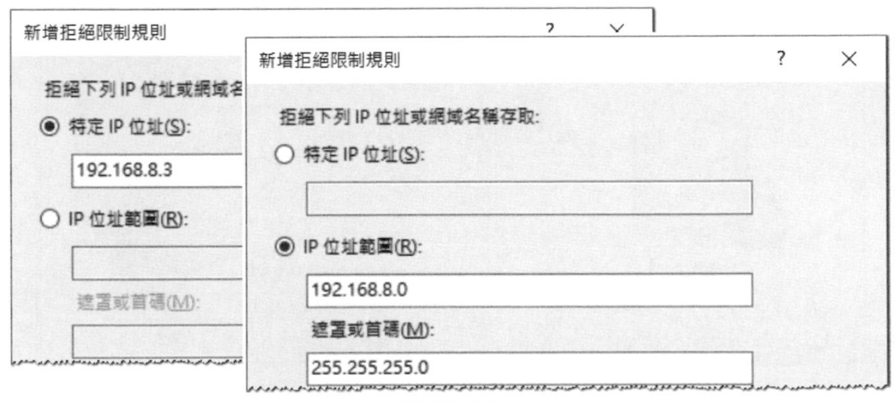

圖 15-5-6

當被拒絕的用戶端電腦來連接 Default Web Site 網站時，其畫面上預設會顯示類似圖 15-5-7 所示的被拒絕畫面。

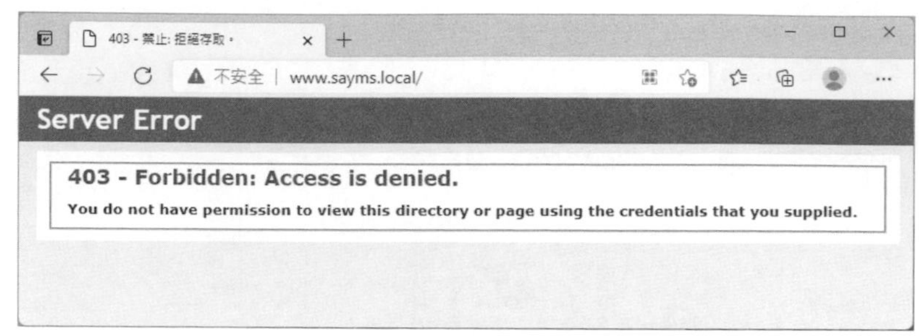

圖 15-5-7

透過 NTFS 或 ReFS 權限來增加網頁的安全性

網頁檔案最好是儲存在 NTFS 或 ReFS 磁碟分割區內，以便利用 NTFS 或 ReFS 權限來增加網頁的安全性。NTFS 或 ReFS 權限設定的途徑為：【開啟**檔案總管**➲對著網頁檔案或資料夾按右鍵➲內容➲**安全性標籤**】。其他與 NTFS 或 ReFS 有關的更多說明可參考第 7 章。

15-6 遠端管理 IIS 網站與功能委派

您可以將 IIS 網站的管理工作委派給其他不具備系統管理員權限的使用者來執行，而且可以針對不同功能來賦予這些使用者不同的委派權限。我們將透過圖 15-6-1 來演練，圖中兩台伺服器都是 Windows Server 2022。

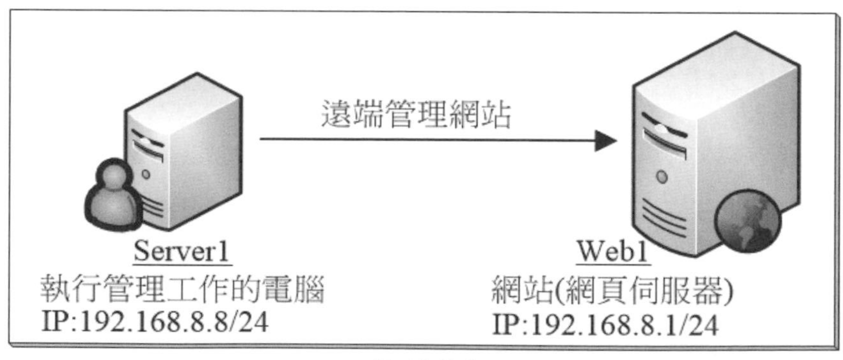

圖 15-6-1

IIS 網頁伺服器的設定

要讓圖 15-6-1 中的 IIS 電腦 WEB1 可以被遠端管理的話，有些設定需先完成。

安裝「管理服務」角色服務

IIS 電腦必須先安裝**管理服務**角色服務：【開啟**伺服器管理員**➲點擊**儀表板**處的**新增角色及功能**➲持續按下一步鈕一直到**選取伺服器角色**畫面➲展開**網頁伺服器（IIS）**➲如圖 15-6-2 所示勾選**管理工具**之下的**管理服務**➲…】，完成後重新開啟 **IIS 管理員**主控台。

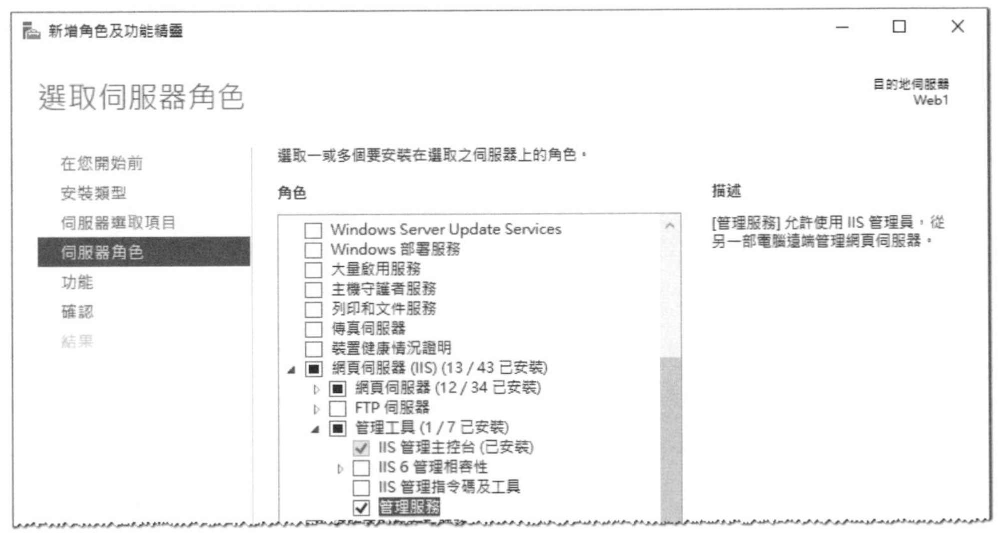

圖 15-6-2

建立「IIS 管理員使用者」帳戶

我們要在 IIS 電腦上指定可以來遠端管理 IIS 網站的使用者，他們被稱為 **IIS 管理員**，其可以是本機使用者或網域使用者帳戶，也可以是在 IIS 內另外建立的 **IIS 管理員使用者**帳戶。若要建立 **IIS 管理員使用者**帳戶的話：如圖 15-6-3 所示點擊 IIS 電腦（WEB1）➲雙擊 **IIS 管理員使用者**➲點擊**新增使用者...**來設定使用者名稱（假設為 IISMGR1）與密碼。

圖 15-6-3

若只是要將管理工作委派給本機使用者或網域使用者帳戶的話，可以不需要建立 **IIS 管理員使用者**帳戶。

功能委派設定

IIS 管理員對網站擁有哪一些管理權限是透過**功能委派**來設定的：【雙擊前圖 15-6-3 背景圖中的**功能委派**➲透過圖 15-6-4 圖來設定】，圖中的設定為預設值，例如 **IIS 管理員**預設對所有網站的 **HTTP 重新導向**功能擁有**讀取/寫入**的權限，也就是他們可以變更 **HTTP 重新導向**的設定，但是對 **IP 位址及網域限制**僅有**唯讀**的權限，表示他們不可以變更 **IP 位址及網域限制**的設定。

您也可以針對不同網站給予不同的委派設定，例如若要針對 Default Web Site 來設定的話：【點擊圖 15-6-4 右邊**動作**窗格的**自訂站台委派...**➲然後在**站台**處選擇 Default Web Site➲透過畫面的下半段來設定】。

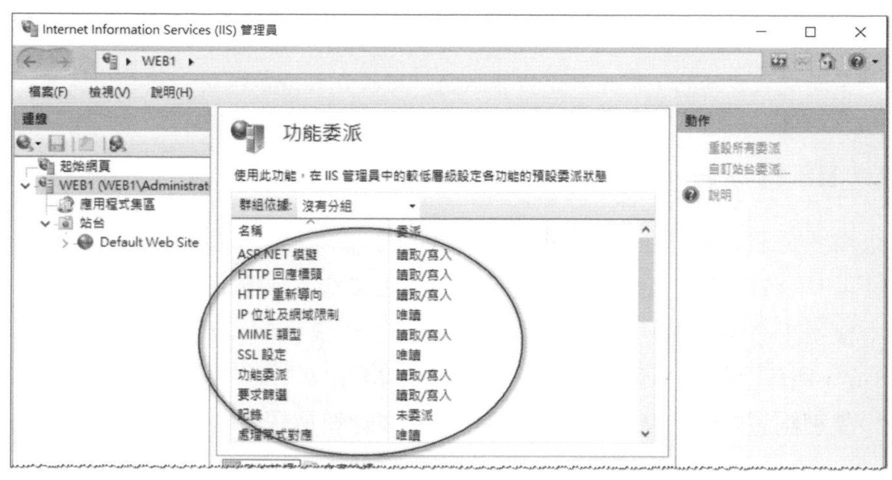

圖 15-6-4

啟用遠端連線

需啟用遠端連線後，**IIS 管理員**才可以透過遠端來管理 IIS 電腦內的網站：【如圖 15-6-5 所示點擊 IIS 電腦（WEB1）➲點擊**管理服務**➲在前景圖中勾選**啟用遠端連線**➲按套用鈕➲按啟動鈕】，由圖中**識別認證**處的**僅適用 Windows 認證**可知預設只允許本機使用者或網域使用者帳戶來遠端管理網站，若要開放 **IIS 管理員使用者**帳戶也可以來連線的話，請改點選 **Windows 認證或 IIS 管理員認證**。

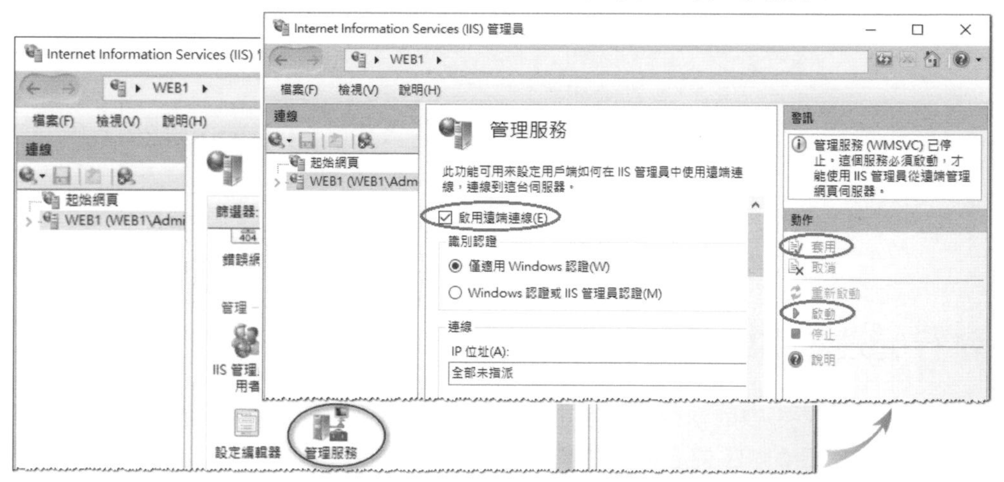

圖 15-6-5

若要變更設定的話，需先停止**管理服務**，待設定完成後再重新啟動。

允許「IIS 管理員」來連線

接下來需要選取可來遠端管理網站的使用者：【如圖 15-6-6 所示雙擊 Default Web Site 畫面中的 **IIS 管理員權限**➲點擊**允許使用者**➲輸入或選取使用者】，圖中選擇的是本機使用者帳戶 WebAdmin（請先自行建立此帳戶），若您要選擇我們在之前圖 15-6-3 所建立的 **IIS 管理員使用者**帳戶 IISMGR1 的話，請先在前面圖 15-6-5 中間的**識別認證**處改選擇 **Windows 認證或 IIS 管理員認證**。

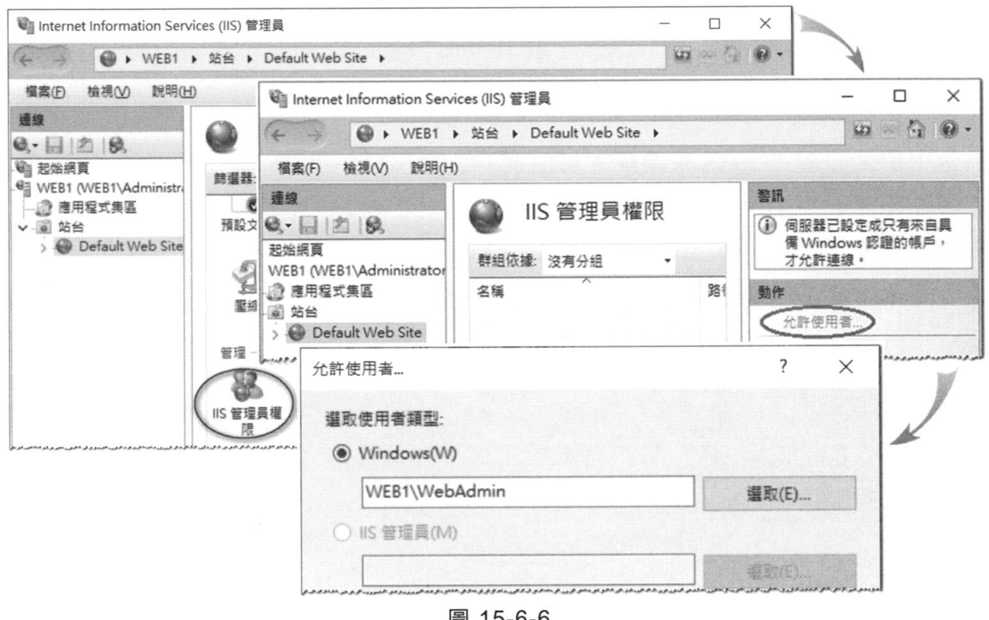

圖 15-6-6

執行管理工作的電腦的設定

請到前面圖 15-6-1 中欲執行管理工作的 Server1 電腦上安裝 **IIS 管理主控台**：【開啟**伺服器管理員**➲點擊**儀表板**處的**新增角色及功能**➲持續按下一步鈕一直到**選取伺服器角色**畫面時勾選**網頁伺服器（IIS）**➲按新增功能鈕➲持續按下一步鈕一直到如圖 15-6-7 所示的**選取角色服務**畫面時，取消勾選**網頁伺服器**（因為不需在此

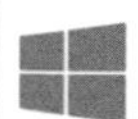

電腦架網站，此時僅會保留安裝 **IIS 管理主控台**，可以將畫面往下捲來查看）➲…】，然後透過以下步驟來管理遠端網站 Default Web Site。

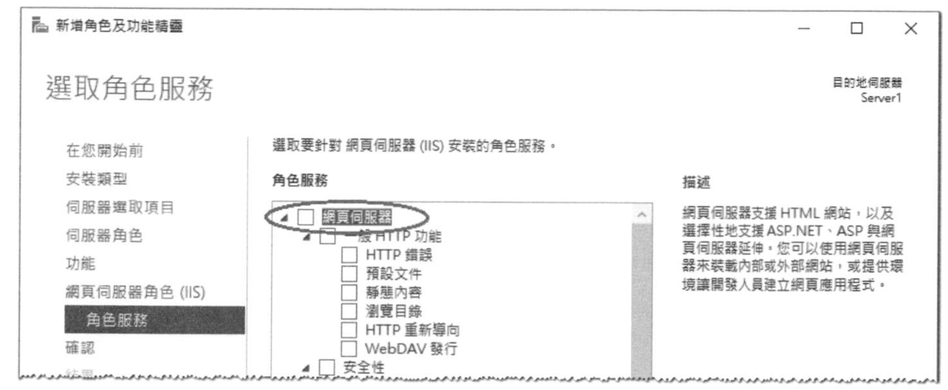

圖 15-6-7

若要在 Windows 11、Windows 10 電腦上來管理遠端 IIS 網站的話，可以先安裝 **IIS 管理主控台**：按 Windows 鍵⊞+ R 鍵➲輸入 control 後按 Enter 鍵➲程式集➲程式和功能➲開啟或關閉 Windows 功能➲展開 Internet Information Services➲展開 **Web 管理工具**➲勾選 **IIS 管理主控台**】➲…。然後到微軟網站下載與安裝 IIS Manager for Remote Administration。完成後，可點擊下方的**搜尋**圖示、輸入關鍵字 IIS 來找尋與執行 Internet Information Services (IIS)管理員。

STEP 1 點擊左下角**開始**圖示⊞➲Windows 系統管理工具➲Internet Information Services（IIS）管理員

STEP 2 如圖 15-6-8 所示點擊**起始網頁**➲**連線到站台...**➲在前景圖中輸入欲連接的伺服器名稱（WEB1）與站台名稱（Default Web Site）➲按**下一步**鈕。

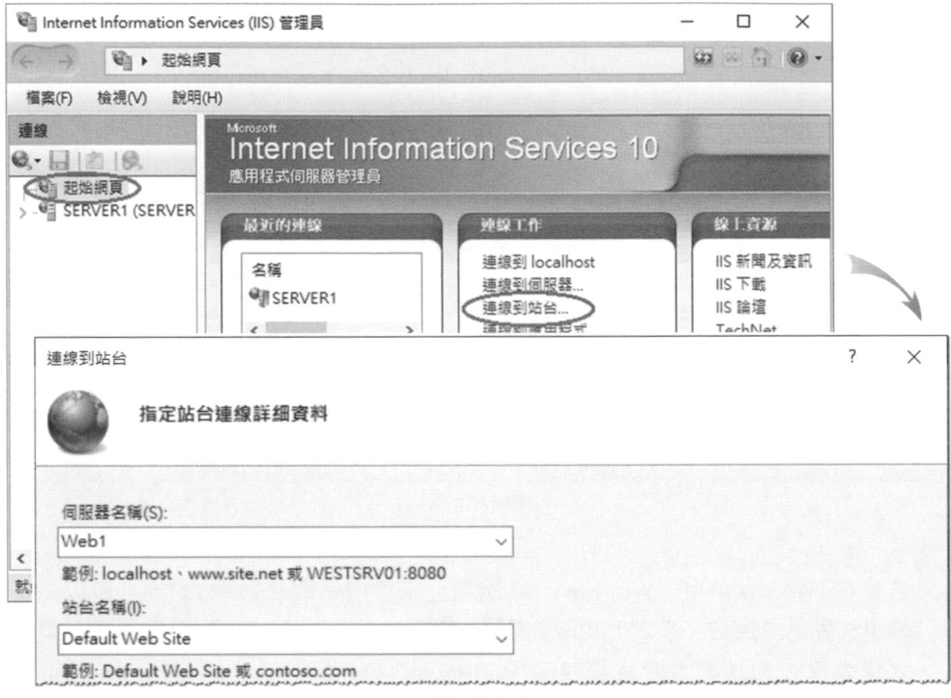

圖 15-6-8

STEP 3 在圖 15-6-9 中輸入 **IIS 管理員**的使用者名稱與密碼後按 下一步 鈕。

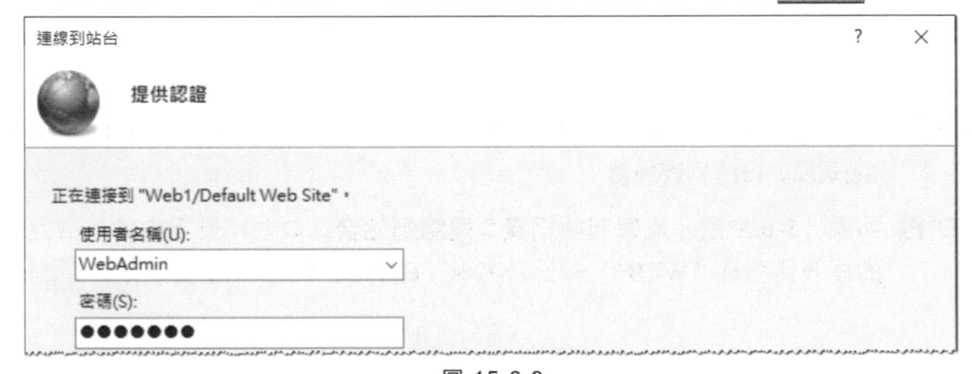

圖 15-6-9

若伺服器 WEB1 未允許**檔案及印表機共用**通過 Windows Defender 防火牆的話，則可能會顯示無法解析 WEB1 的 IP 位址的警示畫面。

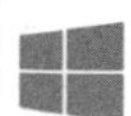

STEP 4 若出現圖 15-6-10 的話，請直接按**連線**鈕。

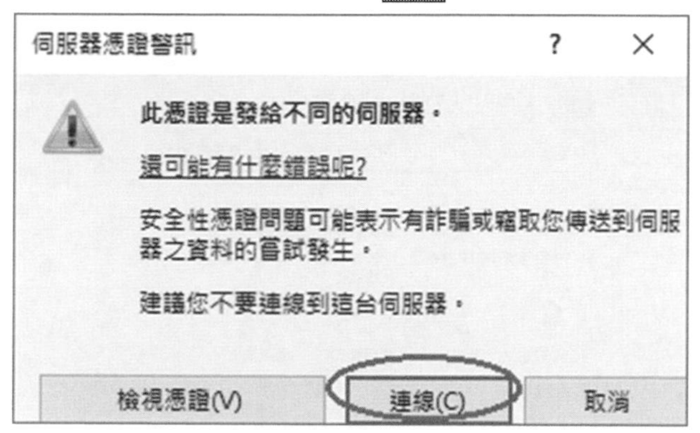

圖 15-6-10

此時若出現（401）**未經授權**警示畫面的話，請檢查圖 15-6-6 的設定是否完成。

STEP 5 在圖 15-6-11 中直接按**完成**鈕即可。

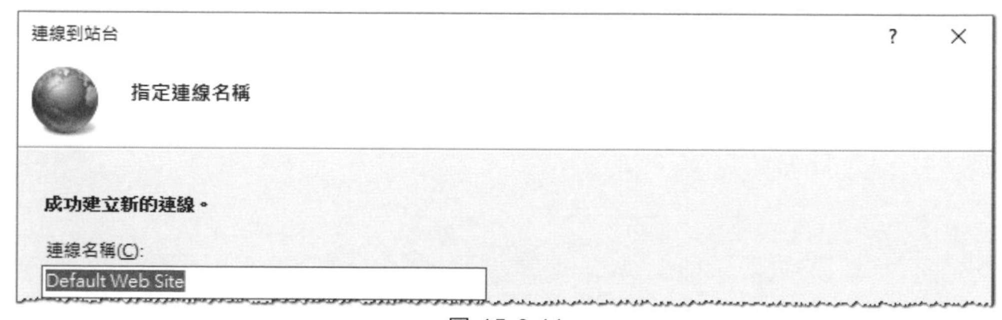

圖 15-6-11

STEP 6 接下來就可以透過圖 15-6-12 的畫面來管理 Default Web Site。

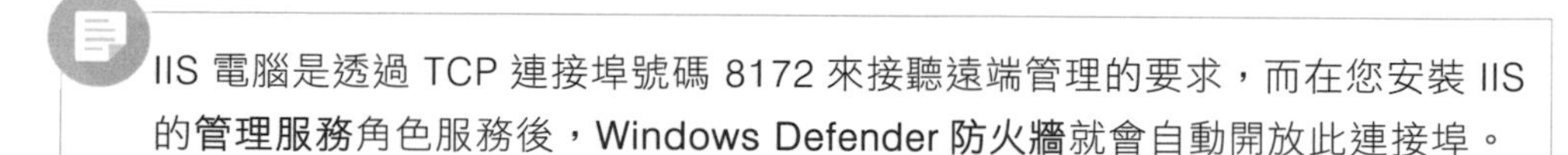

IIS 電腦是透過 TCP 連接埠號碼 8172 來接聽遠端管理的要求，而在您安裝 IIS 的**管理服務**角色服務後，Windows Defender **防火牆**就會自動開放此連接埠。

Internet Information Services (IIS) 管理員
Default Web Site
檔案(F) 檢視(V) 說明(H)
連線
起始網頁
SERVER1 (SERVER1\Administ
Default Web Site (WebAdmin
telephone
video
Default Web Site 首頁
篩選器:
移至(G)
全部顯示(A)
IIS
HTTP 回應標頭
HTTP 重新導向
IP 位址及網域限制
MIME 類型
SSL 設定
要求篩選
處理常式對應
預設文件
模組
輸出快取處理
錯誤網頁
壓縮
功能檢視
內容檢視
動作
檢視應用程式
檢視虛擬目錄
管理網站
瀏覽網站
瀏覽 192.168.8.1:80 (http)
說明
就緒
(Web1:8172 做為 WebAdmin)

圖 15-6-12

16

PKI 與 https 網站

當您在網路上傳送資料時，這些資料可能會在傳送過程中被擷取、竄改，而 PKI（Public Key Infrastructure，公開金鑰基礎結構）可以確保電子郵件、電子商務交易、檔案傳送等各類資料傳送的安全性。

16-1 PKI 概觀

使用者透過網路將資料傳送給接收者時，可以利用 PKI 所提供的以下三個功能來確保資料傳送的安全性：

- 將傳送的資料加密（encryption）。
- 接收者電腦會驗證所收到的資料是否由寄送者本人所傳送的（authentication）。
- 接收者電腦還會確認資料的完整性（integrity），也就是檢查資料在傳送過程中是否被竄改。

PKI 根據 Public Key Cryptography（公開金鑰密碼編譯法）來提供上述功能，而使用者需要擁有以下的一組金鑰來支援這些功能：

- **公開金鑰**：使用者的公開金鑰（public key）可以公開給其他使用者。
- **私密金鑰**：使用者的私密金鑰（private key）是該使用者私有的，且是儲存在使用者的電腦內，只有他能夠存取。

使用者需要透過向**憑證授權單位**（Certification Authority，CA）申請憑證（certificate）的途徑來擁有與使用這一組金鑰。

公開金鑰加密法

資料被加密後，需經過解密才讀得到資料的內容。PKI 使用**公開金鑰加密法**（Public Key Encryption）來將資料加密與解密。寄送者利用接收者的公開金鑰將資料加密，而接收者利用自己的私密金鑰將資料解密，例如圖 16-1-1 為使用者 George 傳送一封經過加密的電子郵件給使用者 Mary 的流程。

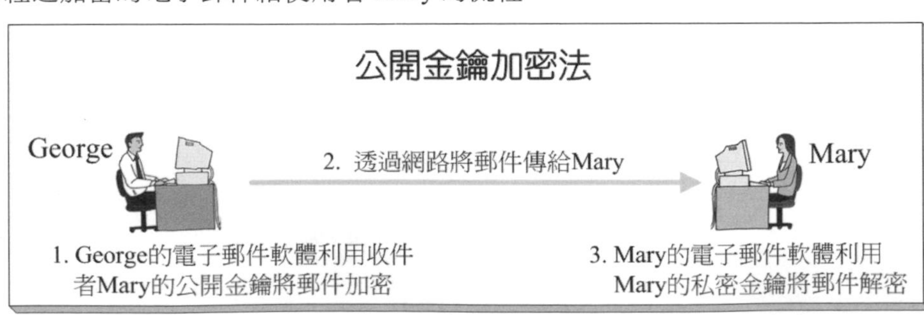

圖 16-1-1

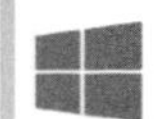

圖中 George 需先取得 Mary 的公開金鑰，才可以利用此金鑰來將電子郵件加密，而因為 Mary 的私密金鑰只儲存在她的電腦內，故只有她的電腦可以將此郵件解密，因此她可以正常讀取此郵件。其他使用者即使攔截這封郵件也無法讀取郵件內容，因為他們沒有 Mary 的私密金鑰，無法將其解密。

公開金鑰加密法使用公開金鑰來加密、私密金鑰來解密，此方法又稱為**非對稱式**（asymmetric）加密法。另一種加密法是**秘密金鑰加密法**（secret key encryption），又稱為**對稱式**（symmetric）加密法，其加密、解密都是使用同一個金鑰。

公開金鑰驗證法

寄送者可以利用**公開金鑰驗證法**（Public Key Authentication）來將欲傳送的資料"數位簽章"（數位簽名、數位簽署、digital signature），而接收者電腦在收到資料後，便能夠透過此數位簽章來驗證資料是否確實是由寄送者本人所寄出，同時還會檢查資料在傳送的過程中是否被竄改。

寄送者是利用自己的私密金鑰將資料簽章，而接收者電腦會利用寄送者的公開金鑰來驗證此份資料。例如圖 16-1-2 為使用者 George 傳送一封經過簽章的電子郵件給使用者 Mary 的流程。

公開金鑰驗證法

2. 透過網路將郵件傳給Mary

1. George的電子郵件軟體利用George的私密金鑰將郵件數位簽章

3. Mary的電子郵件軟體利用寄件者George的公開金鑰來驗證此封郵件

圖 16-1-2

圖中的郵件是透過 George 的私密金鑰簽章，收件者 Mary 需先取得寄件者 George 的公開金鑰後，才可以利用此金鑰來驗證這封郵件是否由 George 本人所傳送過來的，並檢查這封郵件是否被竄改。

數位簽章是如何產生的？又如何用來驗證身分呢？請參考圖 16-1-3 的流程。

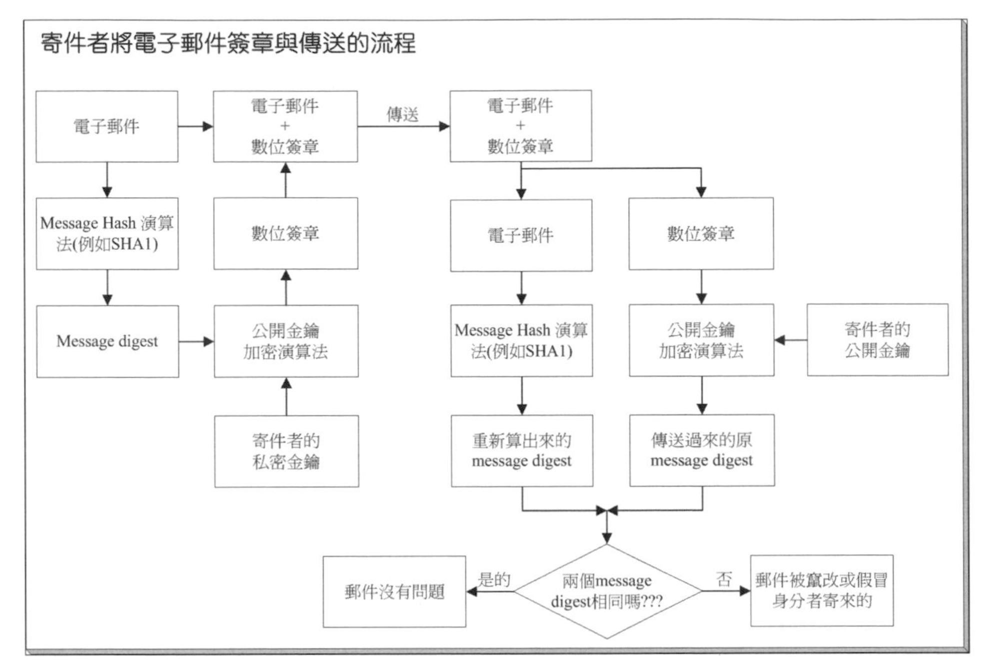

圖 16-1-3

以下簡要解釋圖中的流程：

1. 寄件者的電子郵件經過**訊息雜湊演算法**（message hash algorithm）的運算處理後，產生一個 message digest，它是一個**數位指紋**（digital fingerprint）。
2. 寄件者的電子郵件軟體利用寄件者的私密金鑰將此 message digest 加密，所使用的加密方法為**公開金鑰加密演算法**（public key encryption algorithm），加密後的結果被稱為**數位簽章**（digital signature）。
3. 寄件者的電子郵件軟體將原電子郵件與數位簽章一併傳送給收件者。
4. 收件者的電子郵件軟體會將收到的電子郵件與數位簽章分開處理：
    - 電子郵件重新經過**訊息雜湊演算法**的運算處理後，產生一個新的 message digest。
    - 數位簽章經過**公開金鑰加密演算法**的解密處理後，可得到寄件者傳來的原 message digest。
5. 新 message digest 與原 message digest 應該相同，否則表示這封電子郵件被竄改或是由假冒身分者寄來的。

https 網站安全連線

https 網站使用 SSL（Secure Sockets Layer）來提供網站的安全連線。SSL 是以 PKI 為基礎的安全性通訊協定，若要讓網站擁有 SSL 安全連線（https）功能的話，就需要替網站向**憑證授權單位**（CA）申請 SSL 憑證（就是**網頁伺服器**憑證），憑證內包含了公開金鑰、憑證有效期限、發放此憑證的 CA、CA 的數位簽章等資料。

在網站擁有 SSL 憑證之後，瀏覽器與網站之間就可以透過 SSL 安全連線來溝通，也就是將 URL 路徑中的 **http** 改為 **https**，例如若網站為 www.sayms.local，則在瀏覽器內是利用 **https://www.sayms.local/** 來連接網站。

我們以圖 16-1-4 來說明瀏覽器與網站之間如何建立 SSL 安全連線。建立 SSL 安全連線時，會建立一個雙方都同意的**工作階段金鑰**（session key），並利用此金鑰來將雙方所傳送的資料加密、解密與確認資料是否被竄改。

1. 用戶端瀏覽器利用 https://www.sayms.local/來連接網站時，用戶端會先送出 Client Hello 訊息給網站伺服器。
2. 網站伺服器回送 Server Hello 訊息給用戶端，此訊息內包含網站的憑證資訊（內含公開金鑰）。
3. 用戶端瀏覽器與網站雙方開始協商 SSL 連線的安全等級，例如選擇 40 或 128 位元加密金鑰。位元數越多，越難破解，資料越安全，但網站效能越差。

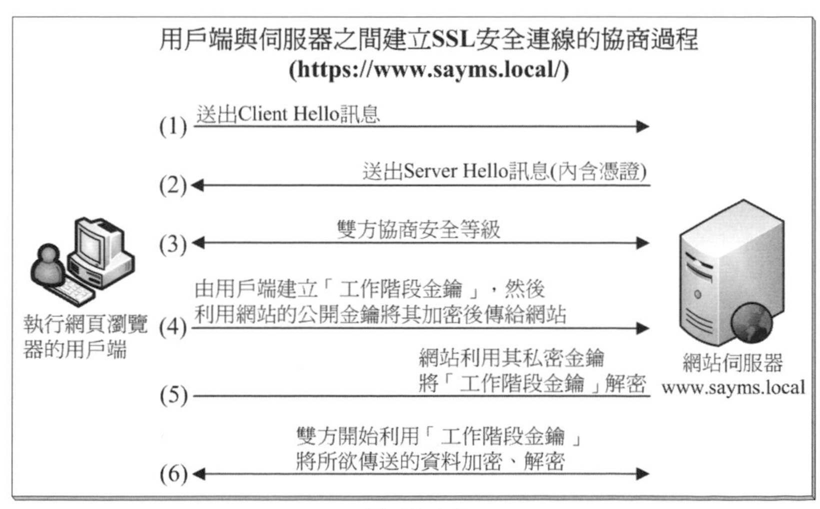

圖 16-1-4

4. 用戶端瀏覽器根據雙方同意的安全等級來建立工作階段金鑰、利用網站的公開金鑰將工作階段金鑰加密、將加密過後的工作階段金鑰傳送給網站。
5. 網站利用它自己的私密金鑰來將工作階段金鑰解密。
6. 之後瀏覽器與網站雙方相互之間傳送的所有資料，都會利用這個工作階段金鑰將其加密與解密。

16-2 憑證授權單位（CA）概觀與根 CA 的安裝

無論是電子郵件保護或 SSL 網站安全連線，都需要申請憑證（certification），才可以使用公開金鑰與私密金鑰來將資料加密與驗證身分。憑證就好像是汽車駕駛執照一樣，必須擁有汽車駕駛執照（憑證）才能開車（使用金鑰）。而負責發放憑證的機構被稱為**憑證授權單位**（Certification Authority，CA）。

使用者申請憑證時會自動建立公開金鑰與私密金鑰，其中的私密金鑰會被儲存到使用者電腦的登錄（registry）中，同時憑證申請資料與公開金鑰會一併被傳送到 CA。CA 檢查這些資料無誤後，會利用 CA 自己的私密金鑰將要發放的憑證加以簽章，然後發放此憑證。使用者收到憑證後，將憑證安裝到他的電腦。

憑證內包含了憑證的發放對象（使用者或電腦）、憑證有效期限、發放此憑證的 CA 與 CA 的數位簽章（類似於汽車駕駛執照上的交通部官戳），還有申請者的姓名、地址、電子郵件信箱、公開金鑰等資料。

CA 的信任

在 PKI 架構之下，當使用者利用某 CA 所發放的憑證來發送一封經過簽章的電子郵件時，收件者的電腦應該要信任（trust）由此 CA 所發放的憑證，否則收件者的電腦會將此電子郵件視為有問題的郵件。

又例如用戶端利用瀏覽器連接 SSL 網站時，用戶端電腦也必須信任發放 SSL 憑證給此網站的 CA，否則用戶端瀏覽器會顯示警示訊息。

系統預設已自動信任一些商業 CA，Windows 11 可透過【按 Windows 鍵⊞+ R 鍵 ➲輸入 control 後按 Enter 鍵➲網路和網際網路➲網際網路選項➲內容標籤➲憑證鈕➲如圖 16-2-1 所示的**受信任的根憑證授權單位**標籤】來查看其已經信任的 CA。

圖 16-2-1

您可以向上述商業 CA 來申請憑證，例如 Digicert，但若貴公司只是希望在各分公司、事業合作夥伴、供應商與客戶之間，能夠安全的透過網際網路傳送資料的話，則可以不需要向上述商業 CA 申請憑證，因為可利用 Windows Server 2022 **Active Directory 憑證服務**（Active Directory Certificate Services）來自行架設 CA，然後利用此 CA 來發放憑證給員工、客戶與供應商等，並讓其電腦來信任此 CA。

AD CS 的 CA 種類

Windows Server 2022 的 **Active Directory 憑證服務**（AD CS）將 CA 分為：

- 企業 CA：

  企業 CA 又分為企業根 CA 與企業次級 CA，它需要 Active Directory 網域，您可以將企業 CA 安裝到網域控制站或成員伺服器。它發放憑證的對象僅限網域使用者，當網域使用者來申請憑證時，企業 CA 會從 Active Directory 來得知該使用者的帳戶資訊，並據以決定其是否有權利來申請該憑證。

  企業次級 CA 需向其父系 CA（例如企業根 CA 或獨立根 CA）取得憑證之後，才會正常運作。企業次級 CA 也可以發放憑證給再下一層的次級 CA。

- 獨立 CA：

  獨立 CA 又分為獨立根 CA 與獨立次級 CA，它不需要 Active Directory 網域。它可以是獨立伺服器、成員伺服器或網域控制站。無論是否網域使用者，都可以向獨立 CA 申請憑證。

獨立次級需向其父系 CA（例如企業根 CA 或獨立根 CA）取得憑證之後，才會正常運作。獨立次級 CA 也可以發放憑證給再下一層的次級 CA。

安裝 Active Directory 憑證服務與架設根 CA

我們利用圖 16-2-2 來說明如何將獨立根 CA 安裝到圖中的 Windows Server 2022 電腦 CA1，並利用圖中的 Windows 11 電腦 Win11PC1 來說明如何信任 CA：

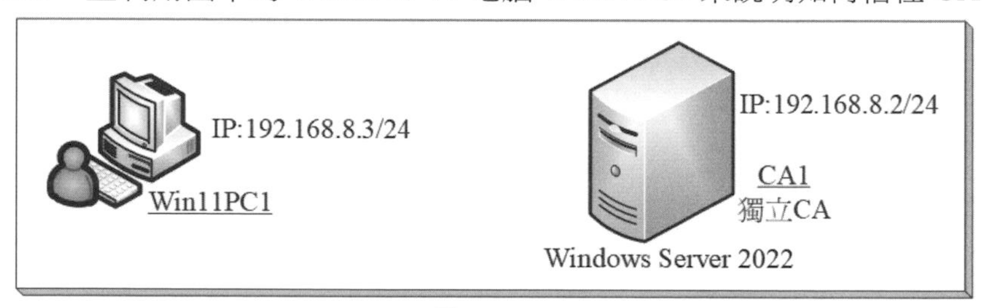

圖 16-2-2

STEP 1 請利用本機 Administrators 群組成員的身分登入圖中的 CA1（若要安裝企業根 CA 的話，請利用網域 Enterprise Admins 群組成員的身份登入）。

STEP 2 開啟**伺服器管理員**➲點擊**儀表板**處的**新增角色及功能**➲持續按下一步鈕一直到出現如圖 16-2-3 所示的**選取伺服器角色**畫面時勾選 **Active Directory** 憑證服務➲按新增功能鈕】。

圖 16-2-3

STEP 3 持續按下一步鈕一直到出現圖 16-2-4 畫面時，請增加勾選**憑證授權單位網頁註冊**後按新增功能鈕，這樣會一併安裝 IIS 網站，讓使用者也可以利用瀏覽器來申請憑證。

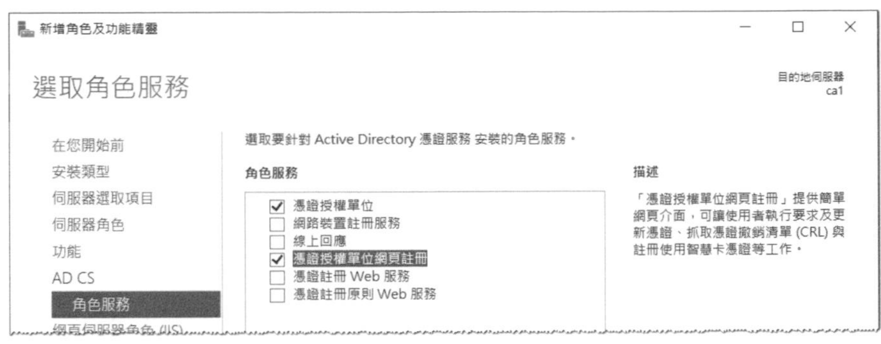

圖 16-2-4

STEP 4 按下一步鈕到確認安裝選項畫面時按安裝鈕。

STEP 5 點擊圖 16-2-5 中的設定目的地伺服器上的 **Active Directory** 憑證服務。

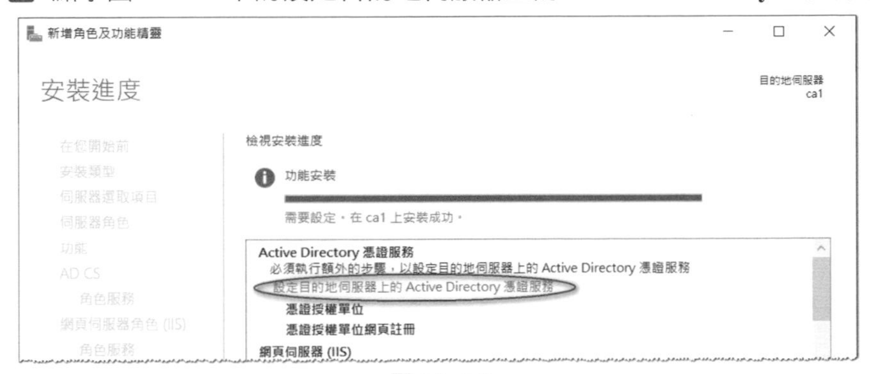

圖 16-2-5

STEP 6 在圖 16-2-6 中直接按下一步鈕。

圖 16-2-6

STEP 7　如圖 16-2-7 所示來勾選後按**下一步**鈕。

AD CS 設定
角色服務
目的地伺服器
ca1
認證
角色服務
安裝類型
CA 類型
私密金鑰
密碼編譯
CA 名稱
選取要設定的角色服務
☑ 憑證授權單位
☑ 憑證授權單位網頁註冊
☐ 線上回應
☐ 網路裝置註冊服務
☐ 憑證註冊 Web 服務
☐ 憑證註冊原則 Web 服務

圖 16-2-7

STEP 8　在圖 16-2-8 中選擇 CA 的類型後按**下一步**鈕。

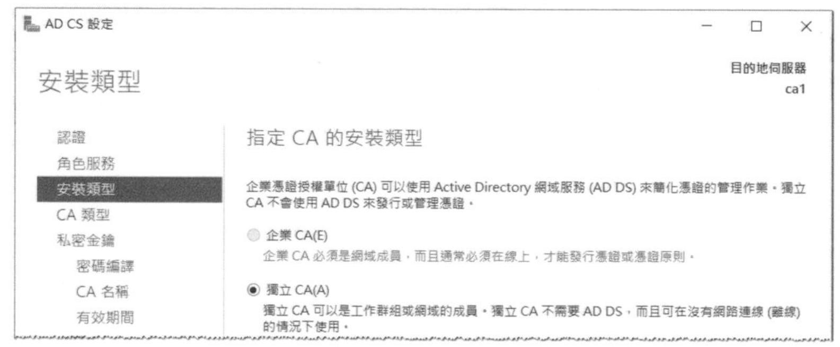

圖 16-2-8

若此電腦是獨立伺服器、或您不是利用網域 Enterprise Admins 成員身分登入的話，就無法選擇**企業 CA**。

STEP 9　在圖 16-2-9 中選擇**根 CA** 後按**下一步**鈕。

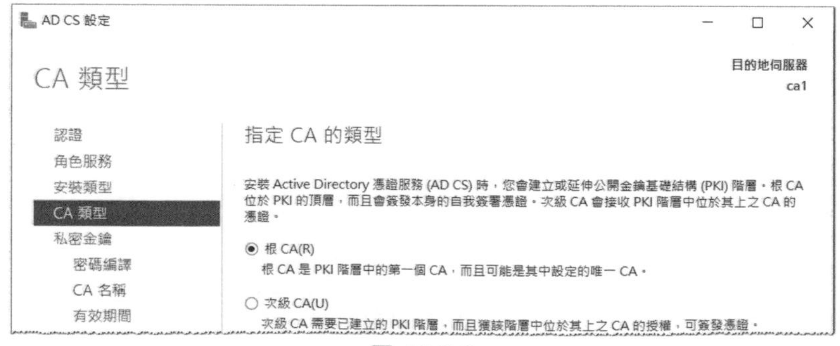

圖 16-2-9

STEP **10** 在接下來的**私密金鑰**畫面採用預設的**建立新的私密金鑰**後按 下一步 鈕。CA 必須擁有此私密金鑰後才可以發放憑證給用戶端。

STEP **11** 出現 **CA 的密碼編譯**畫面時直接按 下一步 鈕來採用預設值即可。

STEP **12** 在 **CA 名稱**畫面上為此 CA 設定名稱（假設是 Sayms Standalone Root）後按 下一步 鈕。

STEP **13** 在**有效期間**畫面中按 下一步 鈕。CA 的有效期限預設為 5 年。

STEP **14** 在 **CA 資料庫**畫面中按 下一步 鈕來採用預設值即可。

STEP **15** 在**確認**畫面中按 設定 鈕、出現**結果**畫面時按 關閉 鈕。

安裝完成後可透過【點擊左下角**開始**圖示⊞➲Windows 系統管理工具➲憑證授權單位】或【在**伺服器管理員**中點擊右上方的**工具**➲憑證授權單位】來管理 CA，如圖 16-2-10 所示為獨立根 CA 的管理畫面。

圖 16-2-10

若是企業 CA 的話，則它是根據**憑證範本**（如圖 16-2-11 所示）來發放憑證，例如圖 16-2-11 右方的**使用者**範本內同時提供了可以用來將檔案加密的憑證、保護電子郵件安全的憑證與驗證用戶端身分的憑證。

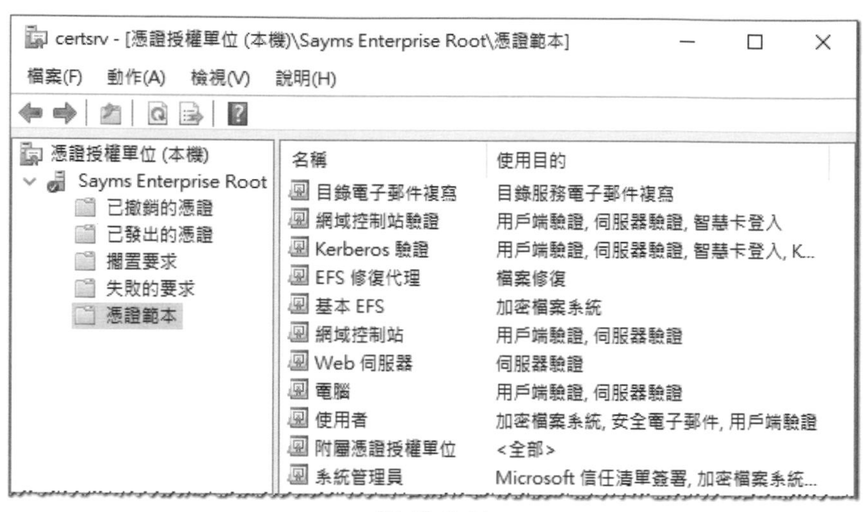

圖 16-2-11

如何信任企業 CA？

Active Directory 網域會自動讓網域內的所有電腦信任企業 CA （也就是自動將企業 CA 的憑證安裝到用戶端電腦），如圖 16-2-12 是在網域內一台 Windows 11 電腦上利用【按 Windows 鍵⊞+ R 鍵➲輸入 control 後按 Enter 鍵➲網路和網際網路➲網際網路選項➲內容標籤➲ 憑證 鈕➲受信任的根憑證授權單位標籤】 所看到的畫面，此電腦自動信任企業根 CA「Sayms Enterprise Root」。

圖 16-2-12

如何手動信任企業或獨立 CA？

未加入網域的電腦並未信任企業 CA，另外無論是否為網域成員電腦，它們預設也都沒有信任獨立 CA，但可以在這些電腦上來手動信任企業或獨立 CA。以下步驟要是讓前面圖 16-2-2 中的 Windows 11 電腦 Win11PC1 來信任圖中的獨立根 CA。

STEP 1 請到 Win11PC1 上執行 Microsoft Edge，並輸入以下的 URL 路徑：

http://192.168.8.2/certsrv

其中 192.168.8.2 為圖 16-2-2 中獨立 CA 的 IP 位址。

> 若用戶端為 Windows Server 2019、Windows Server 2016 等伺服器的話，請先將其 IE **增強式安全性設定**關閉，否則系統會阻擋其連接 CA 網站：【開啟**伺服器管理員**➲點擊**本機伺服器**➲點擊 IE **增強式安全性設定**右方的設定值➲點選**系統管理員**處的**關閉**】。

STEP 2 在圖 16-2-13 中點擊**下載 CA 憑證、憑證鏈結或 CRL**。

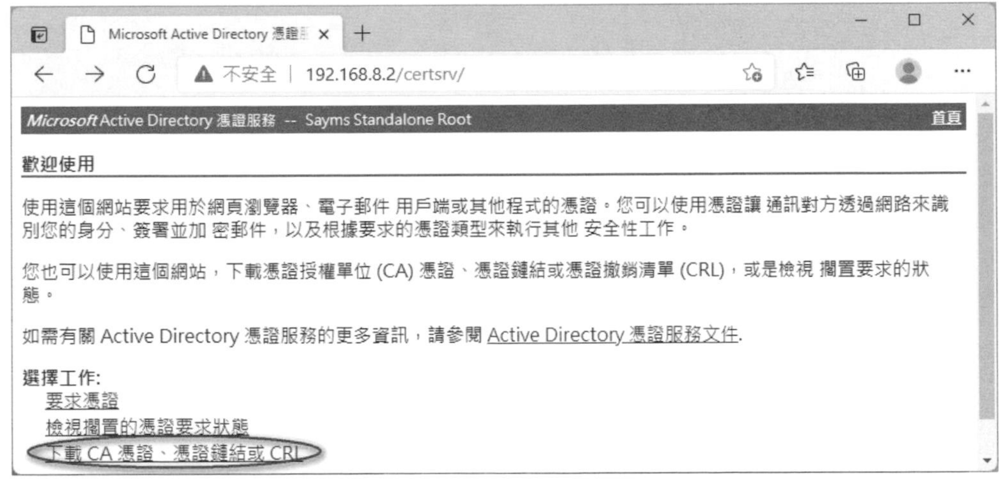

圖 16-2-13

STEP 3 在圖 16-2-14 中點擊**下載 CA 憑證鏈結**，所下載檔案的檔名為 certnew.p7b，它是被儲存在**下載**資料夾內。

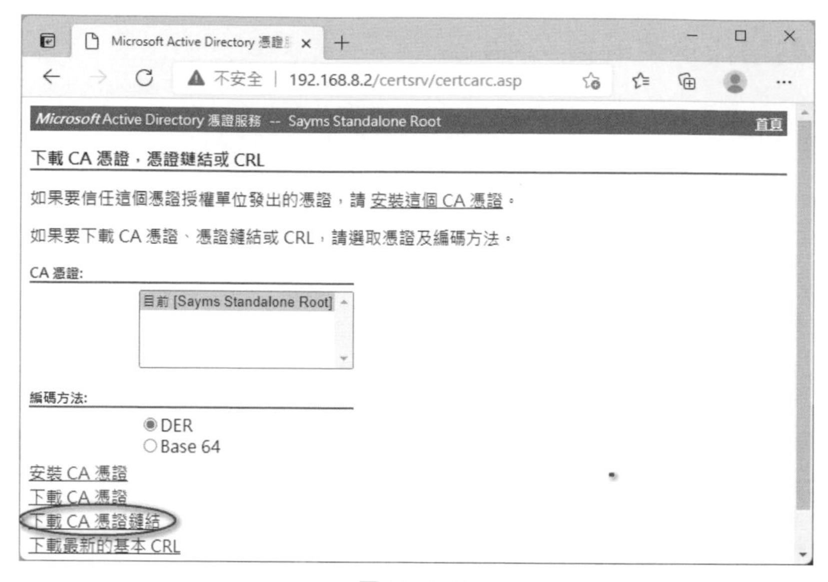

圖 16-2-14

STEP 4 對著下方的**開始**圖示■按右鍵➲執行➲輸入 **mmc** 後按確定鈕➲點選**檔案**功能表➲新增/移除嵌入式管理單元➲從清單中選擇**憑證**後按新增鈕➲在圖 16-2-15 中選擇**電腦帳戶**後依序按下一步鈕、完成鈕、確定鈕。

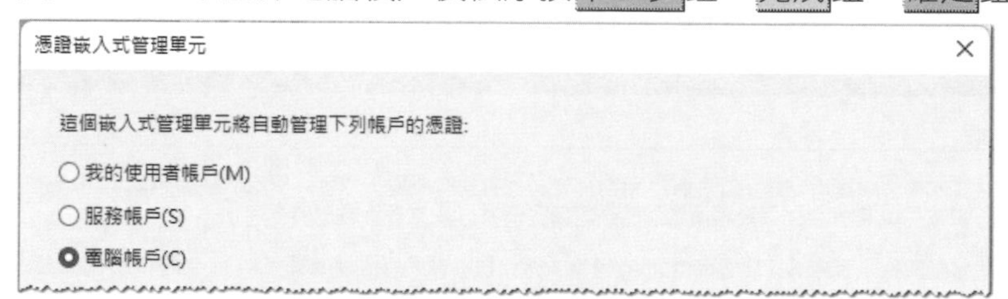

圖 16-2-15

STEP 5 如圖 16-2-16 所示展開到**受信任的根憑證授權單位**➲對著**憑證**按右鍵➲所有工作➲匯入➲按下一步鈕。

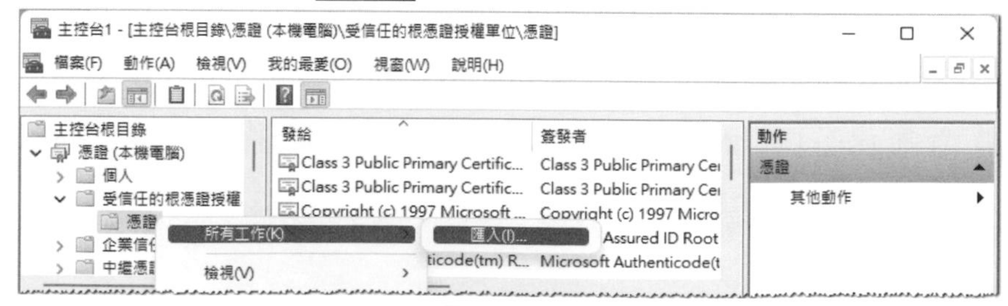

圖 16-2-16

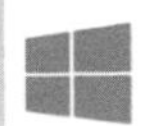

STEP 6 在**歡迎使用憑證匯入精靈**畫面中按 下一步 鈕。

STEP 7 在圖 16-2-17 中瀏覽、選取前面所下載的 CA 憑證鏈結檔後按 下一步 鈕（檔案類型改為**所有檔案(*.*)**後，才看得到此檔案）。

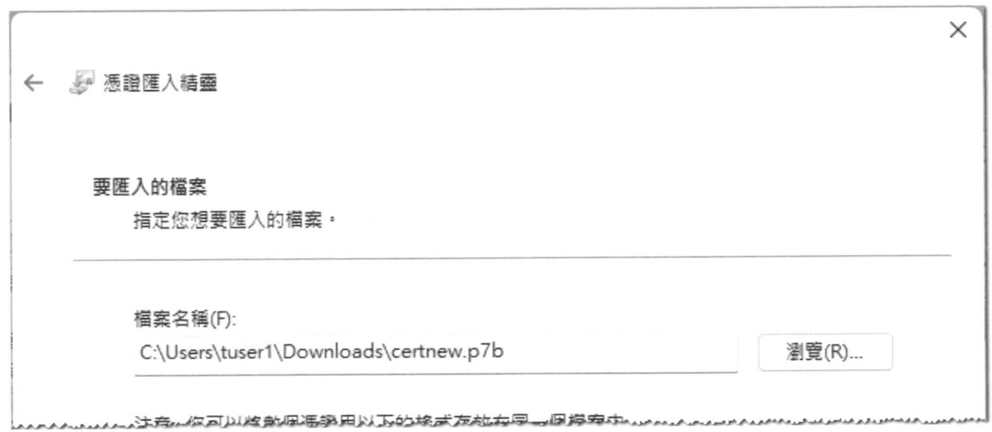

圖 16-2-17

STEP 8 接下來依序按 下一步 鈕、 完成 鈕、 確定 鈕。圖 16-2-18 為完成後畫面。

圖 16-2-18

您也可以透過群組原則來讓網域內所有電腦自動信任獨立 CA，詳情請參考《Windows Server 2022 Active Directory 建置實務》一書。

16-3 https 網站憑證實例演練

我們需替網站申請 SSL 憑證，網站才會具備 SSL 安全連線（https）的能力。若網站是要對網際網路使用者來提供服務的話，請向商業 CA 來申請憑證，例如 Digicert；

若網站只是要對內部員工、企業合作伙伴來提供服務的話，則可自行利用 **Active Directory 憑證服務**（AD CS）來架設 CA，並向此 CA 申請憑證即可。我們將利用 AD CS 來架設 CA，並透過以下程序來演練 https（SSL）網站的設定：

- 先在網站電腦上建立憑證申請檔案。
- 接著利用瀏覽器將憑證申請檔案傳送給 CA，然後下載憑證檔案：
  - **企業 CA**：由於企業 CA 會自動發放憑證，因此在您將憑證申請檔案傳送給 CA 時，就可以直接下載憑證檔案。
  - **獨立 CA**：獨立 CA 預設並不會自動發放憑證，因此您必須等 CA 管理員手動發放憑證後，再利用瀏覽器來連接 CA 與下載憑證檔案。
- 將 SSL 憑證安裝到網站電腦上，並將其繫結（binding）到網站，該網站便擁有 SSL 安全連線的能力。
- 測試用戶端瀏覽器與網站之間的 SSL 安全連線功能是否正常。

我們利用圖 16-3-1 來練習 SSL 安全連線，其中 3 台電腦分別扮演著以下的角色：

- WEB1：

  將扮演 SSL 網站的角色，請先在此電腦內安裝好**網頁伺服器（IIS）**角色，我們將利用預設的 Default Web Site 來當作 SSL 網站，網址為 www.sayms.local。

- CA1：

  將扮演獨立根 CA 的角色，請先在此電腦先安裝好 **Active Directory 憑證服務**角色，將 CA 的名稱設定為 Sayms Standalone CA。此台電腦也兼扮演 DNS 伺服器，因此也請安裝好 DNS 伺服器角色，並在其內建立正向對應區域 sayms.local、建立主機記錄 www（IP 位址為 192.168.8.1）。CA1 電腦可直接使用前面圖 16-2-2 的電腦，但需另外將其**慣用 DNS 伺服器**的 IP 位址指定到 192.168.8.2。

- Win11PC1：

  我們要在 Win11PC1 電腦上利用瀏覽器來連接 SSL 網站。Win11PC1 電腦可直接使用前面圖 16-2-2 的電腦，但需另外將其**慣用 DNS 伺服器**的 IP 位址指定到 192.168.8.2。

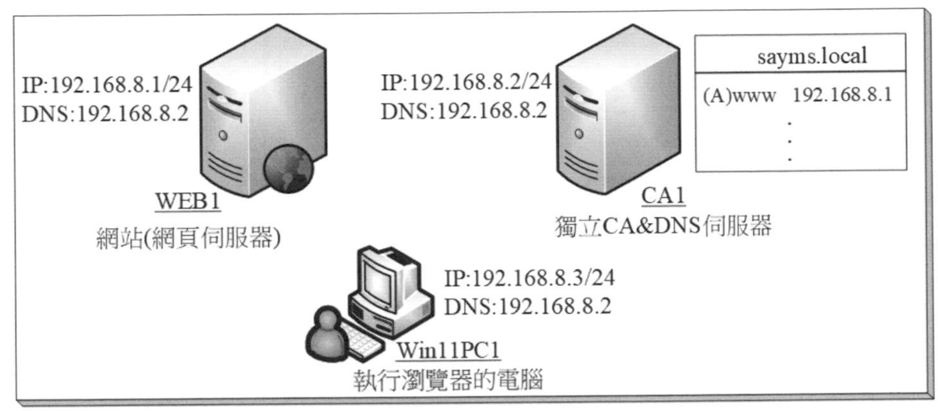

圖 16-3-1

讓網站與瀏覽器電腦信任 CA

網站 WEB1 與執行瀏覽器的 Win11PC1 都需信任發放 SSL 憑證的 CA，否則瀏覽器在利用 https（SSL）連接網站時會顯示警示訊息。若是企業 CA，而且網站與瀏覽器電腦都是網域成員的話，則它們都會自動信任此企業 CA，然而圖中的 CA 為獨立 CA，故需要分別到 WEB1 與 Win11PC1 上手動執行信任 CA 的步驟，請參考第 16-13 頁 **如何手動信任企業或獨立 CA？**的說明來完成信任 CA 的工作。

在網站電腦上建立憑證申請檔案

請到扮演網站 www.sayms.local 角色的電腦 WEB1 上執行以下步驟：

STEP 1 對著左下角**開始**圖示⊞按右鍵➲執行➲輸入 **mmc** 後按確定鈕➲點選**檔案**功能表➲新增/移除嵌入式管理單元➲從清單中選擇**憑證**後按新增鈕➲在圖 16-3-2 中選擇**電腦帳戶**後依序按下一步鈕、完成鈕、確定鈕。

圖 16-3-2

STEP 2 如圖 16-3-3 所示對著**個人**按右鍵➲所有工作➲進階操作➲建立自訂要求。

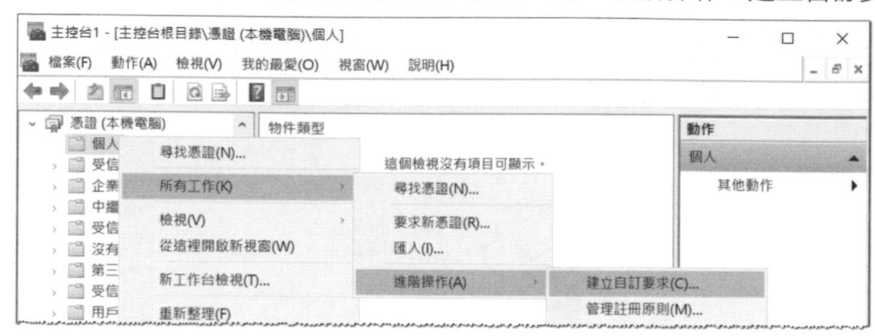

圖 16-3-3

STEP 3 出現在**您開始前**畫面時按 下一步 鈕。

STEP 4 出現圖 16-3-4 的畫面時按 下一步 鈕。

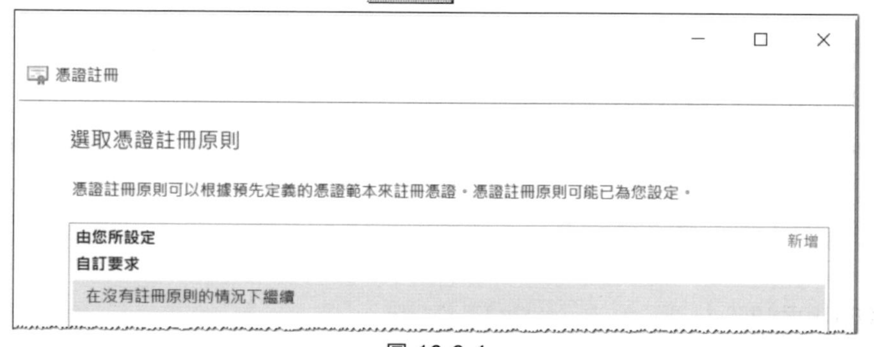

圖 16-3-4

STEP 5 出現圖 16-3-5 的**自訂要求**畫面時按 下一步 鈕。

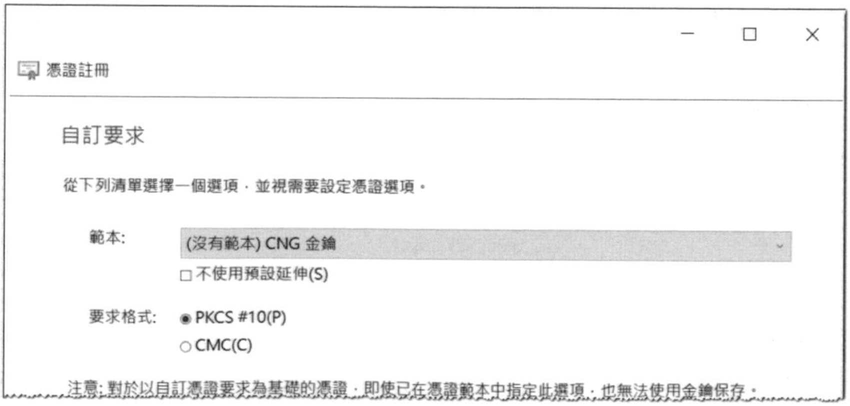

憑證註冊

自訂要求

從下列清單選擇一個選項，並視需要設定憑證選項。

範本: (沒有範本) CNG 金鑰

☐ 不使用預設延伸(S)

要求格式: ◉ PKCS #10(P)

○ CMC(C)

注意: 對於以自訂憑證要求為基礎的憑證，即使已在憑證範本中指定此選項，也無法使用金鑰保存。

圖 16-3-5

若 CA 是企業 CA 的話，**範本**處請選 **Web 伺服器**。

STEP 6 在圖 16-3-6 中先點擊**詳細資料**旁邊的小箭頭後再點擊 內容 鈕。

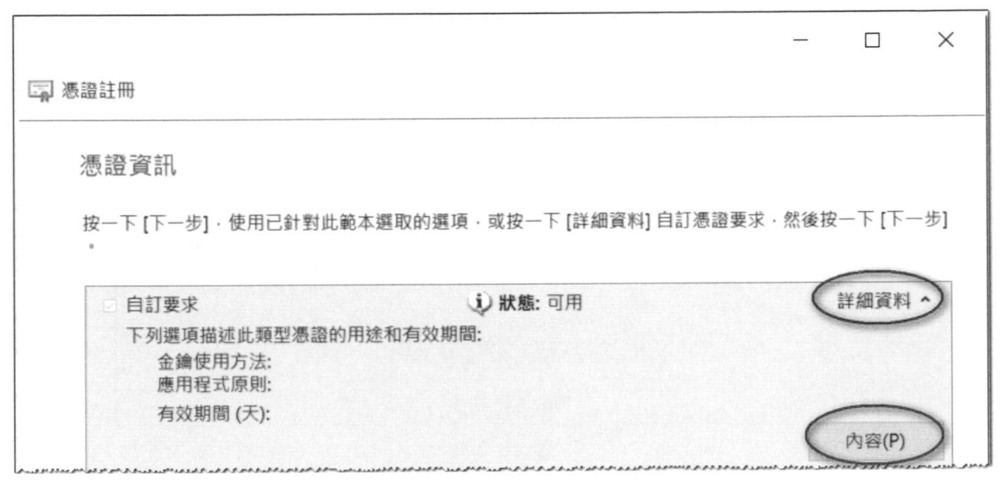

圖 16-3-6

STEP 7 在圖 16-3-7 中設定一個的易記名稱，例如 **Default Web Site 的憑證**。

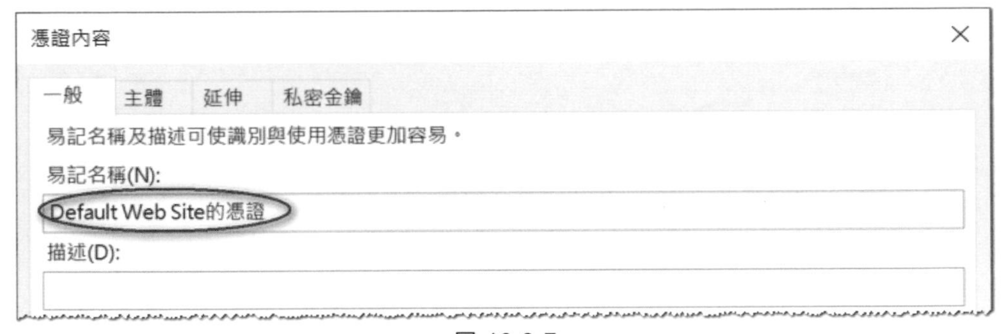

圖 16-3-7

STEP 8 點擊圖 16-3-8 中的**主體**標籤，然後在**主體名稱**欄位的**類型**處選取**一般名稱**、在**值**處輸入 www.sayms.local 後按 新增 鈕；在**別名**欄位的**類型**處選取 **DNS**、在**值**處輸入 www.sayms.local 後按 新增 鈕。此圖是完成後的畫面。

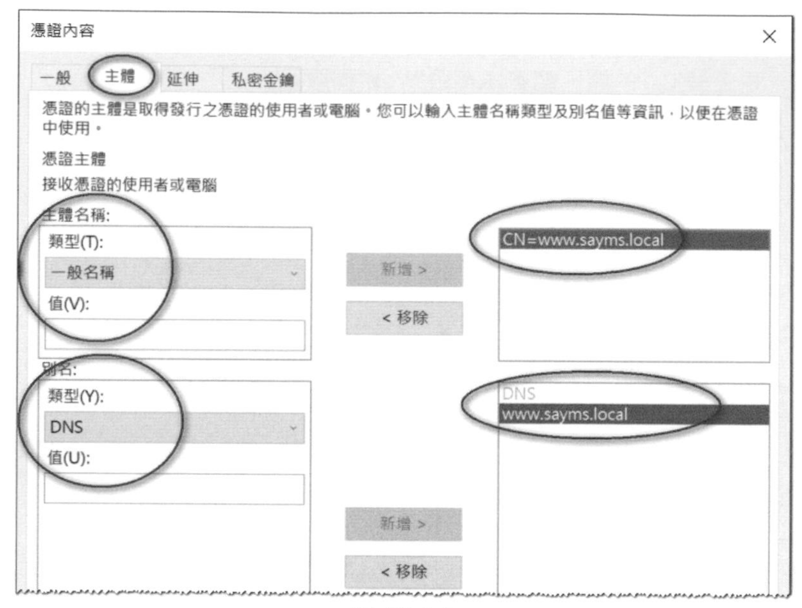

圖 16-3-8

STEP 9 點擊圖 16-3-9 中的**延伸**標籤，然後在**擴充金鑰使用方法(應用程式原則)**欄位下的**可用的選項**處，選擇**伺服器驗證**與**用戶端驗證**後，將它們新增到右方。此圖是完成後的畫面。

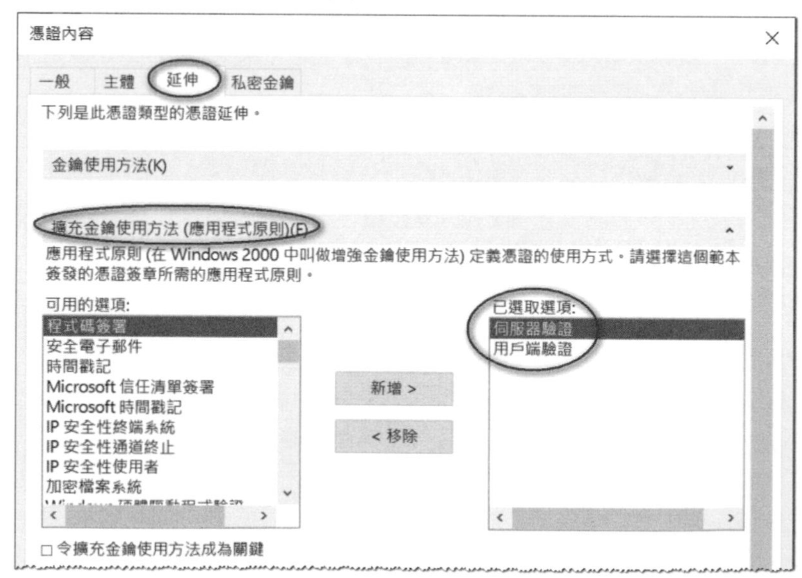

圖 16-3-9

STEP **10** 點擊圖 16-3-10 中的**私密金鑰**標籤，然後在**金鑰選項**下勾選**可匯出私密金鑰**後按確定鈕。

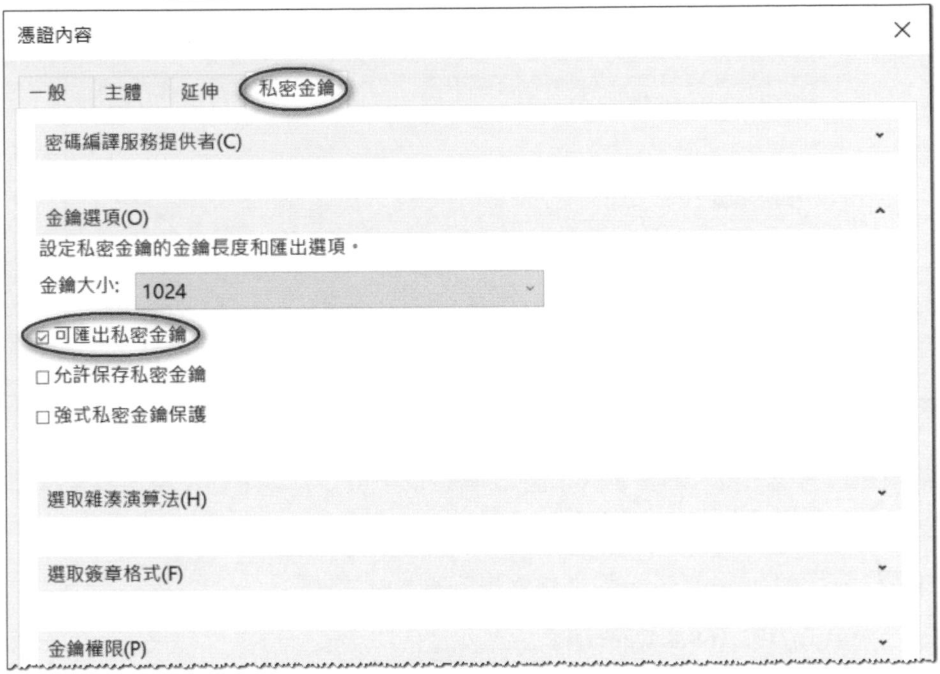

憑證內容

一般　主體　延伸　私密金鑰

密碼編譯服務提供者(C)

金鑰選項(O)

設定私密金鑰的金鑰長度和匯出選項。

金鑰大小: 1024

☑ 可匯出私密金鑰

☐ 允許保存私密金鑰

☐ 強式私密金鑰保護

選取雜湊演算法(H)

選取簽章格式(F)

金鑰權限(P)

圖 16-3-10

STEP **11** 回到圖 16-3-11 的**憑證資訊**畫面時按下一步鈕。

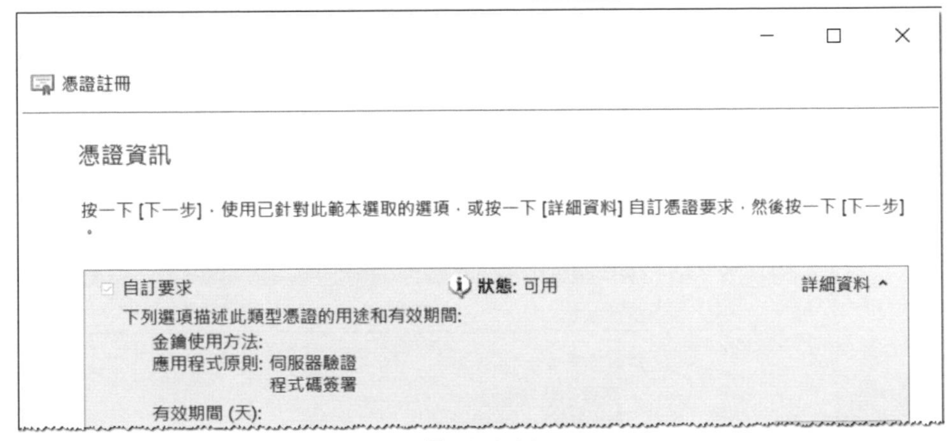

圖 16-3-11

STEP **12** 在圖 16-3-12 中自行設定憑證申請檔的檔名與儲存地點後按完成鈕。

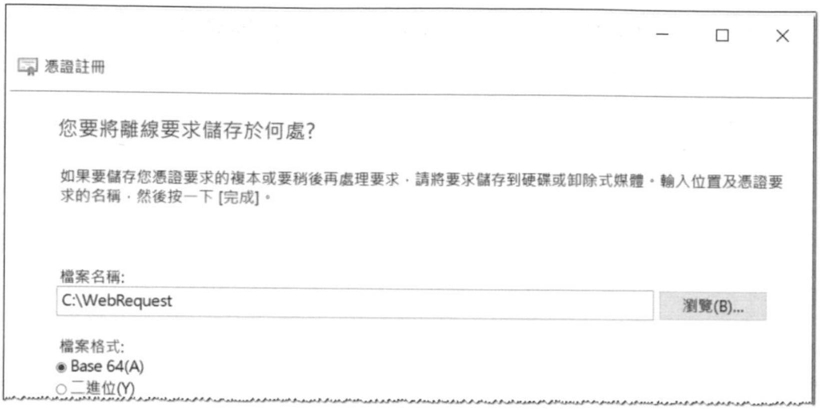

憑證註冊

您要將離線要求儲存於何處?

如果要儲存您憑證要求的複本或要稍後再處理要求，請將要求儲存到硬碟或卸除式媒體。輸入位置及憑證要求的名稱，然後按一下 [完成]。

檔案名稱:

C:\WebRequest　瀏覽(B)...

檔案格式:

◉ Base 64(A)

○ 二進位(Y)

圖 16-3-12

申請憑證與下載憑證

請繼續在扮演網站角色的電腦 WEB1 上執行以下步驟（以下的 CA 假設是獨立根 CA，但會附帶說明企業根 CA 的步驟）：

STEP 1　執行 Microsoft Edge，並輸入以下的 URL 路徑：

http://192.168.8.2/certsrv

其中 192.168.8.2 為圖 16-3-1 中獨立 CA 的 IP 位址。

STEP 2　在圖 16-3-13 中選擇要求憑證、進階憑證要求。

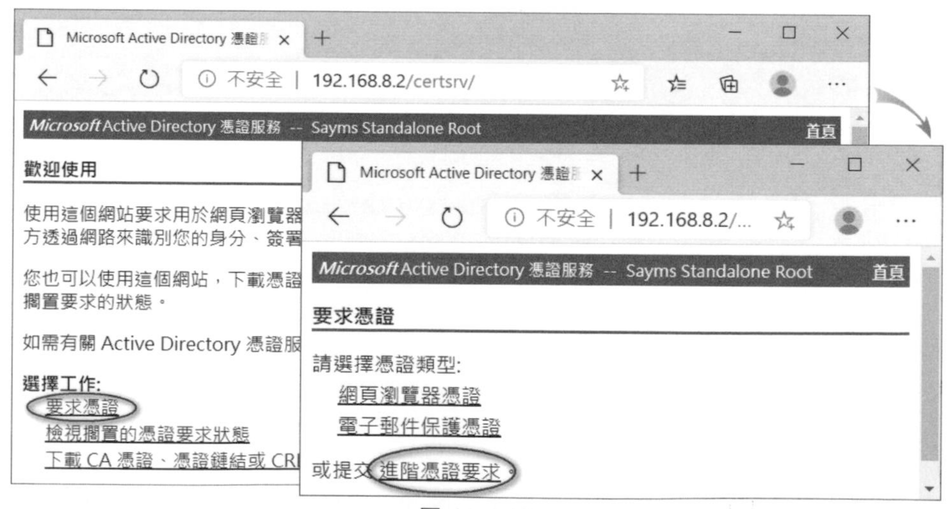

圖 16-3-13

> 若是向企業 CA 申請憑證的話，則系統會先要求輸入使用者帳戶與密碼，此時請輸入網域系統管理員帳戶（例如 sayms\administrator）與密碼。

STEP 3 在繼續下一個步驟之前，請先利用**記事本**開啟前面的憑證申請檔 C:\WebCertReq，然後如圖 16-3-14 所示複製整個檔案的內容。

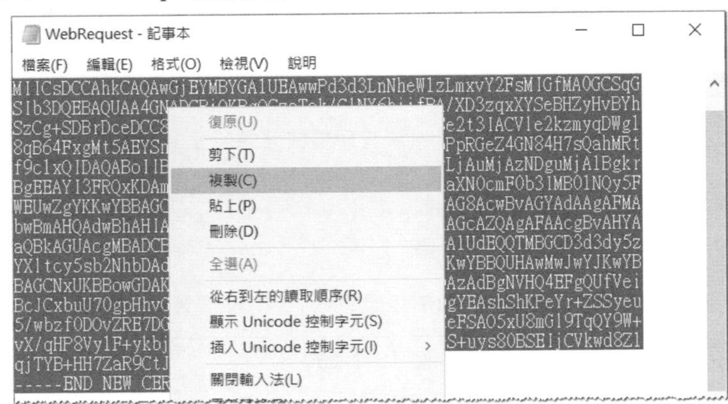

圖 16-3-14

STEP 4 將所複製下來的內容貼到圖 16-3-15 畫面中所示區域，完成後按 提交 鈕。

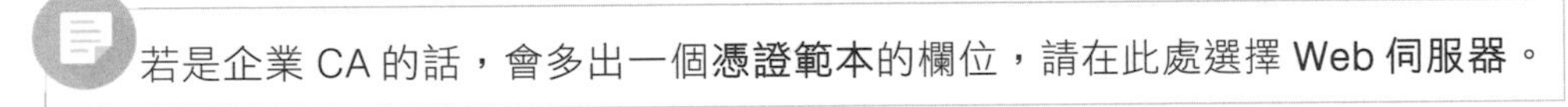

> 若是企業 CA 的話，會多出一個**憑證範本**的欄位，請在此處選擇 Web 伺服器。

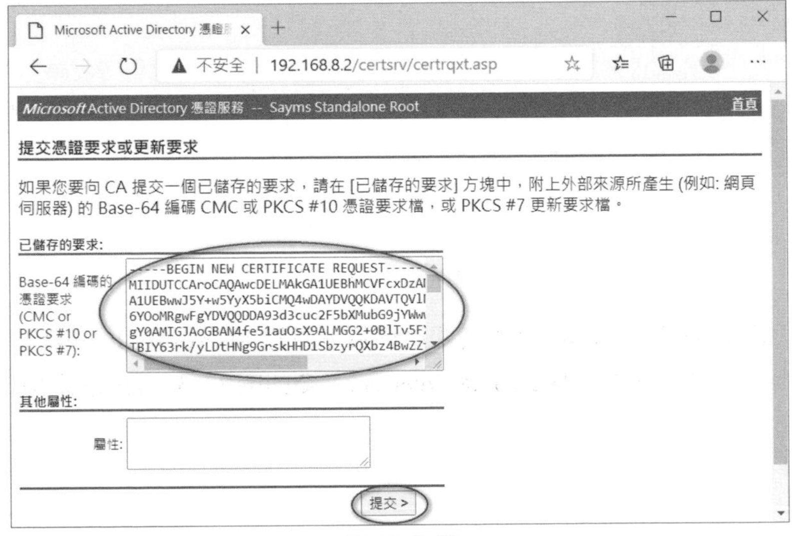

圖 16-3-15

STEP 5 因為獨立 CA 預設並不會自動發放憑證，故需依照圖 16-3-16 的要求，等 CA 系統管理員發放此憑證後，再來連接 CA 與下載憑證。

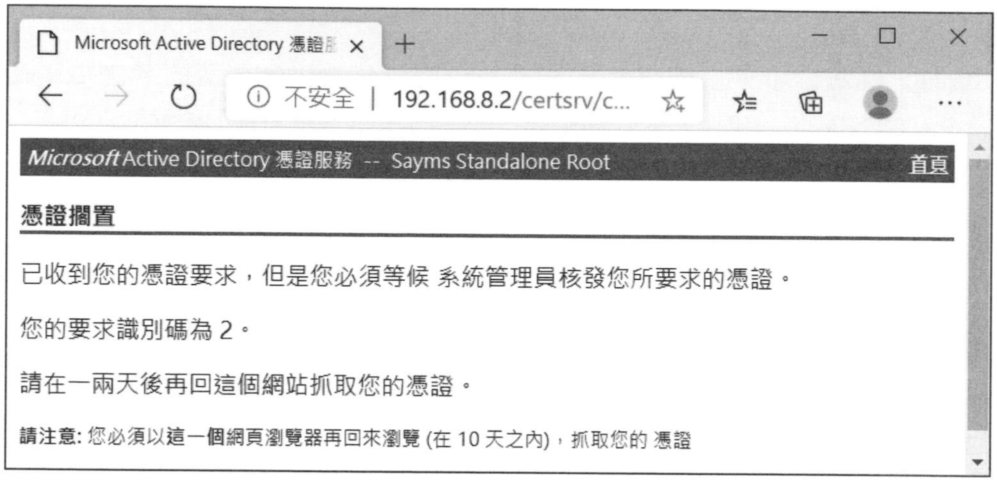

圖 16-3-16

STEP 6 到 CA1 電腦上【點擊左下角**開始**圖示⊞➲Windows 系統管理工具➲憑證授權單位➲展開到**擱置要求**➲對著圖 16-3-17 中的憑證要求按右鍵➲所有工作➲發行】。

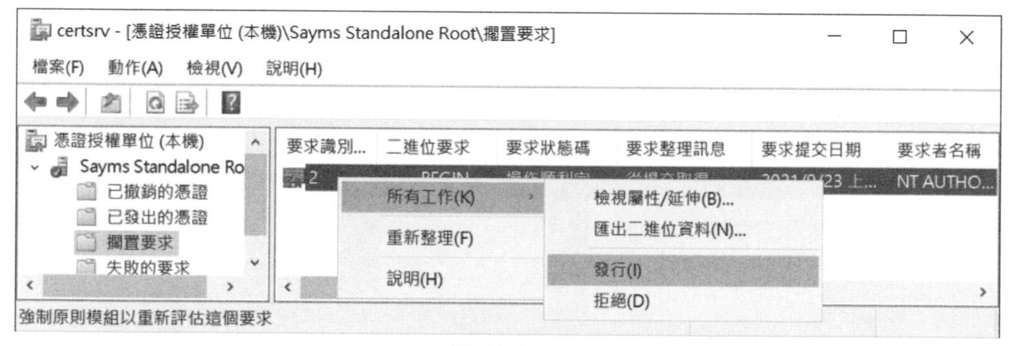

圖 16-3-17

STEP 7 回到網站電腦 Web1 上：【開啟網頁瀏覽器 Microsoft Edge➲連接到 CA 網頁（例如 http://192.168.8.2/certsrv）➲如圖 16-3-18 所示來選擇】。

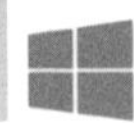

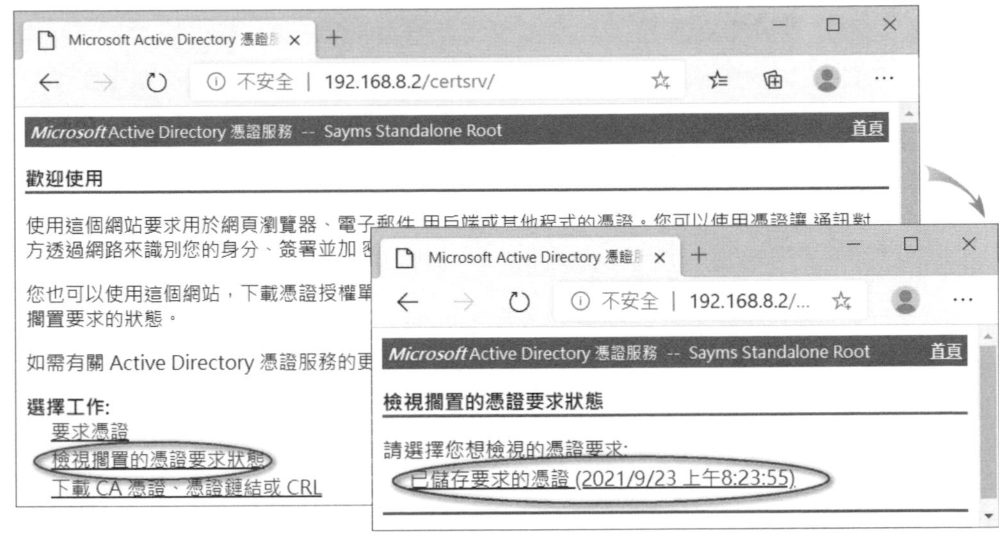

圖 16-3-18

STEP 8 在圖 16-3-19 中點選**下載憑證**。所下載檔案的檔名為 certnew.cer，它是被儲存在**下載**資料夾內。

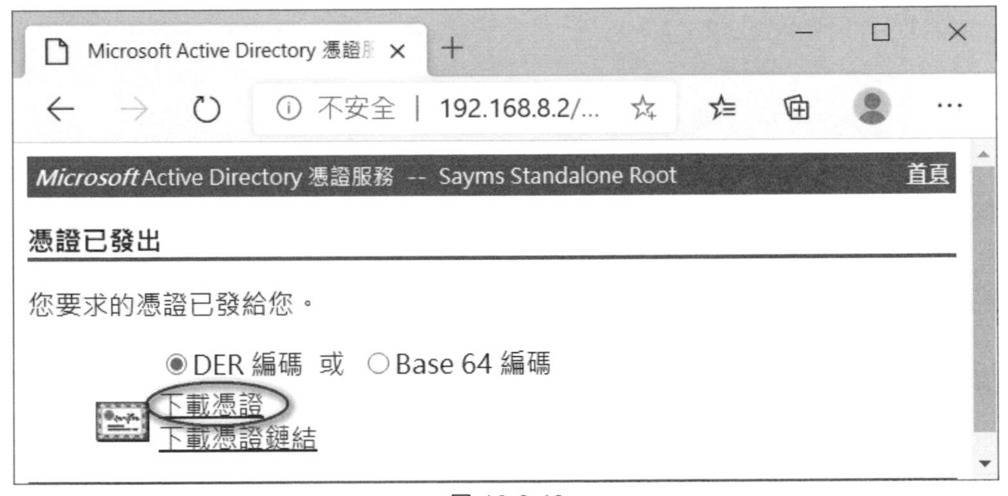

圖 16-3-19

安裝憑證

我們要利用以下步驟來將從 CA 下載的憑證安裝到 IIS 電腦上。

STEP 1 對著左下角**開始**圖示⊞按右鍵➲執行➲輸入 **mmc** 後按確定鈕➲點選**檔案**功能表➲新增/移除嵌入式管理單元➲從清單中選擇**憑證**後按新增鈕➲在圖 16-3-20 中選擇**電腦帳戶**後依序按下一步鈕、完成鈕、確定鈕。

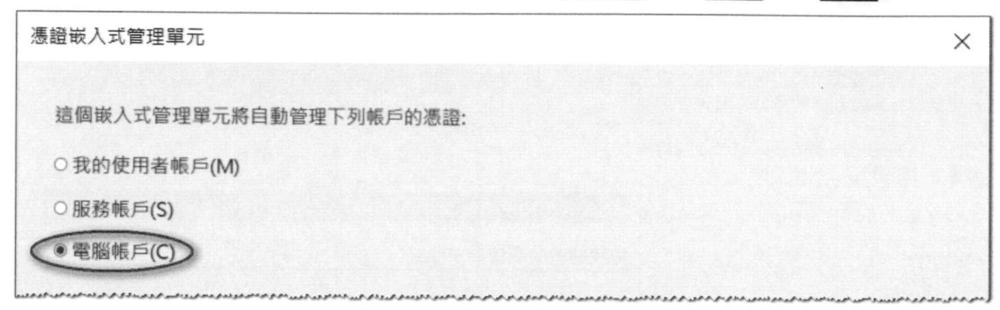

圖 16-3-20

STEP 2 如圖 16-3-21 所示對著**個人**按右鍵➲所有工作➲匯入。

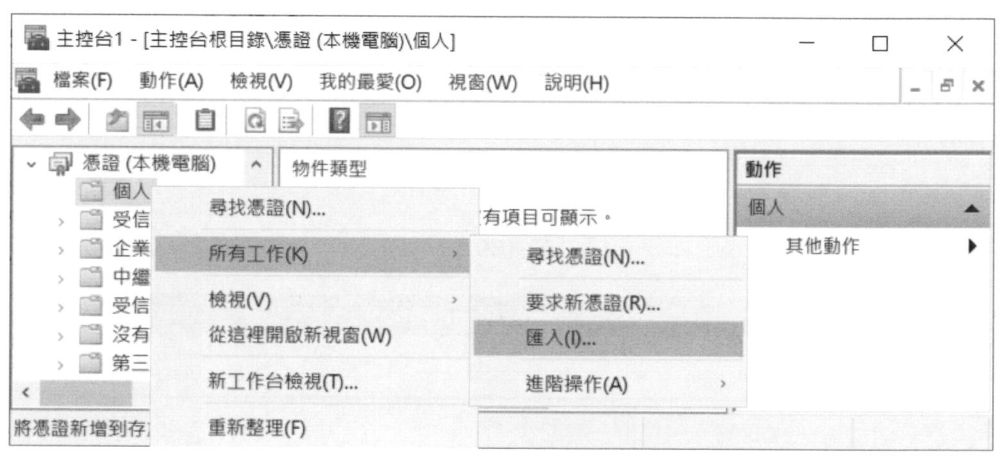

圖 16-3-21

STEP 3 出現**歡迎使用憑證匯入精靈**畫面時按下一步鈕。

STEP 4 在圖 16-3-22 中選擇前面所下載的憑證檔案後按下一步鈕。

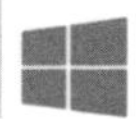

圖 16-3-22

STEP 5 出現**憑證存放區**畫面時直接按下一步鈕。

STEP 6 在**完成憑證匯入精靈**畫面中按完成鈕。

STEP 7 圖 16-3-23 為完成後的畫面。

圖 16-3-23

STEP 8 點擊左下角**開始**圖示⊞➲Windows 系統管理工具➲Internet Information Services (IIS)管理員。

STEP 9 如圖 16-3-24 所示點擊 WEB1➲伺服器憑證➲由前景圖也可看到剛才所安裝的憑證。

圖 16-3-24

STEP **10** 接下來需將 SSL 憑證繫結（binding）到 Default Web Site：請如圖 16-3-25 所示點擊 Default Web Site 右方的**繫結...**。

圖 16-3-25

STEP **11** 如圖 16-3-26 所示按新增鈕➲在**類型**處選擇 **https**➲在 **SSL 憑證**處選擇 **Default Web Site** 的憑證後按確定鈕➲按關閉鈕。

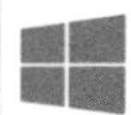

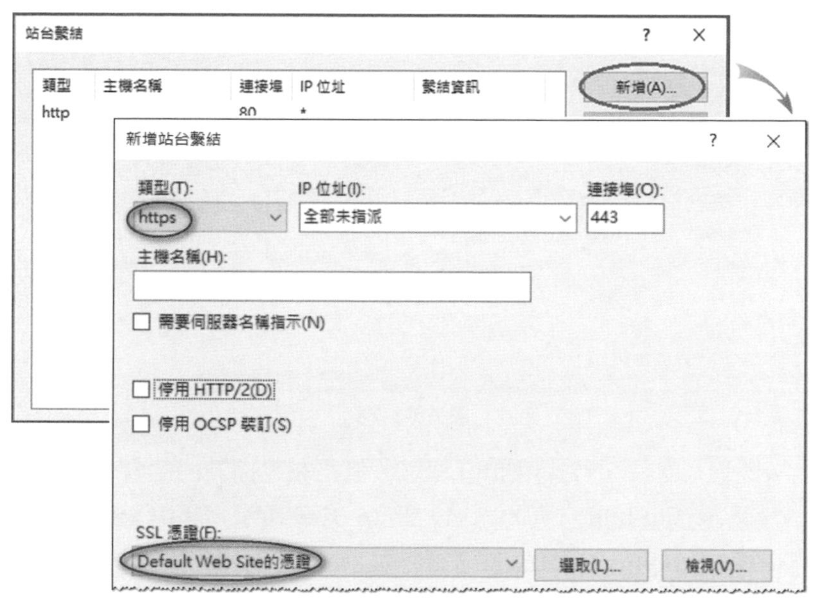

圖 16-3-26

STEP **12** 圖 16-3-27 為完成後的畫面。

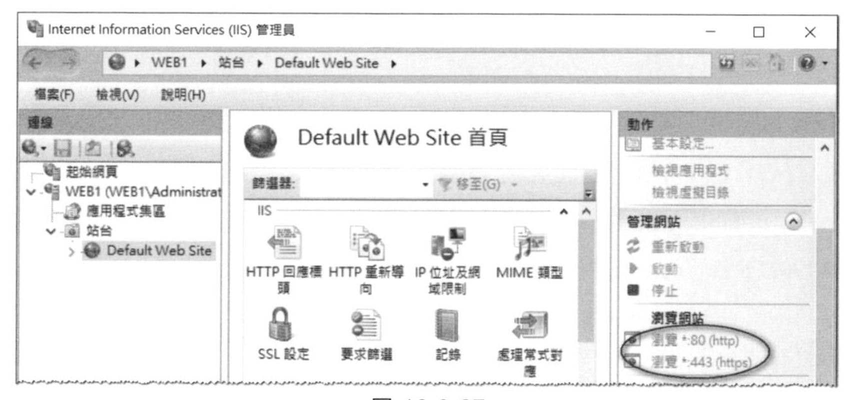

圖 16-3-27

測試 https 連線

為了測試 SSL 網站是否正常，我們將如圖 16-3-28 所示在網站主目錄下（假設是 C:\inetpub\wwwroot），利用**記事本**（notepad）新增檔案名稱為 default.htm 的首頁檔。建議先在**檔案總管**內【點選**檢視**功能表➲勾選**副檔名**】，如此在建立檔案時才不容易弄錯副檔名，同時在圖 16-3-28 才看到檔案 default.htm 的副檔名.htm。

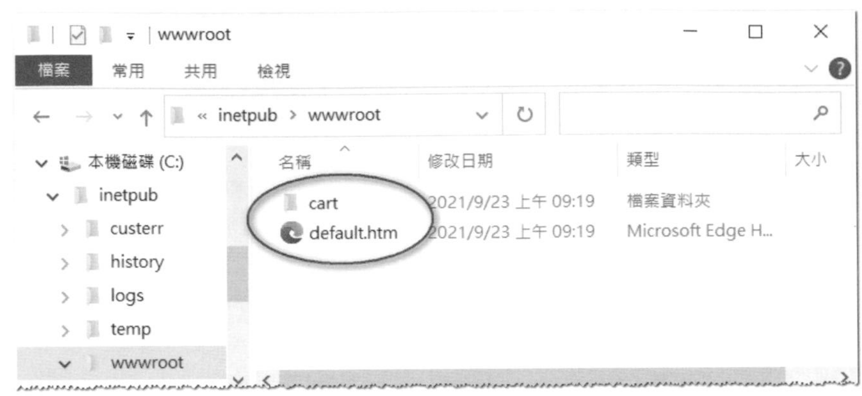

圖 16-3-28

假設在連接此網站的首頁時採用 http 連線，但是在連接其內的資料夾 cart 時就會採用 https。此 default.htm 首頁的內容如圖 16-3-29 所示，其中 **SSL 安全連線**的連結為 **https://www.sayms.local/cart/**。

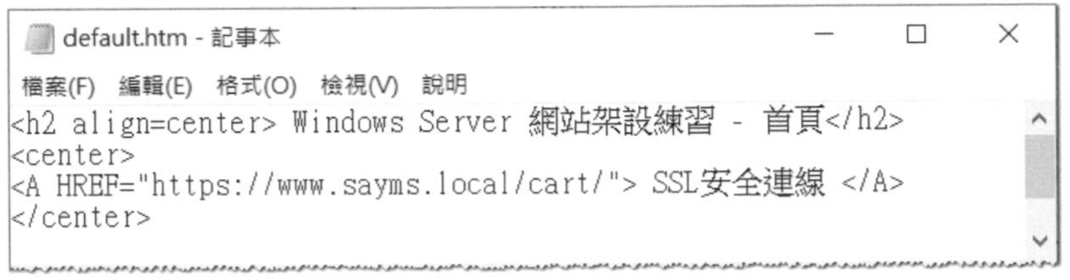

圖 16-3-29

接著如圖 16-3-30 所示在 wwwroot 目錄之下建立一個子資料夾 cart，然後在其內也建立一個 default.htm 的首頁檔，其內容如圖 16-3-31 所示，在使用者點擊前面圖 16-3-29 中 **SSL 安全連線**的連結後，就會以 SSL 的方式來開啟此網頁。

圖 16-3-30

圖 16-3-31

我們將利用圖 16-3-1 中 Win11PC1 電腦，來嘗試與 SSL 網站建立 SSL 安全連線：開啟 Microsoft Edge，然後利用一般連線方式 **http://www.sayms.local/** 來連接網站，此時應該會看到圖 16-3-32 的畫面。

圖 16-3-32

接著點擊圖 16-3-32 中最下方的 **SSL 安全連線**這個連結（link），此時它會連接到 **https://www.sayms.local/cart/** 內的預設網頁 default.htm（如圖 16-3-33 所示）。

圖 16-3-33

若 Win11PC1 電腦並未信任發放 SSL 憑證的 CA、或是網站的憑證有效期限已過或尚未生效、或是並非利用 https://www.sayms.local/cart 連接網站（例如使用 https://192.168.8.1/cart，因為申請憑證時所使用的名稱為 www.sayms.local，故需利用 www.sayms.local 來連接網站），則在點擊 **SSL 安全連線**連結後將出現如圖

16-3-34 所示的警示畫面，此時仍然可以點擊下方的**進階**來開啟網頁或先排除問題後再來測試。

圖 16-3-34

若您確定所有的設定都正確，但是在這台 Windows 11 電腦的 Microsoft Edge 瀏覽器畫面上卻沒有出現應該有的結果時，請先將暫存檔案刪除再試看看：【在 Microsoft Edge 內點擊右上角三點圖示➲設定➲（可能還需點擊左上角三條線的**設定**圖示）隱私權、搜尋與服務➲清除瀏覽資料...】，或是按 Ctrl+F5 鍵來要求它跳過暫存檔案，然後直接去連接網站。

系統預設並未強制用戶端需要利用 https 的 SSL 方式來連接網站，因此也可以透過 http 方式來連線。若要強制的話，可以針對整個網站、單一資料夾或單一檔案來設定，以資料夾 cart 來說，其設定途徑為：【如圖 16-3-35 所示點擊資料夾 cart➲SSL 設定➲勾選**需要 SSL** 後按套用鈕】。

若要針對單一檔案來設定的話：【先點擊檔案所在的資料夾➲點擊中間下方的**內容檢視**➲點擊中間欲設定的檔案（例如 default.htm）➲點擊右方的**切換到功能檢視**➲透過中間的 SSL 設定來設定】。

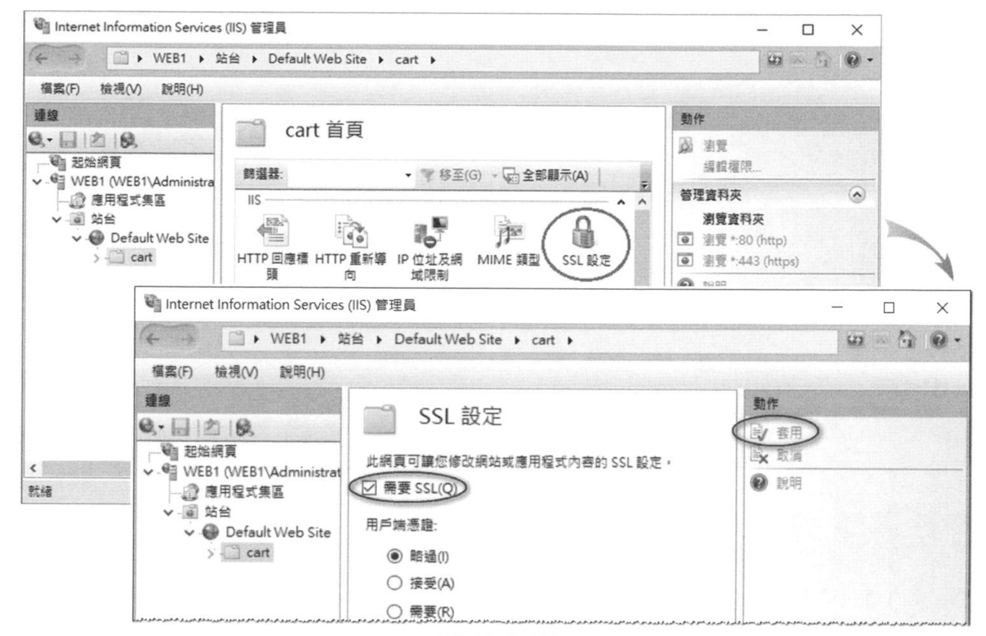

圖 16-3-35

16-4 憑證的管理

本節將介紹 CA 的備份與還原、CA 的憑證管理與用戶端的憑證管理等工作。

CA 的備份與還原

由於 CA 資料庫與相關資料是包含在**系統狀態**內，因此您可以在利用 Windows Server Backup 來備份系統狀態的時候，順便將 CA 資料備份。您也可以在扮演 CA 角色的伺服器上：【點擊左下角**開始**圖示⊞➲Windows 系統管理工具➲憑證授權單位➲如圖 16-4-1 所示對著 CA 按右鍵➲所有工作➲**備份 CA** 或**還原 CA**】。

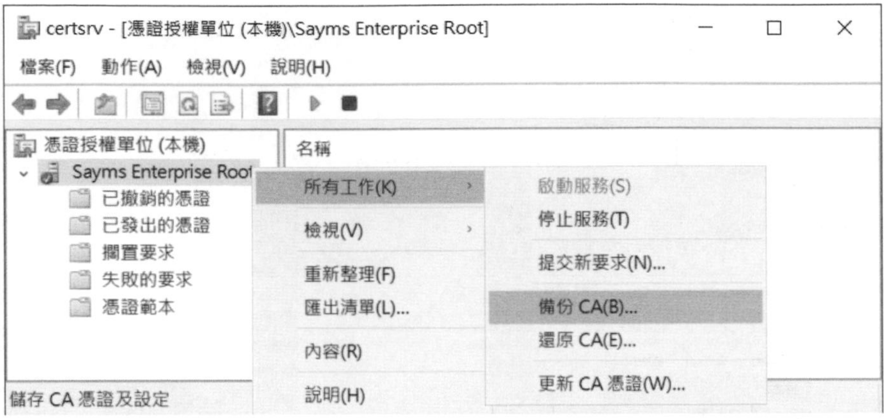

certsrv - [憑證授權單位 (本機)\Sayms Enterprise Root]
檔案(F) 動作(A) 檢視(V) 說明(H)
憑證授權單位 (本機)
Sayms Enterprise Root
已撤銷的憑證
已發出的憑證
擱置要求
失敗的要求
憑證範本
名稱
所有工作(K)
檢視(V)
重新整理(F)
匯出清單(L)...
內容(R)
說明(H)
啟動服務(S)
停止服務(T)
提交新要求(N)...
備份 CA(B)...
還原 CA(E)...
更新 CA 憑證(W)...
儲存 CA 憑證及設定

圖 16-4-1

管理憑證範本

企業 CA 根據**憑證範本**來發放憑證，如圖 16-4-2 所示為企業 CA 已經開放可供申請的憑證範本，每一個範本內包含著多種不同的用途，例如其中的**使用者**範本提供檔案加密（EFS）、電子郵件保護、用戶端身分驗證等用途。

certsrv - [憑證授權單位 (本機)\Sayms Enterprise Root\憑證範本]
檔案(F) 動作(A) 檢視(V) 說明(H)
憑證授權單位 (本機)
Sayms Enterprise Root
已撤銷的憑證
已發出的憑證
擱置要求
失敗的要求
憑證範本
名稱
使用目的
目錄電子郵件複寫
目錄服務電子郵件複寫
網域控制站驗證
用戶端驗證, 伺服器驗證, 智慧卡登入
Kerberos 驗證
用戶端驗證, 伺服器驗證, 智慧卡登入, K...
EFS 修復代理
檔案修復
基本 EFS
加密檔案系統
網域控制站
用戶端驗證, 伺服器驗證
Web 伺服器
伺服器驗證
電腦
用戶端驗證, 伺服器驗證
使用者
加密檔案系統, 安全電子郵件, 用戶端驗證
附屬憑證授權單位
<全部>
系統管理員
Microsoft 信任清單簽署, 加密檔案系統,...

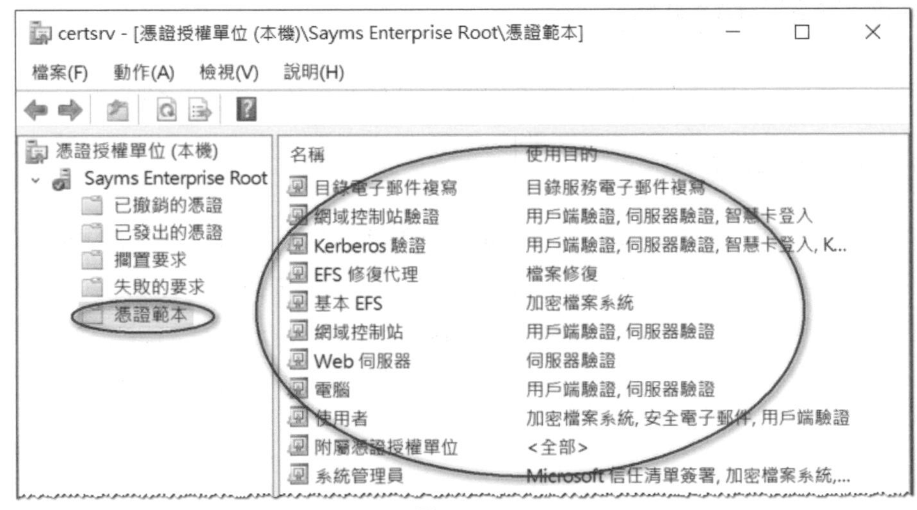

圖 16-4-2

企業 CA 還提供了許多其他憑證範本，不過您必須先將其啟用後，使用者才可以來申請，啟用途徑為：【對著圖 16-4-3 中的**憑證範本**按右鍵➲新增➲要發行的憑證範本➲選擇新的範本（例如 **IPSec**）後按確定鈕】。

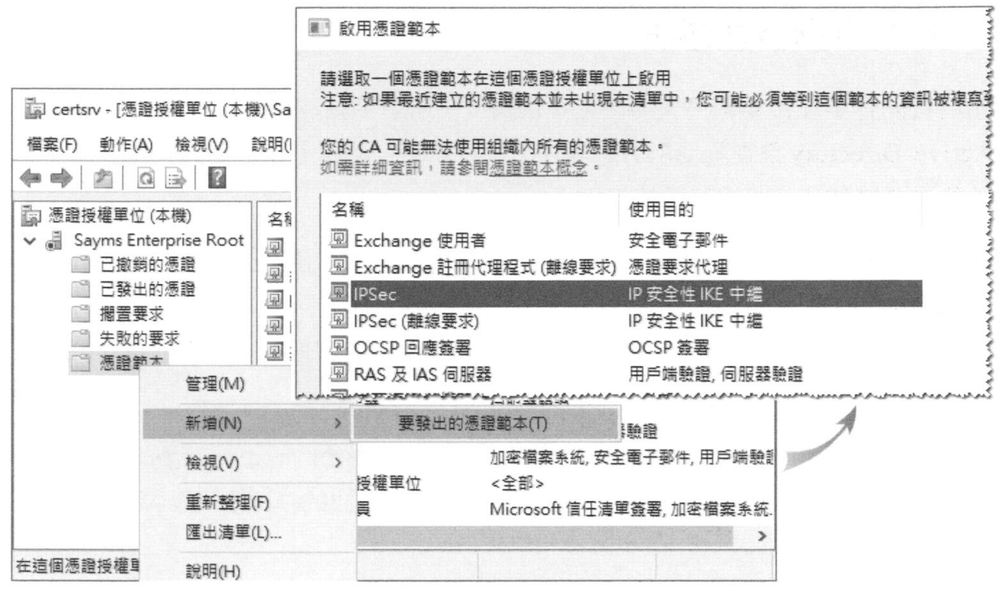

圖 16-4-3

您也可以變更內建範本的內容，但有的範本內容無法變更，例如**使用者**範本。若想要一個擁有不同設定的**使用者**範本的話，例如有效期限比較長，則可以先複製現有的**使用者**範本、然後變更此新範本的有效期限、最後啟用此範本，網域使用者就可以來申請此新範本的憑證。變更現有憑證範本或建立新憑證範本的途徑：在**憑證授權單位**主控台中【對著**憑證範本**按右鍵➲管理➲在圖 16-4-4 中對著所選憑證範本按右鍵➲選擇**複製範本**來建立新範本、或選擇**內容**來變更此範本內的設定】。

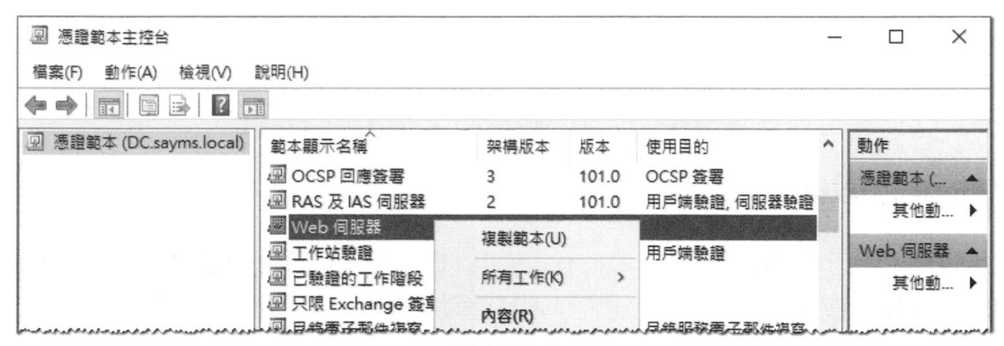

圖 16-4-4

自動或手動發放憑證

使用者向企業 CA 申請憑證時，需提供網域使用者名稱與密碼，企業 CA 會透過 Active Directory 來查詢使用者的身分，並據以決定使用者是否有權申請此憑證，然後自動將核可的憑證發放給使用者。

然而獨立 CA 不要求提供使用者名稱與密碼，且獨立 CA 預設並不會自動發放使用者所申請的憑證，而是需由系統管理員來手動發放此憑證。手動或拒絕發放的步驟為：【開啟**憑證授權單位**主控台➲點擊**擱置要求**➲對著選取的憑證按右鍵➲所有工作➲發行（或拒絕）】。

若要變更自動或手動發放設定的話：【對著 CA 按右鍵➲內容➲在圖 16-4-5 的背景圖中點擊**原則模組**標籤➲內容鈕➲在前景圖中選擇發放的模式】，圖中將其改為自動發放。

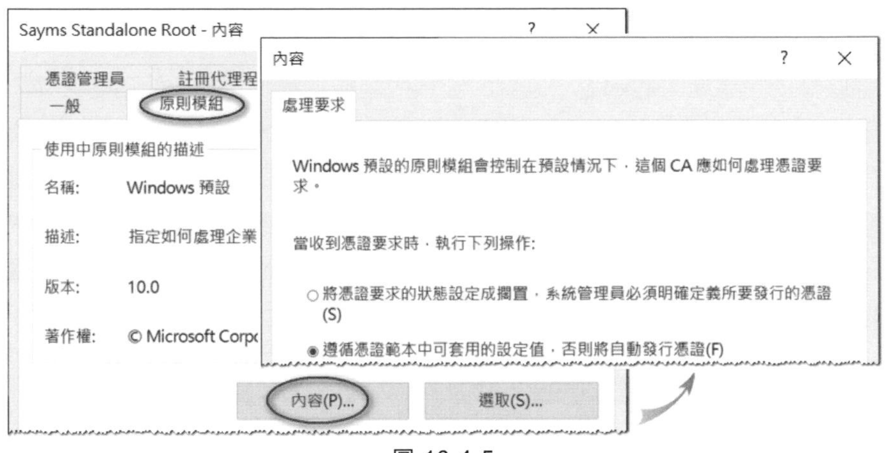

圖 16-4-5

撤銷憑證與 CRL

雖然使用者所申請的憑證有一定的有效期限，例如**電子郵件保護憑證**為 1 年，但是您可能會因為其他因素，而提前將尚未到期的憑證撤銷，例如員工離職。

撤銷憑證

撤銷憑證的方法為如圖 16-4-6 所示：【點選**已發出的憑證**➲對著欲撤銷的憑證按右鍵➲所有工作➲撤銷憑證➲選取憑證被撤銷的理由➲按是（Y）鈕】。

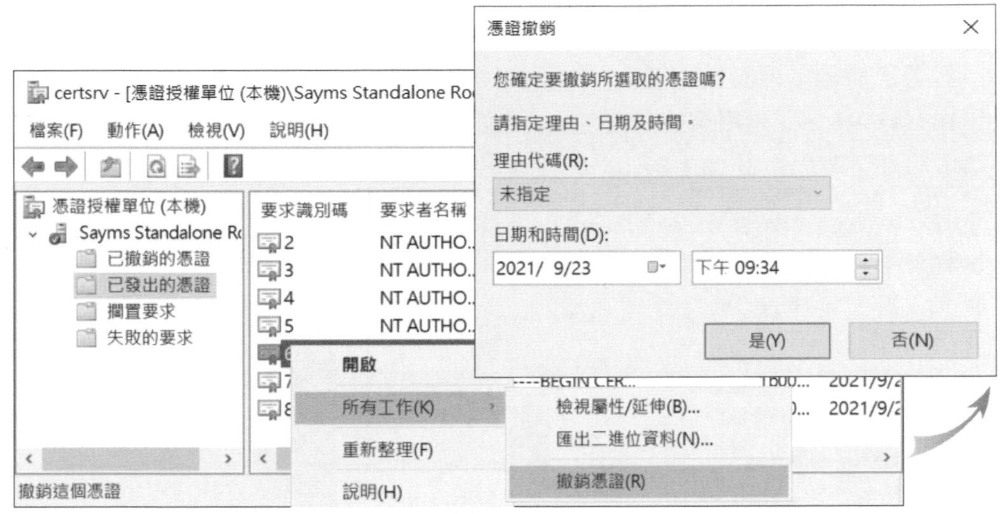

圖 16-4-6

已撤銷的憑證會被放入**憑證撤銷清單**（certificate revocation list，CRL）內。您可以在**已撤銷的憑證**資料夾內看到這些憑證，之後若要解除撤銷的話（只有憑證撤銷理由為**憑證保留**的憑證才可以解除撤銷）：如圖 16-4-7 所示點選**已撤銷的憑證**➲對著該憑證按右鍵➲所有工作➲解除撤銷憑證。

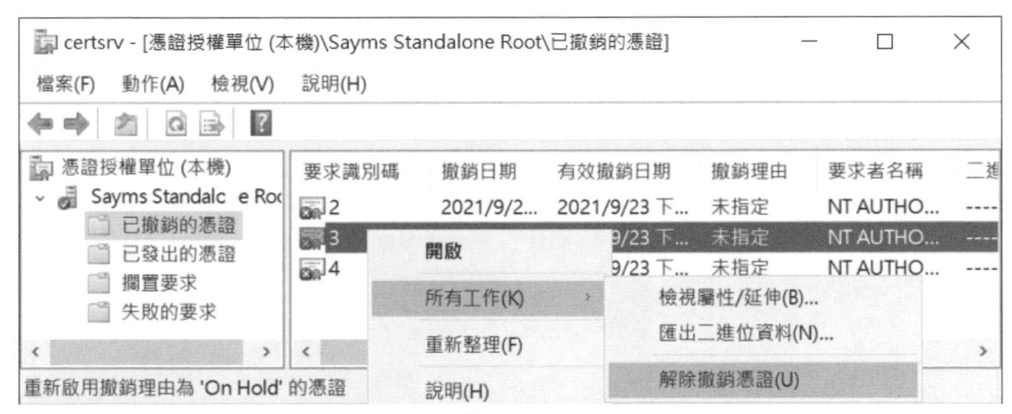

圖 16-4-7

發佈 CRL

網路中的電腦要如何得知哪一些憑證已經被撤銷了呢？它們只要下載**憑證撤銷清單**（CRL）就可以知道了，不過我們必須先將 CA 的 CRL 發佈出來，而您可以採用以下兩種發佈 CRL 的方式：

- **自動發佈**：CA 預設會每隔 1 週發佈一次 CRL。您可以透過【如圖 16-4-8 所示對著**已撤銷的憑證**按右鍵➲**內容**】的途徑來變更此間隔時間，圖中還有一個 **Delta CRL**，它是用來儲存自從上一次發佈 CRL 後，新增加的撤銷憑證。網路電腦在下載過完整 CRL 後，之後只需下載 Delta CRL 即可，以節省下載時間。

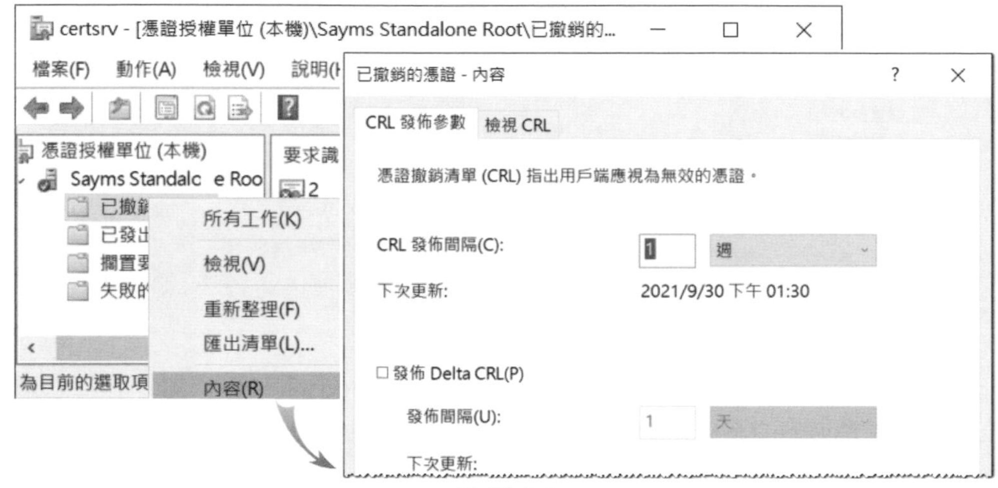

圖 16-4-8

- **手動發佈**：CA 系統管理員可以如圖 16-4-9 所示【對著**已撤銷的憑証**按右鍵➲**所有工作**➲**發佈**➲選擇發佈**新的 CRL** 或**只有 Delta CRL**】。

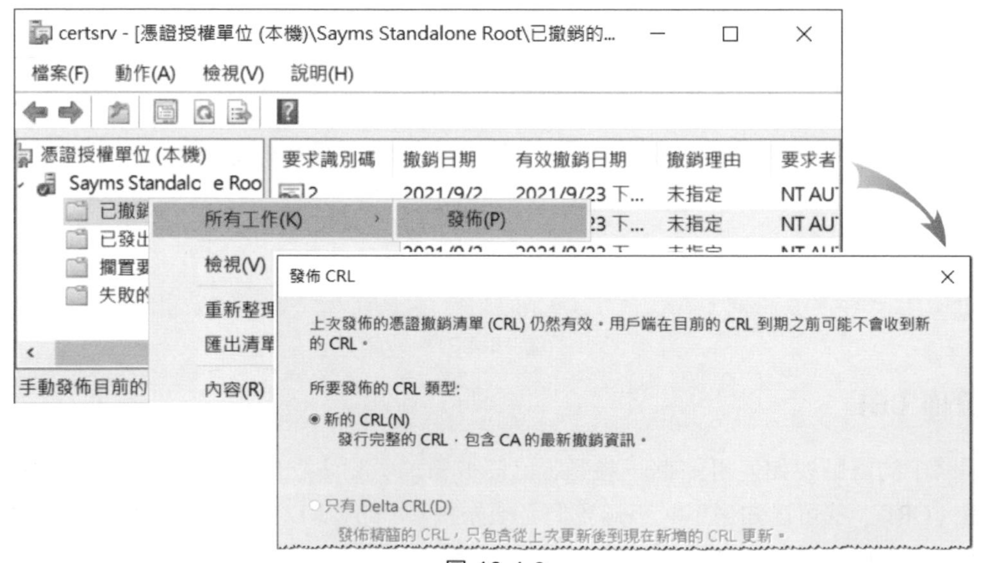

圖 16-4-9

下載 CRL

網路中的電腦可以自動或手動從 **CRL 發佈點**來下載 CRL：

- **自動下載**：以 Windows 11 的瀏覽器為例，可以透過：【按 Windows 鍵⊞+ R 鍵➲輸入 control 後按 Enter 鍵➲網路和網際網路➲網際網路選項➲圖 16-4-10 中的**進階**標籤】來勾選自動下載 CRL。

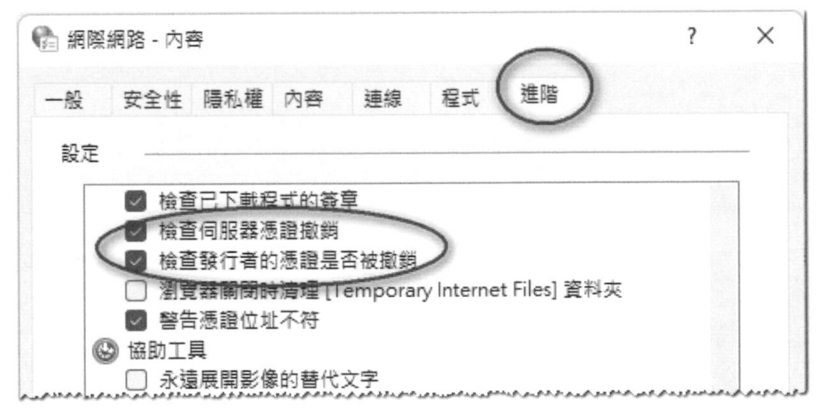

圖 16-4-10

- **手動下載**：利用網頁瀏覽器（例如 Microsoft Edge）連接 CA、然後如圖 16-4-11 所示選擇**下載 CA 憑證、憑證鏈結或 CRL**。

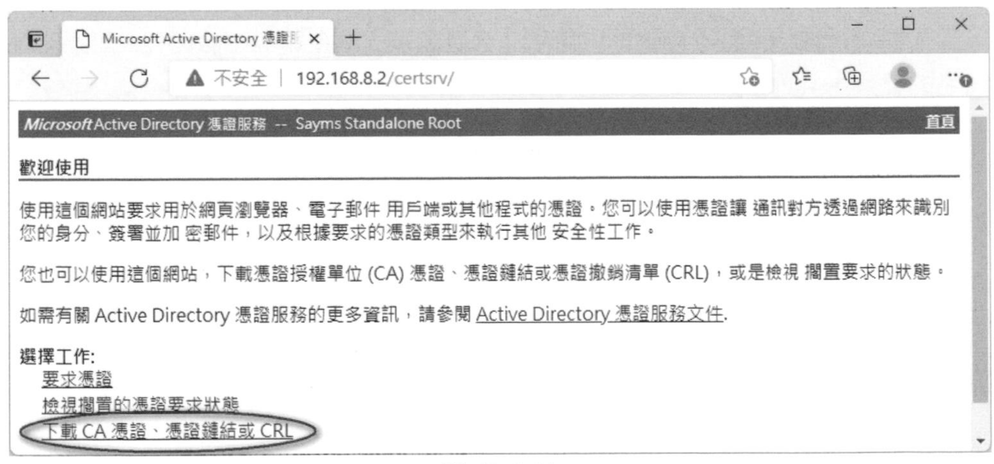

圖 16-4-11

接著在圖 16-4-12 中【點擊下載最新的基本 CRL或下載最新的 delta CRL】，接著透過【在**檔案總管**內對著下載的檔案按右鍵➲安裝 CRL】的途徑來安裝。

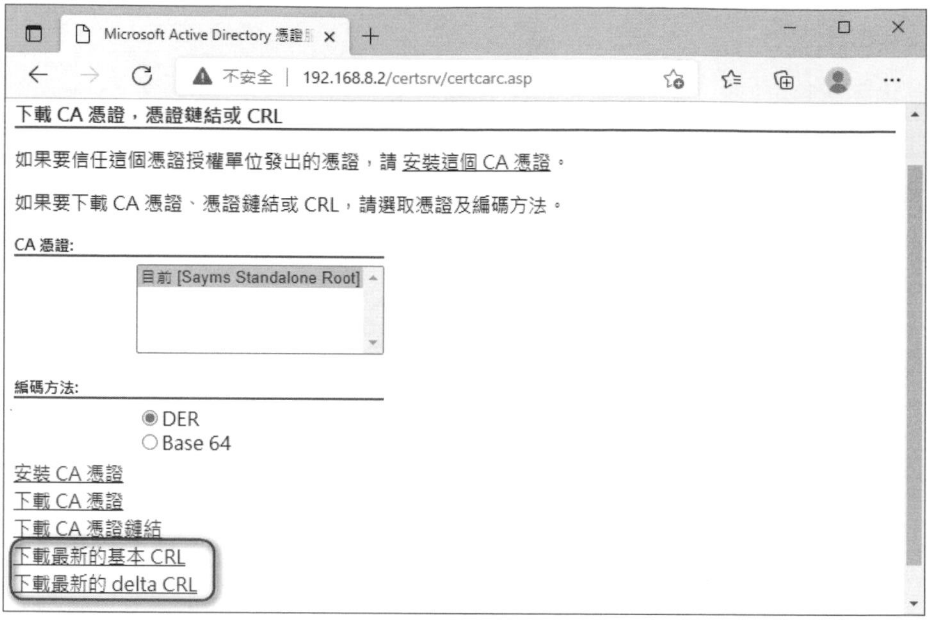

Microsoft Active Directory 憑證

不安全 | 192.168.8.2/certsrv/certcarc.asp

下載 CA 憑證，憑證鏈結或 CRL

如果要信任這個憑證授權單位發出的憑證，請 安裝這個 CA 憑證。

如果要下載 CA 憑證、憑證鏈結或 CRL，請選取憑證及編碼方法。

CA 憑證:

目前 [Sayms Standalone Root]

編碼方法:

DER
Base 64

安裝 CA 憑證
下載 CA 憑證
下載 CA 憑證鏈結
下載最新的基本 CRL
下載最新的 delta CRL

圖 16-4-12

匯出與匯入網站的憑證

我們應該將所申請的憑證匯出存檔備份，之後若系統重裝時，就可以將所備份的憑證匯入到新系統內。匯出存檔的內容可包含憑證、私密金鑰與憑證路徑，而不同副檔名的檔案，其內所儲存的資料有所不同（請參考表 16-4-1）。

表 16-4-1

附檔名	.PFX	.P12	.P7B	.CER
憑證	✓	✓	✓	✓
私密金鑰	✓	✓	✗	✗
憑證路徑	✓	✗	✓	✗

表中的**憑證**內含公開金鑰，而**憑證路徑**是類似圖 16-4-13 所示的資料，圖中表示該憑證（發給 Default Web Site 的憑證）是向中繼憑證授權單位 Sayms Standalone Subordinate 申請的，而這個中繼憑證授權單位是於根憑證授權單位 Sayms Enterprise Root 之下。

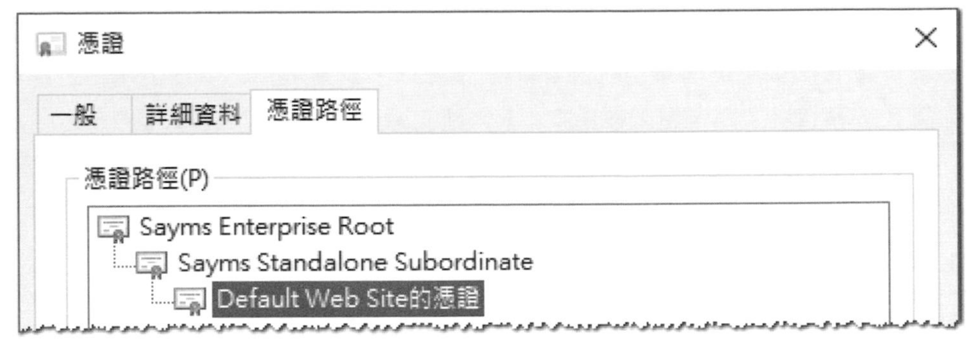

圖 16-4-13

我們可以透過以下兩種途徑來匯出、匯入 IIS 網站的憑證：

- **利用 IIS 管理員**：在圖 16-4-14 中點擊電腦➲雙擊**伺服器憑證**➲點擊網站的憑證（例如 Default Web Site 的憑證）➲匯出➲設定檔案名稱與密碼】，其附檔名為 .pfx。您可以透過前景圖右上方的**匯入...**來匯入憑證。

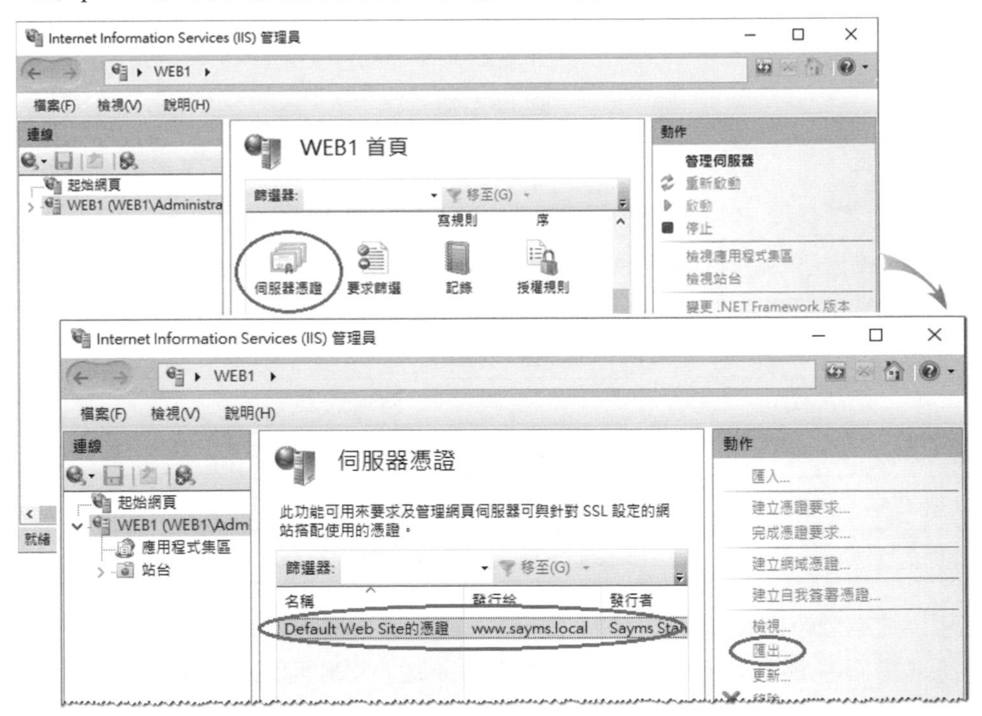

圖 16-4-14

▶ 利用「**憑證**」**嵌入式管理單元**：對著左下角**開始**圖示⊞按右鍵➲執行➲輸入 **mmc** 後按確定鈕➲點選**檔案**功能表➲新增/移除嵌入式管理單元➲從清單中選擇憑證後按新增鈕➲點選**電腦帳戶**➲…】來建立**憑證**主控台，然後如圖 16-4-15 所示【展開**憑證（本機電腦）**➲個人➲憑證➲對著所選憑證按右鍵➲所有工作➲匯出】。若要匯入憑證的話：【對著圖中左方的**憑證**按右鍵➲所有工作➲匯入】。

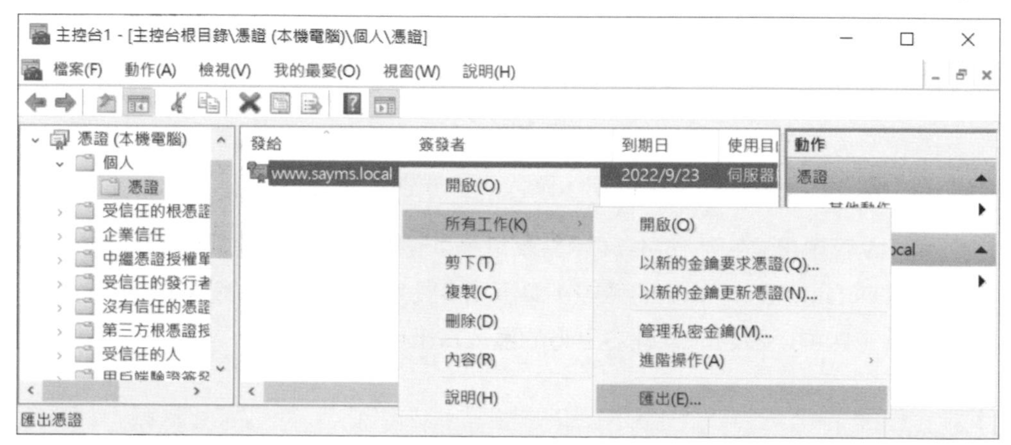

圖 16-4-15

更新憑證

每一台 CA 自己的憑證與 CA 所發出的憑證都有一定的有效期限（參考表 16-4-2），憑證到期前必須更新憑證，否則此憑證將失效。

表 16-4-2

憑證種類	有效期限
根 CA	在安裝時設定，預設為 5 年
次級 CA	預設最多為 5 年
其他的憑證	不一定，但大部分是 1 年

您可以透過**憑證授權單位**主控台來更新 CA 的憑證，如圖 16-4-16 所示，然後在接下來的畫面中選擇是否要重新建立一組新的金鑰（公開與私密金鑰）。

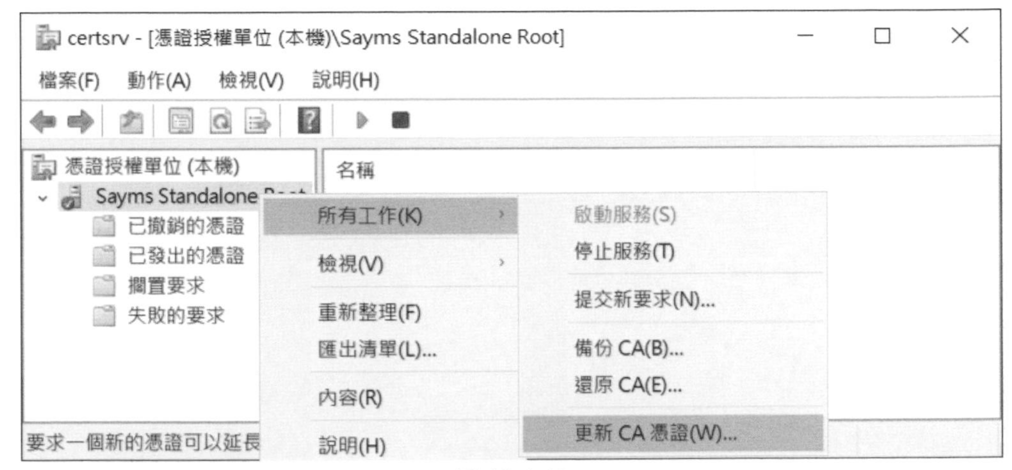

圖 16-4-16

若要更新網站的憑證的話：【在 **IIS 管理員**畫面中點擊電腦名稱 WEB1➲點擊畫面中間的**伺服器憑證**➲透過如圖 16-4-17 所示的途徑】。

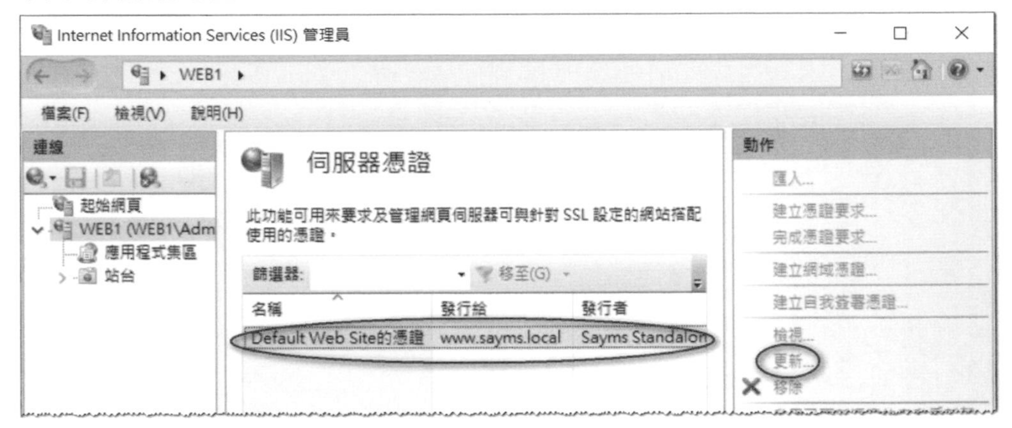

圖 16-4-17

17

架設 Web Farm 高可用性網站

透過將多台 IIS 網頁伺服器組成 Web Farm 的方式，可以提供一個具備容錯與負載平衡的高可用性網站。本章將詳細分析 Web Farm 與關鍵性技術 Windows 網路負載平衡(Windows Network Load Balancing，簡稱 Windows NLB 或 WNLB)。

17-1 Web Farm 與網路負載平衡概觀

將企業內部多台 IIS 網頁伺服器組成 Web Farm 後，這些伺服器將同時對使用者來提供一個可靠的、不中斷的網站服務。當 Web Farm 接收到不同使用者的連接網站要求時，這些要求會被分散的送給 Web Farm 中不同網頁伺服器來處理，因此可以提高網頁存取效率。若 Web Farm 之中有網頁伺服器因故無法對使用者提供服務的話，此時會由其他仍然正常運作的伺服器來繼續對使用者提供服務，因此 Web Farm 具備容錯功能。

Web Farm 的架構

圖 17-1-1 為一般 Web Farm 架構的範例，圖中為了避免單一點故障而影響到 Web Farm 的正常運作，因此每一個關卡，例如防火牆、負載平衡器、IIS 網頁伺服器與資料庫伺服器等都不只一台，以便提供容錯、負載平衡功能：

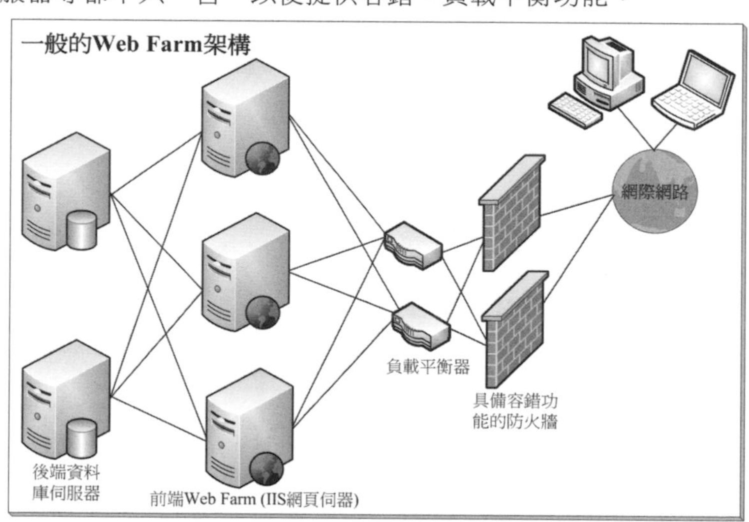

圖 17-1-1

- **防火牆**：可確保內部電腦與伺服器的安全。
- **負載平衡器**：可將連接網站的要求分散到 Web Farm 中不同的網頁伺服器。
- **前端 Web Farm（IIS 網頁伺服器）**：將多台 IIS 網頁伺服器組成 Web Farm 來對使用者提供網頁存取服務。
- **後端資料庫伺服器**：用來儲存網站的設定、網頁或其他資料。

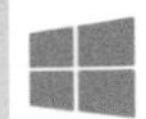

Windows Server 2022 已經內含網路負載平衡功能（Windows NLB），因此您可以如圖 17-1-2 所示取消負載平衡器，改在前端 Web Farm 啟用 Windows NLB，並利用它來提供負載平衡與容錯功能。

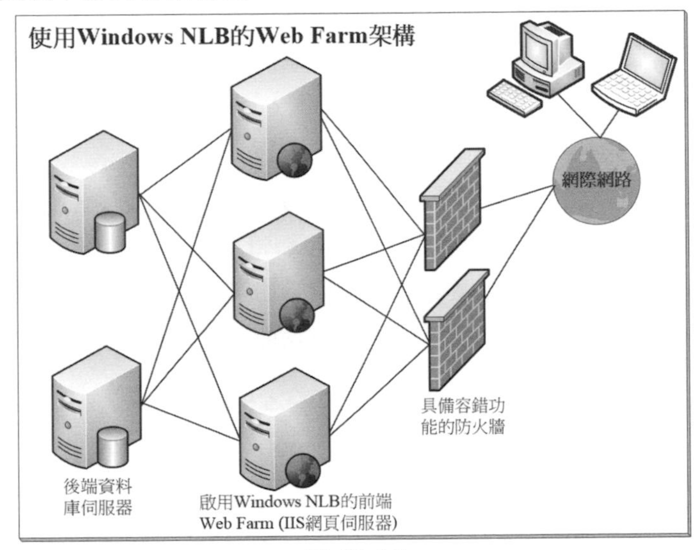

圖 17-1-2

有些防火牆可以透過規則來支援 Web Farm，因此可以如圖 17-1-3 所示來建置 Web Farm 環境。

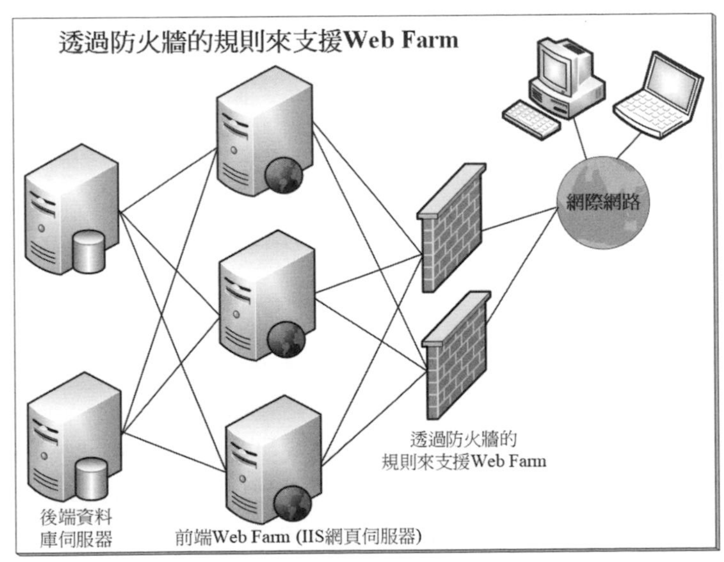

圖 17-1-3

圖中的防火牆接收到外部連接內部網站要求時，它會根據防火牆規則的設定，來將此要求轉交給 Web Farm 中的一台網頁伺服器處理。防火牆也具備自動偵測網頁伺服器是否停止服務的功能，因此它只會將要求轉給仍然正常運作的網頁伺服器。

網頁內容的儲存地點

您可以如圖 17-1-4 所示將網頁儲存在每一台網頁伺服器的本機磁碟內（圖中將防火牆與負載平衡器各簡化為一台），此時需讓每一台網頁伺服器內所儲存的網頁內容都相同，雖然可以利用手動複製的方式來將網頁檔案複製到每一台網頁伺服器，不過建議採用 DFS（分散式檔案系統）來自動複製，此時只要更新其中一台網頁伺服器的網頁檔案，它們就會透過 **DFS 複寫**功能自動複製到其他網頁伺服器。

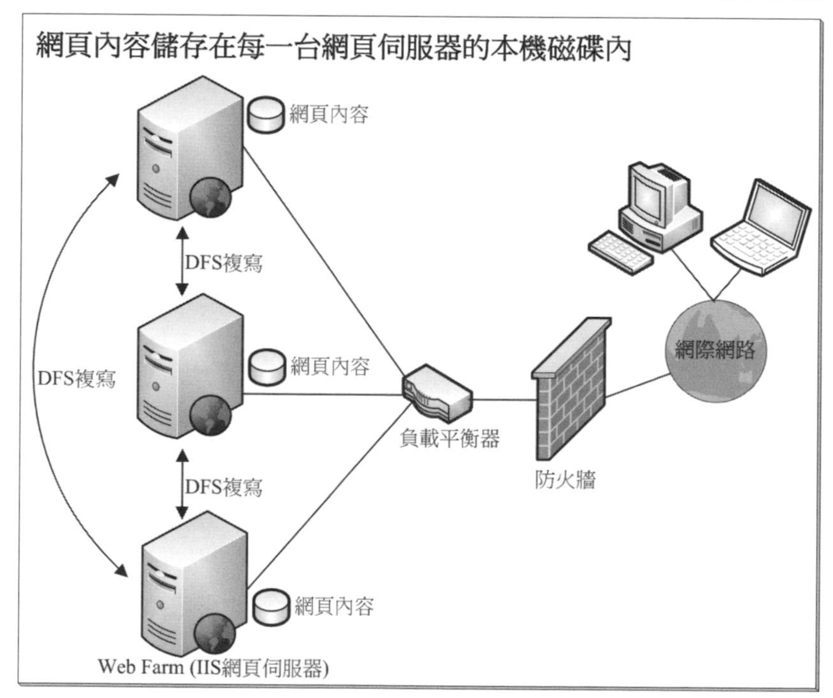

圖 17-1-4

您也可以如圖 17-1-5 所示將網頁儲存到 SAN（Storage Area Network） 或 NAS（Network Attached Storage）等儲存裝置內，然後利用它們來提供網頁內容的容錯功能。

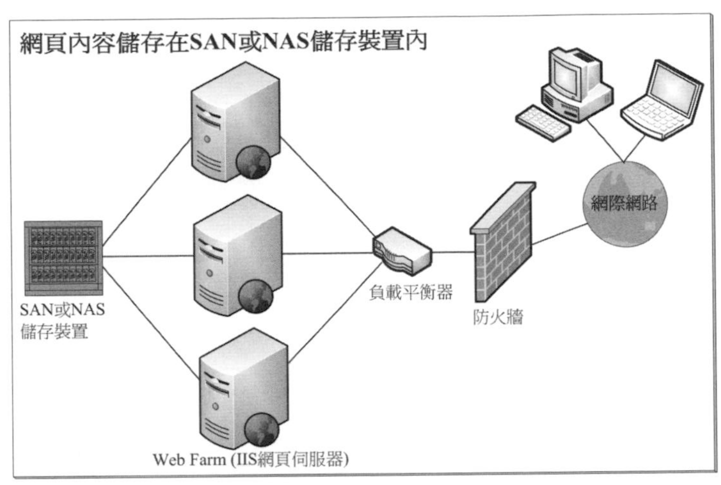

圖 17-1-5

您也可以如圖 17-1-6 所示將網頁儲存到檔案伺服器內，而為了提供容錯功能，因此應該架設多台檔案伺服器，同時還必須確保所有伺服器內的網頁內容都相同，您可以利用 **DFS 複寫**功能來自動讓每一台檔案伺服器內所儲存的網頁內容都相同。

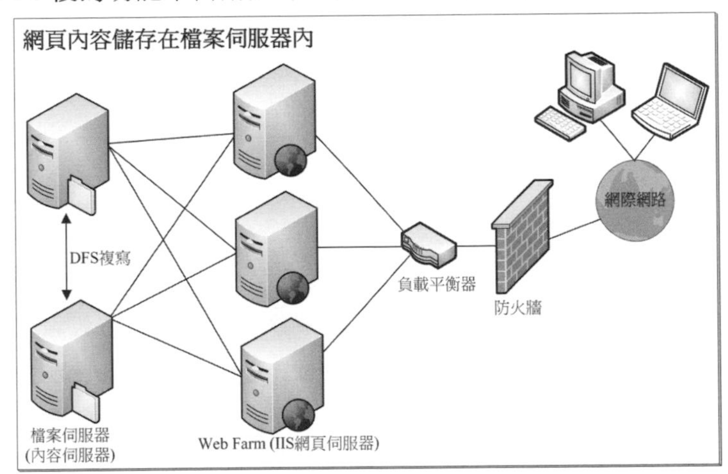

圖 17-1-6

17-2 Windows 系統的網路負載平衡概觀

由於 Windows Server 已經內含網路負載平衡功能（Windows NLB），因此我們可以直接採用 Windows NLB 來建置 Web Farm 環境。例如圖 17-2-1 中 Web Farm 內每一台網頁伺服器的網路卡各有一個**固定 IP 位址**，這些伺服器對外的流量是透過固定 IP 位址送出。而在您建立了 NLB 叢集（NLB cluster）、啟用網路卡的 Windows NLB、將網頁伺服器加入 NLB 叢集後，它們還會共用一個相同的**叢集 IP 位址**（又稱為**虛擬 IP 位址**），並透過此叢集 IP 位址來接收外部來的上網要求，NLB 叢集接收到這些要求後，會將它們分散的交給叢集中的網頁伺服器來處理，因此可以達到負載平衡的目的，提高運作效率。

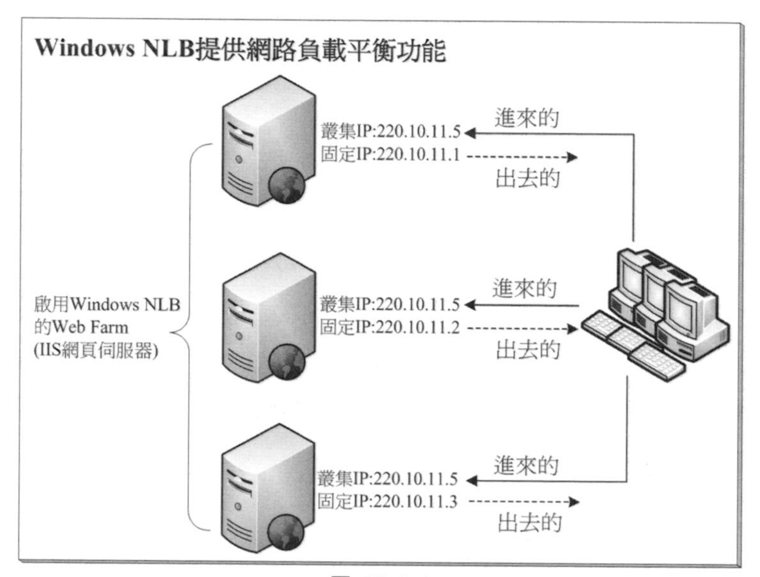

圖 17-2-1

Windows NLB 的容錯功能

若 Windows NLB 叢集內的伺服器成員有異動的話，例如伺服器故障、伺服器脫離叢集或增加新伺服器，此時 NLB 會啟動一個稱為**交集**（convergence）的程序，以便讓 NLB 叢集內的所有伺服器擁有一致的狀態與重新分配工作負擔。

舉例來說，NLB 叢集中的伺服器會隨時監聽其他伺服器的「**心跳**（heartbeat）」狀況，以便偵測是否有其他伺服器故障，若有的話，偵測到此狀況的伺服器便會啟動**交集**程序。在**交集**程序執行當中，現有正常的伺服器仍然會繼續服務，同時正在處理中的要求也不會受到影響，當完成**交集**程序後，接下來所有連接 Web Farm 網站的要求，會重新分配給剩下仍正常的網頁伺服器來負責。例如圖 17-2-2 中最上方

的伺服器故障後，接下來所有由外部來的連接 Web Farm 網站的要求，會重新分配給其他兩台仍然正常運作的網頁伺服器來負責。

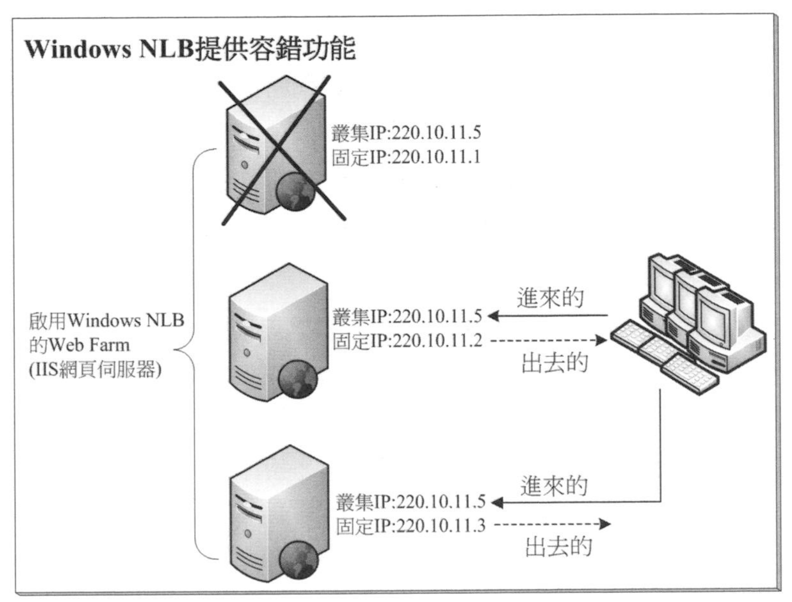

圖 17-2-2

Windows NLB 的親和性

親和性（affinity）用來定義來源主機與 NLB 叢集成員之間的關係。舉例來說，如果叢集中有 3 台網頁伺服器，當外部主機（來源主機）要連接 Web Farm 時，此要求是由 Web Farm 中的哪一台伺服器來負責處理呢? 它是根據 Windows NLB 所提供的以下 3 種親和性來決定的：

- **無（None）**：此時 NLB 是根據來源主機的「IP 位址與連接埠」，來將要求指派給其中一台伺服器處理。叢集中每一台伺服器都有一個**主機識別元**（host ID），而 NLB 根據來源主機的 IP 位址與連接埠所算出來的雜湊值（hash）會與**主機識別元**有著關連性，因此 NLB 叢集會根據雜湊值，來將此要求轉交給擁有相關連的**主機識別元**的伺服器來負責。

  因為是同時參照來源主機的 IP 位址與連接埠，因此同一台外部主機所提出的多個連接 Web Farm 要求（來源主機的 IP 位址相同、TCP 連接埠不同），可能會分別由不同的網頁伺服器來負責。

- **單一（Single）**：此時 NLB 僅根據來源主機的 IP 位址，來將要求指派給其中一台網頁伺服器處理，因此同一台外部主機所提出的所有連接 Web Farm 要求，都會由同一台伺服器來負責。

- **網路（Network）**：根據來源主機的 Class C 網路位址，來將要求指派給其中一台網頁伺服器處理。也就是 IP 位址中最高 3 個位元組相同的所有外部主機，其所提出的連接 Web Farm 要求，都會由同一台網頁伺服器負責，例如 IP 位址為 201.11.22.1 到 201.11.22.254（它們的最高 3 個位元組都是 201.11.22）的外部主機的要求，都會由同一台網頁伺服器來負責。

雖然 Windows NLB 預設是透過親和性來將用戶端的要求指派給其中一台伺服器來負責，但我們可以另外透過**連接埠規則**（port rule）來改變親和性，例如可以在連接埠規則內將特定流量指定由優先順序較高的單一台伺服器來負責處理（此時該流量將不再具備負載平衡功能）。系統預設的連接埠規則是包含所有流量（所有連接埠），且會依照所設定的親和性來將用戶端的要求指派給某台伺服器來負責，也就是預設所有流量都具備著網路負載平衡與容錯功能。

Windows NLB 的操作模式

Windows NLB 的操作模式分為**單點傳播模式**與**多點傳送模式**兩種。

單點傳播模式（unicast mode）

此種模式之下，NLB 叢集內每一台網頁伺服器的網路卡的 MAC 位址（實體位址）都會被替換成一個相同的**叢集 MAC 位址**，它們透過此叢集 MAC 位址來接收外部來的連接 Web Farm 的要求。傳送到此叢集 MAC 位址的要求，會被送到叢集中的每一台網頁伺服器。不過採用單點傳播模式的話，會遇到一些問題，以下列出這些問題與解決方案。

第 2 層交換器的每一個 port 所登記的 MAC 位址需唯一

如圖 17-2-3 所示兩台伺服器連接到第 2 層交換器（Layer 2 Switch）的兩個 port 上，這兩台伺服器的 MAC 位址都被改為相同的叢集 MAC 位址 02-BF-11-22-33-44，當這兩台伺服器的封包傳送到交換器時，交換器應該將它們的 MAC 位址登記

在所連接的 port 上，然而這兩個封包內的 MAC 位址都是相同的 02-BF-11-22-33-44，而交換器的每一個 port 所登記的 MAC 位址必須是唯一的，也就是不允許兩個 port 登記相同的 MAC 位址。

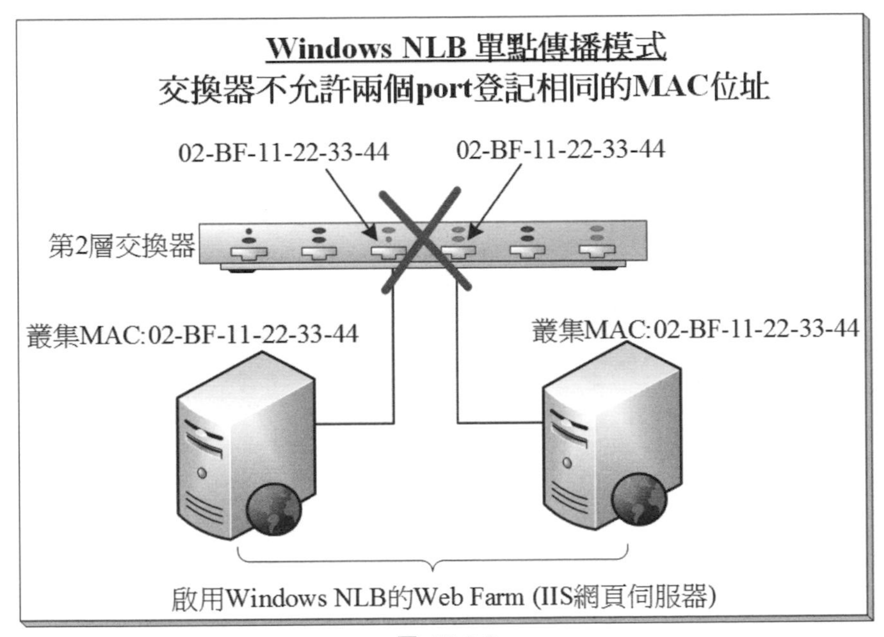

圖 17-2-3

Windows NLB 可透過 **MaskSourceMAC** 功能來解決這個問題，它會根據每一台伺服器的**主機識別元**（host ID）來變更外送封包的 Ethernet header 中的來源 MAC 位址，也就是將叢集 MAC 位址中最高的第 2 組字元改為**主機識別元**，然後將此修改過的 MAC 位址當作是來源 MAC 位址。

例如圖 17-2-4 中的叢集 MAC 位址為 02-BF-11-22-33-44，而第 1 台伺服器的**主機識別元**為 01，則其外送封包中的來源 MAC 位址會被改為 02-**01**-11-22-33-44，因此當交換器收到此封包後，其相對應的 port 所登記的 MAC 位址是 02-**01**-11-22-33-44；同理第 2 台伺服器所登記的 MAC 位址為 02-**02**-11-22-33-44，如此就不會有兩個 port 登記相同 MAC 位址的問題。

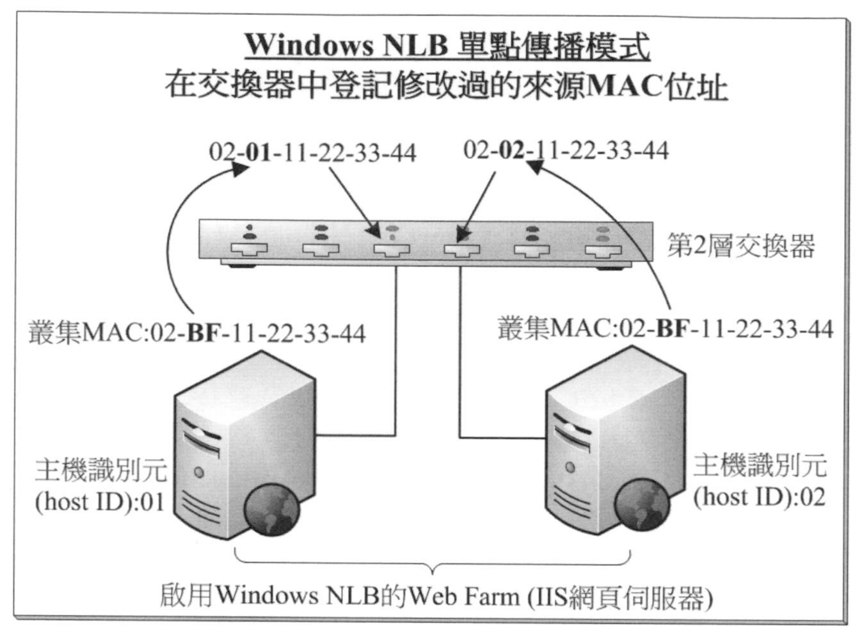

圖 17-2-4

Switch Flooding 的現象

NLB 單點傳播模式還有另外一個稱為 **Switch Flooding**（交換器溢滿）的現象，以圖 17-2-5 為例來說，雖然交換器每一個 port 所登記的 MAC 位址是唯一的，但當路由器接收到要送往叢集 IP 位址 220.10.11.5 的封包時，它會透過 ARP 通訊協定來查詢 220.10.11.5 的 MAC 位址，不過它從 **ARP 回覆**（ARP reply）封包所獲得 MAC 位址是叢集 MAC 位址 02-BF-11-22-33-44，因此它會將此封包送到 MAC 位址 02-BF-11-22-33-44，然而交換器內並沒有任何一個 port 登記此 MAC 位址，因此當交換器收到此封包時，便會將它送到所有的 port，也就是出現了 Switch Flooding 的現象（可先參閱後面**注意**的說明）。

NLB 單點傳播模式的 Switch Flooding 也可以算是正常現象，因為它讓送到此叢集的封包，能夠被送到叢集中的每一台伺服器（這也是我們所期望的），不過如果在此交換器上還有連接著不是隸屬於此叢集的電腦的話，則 Switch Flooding 會對這些電腦造成額外的網路負擔，甚至會因為其他電腦也收到專屬於此叢集的機密封包，而有安全上的顧慮。

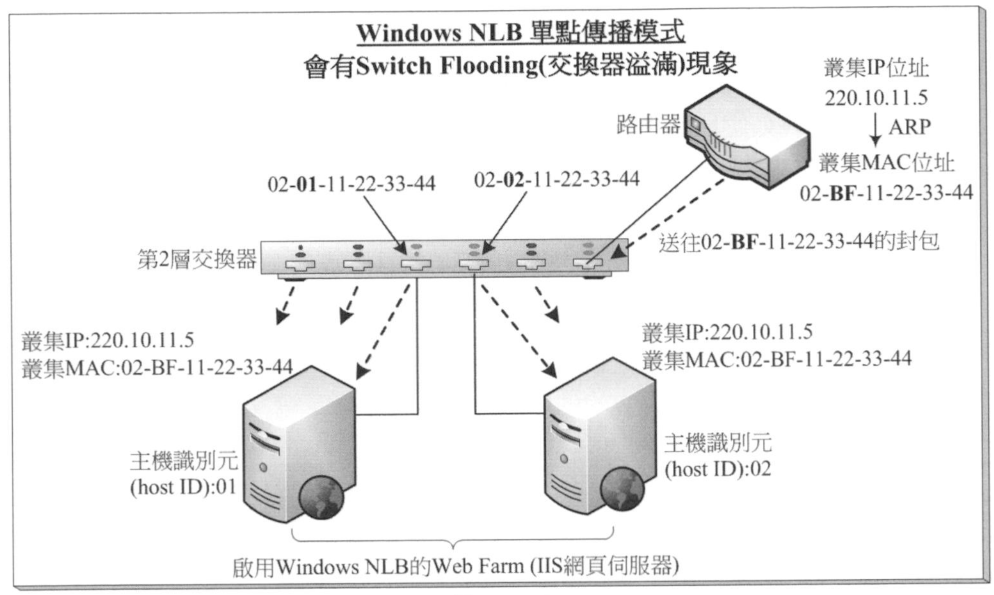

圖 17-2-5

有一種 Switch Flooding 的網路攻擊行為，它會送大量的 Ethernet 封包給交換器，以便占據交換器內儲存 MAC 與 port 對照表的有限記憶體空間，使得其內正確的 MAC 資料會被踢出記憶體，造成之後所收到的封包會被廣播到所有的 port，如此將使得交換器變成與傳統集線器（hub）一樣，失去改善網路效能的特色，而且具有機密性的封包被廣播到所有 port 的話，也會讓意圖不良者有機會竊取到封包內機密資料。

您可以透過交換器的 VLAN(虛擬區域網路)技術來解決 Switch Flooding 問題，也就是將 NLB 叢集內所有伺服器所連接的 port 設定為同一個 VLAN，以便讓 NLB 叢集的流量侷限在此 VLAN 內傳送，不會傳送到交換器中不屬於此 VLAN 的 port。

叢集伺服器之間無法相互溝通的問題

如果將網頁內容直接放在網頁伺服器內，並利用 **DFS 複寫**功能來讓伺服器之間的網頁內容一致的話，則採用 NLB 單點傳播模式還有另外一個的問題：叢集伺服器之間無法相互溝通。因此叢集伺服器之間將無法透過 **DFS 複寫**功能來讓網頁內容一致。

以圖 17-2-6 為例來說，當左邊伺服器要與右邊固定 IP 位址為 220.10.11.2 的伺服器溝通時，它會透過 **ARP 要求**（ARP Request）封包來詢問其 MAC 位址，而右邊伺服器所回覆的 MAC 位址是叢集 MAC 位址 02-BF-11-22-33-44，然而這個 MAC 位址也是左邊伺服器自己的 MAC 位址，如此將使得它無法與右邊伺服器溝通。

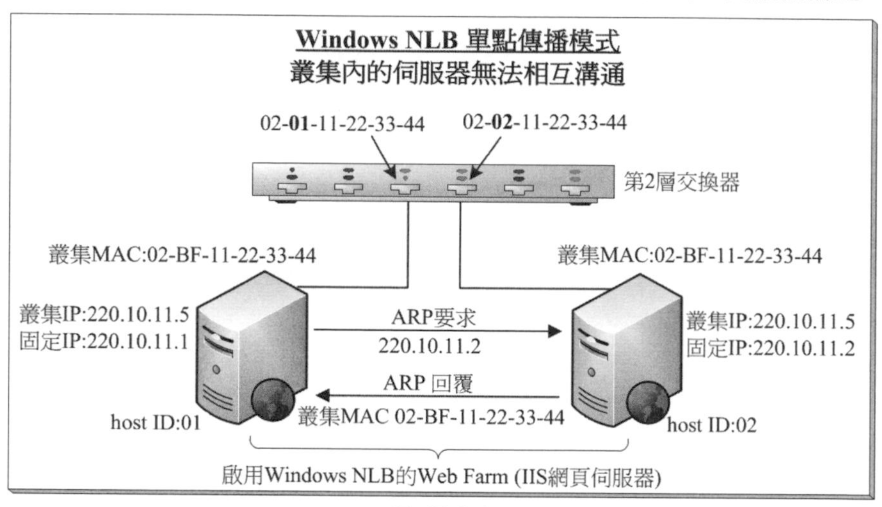

圖 17-2-6

解決叢集伺服器之間無法相互溝通的方法：如圖 17-2-7 所示在每一台伺服器各另外安裝一片網路卡，此網路卡不要啟用 Windows NLB，因此每一台伺服器內的這片網路卡都保有原來的 MAC 位址，伺服器之間可以透過這片網路卡來相互溝通。

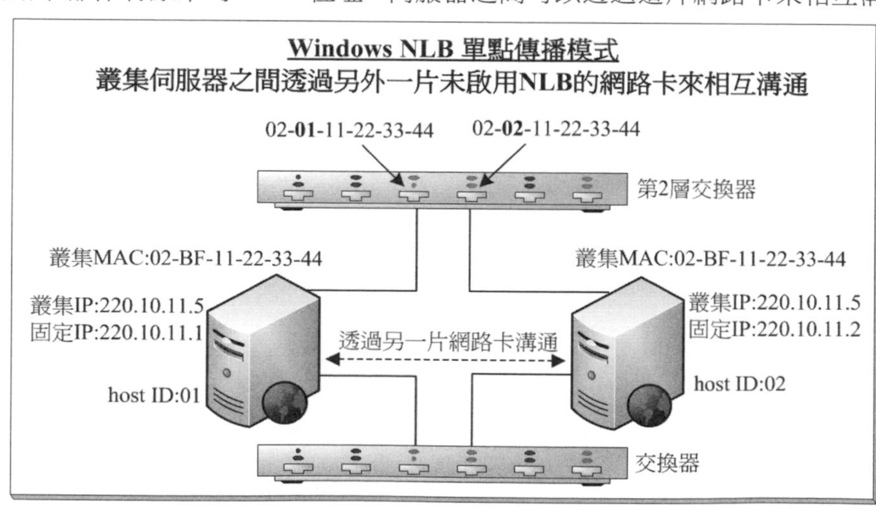

圖 17-2-7

多點傳送模式（multicast mode）

多點傳送的封包會同時被傳送給多台電腦，這些電腦都是隸屬於同一個**多點傳送群組**，它們擁有一個共同的**多點傳送 MAC** 位址。多點傳送模式具備以下特性：

- NLB 叢集內每一台伺服器的網路卡仍然會保留原來的唯一 MAC 位址（參見圖 17-2-8），因此叢集成員之間可以正常溝通，而且在交換器內每一個 port 所登記的 MAC 位址就是每台伺服器的唯一 MAC 位址。

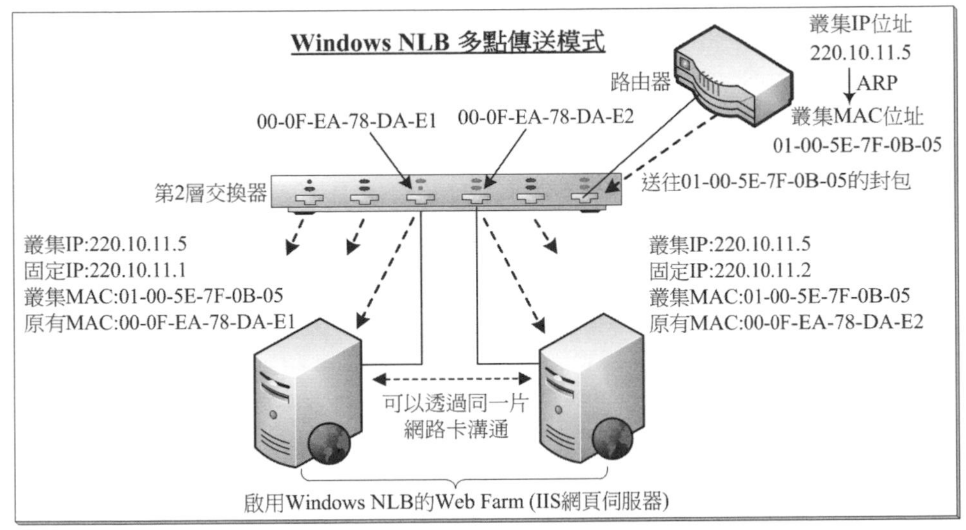

圖 17-2-8

- NLB 叢集內每一台伺服器還會有一個共用的**叢集 MAC 位址**，它是一個**多點傳送 MAC 位址**，叢集內所有伺服器都是隸屬於同一個**多點傳送群組**，並透過這個**多點傳送（叢集）MAC 位址**來接聽外部的要求。

不過多點傳送模式會有以下的缺點：

- **路由器可能不支援**：以前面圖 17-2-8 右上角的路由器為例來說，當路由器接收到要送往叢集 IP 位址 220.10.11.5 的封包時，它會透過 ARP 通訊協定來找詢 220.10.11.5 的 MAC 位址，而它從 **ARP 回覆**封包所獲得 MAC 位址是**多點傳送（叢集）MAC 位址** 01-00-5E-7F-0B-05，然而路由器欲解析的是 **"單點"** 傳播位址 220.10.11.5，可是所解析到的卻是 **"多點" 傳送 MAC 位址**，有的路由器並不接受這樣的結果。

解決此問題的方法之一是在路由器內建立靜態的 ARP 對照項目，以便將叢集 IP 位址 220.10.11.5 對應到**多點傳送 MAC 位址**。但若路由器也不支援建立這類型靜態資料的話，則您可能需要更換路由器或改採用單點傳送模式。

- **仍然會有 Switch Flooding 現象**：以前面圖 17-2-8 為例來說，雖然交換器每一個 port 所登記的 MAC 位址是唯一的，但當路由器接收到要送往叢集 IP 位址 220.10.11.5 的封包時，它透過 ARP 通訊協定來查詢 220.10.11.5 的 MAC 位址時，所獲得的是**多點傳送 MAC 位址** 01-00-5E-7F-0B-05，因此它會將此封包送到 MAC 位址 01-00-5E-7F-0B-05，然而交換器內並沒有任何一個 port 登記此 MAC 位址，因此當交換器收到此封包時便會將它送到所有的 port，也因此發生了 Switch Flooding 現象。

  在多點傳送模式下，還可以透過支援 **IGMP snooping**（Internet Group membership protocol 窺探）的交換器來解決 Switch Flooding 的現象，因為這類型的交換器會窺探路由器與 NLB 叢集伺服器之間的 IGMP 封包（加入群組、脫離群組的封包），如此便可以得知哪一些 port 所連接的伺服器是隸屬於此多點傳送群組，以後當交換器收到要送到此多點傳送群組的封包時，便只會將它送往這些 port。

若 IIS 網頁伺服器只有一片網路卡的話，則請選用多點傳送模式。若 IIS 網頁伺服器擁有多片網路卡，或網路設備（例如第 2 層交換器與路由器）不支援多點傳送模式的話，則可以採用單點傳送模式。

IIS 的共用設定

Web Farm 內所有網頁伺服器的設定應該要同步，而在 Windows Server 的 IIS 內可透過**共用設定**功能，來讓您將網頁伺服器的設定檔儲存到遠端電腦的共用資料夾內，然後讓所有網頁伺服器都來使用這個相同的設定檔，這些設定檔包含：

- **ApplicationHost.config**：IIS 的主要設定檔，它儲存著 IIS 伺服器內所有站台、應用程式、虛擬目錄、應用程式集區等設定與伺服器的通用預設值。
- **Administration.config**：儲存著委派管理的設定。IIS 採用模組化設計，Administration.config 內也儲存著這些模組的相關資料。

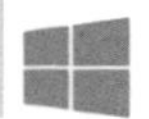

- **ConfigEncKey.key**：在 IIS 內建置 ASP.NET 環境時，有些資料會被 ASP.NET 加密，例如 ViewState、Form Authentication Tickets（表單型驗證票）等，此時需要讓 Web Farm 內每一台伺服器來使用相同的電腦金鑰（machine key），否則當其中一台伺服器利用專有金鑰將資料加密後，其他使用不同金鑰的伺服器就無法將其解密。這些共用金鑰是被儲存在 ConfigEncKey.key 檔內。

17-3 IIS 網頁伺服器的 Web Farm 實例演練

我們將利用圖 17-3-1 來說明如何建立一個由 IIS 網頁伺服器所組成的 Web Farm，假設其網址為 www.sayms.local。我們將直接在圖中兩台 IIS 網頁伺服器上啟用 Windows NLB，且 NLB 操作模式選用多點傳送模式。

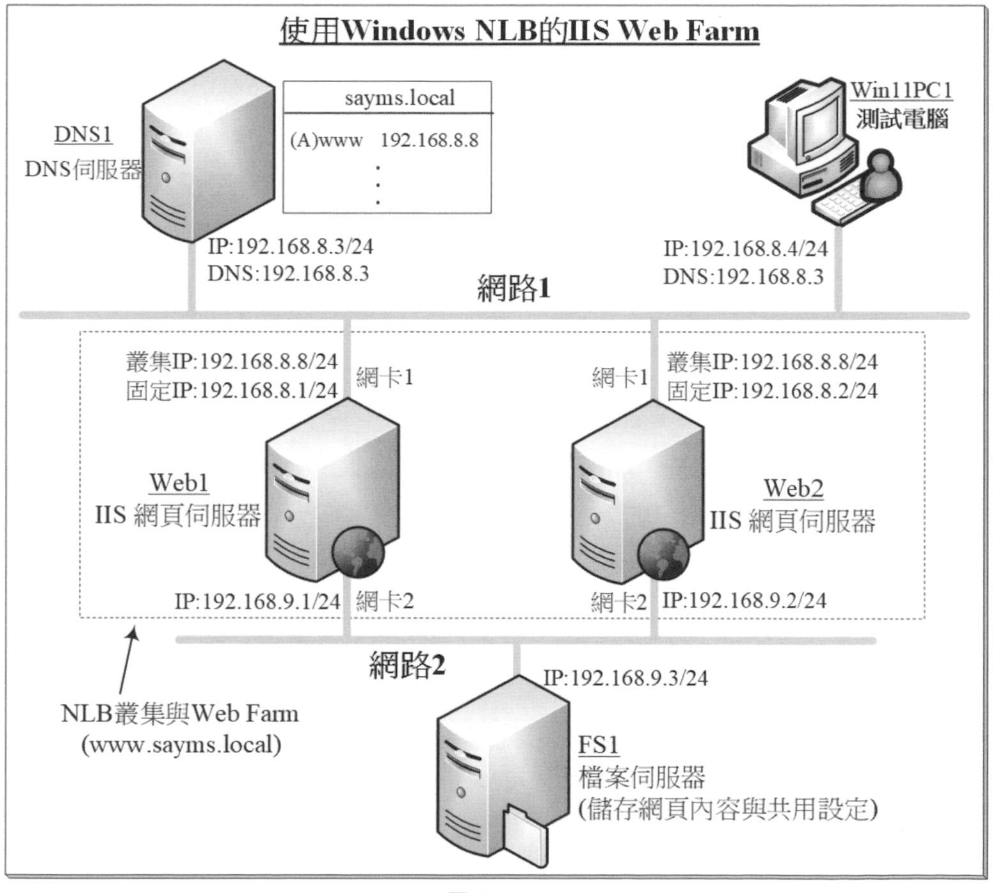

圖 17-3-1

某些虛擬化軟體的虛擬機器內若選用單點傳播模式的話，NLB 可能無法正常運作，此時請選擇多點傳送模式或改使用 Hyper-V。

Web Farm 的軟硬體需求

要建立圖 17-3-1 中 Web Farm 的話，其軟硬體配備需符合以下所敘述的要求（建議利用 Hyper-V 或 VMware 的虛擬環境來練習）：

- **IIS 網頁伺服器 Web1 與 Web2**：這兩台組成 Web Farm 的伺服器都是 Windows Server 2022 Enterprise，且將安裝**網頁伺服器（IIS）**角色，同時我們要建立一個 Windows NLB 叢集，並將這兩台伺服器都加入到此叢集。這兩台伺服器各有兩片網路卡，一片連接**網路 1**、一片連接**網路 2**，其中只有**網卡 1** 會啟用 Windows NLB，因此**網卡 1** 除了原有的固定 IP 位址（192.168.8.1、192.168.8.2）之外，它們還有一個共同的叢集 IP 位址（192.168.8.8），並透過這個叢集 IP 位址來接收由測試電腦 Win11PC1 送來的上網要求（http://www.sayms.local/）。

- **檔案伺服器 FS1**：這台 Windows Server 2022 伺服器用來儲存網頁伺服器的網頁內容，也就是兩台網頁伺服器的主目錄都是在這台檔案伺服器的相同資料夾。兩台網頁伺服器也應該要使用相同的設定，而這些共用設定也是被儲存在這台檔案伺服器內。

由於我們的重點在 Web Farm 的設定，因此將測試環境簡化為僅架設一台檔案伺服器，故網頁內容與共用設定並沒有容錯功能，您可以自行架設多台檔案伺服器，然後利用 DFS **複寫**來同步網頁內容與共用設定，以便提供容錯功能。

- **DNS 伺服器 DNS1**：我們利用這台 Windows Server 2022 DNS 伺服器來解析 Web Farm 網址 www.sayms.local 的 IP 位址。

- **測試電腦 Win11PC1**：我們將在這台 Windows 11 電腦上利用網址 http://www.sayms.local/來測試是否可以正常連接 Web Farm 網站。若要簡化測試環境的話，可以省略此電腦，直接改在 DNS1 上來測試也可以。

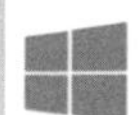

準備網路環境與電腦

我們將按部就班來說明如何建置圖 17-3-1 中的 Web Farm 環境，請確實遵照以下步驟來練習，以減少出錯的機率。

- 將 DNS1 與 Win11PC1 的網路卡連接到網路 1，Web1 與 Web2 的網卡 1 連接到網路 1、網卡 2 連接到網路 2，FS1 的網路卡連接到網路 2。若使用 Hyper-V 虛擬環境的話，請自行建立兩個虛擬交換器來代表網路 1 與網路 2；若使用 VMware Workstation 虛擬環境的話，請自行選擇兩個尚未被使用的虛擬網路來代表網路 1 與網路 2。

- 在圖中 5 台電腦上安裝作業系統：除了電腦 Win11PC1 安裝 Windows 11 之外，其他電腦都安裝 Windows Server 2022 Enterprise，並將它們的電腦名稱分別改為 DNS1、Win11PC1、Web1、Web2 與 FS1。

  若是使用虛擬機器，而且圖中 4 台伺服器是從現有虛擬機器複製的話，請在這 4 台伺服器上執行 Sysprep.exe 程式(一般是在 C:\Windows\System32\Sysprep 資料夾內)來變更其 SID，記得要勾選**一般化**。

- 建議變更兩台網頁伺服器的 2 片網路卡名稱，以利於辨識，例如圖 17-3-2 表示它們分別是連接到網路 1 與網路 2 的網路卡：【按 Windows 鍵⊞+X鍵➲檔案總管➲對著左方的**網路**按右鍵➲內容➲點擊**變更介面卡設定**➲分別對著兩個網路連線按右鍵➲重新命名】，圖中分別將它們改名為網路 1 與網路 2。

圖 17-3-2

- 依照實例演練圖（圖 17-3-1）來設定 5 台電腦的網路卡 IP 位址、子網路遮罩、慣用 DNS 伺服器（暫時不要設定叢集 IP 位址，等建立 NLB 叢集時再設定，否則 IP 位址會相衝）：【按 Windows 鍵⊞+ R 鍵➲輸入 control 後按 Enter 鍵➲網路和網際網路➲網路和共用中心➲點擊乙太網路（或網路 1、網路 2）➲點擊內容鈕➲網際網路通訊協定第 4 版 （TCP/IPv4）】，本範例採用 IPv4。

- 暫時關閉這 5 台電腦的 **Windows Defender 防火牆**（否則下一個測試步驟會被阻擋）：【按 Windows 鍵⊞+ R 鍵➲輸入 control 後按 Enter 鍵➲系統及安全性➲Windows Defender 防火牆➲檢視此電腦已連線的網路位置➲點擊**開啟或關閉 Windows Defender 防火牆**➲將電腦所在網路位置的 **Windows Defender 防火牆**關閉】。
- 強烈建議您執行以下步驟來測試同一個子網路內的電腦之間是否可以正常溝通，以減少後面除錯的困難度：
  - 到 DNS1 上分別利用 ping 192.168.8.1、ping 192.168.8.2 與 ping 192.168.8.4 來測試是否可以跟 Web1、Web2 與 Win11PC1 溝通。
  - 到 Win11PC1 上分別利用 ping 192.168.8.1、ping 192.168.8.2 與 ping 192.168.8.3 來測試是否可以跟 Web1、Web2 與 DNS1 溝通。
  - 到 Web1 上分別利用 ping 192.168.8.2（與 ping 192.168.9.2）、ping 192.168.8.3、ping 192.168.8.4 與 192.168.9.3 來測試是否可以跟 Web2、DNS1、Win11PC1 與 FS1 溝通。
  - 到 Web2 上分別利用 ping 192.168.8.1（與 ping 192.168.9.1）、ping 192.168.8.3、ping 192.168.8.4 與 192.168.9.3 來測試是否可以跟 Web1、DNS1、Win11PC1 與 FS1 溝通。
  - 到 FS1 上分別利用 ping 192.168.9.1 與 ping 192.168.9.2 來測試是否可以跟 Web1 與 Web2 溝通。
- 可重新開啟這 5 台電腦的 **Windows Defender 防火牆**。

DNS 伺服器的設定

DNS 伺服器 DNS1 是用來解析 Web Farm 網址 www.sayms.local 的 IP 位址。請在這台電腦上透過【開啟**伺服器管理員**➲點擊**儀表板**處的**新增角色及功能**➲…➲在選取**伺服器角色**畫面上勾選 **DNS 伺服器**➲…】的途徑來安裝 DNS 伺服器。

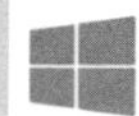

安裝完成後：【點擊**伺服器管理員**右上角的工具功能表➲DNS➲對著**正向對應區域**按右鍵➲新增區域】來新增一個名稱為 sayms.local 的主要區域，並在這個區域內新增一筆 Web Farm 網址的主機記錄，如圖 17-3-3 所示，圖中假設網址為 www.sayms.local，注意其 IP 位址是叢集 IP 位址 192.168.8.8。

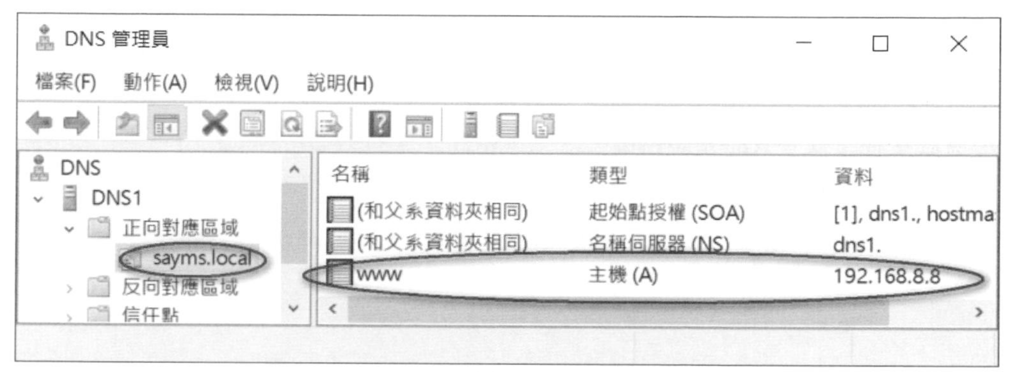

圖 17-3-3

然後到測試電腦 Win11PC1 上來測試是否可以解析到 www.sayms.local 的 IP 位址，例如圖 17-3-4 為成功解析到叢集 IP 位址 192.168.8.8 的畫面。

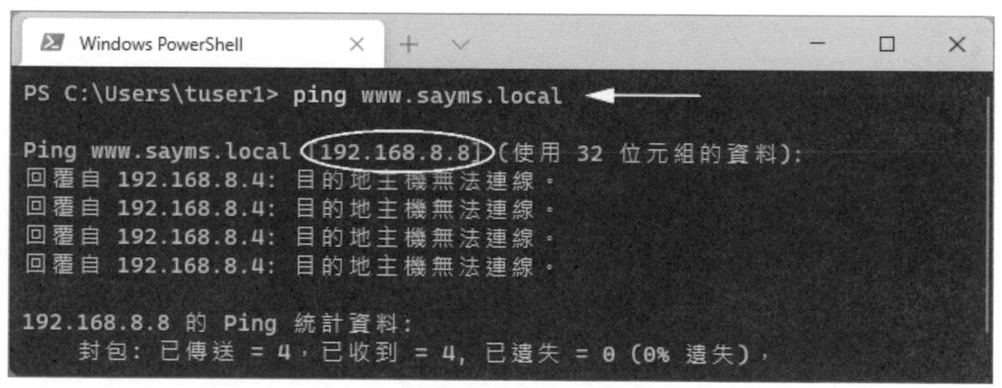

圖 17-3-4

雖然成功解析到 Web Farm 網站的叢集 IP 位址，但是我們還沒有建立叢集，也還沒有設定叢集 IP 位址，故會出現類似圖中無法連線的訊息。即使叢集與叢集 IP 位址都建立好了，若 Windows Defender **防火牆**沒有關閉的話，因為它會阻擋 ping 指令的封包，則還是會出現類似無法連線的訊息。

檔案伺服器的設定

這台 Windows Server 2022 檔案伺服器是用來儲存網頁伺服器的共用設定與共用網頁內容。請先在這台伺服器的本機安全性資料庫建立一個使用者帳戶，以便於兩台網頁伺服器可以利用此帳戶來連接檔案伺服器：【點擊**伺服器管理員**右上角的**工具**功能表➲電腦管理➲展開**本機使用者和群組**➲對著**使用者**按右鍵➲新使用者➲如圖 17-3-5 所示輸入使用者名稱（假設是 WebUser）、密碼等資料、取消勾選**使用者必須在下次登入時變更密碼**、改勾選**密碼永久有效**➲按建立鈕】。

若此檔案伺服器有加入 Active Directory 網域的話，也可利用網域使用者帳戶。

新使用者　?　X

使用者名稱(U): WebUser

全名(F):

描述(D):

密碼(P): ●●●●●●●●

確認密碼(C): ●●●●●●●●

☐ 使用者必須在下次登入時變更密碼(M)

☐ 使用者不能變更密碼(S)

☑ 密碼永久有效(W)

☐ 帳戶已停用(B)

圖 17-3-5

請在此台檔案伺服器內建立用來儲存網頁伺服器共用設定與共用網頁的資料夾，假設為 C:\WebFiles，建好資料夾後，再透過【對著此資料夾按右鍵➲授予存取權給】的途徑來將其設定為共用資料夾（假設共用名稱為預設的 WebFiles），並開放**讀取/寫入**權限給之前建立的使用者 WebUser，如圖 17-3-6 所示（若出現**網路探索及檔案共用視窗**的話，請點擊**是，開啟所有公用網路的網路探索與檔案共用**）。

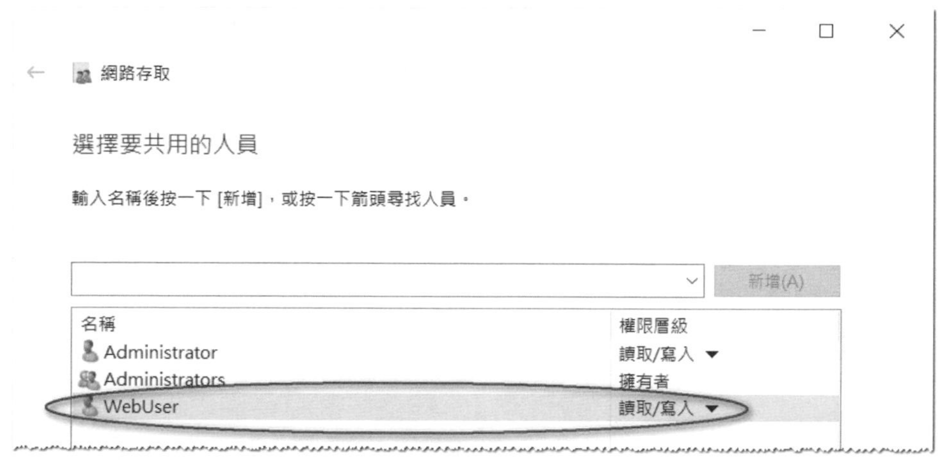

圖 17-3-6

接著在此資料夾內分別建立兩個子資料夾，一個用來儲存共用設定、一個用來儲存共用網頁（網站的主目錄），假設資料夾名稱分別是 Configurations 與 Contents，圖 17-3-7 為完成後的畫面。

圖 17-3-7

網頁伺服器 Web1 的設定

我們將在 Web1 上安裝**網頁伺服器（IIS）**角色，同時假設網頁為針對 ASP.NET 所撰寫的程式，因此還需要安裝 **ASP.NET** 角色服務：【**開啟伺服器管理員**➲**點擊儀表板**處的**新增角色及功能**➲持續按 下一步 鈕一直到出現**選取伺服器角色**畫面時勾選**網頁伺服器（IIS）**➲按 新增功能 鈕➲持續按 下一步 鈕一直到出現圖 17-3-8 **選取**

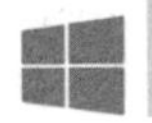

角色服務畫面時展開**應用程式開發**➲勾選 **ASP.NET 4.8**➲…】。完成安裝後，我們將使用內建的 Default Web Site 來做為本演練環境的網站。

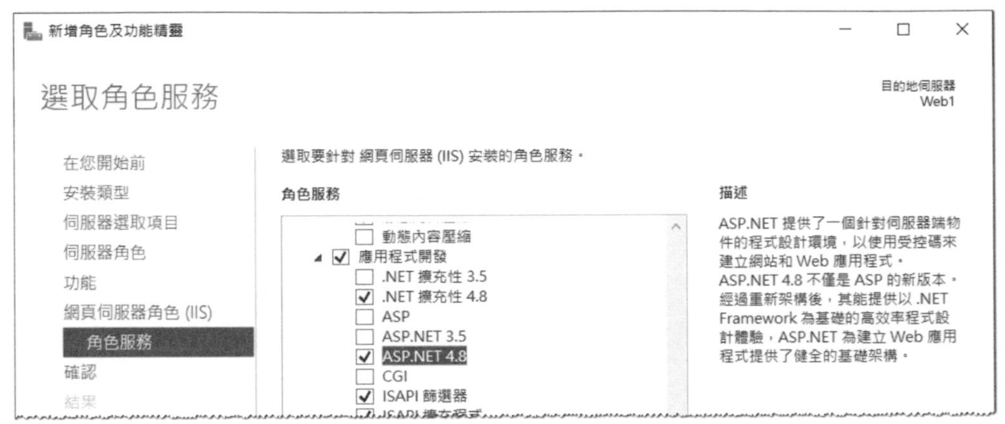

圖 17-3-8

接下來請建立一個用來測試用的首頁，假設其檔名為 default.aspx，且其內容為如圖 17-3-9 所示，並先將此檔案放到網站預設的主目錄%*SystemDrive*%\inetpub\wwwroot 之下，其中的%*SystemDrive*%一般是指 C:。

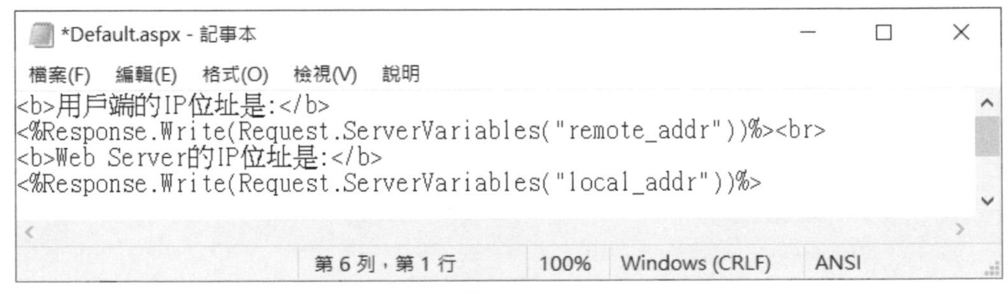

圖 17-3-9

建議變更網站讀取預設文件的優先順序，以便讓網站優先讀取 default.aspx，其設定途徑為:【點擊**伺服器管理員**右上角的**工具**功能表➲ Internet Information Services（IIS）➲如圖 17-3-10 所示點擊 Default Web Site➲點擊中間的**預設文件**➲點選 Default.aspx➲透過點擊右邊**動作**窗格的**上移**，來將 default.aspx 調整到清單的最上方】，它可以提高首頁存取效率，避免網站浪費時間去嘗試讀取其他檔案。

圖 17-3-10

接著請到測試電腦 Win11PC1 上利用瀏覽器來測試是否可以正常連接網站與看到預設的網頁，如圖 17-3-11 所示為連接成功的畫面，圖中我們直接利用 Web1 的固定 IP 位址 192.168.8.1 來連接 Web1，因為我們還沒有啟用 Windows NLB，故還無法使用叢集 IP 位址來連接網站。

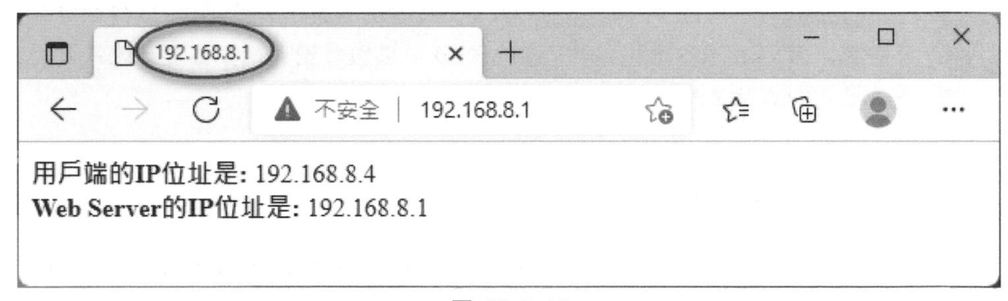

圖 17-3-11

網頁伺服器 Web2 的設定

Web2 的設定步驟大致上與 Web1 的設定相同，以下僅列出摘要：

- 在 Web2 上安裝**網頁伺服器（IIS）**角色與 **ASP.NET 4.8** 角色服務。
- "不需要"建立 default.aspx、也"不需要"將 default.aspx 複製到主目錄
- 直接到測試電腦 Win11PC1 上利用 http://192.168.8.2/來測試 Web2 網站是否正常運作，由於 Web2 並沒有另外建立 Default.aspx 首頁，故在 Win11PC1 上測試時，所看到的是如圖 17-3-12 所示的預設首頁。

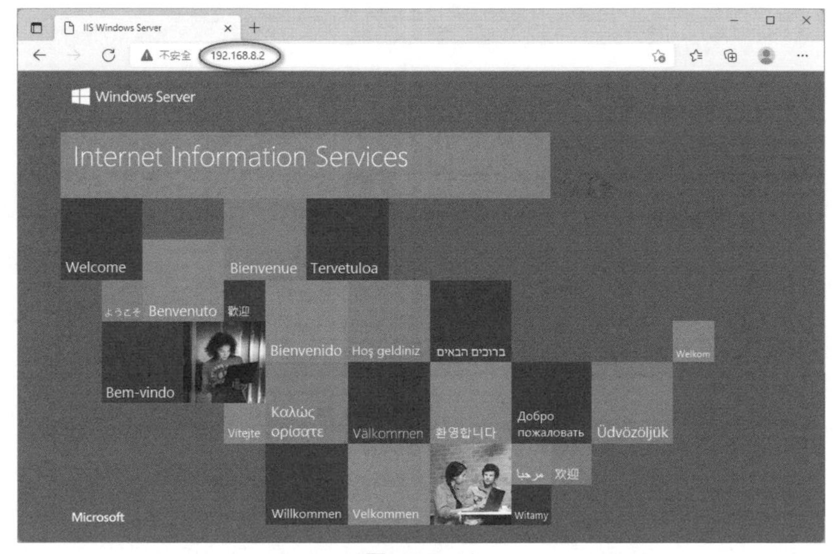

圖 17-3-12

若所架設的 Web Farm 是 SSL 網站的話，則請在 Web1 完成 SSL 憑證申請與安裝步驟、將 SSL 憑證匯出存檔、到 Web2 上透過**憑證** MMC 管理主控台來將此憑證匯入到 Web2 的網站。

共用網頁與共用設定

接下來我們要讓兩個網站來使用儲存在檔案伺服器 FS1 內的共用網頁與共用設定。

Web1 共用網頁的設定

我們將以 Web1 的網頁來當作兩個網站的共用網頁，因此請先將 Web1 主目錄 C:\inetpub\wwroot 內的測試首頁 default.aspx，透過網路複製到檔案伺服器 FS1 的

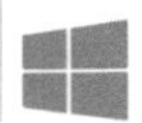

共用資料夾\\FS1\WebFiles\Contents：[在 Web1 上選取、複製 default.aspx 檔➲按 Windows 鍵⊞+ R 鍵➲輸入\\FS1\WebFiles\Contents 後按確定鈕➲貼上 default.aspx 檔，如圖 17-3-13 所示已將 Default.aspx 複製到此共用資料夾內】。

圖 17-3-13

接下來要將 Web1 的主目錄指定到\\FS1\WebFiles\Contents 共用資料夾，並且利用建立在檔案伺服器 FS1 內的本機使用者帳戶 WebUser 來連接此共用資料夾，不過在 Web1 上也必須建立一個相同名稱與密碼的使用者帳戶（請取消勾選**使用者必須在下次登入時變更密碼**、勾選**密碼永久有效**），且必須將其加入到 **IIS_IUSRS** 群組內，如圖 17-3-14 所示。

圖 17-3-14

將 Web1 主目錄指定到\\FS1\WebFiles\Contents 共用資料夾的步驟為：

STEP 1 如圖 17-3-15 所示點擊 Default Web Site 右邊的**基本設定...**。

Internet Information Services (IIS) 管理員
WEB1 ▸ 站台 ▸ Default Web Site ▸
檔案(F) 檢視(V) 說明(H)
連線
起始網頁
WEB1 (WEB1\Administrat
應用程式集區
站台
Default Web Site
aspnet_client
Default Web Site 首頁
篩選器:
移至(G)
ASP.NET
.NET 全球化
.NET 角色
.NET 使用者
.NET 信任層級
動作
瀏覽
編輯權限...
編輯站台
繫結...
基本設定...
檢視應用程式

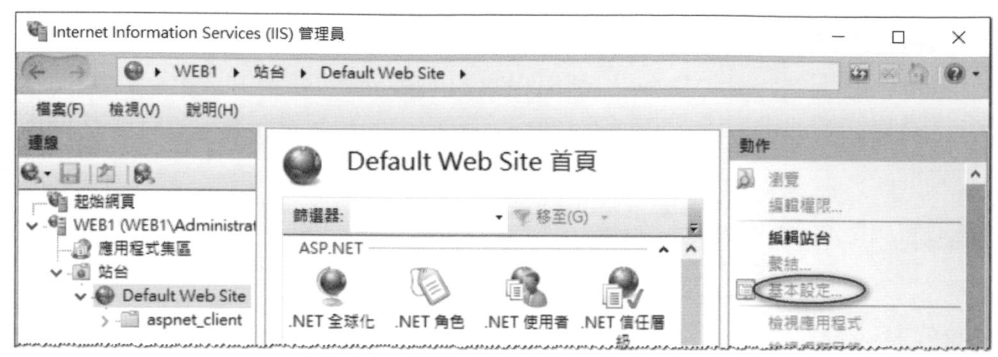

圖 17-3-15

STEP 2 如圖 17-3-16 所示在**實體路徑**處輸入\\FS1\WebFiles\Contents、點擊連線身分鈕。

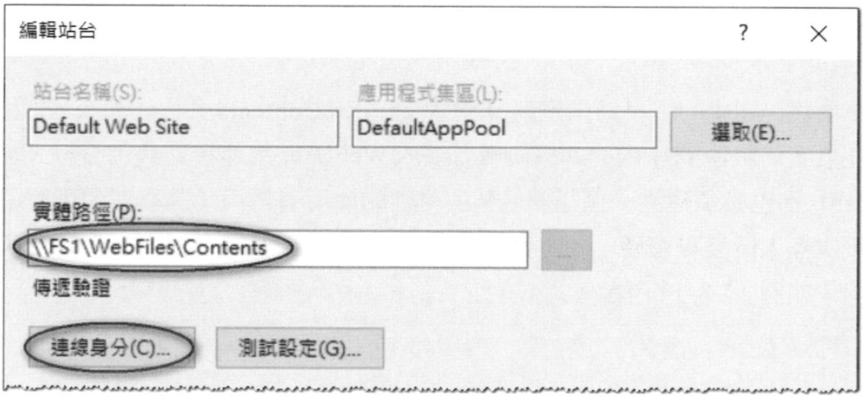
編輯站台
站台名稱(S):
Default Web Site
應用程式集區(L):
DefaultAppPool
選取(E)...
實體路徑(P):
\\FS1\WebFiles\Contents
傳遞驗證
連線身分(C)...
測試設定(G)...

圖 17-3-16

STEP 3 如圖 17-3-17 所示指定用來連接共用資料夾的帳戶 WebUser 後按確定鈕（請透過按設定鈕來輸入使用者名稱 WebUser 與密碼）。

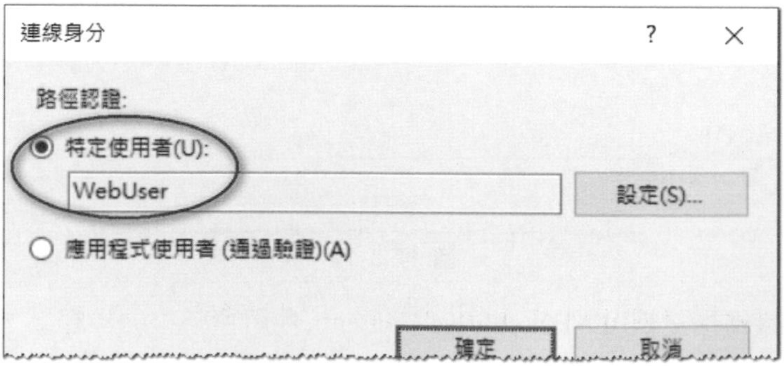
連線身分
路徑認證:
特定使用者(U):
WebUser
設定(S)...
應用程式使用者 (通過驗證)(A)
確定
取消

圖 17-3-17

STEP 4 點擊圖 17-3-18 中的測試設定鈕，以便測試是否可以正常連接上述共用資料夾，如前景圖所示為正常連接的畫面。按關閉鈕、按確定鈕。

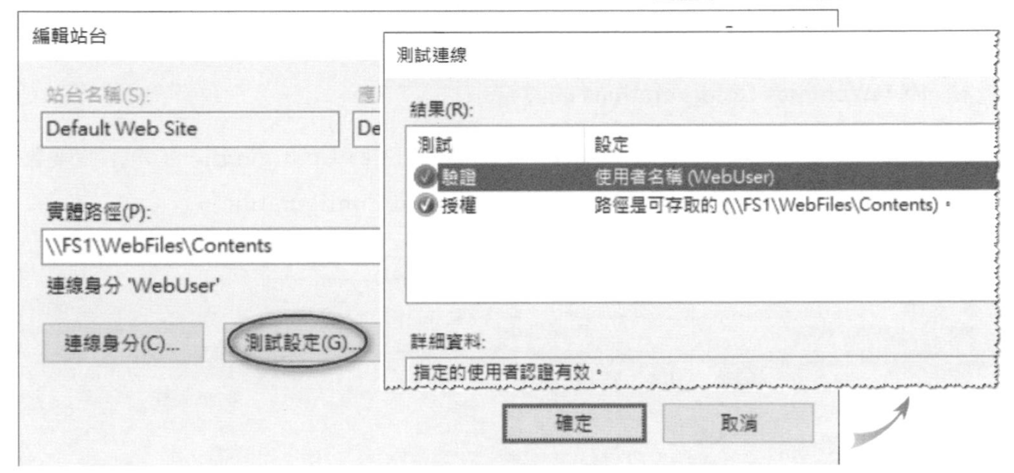

圖 17-3-18

完成後，請到測試電腦 Win11PC1 上利用 http://192.168.8.1/來測試（建議先將瀏覽器的暫存檔清除），此時應該還是可以正常看到 default.aspx 的網頁。

> 若網站不正常運作或安全性設定有異動的話，則可能需針對網站所在的應用程式集區來執行**回收**(recycle)動作，來讓網站恢復正常或取得最新安全設定值。例如 Default Web Site 的應用程式集區為 DefaultAppPool，若要針對此集區來執行**回收**動作的話，請如圖 17-3-19 所示點擊 DefaultAppPool 右邊的**回收...**。

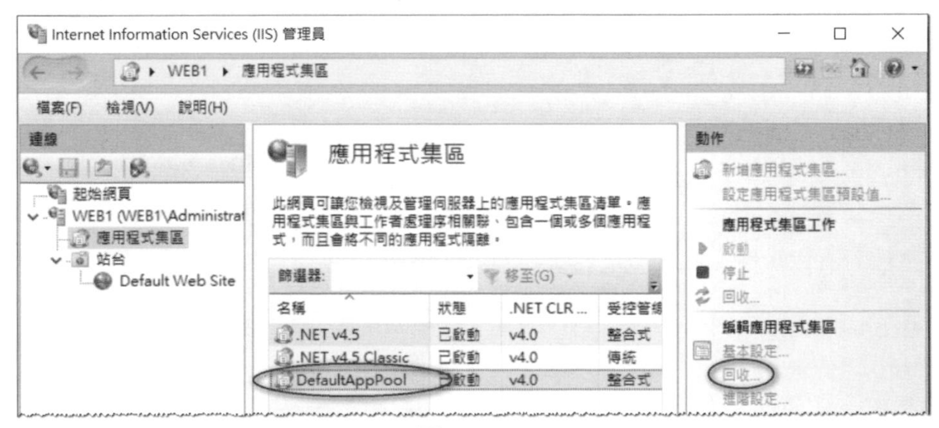

圖 17-3-19

Web1 的共用設定

我們將以 Web1 的設定來當作兩個網頁伺服器的共用設定，因此請先將 Web1 的設定與金鑰匯出到\\FS1\WebFiles\Configurations，然後再指定 Web1 來改使用這份位於\\FS1\WebFiles\Configurations 的設定。

STEP 1　將 Web1 的設定匯出、儲存到 \\FS1\WebFiles\Configurations 內。請雙擊圖 17-3-20 伺服器 WEB1 畫面中的 Shared Configuration。

圖 17-3-20

STEP 2　點擊圖 17-3-21 中右邊的 Export Configuration…（匯出設定…）。

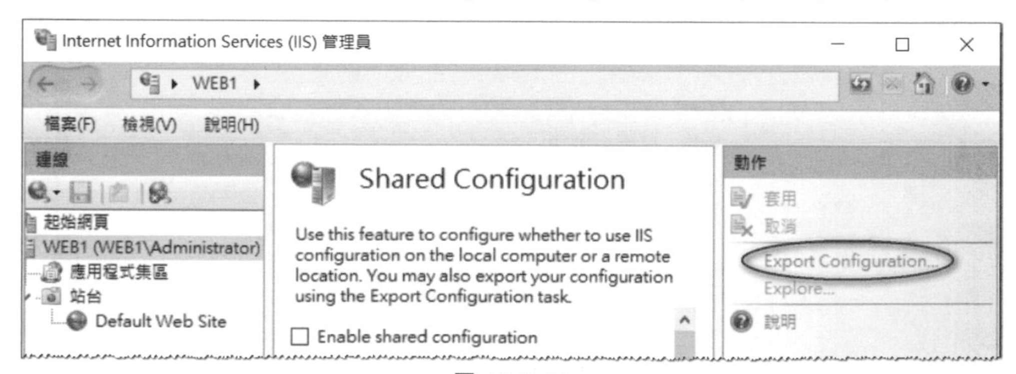

圖 17-3-21

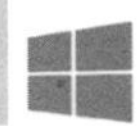

STEP 3 在圖 17-3-22 背景圖的 Physical path 中輸入用來儲存共用設定的共用資料夾➲點擊 Connect As 鈕➲輸入有權利連接此共用資料夾的使用者名稱（WebUser）與密碼➲按確定鈕。

Export Configuration
Export local configuration files, settings, and encryption keys.
Configuration Location
Physical path:
\\FS1\WebFiles\Configurations
Connect As...
Encryption Keys
Encryption keys password:
Confirm password:
設定認證
使用者名稱(U):
WebUser
密碼(P):
確認密碼(C):
確定
取消

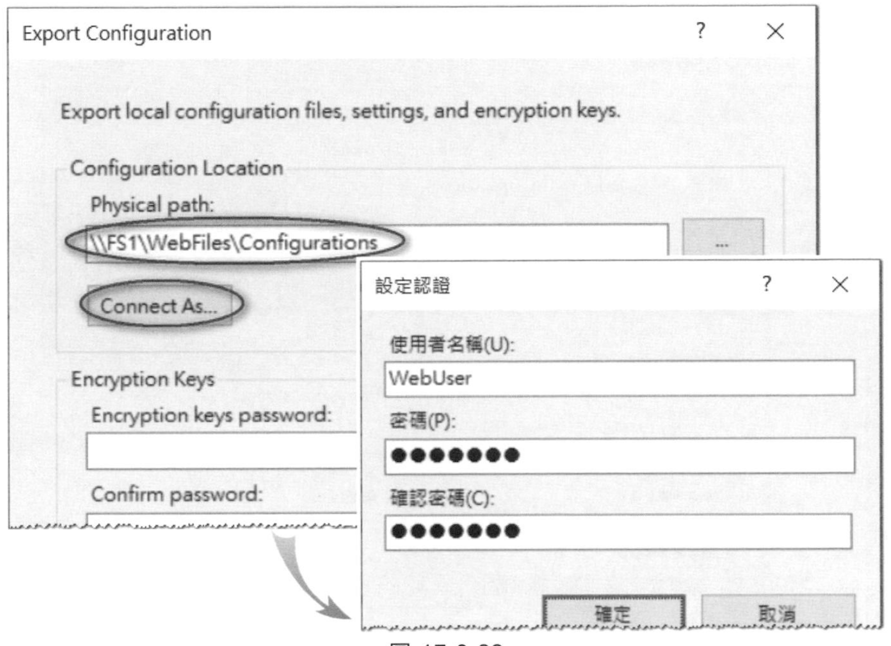

圖 17-3-22

STEP 4 在圖 17-3-23 中設定加密金鑰的密碼➲按確定鈕➲再按確定鈕。密碼必須至少 8 個字元，且需包含數字、特殊符號、英文大小寫字母。

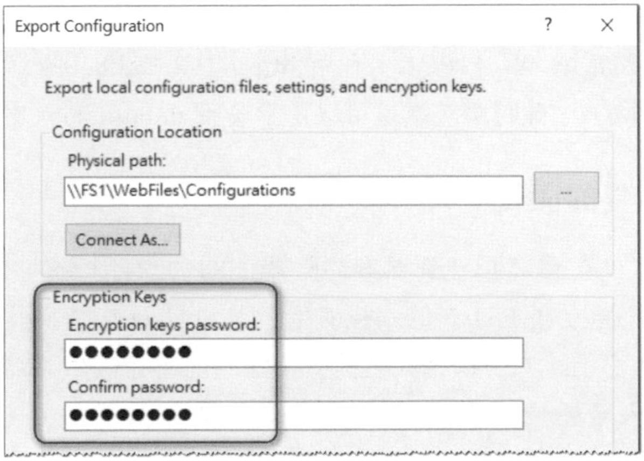

Export Configuration
Export local configuration files, settings, and encryption keys.
Configuration Location
Physical path:
\\FS1\WebFiles\Configurations
Connect As...
Encryption Keys
Encryption keys password:
Confirm password:

圖 17-3-23

STEP 5 啟用 Web1 的共用設定功能：【在圖 17-3-24 中勾選 **Enable shared configuration**➲在 **Pyhsical path** 中輸入儲存共用設定的路徑➲輸入有權利連接此共用資料夾的使用者名稱（WebUser）與密碼➲點擊**套用**➲在前景圖中輸入加密金鑰的密碼➲按確定鈕】。

圖 17-3-24

STEP 6 持續按確定鈕來完成設定、重新啟動 IIS 管理員。Web1 的現有加密金鑰會被備份到本機電腦內用來儲存設定的目錄中（*%Systemroot%*\System32\inetsrv\config）。

完成後，請到測試電腦 Win11PC1 上利用 http://192.168.8.1/來測試（建議先將瀏覽器的暫存檔清除），此時應該還是可以正常看到 default.aspx 的網頁。

Web2 共用網頁的設定

我們要將 Web2 的主目錄指定到檔案伺服器 FS1 的共用資料夾\\FS1\WebFiles\Contents，並利用建立在 FS1 內的本機使用者 WebUser 來連接此共用資料夾，不過在 Web2 上也必須建立一個相同名稱與密碼的使用者帳戶（請取消勾選**使用者必須在下次登入時變更密碼**、改勾選**密碼永久有效**），且必須將其加入到 **IIS_IUSRS** 群組內，如圖 17-3-25 所示。

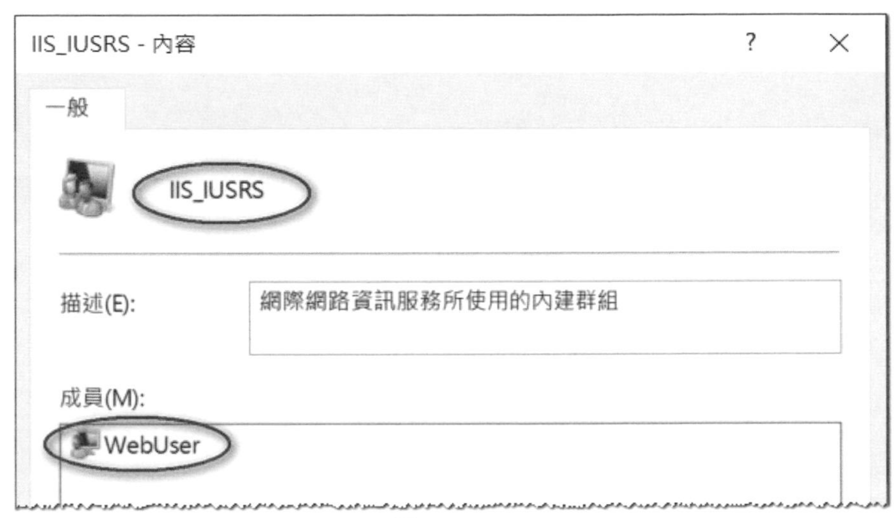

圖 17-3-25

將 Web2 的主目錄指定到\\FS1\WebFiles\Contents 共用資料夾的步驟與 Web1 完全相同，此處不再重複，僅以圖 17-3-26 與圖 17-3-27 來說明。

圖 17-3-26

圖 17-3-27

完成後，到測試電腦 Win11PC1 上利用 http://192.168.8.2/來測試（建議先將瀏覽器的暫存檔清除），此時應該還是可以正常看到 default.aspx 的網頁，如圖 17-3-28 所示。建議也變更 Web2 預設文件的優先順序（將 default.aspx 移動到最上面），以便提高首頁存取效率，避免浪費時間去嘗試讀取其他檔案。

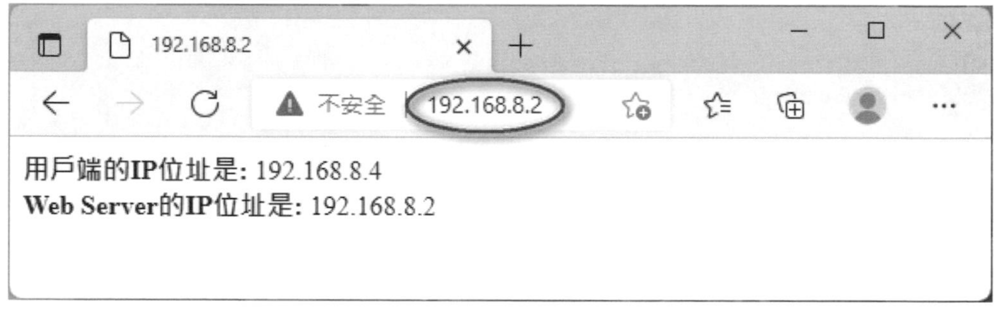

圖 17-3-28

Web2 的共用設定

我們要讓 Web2 來使用位於\\FS1\WebFiles\Configurations 內的共用設定（這些設定是之前從 Web1 匯出到此處的），其步驟如下所示。

STEP 1　請雙擊圖 17-3-29 伺服器 WEB2 中的 Shared Configuration。

圖 17-3-29

STEP 2 在圖 17-3-30 中【勾選 Enable Shared Configuration➲在 Physical path 中輸入儲存共用設定的路徑**\\FS1\WebFiles\Configurations**➲輸入有權利連接此共用資料夾的使用者名稱（WebUser）與密碼➲點擊**套用**➲在前景圖中輸入加密金鑰的密碼➲按確定鈕】。

圖 17-3-30

STEP 3 持續按**確定**鈕來完成設定、重新啟動 IIS 管理員。Web2 的現有加密金鑰會被備份到本機電腦內用來儲存設定的目錄中（*%Systemroot%*\System32\inetsrv\config）

完成後，請到測試電腦 Win11PC1 上利用 http://192.168.8.2/來測試（建議先將瀏覽器的暫存檔清除），此時應該還是可以正常看到 default.aspx 的網頁。

我們已經將 Web1 與 Web2 都設定好來使用位於 FS1 的共用設定與共用網頁，接下來將啟用 Windows NLB 叢集，以便提供容錯與負載平衡的高可用性功能。

建立 Windows NLB 叢集

我們要在圖 17-3-31 中 Web1 與 Web2 兩台網頁伺服器上啟用 **Windows 網路負載平衡**（Windows NLB），但需分別在這兩台伺服器上安裝**網路負載平衡**功能。

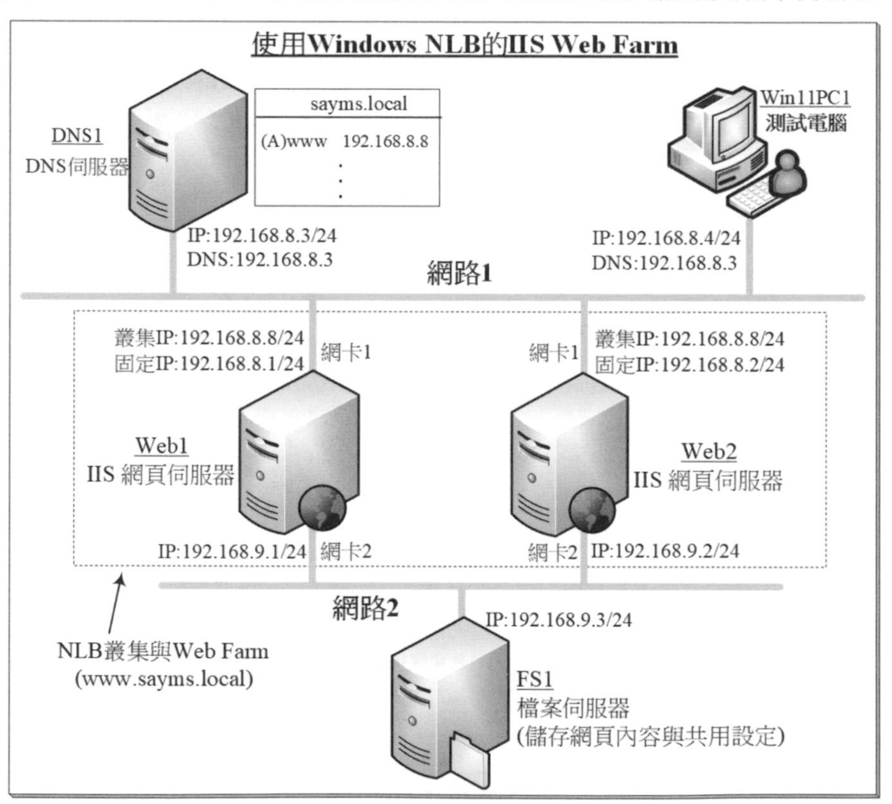

圖 17-3-31

建立 Windows NLB 叢集的步驟如下所示：

STEP 1 請分別到 Web1 與 Web2 上安裝**網路負載平衡**功能：【開啟**伺服器管理員**➲點擊**儀表板**處的**新增角色及功能**➲持續按 下一步 鈕到出現如圖 17-3-32 所示的**選取功能**畫面時勾選**網路負載平衡**➲…】。

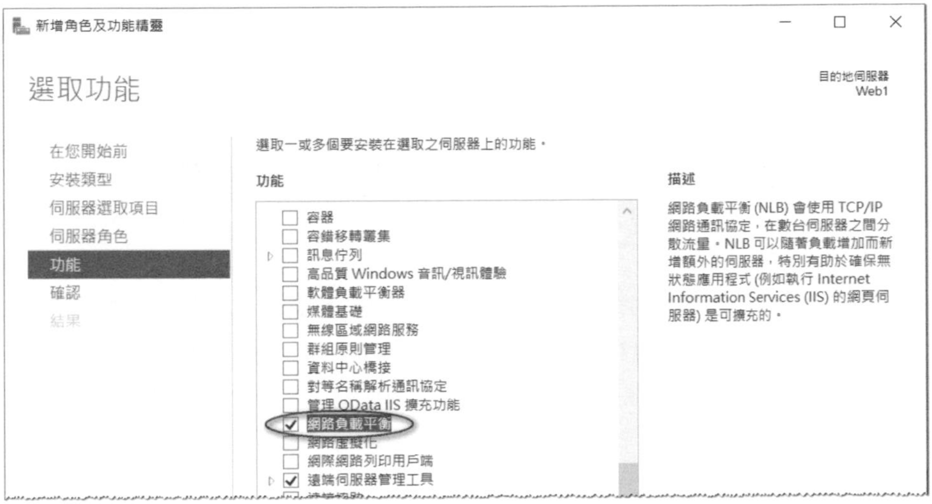

新增角色及功能精靈

選取功能

目的地伺服器
Web1

在您開始前
安裝類型
伺服器選取項目
伺服器角色
功能
確認
結果

選取一或多個要安裝在選取之伺服器上的功能。

功能

容器
容錯移轉叢集
訊息佇列
高品質 Windows 音訊/視訊體驗
軟體負載平衡器
媒體基礎
無線區域網路服務
群組原則管理
資料中心橋接
對等名稱解析通訊協定
管理 OData IIS 擴充功能
網路負載平衡
網路虛擬化
網際網路列印用戶端
遠端伺服器管理工具

描述

網路負載平衡 (NLB) 會使用 TCP/IP 網路通訊協定，在數台伺服器之間分散流量。NLB 可以隨著負載增加而新增額外的伺服器，特別有助於確保無狀態應用程式 (例如執行 Internet Information Services (IIS) 的網頁伺服器) 是可擴充的。

圖 17-3-32

STEP 2 到 Web1 上點擊左下角**開始**圖示➲Windows 系統管理工具➲網路負載平衡管理員➲如圖 17-3-33 所示對著**網路負載平衡叢集**按右鍵➲新增叢集。

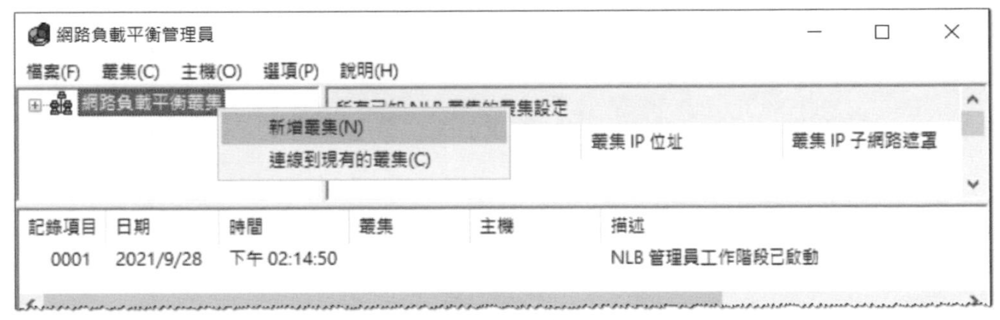

圖 17-3-33

STEP 3 在圖 17-3-34 的**主機**處輸入要加入叢集的第 1 台伺服器的電腦名稱 Web1 後按 連線 鈕，然後從畫面下方來選擇 Web1 內欲啟用 NLB 的網路卡後按 下一步 鈕。圖中我們選擇連接在網路 1 的網路卡。

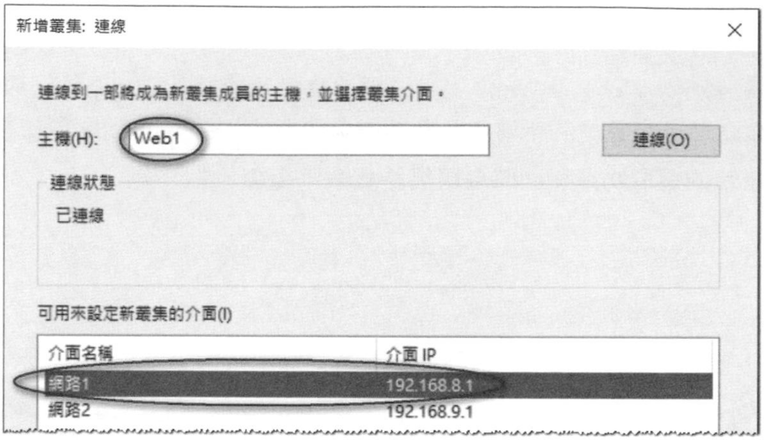

新增叢集: 連線

連線到一部將成為新叢集成員的主機，並選擇叢集介面。

主機(H): Web1　連線(O)

連線狀態

已連線

可用來設定新叢集的介面(I)

介面名稱	介面 IP
網路1	192.168.8.1
網路2	192.168.9.1

圖 17-3-34

STEP 4 在圖 17-3-35 中直接按下一步鈕即可。圖中的**優先順序（單一主機識別元）**就是 Web1 的 host ID（每一台伺服器的 host ID 必須是唯一的），若叢集接收到的封包是未定義在**連接埠規則**內的話，它會將此封包交給優先順序較高（host ID 數字較小）的伺服器來處理。您也可以在此畫面為此網路卡新增多個固定 IP 位址。

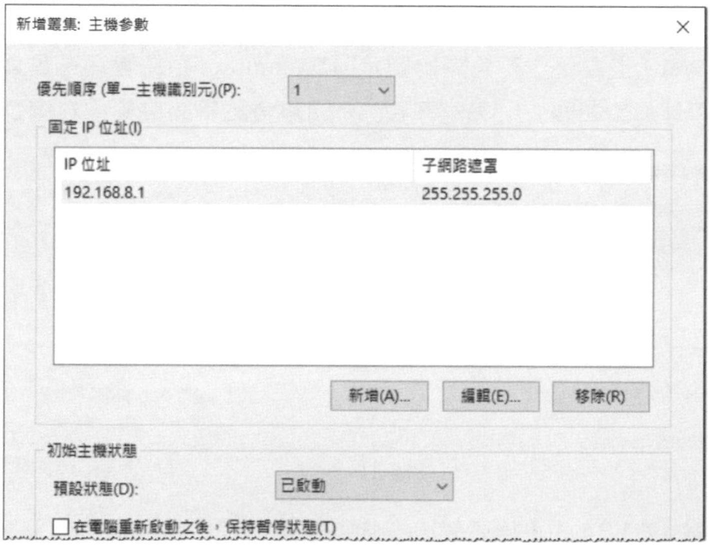

新增叢集: 主機參數

優先順序 (單一主機識別元)(P): 1

固定 IP 位址(I)

IP 位址	子網路遮罩
192.168.8.1	255.255.255.0

新增(A)...　編輯(E)...　移除(R)

初始主機狀態

預設狀態(D): 已啟動

在電腦重新啟動之後，保持暫停狀態(T)

圖 17-3-35

STEP 5 在圖 17-3-36 按新增鈕、設定叢集 IP 位址（例如 192.168.8.8）與子網路遮罩（255.255.255.0）後按確定鈕。

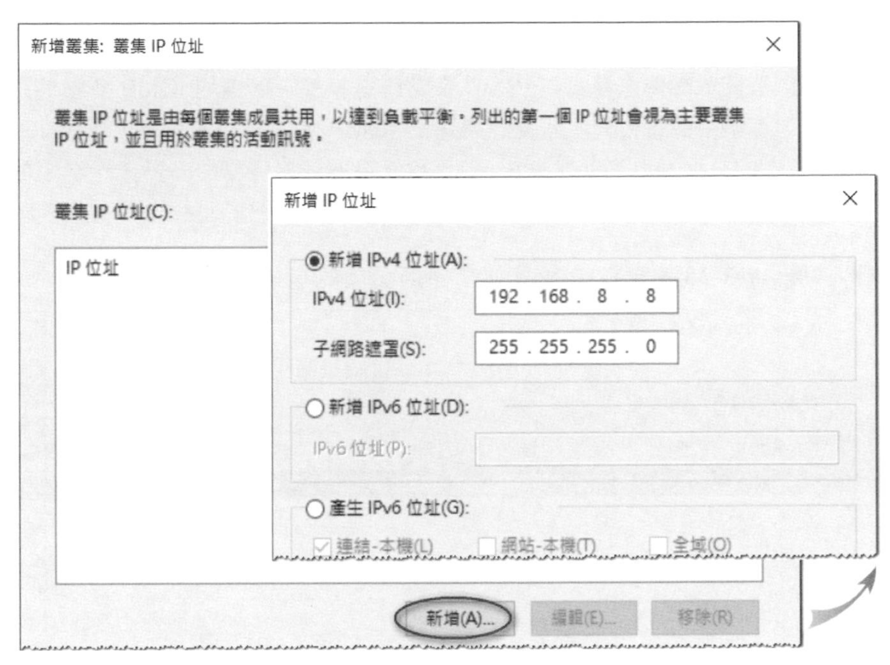

圖 17-3-36

STEP 6 回到**新增叢集：叢集 IP 位址**畫面時按 下一步 鈕（您也可以在此處新增多個叢集 IP 位址）。

STEP 7 在圖 17-3-37 的**叢集操作模式**處選擇**多點傳送**模式後按 下一步 鈕。

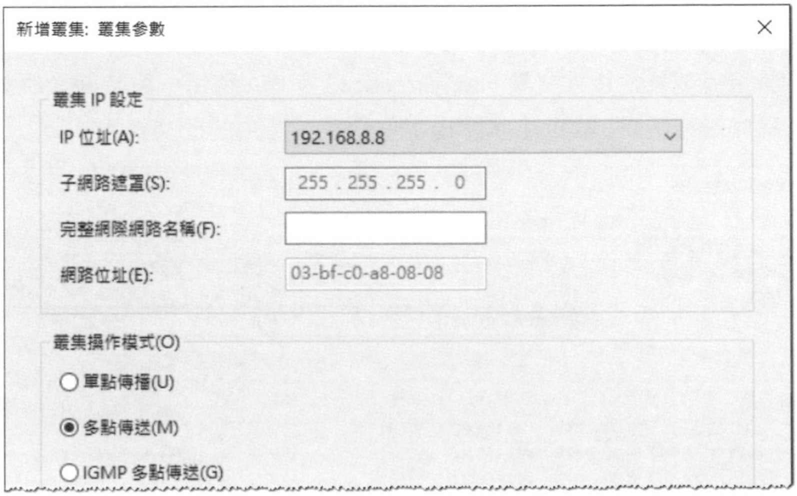

新增叢集: 叢集參數
叢集 IP 設定
IP 位址(A): 192.168.8.8
子網路遮罩(S): 255 . 255 . 255 . 0
完整網際網路名稱(F):
網路位址(E): 03-bf-c0-a8-08-08
叢集操作模式(O)
單點傳播(U)
多點傳送(M)
IGMP 多點傳送(G)

圖 17-3-37

> 您也可以選擇**單點傳送模式**或 **IGMP 多點傳送模式**，若選擇 **IGMP 多點傳送模式**的話，叢集中的每台伺服器會定期送出 **IGMP 加入群組**的訊息，支援 IGMP Snooping 的交換器收到此訊息後，就可得知這些隸屬於相同多點傳送群組的叢集伺服器是連接在哪一些 port 上，如此傳送給叢集的封包只會被送到這些 port。

STEP 8 在圖 17-3-38 中直接按**完成**鈕來採用預設的連接埠規則。

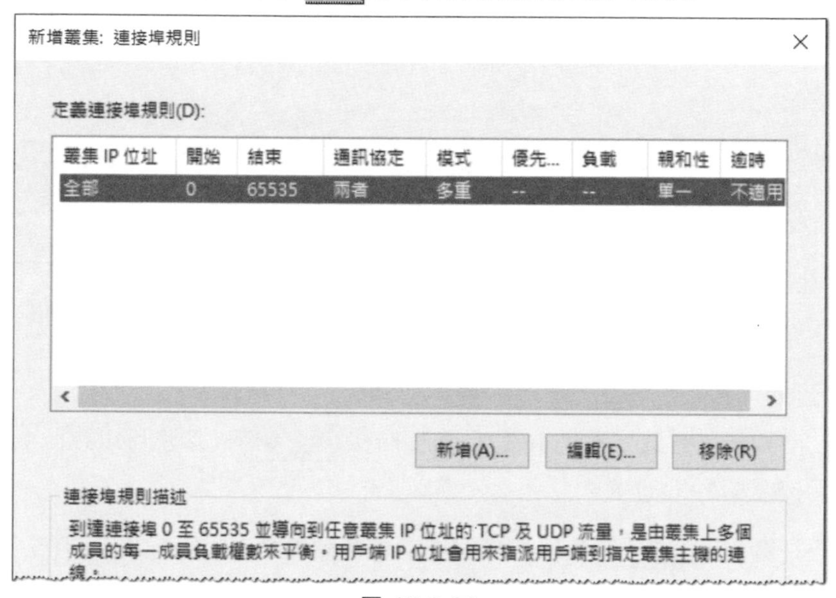

圖 17-3-38

STEP 9 設定完成後會進入**交集**（convergence）程序，稍待一段時間後便會完成此程序，而圖 17-3-39 中**狀態**欄位也會改為圖中的**已交集**。

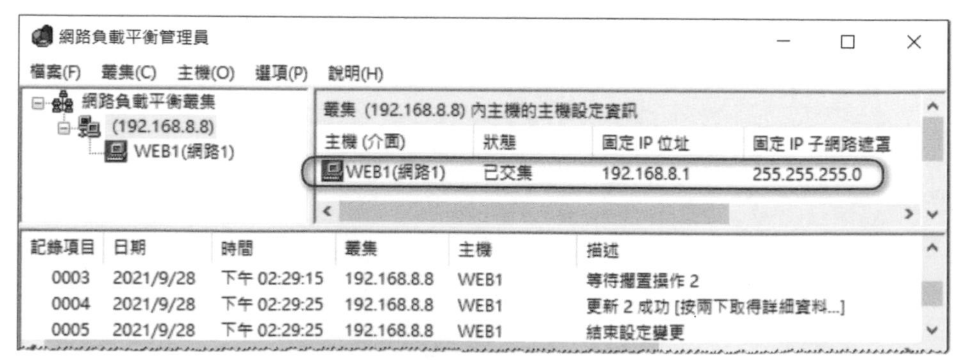

圖 17-3-39

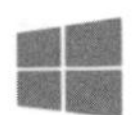

STEP **10** 接下來將 Web2 加入到 NLB 叢集：【如圖 17-3-40 所示對著叢集 IP 位址 192.168.8.8 按右鍵➲新增主機到叢集➲在**主機**處輸入 Web2 後按**連線**鈕➲從畫面下方選擇 Web2 內欲啟用 NLB 的網路卡後按**下一步**鈕（圖中我們選擇連接在網路 1 的網路卡）】。

> 請先將 Web2 的 **Windows Defender 防火牆**關閉或例外開放**檔案及印表機共用**規則，否則會被防火牆的阻擋而無法解析到 Web2 的 IP 位址。若不想變動防火牆設定的話，請直接輸入 Web2 的 IP 位址。

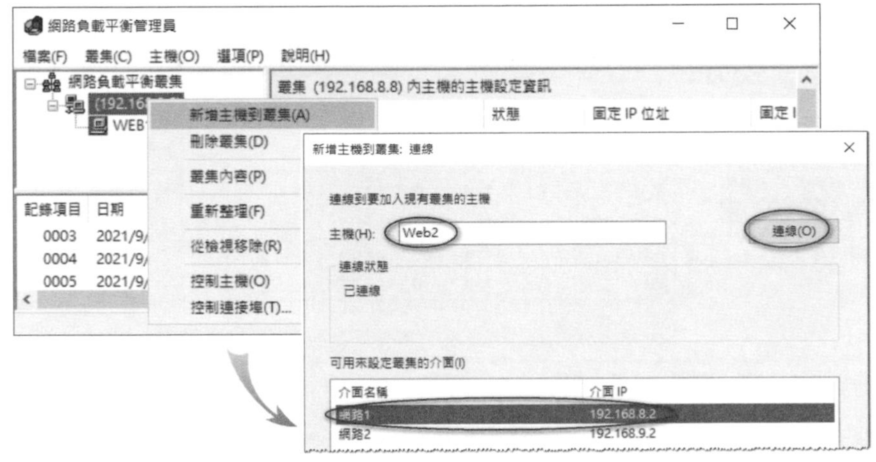

圖 17-3-40

STEP **11** 在圖 17-3-41 中直接按**下一步**鈕即可，其**優先順序（單一主機識別元）**為 2，也就是 host ID 為 2。

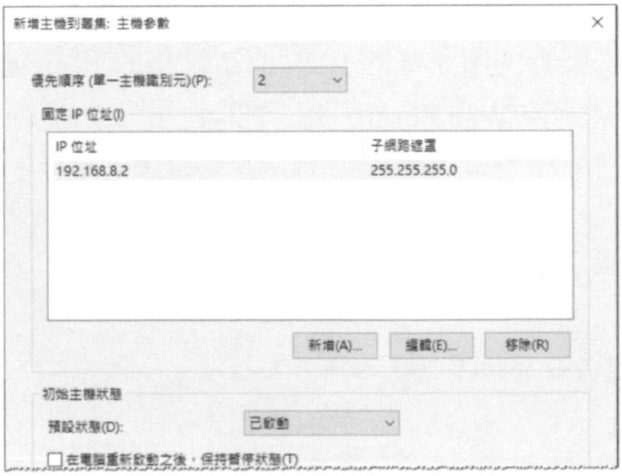

圖 17-3-41

STEP 12 在圖 17-3-42 中直接按完成鈕。

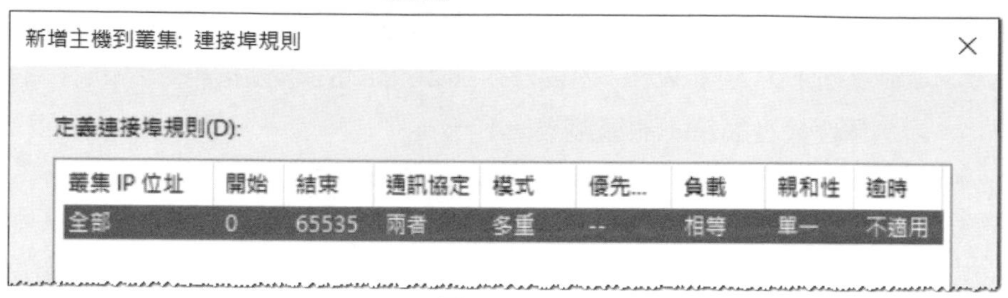
新增主機到叢集: 連接埠規則

定義連接埠規則(D):

叢集 IP 位址	開始	結束	通訊協定	模式	優先...	負載	親和性	逾時
全部	0	65535	兩者	多重	--	相等	單一	不適用

圖 17-3-42

STEP 13 設定完成後會進入**交集**（convergence）程序，稍待一段時間後便會完成此程序，而圖 17-3-43 中**狀態**欄位也會改為圖中的**已交集**。

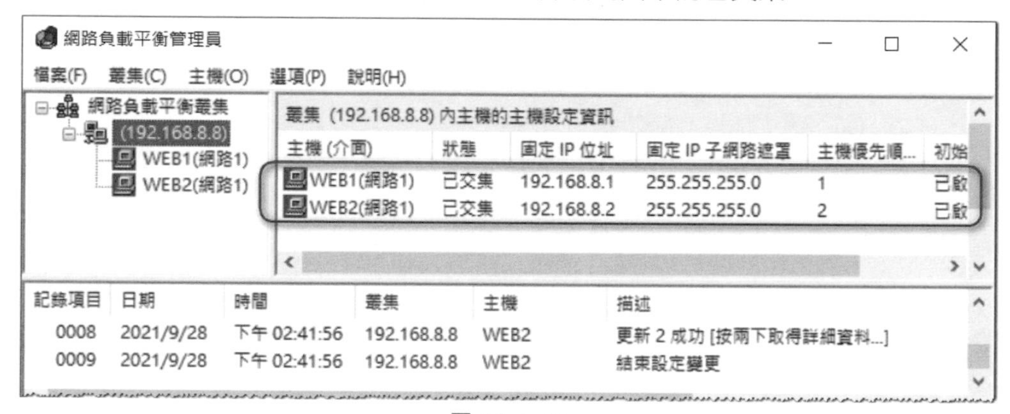

圖 17-3-43

完成以上設定後，接下來請到測試電腦 Win11PC1 上利用瀏覽器測試是否可以連接到 Web Farm 網站，這一次我們將如圖 17-3-44 透過網址 www.sayms.local 來連接，此網址在 DNS 伺服器內所記錄的 IP 位址為叢集的 IP 位址 192.168.8,.8，故此次是透過 NLB 叢集來連接 Web Farm，圖 17-3-44 為成功連線後的畫面。

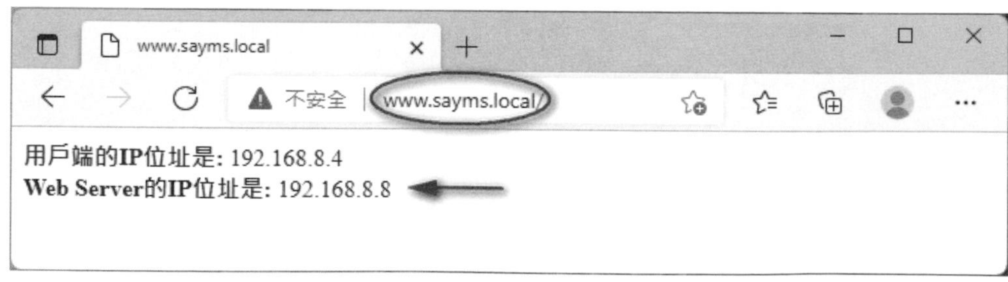

圖 17-3-44

您可以利用以下方式來進一步的測試 NLB 與 Web Farm 功能：將 Web1 關機，但保持 Web2 開機，然後再測試是否可以連接 Web Farm、看到網頁；完成後，改為將 Web2 關機，但保持 Web1 開機，然後再測試是否可以連接 Web Farm、看到網頁。為了避免瀏覽器的暫存檔干擾您驗證實驗結果，因此每次測試前，請先刪除暫存檔或直接按 Ctrl + F5 鍵來更新網頁(它會忽略暫存檔)。

17-4 Windows NLB 叢集的進階管理

如果您要變更叢集設定的話，例如新增主機到叢集、刪除叢集，請如圖 17-4-1 所示對著叢集按右鍵，然後透過圖中的選項來設定。

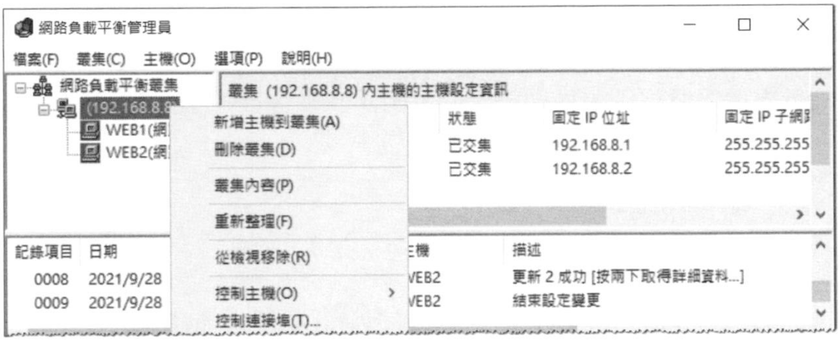

圖 17-4-1

您也可以針對單一伺服器來變更其設定，其設定途徑為如圖 17-4-2 所示對著伺服器按右鍵，然後透過圖中的選項來設定。圖中的**刪除主機**會將該伺服器從叢集中移除，並停用其**網路負載平衡**功能。

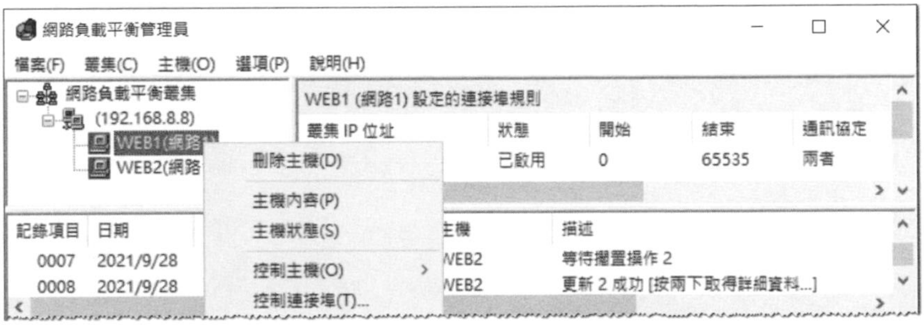

圖 17-4-2

如果您在圖 17-4-1 中選擇**叢集內容**的話，就可以來變更叢集 IP 位址、叢集參數與連接埠規則，如圖 17-4-3 所示為連接埠規則的畫面。

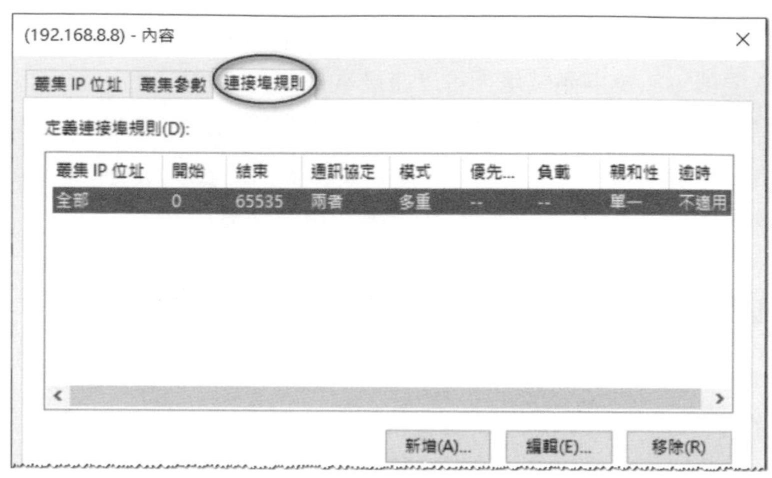

圖 17-4-3

此處我們針對連接埠規則來做進一步的說明。請點選圖中唯一的連接埠規則後按**編輯**鈕，此時會出現如圖 17-4-4 所示的畫面。

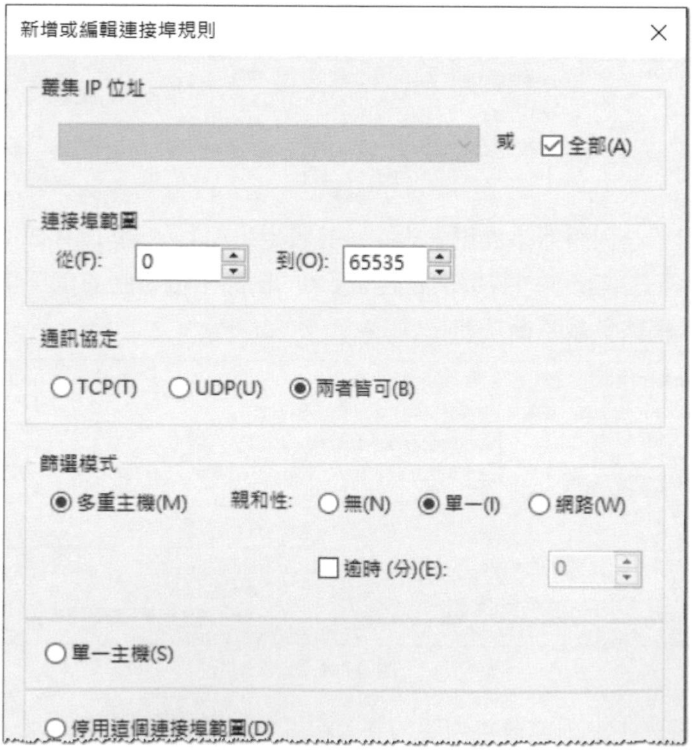

新增或編輯連接埠規則

叢集 IP 位址

或 ☑全部(A)

連接埠範圍

從(F): 0 到(O): 65535

通訊協定

○TCP(T) ○UDP(U) ◉兩者皆可(B)

篩選模式

◉多重主機(M) 親和性: ○無(N) ◉單一(I) ○網路(W)

☐逾時 (分)(E): 0

○單一主機(S)

○停用這個連接埠範圍(D)

圖 17-4-4

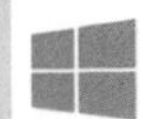

- **叢集 IP 位址**：透過此處來選擇適用此連接埠規則的叢集 IP 位址，也就是只有透過此 IP 位址來連接 NLB 叢集時，才會套用此規則。

  若此處是勾選**全部**的話，則所有叢集 IP 位址皆適用於此規則，此時這個規則被稱為**通用連接埠規則**。若您自行新增其他連接埠規則，而其設定與**通用連接埠規則**相衝突的話，則您新增的規則優先。

- **連接埠範圍**：此連接埠規則所涵蓋的連接埠範圍，預設是所有的連接埠。

- **通訊協定**：此連接埠規則所涵蓋的通訊協定，預設是同時包含 TCP 與 UDP。

- 篩選模式

  - **多重主機**與**親和性**：叢集內所有伺服器都會處理進入叢集的網路流量，也就是共同來提供網路負載平衡與容錯功能，並依照親和性的設定來將接收到要求交給叢集內的某台伺服器負責。親和性的原理請參閱第 17-7 頁 **Windows NLB 的親和性**。

  - **單一主機**：表示與此規則有關的流量都將交給單一伺服器來負責處理，這台伺服器是處理優先順序（handling priority）較高的伺服器，處理優先順序預設是根據 host ID 來設定（數字較小優先順序越高）。您可以變更伺服器的處理優先順序值（參考後面圖 17-4-5 中的**處理優先順序**）。

  - **停用這個連接埠範圍**：所有與此連接埠規則有關的流量都將會被 NLB 叢集所阻擋。

如果前面圖 17-4-4 中的**篩選模式**為「**多重主機**與**親和性**」的話，則針對此規則所涵蓋的連接埠來說，叢集中每一台伺服器的負擔比率預設是相同的，若要變更單一伺服器的負擔比率的話：【對著該伺服器按右鍵➲主機內容➲**連接埠規則**標籤➲點選連接埠規則➲點擊編輯鈕➲在圖 17-4-5 中先取消勾選**相等**後、再透過**負載權數**來調整相對比率】。舉例來說，若叢集中有 3 台伺服器，且其**負載權數**值分別被設定為 50、100、150，則其負擔比率為 1：2：3。

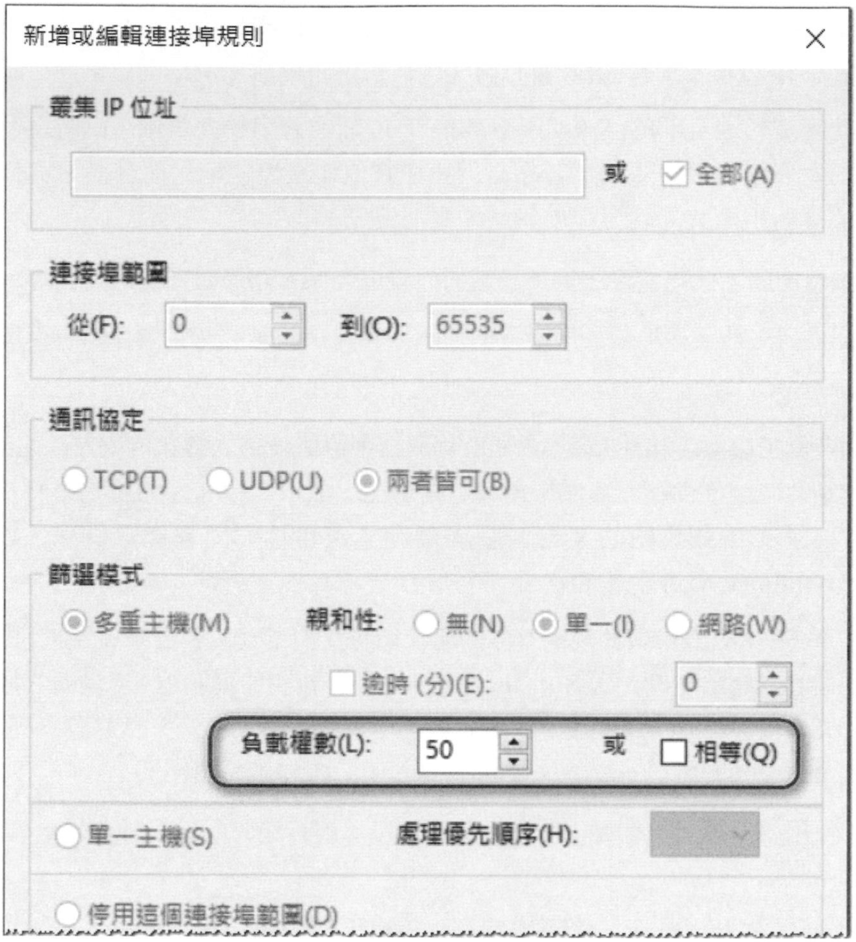

圖 17-4-5

您可以透過【如圖 17-4-6 所示對著伺服器按右鍵➲控制主機】的途徑來啟動（開始）、停止、清空停止、暫停與繼續該台伺服器的服務。其中的**停止**會讓此伺服器停止處理所有的網路流量要求，包含正在處理中的要求；而**清空停止**（drainstop）僅會停止處理新的網路流量要求，但是目前正在處理中的要求並不會被停止。

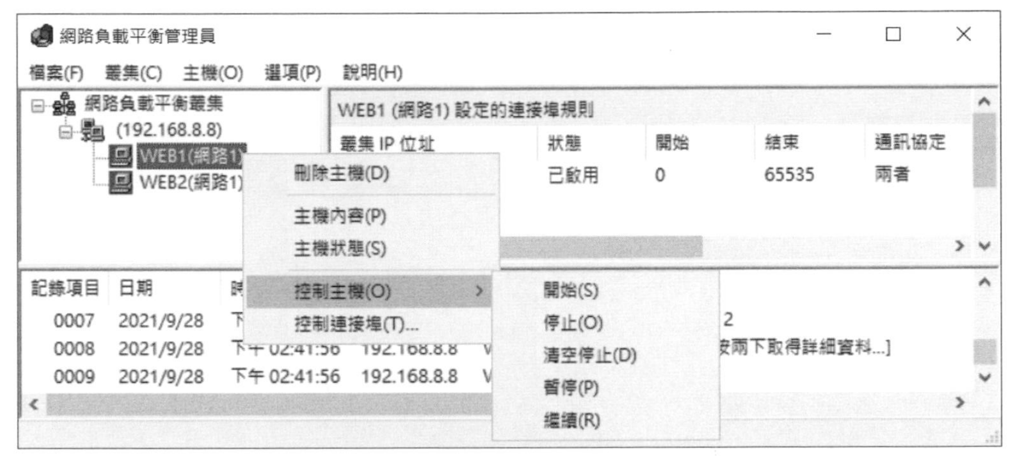

圖 17-4-6

您可以透過【如圖 17-4-7 對著伺服器按右鍵➲控制連接埠➲點選連接埠規則】的途徑來啟用、停用或清空該連接埠規則。其中的**停用**表示此伺服器不再處理與此連接埠規則有關的網路流量，包含正在處理中的要求；而**清空**（drain）僅會停止處理新的網路流量要求，但是目前正在處理中的要求並不會被停止。

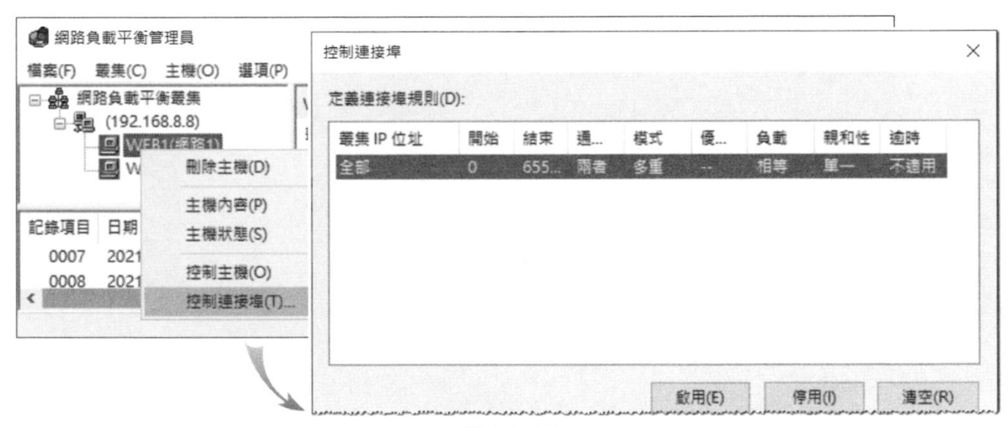

圖 17-4-7

18

路由器與橋接器的設定

不同網路之間透過路由器（router）或橋接器（bridge）串接後，便可以讓分別位於不同網路內的電腦透過路由器或橋接器來溝通。

18-1 路由器的原理

不同網路之間的電腦可以透過路由器來溝通，而您可以利用硬體路由器來串接不同的網路，也可以讓 Windows Server 電腦來扮演路由器的角色。

以圖 18-1-1 為例，圖中甲乙丙三個網路是利用兩個 Windows Server 路由器來串接，當甲網路內的電腦 1 欲與丙網路內的電腦 6 溝通時，電腦 1 會將封包（packet）傳送到路由器 1，路由器 1 會將其轉送給路由器 2，最後再由路由器 2 負責將其傳送給丙網路內的電腦 6。

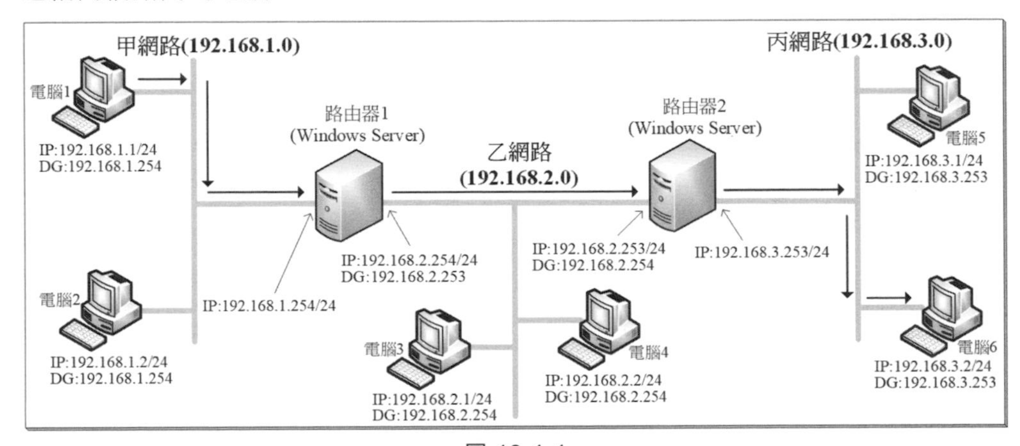

圖 18-1-1

然而當電腦 1 要傳送封包給電腦 6 時，它是如何知道要透過路由器 1 來轉送呢？而路由器 1 又如何知道要將它轉送給路由器 2 呢？答案是**路由表**（routing table）。一般電腦與路由器內的路由表，提供了封包傳送的路徑資訊，以便讓它們能夠正確的將封包傳送到目的地。

建議您利用虛擬環境來建置圖 18-1-1 的測試環境，以便驗證本章所敘述的理論。您至少需要建置圖中的電腦 1、路由器 1、電腦 3、路由器 2、電腦 6。在各電腦的 IP 位址設定完成後，暫時關閉這些電腦的 Windows Defender 防火牆，然後利用 ping 指令來測試同一個網路內的電腦是否可以正常溝通，等路由器功能啟用後，再來測試不同網路內的電腦是否可以正常溝通。

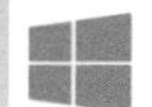

一般主機的路由表

以前面的圖 18-1-1 為例，電腦 1 內的路由表可能是如圖 18-1-2 所示，圖中的路由表內含多筆路徑資訊，我們先稍微解釋每個欄位的定義，接著再詳細解釋其中幾筆路徑資料的意義，最後再舉例來解說。您可以到電腦 1 開啟 **Windows PowerShell**，然後執行 **route print -4** 來得到圖 18-1-2 的畫面。

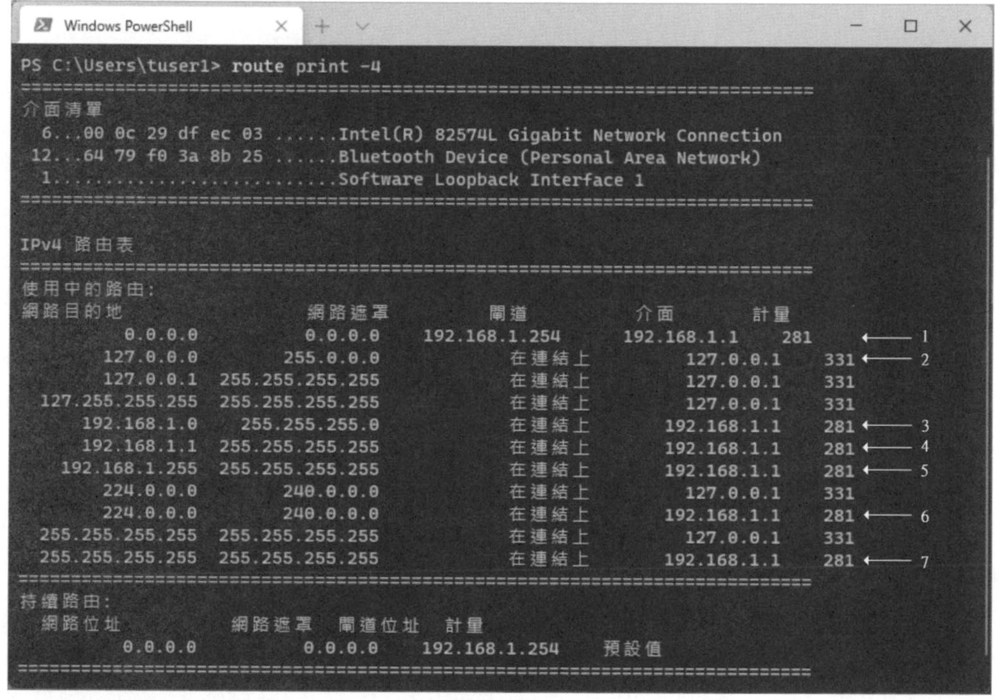

圖 18-1-2

- **網路目的地**：它可以是一個網路識別碼、一個 IP 位址、一個廣播地址或多點傳送地址等。
- **網路遮罩**：也就是子網路遮罩（subnet mask）。
- **閘道**：若目的地電腦的 IP 位址與圖中某路徑的**網路遮罩**執行邏輯 AND 運算後的結果，等於該路徑的**網路目的地**的話，就會將封包傳送給該路徑**閘道**處的 IP 位址。

  若**閘道**處顯示**在連結上**（on-link）的話，表示電腦 1 可以直接與目的電腦溝通（目的電腦是與電腦 1 在同一個網路），不需要透過路由器來轉送。

- **介面**：表示封包會從電腦 1 內擁有此 IP 位址的介面送出。
- **計量**：表示透過此路徑來傳送封包的成本，它可能代表傳送速度的快慢、封包從來源到目的地需要經過多少個路由器（hop）、此路徑的穩定性等。
- **持續路由**：表示此處的路徑並不會因為電腦關機而消失，它是被儲存在登錄（registry）資料庫中，每次系統重新啟動時，都會自動設定此路徑。

以下解釋圖 18-1-2 中幾筆路徑資料的意義（請與圖 18-1-1 對照）：

- **1 號箭頭**：這是**預設路徑**（default route）。當電腦 1 要傳送封包時，若在路由表內找不到其他可用來傳送此封包的路徑時，該封包就會透過**預設路徑**來傳送，也就是說封包會從 IP 位址為 192.168.1.1 的**介面**送出，然後送給 IP 位址為 192.168.1.254（路由器 1 的 IP 位址）的**閘道**。

網路目的地	網路遮罩	閘道	介面	計量
0.0.0.0	0.0.0.0	192.168.1.254	192.168.1.1	281

- **2 號箭頭**：這是**迴路網路路徑**（loopback network route）。當電腦 1 要傳送封包給 IP 形式是 127.*x.y.z* 的位址時，此封包會從 IP 位址為 127.0.0.1 的**介面**送給目的地，不需要透過路由器來轉送（從**閘道**處為**在連結上**可知）。IP 位址 127.*x.y.z* 是電腦內部使用的 IP 位址，透過 127.x.y.z 位址讓電腦可以送封包給自己，一般是使用 127.0.0.1。

網路目的地	網路遮罩	閘道	介面	計量
127.0.0.0	255.0.0.0	在連結上	127.0.0.1	331

- **3 號箭頭**：這是**直接連接的網路路徑**（directly-attached network route）。所謂**直接連接的網路**就是指電腦 1 所在的網路，也就是網路識別碼為 192.168.1.0 的網路。此路徑表示當電腦 1 要傳送封包給 192.168.1.0 這個網路內的電腦時，該封包會從 IP 位址為 192.168.1.1 的**介面**送出。而在**閘道**處為**在連結上**，表示該封包將直接傳送給目的地，不需要透過路由器來轉送。

網路目的地	網路遮罩	閘道	介面	計量
192.168.1.0	255.255.255.0	在連結上	192.168.1.1	281

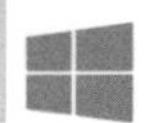

- **4 號箭頭**：這是**主機路徑**（host route）。當電腦 1 要傳送封包到 192.168.1.1（電腦 1 自己）時，該封包會從 IP 位址為 192.168.1.1 的**介面**送出，然後傳送給自己，不需要透過路由器來轉送（從**閘道**處為**在連結上**可知）。

網路目的地	網路遮罩	閘道	介面	計量
192.168.1.1	255.255.255.255	在連結上	192.168.1.1	281

- **5 號箭頭**：這個路徑是**子網路廣播路徑**（subnet broadcast route）。表示當電腦 1 要傳送封包給 192.168.1.255 時（也就是要廣播給 192.168.1.0 這個網路內的所有電腦），該封包會透過 IP 位址為 192.168.1.1 的**介面**送出。而在**閘道**處為**在連結上**，表示該封包將直接傳送給目的地，不需要透過路由器。

網路目的地	網路遮罩	閘道	介面	計量
192.168.1.255	255.255.255.255	在連結上	192.168.1.1	281

- **6 號箭頭**：這是**多點傳送路徑**（multicast route）。表示電腦 1 要傳送**多點傳送**的封包時，該封包會透過 IP 位址為 192.168.1.1 的**介面**送出。而在**閘道**處為**在連結上**，表示該封包將直接傳送給目的地，不需要透過路由器。

網路目的地	網路遮罩	閘道	介面	計量
224.0.0.0	240.0.0.0	在連結上	192.168.1.1	281

- **7 號箭頭**：這是**有限廣播路徑**（limited broadcast route）。表示當電腦 1 要傳送廣播封包到 255.255.255.255（**有限廣播地址**）時，該封包會透過 IP 位址為 192.168.1.1 的**介面**送出。而在**閘道**處為**在連結上**，表示該封包將直接傳送給目的地（255.255.255.255），不需要透過路由器。

網路目的地	網路遮罩	閘道	介面	計量
255.255.255.255	255.255.255.255	在連結上	192.168.1.1	281

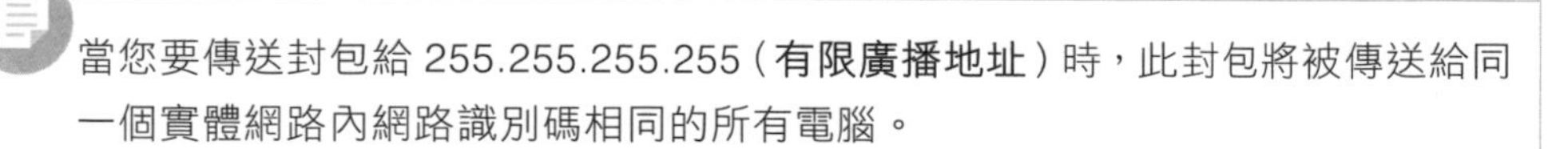

當您要傳送封包給 255.255.255.255（**有限廣播地址**）時，此封包將被傳送給同一個實體網路內網路識別碼相同的所有電腦。

了解路由表的內容後，接著利用幾個實例來解釋電腦 1 如何透過路由表來選擇傳送封包的路徑（參考圖 18-1-3）：

- **傳送給同一個網路內的電腦 2，其 IP 位址為 192.168.1.2**：電腦 1 會將電腦 2 的 IP 位址 192.168.1.2 與路由表內的每一個路徑的**網路遮罩**執行邏輯 AND 運算，結果發現 192.168.1.2 與第 3 號箭頭的**網路遮罩** 255.255.255.0 執行邏輯 AND 運算時，其結果與**網路目的地**處的 192.168.1.0 相符合，因此會透過第 3 號箭頭的路徑來傳送封包，也就是該封包會從 IP 位址為 192.168.1.1 的**介面**送出，而在**閘道**處為**在連結上**，表示該封包將直接傳送給目的地（192.168.1.2），不需要透過路由器。

Q 當電腦 2 的 IP 位址 192.168.1.2 與第 1 號箭頭的**網路遮罩** 0.0.0.0 執行邏輯 AND 運算後，其結果也與第 1 號箭頭的**網路目的地**的 0.0.0.0 相符合，那為何電腦 1 不選擇第 1 號箭頭的路徑來傳送封包呢？

A 若同時有多個路徑可用來傳送封包的話，電腦 1 會選擇**網路遮罩**中，位元值為 1（2 進位）的數目最多的路徑，第 1 號箭頭的**網路遮罩**為 0.0.0.0，轉換成 2 進位後，其位元值為 1 的數目是 0 個，而第 3 號箭頭的**網路遮罩**為 255.255.255.0，它有 24 個位元是 1，故電腦 1 會選擇第 3 號箭頭的路徑來傳送封包。

- **傳送給丙網路內的電腦 6，其 IP 位址為 192.168.3.2**：電腦 1 會將電腦 6 的 IP 位址 192.168.3.2 與路由表內的每一個路徑的**網路遮罩**執行邏輯 AND 運算，結果發現 192.168.3.2 與第 1 號箭頭的**網路遮罩** 0.0.0.0 執行邏輯 AND 運算時，其結果與**網路目的地**處的 0.0.0.0 相符合，因此會透過第 1 號箭頭的路徑來傳送封包。也就是該封包會從 IP 位址為 192.168.1.1 的**介面**送出，然後傳送到 IP 位址為 192.168.1.254 的**閘道**，它就是路由器 1 的 IP 位址，再由路由器 1 根據其內的路由表來決定如何將封包傳送到電腦 6。

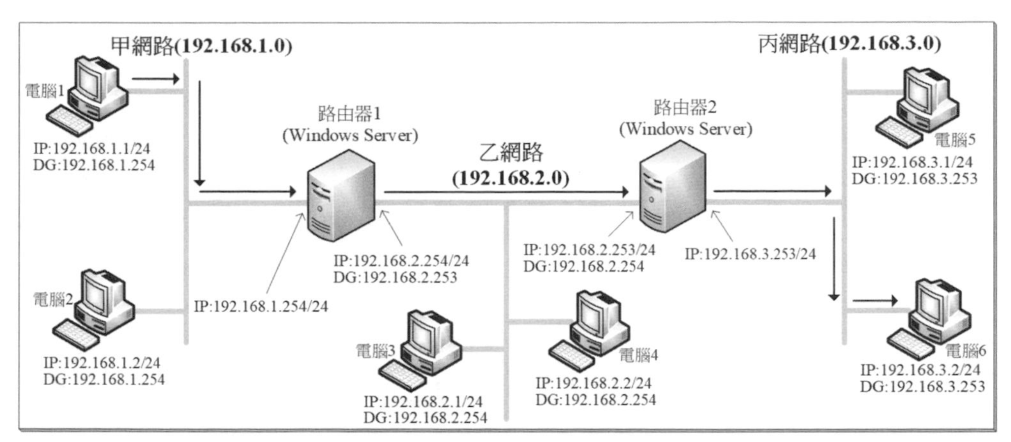

圖 18-1-3

- **傳送廣播封包給 192.168.1.255**：也就是將封包廣播給網路識別碼為 192.168.1.0 的所有電腦。經過將 192.168.1.255 與路由表內的每一個路徑的**網路遮罩**執行邏輯 AND 運算後，發現運算結果與第 5 號箭頭的**網路目的地** 192.168.1.255 相符合，因此會透過第 5 號箭頭的路徑來傳送封包，也就是該封包會從 IP 位址為 192.168.1.1 的**介面**送出，而在**閘道**欄位處為**在連結上**，表示封包將直接傳送給目的地（192.168.1.255），不需要透過路由器。

又例如以圖中的電腦 3 來說，以下是其選擇傳送路徑的 3 個範例的簡要說明：

- **若要傳送給甲網路內的電腦**：會傳送給其預設閘道，也就是路由器 1（IP 位址 192.168.2.254），再由路由器 1 將其傳送給甲網路內的電腦。
- **若要傳送給乙網路內的電腦**：直接傳送給目的地電腦，不需要透過路由器。
- **若要傳送給丙網路內的電腦**：會傳送給其預設閘道，也就是路由器 1（IP 位址 192.168.2.254），再由路由器 1 將其傳送給路由器 1 的預設閘道，也就是路由器 2（IP 位址 192.168.2.253），最後再由路由器 2 傳給丙網路內的電腦。

路由器的路由表

以圖 18-1-4 為例，圖中除了路由器 1 與 2 之外，甲乙兩個網路另外還透過一個路由器 3 串接在一起。其中路由器 1 內的路由表如圖 18-1-5 所示，由於它與一般主機的路由表類似，故在此我們只針對**計量**（metric）做說明。

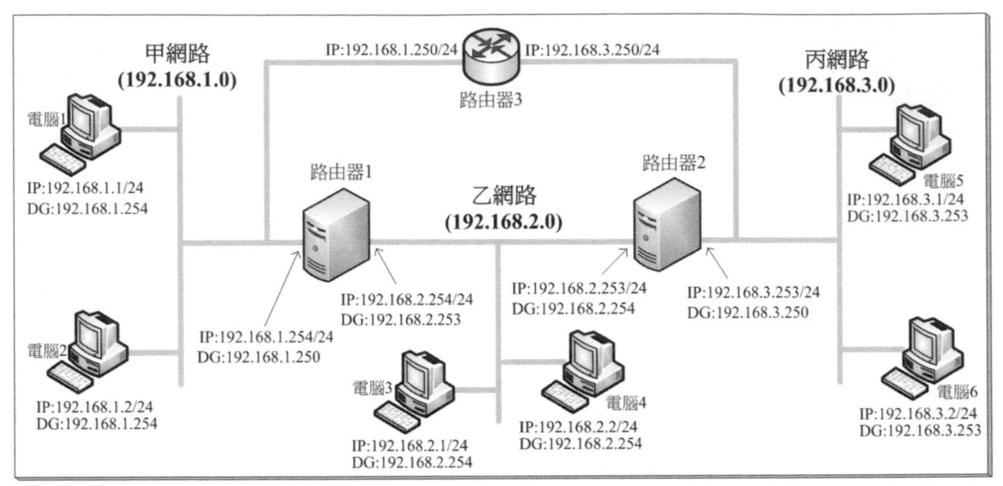

圖 18-1-4

圖中路由器 1 的兩片網路卡都各自設定了預設閘道（一般應該只有一片網卡需指定預設閘道，此處為了解釋方便起見，故在兩片網卡都指定預設閘道），分別是 192.168.2.253 與 192.168.1.250，因此在圖 18-1-5 中的箭頭 1 與箭頭 2 可以看到兩個**預設路徑**。如果路由器 1 要透過**預設路徑**來傳送封包時（例如將封包傳送到丙網路），請問路由器要選擇哪一個路徑呢？也就是要將封包傳給路由器 2？還是路由器 3 呢？前面介紹過它會選擇**網路遮罩**中(2 進位)位元值為 1 的數目最多的路徑，可是這兩個**預設路徑**的**網路遮罩**一樣都是 0.0.0.0，路由器 1 要如何選擇呢？此時需由圖 18-1-5 中最右邊的**計量**（metric）欄位值來決定。

計量值用來表示透過此路徑傳送封包的成本，它可能代表傳送速度的快慢、傳送途中需經過多少個路由器、此路徑的穩定性等，您可根據這些因素來自行設定此路徑的**計量**值，**計量**值越低表示此路徑越佳。路由器會先選擇**計量**值最低的路徑來傳送。

Windows 系統具備自動計算**計量**值的功能，且是透過以下方式來自動計算每一個路徑的**計量**值：

路徑計量值 = 介面計量值 + 閘道計量值

介面計量值是以網路介面的速度來計算的，例如在 Windows 11 內若網路速度 >=200 Mbps 且< 2Gb 的話，則網路卡的預設**介面計量值**為 25，同時因為**閘道計量值**預設為 256，故若此網路卡有指定預設閘道的話，則在路由表中**預設路徑**的計量值為 25 + 256 = 281。

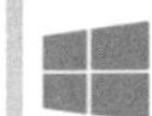

圖 18-1-5

您可以如圖 18-1-6 所示利用 **netsh interface ip show address** 指令來查看網路介面的**閘道計量值與介面計量值**。

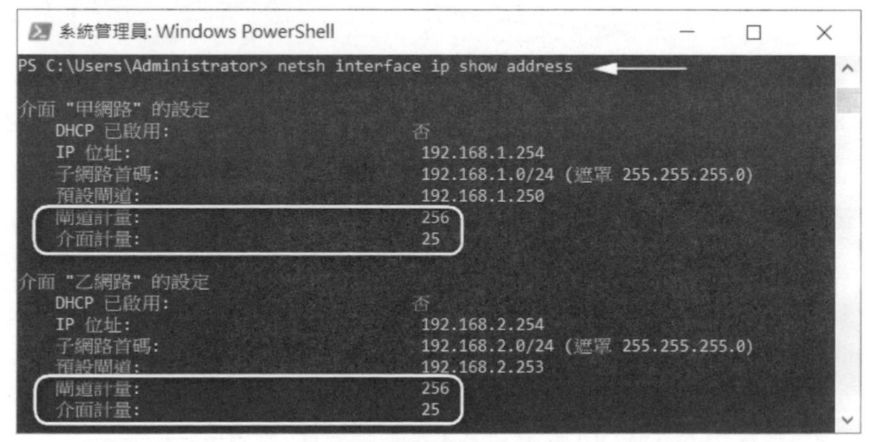

圖 18-1-6

若要變更**介面計量值**或**閘道計量值**的預設值的話：【按 Windows 鍵⊞+ R 鍵➲輸入 control 後按確定鈕➲網路和網際網路➲網路和共用中心➲點擊**變更介面卡設定**➲對著網路連線按右鍵➲內容➲點擊**網際網路通訊協定第 4 版（TCP/IPv4）**➲點擊內容鈕➲點擊進階鈕➲然後透過圖 18-1-7 中**預設閘道**與**自動計量**處來設定】（您也可以利用 Set-NetIPInterface 指令來變更**介面計量值**）。

圖 18-1-7

Windows 系統會自動偵測閘道是否正常，若因故無法透過優先順序較高的路徑的閘道來傳送封包的話，則系統會自動改使用其他路徑的閘道。

系統是透過登錄參數 DeadGWDetectDefault 來決定是否要自動偵測閘道正常與否，此參數位於以下登錄路徑：

HKEY_LOCAL_MACHINE\SYSTEM\CurrentControlSet\Services\Tcpip\Parameters

參數類型為 REG_DWORD，數值為 1 表示要偵測，0 表示不偵測。

18-2 設定 Windows Server 2022 路由器

我們將透過圖 18-2-2 來說明如何將 Windows Server 2022 伺服器設定為路由器（圖中的路由器 1）。請依照圖指示將路由器 1、電腦 1 與電腦 2 的 IP 位址、預設閘道等設定好，並請務必利用 ping 指令來確認電腦 1 與路由器 1、路由器 1 與電腦 2 相互之間都可以正常溝通，不過請先暫時將這 3 台電腦的 **Windows Defender** 防火牆關閉（或啟用**輸入規則**中的**檔案及印表機共用（回應要求 – ICMPv4-In）**），否則它會封鎖 ping 指令所傳送的封包。

由於目前我們還沒有將路由器 1 的路由功能啟用，故電腦 1 與電腦 2 之間目前還無法透過路由器來溝通，例如現在若您在電腦 1 上利用 ping 指令來與電腦 2 溝通的話，會出現如圖 18-2-1 所示無法溝通的結果。

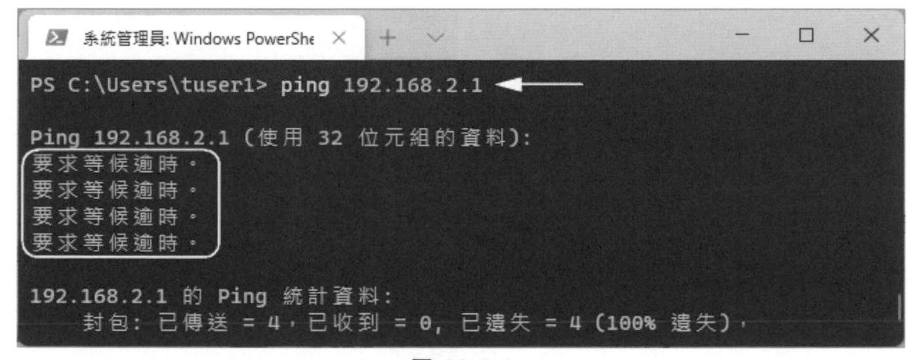

圖 18-2-1

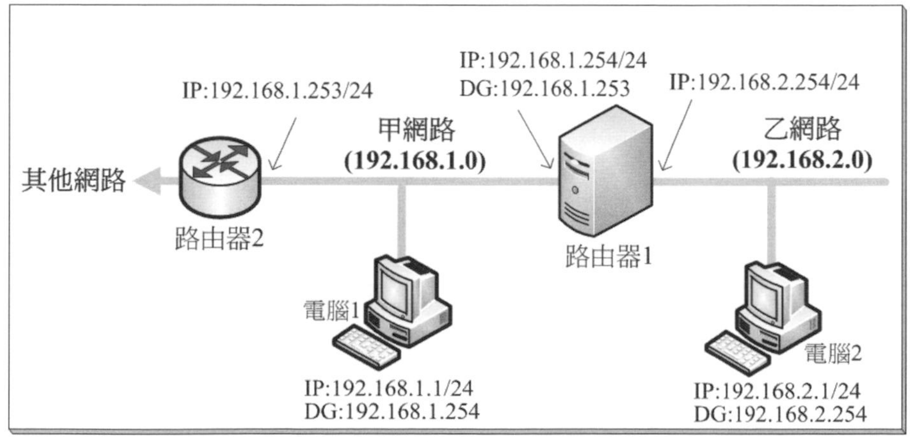

圖 18-2-2

圖中扮演路由器 1 角色的 Windows Server 2022 電腦內安裝了 2 片網路卡，這兩片網路卡所對應的連線名稱預設分別是**乙太網路**與**乙太網路 2**，建議您將其改成比較有意義的名稱，如圖 18-2-3 所示，兩個連線分別代表連接到甲網路與乙網路的連線：【點擊左下角開始圖示⊞➲控制台➲網路和網際網路➲網路和共用中心➲點擊**變更介面卡設定**➲分別對著**乙太網路**與**乙太網路 2** 按右鍵➲重新命名】。

圖 18-2-3

啟用 Windows Server 2022 路由器

請到即將扮演路由器 1 角色的 Windows Server 2022 電腦上執行以下步驟。

STEP 1 開啟**伺服器管理員**➲點擊**儀表板**處的**新增角色及功能**➲持續按 下一步 鈕一直到出現如圖 18-2-4 所示的**選取伺服器角色**畫面時勾選**遠端存取**。

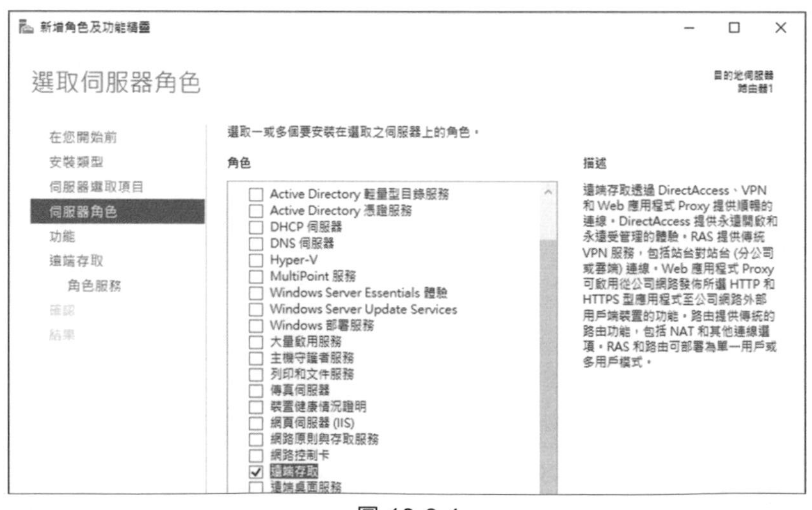

圖 18-2-4

STEP 2 持續按下一步鈕一直到出現如圖 18-2-5 所示的**選取角色服務**畫面時勾選**路由**➲按新增功能鈕。

圖 18-2-5

STEP 3 持續按下一步鈕一直到出現**確認安裝選項**畫面時按安裝鈕。

STEP 4 完成安裝後按關閉鈕。

STEP 5 點擊**伺服器管理員**右上方的**工具**功能表➲路由及遠端存取➲如圖 18-2-6 所示對著本機電腦按右鍵➲設定和啟用路由及遠端存取。

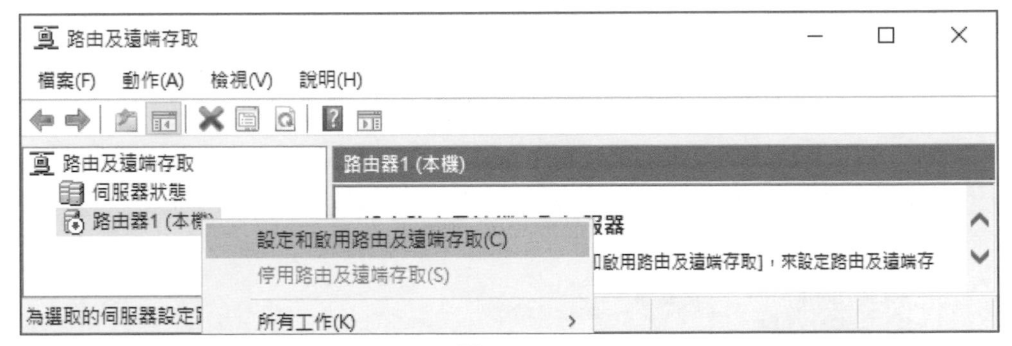

圖 18-2-6

STEP 6 在**歡迎使用路由及遠端存取伺服器安裝**精靈畫面中按下一步。

STEP 7 點選圖 18-2-7 中**自訂設定**➲按下一步鈕➲勾選 **LAN 路由**➲按下一步鈕。

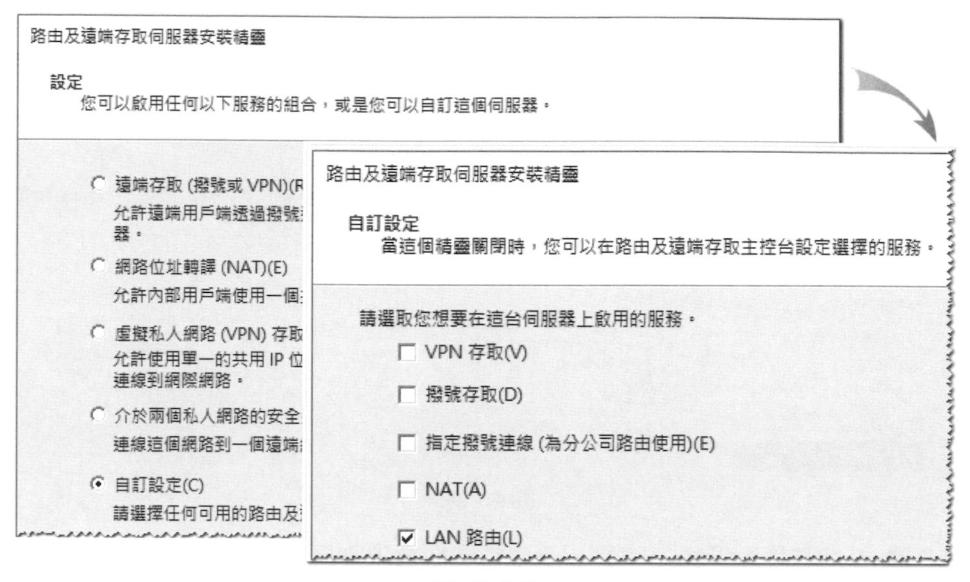

圖 18-2-7

STEP 8 出現**完成路由及遠端存取伺服器安裝精靈**畫面時按完成鈕（若此時出現**無法啟動路由及遠端存取**警示畫面的話，請不必理會，直接按確定鈕）。

STEP 9 出現**啟動服務**畫面時按啟動服務鈕。

STEP 10 若要確認此電腦已經具備路由器功能的話：【如圖 18-2-8 所示點擊本機電腦➲點擊上方**內容**圖示➲確認前景圖中已勾選 **IPv4 路由器**】。

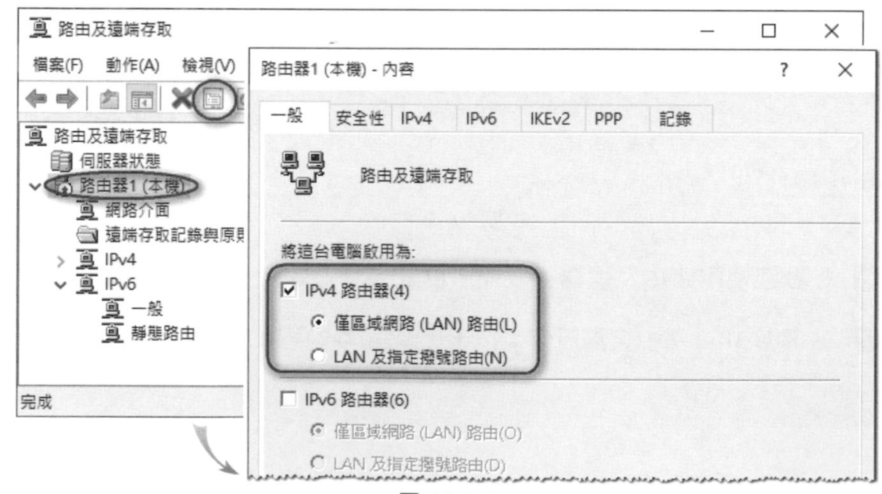

圖 18-2-8

若要停用**路由及遠端存取服務**的話：【對著前面圖 18-2-8 中背景圖的**路由器 1（本機）**按右鍵➲停用路由及遠端存取】。

檢視路由表

Windows Server 路由器設定完成後，可以利用前面曾經介紹過的 **route print -4**（或 **route print**，或 **netstat -r**）指令來查看路由表或透過圖 18-2-9 所示的途徑。

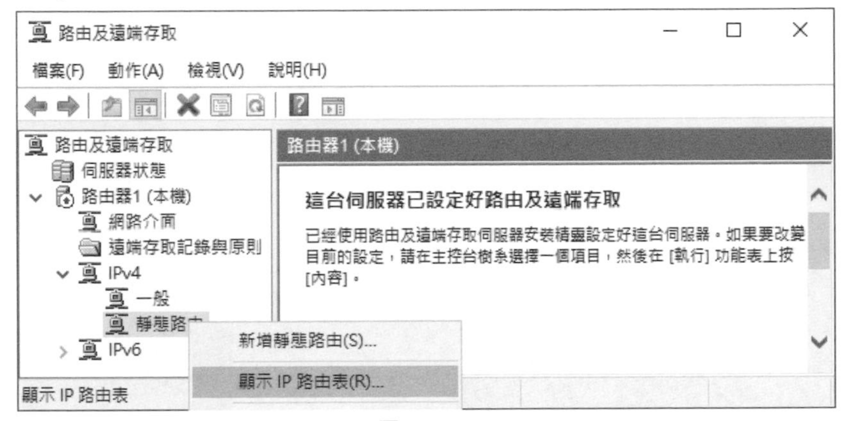

圖 18-2-9

如圖 18-2-10 所示為前面圖 18-2-2 中路由器 1 的預設路由表內容，由圖中可看出與路由器直接連接的兩個網路，也就是 192.168.1.0（甲網路）與 192.168.2.0（乙網路），其路徑已經被自動建立在路由表內。

路由器1 - IP 路由表

目的地	網路遮罩	閘道	介面	計量	通訊協定
0.0.0.0	0.0.0.0	192.168.1.253	甲網路	281	網路管理
127.0.0.0	255.0.0.0	127.0.0.1	回送	76	本機
127.0.0.1	255.255.255.255	127.0.0.1	回送	331	本機
192.168.1.0	255.255.255.0	0.0.0.0	甲網路	281	本機
192.168.1.254	255.255.255.255	0.0.0.0	甲網路	281	本機
192.168.1.255	255.255.255.255	0.0.0.0	甲網路	281	本機
192.168.2.0	255.255.255.0	0.0.0.0	乙網路	281	本機
192.168.2.254	255.255.255.255	0.0.0.0	乙網路	281	本機
192.168.2.255	255.255.255.255	0.0.0.0	乙網路	281	本機
224.0.0.0	240.0.0.0	0.0.0.0	甲網路	281	本機
255.255.255.255	255.255.255.255	0.0.0.0	甲網路	281	本機

圖 18-2-10

圖中**通訊協定**欄位是用來說明此路徑是如何產生的：

- 若是透過**路由及遠端存取**主控台手動建立的路徑，則此處為**靜態**（Static）。
- 若是利用其他方式手動建立的，例如利用 **route add** 指令建立的或是在網路連線（例如**乙太網路**）的 TCP/IP 中設定的，則此處為**網路管理**（Network Management）。
- 若是利用 **RIP 通訊協定**從其他路由器學習得來的話，則此處為 **RIP**。
- 以上情況之外，此處是**本機**（Local）。

現在可以先將電腦 1 與電腦 2 的 **Windows Defender 防火牆**關閉，然後相互 ping 對方，來測試路由器的功能是否正常，也就是若路由器功能正常的話，電腦 1 與電腦 2 相互 ping 對方時，應該會收到對方的回應，例如圖 18-2-11 所示為在電腦 1 上利用 ping 192.168.2.1 來與電腦 2 溝通，然後成功收到電腦 2 回覆的畫面。

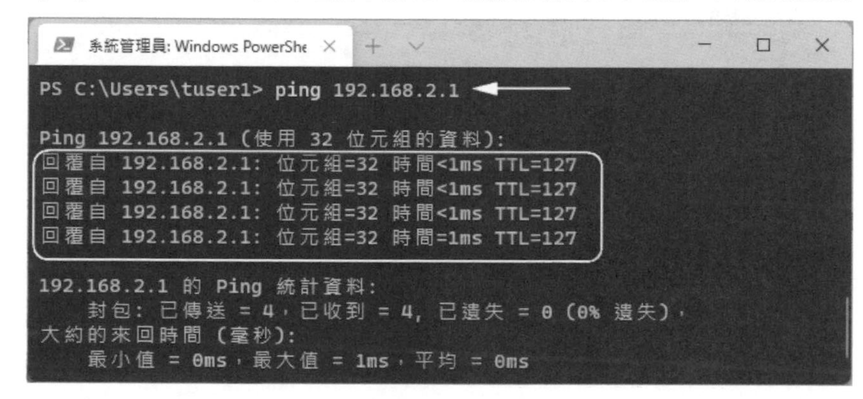

圖 18-2-11

新增靜態路徑

我們將透過圖 18-2-12 來說明如何新增靜態路徑。以圖中的路由器 1 來說，當它接收到封包時，會根據封包的目的地來決定傳送途徑。

- **若封包的目的地為甲網路內的電腦**：此時它會透過 IP 位址為 192.168.1.254 的網路卡將封包直接傳送給目的地電腦。
- **若封包的目的地為乙網路內的電腦**：此時它會透過 IP 位址為 192.168.2.254 的網路卡將封包直接傳送給目的地電腦。

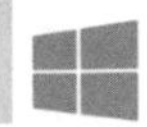

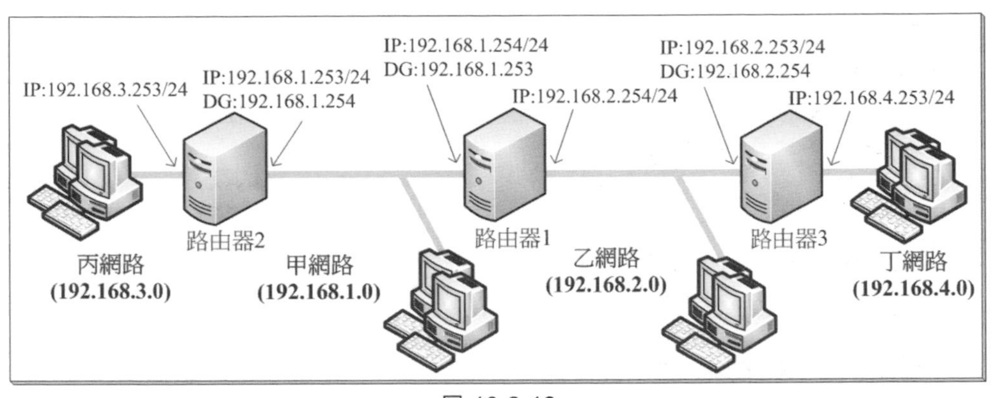

圖 18-2-12

- **若封包的目的地為丙網路內的電腦**：由於對路由器 1 來說，丙網路為另外一個網路區段（非直接連接的網路），因此路由器 1 會將其傳給預設閘道來轉送，也就是會透過 IP 位址為 192.168.1.254 的網路卡來將其傳給路由器 2 的 IP 位址 192.168.1.253，再由路由器 2 將此封包傳給目的地電腦。
- **若封包的目的地為丁網路內的電腦**：由於對路由器 1 來說，丁網路為另外一個網路區段（非直接連接的網路），因此路由器 1 會將其傳給預設閘道來轉送，也就是會透過 IP 位址為 192.168.1.254 的網路卡來將其傳給路由器 2 的 IP 位址 192.168.1.253，然而對路由器 2 來說，丁網路也是另外一個網路區段，因此路由器 2 會將此封包傳給其預設閘道 192.168.1.254，也就是路由器 1，路由器 1 又將其送給路由器 2…，也就是在循環，如此封包將無法被傳送到目的電腦。

您可以透過在路由器 1 新增靜態路徑的方式來解決上述第 4 點的問題，這個靜態路徑是要讓路由器 1 將目的地為丁網路的封包，傳給路由器 3 來轉送。您可以透過**路由及遠端存取**主控台或 **route add** 指令來新增靜態路徑。

透過「路由及遠端存取」主控台

如圖 18-2-13 所示【展開 **IPv4**➲對著**靜態路由**按右鍵➲新增靜態路由➲透過前景圖來設定新路徑】，圖中範例表示傳送給 192.168.4.0 網路（丁網路）的封包，將透過連接乙**網路**的網路介面（也就是 IP 位址為 192.168.2.254 的網路卡）送出，且會傳給 IP 位址為 192.168.2.253 的閘道（路由器 3），而此路徑的**閘道計量值**為 256。

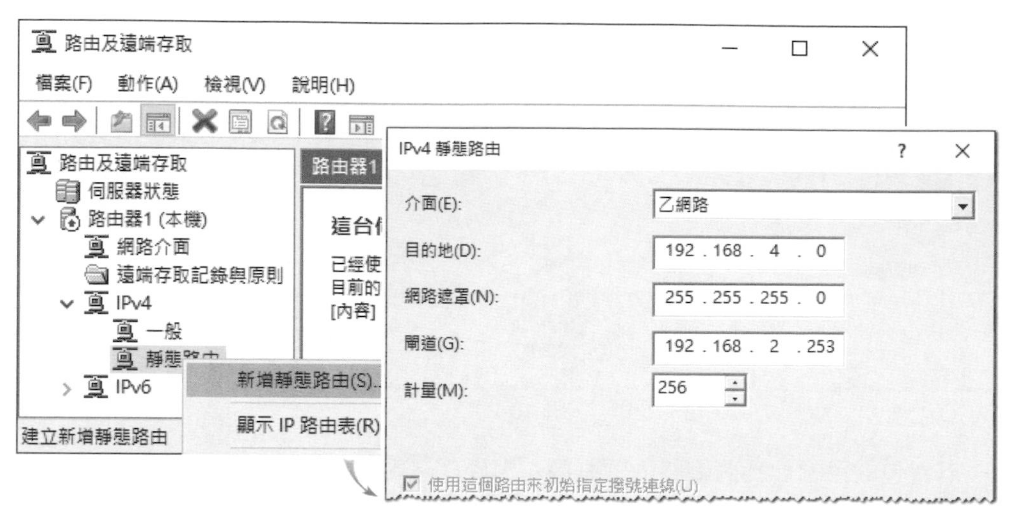

圖 18-2-13

圖 18-2-14 為其路由表，其中**目的地**為 192.168.4.0 的路徑就是剛才所建立的路徑，其計量值為**閘道計量值** + **介面計量值**= 256 + 25 = 281。

路由器1 - IP 路由表

目的地	網路遮罩	閘道	介面	計量	通訊協定
0.0.0.0	0.0.0.0	192.168.1.253	甲網路	281	網路管理
127.0.0.0	255.0.0.0	127.0.0.1	回送	76	本機
127.0.0.1	255.255.255.255	127.0.0.1	回送	331	本機
192.168.1.0	255.255.255.0	0.0.0.0	甲網路	281	本機
192.168.1.254	255.255.255.255	0.0.0.0	甲網路	281	本機
192.168.1.255	255.255.255.255	0.0.0.0	甲網路	281	本機
192.168.2.0	255.255.255.0	0.0.0.0	乙網路	281	本機
192.168.2.254	255.255.255.255	0.0.0.0	乙網路	281	本機
192.168.2.255	255.255.255.255	0.0.0.0	乙網路	281	本機
192.168.4.0	255.255.255.0	192.168.2.253	乙網路	281	靜態 (非指定撥號)
224.0.0.0	240.0.0.0	0.0.0.0	甲網路	281	本機
255.255.255.255	255.255.255.255	0.0.0.0	甲網路	281	本機

圖 18-2-14

建議您在每個網路內各安裝 1 台電腦、設定好其 IP 位址與預設閘道，然後利用 ping 指令來測試這些電腦（先關閉 Windows Defender 防火牆）之間是否可以正常溝通，以便驗證所有路由器的路由功能都正常運作。

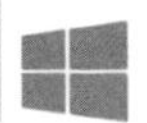

利用 route add 指令

您也可以利用 **route add** 指令來新增靜態路徑。假設在圖 18-2-12 右方還有一個網路識別碼為 192.168.5.0 的網路，而我們要在路由器 1 內新增一筆 192.168.5.0 的靜態路徑，也就是當路由器 1 要傳送封包到此網路時，它會透過乙**網路**的網路介面（IP 位址為 192.168.2.254 的網路卡）送出，並且會傳給 IP 位址為 192.168.2.253 的閘道（路由器 3），假設此路徑的**閘道計量值**為 256。

請在路由器 1 上開啟 **Windows PowerShell** 視窗，然後利用 **route print** 指令來查看 IP 位址為 192.168.2.254 的網路介面（網路卡）代號，假設代號為如圖 18-2-15 所示的 6（可透過右邊的網路卡名稱或 MAC 位址來比對得知）。

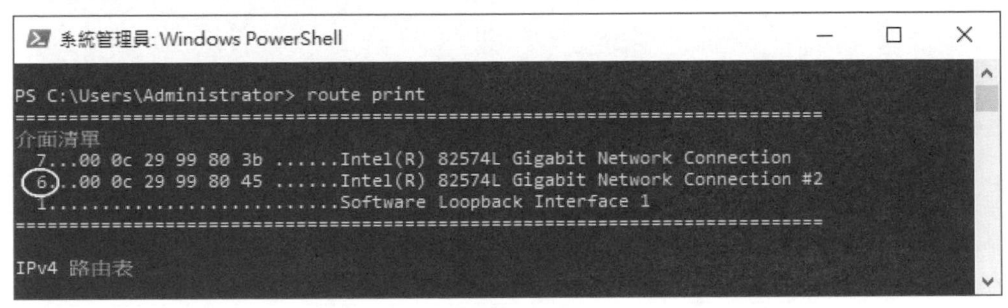

圖 18-2-15

接著執行以下指令（參考圖 18-2-16）：

route –p add 192.168.5.0 mask 255.255.255.0 192.168.2.253 metric 256 if 6

其中參數**-p** 表示永久路徑，它會被儲存在登錄資料庫內，下一次重新開機此路徑依然存在。圖中的 192.168.4.0 與 192.168.5.0 就是我們分別利用兩種方法所建立的路徑。圖 18-2-17 為在**路由及遠端存取**主控台中所看到的畫面。

若要刪除路徑的話，可以透過 route delete 指令，例如若要刪除路徑 192.168.5.0 的話，可以執行 route delete 192.168.5.0。

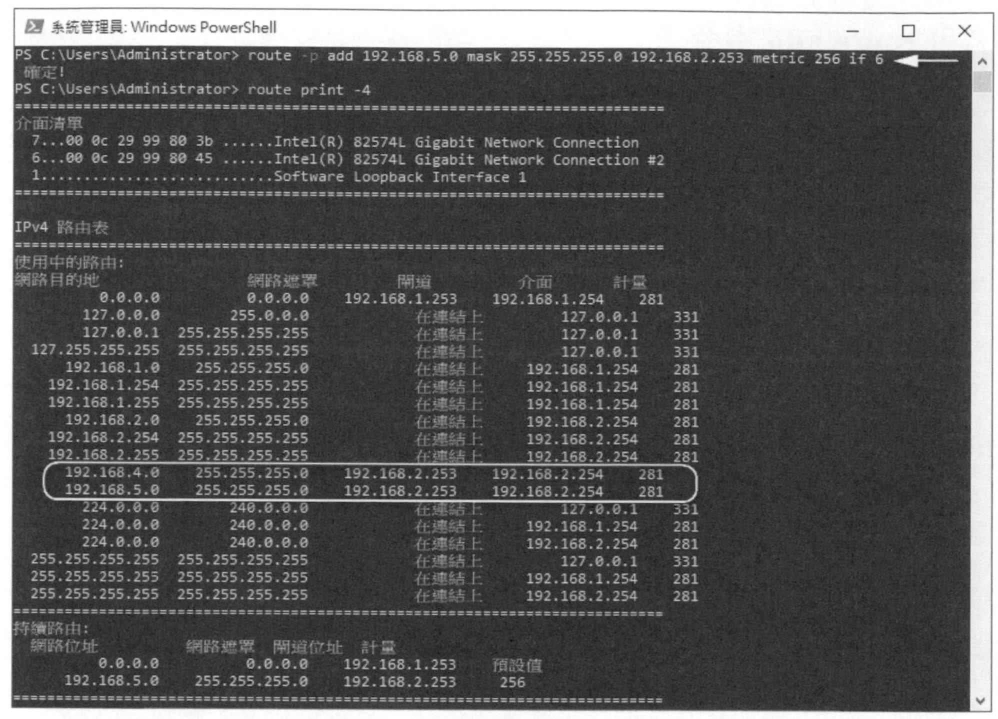

圖 18-2-16

路由器1 - IP 路由表

目的地	網路遮罩	閘道	介面	計量	通訊協定
0.0.0.0	0.0.0.0	192.168.1.253	甲網路	281	網路管理
127.0.0.0	255.0.0.0	127.0.0.1	回送	76	本機
127.0.0.1	255.255.255.255	127.0.0.1	回送	331	本機
192.168.1.0	255.255.255.0	0.0.0.0	甲網路	281	本機
192.168.1.254	255.255.255.255	0.0.0.0	甲網路	281	本機
192.168.1.255	255.255.255.255	0.0.0.0	甲網路	281	本機
192.168.2.0	255.255.255.0	0.0.0.0	乙網路	281	本機
192.168.2.254	255.255.255.255	0.0.0.0	乙網路	281	本機
192.168.2.255	255.255.255.255	0.0.0.0	乙網路	281	本機
192.168.4.0	255.255.255.0	192.168.2.253	乙網路	281	靜態 (非指定撥號)
192.168.5.0	255.255.255.0	192.168.2.253	乙網路	281	網路管理
224.0.0.0	240.0.0.0	0.0.0.0	甲網路	281	本機
255.255.255.255	255.255.255.255	0.0.0.0	甲網路	281	本機

圖 18-2-17

18-3 篩選進出路由器的封包

Windows Server 路由器支援封包篩選功能，讓我們可以透過**篩選規則**來決定哪一類型的封包才會被允許透過路由器來傳送，以便提高網路的安全性。路由器的每一個網路介面都可以被設定來篩選封包，例如：

- 以圖 18-3-1 為例，您可以透過**輸入篩選器**讓路由器不接受由甲網路內的電腦所送來的 ICMP 封包，因此甲網路內的電腦無法利用 **ping** 指令來與乙、丙兩個網路內的電腦溝通。

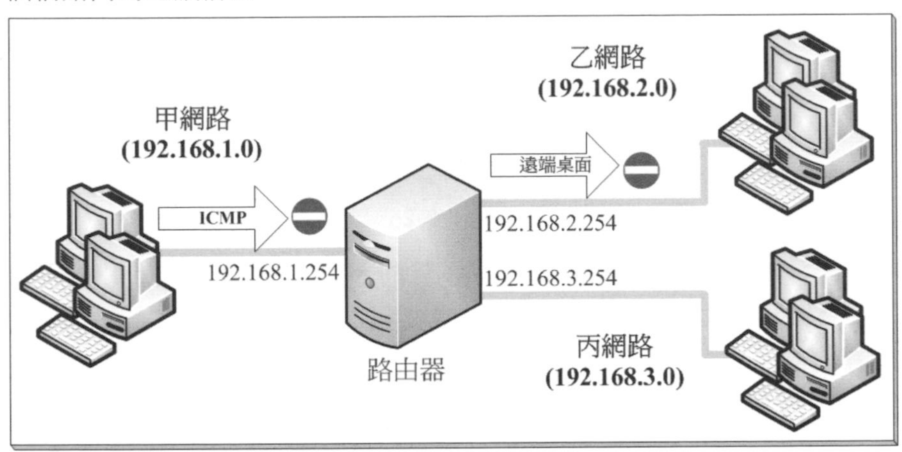

圖 18-3-1

- 又例如您可透過**輸出篩選器**讓路由器不將**遠端桌面**的封包送到乙網路，因此甲、丙兩個網路內的電腦無法利用**遠端桌面**來與乙網路內的電腦溝通。

輸入篩選器的設定

我們以圖 18-3-1 中的路由器為例來說明如何設定**輸入篩選器**，以便拒絕接受從甲網路來的 ICMP 封包，不論此封包的目的地為乙或丙網路內的電腦：【如圖 18-3-2 所示展開 **IPv4**➲一般➲點選網路介面**甲網路**➲點擊上方的內容圖示➲點擊前景圖中的輸入篩選器鈕】。

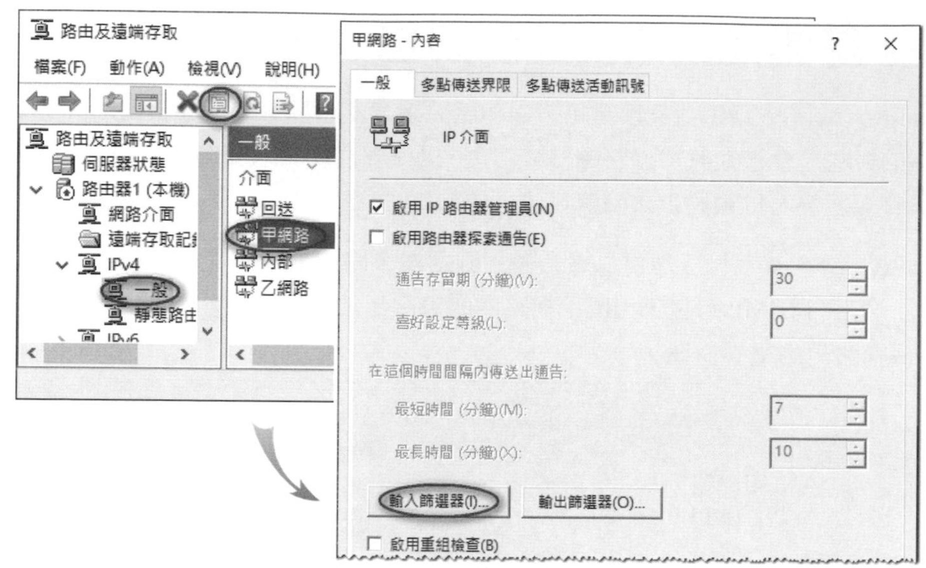

圖 18-3-2

接著如圖 18-3-3 所示點擊新增鈕、透過前景圖來設定。圖中設定從甲網路（來源網路，192.168.1.0/24）傳進來的 ICMP 封包，無論其目的地為何，都一律拒絕接受。圖中只限制 **ICMP Echo Request** 封包，其類型（type）為 8、代碼（code）為 0，故甲網路內的電腦將無法利用 ping 指令來與乙、丙兩個網路內的電腦溝通。

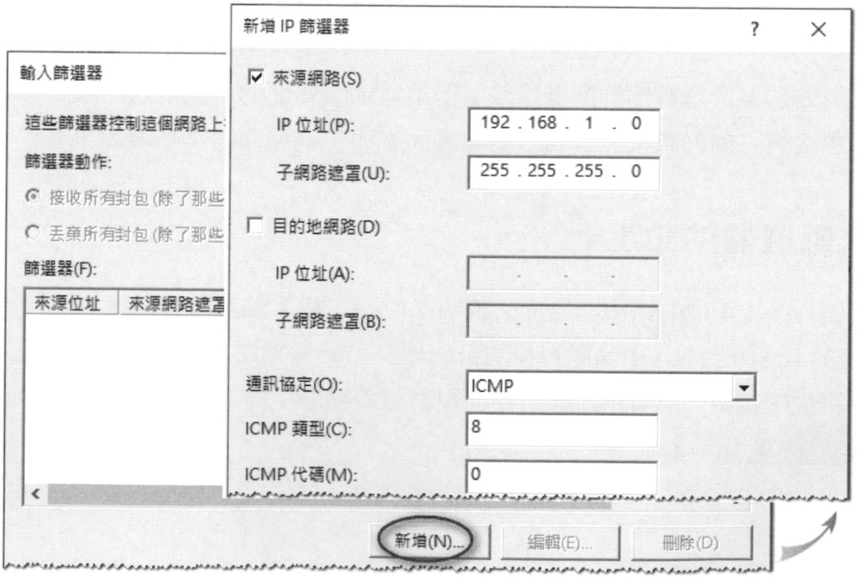

圖 18-3-3

輸出篩選器的設定

我們透過前面圖 18-3-1 中的路由器為例來說明如何設定**輸出篩選器**，以便拒絕將與遠端桌面有關的封包傳送到乙網路，因此甲、丙兩個網路內的電腦將無法利用**遠端桌面連線**來與乙網路內的電腦溝通：【如圖 18-3-4 所示展開 **IPv4**➲一般➲點選網路介面乙**網路**➲點擊上方的**內容**圖示➲點擊前景圖中的輸出篩選器鈕】。

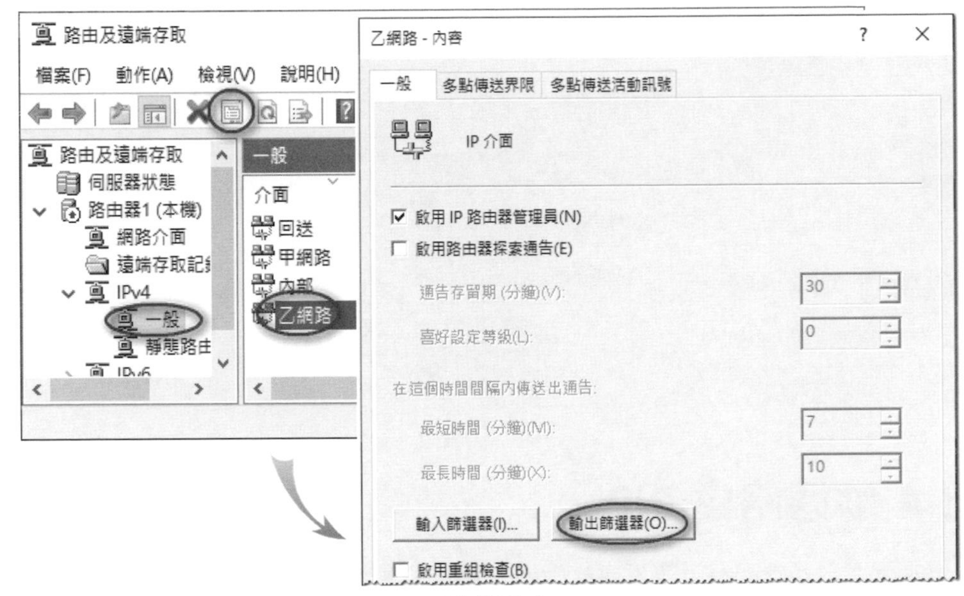

圖 18-3-4

接著如圖 18-3-5 點擊新增鈕、透過前景圖來設定。圖中設定了無論從哪一個網路所傳送來的**遠端桌面**封包（TCP 連接埠號碼為 3389），一律拒絕將其傳送到目的地網路 192.168.2.0/24（乙網路）。

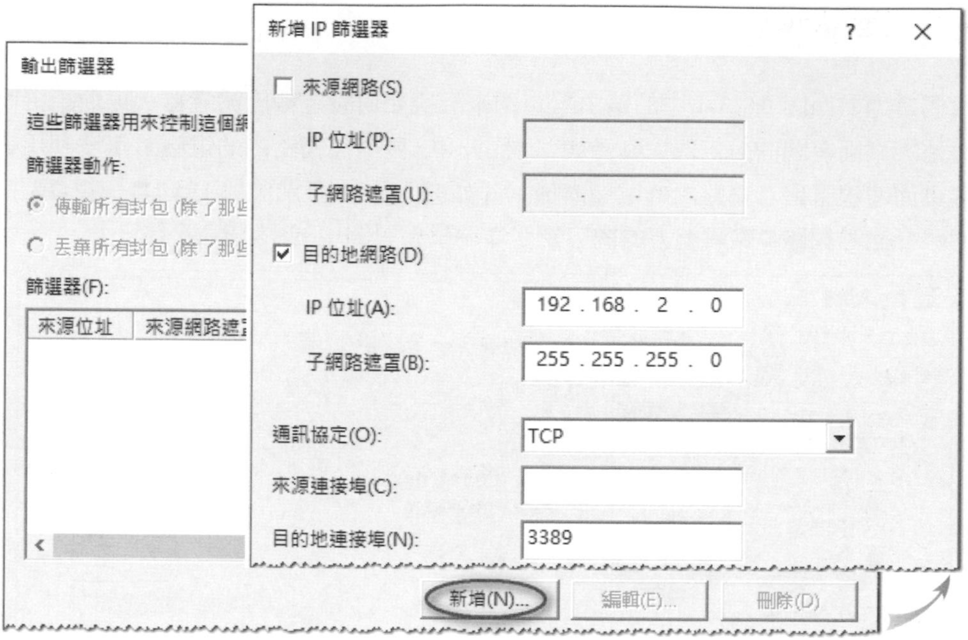

圖 18-3-5

18-4 動態路由 RIP

路由器會自動在路由表內建立與路由器直接串接的網路路徑，例如在圖 18-4-1 中路由器 1 自動在路由表內建立了往甲網路（192.168.1.0）與乙網路（192.168.2.0）的路徑，而路由器 2 則自動建立了往乙網路（192.168.2.0）與丙網路（192.168.3.0）的路徑。然而非與路由器直接串接的網路路徑需要另外建立，例如丙網路並沒有直接連接到路由器 1，因此您需要手動在路由器 1 內建立往丙網路的網路路徑，然而手動建立會增加管理路由器的負擔。這些手動建立的路徑被稱為**靜態路徑**（static route），而本節我們將介紹會自動建立路徑的**動態路徑**（dynamic route）通訊協定：RIP（Routing Information Protocol）。

> 圖中路由表內**閘道**處的 0.0.0.0，表示此網路是直接與路由器串接，也就是利用 route print 來查看路由表中的**在連結上**（on-link）。

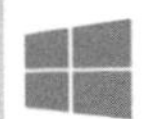

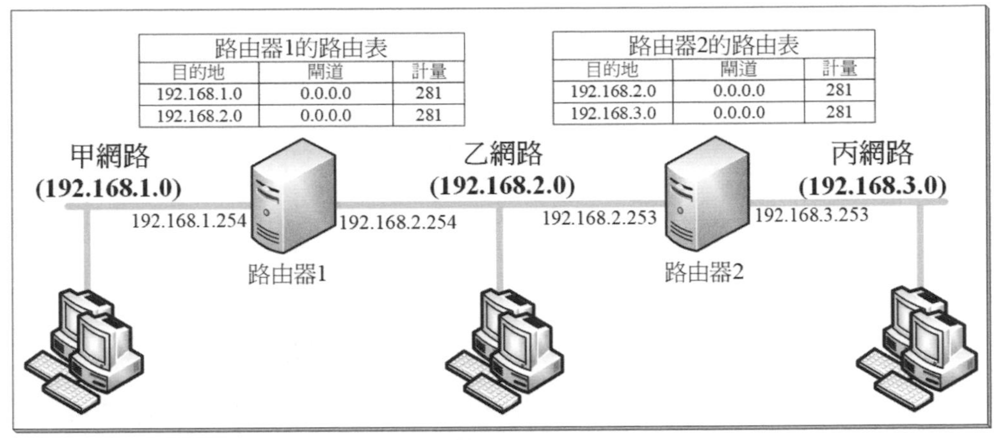

圖 18-4-1

RIP 路由器概述

支援 RIP 的路由器會將其路由表內的路徑資料，通告給其他相鄰的路由器（連接在同一個網路的路由器），而其他也支援 RIP 的路由器在收到路徑資料後，便會依據這些路徑資料，來自動修正自己的路由表。因此所有 RIP 路由器在相互通告後，便都可以自動建立正確的路由表，不需要系統管理員來手動建立，例如在圖 18-4-2 中路由器 1 往丙網路的路徑（192.168.3.0）、路由器 2 往甲網路的路徑（192.168.1.0），都是利用 RIP 相互交換學習得來的。

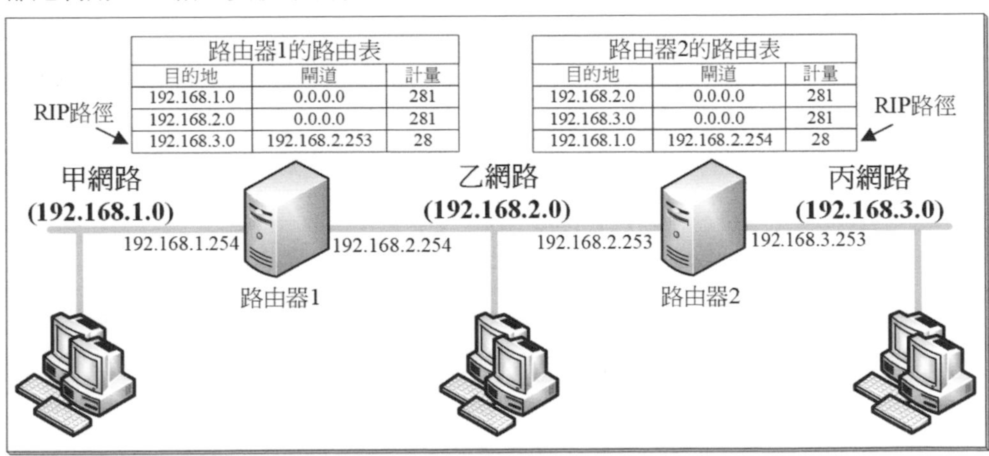

圖 18-4-2

RIP 路徑計量值

RIP 路由器的**路徑計量值**（metric）是利用以下方式來計算的：

RIP 路徑計量值 = 介面計量值 + RIP 計量值

介面計量值是以網路介面的速度來計算的，例如在 Windows Server 2022 內若網路速度>=200 Mbps 且< 2Gb 的話，則網路卡的預設**介面計量值**為 25。

RIP 計量值是以封包傳送過程中所經過的路由器數量（hop count）來計算的，也就是每經過一個 RIP 路由器，此路由器就會將 **RIP 計量值**加 1。

另外 Windows Server 2022 的 RIP 動態路由器在將路由表內的路徑通告給相鄰的其他路由器時，會將所有非透過 RIP 學習來的路徑的 **RIP 計量值**固定為 2，包含直接連接的網路路徑與靜態路徑。因此其他相鄰路由器收到的這些路徑時，其 **RIP 計量值**都是 2。

經過以上的分析後，若圖 18-4-2 中乙網路的**介面計量值**為 25 的話，則路由器 1 的 RIP 路徑 192.168.3.0，其 **RIP 路徑計量值**的計算方式如下：

RIP 路徑計量值 = 介面計量值 + RIP 計量值 = 25 + （2+1） = 28

其中 **RIP 計量值（2+1）**中的 2 是路由器 2 所通告的計量值，而 1 代表自訂的 **RIP "增量值"**（參見後面圖 18-4-7 的說明）。

RIP 的缺點

RIP 的設定非常容易，不過它只適合於中小型的網路，無法擴展到較大型的網路，因為它有一些缺點，例如：

- RIP 路由器所傳送的封包最多只可以經過 15 個路由器。
- 每一個 RIP 路由器定期的路徑通告動作，會影響網路效率，尤其是較大型網路。這個通告動作是採用廣播（broadcast）或多點傳送（multicast）的方式。
- 當某個路由器的路徑有異動時（例如某個網路斷線），雖然它會通告相鄰的其他路由器，再由這些路由器來通告給它們相鄰的路由器，但若網路太大時，這些新路徑資料可能很久才會通知到所有其他遠端路由器，因而可能會造成路徑迴路（routing loop：封包在路由器之間循環傳送）的情況，以至於無法正常在網路內傳送資料。

啓用 RIP 路由器

我們將透過**新增路由通訊協定**的方式來將一般的 Windows Server 2022 路由器改為 RIP 路由器。以前面圖 18-4-2 來說，我們需要分別將圖中的路由器 1 與路由器 2 設定為 RIP 路由器，它們將透過乙網路來交換路徑資訊。

STEP 1 請到圖中的路由器 1 來執行以下的步驟：【如圖 18-4-3 所示對著 **IPv4** 之下一般按右鍵➲新增路由通訊協定➲點選 RIP Version 2 for Internet Protocol➲按確定鈕】。

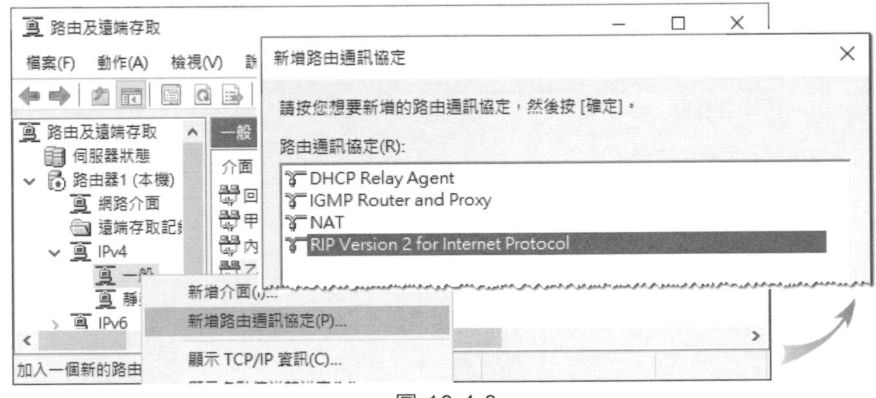

圖 18-4-3

STEP 2 如圖 18-4-4 所示對著 **RIP** 按右鍵➲新增介面➲選擇網路介面➲按確定鈕。只有被選取的網路介面才會利用 RIP 來與其他路由器交換路徑資料，圖中選擇了連接乙網路的網路介面。

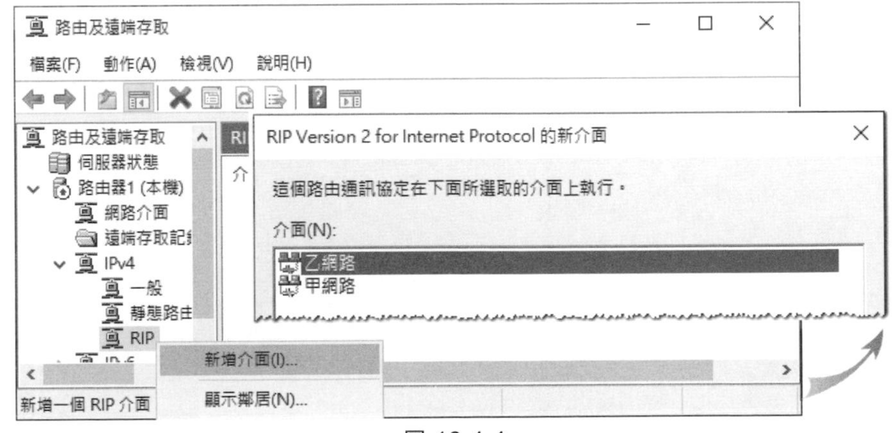

圖 18-4-4

STEP 3 出現圖 18-4-5 時按確定鈕即可（後面再來解釋畫面中的選項）。

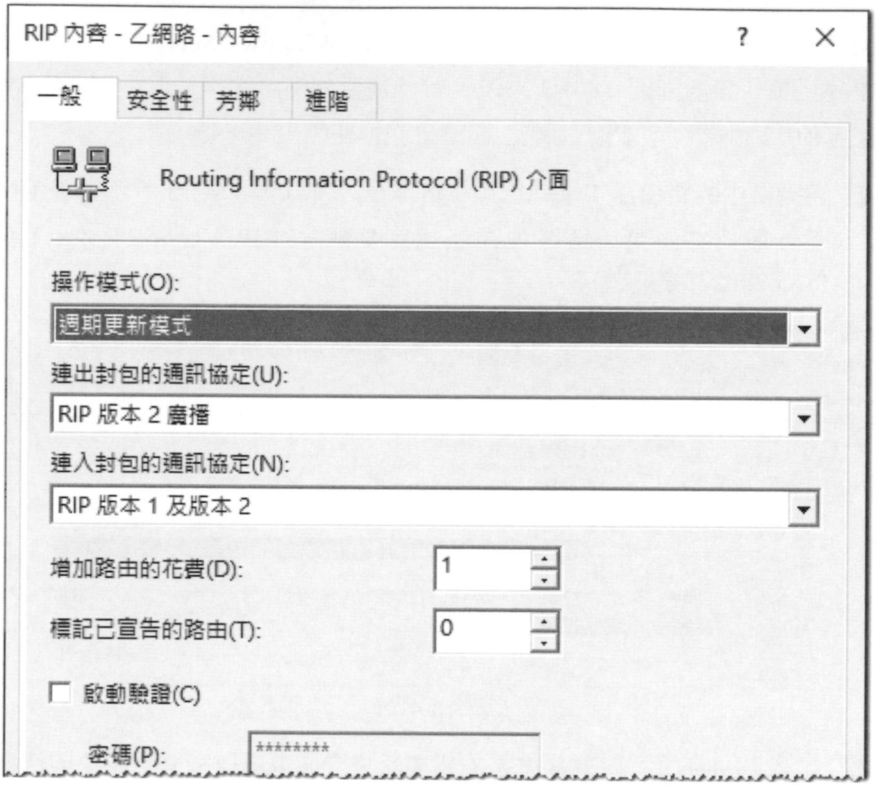

RIP 內容 - 乙網路 - 內容

一般 安全性 芳鄰 進階

Routing Information Protocol (RIP) 介面

操作模式(O):

週期更新模式

連出封包的通訊協定(U):

RIP 版本 2 廣播

連入封包的通訊協定(N):

RIP 版本 1 及版本 2

增加路由的花費(D): 1

標記已宣告的路由(T): 0

啟動驗證(C)

密碼(P): *********

圖 18-4-5

STEP 4 請在路由器 2 上重複相同的步驟來將其設定為 RIP 路由器。

STEP 5 稍待一下，等兩台路由器開始通告路徑資訊後，就可以來檢視路由表內的資料，如圖 18-4-6 所示為路由器 1 的路由表，其中目的地為 192.168.3.0 的路徑是透過 RIP 的方式得來的，其計量值為 28。

路由器1 - IP 路由表

目的地	網路遮罩	閘道	介面	計量	通訊協定
0.0.0.0	0.0.0.0	192.168.1.253	甲網路	281	網路管理
127.0.0.0	255.0.0.0	127.0.0.1	回送	76	本機
127.0.0.1	255.255.255.255	127.0.0.1	回送	331	本機
192.168.1.0	255.255.255.0	0.0.0.0	甲網路	281	本機
192.168.1.254	255.255.255.255	0.0.0.0	甲網路	281	本機
192.168.1.255	255.255.255.255	0.0.0.0	甲網路	281	本機
192.168.2.0	255.255.255.0	0.0.0.0	乙網路	281	本機
192.168.2.254	255.255.255.255	0.0.0.0	乙網路	281	本機
192.168.2.255	255.255.255.255	0.0.0.0	乙網路	281	本機
192.168.3.0	255.255.255.0	192.168.2.253	乙網路	28	RIP
224.0.0.0	240.0.0.0	0.0.0.0	甲網路	281	本機
255.255.255.255	255.255.255.255	0.0.0.0	甲網路	281	本機

圖 18-4-6

RIP 路由介面的設定

RIP 路由器要如何來與其他 RIP 路由器溝通呢？您可以針對每一個網路介面來做不同的設定，例如要設定乙網路介面的 RIP 組態的話：【如圖 18-4-7 所示點選乙網路➲點擊上方的內容圖示➲透過前景圖來設定】。

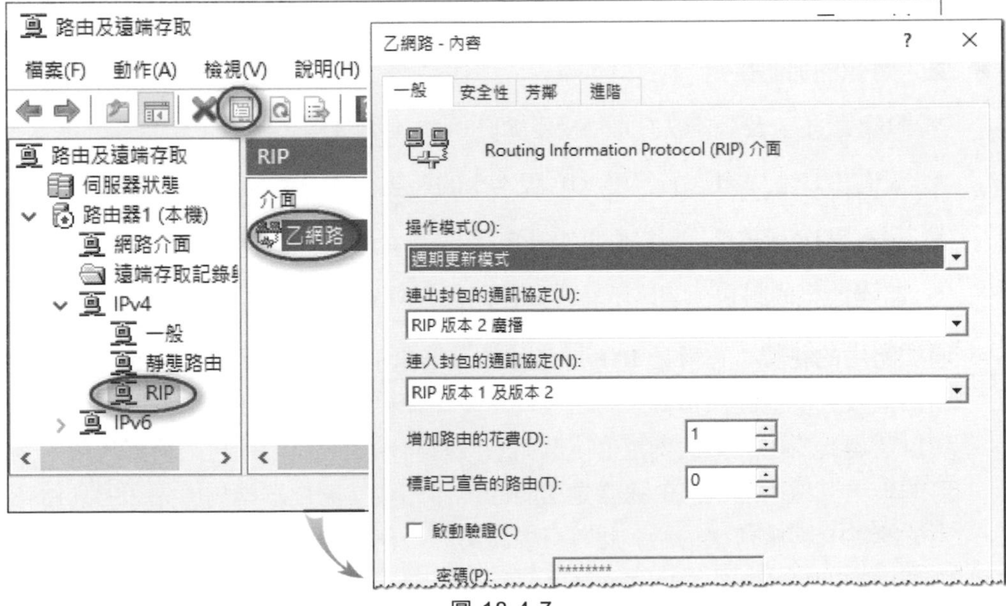

圖 18-4-7

- **操作模式**：操作模式分為**週期更新模式**與**自動靜態更新模式**兩種：
  - **週期更新模式**：路由器會定期從這個介面送出 RIP 通告訊息，以便將路徑資料傳送給其他相鄰的路由器；從其他路由器所學習來的路徑會因為路由器停止或重新啟動，而被從路由表中清除。
  - **自動靜態更新模式**：路由器並不會主動送出 RIP 通告訊息，而是在其他路由器提出更新路徑資料的要求時，才會送出 RIP 通告訊息；從其他路由器所學習來的路徑，並不會因路由器停止或重新啟動而被從路由表中清除，除非是被手動移除。
- **連出封包的通訊協定**：用來選擇送出 RIP 通告訊息時所採用的通訊協定：
  - **RIP 版本 1 廣播**：以廣播方式送出 RIP 通告訊息。
  - **RIP 版本 2 廣播** ：以廣播方式送出 RIP 通告訊息。若網路內有的路由器支援 **RIP 版本 1 廣播**、有的支援 **RIP 版本 2 廣播**的話，請選擇此選項。
  - **RIP 版本 2 多點傳送**：以多點傳送的方式送出 RIP 通告訊息。必須是所有相鄰的路由器都使用 **RIP 版本 2** 的情況下，才可以選擇此選項，因為只支援 **RIP 版本 1** 的路由器無法處理 **RIP 版本 2 多點傳送**訊息。
  - **幕後 RIP**（Silent RIP）：它不會透過這個網路介面送出 RIP 通告訊息。
- 連入封包的通訊協定
  - **RIP 版本 1 及版本 2**：同時接受 RIP 版本 1 與版本 2 的通告訊息。
  - 只有 **RIP 版本 1**：只接受 RIP 版本 1 的通告訊息。
  - 只有 **RIP 版本 2**：只接受 RIP 版本 2 的通告訊息。
  - **略過連入的封包**：忽略所有由其他路由器傳來的 RIP 通告訊息。
- **增加路由的花費**：它就是 **RIP 計量值的"增量值"**，其預設值 1，也就是 RIP 路由器收到其他路由器傳來的路徑資訊時，會自動將其 **RIP 計量值**增加 1。您可以透過此處來變更此增量值，例如若同時有兩個網路介面可以將封包傳送到目的地，且這兩個網路的速度是相同的，而您希望路由器能夠優先透過您所指定的網路介面來傳送的話，此時只要將另外一個網路介面的**增加路由的花費**的數值增加即可。

- **標記已宣告的路由**：它會將所有透過這個介面送出的路徑都加上一個標記號碼，以便於系統管理員追蹤、管理用，此功能僅適用於 **RIP 版本 2**。
- **啟動驗證**：**RIP 版本 2** 支援驗證電腦身分的功能。若勾選此選項，則所有與這台 RIP 路由器相鄰的其他 RIP 路由器都必須要在此處設定相同的密碼（1 到 16 個字元），它們才會相互接受對方送來的 RIP 通告訊息。此處的密碼有大小寫分別，不過在傳送密碼時是以明文方式來傳送，並沒有加密。

RIP 路徑篩選

您可以針對每一個 RIP 網路介面來設定**路徑篩選器**，以便決定要將哪一些路徑通告給其他的 RIP 路由器，或是要接受其他 RIP 路由器所送來的哪一些路徑：點選圖 18-4-8 中的安全性標籤，然後透過**動作**處的**給輸入路由**來篩選由其他 RIP 路由器所傳送來的路徑，或透過**給輸出路由**來篩選要通告給其他 RIP 路由器的路徑。

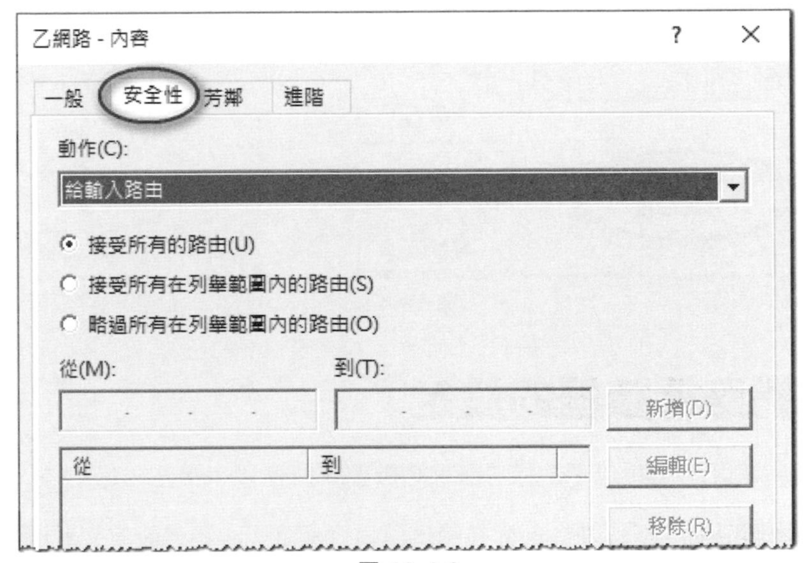

圖 18-4-8

與相鄰路由器的互動設定

RIP 路由器預設會利用**廣播**或**多點傳送**的方式，來將路徑資料通告給相鄰的 RIP 路由器。您可以修改這個預設值，讓 RIP 路由器以**單點傳播**（unicast）的方式直接將

RIP 通告訊息傳送給指定的 RIP 路由器，這個功能特別適用於 RIP 網路介面是連接到不支援廣播訊息的網路，例如 Frame Relay、X.25、ATM，也就是 RIP 路由器必須將 RIP 路徑通告訊息，以單點傳播的方式，透過這些網路傳送給指定的 RIP 路由器。

其設定途徑為點擊圖 18-4-9 中的芳鄰標籤。圖中我們將其修改成直接將路徑通告給 IP 位址為 192.168.2.200 與 192.68.2.202 這兩個路由器。由圖中可看出可以選擇使用廣播、多點傳送與芳鄰清單等 3 種方式。

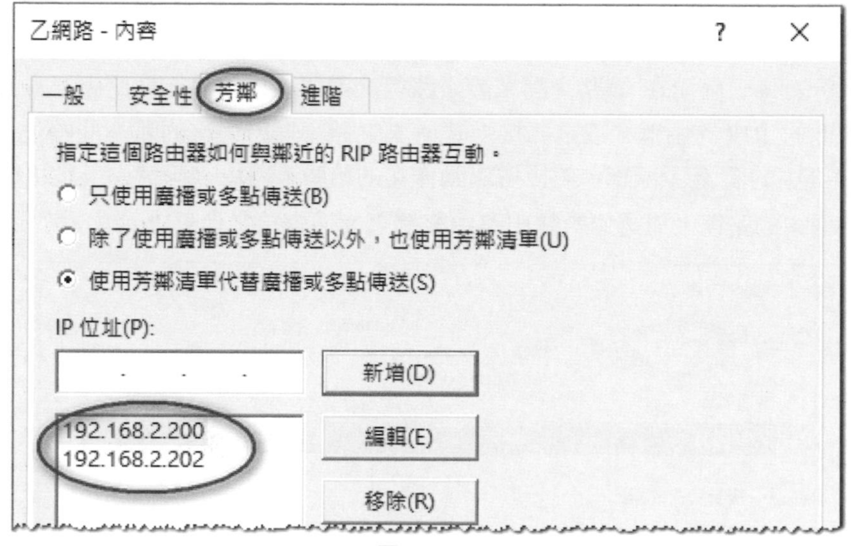

圖 18-4-9

18-5 網路橋接器的設定

一般來說，您可以選用以下兩種方法來將數個網路區段串接在一起：

- **利用 IP 路由器**：此方法在前面幾節內已經介紹過了，不過設定比較麻煩、費用也比較高，但是功能較強。路由器是在 OSI 模型中的第 3 層（網路層）運作。
- **利用橋接器**：此方法較經濟實惠，設定也比較簡單，但是功能較差。您可以選購硬體橋接器，或透過 Windows Server 2022 伺服器的**網路橋接器**（Network Bridge）功能，來將此伺服器設定為橋接器。橋接器是在 OSI 模型中的第 2 層（資料鏈結層）運作。

例如圖 18-5-1 中甲乙兩個 Ethernet 網路內的桌上型電腦、使用無線網路卡的筆記型電腦之間透過 Windows Server 2022 網路橋接器的橋接功能來溝通，圖中每一台電腦的 IP 位址的網路識別碼都是 192.168.1.0。

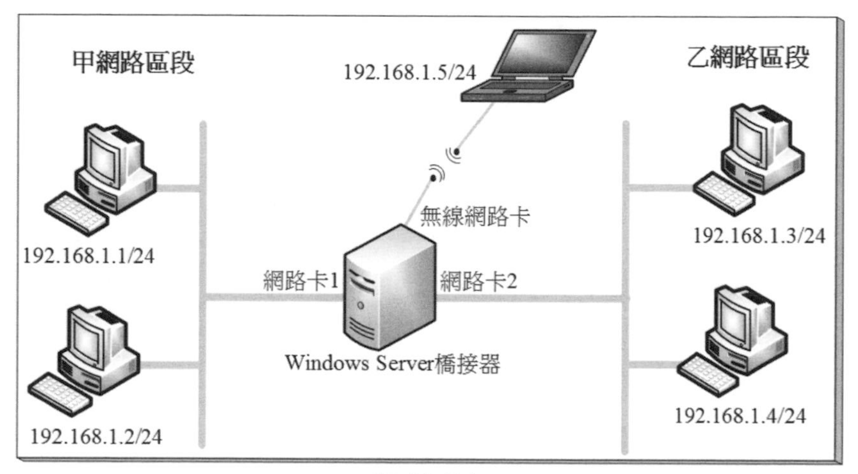

圖 18-5-1

將 Windows Server 2022 設定為橋接器的途徑為：【按 Windows 鍵⊞+ R 鍵➲輸入 control 後按 Enter 鍵➲網路和網際網路➲網路和共用中心➲點擊**變更介面卡設定**➲按著 Ctrl 鍵不放➲點選要被包含在橋接器內的所有網路介面（例如圖 18-5-2 中的甲網路、乙網路）➲如圖所示對著其中一個網路介面按右鍵➲橋接器連線】。

圖 18-5-2

不可以將**網際網路連線共用**（Internet Connection Sharing，ICS，見第 19 章）的對外網路介面包含在橋接器內。本試驗是利用 VMware Workstation 的虛擬環境。

圖 18-5-3 為完成後的畫面，請到前面圖 18-5-1 甲網路內的任何一台電腦上，利用 ping 指令來測試是否可以與乙網路內的電腦溝通（先將 **Windows Defender 防火牆**關閉），圖 18-5-4 為在甲網路內的電腦(192.168.1.1)利用 ping 來與乙網路內的電腦 192.168.1.3 溝通成功的畫面。

圖 18-5-3

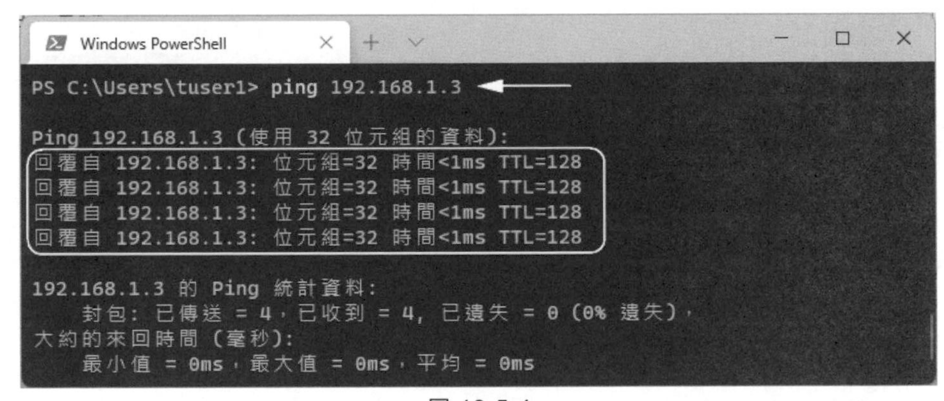

圖 18-5-4

這台扮演橋接器的電腦的 IP 位址是設定在圖 18-5-3 中的**網路橋接器**，預設為自動取得 IP 位址，但不論**網路橋接器**的 IP 位址為何，都不會影響到其橋接功能。除了橋接功能之外，若要讓其他電腦也可以來存取這台橋接器內其他資源的話（例如檔案），則**網路橋接器**需擁有一個可以與其他電腦溝通的 IP 位址。若要手動設定其 IP 位址的話：【對著圖中的**網路橋接器**按右鍵➲內容➲點擊**網際網路通訊協定第 4 版（TCP/IPv4）**➲點擊內容鈕➲…】，之後其他電腦便可以透過這個 IP 位址來與這台扮演**網路橋接器**角色的電腦溝通。

19

透過 NAT 連接網際網路

Windows Server 2022 的**網路位址轉譯**（Network Address Translation，NAT）讓位於內部網路的多台電腦只需要共用一個 public IP 位址，就可以同時連接網際網路、瀏覽網頁與收發電子郵件等。

19-1 NAT 的特色與原理

一般公司網路內的使用者的電腦會使用私人 IP 位址，這種 IP 位址不必向 IP 位址發放機構申請，而且 IP 位址數量多，不怕不夠用，然而私人 IP 位址僅限內部網路使用，不得暴露到網際網路上，因此要讓使用私人 IP 位址的電腦可以連接網際網路的話，便需透過具備 NAT（Network Address Translation，**網路位址轉譯**）功能的設備，例如防火牆、IP 分享器或寬頻路由器等。

Windows Serve 可以被設定為 NAT 伺服器，它擁有以下的特色：

- 支援內部多個區域網路內使用私人 IP 位址的電腦，可以同時透過 NAT 伺服器連接網際網路，而且只需要使用一個 public IP 位址。
- 支援 DHCP 功能來自動指派 IP 位址給內部網路的電腦。
- 支援 **DNS 轉接代理**功能來替內部區域網路的電腦查詢外部主機 IP 位址。
- 支援 TCP/UDP 連接埠對應功能，讓網際網路使用者也可以存取位於內部網路的伺服器，例如網站、電子郵件伺服器等。
- NAT 伺服器的外部網路介面可以使用多個 public IP 位址，然後搭配位址對應功能，讓網際網路的使用者可以透過 NAT 伺服器來與內部網路的電腦溝通。

NAT 的網路架構實例圖

Windows Server NAT 伺服器至少需要有兩個網路介面，一個用來連接網際網路，一個用來連接內部網路。以下列舉幾種常見的 NAT 架構：

- **透過路由器連接網際網路的 NAT 架構**

  如圖 19-1-1 所示的 NAT 伺服器至少需要兩片網路卡，一片連接內部網路，一片連接路由器，並透過路由器來連接網際網路，其中的外網卡應該要手動輸入 IP 位址、預設閘道與 DNS 伺服器等。

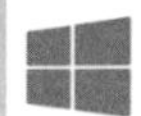

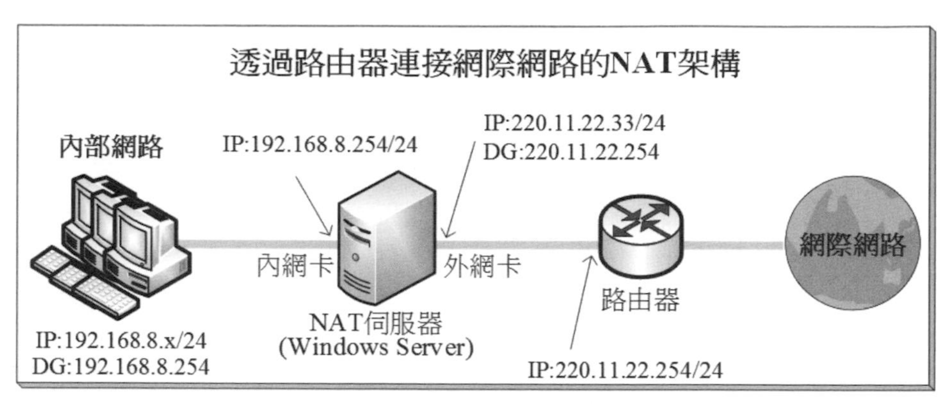

圖 19-1-1

- **透過固接式 xDSL 連接網際網路的 NAT 架構**

  如圖 19-1-2 所示的 NAT 伺服器至少需要兩片網路卡，一片連接內部網路，一片連接 xDSL（例如 ADSL、VDSL）數據機，並透過 xDSL 數據機連接網際網路，其中外網卡請輸入由 ISP（網際網路服務提供商，例如 HiNet）指派的 IP 位址、預設閘道與 DNS 伺服器等。

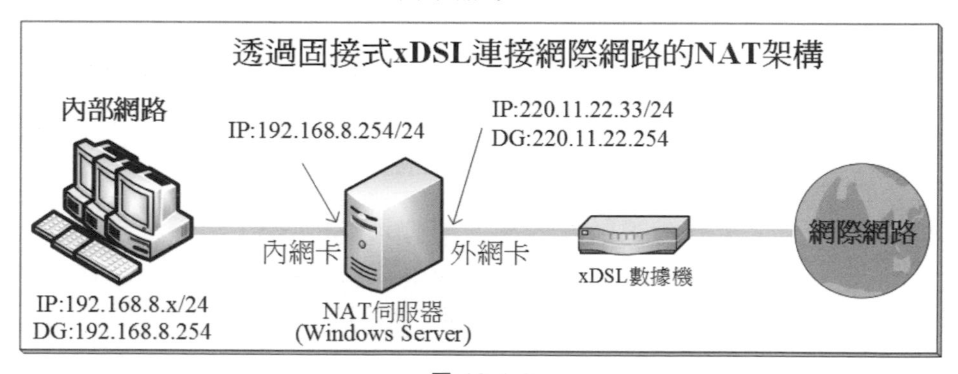

圖 19-1-2

- **透過非固接式 xDSL 連接網際網路的 NAT 架構**

  如圖 19-1-3 所示的 NAT 伺服器至少需要兩片網路卡，一片連接內部網路，一片連接 xDSL 數據機，並透過 xDSL 數據機連接網際網路。您需要在 NAT 伺服器上建立 **PPPoE 指定撥號**連線，此連線是透過外網卡來傳送資料。透過此連線來撥接到 ISP 成功後，ISP 會自動指派 IP 位址、預設閘道與 DNS 伺服器等設定給此連線。

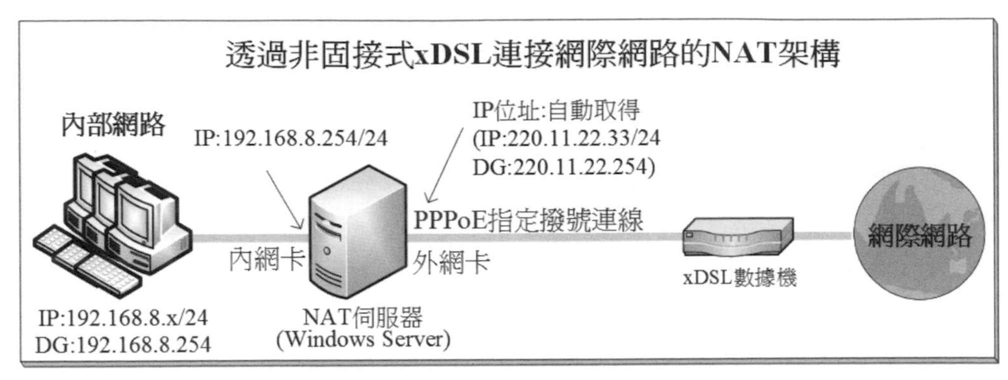

圖 19-1-3

只有一片網路卡也可以扮演 NAT 伺服器角色，其 PPPoE 指定撥號連線是建立在這片網路卡上，也就是說 NAT 伺服器對內溝通的網路卡介面與對外溝通的 PPPoE 介面，實際上都是透過同一片網路卡在傳送資料，也因此安全性與效率比較差，故不建議採用這種架構。

▶ **透過纜線數據機（cable modem）連接網際網路的 NAT 架構**

如圖 19-1-4 所示的 NAT 伺服器至少需要兩片網路卡，一片連接內部網路，一片連接纜線數據機。當透過纜線數據機成功連上 ISP 後，ISP 會自動指派 IP 位址、預設閘道與 DNS 伺服器等給 NAT 伺服器的外網卡。

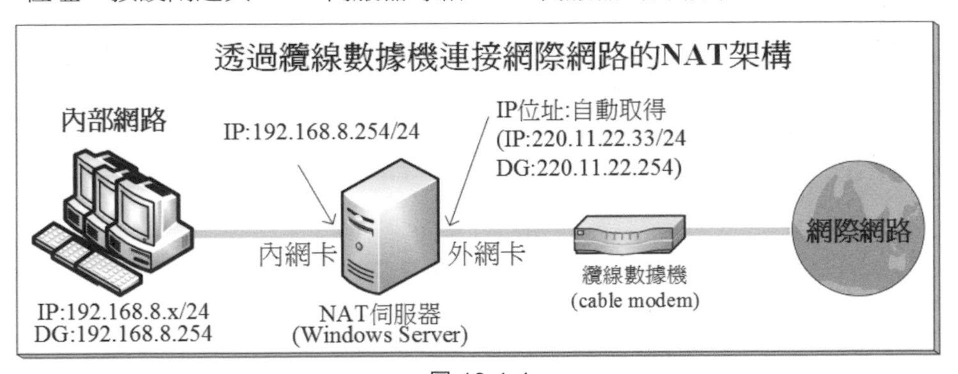

圖 19-1-4

NAT 的 IP 位址

NAT 伺服器的每一個網路介面（PPPoE 指定撥號連線或網路卡的乙太網路）都必須要有一個 IP 位址，且不同介面的 IP 位址有著不同的設定：

- **若是連接到網際網路的公用網路介面，則其 IP 位址必須是 public IP 位址**

  若是透過路由器或固接式 xDSL 連接網際網路的話，則此 IP 位址是由 ISP 事先分配，此時您需要自行將此 IP 位址輸入到網路卡的 TCP/IP 設定處；若是透過非固接式 xDSL 或纜線數據機連接網際網路的話，則 IP 位址是由 ISP 動態指派的，不需要手動設定。

- **若是連接內部網路的私人網路介面，則其 IP 位址可使用 private IP 位址**

  Private IP 位址的範圍如表 19-1-1 所示。我們在前面幾個範例圖形中所採用的 private IP 位址的網路識別碼為 192.168.8.0、子網路遮罩為 255.255.255.0。

表 19-1-1

網路識別碼	預設子網路遮罩	Private IP 位址範圍
10.0.0.0	255.0.0.0	10.0.0.1 – 10.255.255.254
172.16.0.0	255.240.0.0	172.16.0.1 - 172.31.255.254
192.168.0.0	255.255.0.0	192.168.0.1 - 192.168.255.254

NAT 的運作原理

支援 TCP 或 UDP 通訊協定的服務，都有一或多個用來代表此服務的連接埠號碼（port number），表 19-1-2 中列出一些常見的伺服器服務與連接埠號碼。而用戶端應用程式（例如網頁瀏覽器）的連接埠號碼是由系統動態產生的，例如當使用者在瀏覽器 Microsoft Edge 內輸入類似 http://www.microsoft.com/的 URL 路徑上網時，系統就會為 Microsoft Edge 建立連接埠號碼。

若您已經上網的話，此時可以利用 netstat –n 指令來查看瀏覽器與網站所使用的連接埠號碼。您也可以使用 PowerShell 指令 Get-NetTcpConnection 來查看。

表 19-1-2

服務名稱	TCP 連接埠號碼
HTTP	80
HTTPS	443
FTP 控制通道	21
FTP 資料通道	20
SMTP	25
POP3	110
遠端桌面連線	3389

在介紹NAT原理之前，我們先簡單說明一般瀏覽網頁的過程。兩台電腦內支援 TCP 或 UDP 的應用程式是透過 IP 位址與連接埠號碼來相互溝通的，例如圖 19-1-5 中右方的伺服器 A 兼具網站（80）、FTP 站台（21）與 SMTP 伺服器（25）的角色，如果電腦 A 的使用者利用瀏覽器來連接圖中網站的話，則電腦 A 與伺服器 A 之間的互動如下所示（假設瀏覽器的連接埠號碼為 2222）：

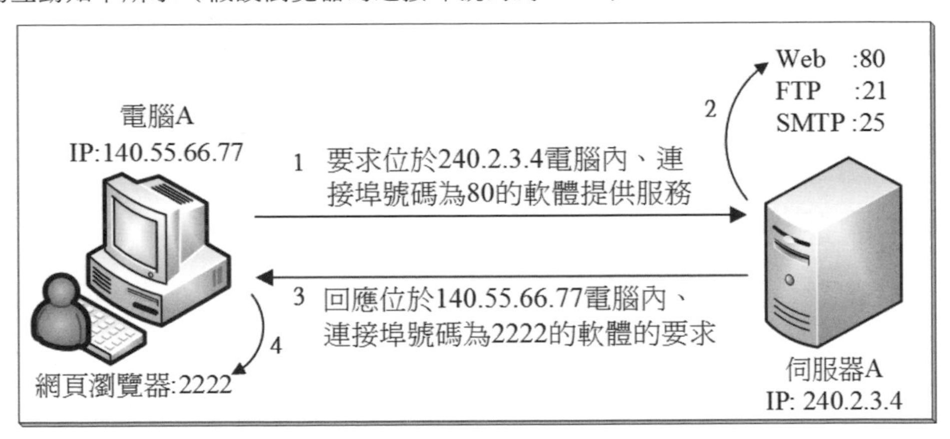

圖 19-1-5

1. 由連接埠號碼為 2222 的瀏覽器提出瀏覽網頁的要求後，電腦 A 會將此要求傳送給 IP 位址為 240.2.3.4 的伺服器 A，並指定要交給支援連接埠號碼為 80 的程式（網站）。
2. 伺服器 A 收到此要求後，會由支援連接埠號碼為 80 的程式（網站）來負責處理此要求。

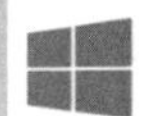

3. 伺服器 A 的網站將網頁傳送給 IP 位址為 140.55.66.77 的電腦 A，並指定要交給支援連接埠號碼為 2222 的程式（瀏覽器）。
4. 電腦 A 收到網頁後，會由支援連接埠號碼 2222 的瀏覽器來負責顯示網頁。

NAT（Network Address Translation）運作的基本程序，就是執行 IP 位址與連接埠號碼的轉換工作。NAT 伺服器至少要有兩個網路介面，其中連接網際網路的網路介面需要使用 public IP 位址，而連接內部網路的網路介面採用 private IP 位址即可，例如圖 19-1-6 中 NAT 伺服器的外網卡與內網卡的 IP 位址分別是 public IP 220.11.22.33 與 private IP 192.168.8.254。

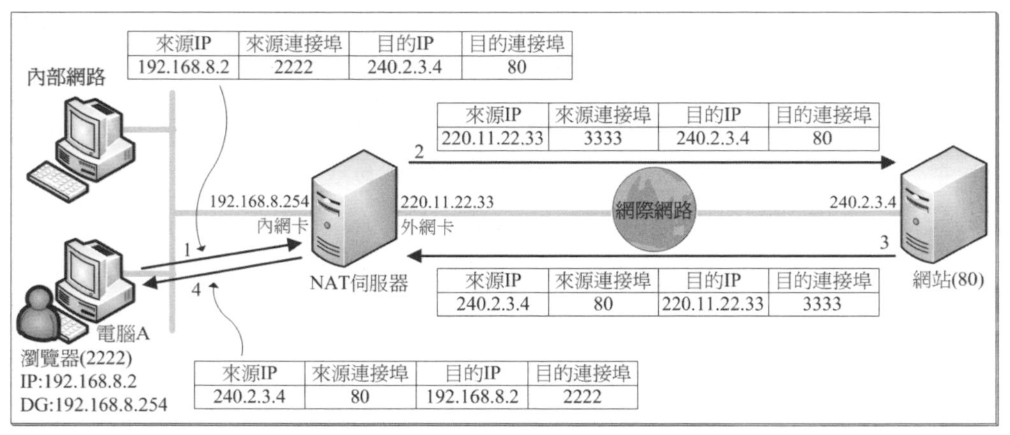

圖 19-1-6

我們以圖中內部網路的電腦 A 的使用者要透過 NAT 伺服器連接外部網站為例，來解說 NAT 的運作過程。假設電腦 A 的瀏覽器連接埠號碼為 2222，而網站的連接埠號碼為預設的 80。

1. 電腦 A 將上網封包傳送給 NAT 伺服器。此封包 header 內的來源 IP 位址為 192.168.8.2、連接埠為 2222，目的 IP 位址為 240.2.3.4、連接埠號碼為 80。

來源 IP 位址	來源連接埠	目的 IP 位址	目的連接埠
192.168.8.2	2222	240.2.3.4	80

2. NAT 伺服器收到封包後，會將封包 header 內的來源 IP 位址與連接埠號碼替換成 NAT 伺服器外網卡的 IP 位址與連接埠號碼，IP 位址就是 public IP 220.11.22.33，而連接埠號碼是動態產生的，假設是 3333。NAT 伺服器不會改變此封包之目的 IP 位址與連接埠號碼。

來源 IP 位址	來源連接埠	目的 IP 位址	目的連接埠
220.11.22.33	3333	240.2.3.4	80

同時 NAT 伺服器會建立一個如下的對照表，以便之後依照對照表，來將從網站得到的網頁內容回傳給電腦 A 的瀏覽器（此對照表被稱為 **NAT Table**）。

來源 IP 位址	來源連接埠	變更後的來源 IP 位	變更後的來源連接埠
192.168.8.2	2222	220.11.22.33	3333

3. 網站收到瀏覽網頁的封包後，會根據封包內的來源 IP 位址與連接埠號碼將網頁傳送給 NAT 伺服器，此網頁封包中的來源 IP 位址為 240.2.3.4、連接埠號碼為 80，目的 IP 位址為 220.11.22.33、連接埠號碼為 3333。

來源 IP 位址	來源連接埠	目的 IP 位址	目的連接埠
240.2.3.4	80	220.11.22.33	3333

4. NAT 伺服器收到網頁封包後，會根據對照表（NAT Table），將封包中的目的 IP 位址變更為 192.168.8.2、連接埠號碼變更為 2222，但是不會變更來源 IP 位址與連接埠號碼，然後將網頁封包傳送給電腦 A 的瀏覽器來處理。

來源 IP 位址	來源連接埠	目的 IP 位址	目的連接埠
240.2.3.4	80	192.168.8.2	2222

NAT 伺服器透過 IP 位址與連接埠的轉換，讓位於內部網路的電腦只需要使用 private IP 位址就可以上網。由以上分析可知：NAT 伺服器會隱藏內部電腦的 IP 位址，外界電腦只能夠接觸到 NAT 伺服器外網卡的 public IP 位址，無法直接與內部使用 private IP 位址的電腦溝通，因此還可以增加內部電腦的安全性。

19-2 NAT 伺服器架設實例演練

以下將列舉兩個範例來說明如何設定 NAT 伺服器與用戶端電腦。

路由器、固接式 xDSL 或纜線數據機環境的 NAT 設定

我們以圖 19-2-1 的路由器、固接式 xDSL 或纜線數據機為例，來說明如何設定圖中的 NAT 伺服器，此伺服器為 Windows Server 2022 電腦。

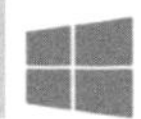

只要 NAT 伺服器可以上網，則不論 NAT 伺服器的外網卡是連接到路由器或其他 NAT 設備，您都可以讓連接在內網卡的內部網路用戶端透過這台 NAT 伺服器上網，因此其中外網卡的 IP 組態請根據您的實際網路環境來設定。

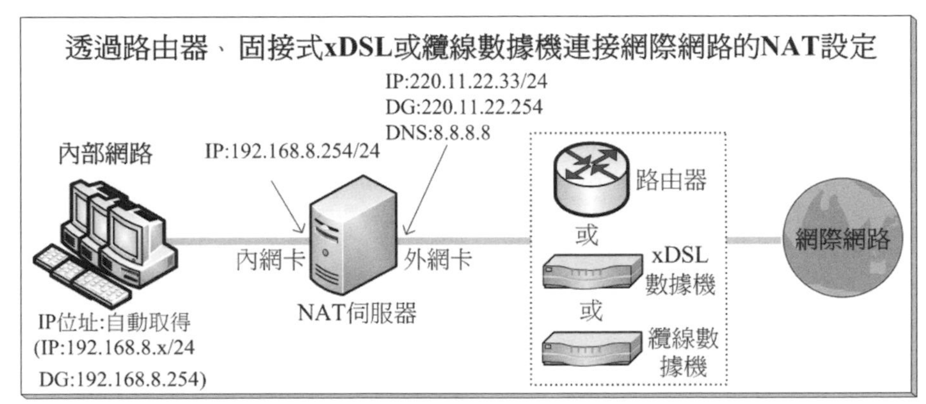

圖 19-2-1

圖中 NAT 伺服器內安裝了 2 片網路卡，一片連接路由器、xDSL 數據機或纜線數據機，一片連接內部網路，其相對應的網路連線名稱預設是**乙太網路**與**乙太網路 2**，建議將其變更為易於辨識的名稱，例如在圖 19-2-2 中分別將其改名為**內網卡**與**外網卡**：【開啟**伺服器管理員**➲點擊**本機伺服器**右方**乙太網路**處的設定值➲對著所選網路連線按右鍵➲重新命名】。

圖 19-2-2

STEP 1 開啟**伺服器管理員**➲點擊**儀表板**處的**新增角色及功能**➲持續按 下一步 鈕一直到出現如圖 19-2-3 所示的**選取伺服器角色**畫面時勾選**遠端存取**。

新增角色及功能精靈

選取伺服器角色

目的地伺服器
NAT

在您開始前
安裝類型
伺服器選取項目
伺服器角色
功能
遠端存取
角色服務
確認
結果

選取一或多個要安裝在選取之伺服器上的角色。

角色

- [ ] Active Directory Rights Management Services
- [ ] Active Directory 網域服務
- [ ] Active Directory 輕量型目錄服務
- [ ] Active Directory 憑證服務
- [ ] DHCP 伺服器
- [ ] DNS 伺服器
- [ ] Hyper-V
- [ ] Windows Deployment Services
- [ ] Windows Server Update Services
- [ ] 大量啟用服務
- [ ] 主機守護者服務
- [ ] 列印和文件服務
- [ ] 傳真伺服器
- [ ] 裝置健康情況證明
- [ ] 網頁伺服器 (IIS)
- [ ] 網路原則與存取服務
- [ ] 網路控制卡
- [x] 遠端存取
- [ ] 遠端桌面服務

描述

遠端存取透過 DirectAccess、VPN 和 Web 應用程式 Proxy 提供順暢的連線。DirectAccess 提供永遠開啟和永遠受管理的體驗。RAS 提供傳統 VPN 服務，包括站台對站台 (分公司或雲端) 連線。Web 應用程式 Proxy 可啟用從公司網路發佈所選 HTTP 和 HTTPS 型應用程式至公司網路外部用戶端裝置的功能。路由提供傳統的路由功能，包括 NAT 和其他連線選項。RAS 和路由可部署為單一用戶或多用戶模式。

圖 19-2-3

STEP 2 持續按下一步鈕一直到出現如圖 19-2-4 所示的**選取角色服務**畫面時勾選**路由**、按新增功能鈕。

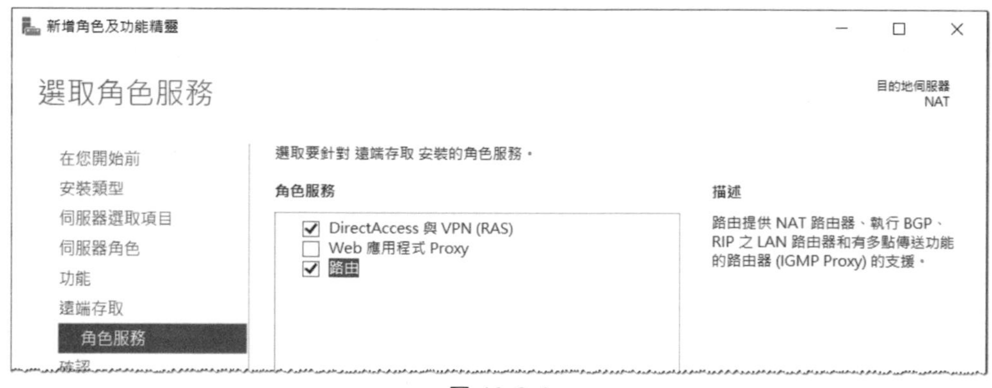

圖 19-2-4

STEP 3 持續按下一步鈕一直到出現**確認安裝選項**畫面時按安裝鈕。

STEP 4 完成安裝後按關閉鈕。

STEP 5 點擊**伺服器管理員**右上方**工具**功能表➲路由及遠端存取➲如圖 19-2-5 所示對著本機電腦按右鍵➲設定和啟用路由及遠端存取。

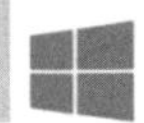

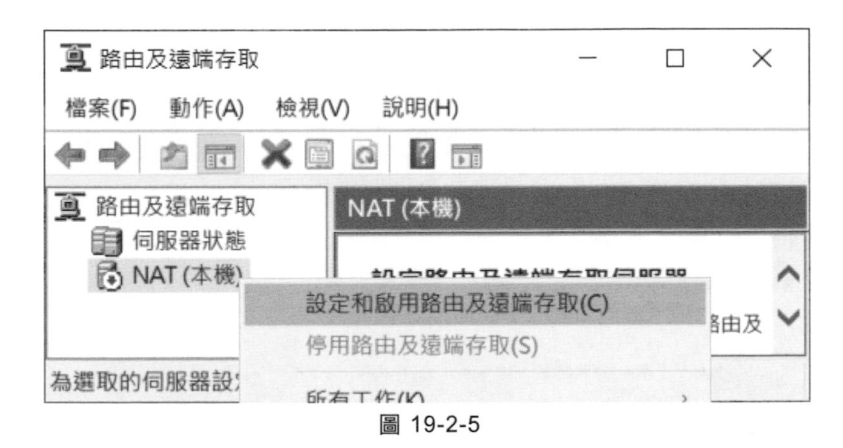

圖 19-2-5

STEP 6 在**歡迎使用路由及遠端存取伺服器安裝**精靈畫面中按下一步。

STEP 7 點選圖 19-2-6 中的**網路位址轉譯（NAT）**後按下一步鈕➲選擇用來連接網際網路的網路介面（外網卡）後按下一步鈕。

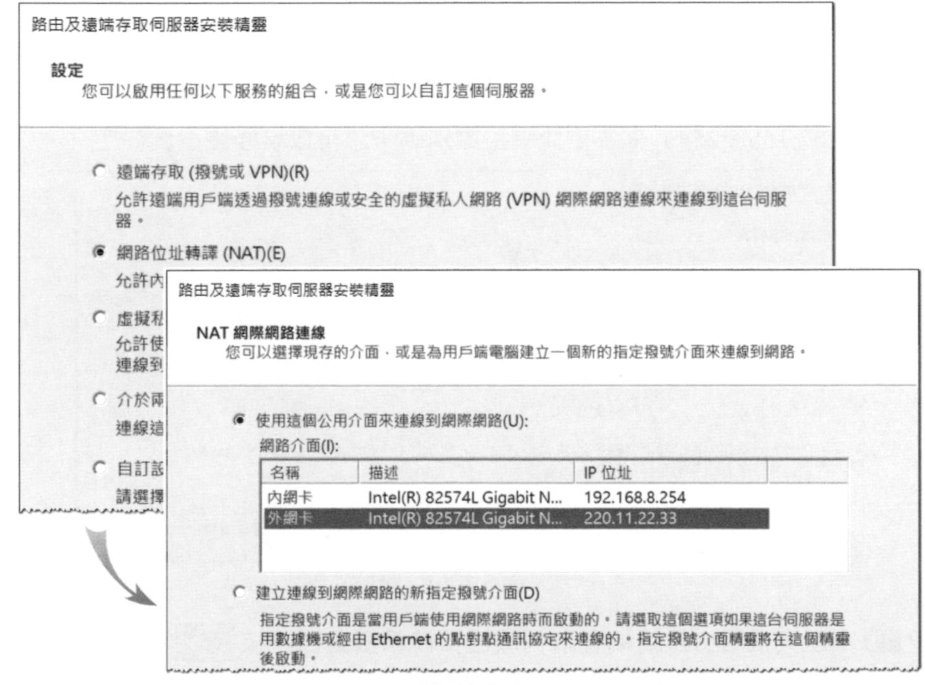

圖 19-2-6

若有多個內部網路的話，則會要求選擇其中一個網路來透過 NAT 存取網際網路。

STEP 8 若安裝精靈偵測不到內部網路（**內網卡**所連接的網路）中有提供 DHCP 與 DNS 服務的話，就會出現圖 19-2-7 的畫面，此時您可以如圖所示選擇讓這台 NAT 伺服器來提供 DHCP 與 DNS 服務後按 下一步 鈕，因此內部網路用戶端的 IP 位址只要設定為自動取得即可。

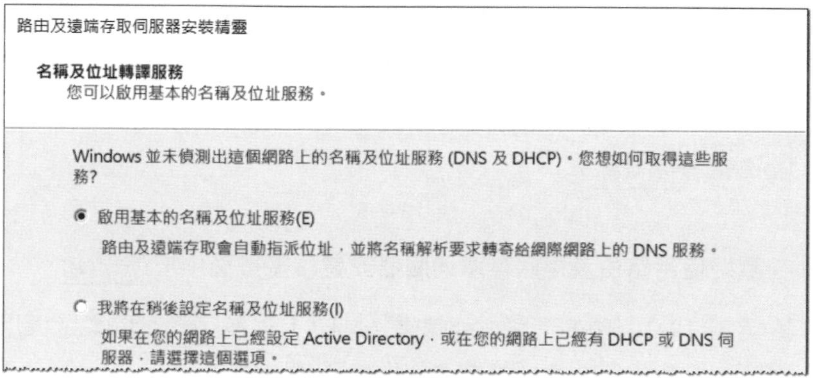

路由及遠端存取伺服器安裝精靈

名稱及位址轉譯服務
您可以啟用基本的名稱及位址服務。

Windows 並未偵測出這個網路上的名稱及位址服務 (DNS 及 DHCP)。您想如何取得這些服務?

◉ 啟用基本的名稱及位址服務(E)
路由及遠端存取會自動指派位址，並將名稱解析要求轉寄給網際網路上的 DNS 服務。

○ 我將在稍後設定名稱及位址服務(I)
如果在您的網路上已經設定 Active Directory，或在您的網路上已經有 DHCP 或 DNS 伺服器，請選擇這個選項。

圖 19-2-7

STEP 9 由圖 19-2-8 可看出 NAT 伺服器會指派網路識別碼為 192.168.8.0 的 IP 位址給內部網路的用戶端，它是依據圖 19-2-1 內網卡的 IP 位址（192.168.8.254）來決定此網路識別碼，您可以事後修改此設定。

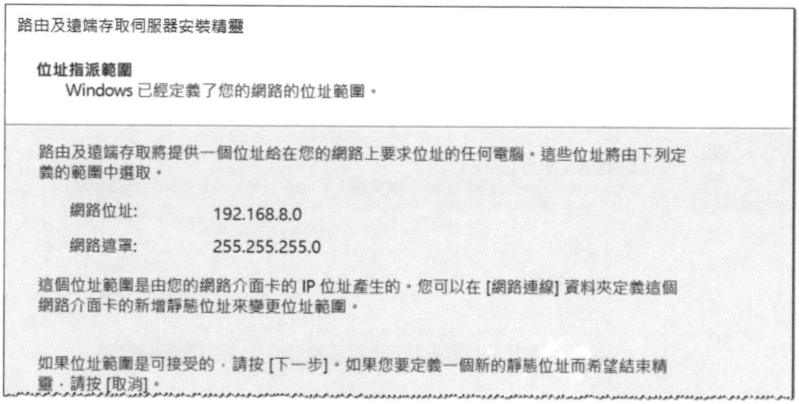

路由及遠端存取伺服器安裝精靈

位址指派範圍
Windows 已經定義了您的網路的位址範圍。

路由及遠端存取將提供一個位址給在您的網路上要求位址的任何電腦。這些位址將由下列定義的範圍中選取。

網路位址:　192.168.8.0
網路遮罩:　255.255.255.0

這個位址範圍是由您的網路介面卡的 IP 位址產生的。您可以在 [網路連線] 資料夾定義這個網路介面卡的新增靜態位址來變更位址範圍。

如果位址範圍是可接受的，請按 [下一步]。如果您要定義一個新的靜態位址而希望結束精靈，請按 [取消]。

圖 19-2-8

STEP 10 出現**完成路由及遠端存取伺服器安裝精靈**畫面時按 完成 鈕（若此時出現與防火牆有關的警示訊息的話　可直接按 確定 鈕即可）。

STEP 11 圖 19-2-9 為完成後的畫面。您可以雙擊畫面右邊的內網卡、外網卡來變更內外網卡的設定。

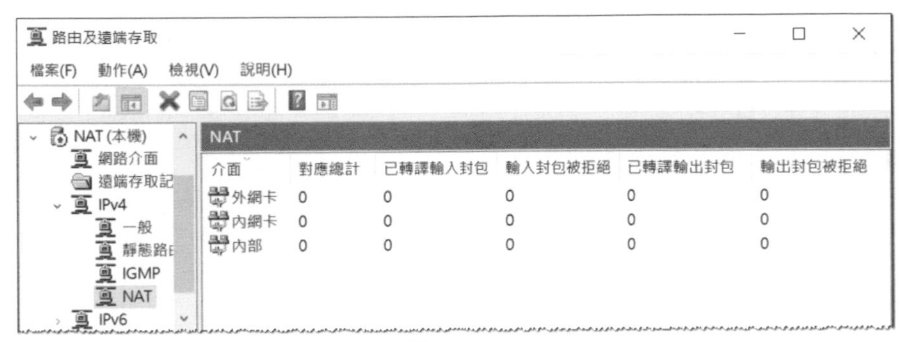

圖 19-2-9

STEP 12 NAT 伺服器的 DNS 轉接代理功能，雖然可以替內部用戶端來查詢 DNS 主機的 IP 位址，但還需要在 NAT 伺服器的 **Windows Defender 防火牆**來開放 DNS 流量（連接埠號碼為 UDP 53），以便接受用戶端傳來的 DNS 查詢要求：【點擊左下角**開始**圖示⊞➲Windows 系統管理工具➲具有進階安全性的 Windows Defender 防火牆➲點擊**輸入規則**右方的**新增規則…**➲點選**連接埠**後按 下一步 鈕➲如圖 19-2-10 所示將連接埠號碼設定為 UDP 53➲…】。

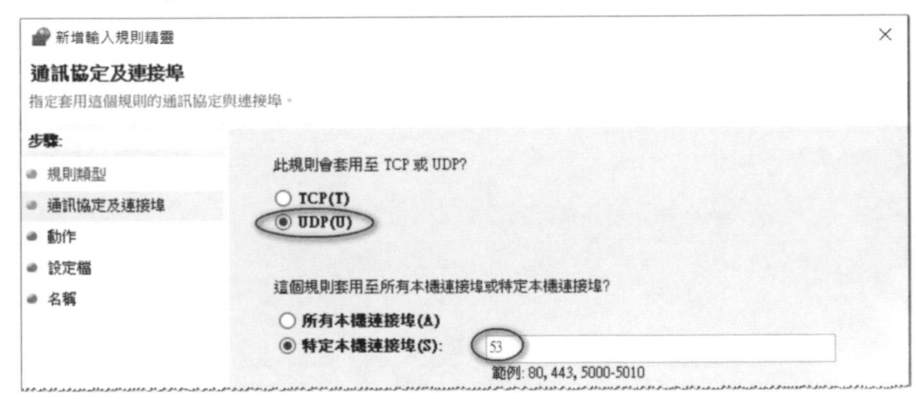

圖 19-2-10

完成以上設定後，如果 NAT 伺服器目前已經連上網際網路的話，則當內部網路用戶端的連接網際網路要求（例如上網）被傳送到 NAT 伺服器後，NAT 伺服器就會代替用戶端來連接網際網路。

若要重新啟用或停止**路由及遠端存取**服務的話，可在**路由及遠端存取**主控制台中，透過對著本機電腦按右鍵的途徑來完成。

非固接式 xDSL 環境的 NAT 設定

我們以圖 19-2-11 的非固接式 xDSL 為例，來說明如何設定圖中的 NAT 伺服器，此伺服器為 Windows Server 2022 電腦。

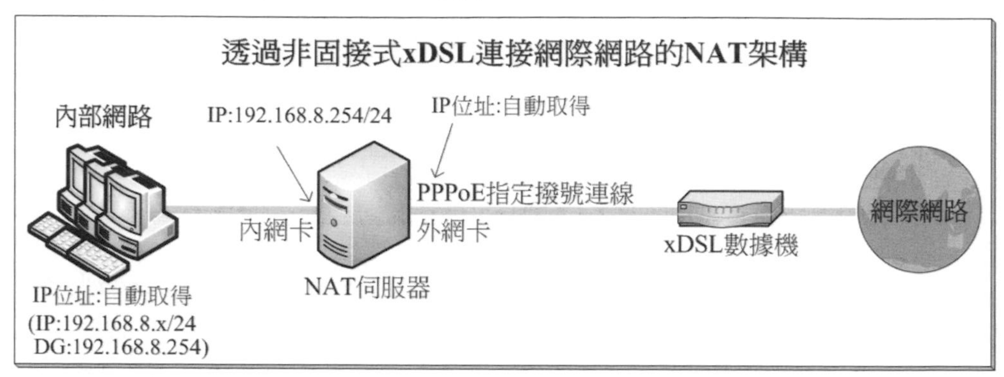

圖 19-2-11

圖中 NAT 伺服器內安裝了 2 片網路卡，一片連接 xDSL 數據機，一片連接內部網路，其相對應的網路連線名稱預設是**乙太網路**與**乙太網路 2**，建議您將其變更為易於辨識的名稱，例如在圖 19-2-12 中我們分別將其改名為**內網卡**與**外網卡**，改名的途徑為【開啟**伺服器管理員**➲點擊**本機伺服器**右方**乙太網路**處的設定值➲對著所選網路連線按右鍵➲重新命名】。

圖 19-2-12

STEP 1 開啟**伺服器管理員**➲點擊**儀表板**處的**新增角色及功能**➲持續按 下一步 鈕一直到出現如圖 19-2-13 所示的**選取伺服器角色**畫面時勾選**遠端存取**。

圖 19-2-13

STEP 2 持續按下一步鈕一直到出現如圖 19-2-14 所示的**選取角色服務**畫面時勾選**路由**、按新增功能鈕。

圖 19-2-14

STEP 3 持續按下一步鈕一直到出現**確認安裝選項**畫面時按安裝鈕。

STEP 4 完成安裝後按關閉鈕。

STEP 5 點擊**伺服器管理員**右上方**工具**功能表➲路由及遠端存取➲如圖 19-2-15 所示對著本機電腦按右鍵➲設定和啟用路由及遠端存取。

圖 19-2-15

STEP 6 在**歡迎使用路由及遠端存取伺服器安裝**精靈畫面中按 下一步 。

STEP 7 點選圖 19-2-16 中**網路位址轉譯（NAT）**後按 下一步 鈕➲點選**建立連線到網際網路的新指定撥號介面**後按 下一步 鈕。

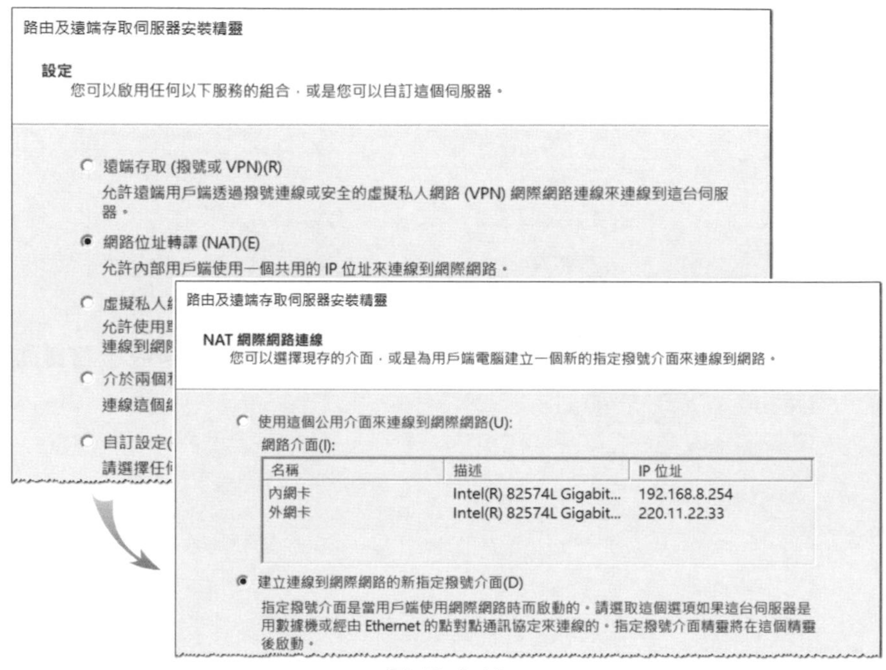

圖 19-2-16

STEP 8 在圖 19-2-17 中選擇被允許透過 NAT 伺服器來連接網際網路的內部網路後按 下一步 鈕。圖中選擇連接在 NAT 伺服器**內網卡**的網路。

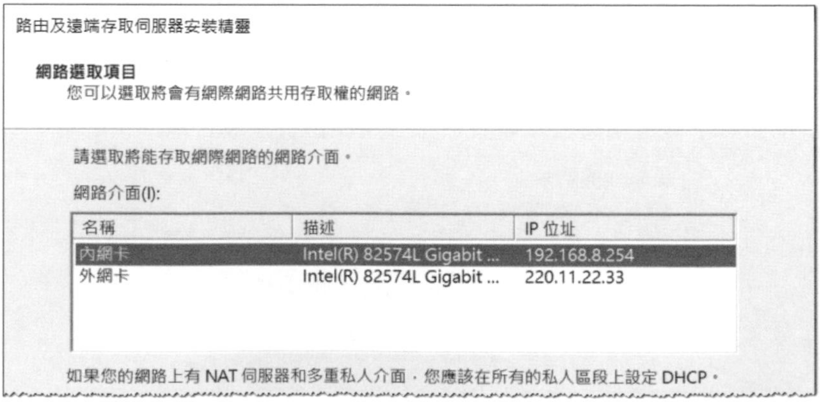

路由及遠端存取伺服器安裝精靈

網路選取項目

您可以選取將會有網際網路共用存取權的網路。

請選取將能存取網際網路的網路介面。

網路介面(I):

名稱	描述	IP 位址
內網卡	Intel(R) 82574L Gigabit ...	192.168.8.254
外網卡	Intel(R) 82574L Gigabit ...	220.11.22.33

如果您的網路上有 NAT 伺服器和多重私人介面，您應該在所有的私人區段上設定 DHCP。

圖 19-2-17

STEP 9 若安裝精靈偵測不到內部網路（**內網卡**所連接的網路）中有提供 DHCP 與 DNS 服務的話，就會出現圖 19-2-18 的畫面，此時您可以如圖所示選擇讓這台 NAT 伺服器來提供 DHCP 與 DNS 服務後按 下一步 鈕，因此內部網路用戶端的 IP 位址只要設定為自動取得即可。

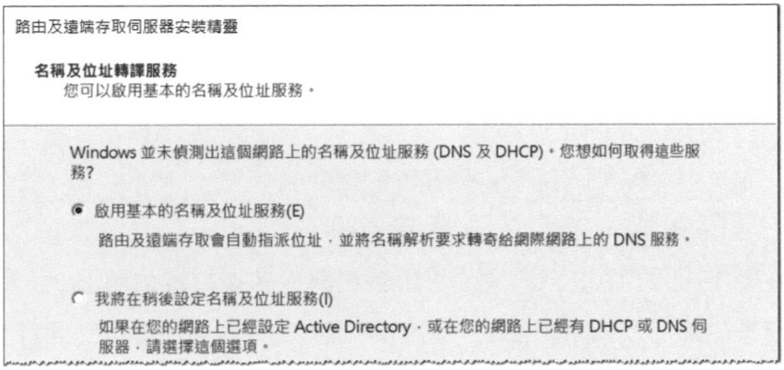

路由及遠端存取伺服器安裝精靈

名稱及位址轉譯服務
您可以啟用基本的名稱及位址服務。

Windows 並未偵測出這個網路上的名稱及位址服務 (DNS 及 DHCP)。您想如何取得這些服務?

◉ 啟用基本的名稱及位址服務(E)
路由及遠端存取會自動指派位址，並將名稱解析要求轉寄給網際網路上的 DNS 服務。

○ 我將在稍後設定名稱及位址服務(I)
如果在您的網路上已經設定 Active Directory，或在您的網路上已經有 DHCP 或 DNS 伺服器，請選擇這個選項。

圖 19-2-18

STEP 10 由圖 19-2-19 可看出 NAT 伺服器會指派網路識別碼為 192.168.8.0 的 IP 位址給內部網路的用戶端，它是依據圖 19-2-11 內網卡的 IP 位址（192.168.8.254）來決定此網路識別碼，您可以事後修改此設定。

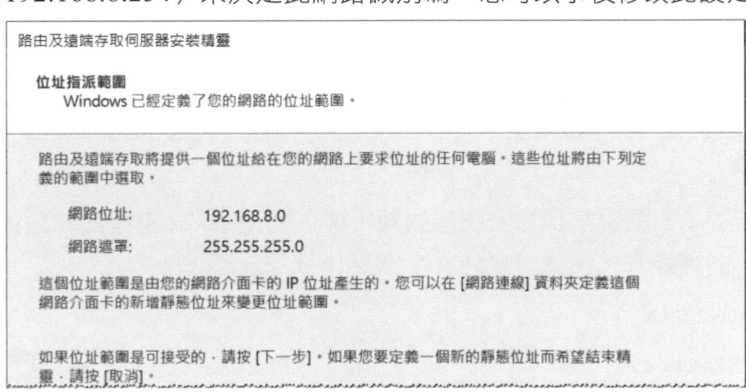

圖 19-2-19

STEP 11 出現**準備好可以套用選擇了**畫面時按 下一步 鈕（若此時出現與防火牆有關的警示訊息的話，可直接按 確定 鈕即可）。

STEP 12 出現**歡迎使用指定撥號介面精靈**畫面時按 下一步 鈕。

STEP 13 在圖 19-2-20 中為此指定撥號介面設定名稱，例如中華電信的 Hinet，然後選擇利用 PPPoE 通訊協定來連接網際網路。

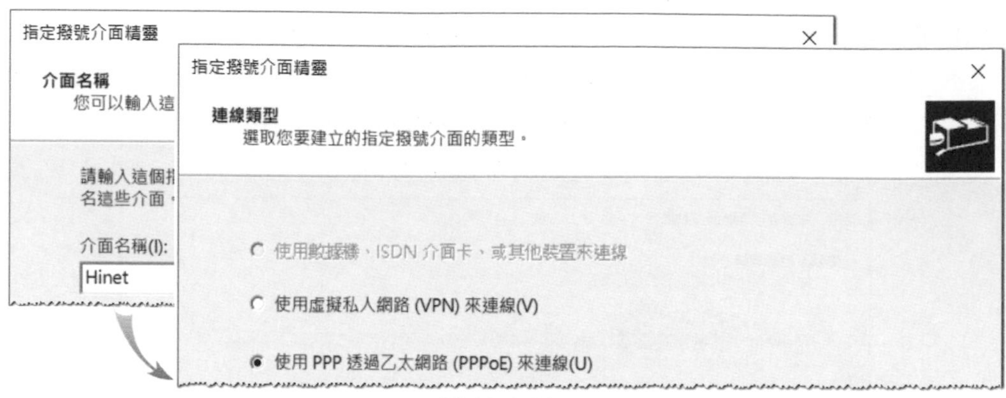

圖 19-2-20

STEP 14 在圖 19-2-21 中按下一步鈕。**服務名稱**保留空白或依照 ISP（網際網路服務提供廠商）指示來設定，請勿隨意設定，否則可能無法連線。

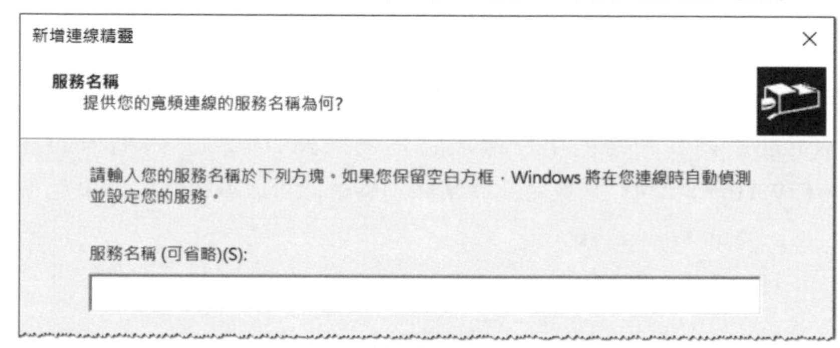

圖 19-2-21

STEP 15 若 ISP 未支援密碼加密功能的話，請在圖 19-2-22 中增加勾選**如果這是唯一的連線方式，請傳送純文字密碼**後按下一步鈕。

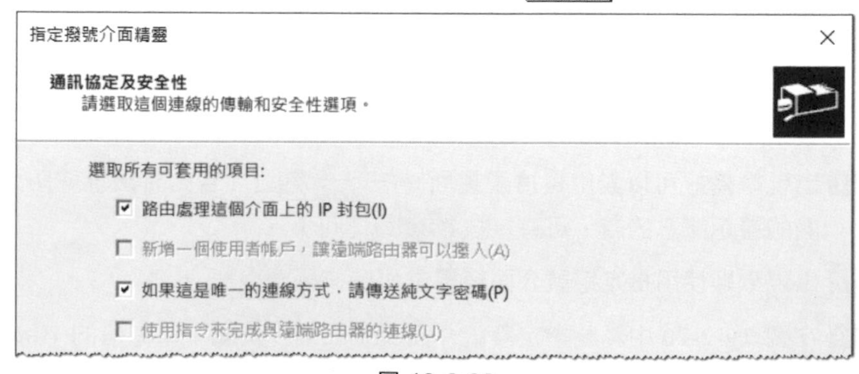

圖 19-2-22

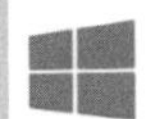

STEP **16** 在圖 19-2-23 中輸入用來連接到 ISP 的使用者名稱與密碼後按 下一步 鈕。

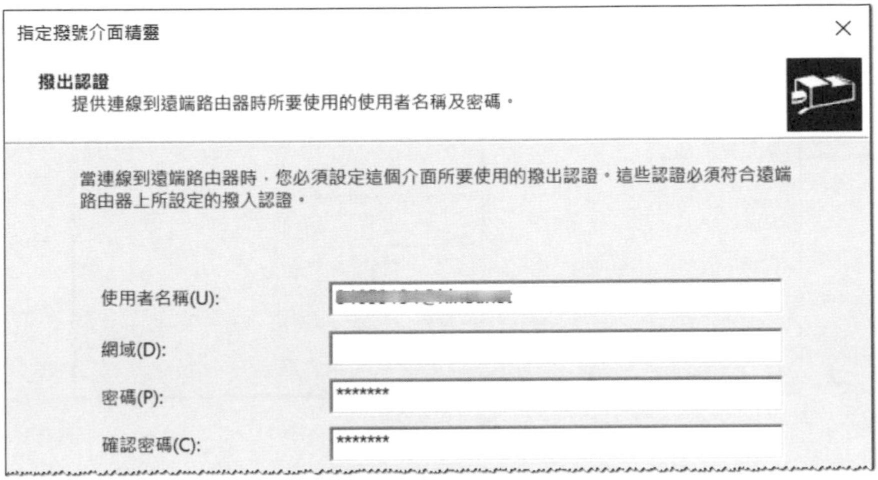

指定撥號介面精靈

撥出認證
提供連線到遠端路由器時所要使用的使用者名稱及密碼。

當連線到遠端路由器時，您必須設定這個介面所要使用的撥出認證。這些認證必須符合遠端路由器上所設定的撥入認證。

使用者名稱(U):
網域(D):
密碼(P): *******
確認密碼(C): *******

圖 19-2-23

STEP **17** 出現**完成指定撥號介面精靈**畫面時按 完成 鈕。

STEP **18** 出現**完成路由及遠端存取伺服器安裝精靈**畫面時按 完成 鈕。

STEP **19** 如圖 19-2-24 所示展開到 **IPv4**➲對著**靜態路由**按右鍵➲新增靜態路由。

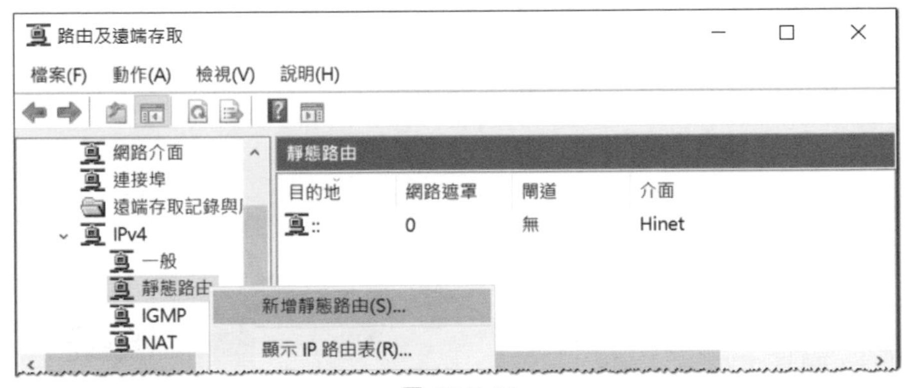

圖 19-2-24

STEP **20** 如圖 19-2-25 所示替 NAT 伺服器新增一個預設閘道（**目的地**與**網路遮罩**為 0.0.0.0），以便讓 NAT 伺服器要連接網際網路時，可以透過 PPPOE 指定撥號介面 Hinet 來連接 ISP 與網際網路。

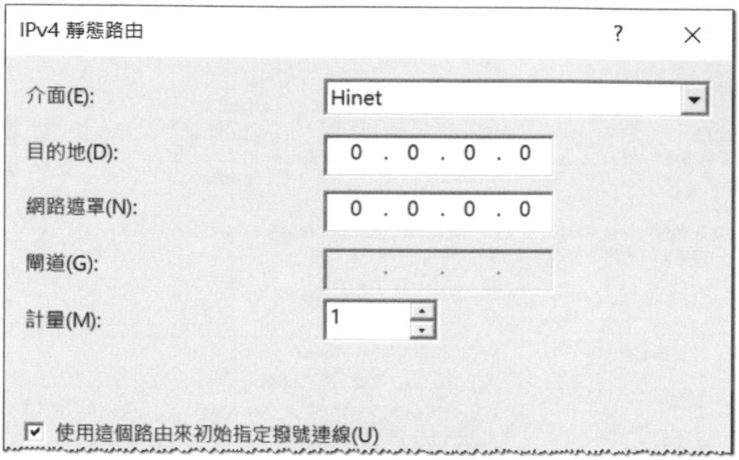

IPv4 靜態路由　?　×

介面(E): Hinet

目的地(D): 0 . 0 . 0 . 0

網路遮罩(N): 0 . 0 . 0 . 0

閘道(G): . . .

計量(M): 1

☑ 使用這個路由來初始指定撥號連線(U)

圖 19-2-25

在第 17 章中介紹過若有多個路徑可供選擇的話，則系統會挑選**路徑計量值**較低的路徑。若 NAT 伺服器的網路介面卡有指定**預設閘道**的話，若 Windows Server 2022 的網路速度>=200 Mbps 且< 2Gb 的話，其預設的**路徑計量值**為 281。在圖 19-2-25 中我們將 PPPoE 指定撥號的**計量值**（它是**閘道計量值**）改為 1、而 PPPoE 的**介面計量值**預設為 50，故此 PPPoE 指定撥號的**路徑計量值**為**介面計量值**+**閘道計量值**= 51，它比網路卡的**路徑計量值** 281 低，故當 NAT 伺服器接收到內部電腦的上網要求時，會挑選指定撥號介面 Hinet 來自動連接網際網路。

STEP **21** 圖 19-2-26 為完成後的畫面。

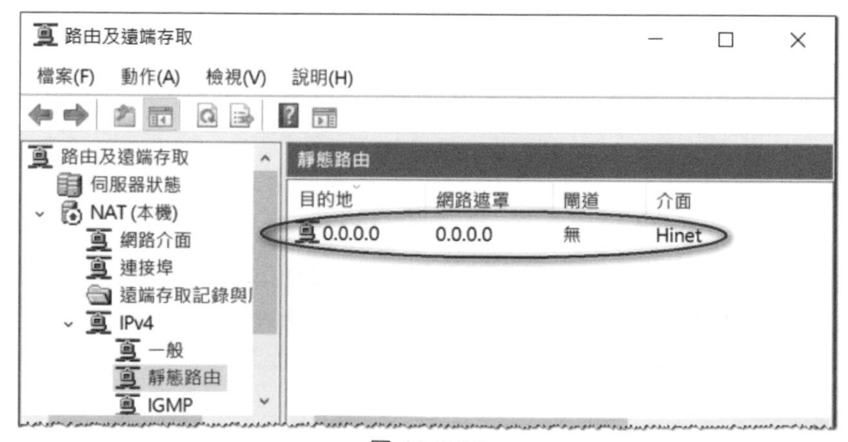

圖 19-2-26

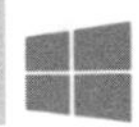

STEP 22 NAT 伺服器的 DNS 轉接代理功能，雖然可以替內部用戶端來查詢 DNS 主機的 IP 位址，但還需要在 NAT 伺服器的 **Windows Defender 防火牆**來開放 DNS 流量（連接埠號碼為 UDP 53），以便接受用戶端傳來的 DNS 查詢要求：【點擊左下角**開始**圖示⊞➲Windows 系統管理工具➲具有進階安全性的 Windows 防火牆➲點擊**輸入規則**右方的**新增規則…**➲點選**連接埠**後按下一步鈕➲如圖 19-2-27 所示將連接埠號碼設定為 UDP 53➲…】。

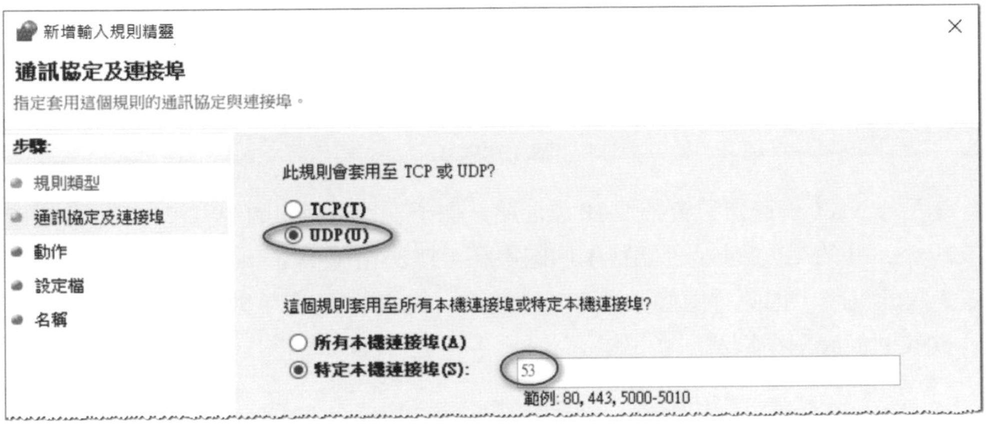

新增輸入規則精靈

通訊協定及連接埠

指定套用這個規則的通訊協定與連接埠。

步驟:
- 規則類型
- 通訊協定及連接埠
- 動作
- 設定檔
- 名稱

此規則會套用至 TCP 或 UDP?

○ TCP(T)

◉ UDP(U)

這個規則套用至所有本機連接埠或特定本機連接埠?

○ 所有本機連接埠(A)

◉ 特定本機連接埠(S): 53

範例: 80, 443, 5000-5010

圖 19-2-27

完成設定後，當內部用戶端使用者的連接網際網路要求（例如上網、收發電子郵件等）被傳送到 NAT 伺服器後，NAT 伺服器就會自動透過 PPPoE 指定撥號來連接 ISP 與網際網路。

內部網路包含多個子網路

若內部網路包含多個子網路的話，則請確認各個子網路的上網要求會被傳送到 NAT 伺服器，例如圖 19-2-28 中內部網路包含**子網路 1**、**子網路 2** 與**子網路 3**，則請確認當**路由器 2** 收到**子網路 3** 來的上網要求時，它會將此要求傳送給**路由器 1**（必要時可能需在路由表內手動建立路徑），再由**路由器 1** 傳送給 NAT 伺服器，否則**子網路 3** 內的電腦無法透過 NAT 伺服器上網。

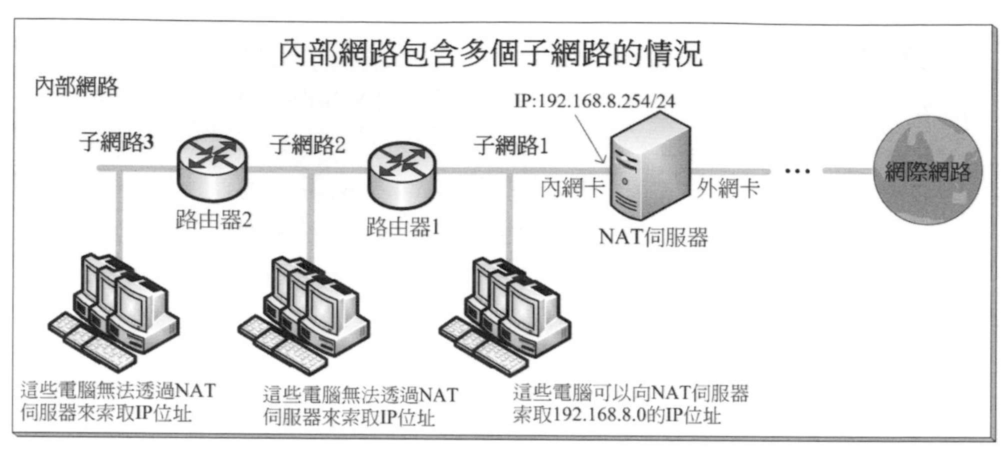

圖 19-2-28

還有因為 NAT 伺服器只會指派 IP 位址給一個子網路，例如圖 19-2-28 它只會指派 192.168.8.0 的 IP 位址給**子網路 1** 內的電腦，無法指派 IP 位址給**子網路 2** 與**子網路 3** 內的電腦，因此這兩個子網路內的電腦，其 IP 位址需手動設定或另外透過其他 DHCP 伺服器來指派。

新增 NAT 網路介面

如果 NAT 伺服器擁有多個網路介面（例如多片網路卡），這些網路介面分別連接到不同的網路，其中連接網際網路的介面被稱為**公用介面**，而連接內部網路的介面被稱為**私人介面**。系統預設僅開放一個內部網路的電腦可以透過 NAT 伺服器來連接網際網路，若要開放其他內部網路的話：【如圖 19-2-29 所示展開到 **IPv4**➲對著 **NAT** 按右鍵➲新增介面➲選擇連接該網路的私人網路介面（假設是**內網卡 2**）➲點選**連線到私人網路的私人介面**➲…】。

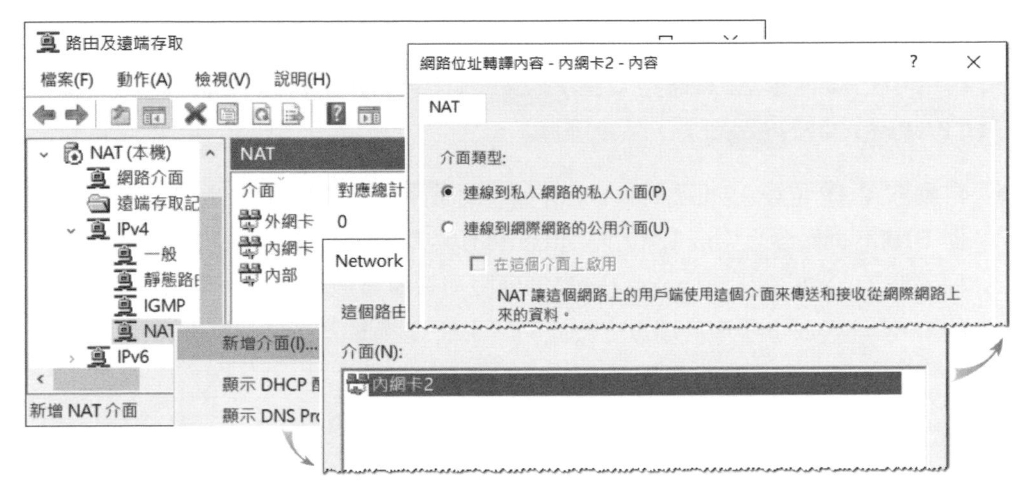

圖 19-2-29

若 NAT 伺服器有多個**私人網路介面**的話，例如圖 19-2-30 的內部網路有 3 個**私人網路介面**，由於 NAT 伺服器只會指派 IP 位址給其中一個網路，因此只有一個網路內的電腦可以向 NAT 伺服器自動索取 IP 位址，其他網路內的電腦的 IP 位址需手動設定或另外透過其他 DHCP 伺服器來指派。

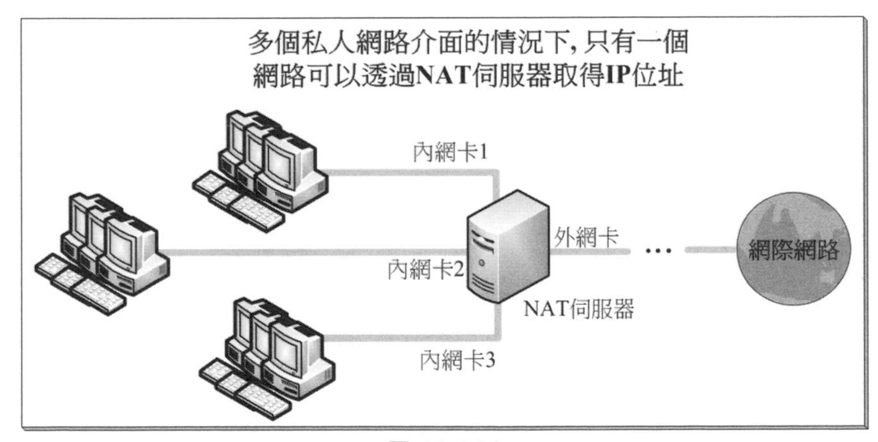

圖 19-2-30

內部網路的用戶端設定

內部網路用戶端（可參見前面圖 19-2-11）的 IP 位址設定必須正確，才能夠透過 NAT 伺服器來連接網際網路，以 Windows 11、Windows 10 為例，其設定途徑可為：【按 Windows 鍵⊞+R鍵➲輸入 control 後按確定鈕➲網路和網際網路➲網路和共用中心➲點擊**乙太網路**➲按內容鈕➲點擊**網際網路通訊協定第 4 版（TCP/IPv4）**➲按內容鈕】，然後選擇：

- **自動取得 IP 位址**：如圖 19-2-31 所示，此時用戶端會自動向 NAT 伺服器或其他 DHCP 伺服器來索取 IP 位址、預設閘道與 DNS 伺服器等設定。若是向 NAT 伺服器索取 IP 位址的話，由於 NAT 伺服器只會發放與內網卡相同網路識別碼的 IP 位址，故這些用戶端需位於此網路卡所連接的網路內。

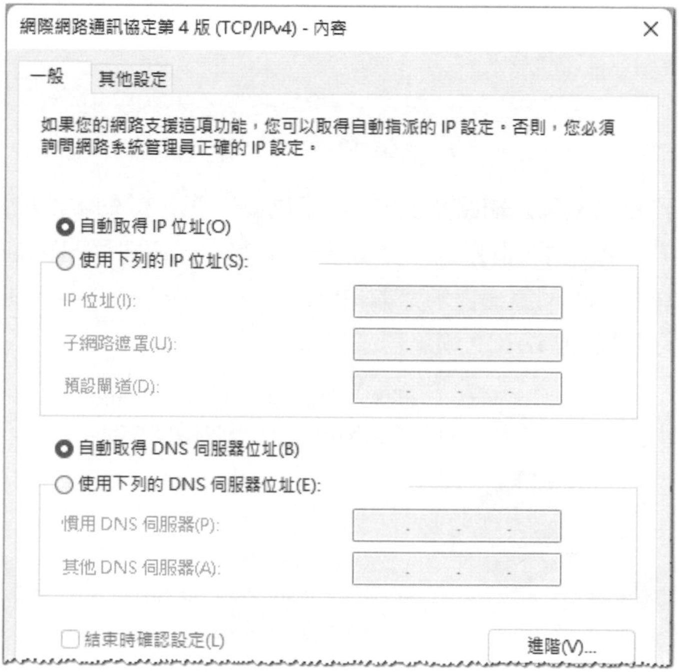

圖 19-2-31

- **使用下列的 IP 位址**：如圖 19-2-32 所示，圖中用戶端 IP 位址的網路識別碼與 NAT 伺服器內網卡的 IP 位址相同、預設閘道為 NAT 伺服器內網卡的 IP 位址、慣用 DNS 伺服器可以被指定到 NAT 伺服器內網卡的 IP 位址（因它具備 DNS 轉接代理功能）或其他 DNS 伺服器的 IP 位址（例如 8.8.8.8）。

  如果內部網路包含多個子網路或 NAT 伺服器擁有多個私人網路介面的話，由於 NAT 伺服器只會指派 IP 位址給一個網路區段，因此其他網路內的電腦的 IP 位址需手動設定或另外透過其他 DHCP 伺服器來指派。

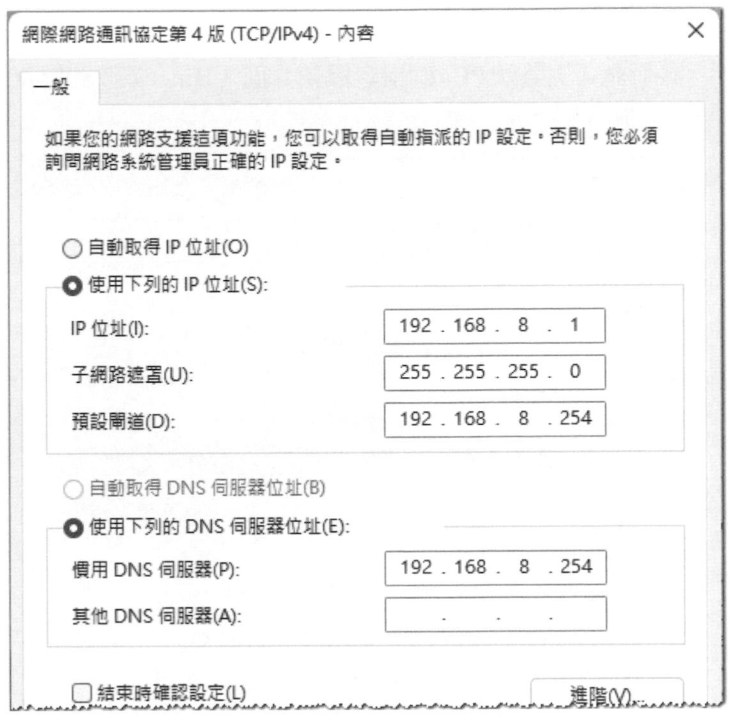

圖 19-2-32

連線錯誤排除

如果 PPPoE 指定撥號無法成功連接 ISP 的話，請利用手動撥接的方式來尋找可能的原因，其方法為【如圖 19-2-33 所示點擊**網路介面**➲對著 **PPPoE 指定撥號**介面（例如 Hinet）按右鍵➲連線】（也可透過圖中的**設定認證**選項來變更帳戶與密碼）：

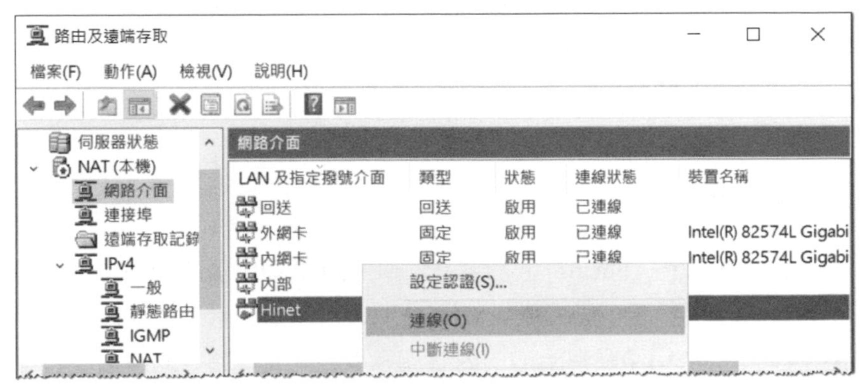

圖 19-2-33

▶ 若出現類似「在連線介面時發生錯誤...」畫面的話：可能是 ISP 端不支援密碼加密功能，此時請【對著 **PPPoE 指定撥號**介面（Hinet）按右鍵➲內容➲如圖 19-2-34 所示來選擇】。

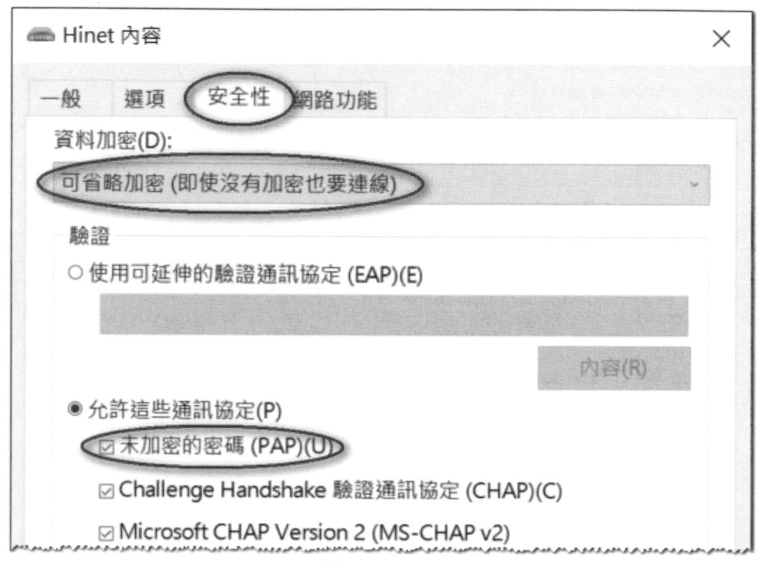

圖 19-2-34

▶ PPPoE 指定撥號連接 ISP 成功，但是 NAT 伺服器與用戶端卻無法連接網際網路：請檢查前面的圖 19-2-26 中是否有另外自行建立正確的靜態路由。

19-3 DHCP 配置器與 DNS 轉接代理

Windows Server 2022 NAT 伺服器還具備著以下的兩個功能：

▶ **DHCP 配置器**：用來分配 IP 位址給內部網路的用戶端電腦。

▶ **DNS 轉接代理**：可代替內部電腦向 DNS 伺服器查詢 DNS 主機的 IP 位址。

DHCP 配置器

DHCP 配置器（DHCP Allocator）扮演著類似 DHCP 伺服器的角色，用來分配 IP 位址給內部網路的用戶端。若欲變更 DHCP 配置器設定的話：【如圖 19-3-1 所示展開到 **IPv4**➲點擊 **NAT**➲點擊上方的內容圖示➲點擊前景圖中的**位址指派標籤**】。

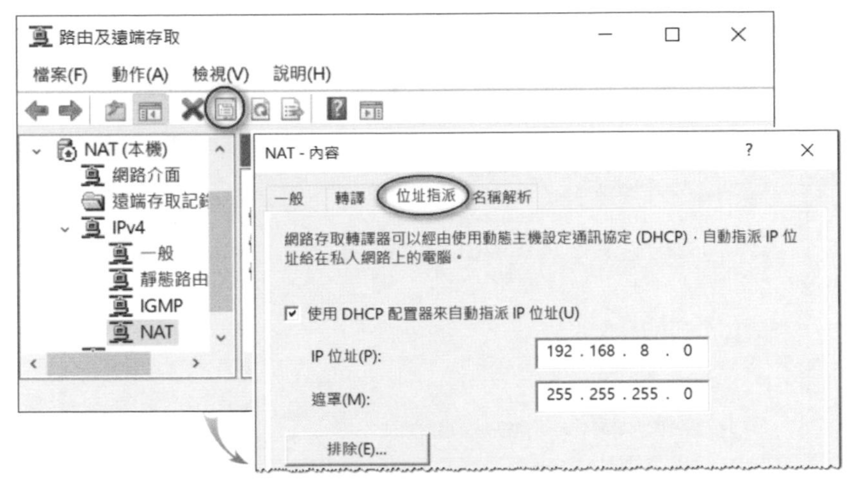

圖 19-3-1

在架設 NAT 伺服器時，若系統偵測到內部網路有 DHCP 伺服器的話，它就不會自動啟動 DHCP 配置器。

圖中 DHCP 配置器分配給用戶端的 IP 位址的網路識別碼為 192.168.8.0，此預設值是根據 NAT 伺服器內網卡的 IP 位址（192.168.8.254）來產生的。您可修改此預設值，不過必須與 NAT 伺服器內網卡 IP 位址一致，也就是網路識別碼需相同。

若內部網路內某些電腦的 IP 位址是自行輸入的，且這些 IP 位址是位於上述 IP 位址範圍內的話，則請透過畫面中的排除鈕來將這些 IP 位址排除，以免這些 IP 位址被發放給其他用戶端電腦，造成用戶端 IP 位址重複的狀況。

若內部網路包含多個子網路或 NAT 伺服器擁有多個私人網路介面的話，由於 NAT 伺服器的 DHCP 配置器只能夠分配一個網路區段的 IP 位址，因此其他網路內的電腦的 IP 位址需手動設定或另外透過其他 DHCP 伺服器來指派。

DNS 轉接代理

當內部電腦需要查詢主機的 IP 位址時，它們可以將查詢要求送到 NAT 伺服器，然後由 NAT 伺服器的 **DNS 轉接代理**（DNS proxy）來替它們查詢 IP 位址。您可以透過圖 19-3-2 中**名稱解析**標籤來啟動或變更 DNS 轉接代理的設定，圖中勾選**使用網域名稱系統（DNS）的用戶端**，表示要啟用 DNS 轉接代理的功能，以後只要用戶端要查詢主機的 IP 位址時（這些主機可能位於網際網路或內部網路），NAT 伺服器都可以代替用戶端來向 DNS 伺服器查詢。

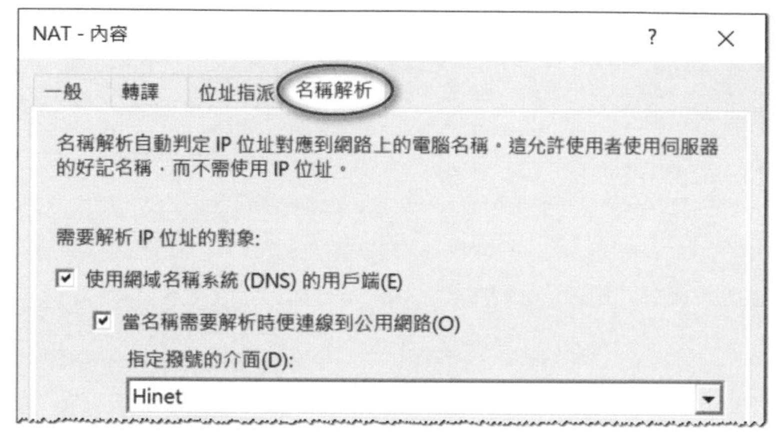

圖 19-3-2

NAT 伺服器會向哪一台 DNS 伺服器來查詢呢？它會向其 TCP/IP 設定處的**慣用 DNS 伺服器**（**其他 DNS 伺服器**）來查詢。若此 DNS 伺服器是位於網際網路，而且 NAT 伺服器是透過 **PPPoE 指定撥號**來連接網際網路的話，則請勾選圖 19-3-2 中**當名稱需要解析時便連線到公用網路**，以便讓 NAT 伺服器可以自動利用 PPPoE 指定撥號（例如圖中 Hinet）來連接網際網路。

19-4 開放網際網路使用者來連接內部伺服器

NAT 伺服器讓內部使用者可以連接網際網路，不過因為內部電腦使用 private IP 位址，這種 IP 位址不可以曝露在網際網路上，外部使用者只能夠接觸到 NAT 伺服器的外網卡的 public IP 位址，因此若要讓外部使用者來連接內部伺服器的話（例如內部網站），就需要另外設定讓 NAT 伺服器來轉送。

連接埠對應

透過 TCP/UDP 連接埠對應功能（port mapping），可以讓網際網路使用者來連接內部使用 private IP 的伺服器。以圖 19-4-1 為例來說，內部網站的 IP 位址為 192.168.8.1、連接埠號碼為預設的 80，SMTP 伺服器的 IP 位址為 192.168.8.2、連接埠號碼為預設的 25。若要讓外部使用者可以來存取此網站與 SMTP 伺服器的話，

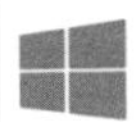

請對外宣稱網站與 SMTP 伺服器的 IP 位址是 NAT 伺服器的外網卡的 IP 位址 220.11.22.33，也就是將此 IP 位址（與其網址）登記到 DNS 伺服器內：

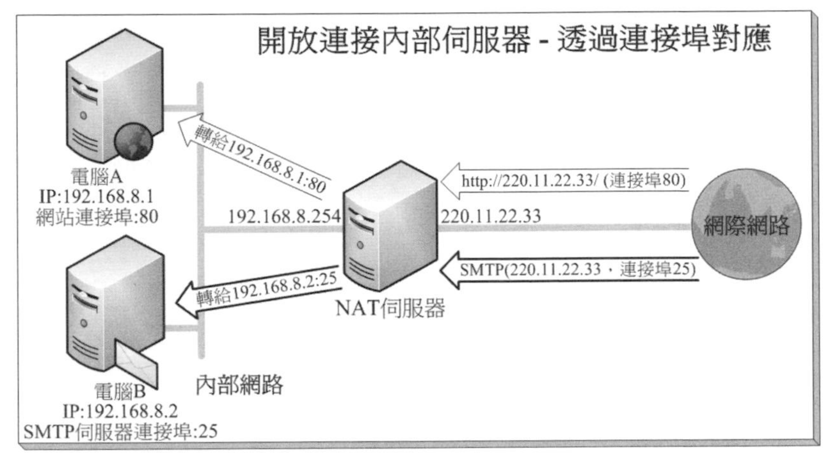

圖 19-4-1

- 當網際網路使用者透過類似 **http://220.11.22.33/**路徑來連接網站時，NAT 伺服器會將此要求轉送到內部電腦 A 的網站、網站將所需網頁傳送給 NAT 伺服器、再由 NAT 伺服器將其傳送給網際網路使用者。
- 當網際網路使用者透過 IP 位址 **220.11.22.33** 來連接 SMTP 伺服器時，NAT 伺服器會將此要求轉送到內部電腦 B 的 SMTP 伺服器。

以圖 19-4-1 為例，要將從網際網路來的上網要求轉送到內部電腦 A 的設定途徑為：【如圖 19-4-2 所示展開到 **IPv4**➲點擊 **NAT**➲對著**外網卡**按右鍵➲**內容**】。

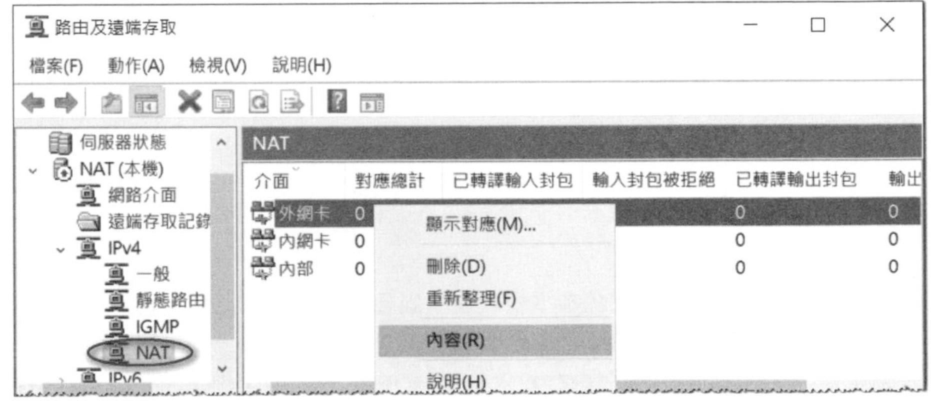

圖 19-4-2

然後【在圖 19-4-3 中點擊**服務和連接埠**標籤➲點擊**網頁伺服器（HTTP）**➲在前景圖的**私人位址**處輸入內部網站的 IP 位址 192.168.8.1➲…】，圖中**公用位址**（public address）處預設為**在這個介面上**，它代表 NAT 伺服器外網卡的 IP 位址，以圖 19-4-1 為例，它就是 220.11.22.33。圖中完整的意思為：從網際網路傳送給 IP 位址 220.11.22.33（**公用位址**）、連接埠號碼 80（**連入連接埠**）的 TCP 封包（**通訊協定**），NAT 伺服器會將其轉送給 IP 位址為 192.168.8.1（**私人位址**）、連接埠號碼為 80（**連出連接埠**）的服務來負責。

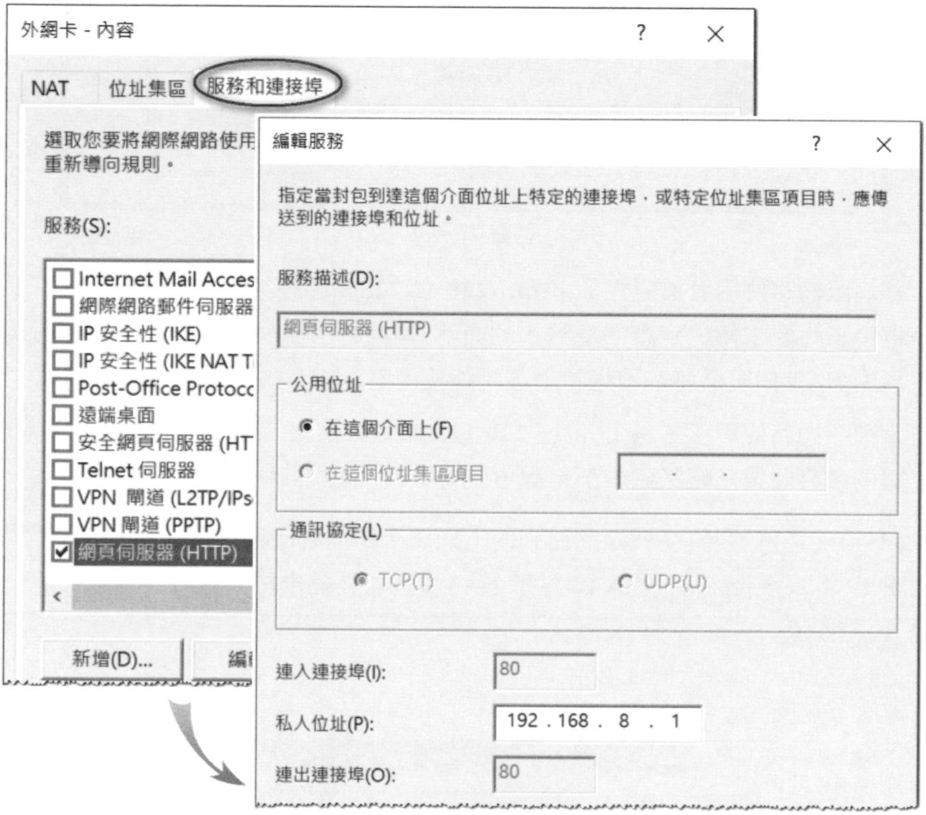

外網卡 - 內容

NAT　位址集區　服務和連接埠

選取您要將網際網路使用
重新導向規則。

服務(S):

Internet Mail Acces
網際網路郵件伺服器
IP 安全性 (IKE)
IP 安全性 (IKE NAT T
Post-Office Protoco
遠端桌面
安全網頁伺服器 (HT
Telnet 伺服器
VPN 閘道 (L2TP/IPs
VPN 閘道 (PPTP)
網頁伺服器 (HTTP)

新增(D)...　編

編輯服務

指定當封包到達這個介面位址上特定的連接埠，或特定位址集區項目時，應傳送到的連接埠和位址。

服務描述(D):
網頁伺服器 (HTTP)

公用位址
在這個介面上(F)
在這個位址集區項目

通訊協定(L)
TCP(T)　UDP(U)

連入連接埠(I): 80
私人位址(P): 192 . 168 . 8 . 1
連出連接埠(O): 80

圖 19-4-3

您無法變更圖中預設服務的標準輸入與輸出連接埠號碼，若您的輸入或輸出連接埠非標準號碼的話，請透過背景圖**新增**鈕來自行建立新服務。

如果 NAT 伺服器的外網卡擁有多個 public IP 位址的話，則您還可以從**在這個位址集區項目**來選擇其他的 public IP 位址（後述）。

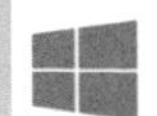

位址對應

前一小節的連接埠對應功能，可以讓從網際網路送到 NAT 伺服器外網卡（IP 位址 220.11.22.33）的不同類型的要求轉交給內部不同的電腦來處理，例如將 HTTP 要求轉給電腦 A、將 SMTP 要求轉給電腦 B。

如果 NAT 伺服器外網卡擁有多個 IP 位址的話，則您可以利用**位址對應**（address mapping）方式來保留特定 IP 位址給內部特定的電腦，例如圖 19-4-4 中 NAT 伺服器外網卡擁有兩個 public IP 位址（220.11.22.33 與 220.11.22.34），此時我們可以將第 1 個 IP 位址 220.11.22.33 保留給電腦 A、將第 2 個 IP 位址 220.11.22.34 保留給電腦 B，之後所有送到第 1 個 IP 位址 220.11.22.33 的流量都會轉給電腦 A、所有送到第 2 個 IP 位址 220.11.22.34 的流量都會轉給電腦 B。

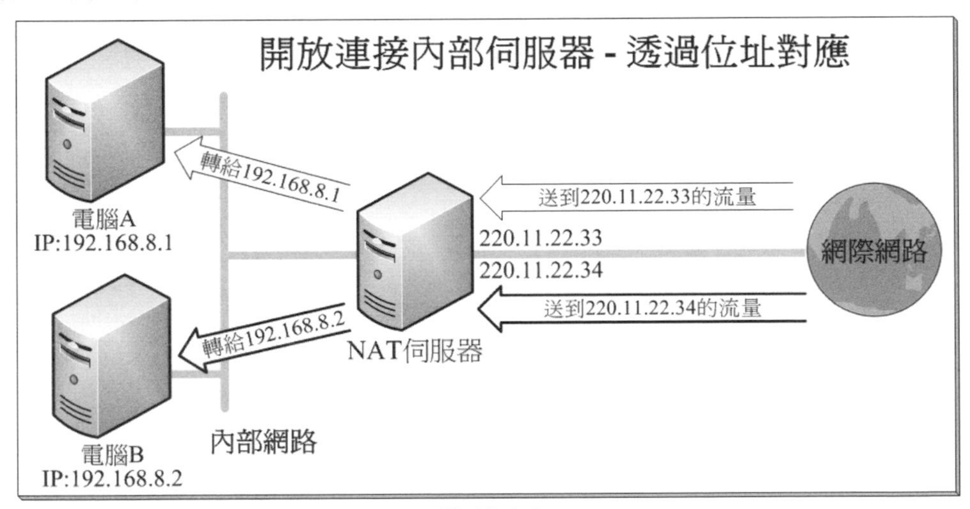

圖 19-4-4

同時所有從電腦 A 送出的外送流量會透過第 1 個 IP 位址 220.11.22.33 送出、從電腦 B 送出的外送流量會透過第 2 個 IP 位址 220.11.22.34 送出。

位址集區的設定

NAT 伺服器需要擁有多個 public IP 位址，才可以享有位址對應的功能。假設 NAT 伺服器外網卡除了原有的 IP 位址 220.11.22.33 之外，還需要另外一個 IP 位址 220.11.22.34。請完成以下兩項工作：

- 在外網卡的 **TCP/IP** 設定處新增第 **2** 個 **IP** 位址：【開啟**伺服器管理員**➲點擊**本機伺服器**右方任何一片網路卡 (例如**內網卡**或**外網卡**) 處的設定值➲對著代表外網卡的連線按右鍵➲內容➲點擊**網際網路通訊協定第 4 版（TCP/IPv4）**➲點擊內容鈕➲點擊進階鈕➲點擊 **IP 位址**處的新增鈕➲…】，如圖 19-4-5 所示為完成後的畫面。

圖 19-4-5

- **建立位址集區**：【開啟**路由及遠端存取**主控台➲展開到 **IPv4**➲點擊 **NAT**➲對著**外網卡**按右鍵➲內容➲如圖 19-4-6 所示點擊**位址集區**標籤下的新增鈕➲輸入 NAT 伺服器外網卡的 IP 位址範圍與子網路遮罩➲…】。

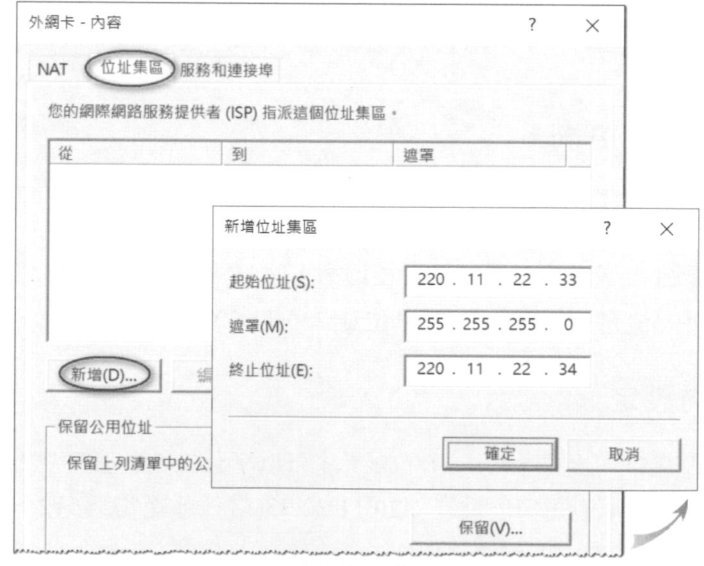

圖 19-4-6

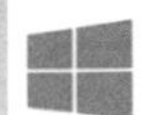

位址對應的設定

請點擊前面圖 19-4-6 中背景圖右下方的保留鈕，然後如圖 19-4-7 所示來設定，圖中我們將位址集區中的 public IP 位址 220.11.22.33 保留給內部使用 private IP 位址 192.168.8.1 的電腦 A（參考前面圖 19-4-4）。

完成以上設定後，所有由電腦 A（192.168.8.1）送出的外送流量都會從 NAT 伺服器的 IP 位址 220.11.22.33 送出；同時因為我們還勾選了**允許連入的工作階段到這個位址**，因此所有從網際網路傳送給 NAT 伺服器 IP 位址 220.11.22.33 的封包，都會被 NAT 伺服器轉送給內部網路 IP 位址為 192.168.8.1 的電腦 A。

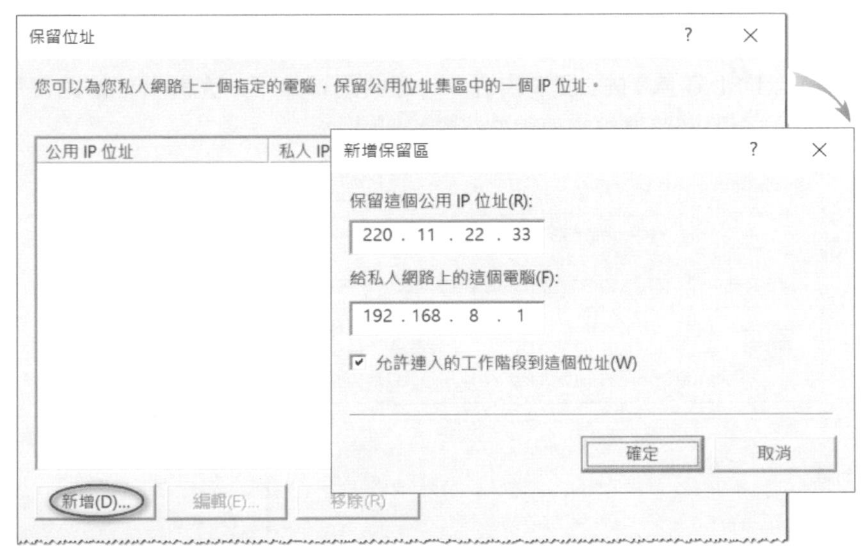

圖 19-4-7

19-5 網際網路連線共用（ICS）

網際網路連線共用（Internet Connection Sharing，ICS）是一個功能較簡易的 NAT，它一樣可以讓內部網路多台電腦同時透過 ICS 電腦來連接網際網路、只需要使用一個 public IP 位址、可以透過路由器/纜線數據機/固接式或非固接式 xDSL 等來連接網際網路。不過 ICS 在使用上比較缺乏彈性，例如：

- 只支援一個私人網路介面，也就是只有該介面所連接的網路內的電腦可以透過 ICS 來連接網際網路。
- DHCP 配置器只會指派網路識別碼為 192.168.137.0/24 的 IP 位址。

- 無法將 DHCP 配置器停用（見本章最後一頁的附註），也無法變更其設定，故若內部網路已經有 DHCP 伺服器在服務的話，請小心設定（或將其停用，見最後一頁的附註），以免 DHCP 配置器與 DHCP 伺服器所指派的 IP 位址相衝突。
- 只支援一個 public IP 位址，因此無**位址對應**的功能。

因為 ICS 與**路由及遠端存取**服務不可以同時啟用，因此若**路由及遠端存取**服務已經啟用的話，請先將其停用：【開啟**路由及遠端存取**主控制台➲對著本機電腦按右鍵➲停用路由及遠端存取】。

啟用 ICS 的步驟為：【開啟**伺服器管理員**➲點擊**本機伺服器**右方任何一片網路卡(例如**內網卡**或**外網卡**) 處的設定值➲如圖 19-5-1 所示對著連接網際網路的連線(例如**外網卡**或 xDSL 連線)按右鍵➲內容➲勾選**共用**標籤下的**允許其他網路使用者透過這台電腦的網際網路連線來連線**➲按確定鈕】。

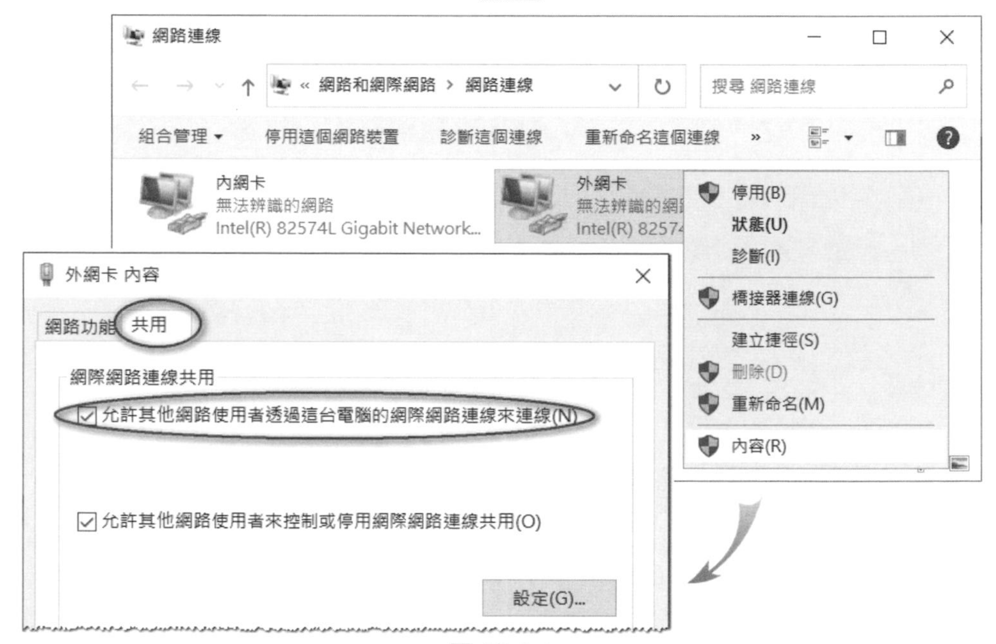

圖 19-5-1

若 ICS 電腦擁有 2 個（含）以上私人網路介面的話，則圖 19-5-1 中的前景圖會要求您從中選擇一個私人網路介面，只有從這個介面來的要求可以透過 ICS 電腦連接網際網路。

之後將出現圖 19-5-2 的畫面，表示一旦您啟用 ICS 後，系統會將內部私人網路介面（例如內網卡）的 IP 位址改為 192.168.137.1/24，因此該網路介面所連接網路內的電腦的 IP 位址，其網路識別碼也必須是 192.168.137.0/24，否則無法透過 ICS 電腦來連接網際網路。

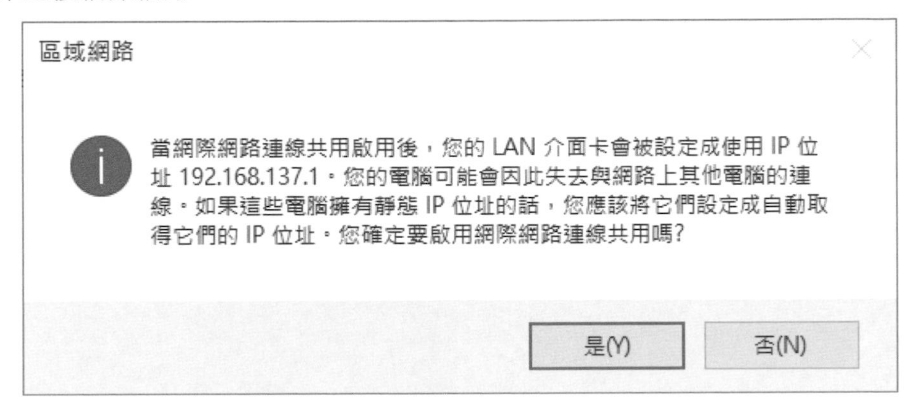

圖 19-5-2

ICS 用戶端的 TCP/IP 設定方法與 NAT 用戶端相同。一般來說，用戶端的 IP 位址設定成自動取得即可，此時它們會自動向 ICS 電腦來索取 IP 位址、預設閘道與慣用 DNS 伺服器等設定。它們所取得的 IP 位址將是 192.168.137.0 的格式，而預設閘道與慣用 DNS 伺服器都是 ICS 電腦內網卡的 IP 位址 192.168.137.1。

若您希望用戶端使用非 192.168.137.0 格式的 IP 位址的話，則 ICS 電腦的內網卡與用戶端電腦的 IP 位址都必須自行手動輸入（網路識別碼必須相同），同時用戶端的預設閘道必須指定到 ICS 電腦內網卡的 IP 位址、慣用 DNS 伺服器可以指定到 ICS 內網卡的 IP 位址或任何一台 DNS 伺服器（例如 8.8.8.8）。

若 ICS 電腦的內網卡的 IP 位址是手動輸入的，且不是位於 DHCP **配置器**所指派的 IP 範圍（192.168.137.0/24）內的話，則系統就會自動停用 DHCP **配置器**。

若私人網路介面所連接的網路內，包含著多個子網路區段的話，則請確認各個子網路的上網要求會被傳送到 ICS 電腦，也就是各子網路的上網封包能夠透過路由器來傳送到 ICS 電腦（必要時可能需在路由器的路由表內手動建立路徑）。

20

Server Core、Nano Server 與 Container

在安裝 Windows Server 時可以選擇一個較小型化版本的 Windows Server，它被稱為 Server Core，它支援大部分的伺服器角色，可以降低使硬碟用量、減少被攻擊面；Nano Server 類似於 Server Core，但更小型化；Container（容器）也是一種虛擬化技術，Container 內包含執行應用程式所需的所有元件，它的體積小、載入執行快，適合於雲端應用程式。

20-1 Server Core 概觀

20-2 Server Core 的基本設定

20-3 在 Server Core 內安裝角色與功能

20-4 Server Core 應用程式相容性 FOD

20-5 遠端管理 Server Core

20-6 容器與 Docker

20-1 Server Core 概觀

在安裝 Windows Server 2022 的過程中，若是在圖 20-1-1 中選擇 Windows Server 2022 Standard 或 Windows Server 2022 Datacenter 的話，就是安裝 Server Core。

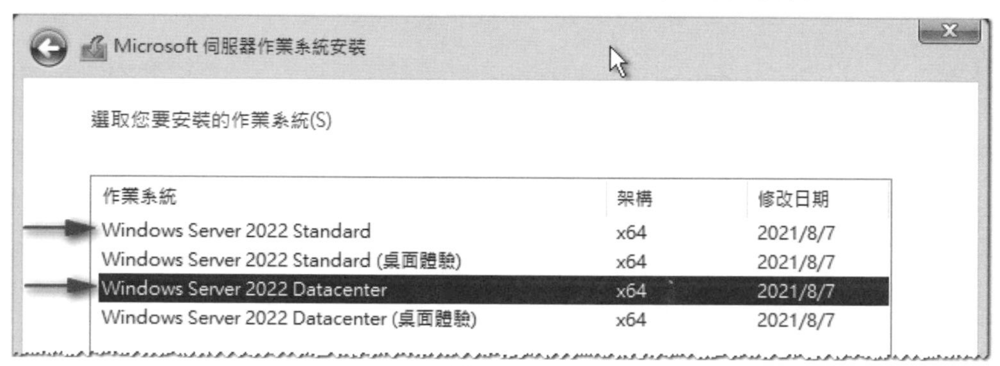

圖 20-1-1

Server Core 提供一個小型化的運作環境，它可以降低系統維護與管理需求、減少硬碟的使用量、減少被攻擊面。Server Core 支援以下伺服器角色；

- Active Directory 憑證服務（AD CS）
- Active Directory 網域服務（AD DS）
- Active Directory 輕量型目錄服務（AD LDS）
- Active Directory Rights Management Services（ADRMS）
- DHCP 伺服器
- DNS 伺服器
- 檔案服務
- Hyper-V
- IIS 網頁伺服器（包含支援 ASP .NET 子集）
- 列印和文件服務
- Routing and Remote Access Services（RRAS）
- 串流媒體服務
- Windows Server Update Services（WSUS）

20-2 Server Core 的基本設定

Server Core 並不提供 Windows 視窗管理介面（GUI），**Server Core** 的管理介面為 PowerShell 視窗，您可以在此環境下利用指令來管理 **Server Core**，不過在您登入後，系統會自動執行如圖 20-2-1 所示**伺服器設定工具**程式 Sconfig，讓您透過它來更容易的執行一些基本管理工作。

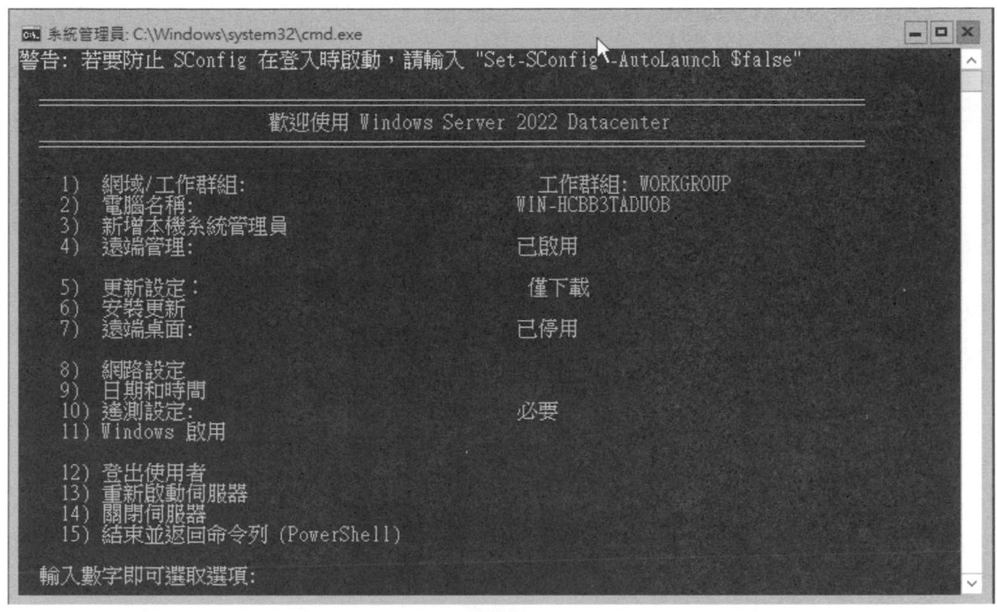

圖 20-2-1

您可以先變更幾個基本的設定，例如透過選項 2 來變更電腦名稱、透過選項 8 來變更 IP 位址等設定、然後透過選項 1 來將此電腦加入網域（若有建置網域的話）。

若希望在登入時，不要自動啟動 Sconfig 的話，請選擇圖 20-2-1 中選項 15 來返回 PowerShell 環境，然後執行 **Set-SConfig -AutoLaunch $False** 指令。若希望恢復登入時自動啟動 Sconfig 的話，請執行 **Set-SConfig -AutoLaunch $True** 指令。

若要登出的話，請選擇選項 12。也可以在 PowerShell 環境下執行 **Logoff** 指令來登出。若本機內有多個使用者帳戶或此電腦已經加入網域的話，則登入時可改用這些本機帳戶或網域使用者帳戶，例如若要改用網域使用者帳戶來登入的話，請在要求輸入密碼的登入畫面上按 2 次 Esc 鍵、然後如圖 20-2-2 所示選擇**其他使用者**，然後在接下來的圖 20-2-3 中輸入網域使用者名稱與密碼，例如 sayms\administrator 或 sayms.local\administrator。

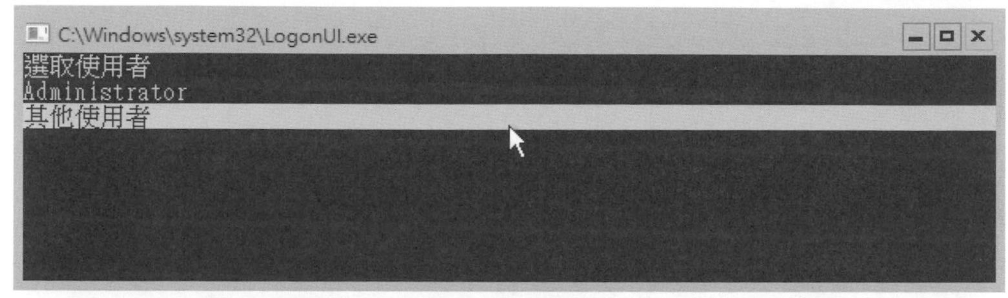

圖 20-2-2

圖 20-2-3

若是 Hyper-V 虛擬機器的話，可能需要在 **Hyper-V 管理員**內點選**檢視**功能表、取消勾選**加強的工作階段**，這樣按 Esc 鍵才會正常。

變更電腦名稱與 IP 設定值

前面利用 Sconfig 來變更電腦名稱與 IP 設定值等工作，若是要改為在 PowerShell 視窗下執行的話，則其 PowerShell 指令是：

- 變更電腦名稱：

```
Rename-Computer -ComputerName  ServerCoreBase  -NewName  ServerCore1  –Restart
```

其中**-ComputerName** 處為原電腦名稱、**-NewName** 處為新電腦名稱、**-Restart** 表示改名完成後重新啟動電腦。

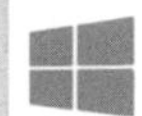

若指令中未加**-Restart** 參數的話，可以另外執行 **Restart-Computer** 指令來重新啟動電腦。若要關閉電腦的話，可以執行 **Stop-Computer** 指令。

- 設定靜態 IP 位址（假設是 192.168.8.41/24）、預設閘道（假設是 192.168.8.254）：先執行 Get-NetIPConfiguration 指令來取得網路卡的 InterfaceIndex 值，假設是 5，然後執行 **New-NetIPaddress** 指令：

```
Get-NetIPConfiguration
New-NetIPAddress -InterfaceIndex 5 -IPAddress 192.168.8.41 -PrefixLength 24
 -DefaultGateway 192.168.8.254
```

若要修改 IP 設定值的話，請用 **Set-NetIPAddress** 指令。

- 改回動態取得 IP 位址：

```
Set-NetIPInterface -InterfaceIndex 5 -Dhcp Enabled
```

- 將預設閘道 192.168.8.254 清除：

```
Remove-NetRoute -Interfaceindex 5 -NextHop 192.168.8.254
```

- 指定 DNS 伺服器，假設將其指定到 192.168.8.1：

```
Set-DnsClientServerAddress -InterfaceIndex 5 -ServerAddresses 192.168.8.1
```

- 改回動態設定 DNS 伺服器：

```
Set-DnsClientServerAddress -InterfaceIndex 5 -ResetServerAddresses
```

啓用 Server Core

可以透過以下步驟來啟用 **Server Core**。請先執行以下指令來輸入產品金鑰：

```
slmgr.vbs –ipk <25 個字元的金鑰字串>
```

完成後，再執行以下的指令來啟用 **Server Core**：

```
slmgr.vbs –ato
```

加入網域

假設我們要將本機電腦加入網域 sayms.local，請執行以下指令：

Add-Computer -DomainName sayms.local -Restart

然後在跳出的畫面上輸入有權利將電腦加入網域的使用者帳戶與密碼，例如網域系統管理員 sayms\Administrator（或 sayms.local\Administrator）。

若要在指令中指定使用者帳戶的話，例如網域 sayms.local 的 Administrator：

Add-Computer -DomainName sayms.local -Credential sayms\Administrator -Restart

若要脫離網域、改加入工作群組的話，請執行以下指令（假設工作群組名稱為 TestGroup）：

Add-Computer -WorkgroupName TestGroup -Restart

新增本機使用者與群組帳戶

假設要新增本機使用者帳戶 Jackie、全名是 Jack Wang，則可以使用以下指令:

$Password = Read-Host -AsSecureString

New-LocalUser -Name Jackie -Password $Password -FullName "Jack Wang"

上面第一個指令的 Read-Host 用來要求輸入密碼，且因為-AsSecureString 參數的關係，所以密碼不會顯示在螢幕上（用*符號替代），然後將所輸入的密碼儲存到變數$Password 裡。

上面第二個指令用來新增使用者帳戶 Jackie、全名是 Jack Wang（字串之間有空格的話，前後要加雙引號）。您可以利用以下指令來查看目前有哪一些使用者帳戶：

Get-LocalUser

若要將上述的使用者 Jackie 刪除的話，可以使用以下指令:

Remove-LocalUser -Name Jackie

若假設要新增群組 SALES 的話，可以使用以下指令:

New-LocalGroup -Name SALES

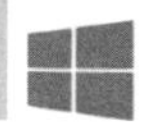

若要將上述的群組 SALES 刪除的話，可以使用以下指令:

Remove-LocalGroup -Name SALES

若要在 Active Directory 資料庫內新增使用者與群組帳戶的話，請用 New-ADUser 與 New-ADGroup 指令。

將使用者加入本機 Administrators 群組

您可以將本機或網域使用者帳戶加入到本機系統管理員群組 Administrators，例如若要將網域 sayms.local 內的使用者 peter 加入到本機 Administrators 群組的話，請執行：

Add-LocalGroupMember -Group Administrators -Member sayms.local\peter

完成後，可以利用以下指令來檢查 Administrators 群組的成員：

Get-LocalGroupMember -Group Administrators

您也可以透過 Sconfig 程式來將上述網域 sayms.local 內的使用者 Peter 加入本機 Administrators 群組（在前面的圖 20-2-1 中選擇 **3**）。

20-3 在 Server Core 內安裝角色與功能

了解 Server Core 的基本設定後，接著可以來安裝伺服器角色（server role）與功能（feature），在 Server Core 內僅支援部分的伺服器角色（見章節 20-1）。

檢視所有角色與功能的狀態

您可以先利用 PowerShell 指令 **Get-WindowsFeature** 指令，來查看 Server Core 所支援的角色或功能的名稱，如圖 20-3-1 所示，然後再執行 **Install-WindowsFeature <角色或功能名稱>**指令來安裝。若要同時安裝多個角色或功能的話，請在這些角色或功能名稱之間用逗號隔開。若要移除角色或功能的話，請用 **Uninstall-WindowsFeature** 指令。

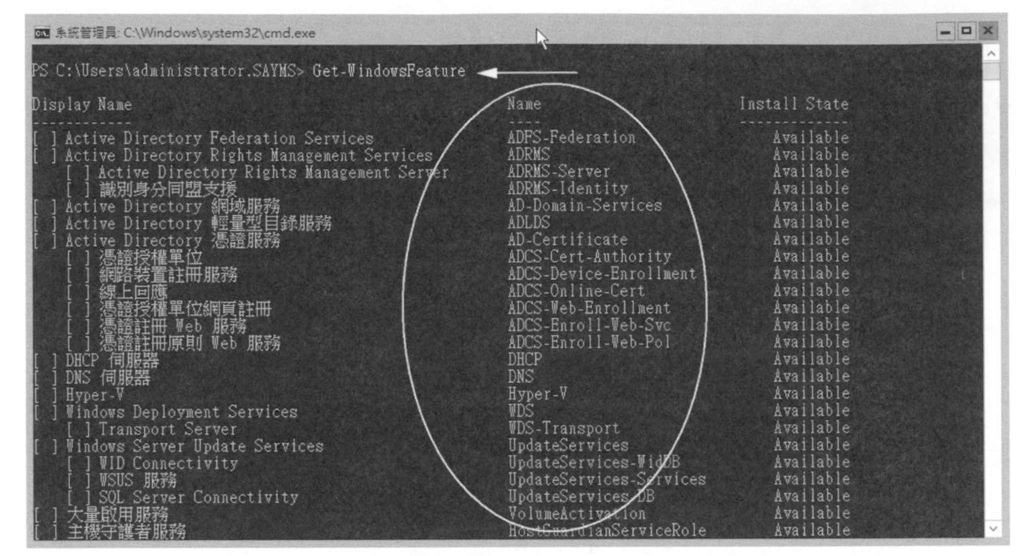

圖 20-3-1

安裝 DNS 伺服器角色

請執行以下指令來安裝 DNS 伺服器角色（包含管理 DNS 伺服器的工具）：

Install-WindowsFeature　DNS　-IncludeManagementTools

之後可以利用 **Get-WindowsFeature** 指令來檢查，例如圖 20-3-2 表示已經安裝好。

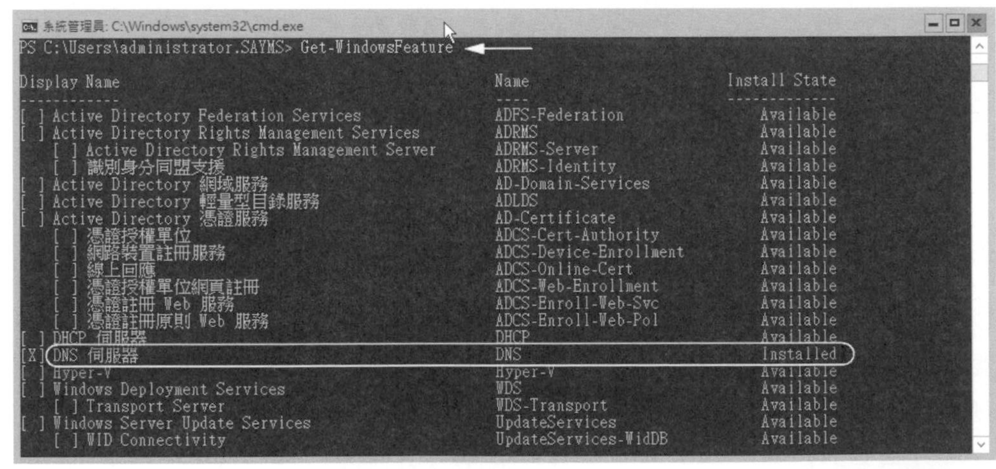

圖 20-3-2

然後您可以利用 **Add-DnsServerPrimaryZone** 指令，來建立一個主要正向對應區域（假設區域名稱是 saycore.local）：

Add-DnsServerPrimaryZone -Name saycore.local -ZoneFile saycore.local.dns

若要在 DNS 區域 saycore.local 內新增記錄的話，可以使用以下指令，指令中假設要新增 A 資源記錄、其主機名稱為 Win11PC5、IP 位址為 192.168.8.5：

Add-DnsServerResourceRecordA -Name Win11PC5 -ZoneName saycore.local -IPv4Address 192.168.8.5

若要檢視 saycore.local 區域內的記錄的話，可利用以下指令（如圖 20-3-3 所示）：

Get-DnsServerResourceRecord -ZoneName saycore.local

```
系統管理員: C:\Windows\system32\cmd.exe
PS C:\Users\administrator.SAYMS> Add-DNSServerResourceRecordA -Name Win11PC5 -ZoneName saycore.local -IPV4Address 192.168.8
.5
PS C:\Users\administrator.SAYMS> Get-DnsServerResourceRecord -Zonename saycore.local

HostName                  RecordType Type       Timestamp            TimeToLive      RecordData
--------                  ---------- ----       ---------            ----------      ----------
@                         NS         2          0                    01:00:00        servercore1.sayms.local.
@                         SOA        6          0                    01:00:00        [2][servercore1.sayms.local.][h...
Win11PC5                  A          1          0                    01:00:00        192.168.8.5

PS C:\Users\administrator.SAYMS>
```

圖 20-3-3

若要停止、啟動或重新啟動 DNS 伺服器的話，可使用 **Stop-Service DNS**、**Start-Service DNS** 或 **Restart-Service DNS** 指令。

若要移除 DNS 伺服器角色的話，請執行以下指令：

UnInstall-WindowsFeature DNS -IncludeManagementTools

若想要查看與 DNS 伺服器有關的功能有哪一些的話，可以利用以下指令（參見圖 20-3-4）：

Get-WindowsFeature *DNS*

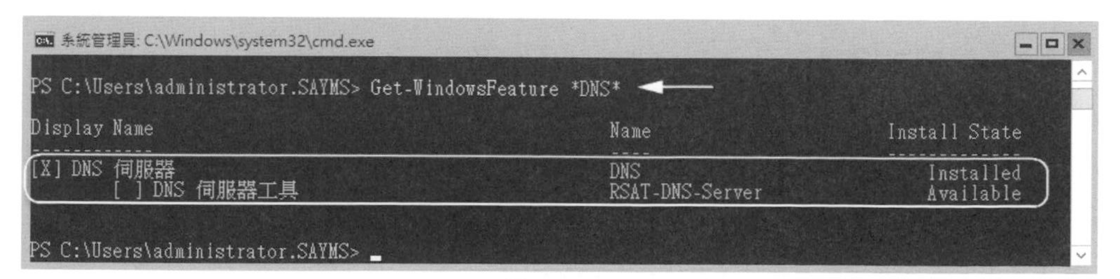

圖 20-3-4

從圖 20-3-4 可知有 2 個與 DNS 伺服器有關的角色或功能，其中的 **DNS 伺服器**已經安裝完成，另一個 **DNS 伺服器工具** “RSAT-DNS-Server” 還沒有安裝，若需要安裝的話，可以執行以下指令：

Install-WindowsFeature RSAT-DNS-Server

安裝 DHCP 伺服器角色

請執行以下指令來安裝 DHCP 伺服器角色：

Install-WindowsFeature DHCP -IncludeManagementTools

若是架設在 AD DS 網域環境中的話，則還需經過授權的程序。您可以利用以下指令來授權。假設此電腦的 IP 位址為 192.168.8.41，且已經加入 sayms.local 網域。請利用網域 sayms.local 的系統管理員登入，才有權利執行授權工作（指令中的參數 **–IPAddress 192.168.8.41** 可以省略，讓系統自行透過 DNS 伺服器去尋找 IP 位址）：

Add-DhcpServerInDC -DNSName ServerCore1.sayms.local -IPAddress 192.168.8.41

完成後可以利用以下指令來檢查，如圖 20-3-5 所示：

Get-DhcpServerInDC

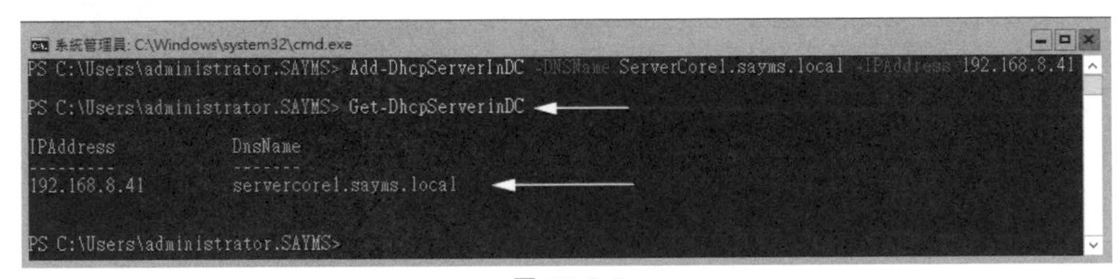

圖 20-3-5

若要解除授權的話，可以利用以下指令：

Remove-DhcpServerInDC -DNSName ServerCore1.sayms.local -IPAddress 192.168.8.41

若要停止、啟動或重新啟動 DNS 伺服器的話，可使用 **Stop-Service DHCPServer**、**Start-Service DHCPServer** 或 **Restart-Service DHCPServer** 指令。

安裝其他常見的角色

安裝 Hyper-V 角色

若要安裝 Hyper-V 角色的話，請執行以下指令：

Install-WindowsFeature Hyper-V

安裝完成後，可在其他電腦利用 Hyper-V 管理工具來管理，例如在 Windows Server 2022 GUI 模式內使用 **Hyper-V 管理員**主控台（需安裝 **Hyper-V 管理工具**這個角色管理工具）。

安裝 Active Directory 網域服務（AD DS）

執行以下指令可安裝 **Active Directory 網域服務**（AD DS）角色：

Install-WindowsFeature AD-Domain-Services -IncludeManagementTools

安裝完成 **Active Directory 網域服務**（AD DS）角色後，再執行以下指令可建立第一個網域與第一台網域控制站，如圖 20-3-6 所示，圖中會另外要求設定目錄服務還原模式中的系統管理員密碼（圖中假設網域名稱是 sayms2.local，其他設定都用預設值；同時假設此電腦的**慣用 DNS 伺服器**的 IP 位址是指到自己）：

Install-ADDSForest -DomainName sayms2.local

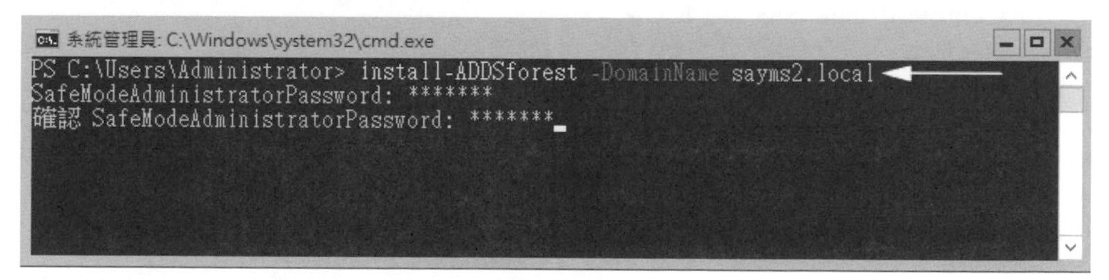

圖 20-3-6

安裝 Active Directory 憑證服務（AD CS）

首先請利用 **Get-WindowsFeature *AD*** 指令來查看 AD CS 與內含的服務的名稱，如圖 20-3-7 所示可知 AD CS 角色、憑證授權單位與憑證授權單位網頁註冊角色服務的名稱，假設這三個都是我們要安裝的（參見第 16 章圖 16-2-4），因此請執行以下指令（安裝完成後可再利用 **Get-WindowsFeature *AD*** 指令來查看）：

Install-WindowsFeature AD-Certificate,ADCS-Cert-Authority,ADCS-Web-Enrollment

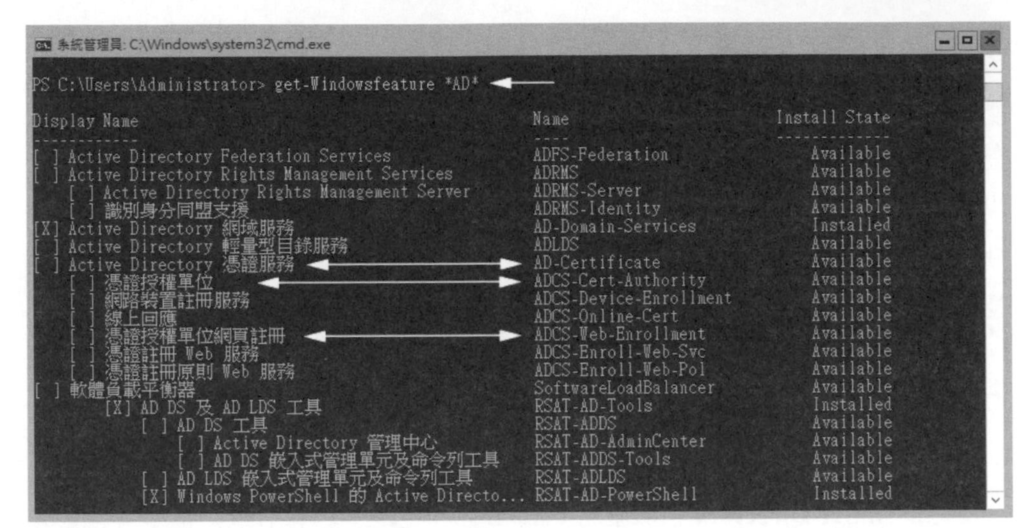

圖 20-3-7

接下來假設我們要將其設定為獨立根 CA，CA 的名稱為 SaymsTestCA。請執行以下指令：

Install-AdcsCertificationAuthority -CAType StandaloneRootCa –CACommonName SaymsTestCA

安裝網頁伺服器（IIS）

若要採用預設安裝選項來安裝**網頁伺服器（IIS）**的話，請執行以下指令：

Install-WindowsFeature -Name Web-Server -IncludeManagementTools

若想要一併安裝其他功能的話，請先 **Get-WindowsFeature *Web***來查看其名稱後再來安裝，例如若要一併安裝**基本驗證**功能的話，從圖 20-3-8 可知它的名稱是 Web-Basic-Auth，因此在安裝**網頁伺服器（IIS）**時，請改用以下指令：

Install-WindowsFeature -Name Web-Server,Web-Basic-Auth -IncludeManagementTools

```
系統管理員: C:\Windows\system32\cmd.exe
PS C:\Users\Administrator> Get-WindowsFeature *Web*

Display Name                                            Name                       Install State
------------                                            ----                       -------------
    [ ] 憑證授權單位網頁註冊                            ADCS-Web-Enrollment            Available
    [ ] 憑證註冊 Web 服務                               ADCS-Enroll-Web-Svc            Available
    [ ] 憑證註冊原則 Web 服務                           ADCS-Enroll-Web-Pol            Available
[ ] 網頁伺服器 (IIS)                                    Web-Server                     Available
    [ ] 網頁伺服器                                      Web-WebServer                  Available
        [ ] 一般 HTTP 功能                              Web-Common-Http                Available
            [ ] HTTP 錯誤                               Web-Http-Errors                Available
            [ ] 預設文件                                Web-Default-Doc                Available
            [ ] 靜態內容                                Web-Static-Content             Available
            [ ] 瀏覽目錄                                Web-Dir-Browsing               Available
            [ ] HTTP 重新導向                           Web-Http-Redirect              Available
            [ ] WebDAV 發行                             Web-DAV-Publishing             Available
        [ ] 安全性                                      Web-Security                   Available
            [ ] 要求篩選                                Web-Filtering                  Available
            [ ] IIS 用戶端憑證對應驗證                  Web-Cert-Auth                  Available
            [ ] IP 及網域限制                           Web-IP-Security                Available
            [ ] URL 授權                                Web-Url-Auth                   Available
            [ ] Windows 驗證                            Web-Windows-Auth               Available
            [ ] 用戶端憑證對應驗證                      Web-Client-Auth                Available
            [ ] 基本驗證                                Web-Basic-Auth                 Available
            [ ] 集中式 SSL 憑證支援                     Web-CertProvider               Available
            [ ] 摘要式驗證                              Web-Digest-Auth                Available
```

圖 20-3-8

20-4 Server Core 應用程式相容性 FOD

有些應用程式需要圖形介面的環境（例如需要與使用者互動），而為了讓這些應用程式可以正常的在 Server Core 環境下執行，因此系統提供一項稱為 **Server Core 應用程式相容性 FOD**（Feature-on-Demand，隨選安裝）的功能。以下是它所提供的部分元件，它讓系統管理員可以透過圖形介面來更容易的管理伺服器：

- Microsoft 管理主控台（mmc.exe）
- 事件檢視器（Eventvwr.msc）
- 效能監視器（PerfMon.exe）
- 資源監視器（Resmon.exe）
- 裝置管理員（Devmgmt.msc）
- 檔案總管（Explorer.exe）
- Windows PowerShell（Powershell_ISE.exe）
- 磁碟管理（Diskmgmt.msc）
- Hyper-V Manager（virtmgmt.msc）
- Task Scheduler（taskschd.msc）

若這台 Server Core 電腦可以上網連接 Windows Update 網站的話（若無法上網的話，請看後面的說明），可直接利用以下指令來下載並安裝**語言和選用功能** ISO 檔（舊版 Windows Server 內將它稱為 **Server Core 應用程式相容性 FOD** ISO 檔）：

Add-WindowsCapability -Online -Name ServerCore.AppCompatibility~~~~0.0.1.0

完成後，請執行 **Restart-Computer** 指令來重新啟動電腦，接下來就可以執行 Eventvwr.msc、Explorer.exe、Diskmgmt.msc 來開啟圖形式的**事件檢視器、檔案總管、磁碟管理**等工具，如圖 20-4-1 所示。您也可以執行 mmc，然後透過新增**嵌入式管理單元**的方式來自訂圖形化的管理工具。

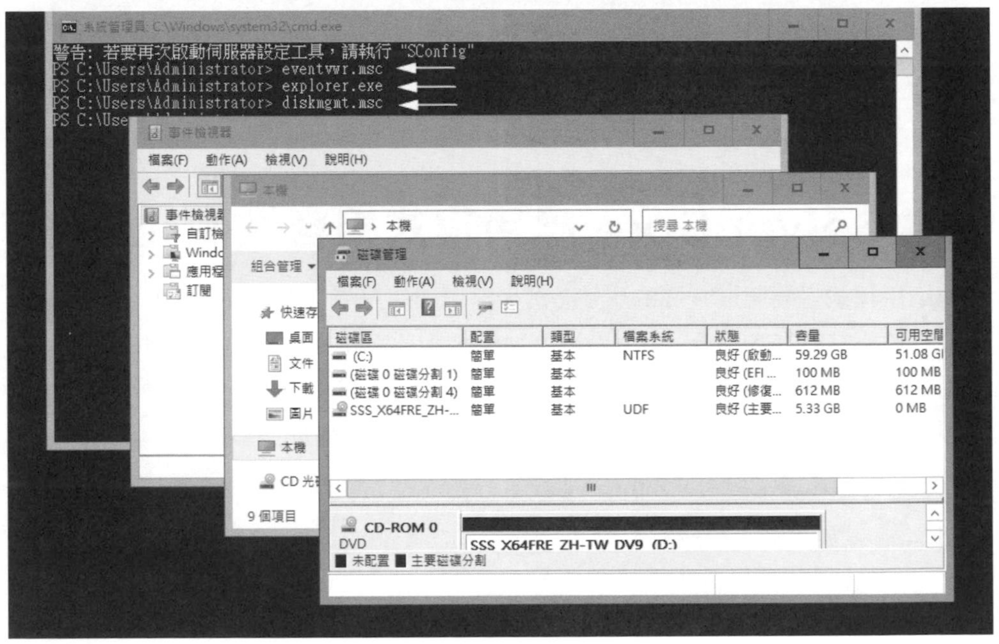

圖 20-4-1

若這台 Server Core 電腦無法上網連接 Windows Update 網站的話，請先利用別台電腦連接到以下網站來下載**語言和選用功能** ISO 檔：

https://www.microsoft.com/zh-tw/evalcenter/evaluate-windows-server-2022

然後將此 ISO 檔案儲存到網路上任一台電腦上的共用資料夾內，假設我們要將其儲存到\\dc1\tools，因此請到 dc1 電腦上建立 tools 資料夾、利用【對著此資料夾按

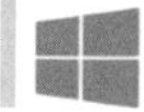

右鍵➲授予存取權給】的途徑將其設定為共用資料夾(權限為 Everyone 讀取即可)、將 ISO 檔複製到此資料夾。假設我們已經將 ISO 檔名改為 ServerCoreFOD.ISO。

接著到 Server Core 電腦上執行以下兩行指令（如圖 20-4-2 所示）來分別掛載 ISO 檔案與安裝 **Server Core 應用程式相容性 FOD**。但是請先確認您目前登入的帳號有權連接 \\dc1\tools 共用資料夾，同時假設第一個指令 **Mount-DiskImage** 是將 ISO 檔掛載在 E:磁碟（執行完成 **Mount-DiskImage** 指令後，可用 **Get-volume** 指令來查看是掛載在哪一個磁碟）。

Mount-DiskImage -ImagePath \\dc1\tools\ServerCoreFOD.ISO

Add-WindowsCapability -Online -Name ServerCore.AppCompatibility~~~~0.0.1.0
-Source E:\LanguagesAndOptionalFeatures\ -LimitAccess

完成後，請執行 **Restart-Computer** 指令來重新啟動電腦，接下來就可以執行 Eventvwr.msc、Explorer.exe、Diskmgmt.msc 來開啟圖形式的**事件檢視器**、**檔案總管**、**磁碟管理**等工具（參見前面的圖 20-4-1）。

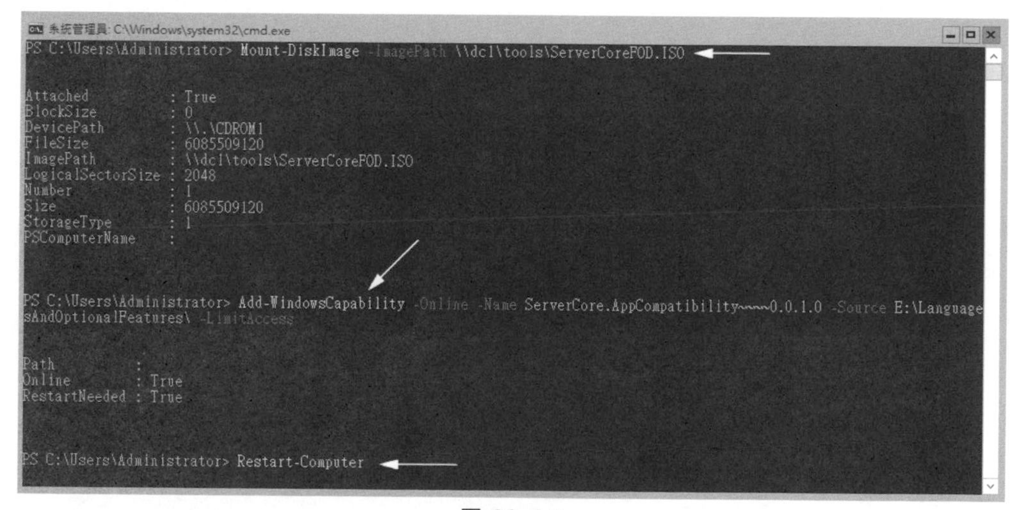

圖 20-4-2

若要安裝瀏覽器 Internet Explorer 的話，請執行以下指令來掛載 ISO 檔案（假設被掛載在 E: 磁碟）與安裝 Internet Explorer（其中使用變數**$package_path** 來代表 Internet Explorer 安裝檔的路徑），最後按 Y 鍵來重開機（參見圖 20-4-3）：

Mount-DiskImage -ImagePath \\dc1\tools\ServerCoreFOD.ISO

$package_path="E:\LanguagesAndOptionalFeatures\Microsoft-Windows-InternetExplorer-Optional-Package~31bf3856ad364e35~amd64~~.cab"

Add-WindowsPackage -Online -PackagePath $package_path

```
系統管理員: C:\Windows\system32\cmd.exe
警告: 若要再次啟動伺服器設定工具，請執行 "SConfig"
PS C:\Users\Administrator> Mount-DiskImage -ImagePath \\dc1\tools\ServerCoreFOD.ISO

Attached          : True
BlockSize         : 0
DevicePath        : \\.\CDROM1
FileSize          : 6085509120
ImagePath         : \\dc1\tools\ServerCoreFOD.ISO
LogicalSectorSize : 2048
Number            : 1
Size              : 6085509120
StorageType       : 1
PSComputerName    :

PS C:\Users\Administrator> $package_path="E:\LanguagesAndOptionalFeatures\Microsoft-Windows-InternetExplorer-Optional-Package~31bf3856ad364e35~amd64~~.cab"
PS C:\Users\Administrator> Add-WindowsPackage -Online -PackagePath $package_path
是否要立即重新啟動電腦以完成此操作?
[Y] Yes  [N] No  [?] 說明 (預設值為 "Y"): Y
```

圖 20-4-3

電腦重新啟動後，就可以利用 **start iexplore** 指令來啟動瀏覽器 Internet Explorer，如圖 20-4-4 所示。

圖 20-4-4

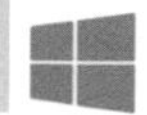

20-5 遠端管理 Server Core

您可以在其他電腦（在此將其稱為**來源電腦**）透過**伺服器管理員**、**MMC 管理主控台**或**遠端桌面**來遠端管理 Server Core：

透過伺服器管理員來管理 Server Core

您可以在一台 Windows Server 2022 桌面體驗伺服器（GUI 圖形介面模式）的來源電腦上，透過**伺服器管理員**來連接與管理 **Server Core**。以下假設來源電腦與 **Server Core** 都是 AD DS 網域成員，且 **Server Core** 的電腦名稱為 ServerCore1。

您需要先在 **Server Core** 上，利用 Sconfig 或 PowerShell 指令，來允許來源電腦可以透過**伺服器管理員**遠端管理此 **Server Core** 電腦。

利用 Sconfig 來允許「伺服器管理員」遠端管理

Server Core 預設已經允許遠端電腦可以利用**伺服器管理員**來管理，若要變更設定的話：【在圖 20-5-1 中選擇 **4）設定遠端管理**後按 Enter 鍵➲透過圖 20-5-2 來設定】，圖中除了可以用來啟用、停用遠端管理之外，還可以允取遠端電腦來 ping 此台 **Server Core** 電腦。

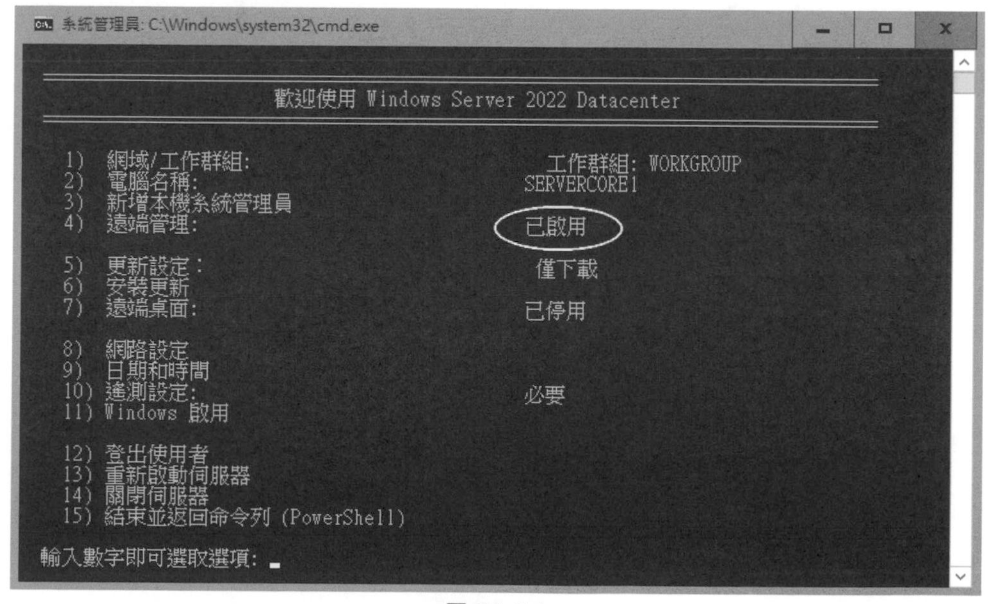

圖 20-5-1

圖 20-5-2

也可以透過 **Configure-SMRemoting.exe –enable** 指令來啟用遠端管理、透過 **Configure-SMRemoting.exe –disable** 來停用遠端管理。

啟用遠端管理之後，便可以在一台 Windows Server 2022 桌面體驗伺服器上，依照以下步驟來遠端管理 **Server Core**（假設是 ServerCore1）：

STEP 1　開啟**伺服器管理員**➲對著圖 20-5-3 中**所有伺服器**按右鍵➲**新增伺服器**。

圖 20-5-3

STEP 2　在圖 20-5-4 中**名稱**處輸入 ServerCore1 後按 Enter 鍵（或透過立即尋找鈕）、點擊 ServerCore1 後按 ▸ ➲按確定鈕。

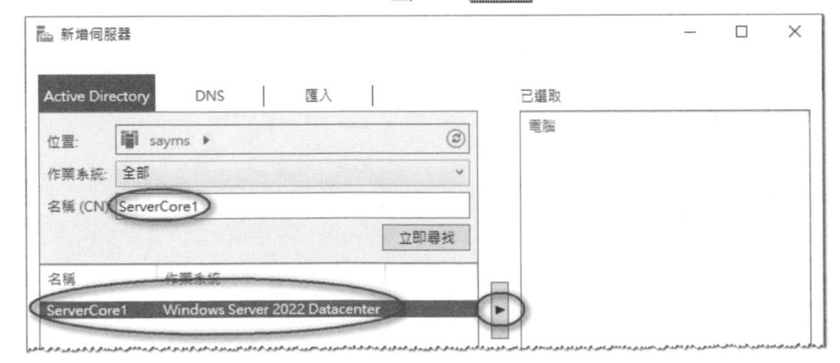

圖 20-5-4

STEP 3 之後便可以在圖 20-5-5 中對著 ServerCore1 按右鍵，透過圖中選項來管理此 **Server Core**，例如新增角色及功能、重新啟動伺服器、開啟 Windows PowerShell 等（但若要透過選單中的**電腦管理**、**遠端桌面連線**等來管理 ServerCore 伺服器的話，則尚有其他設定需完成，後述）。

圖 20-5-5

在 Windows 11 上透過「伺服器管理員」來遠端管理

在 Windows 11 電腦上安裝**伺服器管理員**的途徑：【點擊下方的**開始**圖示➲點擊**設定**圖示➲點擊**應用程式**處的**選用功能**➲點擊**新增選用功能**處的**檢視功能**➲勾選 **RSAT：伺服器管理員**➲按下一步鈕➲按安裝鈕】。

若 Windows 11 電腦未加入網域的話，則還需：【對著下方**開始**圖示按右鍵➲Windows 終端機（系統管理員）➲執行以下指令（參見圖 20-5-6）】：

set-item wsman:\localhost\Client\TrustedHosts -value ServerCore1

圖 20-5-6

之後就可以透過【點擊下方**開始**圖示⮊點擊右上角的**所有應用程式**⮊伺服器管理員⮊對著**所有伺服器**按右鍵⮊新增伺服器⮊如圖 20-5-7 所示來搜尋、選擇 ServerCore1 伺服器（圖中是透過 DNS 名稱來搜尋，若有加入網域的話，則也可以透過 **Active Directory** 標籤來搜尋）⮊按確定鈕】，接下來與前面圖 20-5-5 相同的途徑來管理 Server Core。

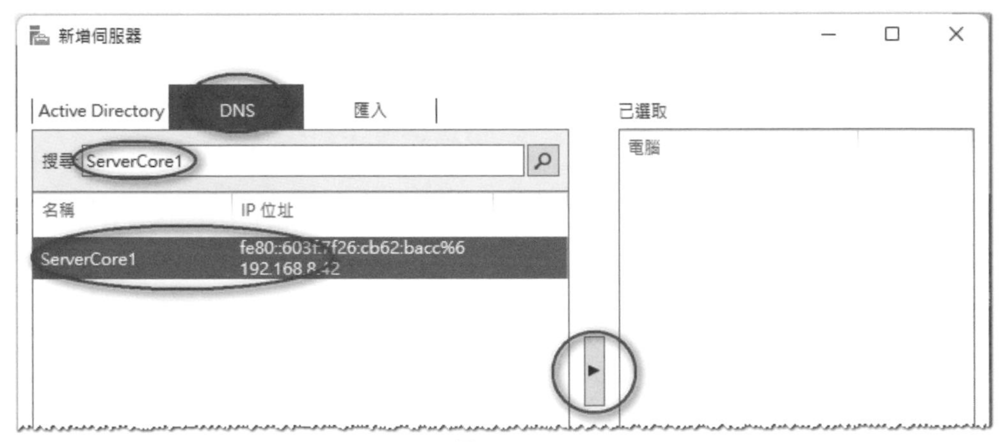

圖 20-5-7

但若此 Windows 11 電腦未加入網域的話，則可能還需如圖 20-5-8 所示【對著 ServerCore1 按右鍵⮊管理身分⮊輸入有權遠端管理此 ServerCore1 的帳戶與密碼】，圖中輸入 ServerCore1\administrator，表示利用 ServerCore1 的本機系統管理員帳戶來連接 ServerCore1。

圖 20-5-8

透過 MMC 管理主控台來管理 Server Core

您可以透過 MMC 管理主控台來連接與管理 **Server Core**，以下假設來源電腦與 **Server Core** 都是 AD DS 網域成員。

例如若要在來源電腦上利用**電腦管理**主控台來遠端管理 **Server Core** 的話，則請先在 **Server Core** 上透過以下 PowerShell 指令來開啟其 **Windows Defender** 防火牆的**遠端事件記錄檔管理**規則（參見圖 20-5-9）：

Enable-NetFirewallRule -DisplayGroup "遠端事件記錄檔管理"

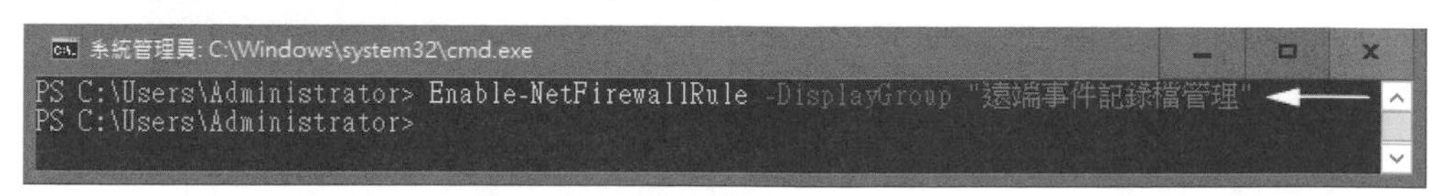

圖 20-5-9

若要停用此規則的話，請將指令中的 **Enable** 改為 **Disable**。

在寫此書時，Server Core 內無法輸入中文，暫時解決方法為執行以下指令：

Get-NetFirewallRule –DisplayGroup *

然後從畫面來找尋**遠端事件記錄檔管理**中文字，再將其複製(選取文字後按 Enter 鍵)、貼到 Enable-NetFirewallRule 指令行中。

接下來到來源電腦（假設是 Windows Server 2022）上透過【點擊左下角**開始**圖示⊞➲Windows 系統管理工具➲電腦管理】來開啟**電腦管理**主控台（Windows 11 可以對著下方的**開始**圖示■按右鍵➲電腦管理），然後如圖 20-5-10 所示【對著**電腦管理（本機）**按右鍵➲連線到另一台電腦➲輸入 **Server Core** 的電腦名稱或 IP 位址】來連接與管理 **Server Core**，如圖 20-5-11 所示。

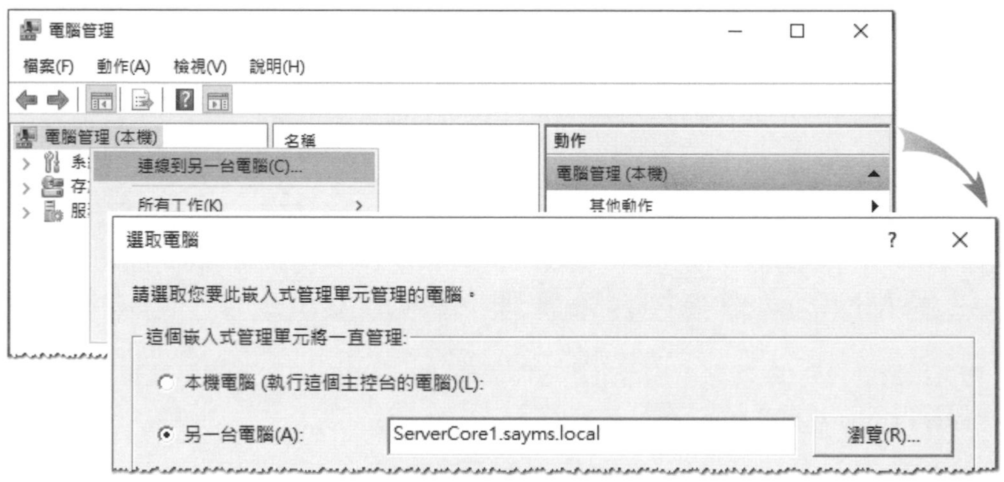

圖 20-5-10

圖 20-5-11

若來源電腦不是隸屬於 AD DS 網域的話，則可能需要在來源電腦上，先透過以下指令來指定用來連接 **Server Core** 的使用者帳戶，再透過 MMC 管理主控台來連接與管理 **Server Core**，否則可能會存取被拒。以下假設要被連接的 **Server Core** 的電腦名稱為 ServerCore1、要被用來連線的帳戶為 Administrator（或其他隸屬於 **Server Core** 的本機 Administrators 群組的使用者）、其密碼為 111aaAA：

Cmdkey /add:ServerCore1.sayms.local /user:Administrator /pass:111aaAA

您也可在來源電腦上利用【按 Windows 鍵⊞+R鍵➲輸入 control 後按 Enter 鍵➲點擊**使用者帳戶**（或**使用者帳戶和家庭安全**）➲點擊**管理 Windows 認證**➲點擊**新增 Windows 認證**】來指定用來連接 **Server Core** 的使用者帳戶與密碼。

1. 若是利用 NetBIOS 電腦名稱 ServerCore1 或 DNS 主機名稱 ServerCore1.sayms.local 來連接 **Server Core** 時，但卻無法解析其 IP 位址的話，可以改用 IP 位址來連線。
2. 在圖 20-5-10 中**另一台電腦**處所輸入的名稱，必須與在 Cmdkey 指令中（或控制台）所輸入的名稱相同。例如前面的範例指令 Cmdkey 中是輸入 ServerCore1.sayms.local，則在圖 20-5-10 中**另一台電腦**處，就必須輸入 ServerCore1.sayms.local，不可以輸入 ServerCore1 或 IP 位址。

透過遠端桌面來管理 Server Core

我們需要先在 **Server Core** 電腦上啟用**遠端桌面**，然後透過來源電腦的**遠端桌面連線**來連接與管理 **Server Core**。

STEP 1 請在 **Server Core** 電腦上執行 Sconfig 指令來啟用**遠端桌面**：【如圖 20-5-12 所示選擇 **7）遠端桌面**後按 Enter 鍵➲輸入 **E** 鍵後按 Enter 鍵➲輸入 **1** 或 **2** 後按 Enter 鍵➲…】。

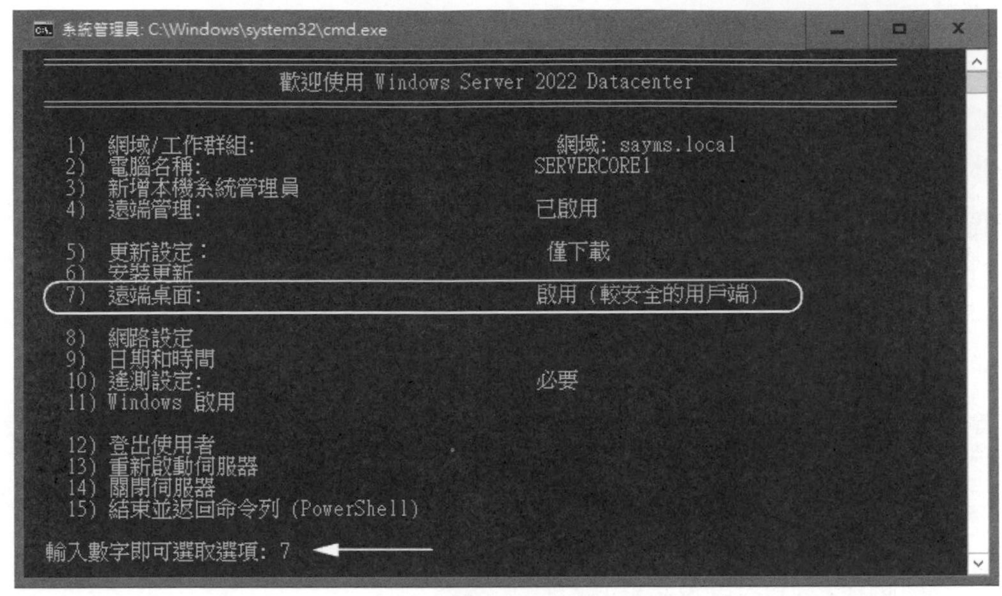

圖 20-5-12

STEP 2 到來源電腦用【按 Windows 鍵⊞+R鍵➲輸入 **mstsc**➲按確定鈕】。

STEP 3 如圖 20-5-13 所示輸入 **Server Core** 的 IP 位址（或主機名稱）➲按連線鈕➲輸入 Administrator 與其密碼➲按確定鈕。

圖 20-5-13

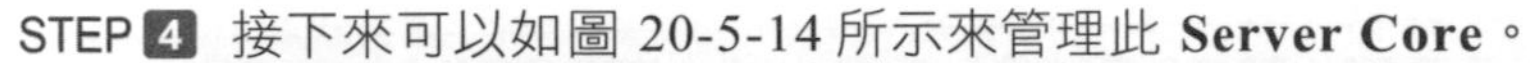

STEP 4 接下來可以如圖 20-5-14 所示來管理此 **Server Core**。

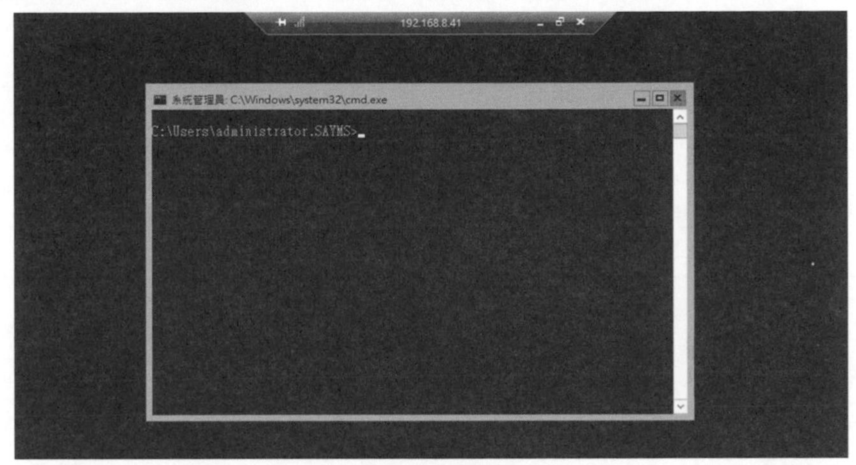

圖 20-5-14

STEP 5 完成管理工作後，請輸入 **logoff** 指令以便結束此連線。

20-6 容器與 Docker

我們在第 5 章介紹過虛擬環境與虛擬機器，它的架構之一大概是如圖 20-6-1 所示，圖中在一台安裝了 Windows Server 2022 的電腦（主機）上，透過提供虛擬環境的軟體來建立虛擬機器，每一台虛擬機器內都安裝了來賓作業系統（例如 Windows 11），然後在此獨立的作業系統內執行應用程式。

而容器（container）的架構大概是如圖 20-6-2 所示，圖中在一台安裝了 Windows Server 2022 的電腦上，透過 Docker 來建立與管理容器，而應用程式是在獨立的容器內執行。在 Docker 環境之下不需要來賓作業系統，因此容器的體積小、載入執行快。容器內包含了執行此應用程式所需的所有元件，例如程式碼、函式庫、環境設定等。容器化的應用程式具備可攜性，因此可以在其他的電腦（主機）來執行。

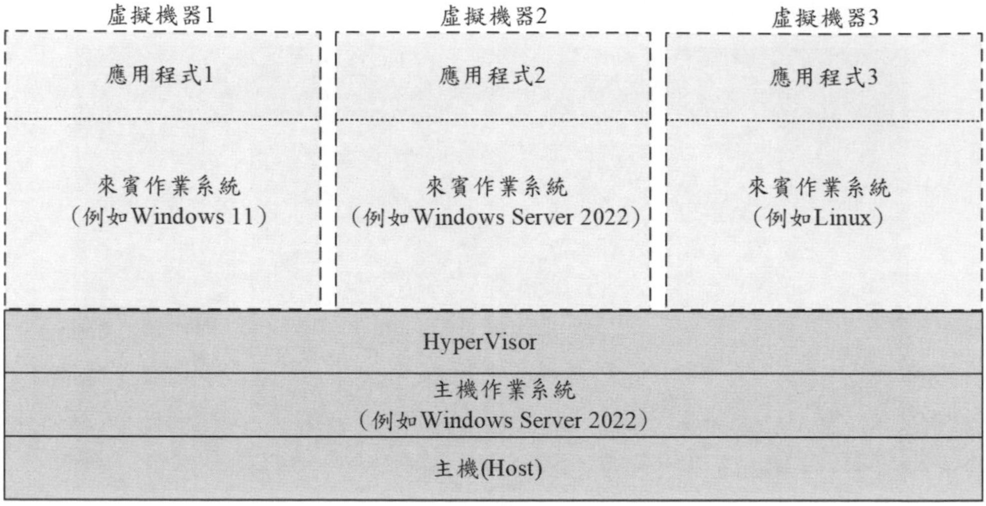

虛擬機器1	虛擬機器2	虛擬機器3
應用程式1	應用程式2	應用程式3
來賓作業系統 (例如Windows 11)	來賓作業系統 (例如Windows Server 2022)	來賓作業系統 (例如Linux)

HyperVisor

主機作業系統
(例如Windows Server 2022)

主機(Host)

圖 20-6-1

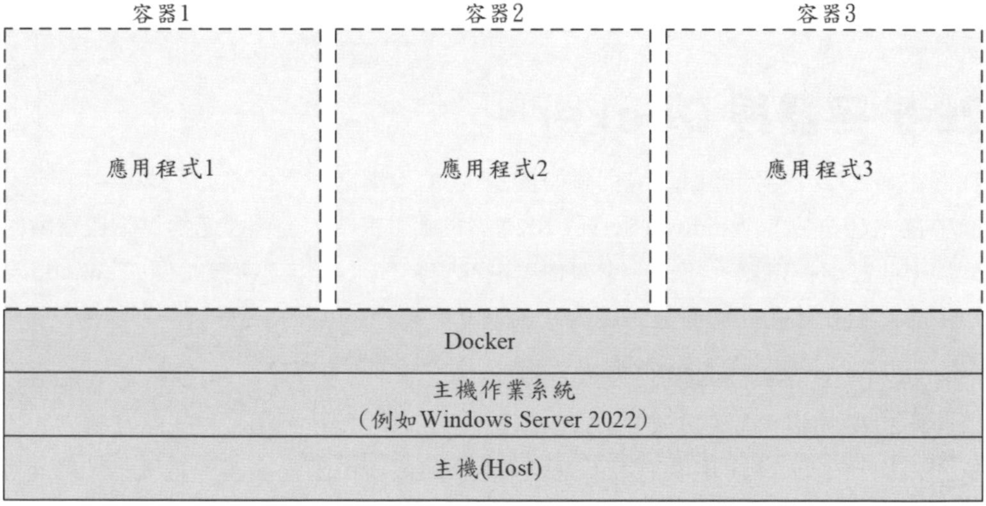

容器1	容器2	容器3
應用程式1	應用程式2	應用程式3

Docker

主機作業系統
(例如Windows Server 2022)

主機(Host)

圖 20-6-2

微軟支援兩種不同的容器：Windows Server Container 與 Hyper-V Container。Windows Server Container 類似前面圖 20-6-2 的架構，它們共用主機作業系統核心，體積較輕巧、運作較快；Hyper-V Container 則是在擁有獨立 Windows 核心的隔離環境下運作，體積較大、運作較慢，但較安全。Windows Server 2022 支援上述 2 種容器、Windows 11（專業/企業版）僅支援 Hyper-V 容器。

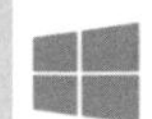

安裝 Docker

我們要將一台 Windows Server 2022 電腦當作是容器主機（container host）。首先在這台電腦上安裝 Docker，我們可以透過 Docker 來管理容器、管理映像檔（image）、執行容器內的應用程式等。

請【點擊左下角**開始**圖示⊞➲Windows PowerShell】來開啟 PowerShell 視窗，然後執行以下指令後按 Y 鍵，它會從 PowerShell Gallery 來安裝 Docker-Microsoft PackageManagement Provider（參考圖 20-6-3）：

Install-Module -Name DockerMsftProvider –Repository PSGallery -Force

接著執行 PackageManagement PowerShell 模組所提供的以下指令後按 A 鍵，它會安裝最新版的 Docker（參考圖 20-6-3）：

Install-Package -Name docker -ProviderName DockerMsftProvider

安裝完成後，執行 **Restart-Computer** 來重新啟動電腦。

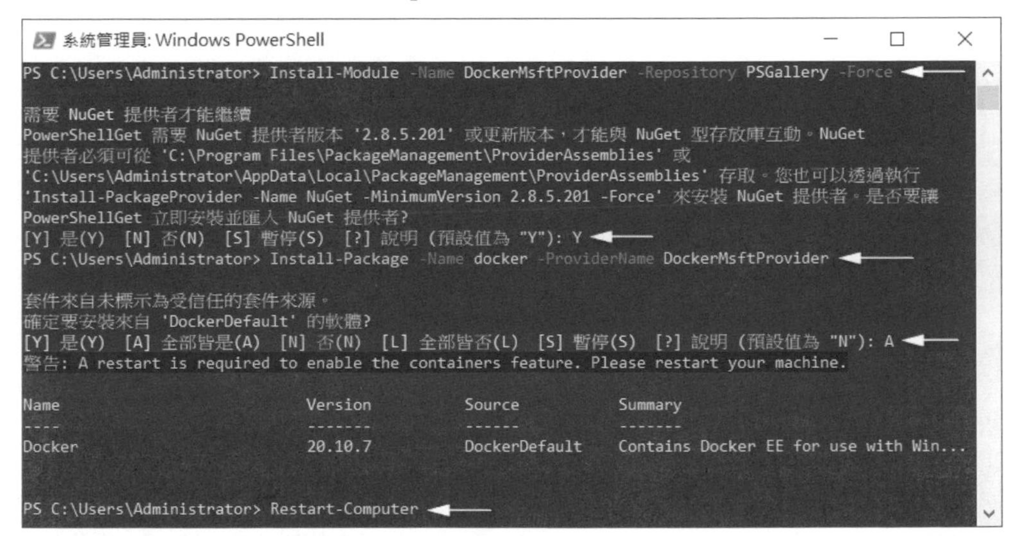

圖 20-6-3

重新啟動電腦後，再開啟 PowerShell 視窗，然後分別利用 docker version 與 docker info 兩個指令，來查看 docker 版本與 docker 的更多資訊，如圖 20-6-4 所示

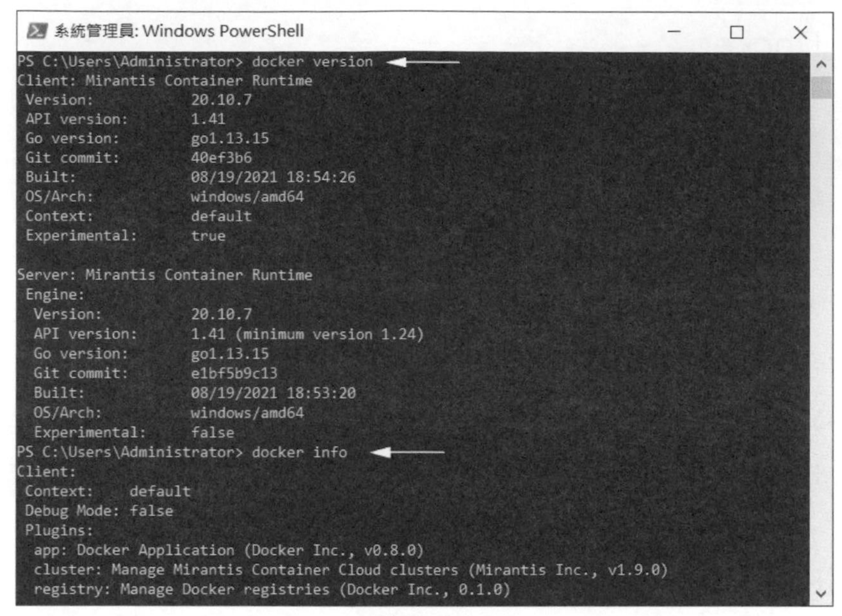

圖 20-6-4

您也可以透過執行以下指令來查看所安裝的 docker 版本（參考圖 20-6-5）：

Get-Package -Name Docker -ProviderName DockerMsftProvider

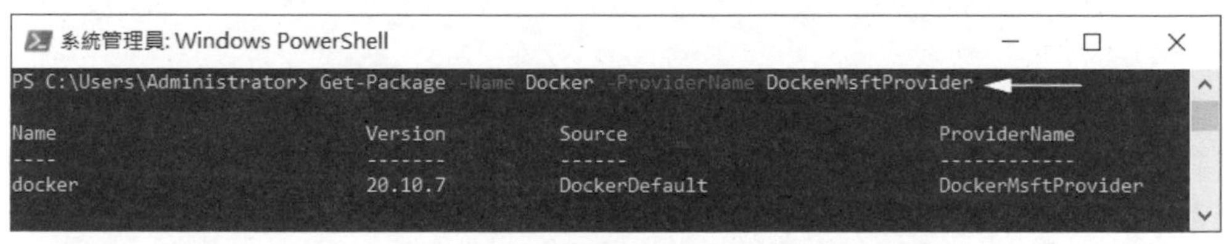

圖 20-6-5

以後也可以透過以下指令來找尋是否有新版本 docker 可供安裝：

Find-Package -Name Docker -ProviderName DockerMsftProvider

若找到新版本的話，可利用以下 2 個指令來安裝更新與重新啟動 docker 服務：

Install-Package -Name Docker -ProviderName DockerMsftProvider -Update -Force

Start-Service Docker

為了確保容器主機的 Windows 作業系統是最新的，因此請上網更新系統：【點擊左下角**開始**圖示⊞➲點擊**設定**圖示⚙➲點擊**更新與安全性**➲點擊**檢查更新**】。若容器主機是 Server Core 的話，可透過 sconfig 程式，然後選 **6）安裝更新**。

若要在 Windows 11 內來練習容器的話，請先到以下網址下載與安裝 Docker Desktop for Windows：

https://hub.docker.com/editions/community/docker-ce-desktop-windows

安裝完成後，對著右下方的 Docker Desktop 圖示按右鍵，然後點選 **Switch to Windows containers...**，然後接續以下章節的動作。

部署第一個容器

本練習利用以下 docker run 指令，來從 Docker Hub 下載所需的映像檔（image），然後透過部署容器來執行映像檔裡的 Hello World 應用程式（參考圖 20-6-6）：

docker run hello-world

它會先從本機硬碟來找尋是否有此映像檔，若有的話，則直接使用此映像檔，若無的話，則會顯示類似 Unable to find image 'hello-world:latest' locally...的訊息（參考圖 20-6-6 第 2 行的文字），然後改從 Docker Hub 下載，下載完成後，會將其打包到容器內並執行之（另外也會將映像檔儲存一份到本機硬碟，預設是在 C:\ProgramData\Docker\windowsfilter 資料夾內）。

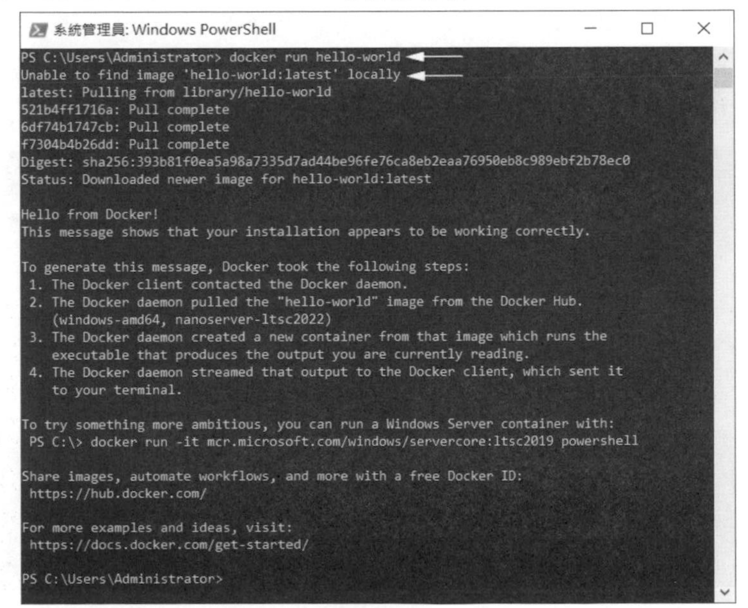

圖 20-6-6

我們可以分別利用 docker images 與 docker ps –a 來查看現存的映像檔與容器，如圖 20-6-7 所示，圖中有一個 hello-world 的映像檔與一個使用此映像檔的容器。

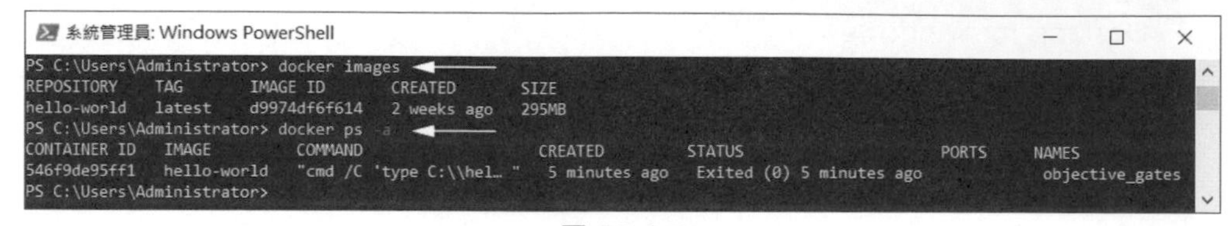

圖 20-6-7

若要刪除容器的話，請使用 docker rm *<容器識別碼>*，以圖 20-6-7 來說，其容器識別碼（CONTAINER ID）為 546f9de95ff1，故可利用以下指令來刪除它：

docker rm 546f9de95ff1

若要刪除映像檔的話，請使用 docker rmi *<映像檔識別碼>*，以圖 20-6-7 來說，其映像檔識別碼（IMAGE ID）為 d9974df6f614，故可利用以下指令來刪除它：

docker rmi d9974df6f614

被容器使用中的映像檔無法刪除，需先刪除容器，再來刪除映像檔。

也可以利用 docker pull hello-world 指令事先將映像檔下載、儲存到本機硬碟，事後再用 docker run hello-world 來執行，參考圖 20-6-8（假設已經將之前練習的容器與映像檔都刪除了，請先用 docker images 與 docker ps -a 來確認已經刪除）：

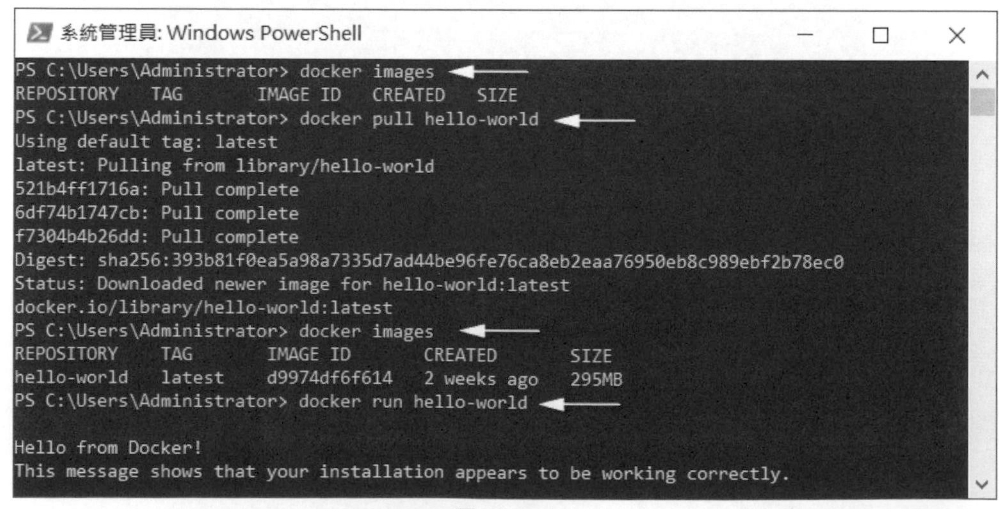

圖 20-6-8

Windows 容器基底映像檔

Windows 容器的**基底映像檔**（base image）替容器提供了作業系統環境，此映像檔的內容無法修改。微軟目前提供了四個基底映像檔，分別是：

- Nano Server：最精巧的版本，適合.NET core 應用程式。其內未含 PowerShell。
- Windows Server Core：適合.NET framework 應用程式。適合需要遷移到不同環境執行的應用程式。
- Windows：有完整的 API 支援，對應用程式的支援度比 Windows Server Core 更高。映像檔最龐大。
- Windows Server：也有完整的 API 支援。支援 GPU 加速、IIS 連線數沒有限制等。映像檔比 Windows 稍小。

這四個映像檔的相關資訊可參考以下網址：

https://hub.docker.com/_/microsoft-windows-nanoserver
https://hub.docker.com/_/microsoft-windows-servercore
https://hub.docker.com/_/microsoft-windows
https://hub.docker.com/_/microsoft-windows-server/

若要下載這四種映像檔的話，可以使用以下指令（假設是 ltsc2022 版，不過其中 Windows 容器不支援 ltsc202 版，故改用 20H2。可到前述網址查看支援的版本）：

docker pull mcr.microsoft.com/windows/nanoserver:ltsc2022
docker pull mcr.microsoft.com/windows/servercore:ltsc2022
docker pull mcr.microsoft.com/windows:20H2
docker pull mcr.microsoft.com/windows/server:ltsc2022

我們將利用以下指令來啟動 Windows Server Core ltsc2022 版容器，並指定啟動後立刻執行**命令提示字元（cmd）**，如圖 20-6-9 所示。

docker run -it mcr.microsoft.com/windows/servercore:ltsc2022 cmd

請增加-it（interactive）選項，否則 Server Core 啟動後會立刻結束執行，並跳回容器主機的 PowerShell 環境，不會停留在**命令提示字元**。若希望利用 PowerShell 指令來管理容器內的 Windows 系統的話，請將指令中的 **cmd** 改為 **PowerShell**。

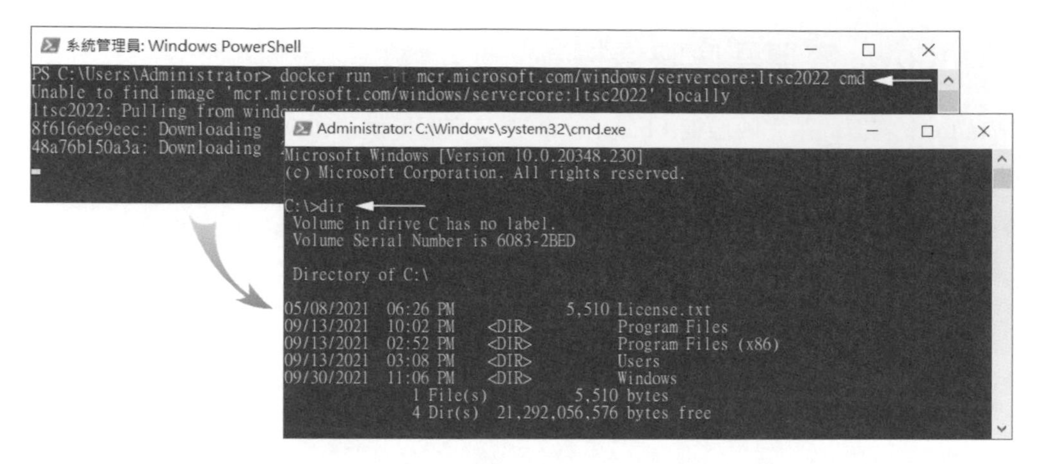

圖 20-6-9

在圖中的**命令提示字元**裡我們執行了 dir 指令。若這時候您不小心點擊到視窗右上角的 X 而關閉視窗，或是您按著 Ctrl 不放，再按 P 、Q 鍵來跳回容器主機的 PowerShell 的話，此時容器還是繼續執行中，您只是中斷連接此容器而已。

請按著 Ctrl 不放，再按 P、Q 鍵來測試看看，在跳回 PowerShell 後，請執行 docker ps –a 來查看此容器的狀態，如圖 20-6-10 所示的 STATUS 欄位的 Up 12 minutes 表示已經持續執行 12 分鐘了（圖中的**容器識別碼**是 b4ba10d71b64）。

系統管理員: Windows PowerShell

```
PS C:\Users\Administrator> docker run -it mcr.microsoft.com/windows/servercore:ltsc2022 cmd
Microsoft Windows [Version 10.0.20348.230]
(c) Microsoft Corporation. All rights reserved.

C:\>dir
 Volume in drive C has no label.
 Volume Serial Number is FC43-C35E

 Directory of C:\

05/08/2021  06:26 PM             5,510 License.txt
09/13/2021  10:02 PM    <DIR>          Program Files
09/13/2021  02:52 PM    <DIR>          Program Files (x86)
09/13/2021  03:08 PM    <DIR>          Users
10/01/2021  11:29 AM    <DIR>          Windows
               1 File(s)          5,510 bytes
               4 Dir(s)  21,291,909,120 bytes free

C:\>
PS C:\Users\Administrator> docker ps -a
CONTAINER ID   IMAGE                                           COMMAND   CREATED          STATUS
b4ba10d71b64   mcr.microsoft.com/windows/servercore:ltsc2022   "cmd"     12 minutes ago   Up 12 minutes
PS C:\Users\Administrator>
```

圖 20-6-10

若要重新連接到此容器的話，請執行 docker attach <*容器識別碼*>，如圖 20-6-11 所示，連接完成後會回到**命令提示字元**內剛才執行 dir 的畫面。

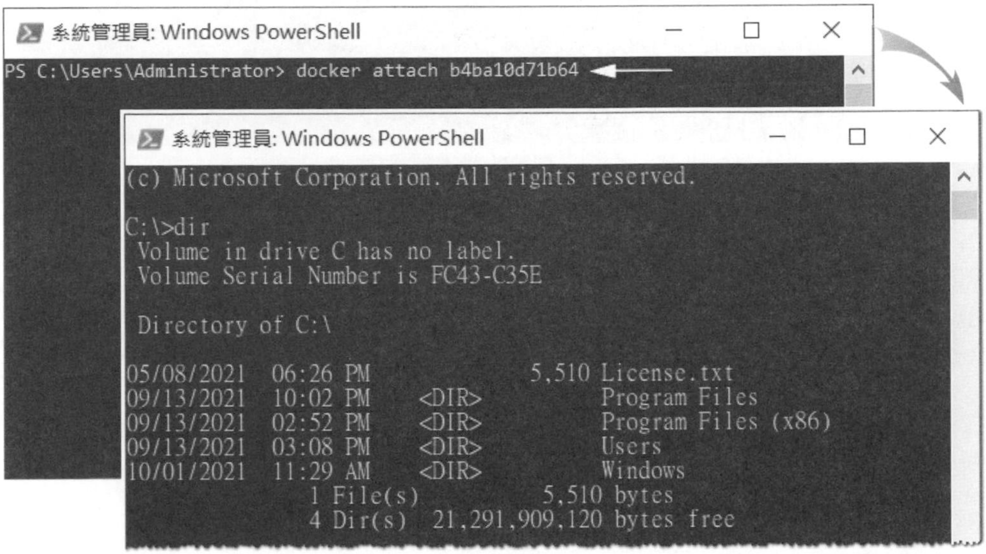

```
系統管理員: Windows PowerShell
PS C:\Users\Administrator> docker attach b4ba10d71b64

系統管理員: Windows PowerShell
(c) Microsoft Corporation. All rights reserved.

C:\>dir
 Volume in drive C has no label.
 Volume Serial Number is FC43-C35E

 Directory of C:\

05/08/2021  06:26 PM             5,510 License.txt
09/13/2021  10:02 PM    <DIR>          Program Files
09/13/2021  02:52 PM    <DIR>          Program Files (x86)
09/13/2021  03:08 PM    <DIR>          Users
10/01/2021  11:29 AM    <DIR>          Windows
               1 File(s)          5,510 bytes
               4 Dir(s)  21,291,909,120 bytes free
```

圖 20-6-11

但若是在容器的**命令提示字元**下執行 exit 指令（參考圖 20-6-12），則會停止執行此容器，由圖 20-6-12 中 docker ps –a 指令的 STATUS 欄位的 Exited 字樣可看出。

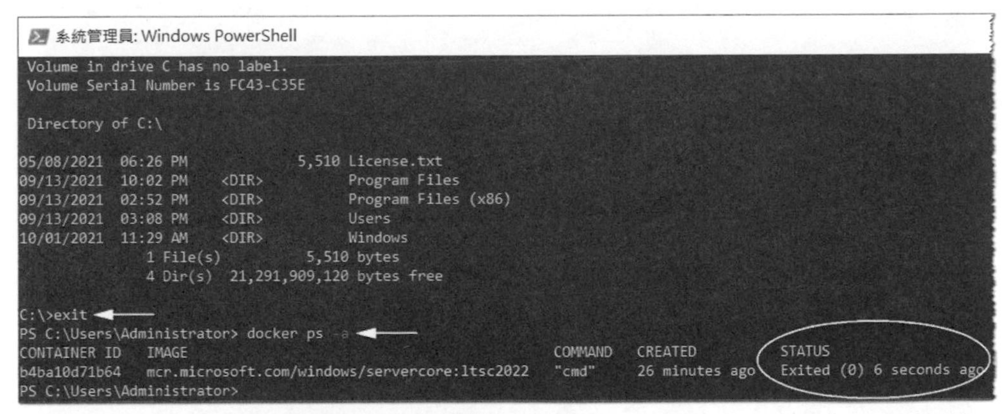

圖 20-6-12

您可以利用 docker start <*容器識別碼*> 來重新啟動此容器（若要停止此容器，請用 docker stop 指令），然後再用 docker attach <*容器識別碼*>指令來連接此容器（參考圖 20-6-13）。

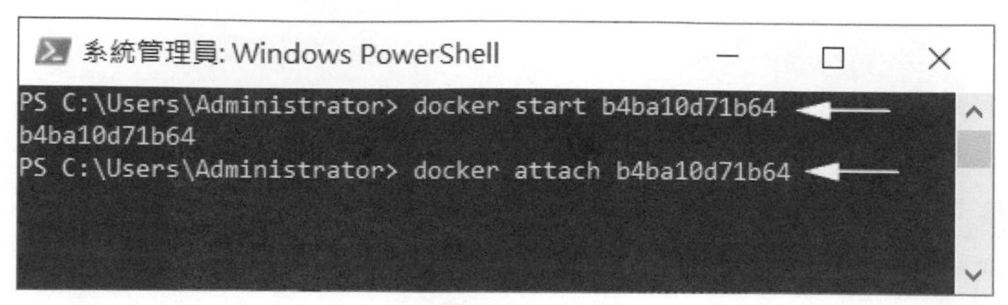

圖 20-6-13

但若您是重新執行 docker run 指令的話，則它會另外建立與執行一個新的容器，變成兩個容器（可用 docker ps –a 來查看）。另外因為前一個容器在執行期間所做的任何變更，是被儲存在沙盒（sandbox），不會變更到映像檔，因此另外執行的新容器，其環境仍然是與原映像檔相同。

我們可以透過 docker commit 指令，來利用現有容器的內容建立新的映像檔。我們利用前面的容器來說明。請先連接到此容器，然後如圖 20-6-14 所示執行 md testdir 指令來建立一個名稱為 testdir 的資料夾、利用 dir 指令來確認此資料夾已經建立成功、然後執行 exit 指令來結束執行此容器。

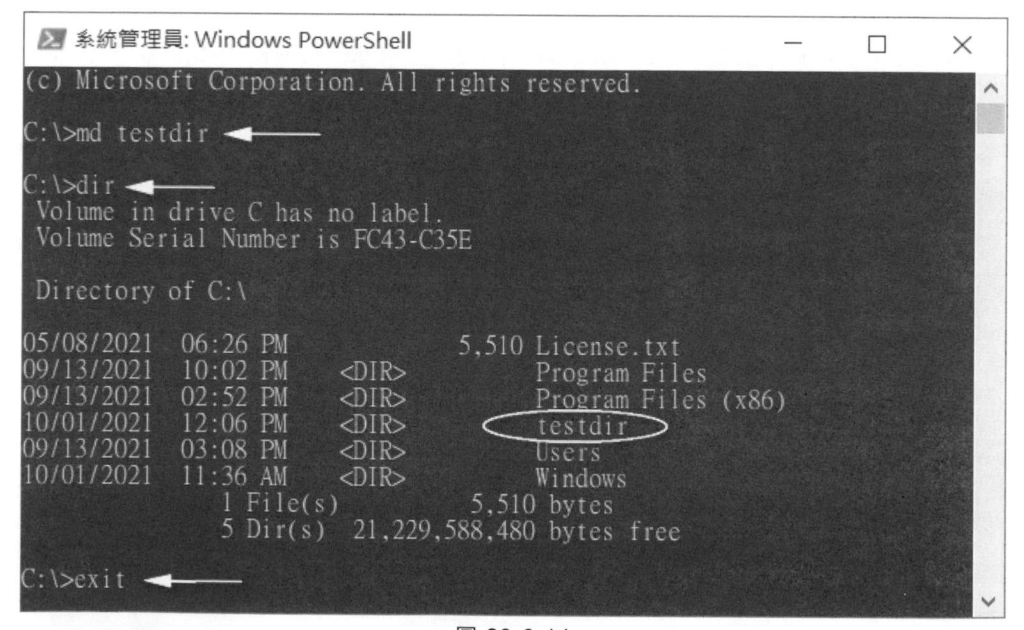

圖 20-6-14

請先利用 docker ps –a 指令來查看此容器的**容器識別碼**（圖 20-6-15 中是 b4ba10d71b64），接著執行如下所示的 docker commit 指令，以便採用此容器的內容來建立新的映像檔，假設此新映像檔的名稱是 newdir（此映像檔的 C:\磁碟內會有資料夾 testdir），接著透過 docker images 指令來查看剛才所建立的映像檔。

docker commit b4ba10d71b64 newdir

```
系統管理員: Windows PowerShell
PS C:\Users\Administrator> docker ps -a
CONTAINER ID   IMAGE                                        COMMAND   CREATED          ST
b4ba10d71b64   mcr.microsoft.com/windows/servercore:ltsc2022   "cmd"     40 minutes ago   Ex
PS C:\Users\Administrator> docker commit b4ba10d71b64 newdir
sha256:6511e062e5cef3f11f29dda7f1fceecea5c694a944a03c4eabd2f7b9648caf2b
PS C:\Users\Administrator> docker images
REPOSITORY                             TAG        IMAGE ID       CREATED          SIZE
newdir                                 latest     6511e062e5ce   21 seconds ago   4.87GB
mcr.microsoft.com/windows/servercore   ltsc2022   a3aeeffc33bf   2 weeks ago      4.8GB
PS C:\Users\Administrator>
```

圖 20-6-15

最後我們使用如下所示的 docker run 指令來建立與執行內含此新映像檔的容器，接著如圖 20-6-16 所示利用 dir 指令來驗證 C:\磁碟內確實有 testdir 資料夾。

docker run -it newdir

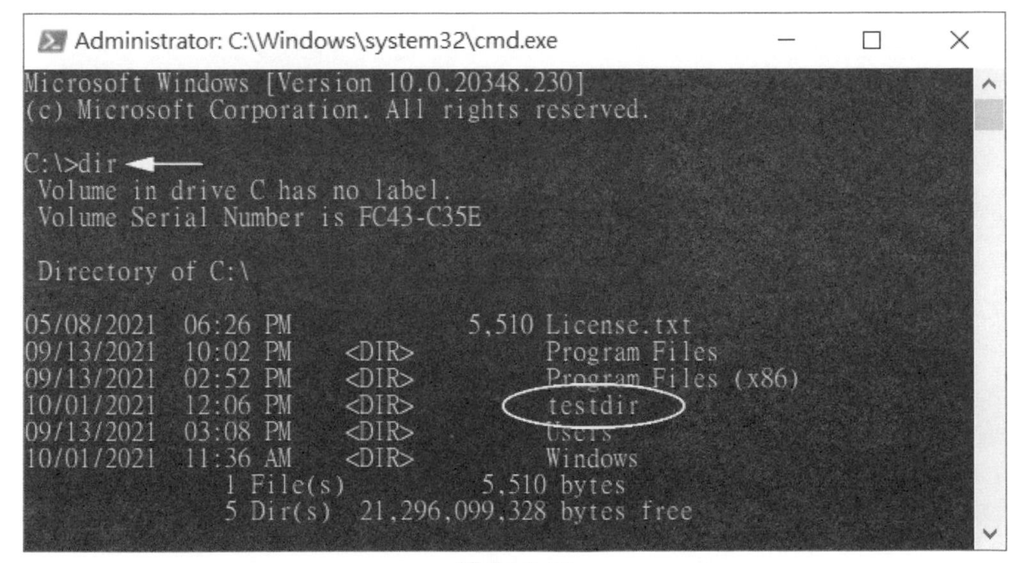

圖 20-6-16

複製檔案到 docker 容器

若要將檔案複製到容器內的話，可以使用 dock cp 指令。例如假設容器主機的 C:\ 內有一個 testfile.txt 的檔案，而我們要將此檔案複製到前面圖 20-6-16 中容器的 C:\testdir 資料夾內。

請在前面圖 20-6-16 的畫面下按著 Ctrl 不放，再按 P 、Q 鍵來跳回容器主機的 PowerShell 視窗，然後執行 docker ps –a 指令來查看上述容器的**容器識別碼**（如圖 20-6-17 所示為 824d079b14c7），並確認其在執行中（STATUS 欄位有 Up）。接著透過以下指令來複製檔案：

docker cp C:\testfile.txt 824d079b14c7:C:\testdir

```
系統管理員: Windows PowerShell
PS C:\Users\Administrator> docker ps -a
CONTAINER ID   IMAGE                                              COMMAND   CREATED          STATUS
824d079b14c7   newdir                                             "cmd"     4 minutes ago    Up 3 minutes
b4ba10d71b64   mcr.microsoft.com/windows/servercore:ltsc2022     "cmd"     2 hours ago      Exited (0) 5
PS C:\Users\Administrator> docker cp C:\testfile.txt 824d079b14c7:C:\testdir
PS C:\Users\Administrator> docker attach 824d079b14c
```

圖 20-6-17

完成複製後，再透過 docker attach 824d079b14c7 指令來連接此容器，然後在**命令提示字元**下透過 dir testdir 指令來確認此檔案已經複製成功，如圖 20-6-18 所示有看到複製過來的檔案。

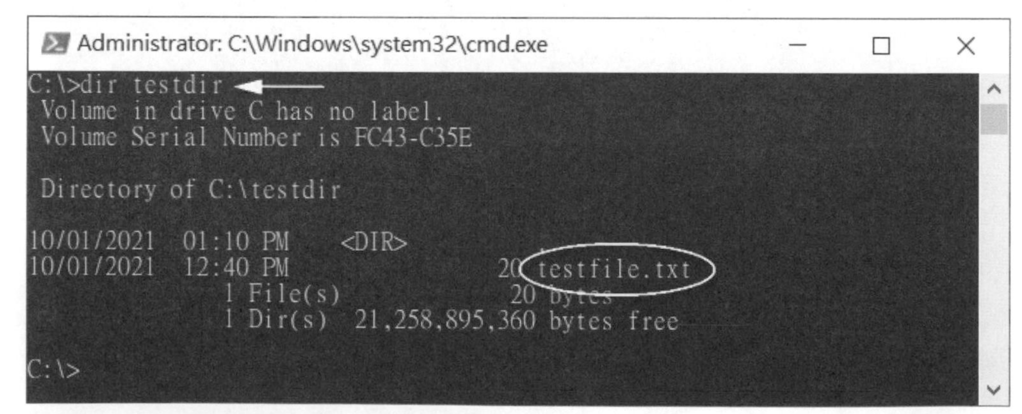

圖 20-6-18

反過來也可以將容器內的檔案、資料夾複製到容器主機，例如若要將剛才容器內的 C:\testdir 整個資料夾，複製到容器主機的 C:\的話，則請執行以下指令：

docker cp 824d079b14c7:C:\testdir C:

自訂映像檔

前面介紹過可以透過 docker commit 指令來建立新的映像檔，它是根據現有容器的內容來建立的。另外您也可以利用 dockerfile 檔與 docker build 指令來自訂映像檔，dockerfile 是文字檔，它記錄著用來建立映像檔的指令，其內最主要包含以下部分：

- 利用 FROM 指令來指定需要使用的基底映像檔（base image）
- 利用 LABEL 指令標註此映像檔的維護者
- 利用 RUN 指令來指定在映像檔建立過程中需執行的指令
- 利用 CMD 指令來指定在部署內含此映像檔的容器時，需要執行的指令

圖 20-6-19 為 dockerfile 的一個範例，檔案名稱就是 dockerfile，沒有副檔名（若利用**記事本**建立此檔案的話，儲存檔案時在檔名前後加上雙引號“”，就不會自動加上附檔名.txt）。檔案裡#開頭，表示該行是註解，指令說明請看圖中的註解說明。

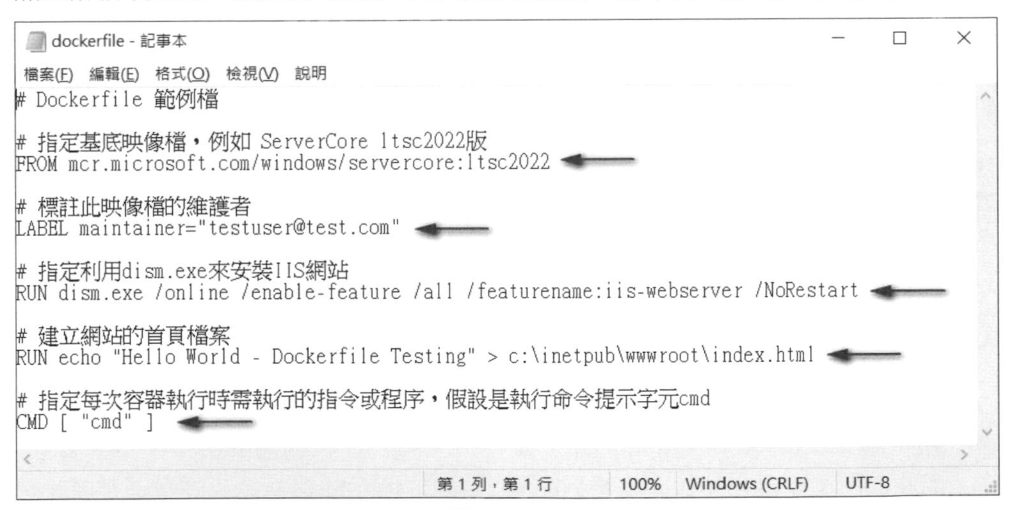

圖 20-6-19

假設我們已經將此 dockerfile 檔案拷貝到容器主機的 C:\test 資料夾之下，則請執行如下的指令（參見圖 20-6-20）：

docker build -t myiis C:\test

其中利用 -t 參數來將此映像檔名稱設定為 myiis、而 dockerfile 在 C:\test 資料夾內。圖中最後可以看到已經成功的建立映像檔。

```
系統管理員: Windows PowerShell
PS C:\Users\Administrator> docker build -t myiis C:\test
Sending build context to Docker daemon  2.56kB
Step 1/5 : FROM mcr.microsoft.com/windows/servercore:ltsc2022
 ---> a3aeeffc33bf
Step 2/5 : LABEL maintainer="testuser@test.com"
 ---> Running in 9c32b73222bc
Removing intermediate container 9c32b73222bc
 ---> adb99f400c7a
Step 3/5 : RUN dism.exe /online /enable-feature /all /featurename:iis-webserver /NoRestart
[==========================98.9%========================== ]
[==========================100.0%==========================]
The operation completed successfully.
Removing intermediate container 3397e4ce1c74
 ---> 9d641d9fac40
Step 4/5 : RUN echo "Hello World - Dockerfile Testing" > c:\inetpub\wwwroot\index.html
 ---> Running in 7ff92eeae193
Removing intermediate container 7ff92eeae193
 ---> c44b53613157
Step 5/5 : CMD [ "cmd" ]
 ---> Running in 2f30ba958175
Removing intermediate container 2f30ba958175
 ---> f2887c939df5
Successfully built f2887c939df5
Successfully tagged myiis:latest
PS C:\Users\Administrator>
```

圖 20-6-20

接著如圖 20-6-21 所示利用 docker images 來查看此新建立的映像檔 myiis，然後如圖中所示利用 docker run –it myiis 指令來建立與執行內含此映像檔的容器。

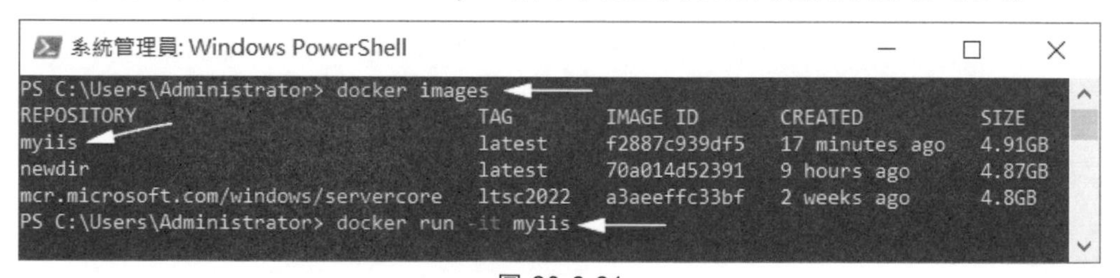

圖 20-6-21

由於此映像檔內包含 IIS 網站，其首頁會顯示"Hello World - Dockerfile Testing"文字，因此利用瀏覽器來連接時會看到如圖 20-6-22 所示的畫面。若要測試連接此網站的話，請先在容器的**命令提示字元**視窗內利用 ipconfig 來查看其 IP 位址，然後到容器主機開啟瀏覽器 Microsoft Edge、輸入 IP 位址來連接此網站。

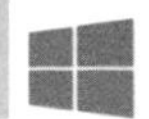

圖 20-6-22

關於 Windows dockerfile 的進一步相關說明，可參考以下的微軟網址：
https://docs.microsoft.com/zh-tw/virtualization/windowscontainers/manage-docker/manage-windows-dockerfile

利用 Windows Admin Center 管理容器與映像

要利用 Windows Admin Center 來管理容器與映像的話，可先到微軟網站下載 Windows Admin Center，然後將其安裝到容器主機上，接著在一台電腦上（以下以另一台 Windows 11 為例）開啟瀏覽器 Microsoft Edge：【輸入 **https://*容器主機電腦名稱*/**(忽略非私人連線的警告)➲輸入系統管理員帳戶與密碼➲從**名稱**處點擊容器主機的電腦名稱➲點擊右上角的**設定**圖示⚙➲如圖 20-6-23 所示點擊左邊**閘道**處的**延伸模組**➲從**可用的延伸模組**清單中挑選 Containers➲點擊上方的**安裝**】。

圖 20-6-23

安裝完成後【點選圖 20-6-24 上方**設定**處的**伺服器管理員**➲回到**伺服器連線**畫面時點擊容器主機的電腦名稱➲如圖 20-6-25 所示來管理容器與映像（若**工具**被摺疊起來的話，請先展開）】。

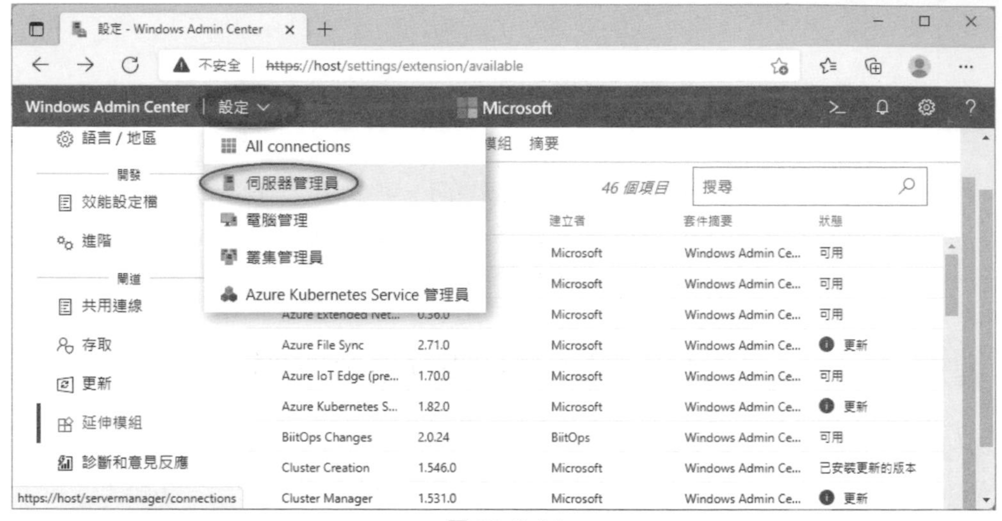

圖 20-6-24

圖 20-6-25

Windows Server 2022 系統與網站建置實務

作　　者：戴有煒
企劃編輯：莊吳行世
文字編輯：江雅鈴
設計裝幀：張寶莉
發 行 人：廖文良

發 行 所：碁峰資訊股份有限公司
地　　址：台北市南港區三重路 66 號 7 樓之 6
電　　話：(02)2788-2408
傳　　真：(02)8192-4433
網　　站：www.gotop.com.tw
書　　號：ACA027200
版　　次：2022 年 01 月初版
　　　　　2024 年 03 月初版三刷
建議售價：NT$720

國家圖書館出版品預行編目資料

Windows Server 2022 系統與網站建置實務 / 戴有煒著. -- 初版. -- 臺北市：碁峰資訊, 2022.01
面；　公分
ISBN 978-626-324-030-8(平裝)
1.CST：網際網路
312.1653　　110019404